Michael D. Willard
Harold Tvedten

Labordiagnostik in der Kleintierpraxis

Labordiagnostik in der Kleintierpraxis

Herausgeber

Michael D. Willard, DVM, MS, Dipl ACVIM
Professor of Small Animal Medicine
Department of Small Animal Medicine and Surgery
College of Veterinary Medicine
Texas A&M University
College Station, Texas

Harold Tvedten, DVM, PhD, Dipl ACVP, ECVCP
Professor Emeritus
Department of Pathobiology and Diagnostic Investigations
College of Veterinary Medicine, Michigan State University
East Lansing, Michigan

Department of Clinical Chemistry
Faculty of Veterinary Medicine
Swedish Agricultural University
Uppsala, Sweden

ELSEVIER
URBAN & FISCHER

URBAN & FISCHER München

Zuschriften an:
Elsevier GmbH, Urban & Fischer Verlag, Hackerbrücke 6, 80335 München

Titel der Originalausgabe
Small Animal Clinical Diagnosis by Laboratory Methods
4th edition 2004, ISBN 0-7216-8903-5
Erschienen bei Saunders, Imprint of Elsevier Science Limited

Verfasser
Michael D. Willard, DVM, MS, Dipl ACVIM
Harold Tvedten, DVM, PhD, Dipl ACVP, ECVCP

Wichtiger Hinweis für den Benutzer
Die Erkenntnisse in der Tiermedizin unterliegen laufendem Wandel durch Forschung und klinische Erfahrungen. Herausgeber und Autoren dieses Werkes haben große Sorgfalt darauf verwendet, dass die in diesem Werk gemachten therapeutischen Angaben (insbesondere hinsichtlich Indikation, Kontraindikation, Dosierung, Applikation und unerwünschter Wirkungen) dem derzeitigen Wissensstand entsprechen. Das entbindet den Nutzer dieses Werkes aber nicht von der Verpflichtung, anhand der Beipackzettel der Präparate und Fachinformationen der Hersteller zu überprüfen, ob die dort gemachten Angaben von denen in diesem Werk abweichen, und seine Verordnungen und Entscheidungen in eigener Verantwortung zu treffen. Auch hat der Nutzer zu überprüfen, ob die in diesem Werk empfohlenen Medikamente im deutschsprachigen Raum für die zu behandelnde Tierart zugelassen sind. In Zweifelsfällen ist ein Spezialist zu konsultieren. Für die Vollständigkeit und Auswahl der aufgeführten Medikamente übernimmt der Verlag keine Gewähr. Vor der Anwendung bei lebensmittelliefernden Tieren sind die verschiedenen Anwendungsbeschränkungen und Zulassungen der einzelnen deutschsprachigen Länder zu beachten.

Bibliografische Information der Deutschen Nationalbibliothek
Die Deutsche Nationalbibliothek verzeichnet diese Publikation in der Deutschen Nationalbibliografie; detaillierte bibliografische Daten sind im Internet über http://dnb.d-nb.de abrufbar.

1. Auflage 2006, korrigierte Studienausgabe 2011

Der Urban & Fischer Verlag ist ein Imprint der Elsevier GmbH.

Planung: Dr. med. vet. Konstanze Knies
Lektorat: Petra Eichholz
Übersetzung: Dr. med. vet. Kaspar Matiasek, Dr. med. Dietrich Jäger, Dr. med. vet. Nadja Herbach, Tanja Hudert, Anne Becher
Redaktion: Dr. med. vet. Konstanze Knies, Dr. med. vet. Katrin Stadler, Tanja Hudert
Register: Dr. med. vet. Konstanze Knies
Herstellung: Elisabeth Märtz
Satz: abavo GmbH, Buchloe
Druck und Bindung: Printforce, Alphen/NL
Umschlaggestaltung: SpieszDesign, Neu-Ulm
Titelfotografie: IFA/Stockbyte

ISBN 978-3-437-31387-5

Aktuelle Informationen finden Sie im Internet unter www.elsevier.de und www.elsevier.com.

Unter Mitarbeit von

Jeanne A. Barsanti, DVM, MS, Dipl ACVIM
Professor, Department of Small Animal Medicine, College of Veterinary Medicine, University of Georgia, Athens, Georgia

Dawn Merton Boothe, DVM, PhD, Dipl ACVIM, ACVCP
Professor, Pharmacology, College of Veterinary Medicine, Auburn University, Auburn, Alabama

Sharon A. Center, DVM, Dipl ACVIM
Professor, Small Animal Internal Medicine, College of Veterinary Medicine, Cornell University, Ithaca, New York

Rick L. Cowell, DVM, MS, Dipl ACVP
Professor, Veterinary Clinical Pathology, and Director, Clinical Pathology Laboratory, College of Veterinary Medicine, Oklahoma State University, Stillwater, Oklahoma

Helio S. Autran de Morais, DVM, PhD, Dipl ACVIM
Professor, Department of Medical Sciences, School of Veterinary Medicine, University of Wisconsin-Madison, Madison, Wisconsin

Stephen P. DiBartola, DVM, Dipl ACVIM
Professor, Department of Veterinary Clinical Sciences, College of Veterinary Medicine, Ohio State University, Columbus, Ohio

Robert A. Green, DVM. PhD, Dipl ACVP
Professor, Department of Small Animal Medicine and Surgery, College of Veterinary Medicine, Texas A&M University, College Station, Texas

Cheri A. Johnson, DVM, MS, Dipl ACVIM
Professor, College of Veterinary Medicine, and Chief of Staff, Small Animal Hospital, Michigan State University, East Lansing, Michigan

Gary Kociba, DVM, PhD, Dipl ACVP
Professor, Department of Veterinary Biosciences, College of Veterinary Medicine, Ohio State University, Columbus, Ohio

Ned F. Kuehn, DVM, MS, Dipl ACVIM
Chief of Internal Medicine Services, Michigan Veterinary Specialists, Southfield, Michigan

Michael R. Lappin, DVM, PhD, Dipl ACVIM
Associate Professor, Department of Clinical Sciences, College of Veterinary Medicine and Biomedical Sciences, Colorado State University, Fort Collins, Colorado

Kenneth S. Latimer, DVM, PhD, Dipl ACVP
Professor, Department of Pathology, College of Veterinary Medicine, University of Georgia, Athens, Georgia

George E. Lees, DVM, MS, Dipl ACVIM
Professor, Department of Small Animal Medicine and Surgery, College of Veterinary Medicine, Texas A&M University, College Station, Texas

Richard W. Nelson, DVM, Dipl ACVIM
Professor, Department of Medicine and Epidemiology, School of Veterinary Medicine, University of California, Davis, Davis, California

Gary Osweiler, DVM, MS, PhD, Dipl ABVT
Professor, Veterinary Diagnostic and Production Animal Medicine, College of Veterinary Medicine, Iowa State University; Director, Veterinary Diagnostic Laboratory, Iowa State University, Ames, Iowa

Joane Parent, DMV, MVSc, Dipl ACVIM
Professor, Department of Veterinary Clinical Studies, Archibald Small Animal Clinic, Ontario Veterinary College, University of Guelph, Guelph, Ontario, Canada

Renee Prater, DVM, PhD, Dipl ACVP
Assistant Professor, Department of Biomedical Sciences, Virginia College of Osteopathic Medicine, Blacksburg, Virginia

Rose Raskin, DVM, PhD, Dipl ACVP
Professor, Veterinary Clinical Pathology, Department of Veterinary Pathobiology, Purdue University, West Lafayette, Indiana

Jennifer Thomas, DVM, PhD, Dipl ACVP
Associate Professor, Department of Veterinary Pathobiology and Diagnostic Investigation, College of Veterinary Medicine, Michigan State University, East Lansing, Michigan

Grant H. Turnwald, BVSc, MS, Dipl ACVIM
Professor, Department of Small Animal Clinical Sciences, and Associate Dean for Academic Affairs, Virginia-Maryland Regional College of Veterinary Medicine, Virginia Polytechnic Institute and State University, Blacksburg, Virginia

Harold Tvedten, DVM, PhD, Dipl ACVP, ECVCP
Professor Emeritus, Department of Pathobiology and Diagnostic Investigations, College of Veterinary Medicine, Michigan State University, East Lansing, Michigan; Department of Clinical Chemistry, Faculty of Veterinary Medicine, Swedish Agricultural University, Uppsala, Sweden

David C. Twedt, DVM, Dipl ACVIM
Professor, Small Animal Medicine, Department of Clinical Sciences, College of Veterinary Medicine and Biomedical Sciences, Colorado State University, Fort Collins, Colorado

Douglas Weiss, DVM, PhD, Dipl ACVP
Professor, College of Veterinary Medicine, University of Minnesota, St. Paul, Minnesota

Linda L. Werner, DVM, PhD, Dipl ACVIM, ACVP
Adjunct Assistant Clinical Professor, Department of Pathology, Microbiology, and Immunology, School of Veterinary Medicine, University of California, Davis; Clinical Pathologist, Idexx Veterinary Services, West Sacramento, California

Michael D. Willard, DVM, MS, Dipl ACVIM
Professor, Department of Small Animal Medicine and Surgery, College of Veterinary Medicine, Texas A&M University, College Station, Texas

Vorwort zur Originalausgabe

Unser Bestreben war es, Tierärzten und Studenten eine möglichst praxisnahe Auswahl von Laboruntersuchungen zur Verfügung zu stellen und ihnen eine schnelle und unkomplizierte Auswertung der Tests zu ermöglichen. Wie schon in den ersten drei Auflagen ist es auch das Ziel der vierten Auflage der „Labordiagnostik in der Kleintierpraxis", in gewohnt übersichtlicher Weise die häufigsten laborrelevanten Fragen zu beantworten. Jedes Kapitel wurde von seinem Autor komplett überarbeitet, um ein Höchstmaß an Aktualität zu gewährleisten. Daher ist dieses Werk so aktuell, wie es bei einer sich kontinuierlich weiterentwickelnden Disziplin wie der Labormedizin möglich ist. Weniger häufig verwendete Labortests werden nur kurz erwähnt. Der Abschnitt über Artefakte in der Serumchemie wurde deutlich erweitert, und ein zusätzlicher Autor konnte für die aktuelle Auflage gewonnen werden. Wie in den vorherigen Auflagen wurden Literaturquellen und die Pathophysiologie auf das Wesentliche reduziert. Hierdurch bleibt der Text, sowohl für den routinierten Kliniker als auch für den Studenten, der sich erst in die Labormedizin einarbeiten muss, in hohem Maße benutzerfreundlich.

Vorwort zur übersetzten Auflage

Mit der „Labordiagnostik in der Kleintierpraxis" von Willard und Tvedten liegt ein aktuelles und qualitativ hochwertiges Werk vor, das sich im englischsprachigen Raum inzwischen großer Beliebtheit erfreut. In der ersten übersetzten Auflage mussten jedoch kleinere Anpassungen vorgenommen werden.

- Einige Krankheitserreger kommen in den USA häufig, in Deutschland eher selten vor. Da jedoch zunehmend Tiere mit einem Auslandsvorbericht in deutschen Tierarztpraxen vorgestellt werden, wurden alle Erreger aus der Originalausgabe übernommen. In Appendix I finden sich die wichtigsten Verbreitungsgebiete dieser Erreger.
- In der übersetzten Fassung werden der Vollständigkeit halber sowohl SI-Einheiten als auch konventionelle Einheiten verwendet. Die Angaben in konventionellen Einheiten werden dabei kursiv und in Klammern hinter den SI-Einheiten genannt.
- Bei bestimmten Geräten und Laborprodukten werden aus Gründen der Verständlichkeit Markennamen aufgeführt, wobei kein Anspruch auf Vollständigkeit erhoben wird.
- Alle Referenzwerte und Dosierungen wurden nach bestem Wissen geprüft.

Danksagung

Wir möchten uns bei unseren Familien, Freunden, Kollegen, technischen Assistenten, Studenten, Patientenbesitzern und anderen Autoren für ihre Hilfe, Unterstützung und Nachsicht herzlich bedanken. Ebenso gebührt dieser Dank den Universitäten, an denen wir tätig sind, sowie den Mitarbeitern von Elsevier.

Ich, Michael D. Willard, möchte außerdem demjenigen danken, der die Worte gesprochen hat, die in Matthäus 6:25–33 und Johannes 10:10b niedergeschrieben wurden. Diese Worte drücken alles aus.

Inhalt

Farbtafeln

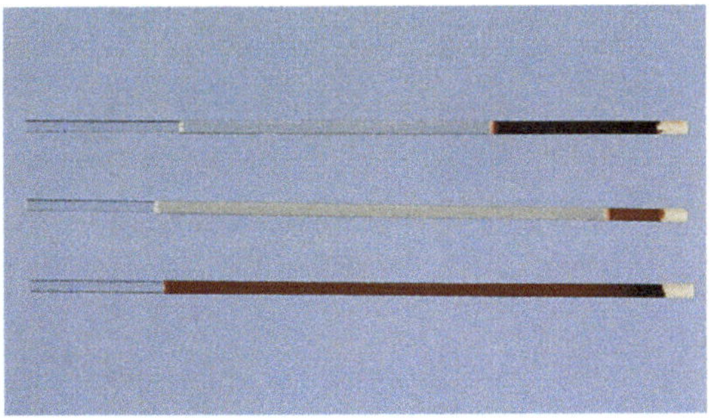

1A: Die drei abgebildeten Mikrohämatokritkapillaren enthalten kanines Blut. Das Blut in der oberen Kapillare stammt von einem gesunden Hund. Die beiden unteren Proben stammen von Tieren mit Autoagglutination und immunmediierter hämolytischer Anämie. Das Blut in der mittleren Kapillare ist ikterisch, was auf eine extravaskuläre Hämolyse hinweist. Im unteren Röhrchen befindet sich hämolytisches Blut, was eine intravaskuläre Hämolyse vermuten lässt.

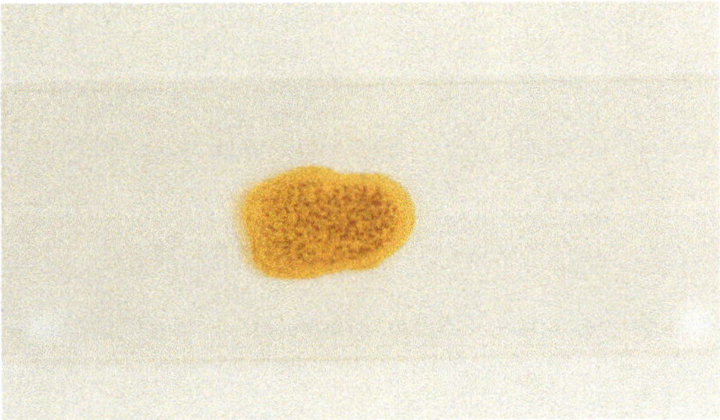

1B: Ein Tropfen Hundeblut auf einem Objektträger mit autoagglutinierenden Erythrozyten und ikterischem Plasma.

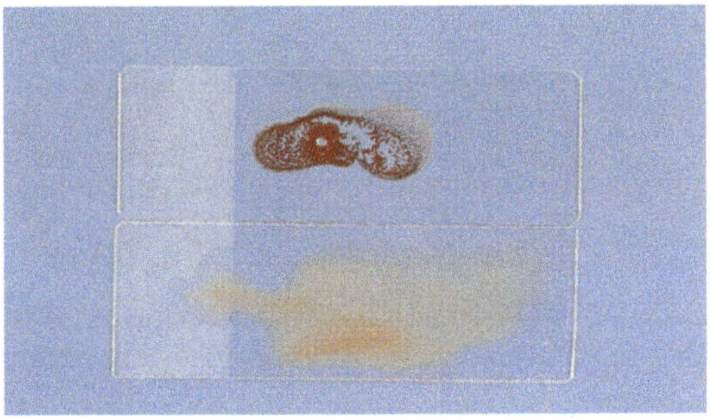

1C: Der obere Blutstropfen zeigt eine deutliche Verklumpung infolge Geldrollenbildung bei einer Infektion mit *Salmonella enteritidis*. Die untere Probe wurde mit einem Tropfen Kochsalzlösung vermischt. Im Gegensatz zur Autoagglutination lösen sich die Geldrollen wieder auf.

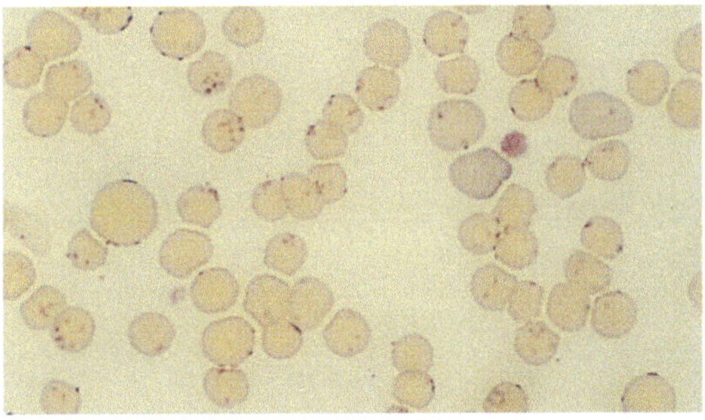

1D: Blutausstrich einer Katze mit *Haemobartonella-felis*-Infektion. Neben *H. felis* sind zwei polychromatische Zellen und ein Makrozyt zu erkennen. Siehe auch Farbtafeln 1E und 1F.

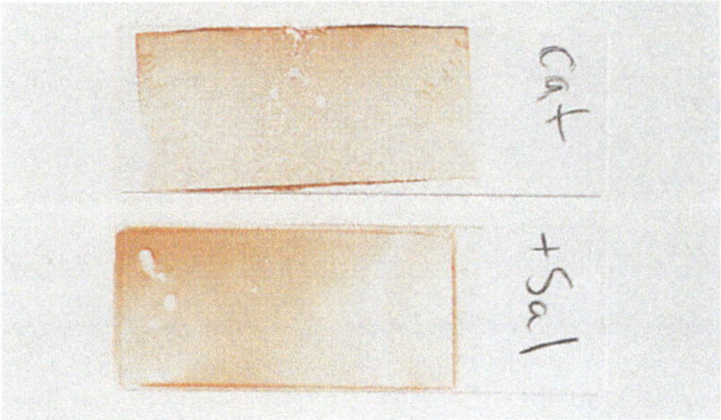

1E: Makroskopische Beschaffenheit des Bluts derselben Katze wie in 1D mit *H.-felis*-Infektion und immunmediierter hämolytischer Anämie. Trotz Vermischung mit Kochsalzlösung (unterer Objektträger) bleibt die Autoagglutination erhalten. Sie ist allerdings wesentlich schwächer ausgeprägt als in Tafel 1B. Siehe auch Tafel 1F.

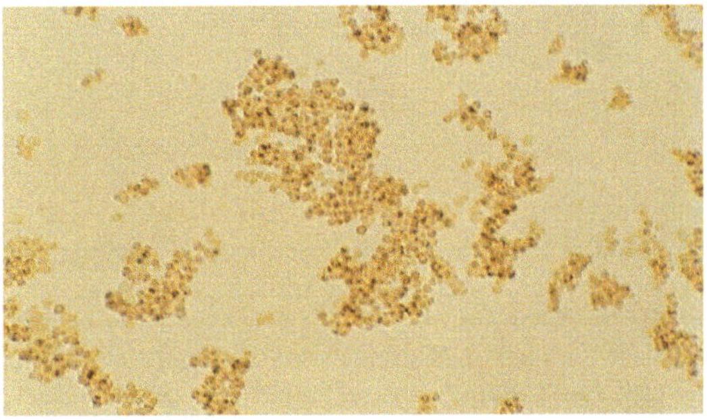

1F: Stärkere Vergrößerung von 1E – unterer Objektträger. Beachte die Erythrozytenverklumpungen trotz Zugabe eines Tropfens Kochsalzlösung. Ein typisches Beispiel für Autoagglutination.

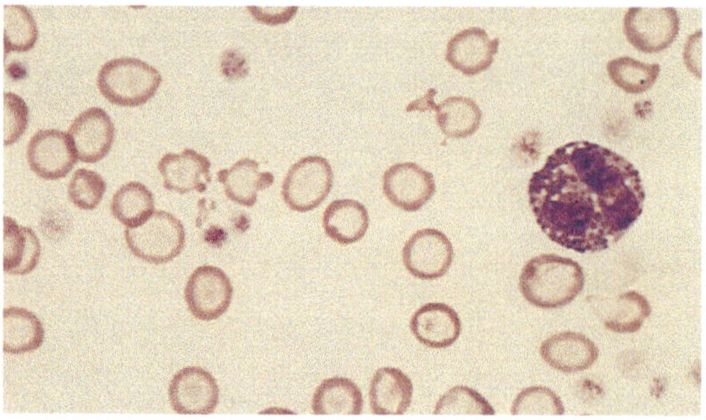

2A: Kanine Eisenmangelanämie. Die Erythrozyten sind zentral aufgehellt (Hypochromasie) und besitzen nur einen dünnen Rand aus erkennbarem Hämoglobin. Des Weiteren finden sich Anzeichen für Erythrozytenfragmentation.

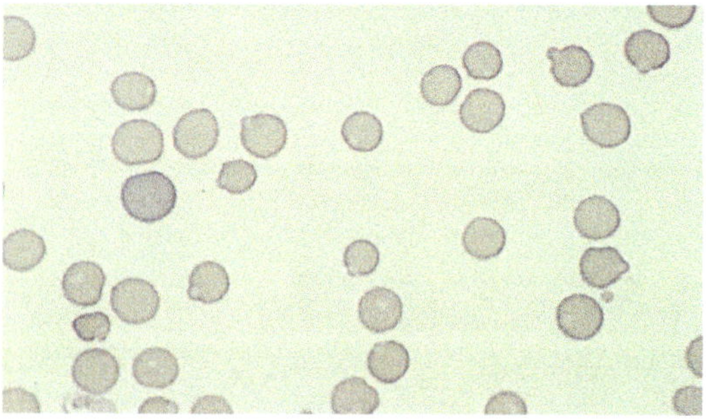

2B: Feline Heinz-Körper-Anämie. Zahlreiche Erythrozyten weisen hellere Heinz-Innenkörper auf, die sich zum Teil nach außen vorwölben. Ein freies Heinz-Körperchen färbt sich wie Hämoglobin an.

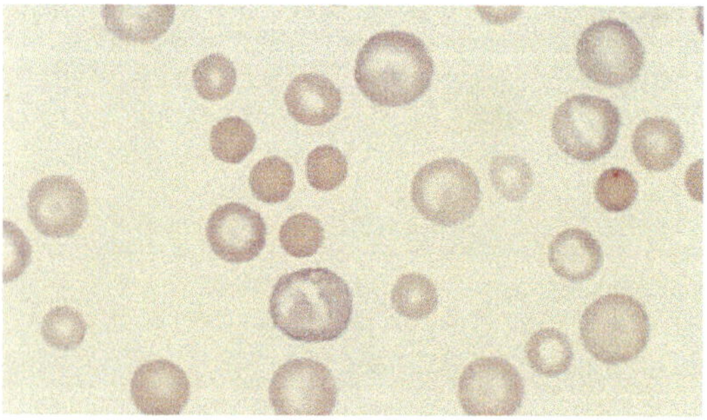

2C: Kanine immunmediierte hämolytische Anämie. Es findet sich ein Cluster von vier Sphärozyten etwas links, oberhalb der Bildmitte, sowie zwei Sphärozyten am rechten Bildrand. Die übrigen Erythrozyten in diesem Bereich des Blutausstrichs weisen eine zentrale Aufhellung auf. Die dunkleren und kleineren Sphärozyten sind hier leicht zu identifizieren, ihnen fehlt die o.g. zentrale Aufhellung.

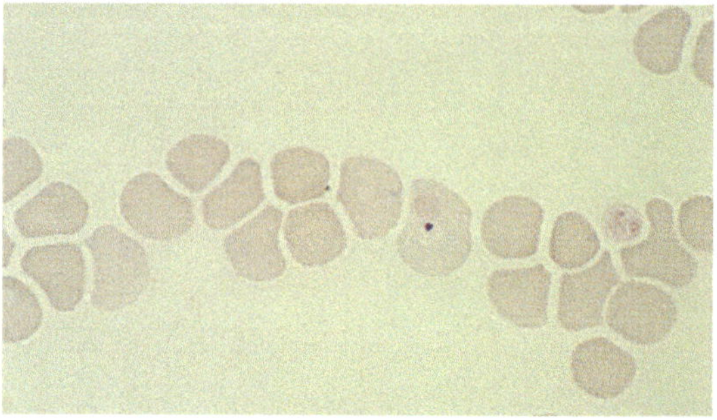

2D: Hundestaupe. Runde graue bis rötliche anisometrische virale Einschlusskörperchen. Das am besten erkennbare Einschlusskörperchen befindet sich direkt oberhalb des dunkelblauen kleineren Howell-Jolly-Körperchens.

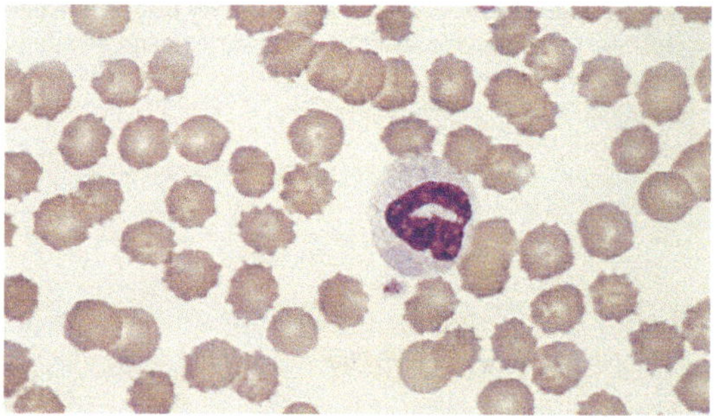

2E: Hundestaupe. Großes gräuliches virales Einschlußkörperchen im Zytoplasma des neutrophilen Granulozyten bei ca. sieben Uhr.

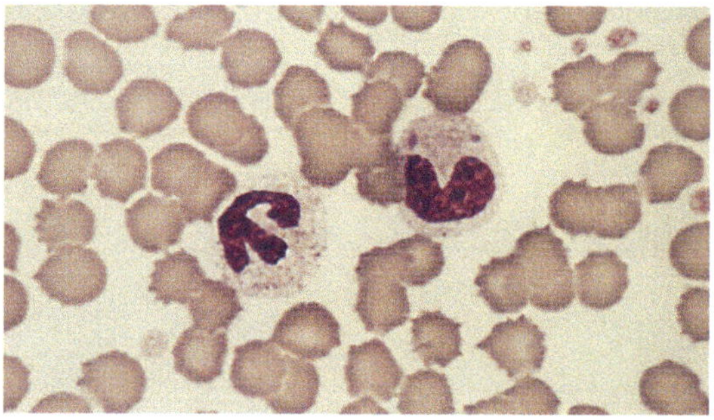

2F: Toxische Linksverschiebung, Hund. Der bohnenförmige Metamyelozyt besitzt zwei Döhle-Körperchen an den Kernpolen. Der segmentkernige Neutrophile dagegen zeigt eine toxische Vakuolisierung des Zytoplasmas.

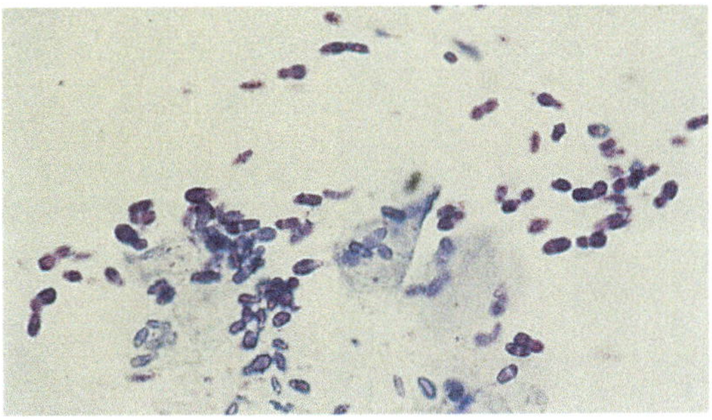

3A: Kanine Hefeotitis. Im Ohrabstrich finden sich einige Hornschuppen und kleine Hefen, typisch für eine Otitis externa mit Beteiligung von Malassezia (ehem. Pityrosporum).

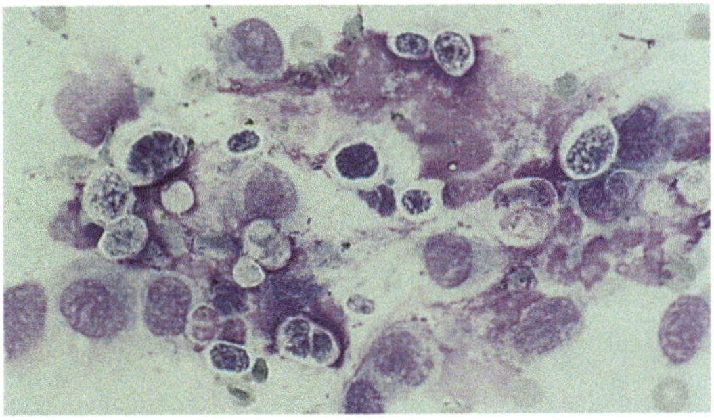

3B: Rektalabstrich eines Hundes. Sphärische Prototheken-Organismen mit klarem Halo neben zahlreichen Entzündungszellen (zur Verfügung gestellt von Dr. Rick Cowell.)

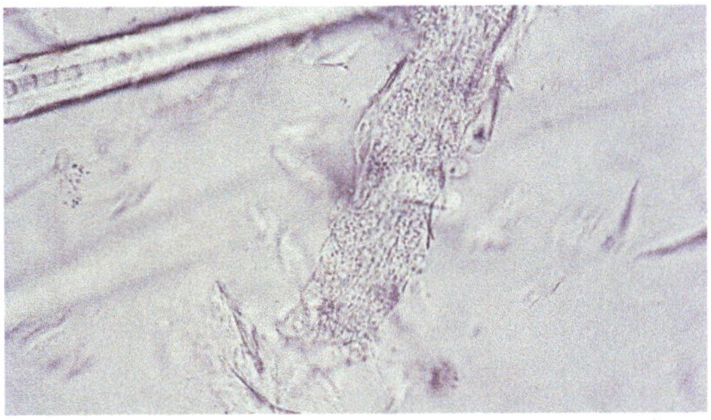

3C: Hautgeschabsel von einem Hund mit Dermatomykose. Neben dem gesunden Haarschaft (oben links) findet sich in der Bildmitte ein aufgequollener, fragmentierter Haarschaft mit massenhaft runden *Microsporum-canis*-Arthrosporen im Inneren.

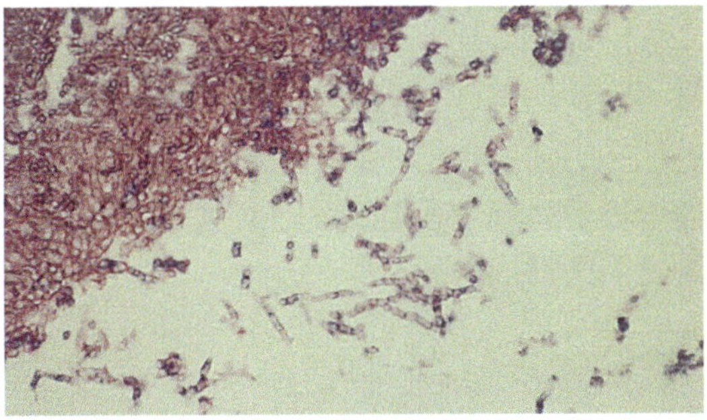

3D: Nasale Mykose. Kolonien von Aspergillus bestehen aus einheitlich breiten septierten Hyphen. Der Ausstrich enthielt lediglich diese eine Kolonie, die in der schwachen Vergrößerung lokalisiert werden konnte, bei stärkerer Vergrößerung hingegen leicht übersehen worden wäre.

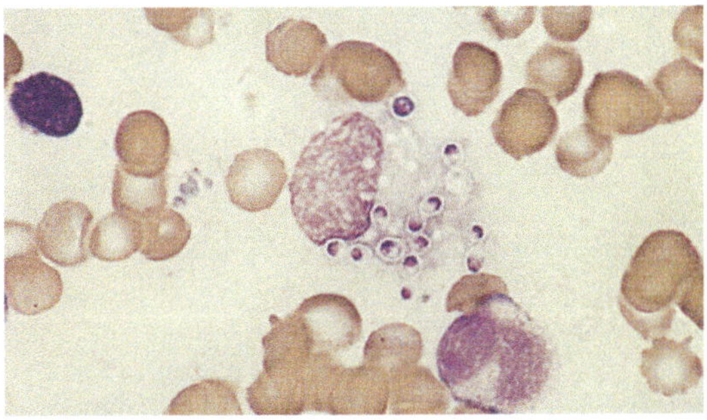

3E: Kanine Histoplasmose. Knochenmarkaspirat mit zahlreichen kleinen ovalen Hefen mit deutlichen Zellwänden in einem Makrophagen.

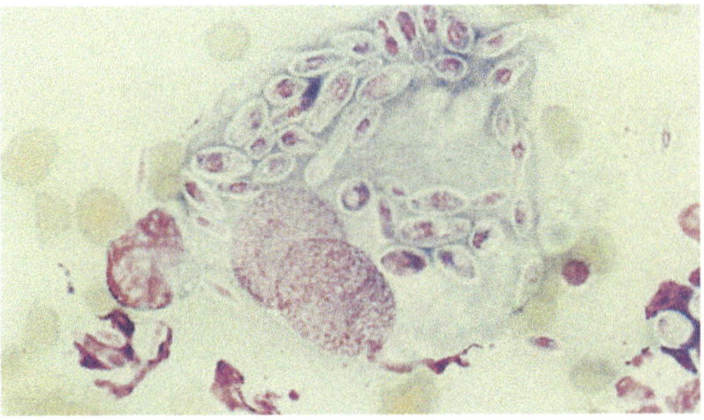

3F: Feline Sporotrichose. Ein Makrophage mit zahlreichen pleomorphen Hefen bei Entzündung nach Krallenamputation.

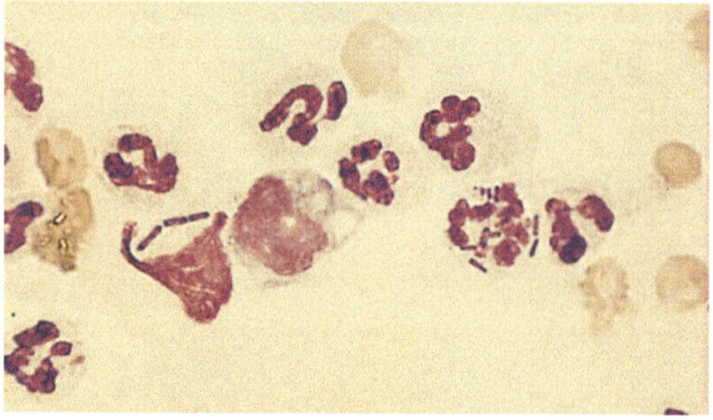

4A: Septisches Exsudat (Hund). Bauchhöhlenerguss mit stäbchenförmigen Bakterien in zwei neutrophilen Granulozyten. Obgleich es sich um ein septisches Exsudat handelt, zeigen die Neutrophilen keine degenerativen Veränderungen. Der lysierte Neutrophile darf nicht mit degenerativen Zeichen verwechselt werden.

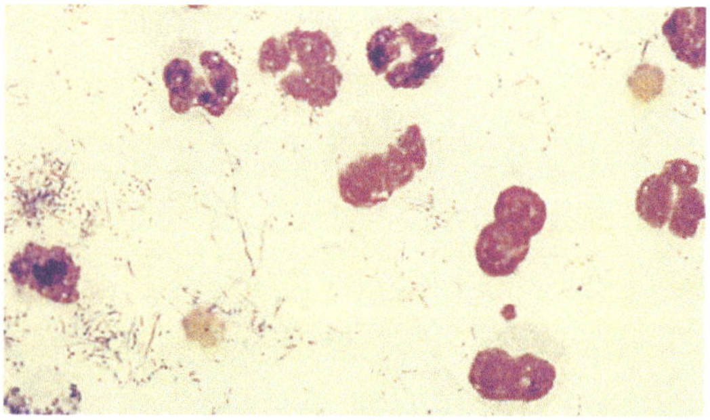

4B: Degenerierte neutrophile Granulozyten. Die karyolytischen Veränderungen (geschwollene Nuklei) sind als Anzeichen einer Degeneration aufgrund der bakteriellen Sepsis zu werten. Die verzweigten Mikroorganismen sind charakteristisch für Actinomyces als Ursache des septischen Prozesses.

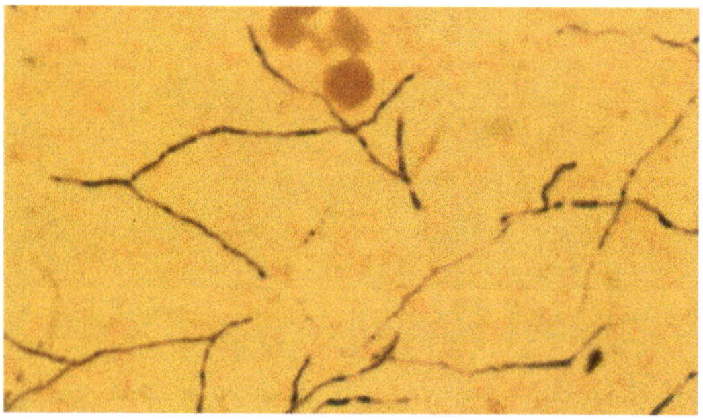

4C: Gram-Färbung eines Exsudats. Bei den grampositiven, verzweigten und perlenartig aneinandergereihten Mikroorganismen handelt es sich um Actinomyces. Gramnegative Keime lassen sich bei einer Gram-Färbung sehr schwer erkennen, da sie zwischen Debris und rotgefärbten Leukozyten verborgen sind.

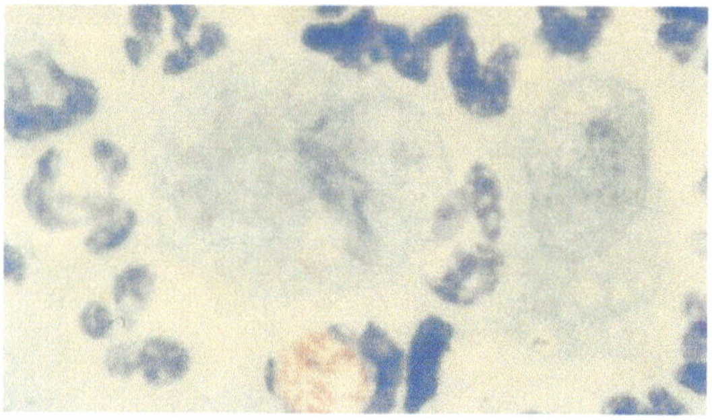

4D: Säurefärbung. Die säurefesten Erreger der felinen Lepra (Mycobacterium) stellen sich bei dieser Färbung als kleine rote Stäbchen dar. Sie sind besonders zahlreich in einem neutrophilen Granulozyten am unteren Bildrand. Einzelne Bakterien finden sich auch in den beiden zentralen Makrophagen.

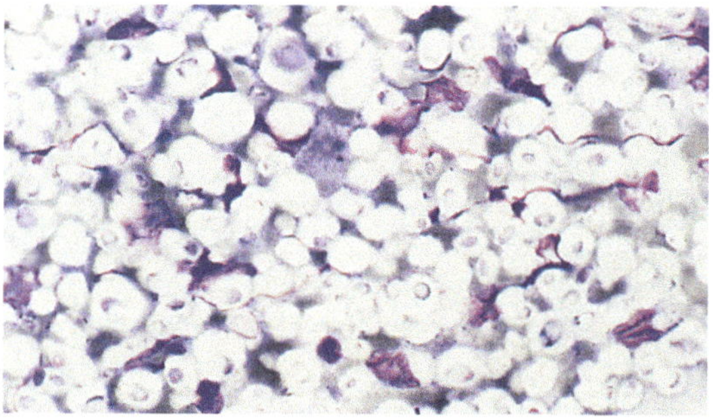

4E: Cryptococcus. Diese Kryptokokkenkolonie stammt aus der Nase einer Katze. Typischerweise sind die Hefen von einem klaren, hellen Hof (sog. Halo) umgeben, der die Kapsel der Organismen repräsentiert. (Mit freundlicher Genehmigung von Dr. Rick Cowell.)

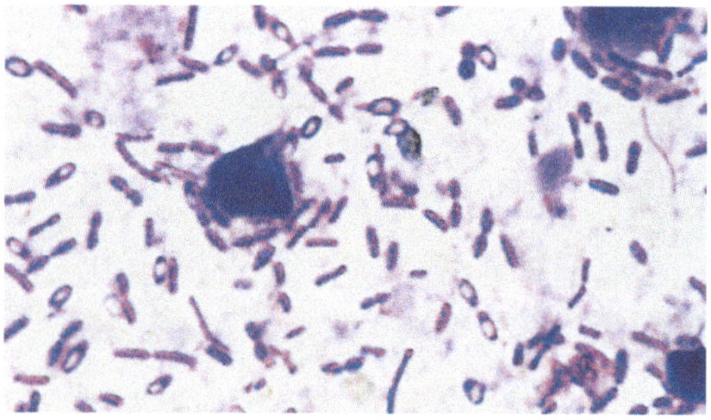

4F: *Clostridium perfringens*. Kotausstrich bei Diarrhö. Sporenbildende Bakterien vom Typ *Clostridium perfringens*. Die Sporen sind durch ihr helles Zentrum und die dunkle Wand leicht zu erkennen.

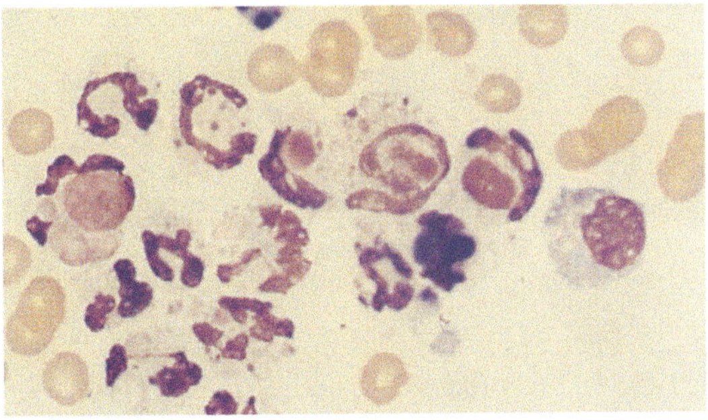

5A: Lupus-erythematodes-Arthritis (Hund). Der Synovialausstrich enthält eine große Lupus-erythematodes(LE)-Zelle auf der linken Seite. Es handelt sich hierbei um einen neutrophilen Granulozyten mit einem großen runden violetten LE-Körperchen, das aus nukleären Proteinen einer lysierten Zelle besteht, an die antinukleäre Antikörper gebunden haben. Andere Neutrophile enthalten kleinere Einschlüsse, die wahrscheinlich Antigen-Antikörper-Komplexe darstellen. Diese Zellen werden auch Ragozyten genannt. Beide Zellarten sind Hinweise auf eine immunmediierte Gelenkerkrankung.

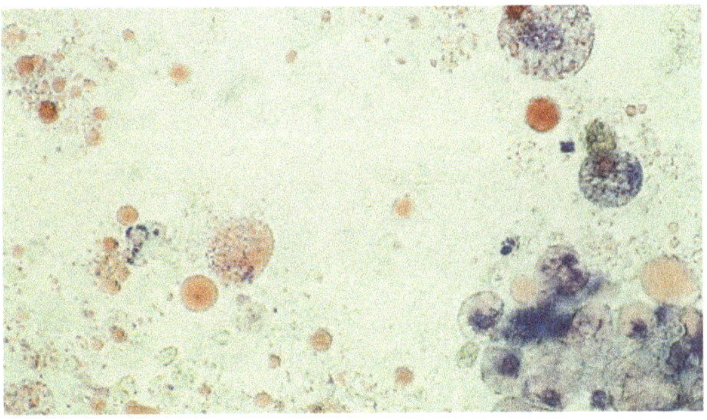

5B: Chylothorax. Eine einfache und preiswerte Methode zum Nachweis von Chylomikronen ist die Fettfärbung (Sudan-Rot, Öl-Rot, etc.), mit der neutrale Fetttröpfchen (in den Phagozyten oder frei im Erguss) angefärbt werden. Sie wird häufig mit einem Tropfen Methylenblau zur Gegenfärbung der Zellkerne kombiniert.

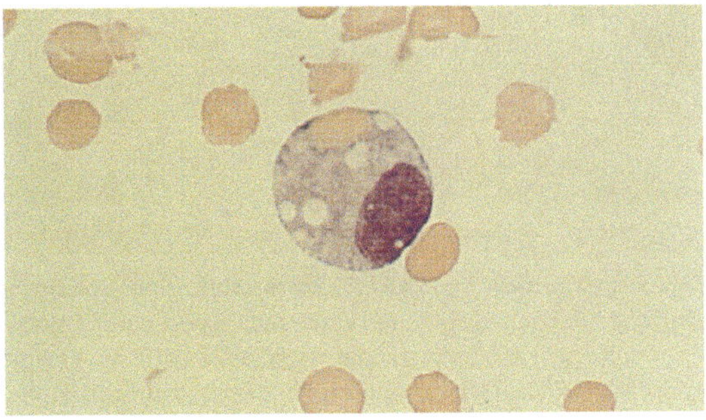

5C: Echte Blutung. Bei sofortiger Probenverarbeitung deuten erythrophagische Aktivitäten und Hämosiderin innerhalb von Makrophagen eher auf eine echte Blutung als auf eine Blutkontamination im Rahmen der Probengewinnung hin.

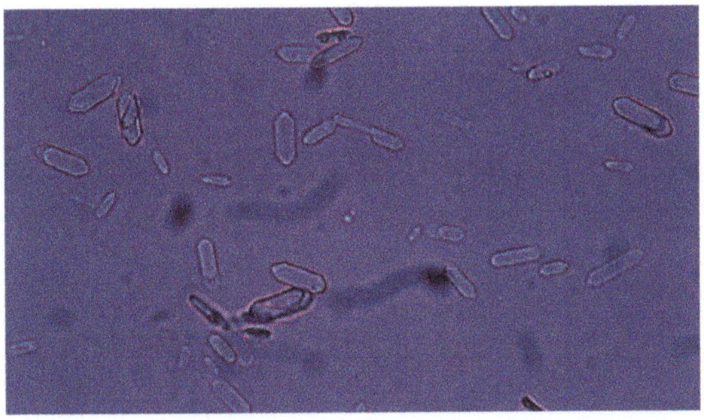

5D: Kalziumoxalat-Monohydrat-Kristalle. Diese länglichen sechseckigen Kristalle kommen bei Ethylenglykolvergiftung (Frostschutzmittel) im Urin von Hund und Katze vor.

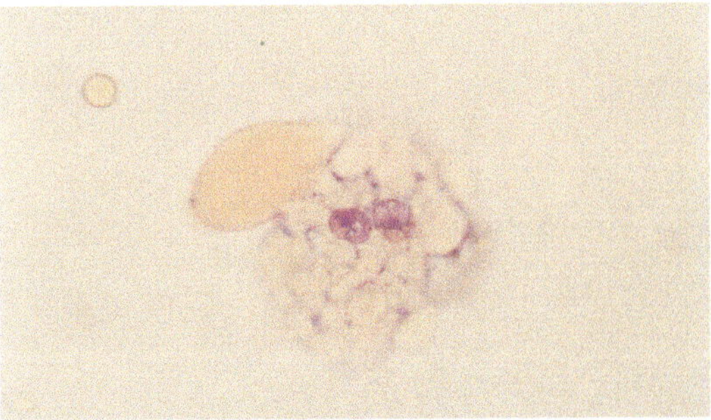

5E: Fettleber, Katze. Zur Hervorhebung von intra- und extrazellulärem Fett wurden bei dieser Leberbiopsie eine Sudan-Färbung und eine Methylenblau-Färbung durchgeführt. Der binukleäre Hepatozyt weist große Mengen intrazytoplamatischer Fetttröpfchen auf und ist charakteristisch für eine Leberverfettung (Hepatolipidose). Die Zytologie ermöglicht die schnelle Diagnose einer Hepatolipidose bei Katzen. Gleichzeitig bestehende entzündliche Veränderungen sind möglicherweise durch den hohen Blutgehalt verdeckt.

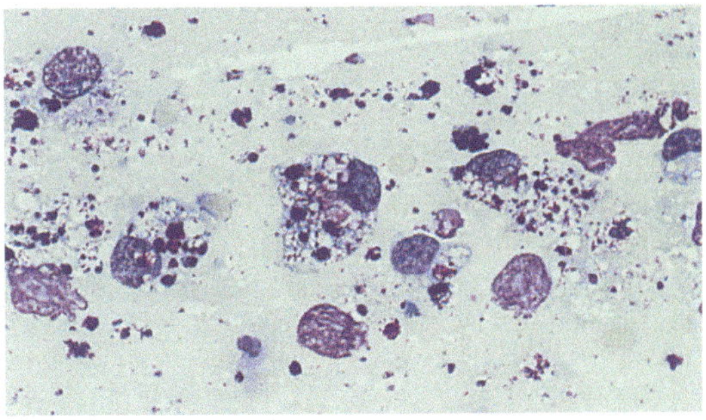

5F: Injektionsreaktion. Der Ausstrich enthält große Mengen freier und phagozytierter Debris. (Mit freundlicher Genehmigung von Dr. Rick Cowell.)

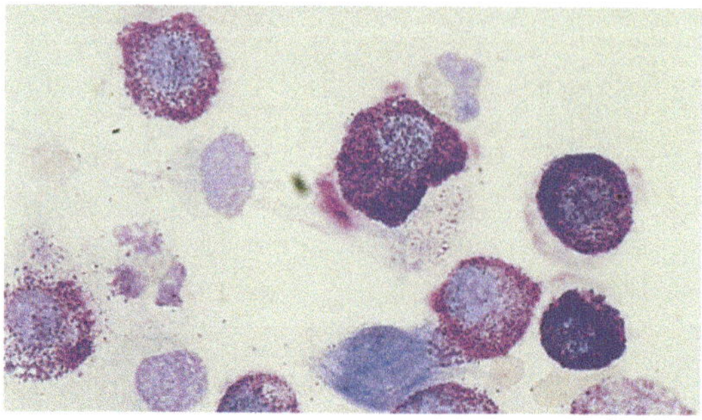

6A: Mastzelltumor (Hund). Zahlreiche gut differenzierte Mastzellen mit uniformen Granula. Es sind auch einzelne eosinophile Granulozyten zu sehen.

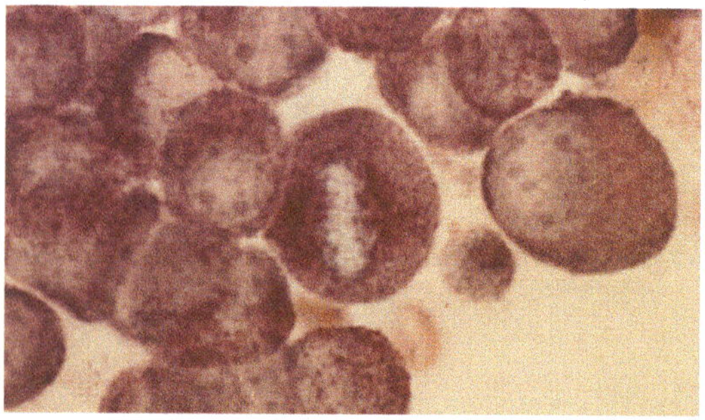

6B: Maligner Mastzelltumor. Vergleiche mit Farbtafel 6A. Auffällig sind die großen anisometrischen Zellkerne mit Polynukleolose, sowie die Mitosefiguren und die reduzierte Anzahl an Granula.

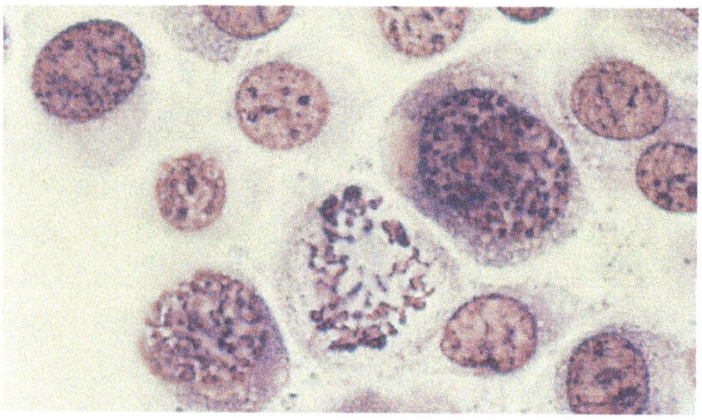

6C: Maligne Histiozytose, Hund. Kernveränderungen sind die stärksten Hinweise auf Malignität. Zu achten ist hierbei insbesondere auf Chromatinverteilung und Kerngröße.

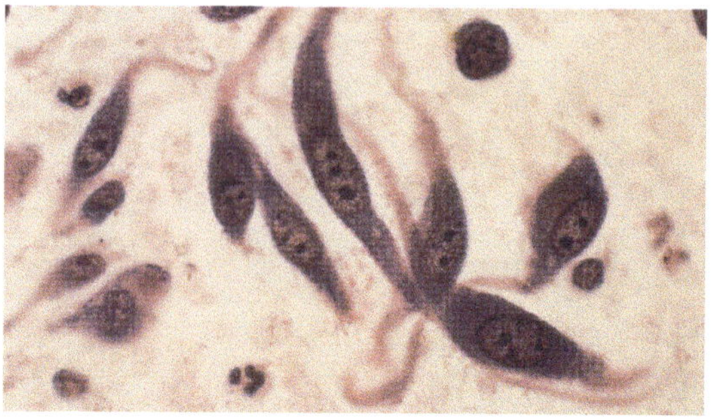

6D: Sarkom, Hund. Der spindelzellige Charakter deutet auf einen mesenchymalen Tumor hin. In der gewählten geringen Vergrößerung sind die nukleären Malignitätskriterien (Größe und Variabilität der Zellkerne und Nukleoli) schwer zu erkennen. Das hohe Kern-Plasma-Verhältnis wird aber beim Vergleich mit dem neutrophilen Granulozyten in der Mitte des unteren Bildrandes deutlich.

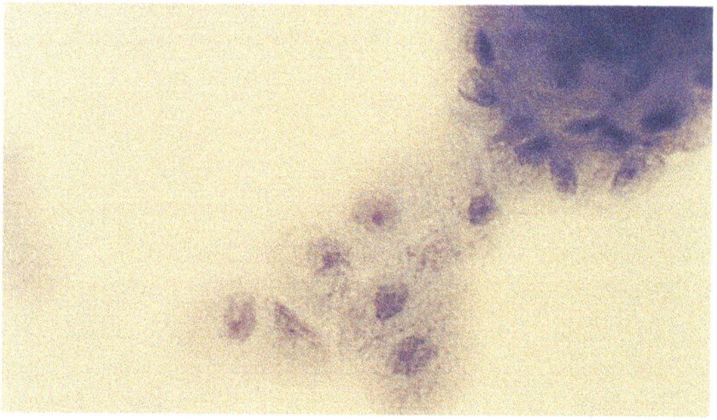

6E: Perianaldrüsenadenom, Hund. Zellen dieser gutartigen Tumoren sind durch ihr granuliertes und reichlich vorhandenes Zytoplasma gekennzeichnet. Da sie gewisse Ähnlichkeiten mit Hepatozyten aufweisen, nennt man diese Tumoren auch „hepatoide Adenome".

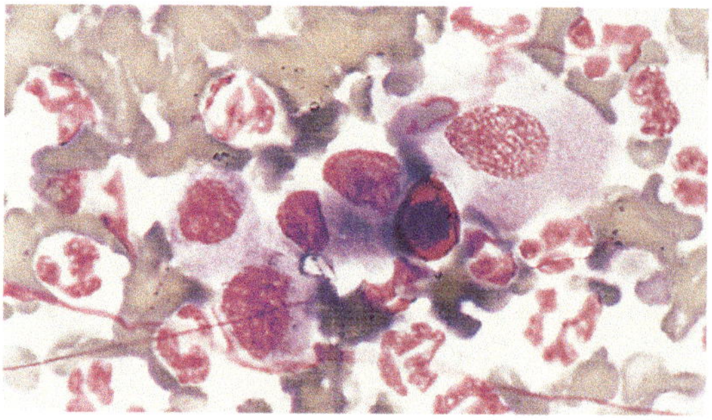

6F: Rhinosporidium, Abklatschpräparat einer nasalen Umfangsvermehrung einee Hundes. Etwas rechts vom Zentrum des Bildes befindet sich eine rötliche Endospore von *Rhinosporidium seeberi*. Sie ist von Epithelzellen und neutrophilen Granulozyten umgeben. (Mit freundlicher Genehmigung von Dr. Rick Cowell.)

1 Grundsätze der Labordiagnostik

Harold Tvedten und Jennifer S. Thomas

1.1 Auswahl geeigneter Laboruntersuchungen

Dem Tierarzt steht heutzutage eine unübersichtliche Fülle unterschiedlicher Testsysteme zur Verfügung. Über ihren gezielten Einsatz entscheiden Notwendigkeit, erhoffter Nutzen, Praktikabilität, Kosten-Nutzen-Verhältnis, Testgenauigkeit und Dauer bis zum Erhalt der Ergebnisse. Ein weiterer wesentlicher Gesichtspunkt ist, ob eine Untersuchung im eigenen Labor durchgeführt werden kann oder ob dafür Proben versandt werden müssen. Die Auswahl des geeigneten Untersuchungsverfahrens muss sich grundsätzlich am Einzelfall orientieren und kann nicht pauschalisiert werden.
Das vorliegende Kapitel beschäftigt sich neben Überlegungen zur Testauswahl mit statistischen Daten, Qualitätskontrolle, Referenzbereichen, Laborprofilen und Einzeluntersuchungen sowie Internationalen Einheiten.
Um ein spezifisches und aussagekräftiges Resultat zu erhalten, muss sich der Tierarzt erstens seiner Fragestellung bewusst sein und zweitens wissen, welche Laboruntersuchung überhaupt zur Klärung geeignet ist.
Zur Veranschaulichung möge der Leser folgende Fragen miteinander vergleichen:

1. Ist das Tier anämisch?
2. Was stimmt mit dem Tier nicht?

Die erste Frage kann mit Hilfe des Hydratationsstatus und einer Hämatokritbestimmung leicht geklärt werden. Die zweite Frage hingegen ist völlig unspezifisch, ohne klare Zielvorgaben und kann von labordiagnostischer Seite auch unter erheblichem Aufwand nicht mit Sicherheit beantwortet werden.
Der Kliniker sollte sich im Voraus darüber bewusst sein, welche diagnostischen und therapeutischen Konsequenzen ein abweichendes oder im Referenzbereich liegendes Testergebnis hat. Wenn sich das Ergebnis auf Diagnose, Therapie oder Prognose auswirkt, kann man diese spezielle Laboruntersuchung als sinnvoll betrachten. Da Ausschlussdiagnosen zum klinischen Alltag zählen, ist es dabei nicht unbedingt entscheidend, ob das Testergebnis vom Referenzwert abweicht oder nicht. Auch physiologische Ergebnisse sind unter Umständen von großer Aussagekraft. Weiteres hierzu ist auch Kapitel 2 zu entnehmen.

> **Beachte:** Ein gutes Laborergebnis basiert auf einer klaren Fragestellung.

1.2 Einfache Statistik

Die Interpretation von Laborergebnissen sollte generell mit gesunder Skepsis vorgenommen werden. Der Kliniker darf nicht alle Zahlen für bare Münze nehmen. Im Gegenteil: unerwartete Ergebnisse sind häufig und bedürfen einer gründlichen Überprüfung, bevor sie zur Diagnosefindung herangezogen werden. Da sie unter Umständen falsch sein könnten, muss bei überraschenden Testergebnissen das Labor kontaktiert bzw. ein zweiter Ansatz durchgeführt werden. Dafür kann es nötig sein, weitere, frische Proben zu entnehmen, was die Diagnose verzögert. Über einen Zeitraum von mehreren Tagen erhobene Tendenzen sind häufig aussagekräftiger als die labordiagnostischen Ergebnisse eines einzelnen Tages.
Nicht alle Patienten, die an der gleichen Krankheit leiden, weisen das komplette labordiagnostische Erwartungsprofil auf. Die Werte können sich trotz der Erkrankung im Referenzbereich bewegen.

> **Beachte:** Laborergebnisse müssen mit gesunder Skepsis betrachtet werden.

Einige grundlegende Hinweise und die folgenden Beispiele sollen die Problematik der Interpretation von Laborwerten veranschaulichen. Zunächst ist einschränkend zu sagen, dass Referenzwerte nur auf etwa 95 % der gesunden Individuen zutreffen. Das bedeutet, dass 5 % der

Ergebnisse (also z.B. eine von 20 Proben) jenseits der Schwellenwerte liegen dürfen. Um es deutlicher zu formulieren: Wenn Sie pro Tier 20 Tests mit je 95%iger Spezifität durchführen, werden sich nur bei 36 % der Tiere alle 20 Werte im Referenzbereich bewegen (Gerstman, 1986). Der Untersucher muss immer mit falsch-positiven und falsch-negativen Ergebnissen rechnen. Kein Test ist zu 100 % sensitiv und 100 % spezifisch für eine Krankheit.

Beachte: Nur etwas mehr als jedes dritte gesunde Tier weist bei einem Laborprofil aus 20 Einzeltests auch physiologische Werte auf. Kleine Abweichungen vom Referenzbereich dürfen vom Kliniker nicht überinterpretiert werden.

Falsch-positive Ergebnisse liegen meist nahe am Referenzbereich. Die Wahrscheinlichkeit einer pathologischen Situation wächst daher mit dem Ausmaß der Abweichung. Abweichungen bei gesunden Tieren bewegen sich dagegen enger um den Mittelwert. Bei vielen Laboruntersuchungen korreliert die Höhe des Wertes auch mit dem Grad der Schädigung und damit der Prognose.

Alle labordiagnostischen Untersuchungsverfahren sind mit einer spezifischen Fehlerquote behaftet. Diese beträgt bei der manuellen Zählung von Leuko- und Erythrozytenzahlen beispielsweise 10–20 %. Daher reflektieren leichte Tagesschwankungen wahrscheinlich eher die testspezifische Abweichung als eine echte klinische Veränderung.

Die Untersuchung gesunder Tierpopulationen unterliegt völlig anderen Gesetzmäßigkeiten als die Überprüfung eines erkrankten Individuums. Hier müssen sowohl der prädiktive Wert einer Laboruntersuchung als auch die Erkrankungsprävalenz innerhalb der Region berücksichtigt werden (Casscells et al., 1978). Wie hoch ist beispielsweise die Wahrscheinlichkeit, dass ein Tier mit einem positiven Testergebnis auch wirklich erkrankt ist, wenn diese Krankheit bei einem von 1000 Tieren vorkommt und der Test eine 95%ige Spezifität aufweist? Die meisten Studenten, Residents und Kliniker haben diese Frage bisher falsch beantwortet. Sie sagten durchschnittlich eine 56%ige Wahrscheinlichkeit voraus, wobei die Antworten zwischen 0,095 und 99 % variierten. Ein Test mit 95%iger Spezifität birgt 5 % falsch-positive Resultate. Daher weisen insgesamt 50 Tiere (5 % von 999 Individuen) ein falsch-positives Ergebnis auf. Ein Tier von diesen 50 ist wirklich erkrankt (da Prävalenz von 1 : 1000), was 2 % aller positiven Proben darstellt. Relativ gesehen wird die Rate an falsch-positiven Resultaten kleiner, je häufiger eine Erkrankung innerhalb einer Population auftritt und sofern sie mit klinischen Symptomen einhergeht.

Beachte: Die Aussagekraft von Laboruntersuchungen in gesunden Populationen unterliegt anderen Gesetzmäßigkeiten als bei erkrankten Einzeltieren.

Ein Screening auf ernste, aber behandelbare Erkrankungen innerhalb klinisch unauffälliger Populationen lässt sich besonders gut am Beispiel der labordiagnostischen Untersuchung auf Herzwurmbefall demonstrieren. Wenn man einen zu 98 % spezifischen und 90 % sensitiven Test bei 100 Hunden durchführt (Courtney und Cornell, 1990) und die Inzidenz dieser Krankheit 1 % beträgt, dann wird man mit hoher Sicherheit ein betroffenes Tier neben zwei falsch-positiven nachweisen können. Wie verfährt man aber nun mit den zwei scheinbar erkrankten Tieren, die sich von dem befallenen Hund nicht sichtlich unterscheiden? Unterzieht man alle Hunde einer vielleicht unnötigen und potentiell toxischen Therapie?

Beträgt die Inzidenz hingegen 50 %, stellt sich die Problematik für den Kliniker völlig anders dar. Der Test würde zur Identifizierung von 45 der 50 befallenen Hunde führen. Hier drängt das Bedenken, fünf falsch-negative Hunde nicht behandeln zu können, die Exposition eines falsch-positiven Hundes in den Hintergrund.

In ähnlicher Weise hat der FeLV-Test in gesunden Katzenpopulationen Bedeutung erlangt (Romatowski, 1989). Der positive und negative prädiktive Wert des FeLV-Tests ist ein Indikator für die Zuverlässigkeit der positiven beziehungsweise negativen Laborergebnisse. Bei einer geschätzten Krankheitsprävalenz von 2 % und 95 % Sensitivität und Spezifität wäre ein negatives Resultat mit 99,9%iger Wahrscheinlichkeit richtig. Ein positives Ergebnis besitzt dagegen eine Glaubwürdigkeit von gerade einmal 28 %.

Hier sind die Konsequenzen für den Umgang mit den Tieren, die falsch-positiv an dieser unheilbaren Infektion leiden, von erheblicher finanzieller Bedeutung. Die Kosten für den Besitzer einer echt-positiven Katze werden immerhin auf etwa 675 € pro Tier geschätzt.

1.3 Qualitätsmanagement

Zuverlässige Labormessungen erfordern ein gezieltes Qualitätsmanagement (QM). Alle Instrumente, Reagenzien, Laboratorien und Mitarbeiter können die Testergebnisse negativ beeinflussen. Etwaige Fehler und deren Quellen müssen so schnell wie möglich identifiziert werden, um Korrekturen zu ermöglichen. Ein standardisiertes QM ist mittlerweile aus der Good-Laboratory-Practice (GLP) spezialisierter Labors nicht mehr wegzudenken. In klinischen Einrichtungen gestaltet sich dessen Umsetzung allerdings erheblich langsamer und schwieriger.
Hauseigene Qualitätskontrollen umfassen die wiederholte Messung von Proben bekannter Zusammensetzung und Stoffkonzentration. Die Ergebnisse der Kontrollmessungen müssen sich innerhalb der im Rahmen des QM definierten Bereiche bewegen. Es sollten dabei Kontrollseren mit normalen, erhöhten und erniedrigten Konzentrationen jeder zu überprüfenden Substanz zum Einsatz kommen. Bei sehr hohem Probenaufkommen sollten diese Testseren jedem Block Patientenmaterial vorangestellt werden. Wenn die Messung fehlerhafte Konzentrationen für die Kontrollen ergibt, dürfen die nachfolgend ermittelten Patientendaten nicht weitergereicht werden, da ihre Richtigkeit in Zweifel zu ziehen ist. Über die Kontrollmessungen ist täglich Buch zu führen, so dass sowohl allmähliche als auch plötzliche Abweichungen auf Instrumenten-, Reagenzien- oder Personalebene zurückverfolgt werden können. Graduelle Veränderungen der Untersuchungsgenauigkeit sind nicht selten auf überalterte Reagenzien oder verminderte Lichtintensitäten von Instrumenten zurückzuführen, wohingegen plötzliche Verschiebungen beim Einsatz neuer Reagenzien und nach Austausch von Apparateteilen zu verzeichnen sind oder auf fehlerhaftem Umgang durch Einzelpersonen basieren.
Externe QM-Programme dienen der Vergleichbarkeit unterschiedlicher Labors und einer Reproduzierbarkeit der Testergebnisse auf höherer Ebene. Veterinärlabors sind momentan zwar noch nicht verpflichtet, sich externen Kontrollen zu unterziehen, sie können davon aber in erheblichem Umfang profitieren. Humanmedizinische Labors unterlaufen hochwertige und aufwändige Zwangskontrollen in Form von Ringversuchen, die auch von größeren Veterinärlabors freiwillig in Anspruch genommen werden. Im Rahmen dieser Ringversuche werden Proben verschickt, untersucht und die Ergebnisse weitergereicht. Labors mit identischer Untersuchungstechnik werden auf diese Weise anhand der von ihnen ermittelten Testergebnisse verglichen. Auch von Geräteherstellern und anderen Laborbedarfskonzernen werden externe QM-Programme angeboten.
Der Praktiker wiederum kann die Glaubwürdigkeit seines Referenzlabors durch die Versendung von Doppelproben überprüfen oder mehrere Labors durch Einsendung identischer Teilproben miteinander vergleichen.

1.4 Referenzwerte

Referenzwerte im Sinne von Referenzbereichen, Referenzintervallen, Mittel- und „Norm„-Werten sind nötig, um ein Testergebnis als verändert beurteilen zu können. Ohne Kenntnis der Werte bei gesunden Tieren haben Laborwerte keine Aussagekraft. Optimalerweise sollten die Konfidenzintervalle für die jeweiligen Referenzbereiche angegeben sein, was *de facto* in der Tiermedizin selten der Fall ist. Hier beschränken sich die Angaben meist auf Referenzbereich und/ oder Mittelwert.
Mittelwert und Referenzbereich werden in unterschiedlichen Situationen herangezogen. Zur Interpretation der Laborwerte eines Patienten, von dem keine früheren Daten vorliegen, sollte man den Referenzbereich verwenden. Natürlich ist der zuverlässigste Referenzbereich der Normalwert dieses Patienten vor Ausbruch der Krankheit. Er umgeht das Problem individueller Unterschiede, ist aber in den meisten Fällen nicht greifbar. Sofern man Tiergruppen miteinander vergleichen will, wie es bei Forschungsprojekten der Fall sein kann, erweisen sich die Mittelwerte als geeigneter. Hier würde man für den Hämatokrit den Mittelwert von 45 % einer Bereichsangabe von 37-45 % vorziehen.
Der Mittelwert erleichtert auch die Feststellung von statistisch nicht signifikanten Tendenzen,

was für eng regulierte Parameter wie den Säure-Basen-Status von entscheidender Bedeutung sein kann. Wenn ein Hund zum Beispiel einen niedrigen CO_2-Partialdruck (pCO_2) (respiratorische Alkalose) und einen niedrigen Bikarbonat-Spiegel (HCO_3^-) (metabolische Azidose) aufweist, können Abweichungen des pH-Werts vom Mittelwert diagnostisch wertvoll sein, selbst wenn sie sich innerhalb des Referenzbereichs bewegen. Ein niedrig-"normaler" pH ließe hier vermuten, dass primär eine metabolische Azidose vorgelegen hat, die partiell respiratorisch kompensiert wurde und nicht eine respiratorische Alkalose mit metabolischer Kompensation. Der Anstieg von Enzymaktivitäten sollte als Vielfaches vom Mittelwert angegeben werden.

Leider sind die Quellen der Referenzwerterstellung oft suboptimal. In der Tiermedizin verlangt die Vielfalt der Spezies einen besonders großen Aufwand, der erhebliche Kosten verursacht. Neben Alters- und Geschlechtsunterschieden kommen außerdem Rassebesonderheiten hinzu. Pro bereinigtes Untersuchungskollektiv werden mehr als 120 Einzelproben gesunder Tiere veranschlagt, um einen zuverlässigen Referenzbereich zu erhalten. Doch auch gesunde Tiere können ungeeignete Proben liefern. Für die Erstellung hämatologischer Referenzwerte wollte die Michigan State University (MSU) auf mikrofilarien-negative Blutproben einer Herzwurm-Studie zurückgreifen. Diese Idee musste allerdings verworfen werden, weil einige Hunde eine starke Eosinophilie aufwiesen, die eine okkulte Infektion vermuten ließ.

Aus ähnlichem Grund mussten die Proben für eine Referenzwertbestimmung der klinisch-chemischen Serumwerte von Hunden verworfen werden. Retrospektiv wurde bei Tieren aus einer bestimmten Zucht eine klinisch unauffällige erbliche Hepatopathie festgestellt, die sich erst im Verlauf einiger Leberfunktionstest offenbart hatte.

Prinzipiell sollten Referenzbereiche immer wieder neu erstellt werden, nachdem eine Veränderung der Untersuchungsinstrumente oder Reagenzien vorgenommen wurde. Leider ist diese Vorgehensweise finanziell nicht tragbar. Etwa 8200 € Unkosten und ein 4-monatiger Teilzeit-Einsatz von drei Personen war 1988 nötig, um an einem neuen Gerät hämatologische Referenzwerte für vier Spezies festzulegen. Dazu wurden pro Spezies mindestens 100 gesunde Individuen untersucht. Es wurden lediglich die Werte adulter Tiere einer Rasse gemessen. Alter, Geschlecht, Rasse und Haltungsbedingungen konnte keine weitere Aufmerksamkeit geschenkt werden. Man kann sich den zeitlichen, personellen und finanziellen Aufwand vorstellen, den es erfordern würde, um für nur eine Tierart wie den Hund alle Rasse- und Altersunterschiede zu ermitteln.

Damit nicht jedes Labor für alle Tests und Situationen eigene Referenzbereiche erstellen muss, werden oft Literaturdaten als Vergleichswerte herangezogen. Mag diese Vorgehensweise auch größere Fehlermöglichkeiten aufwerfen, so bleibt sie doch die einzige Lösung für seltene Spezies und Rassen. Die physiologischen Daten und Referenzwerte für Zootiere des Internatio-

Tabelle 1.1 Hämatologische Referenzbereiche (Hund, automatisch erhoben)

Parameter	Einheit	Mittelwert	SD	Referenzbereich
Leukozytenzahl	× 1000/µl	10,5	2,7	6,4–15,9
Erythrozytenzahl	× 10^6/µl	6,7	0,6	5,6–8,0
Hämoglobin	g/dl	16,4	2,3	13,3–19,2
Hämatokrit	%	45	4	36–54
MCV	fl	67,7	4,2	60–75
MCH	pg	24,4	1,6	21–27
MCHC	g/dl	36,1	1,6	34–38
Thrombozytenzahl	× 1000/µl	345	101	186–547
MPV	fl	7,31	0,9	5,8–9,2
RDW	%	13,5	1,1	12–16
HDW	g/dl	1,94	0,3	1,6–2,7
Neutrophile	%	71	11,5	43–88
Lymphozyten	%	15	8,4	2,8–36
Monozyten	%	5,0	2,4	2–11
Eosinophile	%	4,4	5,1	0–17
Basophile	%	0,3	0,2	0–0,3
große ungefärbte Zellen	%	4,2	2,0	2–9

MCV, Mean Corpuscular Volume, mittleres Erythrozytenvolumen; MCH, Mean Corpuscular Hemoglobin, mittlerer Hämoglobingehalt der Einzelerythrozyten; MCHC, Mean Corpuscular Hemoglobin Concentration, mittlere Hämoglobinkonzentration der Erythrozyten; MPV, Mean Platelet Volume, mittleres Thrombozytenvolumen; RDW, Red Cell Distribution Width, Erythrozyten-Verteilungsspanne; HDW, Hemoglobin Concentration Distribution Width, Hämoglobin-Verteilungsspanne

Tabelle 1.2 Hämatologische Referenzbereiche (Katze, automatisch erhoben)

Parameter	Einheit	Mittelwert	SD	Referenzbereich
Leukozytenzahl	× 1000/µl	10,9	3,6	6,6–18,0
Erythrozytenzahl	$\times 10^6$/µl	7,5	1,2	5,3–10,0
Hämoglobin	g/dl	12,3	1,9	8,9–15,3
Hämatokrit	%	36,3	6,0	25,8–48,1
MCV	fl	48	2,7	43,4–52,8
MCH	pg	16	1,3	14,1–18,6
MCHC	g/dl	34	1,9	30,6–35,8
Thrombozytenzahl	× 1000/µl	404	92	300–631
MPV	fl	10,5	1,6	8,5–13,2
RDW	%	16	1,4	14,0–18,1
HDW	g/dl	2,3	0,6	1,89–2,73

MCV, Mean Corpuscular Volume, mittleres Erythrozytenvolumen; MCH, Mean Corpuscular Hemoglobin, mittlerer Hämoglobingehalt der Einzelerythrozyten; MCHC, Mean Corpuscular Hemoglobin Concentration, mittlere Hämoglobinkonzentration der Erythrozyten; MPV, Mean Platelet Volume, mittleres Thrombozytenvolumen; RDW, Red Cell Distribution Width, Erythrozyten-Verteilungsspanne; HDW, Hemoglobin Concentration Distribution Width, Hämoglobin-Verteilungsspanne

nal Species Inventory System (ISIS) von 1995 sind ein gutes Beispiel hierfür. Um eine ausreichende Datenmenge zu erhalten, haben hier 65 Institute ihre Proben und Messwerte zusammengelegt.

Bei der Übertragbarkeit von Laborwerten ist zu beachten, dass hämatologische Untersuchungen zwischen unterschiedlichen Labors weitaus größere Übereinstimmungen zeigen als klinisch-chemische Parameter, insbesondere Enzymaktivitäten. Daher sind hämatologische Daten auch eher übertragbar. Es gibt hinreichend Angaben in der Literatur, die auch hämatologische Besonderheiten von Welpen und zahlreichen Rassen widerspiegeln (Feldmann et al., 2000). Dennoch sollten Labors für ihre Hauptspezies und meist genutzten Testsysteme eigene Datenbanken anlegen. Bei kleinen Probenvolumina (Vogel, Zootier, Heimtier, u. U. Katze) bleibt die Ergänzung durch vorhandene Literaturdaten sicherlich unausweichlich.

Eine Alternative zur Gewinnung von 40 (oder vorzugsweise 120) Proben gesunder Probanden kann die Verwendung von Patientenmaterial der eigenen Klinik darstellen. Diese Proben stammen zwar nicht von nachweislich gesunden Individuen, sind dafür aber leicht und in großer Menge erhältlich. Durch statistische Auswertung entsteht preiswert eine Datenbank, die außerdem repräsentativ für die Population im Einzugsgebiet des Untersuchungslabors ist. Die Referenzwerte der Tabellen 1.1 und 1.2 rekrutieren sich aus Patientenproben. Sie enthalten auch neuere Parameter, wie das mittlere Thrombozytenvolumen (Mean Platelet Volume, MPV), die in der Literatur bisher nicht aufgegriffen wurden. Solche Werte können durch die konventionelle Referenzwerterstellung überprüft und schließlich abgelöst werden.

Die Verwendung von Patientenblut zur hauseigenen hämatologischen Referenzwertbestimmung ist zulässig, solange sich Leukozytenzahlen, Hämatokrit und Thrombozytenzahlen innerhalb des allgemein akzeptierten Referenzbereichs bewegen. Dieses Postulat basiert auf der Annahme, dass bei Einhaltung dieser Referenzbereiche auch die anderen hämatologischen Parameter im Referenzbereich liegen dürften. Bei den so erhobenen Werten ist es üblich, die höchsten und niedrigsten 2,5 % zu eliminieren und die verbleibenden 95 % der Werte als neuen Referenzbereich heranzuziehen. Bei einer derartigen Vorgehensweise sollte jedoch beachtet werden, dass sich die Streubreiten zwischen automatisierten und manuellen Zellzählungen erheblich unterscheiden können.

Ein alternatives Verfahren zur Überprüfung neuer Techniken oder Instrumente ist die Durchführung von mindestens 40 Doppelanalysen, jeweils mit der neuen und der standardisierten Technik. Anschließend führt man einen Regressionstest ($Y = aX + b$) durch, mit dessen Hilfe die Abweichungen der Referenzbereiche zwischen „alt" und „neu" vorauszusagen sind. Je mehr hohe und niedrige Werte dabei erfasst werden, desto höher ist auch die Zuverlässigkeit der Aussage. Abgesehen von der Angabe der zu erwartenden Referenzbereiche charakterisiert die Regressionsanalyse das Verhältnis und damit die Vergleichbarkeit der beiden Testsysteme.

Da die Referenzwerte in Abhängigkeit von der Verfahrenstechnik stark schwanken, sollte der Anwender immer über deren Erstellung informiert sein. Insbesondere bei Enzymbestimmungen kommt es bei unkritischer Übernahme von Orientierungswerten sonst zu erheblichen Fehlinterpretationen.

1.5 Laborprofile oder Einzelanalysen

Sowohl die Anwendung von Einzelanalysen als auch die Erstellung von Laborprofilen besitzen nennenswerte Vor- und Nachteile. Die Wahl der entsprechenden Methode ist von den Kosten, der Verfügbarkeit, der Durchführungszeit und der Fragestellung abhängig. Ein Laborprofil (Suchprogramm, Screening) sollte sinnvollerweise bei minimalen Kosten eine geringe Redundanz aufweisen und trotzdem mit hoher Wahrscheinlichkeit eine Erkrankung nachweisen können. Eine hämatologische Untersuchung kann zahlreiche Krankheitszustände wie Anämie, Entzündung, Stress, Thrombozytopenie oder Herzwurmbefall aufdecken. Auch die Urinanalyse ist nicht nur ein Indikator für hämorrhagische, entzündliche oder funktionelle Veränderungen des Urogenitaltrakts, sondern ermöglicht auch die Diagnostik von Diabetes mellitus, Lebererkrankungen, Muskeltraumen und intravaskulärer Hämolyse. Die Aussagekraft hämostatischer Untersuchungen ist in Kapitel 5 ausführlich dargestellt. Zur klinisch-chemischen Serumanalyse werden zahlreiche Laborprofile angeboten, das „Basisprofil" der meisten Labors zeigt allerdings große Übereinstimmungen.

Viele kritisieren die Anwendung derartiger Multiparameter-Untersuchungen als unspezifisches und „blindes Umherfischen". Andererseits können gerade diese Profile ein Kosten sparender Weg zu vielen Informationen sein.

Die Frage nach einzelnen Laboruntersuchungen stellt sich in erster Linie, wenn bestimmte Parameter eine eigenständige Vorgehensweise verlangen oder wenn diese Tests z.B. aus Kostengründen nicht im Rahmen von Profilen angeboten werden. Einige Untersuchungen – beispielsweise endokrinologischer Art – werden auch zu selten verlangt, um sie kosteneffektiv in ein Profil eingliedern zu können. In solchen Fällen ergibt sich die Indikation zur Überprüfung eines speziellen Laborparameters aus der konkreten klinischen Fragestellung.

Nachdem eine Krankheit mit erhöhtem Aufwand diagnostiziert wurde, ist zur weiteren Überwachung oft nur noch ein Parameter nötig. Das Paradebeispiel hierfür ist die Blut- oder Harnglukose-Bestimmung bei einem Tier mit Diabetes mellitus.

1.6 Internationale Einheiten

Das Système Internationale d'Unités dient mit seinen SI-Einheiten der internationalen Vereinheitlichung physikalisch-chemischer oder biochemischer Einheiten. Sein Wirkungsbereich erstreckt sich auf die meisten Länder, mit Ausnahme der Vereinigten Staaten, Brasiliens und weniger anderer Länder. In der Vergangenheit haben gerade die Angaben zu Enzymaktivitäten zu starken Verwirrungen geführt, indem sie zum Teil nach der Bestimmungsmethode, zum Teil nach den Autoren benannt wurden. Glücklicherweise konnte man sich inzwischen testübergreifend auf Internationale Einheiten pro Liter (IU/l) in den USA und katalytische Einheiten in den meisten anderen Ländern (ukat/l) einigen. Allerdings handelt es sich nur bei ukat/l um eine SI-Einheit. Viele konservative Labors bedienen sich außerdem nach wie vor der Konzentrationsangabe mg/dl, die durch mmol/l ersetzt werden sollte. In Appendix II sind die wichtigsten Umrechnungsfaktoren aufgeführt. Die Verwendung unterschiedlicher Einheiten stellt gerade den Kliniker vor unnötige Schwierigkeiten bei der Interpretation der Ergebnisse und es sollte möglich sein, sich zumindest innerhalb einer Klinik abzustimmen.

1.7 Soforttests

Für intensivmedizinische Behandlungen, wie die Flüssigkeitstherapie bei Elektrolyt- und pH-Wert-Verschiebungen, besteht ein kritisches Zeitfenster. Von der Probennahme bis zum Erhalt der Ergebnisse darf nur eine minimale Zeit verstreichen. Deshalb müssen diese Tests individuell durchgeführt werden und sind dadurch besonders kostenträchtig. Manche Geräte können die erforderlichen Parameter auch aus Vollblut oder Plasma bestimmen. Dadurch wird die Probenbearbeitung verkürzt, da man nicht die vollständige Gerinnung des Blutes für die Serumgewinnung abwarten muss.

Die Durchführung von Soforttests erfordert einen verfügbaren Laboranten, der in der Regel dazu seine Routinetätigkeit unterbrechen muss.

1.8 Wegschicken oder selbst auswerten?

Der Untersucher steht oft im Konflikt, ob er Untersuchungen in der Klinik selbst durchführen oder die Probe an ein externes Labor schicken soll. Die Qualität der Diagnostik im eigenen Labor variiert erheblich. Der Autor Tvedten arbeitet momentan mit sechs Angestellten in einem Labor, das eine große private Tierklinik mit 25 Tierärzten für Kleintiere versorgt. Das Labor trägt erheblich zur Qualität der Dienstleistungen dieser Klinik bei. Er hat aber auch schon in Kliniken gearbeitet, in denen weder die Zeit noch das Know-how zur Verfügung standen, die Tests korrekt durchzuführen.

Wird auf qualitativ hochwertige Laborergebnisse Wert gelegt, muss zunächst in erfahrene technische Assistenten investiert werden. Ihnen muss des Weiteren ausreichend Zeit zur Verfügung stehen, die Untersuchungsmethoden zu etablieren und zur Routine zu machen. Der so genannte „Operator-Error" lässt sich so klein wie möglich halten, wenn man grundsätzlich nur einer Person die Verantwortung für die korrekte Durchführung der Tests im Hause überträgt. Der Arbeitsplan des Assistenten muss Schulungszeiten, Zeiträume zur Anschaffung und Verwaltung der Reagenzien sowie zur Instrumentenpflege, zur Fehlerbehebung und zur Durchführung der eigentlichen Tests vorsehen, um Artefakte und fragliche Ergebnisse zu vermeiden.

Außerdem muss eine Klinik, die ein Labor führt, sich ihrer Verantwortung bewusst sein. Der QM-Beauftragte ist für die richtige, akkurate und nachvollziehbare Mitteilung der Laborergebnisse zuständig. In diesem Zusammenhang müssen auch die klinischen Tests in regelmäßigen Abständen validiert werden, worüber Buch zu führen ist. Praxen mit geringem Probenaufkommen sollten stets eine Kontrollprobe mit jeder Patientenprobe mitlaufen lassen. Da dieses Vorgehen zeit- und kostenintensiv ist, werden die nötigen Qualitätskontrollen leider oft nicht eingehalten, und die Resultate sind wenig vertrauenswürdig.

Teststreifen zur Glukosebestimmung stellen in den meisten Fällen ein zuverlässiges und genaues Testsystem dar; in Einzelfällen kann es jedoch zu signifikanten Abweichungen zu den durch Referenzmethoden ermittelten Werten kommen (Cohn et al., 2000). Für andere Fragestellungen existieren ähnliche Testsysteme, zum Beispiel zum Parvovirusnachweis in Fäzes, zur Ethylenglykolbestimmung im Harn und zur Bestimmung von Serumtitern gegen unterschiedliche Infektionserreger. Einige davon werden in anderen Kapiteln besprochen. Bestimmte chemische Parameter lassen sich mit so genannten Dip-and-read-Streifen bestimmen, die keine hochspezialisierte Laborausstattung erfordern. Allerdings wird bei Verwendung von Streifen zur Harnstoffbestimmung im Blut tendenziell ein zu geringer Spiegel bei Hund und Katze gemessen, weshalb einige Tiere mit erhöhten Werten nicht erkannt werden (Hill et al., 1994).

Die mikroskopische Untersuchung von zytologischen Präparaten und Blutausstrichen führt zu schnellen und einfach zu erfassenden Ergebnissen, daher sollte eine Person in der Praxis diese Techniken erlernen (siehe Kap. 2 bis 5 und 18). Viele der Befunde ergeben sich hier aus subjektiven Beobachtungen, die den instrumentenbasierten Untersuchungsmethoden entgehen. Allerdings ist hierfür ein qualitativ hochwertiges Mikroskop erforderlich. Für die Praxis existieren einige Schnellfärbungen wie Diff-Quick®, die die wesentlichen Charakteristika von Blutausstrichen, Bakterien und Pilzen sowie zytologischen Präparaten erkennen lassen. Methylenblau seinerseits eignet sich für Urinsedimente, zytologische Ausstriche und zur Retikulozytenfärbung (siehe Kap. 18). Wenn man bei der Diagnosestellung unsicher ist, kann man immer noch die luftgetrockneten Urinsedimente, Blutausstriche und zytologischen Präparate an einen klinischen Pathologen weitersenden. Urinsedimente haften dabei wesentlich besser an proteinbeschichteten Objektträgern (Albumin oder Serum).

Nähere Angaben zu Zellzahlbestimmungen finden sich in den Kapiteln 2 (Erythrozyten- und Leukozytenzählung) und 5 (Thrombozytenzählung).

Refraktometer werden zur schnellen Bestimmung von spezifischem Gewicht, Gesamtprotein und den so genannten gesamten Feststoffen (Total Solids) in unterschiedlichen Körperflüssigkeiten benötigt. Bei vielen Kleintieren mit Verdacht auf Nierenversagen sind die gewonnenen Urinmengen zu gering, um das weniger teure Urinometer zur Ermittlung des spezifischen Gewichts einzusetzen. Bei einem Refraktometer hingegen ist lediglich ein Tropfen Urin

nötig. Analog hierzu ist die Menge an Blutplasma, die als Überstand in einer Mikrohämatokritkapillare anfällt, ausreichend, um den Gesamtproteingehalt des Blutplasmas feststellen zu können. Von einigen Herstellern werden bereits Refraktometer, die auf Proben von Hund und Katze abgestimmt sind, angeboten.
Die meisten Labors benötigen zwei Zentrifugensysteme. Zunächst eine Zentrifuge, die ausschließlich zur Bestimmung des Mikrohämatokrits verwendet wird. Sie kostet ca. 500–2600 €. Im unteren Preissegment bewegen sich auch Zentrifugen für die quantitative Serum- oder Plasmagewinnung. Das Plasma oder Serum sollte in einem Kühlschrank (4 °C) oder Gefrierschrank (–20 °C) aufbewahrt werden, bevor es an ein Referenzlabor weitergeschickt werden kann. Gefrierfächer in gewöhnlichen Haushaltskühlschränken gewährleisten keine zuverlässige Gefrierkühlung unter minus 20 °C.

1.9 Erweiterte Diagnostik im eigenen Labor

Einige Tierkliniken führen die meisten Laboruntersuchungen selbst durch, weil ihnen die Beantwortungszeit zu lang erscheint oder es ihnen an Vertrauen in die Zuverlässigkeit der regionalen Labors mangelt. Der unter Umständen erhebliche Zeitgewinn erlaubt es, möglichst unmittelbar auf ein spezielles klinisches Problem einzugehen, und ist daher der größte Vorteil. Vier weitere positive Aspekte des eigenen Labors sind:

1. erhöhte Zufriedenheit der Tierbesitzer über die Möglichkeit, therapeutisch zu intervenieren, bevor die Resultate eines Referenzlabors eingetroffen sind
2. Vermeidung transportassoziierter Fehlerquellen
3. vermehrter Einsatz aussagekräftiger biochemischer Tests bei präoperativen, geriatrischen und Vorsorgeuntersuchungen
4. weitere Einnahmequelle für die Klinik (Metzger, 1996)

Einschränkend sollte hierzu allerdings bemerkt werden, dass große Referenzlabors billigere Tests anbieten, hier das Qualitätsmanagement stringenter gehandhabt wird und die Verfahren zuverlässiger sind sowie mehr unterschiedliche Tests durchgeführt werden. In vielen Fällen endet die Anschaffung teurer Untersuchungssysteme in der Erkenntnis, dass diese ohne ständige Kalibrierung und Kontrollen unzuverlässig bleiben. Das ist auch an den Herstellerkatalogen zu erkennen, die ständig neue Testsysteme anbieten, um sie nach wenigen Jahren wieder vom Markt zu nehmen.
Den meisten praktizierenden Tierärzten ist deshalb die Inanspruchnahme von Referenzlabors zu empfehlen. Wie Orthopäden und Internisten sind Labormediziner Spezialisten, die ein hohes Fachwissen aufweisen, in dem sie ständig an Erfahrung hinzugewinnen und für die Laborprobleme keine Ausnahmesituation darstellen. Vor allem verfügen sie über eine Ausstattung, mit deren Hilfe sie ihre Untersuchungen kontrolliert und zuverlässig durchführen können.

Beachte: Die besten Ergebnisse erhält ein Kliniker von Speziallabors mit ausgebildetem Personal. Es ist ratsam, sie in Anspruch zu nehmen, bevor man im eigenen Hause Laboruntersuchungen etabliert.

1.10 Referenzlabors

Referenzlabors profitieren von dem entscheidenden Faktor, über speziell ausgebildetes Personal zu verfügen. Veterinärlabors können mit klinischen Fragestellungen am Tier besser umgehen, dafür verfügen Humanlabors meist über eine bessere chemische Diagnostik. Für den Menschen kalibrierte Testsysteme bewerten die Proteinkonzentrationen beim Tier oft falsch. Aufgrund der großen Ähnlichkeit können Humanlabors auch hämatologische Untersuchungen beim Hund durchführen. Bei Katzen allerdings bergen die vergleichsweise kleinen Erythrozyten, großen Blutplättchen und deren Neigung zur Verklumpung entscheidende Fehlerquellen.
Die moderne Ausstattung von Speziallabors erlaubt nicht nur die Durchführung hochkomplizierter Untersuchungen, sondern auch die rasche und zuverlässige Erkennung von Proben- und Verfahrensfehlern. Billigere Geräte können zwar Werte wiedergeben, weisen aber kaum auf Artefakte hin. Die großen automatischen Zählgeräte in der Hämatologie besitzen beispielsweise ein Display, das Fehlmessungen grafisch erkennen lässt. Derselbe Parameter (z. B. Leukozytenzahl) kann von diesen Geräten parallel mit

zwei unterschiedlichen Messverfahren erfasst werden. Weichen die so erzielten Ergebnisse voneinander ab, wird ein Warnhinweis gegeben. Diese neueren „intelligenteren" Instrumente erlauben im Vergleich zur manuellen Zellzählung und einfachen Zählgeräten (siehe Kap. 2 bis 5) eine schnellere und akkuratere Bestimmung eines breiteren Spektrums von hämatologischen Parametern.

Ein Problem bei der Diagnostik im eigenen Labor ergibt sich aus dem kleinen Probenaufkommen, so dass nur wenige Tests rentabel sind. Wer ein großes Leistungsspektrum anbieten will, muss viele Reagenzien vorrätig haben, und die Gefahr, dass Reagenzien verfallen, ist relativ groß. Trotz dieses zusätzlichen Kostenfaktors dürfen abgelaufene Substanzen nie zur Diagnostik verwendet werden. Bei einer großen Testpalette ist darüber hinaus ein entsprechender Stauraum zur Lagerung der Reagenzien einzuplanen. Um den Anforderungen der Praxis gerecht zu werden, bieten viele Referenzlabors bereits Fahrdienste an oder kooperieren mit Kurierdiensten, die die Proben direkt beim Tierarzt abholen. Eine Antwort erfolgt dann zumeist per Fax.

Generell ist es hilfreich, mit seinem Überweisungslabor in gutem Kontakt zu stehen. Mitarbeiter des Labors können nützliche Hinweise zum Probenversand geben. Ist eine Probe ungeeignet oder sind Beschriftung und Untersuchungsauftrag unklar, muss das Labor seinerseits den Kontakt zum Einsender suchen oder selbständig über die weitergehende Bearbeitung entscheiden. Der Wert einer Probe darf nicht durch fahrlässigen oder unkorrekten Umgang oder eine ungezielte Bearbeitung gefährdet werden. Von vielen Labors sind Versandprotokolle und laboreigene Referenzwerte zu erhalten. Mit Fragen zu Umgang, technischen Details und Kosten sollte man sich an das Sekretariat oder die Labortechniker wenden. Dagegen ist der klinische Pathologe für fachliche Fragestellungen zuständig.

1.11 Kostenberechnung für Diagnostik im eigenen Labor

Geräte zur klinisch-chemischen Analytik werfen einige, oft unvermutete Kosten auf. Vertreter benennen meist nur die Anschaffungspreise für Geräte und Reagenzien. Daher werden Überlegungen zur Validierung der Geräte, Wartungskosten, Referenzwerterstellung, Qualitätsmanagement, Kalibrierung, Abschreibung, Raumkosten und Interesseverlust in der Regel erst spät angestellt. Hinsichtlich der Rentabilität sollten sowohl das kleinste als auch das größte zu erwartende Probenaufkommen berücksichtigt werden. Es sollte zuerst klar sein, ob die Probenmenge ausreicht, die Unkosten für Geräte und Reagenzien zu decken, und ob der Abzug des Bearbeitungspersonals aus der klinischen Routine akzeptabel ist. Weitere unvorhersehbare Größen stellen wiederholte Messungen, Abfallbeseitigung, Lagerungskosten sowie Erweiterungen und Modernisierung der Ausstattung dar (Vap und Mitzner, 1996).

Das gesamte Probenvolumen bestimmt den Preis eines Einzeltests. Die Selbstkosten zur Erhebung eines Parameters, wie Glukose oder Alanin-Amino-Transferase (ALT), variieren für einen Schnelltest von ca. 2,20 € pro Test (bei einem Aufkommen von 10 Proben pro Tag) bis zu 13 € pro Test (bei einem Aufkommen von 3 Tests pro Woche). Diese Werte sollen lediglich die Spannweite der möglichen Kosten reflektieren.

Im Folgenden soll dies mit den Kosten eines humanmedizinischen Labors verglichen werden. Ein 12,50 € teures Serumchemie-Screening umfasst entweder:

- Alanin-Amino-Transferase (ALT), Glukose, Harnstoff, Blutgase (pCO_2, pO_2, pH und errechnetes HCO_3^-), Natrium, Kalium, Chlorid und Gesamt-Kohlendioxidkonzentration (TCO_2) oder
- Kalzium, Phosphat, Kalium, Triglyzeride, Cholesterin, Alanin-Amino-Transferase (ALT), Aspartat-Amino-Transferase (AST), Harnstoff, alkalische Phosphatase (AP), Gesamtprotein, γ-Glutamyl-Transferase (γ-GT) und Glukose

Folglich fallen Kosten von 0,75–1,30 € pro Parameter an. Die Kosten für ein Laborprofil können von den Speziallabors deshalb so niedrig gehalten werden, weil das Probenaufkommen entsprechend groß ist. Außerdem wird versucht, über billige Laborprofile Kunden zu gewinnen. Einzelanalysen sind im Vergleich wesentlich teurer, weil Qualitätskontrollen, Zeit, Arbeitsaufwand und Kosten sich nicht wesentlich von einer Untersuchung mehrerer Proben unterscheiden. Dementsprechend werden für eine isolierte ALT- oder Harnstoffbestimmung etwa 11 €, für eine Blutgasanalyse oder Elektrolytbestimmung ca. 16,50 € berechnet.

1.12 Klinisch-chemische Soforttests

In manchen klinischen Notfällen ist der Einsatz eines Schnelltests unumgänglich. Ein Beispiel ist die Glukosebestimmung bei einem Patienten mit vermutlich hypoglykämisch bedingten Anfällen. So genannte Bedsite-Diagnostik wird in unmittelbarer Nähe zum Patienten durchgeführt und bedient sich unter Umständen mobiler Geräte. Das ideale Analysegerät sollte leicht bedienbar sein, schnelle und akkurate Ergebnisse liefern, eine minimale Bearbeitungs- und Einarbeitungszeit erfordern, leicht aufzubewahren sein, stabile Reagenzien verwenden und wenig schadensanfällig sowie leicht zu reparieren sein. Bislang wurden aber nur wenige Geräte einer ausführlichen Überprüfung unterzogen (Grosenbaugh et al., 1998; Lanevschi und Kramer, 1996; Sutton et al., 1999). Deshalb sollte man vor einer Anschaffung vom Hersteller Informationen zur Genauigkeit des Testsystems und den Abweichungen von den Referenzmethoden einholen.
Bei der Abwägung, welches Gerät für Kauf oder Leasing in Frage kommt, sollte sich der Tierarzt von einigen grundsätzlichen Fragen leiten lassen. Die Anzahl der Bluttests, die ein Analysegerät pro Zeiteinheit bewerkstelligt, muss den Anforderungen der Klinik genügen. Hierbei ist zu beachten, dass von den einfachsten Geräten nur ein bestimmter Parameter gemessen werden kann (z.B. Glukose). Blutglukosemessgeräte bieten den Vorteil schneller Resultate, geringer benötigter Probenmengen (3–5 µl Vollblut), eines niedrigen Preises und des einfachen Mitführens (Cohn et al., 2000). Eine systematische Untersuchung diverser Glukosemessgeräte für Hunde und Katzen hat ergeben, dass sie mit ausreichender Genauigkeit die glykämische Situation widerspiegeln und damit keine therapeutischen Fehler verursachen (Wess und Reusch, 2000). Dennoch weichen die Messwerte deutlich von denen ab, die über ein Referenzverfahren erhoben wurden. Unglücklicherweise ist dies vor allem bei hyperglykämischen Patienten der Fall.
Andere praxisrelevante Geräte erlauben die Erfassung unterschiedlicher Parameter. Sofern sie aber nur einzeln, und damit hintereinander, gemessen werden können, ist die Erstellung eines biochemischen Profils mit einem hohen zeitlichen Aufwand verbunden und erfordert die ganze Aufmerksamkeit eines technischen Assistenten. Instrumente mit einem vorgegebenen Messprofil sind zwar weniger flexibel, kosten dafür pro Test wesentlich weniger. Sie erfordern weniger Zeit und keine besondere Schulung des Anwenders (Vap und Mitzner, 1996).
Jedes chemische Analysegerät bedient sich anderer Techniken. Daher müssen die gerätespezifischen Referenzbereiche für die unterschiedlichen Patientenspezies vom Hersteller mitgeliefert werden. Die Richtwerte eines Referenzlabors können nur dann verwendet werden, wenn das gleiche Analysesystem benutzt wird. Man sollte daher vor dem Kauf sicherstellen, dass entsprechende Referenzwerte für das Gerät zur Verfügung stehen. Der Hersteller sollte auf Nachfrage Auskunft über die Methode der Referenzwerterstellung geben können (z.B. Anzahl, Alter, Rasse und Geschlecht der verwendeten Tiere). Außerdem ist es wichtig zu wissen, ob es Besonderheiten bei der Bearbeitung von Proben kranker Tiere gibt, da die vom Hersteller angegebenen Werte sich häufig auf gesunde Probanden beziehen.
Auch für Soforttests muss ein minimales Qualitätsmanagement eingehalten werden. Wichtig hierbei ist vor allem die Messung von Proben bekannter Zusammensetzung, die Fehlfunktionen, Reagenzienprobleme und Anwenderfehler aufdecken soll. Über eine Kalibrierung werden die Geräteergebnisse dem Eichwert angeglichen. Die Hersteller müssen ein eigenes Schema zur Qualitätskontrolle beifügen. Wenn dies nicht der Fall ist oder von den allgemeinen Richtlinien der Laborpraxis abweicht, sollte man dem Testsystem misstrauen. Einige Firmen bieten Testflüssigkeiten an, mit denen sich ganze Analyseprozesse überprüfen lassen. Andere empfehlen elektronische Kontrollen in Verbindung mit Surrogaten. Eine rein elektronische Kontrolle ist nicht ausreichend, da ihr Probleme der Testreagenzien und Anwenderfehler entgehen (Ehrmeyer und Laessig, 2001).
Die Eigenschaften des Analysegerätes sind von großer Bedeutung für dessen Eignung in der Praxis. Einfache Bedienung und leichtes Erler-

nen des Verfahrens sowie die Anforderungen an die Probengröße müssen bedacht werden. Geräte, die mit kleinen Mengen Vollblut beschickt werden können, vermeiden den Aufwand der Herstellung von Plasma und Serum. Geräte zur Plasma- oder Serumanalyse dagegen erfordern die Gewinnung eines 2- bis 3fach größeren Volumens an Vollblut. Außerdem müssen die Zeiten berücksichtigt werden, die der Assistent zur Probenvorbereitung benötigt, sowie das Intervall bis zum Erhalt der Ergebnisse. Die meisten kliniktauglichen Analysegeräte erstellen ihre Ergebnisse innerhalb von 10–20 Minuten, exklusive der Aufwärmzeiten. Sollten letztere nicht exakt eingehalten werden, kann es zu erheblichen Messfehlern kommen.

Es empfiehlt sich generell, die Linearität der Messergebnisse wiederholt zu überprüfen. Sollten Werte über dem Linearitätsbereich liegen, muss der Test wiederholt und die Probe möglicherweise verdünnt werden. Dieser zusätzliche Schritt kostet wiederum Zeit und birgt weitere Fehlermöglichkeiten. Einige Geräte führen die Verdünnungen automatisch durch.

Zu guter Letzt entscheiden auch die Reagenzien und die technische Ausstattung über die Eignung eines Schnelltestgeräts. Im Hinblick auf die Reagenzien sind der finanzielle Aufwand pro Einzeltest, die Haltbarkeit und die Anforderungen an die Lagerung zu bedenken. Bei kurzer Haltbarkeit besteht die Möglichkeit, dass die Reagenzien erneuert werden müssen, bevor sie aufgebraucht werden. Abgelaufene Materialien müssen entfernt und gegebenenfalls entsorgt werden, was unter Umständen mit weiteren Kosten verbunden ist.

Neben den Kosten für Kauf oder Leasing, Erhaltung und Wartung interessiert bei der Laborausstattung vor allem die Nutzungsdauer. Für den Fall eines technischen Problems sollte der Wartungsdienst des Herstellers in Anspruch genommen werden, wobei man sich auch hier über Kosten, Reparaturdauer und die Möglichkeit einer Probenmessung während der Reparatur informieren sollte. Bei computerisierten Messgeräten ist der Umstand kontinuierlich notwendiger Aktualisierungen in der Bilanz zu berücksichtigen.

Quellen

Casscells W, Schenberer BS, Graboys TB: Interpretation by physicians of clinical laboratory results, *N Engl J Med* 299:999, 1978.

Cohn LA et al: Assessment of five portable blood glucose meters, a point-of-care analyzer, and color test strips for measuring blood glucose concentration in dogs, *J Am Vet Med Assoc* 216:198, 2000.

Courtney CH, Cornell JA: Evaluation of heartworm immunodiagnostic tests, *J Am Vet Med Assoc* 197:724, 1990.

Ehrmeyer SS, Laessig RH: Electronic "Quality Control" (EQC): is it just for unit use devices? *Clin Chim Acta* 307:95, 2001.

Feldman BF, Zinkl JG, Jain NC, editors: *Schalm's veterinary hematology*, ed 5, Philadelphia, 2000, Lippincott–Williams & Wilkins.

Gerstman BB: Evaluating the reliability of diagnostic test results, *J Am Vet Med Assoc* 188:248, 1986.

Grosenbaugh DA, Gadawski JE, Muir WW: Evaluation of a portable clinical analyzer in a veterinary hospital setting, *J Am Vet Med Assoc* 3:691, 1998.

Hill D, Correa MT, Stevens JB: Sensitivity, specificity, and predictive values of reagent test strip estimations of blood urea nitrogen, *Vet Clin Pathol* 23:73, 1994.

Lanevschi A, Kramer JW: Comparison of two dry chemistry analyzers and a wet chemistry analyzer using canine serum, *Vet Clin Pathol* 25:10, 1996.

Metzger FL: 10 compelling reasons to offer in-house testing, *Vet Economics* 37(11):70, 1996.

Romatowski J: Interpreting feline leukemia test results, *J Am Vet Med Assoc* 195:928, 1989.

Sutton A et al: Analyte comparisons between 2 clinical chemistry analyzers, *Can Vet J* 40:255, 1999.

Tvedten HW: Referral and in office laboratories. In Willard MD, editor: *Small animal clinical diagnosis by laboratory methods*, ed 2, Philadelphia, 1994, WB Saunders.

Vap LM, Mitzner B: An update on chemistry analyzers, *Vet Clin North Amer* 26:1129, 1996.

Wess G, Reusch C: Assessment of five portable blood glucose meters for use in cats, *Am J Vet Res* 61:1587, 2000.

Wess G, Reusch C: Evaluation of five portable blood glucose meters for use in dogs, *J Am Vet Med Assoc* 216:203, 2000.

Zaloga GP et al: Handheld blood gas analyzer is accurate in the critical care setting, *Crit Care Med* 24:957, 1996.

2 Großes Blutbild und Knochenmarkuntersuchung

Douglas Weiss und Harold Tvedten

2.1 Großes Blutbild

Das große Blutbild gibt Auskunft über Qualität und Quantität der Blutzellen und einiger im Plasma enthaltener Substanzen. Dabei stellt es eine kostengünstige Übersichtsuntersuchung dar, mit deren Hilfe viele Krankheiten und pathologische Zustände diagnostiziert werden können. In schwierigeren Fällen können spezielle Fragestellungen durch eine Knochenmarkuntersuchung abgeklärt werden.
Welche Rückschlüsse aus einem großen Blutbild, einer Knochenmarkuntersuchung und einigen anderen hämatologischen Analysen gezogen werden können, wird im Folgenden näher erläutert. Spezielle Laboruntersuchungen der Erythrozyten, Leukozyten und Thrombozyten werden in den Kapiteln 3, 4 und 5 besprochen oder sind anderen Quellen zu entnehmen (Feldmann, 2000). Dieses Kapitel befasst sich mit den Methoden der grundlegenden, allgemein üblichen Untersuchungen, zusätzlich wird auf einige fortschrittlichere Verfahren eingegangen.
Das große Blutbild sollte immer systematisch ausgewertet werden:
Erstens: Pathologische Ergebnisse identifizieren und benennen (Tab. 2.1). Der Grad der Veränderung wird durch die Begriffe geringgradig, mittelgradig und hochgradig ausgedrückt. Für die Interpretation ist eine sorgfältige Benennung äußerst wichtig.
Werte gelten als pathologisch, wenn sie außerhalb des für eine Tierart festgelegten Referenzbereiches liegen. Leider sind die Quellen der Referenzwertbestimmung oft suboptimal, da sie aus den Werten einer zu geringen Tierzahl erstellt werden und keine Differenzierung nach Alter, Geschlecht und Rasse vorgenommen (siehe Kap. 1) wird, obwohl sich dadurch signifikante Unterschiede ergeben können. So liegt zum Beispiel der Referenzbereich des Hämatokrits (Hkt) bei Hunden zwischen 37 und 55 %. Bei Bernhardinern kommen Werte zwischen 35 und 40 % vor, wogegen bei Greyhounds Ergeb-

Tabelle 2.1 Definitionen einiger hämatologischer Veränderungen

hämatologische Veränderung	Definition
Anämie	verringerte Erythrozytenmasse und dadurch verringerter Hämatokrit (Hkt)
Polyzythämie	erhöhte Erythrozytenzahl und dadurch erhöhter Hämatokrit
Polychromasie	erhöhte Anzahl Polychromatophiler
Poikilozytose	erhöhte Formenvielfalt der Erythrozyten
Mikrozytose	erhöhte Anzahl kleiner Erythrozyten
Makrozytose	erhöhte Anzahl großer Erythrozyten
Normozyt	Erythrozyt von physiologischer Größe
hypochrom	Erythrozyten mit verringertem Hämoglobingehalt (verringerte MCHC)
normochrom	Erythrozyten mit physiologischer MCHC
Sphärozytose	erhöhte Sphärozytenzahl
Echinozytose	vermehrtes Auftreten von Erythrozyten mit zahlreichen spitzen Zellausläufern
Akanthozytose	vermehrtes Auftreten von Erythrozyten mit wenigen langen abgerundeten Ausläufern
Erythrozytenfragmentation	vermehrtes Auftreten kleiner Erythrozytenteile und/oder Erythrozyten mit zur Abschnürung bereiten Ausläufern
Geldrollen	Erythrozytenansammlung in Form von Münzstapeln
Autoagglutination	immunvermittelte traubenförmige Aggregation von Erythrozyten
Heinz-Innenkörper	durch Oxidation präzipitiertes Hämoglobin
Thrombozytopenie	erniedrigte Thrombozytenzahl
Thrombozytose	erhöhte Thrombozytenzahl
Leukopenie	erniedrigte Leukozytenzahl

Tabelle 2.1 Definitionen einiger hämatologischer Veränderungen (Forts.)

hämatologische Veränderung	Definition
Leukozytose	erhöhte Leukozytenzahl
Neutrophilie	erhöhte Anzahl neutrophiler Granulozyten
Neutropenie	erniedrigte Anzahl neutrophiler Granulozyten
Linksverschiebung	erhöhte Anzahl unreifer neutrophiler Granulozyten (Stabkernige)
Rechtsverschiebung	erhöhte Anzahl überreifer neutrophiler Granulozyten (hypersegmentierte Granulozyten)
toxische Neutrophile	Neutrophile mit bestimmten morphologischen Veränderungen
reaktive Lymphozyten	Lymphozyten mit bestimmten morphologischen Veränderungen
Monozytose	erhöhte Monozytenzahl
Monozytopenie	erniedrigte Monozytenzahl
Lymphozytose	erhöhte Lymphozytenzahl
Lymphopenie	erniedrigte Lymphozytenzahl
Eosinophilie	erhöhte Anzahl eosinophiler Granulozyten
Eosinopenie	erniedrigte Anzahl eosinophiler Granulozyten
Basophilie	erhöhte Anzahl basophiler Granulozyten
Basopenie	erniedrigte Anzahl basophiler Granulozyten
Bizytopenie	erniedrigte Anzahl zweier verschiedener Zellpopulationen (Erythrozyten, Leukozyten und/oder Thrombozyten)
Panzytopenie	erniedrigte Anzahl dreier verschiedener Zellpopulationen (Erythrozyten, Leukozyten und Thrombozyten)

nisse von 52–60 % ermittelt werden. Mit zunehmendem Alter ändern sich bei Hunden einige Werte erheblich. Bei Geburt dominieren große Erythrozyten mit einem mittleren Erythrozytenvolumen (Mean Corpuscular Volume, MCV) von 95 Femtoliter (fl). Bis zum Alter von 2–3 Monaten sinkt das MCV dann auf die Werte adulter Hunde. Mit 5–6 Wochen erreicht der Hämatokrit von Welpen ungefähr 30 %, das Gesamtprotein 53 g/l und die Retikulozytenzahl 3–4 %. Anhand dieser Werte könnte eine regenerative Anämie nach Blutverlust vermutet werden, wenn die Referenzbereiche für adulte Hunde herangezogen würden.

Kleinere oder größere Abweichungen der Ergebnisse können auch durch Änderungen der Labormethoden verursacht werden. Es ist sehr schwierig und teuer, die Referenzbereiche zu etablieren, weshalb die veröffentlichten Werte meist bereits einige Jahre alt sind. Aus diesen Gründen sollte man geringgradige Abweichungen sehr sorgfältig interpretieren.

Zweitens: Interpretation einzelner Ergebnisse im Zusammenhang. Beispielsweise sollte bei einem niedrigen Hämatokrit (Anämie) ein besonderes Augenmerk auf Retikulozytenzahl, Polychromasie und Erythrozytenmorphologie gerichtet werden. Dadurch kann die Erythropoese beurteilt und die Art der Anämie genauer definiert werden. Durch eine exakte Beschreibung kann häufig eine genauere Diagnose gestellt werden. Eine hochgradige regenerative Anämie mit vielen Sphärozyten und Autoagglutination deutet stark auf eine immunmediierte hämolytische Anämie hin.

Differentialblutbild und Leukozytenmorphologie sollten stets in die Beurteilung der Gesamtleukozytenzahl einfließen (siehe Kap. 4). Dabei könnte z. B. eine hochgradige Neutropenie mit mehr stabkernigen als segmentkernigen neutrophilen Granulozyten auffallen. Im Zusammenhang mit einer toxischen Schädigung der neutrophilen Granulozyten weist dies auf eine Infektion mit gramnegativen Keimen oder eine Septikämie hin.

Drittens: Diagnosestellung (Tab. 2.2). Beispielsweise sind eine hochgradige regenerative Anämie, leicht erhöhtes Gesamtprotein im Plasma, einige Sphärozyten und Autoagglutination diagnostische Anzeichen einer immunmediierten hämolytische Anämie (IMHA). Bei Hunden kann hierbei auch eine Leukozytose mit Neutrophilie und mittelgradiger Linksverschiebung ohne toxische Schädigung auftreten. In diesem Kontext ist dies kein Hinweis auf eine Infektion. Eine gleichzeitig vorliegende Lymphopenie kann meist auf Stress oder die Behandlung mit Steroiden zurückgeführt werden.

2.1.1 Grad hämatologischer Veränderungen

Der Grad der pathologischen Veränderung besitzt eine sehr große diagnostische Bedeutung

Tabelle 2.2 Diagnostische Schlussfolgerungen anhand hämatologischer Befunde

Diagnose	Typische Befunde
regenerative Anämie	Retikulozytenzahl oder Polychromasie sind dem Schweregrad der Anämie entsprechend erhöht
aregenerative Anämie	Retikulozytenzahl ist unzureichend im Verhältnis zu Grad und Dauer der Anämie
hämolytische Anämie	ausgeprägte regenerative Anämie, zusätzliche Symptome, wie z. B. Hämoglobinurie, Gesamtprotein im Referenzbereich oder erhöht und eine Ursache für Hämolyse
Blutungsanämie	regenerative Anämie mit Gesamtproteinwerten im Referenzbereich oder darunter, Anzeichen eines Eisenmangels oder Nachweis des Blutverlusts
immunmediierte hämolytische Anämie	mittel- bis hochgradige Sphärozytose, Autoagglutination und/oder positiver Coombs-Test
hämolytische Anämie durch oxidative Schädigung	vermehrtes Auftreten von Heinz-Innenkörpern, Ekzentrozyten und Pyknozyten
Anämie durch Fragmentation	vermehrtes Auftreten von Keratozyten, Schistozyten und Akanthozyten
Eisenmangelanämie	hypochrome mikrozytäre Anämie bei unterschiedlicher Regeneration
Entzündung	Leukozytose, Neutrophilie, Linksverschiebung, Eosinophilie
Stressreaktion	Lymphopenie und Eosinopenie, oft Neutrophilie, gelegentlich Monozytose
Aufregung/Epinephrinausschüttung	Leukozytose, Lymphozytose, Neutrophilie und möglicherweise Polyzythämie (besonders bei Katzen)
Toxämie	signifikante Anzahl sehr stark toxisch veränderter Neutrophiler
myelodysplastisches Syndrom	Anämie oder Panzytopenie im Blut, hyperzelluläres Knochenmark mit dysplastischen Veränderungen
akute Leukämie	signifikante Anzahl hämatopoetischer Blasten in Blut und Knochenmark
chronische Leukämie	neoplastische Proliferation reif erscheinender hämatopoetischer Zellen
Knochenmarkerkrankungen	Panzytopenie oder Bizytopenie im Blut; histologische und zytologische Veränderungen im Knochenmark

und muss genau beurteilt werden. Eine geringgradige Anämie kommt bei kranken Tieren häufiger vor. Aus Tabelle 2.3 lässt sich ablesen, dass 29 % der 737 Blutproben von anämischen Tieren stammen. Sechzehn Proben (d.h. 55 % der anämischen Hunde) weisen aber immer noch einen Hämatokrit über 30 % auf. Häufig entsteht eine leichte Anämie erst sekundär infolge einer Grundkrankheit (z. B. aufgrund einer Infektionskrankheit oder eines Leberversagens). In diesen Fällen sollte vorrangig die Grunderkrankung behandelt werden. Hochgradige Anämien (Hämatokrit ≤ 20 %) müssen aber auf jeden Fall als primär hämatologisches Problem angesehen werden.

2.1.2 Häufigkeit hämatologischer Veränderungen

Anhand eines großen Blutbildes lassen sich viele verschiedene pathologische Veränderungen diagnostizieren (Tab. 2.3). Die Daten über deren Häufigkeit stammen aus zwei Untersuchungen, die an der Michigan State University durchgeführt wurden. Bei der größeren Studie handelt es sich um eine computergestützte Untersuchung quantitativer Werte, die kleinere Studie wertet Patientendaten aus, die subjektive Beurteilungen enthalten.

Da eine Anämie häufig auftritt (bei 10–29 % der stationären Patienten), sollte man mit dem diagnostischen Vorgehen vertraut sein (siehe Kap. 3). Meist weisen anämische Hunde eine Polychromasie auf, was bedeutet, dass eine regenerative Anämie vorliegt. Blutausstriche werden mikroskopisch untersucht und nach einer Skala von 0 bis 4+ bewertet. Dabei steht 0 für keine Veränderung und 4+ für eine maximale Veränderung. Änderungen der Größe (z. B. Anisozytose) und Form (z. B. Poikilozytose) der Erythrozyten werden häufig gefunden (in 53 % der Blutproben von Katzen). Sie bleiben aber häufig geringgradig und klinisch nicht relevant (z. B. Anisozytose 1+, Stechapfelform 1+). Der Begriff Anisozytose beschreibt das gleichzeitige Vorkommen verschieden großer Erythrozyten. Seltener werden Blutparasiten, Staupe-Einschlusskörperchen oder Sphärozyten von 2+ bis 4+ gefunden. Diese Befunde sind bei der Diagnosestellung besonders hilfreich.

Entzündungen kommen bei stationär behandelten Hunden häufiger vor. In Tabelle 2.3 lässt sich

Tabelle 2.3 In zwei Studien ermittelte Häufigkeit (%) ausgewählter Veränderungen in an der Michigan State University erstellten großen Blutbildern

Veränderung	Hunde (n = 100)	Hunde (n = 737)	Katzen (n = 30)	Katzen (n = 159)
Anämie (Hkt)	23	29	10	20
Anämie (Hb)	13	29	10	21
Polychromasie	10	kein Wert	0	kein Wert
veränderte Erythrozytenmorphologie	38	kein Wert	53	kein Wert
Mikrozytose (niedriger MCV)	kein Wert	3	kein Wert	7
Hypochromasie (niedrige MCHC)	kein Wert	6	kein Wert	9
Makrozytose (hoher MCV)	kein Wert	5	kein Wert	7
Hyperchromasie (hohe MCHC)	kein Wert	1	kein Wert	8
Polyzythämie	5	3	7	9
Hypoproteinämie	9	kein Wert	7	kein Wert
Hyperproteinämie	24	kein Wert	47	kein Wert
Hämolyse	4	kein Wert	3	kein Wert
Lipämie	5	kein Wert	3	kein Wert
Leukozytose	16	kein Wert	13	kein Wert
Leukopenie	kein Wert	6	kein Wert	kein Wert
Linksverschiebung	5	kein Wert	10	kein Wert
Lymphopenie	27	kein Wert	43	kein Wert
Lymphozytose	2	kein Wert	3	kein Wert
Monozytose	14	kein Wert	13	kein Wert
Monozytopenie	0	kein Wert	4	kein Wert
Eosinophilie	17	kein Wert	10	kein Wert
toxische Neutrophile	4	kein Wert	23	kein Wert
reaktive Lymphozyten	7	kein Wert	7	kein Wert
Thrombozytopenie	5	15	7	60
Thrombozytenaggregate	6	kein Wert	23	kein Wert
Thrombozytose	5	11	7	6

Hkt, Hämatokrit; Hb, Hämoglobin; MCV, mittleres Erythrozytenvolumen; MCHC, mittlere Hämoglobinkonzentration der Erythrozyten; *kein Wert*, Wert aufgrund des Studiendesigns nicht verfügbar

dies aus Linksverschiebung (5–10 %) und Leukozytose (13–28 %) ablesen (siehe Kap. 4). Bei felinen neutrophilen Granulozyten kommen häufig toxische Veränderungen vor, weil sie eher Döhle-Körper bilden, eine leichte Form toxischer Veränderungen. Hyperproteinämie (47 % der Blutproben von Katzen) kommt im Zusammenhang mit Entzündungen, Immunstimulation oder sekundärer Dehydratation vor (siehe Kap. 14).

In Blutproben von Katzen ist die Thrombozytenzahl sehr häufig (71 %) erniedrigt ($\leq 200 \times 10^9$/l [$\leq$ *200 000/μl*]). Abgesehen von 3 % echten Thrombozytopenien (Norman, 2001b) handelt es sich um Pseudothrombozytopenien, die durch Plättchenaggregation verursacht werden. Feline Thrombozyten neigen zur Verklumpung, wodurch ihre Anzahl deutlich reduziert erscheint. Aus Tabelle 2.3 lässt sich ablesen, dass bei automatischer Zählung in 60 % der Proben die Thrombozytenzahl erniedrigt war, in der kleineren Studie (subjektive Beurteilung) dagegen wurde nur bei 23 % der Katzenproben eine Plättchenaggregation festgestellt. Den Untersuchern waren vermutlich Verklumpungen in Katzenblutproben so vertraut, dass sie nur hochgradige Veränderungen dokumentierten.

2.2 Quantifizierungstechniken

2.2.1 Aufbereitung und Versand des Probenmaterials

Zur Zellzählung muss der Blutprobe ein Gerinnungshemmer zugesetzt werden. Schon kleinste Gerinnsel führen zu einer ungleichmäßigen Verteilung der Zellen. Dadurch nimmt die Aussagekraft von Leukozytendifferenzierung und Thrombozytenzahl ab. Diagnostiklabors werten keine geronnenen Blutproben aus, da keine zuverlässigen Ergebnisse erzielt werden können. Gerinnsel können außerdem Laborgeräte verstopfen.

Zur Bestimmung der Zellmorphologie ist EDTA (Ethylendiamintetraessigsäure) als Gerinnungshemmer besonders geeignet. Auch mit Antikoagulanzien auf Zitratbasis bleibt die nötige Detailgenauigkeit im Blutausstrich erhalten (Norman, 2001a). Heparin dagegen vermindert die Qualität der Färbung, da es einen diffus-blauen Hintergrund erzeugt. Derselbe Effekt wird bei Wright-Färbungen durch Formalin verursacht. Deshalb sollten Blutproben und Proben für die Zytologie nicht mit Formalin in Berührung kommen. Dies gilt sowohl für die Verarbeitung im Labor als auch für den Versand. Formalindämpfe können Veränderungen herbeiführen, ohne mit der Probe in direkten Kontakt gekommen zu sein.

Neben den handelsüblichen EDTA-Röhrchen sind im Handel Blutröhrchen erhältlich, die ein Vakuum enthalten. Diese sollten so weit gefüllt werden, bis der Blutfluss von alleine stagniert. Werden sie mit zu viel Blut befüllt, kann das Blut gerinnen, wird zu wenig Blut eingefüllt, ist verhältnismäßig zu viel EDTA vorhanden, wodurch die Erythrozyten schrumpfen und der Hämatokrit sinkt. Bringt man sehr kleine Blutmengen in flüssiges EDTA, das für eine größere Blutmenge bestimmt war, ein, kann ein Verdünnungseffekt entstehen, aus dem verringerte Zellzahlen resultieren. Zitratröhrchen für die Gerinnungsdiagnostik tragen eine Markierung, bis zu der sie befüllt werden sollten.

EDTA-Blutproben sollten bei 4 °C im Kühlschrank aufbewahrt werden, wenn sie nicht innerhalb von 2–3 Stunden weiterverarbeitet werden, sonst tritt nach 6–24 Stunden eine Schwellung der Erythrozyten auf. Dadurch würden Hämatokrit und MCV (mittleres Erythrozytenvolumen) steigen sowie die mittlere Hämoglobinkonzentration der Erythrozyten (MCHC) sinken. Wird Blut bis zu 24 Stunden im Kühlschrank gelagert, ergeben sich minimale Änderungen der Erythrozytenzahl, des Hämoglobingehalts, des Hämatokrits und der Erythrozytenindizes (MCV, MCHC und mittlerer Hämoglobingehalt der Einzelerythrozyten, MCH).

Blutausstriche sollten dagegen immer sofort hergestellt und luftgetrocknet werden, um Artefakte durch Kontakt der Zellen mit Antikoagulanzien sowie Zellzerstörung durch Aufbewahrung und Versand zu vermeiden. Zur Diagnose von Blutparasiten wird Kapillarblut aus dem Ohr bevorzugt, da sich dort mit Parasiten befallene Erythrozyten anreichern. Das Blut muss mit Gerinnungshemmern versetzt und sofort ausgestrichen werden.

Blutausstriche sollten in speziellen, dafür vorgesehenen Plastikbehältern und nicht in Pappverpackungen versandt werden, da sie sonst durch Stempelmaschinen der Post zerstört werden können. Diese Spezialbehälter sind in der Regel bei dem mit der Untersuchung beauftragten Labor erhältlich.

2.2.2 Mikrohämatokritmethode

Die Mikrohämatokritmethode wird routinemäßig eingesetzt, um den Hämatokrit zu bestimmen und somit die Masse der Erythrozyten abzuschätzen. Diese Methode ist einfacher durchzuführen und reproduzierbarer als eine manuelle Erythrozytenzählung oder eine Hämoglobinbestimmung. Außerdem erhält man zusätzliche Informationen durch Betrachtung des Plasmas im Röhrchen: Ikterus, Hämolyse oder Lipämie sind erkennbar (Farbtafel 1A). Da sich Mikrofilarien im Plasma unmittelbar oberhalb des Buffy Coats ansammeln, stellt diese Methode auch eine geeignete Übersichtsuntersuchung auf Dirofilariose dar (Verbreitungsgebiet siehe Appendix I). Der Gesamtproteingehalt des Plasmas kann bestimmt werden, indem das Plasma aus einem oder zwei Mikrohämatokritröhrchen in ein Refraktometer verbracht wird.

Zur Hämatokritbestimmung wird das mit Gerinnungshemmern versetzte Blut in einer Mikrokapillare zentrifugiert, um Zellen und Plasma voneinander zu trennen. Kapillaren, die Heparin enthalten, können direkt zur

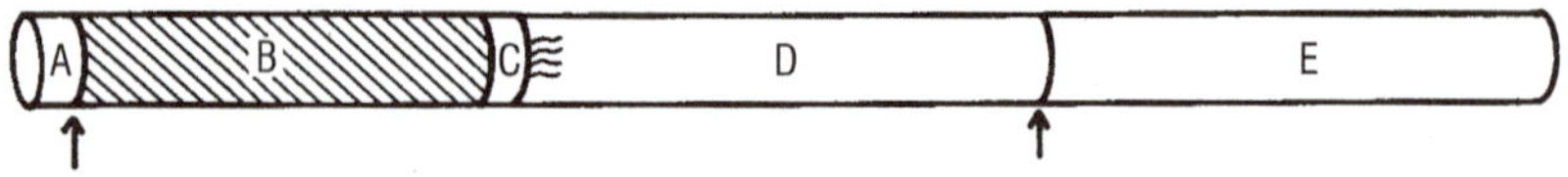

Abb. 2.1 Mikrohämatokritkapillare. Die Pfeile kennzeichnen den Bereich, der Blut enthält.
Hämatokrit in % = B ÷ (B + C + D).
Im an die Leukozyten angrenzenden Bereich des Plasmas kann nach Mikrofilarien gesucht werden (*vier Wellenlinien*).
A Tonverschluss; B Erythrozyten; C Leukozyten und Thrombozyten (Buffy Coat); D Plasma; E leerer Abschnitt am oberen Ende der Kapillare.

Blutentnahme verwendet werden. Sie werden zu ⅔ bis ¾ gefüllt. Nach dem Zentrifugieren sammeln sich die Erythrozyten am unteren Ende an. Darüber sind Leukozyten und Thrombozyten als weiße Linie (Buffy Coat) erkennbar, welche die roten Blutkörperchen vom Plasma trennt (Abb. 2.1). Zur Hämatokritbestimmung wird die Länge der Erythrozytensäule durch die gesamte Länge der Erythrozyten-, Leukozyten- und Plasmasäule geteilt. Der Tonverschluss am Boden des Röhrchens wird dabei nicht mitgemessen. Verschiedene Auswerthilfen zur Vereinfachung des Ablesens sind im Handel erhältlich.
Falsche Werte kommen bei der Mikrohämatokritmethode selten vor, lediglich durch das Zentrifugieren der Proben können Fehler zustande kommen. Die Röhrchen müssen 5 Minuten zentrifugiert werden. Liegt der Hämatokrit über 50 %, fügen sich die Erythrozyten lokkerer aneinander und es wird ein größerer, als der eigentlich vorliegende Wert ermittelt. Dieser Fall kann auch eintreten, wenn die Kapillare zu mehr als ⅔–¾ befüllt wird. Bei Hämatokritwerten unter 25 % lagern sich die Zellen dichter zusammen, deshalb kann der Messwert geringer als der eigentlich vorhandene Hämatokrit ausfallen. Der Patient erscheint dadurch geringfügig anämischer, als er in Wirklichkeit ist.
Mikrohämatokritzentrifugen erreichen hohe Geschwindigkeiten (11 500–15 000 U/min). Dadurch wird die nötige Fliehkraft erzeugt, um die Zellen zusammenzufügen. Weil bei niedrigeren Geschwindigkeiten die Zellen weniger eng zusammengelagert werden, muss die Umdrehungszahl regelmäßig überprüft werden. Eine längere Laufzeit bei niedrigerer Geschwindigkeit erzeugt nicht dieselbe Fliehkraft wie eine hohe Geschwindigkeit. Die Mikrokapillaren werden gleichmäßig in die Zentrifuge eingelegt, damit das Gewicht ausgeglichen verteilt ist, da sonst die Zentrifuge unrund läuft und vibriert. Um den Motor zu schonen, sollte der Lauf nicht während hoher Geschwindigkeiten unterbrochen werden.

2.2.3 Hämoglobinkonzentration

In den meisten Fällen lässt sich die Erythrozytenmasse sowohl anhand der Hämoglobinkonzentration (Hb) als auch anhand des Hämatokrits oder der Erythrozytenzahl abschätzen. Da die Mikrohämatokritmethode einfach, präzise und billig ist, wird sie von den meisten Tierärzten bevorzugt. Die Hämoglobinkonzentration wird als Teil des großen Blutbildes von automatisierten Hämatologiegeräten mitbestimmt und in mmol/l angegeben. Sie ist aussagekräftiger als der Hämatokrit, wenn die Zellen geschrumpft, vergrößert oder instabil sind. Andererseits ist sie ungenau, wenn bei der fotometrischen Messung eine Lipämie die Lichtdurchlässigkeit des Plasmas beeinflusst. Eine große Anzahl von Heinz-Innenkörpern steigert die optische Dichte, wodurch ein falsch-hoher Hämoglobinwert gemessen wird.

2.2.4 Zellzählung

Leukozyten-, Erythrozyten- und Thrombozytenzahl können in einer Zählkammer oder durch automatisierte Geräte bestimmt werden. Die Zählkammermethode ist preiswerter und erfordert weder Kalibrierung noch Kontrollreagenzien. Müssen mehrere Blutproben pro Tag ausgezählt werden, sind automatische Zählgeräte akkurater und zeitsparender. Bei Katzen ist die Thrombozytenzählung meist ungenau (siehe Kap. 5), da bei 50–75 % der Blutproben die Thrombozyten in einem Ausmaß verklumpen, das die Zählung beeinträchtigt. Liegt eine sichtbare Thrombozytenverklumpung, vor verteilen sich die Thrombozyten in der Blutprobe ungleichmäßig, und die Präzision von manueller und automatischer Auszählung lässt nach. Sind zu viele oder zu große Thrombozytenaggregate vorhanden, zählen viele Labors die Thrombozyten manuell aus. Trotzdem können die einzelnen Blutplättchen in den Verklumpungen nicht genau differenziert und ausgezählt werden. Dafür erfasst die manuelle Auszählung die bei Katzen vorkommenden großen Thrombozyten, die von automatischen Zählgeräten häufig nicht erkannt werden. Um ein präziseres Ergebnis zu erreichen, kann die Blutprobe mit einem Vortexer® (Schüttler) aufgeschüttelt werden. Dadurch erhöht sich die Thrombozytenzahl, es werden jedoch nicht alle Aggregate aufgelöst (Tvedten und Korcal, 2001). Eine nur geringe Erhöhung der Thrombozytenzahl deutet in der Folge darauf hin, dass die vorliegende Thrombozytopenie ein Artefakt darstellt. Durch eine mikroskopische Untersuchung der Thrombozyten im Blutausstrich lässt sich gegebenenfalls eine echte Thrombozytopenie ausschließen, wenn große Thrombozytenaggregate sichtbar sind. Bei einer echten hochgradigen Thrombozytopenie sind hingegen keine Thrombozytenverklumpungen zu erwarten. Antikoagulanzien auf Zitratbasis (z.B. CTAD) reduzieren die Pseudothrombozytopenien in Katzenblutproben. CTAD enthält Zitrat, Theophyllin, Adenosin und Dipyridamol und verhindert die Thrombozytenaggregation besser als EDTA (Norman, 2001a). Diese Alternative garantiert zwar auch keine exakte Thrombozytenauszählung bei Katzen, aber sie reduziert Häufigkeit und Ausprägung einer Pseudothrombozytopenie.

2.2.5 Zählkammer

Eine Zählkammer ermöglicht die mikroskopische Untersuchung einer Zellsuspension. Makroskopisch handelt es sich um eine Glasplatte, deren Oberfläche durch längs eingeschliffene Rillen dergestalt unterteilt ist, dass in der Mitte der Platte drei Flächen entstehen. Die zentrale Fläche wird wiederum durch eine Querrille in zwei Felder untergliedert, die durch einen entsprechenden Schliff um 0,1 mm niedriger liegen als die übrigen Glasflächen. Ein Deckglas, welches auf den beiden seitlichen Flächen aufliegt, lässt über den zentralen beiden Feldern einen Hohlraum entstehen. Dieser Hohlraum bildet die eigentliche Kammer, die eine Zellsuspension aufnehmen kann.

Ein in die Oberfläche der beiden zentralen Felder eingraviertes Raster (mit einer Oberfläche von 9 mm^2) untergliedert sie in 9 Untereinheiten, die Zählfelder (mit einer Oberfläche von je 1 mm^2; Abb. 2.2). Die Fläche dieses Rasters bestimmt das Fassungsvermögen der Zählkammer.

Mithilfe des bekannten Zählkammervolumens kann im Anschluss an die Zellzählung berechnet werden, wie viele Zellen in einem Kubikmillimeter (= 1 µl) der Probe enthalten waren (Abb. 2.2). Man sollte mit dieser Umrechnung vertraut sein, um auch Zellen in anderen Flüssigkeiten, wie z.B. Liquor, auszählen zu können.

Durch eingravierte dreifache Grenzlinien (nur mikroskopisch erkennbar) werden die Zählfelder weiter in die so genannten Gruppenquadrate (0,2 mm^2), diese durch einfache Grenzlinien wiederum in Kleinstquadrate (0,05 mm^2) untergliedert.

Die so genannte Neubauer-Zählkammer wird häufig eingesetzt. Hierbei ist darauf zu achten, ob das „ältere“ oder das „neuere“ Modell (die so genannte „verbesserte“ Neubauer-Zählkammer) verwendet wird. Im Unterschied zur „älteren“ Neubauer-Zählkammer, deren zentrales Zählfeld in 16 Gruppenquadrate (in der Anordnung 4 × 4) unterteilt ist, ist dieses bei der „verbesserten“ Neubauer-Zählkammer in 25 Gruppenquadrate (in der Anordnung 5 × 5) aufgeteilt. Ausgezählt werden bei beiden Modellen jeweils 5 Gruppenquadrate, bei der „älteren“ Neubauer-Zählkammer vier Quadrate auf der Diagonale und eines in der Ecke, bei der verbesserten Neubauer-Zählkammer 5 Quadrate auf der Diagonale. Ein weiterer Unterschied zwischen den beiden Zählkammer-Modellen besteht in der Festlegung der Grenzen der Gruppenquadrate. Bei der „verbesserten“ Zählkammer ist die mittlere der drei Linien als Begrenzung des Gruppenquadrats definiert, bei der „älteren“ die innere.

Um das Auszählen zu vereinfachen, wird das Blut zuerst in einer Mischpipette (Erythrozyten- bzw. Leukozytenmischpipette) verdünnt. Der

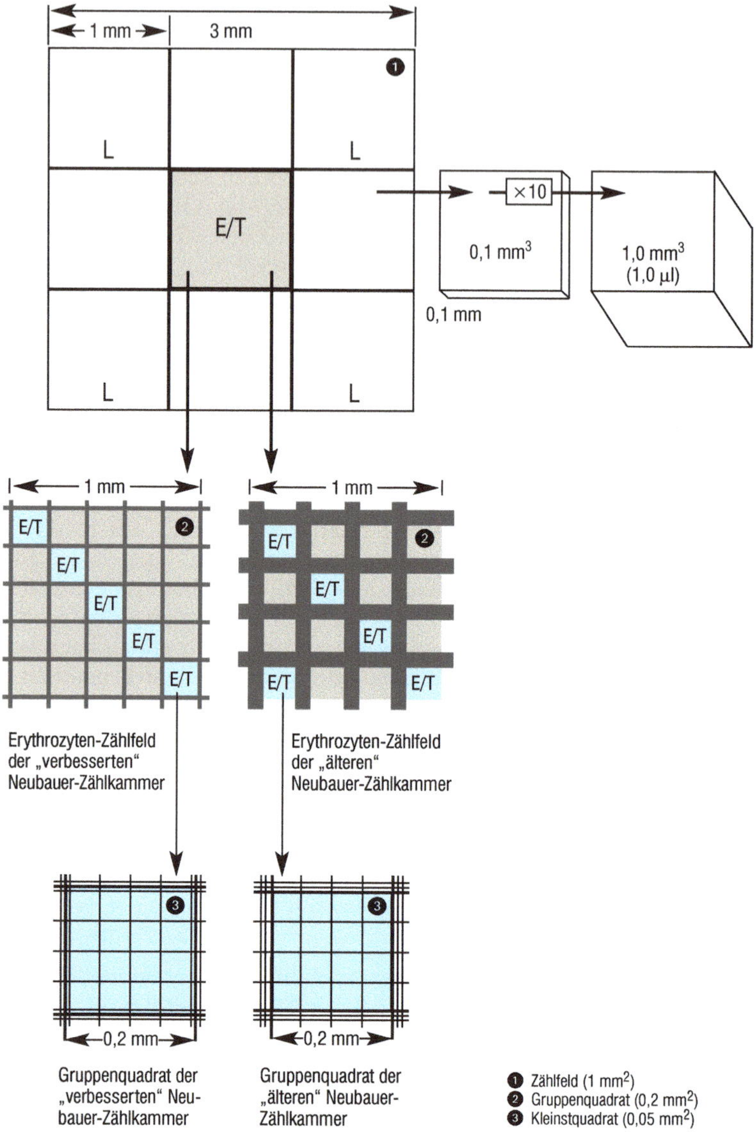

Abb. 2.2 Dimensionen einer „verbesserten" sowie einer „älteren" Neubauer-Zählkammer. Die Oberfläche des Rasters beträgt 9 mm^2. Der zentrale mm^2 (das Erythrozytenzählfeld) ist bei der „verbesserten" Neubauer-Zählkammer in 25 Quadrate, bei der „älteren" Neubauer-Zählkammer in 16 Quadrate (die Gruppenquadrate) unterteilt. Die Bereiche, die für die Zählung von Erythrozyten bzw. Thrombozyten benutzt werden, sind mit *E/T*, die Bereiche zur Leukozytenzählung mit *L* gekennzeichnet. Zur Bestimmung der Erythrozyten- bzw. Thrombozytenzahl werden je 5 Gruppenquadrate im Erythrozytenzählfeld ausgezählt. Bei der „verbesserten" Neubauer-Zählkammer ist die mittlere, bei der „älteren" die innere Linie als Begrenzung der Gruppenquadrate definiert. Da die Kammer 0,1 mm tief ist, befinden sich die Zellen, die auf 1 mm^2 gezählt werden, in einem Volumen von 0,1 mm^3. Um die Anzahl der Zellen in 1 µl (1 mm^3) zu errechnen, wird deshalb mit 10 multipliziert.

Verdünnungsgrad ist abhängig von der zu bestimmenden Zellart. Bei einer optimalen Verdünnung sollten sich die Zellen in der Zählkammer so verteilen, dass sie sich leicht auszählen lassen. Um reproduzierbare Ergebnisse zu erhalten, darf aber auch keine zu starke Verdünnung

Tabelle 2.4 Herleitung der Umrechnungsfaktoren für die Zählkammer

	Tiefe der Zählkammer (1/10 mm)	Ausgezählte Fläche (mm^2)	Verdünnung	Umrechnungsfaktor (konventionelle Einheiten, Zellen/µl)	Umrechnung (in Zellen/l)	Umrechnungsfaktor (SI-Einheiten)
Umrechnungsfaktor	10/1	1 mm^2/ ausgezählte Fläche mm^2	1/Verdünnung			
Erythrozyten	× 10/1	× 1/0,2	× 200/1	= 10 000	× 10^6	= 0,01 × 10^{12}
Leukozyten	× 10/1	× 1/4	× 20/1	= 50	× 10^6	= 0,05 × 10^9
Thrombozyten	× 10/1	× 1/0,2	× 100/1	= 5000	× 10^6	= 5 × 10^9

gewählt werden. Zur Bestimmung der Erythrozytenzahl wird das Blut 1 : 200 verdünnt. Da Blut weniger Leukozyten als Erythrozyten enthält, wird zur Auszählung der Leukozyten lediglich eine Verdünnung von 1 : 20 verwendet. Zur Bestimmung der Thrombozytenzahl wird das Blut 1 : 100 verdünnt. Der Kehrbruch des Verdünnungsgrades (z. B. bei Erythrozyten 200/1) wird zur Berechnung des endgültigen Umrechnungsfaktors verwendet (Tab. 2.4).

Da sowohl die Erythrozyten- als auch die Thrombozytenzahl sehr hoch ist, wird bei der Erythrozyten bzw. Thrombozytenzählung nur ein Fünftel eines Quadratmillimeters (d. h. 0,2 mm^2) im zentralen Bereich (dem Erythrozytenzählfeld) des Rasters ausgezählt (Abb. 2.2). Zur Leukozytenzählung werden die äußeren vier Quadrate ausgewertet (Abb. 2.2). Der Kehrbruch der ausgezählten Fläche fließt in die Berechnung des endgültigen Umrechnungsfaktors ein. Da die Zählkammer nur 0,1 mm tief ist, befinden sich die Zellen, die auf 1 mm^2 gezählt werden, in einem Volumen von 0,1 mm^3. Um von den ausgezählten Zellen in die Zellzahl pro Mikroliter Blut umrechnen zu können, müssen die Verdünnung der Blutprobe und der Teil von 1 mm^3, der ausgewertet wurde, berücksichtigt werden (Tab. 2.4). Für Leukozyten ergibt sich beispielsweise der Umrechnungsfaktor 50. Er berechnet sich aus der Tiefe der Zählkammer (0,1 mm), der ausgezählten Fläche (4 mm^2) und der Verdünnungsstufe (1 : 20). Die errechnete Zellzahl kann in der konventionellen Einheit Zellen/µl angegeben werden oder zur Umrechnung in die SI-Einheit mit dem Faktor 10^6 multipliziert werden. Um aus der ausgezählten Leukozytenzahl direkt die Zellzahl im Blut in der SI-Einheit (× 10^9/l) zu berechnen, wird also der Umrechnungsfaktor 0,05 × 10^9 verwendet. Zählkammern verfügen über zwei Bereiche, in die Zählfelder eingraviert wurden. In beiden Bereichen sollte ausgezählt und die Ergebnisse miteinander verglichen werden. Dabei darf die Leukozytenzahl um nicht mehr als 10 % und die Erythrozytenzahl um maximal 20 % abweichen. Wenn sich die Zellsuspension nicht gleichmäßig verteilt, ergeben sich größere Differenzen, die Kammer sollte neu befüllt und die Auszählung wiederholt werden. Liegen nur geringe Abweichungen zwischen den beiden ausgezählten Bereichen vor, wird der Mittelwert gebildet und mit dem Umrechnungsfaktor multipliziert, um die Zellzahl zu ermitteln.

Bei der Auszählung von Blutzellen in der Zählkammer ergibt sich eine signifikante Fehlerquote (z. B. bis zu 20 % bei der Leukozytenzahl). Diese Tatsache muss bei der Bewertung von Veränderungen der Zellzahl beachtet werden. So verändert sich eine Leukozytenzahl von 2,1 × 10^9/l (*2100/µl*) im Vergleich zu 1,9 × 10^9/l (*1900/µl*) am vorherigen Tag zu wenig, um eine Verbesserung darzustellen.

2.2.6 Korrigierte Leukozytenzahl

Sowohl bei der automatischen Zählung als auch bei der manuellen Auszählung werden kernhaltige rote Blutzellen (Nucleated Red Blood Cells, NRBCs) für Leukozyten gehalten und daher mitgezählt. Deshalb muss die Anzahl der kernhaltigen roten Blutzellen von der gezählten Leukozytenzahl (die also eigentlich die Anzahl aller kernhaltigen Zellen darstellt) abgezogen werden. Diese Subtraktion muss durchgeführt werden, wenn bei der Differenzierung von 100 weißen Blutzellen mehr als 5 kernhaltige rote Blutzellen gefunden werden (Fehlerquote > 5 %). Die Anzahl der kernhaltigen roten Blutzellen wird also bei der Erstellung des Differentialblutbildes ermittelt. Die Leukozytenzahl wird dann mit folgender Gleichung korrigiert:

$$\frac{\text{Korrigierte Leukozytenzahl}}{\text{Anzahl kernhaltiger Zellen}} = \frac{100}{(\text{NRBC} + 100 \text{ Leukozyten})}$$

oder

$$\text{Korrigierte Leukozytenzahl} = \frac{100}{(\text{NRBC} + 100)} \times \text{Anz. kernhaltiger Zellen}$$

2.2.7 Absolute Anzahl kernhaltiger roter Blutzellen

Die absolute Anzahl der kernhaltigen roten Blutzellen (Nucleated Red Blood Cells, NRBCs) wird berechnet, indem die korrigierte Leukozytenzahl von der Anzahl der kernhaltigen Zellen abgezogen wird. Wird nur das Verhältnis NRBCs/100 Leukozyten angegeben, kann dies bei einer sehr kleinen oder sehr großen Leukozytenzahl irreführend sein. Deshalb sollte in solchen Fällen die absolute Anzahl der kernhaltigen roten Blutzellen pro Liter (*bzw. µl*) Blut angegeben werden.

2.2.8 Erythrozytenindizes

Die Erythrozytenindizes beschreiben die durchschnittliche Größe und den Hämoglobingehalt der Erythrozyten. Automatische Zählgeräte können das Zellvolumen und den Hämoglobingehalt der Erythrozyten direkt bestimmen. Die Indizes lassen sich aber auch mit Hilfe folgender Gleichungen aus Hämatokrit, Erythrozytenzahl und Hämoglobinkonzentration berechnen:

Mittleres Erythrozytenvolumen (MCV, Mean Corpuscular Volume) in Femtoliter (fl):

$$\text{MCV (fl)} = \frac{\text{Hämatokrit (\%)} \times 10}{\text{Erythrozytenzahl } (10^{12}/\text{l})}$$

Mittlerer Hämoglobingehalt der Einzelerythrozyten (MCH, Mean Corpuscular Hemoglobin) in Femtomol (fmol):

$$\text{MCH (fmol)} = \frac{\text{Hämoglobin (mmol/l)} \times 10}{\text{Erythrozytenzahl } (10^{12}/\text{l})}$$

Mittlere Hämoglobinkonzentration der Erythrozyten (MCHC, Mean Corpuscular Hemoglobin Concentration) in mmol/l:

$$\text{MCHC (mmol/l)} = \frac{\text{Hämoglobin (mmol/l)} \times 100}{\text{Hämatokrit (\%)}}$$

Das MCV macht eine Aussage über das mittlere Volumen der Erythrozyten. Ist es erhöht, im Referenzbereich oder erniedrigt, bedeutet dies entsprechend, dass der durchschnittliche Erythrozyt makrozytär, normozytär oder mikrozytär ist. Eine MCHC im Referenzbereich oder darunter wird bedingt durch morphologisch normochrome bzw. hypochrome Erythrozyten. Hyperchrome Erythrozyten (d.h. erhöhte MCHC) weisen auf Fehler im Labor oder bei der Probennahme hin, wie z.B. Hämolyse oder Heinz-Innenkörper.
Das MCH gibt den Hämoglobingehalt bezogen auf den durchschnittlichen Erythrozyten an. Die MCHC gibt die Hämoglobinkonzentration eines durchschnittlichen Erythrozyten an. Klinisch sind diese beiden Tests gleichwertig, weshalb das MCH meist vernachlässigt wird.

2.2.9 Automatische Zählgeräte

Impedanzzähler

Die Impedanzmethode ist und bleibt eine Standardmethode der Zellzählung bei Hämatologiegeräten. Impedanzzähler ermitteln die Zellzahl und messen die Zellgröße, daraus berechnen sie Hämatokrit, MCHC und MCV. Bei der Impedanzmethode (auch Coulter-Prinzip genannt) werden die Zellen in einer Elektrolytlösung verdünnt und durch eine schmale Öffnung gesogen. Der elektrische Widerstand ändert sich in Abhängigkeit von Anzahl und Größe der Zellen, welche die Öffnung passieren. Die Zellzahl schlägt sich in der Frequenz der Veränderung des Widerstandes nieder. Entsprechend verhält

sich das Ausmaß der Veränderung proportional zur Zellgröße.
Es empfiehlt sich, bei den Thrombozyten-Erythrozyten-Histogrammen auf eine genaue Trennung zwischen Thrombozyten- und Erythrozyten-Peak zu achten. Den Histogrammen lässt sich entnehmen, welche Zellen das Impedanzgerät als rote Blutkörperchen und welche als Thrombozyten gezählt hat, wodurch Laborfehler entdeckt werden können (Abb. 2.3). Nur bei einer deutlichen Trennung zwischen Thrombozyten- und Erythrozytenpeak arbeitet das Impedanzzählgerät einwandfrei. Kleine Erythrozyten, die bei einer Eisenmangelanämie auftreten, verursachen ebenso wie große Blutplättchen eine ungenaue Zählung. Dabei entsteht bei der Thrombozytenzahl eine größere Abweichung als bei der Erythrozytenzahl. Dieser Laborfehler tritt häufig auf und wird selten erkannt.
Impedanzzählgeräte müssen elektronisch geeicht werden, damit sie Zellen unterschiedlicher Größe anhand elektronischer Schwellenwerte, die für die verschiedenen Spezies vorgegeben werden, differenzieren können. Die bei Mensch und Hund im Blut vorhandenen Zellen ähneln sich, so dass für gewöhnlich keine Fehlzählungen entstehen. Aufgrund der geringeren Größe der Erythrozyten und häufig auftretender Verklumpung der Thrombozyten, entstehen bei Katzen mehr Probleme. Impedanzzählgeräte berechnen den Hämatokrit, während ihn die Mikrohämatokritmethode durch Zentrifugieren bestimmt. Wird das MCV direkt gemessen, berechnet sich der Hämatokrit wie folgt:

$$\text{Hämatokrit} = \frac{\text{MCV} \times \text{Erythrozytenzahl}}{10}$$

Hämatokritwerte, die durch die Impedanzmethode ermittelt werden, weichen von den mit der Mikrohämatokritmethode bestimmten Werten geringfügig ab. Beträgt die Abweichung mehr als 3–5 %, sind technische Probleme wahrscheinlich. Der Hämoglobingehalt wird durch Messung der optischen Dichte lysierten Blutes bestimmt, die Erythrozytenindizes werden berechnet.

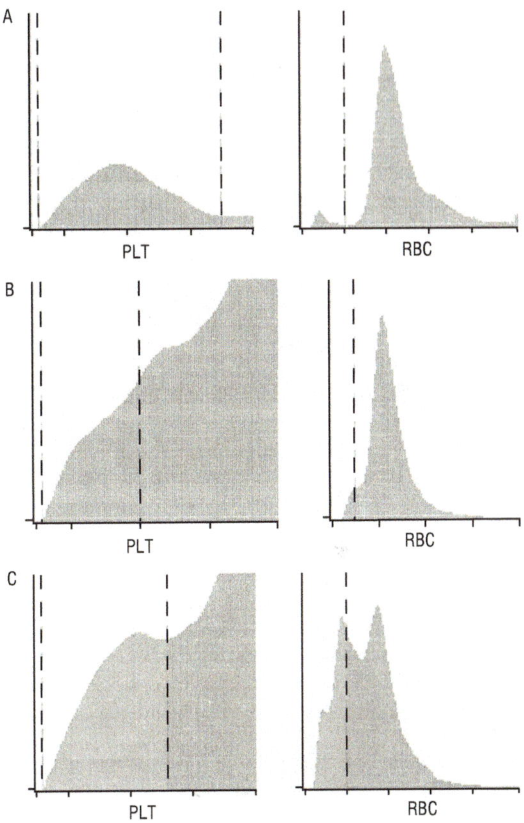

Abb. 2.3 Drei Beispiele für Erythrozyten-Thrombozyten- und Thrombozyten-Histogramme. Das obere Paar **(A)** stammt von einem gesunden Hund. Rechtes Histogramm: Der größte Peak rechts (oberhalb der Beschriftung „RBC") repräsentiert die Erythrozyten, der kleinere Peak links davon die Thrombozyten. Dieser Peak ist im Thrombozyten-Histogramm (links) vergrößert (oberhalb der Beschriftung „PLT"). Mit einem Impedanzgerät werden die Zellen anhand ihrer Größe bzw. ihres Volumens unterschieden. Sind Erythrozyten und Thrombozyten unterschiedlich groß, kann sie das Gerät unterscheiden und akkurat zählen. Das mittlere **(B)** und untere **(C)** Beispiel stammt jeweils von einem Hund mit Eisenmangelanämie. Hier sind die Peaks der Erythrozyten und Thrombozyten nicht deutlich getrennt, bei der Auszählung der Thrombozyten und Erythrozyten entstand dadurch ein Messfehler. Im mittleren Beispiel verschiebt sich der Erythrozytenpeak nach links und befindet sich dadurch nicht mehr oberhalb der Beschriftung „RBC". Die unteren Histogramme wurden nach Eisentherapie erstellt. Im Erythrozyten-Histogramm lassen sich von links nach rechts drei Peaks unterscheiden, die Thrombozyten, mikrozytäre und normozytäre Erythrozyten repräsentieren.

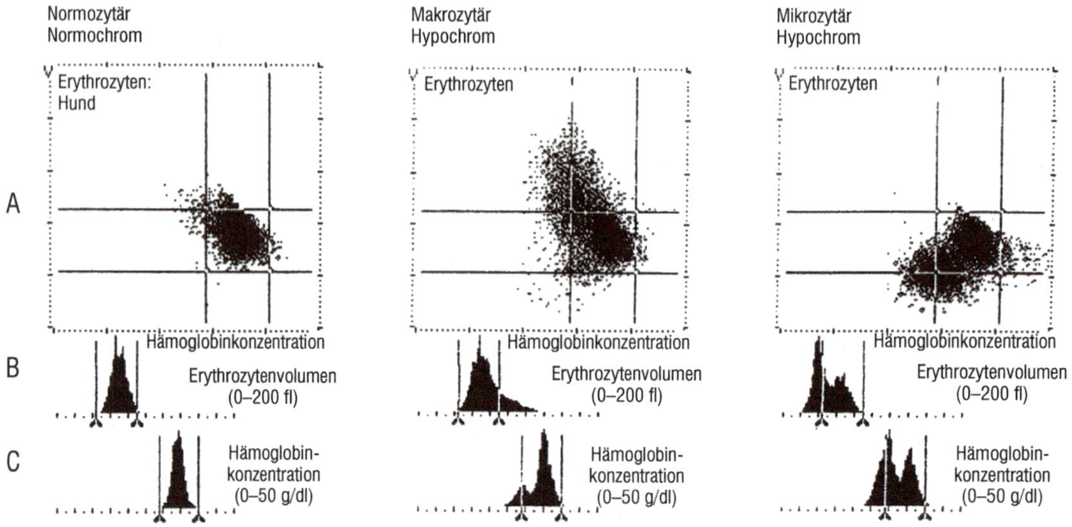

Abb. 2.4 Erythrozytenteil des Berichts eines H1-oder Adiva 120-Systems der Firma Bayer. Die Erythrozyten-Zytogramme sind in der oberen Reihe dargestellt **(A)** und werden jeweils in 9 Bereiche unterteilt. Im Zytogramm stellt die vertikale Achse das Zellvolumen und die horizontale Achse die Hämoglobinkonzentration der Erythrozyten dar. Die drei Beispiele zeigen Zytogramme, wie sie bei den meisten Anämien zu erwarten sind. Im linken Zytogramm eines Hundes befinden sich die normozytären normochromen Erythrozyten innerhalb des zentralen Quadrats. Im mittleren Zytogramm sind makrozytäre hypochrome Zellen, hauptsächlich Retikulozyten, dargestellt, allerdings kommen auch normozytäre normochrome Erythrozyten vor. Das rechte Zytogramm stammt von einem Hund mit Eisenmangelanämie. Hier ist links unterhalb der physiologischen Erythrozyten eine zweite Population mikrozytärer hypochromer roter Blutzellen zu sehen. Das Erythrozyten-Volumenhistogramm **(B)** stellt die Verteilung der Zellen entsprechend des Volumens dar. Das mittlere Histogramm, in dem u.a. unreife Erythrozyten dargestellt sind, weist rechts einen kleinen bis mittelgroßen Ausläufer auf, der durch makrozytäre Zellen entsteht. Das Volumenhistogramm des Hundes mit Eisenmangelanämie (rechts) zeigt einen deutlichen Peak aus mikrozytären Erythrozyten. Das Hämoglobin-Konzentrationshistogramm **(C)** gibt die Verteilung der Erythrozyten nach ihrem Hämoglobingehalt an. Die beiden rechten Beispiele weisen deutliche Peaks aus hypochromen Zellen jeweils links der die normochromen Erythrozyten repräsentierenden Peaks auf. Anhand der Histogramme kann ungefähr das Mengenverhältnis der veränderten zu den unveränderten Erythrozyten abgeschätzt werden.

Neuere Impedanzmessgeräte liefern zusätzliche Informationen, wie z.B. einige Bestandteile eines Differentialblutbildes, mittleres Thrombozytenvolumen, Retikulozytenzahl und Vorkommen kernhaltiger roter Blutzellen. Knoll (2000) vergleicht einige auf dem Markt befindliche Geräte, Laserzählgeräte und das QBC-System.

Laserzählgeräte

Einige Hämatologiegeräte verwenden einen Laserstrahl im Durchflusszytometer, um Größe und Komplexität der Zellen anhand der jeweiligen Lichtstreuung zu differenzieren. Zwei weit verbreitete tiermedizinische Geräte sind das Adiva 120-System der Firma Bayer[1] (Bayer H-1 ist ein älteres, kaum noch verwendetes Modell) und das Cell-Dyn 3500-System der Firma Abbott[2]. Das Cell-Dyn-System bedient sich für Erythrozyten und Thrombozyten der Impedanztechnologie und erstellt darüber umfassende Informationen über diese Zellarten (Abb. 2.3). Die Erythrozyten-Verteilungsspanne (Red Blood Cell Distribution Width, RDW) macht eine Aussage über die Größenvariabilität der Erythrozyten. Die Hämoglobin-Verteilungsspanne (Hemoglobin Distribution Width, HDW) beschreibt entsprechend die Variabilität der Hämoglobinkonzentration der Erythrozyten (siehe Kap. 3).

1) Bayer Corp., Tarrytown, NY, USA
2) Abbott Diagnostics, Abbott Park, IL, USA

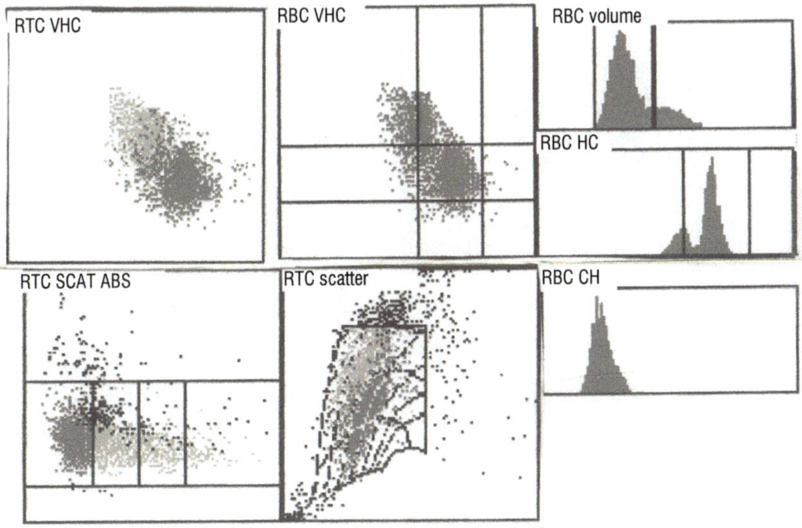

Abb. 2.5 Erythrozyten- und Retikulozyten-Grafiken des Adiva 120-Systems der Firma Bayer. Die Zellen der erythroiden Reihe eines Hundes mit regenerativer Anämie werden grafisch dargestellt. Bei den beiden getrennten Erythrozytenpopulationen im Erythrozyten-Zytogramm (RBC VHC) handelt es sich zum einen um physiologische und zum anderen um makrozytäre hypochrome Erythrozyten. Das Retikulozyten-Zytogramm oben links (RTC VHC) zeigt, dass die makrozytären hypochromen Erythrozyten die Retikulozytenfärbung angenommen haben und deshalb im RTC-SCAT-ABS-Zytogramm als Retikulozyten gezählt wurden. Im Histogramm des Erythrozyten-Volumenhistogramms (RBC volume) oben rechts erscheint rechts des physiologischen Erythrozytenpeaks ein kleinerer zweiter Peak, der die makrozytären Erythrozyten repräsentiert. Im Histogramm der Hämoglobinkonzentration der Erythrozyten (RBC HC) spiegelt ein ähnlich großer Peak (ein Drittel der Größe des normalen Erythrozyten-Peaks) die hypochromen Erythrozyten wider. Dieser Peak befindet sich links des normalen Erythrozyten-Peaks. Die Fläche des Histogramms verhält sich proportional zur relativen Anzahl der ausgezählten Zellen, wobei die exakten Zahlen vom Gerät ermittelt werden können. Das Hämoglobin-Konzentrationshistogramm der einzelnen Zellen (RBC CH) war allerdings nicht in der Lage, das Vorhandensein zweier unterschiedlicher Erythrozyten-Populationen aufzuzeigen.

Die grafische Darstellung der Zellen erleichtert die Diagnosestellung erheblich (Tvedten et al., 2000). Das System der Firma Bayer ist gut dazu geeignet, Veränderungen der Erythrozyten zu registrieren, da es Volumen und den Hämoglobingehalt jedes einzelnen Erythrozyten erfasst (Abb. 2.4 und 2.5). Im Erythrozyten-Zytogramm werden physiologische und veränderte Erythrozytenpopulationen anhand ihrer Größe und ihres Hämoglobingehalts dargestellt. Die automatische Retikulozytenanalyse des Adiva 120 erstellt zahlreiche neue Retikulozytenparameter, die möglicherweise nach der Validierung für Hund und Katze diagnostisch wertvoll sein könnten. Anhand der farbigen Retikulozytengrafik lässt sich beim Hund der Regenerationsgrad einer Anämie auf den ersten Blick erkennen (Abb. 2.5). Die Retikulozytenanalyse des Adiva 120-Systems ist sehr nützlich beim Hund, für Katzenretikulozyten aber leider ungeeignet.

Mit dem H1-System der Firma Bayer wird automatisch zusätzlich ein Differentialblutbild erstellt, was beim Hund vertretbar (Tvedten und Haines, 1994), bei der Katze jedoch problematisch ist (Tvedten und Koecal, 1996). Die verschiedenen Subpopulationen der Leukozyten werden in einem Peroxidase- und einem basophilen Zytogramm dargestellt (Abb. 2.6). Dabei ist die Struktur des Leukozyten-Zytogramms hilfreich, um Fehler bei der Klassifizierung der Zellen zu erkennen, um im Zusammenhang mit einer Leukämie auftretende Blasten zu identifizieren sowie um kernhaltige rote Blutzellen (NRBCs), eosinophile Granulozyten, Linksverschiebung und toxische Veränderung der neutrophilen Granulozyten zu diagnostizieren. Das Differentialblutbild wird mit

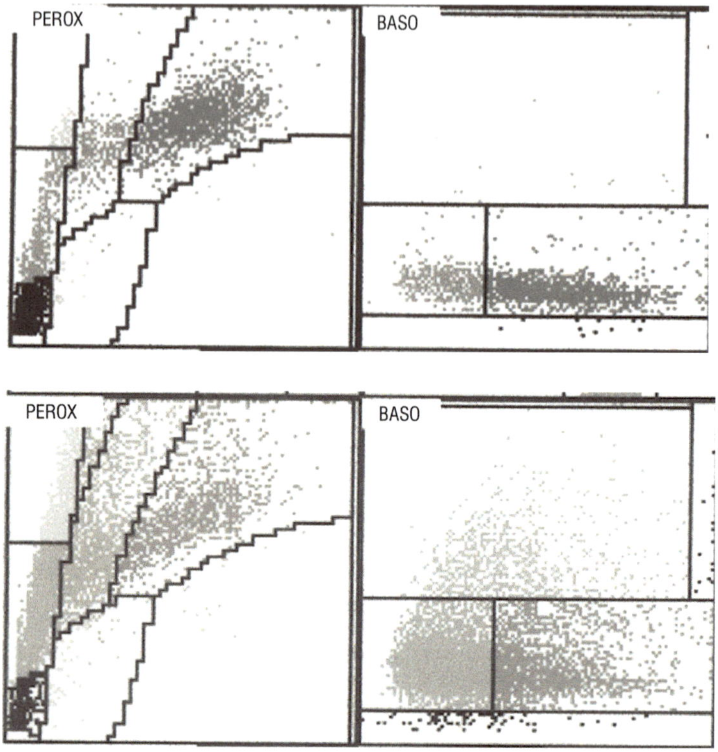

Abb. 2.6 Peroxidase(PEROX)- und basophiles Zytogramm (BASO) erstellt durch das Adiva 120-System der Firma Bayer. Leukozyten zweier Hunde wurden ausgewertet. Die oberen beiden Zytogramme stammen von einem gesunden Hund. Beim Peroxidase-Zytogramm ist auf der vertikalen (y) Achse die Zellgröße und auf der horizontalen (x) Achse der Peroxidasegehalt der Zellen aufgetragen. Die Zelltypen werden jeweils in einer Farbe dargestellt. Neutrophile besitzen sehr große Mengen an Peroxidase, weshalb sie sich auf der rechten Seite des Zytogramms darstellen. Eosinophile Granulozyten verfügen über relativ viel Peroxidase und befinden sich gewöhnlich unterhalb der Neutrophilen. Diese Beispiele weisen sehr wenige Eosinophile (nur vier Punkte) auf. Lymphozyten fehlt die Peroxidase und sie sind sehr klein, weshalb sie sich links abbilden. Monozyten enthalten eine sehr geringe Menge an Peroxidase, deshalb sind Monozyten zwischen Lymphozyten und Neutrophilen zu finden. Thrombozyten, verklumpte Thrombozyten und Zelldetritus sind sehr klein und stellen sich unten links dar. Oben links sind große Zellen zu sehen, die sich bei dieser Methode nicht anfärben (LUC, Large Unstained Cells). Sie setzen sich aus großen Lymphozyten, Monozyten und Blasten zusammen. Im basophilen Zytogramm werden die Zellgröße auf der vertikalen, und die Zellkerndichte auf der horizontalen Achse aufgetragen. Bei den meisten Zellen ist das Zytoplasma entfernt, weshalb nur die Kerne bewertet werden. Das Zytogramm weist eine wurmartige Form auf. Der Kopf des „Wurms" besteht aus mononukleären Zellen wie Lymphozyten und Monozyten. Granulozyten (besonders Neutrophile) besitzen komplexe, dichte und gelappte Kerne, die den Körper des „Wurms" ausmachen. Die unteren beiden Zytogramme stammen von einem Hund mit myelomonozytärer Leukämie. Blasten befinden sich in großer Anzahl im Bereich der großen ungefärbten Zellen und im oberen Lymphozytenbereich des Peroxidase-Zytogramms. Sie dehnen sich im basophilen Zytogramm von Kopf und Rücken des „Wurms" ausgehend nach oben aus. Diese Struktur wird als „bad hair day" bezeichnet und ist pathognomonisch für Leukämie. Da die Blasten im basophilen Zytogramm in den Bereich der basophilen Zählung hineinreichen, verursachen sie eine fälschliche Erhöhung der über das basophile Zytogramm ermittelten Zellzahlen.

beiden Methoden erstellt. Dabei generiert das System eine Warnung, sobald ein signifikanter Unterschied zwischen beiden Zählungen auftritt.

Das Adiva 120-System identifiziert Thrombozyten anhand ihrer Größe und inneren Komplexität, während für die meisten anderen Geräte ausschließlich die Größe ausschlaggebend ist (Impedanzmethode). Zellen mit einem Volumen von bis zu 60 fl werden als Thrombozyten gezählt. Da Erythrozyten häufig kleiner als 60 fl sind (besonders bei Katzen), stellt die Größe allein kein verlässliches Kriterium dar. In Abbildung 2.7 ist ein normales Thrombozyten-Histogramm und -Zytogramm eines Hundes dargestellt. Weiterhin lässt sich erkennen, wie anhand der Thrombozytengrafik eine irrtümlich mitgezählte nicht-thrombozytäre Population (z.B. Erythrozytenfragmente) identifiziert werden kann. Das mittlere Thrombozytenvolumen (Mean Platelet VolumeMPV) gibt die durchschnittliche Größe der Thrombozyten an. Thrombozyten-Histogramm und -Zytogramm stellen die Verteilung der Thrombozyten hinsichtlich ihrer Größe und inneren Komplexität dar. Anhand der MPC (mittlere Konzentration der Thrombozytenbestandteile-Mean Platelet Component Concentration) können aktivierte Thrombozyten erkannt werden. Verschiedene Zytogramme warnen vor potentiellen Auswertungsfehlern (z.B. verklumpten Thrombozyten).

Zentrifugales Hämatologiesystem (QBC-System)

Das QBC-System (Quantitative Buffy Coat) ist ein Hämatologiegerät für die Praxis. Bei dieser Methode wird die Leukozytenschicht (Buffy Coat) verbreitert und aus der Breite der verschiedenen Zellschichten auf die Zellzahl geschlossen. Die einzelnen Schichten müssen deutlich genug voneinander getrennt sein. Mononukleäre Zellen (Lymphozyten, Monozyten), Granulozyten (Neutrophile) sowie bei Hunden zusätzlich Eosinophile können unterschieden werden. Das Differentialblutbild wird dadurch teilweise abgedeckt. Die Analyse mit dem QBC Vetautoread" (QBC V; Idexx Inc.[1]) ist schneller und präziser als die Auszählung in der Zählkammer. Im Vergleich zu Referenzmethoden zeigte sich eine hervorragende Korrelation (r = 0,93–0,99) für den Hämatokrit, die Zählung der gesamten weißen Blutzellen und der Granulozyten. Für die Zählung der nicht granulozytären Zellen war die Korrelation gut (r = 0,81–0,93) und für die Thrombozyten mäßig (r = 0,59–0,78; Levine et al., 1986; Brown und Barsanti, 1988). Eine perfekte Korrelation wird mit einem r-Wert von 1 angezeigt, eine Korrelation von über 0,80 wird im Allgemeinen als akzeptabel für eine neue Labormethode im Vergleich mit einer Referenzmethode bewertet. Für die Validierung eines neuen Laborverfahrens werden noch weitere Verfahren herangezogen. Die Präzision – dargestellt durch den Variationskoeffizienten (CV) – war besser als bei manuellen Methoden und schlechter als bei Impedanzzählern (Coulter[2]; Brown und Barsanti, 1988).

2.3 Blutausstrich

Ein routinierter Untersucher kann einem Blutausstrich schnell große Mengen an Information entnehmen. Deshalb stellt der Blutausstrich einen essentiellen Bestandteil eines jeden großen Blutbilds bei kranken Tieren dar. Ein durch eines der später beschriebenen Geräte automatisch erstelltes Differentialblutbild liefert wertvolle Informationen, ersetzt aber bei kranken Tieren nicht den Blutausstrich. Zwischen der Blutuntersuchung eines einzelnen erkrankten Tieres unter Praxisbedingungen und der Beurteilung einer großen Anzahl Blutproben gesunder Tiere zu Forschungszwecken liegt ein deutlicher Unterschied. Blutausstriche werden hergestellt, um Zellzählgeräte zu überprüfen, ein vollständiges Differentialblutbild zu erstellen und die Morphologie der Erythrozyten, Leukozyten und Thrombozyten zu beurteilen. Keines der automatischen Geräte unterscheidet konsequent die verschiedenen Zelltypen der unterschiedlichen Tierarten. Unreife Neutrophile, toxische Veränderungen der Neutrophilen, reaktive Lymphozyten und Monozyten, Basophile, vakuolisierte oder „graue" Eosinophile und leukämische Zellen werden nur unzuverlässig identifiziert. Automatisch erstellte Leukozytenzahlen, Zytogramme und Histogramme sind hilfreich, ergeben aber in Kombination mit der Beurteilung eines Blutausstriches noch schlüssigere Ergebnisse. Ein Blutausstrich kann verwendet werden, um schnell signifikante Veränderungen der Leukozyten- und Thrombozytenzahl zu ermitteln. Schätzungen der Erythrozytenzahl sind unzuverlässig, so dass auf die Mikrohämatokritmethode nicht verzichtet werden kann. Verschiedene quantitative und

[1] IDEXX Inc., Westbrook, ME, USA

[2] Coulter Electronics, Inc., Edison, NJ, USA

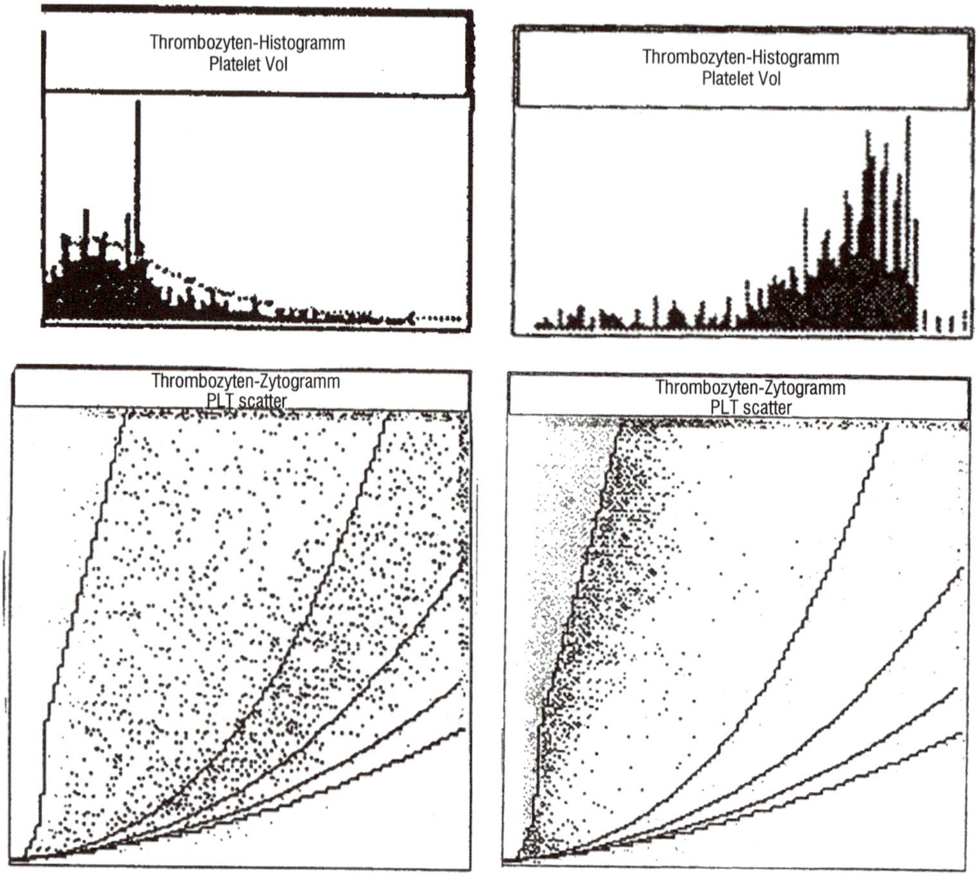

Abb. 2.7 Mit dem Adiva 120-System erstellte Thrombozyten-Histogramme und -Zytogramme zweier Hunde. Die beiden Beispiele auf der linken Seite stammen von einem Hund mit Eisenmangelanämie, obwohl sie relativ unauffällig erscheinen. Das Thrombozyten-Histogramm oben links (Platelet Vol) bildet die Thrombozytenzahl nach zunehmender Größe ab. Die Größe nimmt dabei von links nach rechts zu. Das MPV lag zwischen 4 und 6 fl, weshalb der größte Peak 4–6 fl entspricht. Im Volumenhistogramm auf der rechten Seite lässt sich eine gegenläufige Tendenz erkennen. Hier sind hauptsächlich große Zellen und Partikel vorhanden, so dass der größte Peak sehr weit rechts angesiedelt ist. Im Thrombozyten-Zytogramm (PLT scatter) sind die Zellen nach Größe und optischer Dichte dargestellt. Die Linie, die der y-Achse bis zum oberen Rand ungefähr folgt, gibt die zunehmende Größe an. Der obere Rand des Zytogramms entspricht dem Wert 30 fl, so dass sich Thrombozyten mit einem Volumen von 30–60 fl am oberen Rand abbilden. Die meisten Punkte (Thrombozyten) kommen innerhalb des Messbereichs zu liegen. Das Zytogramm unten rechts stammt von einem Hund mit Cushing, Lipämie und vielen Erythrozytenschatten. Ein Großteil der Erythrozytenschatten bildet sich in der linken Ecke des Zählbereiches ab (die Linie gibt die zunehmende Zellgröße an). Die Hälfte der Erythrozytenschatten befindet sich außerhalb des Zählbereiches und wird in einer anderen Farbe dargestellt (wird nicht als Thrombozyt angesehen). Es handelt sich hier um einen Fehler bei der Probennahme und um einen Laborfehler. Aufgrund des Mangels an Thrombozyten und der großen Menge an Zellen (v. a. partiell lysierte Erythrozytenschatten), die aufgrund ihrer Größe und optischen Dichte vom Analysegerät als Thrombozyten eingeordnet werden mussten, konnte das Gerät nicht einwandfrei arbeiten. Die Grafik ermöglicht es dem Laboranten, den Fehler zu erkennen.

morphologische Veränderungen der einzelnen Zellarten können anhand eines Blutausstriches diagnostiziert werden. Der Abschnitt über zytologische Techniken in Kapitel 18 gibt zusätzliche Informationen über Herstellung, Färbung und Beurteilung von Präparaten.

2.3.1 Herstellung

Ausstriche müssen über einen dünnen Bereich verfügen, in dem die Zellen einschichtig liegen (sog. „Monolayer"). Dort können Morphologie und Verteilung der Zellen optimal beurteilt werden (Abb. 2.8). Die Zellen sollen dicht aneinander liegen, sich aber selten berühren und nicht deformiert sein. Die Leukozyten sollten möglichst flach auf dem Objektträger liegen, damit eine große Oberfläche betrachtet werden kann (siehe Abb. 18.2). Zellen färben sich im dünnen Bereich des Ausstriches am besten an, und Zytoplasma und Zellkern lassen sich gut beurteilen.

Die Beurteilung des Ausstrichs erfolgt nur innerhalb des einschichtigen Bereichs. Zwei verbreitete Fehler bei der Auswertung von Blutausstrichen sind:

1. Beurteilung von Regionen, in denen die Zellen in einer dicken Schicht liegen
2. Beurteilung zerstörter Zellen

In dick ausgestrichenen Bereichen erscheinen die Zellen eher kugelförmig, weshalb sich ihr Durchmesser – von oben betrachtet – verringert. Weiterhin färben sich die Zellen stärker an, was die Beurteilung wesentlich erschwert. Ein Differentialblutbild verliert seinen Wert, wenn nicht identifizierte Zellen mitgezählt werden. Jeder Blutausstrich weist einige zerstörte oder deformierte oder schlecht angefärbte Zellen auf, die jedoch nicht in die Auswertung einfließen sollten.

Es empfiehlt sich, das Herstellen von Ausstrichen zu üben, damit auswertbare Präparate entstehen, aus denen sich reproduzierbare Ergebnisse ablesen lassen. Um einer Zellzerstörung vorzubeugen, werden die Ausstriche sofort nach der Blutentnahme angefertigt, luftgetrocknet und dann zusammen mit den dazuge-

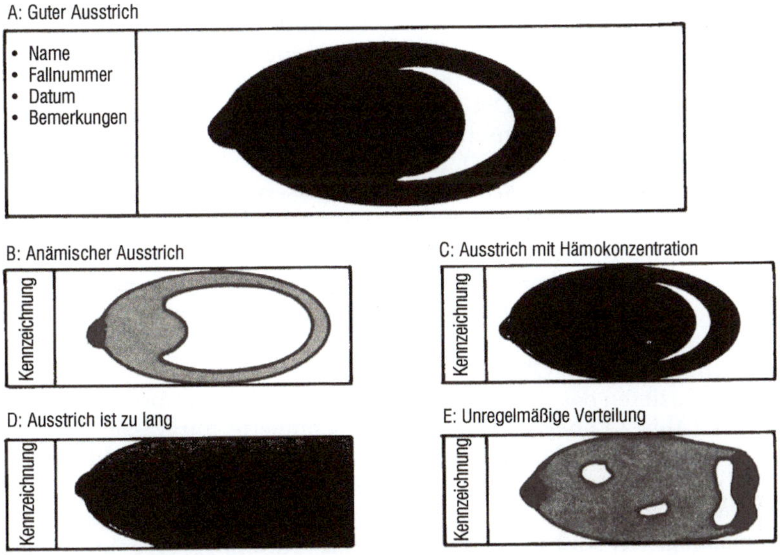

Abb. 2.8 Beispiele für Blutausstriche. Ein guter Blutausstrich **(A)** ist ausreichend gekennzeichnet mit Patientennamen, Datum und anderen Informationen, welche die richtige Zuordnung des Präparates ermöglichen. Ein gleichmäßiger dünner Bereich in der Nähe des Endes des Ausstrichs sollte vorhanden sein. Die helle elliptische Zone rechts im Ausstrich repräsentiert diesen Bereich. Weiter rechts davon sind die Zellen dagegen deformiert und zu dick ausgestrichen. Ausstriche von anämischem Blut **(B)** sind über weite Bereiche des Präparats dünn. Das dünne Areal (großer heller Bereich in B) erstreckt sich fast bis zu der Stelle, an der der Blutstropfen aufgesetzt wurde. Bei hämokonzentrierten Blutausstrichen **(C)** entsteht nur ein sehr kleiner dünner Bereich in der Nähe des Endes des Ausstrichs, der aber auch vollständig fehlen kann. Wurde ein zu großer Blutstropfen aufgesetzt **(D)**, wird der Ausstrich zu lang und es entsteht kein Bereich, in dem zufrieden stellend ausgezählt werden kann. Ausstriche mit ungleichmäßiger Verteilung **(E)** werden durch schlechte Glasqualität verursacht. Auch ruckartiger Zug während des Ausstreichens kann zu solchen Ergebnissen führen.

hörigen EDTA-Blutproben ins Labor geschickt. Um einen Ausstrich herzustellen, wird ein Tropfen Blut auf eine Seite (in der Nähe des Randes) eines Objektträgers aufgetropft. Der Blutstropfen wird mit einem zweiten Objektträger ausgestrichen; dazu wird der zweite Objektträger vor dem Tropfen aufgesetzt, dann rückwärts durch den Tropfen gezogen und ohne die Bewegung zu unterbrechen, mit leichtem Druck wieder nach vorne geschoben. Ein Unterbrechen der Bewegung, um es dem Blut zu ermöglichen, sich besser entlang des zweiten Objektträgers zu verteilen, bedingt eine ungleichmäßige Verteilung der Leukozyten und sollte deshalb unterbleiben. Der Winkel, in dem der zweite Objektträger auf den ersten aufgesetzt wird, kann variiert werden, um die Länge des Ausstrichs zu beeinflussen (ein spitzerer Winkel führt zu einem längeren Ausstrich). Häufig wird der Fehler begangen, das Blut bis zum Ende des Objektträgers auszustreichen (Abb. 2.8), wodurch genau der Bereich verloren geht, in dem die Zellen in einer dünnen Schicht liegen. Solche Ausstriche werden durch einen zu großen Tropfen Blut oder einen zu spitzen Winkel verursacht. Der Ausstrich soll nur bis zur Mitte oder bis ins zweite Drittel des Objektträgers reichen, damit der einschichtige Bereich in einer gut färb- und auswertbaren Region liegt. Mit Hilfe einer Mikrohämatokritkapillare kann die Größe des Tropfens sehr gut beeinflusst werden. Wird die Ausstrichbewegung vorzeitig abgebrochen, wird der Ausstrich an dieser Stelle zu dick. Qualitativ hochwertige, saubere Objektträger mit glatten Kanten reduzieren das Risiko, einen schlechten Ausstrich (Abb. 2.8) herzustellen.

2.3.2 Färbungen

Verschiedene hämatologische und zytologische Färbungen werden in Kapitel 18 vorgestellt.

2.3.3 Beurteilung

Der Praktiker sollte routinemäßig und konsequent Blutausstriche anfertigen, beurteilen und beschreiben. Alle drei Zellarten (Erythrozyten, Leukozyten und Thrombozyten) werden anhand Verteilung, Menge und Morphologie beurteilt. Dabei dürfen die Thrombozyten nicht vernachlässigt werden.

Thrombozytenschätzung

Die Thrombozytenzahl lässt sich relativ zuverlässig abschätzen (siehe Abb. 5.5). In Hundeblut sind pro 1000fach vergrößerten Ölimmersionsfeld 8–29 Thrombozyten zu erwarten. Dabei sollte die Thrombozytenzahl nur geschätzt (z. B. sehr wenige, wenige, normal, erhöht, stark erhöht) und keine Konzentrationsangaben (z. B. $50 \times 10^9/l$ [*50 000/μl*]) gemacht werden. Bei einer Thrombozytenagglutination verteilen sich die Zellen sehr ungleichmäßig, und ihre Anzahl kann weder geschätzt noch korrekt ausgezählt werden. Dieses Phänomen tritt häufig bei Katzenblut auf, weshalb bei Katzen die Bestimmung der Thrombozytenzahl nicht sehr zuverlässig ist. Thrombozytenaggregate sind häufig relativ groß und finden sich deshalb in der Fahne des Ausstrichs. Eine fehlerhafte Thrombozytenzahl ist zu erwarten, wenn viele oder große Aggregate gefunden werden. Zelmanovic und Hetherington (1998) definieren bei 500facher Vergrößerung (d. h. 50 × Objektiv) Thrombozytenagglutination als drei oder mehr Aggregate von drei oder mehr Thrombozyten in 10 Gesichtsfeldern.

Thrombozytenmorphologie

Vergrößerte Thrombozyten können aufgrund einer gesteigerten Produktion entstehen, sind aber nicht beweisend hierfür. Der Nachweis großer Thrombozyten und eines erhöhten mittleren Thrombozytenvolumens (Mean Platelet Volume, MPV) ermöglicht keine Unterscheidung zwischen verschiedenen Ursachen einer Thrombozytopenie (immunmediierte Thrombozytopenie, disseminierte intravasale Gerinnung, Knochenmarkerkrankung). Sowohl große Thrombozyten als auch ein erhöhtes MPV können infolge einer regenerativen Anämie oder einer Leukozytose ohne Thrombozytopenie auftreten, möglicherweise aufgrund einer generalisierten Aktivierung des Knochenmarks. Bei langen röhrenförmigen Thrombozyten handelt es sich um junge Zellen, deren Form die aktive Abschnürung der Thrombozyten von den Ausläufern der Megakaryozyten widerspiegelt. Verschiedene andere Formveränderungen wie etwa die Ausbildung von Pseudopodien werden möglicherweise lediglich durch eine Aktivierung bei Herstellung des Ausstrichs bedingt. Gelegentlich sind in den Thrombozyten infizierter Hunde Morula von *Ehrlichia platys* zu sehen, jedoch meist in zu geringer Anzahl, um sie auf diese Weise zuverlässig nachweisen zu können.

Leukozytenschätzung

Eine Möglichkeit der Leukozytenschätzung besteht darin, den Ausstrich bei 100facher Vergrößerung (d.h. 10 × Objektiv) durchzumustern. Dabei wird der ganze Ausstrich bewertet, wobei die Zellverteilung gerade am Ende des Ausstrichs ungleichmäßig sein kann. Eine so diagnostizierte Leukozytose bzw. Leukopenie wird durch geeignete Adjektive (z.B. geringgradig, mittelgradig oder hochgradig) näher klassifiziert. Alternativ können auch die Leukozyten in einigen Gesichtsfeldern bei 100facher Vergrößerung ausgezählt werden. Dazu wird der einschichtige Bereich des Ausstrichs untersucht. Bei Hunden werden im Labor des Autors 18–51 weiße Blutzellen pro Gesichtsfeld (100fache Vergrößerung) als physiologisches Ergebnis angesehen. Die Korrelation zwischen dieser Abschätzung bei 100facher Vergrößerung und der tatsächlichen Leukozytenzahl ist gut ($r = 0{,}87$; Tvedten et al., 1988). Die Genauigkeit der Auszählung sinkt, sobald mehr als 60 Leukozyten pro Gesichtsfeld (100fache Vergrößerung) auftreten, da bei höheren Zellzahlen eine exakte Zählung nicht mehr gewährleistet ist. In diesem Fall sollte die Auszählung nach 60 Leukozyten pro Gesichtsfeld (100fache Vergrößerung) abgebrochen und nicht versucht werden, den Grad der Leukozytose näher zu bestimmen. Bedingung für eine korrekte Auszählung ist eine gleichmäßige Verteilung der Leukozyten. Bei einer ungleichmäßigen Verteilung, die meist dadurch entsteht, dass ein Großteil der Leukozyten bis zur Fahne des Ausstrichs gezogen wurde, werden zu geringe Leukozytenzahlen ermittelt.

Leukozytenaggregation

Selten kommt es bei Hund und Katze zur Leukozytenaggregation in EDTA-Blut. Werden Heparin oder Zitrat zur Gerinnungshemmung eingesetzt, kann diese Aggregation manchmal verlangsamt oder verhindert werden, so dass die Leukozytenzahl genauer bestimmt werden kann. Bei einer Katze mit großen Leukozytenaggregaten lag die Leukozytenzahl in der EDTA-Probe bei $36{,}9 \times 10^9/l$ (*36 920/µl*), in der heparinisierten Probe, die sofort analysiert wurde, dagegen bei $64{,}7 \times 10^9/l$ (*64 650/µl*). Nach 15–30 Minuten bildeten sich aber auch in der heparinisierten Probe Leukozytenaggregate. Es wird angenommen, dass die Aggregation durch eine Interaktion von Antikörpern mit dem Antikoagulans verursacht wird. Dieser Effekt kann transient sein und deshalb über mehrere Tage nicht bemerkt werden.

Differentialblutbild

Leukozytenzahlen werden entweder in absoluten (Zellen $\times 10^9/l$ [*Zellen/µl*]) oder relativen Zahlen (%) angegeben. Durch Auszählung von 100–200 Leukozyten in einem Blutausstrich und Bestimmung des Zelltyps kann manuell ein Differentialblutbild erstellt und so der prozentuale Anteil der einzelnen Leukozytenarten an der Gesamtzahl ermittelt werden. Dieser Prozentsatz wird anschließend mit der Gesamtleukozytenzahl multipliziert, um die absolute Anzahl der jeweiligen Zellart zu erhalten; dieser Wert verfügt über eine größere Aussagekraft (siehe Kap. 4).

Leukozytenmorphologie

Linksverschiebung

Mit einzelnen Ausnahmen (granulozytäre Leukämie, Pelger-Huët-Anomalie) weist eine Linksverschiebung auf ein entzündliches Geschehen hin. Bei der Auswertung des Ausstrichs müssen unreife stabkernige neutrophile Granulozyten genau und zuverlässig identifiziert werden, um eine Linksverschiebung eindeutig diagnostizieren zu können. Untersucher sind oft uneinig bei der Bestimmung des Reifegrades und damit auch bei der Feststellung einer Linksverschiebung. Ebenso wie es Schwierigkeiten bereitet, Personen anhand eines einzelnen Kriteriums als erwachsen einzuordnen, existiert kein verlässlicher Einzelparameter, der die Reifung eines stabkernigen Neutrophilen zu einem segmentkernigen Neutrophilen anzeigt. Morphologische Kriterien, die reife von unreifen Neutrophilen unterscheiden, sind:

- Kernform: Lappenform mit lokalen Einziehungen der Kernränder und Verlust der parallelen Seiten
- dünner, dunkler Kern
- verlängerter Kern

- grobkörnige Verklumpung des Chromatins
- raue Kernränder (Chromatinklumpen stehen hervor)

Bestehen trotzdem noch Zweifel, ist die Zelle als segmentkerniger Neutrophiler einzuordnen, da diese Zellart häufiger vorkommt. Infolge einer Sepsis oder Endotoxämie entwickeln sich die Neutrophilen ungleichmäßig (asynchrone Reifung), wodurch es schwierig oder unmöglich werden kann, den Reifungsgrad zuverlässig zu bestimmen.

Anhand des Ausmaßes der Linksverschiebung lässt sich der Schweregrad der Entzündung einordnen. Myeloblasten, Promyelozyten, Myelozyten, Metamyelozyten und stabkernige Neutrophile stellen unreife Vorstufen der segmentkernigen Neutrophilen dar. Alle unreifen Neutrophilen sind nicht-segmentkernig. Im Blut treten aus dieser Gruppe überwiegend stabkernige Neutrophile in Erscheinung, da das Knochenmark bevorzugt die am weitesten ausgereiften Zellen in die Blutbahn entlässt. Sind bei einer Linksverschiebung jüngere Zellen als stabkernige Neutrophile im Blut nachweisbar, spricht dies für das Vorliegen einer hochgradigen Entzündung. Um das Ausmaß der Linksverschiebung zu ermitteln, sollten in diesem Fall die einzelnen Zellreihen genau ausgezählt werden.

Toxische Neutrophile

Signifikante toxische Veränderungen der Neutrophilen (Farbtafel 2F) sind Anzeichen einer Toxämie. Die Bewertung der Toxämie erfolgt anhand des Schweregrads der Veränderung sowie der Anzahl der veränderten Neutrophilen. Treten nur wenige toxisch veränderte Neutrophile auf oder bleiben die Veränderungen geringgradig, können klinische Anzeichen einer Toxämie fehlen. Sind hingegen viele Zellen mittel- bis hochgradig verändert, ist auch eine klinische Symptomatik zu erwarten. Bakterielle Toxine, die häufig im Verlauf von Enteritiden (z.B. infolge einer Parvovirusinfektion) oder Infektionen mit gramnegativen Bakterien freigesetzt werden, verursachen die stärksten toxischen Veränderungen. Aber auch andere Toxine können für toxische Veränderungen verantwortlich sein. Im Labor des Autors wird folgendes Klassifizierungsschema verwendet (0–4 % toxische Neutrophile werden als nicht signifikant angesehen), 5–10 % geringgradige Toxämie, 11–30 % mittelgradige Toxämie, über 30 % hochgradige Toxämie.

Tabelle 2.5 Erscheinungsbild toxischer Neutrophiler und vereinfachte Einteilung der Veränderung nach Schweregraden

Schweregrad	morphologische Kennzeichen der toxischen Veränderung
1+	nur Döhle-Körper vorhanden
2+ oder 3+	unterschiedliche Intensität von Basophilie, schaumigem Zytoplasma und/oder toxischer Granulation
4+	Zellen sind zu stark toxisch verändert, um sie von reaktiven Lymphozyten oder Monozyten zu unterscheiden

Der Schweregrad der Toxizität lässt sich nur subjektiv einschätzen (Tab. 2.5). Geringgradig toxische Neutrophile von Hunden weisen Döhle-Körper auf. Sind nur wenige Döhle-Körper vorhanden, hat dies keine Aussagekraft. In Katzenblut finden sich häufiger Döhle-Körper, ohne dass diese Tiere klinische Symptome zeigen. In schwereren Fällen (z.B. viele Neutrophile mit Veränderungen des Grades 2+ bis 4+) liegt meist eine klinische Toxämie vor, und die Prognose verschlechtert sich proportional zum Grad der Veränderungen. Diese Tiere leiden häufig unter einer bakteriellen Infektion (z.B. einer zur Parvovirose sekundären gramnegativen Enteritis). Hochgradig toxisch veränderte Neutrophile besitzen zahlreiche Vakuolen (schaumiges Zytoplasma), und ihr Zytoplasma färbt sich basophil an.

Reaktive Lymphozyten

Reaktive Lymphozyten besitzen ein auffälliges, dunkelblaues Zytoplasma, das infolge einer gesteigerten Proteinsynthese und einem erhöhten m-RNA-Gehalt im Zytoplasma entsteht. Der Kern kann sich in der Veränderung zum Lymphoblasten befinden und deshalb eine knäuelförmige oder fädige Kontur aufweisen. Bei einzelnen Zellen kann es sich um leicht vergrößerte Lymphozyten oder um Zellen, die sich zu großen Blasten entwickeln, handeln. Vereinzelte reaktive Lymphozyten kommen sowohl bei gesunden als auch bei kranken Tieren vor. Treten diese Zellen in großer Zahl bei einem kranken Tier auf, ist dies als Zeichen einer starken Antigenstimulation zu werten. Von der Anzahl reaktiver Lymphozyten lässt sich nicht zuverlässig auf die Stärke der Immunantwort schließen. Junge

Tiere weisen häufig mehr reaktive Lymphozyten auf als adulte Tiere. Zu Blasten entwickelte lymphoide Zellen, die infolge eines Immunstimulus entstehen, können eine akute lymphoblastische Leukämie (ALL) vortäuschen.

Leukämie

Die meisten Katzen und Hunde, die mit einer Leukämie vorgestellt werden, zeigen eine akute Leukämie. Für gewöhnlich ist diese durch eine hochgradige Leukozytose mit vielen Blasten (siehe Kap. 4) charakterisiert. Neoplastische Zellen lassen sich ohne den Einsatz spezieller Färbemethoden schwer einem bestimmten Zelltyp zuordnen und werden deshalb häufig als „Blasten“ oder „atypische Zellen“ bezeichnet.

Erythrozytenschätzung

Die Erythrozytenzahl lässt sich nicht zuverlässig anhand eines Blutausstriches abschätzen, da die Schichtdicke des Ausstrichs variiert. Der Kliniker sollte die Intensität der Färbung und die Länge des einschichtigen Ausstrichbereichs beurteilen. Blutausstriche anämischer Tiere erscheinen vor einem weißen Hintergrund blass, die von Tieren mit physiologischen Hämatokritwerten wirken dagegen rot bis orange. Den einschichtigen Bereich (Monolayer) stellt bei gesunden Tieren die kleine bis mittelgroße elliptische Zone gleich hinter der Fahne des Ausstrichs (Abb. 2.8) dar. Bei Blutausstrichen sehr anämischer Tiere kann diese Zone beinahe die Stelle erreichen, an der ursprünglich der Blutstropfen platziert wurde (Abb. 2.8). Dagegen ist die dünne Zone bei dehydrierten Tieren sehr klein oder gar nicht vorhanden.

Erythrozytenmorphologie

Viele Veränderungen der Morphologie werden mit lateinischen und deutschen Begriffen beschrieben. Folgende Veränderungen sind klinisch von diagnostischer Bedeutung: Polychromasie (Retikulozytose), mikrozytäre hypochrome Erythrozyten, Sphärozyten, Autoagglutination, Geldrollenbildung, Heinz-Innenkörper, Blutparasiten und Staupe-Einschlusskörperchen (Abb. 2.9; Farbtafeln 2A bis 2D). Andererseits sind viele Veränderungen der Erythrozytenmorphologie (Anisozytose, Stechapfelform, Targetzellen, Leptozyten und Elliptozyten) klinisch wenig relevant, vor allem, wenn sie in geringer Zahl auftreten (siehe Kap. 3).

Im Blutausstrich sollte die Erythrozytenmorphologie am dicker ausgestrichenen Rand des einschichtigen Bereichs beurteilt werden, da die Erythrozyten am dünner auslaufenden Rand, d.h. in der Nähe der Fahne, deformiert vorliegen. Anhand des Erscheinungsbildes der roten und weißen Blutzellen kann der am besten geeignete Bereich des Ausstrichs identifiziert werden. In dieser Region sollten kanine Erythrozyten eine physiologische zentrale Aufhellung aufweisen (Diskozyten).

Morphologische Veränderungen der Erythrozyten sind nur bedeutsam, wenn sie mit gewisser Häufigkeit auftreten. Erythrozyten mit ungewöhnlicher Morphologie werden in geringer Anzahl auch in Blutausstrichen gesunder Tiere gefunden und sind hier zu vernachlässigen.

Polychromasie

Polychromasie kann in Wright- und Giemsagefärbten Blutausstrichen (nach Romanowsky) auftreten und ist gekennzeichnet durch vermehrt vorkommende, größere, deutlicher blau angefärbte Erythrozyten, die so genannten Polychromatophilen. Werden diese Zellen mit Methylenblau oder anderen Retikulozytenfärbungen angefärbt, können sie beim Hund als Retikulozyten und bei der Katze als aggregierte Retikulozyten identifiziert werden. In der Methylenblau-Färbung weisen Retikulozyten dunkle Granula auf, die sich linear (netzartig), anordnen. Eine Polychromasie weist auf eine vermehrte Freisetzung junger makrozytärer, hypochromer erythroider Zellen durch das Knochenmark im Zuge einer regenerativen Anämie (siehe Kap. 3) hin. Richtwerte zur quantitativen Beurteilung der Retikulozyten und Polychromatophilen beim Hund sind: 1 % physiologisch; 1–4 % geringgradige, 5–20 % mittelgradige und 21–50 % hochgradige Polychromasie. Für aggregierte Retikulozyten und Polychromatophile der Katze gelten folgende Richtwerte: bis 0,4 % physiologisch; 0,5–2 % geringgradige, 3–4 % mittelgradige, über 5 % hochgradige Polychromasie (Perman und Schall, 1983). Der Grad der Polychromasie sollte dokumentiert werden.

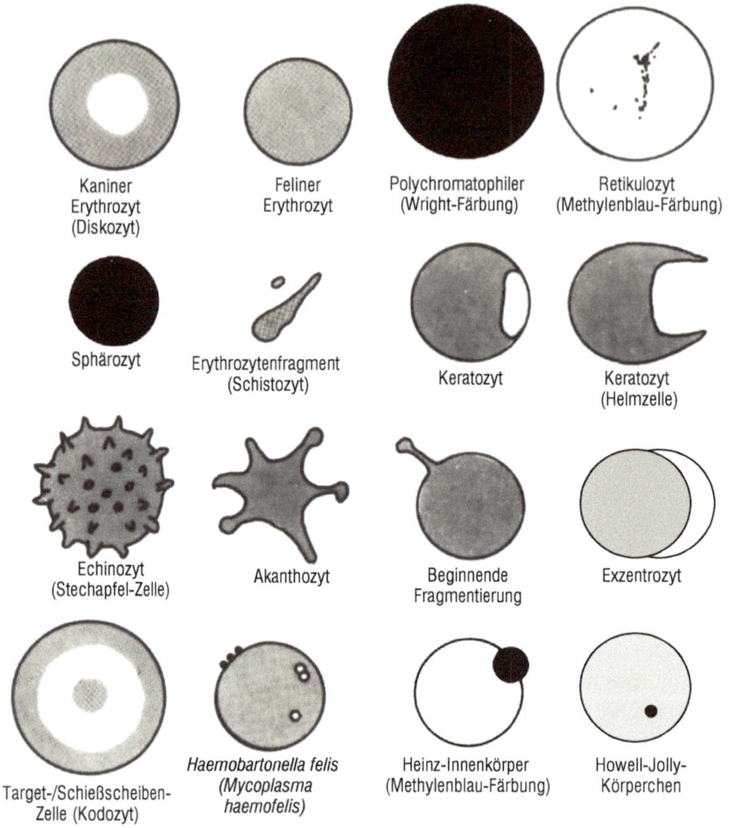

Abb. 2.9 Terminologie einiger ausgewählter Erythrozytenformen. Einige gebräuchliche Bezeichnungen und Synonyme sind unterhalb der grafischen Darstellung morphologischer Veränderungen angegeben. Die Abbildungen sind an das Erscheinungsbild in nach Wright gefärbten Blutausstrichen angelehnt, außer Retikulozyten und Heinz-Innenkörper, zu deren Beurteilung üblicherweise eine Methylenblau-Färbung verwendet wird. Zum Vergleich werden zunächst zwei unveränderte Erythrozyten dargestellt. Im Text wird auf Beschreibung und diagnostische Bedeutung der einzelnen Formen genauer eingegangen.

Sphärozyten

Bei hämolytischen Anämien ist die Untersuchung des Blutausstrichs häufig diagnostisch. Gewisse Veränderungen der Erythrozytenmorphologie sind charakteristisch für bestimmte Krankheitsbilder (siehe Kap. 3). Mittel- bis hochgradig erhöhte Sphärozytenzahlen und/oder Autoagglutination deuten auf das Vorliegen einer immunmediierten hämolytischen Anämie (IMHA) hin. Sphärozyten sollten im einschichtigen Bereich des Ausstrichs identifiziert werden, da hier bei gesunden Hunden die Erythrozyten abgeflacht auf dem Objektträger liegen und eine zentrale Aufhellung aufweisen (Abb. 2.9). Sphärozyten dagegen besitzen einen geringeren Durchmesser, sind dunkelorange gefärbt und weisen keine zentrale Aufhellung auf (Farbtafel 2C). In dicker ausgestrichenen Bereichen sowie nahe der Fahne eines Blutausstrichs fehlt physiologischen kaninen Erythrozyten die zentrale Aufhellung, wodurch sie leicht mit Sphärozyten verwechselt werden können. Weiterhin verlieren kanine Erythrozyten am dünn auslaufenden Rand des einschichtigen Ausstrichbereichs ihre zentrale Aufhellung, da sie hier ihre Form verlieren. Feline Erythrozyten weisen keine zentrale Aufhellung auf, weshalb die Auszählung von Sphärozyten bei der Katze nicht empfohlen wird.

Autoagglutination

Autoagglutination bezeichnet die immunvermittelte Aggregation von Erythrozyten zu weintraubenartigen Formationen. Echte Autoagglutination ist, ebenso wie ein positiver Coombs-Test, ein verlässlicher Hinweis auf eine immunmediierte hämolytische Anämie (IMHA) Nach einer Bluttransfusion werden fremde Erythrozyten immunvermittelt entfernt, was eine IMHA vortäuschen kann. Autoagglutination und Geldrollenbildung können schon mit bloßem Auge im Blutröhrchen beobachtet werden, die Erythrozytenaggregate ähneln aufgewirbelten Sandkörnern. Bei der Geldrollenbildung lagern sich die einzelnen Erythrozyten so aneinander, dass sie wie ein Stapel Münzen wirken. In Hundeblut werden einige, in Katzenblut sogar eine größere Anzahl „Geldrollen" als physiologisch betrachtet. Eine erhöhte Geldrollenzahl bei Hunden weist auf ein entzündliches Geschehen hin. Sehr selten kann die Geldrollenbildung auch Folge einer antikörperproduzierenden lymphoiden Neoplasie sein. Geldrollenbildung entsteht aufgrund erhöhter Fibrinogen- und γ-Globulinspiegel. Um Autoagglutination von Geldrollenbildung zu unterscheiden, wird das Blut mit mindestens der gleichen Menge physiologischer Kochsalzlösung vermischt. Anschließend wird ein Tropfen dieses Gemisches direkt unter dem Mikroskop betrachtet. Durch die Kochsalzlösung lösen sich die Geldrollen, nicht aber die Zellaggregate, die durch Autoagglutination entstanden sind, auf (Farbtafeln 1B bis 1F).

Bei regenerativen Anämien werden in den Erythrozyten im Blutausstrich auch andere diagnostisch wertvolle Hinweise, wie Blutparasiten oder Heinz-Innenkörper, gefunden. Hypochrome Erythrozyten und eine hochgradige Poikilozytose treten bei einer Eisenmangelanämie auf (siehe Kap. 3). Eine Anisozytose (unterschiedliche Zellgröße) ist am deutlichsten, wenn sie gemeinsam mit einer hochgradigen Polychromasie (große Erythrozyten) bei gleichzeitiger Sphärozytose (kleine Erythrozyten) im Rahmen einer IMHA vorkommt.

Poikilozytose

Bei Vorliegen einer Poikilozytose (unterschiedliche Formen der Erythrozyten) sollte die genaue Ausprägung der Veränderung bestimmt werden (Abb. 2.9). Zellen in Stechapfelform (Echinozyten) sind gewöhnlich Artefakte. Bei bestimmten Stoffwechselkrankheiten kommen vermehrt Stechapfelzellen vor. Diese Erythrozyten besitzen viele gleichartige, meist zugespitzte Fortsätze. Von oben betrachtet wirken sie gelegentlich wie Punkte oder winzige Buchstaben „o", die leicht mit den ringförmigen Hämobartonellen verwechselt werden können. Staupe-Einschlusskörperchen (Farbtafeln 2D und 2E) werden selten in roten und weißen Blutzellen gefunden; ihr Auftreten ermöglicht aber eine eindeutige Diagnose.

Akanthozyten

Akanthozyten verfügen über wenige, unregelmäßige Ausläufer mit abgerundeten, häufig knospenförmigen Enden. Einige Erythrozyten stellen sowohl Akanthozyten als auch Echinozyten dar, da sie über wenige, spitz zulaufende Fortsätze in unterschiedlichen Längen verfügen. Diese Zellen werden als Echinoakanthozyten bezeichnet. Bei Hunden sind Akanthozyten mit Fragmentation von Erythrozyten und Störungen des Fettstoffwechsels assoziiert, z. B. infolge von Lebererkrankungen. Auch bei Katzen treten Akanthozyten häufig im Zusammenhang mit Störungen der Leberfunktion (hepatische Lipidose und Cholangiohepatitis) auf.

Fragmentation von Erythrozyten

Eine Fragmentation von Erythrozyten kann durch eine Stoffwechselstörung, ein intravaskuläres Trauma oder eine Eisenmangelanämie ausgelöst werden. Vaskuläre Störungen, wie z. B. disseminierte intravasale Gerinnung (DIC), erzeugen Fibrinfäden. Erythrozyten werden zerteilt, wenn sie im Blutstrom auf diese Strukturen treffen. Die kleinen unregelmäßigen Erythrozytenteile werden als Schistozyten, Keratozyten, Helmzellen oder Erythrozytenfragmente bezeichnet (Abb. 2.9). Bei Hunden stellen Akanthozyten die häufigste infolge Erythrozytenfragmentierung auftretende Formveränderung dar.

Leptozyten

Leptozyten sind flexible Erythrozyten mit scheinbar übermäßig viel Zellmembran. In Bereichen, in denen sie übermäßig abgeflacht auf dem Objektträger zu liegen kommen, erscheint die zentrale Aufhellung vergrößert. Eine Differenzierung von der infolge Eisenmangelanämie auftretenden Hypochromasie ist anhand der Dicke und Farbe des Hämoglobinringes sowie aufgrund der Erythrozytenindizes möglich. Leptozyten weisen einen dunklen Hämoglobinring, Erythrozyten bei Eisenmangelanämie hingegen einen dünnen und schwach angefärbten Hämoglobinring auf (Farbtafel 2A). Eine verbreitete Form der Leptozyten stellen die Targetzellen (Kodozyten, Schießscheibenzellen) dar, die zentral in der aufgehellten Zone einen kleinen Hämoglobinring besitzen (Abb. 2.9). Leptozyten und Targetzellen sind nicht spezifisch für be-

stimmte Störungen, sie werden mit regenerativen Anämien, Leber- und Milzerkrankungen in Verbindung gebracht.
Viele andere Erythrozytenformen tragen beschreibende Namen wie Elliptozyt (ovale Erythrozyten oder Ovalozyten) oder Dakryozyt (tränenförmiger Erythrozyt). Veränderte Formen, die nicht eindeutig klassifiziert werden können, werden unter der Diagnose Poikilozytose zusammengefasst und von 1+ bis 4+ quantifiziert. Eine hochgradige Poikilozytose stellt eine pathologische Veränderung dar, ihre Ursache kann allerdings häufig nicht ermittelt werden.

2.4 Weitere Bestimmungen

2.4.1 Gesamtprotein

Das Gesamtprotein kann aus der Plasmaschicht in einer Hämatokritkapillare bestimmt werden. Dazu wird die Kapillare oberhalb der Leukozytenschicht durchgebrochen und das Plasma auf ein Refraktometer aufgetropft. Die meisten Refraktometer besitzen getrennte Skalen für das harnspezifische Gewicht sowie für Gesamtprotein. Existiert nur eine Skala für den Refraktionsindex, wird der Wert mit Hilfe einer Umrechnungstabelle in die Proteinkonzentration überführt. Da sowohl Hämatokrit als auch Gesamtprotein vom Hydratationsgrad abhängig sind, ist es hilfreich, diese beiden Werte zu bestimmen, um Anämien, Polyzythämien und Störungen der Plasmaproteine abgrenzen zu können.

2.4.2 Fibrinogen und Akute-Phase-Proteine

Fibrinogen ist ein Akute-Phase-Protein im Plasma, dessen Konzentration zu Beginn einer entzündlichen Reaktion sowie über die folgenden Tage hinweg ansteigt und anschließend, mit dem Abklingen der Entzündung, wieder absinkt. C-reaktives Protein, Haptoglobin, Serum-Amyloid A und die Proteine der α_2-Zacke eines Serumprotein-Elektrophoretogramms (SPE) zählen ebenfalls zu den positiven Akute-Phase-Proteinen, die, vermittelt durch Entzündungsmediatoren, ansteigen. Bei Albumin handelt es sich dagegen um ein negatives Akute-Phase-Protein dessen Synthese während einer Entzündung zurückgeht. Der Fibrinogengehalt kann durch eine Modifikation der Gesamtproteinbestimmung ermittelt werden. Die Fibrinogenkonzentration wird anhand der Differenz des Gesamtproteingehalts im Plasma vor und nach Erhitzen abgeschätzt. Zunächst wird der Proteingehalt in einer wie gewöhnlich behandelten Hämatokritkapillare ermittelt. Anschließend wird eine zweite Kapillare 3 Minuten lang bei 56–58 °C erhitzt und dann ein zweites Mal zentrifugiert. Fibrinogen präzipitiert beim Erhitzen und wird durch Zentrifugieren aus dem Plasma entfernt. Der Proteingehalt des Plasmas in der zweiten Kapillare wird mit Hilfe eines Refraktometers abgelesen. Die Differenz zwischen dem Proteingehalt des nicht-erhitzten Plasmas aus der ersten Kapillare und dem Proteingehalt der zweiten Kapillare entspricht dem Fibrinogengehalt im Plasma.
Erhöhte Fibrinogen- und Globulinspiegel führen in Blutausstrichen des Hundes zur vermehrten Geldrollenbildung. Infolge der Geldrollenbildung sedimentieren die Erythrozyten schneller; deshalb kann anhand der Blutkörperchen-Senkungsgeschwindigkeit ein entzündliches Geschehen beurteilt werden. Da in Katzenblut häufig Geldrollenbildung vorkommt, ist eine Verstärkung dieses Phänomens schwer auszumachen.

2.4.3 Lipämie, Hämolyse und Ikterus

Anhand der Plasmafarbe in der Hämatokritkapillare lassen sich Lipämie (weiß und trüb), Hämolyse (rotweinfarben) und Ikterus (gelborange) schon grobsinnlich erkennen (Farbtafel 1A). Eine Lipämie tritt im Zusammenhang mit fettreichen Mahlzeiten, Pankreatitis, diabetischer Ketoazidose, Hypothyreose, Leberkrankheiten und primären Störungen des Lipidstoffwechsels (siehe Kap. 9) auf. Lipämisches Plasma verursacht einen veränderten Refraktionsindex, was bei der Proteinbestimmung mittels Refraktometer zu fehlerhaften Ergebnissen führt. In lipämischem Plasma sind die Erythrozyten labiler und neigen *in vitro* zur Lyse, weshalb lipämische Proben häufig auch hämolytisch sind. Die Hämoglobinkonzentration lässt sich nicht zuverlässig bestimmen, da das trübe Plasma über eine größere optische Dichte verfügt. Im Ausstrich erscheinen die Erythrozyten verschwom-

men, der Hintergrund stellt sich blau und schaumig dar.
Eine hämolytische Probe ist meist als Artefakt zu betrachten, das im Zuge der Blutentnahme oder bei Lagerung der Probe entsteht; sie kann aber auch Anzeichen einer intravasalen Hämolyse sein. Damit das Plasma hämolytisch erscheint, muss die hämolytische Anämie akut und hochgradig sein; eine intravasale Hämolyse wird außerdem regelmäßig von einer Hämoglobinurie begleitet. Eine aufgrund von Verarbeitungsfehlern hämolytische Probe führt bei der Auswertung zu falsch-niedrigen Hämatokrit- und MCV-Werten sowie zu einer falsch-hohen MCHC. Hyperchromasie (erhöhte MCHC) wird nicht durch einen erhöhten Hämoglobingehalt der Erythrozyten verursacht, sondern geht auf Messfehler zurück. Diese entstehen durch freies Hämoglobin im Plasma, Heinz-Innenkörper in den Erythrozyten (Laserzählgeräte) oder durch Heinz-Innenkörper in zur Hämoglobinbestimmung lysierten Proben.
Ikterisches Plasma ist entweder auf eine hämolytische Anämie oder ein Leberproblem zurückzuführen (siehe Kap. 11). Einige Labors ermitteln einen Ikterus-Index aus dem Plasma, um eine grobe Quantifizierung anzugeben. Dazu wird die Farbe des Plasmas mit einer Reihe von standardisierten Farben verglichen.

2.4.4 Blutfarbe

Eine veränderte Blutfarbe wird nachgewiesen, indem ein Tropfen Blut auf weißes Filterpapier aufgetropft wird. Braunes (oder auch einfach dunkleres Blut) deutet auf eine Methämoglobinämie hin. Bei einer Zyanidvergiftung kann sich das Blut kirschrot verfärben; eine Kohlenmonoxidvergiftung führt zu einer typischen, hellroten Blutfarbe.

2.5 Knochenmarkuntersuchung

Eine Knochenmarkuntersuchung wird durchgeführt, um spezielle Fragestellungen, die sich bei der Auswertung des großen Blutbildes ergeben haben, abzuklären. Indikationen sind aregenerative Anämien, persistierende Neutropenien, persistierende Thrombozytopenien, fragliche Polyzythämien oder Thrombozytosen, das Auftreten atypischer Zellen, unerklärliche Hyperkalzämien, Hyperproteinämien und monoklonale Gammopathien sowie die Feststellung des Tumorgrades (Staging) von Lymphosarkomen und Mastzelltumoren. In Tabelle 2.6 werden mögliche Ergebnisse einer Knochenmarkuntersuchung kurz zusammengefasst. Details über das diagnostische Vorgehen bei Störungen der Erythrozyten, Leukozyten und Thrombozyten werden in den entsprechenden Kapiteln 3, 4 und 5 behandelt.
Bioptate und Aspirate des Knochenmarks werden sowohl qualitativ als auch quantitativ ausgewertet, dabei wird die jeweilige Menge der unterschiedlichen Zellarten ermittelt. Bei Patienten mit einer peripheren Zytopenie kann abgeklärt werden, ob eine verringerte Zellproduktion im Knochenmark ursächlich ist. Bei Blutverlust (Hämorrhagie), Zerstörung der roten Blutzellen (Hämolyse) und vermehrtem Verbrauch von Blutzellen (DIC) steigt die Anzahl der Vorläuferzellen nach 1 bis 3 Tagen an (Hyperplasie).
Infolge einer verringerten Produktion sinkt gleichzeitig die Anzahl der entsprechenden Zellen im Knochenmark, bei der ineffektiven Hämatopoese hingegen bleibt dieser Vorgang undeutlich. Hier steigt die Anzahl der Vorläuferzellen gelegentlich sogar an, die Zellen werden aber zerstört, bevor sie ins Blut abgegeben werden. Infektionen, Autoantikörper, Medikamente oder genetische Defekte (z.B. Myelodysplasie, Leukämie) der Zellen, die ihre Reifung verhindern, zählen zu den Ursachen einer ineffektiven Hämatopoese. Quantitative Diagnosen, die anhand der Knochenmarkuntersuchung gestellt werden können, sind Hyper- oder Hypoplasie der Megakaryozyten oder Erythrozyten, myeloische Hyper- oder Hypoplasie, lymphoide Hyperplasie, myelodysplastisches Syndrom und Leukämie. Hyper- bzw. hypoplastische Veränderungen sollten als gering-, mittel- oder hochgradig eingeordnet werden.

2.5.1 Hyperplasie und Neoplasie

Die gesteigerte Produktion einer oder mehrerer Zellarten im Knochenmark kann eine physiologische Reaktion auf einen erhöhten Bedarf an dieser Zellart oder auch einen pathologischen, neo- oder dysplastischen Prozess darstellen. Eine hämolytische oder Blutungsanämie bedingt eine Hyperplasie der erythroiden Vorläuferzellen, ein entzündliches Geschehen hingegen die Proliferation myeloischer Zellreihen,

Tabelle 2.6 Grundlegende Befunde im Knochenmark

Befund	Definition
erythroide Hyperplasie	gesteigerte Proliferation erythroider Vorläuferzellen
erythroide Hypoplasie	verringerte Proliferation erythroider Vorläuferzellen
myeloische Hyperplasie	gesteigerte Proliferation myeloischer Zellpopulationen (Neutrophile, Eosinophile, Basophile, Monozyten)
myeloische Hypoplasie	verringerte Proliferation myeloischer Zellpopulationen
megakaryozytäre Hyperplasie	gesteigerte Megakaryozyten-Proliferation
megakaryozytäre Hypoplasie	verringerte Megakaryozyten-Proliferation
aplastische Panzytopenie	deutliche Abnahme der erythroiden, myeloischen und megakaryozytären Zellen
lymphoide Hyperplasie	gesteigerte Proliferation der Lymphozyten und Plasmazellen
myelodysplastisches Syndrom	Anämie oder Panzytopenie im Blut; hyperzelluläres Knochenmark mit dysplastischen Veränderungen
akute Leukämie	hyperzelluläres Knochenmark mit über 30 % Blasten

um den Bedarf an Leukozyten zu decken. Immunmediierte Thrombozytopenien oder eine disseminierte intravasale Gerinnung (DIC) zeichnen sich durch einen exzessiven Verbrauch von Blutplättchen aus, weshalb es im Knochenmark zur Hyperplasie der Megakaryozyten kommt. Diese Hyperplasie wird auch häufig in Verbindung mit regenerativen Anämien beobachtet. Eine systemische Immunantwort verursacht eine lymphoplasmozytäre Hyperplasie. Gehäuftes Auftreten unreifer Zellen (Blasten) oder morphologische Veränderungen der Zellen im Knochenmark sind Merkmale einer Myelodysplasie (abnorme Entwicklung) oder Leukämie (siehe Kap. 4).

2.5.2 Hypoplasie und Aplasie

Im Knochenmark können eine oder mehrere Zellpopulationen reduziert sein (Hypoplasie) oder sogar völlig fehlen (Aplasie). Hypoplasie oder Aplasie sprechen dafür, dass die diagnostizierte Zytopenie Folge einer ungenügenden Produktion des entsprechenden Zelltyps im Knochenmark ist. Auf die genauen Ursachen dieser beiden Veränderungen wird in den entsprechenden Kapiteln eingegangen. Eine periphere Panzytopenie oder Bizytopenie ist ein starkes Indiz für eine Hypoplasie des Knochenmarks.

2.5.3 Myelodysplastische Syndrome

Als myelodysplastisches Syndrom (MDS) wird ein qualitativer Defekt des Knochenmarks bezeichnet. Die Anzahl der Vorläuferzellen im Knochenmark ist physiologisch oder erhöht, die Zellen werden aber zerstört, bevor sie das Blut erreichen (siehe Kap. 3 und 4). Myelodysplastische Syndrome können primär oder sekundär auftreten. Sie sind charakterisiert durch eine gesteigerte Anzahl von Vorläuferzellen und durch Veränderungen in deren Morphologie. Primäre myelodysplastische Syndrome werden unterteilt in: Myelodysplastisches Syndrom mit refraktärer Anämie (MDS-RA), myelodysplastisches Syndrom mit Prädominanz der erythroiden Reihe (MDS-Er) und myelodysplastisches Syndrom mit Myeloblastenbildung (MDS-EB). Für ein sekundäres MDS können Viren, medikamenteninduzierte Entzündungen, nicht neoplastische, präneoplastische oder neoplastische Bedingungen ursächlich sein. Durch eine FeLV-Infektion können dysplastische Vorläuferzellen entstehen, wie z. B. megaloblastische Rubrizyten mit vermehrtem Zytoplasma. Bei Eisenmangel kommt es zur Umkehr des Kern-Zytoplasma-Verhältnisses, da die Hämoglobinsynthese der späten Rubrizyten und Metarubrizyten langsamer erfolgt als die Kernreifung. Weitere morphologische Merkmale einer Dysplasie sind verkleinerte Megakaryozyten und Vielkernigkeit.

2.5.4 Akute Leukämie

Akute Leukämien werden durch ähnliche genetische Defekte verursacht wie primäre myelodysplastische Syndrome (MDS). Die Unterscheidung der beiden Krankheitsbilder erfolgt anhand der Blastenzahl in Knochenmark und/

Tabelle 2.7 Aussagekraft von drei Untersuchungsmöglichkeiten der Knochenmarkfunktion

Untersuchung	Aussage
großes Blutbild	quantitative Information über alle drei Zellpopulationen im peripheren Blut und hervorragende Morphologie der peripheren Blutzellen
Knochenmarkpunktion	hervorragende Morphologie der einzelnen Zellen im Knochenmark; beste Bestimmung der prozentualen Anteile und Verhältnisse der einzelnen Zellarten untereinander (z. B. Myelopoesequotient)
Knochenmarkbiopsie mit Histopathologie	beste Quantifizierung der Zellzahlen und Eisenspeicher in einem bestimmten Knochenmarkvolumen, Knochenmarkarchitektur; Nachweis von Zellen, die sich nicht aus dem Knochenmark lösen (z. B. Fibroblasten bei Myelofibrose)

oder Blut. Normalerweise handelt es sich bei weniger als 5 % der kernhaltigen Zellen des Knochenmarks um Blasten. Bei einem MDS sind es 5–30 % und bei einer Leukämie übersteigt der Blastenanteil 30 % (siehe Kap. 4). Myelodysplastische Syndrome können sich zu einer akuten Leukämie weiterentwickeln.

2.5.5 Myelofibrose und Nekrose

Bei einer Myelofibrose wird das Knochenmark durch Fibroblasten, Kollagen oder Retikulinfasern verdrängt. Primäre und sekundäre Myelofibrosen kommen vor. Punktate von fibrotischem Mark enthalten zu wenige Zellen und sind diagnostisch nicht aussagekräftig. Deshalb muss zur histopathologischen Untersuchung eine Stanzbiopsie durchgeführt werden.

Verschiedene Chemikalien (z. B. Chemotherapeutika, Östrogen) und Infektionserreger (z. B. gramnegative Bakterien, Panleukopenievirus) können der Grund für eine Nekrose oder Degeneration des Knochenmarks sein. Dieses Phänomen wird seltener diagnostiziert als eine Nekrose anderer Gewebe, vermutlich aufgrund der schlechten Zugänglichkeit des Knochenmarks. Eine Marknekrose wird jedoch häufig im Rahmen von Toxizitätsstudien über neue Medikamente und Chemikalien diagnostiziert. Auf die Nekrose des Marks kann der narbige Umbau (Myelofibrose) folgen.

2.6 Knochenmarkbiopsie und -punktion

Ein aktuelles großes Blutbild, Blutausstrich sowie Knochenmarkpunktion und -biopsie sind notwendige diagnostische Schritte zur Beurteilung des Knochenmarks. In Tabelle 2.7 sind die verschiedenen Befunde zusammengestellt. Die *Crista iliaca* ist eine gut geeignete Stelle, sowohl für die Punktion als auch für die Biopsie des Knochenmarks. Kortex-zu-Kortex-Biopsien haben genug Volumen, um den Zellreichtum des Marks und Veränderungen in der Architektur beurteilen zu können. Knochenmark-Biopsienadeln enthalten ein Stilett, damit die Nadel beim Durchstoßen des Knochens nicht verstopfen kann.

Knochenmarkausstriche kann man aus Punktaten herstellen oder Biopsieproben auf dem Objektträger ausrollen. Ein Tropfen des aspirierten Marks wird auf das Glas aufgetropft. Anschließend taucht man den kurzen Rand eines zweiten Objektträgers in den Tropfen ein. Dieser wird auf einem weiteren sauberen Objektträger (ähnlich wie bei einem Blutausstrich) ausgestrichen. Auf diese Weise können aus einem Tropfen Knochenmark 10 bis 20 Ausstriche hergestellt werden. Das Präparat wird nach kleinen weißen Punkten (sog. Knochenmarkpartikel) am Rand der Fahne des Ausstrichs durchsucht. Sind keine solchen Partikel zu finden, wird das Glas etwas gekippt, damit überschüssiges Blut vom Präparat abfließen kann. Anschließend stellt man ein Quetschpräparat her. Dazu wird ein zweiter Objektträger oder ein Deckglas auf das Mark gelegt, so dass es sich zwischen beiden Gläsern verteilen kann. Die Objektträger werden horizontal gegeneinander verschoben und in derselben horizontalen Ebene voneinander weggezogen. Knochenmarkausstriche werden nach Wright gefärbt. Die Färbedauer ist länger als bei Blutausstrichen, damit die Färbung die dickeren Zellschichten durchdringen kann.

2.6.1 Beurteilung eines Knochenmarkausstrichs

Bei der Beurteilung von Knochenmarkausstrichen sollte immer nach dem gleichen Schema vorgegangen werden. Sowohl quantitative als auch qualitative Merkmale der vorhandenen Zelltypen werden erfasst. Hauptkriterien sind Zellularität, Anzahl der Megakaryozyten, Myelopoesequotient und Reifungsgrad der myeloischen und erythroiden Vorläuferzellen. All dies kann in 100facher Vergrößerung (10 × Objektiv) beurteilt werden.

Zellularität

Die Zellularität wird je nach Anzahl der Zellen im Ausstrich als normal, erhöht oder erniedrigt beschrieben. Ein Punktat aus gesundem Knochenmark weist mehr kernhaltige Zellen auf als eine Blutprobe, außerdem sind mehr unreife Stadien vorhanden. Eine geringere Zellularität kann aus der Verdünnung mit peripherem Blut resultieren. Deshalb sollte bei einer niedrigen Zellzahl immer auch der Zellreichtum in den Knochenmarkpartikeln beurteilt werden. Diese Gewebestücke sind in den meisten Punktaten vorhanden und sammeln sich am Rand der Ausstrichfahne an. Anhand der Knochenmarkpartikel lässt sich abschätzen, wie viel Raum von hämatopoetischen Zellen (dunkelblaue Kerne) und wie viel Raum von Fettzellen (klar, nicht angefärbt) eingenommen wird. In physiologischem Knochenmark bestehen die Knochenmarkpartikel zu 25–75 % aus hämatopoetischen Zellen.

Die Anzahl der Megakaryozyten kann problemlos in der 100fachen Vergrößerung (10 × Objektiv) ausgezählt werden. Obwohl deren Zahl bei ein und demselben Punktat von Ausstrich zu Ausstrich variiert, enthalten Knochenmarkausstriche gewöhnlich zwischen 10 und 60 Megakaryozyten.

Myelopoesequotient

Das Vorgehen zur Erstellung des Myelopoesequotienten (myeloische Zellen : erythroide Zellen) ähnelt dem Auszählen des Differentialblutbildes. Es werden 500–1000 Zellen ausgezählt, um die Zellpopulationen genau auswerten zu können. Für den klinischen Gebrauch genügt es, zwei- bis dreimal 100 Zellen auf verschiedenen Objektträgern auszuzählen. Einige erfahrene Hämatologen schätzen den Myelopoesequotienten in der 100fachen Vergrößerung ab. Erythroide Zellen sind kleiner, weisen eine plumpere Anordnung des Chromatins im Kern sowie dunkelblaues bis orangefarbenes Zytoplasma auf. Myeloische Zellen besitzen feineres Chromatin und graues Zytoplasma mit zahlreichen Granula. Reifere Zellen zeichnen sich durch polymorphkernige Nuklei aus. Der Myelopoesequotient liegt bei Hunden zwischen 0,75 : 1 und 2,5 : 1, bei Katzen zwischen 1,2 : 1 und 2,2 : 1.

Reifung myeloischer und erythroider Zellreihen

In gesundem Knochenmark sollten 80 % der kernhaltigen Erythrozytenvorläufer weitestgehend ausgereift sein (Rubrizyten, Metarubrizyten). Diese Zellen zeichnen sich durch dicht zusammen gelagertes Chromatin im Zellkern und durch aufgrund der bereits stattfindenden Hämoglobinsynthese grau bis rosa gefärbtes Zytoplasma aus (Tab. 2.8). Metamyelozyten sowie stab- und segmentkernige Neutrophile machen 80 % der myeloischen Zellen aus. Sie lassen sich anhand ihrer Zellkerne identifizieren, die Einziehungen aufweisen oder schon vollständig gelappt sind.

Hämosiderin

Hämosiderin in Makrophagen stellt sich in Form blaugrüner Granula dar. Die Menge des vorkommenden Hämosiderins sollte dokumentiert werden, da wenig Hämosiderin im Knochenmark bei Hunden auf eine Eisenmangelanämie hindeutet. Übermäßig viel Hämosiderin wird im Knochenmark von Hunden gefunden, die an einer entzündungsbedingten Anämie oder einer hämolytischen Anämie leiden, sowie bei Hunden, die aufgrund einer persistierenden aregenerativen Anämie wiederholt Bluttransfusionen erhalten. Bei Katzen wird Hämosiderin nur vereinzelt im Knochenmark nachgewiesen, ein Mangel an Hämosiderin ist deshalb nicht diagnostisch für eine Eisenmangelanämie.

Tabelle 2.8 Ungefährer prozentualer Anteil der einzelnen Zellreihen im Knochenmark bei Hunden und Katzen

Zellreihe	Hunde	Katzen
Rubriblasten	0,2	0,2
Prorubrizyten	3,9	1,0
Rubrizyten	27	21,6[1]
Metarubrizyten	15,3	5,6
gesamte erythroide Zellen	46,4	28,7
Myeloblasten	0,0	0,8
Promyelozyten	1,3	1,7
Myelozyten[2]	9,0	5,0
Metamyelozyten[2]	9,9	10,6
stabkernige Granulozyten[2]	14,5	14,9
Granulozyten (hauptsächlich segmentkernige)	18,7	13,5
gesamte myeloische Zellen	53,4	45,9
Myelopoesequotient	1,15 : 1,0	1,6 : 1,0

[1] Rubrizyten beinhalten basophile und polychromatische Formen
[2] es wurden jeweils die neutrophilen und eosinophilen Zellformen mitgezählt
Modifiziert übernommen aus: *Jain NC: Schalm's veterinary hematology, 4. Auflage. Philadelphia, 1986, Lea & Febiger*

Zellmorphologie

Die Zellmorphologie ist in einigen Fällen diagnostisch sehr wertvoll. Dysplastische Merkmale kommen bei myelodysplastischen Syndromen, Eisenmangelanämie, einigen akuten Leukämien und proliferativen Störungen von Plasmazellen und Makrophagen vor.

2.6.2 Zusammenfassung der Befunde

Es wird folgendermaßen vorgegangen:

1. quantitative Auswertung der Zelldichte des Ausstrichs/der Ausstriche
   - Gesamtzahl kernhaltiger Zellen
   - Dichte kernhaltiger Zellen in Knochenmarkpartikeln
   - Anzahl der Megakaryozyten
2. Abschätzung oder Bestimmung des Myelopoesequotienten
3. Beurteilung des Reifegrades aller Zelllinien
4. Einschätzung der Eisenspeicher (Hämosiderin)
5. Identifizierung morphologischer Veränderungen wie Neoplasie, Dysplasie, Infektion und Entzündung
6. Zusammenfassung der Ergebnisse und Formulierung einer Diagnose

Quellen

Brown SA, Barsanti JA: Quantitative buffy coat analysis for hematologic measurements of canine, feline, and equine blood samples and for detection of microfilaremia in dogs, *Am J Vet Res* 49:321, 1988.

Feldman BF, Zinkl JG, Jain NC, editors: *Schalm's veterinary hematology*, ed 5, Philadelphia, 2000, Lippincott, Williams & Wilkins.

Jain NC, editor: *Schalm's veterinary hematology*, ed 4, Philadelphia, 1986, Lea & Febiger.

Knoll JS: Clinical automated hematology systems. In Feldman BF, Zinkl JG, Jain NC, editors: *Schalm's veterinary hematology*, ed 5, Philadelphia, 2000 Lippincott, Williams & Wilkins.

Knoll JS and Rowell SL: In-clinic analysis, quality control, reference values, and system selection, *Vet Clin North Amer Small Animal Pract* 26:981, 1996.

Levine RA, Hart AH, Wardlaw SC: Quantitative buffy coat analysis of blood collected from dogs, cats, and horses, *JAVMA* 189:670, 1986.

Norman EJ et al: Evaluation of a citrate-based anticoagulant with platelet inhibitory activity for feline blood cell counts, *Vet Clin Pathol* 30:24, 2001a.

Norman EJ et al: Prevalence of low automated platelet counts in cats: comparison with prevalence of thrombocytopenia based on blood smear estimation, *Vet Clin Pathol* 30:137, 2001b.

Perman V, Schall WB: Diseases of the red blood cells. In Ettinger SJ, editor: *Textbook of veterinary internal medicine: diseases of the dog and cat*, ed 2, vol 2, Philadelphia, 1983, WB Saunders.

Tvedten H, Grabski S, Frome L: Estimating platelets and WBC on canine blood smears, *Vet Clin Pathol* 17:4, 1988.

Tvedten H, Haines C: Canine automated differential leukocyte count: study using a hematology analyzer system, *Vet Clin Pathol* 23:90, 1994.

Tvedten H, Korcal D: Automated differential leukocyte count in horses, cattle and cats using the Technicon H1E hematology system, *Vet Clin Pathol* 25:14, 1996.

Tvedten H, Korcal D: Vortex mixing of feline blood to disaggregate platelet clumps, *Vet Clin Pathol* 30:104, 2001.

Tvedten H, Scott M, Boon GD: Interpretation of cytograms and histograms of erythrocytes, leukocytes and platelets. In Bonagura JD, editor: *Kirk's current veterinary therapy XIII*, Philadelphia, 2000, WB Saunders.

Zelmanovic D, Hetherington EJ: Automated analysis of feline platelets in whole blood, including platelet count, mean platelet volume and activation state, *Vet Clin Pathol* 27:2, 1998.

3 Veränderungen des roten Blutbilds

Douglas Weiss und Harold Tvedten

3.1 Anämiediagnostik

Die Anämie stellt die häufigste Veränderung des roten Blutbilds dar. Sie kann verschiedene klinische Symptome (z.B. Schwäche, Apathie, Belastungsintoleranz, Herzgeräusch, Parorexie) hervorrufen oder subklinisch verlaufen und erst im Rahmen einer Routineuntersuchung erkannt werden. Die häufigsten Ursachen einer Anämie sind in Übersicht 3.1 aufgezeigt. Das Vorgehen bei der Anämiediagnostik wird in Übersicht 3.2 dargestellt. Eine detaillierte Beschreibung folgt in den jeweiligen Kapiteln.

Übersicht 3.1 Häufige Ursachen einer Anämie

- regenerative Anämie
  - Blutungsanämie
    - Blutverlust nach außen
    - Blutverlust ins Körperinnere
    - Eisenmangelanämie
  - hämolytische Anämie
    - immunmediierte Anämie
    - Kälteagglutininkrankheit
    - Blutparasiten:
      - *Haemobartonella felis* (*Mycoplasma haemofelis*)
      - *Haemobartonella canis* (*Mycoplasma haemocanis*)
      - Babesia canis
      - *Cytauxzoon felis* (Nordamerika)
    - Heinz-Körper-Anämie und Methämoglobinämie
    - Zink- oder Kupfervergiftung
    - Hypophosphatämie
    - hereditäre hämolytische Anämie:
      - Pyruvatkinase(PK)-Mangel
      - Phosphofruktokinase-Mangel
- aregenerative Anämie
  - sekundäre Anämie
    - Anämie der chronischen Entzündung
    - Anämie bei chronischen Nierenerkrankungen
    - Anämie bei chronischen Lebererkrankungen
    - Hypothyreose und Hypoadrenokortizismus
  - Eisenmangelanämie
  - Störungen im Knochenmark
    - aplastische Panzytopenie
    - Myelofibrose
    - Pure Red Cell Aplasia
    - myelodysplastische Syndrome
    - Leukämie
    - hämophagozytäre Syndrome
  - medikamentös induzierte hämatologische Veränderungen
    - Toxizität von Östrogenen
    - Toxizität von Sulfadiazin
    - Toxizität von Phenylbutazon
  - Infektionen
    - Ehrlichiose
    - felines Leukämievirus (FeLV)
    - felines Immundefizienzvirus (FIV)
    - feline Panleukopenie

Übersicht 3.2 Vorgehen bei Anämie

I. Bestimmung des Schweregrads der Anämie (siehe Text)

A. geringgradige Anämie (Hkt > 30 % beim Hund, > 20 % bei der Katze)

1. Alter, Rasse und Möglichkeit einer statistischen Abweichung in Betracht ziehen
2. auf Fehler im Labor oder bei der Probengewinnung kontrollieren; Blutentnahme wiederholen
3. oft sekundäres Problem, weiter bei IV

B. mittel- bis hochgradige Anämie, weiter bei II

II. Beurteilung der Knochenmarkantwort

A. während der ersten 2–3 Tage oder bei geringgradiger Anämie keine Retikulozytose oder Polychromasie zu erwarten (Hkt > 30 % beim Hund, > 20 % bei der Katze)

B. bei physiologischer Knochenmarkfunktion maximale Retikulozytose und Polychromasie nach 4–5 Tagen

1. ausgeprägte Retikulozytose beim Hund $> 500 \times 10^9/l$ (*> 500 000/µl*)
2. ausgeprägte Retikulozytose bei der Katze (aggregierte Retikulozyten) $> 200 \times 10^9/l$ (*> 200 000/µl*)

C. Beurteilung der Knochenmarkantwort in späterem Stadium (nach 7–14 Tagen)
1. Katze: ausgeprägte Retikulozytose (punktierte Retikulozyten) $> 1500 \times 10^9/l$ (*> 1 500 000/µl*)
2. Hund: Zunahme makrozytärer und hypochromer Erythrozyten (veranschaulicht durch Erythrozyten-Zytogramme und -Histogramme)

D. Klassifikation durch Erythrozytenindizes und hämatologische Grafiken
1. makrozytär hypochrom: regenerative Anämie
2. normozytär normochrom: aregenerative oder präregenerative Anämie
3. mikrozytär hypochrom: Eisenmangelanämie
4. makrozytär normochrom (siehe Text)

E. falls ausreichende Regeneration, weiter bei III; falls nicht, weiter bei IV

III. Diagnostik der regenerativen Anämie

A. Beurteilung des Blutausstrichs ist entscheidend zur Diagnose der hämolytischen Anämie
1. Sphärozyten, Autoagglutination, Heinz-Innenkörper, Polychromasie, Blutparasiten, Exzentrozyten, Erythrozytenfragmentation (Interpretation siehe Text)

B. Hämoglobinurie als bester Beweis einer intravasalen Hämolyse

C. Befunde bei Blutungsanämie durch Blutverlust ins Körperinnere und bei hämolytischer Anämie ähnlich
1. Nachweis von Hämorrhagien durch Zytologie etc.

D. Blutverlust nach außen
1. oft bereits aus Vorbericht ersichtlich
2. Tendenz in Richtung Hypoproteinämie und/oder Hypalbuminämie
3. Untersuchungen auf Thrombozytopenie oder Blutungsneigung (siehe Kap. 5)

IV. Diagnostik der aregenerativen Anämie

A. Vorgehensweise immer auch abhängig vom Einzelfall

B. anhand des Vorberichts, Schweregrads und einer erneuten Retikulozytenzählung beurteilen, ob Anämie wirklich aregenerativ; Ausschluss einer präregenerativen Anämie, wenn Veränderungen länger als 3–4 Tage bestehen; 2 Wochen nach Beseitigung der Anämieursache nur schwache oder gar keine Retikulozytenantwort; geringgradige Anämie erzeugt keine ausgeprägte Retikulozytose (unzureichende Knochenmarkstimulation)

C. Evaluierung der übrigen hämatologischen Befunde
1. mikrozytäre hypochrome Erythrozyten auf Eisenmangelanämie hinweisend
   a. Erythrozyten-Zytogramme und Histogramme sensitiver als MCV und MCHC
   b. 50 % der Fälle von Eisenmangelanämie sind regenerativ
2. normozytäre normochrome Anämie am häufigsten, aber unspezifisch
3. bei der Katze: makrozytäre normochrome Erythrozyten ohne Retikulozyten auf FeLV-induzierte Myelodysplasie hinweisend (siehe Text)
4. Anzeichen einer Entzündung (siehe Kap. 4); Anämie bei Entzündungen sehr häufig (i.d.R. geringgradige normozytäre und normochrome Anämie)
5. Anzeichen für Leukämie oder dysplastische Hämatopoese (siehe Kap. 4) machen meist die Untersuchung des Knochenmarks erforderlich. Weiter bei H
6. bei Thrombozytopenie (siehe Kap. 5) Ehrlichiose oder andere Infektionen (siehe Kap. 17) in Betracht ziehen
7. Panzytopenie oder Bizytopenie sind indikativ für Erkrankungen des Knochenmarks und erfordern weitere Untersuchungen. Weiter bei H

D. Serumchemie
1. Nieren- oder Leberinsuffizienz als Ursache für eine sekundäre Anämie (siehe Kap. 8 und 11)
2. systemische Erkrankungen können auf vielfältige Weise Auslöser einer Anämie sein

E. Virologie und Serologie, falls Infektion wahrscheinlich (z.B. Fieber, Lymphadenopathie)

F. Untersuchung auf Hypothyreose o.a. endokrinologische Störungen (siehe Kap. 9) (z.B. bei geringgradiger normozytärer und normochromer Anämie)

G. Knochenmarktoxizität
1. Untersuchung auf Hodentumoren bzw. Kontrolle, ob Zugang zu Östrogenen besteht
2. Absetzen aller Medikamente und Überwachung, ob Befunde sich bessern
3. Kontrollieren, ob Toxine in der Umgebung vorhanden sind

H. viele Diagnosen erst nach Untersuchung des Knochenmarks zu stellen (siehe Text und Kap. 2)
1. Myelofibrose, aplastische Panzytopenie, Dyserythropoese, Leukämie, Myelodysplasie, refraktäre Anämie mit exzessiver Blastenproduktion etc.

Hkt, Hämatokrit; MCV, mittleres Erythrozytenvolumen (Mean Corpuscular Volume); MCHC, mittlere Hämoglobinkonzentration der Erythrozyten (Mean Corpuscular Hemoglobin Concentration); FeLV, felines Leukämievirus

Bei der Einteilung der Anämie nach ihren Ursachen betrachtet man das Gefäßsystem als ein flexibles Behältnis, in dem ein Fließgleichgewicht herrscht. Die Zufuhr an Erythrozyten erfolgt aus dem Knochenmark, ihre Entfernung durch das mononukleäre Phagozytensystem, das v.a. in Leber, Milz und Knochenmark lokalisiert ist. Die drei grundlegenden Ursachen der Anämie sind demnach:
1. reduzierte Erythrozytenproduktion im Knochenmark
2. Blutverlust aus dem Körper (d.h. Blutung nach außen)
3. Zerstörung von Erythrozyten im Körper (d.h. Hämolyse)

Diese vereinfachte Betrachtungsweise wird durch die Milz verkompliziert. Die Milz kann 20–30 % der Gesamterythrozyten speichern und durch Kontraktion freisetzen, was eine schnelle Änderung der Erythrozytenverteilung zur Folge hat. Sie kann sich in geringem Maße aber auch ausdehnen und speichert dann vermehrt Erythrozyten, die somit der Zirkulation entzogen werden. Zu berücksichtigen ist, dass eine Anämie auch durch mehrere Ursachen gleichzeitig entstehen kann, z.B. verringerte Produktion von Erythrozyten und ihre verkürzte Lebenszeit.

Das Vorhandensein und der Schweregrad einer Anämie werden üblicherweise über den Hämatokrit diagnostiziert (siehe Kap. 2). Die Hämoglobinkonzentration und die Erythrozytenzahl sind ebenfalls geeignete Parameter; aus Gründen der Vereinfachung wird nachfolgend nur der Hämatokrit benutzt. Um eine Anämie anhand des Hämatokrits richtig beurteilen zu können, sollte der Hydratationsstatus des Patienten physiologisch sein. Zu seiner Beurteilung wird i.d.R. das Gesamtprotein im Plasma herangezogen. Das Gesamtprotein ist ein klinisch nützlicher – wenn auch recht ungenauer – Indikator für den Hydratationsgrad eines Patienten, jedenfalls solange das Gesamtprotein im Plasma nicht anderweitig beeinflusst wird (z.B. durch Proteinverlust über Hämorrhagien, Darm- oder glomeruläre Erkrankungen). Im Hinblick auf eine Dehydratation ist die Bestimmung des Gesamtproteins jedoch nicht sehr sensitiv, dennoch leicht durchzuführen und allgemein verfügbar.

Der Schweregrad einer Anämie muss anhand der Ergebnisse des großen Blutbilds beurteilt werden. Geringgradige Anämien sind häufig sekundär durch andere Erkrankungen verursacht (z.B. Entzündungen, Neoplasien, Nieren- und Lebererkrankungen, alimentäre Ursachen oder Endokrinopathien) und bessern sich mit Behandlung des Primärproblems, dem deshalb mehr Beachtung geschenkt werden sollte. Geringe Abweichungen von Referenzbereichen

Tabelle 3.1 Grad der erythroiden Regeneration bei Anämie

	Retikulozyten in Prozent	
Grad der Stimulation	**Hund**	**Katze**[1]
physiologisch	1	0–0,4
geringgradig	1–4	0,5–2
mittelgradig	5–20	3–4
hochgradig	21–50	5+

[1] Bezeichnet den prozentualen Anteil der aggregierten Retikulozyten bei der Katze.
Aus: *Perman V., Schall WB.: Diseases of the red blood cells. In Ettinger SJ., Herausgeber: Textbook of veterinary internal medicine: diseases of the dog and cat, 2. Auflage, Band 2, Philadelphia, 1983, WB Saunders.*

Tabelle 3.2 Richtlinien zur Beurteilung der Retikulozytenantwort[1]

Grad der Regeneration	kanine Retikulozyten	aggregierte feline Retikulozyten	punktierte feline Retikulozyten
keine	$60 \times 10^9/l$ *(60 000/µl)*	$< 15 \times 10^9/l$ *(15 000/µl)*	$< 200 \times 10^9/l$ *(< 200 000/µl)*
geringgradig	$150 \times 10^9/l$ *(150 000/µl)*	$50 \times 10^9/l$ *(50 000/µl)*	$500 \times 10^9/l$ *(500 000/µl)*
mittelgradig	$300 \times 10^9/l$ *(300 000/µl)*	$100 \times 10^9/l$ *(100 000/µl)*	$1000 \times 10^9/l$ *(1 000 000/µl)*
hochgradig	$> 500 \times 10^9/l$ *(> 500 000/µl)*	$> 200 \times 10^9/l$ *(200 000/µl)*	$1500 \times 10^9/l$ *(1 500 000/µl)*

[1] An der Michigan State University und University of Minnesota verwendet, modifiziert nach Dr. D.J. Weiss.

können ebenso durch alters- oder rassebedingte Variationen, statistische Abweichungen sowie durch Fehler bei Probenentnahme und -bearbeitung bedingt sein.

Mittel- bis hochgradige Anämien erfordern ein anderes Vorgehen bei Diagnostik und Therapie. Eine – willkürliche – Einteilung der Anämie beim Hund nach Schweregraden kann anhand folgender Hämatokritbereiche erfolgen: geringgradig 30–37 %, mittelgradig 20–29 %, hochgradig 13–19 % und höchstgradig < 13 %. Bei der Katze gilt: geringgradig 20–26 %, mittelgradig 14–19 %, hochgradig 10–13 % und höchstgradig < 10 %. Schnelle Veränderungen des Hämatokrits erfordern rasches Handeln. Andererseits weisen Tiere mit chronischen schweren Anämien (z.B. mit einem Hämatokrit von 5–8 %) oft nur geringe klinische Symptome auf und überleben monatelang. Nachdem eine Anämie diagnostiziert und ihr Schweregrad bestimmt ist, sollte die Erythrozytenproduktion des Knochenmarks anhand der Retikulozytenantwort beurteilt werden (Tab. 3.1 und Tab. 3.2). Blutverlust oder Hämolyse verursachen eine regenerative Anämie (Übers. 3.2). Eine reduzierte oder nur geringfügig gesteigerte Retikulozytenantwort 3–5 Tage nach Beginn einer mittel- bis hochgradigen Anämie spricht für eine unzureichende Produktion im Knochenmark (aregenerative Anämie).

3.2 Beurteilung der Erythrozytenregeneration

3.2.1 Retikulozytenzählung

Die Retikulozytenzählung im Blut ist die geeignete Methode, den Grad der Erythropoese zu bestimmen. Allerdings müssen bei der Interpretation sowohl die Zeit nach Beginn der Anämie (Abb. 3.1) als auch das Ausmaß der Retikulozytose (Tab. 3.2) berücksichtigt werden. Ab einem Hämatokrit von weniger als 30 % beim Hund bzw. von weniger als 20 % bei der Katze sollte eine Retikulozytenzählung durchgeführt werden.

Retikulozyten sind unreife Erythrozyten, die als Reaktion auf eine Anämie in erhöhter Zahl vom gesunden Knochenmark freigesetzt werden. Retikulozyten besitzen Ribosomen (Ribonukleinsäure, RNS) zur weiteren Hämoglobinsynthese, die bei Färbung mit Methylenblau als blaue Granula erscheinen (Abb. 3.2). Die Retikulozyten der Katze werden in aggregierte und punktierte Formen unterteilt. Als Parameter zur Beurteilung der Retikulozyten dienen absolute Retikulozytenzahlen pro Mikroliter Blut, Retikulozytenindex (RI), Retikulozyten in Prozent und korrigierter Retikulozytenprozentsatz. Retikulozyten können auch über die Zahl polychromatophiler Erythrozyten im Blutausstrich abgeschätzt werden (siehe unten). Retikulozyten sind größer (d.h. Makrozyten) und haben eine geringere Hämoglobinkonzentration als reife Erythrozyten. Daher weisen Makrozytose und eine makrozytäre hypochrome Anämie indirekt auf eine Retikulozytose und damit auf ein funktionsfähiges Knochenmark hin (siehe unten).

Vorgehensweise

Zur mikroskopischen Retikulozytenzählung wird Ethylendiamintetraessigsäure (EDTA)-Blut zu gleichen Teilen mit einer Vitalfärbung

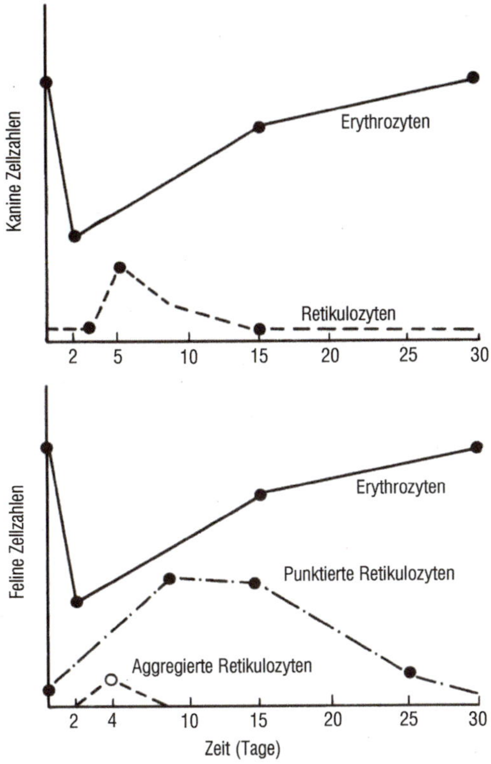

Abb. 3.1 Retikulozyten- und Erythrozytenantwort bei Blutungsanämie. Die Wiederherstellung der Erythrozytenmasse – angegeben als Hämatokrit (Hkt) oder Erythrozytenzahl – nach einmaligem Blutverlust ist bei beiden Spezies gleich. Sie verläuft in den ersten 2 Wochen am schnellsten und in den folgenden 2 Wochen langsamer. Jedoch gibt es erhebliche Unterschiede zwischen Hund und Katze in Hinblick auf die Retikulozytenantwort. Die Antwort der aggregierten Retikulozyten ist bei der Katze schwächer als beim Hund, aber gleich hinsichtlich Beginn und Dauer. Der Anstieg der punktierten Retikulozyten ist bei der Katze einzigartig lang und stark ausgeprägt.

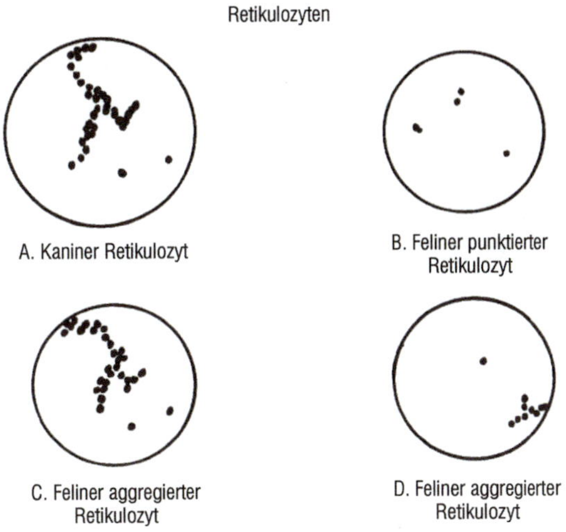

Abb. 3.2 Retikulozyten von Hund und Katze. Die Retikulozyten des Hundes **(A)** haben ein stark ausgeprägtes Retikulum und werden als ein Typ angesehen. Die Retikulozyten der Katze **(B** bis **D)** werden in zwei Typen unterteilt. Punktierte Retikulozyten **(B)** haben nur wenige RNS-Granula ohne Aggregatbildung und im Blut eine Lebensdauer von 10–12 Tagen. Aggregierte Retikulozyten **(C** und **D)** haben viele RNS-Granula, die Aggregate bilden. Aggregierte Retikulozyten haben im Blut eine Lebensdauer von einem halben Tag.

(z.B. 0,5 % Methylenblau) versetzt und 15–20 Minuten inkubiert. Hierbei wird das verbliebene endoplasmatische Retikulum gefärbt und in Form von dunkelblauen Granula sichtbar. Nach Lufttrocknung des Ausstrichs werden 1000 Erythrozyten ausgezählt und der Prozentsatz der Retikulozyten bestimmt. Reife Erythrozyten besitzen keine RNS mehr und sind daher ungefärbt. Kernhaltige Erythrozyten wie Metarubrizyten und jüngere Zellen der erythroiden Reihe werden bei regenerativen Anämien ebenfalls freigesetzt. Sie werden nicht in die Retikulozytenzählung einbezogen, sondern separat aufgeführt (siehe spätere Ausführungen). Die Prozentwerte von Retikulozyten sind recht ungenau und variieren stark, je nach Untersucher.

Automatisierte Retikulozytenzählung

Die hämatologischen Messgeräte Mascot Hemavet 3500[1] und Adiva 120 bieten eine automatisierte Retikulozytenzählung. Das Hemavet-Gerät verwendet ein sog. „focused flow"-System, dabei werden „Retikulozyten" anhand ihrer Größe und ihrer intrazellulären Komplexität identifiziert. Diese scheinen den in Abbildung 2.4 dargestellten makrozytären hypochromen Erythrozyten zu entsprechen und weisen üblicherweise auf eine regenerative Antwort hin. Die Korrelation der automatisierten Retikulozytenzählung des Hemavet-Geräts mit manuellen Zählungen beträgt für die absolute Zellzahl nur 0,67, aber 0,89 für die Retikulozyten in Prozent

[1] Hemavet, CDC Technologies, Inc., Oxford, CT.

(Perkins und Carver, 1996). Die Retikulozytenzählung des Adiva 120-Geräts basiert auf einer zweiwinkligen Streuung von Laserlicht, nachdem eine Chromagen-Färbung der RNS durchgeführt wurde (siehe Abb. 2.5).

Absolute Retikulozytenzahl

Werden Retikulozytenzahlen nur prozentual angegeben (Tab. 3.1), kann dies irreführend sein, da der Prozentwert lediglich das Verhältnis von Retikulozyten zu reifen Erythrozyten angibt. Da die Erythrozytenzahl bei Anämien jedoch unterschiedlich reduziert ist, wird die hämatopoetische Antwort anhand des Retikulozytenanteils in Prozent leicht überschätzt (Abb. 3.3). Deshalb ist die Berechnung der absoluten Retikulozytenzahl sinnvoll. Sie erfolgt durch Multiplikation der Retikulozytenzahlen in Prozent mit der Erythrozytenzahl, so dass das Ergebnis mit dem Schweregrad der Anämie variiert. Die absolute Retikulozytenzahl ermöglicht eine einheitliche Beurteilung der Knochenmarkantwort und wird als bester Indikator für die Erythrozytenregeneration bei Hund und Katze angesehen. Die genauen Abstufungen der Regeneration werden anhand der in Tabelle 3.2 gegebenen Richtlinien abgeschätzt. Jedoch erfordert die notwendige Bestimmung der Erythrozytenzahl eine umständliche und ungenaue Auszählung der Zellen von Hand oder den Zugang zu einem automatisierten Zählgerät. Alternativ dazu kann man auch den korrigierten Retikulozytenprozentsatz (KRP) bzw. den Retikulozytenindex (RI, auch Retikulozyten-Produktionsindex genannt) berechnen, wozu anstelle der Erythrozytenzahl der routinemäßig verfügbare Hämatokrit verwendet wird (siehe unten).

Retikulozytenindex und korrigierter Retikulozytenprozentsatz

Der korrigierte Retikulozytenprozentsatz ist an den Schweregrad der Anämie angepasst (Tab. 3.3). Bei der Berechnung des Retikulozytenindex beim Hund wird überdies noch die Lebensdauer der Retikulozyten im peripheren Blut berücksichtigt. Mit zunehmendem Schweregrad der Anämie werden die Retikulozyten immer früher aus dem Knochenmark freigesetzt und halten sich länger in der Zirkulation auf, bevor sie zu Erythrozyten reifen. Die längere Verweildauer im Blut führt zu einem Anstieg des prozentualen Anteils der Retikulozyten; dieser Anstieg beruht also nicht auf einer gesteigerten Produktion im Knochenmark. Bei Katzen ist die Lebensdauer von Retikulozyten im Blut in Abhängigkeit vom Schweregrad der Anämie nicht genau bekannt, so dass die Berechnung des Retikulozytenindex für die Katze nicht empfohlen wird.

Ein Retikulozytenindex über 1 spricht beim Hund für eine regenerative Anämie. Ein Wert über 3 weist auf eine ausgeprägte Knochenmarkantwort hin. Tendenziell ist die Regeneration bei hämolytischen Anämien stärker als bei einem Blutverlust nach außen, weil im Falle der Hämolyse die verschiedenen zur Erythropoese

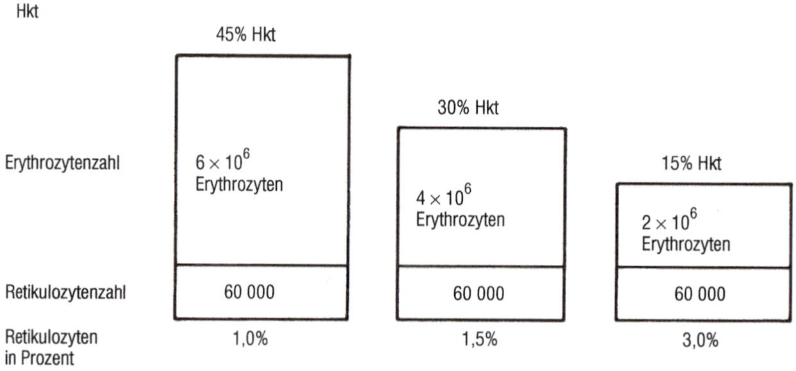

Abb. 3.3 Bei zunehmendem Schweregrad der Anämie und damit sinkender Anzahl reifer Erythrozyten steigt der relative Anteil der Retikulozyten. Dies gilt auch, wenn die absolute Retikulozytenzahl pro Volumeneinheit Blut konstant bleibt. Hkt, Hämatokrit.

Tabelle 3.3 Berechnung des Retikulozytenindex (RI)

Schritt 1: korrigierter Retikulozytenprozentsatz (KRP)

KRP = Retikulozyten (%) ×
(Hkt Patient [%] ÷ physiologischer Hkt [%])

Beispiel: Hund mit Hkt = 22,5 % und 4 % Retikulozyten

$$\text{KRP} = 4\,\% \times (22{,}5\,\% \div 45\,\%) = 2\,\%$$

Schritt 2: Hunde mit einer Anämie geben – ebenso wie anämische Menschen – Retikulozyten früher aus dem Knochenmark ab als gesunde Individuen. Diese „verschobenen" Retikulozyten leben länger als nur einen Tag (siehe unten). Dadurch erhöht sich der Anteil an Retikulozyten in Prozent, so dass der KRP weiter angepasst werden muss, indem man ihn durch die erwartete Reifungszeit in Tagen teilt, die wiederum vom Schweregrad der Anämie abhängt:

$$\text{RI} = \text{KRP} \div \text{Lebensdauer der Retikulozyten}$$

Hämatokrit (%)	erwartete Lebensdauer der Retikulozyten (Tage)
45	1,0
35	1,5
25	2,0
15	2,5

Im vorliegenden Beispiel sollten die Retikulozyten bei einem Hkt von 22,5 % etwa 2 Tage leben. Da sie damit doppelt so lang wie üblich in der Zirkulation verbleiben, verdoppelt sich die Retikulozytenanzahl in % – ohne eine Steigerung der Produktion im Knochenmark. Um die Freisetzung aus dem Knochenmark besser wiederzugeben, wird der RI angepasst, indem man ihn durch 2 teilt.

$$\text{RI} = 2\,\% \div 2\text{ Tage} = 1$$

benötigten Metaboliten im Körper verbleiben. Nach kürzlich erfolgtem Verlust großer Blutvolumina (z.B. vor 4–5 Tagen) oder nach einer Blutung ins Körperinnere kann es allerdings ebenfalls zu einer sehr starken Regeneration kommen, so dass es sich bei einem Retikulozytenindex von über 3 nicht zwingend um eine hämolytische Anämie handeln muss. Spezifischere Richtlinien zur Interpretation des korrigierten Retikulozytenprozentsatzes sind derzeit nicht verfügbar.

Zur Erläuterung folgendes Beispiel: Ein Hund mit einem Hämatokrit von 22,5 % (Tab. 3.3) hat einen Retikulozytenindex von 1, was für eine unzureichende Regeneration spricht, trotz eines anfänglichen Retikulozytenprozentsatzes von 4 %. Dieser Retikulozytenprozentsatz von 4 % zeigte also nicht eine vierfache Steigerung der Retikulozytenproduktion an, auch wenn bei nicht anämischen Hunden 1 % oder weniger Retikulozyten physiologisch sind. Eine Anämie aufgrund einer geringen Erhöhung eines der o.g. Werte (Retikulozyten in Prozent, absolute Retikulozytenzahl, RI oder KRP) als regenerativ zu bezeichnen, ist die häufigste Fehlerquelle bei Interpretation der Retikulozytenantwort.

3.2.2 Kanine Retikulozytenantwort

Normalerweise reifen die Retikulozyten des Hundes innerhalb eines Tages nach ihrer Freisetzung ins Blut zu Erythrozyten heran. Bedingt durch diesen schnellen Reifungsprozess handelt es sich fast ausschließlich um so genannte aggregierte Retikulozyten, die eine große Menge präzipitierte RNS mit nur wenigen punktförmigen Granula enthalten. Beim Hund werden die Retikulozyten nicht unterteilt, da die wenigen punktierten Formen – in Anbetracht der großen Variabilität und der vielen Fehlerquellen beim mikroskopischen Auszählen – klinisch unbedeutend sind. In den meisten Labors werden Erythrozyten mit nur ein oder zwei einzelnen Granula nicht als Retikulozyten gezählt. Die Retikulozyten des Hundes entsprechen annähernd den Polychromatophilen in nach Wright gefärbten Blutausstrichen. Manchen Richtlinien zufolge wird die Aktivität des Knochenmarks anhand der Retikulozyten in Prozent beurteilt (Tab. 3.1). Weiss modifizierte diese Vorgehensweise, um Leitlinien zur Abschätzung der Regenerationsfähigkeit auf Basis absoluter Retikulozytenzahlen zu schaffen (Tab. 3.2).

3.2.3 Feline Retikulozytenantwort

Katzen haben – im Gegensatz zum Hund – physiologischerweise und bei Erkrankungen eine sehr große und klinisch relevante Anzahl an punktierten Retikulozyten. Daher ist bei der Retikulozytenzählung eine andere Interpretation als beim Hund erforderlich. Um die wesentlichen Unterschiede in den Reifungsstadien (Abb. 3.2) zu berücksichtigen, sind bei den Retikulozyten der Katze immer punktierte und aggregierte Retikulozyten zu unterscheiden. Laborberichte, die nicht den Typ der bei einer Katze gezählten Retikulozyten angeben, sind nicht verwertbar. Aggregierte Retikulozyten reifen schnell innerhalb von ca. 12 Stunden zur punktierten Form heran. Punktierte Retikulozyten reifen langsam über 10–12 Tage und sammeln sich dementsprechend in wesentlich größerer Anzahl im Blut an als die aggregierte Forme. Die Anzahl der punktierten Retikulozyten im physiologischen Zustand entspricht fast der Maximalzahl an aggregierten Retikulozyten bei ausgeprägter Regeneration (Tab. 3.2). Die Dauer einer regenerativen Anämie kann anhand des Musters der Retikulozytenantwort abgeschätzt werden. Beispielsweise kann es etwa am vierten Tag der Regeneration zu einem deutlichen Anstieg der aggregierten Form und einer geringen Zunahme der punktierten Retikulozyten kommen (Abb. 3.1). Die Polychromatophilen in nach Wright gefärbten Blutausstrichen der Katze entsprechen etwa der Anzahl an aggregierten Retikulozyten.

Bei einer andauernden Hämorrhagie oder beim Vorliegen einer Hämolyse kann die Zahl der punktierten und aggregierten Retikulozyten zusammen nahezu 100 % erreichen (größtenteils punktierte Formen). Dadurch wird die manuelle Retikulozytenzählung sehr langwierig. Auch bei niedrigeren Retikulozytenzahlen und ohne das Auftreten von Heinz-Körpern ist die mikroskopische Auszählung sehr ungenau. Ein Erythrozyt mit einem kleinen randständigen Heinz-Körper kann einem punktierten Retikulozyten ähneln, obwohl sich Heinz-Körper üblicherweise in hellerem Blau anfärben als Ribosomen. Als eine sensitivere und zuverlässigere Untersuchungsmethode im Vergleich zur manuellen mikroskopischen Auszählung erweist sich die Durchflusszytometrie, bei der die RNS der Retikulozyten mit Thiazolorange angefärbt wird (Perkins et al., 1995). Die an 38 klinisch gesunden Katzen mit dieser Thiazolorange-Methode erstellten Referenzbereiche lagen bei 0,1–0,5 % (8,5–42 × 10^9/l [*8500–42 000/µl*]) aggregierten Retikulozyten und 2–17 % (22,5–1270 × 10^9/l [*22 500–1 270 000/µl*]) punktierten Retikulozyten.

3.2.4 Polychromasie

Polychromasie bedeutet eine Zunahme der Polychromatophilen in nach Wright gefärbten Blutausstrichen. Beim Hund entsprechen die Polychromatophilen den Retikulozyten, und folglich deutet eine Polychromasie auf eine Retikulozytose hin. Sie sind größer als reife Erythrozyten und aufgrund der Ribosomen im Plasma etwas bläulicher gefärbt (Farbtafel 1D). Der Ausdruck „polychromatophil" bezieht sich auf die Mehrfarbigkeit („poly") der Erythrozyten, bedingt durch die orange Färbung des Hämoglobins und die blaue der RNS. Die aggregierten Retikulozyten der Katze stellen sich polychromatophil dar, nicht jedoch die punktierte Form. Eine Polychromasie spiegelt bei der Katze also nur eine Aggregatretikulozytose, beim Hund hingegen eine Erhöhung aller Retikulozyten wider. Bei beiden Spezies spricht die Polychromasie für eine gesteigerte Erythropoese im Knochenmark vor 3–7 Tagen. Der Grad der Polychromasie entspricht dem Ausmaß der Erythropoese, d.h. maximale Polychromasie (4+) bedeutet maximale Erythropoese.

3.2.5 Makrozytose

Im Vergleich zur Norm vergrößerte Erythrozyten (Makrozyten) lassen sich durch das mittlere Erythrozytenvolumen (MCV, Mean Corpuscular Volume) oder Erythrozyten-Zytogramme und -Volumenhistogramme beschreiben (Abb. 3.4). Die Hauptursache für eine Makrozytose liegt in der Retikulozytose, besonders 4–5 Tage nach Beginn einer Anämie. Im Zuge der gesteigerten Erythropoese werden auch ribosomenfreie Makrozyten freigesetzt. Tvedtens Meinung nach ist eine Makrozytose und besonders der prozentuale Anteil makrozytärer hypochromer Erythrozyten vor allem in der späteren Phase der Regeneration (z.B. 7.–14. Tag) ein sensitiver Indikator für eine gesteigerte Erythropoese, da Polychromasie und Retikulozytose zu diesem Zeitpunkt bereits zurückgehen.

Andere Ursachen für eine Makrozytose sind Schwellung der Erythrozyten durch zu lange Lagerung in EDTA-Röhrchen, rasseassoziierte Makrozytose (z.B. Pudel), Stomatozytose (Abb. 3.4) und Infektionen mit dem felinen Leukämievirus (FeLV) bei Katzen. Die lagerungsbedingte Makrozytose kommt häufig bei eingesandten Proben vor oder bei Proben, die erst am Tag nach der Gewinnung untersucht werden. Mit dem Bayer H1-Erythrozyten-Zytogramm (siehe Abb. 2.4) kann dieses Artefakt von einer wirklich regenerativen Makrozytose unterschieden werden: Bei überalterten Proben wird die Gesamtmenge der Erythrozyten makrozytär und auch etwas hypochrom, bei einer regenera-

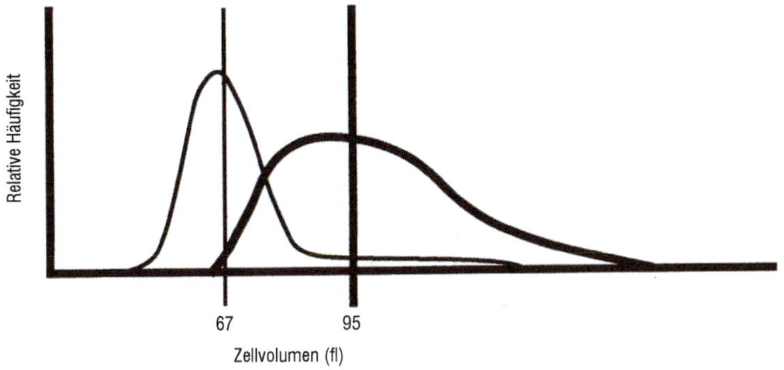

Abb. 3.4 Erythrozyten-Volumenverteilungs-Histogramm. Dieser Zwergschnauzer-Beagle-Mischling zeigte eine Stomatozytose und sekundäre Makrozytose. Sowohl physiologische Hundeerythrozyten mit einem mittleren Erythrozytenvolumen (MCV) von 67 fl (linke Kurve) als auch abnorme makrozytäre Erythrozyten (rechte Kurve) sind dargestellt. Bei dem Patienten lag keine Retikulozytose vor. Aus: *Brown DE et al., Erythrocyte indices and volume distribution in a dog with stomatocytosis, Vet Clin Pathol 31:247, 1994.*

tiven Anämie hingegen bilden die makrozytären hypochromen Zellen eine zweite Population neben den normozytären normochromen Erythrozyten (siehe Abb. 2.4).

3.2.6 Anisozytose, Erythrozyten-Verteilungsspanne, Hämoglobin-Verteilungsspanne

Anisozytose bezeichnet eine Variabilität in der Erythrozytengröße. Die Erythrozyten-Verteilungsspanne (RDW, Red Blood Cell Distribution Width) wird von hämatologischen Zählgeräten errechnet und gibt das Ausmaß der Anisozytose an. Eine häufige Ursache für eine starke Anisozytose ist das Vorliegen einer regenerativen Anämie mit Freisetzung unreifer Makrozyten. Die Hämoglobin-Verteilungsspanne (HDW, Hemoglobin Distribution Width) beschreibt in numerischer Form die Variation im Hämoglobingehalt der Erythrozyten. Erhöhte RDW- oder HDW-Werte sprechen für eine gesteigerte Variationsbreite in der Erythrozytenpopulation; deshalb sollte die Erythrozytenmorphologie im Blutausstrich beurteilt werden.

3.2.7 Kernhaltige rote Blutzellen, basophile Tüpfelung

Bei einer regenerativen Anämie sind weitere hämatologische Befunde wie Howell-Jolly-Körperchen, kernhaltige rote Blutzellen (NRBCs, Nucleated Red Blood Cells; Metarubrizytose) und basophile Tüpfelung zu erwarten. Diese sind im Blutausstrich erkennbar, aber im Gegensatz zu den Retikulozyten oder makrozytären hypochromen Erythrozyten weder quantitative noch spezifische Indikatoren einer Regeneration.

Die zirkulierenden NRBCs werden angegeben als ihre Anzahl je 100 Leukozyten oder je Mikroliter. Sie können zwar bei regenerativen Anämien freigesetzt werden, aber ihre Anzahl steht bei Hund und Katze in keinem direkten Zusammenhang mit der Erythropoese im Knochenmark. Unabhängig von einer gesteigerten Erythropoese können die kernhaltigen roten Blutzellen auch bei Erkrankungen der Milz, extramedullärer Hämatopoese, Bleivergiftung, Hyperadrenokortizismus, Leukämie und anderen Knochenmarkerkrankungen ins Blut abgegeben werden.

Eine basophile Tüpfelung ist gelegentlich bei regenerativen Anämien oder bei einer Bleivergiftung beim Hund zu sehen. Im Hinblick auf eine Bleivergiftung ist die basophile Tüpfelung aber weder spezifisch noch sensitiv genug, um als guter Indikator zu dienen. Vielmehr sollten bei Verdacht auf Bleivergiftung toxikologische Untersuchungen erfolgen (siehe Kap. 19).

3.2.8 Siderozyten, Sideroblasten

Siderozyten sind abnorme Erythrozyten mit basophilen Granula (Pappenheim-Körperchen), die in der Wright-Färbung einer basophilen Tüpfelung ähneln. Mit Preußischblau färbt sich das Eisen – im Gegensatz zu den Granula der basophilen Tüpfelung – innerhalb der Pappenheim-Körperchen an. Sideroblasten sind kernhaltige erythroide Zellen im Knochenmark mit eisenhaltigen Granula. Abnorme Sideroblasten fallen durch mehr und größere Granula auf. Siderozyten und abnorme Sideroblasten weisen auf eine abnorme Erythropoese (Dyserythropoese) hin, die beim Hund durch eine vorausgehende Therapie mit Chloramphenicol verursacht sein kann (Harvey et al., 1985).

3.3 Klassifizierung einer Anämie anhand der Erythrozytenindizes

Traditionell werden bei der morphologischen Klassifizierung einer Anämie die Erythrozytenindizes benutzt. Anhand des mittleren Erythrozytenvolumens (MCV) und der mittleren Hämoglobinkonzentration (MCHC) können drei häufige Anämieformen differenziert werden, die in der weiteren Diagnostik von großer Bedeutung sind:

1. makrozytäre hypochrome Anämie
2. normozytäre normochrome Anämie
3. mikrozytäre hypochrome Anämie

Der Berechnung von MCV und MCHC liegen Durchschnittswerte aller Erythrozyten zugrunde. Im Vergleich zu hämatologischen Geräten (z.B. Bayer Adiva) sind MCV und MCHC deshalb bei der Erkennung von Tendenzen in Richtung makrozytärer hypochromer oder mikrozytärer hypochromer Anämien weniger sensitiv (siehe Abb. 2.4). Geräte hingegen können auch kleine Populationen abnormer Erythrozyten identifizieren. Wenn nur 5–20 % der Erythrozyten in ihrer Größe oder ihrem Hämoglobingehalt verändert sind, geben die Erythrozytenindizes oft keinen Hinweis auf die Art der Anämie.

3.3.1 Normozytäre normochrome Anämie

Bei der normozytären normochromen Anämie handelt es sich um eine aregenerative Anämie. Zu wenige Retikulozyten oder andere Makrozyten sind vorhanden, um den MCV ansteigen zu lassen oder zu einer Erniedrigung des MCHC zu führen. Eine Blutungs- oder hämolytische Anämie, deren Beginn noch nicht lange genug zurückliegt (z.B. 1–2 Tage), um eine Knochenmarkantwort auszulösen, ist normozytär normochrom und wird als präregenerativ bezeichnet.

3.3.2 Makrozytäre hypochrome Anämie

Eine makrozytäre hypochrome Anämie ist typischerweise regenerativ mit einer erhöhten Anzahl an Retikulozyten. Diese Zellen sind relativ größer als reife Erythrozyten (erhöhter MCV) und, da ihre Hämoglobinsynthese noch nicht abgeschlossen ist, hypochrom (reduzierter MCHC).

3.3.3 Makrozytäre normochrome Anämie

Aufgrund der Freisetzung großer, unreifer Erythrozyten kommt eine Makrozytose i.d.R. bei regenerativen Anämien vor. Der MCHC liegt dabei häufig innerhalb des Referenzbereichs, so dass eine regenerative Anämie – bei alleiniger Betrachtung von MCV und MCHC – makrozytär und normochrom erscheinen kann. Bei der Katze weist eine makrozytäre normochrome Anämie ohne Retikulozytose auf eine FeLV-Infektion oder Myelodysplasie hin und steht in keinem Zusammenhang mit einem Vitamin-B_{12}- oder Folsäure-Mangel.
Bei manchen Pudeln sind die Erythrozyten zeitlebens makrozytär (MCV > 80 fl), ohne Anzeichen einer Anämie oder anderer hämatologischer Erkrankungen. Makrozytäre normochrome Erythrozyten sind selten ein Hinweis auf Vitamin-B_{12}-Mangel (z.B. durch Malabsorption). Auch Hypersegmentation der Neutrophilen und andere myelodysplastische Veränderungen können bei Kobalamin(B_{12})- oder Folsäure-Mangel vorkommen. Makrozytäre Anämien, die auf Folsäuresupplementation ansprechen, wurden im Zusammenhang mit der Verabreichung von Phenytoin und Methotrexat (Folsäure-Antagonisten) nachgewiesen. Bei Riesenschnauzern ist eine Vitamin-B_{12}-Malabsorption beschrieben (siehe Stomatozytose in 3.6.8 Weitere hereditäre hämolytische Anämien).

3.3.4 Mikrozytäre hypochrome Anämie

Eine mikrozytäre hypochrome Anämie ist i.d.R. diagnostisch für einen Eisenmangel, durch den eine adäquate Hämoglobinsynthese verhindert wird. Die Erythrozyten sind klein (niedriger MCV) und enthalten unzureichend Hämoglobin (niedriger MCHC). Bei Hunden mit portosystemischem Shunt (PSS) und Leberatrophie sind eine Mikrozytose und ein gestörter Eisenmetabolismus häufige Befunde. Man beachte, dass bei den japanischen Rassen Akita und Shiba Inu kleine Erythrozyten (MCV um 60 fl) physiologisch sind.

3.4 Regenerative Anämie

Ist eine Anämie durch Zerstörung der Erythrozyten (Hämolyse) oder Blutverlust bedingt, sollte das gesunde Knochenmark ausgewachsener Patienten in der Lage sein, angemessen zu reagieren. In Übersicht 3.1 findet sich ein Überblick über die Ursachen der regenerativen Anämie. Retikulozytenzahlen über $500 \times 10^9/l$ (*500 000/μl*) kommen häufig bei Hunden mit hämolytischer Anämie, Hämorrhagien im Körperinneren oder einem kürzlich erfolgten Blutverlust nach außen vor (Tab. 3.1 und Tab. 3.2).Viele Anämien sind dennoch weder deutlich regenerativ noch vollständig aregenerativ. Bei geringgradigen Anämien (z.B. Hämatokrit beim Hund 30–35 %, Hämatokrit bei der Katze 20–26 %) reagiert das Knochenmark lediglich durch Freisetzung reifer Erythrozyten, und eine Retikulozytose bleibt aus.

Bei gering- bis mittelgradiger Regeneration muss bei der Interpretation der Daten berücksichtigt werden, wie lange die Anämie schon besteht, wie schwer sie ist und ob möglicherweise mehrere Ursachen vorliegen. Beispielsweise tragen bei intestinalen Neoplasien mehrere Faktoren zur Anämie bei. Durch Hämorrhagien im Darm kommt es zum Blutverlust nach außen. Anfangs reagiert das Knochenmark meist mit guter Regeneration, aber andauernde Blutungen können zu Eisen- und Proteinmangel führen. Ferner liegen häufig begleitende Entzündungen vor, die die Erythropoese beeinträchtigen und zu einer verminderten Erythrozytenproduktion führen. Somit kann das Ausmaß der Regeneration erheblich variieren und weniger stark ausgeprägt sein als erwartet.

3.5 Blutungsanämie

Ein Blutverlust nach außen ist häufig bereits anhand des Vorberichts oder der klinischen Untersuchung ersichtlich. Auch eine Blutung in den Gastrointestinaltrakt stellt einen Blutverlust nach außen dar und kann ebenso okkult sein wie eine Blutung in eine Körperhöhle. Hinweise auf gastrointestinale Blutungen sind schwarzer teerartiger Kot oder frisches rotes Blut im Kot. Tests auf okkultes Blut im Kot sind von zweifelhaftem Wert (siehe Kap. 10), weil das in fleischhaltiger Nahrung enthaltene Myoglobin zu falsch-positiven Ergebnissen führt. Blutungen in Körperhöhlen können durch zytologische Untersuchung von Körperhöhlenergüssen diagnostiziert werden (siehe Kap. 12). Hierbei geben Hämatokrit und Flüssigkeitsvolumen Hinweise auf das Ausmaß der Blutung.

Die hämatologischen Befunde bei Blutverlust sind sehr variabel, abhängig vom Zeitpunkt der Blutung, der Menge des verlorenen Blutes, der Art der Blutung (akut oder persistierend, Blutverlust nach außen oder in eine Körperhöhle) sowie von tierartlichen Unterschieden (siehe Abb. 3.1 und nachfolgender Text).

3.5.1 Blutverlust nach außen

Anhand des Hämatokrits lassen sich bei ausgewachsenen Hunden innerhalb der ersten drei Tage nach akutem Blutverlust keine Aussagen über den Schweregrad der Blutungsanämie machen. Innerhalb dieser Zeitspanne wird das Flüssigkeitsvolumen im Blutgefäßsystem ersetzt, und die verbleibenden Erythrozyten und Plasmaproteine werden verdünnt. In den ersten Stunden entlässt die Milz durch Kontraktion die gespeicherten Erythrozyten in die Zirkulation. Dadurch kann der Schweregrad der Anämie verschleiert werden. Eine Freisetzung von Retikulozyten sollte 3 Tage nach der Blutung erkennbar sein; die maximale Menge an aggregierten Retikulozyten ist nach 4–5 Tagen nachzuweisen (Abb. 3.1). Innerhalb der ersten 2 Wochen steigt der Hämatokrit schnell an, bis er im niedrigen Referenzbereich liegt. Anschließend ist nur noch ein langsamer Anstieg des Hämatokrits festzustellen, und es dauert unter Umständen Monate, bis der ursprüngliche Wert wieder erreicht wird. Die Hypoxie ist zu gering, um noch eine starke Erythropoetinproduktion zu bewirken.

Chronische Blutungen über mehrere Wochen verursachen bei ausgewachsenen Tieren einen Eisenmangel (Farbtafel 2A) und eine negative Proteinbilanz. Dadurch wird die Erythropoese behindert und die regenerative Antwort zunehmend schwächer. Somit erscheint eine Blutungsanämie anfangs (in den ersten 1–2 Tagen) prä-regenerativ, dann regenerativ und schließlich im Laufe der Zeit durch den zunehmenden Eisenmangel nur noch schwach regenerativ bis aregenerativ. Bei Jungtieren kommt es nach Blutverlust (z.B. durch Hakenwurm- oder Kokzidienbefall) wesentlich schneller zur Erschöpfung der Eisenvorräte, da nur geringe Eisenreserven vorhanden sind und die Erythropoese wachstumsbedingt maximal verläuft.

Ein nützlicher diagnostischer Parameter bei regenerativen Anämien ist das Gesamtprotein im Plasma. Im Falle einer äußeren Blutung geht es dem Körper als Bestandteil des Blutes verloren. Erniedrigte oder im unteren Referenzbereich liegende Plasma-Proteinwerte sprechen deshalb für einen Blutverlust nach außen. Bei Hämolyse und Blutverlust in Körperhöhlen verliert der Körper kein Protein, weshalb das Gesamtprotein im Referenzbereich bleibt oder geringgradig erhöht ist. Der Referenzbereich für Gesamtprotein im Plasma ist sehr weit gefasst, was eine Beurteilung schwierig macht. In vielen Fällen ist es aber möglich, Tendenzen anhand der Abweichung vom Mittelwert (65–70 g/l) zu erkennen. Der Schweregrad einer Hämorrhagie lässt sich allerdings anhand der Hypoproteinämie weniger eindeutig abschätzen als aufgrund des Hämatokrits, da Leber und lymphatische Gewebe Plasmaproteine schneller ersetzen können, als das Knochenmark Erythrozyten freisetzen kann.

Bei der Katze verläuft der Hämatokritanstieg nach einer Hämorrhagie in den ersten 2 Wochen ähnlich wie beim Hund. Die aggregierten Retikulozyten der Katze erreichen ihren Peak etwa 4 Tage nach der Blutung (Abb. 3.1; Perman und Schall, 1983). Auch bei starker regenerativer Antwort ist die maximale Anzahl der aggregierten Retikulozyten der Katze viel geringer als die maximale Retikulozytenzahl beim Hund. Ebenso enthalten Blutausstriche von Katzen viel weniger Polychromatophile als Blutausstriche von Hunden. Die punktierten Retikulozyten erreichen ihre maximale Anzahl etwa eine Woche nach der Blutung und können 3 Wochen oder länger erhöht bleiben; teilweise auch, nachdem der Hämatokrit wieder im Referenzbereich liegt. Deshalb spricht eine erhöhte Anzahl an punktierten Retikulozyten nicht zwingend für eine aktive Erythropoese des Knochenmarks.

Die jeweilige Anzahl der aggregierten und punktierten Retikulozyten bei der Katze kann zur Bestimmung des Beginns einer Anämie herangezogen werden. Eine mäßige bis ausgeprägte Erhöhung der Aggregatform bei nur wenigen punktierten Retikulozyten spricht für eine frische Anämie (2–4 Tage). Eine erhöhte Anzahl der punktierten Form ohne Erhöhung der aggregierten Form gibt Hinweise auf eine Anämie von 1–3 Wochen Dauer. Möglich wäre in diesem Fall auch eine Anämie, die zu geringgradig ist, um einen Anstieg der aggregierten Retikulozyten zu bewirken.

Bei Jungtieren müssen altersabhängige Veränderungen berücksichtigt werden. Der Hämatokrit bei gesunden, 2–6 Wochen alten Hundewelpen liegt etwa bei 28 %, das Gesamtprotein im Plasma möglicherweise unter 60 g/l. Im Alter von bis zu 2 Monaten haben Hundewelpen etwa 3–7 % Retikulozyten. Die höchsten Werte (7 %) findet man in den ersten beiden Lebenswochen. Im Gegensatz hierzu haben ausgewachsene Hunde weniger als 1 % Retikulozyten. Die Verwendung der Referenzbereiche für adulte Hunde würde bei Welpen zu dem falschen Schluss führen, dass eine Anämie, Retikulozytose und Hypoproteinämie –vermutlich bedingt durch einen Blutverlust nach außen – vorläge. Daher sollte auf altersabhängige Referenzbereiche zurückgegriffen werden (Jain, 1986). Katzenwelpen haben beim Absetzen häufig einen subklinischen Eisenmangel, der die Erythropoese einschränkt (siehe Eisenmangelanämie).

Generell können Jungtiere weniger angemessen auf einen Blutverlust reagieren als adulte Patienten. Die erythropoetische Aktivität im Knochenmark ist bei Hunde- und Katzenwelpen physiologischerweise hoch, um im Rahmen des Wachstums den Anstieg des Blutvolumens sicherzustellen. Bei dieser bereits vorhandenen hohen Erythropoese-Rate ist eine Steigerung wie bei ausgewachsenen Tieren nicht mehr möglich.

3.5.2 Blutverlust in Körperhöhlen

Die hämatologischen Befunde bei einem Blutverlust in Körperhöhlen entsprechen denen bei hämolytischer Anämie. Die ins Gewebe verlorenen Erythrozyten werden zerstört, und ihre Bestandteile bleiben dem Körper erhalten, so dass eine maximale Knochenmarkantwort möglich ist. Einige in Körperhöhlen verlorene Erythrozyten können über die Lymphgefäße wieder der Zirkulation zugeführt werden.

3.6 Hämolytische Anämie

In der klinischen Routine wird eine hämolytische Anämie üblicherweise durch das Vorliegen einer ausgeprägten regenerativen Anämie ohne gleichzeitige Hypoproteinämie oder andere Anzeichen für einen Blutverlust diagnostiziert. Eine sorgfältige Untersuchung des Blutausstrichs ist wichtig, um spezifische Hämolyseursachen zu identifizieren, wie Blutparasiten, Heinz-Innenkörper oder immunmediierte hämolytische Prozesse.
Erythrophagozytose in Blutausstrichen oder zytologischen Ausstrichen von Knochenmark, Milz, Leber oder Lymphknoten kommt nur selten vor, weist aber deutlich auf eine vorhandene Hämolyse hin.
Hämolytische Erkrankungen können in intra- und extravasale Formen unterteilt werden (Farbtafeln 1A und 1B).

Die **extravasale Hämolyse** kommt aufgrund von Phagozytose durch Makrophagen in Milz, Leber und Knochenmark zustande und ist wesentlich häufiger als die intravasale Hämolyse. Splenomegalie und Hepatomegalie sind beweisend für extravasale Hämolyse.
Intravasale Hämolyse führt zu einer akuten hochgradigen Anämie. Eine Hämoglobinurie mit gleichzeitiger Hämoglobinämie und lysierten Erythrozyten (Erythrozytenschatten) im Blutausstrich ist beweisend für eine intravasale hämolytische Anämie (siehe Kap. 8). Meist liegt gleichzeitig auch eine extravasale Hämolyse vor, wobei die Zuordnung in extra- versus intravasal anhand der am stärksten ausgeprägten Befunde erfolgt. Heinz-Körper-Anämien und komplementbindende immunmediierte Anämien sind die häufigsten Ursachen für intravasale Hämolyse. Andere Ursachen werden später erläutert.
Ikterus (siehe Farbtafeln 1A und 1B; Kap. 11) kann sowohl bei intra- als auch bei extravasaler Hämolyse auftreten. Durch den vermehrten Anfall unkonjugierten Bilirubins aus der Zerstörung der Erythrozyten wird zeitweise die Reservekapazität der Leber zum Bilirubinabbau überschritten. Bei schweren Anämien kann ebenso eine hypoxische oder toxische Schädigung der Leber für einen reduzierten Bilirubinmetabolismus und eine Cholestase verantwortlich sein. Die Bilirubinkonzentration ist – bedingt durch die schnellere Hämolyserate – bei intravasaler Hämolyse oft höher als bei der extravasalen Form. Jedoch sind Bilirubinbestimmungen aus dem Serum (d.h. Gesamt- und konjugiertes Bilirubin) – aufgrund vieler Ausnahmen von den zu erwartenden Mustern – nur von begrenztem Wert bei der Unterscheidung von Anämien und Hepatopathien. Klassischerweise entsteht der hämolytische Ikterus hauptsächlich durch unkonjugiertes Bilirubin, die konjugierte Form ist jedoch ebenfalls erhöht.

3.6.1 Immunmediierte hämolytische Anämie

Die immunmediierte hämolytische Anämie (IMHA) kommt häufig beim Hund, aber recht selten bei der Katze vor. Der Begriff „autoimmune hämolytische Anämie“ sollte vermieden werden, da das Wort „autoimmun“ auf eine Immunreaktion gegen körpereigene Antigene hindeutet. Hämobartonella, FeLV oder diverse Arzneimittel können solche Anämien verursachen, die direkt oder indirekt durch fremde Antigene hervorgerufen werden, aber nicht autoimmun sind. Propylthiouracil kann bei Katzen – möglicherweise auch Levamisol beim Hund – eine IMHA verursachen. Die Zerstörung inkompatibler transfundierter Erythrozyten ist ebenfalls ein immunmediierter, aber kein autoimmuner hämolytischer Prozess.
Die Diagnose IMHA basiert bei Hunden, die in jüngster Zeit keine Bluttransfusion erhalten haben, auf dem Nachweis vieler Sphärozyten, einer Autoagglutination oder beidem. Das große Blutbild bei der IMHA des Hundes ist sehr typisch und i.d.R. diagnostisch: Mittel- bis hochgradige Anämie (z.B. Hkt = 16 %), ausgeprägte Retikulozytose (z.B. 625×10^9/l [*625 000/μl*]), Polychromasie (z.B. 3+ oder 4+), Gesamtprotein im Referenzbereich oder geringgradig erhöht (z.B. 72 g/l), ausgeprägte Leukozytose (z.B. 54×10^9/l [*54 000/μl*]), ausgeprägte Sphärozytose (z.B. 2+ oder mehr) bei den meisten Hunden (82 %), bei einigen Patienten Autoagglutination und Thrombozytopenie (z.B. 29×10^9/l [*29 000/μl*]). Der Retikulozytenindex liegt i.d.R. über 3, was bereits auf eine hämolytische Anämie hinweist. In einer Studie über IMHA betrug der mittlere Retikulozytenindex 4,8. Eine mäßige bis ausgeprägte Sphärozytose (z.B. > 50 % Sphärozyten) ist mit nur wenigen Ausnahmen diagnostisch für eine IMHA. Eine (auch nach Verdünnung mit Kochsalzlösung) persistierende Auto-

agglutination erlaubt ebenfalls die Diagnose IMHA. Eine Thrombozytopenie mit gleichzeitiger IMHA kann immunmediiert oder durch disseminierte intravasale Gerinnung bedingt sein. In manchen Fällen von IMHA handelt es sich um aregenerative Anämien, wenn die Immunreaktion bereits gegen erythroide Vorläuferzellen im Knochenmark gerichtet ist. Auch der direkte Coombs-Test (direkte Antiglobulin-Reaktion) ist ein guter Beweis für eine IMHA.

Sphärozytose

Die subjektive Beobachtung einer Sphärozytose im Blutausstrich (d.h. erhöhte Anzahl von Sphärozyten) stellt das geläufigste und wichtigste diagnostische Verfahren für die IMHA des Hundes dar. Jedoch sind Fehler bei der Erkennung der Sphärozyten häufig, v.a. bei Suche in schlechten Blutausstrichen oder ungeeigneten Arealen von Ausstrichen. Dennoch können Sphärozyten von erfahrenen Untersuchern zuverlässig identifiziert werden. Bei der Katze fehlt den Erythrozyten die zentrale Aufhellung, so dass bei starker Anisozytose Sphärozyten nur schwer von kleinen Erythrozyten zu unterscheiden sind. Diese Zellen sind also bei Katzen nur unzuverlässig erkennbar und sollten daher nicht als bevorzugtes Diagnostikum für eine IMHA angesehen werden.

Die Anzahl der Sphärozyten beeinflusst die Diagnose. Physiologischerweise dürfen sphärozytische Erythrozyten in geringer Anzahl vorkommen. Zur Diagnose einer IMHA ist eine mäßige bis hohe Anzahl an Sphärozyten erforderlich (Farbtafel 2C). Eine Quantifizierung der Sphärozyten kann im einschichtigen Bereich (Monolayer) des Blutausstrichs bei 1000facher Vergrößerung erfolgen. Hierbei wird eine Skala von 1+ bis 4+ benutzt; 1+ entspricht 5–10 Sphärozyten je Ölimmersions-Feld (2–4 %), 2+ entspricht 11–50 (4–20 %), 3+ entspricht 51–150 (20–60 %) und 4+ entspricht mehr als 150 Sphärozyten je Feld (> 60 %). Man beachte, dass weniger als 2 % Sphärozyten nicht vermerkt werden.

In einem Fallbericht über einen Welpen mit Zinkvergiftung wurde fälschlicherweise von Sphärozytose berichtet. Eine Zinkvergiftung kann eine Heinz-Körper-Anämie mit Pyknozyten auslösen. Der sphärozytische Anteil von Exzentrozyten wird bei Vitamin-K_3- und Zinkvergiftungen des Hundes oft als Sphärozyten bezeichnet. Diese Zellen sollten aber nicht als Sphärozyten, sondern als Pyknozyten bezeichnet werden. Manche Schlangengiftintoxikationen können eine Sphärozytose oder Sphäroechinozytose hervorrufen.

Autoagglutination

Bei Patienten, die keine Bluttransfusion erhalten haben, ist der Nachweis von Autoagglutination diagnostisch für eine IMHA. Eine spontane Autoagglutination einer Blutprobe entspricht einem positiven Coombs-Test, da die Beurteilung des Coombs-Tests anhand der Autoagglutination der Erythrozyten erfolgt. Antikörper, die ohne Zusatz von Coombs-Reagens eine Autoagglutination der roten Blutkörperchen verursachen, werden vollständige Antikörper genannt und bestehen i.d.R. aus Immunglobulin M (IgM). Die Autoagglutination muss von einer Geldrollenbildung, die durch entzündliche Erkrankungen oder durch eine Paraproteinämie bei lymphoiden Neoplasien hervorgerufen wird, unterschieden werden. Charakteristisch für die Autoagglutination sind traubenartige Haufen von Erythrozyten. Hingegen erinnern die Geldrollen im mikroskopischen Bild an lineare Münzstapel, die sich bei Verdünnung mit einem gleichen oder größeren Anteil Kochsalzlösung auflösen. Hierzu wird ein Tropfen Blut auf einem Objektträger mit Kochsalzlösung vermischt, abgedeckt und dann makroskopisch und mikroskopisch beurteilt (Farbtafeln 1B bis 1F).

Hämatologische Messgeräte machen sich ebenfalls das Prinzip der Kochsalzverdünnung zu Nutze. Die für die jeweiligen Geräte verwendeten elektrolythaltigen Verdünnungsreagenzien lösen Erythrozytenaggregate, die durch Geldrollenbildung entstanden waren, auf. Die Autoagglutination hingegen bleibt bestehen, kann auf Erythrozyten-Zytogrammen erkannt werden und verursacht eine Reihe von Messfehlern im Blutbild.

Feline immunmediierte hämolytische Anämie

Die Diagnosestellung der IMHA gestaltet sich bei der Katze schwieriger als beim Hund. Eine Sphärozytose ist bei Katzen schwerer zu erkennen und es kommt nicht zu einer ausgeprägten

Leukozytose. Eine Infektion mit *Haemobartonella felis (Mycoplasma haemofelis)* verursacht eine Coombs-positive IMHA (Farbtafeln 1D bis 1F). Wenn nur wenige oder keine Parasiten im Blutausstrich nachzuweisen sind, ist die Unterscheidung zwischen *Haemobartonella felis* und idiopathischer IMHA schwierig. Die seit kurzem verfügbare Untersuchung auf *Haemobartonella felis* durch eine spezifische Polymerase-Kettenreaktion (PCR) hat die Diagnose erleichtert. Eine FeLV- oder *Haemobartonella-felis*-Infektion bei Katzen mit IMHA kann die Erythropoese behindern und damit eine aregenerative Anämie hervorrufen.

Direkter Coombs-Test

Im direkten Coombs-Test werden Antikörper oder Komplement auf den Erythrozyten nachgewiesen. Hierbei ist es möglich, aber nicht zwingend, dass Antikörper und Komplement gegen die Erythrozyten selbst gerichtet sind und diese beschädigen. Üblicherweise wird ein „polyvalenter direkter Antiglobulin-Test" durchgeführt, bei dem ein polyvalentes Coombs-Reagens mit den Erythrozyten des Patienten versetzt wird. Dieses Reagens enthält speziesspezifische Antikörper gegen verschiedene Antikörperklassen und gegen Komplement. Falls sich nachweisbare Mengen an Antikörpern oder Komplement auf den zu untersuchenden Erythrozyten befinden und ein entsprechendes Verhältnis zwischen diesen Antikörpern und den Antiglobulinen vorliegt, kommt es zu einer makroskopisch oder mikroskopisch erkennbaren Hämagglutination (positive Reaktion). In einigen Labors werden monovalente Antiglobuline benutzt, um die IMHA entweder dem IgM- oder dem IgG-Typ zuzuordnen. An der Universität Minnesota waren von 48 Hunden 71 % IgG-positiv, 10 % positiv für IgG und IgM sowie 19 % positiv für IgG, IgM und Komplement. IgM kann Komplement an Erythrozyten binden und dadurch eine intravasale Hämolyse mit einer hochgradigen akuten Anämie verursachen. Der Effekt einer Steroidbehandlung *in vivo* ist nicht vorhersehbar. Werden IMHA-kranke Hunde mit Kortikosteroiden behandelt, bleiben sie individuell unterschiedlich lange Coombs-positiv.

Der direkte Coombs-Test ist weder hochspezifisch noch sensitiv für IMHA. Er ist nur in 60–70 % der IMHA-Fälle beim Hund positiv. Mögliche Gründe für falsch-negative Ergebnisse sind eine nicht ausreichende Antikörpermenge auf den Erythrozyten, eine falsche Temperatur bei Testdurchführung, ein unpassendes Antigen-Antikörper-Verhältnis oder andere technische Ursachen. Um ein passendes Antigen-Antikörper-Verhältnis zu gewährleisten, sollten routinemäßig Serienverdünnungen des Antiglobulin-Reagens benutzt werden. Bei längerer Lagerung von Blutproben lösen sich Antikörper und Komplement von den Erythrozyten. Oft ist nicht bekannt, wie lange EDTA-Blut vor Durchführung eines Coombs-Tests aufbewahrt worden ist. Daher sind Ergebnisse von Proben, die per Post verschickt wurden, fragwürdig. Alsever-Lösung wäre zur Lagerung von antikörperbeladenen Erythrozyten gut geeignet, ist aber bisher in der Veterinärmedizin kaum verfügbar.

Auch ohne Anzeichen einer IMHA kann es häufig zu positiven Ergebnissen des Coombs-Tests kommen. Von 134 anämischen, Coombs-positiven Hunden war die Hälfte positiv für Komplement C3, aber eine intra- oder extravasale hämolytische Anämie konnte bei diesen Patienten nur selten nachgewiesen werden (Slappendale, 1979). Aus diesem Grund kann ein positiver Coombs-Test ohne gleichzeitige Anämie oder Sphärozytose sekundär durch eine starke Immunreaktion auf andere Antigene (z.B. Demodex, Vakzinen, Bienenstiche) und nicht durch eine IMHA bedingt sein. Im Falle von Infektionen mit Blutparasiten, Bluttransfusionen und Arzneimittelreaktionen entspricht ein positives Ergebnis einer echten Reaktion, die durch immunmediierte Schädigung der Erythrozyten zustande kommt. Unter diesen Voraussetzungen sollte die Anämie als sekundäre IMHA bezeichnet werden.

Kälteagglutininkrankheit

Klinische Erkrankungen durch Antikörper, die in Temperaturbereichen unterhalb der normalen Körpertemperatur (d.h. in peripheren Kapillargebieten wie Ohren oder Pfoten) bevorzugt an Erythrozyten binden, sind selten. Wenn durch diese Antikörper eine Agglutination der Erythrozyten und folglich ein Verschluss der Kapillaren entsteht, kommt es zur ischämischen Nekrose. Die Kälteagglutininkrankheit kann mit hämolytischer Anämie assoziiert sein und ist bei Hunden und Katzen selten zu beweisen. Es sind

IgM-Antikörper zu erwarten. Allerdings agieren nicht alle IgM-Antikörper bevorzugt bei niedrigen Temperaturen, demnach handelt es sich auch bei IgM nicht immer um Kälteagglutinine. Untersuchungsergebnisse sollten hinsichtlich der Kälteagglutininkrankheit mit Vorsicht interpretiert werden. Die Erkrankung ist so selten, dass die meisten Labors keine ausreichende Erfahrung mit der geeigneten Bestimmung der Kälteagglutinine haben. Es muss mehr Aufwand betrieben werden, als die Blutprobe nur zu kühlen und die Agglutinationstests bei niedrigen Temperaturen (4 °C) durchzuführen. Die Erythrozyten müssen bei genau 37 °C vom EDTA-Plasma getrennt werden, um eine Bindung von Kälteagglutininen an die Erythrozyten zu vermeiden. Kälteagglutinine kommen physiologischerweise beim Hund und beim Menschen vor. In der Humanmedizin wird ein Titer von über 1 : 64 als verändert angesehen. Bislang gibt es keine Referenzwerte für Hunde und Katzen. Bei einer Katze mit Kälteagglutininkrankheit wurde ein Titer von 1 : 52 000 nachgewiesen (Schrader und Hurvitz, 1983). Eine Erythrozytenagglutination, die bei 4 °C auftritt, sollte bei Erwärmung auf Körpertemperatur verschwinden.

3.6.2 Heinz-Körper-Anämie

Viele Substanzen oxidieren Hämoglobin, was zu dessen Präzipitation und zur Ausbildung von Heinz-Körpern und/oder Methämoglobin führt. In nach Wright gefärbten Blutausstrichen färben sich Heinz-Körper nicht anders an als normales Hämoglobin, aber sie können als einzelne hellere runde Körperchen innerhalb der Erythrozyten erscheinen oder sich über deren Oberfläche hervorwölben (Farbtafel 2B). In Ausstrichen, die mit Methylenblau oder Brillantkresylgrün für eine Retikulozytenzählung gefärbt wurden, stellen sich Heinz-Innenkörper deutlich dar (siehe Abb. 2.9). Die oxidativen Substanzen können auch zur Bildung von Exzentrozyten führen.

Exzentrozyten

Exzentrozyten kommen wie Heinz-Innenkörper durch oxidative Schädigung der Erythrozyten zustande. Exzentrozyten sind Erythrozyten, deren Zellleib stärker abgerundet ist (entsprechend einem Sphärozyten), mit einem dünnen exzentrischen Wulst entlang einer Seite, der durch zwei verschmolzene Membranschichten gebildet wird (siehe Abb. 2.9). Der Membranwulst enthält kein Hämoglobin (erscheint daher durchsichtig) und wird oft übersehen. Beim Hund ist die Zwiebelvergiftung eine häufige Ursache für die Bildung von Exzentrozyten. Im Hinblick auf die Klinik sind jedoch bei Hunden, die Zwiebeln aufgenommen haben, recht unterschiedliche Symptome feststellbar, die von keinerlei hämatologischen Veränderungen bis hin zu lebensbedrohlichen Anämien reichen.

Die so genannten Pyknozyten sind auf gleiche Weise entstandene Erythrozyten, bei denen kein Membranwulst erkennbar ist. Letztere werden oft fälschlicherweise als Sphärozyten identifiziert, was zu Fehldiagnosen führt.

Kanine Heinz-Körper-Anämie

Da Heinz-Körper physiologischerweise in Hundeblut nicht vorkommen, ist der Nachweis jeglicher Heinz-Körper diagnostisch. Beim Hund sind die Heinz-Körper oft klein, unregelmäßig geformt und treten gehäuft auf. Anders als bei der Katze handelt es sich nicht immer um klassische einzelne runde Innenkörper, die sich über die Oberfläche der Erythrozyten vorwölben (Farbtafel 2B). Sie werden deshalb gerne übersehen oder in entsprechend gefärbten Blutausstrichen fälschlicherweise als Retikulozyten angesprochen. In Retikulozytenfärbungen sind Heinz-Körper durch die hellere Blaufärbung leicht von echten Retikulozyten zu unterscheiden. Mögliche Auslöser für die Heinz-Körper-Anämie beim Hund sind Zwiebeln, Vitamin K_3, Naphthalin, Propylenglykol, Benzocain, Methylenblau, Kupfer, Zink, Phenylhydrazin und Acetaminophen. Bei Verdacht auf eine Heinz-Körper-Anämie beim Hund sollte als erstes die Aufnahme von gekochten, rohen oder getrockneten Zwiebeln ausgeschlossen werden. Vitamin K_3 ist toxischer (und weniger wirksam) als K_1 und sollte deshalb therapeutisch nicht benutzt werden. S-Diphenylcarbazon wurde fälschlicherweise bei einem Hund als Antidot bei Thalliumvergiftung gegeben und verursachte eine schwere oxidative Hämolyse.

Feline Heinz-Körper-Anämie

Sowohl bei gesunden als auch bei erkrankten Katzen lassen sich häufig Heinz-Körper nachweisen: Bei der Katze ist einerseits das Hämoglobin empfindlicher gegenüber oxidativen Schädigungen, andererseits ist die Beseitigung der Heinz-Körper über die Milz recht ineffektiv. Bei klinisch gesunden Katzen kommen Heinz-Körper in bis zu 10 % der Erythrozyten vor. Die Fütterung beeinflusst ihr Vorkommen (erhöht bei fischhaltigen oder mit Propylenglykol versetzten Diäten). Die Heinz-Körper sind i.d.R. groß (0,5–3 µm Durchmesser) und liegen einzeln in den Erythrozyten. Um ihre Bedeutung zu beurteilen, müssen die Anzahl der Heinz-Körper, Hämatokrit, Retikulozytenantwort und die Möglichkeit einer Aufnahme von oxidativen Toxinen in die Überlegungen einbezogen werden. Das Auftreten von Heinz-Körpern bei der Katze kann wie folgt eingeteilt werden: gelegentlich bei unter 10 %, mäßig bei 10–50 %, ausgeprägt bei über 50 %.

Bei verschiedenen oxidativen Toxinen wurde über eine Heinz-Körper-Bildung bei der Katze berichtet, beispielsweise Methylenblau, Acetaminophen, Phenacetin, Phenazopyridin, Propofol, Propylenglykol, Futter auf Lachsbasis, konservierte Babynahrung auf Fleischbasis, die Zwiebelpulver enthält, sowie Erkrankungen wie Diabetes mellitus, Hyperthyreose, Niereninsuffizienz und Lymphosarkom. Die erhöhte Anzahl an Heinz-Körpern bei Katzen mit Diabetes mellitus, Hyperthyreose und Lymphosarkom scheint durch einen veränderten Metabolismus mit erhöhtem Anfall von oxidativen Intermediärprodukten zustande zu kommen (Christopher, 1989). Bei Katzen, die mit Halbfeuchtfutter ernährt wurden, konnten früher regelmäßig erhöhte Zahlen an Heinz-Körpern nachgewiesen werden, bedingt durch den damaligen Zusatz von Propylenglykol bei der Futterherstellung.

3.6.3 Methämoglobinämie

Bei Oxyhämoglobin handelt es sich um das physiologische sauerstoffbeladene Hämoglobin. Methämoglobin hingegen stellt die nicht funktionelle Form des Hämoglobins dar, die durch die Oxidation des zweiwertigen Eisens im Oxyhämoglobin zu dreiwertigem Eisen entsteht und keinen Sauerstoff binden kann. Bei gesunden Tieren wird täglich etwa 1 % des Oxyhämoglobins in Methämoglobin umgewandelt. Letzteres wird durch die Methämoglobin-Reduktase wieder zu Oxyhämoglobin reduziert. Selten kommt beim Hund ein kongenitaler Methämoglobin-Reduktase-Mangel vor, der eine bedeutsame Methämoglobinämie und Zyanose hervorruft. Wird die Hämoglobinkonzentration bestimmt, wird bei der Oxyhämoglobin-Methode nur das Oxyhämoglobin erfasst, während bei der üblichen Zyan-Methämoglobin-Methode alle Formen von Hämoglobin – einschließlich Methämoglobin – gemessen werden.

Eine Methämoglobinämie lässt sich durch eine spezielle Untersuchung auf Methämoglobin – wie in vielen Referenzlabors verfügbar – feststellen, aber auch anhand der Zyanose der Schleimhäute oder der bräunlichen Verfärbung des Blutes. Falls Heinz-Körper nachgewiesen werden, liegt der Verdacht auf Methämoglobinämie nahe. Die Zyanose des Patienten kann schwerwiegender erscheinen, als der Hämatokrit vermuten lässt. Das makroskopische Aussehen des Blutes gibt oft den ersten Hinweis auf eine Methämoglobinämie, da das Blut dunkler und brauner erscheint, als physiologisches Blut und bei Luftzufuhr seine Farbe nicht zu Rot ändert. Die braune Farbe kann leichter beurteilt werden, wenn man einen Tropfen Blut auf ein weißes Filterpapier setzt. Die Schleimhäute des Patienten erscheinen dunkler oder zyanotisch, wenn mehr als 30 % des Hämoglobins betroffen sind. Verantwortlich für eine Methämoglobinämie beim Hund ist u.a. die Verabreichung von Benzocain und Acetaminophen. Mögliche Ursachen bei der Katze sind Benzocain, Ketamin, Acetaminophen, Phenacetin, Methylenblau, DL-Methionin und Phenazopyridin. Toxische Substanzen (z.B. Benzocain, Acetaminophen, Methylenblau) können eine Heinz-Körper-Anämie, eine Methämoglobinämie oder auch beides verursachen.

3.6.4 Blutparasiten

Haemobartonella felis (Mycoplasma haemofelis)

Eine Infektion mit *Haemobartonella felis* (*Mycoplasma haemofelis*), die so genannte „feline infektiöse Anämie“, kann durch die Untersuchung eines Blutausstrichs oder durch eine kommerziell verfügbare PCR diagnostiziert werden (Messick et al., 1998). Die PCR ist, verglichen mit dem Blutausstrich, das sensitivere Verfahren zum Nachweis von *Haemobartonella felis* und scheint auch geeignet, *Haemobartonella canis* nachzuweisen. Bei Blutausstrichen liegen häufig Färbeartefakte vor, die durch ihre kokkoide Form oft mit *H.-felis*-Organismen verwechselt werden und so zu Fehldiagnosen führen. Um *H. felis* von Färbeartefakten zu differenzieren, sollten mindestens zwei verschiedene Ringformen von *H. felis* identifiziert werden (Farbtafel 1D). Eine Ringform besteht wie der kleine Buchstabe "*o*" aus einem dunklen äußeren Ring und einem blassen inneren Anteil (siehe Abb. 2.9).

Die Ringformen können in der kleinsten Auflösung mit einem guten Mikroskop bei angemessenen Kondensoreinstellungen gerade erkannt werden. Die Parasitämie (d.h. *H. felis* sichtbar auf den Erythrozyten) hält oft nur recht kurze Zeit an (1–2 Tage); dazwischen liegen Phasen, in denen nur wenige bis gar keine Parasiten nachweisbar sind. Um die Diagnostik zu verbessern, sollten Ausstriche deshalb an mehreren aufeinanderfolgenden Tagen untersucht werden.

Eine höhere Konzentration befallener Erythrozyten im Ausstrich lässt sich erreichen, indem am Ohr mit einer Lanzette frisches Kapillarblut entnommen und ohne vorherigen Zusatz von Antikoagulanzien sofort dünn ausgestrichen wird. In EDTA-Blut können sich die Parasiten von den Erythrozyten lösen. Häufig kommt es bei der felinen infektiösen Anämie zur Splenomegalie, da die Makrophagen der Milz beschädigte Erythrozyten und Parasiten beseitigen.

Haemobartonella canis (Mycoplasma haemocanis)

Haemobartonella canis (*Mycoplasma haemocanis*) verursacht hauptsächlich bei splenektomierten Hunden eine Anämie. Diese Erkrankung tritt entweder bei Trägertieren nach einer Splenektomie auf oder bei bereits länger splenektomierten Hunden nach einer Infektion über eine Bluttransfusion oder einen Zeckenbiss. Die Verabreichung von Glukokortikoiden entspricht einer funktionellen Splenektomie und prädisponiert daher für eine *H.-canis*-Infektion. *H. canis* erscheinen als deutliche Ketten von Kokken auf den Erythrozyten. Diese linear angeordneten Kokken müssen von Färbeartefakten unterschieden werden.

Babesia canis

Babesia canis (Verbreitungsgebiet siehe Appendix I) kann bei Hunden eine schwere Anämie hervorrufen – entweder durch eine akute intravasale oder durch eine extravasale Hämolyse. Häufig kommt es zur Hämoglobinurie. Da die Übertragung durch Zecken erfolgt, liegt oft eine Vergesellschaftung mit *Ehrlichia canis* und anderen Infektionen vor. Babesien werden in den USA häufiger bei Greyhounds, die bei Rennen eingesetzt werden, angetroffen. Die Diagnose erfolgt entweder durch den Nachweis von intraerythrozytären birnen- oder tränenförmigen Organismen im Blutausstrich oder serologisch. Im Kapillarblut liegen höhere Konzentrationen befallener Erythrozyten vor, deshalb wird empfohlen, am Ohr Blut zu gewinnen und sofort auszustreichen. *Babesia gibsoni* ist kleiner als *B. canis*, aber beide Arten sind groß genug, um mikroskopisch leicht erkannt zu werden. In den USA kommt *B. gibsoni* bei Pitbull Terriern so häufig vor, dass davon abgeraten wird, diese Tiere als Blutspender zu verwenden.

Cytauxzoon felis (Nordamerika)

Bei *Cytauxzoon felis* handelt es sich um eine in den USA auftretende, tödliche, durch Zecken übertragene Erkrankung der Katze. Die Infektion wird meist erst bei der Sektion durch den Nachweis großer Schizonten in den Endothelzellen von Lunge, Leber, Milz und Lymphknoten diagnostiziert. Endemische Gebiete sind Missouri, Oklahoma, Arkansas, Mississippi, Georgia, Florida und Lousiana. Die kleinen birnen- oder Sicherheitsnadel-förmigen Organismen in den Erythrozyten sind bei weniger als 50 % der betroffenen Katzen im Blutausstrich nachzuweisen. Die Parasiten messen 1–5 Mikrometer und haben einen kleinen randständigen Kern. Klinische Symptome sind u.a. Ikterus, Apathie, Anorexie, Fieber und Dehydratation.

3.6.5 Zinkvergiftung

Durch Zink verursachte hämolytische Anämien entstehen bei Ingestion zinkhaltiger Gegenstände (z.B. Zinkmuttern von transportablen Zwingern, Münzen). Im sauren Milieu des Magens bildet Zink lösliche Salze und wird absorbiert. Bei Zinkvergiftung kommt es zur intravasalen Hämolyse. Klinische Symptome sind u.a. schwere Anämie, Ikterus, Leukozytose, Erbrechen und Durchfall. Die Diagnose wird einerseits durch den röntgenologischen Nachweis zinkhaltiger Gegenstände im Magen, andererseits durch eine erhöhte Zinkkonzentration im Serum (Referenzwert für Zink im Serum beim Hund = 0,6–2 mg/kg) bestätigt (siehe Kap. 19). Bei der Zinkvergiftung kommt es ebenfalls zu einer Zunahme der sphärozytischen Erythrozyten. Hierbei ist unklar, ob es sich um immunmediiert entstandene Sphärozyten oder um Pyknozyten handelt, die sich infolge oxidativer Schädigung entwickelt haben. Die Zugabe von Zinkchlorid zu Hundeerythrozyten induziert die Bindung von IgG. Daher kann es sich bei einer durch Zink induzierten Hämolyse auch um eine sekundäre Form der IMHA handeln (Christian et al., 1995).

3.6.6 Hypophosphatämie

Die Hypophosphatämie verursacht hämolytische Anämien bei Hund und Katze. Beim Hund kann es bei Serum-Phosphorkonzentrationen unter 0,3 mmol/l zur Hämolyse kommen. Bei der Katze kann bereits durch eine weniger schwerwiegende Hypophosphatämie (< 0,8 mmol/l) eine Hämolyse ausgelöst werden (Justin und Hohenhaus, 1995). Wenn Katzen mit hepatischer Lipidose wieder angefüttert werden, ist eine Hypophosphatämie zu erwarten. Sie kann ebenso eine Komplikation der Insulintherapie sein. Der Nachweis der Hypophosphatämie (siehe Kap. 9) bei gleichzeitiger hämolytischer Anämie wird durch einen häufigen Laborfehler erschwert: In ikterischen Proben interferiert das konjugierte Bilirubin mit dem direkten Nachweis von anorganischem Phosphat (PO_4; Alvarez et. al., 1993). Allerdings werden nicht alle Routineuntersuchungen auf Phosphat durch einen Ikterus beeinflusst. Bei sehr ikterischen Proben kann durch den o.g. Laborfehler die PO_4-Konzentration erniedrigt oder sogar unter der Nachweisgrenze sein, während eine normale bis hohe tatsächliche Phosphatkonzentration vorliegt. In zweifelhaften Fällen kann durch Nutzung einer für toxikologische Labors modifizierten induktionsgekoppelten Plasma-Emissions-Spektrometrie die PO_4-Konzentration verifiziert werden.

3.6.7 Pyruvatkinase-Mangel

Beim Pyruvatkinase-(PK)-Mangel beim Hund handelt es sich um eine autosomal rezessiv vererbte Erkrankung, die zu einer schweren und andauernden extravasalen Hämolyse führt. Charakteristisch ist eine mittel- bis hochgradige Anämie (Hkt = 18–25 %) mit ausgeprägter Retikulozytose, die vermutlich durch den ständigen, schnellen Erythrozyten-Durchsatz entsteht, sowie – bei jungen Basenjis, West Highland White Terriern oder Beagles – eine Splenomegalie. Betroffene Hunde sterben in einem Alter von unter 3 Jahren, und oft kommt es zur terminalen Myelofibrose und Osteosklerose. Die unzureichende Energieproduktion über Glykolyse in PK-defizienten Erythrozyten bedingt deren verkürzte Lebenszeit.

3.6.8 Weitere hereditäre hämolytische Anämien

Beim Phosphofruktokinase-Mangel der English Springer Spaniel ist oft eine episodische Hämoglobinurie zu beobachten; zusätzlich können Splenomegalie und/oder Ikterus auftreten. Die intravaskuläre Hämolyse wird durch eine respiratorische Alkalose (aufgrund stressinduzierter Hyperventilation) beschleunigt, da bei betroffenen Hunden die noch verbleibende Phosphofruktokinase-Aktivität durch den alkalotischen Zustand zusätzlich gehemmt wird. Nach Ausschluss häufiger anderer Ursachen einer hämolytischen Anämie wird die Diagnose durch Analyse der Phosphofruktokinase-Aktivität in den Erythrozyten gestellt (Harvey und Giger, 1984). Bei Pudeln und Beagles sind familiäre nichtsphärozytische hämolytische Anämien beschrieben. Beim Pudel konnte bislang die Ursache nicht festgestellt werden, allerdings wurde eine Messung der Pyruvatkinase nicht durchgeführt. Die Erkrankung endet innerhalb der ersten 3 Lebensjahre tödlich. Wie bei Hunden mit Pyruvatkinase-Mangel konnten in der Sektion Myelofibrosen, Osteosklerosen und ausgedehnte Hämosiderosen nachgewiesen werden. Die hereditäre nicht-sphärozytische hämolytische Anämie beim Beagle wurde ausgiebig untersucht, ohne eine Ursache zu finden. Diese Anämie war nicht so schwerwiegend oder gar tödlich wie beim Pudel, und es kam nicht zu Hämosiderose, Myelofibrose oder Osteosklerose.

Zwergwuchs bei Alaskan Malamutes wurde mit Stomatozytose in Zusammenhang gebracht. Stomatozyten sind Erythrozyten mit einer mundförmigen zentralen Aufhellung. Die Erythrozyten sind makrozytär und hypochrom. Der MCHC lag durchweg unter 18,6 mmol/l. Verglichen mit gleich alten gesunden Alaskan Malamutes waren die zwergwüchsigen Hunde nicht anämisch.

Bei Zwergschnauzern kommt Stomatozytose als Erkrankung mit autosomal rezessivem Erbgang vor, wobei klinische Anzeichen einer Anämie fehlen. Bei einem Zwergschnauzer-Beagle-Mischling wurden eine erbliche Stomatozytose und eine auffällige Makrozytose festgestellt, wobei letztere offensichtlich durch Erythrozytenschwellung zustande kam (Abb. 3.4). Der Hämatokrit lag bei 48 %, aber die Erythrozytenzahl ($5{,}01 \times 10^{12}$/l) und die Hämoglobinkonzentration (7,8 mmol/l) waren geringgradig erniedrigt (Brown, 1994). Die Lebensdauer der Erythrozyten war dabei nur leicht verkürzt. Ferner ist für den Drentse Patrijshond eine Stomatozytose im Rahmen eines familiären Stomatozytose-hypertrophe-Gastritis-Komplexes beschrieben.

Eine erbliche Elliptozytose beim Hund wurde mit einem Defekt im Membranprotein 4.1 in Zusammenhang gebracht. Neben Elliptozytose bestimmte hier Poikilozytose die Erythrozytenmorphologie, aber es kam nicht zur Anämie.

Hämolytische Anämien mit gesteigerter osmotischer Erythrozytenfragilität sind für die Katzenrassen Abessinier und Somali beschrieben. Betroffene Katzen zeigen eine mittel- bis hochgradige hämolytische Anämie bei negativem Ergebnis im direkten Coombs-Test. Die osmotische Fragilität der Erythrozyten ist deutlich erhöht.

3.7 Aregenerative Anämie

Eine aregenerative Anämie ist i.d.R. normozytär normochrom, ohne typische Veränderungen der Erythrozytenmorphologie. Viele aregenerative Anämien sind nur gering- bis mittelgradig und entstehen als sekundäre Komplikationen von systemischen Erkrankungen, v.a. von solchen entzündlicher und neoplastischer Art. Hierbei sollte der Schwerpunkt der diagnostischen Bemühungen auf der Grundkrankheit liegen. Bei Niereninsuffizienz im Endstadium kann eine hochgradige sekundäre Anämie auftreten. Eine schwere aregenerative Anämie kann entweder einzeln vorkommen oder Teil einer generalisierten Knochenmarksuppression mit Pan- oder Bizytopenie sein. Häufige Ursachen werden in Übersicht 3.1 genannt.

3.7.1 Diagnostisches Vorgehen

Zunächst sollte abgeklärt werden, ob gleichzeitig neben einer aregenerativen Anämie auch eine Leukopenie und/oder Thrombozytopenie vorliegt (Übers. 3.2). Eine Panzytopenie (erniedrigte Erythrozyten-, Leukozyten- und Thrombozytenzahlen) oder Bizytopenie (Erniedrigung von zwei der drei Zelltypen) weist i.d.R. auf eine Erkrankung im Knochenmark hin, die am besten über Biopsie oder Aspiration abgeklärt wird (siehe Kap. 2; weitere Ausführungen siehe unten; Weiss, 1992).

Falls ausschließlich eine Anämie vorliegt, sollte diese anhand der Erythrozytenindizes, der Zyto- und Histogramme sowie des Blutausstrichs als normozytär normochrom, mikrozytär hypochrom oder makrozytär normochrom klassifiziert werden. Hierbei ist die normozytäre normochrome Anämie am häufigsten. Bei einer gering- bis mittelgradigen Anämie sollte auf mögliche Gründe für eine sekundäre Knochenmarksuppression untersucht werden. Schwere aregenerative Anämien sind oft mit aregenerativen immunmediierten hämolytischen Anämien oder der sog. *Pure Red Cell Aplasia* assoziiert. Eine mikrozytäre hypochrome Anämie weist auf Eisenmangel hin (siehe unten). Eine makrozytäre normochrome Anämie (siehe oben) ohne Retikulozytose bei Katzen steht oft im Zusammenhang mit FeLV-induzierten myeloproliferativen Erkrankungen. Falls keine Ursache für die Anämie gefunden werden kann, ist die Untersuchung des Knochenmarks indiziert.

3.7.2 Sekundäre Anämie

Anämie der chronischen Entzündung

Entzündliche oder neoplastische Erkrankungen werden häufig von einer Anämie begleitet und sind die häufigste Ursache für aregenerative Anämien. Das typische Bild ist eine gering- bis mittelgradige normozytäre normochrome aregenerative Anämie, die sich nicht verschlimmert. Im Serum liegt typischerweise eine erniedrigte, in Knochenmark und anderen Geweben eine erhöhte Eisenkonzentration vor. Ent-

Tabelle 3.4 Eisenprofile bei Eisenmangelanämie, sekundärer Anämie der chronischen Entzündung und bei portosystemischen Shunts (Hund)

	Eisenmangel[1] Mittelwert (Wertebereich)	normal[1] Mittelwert (Wertebereich)	ACE[2] Mittelwert ± SD	normal[2] Mittelwert ± SD	PSS[3] Mittelwert (Wertebereich)
Serum-Eisen (µmol/l)	5,4 (1,4–10,8)	26,7 (15,0–41,7)	11,1 ± 2,5	20,2 ± 1,4	13,8 (4,3–29,2)
TEBK (µmol/l)	69,3 (41,9–118,0)	70,0 (50,8–102,4)	34,5 ± 5,0	55,3 ± 6,4	67,5 (54,1–80,9)
UEBK (µmol/l)	63,9 (38,7–113,3)	43,5 (25,4–70,3)			53,7 (32,9–67,8)
Sättigung (%)	8 (2–19)	39 (20–59)			21 (6–45)

[1] Harvey et al., 1982.
[2] Feldman et al., 1981.
[3] Meyer und Harvey, 1994.
TEBK, totale Eisenbindungskapazität; UEBK, ungesättigte Eisenbindungskapazität; ACE, Anämie der chronischen Entzündung; PSS, portosystemischer Shunt; SD, Standardabweichung.

zündliche Veränderungen im Blutbild werden in Kapitel 4 erläutert. Während einer Entzündung setzen Makrophagen inflammatorische Zytokine frei – darunter Interleukin-1, Interleukin-6 und Tumor-Nekrose-Faktor – die verschiedene Reaktionen in Gang setzen, u.a. die Entstehung von Fieber. Die inflammatorischen Zytokine verursachen eine Sequestration von Eisen in die Makrophagen. Dies erniedrigt die Eisenkonzentration im Serum und beschränkt seine Verfügbarkeit für die sich entwickelnden Rubrizyten, so dass letztlich die Erythropoese behindert wird. Die Lebensdauer der Erythrozyten ist ebenfalls verkürzt.

Anämie bei chronischen Nierenerkrankungen

Die Diagnose einer Anämie bei chronischen Nierenerkrankungen wird durch das Vorliegen einer aregenerativen Anämie bei gleichzeitiger Niereninsuffizienz (siehe Kap. 8) bestätigt. Der Pathomechanismus dieser Anämie besteht nicht nur aus einem relativen Erythropoetinmangel, sondern ist wesentlich komplexer. Eine ineffektive Erythropoese, eine verkürzte Lebensdauer der Erythrozyten und Blutverluste können zur Anämie beitragen. Diese Art der Anämie spricht gut auf Erythropoetingabe an.

Anämie bei chronischen Lebererkrankungen

Die Anämie bei chronischen Lebererkrankungen kann viele Ursachen haben (siehe Kap. 11). Beispielsweise hat ein abnormer Lipidmetabolismus veränderte Erythrozytenformen (Akanthozyten, beginnende Fragmentierung) und damit deren verkürzte Lebenszeit zur Folge. Bei Katzen mit Hepatolipidose und entzündlichen Lebererkrankungen ist eine ausgeprägte Poikilozytose ein häufiger Befund. Gerinnungsstörungen – bedingt durch die reduzierte Synthese von Gerinnungsfaktoren und Antifaktoren in der Leber – können Hämorrhagien verursachen. Eine reduzierte Leberfunktion kann zu einem Mangel an Nährstoffen führen, die für die Hämatopoese benötigt werden. Bei Hunden mit portosystemischem Shunt (PSS) ist oft eine Mikrozytose nachweisbar. Diese Hunde leiden häufig unter einem „funktionellen Eisenmangel" mit einer erhöhten Eisenkonzentration in der Leber, aber üblicherweise einer niedrigen Konzentration im Serum, einer physiologischen totalen Eisenbindungskapazität (TEBK) und einer niedrigen prozentualen Eisensättigung (Tab. 3.4; Meyer und Harvey, 1994).

Anämie bei Hypothyreose und Hypoadrenokortizismus

Eine sekundäre Anämie bei Hypothyreose oder Hypoadrenokortizismus ist i.d.R. mild und klinisch unbedeutend. Die Untersuchung auf endokrine Erkrankungen wird in Kapitel 9 erläutert.

3.7.3 Hochgradige aregenerative Anämie

Ursachen für eine hochgradige aregenerative Anämie ohne begleitende Leukopenie oder Thrombozytopenie sind u.a. aregenerative immunmediierte hämolytische Anämien

(ARIMHAs), die sog. Pure Red Cell Aplasia (PRCA), die Eisenmangelanämie, chronische Niereninsuffizienz, FeLV- und FIV-Infektion, myelodysplastische Syndrome mit refraktärer Anämie (MDS-RA) und myelodysplastische Syndrome mit Prädominanz der erythroiden Reihe (MDS-Er).

Aregenerative immunmediierte hämolytische Anämie

Die ARIMHA ist eine Form der immunmediierten hämolytischen Anämie, bei der es zu einer Störung der Erythropoese kommt. Die Ursache hierfür kann in der Zerstörung der erythroiden Vorläuferzellen durch Autoantikörper sowie in begleitender Myelofibrose, myelodysplastischen und sekundären hämophagozytären Syndromen oder Knochenmarknekrose liegen. Im Knochenmark ist häufig eine erythroide Hyper- oder Hypoplasie nachweisbar. Bei manchen Hunden ist ein Reifungsstopp erkennbar, der darauf hinweist, dass die reiferen Zellen (z.B. Metarubrizyten, Rubrizyten in einem späten Stadium) zerstört werden.

Pure Red Cell Aplasia

Bei der Pure Red Cell Aplasia (PRCA) handelt es sich um eine hochgradige aregenerative Anämie, die durch ein Knochenmark mit nur wenigen bis gar keinen erythroiden Vorläuferzellen bei normalen myeloischen und megakaryozytären Zelllinien charakterisiert ist. Als Ursache wird ein immunmediierter Prozess vermutet. Bei 4 von 8 Hunden mit PRCA waren Antikörper gegen erythroide Vorläuferzellen nachzuweisen, und teilweise fiel der Coombs-Test positiv aus. Die meisten Patienten sprechen auf steroidale oder nichtsteroidale immunsuppressive Therapie an. Die Infektion mit dem Parvovirus wurde ebenfalls mit PRCA in Zusammenhang gebracht.

Myelodysplastisches Syndrom mit refraktärer Anämie

Die Ursache des myelodysplastischen Syndroms (MDS) mit refraktärer Anämie (so genanntes MDS-RA) liegt in einem erworbenen genetischen Defekt der hämatopoetischen Stammzellen. Es kommt zu einer mittel- bis hochgradigen normozytären normochromen aregenerativen Anämie. Die Erkrankung führt zur Produktion abnormer erythroider Vorläuferzellen mit atypischer Morphologie, die bereits vor ihrer Freisetzung ins Blut wieder zugrunde gehen. Das Knochenmark ist normo- oder hyperzellulär mit erythroider Hyperplasie. Im Knochenmark können verschiedene morphologische Veränderungen der erythroiden Vorläuferzellen nachgewiesen werden – beispielsweise Zweikernigkeit, eine asynchrone Reifung von Zytoplasma und Zellkern, Makro- und Mikrozyten, Megaloblasten sowie Howell-Jolly-Körperchen. Bei den wenigen betroffenen Hunden schien die Anämie gut auf Erythropoetintherapie anzusprechen und die Überlebenszeit sich damit zu verlängern.

Myelodysplastisches Syndrom mit Prädominanz der erythroiden Reihe

Bis auf eine erhöhte Anzahl Rubriblasten im Knochenmark entspricht das myelodysplastische Syndrom mit Prädominanz der erythroiden Reihe (MDS-Er) dem oben beschriebenen MDS-RA. Hierbei ist unklar, ob es sich um zwei separate Krankheiten oder um Variationen derselben Erkrankung handelt.

Kongenitale myelodysplastische Syndrome

Kongenitale Ursachen für MDS sind u.a. die kongenitale Dyserythropoese/Polymyopathie/Kardiomyopathie beim English Springer Spaniel, die Vitamin-B_{12}-Malabsorption beim Riesenschnauzer sowie die Makrozytose beim Pudel. Bei der kongenitalen Dyserythropoese, Polymyopathie und Herzerkrankung des English Springer Spaniels kommt es typischerweise zu einer mittelgradigen Anämie mit Sphärozyten, Schizozyten, Dakryozyten, Kodozyten und vakuolisierten Erythrozyten im Blutausstrich. Das Knochenmark ist charakterisiert durch eine erythroide Hyperplasie mit Dyserythropoese (Zweikernigkeit und abnorme Mitosen). Diese kongenitalen Ursachen für MDS entsprechen im Wesentlichen den o.g. Formen des MDS.

Bei der Vitamin-B_{12}-Malabsorption des Riesenschnauzers handelt es sich um eine autosomal rezessive Erkrankung, die durch eine chronisch aregenerative Anämie und Neutropenie gekennzeichnet ist. Dysplastische Merkmale im Blut

sind u.a. Makrozyten, Schizozyten, Akanthozyten, Elliptozyten, Keratozyten, hypersegmentierte Neutrophile sowie Riesenthrombozyten. Im Knochenmark sind die dysplastischen Veränderungen anhand von Gruppen von stabkernigen Riesenneutrophilen und asynchroner Reifung in der erythroiden Reihe zu erkennen. Die klinischen Symptome bessern sich mit parenteraler Gabe von Vitamin B_{12}.
Bei der Makrozytose des Pudels handelt es sich um eine Erkrankung der Toy- und Zwergpudel mit einer Makrozytose im Blut und einer ausgeprägten Dyserythropoese im Knochenmark. Als dysplastische Veränderungen im Knochenmark sind Megaloblasten, zweikernige erythroide Vorläuferzellen, Kernfragmentation, multiple Howell-Jolly-Körperchen sowie atypische Mitosen zu erkennen. Trotz dieser stark veränderten Morphologie sind die Hunde nicht anämisch und frei von klinischen Symptomen.

Eisenmangelanämie

Die Eisenmangelanämie ist recht häufig. Harvey et al. wiesen sie 1982 bei 11 % der anämischen Hunde in Florida nach. Bei der Hälfte der betroffenen Hunde kam es zur Retikulozytose und Polychromasie, daher sollte bei einer Anämie mit einer geringen bis mäßigen Regeneration ein Eisenmangel nicht ausgeschlossen werden. Üblicherweise liegt die Ursache in einem andauernden Blutverlust (z.B. durch Hakenwürmer, Flöhe, blutende intestinale Neoplasien). Blutungsanämien sind anfangs stark regenerativ und gehen dann mit fortschreitendem Eisenmangel in die aregenerative Form über. Das Ausmaß der Anämie reicht von gering- bis hochgradig. Typischerweise kommt es zur Poikilozytose mit Fragmentation und Hypochromasie. Es kann eine ausgeprägte Thrombozytose mit vielen großen Thrombozyten vorliegen.
Falls vorhanden, erhärtet das Vorliegen einer Hypoproteinämie den Verdacht auf eine frische schwere Blutung nach außen. Allerdings werden Eiweißverluste schneller ersetzt als Erythrozyten, so dass bei chronischen Blutungen das Gesamtprotein auch im Referenzbereich liegen kann. Welpen haben ein niedrigeres Gesamtprotein als ausgewachsene Tiere, so dass für anämische Welpen altersabhängige Referenzbereiche benutzt werden sollten. Ebenso liegen bei Welpen der Hämatokrit niedriger und die Retikulozytenwerte höher als bei adulten Tieren. Durch ihr schnelles Wachstum und die maximale Erythropoese kommt es bei Welpen auch schneller zum Eisenmangel.
Eine Eisenmangelanämie wird üblicherweise anhand des großen Blutbilds nachgewiesen (Farbtafel 2A). Mikrozytäre (MCV < 60 fl) hypochrome (MCHC < 19,8 mmol/l) Erythrozyten sind stark diagnostisch für einen Eisenmangel. Im Vergleich zu MCV und MCHC, die Durchschnittswerte für alle Erythrozyten berechnen, sind neuere hämatologische Zählgeräte recht empfindlich und weisen deshalb auch geringe Zahlen von mikrozytären hypochromen Erythrozyten nach (siehe Abb. 2.4) (Tvedten 1993a). Hinzuweisen ist in diesem Zusammenhang auf die japanischen Hunderassen Akita und Shiba Inu, die physiologischerweise kleine Erythrozyten haben. Bei Hunden mit portosystemischem Shunt kommt es oft zur Mikrozytose und einer erniedrigten Eisenkonzentration im Serum, was einem funktionellen Eisenmangel entspricht (siehe oben).
Ein Serum-Eisenprofil ist der beste Beweis für einen Eisenmangel und kann die Diagnose bestätigen. Besitzer und Tierarzt können leicht entmutigt werden, da der Hämatokrit sehr langsam wieder in den Referenzbereich zurückkehrt. In Tabelle 3.4 werden die zu erwartenden Werte des Eisenprofils bei Eisenmangel dargestellt und in Tabelle 3.5 mit den Werten bei Hunden mit sekundärer Anämie infolge chronischer Entzündung – die i.d.R. auch eine niedrige Eisenkonzentration im Serum aufweisen – verglichen (Feldman et al., 1981).
Die totale Eisenbindungskapazität (TEBK) entspricht Transferrin, dem Serum-Protein, das Eisen bindet. Mit der Eisenkonzentration im Serum wird das an Transferrin gebundene Eisen gemessen. Die ungesättigte Eisenbindungskapazität (UEBK) bezeichnet die zusätzliche Menge an Eisen, die das Transferrin noch binden könnte. Die TEBK ist die Summe aus Eisenkonzentration im Serum und UEBK. Die prozentuale Sättigung entspricht dem Serum-Eisen geteilt durch die TEBK (Referenzbereich = 20–60 %). Sie gibt Hinweise auf das für die Erythropoese verfügbare Eisen. Bei einer prozentualen Eisensättigung von unter 20 % kommt es zur Störung der Hämoglobinsynthese. Im Knochenmark von Hunden, die unter Eisenmangel leiden, ist kein Hämosiderin zu finden.

Tabelle 3.5 Vergleich ausgewählter Parameter bei Anämie der chronischen Entzündung und Eisenmangelanämie

	Anämie der chronischen Entzündung	Eisenmangelanämie
Erythrozytenindizes	normozytär normochrom	mikrozytär hypochrom
Serum-Eisenkonzentration	niedrig	niedrig
totale Eisenbindungskapazität	i. d. R. erniedrigt	i. d. R. normal
Eisen im Knochenmark	reichlich bis erhöht	nicht vorhanden
Serum-Ferritin	hoch	niedrig
Entzündung	vorhanden	nicht zwangsläufig vorhanden

Bei 5 Wochen alten Katzenwelpen ist eine mit einer Mikrozytose assoziierte Eisenmangelanämie häufig (bei ca. 70 %; Weiser und Kociba, 1983). Mit 7 Wochen werden keine mikrozytären Zellen mehr produziert. Möglicherweise entsteht der Eisenmangel durch die geringe Eisenzufuhr bei reiner Milchfütterung.

Infektion mit felinem Leukämievirus (FeLV) oder felinem Immundefizienzvirus (FIV)

FeLV- und FIV-Infektionen sind die Hauptgründe für aregenerative Anämien bei der Katze. Eine Makrozytose (MCV > 52 fl) ohne Retikulozytose weist auf eine FeLV-Infektion hin.

3.7.4 Panzytopenie oder Bizytopenie

Eine Pan- oder Bizytopenie bringt i. d. R. eine unzureichende Produktion von zwei bzw. drei Zelllinien im Knochenmark zum Ausdruck und weist auf eine Erkrankung des Knochenmarks hin. Da Erythrozyten die längste Lebensdauer haben, wird eine aregenerative Anämie unter Umständen später als die Thrombozyto- und Leukopenie nachgewiesen.

Aplastische Panzytopenie und Myelofibrose

Die Diagnose einer aplastischen Panzytopenie und Myelofibrose wird anhand histopathologischer Untersuchung von Stanzbiopsien des Knochenmarks gestellt (siehe Kap. 2). Knochenmarkaspirate bei aplastischer Panzytopenie und Myelofibrose sind zellarm und enthalten unter Umständen nur Fett, daher sind sie wenig aussagekräftig. Knochenmarkbiopsien hingegen erlauben die Beurteilung der Knochenmarkarchitektur, was notwendig ist, um die Hypozellularität und den Ersatz durch Fett- oder Fasergewebe zu bestätigen. Wird blutbildendes Gewebe durch Fettgewebe ersetzt, sollte dies als aplastische Panzytopenie (auch aplastische Anämie oder Verfettung des Knochenmarks) bezeichnet werden. Mögliche Ursachen für eine aplastische Panzytopenie sind u. a. die Toxizität von Arzneimitteln (z. B. Östrogene, Phenylbutazon, Chemotherapeutika, Sulfadiazin, Quinidin, Thiazetarsamid, Griseofulvin), *E. canis*, das Parvovirus und immunmediierte Prozesse.

Bei der Myelofibrose wird das blutbildende Gewebe durch fibröses Bindegewebe, Kollagen oder Retikulinfasern ersetzt. Die Myelofibrose kann primärer oder sekundärer Natur sein. Eine sekundäre Myelofibrose entsteht häufig nach einer toxischen Schädigung des Knochenmarks oder durch eine Überproduktion von Erythro- oder Thrombopoetin. Damit scheint ein Zusammenhang mit immunmediierten Anämien und Thrombozytopenien sowie kongenitalen hämolytischen Anämien zu bestehen. Die primäre Myelofibrose ist eine chronische myeloproliferative Erkrankung der erythroiden, myeloiden und megakaryozytären Zellreihen. Von abnormen Megakaryozyten freigesetzte Wachstumsfaktoren werden als Ursache der Fibroblastenproliferation angesehen.

Arzneimittelinduzierte hämatologische Dyskrasie

Arzneimittel, die verschiedenen Studien zufolge beim Hund zur Knochenmarkdyskrasie führen können, sind u. a. Östrogene, Phenylbutazon, Meclofenaminsäure, Sulfonamide, Quinidin, Chloramphenicol, Cephalosporine, Chemotherapeutika, Captopril, Sedativa, Trimeprazin, Mitoxantron, Thiazetarsamid, Albendazol, Phe-

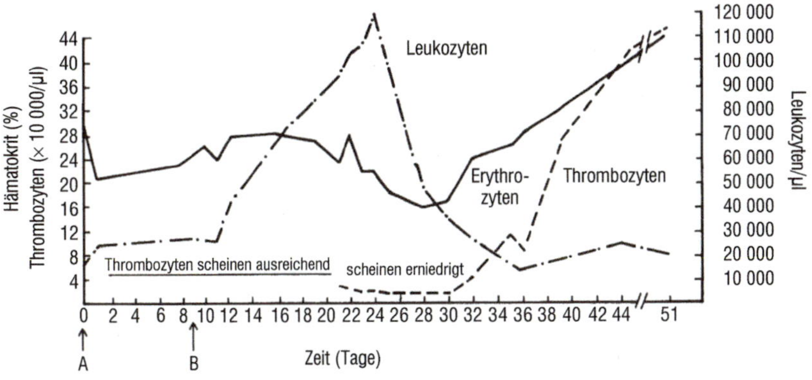

Abb. 3.5 Östrogenvergiftung bei einem Hund. Die vorübergehenden, zeitabhängigen hämatologischen Veränderungen bei einem Hund nach exzessiver Östradiolgabe beinhalteten eine Bizytopenie – bestehend aus Thrombozytopenie und aregenerativer Anämie – sowie eine deutliche leukämoide Reaktion. **(A)** akute Blutung, **(B)** Gabe von Östradiol.

nobarbital sowie Phenothiazine. Bei Katzen sind dies u.a. Chemotherapeutika, Chloramphenicol, Griseofulvin, Propylthiouracil und Methimazol.

Toxizität von Östrogenen

Beim Hund können Östrogene eine Zerstörung des Knochenmarks bewirken, was letztlich in einer Verfettung des Knochenmarks und einer aplastischen Panzytopenie resultiert. Betrachtet man die Blutbildveränderungen während der ersten 3 Wochen nach dem Östrogenkontakt, sind zunächst eine Thrombozytopenie bzw. Leukozytose sowie eine geringgradige, aber fortschreitende Anämie auffällig. Die Leukozyten können auf über $100 \times 10^9/l$ *(100 000/µl)* ansteigen (Abb. 3.5). Der Grund für diese Leukozytose ist nicht genau bekannt. Nach weiteren 3 Wochen kann es zur Panzytopenie kommen. Hodentumoren, i.d.R. Sertoli-Zell-Tumoren, können ebenfalls Pan- oder Bizytopenien verursachen. Erhöhte Östradiolkonzentrationen im Serum konnten dabei nicht immer nachgewiesen werden. Bei Anämien, die mit Hodentumoren assoziiert waren, bewegte sich der Hämatokrit zwischen 6 und 38 %. Die Anzahl der Retikulozyten war erniedrigt oder nur geringgradig erhöht. Die Thrombozytenzahlen lagen zwischen 3 und $93 \times 10^9/l$ *(3000 und 93 000/µl)*.

Toxizität von Sulfadiazin

Der Dobermann scheint für die Entwicklung einer Sulfadiazin-induzierten hämatologischen Dyskrasie prädisponiert zu sein. Betroffene Hunde zeigen eine Anämie, Leukopenie, Thrombozytopenie, entweder einzeln oder in Kombination, teilweise auch Polyarthritis, Lymphadenopathie, Polymyositis, Glomerulonephritis und Retinitis. Die Patienten erholen sich i.d.R. nach Absetzen des Medikaments.

Toxizität von Phenylbutazon

Durch Phenylbutazon können verschiedene hämatologische Dyskrasien hervorgerufen werden. Dazu zählen beispielsweise eine schwere aplastische Panzytopenie, eine vorübergehende Neutropenie mit oder ohne begleitende Thrombozytopenie, eine Pure Red Cell Aplasia sowie hämolytische Anämien. Hunde mit Phenylbutazon-induzierter aplastischer Panzytopenie erholen sich nur selten wieder.

Ehrlichiose

Die Ehrlichiose des Hundes wird durch verschiedene Ehrlichia-Spezies verursacht (Verbreitungsgebiet siehe Appendix I). Der Schweregrad der hämatologischen Veränderungen variiert mit den verschiedenen Ehrlichia-Arten (serologische Diagnose siehe Kap. 17). *E. canis* befällt Monozyten und Lymphozyten (tropische kanine Panzytopenie). Häufig kommt es nach der akuten Infektion zur Ausbildung einer Thrombozytopenie. Es sind regelmäßig Antikörper gegen Thrombozyten nachzuweisen, und bei manchen Hunden liefert der direkte Coombs-Test ein positives Ergebnis. Die chronische Ehrlichiose führt häufig zu aregenerativer Anämie, Thrombozytopenie und Leukopenie. Diese hämatologische Dyskrasie kommt vermutlich durch Knochenmarksuppression und Zerstörung von Blutzellen zustande.

Die granulozytäre Ehrlichiose wird in den USA durch *E. ewingii* und *Anaplasma phagocytophila* hervorgerufen. In Schweden kommt häufig die schwedische granulozytäre Ehrlichia-Spezies vor, die eng mit *E. equi* und *A. phagocytophila* verwandt ist. Nachweis-Kits für *E. equi* können zur Identifikation von seropositiven Tieren benutzt werden. Bei der schwedischen granulozytären Ehrlichiose sind 4–14 Tage nach Infektion Einschlüsse von Ehrlichia in den Neutrophilen erkennbar, die 4–8 Tage lang persistieren (Lilliehook et al., 1998). Die hämatologischen Veränderungen sind nur vorübergehend und erreichen ihre maximale Ausprägung während der Parasitämie. Beobachtet werden eine geringgradige aregenerative Anämie, eine mäßige Thrombozytopenie, Lymphopenie, Neutropenie und Eosinopenie. Die Eisenkonzentration im Serum und die TEBK sind erniedrigt, was auf eine entzündlich bedingte Anämie hinweist.

Felines Leukämievirus (FeLV)

Bei den meisten (90 %) FeLV-infizierten Katzen sind erythroide Parameter verändert. FeLV steht häufig in Zusammenhang mit aregenerativen Anämien. Ein typischer Befund, der auf FeLV hinweist, ist Vorliegen einer Makrozytose (MCV > 52 fl), jedoch ohne erhöhte Retikulozytenzahl.

Felines Immundefizienzvirus (FIV)

FIV-infizierte Katzen leiden oft an einer aregenerativen Anämie; bei manchen Patienten kommt es zur begleitenden Neutropenie (Flemming et al., 1991). Selten entsteht eine hämolytische Anämie, die möglicherweise durch das Virus selbst und nicht sekundär durch Hämobartonella verursacht wird.

Parvovirus

Die Parvovirus-Infektion zerstört sowohl bei Hunden als auch bei Katzen (feline Panleukopenie) die Vorläuferzellen im Knochenmark. Diese infektiöse Panleukopenie verursacht eine schwere absolute Granulozytopenie und Lymphopenie. Die Anämie verläuft eher mild und wird unter Umständen gar nicht entdeckt, weil der Hämatokrit nicht unter den Referenzbereich fällt und die Patienten dehydriert sind. Üblicherweise handelt es sich um eine aregenerative Anämie, ein Anstieg der Retikulozytenzahlen ist jedoch während der Erholungsphase möglich.

Myelodysplastisches Syndrom und Leukämien

Obwohl auch das MDS-RA und das MDS-Er zu aregenerativen Anämien führen, sind es v.a. myelodysplastische Syndrome mit exzessiver Myeloblastenbildung (MDS-EB), die typischerweise Panzytopenien hervorrufen. Hierbei sind dysplastische Veränderungen in zwei oder mehr Zelllinien im Knochenmark zu sehen. Die MDS-EB können sich zu akuten myeloischen Leukämien weiterentwickeln. Akute Leukämien werden in Kapitel 4 besprochen.

Proliferative Erkrankungen der Makrophagen

Proliferative Erkrankungen der Makrophagen und Histiozyten können maligne oder benigne sein. Maligne Erkrankungen beinhalten die maligne Histiozytose und das disseminierte histiozytäre Sarkom. Histiozytäre Erkrankungen (systemische Histiozytose, maligne Histiozytose) kommen fast ausschließlich bei Berner Sennenhunden vor. Bei der malignen Histiozytose kommt es zur aggressiven Proliferation sehr atypischer Zellen in einer Vielzahl von Geweben und zur Panzytopenie. Benigne Formen nennt man hämophagozytäre Syndrome oder hämophagische Histiozytose. Ein hämophagozytäres Syndrom ist durch die Proliferation hämophagozytärer Makrophagen gekennzeichnet, was im Blut eine Panzytopenie hervorruft. Die hämophagozytären Syndrome können entweder idiopathisch oder sekundär durch IMHA, immunmediierte Thrombozytopenie, myelodysplastische Syndrome, histiozytäre Erkrankungen oder Neoplasien entstehen.

Die übermäßige Proliferation von Makrophagen und Histiozyten mit aktiver Erythrophagozytose kann so extrem sein, dass eine persistierende hochgradige aregenerative Anämie die Folge ist. Die hämophagische Histiozytose ist selten und gekennzeichnet durch eine exzessive Produktion gut differenzierter Histiozyten, die v.a. im Knochenmark, aber auch in Leber, Lymphknoten und Milz zu finden sind. Diese Makrophagen sind stark mit Hämosiderin sowie phagozytierten reifen und kernhaltigen Erythrozyten beladen. Solche Zellen mit ausgeprägter Erythrophagozytose müssen von den häufiger vorkommenden Makrophagen mit Erythrozytenresten bei hämolytischen Anämien bzw. von Makrophagen mit Hämosiderinakkumulation bei aregenerativen Anämien unterschieden werden. Gelegentlich kommt es bei Mastzelltumoren zur auffallenden Erythrophagozytose mit darauffolgender Anämie.

3.8 Bluttransfusion und Blutgruppenbestimmung

Eine Bluttransfusion kann lebensrettend sein. Dennoch sollte sie am besten vermieden werden, solange die Anämie nicht ausgeprägt ist bzw. klinische Symptome verursacht. Blut enthält eine Vielzahl von Zellarten und Proteinen, die hoch immunogen sind und die zu einer Sensibilisierung des Patienten führen können. Indikationen für eine Bluttransfusion sind ein Hämatokrit von unter 11 % bei der Katze und unter 13 % beim Hund sowie klinische Symptome wie Tachykardie, schlechte Pulsqualität, Apathie und Schwäche. Grundsätzlich ist bei der Entscheidung zur Bluttransfusion das Vorliegen klinischer Symptome stärker zu gewichten als der Hämatokrit. Um den geeignetsten Spender zu finden, bei dessen Blut Unverträglichkeitsreaktionen am unwahrscheinlichsten sind, sollte vorher eine Kreuzprobe mit dem Spenderblut durchgeführt werden. Beispiele für akute Transfusionsreaktionen sind Fieber, Überempfindlichkeitsreaktionen, Schock, Hämolyse und disseminierte intravasale Gerinnung (Disseminated Intravascular Coagulation, DIC). Bei chronischen Transfusionsreaktionen kommt es zu einer verkürzten Lebensdauer der transfundierten Zellen oder zu erworbenen Immunreaktionen gegen die eigenen Zellen des Empfängers wie bei der posttransfusionellen Purpura. Bei dieser werden durch wiederholte Transfusionen plötzlich die Thrombozyten des Empfängers zerstört.

Idealerweise sollten die Blutgruppen des Patienten und des Spendertieres bestimmt werden. Eine alternative Vorgehensweise wäre, nur solche Hunde als Spendertiere zu verwenden, die hinsichtlich der Hundeerythrozyten-Antigene (HEA) 1.1, 1.2 und 7 (die Antigene, die am wahrscheinlichsten Transfusionsreaktionen verursachen) negativ sind. Vor jeder Transfusion sollte dennoch eine Kreuzprobe durchgeführt werden, weil beim Hund mindestens 8 Blutgruppen beschrieben sind. Bei der Katze sind drei Blutgruppen bekannt – A, B und AB. Bereits die Verabreichung von 5 Milliliter Typ-A-Blut an eine Typ-B-Katze kann eine tödliche Transfusionsreaktion zur Folge haben. Die Inzidenz von Typ B ist gering, wobei diese Blutgruppe allerdings bei manchen Rassekatzen (z.B. Abessinier, Himalaya, Britisch Kurzhaar) häufiger vorkommt. Testkits zum Nachweis von HEA 1.1 sowie Typ A, B und AB bei der Katze sind verfügbar.

3.9 Polyzythämie

Polyzythämie bedeutet eine Erhöhung von Hämatokrit, Hämoglobin oder Erythrozytenzahl. Dabei muss zwischen einer absoluten (d.h. Zunahme der Erythrozytenmasse durch gesteigerte Produktion im Knochenmark) und einer relativen Polyzythämie (d.h. erhöhter Hämatokrit durch reduziertes Plasmavolumen oder Kontraktion der Milz) unterschieden werden. Bei einem Hämatokrit von über 70 % kann es zu neurologischen Symptomen wie Krämpfen und Kollaps kommen (wahrscheinlich aufgrund der – durch die Hyperviskosität des Blutes bedingten – Mangeldurchblutung des Gehirns).

3.9.1 Relative Polyzythämie

Der Begriff „relative Polyzythämie“ bezeichnet keine absolute Zunahme der Erythrozytenmasse im Körper. Vielmehr ist sie i.d.R. das Ergebnis einer reduzierten intravasalen Flüssigkeitsmenge (Dehydratation, Hämokonzentration, Hypovolämie). Die Kontraktion der Milz ist eine weitere mögliche Ursache, bei der es zur Umverteilung konzentrierter Erythrozyten aus der Milz kommt. Bei einer durch Hämokonzentration oder Dehydratation bedingten relativen Polyzythämie sollte der Hämatokrit nach Flüssigkeitsersatz wieder in den Referenzbereich fallen (Abb. 3.6). Bei einer Hämokonzentration liegen oft gleichzeitig ein erhöhtes Gesamtprotein im Plasma, eine zum Flüssigkeitsverlust passende klinische Symptomatik (z.B. Diarrhö, Vomitus) und andere Anzeichen einer Hypovolämie vor. Hämatokrit und Gesamtprotein sind zwar klinisch nützliche Indikatoren für eine Hämokon-

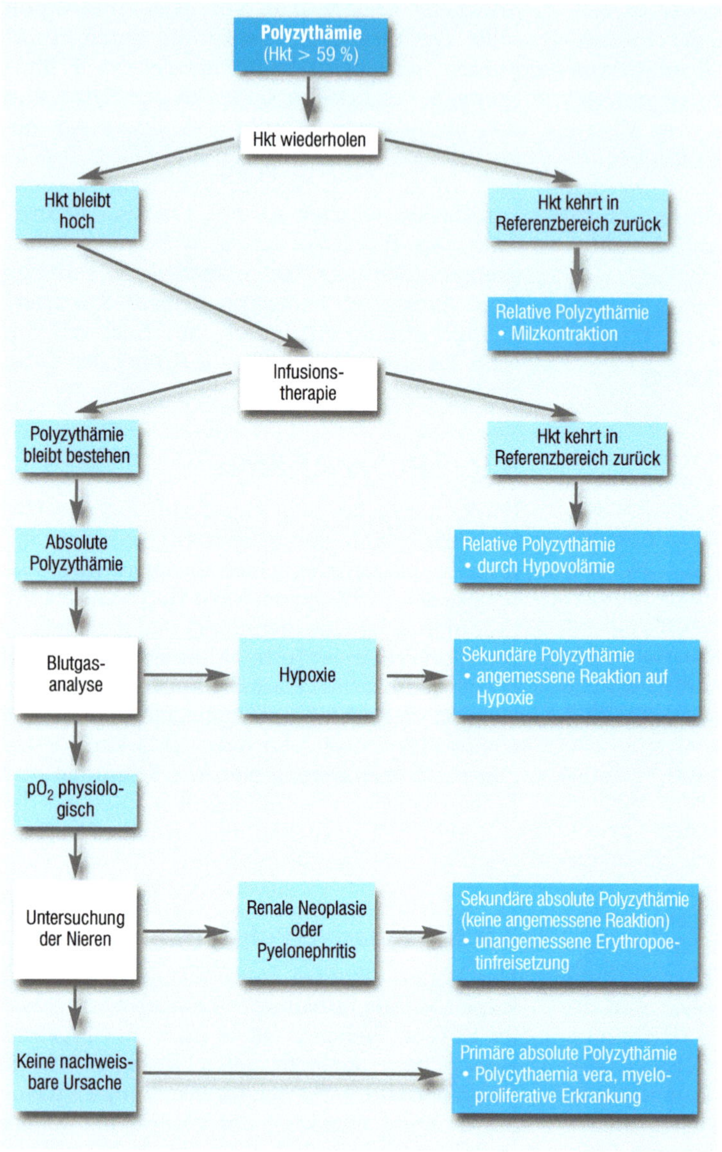

Abb. 3.6 Diagnostisches Vorgehen bei Polyzythämie. Die Schlussfolgerungen in weißer Schrift ergeben sich aus der aufgelisteten Vorgehensweise. Die primäre Polyzythämie wird durch Ausschluss der darüber stehenden Ursachen (d.h. Milzkontraktion unwahrscheinlich; physiologischer Hydratationsstatus; keine Hypoxie aufgrund pulmonaler, kardialer oder Störungen des Hämoglobins; physiologische Nieren) diagnostiziert. Hkt, Hämatokrit.

zentration. Aufgrund ihrer weiten Referenzbereiche sind beide Parameter jedoch sehr ungenau hinsichtlich einer Dehydratation. Ein Anstieg von Hämatokrit und Gesamtprotein über die Mitte des Referenzbereichs hinaus kann bereits eine Tendenz in Richtung Hämokonzentration anzeigen.

Eine relative Polyzythämie durch Milzkontraktion kann schwer zu erkennen sein, da der Zustand der Milz (Kontraktion oder Relaxation) nicht zuverlässig abgeschätzt werden kann. Nach Bewegung, Aufregung oder Angst wäre eine Kontraktion der Milz zu erwarten. Der Hämatokrit sollte sich innerhalb von einer Stunde nach Beruhigung wieder im Referenzbereich befinden.

3.9.2 Absolute Polyzythämie

Die absolute Polyzythämie wird in eine primäre und eine sekundäre Form unterteilt. Dabei ist der Unterschied zwischen sekundärer und relativer Polyzythämie zu beachten.

Primäre absolute Polyzythämie

Die primäre Polyzythämie – *Polycythaemia vera* oder primäre Erythrozytose genannt – ist eine seltene chronische myeloproliferative Störung. Die Erkrankung wird durch die unkontrollierte Proliferation eines defekten Klons erythroider Zellen verursacht. Die primäre absolute Polyzythämie wird i.d.R. über den Ausschluss anderer Ursachen für eine Polyzythämie diagnostiziert. Der Hämatokrit liegt üblicherweise trotz Flüssigkeitstherapie bei 70–80 %. Die Erythropoetinkonzentration im Serum ist nicht erhöht. Bei der primären Polyzythämie kommt es zu Komplikationen durch die Hyperviskosität, die ab einem Hämatokrit von 60 % zunehmend von Belang werden.

Sekundäre absolute Polyzythämie

Die sekundäre Polyzythämie wird in angepasste und nicht angepasste Formen unterteilt. Die angepasste sekundäre Polyzythämie entsteht durch eine hypoxiebedingt gesteigerte Erythropoetinproduktion (z.B. Lungen- oder Herzerkrankungen, Leben in großer Höhe). Eine arterielle Blutgas-Messung macht die Hypoxämie ersichtlich (niedriger Sauerstoff-Partialdruck). Die Erythropoetinkonzentration im Serum sollte erhöht sein. Eine erythroide Hyperplasie im Knochenmark oder eine leichte Polychromasie im Blut trotz Polyzythämie gibt zusätzliche Hinweise auf eine absolute Polyzythämie.

Eine nicht angepasste sekundäre Polyzythämie entsteht durch Nierenerkrankungen, die zu einer exzessiven Erythropoetinsekretion führen. Dies geschieht bei Hunden mit Nierenzell-Karzinom, renalem Lymphosarkom und chronischer Pyelonephritis. In solchen Fällen wurden Hämatokritwerte von 64–81 % nachgewiesen. Die Erythropoetinkonzentration im Serum, die physiologischerweise beim Hund unter der Nachweisgrenze liegt, ist erhöht (0,1–0,3 IE/ml). Nach Entfernung der erkrankten Niere sollten Hämatokrit und Erythropoetinkonzentration wieder in ihre Referenzbereiche zurückkehren.

Quellen

Alvarez F, Whalen K, Scott M: Conjugated, but not unconjugated bilirubin negatively interferes in Hitachi 747 assay of inorganic phosphorus, *Clin Chem* 39:2345, 1993.

Brown DE et al: Erythrocyte indices and volume distribution in a dog with stomatocytosis, *Vet Pathol* 31:247, 1994.

Christian J et al: ZnCl2 induced autologous IgG binding as a tool for evaluating immune-mediated clearance of dog RBCs, *Vet Clin Pathol* 32:548, 1995.

Christopher MM: Relation of endogenous Heinz bodies to disease and anemia in cats: 120 cases (1978-1987), *JAVMA* 194:1089, 1989.

Feldman BF, Kaneko JJ, Farver TB: Anemia of inflammatory disease in the dog: ferrokinetics of adjuvant induced anemia, *Am J Vet Res* 42:583, 1981.

Feldman B, Zinkl JG, Jain NC: *Schalm's veterinary hematology*, ed 5, Philadelphia, 2000, Lippincott, Williams & Wilkins.

Flemming EJ et al: Clinical, hematologic, and survival data from cats infected with feline immunodeficiency virus: 42 cases (1983-1988), *J Am Vet Med Assoc* 199:913, 1991.

Harvey JW, French TW, Meyer DJ: Chronic iron deficiency anemia in dogs, *J Amer Anim Hosp Assoc* 18: 946, 1982.

Harvey JW, Giger U: Hyperventilation induced hemolysis in a dog associated with alkaline sensitive erythrocytes, *Vet Clin Pathol* 13:33, 1984.

Harvey JW et al: Pathologic sideroblasts and siderocytes associated with chloramphenicol therapy in a dog, *Vet Clin Pathol* 14:36, 1985.

Jain NC: *Schalm's veterinary hematology*, ed 4, Philadelphia, 1986, Lea & Febiger.

Justin RB, Hohenhaus AE: Hypophosphatemia associated with enteral alimentation in cats, *J Vet Intern Med* 9:228, 1995.

Lilliehook IE, Egenvall A, Tvedten HW: Hematopathology in dogs experimentally infected with a Swedish granulocytic *Ehrlichia* species, *Vet Clin Pathol* 27:116, 1998.

Meyer DJ, Harvey JW: Hematologic changes associated with serum and hepatic iron alteration in dogs with congenital portosystemic vascular anomalies, *J Vet Intern Med* 8:55, 1994.

Messick JB et al: Development and evaluation of a PCR-based assay for detection of *Haemobartonella felis* in cats and differentiation of *H. felis* from related bacteria by restricted fragment length polymorphism analysis, *J Clin Microbiol* 36:462, 1998.

Perkins P, Carver E: Evaluation of the Hemavet automated hematology system for reticulocyte enumeration, *Vet Clin Pathol* 33:570, 1996.

Perkins PC, Grindem CB, Cullins LD: Flow cytometric analysis of punctate and aggregate reticulocyte responses in phlebotomized cats, *Am J Vet Res* 56:1564, 1995.

Perman V, Schall WB: Diseases of the red blood cells. In Ettinger SJ, editor: *Textbook of veterinary internal medicine: diseases of the dog and cat*, ed 2, vol 2, Philadelphia, 1983, WB Saunders.

Schrader LA, Hurvitz AI: Cold agglutinin disease in a cat, *J Am Vet Med Assoc* 183:121, 1983.

Slappendale RJ: The diagnostic significance of the direct antiglobulin test (DAT) in anemic dogs, *Vet Immunol Immunopathol* 1:49, 1979.

Tvedten HW: Case E4: Basset hound hereditary thrombopathy and iron deficiency anemia. In Tvedten HW, editor: *Multi-Species hematology atlas: Technicon H-1E system*, Tarrytown, NY, 1993a, Miles Diagnostic Division.

Weiser MG, Kociba GJ: Sequential changes in erythrocyte volume distribution and microcytosis associated with iron deficiency in kittens, *Vet Clin Pathol* 20:1, 1983.

Weiss DJ: Aplastic anemia. In Kirk RW, Bonagura JD, editors: *Current veterinary therapy XI: small animal practice*, Philadelphia, 1992, WB Saunders.

4 Veränderungen des weißen Blutbilds

Rose E. Raskin, Kenneth S. Latimer und Harold Tvedten

4.1 Grundlegende Begriffe

4.1.1 Leukogramm

Die Beurteilung der Leukozytenantwort erfolgt anhand des Leukogramms. Dieses setzt sich aus Gesamtleukozytenzahl, Differentialblutbild, absoluten Zellzahlen der einzelnen Leukozytenfraktionen pro Liter (*bzw. μl*) Blut und Untersuchung der Leukozytenmorphologie in einem nach Romanowsky gefärbten Blutausstrich (z.B. Wright-Färbung) zusammen.

Die hämatologischen Untersuchungstechniken wurden bereits in Kapitel 2 erläutert. Das Differentialblutbild gibt die relativen Zahlen der verschiedenen Leukozytenarten (segmentkernige Neutrophile, stabkernige Neutrophile, Lymphozyten, Monozyten, Eosinophile, Basophile) im gefärbten Blutausstrich in Prozent an. Die absoluten Leukozytenzahlen entsprechen der Anzahl der jeweiligen Zellart je Liter (*bzw. μl*) Blut.

Ein Leukogramm wird erstellt, um den allgemeinen Gesundheitszustand eines Patienten zu beurteilen, Differentialdiagnosen zu erstellen, das Ansprechen des Patienten auf eine Behandlung zu beurteilen oder eine Prognose zu stellen. Veränderungen des Leukogramms sind kaum pathognomonisch für bestimmte Erkrankungen. Sie können jedoch helfen, bestimmte Krankheitsprozesse zu erkennen und zu charakterisieren, sowie Tendenzen hinsichtlich einer Besserung oder Verschlechterung aufzeigen (Latimer, 1995). Das Leukogramm alleine kann weder eine Sepsis beweisen, noch eine spezielle Ursache oder den Krankheitsherd identifizieren. Allerdings ermöglichen es typische Leukogrammveränderungen, eine entzündliche Erkrankung festzustellen und ihren Schweregrad abzuschätzen. Toxische Veränderungen kombiniert mit einer hochgradigen Entzündung weisen auf eine Sepsis hin, die durch Zytologie, kulturelle Untersuchung, Serumchemie, röntgenologische und sonographische Untersuchung, Biopsieentnahme und Serologie bestätigt werden bzw. deren Primärherd lokalisiert werden kann. Durch jedes einzelne der genannten Untersuchungsverfahren oder ihre Kombination lässt sich u. U. der Krankheitsprozess einem Gewebe bzw. Organsystem zuordnen oder eine endgültige Diagnose stellen.

Das vorliegende Kapitel befasst sich mit der Entstehung und der Interpretation von Leukogrammveränderungen. Um das Verständnis der Leukozytenantwort zu erleichtern und häufige Interpretationsfehler zu vermeiden, werden grundlegende Begriffe wiederholt. Ergänzende Informationen zur Interpretation von Leukogrammen sind bei Bedarf der entsprechenden Literatur zu entnehmen (Duncan et al., 1994; Latimer 1995; Meyer und Harvey, 1998; Feldman et al., 2000).

4.1.2 Absolute versus relative Leukozytenzahlen

Verglichen mit den relativen Leukozytenzahlen ermöglichen die absoluten Leukozytenzahlen eine zuverlässigere Beurteilung der Leukozytenantwort (Abb. 4.1). Folgendes Beispiel soll dies verdeutlichen: Ein Patient weist eine Leukozytenzahl von 10×10^9/l (*10 000/μl*) bei 65 % segmentkernigen Neutrophilen auf. Die absolute Zahl der Segmentkernigen liegt aber mit $6{,}5 \times 10^9$/l (*6500 /μl*) im Referenzbereich, was anhand der relativen Zahl von 65 % nicht zu vermuten wäre. Ein Anteil von 65 % Segmentkernigen kann bei einer Leukozytenzahl von 1×10^9/l (*1000/μl*) eine schwerwiegende Neutropenie ($0{,}65 \times 10^9$ Segmentkernige/l [*650 Segmentkernige/μl*]) bedeuten, bei einer Gesamtzahl von 50×10^9 Leukozyten/l (*50 000 Leukozyten/μl*) hingegen eine Neutrophilie ($32{,}5 \times 10^9$ Segmentkernige/l) (*32 500 Segmentkernige/μl*).

Zur Beurteilung eines Leukogramms ist es günstig, zunächst die absoluten Zahlen für jede Zellart gesondert zu betrachten. Sich dabei ergebende Abweichungen im Leukogramm können mit wenigen hämatologischen Begriffen als Erhöhung oder Erniedrigung der jeweiligen Leukozytenart zusammengefasst werden. Beispielsweise drückt eine „Leukozytose mit reifzelliger Neutrophilie, Lymphopenie und Monozytose" kurz und bündig aus, dass eine erhöhte Gesamtleukozytenzahl, ein Anstieg der reifen Segmentkernigen ohne Anstieg der stabkernigen Neutrophilen, eine erniedrigte Zahl an Lymphozyten sowie ein Anstieg der Monozyten vorliegen.

Beachte: Zur Beurteilung eines Leukogramms sind die absoluten Zellzahlen besser geeignet als die Angaben in Prozent.

4.1.3 Leukozytenproduktion, -zirkulation und -emigration

Um im Blut gemessene Leukozytenzahlen beurteilen zu können, müssen die Produktion der Leukozyten im Knochenmark, ihre Freisetzung ins Blut, ihre Verteilung und ihre Halbwertszeit in der Zirkulation sowie die Rate der Leukozytenemigration aus dem Blut in die Gewebe berücksichtigt werden.

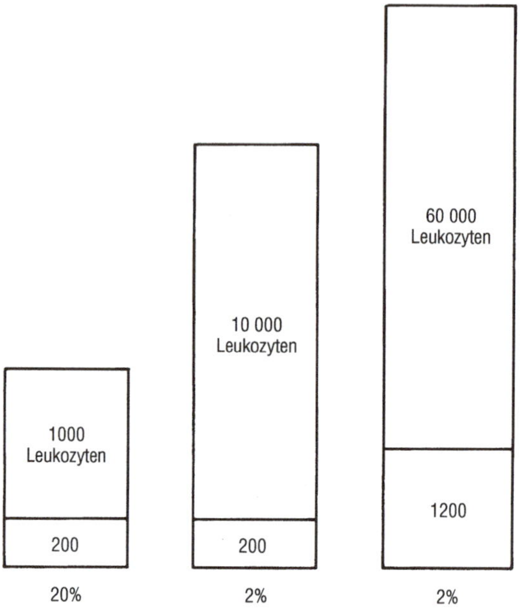

Abb. 4.1 Relative und absolute Leukozytenzahlen. Der untere Abschnitt jeder Säule gibt die absolute Zahl an stabkernigen Neutrophilen an, die darunter angegebene Prozentzahl deren relativen Anteil (relative Zahlen). Ausgehend von den relativen Zahlen besteht ein deutlicher Unterschied zwischen der ersten und zweiten Säule (20 bzw. 2 %), die absoluten Werte sind jedoch identisch ($0{,}2 \times 10^9$ Stabkernige/l [*200 Stabkernige/µl*]). Die relativen Zahlen der zweiten und dritten Säule entsprechen sich. Anhand der absoluten Zahlen lässt sich hingegen erkennen, dass der zweite Patient mit $0{,}2 \times 10^9$/l (*200 /µl*) eine physiologische Zahl an Stabkernigen aufweist, im Fall des dritten Patienten mit $1{,}2 \times 10^9$ Stabkernigen/l (*1200 Stabkernigen/µl*) aber eine echte Erhöhung der Stabkernigen (Linksverschiebung) zu verzeichnen ist.

Leukozytenproduktion

Granulozyten (d.h. Neutrophile, Eosinophile und Basophile) und Monozyten entstehen im Knochenmark. Obwohl auch das Knochenmark einige Lymphozyten hervorbringt, entstammen die meisten Lymphozyten den peripheren Lymphgeweben (Thymus, Lymphknoten, Milz, Tonsillen, bronchienassoziiertes Lymphgewebe, darmassoziiertes Lymphgewebe). Die Entwicklung der Leukozyten findet im Knochenmark aus pluripotenten und bereits differenzierten Stammzellen statt und wird durch Interleukine und koloniebildende Faktoren beeinflusst (Raskin, 1996). Im Falle einer hochgradigen Knochenmarkschädigung durch Toxine, Arzneimittel, Infektionen oder Strahlung stellen die pluripotenten Stammzellen ein Reservekompartiment für die Bildung hämatopoetischer Zellen dar (Abb. 4.2). Pluripotente Stammzellen sind in Knochenmark und Blut nachweisbar. Sie können für die erneute Besiedelung des Knochenmarks nach schweren Insulten zur Verfügung stehen, vorausgesetzt, ein intaktes Stroma und Wachstumsfaktoren sind vorhanden. Mit zunehmendem Alter sinkt die Anzahl pluripotenter Stammzellen, so dass jüngere Patienten grundsätzlich bessere Chancen auf die Wiederherstellung eines funktionellen Knochenmarks haben als ältere.

Der folgende Abschnitt über die Leukozytenproduktion im Knochenmark legt den Schwerpunkt auf die Bildung der neutrophilen Granulozyten. Die Begriffe der verschiedenen „Zellpools" werden benutzt, um die „Lokalisation" der Neutrophilen im Knochenmark und Blut zu veranschaulichen und die Interpretation von Befunden der Knochenmarkuntersuchung bzw. des großen Blutbilds zu erleichtern (Abb. 4.3). Das Knochenmark wird in zwei Pools unterteilt: Der erste – mitotische – Pool aus Myeloblasten, Promyelozyten und Myelozyten sorgt für ständigen

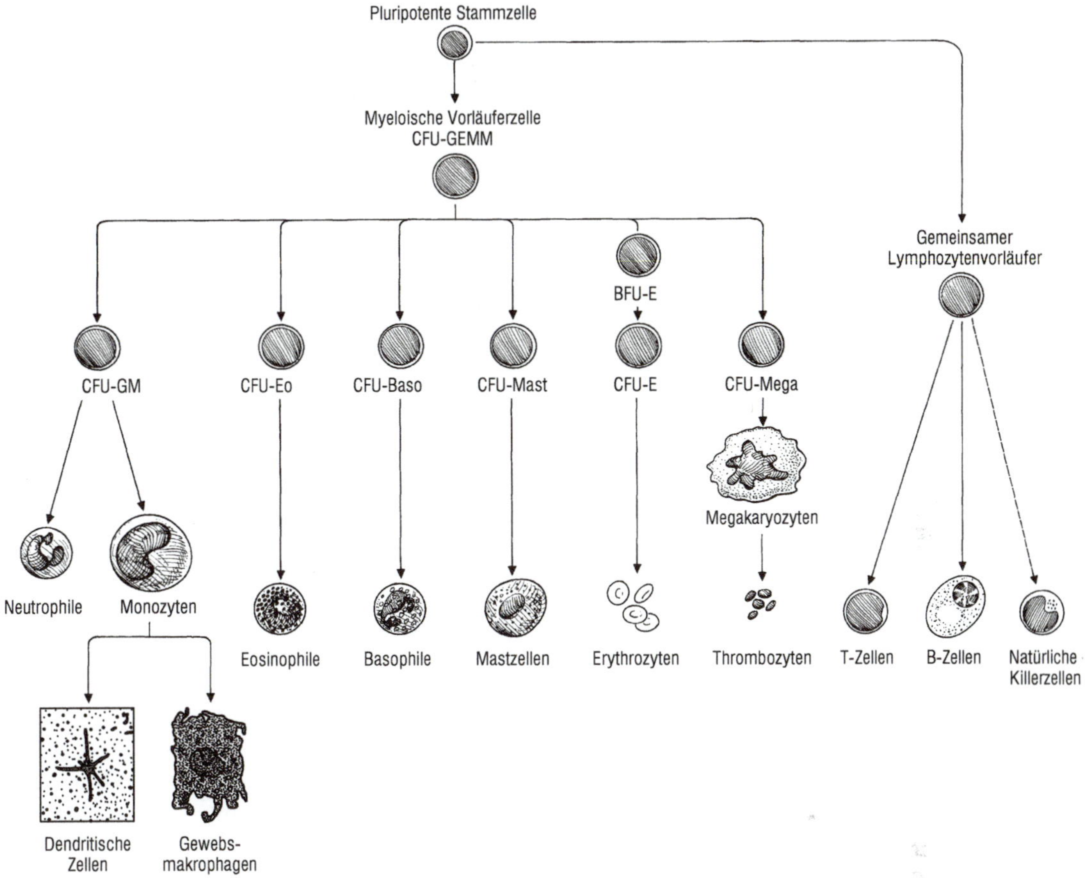

Abb. 4.2 Differenzierung der pluripotenten Stammzellen im Knochenmark. Gestrichelte Linien stehen für nicht gesicherte Abstammung. CFU, Colony Forming Unit; GEMM, granulozytär-erythroid-monozytär-megakaryozytär; GM, granulozytär-makrophagozytär; BFU, Burst Forming Unit; E, erythroid; Mega, megakaryozytär; Eo, eosinophil; Baso, basophil; Mast, Mastzelle.

Nachschub an Neutrophilen, um den Bedarf der Gewebe an dieser Zellart zu decken. Der zweite Pool – der Reifungs- und Speicherpool – besteht aus Metamyelozyten, Stab- und Segmentkernigen, die keine mitotischen Fähigkeiten mehr haben. Diese Zellen unterliegen einer zunehmenden Reifung und liefern die Reserve an Segmentkernigen, die bei erhöhtem Bedarf an Neutrophilen im Gewebe freigesetzt werden kann, noch bevor der mitotische Pool die Produktion der Neutrophilen steigern kann. Diese Reifungs- und Vorratsfunktionen werden in Abbildung 4.3 dargestellt. Die Freisetzung der Neutrophilen aus dem Knochenmark ins Blut geschieht geordnet nach Alter bzw. Reifegrad (erst Segment-, dann Stabkernige, Metamyelozyten, Myelozyten, zuletzt Promyelozyten). Wenn die Knochenmarkspeicher der segmentkernigen neutrophilen Granulozyten leer sind, werden nicht segmentierte Neutrophile (z.B. Stabkernige, Metamyelozyten, jüngere Neutrophile) ins Blut entlassen und es kommt zur Linksverschiebung.

Die myeloische Zellpopulation besteht zu 80 % aus dem Reifungs- und Speicherpool, während die restlichen 20 % dem mitotischen Pool zuzurechnen sind. Im Gegensatz zu den Neutrophilen werden Promonozyten und Monozyten bereits in relativ jungem Alter ins Blut entlassen. Die fehlende Monozytenreifung und -speicherung ist der Grund dafür, dass Monozyten – außer bei hochgradigen Neutropenien – in Knochenmarkaspiraten nur selten zu finden sind.

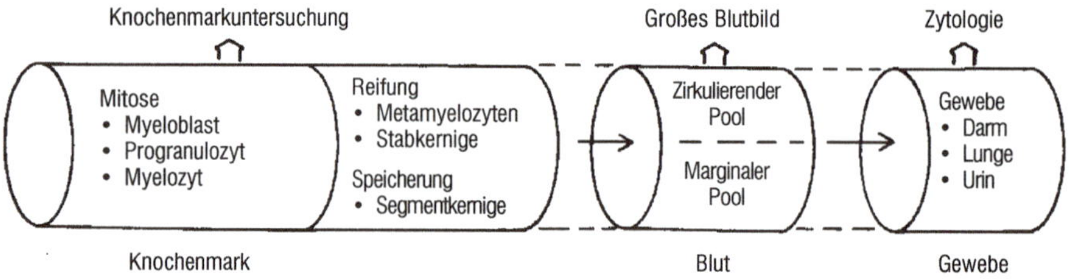

Abb. 4.3 Kompartimente der neutrophilen Granulozyten im Körper. Die im Körper verteilten Neutrophilen werden zur Beurteilung verschiedenen Pools zugeordnet. Die Zellen im Knochenmark werden in den mitotischen, den Reifungs- und Speicherpool unterteilt (siehe Text). Die Neutrophilen im Blut gehören entweder zum zirkulierenden Pool, der im Rahmen eines Blutbilds untersucht wird, oder zum Marginalpool, der für eine Probenentnahme nicht zugänglich ist. Die Neutrophilen bewegen sich nur in einer Richtung, und zwar in die Gewebe hinein, wo sie durch Zytologie oder Histopathologie erfasst werden können. (Modifiziert übernommen aus: *Boggs DR, Winkelstein A: White cell manual, 3. Auflage, Philadelphia, 1975, FA Davis.*)

Die Beurteilung der Leukozytenproduktion im Knochenmark kann durch Aspiration und Zytologie sowie durch Stanzbiopsie und Histopathologie erfolgen. Nach Romanowsky gefärbte Knochenmarkaspirate erlauben sowohl qualitative als auch quantitative Aussagen über die Leukozytenmorphologie und -reifung. Mit Hilfe einer Stanzbiopsie lässt sich die Knochenmarkzellularität gut abschätzen. Ferner können stromale Reaktionen (z.B. Myelofibrose, granulomatöse Osteomyelitis) erkannt werden. Wenn das Knochenmark nicht ausreichend Leukozyten, Erythrozyten oder Thrombozyten nachbilden kann, kommt es zur Leukopenie, Anämie oder Thrombozytopenie (einzeln oder in Kombination). Im Gegensatz hierzu führt eine gesteigerte Bildung dieser Zellen entsprechend zur Leukozytose, Polyzythämie und/oder Thrombozytose.

Beachte: Die Bildung neuer Segmentkerniger aus Myeloblasten im Knochenmark dauert bei Hund und Katze etwa 6 Tage. Dagegen können Verschiebungen aus dem Marginalpool oder eine erhöhte Freisetzung aus dem Speicherpool die Anzahl der Neutrophilen im Blut binnen Minuten bis Stunden beeinflussen.

Zirkulation der neutrophilen Granulozyten

Nach ihrer Freisetzung ins Blut verteilen sich Granulozyten und Monozyten auf den zirkulierenden und marginalen Zellpool und zirkulieren für eine kurze Zeit, um dann aus den Blutgefäßen ins Gewebe auszuwandern. Der totale Blutneutrophilen-Pool (TBNP) ist in den zirkulierenden und den marginalen Zellpool unterteilt. Die im Rahmen der Gesamtleukozytenzahl gemessenen Neutrophilen (und anderen Leukozyten) entstammen dem zirkulierenden Pool, der in der Hauptströmung bzw. dem zentralen axialen Fluss des Blutes innerhalb der Gefäße liegt. Beim Marginalpool der Neutrophilen handelt es sich um eine „versteckte" Population, die mit der endothelialen Auskleidung der Kapillaren – v.a. in Lunge und Milz – assoziiert ist. Durch ständige Zellverschiebungen zwischen diesen beiden Pools kann sich die Leukozytenzahl verändern. Beim Hund sind zirkulierender und marginaler Pool etwa gleich groß. Bei der Katze hingegen hat der Marginalpool die zwei- bis dreifache Größe des zirkulierenden Pools (Tab. 4.1). Aus diesem Grund kann sich – bedingt durch die Mobilisierung der Neutrophilen aus dem marginalen in den zirkulierenden Pool

Tabelle 4.1 Totaler Blutneutrophilen-Pool, zirkulierender Neutrophilenpool und marginaler Neutrophilenpool (Hund und Katze)

	Hund	Katze
TBNP × 10^8/kg	10,2	28,9
ZNP × 10^8/kg	5,4	7,8
MNP × 10^8/kg	4,8	21,0

Bei der Katze ist der totale Blutneutrophilen-Pool (TBNP) größer als beim Hund, da bei dieser Spezies ein sehr großer marginaler Neutrophilenpool vorliegt. Der – verglichen mit dem Hund – relativ große marginale Neutrophilenpool (MNP) der Katze ermöglicht eine stärkere potentielle Verschiebung von Neutrophilen in den zirkulierenden Neutrophilenpool (ZNP) mit der Folge einer ausgeprägteren Leukozytose bei Furcht, Aufregung oder starker Anstrengung.

hinein – bei Angst, Aufregung oder starker Anstrengung die Neutrophilenzahl beim Hund verdoppeln und bei der Katze verdreifachen.

Emigration der neutrophilen Granulozyten

Unter physiologischen Bedingungen verbleiben Neutrophile etwa 10 Stunden in der Zirkulation, bevor sie aus den Blutgefäßen ins Gewebe emigrieren. Diese Emigration ist ein zufälliges Ereignis (d.h. nicht vom Alter der Zellen abhängig) und verläuft nur in eine Richtung (d.h. die Zellen kehren nicht in die Zirkulation zurück). Bei gesunden Tieren wandern die Neutrophilen als Reaktion auf Bakterien und andere Stimuli in nur geringer Anzahl hauptsächlich in den Respirations-, Verdauungs- und Harntrakt aus. Diese Leukozyten können zwar in zytologischen Proben des Respirationstrakts und im Urinsediment sichtbar sein, in der septischen Umgebung des Darmlumens werden sie jedoch schnell lysiert. Die zirkulatorische Halbwertszeit der Neutrophilen kann beim kranken Organismus beträchtlich verkürzt sein. Gleichzeitig ist die Zellmigration ins Gewebe gesteigert. Im Falle einer Entzündung kann es zu starken Ansammlungen von Neutrophilen in Form von Exsudat oder Eiter kommen. Bei entzündlichen Darmerkrankungen entziehen sich die Gewebsneutrophilen zwar oft einer zytologischen oder makroskopischen Erkennung, jedoch ist der erhöhte Bedarf des Gewebes an Neutrophilen i.d.R. anhand des Leukogramms erkennbar.

Das große Blutbild erlaubt quantitative und qualitative Aussagen über die frei im peripheren Blut zirkulierenden Leukozyten. Das Leukogramm ist Ausdruck des Gleichgewichts zwischen Leukozytenproduktion im Knochenmark, Verteilung im vaskulären System und Emigration aus den Blutgefäßen ins Gewebe. Um Leukozyten und Infektionserreger im Gewebe zu beurteilen, sind zytologische Präparationen wie Exsudatausstriche, Aspirate von Knochenmark, Lymphknoten und anderen Geweben sowie das Urinsediment nötig.

4.2 Leukozytose und Neutrophilie

Eine Leukozytose entspricht im Allgemeinen einer Neutrophilie. So lag beispielsweise bei 226 von 232 Blutbildern (97 %) mit einer Leukozytose von über $17 \times 10^9/l$ (*17 000/μl*) eine Neutrophilie vor.

4.2.1 Differentialdiagnosen bei neutrophiler Leukozytose

Die möglichen Differentialdiagnosen bei einer neutrophilen Leukozytose lauten: Entzündung, Stress bzw. Kortikosteroide, Anstrengung bzw. Adrenalin oder Leukämie (siehe unten). Die ersten drei Möglichkeiten lassen sich anhand eines Algorithmus (Abb. 4.4) differenzieren. Entzündliche Vorgänge werden am spezifischsten durch das Vorliegen einer Linksverschiebung (absolute Zunahme der nicht segmentierten Neutrophilen) diagnostiziert. Aber auch das Ausmaß der Leukozytose (wenn die bei kortikosteroid- oder adrenalinassoziiertem Anstieg erwarteten Werte überschritten werden) kann hinweisend auf eine Entzündung sein. Bei geringgradiger Leukozytose ohne Linksverschiebung bleibt die spezifische Ursache häufig im Dunkeln. In solchen Fällen ist die absolute Lymphozytenzahl nützlich. Eine Lymphopenie weist i.d.R. auf einen endogenen stressassoziierten oder einen exogenen Glukokortikoideinfluss hin. Eine vorübergehende Lymphozytose hingegen spricht für adrenalin- oder anstrengungsassoziierte Effekte. Die genannten Vorgänge laufen oft nebeneinander ab, wie beispielsweise eine Entzündung zusammen mit Stress oder einer Kortikosteroidbehandlung.

Beachte: Eine Leukozytose kann verschiedene Ursachen haben: Entzündung, Reaktion auf Glukokortikoide (Stress oder iatrogen), Reaktion auf Adrenalin (Furcht oder Anstrengung) und Leukämie.

4.2.2 Entzündung

Eine häufige und wichtige Labordiagnose ist das Vorliegen von entzündlichen Vorgängen. Eine akute Entzündung verursacht i.d.R. eine Neutrophilie und ist daher bei einer neutrophilen Leukozytose in erster Linie in Betracht zu ziehen. Die Neutrophilen überwiegen bei eitrigen oder exsudativen Erkrankungen, können aber auch in Kombination mit anderen Entzündungszellen (z.B. Lymphozyten, Plasmazellen,

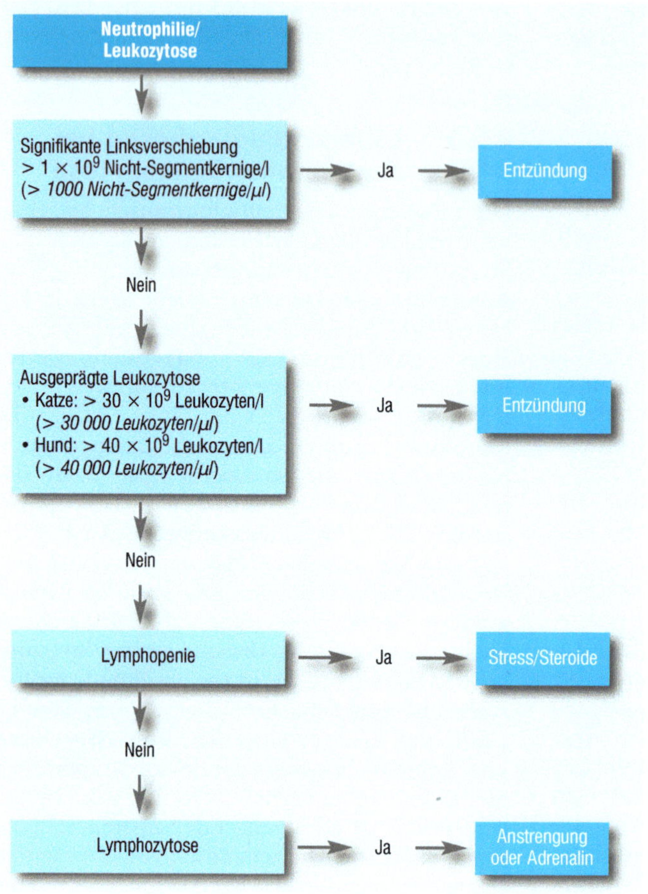

Abb. 4.4 Beurteilung der Leukozytose und Neutrophilie. Die häufigsten Gründe einer Neutrophilie mit sich daraus ergebender Leukozytose können meist anhand der Unreife der Neutrophilen, des Ausmaßes der Neutrophilie ohne vorliegende Leukämie sowie der Tendenz der Lymphozyten, anzusteigen oder zu fallen, differenziert werden. Die granulozytäre Leukämie ist selten; auf sie wird hier nicht eingegangen. Das Diagramm ist wie folgt anzuwenden: Liegt ein Laborbefund vor (Ja), ergibt sich die Schlussfolgerung auf der rechten Seite. Liegt kein Befund vor (Nein), findet sich das nächste differenzierende Merkmal eine Ebene tiefer. Entzündungen können Gesamtleukozytenzahlen unter 30–40 × 10^9/l (*30 000–40 000/µl*) hervorrufen, die aufgrund einer gleichzeitigen Stresseinwirkung mit einer Lymphopenie einhergehen. Bei manchen Leukogrammen ergeben sich aus den vorliegenden Befunden keine eindeutigen Hinweise auf die Ursache.

Monozyten und Makrophagen, Eosinophile) vorkommen. Auch wenn üblicherweise bakterielle Infektionen (Sepsis) zur neutrophilen Exsudation führen, können purulente bis pyogranulomatöse Entzündungen auch bei gewissen Pilz-, Protozoen- und Virusinfektionen vorkommen. Entzündungen sind häufig aber auch die Folge aseptischer Prozesse wie Nekrosen (z.B. Pankreatitis, Pansteatitis), Exposition gegenüber Chemikalien (z.B. Terpentin in der experimentellen Abszesserzeugung), immunmediierte Erkrankungen (z.B. systemischer Lupus erythematodes, immunmediierte hämolytische Anämie, IMHA) und Toxine (z.B. Endotoxine, Schlangenbisse). Neoplasien können über fünf verschiedene Mechanismen zur Entzündung führen:

1. Prädisposition des Patienten für bakterielle Infektionen
2. Gewebeschädigung
3. Nekrose des Tumors durch unzureichende Blutversorgung
4. Ulzeration
5. ein paraneoplastischer Effekt, bei dem Tumormetaboliten das Knochenmark zur Neutrophilenproduktion anregen

Beachte: Eine Entzündung ist durch Linksverschiebung der Neutrophilen oder eine ausgeprägte – nicht neoplastisch bedingte – Leukozytose gekennzeichnet.

Linksverschiebung

Eine signifikante Linksverschiebung ist durch mehr als 1×10^9 nicht-segmentierte Neutrophile/l (*1000 nicht-segmentkernige Neutrophile/µl*) bei unveränderter oder erhöhter Neutrophilenzahl gekennzeichnet. Sie ist diagnostisch für das Vorliegen einer entzündlichen Erkrankung (Abb. 4.4). Weniger ausgeprägte Linksverschiebungen ($0{,}3-1\times10^9$ Nicht-Segmentkernige/l [*300–1000 Nicht-Segment-kernige/µl*]) kommen bei hämorrhagischen, chronischen oder granulomatösen Erkrankungen vor. Zu diesen im Blut vorkommenden unreifen Granulozyten zählen Stabkernige, Metamyelozyten (Juvenile), Myelozyten und Promyelozyten (Farbtafel 2F). Die absolute Zahl der Nicht-Segmentkernigen und der Grad ihrer Unreife geben Hinweise auf den Schweregrad der Entzündung. Da es sich bei der Freisetzung der Neutrophilen aus dem Knochenmark um einen nach dem Alter der Zellen geordneten Prozess handelt, entsteht die Linksverschiebung üblicherweise zum großen Teil zuerst durch Stabkernige. Noch jüngere Neutrophile weisen auf eine zunehmend stärkere Linksverschiebung hin, die mit einer zunehmend schweren Form der Entzündung assoziiert ist. Die Einteilung unreifer Neutrophiler anhand des Blutausstrichs ist sehr subjektiv; daher sollten geringe Abweichungen von Referenzwerten oder kurzfristige Änderungen nicht überbewertet werden. Falls eine größere Anzahl unreifer Granulozyten wie Myelozyten und Metamyelozyten nachweisbar ist, ist es sinnvoll, jeweils die Anzahl der Metamyelozyten, Myelozyten und Promyelozyten im Befund zu notieren (keine Zuordnung aller dieser Zellen zu einer einzigen Gruppe der Nicht-Segmentkernigen), um Hinweise auf den Schweregrad der Linksverschiebung zu erhalten. Der Nachweis mehrerer blastischer Zellen (z. B. Myeloblasten) oder irregulärer Reifungsmuster kann eine granulozytäre Leukämie nahelegen (siehe unten).

Beachte: Bei der Linksverschiebung handelt es sich um einen absoluten und klinisch relevanten Anstieg der unreifen Neutrophilen. Sie ist der spezifischste Indikator für eine Entzündung.

Leukogrammveränderungen

In Abbildung 4.5 wird der im Rahmen einer Entzündung zu erwartende Verlauf des Leukogramms dargestellt. Individuelle Abweichungen aufgrund der Gabe von Arzneimitteln oder je nach Schweregrad der Erkrankung sind

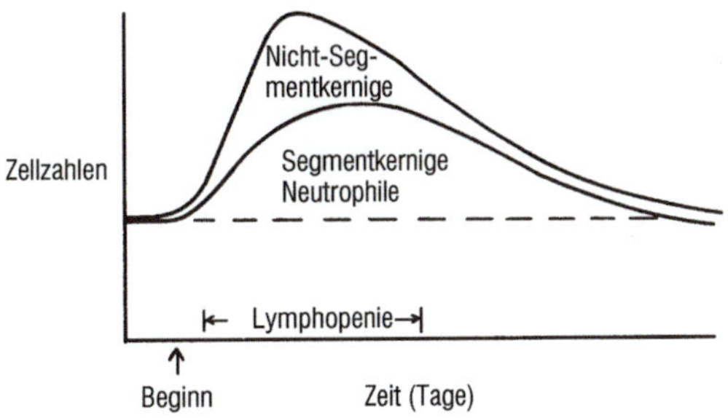

Abb 4.5 Zu erwartende Veränderungen der Leukozytenzahlen bei abklingender Entzündung. Bereits früh während der akuten Entzündung kommt es zur maximalen Leukozytose und Linksverschiebung. Während dieser Phase liegt auch eine stressbedingte Lymphopenie vor. In späteren Phasen der Entzündung ist eine reifzellige Neutrophilie zu erwarten; durch die Knochenmarkhyperplasie ist eine adäquate Neutrophilenproduktion möglich, so dass die Neutrophilen vor ihrer Freisetzung ins Blut ausreifen können. Außerdem geht in der Erholungsphase der Neutrophilenbedarf der Gewebe zurück.

möglich. Die maximale Linksverschiebung ist bereits in einer frühen Phase der Erkrankung zu erwarten. Wenn der Vorrat an Segmentkernigen aus dem Reifungs- und Speicherpool des Knochenmarks erschöpft ist, werden neutrophile Stabkernige und Metamyelozyten freigesetzt. Während der folgenden Tage kommt es im Knochenmark zur myeloischen Hyperplasie, wodurch die Neutrophilenproduktion gesteigert wird. Wenn genügend Neutrophile produziert worden sind und die Zeit für eine Zellreifung ausreichend war, werden hauptsächlich reife Zellen ins Blut abgegeben. Der Schweregrad der Linksverschiebung sollte dann abnehmen. Wenn sich eine Entzündung im Gewebe dauerhaft auf einem niedrigen bis mäßigen Level stabilisiert, produziert das Knochenmark i. d. R. in einer Intensität, die genügend Zeit lässt zur Ausreifung der Neutrophilen vor ihrer Freisetzung. Aus diesem Grund kommt es bei einer chronischen Entzündung nur zu geringer bis gar keiner Linksverschiebung bei gleichzeitig vorliegender minimaler bis nicht vorhandener Leukozytose. Diese Form der chronischen Entzündung ist allein anhand des großen Blutbilds kaum zu identifizieren. Durch zytologische Untersuchung des betroffenen Gewebes lässt sich eine geringgradige eitrige Entzündung oder Exsudation nachweisen.

Beachte: Die zweithäufigste Diagnose, die anhand eines Leukogramms erstellt wird, ist das Vorliegen einer Entzündung. Das Leukogramm erlaubt auch Rückschlüsse auf Typ und Schweregrad der entzündlichen Erkrankung.

Ein unverändertes Leukogramm schließt nicht aus, dass dennoch im Körper ein entzündlicher Prozess vorhanden ist – insbesondere, wenn nur eine schwach ausgeprägte, chronische Entzündung vorliegt oder wenn nur die Oberfläche eines Organs betroffen ist (z.B. Zystitis). Keine Untersuchungsmethode ist zu 100 % sensitiv. Auf entzündliche Erkrankungen weisen gesteigerte Geldrollenbildung in Blutausstrichen des Hundes oder Fieber hin. Die Geldrollenbildung kommt durch Akute-Phase-Proteine wie Fibrinogen zustande.

Knochenmarkreaktion

Wenn eine Entzündung länger als 2–3 Tage anhält, ist eine myeloische Hyperplasie des Knochenmarks zu beobachten. Üblicherweise liegt eine Leukozytose mit Linksverschiebung vor, so dass eine Untersuchung der Knochenmarkaktivität nicht notwendig ist. Eine myeloische Hyperplasie wird in Knochenmarkaspiraten meist im Zusammenhang mit anderen hämatologischen Fragestellungen – wie aregenerative Anämie, Thrombozytopenie oder Verdacht auf Leukämie – nachgewiesen (siehe Kap. 2). Als Ursachen dafür kommen begleitende Entzündungen und Infektionen, Nekrosen oder eine generalisierte Knochenmarkstimulation infrage.

Prognose

Das Ausmaß einer neutrophilen Leukozytose oder einer Neutropenie spiegelt das Gleichgewicht zwischen Neutrophilenproduktion im Knochenmark und dem Bedarf der Gewebe an diesen Zellen wider. Wenn das Knochenmark auf einen entzündlichen Prozess typisch mit einer gering- bis mittelgradigen Linksverschiebung reagiert, ist die Prognose relativ gut. Beim Hund liegt eine Leukozytose i.d.R. unter 40×10^9 Leukozyten/l (*40 000 Leukozyten/µl*). In einer Untersuchung mit 182 Hunden mit Leukozytose hatten 151 (83 %) Leukozytenzahlen von $17{,}5–39{,}99 \times 10^9$/l (*17 500–39 990/µl*). Eine Leukozytose in diesem Bereich hat eine günstige Prognose. Nur 5 % hatten eine ausgeprägte bis extreme Leukozytose mit $61{,}05–127{,}5 \times 10^9$ Zellen/l (*61 050–127 500 Zellen/µl*). In diesem Bereich liegende leukämoide Reaktionen weisen auf eine schlechte Prognose hin. Bei der Katze fällt die Leukozytose üblicherweise geringer aus als beim Hund (in 70 % der Fälle unter 30×10^9 Leukozyten/l [*30 000 Leukozyten/µl*]). Natürlich haben auch andere – nicht im großen Blutbild erkennbare – Faktoren wie beispielsweise Entzündungsursache und -lokalisation Einfluss auf die Prognose.

In Tabelle 4.2 sind die Kriterien, die für eine schlechte Prognose sprechen, zusammengefasst. Bei einer degenerativen Linksverschiebung, einer Leuko- und Neutropenie, einer leukämoiden Reaktion oder einer Kombination dieser Ereignisse handelt es sich um atypische, unerwartete Reaktionen auf entzündliche Erkrankungen. Diese Befunde weisen auf einen schweren Verlauf, eine unzureichende Zellproduktion im Knochenmark und/oder die Behinderung einer effektiven Reaktion durch andere Faktoren hin. Eine Lymphopenie ist ein Hinweis auf Stress. Eine hochgradige oder persistierende Lymphopenie deutet auf schweren oder andauernden Stress hin. Eine degenerative Linksverschiebung liegt üblicherweise vor, wenn die Anzahl der nicht segmentierten Neutrophilen die der Segmentkernigen überschreitet – unabhängig von der Gesamt-Leukozytenzahl. Ist dies der Fall, so weist es darauf hin, dass das Knochenmark nur in ungenügendem Maße Neutrophile erzeugen kann, die adäquat ausreifen können. Entweder ist die Zellproduktion reduziert und/oder der Gewebebedarf an Neutrophilen ist dramatisch erhöht; beides deutet auf eine schlechte Prognose hin. Um die Prognose aber richtig einschätzen zu können, ist es wichtig, einerseits den Schweregrad der Veränderungen zu erfassen, andererseits auch Tendenzen anhand täglich erstellter Differentialblutbilder festzuhalten. Eine degenerative Linksverschiebung, hochgradige Neutro- und Leukopenie, Lymphopenie und ausgeprägte toxische Veränderungen der meisten Neutrophilen sprechen für eine schlechte Prognose und i.d.R. für das Vorliegen einer gramnegativen Sepsis.

Im Falle einer hochgradigen Leukopenie ($< 1 \times 10^9$ Leukozyten/l [*< 1000 Leukozyten/µ*])

Tabelle 4.2 Prognostisch ungünstige Leukogrammbefunde

Befund	Grund für die schlechte Prognose
degenerative Linksverschiebung	Gewebebedarf übersteigt Neutrophilenproduktion im Knochenmark oder verursacht unzureichende Reifungszeiten der Neutrophilen
Leukopenie	Gewebebedarf übersteigt Neutrophilenproduktion im Knochenmark
leukämoide Reaktion	sogar eine extrem hohe Neutrophilenzahl kann die Ursache nicht beheben
signifikante toxische Veränderungen der Neutrophilen	mäßig viele bis viele, mittel- bis hochgradig toxisch veränderte Neutrophile weisen auf Toxämie hin; oft gramnegative Sepsis
hochgradige oder persistierende Lymphopenie	Hinweis auf starken Stress oder fehlende Erholung vom Stress

kann es vorkommen, dass ein Anstieg der absoluten Zahl unreifer Neutrophiler unentdeckt bleibt. Sowohl Leuko- als auch Neutropenie sind ungünstige prognostische Zeichen. Diese Befunde sprechen dafür, dass das Knochenmark nicht in der Lage ist, ausreichend Neutrophile zu bilden, und/oder dass im Gewebe ein extremer Verbrauch an Neutrophilen stattfindet. Eine Neutropenie – egal, ob primär oder sekundär – prädisponiert den Patienten stark für Infektionen und eine Septikämie.

Bei der leukämoiden Reaktion handelt es sich um eine ausgeprägte Leukozytose (≥ 50–100×10^9 Leukozyten/l [*≥ 50 000–100 000 Leukozyten/µl*]) als Ergebnis einer Entzündung. Das Ausmaß der Leukozytose ist mit dem einer Leukämie zu vergleichen. Im Hinblick auf die Prognose ist eine solche leukämoide Reaktion negativ einzuschätzen, da die Entzündung trotz reichlich bis exzessiv vorhandener neutrophiler Granulozyten nicht beherrscht werden kann. Ursachen für leukämoide Reaktionen sind u.a. schwere lokale Infektionen (z.B. Pyometra, Abszess), IMHA, paraneoplastische Syndrome mit Knochenmarkstimulation (z.B. metastasierendes Fibrosarkom, Nierenzellkarzinom, rektales Adenom), seltener Parasiten (z.B. *Hepatozoon canis*) und funktionelle Leukozytendefekte (kanine Leukozyten-Adhäsionsdefizienz, CLAD, beim Irischen Setter; Latimer, 1995; Latimer et al., 2000). Bei der Pyometra und manchen abgekapselten Abszessen liegt ein anatomisches Problem vor: Das infektiöse Material und der Eiter können nicht aus dem Körper entfernt werden und Antibiotika unter Umständen nicht in den Entzündungsherd gelangen. Bei CLAD sind die nicht funktionellen Leukozyten – auch wenn sie in großer Anzahl vorliegen – nicht in der Lage, einfache Bagatellinfektionen angemessen zu bekämpfen. Eine leukämoide Reaktion im Rahmen einer IMHA ist eher die Ausnahme, aber die akute Zerstörung bzw. Phagozytose von Erythrozyten und die darauffolgende hypoxische Gewebeschädigung wirken in hohem Maße entzündungsfördernd.

Die Unterscheidung zwischen leukämoider Reaktion und chronisch granulozytärer Leukämie ist schwierig. Bei der leukämoiden Reaktion sollte anfangs auch eine der typischen entzündlichen Erkrankungen nachzuweisen sein. Nach Diagnostik und entsprechender Behandlung sollte die Leukozytose wieder zurückgehen. Bis zum Rückgang der Leukozytose und dem Ausschluss einer granulozytären Leukämie ist nur eine vorsichtige Prognose zu stellen. Im Gegensatz zur akuten granulozytären Leukämie fehlen bei leukämoiden Reaktionen die blastischen oder atypischen Zellen (siehe 4.11.4 Myeloproliferative Erkrankungen). Die Linksverschiebung bei leukämoiden Reaktionen besteht i.d.R. aus Stabkernigen und Metamyelozyten (evtl. sogar auch Myelozyten und Promyelozyten). Toxische Veränderungen sind häufig.

Beachte: Eine degenerative Linksverschiebung, Leukopenie, leukämoide Reaktion oder eine mittel- bis hochgradige toxische Veränderung der Neutrophilen weisen auf eine vorsichtige bis ungünstige Prognose hin.

Leukoerythroblastische Reaktion

Die leukoerythroblastische Reaktion ist selten, kann aber zu Verwechslungen mit einer Erythroleukämie führen. Eine leukoerythroblastische Reaktion liegt vor, wenn unreife erythroide und myeloische Zellen in die Zirkulation entlassen werden. Dies geschieht bei verschiedenen Erkrankungen (z.B. Knochenmarknekrose, hochgradige hämolytische oder Blutungsanämie, Hämangiosarkom, extramedulläre Hämatopoese, metastatische Knochenmarkerkrankungen), die zum Zusammenbruch der Blut-Knochenmark-Schranke und zur verfrühten Freisetzung hämatopoetischer Zellen ins Blut führen.

Toxische Neutrophile

Toxische Neutrophile (siehe Kap. 2) sind Anzeichen einer Toxämie und kommen oft bei schweren Entzündungen und Infektionen vor. Die schwersten toxischen Veränderungen der Neutrophilen werden durch bakterielle Toxine hervorgerufen, können aber auch durch andere Toxine (z. B. Chemotherapeutika) verursacht werden. Die Einteilung der Toxämie erfolgt anhand der Anzahl betroffener Neutrophiler (Angabe in Prozent oder als „vereinzelt, mäßig, häufig") und des Schweregrads der morphologischen Veränderungen (1+ bis 4+). Einzelne (1+) toxische Neutrophile sind zu vernachlässigen, aber ein mäßiges bis häufiges Vorkommen (2+ bis 4+) ist ein schlechtes prognostisches Zeichen (Farbtafel 2F). So weisen beispielsweise viele toxische Neutrophile bei jungen Hunden mit blutigem Durchfall auf eine Parvovirusinfektion hin. Große Mengen an bakteriellen Toxinen werden aus dem geschädigten Darm absorbiert und fördern toxische Veränderungen der Neutrophilen. Diese toxischen Veränderungen sind manchmal der einzige Hinweis auf die Erkrankung (das übrige Leukogramm kann unverändert erscheinen). Deshalb sollte immer ein Blutausstrich untersucht werden.

4.2.3 Stress und Reaktion auf Kortikosteroide

Stress und die Verabreichung von Kortikosteroiden sind häufige Ursachen einer Neutrophilie. Im akuten Fall zeigt das klassische Leukogramm eine mittelgradige Leukozytose mit reifzelliger Neutrophilie, Lymphopenie und Eosinopenie. Bei Hunden beobachtet man auch eine geringgradige bis mittelgradige Monozytose (z. B. $2{,}5 \times 10^9$/l [*2500/µl*]). Leukogramme mit sekundären Veränderungen, die auf endo- oder exogene Steroide hinweisen, sind häufig. Die Leukozytenzahl steigt nach einer Kortikosteroidbehandlung beim Hund in Einzelfällen auf Werte bis zu $30–40 \times 10^9$ Zellen/l (*30 000–40 000 Zellen/µl*) an, wobei Neutrophile vorherrschend sind. I. d. R. kommt es allerdings zu einer Erhöhung der Zellzahlen in Bereiche von $15–25 \times 10^9$ Leukozyten/l (*15 000–25 000 Leukozyten/µl*) (Duncan et al., 1994).

Eine Neutrophilie entwickelt sich innerhalb von 4–12 Stunden zurück und kann in weniger als 24 Stunden wieder den Ausgangswert erreichen. Bei Katzen ist die Leukozytose i. d. R. etwas weniger ausgeprägt (z. B. 22×10^9 Leukozyten/l mit 18×10^9 Neutrophilen/l [*22 000 Leukozyten/µl mit 18 000 Neutrophilen/µl*]). Eine Monozytose ist nicht anzutreffen. Hyperadrenokortizismus oder Langzeitbehandlung mit Kortikosteroiden führen zu recht variablen hämatologischen Mustern (inkl. Normalbefund); zu erwarten sind Lymphopenie und Eosinopenie bei unveränderter Neutrophilenzahl (Latimer, 1995; Moore et al., 1992). Gleichzeitig ablaufende Pathomechanismen können gegensätzliche Effekte hervorrufen. Beispielsweise kann ein Hund einerseits eine zur Eosinophilie führende Erkrankung haben, andererseits aber unter Stress leiden oder mit Kortikosteroiden behandelt werden, so dass die Eosinophilenzahl variiert.

Beachte: Bei Hunden und Katzen stellt eine durch Stress oder Kortikosteroidbehandlung bedingte Lymphopenie die häufigste Leukogrammveränderung dar.

Die Auswirkungen einer Kortikosteroidbehandlung auf das Leukogramm des Hundes werden in den Tabellen 4.3 und 4.4 veranschaulicht. Nach Gabe von Kortikosteroiden wächst der totale Blutneutrophilen-Pool (TBNP), weil einerseits vermehrt Neutrophile aus dem Knochenmark freigesetzt werden und andererseits weniger Neutrophile ins Gewebe auswandern (Tab. 4.4). Zusätzlich werden Neutrophile aus dem Marginalpool (entzieht sich der Auszählung) in den zirkulierenden Pool (wird im Rahmen des großen Blutbilds ausgezählt) verschoben. Eine Linksverschiebung ist bei Stress oder Kortikosteroidgabe nicht zu erwarten. Eher kommt es zur Hypersegmentation der Neutrophilen (sog. Rechtsverschiebung), weil weniger Zellen ins Gewebe emigrieren und sich so die Halbwertszeit der Zellen im Blut verlängert (Tab. 4.4). Im Rahmen der Alterung von Neutrophilen ist eine progressive Hypersegmentierung und Zerlappung des Kerns zu beobachten. Hypersegmentierte Neutrophile haben fünf oder

Tabelle 4.3 Leukozytenveränderungen bei einem mit Dexamethason behandelten Hund

	Freitag	Samstag	Montag	Dienstag	Mittwoch
Leukozyten (× 10^9/l)	12,2	22,2	19,6	31,1	29,3
Segmentkernige (× 10^9/l)	9,5	18,6	11,0	26,4	25,5
Stabkernige (× 10^9/l)	0,0	0,0	0,2	0,0	0,0
Lymphozyten (× 10^9/l)	1,9	2,0	5,1	1,9	0,9
Monozyten (× 10^9/l)	0,6	1,6	2,2	2,8	3,1
Eosinophile (× 10^9/l)	0,6	0,0	1,2	0,0	0,0

Hämatologische Daten von einem klinisch gesunden Hund, der täglich (außer Sonntag) mit Dexamethason behandelt wurde, um die Reaktion auf Kortikosteroide und Stress darzustellen. Die Daten vom Freitag, dem ersten Tag vor der Behandlung, sollten als Ausgangs(Referenz)werte angesehen werden. Jeden Tag außer Mittwoch kam es zu Abweichungen vom klassischen Reaktionsmuster.

Tabelle 4.4 Auswirkungen von Kortison auf kanine Granulozyten

	Granulozytenzahl (× 10^9/l)	TBGP (× 10^7/kg)	HWZ (Stunden)	Granulozytenumsatz (× 10^7 Zellen/kg/Tag)
Kontrollgruppe	5,6 (3,0–8,4)	88 (53–112)	5,3 (3,8–6,3)	301 (157–468)
behandelte Gruppe	13,8 (8,7–30,1)	162 (67–269)	7,6 (6,0–8,2)	352 (136–438)

Werte werden als Mittelwerte (Wertebereich) angegeben. Die Neutrophilie bei kortisonbehandelten Hunden spiegelt sich in einer erhöhten Granulozytenzahl wider, die etwa der absoluten Neutrophilenzahl entspricht. Der totale Blutgranulozyten-Pool (TBGP) entspricht der Gesamtzahl der Granulozyten (v.a. Neutrophile) im Körper und basiert auf dem Körpergewicht. Er veranschaulicht einen tatsächlichen Anstieg der Neutrophilen im Blut bei kortisonbehandelten Hunden. Die Halbwertszeit (HWZ) der Neutrophilen in der Zirkulation zeigt, dass die Neutrophilen sich aufgrund ihrer längeren Lebensdauer im Gefäßsystem akkumulieren. Der Granulozytenumsatz weist eine verstärkte Freisetzung von Neutrophilen aus dem Knochenmark nach. Aus: *Boggs DR, Winkelstein A: White cell manual, 3. Auflage, Philadelphia, 1975, FA Davis*

mehr Kernlappen. Die Erhöhung der Freisetzungsrate der Neutrophilen aus dem Knochenmark durch Kortikosteroide bildet den Hauptgrund für die resultierende Leukozytose. Dieser Effekt ist jedoch bei Vorliegen eines physiologischen Speicherpools im Knochenmark nicht ausreichend, um die Entlassung von Stabkernigen oder Metamyelozyten zu erzeugen. Kommt es zu einer Linksverschiebung, spricht dies für einen erschöpften Speicherpool und einen starken Gewebebedarf an Neutrophilen durch eine begleitende Entzündung.

Die beschriebenen kortikosteroidinduzierten Veränderungen liegen nicht in jedem Leukogramm vor. Die Beurteilung von Leukogrammen sollte daher immer nach dem Prinzip „Was passt am besten zusammen?" erfolgen. Als Beispiel werden in Tabelle 4.3 die hämatologischen Daten eines gesunden Hundes aufgelistet, der wiederholt mit Dexamethason behandelt wurde. Einen Tag nach der ersten Behandlung (Samstag) treffen fünf der sechs erwarteten steroid- oder stressinduzierten Veränderungen zu (Leukozytose, Neutrophilie, keine Linksverschiebung, Eosinopenie, Monozytose). Eine Lymphopenie lag nicht vor, obwohl diese Veränderung i.d.R. am häufigsten auftritt. An Tag 3 (Montag) ähnelt der Befund mit Lymphozytose, Monozytose und Eosinophilie am ehesten einer physiologischen Leukozytose. Lediglich an Tag 5 (Mittwoch) ist das klassische „Kortikosteroid- oder Stressmuster" nachzuweisen. Einige der Abweichungen hängen möglicherweise mit der Zeit zwischen Dexamethasongabe und Blutentnahme zusammen. Innerhalb von 4–12 Stunden kommt es zu maximal ausgeprägten Leukogrammveränderungen, die sich innerhalb von 24 Stunden wieder normalisieren können.

Beachte: Eine Kortikosteroidgabe verursacht eine Neutrophilie, Lymphopenie, Eosinopenie und (beim Hund) Monozytose. Das Ausmaß der Veränderungen variiert innerhalb von 24 Stunden nach der Behandlung.

4.2.4 Anstrengung und Reaktion auf Adrenalin

Eine transiente Leukozytose fällt v.a. bei jungen, gesunden Katzen auf, bei denen es durch Angst oder starke Anstrengung (z.B. Widersetzlichkeit bei Blutentnahme) zur Adrenalinfreisetzung kommt. Der totale Blutneutrophilen-Pool (TBNP) bleibt davon unberührt, aber es kommt zur Zellverschiebung aus dem marginalen in den zirkulierenden Pool, d.h. zu einer neutrophilen Leukozytose. Dabei liegt weder eine vermehrte Freisetzung von Neutrophilen aus dem Knochenmark, noch eine reduzierte Auswanderung aus den Kapillargebieten vor. Da Katzen im Vergleich zum Hund einen größeren marginalen Neutrophilenpool besitzen (3 Neutrophile im Marginalpool für jeden Neutrophilen im zirkulierenden Pool; Tabelle 4.1), ist diese Leukozytose bei der Katze ausgeprägter als beim Hund. Zellverschiebungen zwischen den Pools sind bei der Katze von großer Bedeutung; die Gesamtleukozytenzahl erreicht oft 20×10^9/l (*20 000/µl*), wobei die Neutrophilie durch eine Lymphozytose (6–15 × 10^9/l [*6000–15 000/µl*]) überlagert sein kann (Duncan et al., 1994). Bei Hunden ist die physiologische Leukozytose nur gering ausgeprägt, und die Zellzahlen bleiben häufig im Referenzbereich, so dass der Befund in der klinischen Untersuchung meist übersehen wird. Lediglich bei Laborhunden – bei denen aufgrund regelmäßiger Blutentnahmen wiederholte Differentialblutbilder vorliegen – ist nach plötzlicher Aufregung oder Angst ein geringgradiger Anstieg der Gesamtleukozyten, der Neutrophilen, der Lymphozyten und des Hämatokrits zu verzeichnen.

Beachte: Die physiologische Freisetzung von Adrenalin (Angst oder starke Aktivität) verursacht einen sofortigen gering- bis mittelgradigen Anstieg der Neutrophilen und der Lymphozyten, der innerhalb von 30–60 Minuten allmählich wieder absinken sollte.

4.3 Leukopenie und Neutropenie

Leuko- und Neutropenien kommen bei Hunden und Katzen eher selten vor und stellen ein ungünstiges prognostisches Zeichen dar. Die beiden wahrscheinlichsten Ursachen einer Neutropenie sind:

1. starker Neutrophilenverbrauch im Gewebe durch eine hochgradige Entzündung
2. gestörte Produktion im Knochenmark (Tab. 4.5; siehe auch 2.5 Knochenmarkuntersuchung und 4.3.1 Neutropenien infolge Knochenmarkerkrankungen).

Tabelle 4.5 Hauptursachen der Neutropenie

Verbrauch von Neutrophilen	betroffene Tiere
extreme Sepsis/Endotoxämie (wichtig)	Hunde/Katzen
Parvovirusenteritis (wichtig)	Hunde/Katzen
Salmonellose	Hunde/Katzen
immunmediierte Zerstörung (selten)	Hunde
Knochenmarksuppression	
felines Leukämievirus (FeLV; wichtig)	Katzen
felines Immundefizienzvirus (FIV)	Katzen
Parvovirus (wichtig)	Hunde/Katzen
Ehrlichiose	Hunde
Knochenmarktoxizität	Hunde/Katzen
Östrogene (endo-/exogen)	Hunde
Phenylbutazon	Hunde/Katzen
antineoplastische Chemotherapie	Hunde/Katzen
Strahlung	Hunde/Katzen
Leukämie (wichtig)	Hunde/Katzen
Myelophthise/Myelonekrose	Hunde/Katzen
immunmediierte Zerstörung der Vorläuferzellen der Neutrophilen (selten)	Hunde/Katzen

Mit freundlicher Genehmigung von Dr. M.D. Willard.

Ferner kann eine Neutropenie durch die zeitweilige Verschiebung von Neutrophilen (z.B. durch Endotoxine) aus dem zirkulierenden in den Marginalpool, wo sie für eine Zählung nicht zugänglich sind, verursacht sein (bislang nur experimenteller Nachweis). Diese transiente Form einer Neutropenie ist tatsächlich eine „Pseudoneutropenie", da der TBNP unverändert bleibt. Selten kommt es im Zusammenhang mit Lupus erythematodes oder der Verabreichung mancher Arzneimittel zu immunmediierten oder „steroidresponsiven" Neutropenien.

Solange ein exzessiver Neutrophilenverbrauch im Gewebe erfolgt, kommt es zu einer hochgradigen Neutropenie; daraus resultierend werden sehr unreife Neutrophile – sogar Myelozyten und Promyelozyten – aus dem Knochenmark freigesetzt. Eine klinisch relevante Linksverschiebung liegt vor, wenn 10 % oder mehr der Gesamtneutrophilen aus Stabkernigen oder jüngeren Formen bestehen. Man spricht von einer degenerativen Linksverschiebung, wenn die Anzahl der Stabkernigen und jüngeren Neutrophilen die der Segmentkernigen übersteigt. Entzündliche Prozesse, die sich an großen Oberflächen abspielen (z.B. septische Peritonitis, Enteritis oder Septikämie), neigen dazu, hochgradige Neutropenien und Leukopenien hervorzurufen. Insbesondere gramnegative bakterielle Infektionen sind häufig mit Verbrauchsneutropenien assoziiert. Befunde wie eine starke Linksverschiebung, ausgeprägte toxische Veränderungen und eine sich entwickelnde Leukopenie weisen auf das Vorliegen einer gramnegativen Sepsis hin. Im Gegensatz hierzu verursachen lokale Infektionen (Abszess oder Pyometra) mit pyogenen Bakterien i.d.R. eine Leukozytose.

Anhand von Hämogrammen lassen sich Leukopenien, die durch eine massive Infektion bedingt sind, von primären Knochenmarkerkrankungen differenzieren. Die Lebensdauer der Neutrophilen im Blut ist verkürzt. Entsprechend sinkt ihre Anzahl, bevor sich eine Anämie oder Thrombozytopenie entwickelt. Dieses Muster trifft üblicherweise auf hochgradige Entzündungen oder eine den Körper „überrennende" Infektion zu. Eine Pan- oder Bizytopenie hingegen weist auf eine primäre Knochenmarkerkrankung hin. Allerdings kann eine Neutropenie durch massive Entzündung auch mit einer anderweitig bedingten Anämie oder Thrombozytopenie vergesellschaftet sein (z.B. Hämorrhagie und/oder disseminierte intravasale Gerinnung). Um die Hämatopoese beurteilen zu können und die Diagnose zu stellen, ist eine Aspiration und Stanzbiopsie des Knochenmarks indiziert. Auch der zeitliche Ablauf der Erkrankungen kann helfen, die beiden o.g. Ursachen für eine Neutropenie zu differenzieren. Während eine Verbrauchsneutropenie sehr schnell entsteht, kann sich eine primäre Knochenmarkerkrankung schleichend entwickeln. Kommt es zu Linksverschiebung, toxischen Veränderungen der Neutrophilen und Geldrollenbildung, liegt es nahe, dass eine schwere Entzündung oder Infektion die Ursache der Neutropenie ist.

Eine hochgradige primäre Neutropenie kann den Patienten für Septikämien prädisponieren. Bei antineoplastischen Chemotherapien werden aufgrund der Myelotoxizität des Medikaments Neutropenien und Leukopenien häufig beobachtet. Die Neutrophilenzahlen sind 5–7 Tage nach Beginn der Behandlung i.d.R. am niedrigsten. Bestimmte Merkmale können eine Sepsis vorhersagen (Couto, 1985). Liegen die Neutrophilenzahlen unter 2×10^9 Zellen/l (*2000 Zellen/μl*), ist eine Überwachung des Patienten im Hinblick auf eine Sepsis erforderlich. Sind weniger als $0{,}5 \times 10^9$/l (*500/μl*) neutrophile Granulozyten vorhanden und ist der Patient febril, geht man von einer Sepsis (wahrscheinlich durch Darmbakterien) aus. Eine Chemotherapie mit myelosuppressiven Medikamenten ist abzusetzen, wenn die Neutrophilenzahl unter $2{,}5 \times 10^9$ Zellen/l (*2500 Zellen/μl*) bzw. die Thrombozytenzahl unter 50×10^9/l (*50 000/μl*) fällt.

4.3.1 Neutropenien infolge Knochenmarkerkrankungen

Bleiben die Ursachen einer Neutropenie längere Zeit im Dunkeln, ist eine Aspirations- und/oder Stanzbiopsie des Knochenmarks angezeigt. U.a. führen eine reduzierte Neutrophilenproduktion (myeloische Hypoplasie, ineffektive Granulopoese, Knochenmarknekrose) oder Knochenmarkschädigungen, die das physiologische hämatopoetische Gewebe verdrängen (Myelofibrose, disseminierte granulomatöse Infektion, Leukämie; siehe Kap. 2), zu einer gestörten Myelopoese. Zwar lässt sich durch die Untersuchung des Knochenmarks nur selten eine Ursache (z.B. Schädigung durch Östrogene oder Phenylbutazon) nachweisen, aber es ist danach eine Unterscheidung zwischen myeloischer Hypoplasie und myelophthisischen Erkrankungen möglich. Eine ineffektive Granulopoese liegt nahe, wenn gleichzeitig mit einer Leukopenie eine unveränderte bis erhöhte Anzahl sich entwickelnder myeloischer Zellen im Knochenmark festzustellen ist (ohne Vorliegen einer massiven Infektion). Die Zellen werden bereits vor ihrer Reifung im Knochenmark zerstört („Recycling") und können daher nicht ins Blut entlassen werden. Diese Vorgänge kommen bis zu einem geringen Grad auch bei gesunden Hunden vor (der so genannte Myelozytenuntergang), sind jedoch bei Erkrankungen wie der Parvovirose des Hundes und der Infektion der Katze mit dem felinen Leukämievirus (FeLV) stark übersteigert. Bei etwa 50 % der FeLV-positiven neutropenischen Katzen liegt eine ausgeprägte granulozytäre Hyperplasie mit Tendenz zu unreifen Stadien vor. Bei den anderen 50 % hingegen entwickelt sich – vermutlich bedingt durch virale Zerstörung des hämatopoetischen Gewebes – eine myeloische Hypoplasie. Eine persistierende Neutropenie trotz myeloischer Hyperplasie bei FeLV-infizierten Katzen weist auf eine ineffektive Granulopoese hin, vorausgesetzt, die Neutropenie ist nicht durch erhöhten Verbrauch im Gewebe bedingt. Eine ineffektive Granulopoese kann auch im Rahmen einer idiosynkratischen Reaktion auf Arzneimittel (z. B. Phenobarbital) entstehen.

Leuko- und Neutropenie können auch aus einer Schädigung oder Depletion der myeloischen Zellen resultieren (myeloische Hypoplasie; siehe Kap. 2). Mögliche Ursachen für eine myeloische Hypoplasie sind u. a. die Parvovirusinfektion, endo- und exogene Östrogenvergiftung beim Hund, *Ehrlichia-canis*-Infektion, antineoplastische Chemotherapie, Strahlung sowie idiosynkratische Reaktionen auf Arzneimittel wie Phenylbutazon, Trimethoprim-Sulfadiazin oder Chloramphenicol (siehe Kap. 3). Obwohl immunmediierte Neutropenien bei Hund und Katze noch nicht gut erforscht sind, kommen bei beiden Spezies steroidresponsive Neutropenien vor. Eine artifizielle Neutropenie kann durch Leukozytenaggregation nach Exposition gegenüber Ethylendiamintetraessigsäure (EDTA)-Antikoagulans oder durch Gewinnung einer verdünnten Blutprobe aus Kathetern zur intravenösen Flüssigkeitsgabe hervorgerufen werden.

Parvovirus

Symptome einer Parvovirusinfektion sind u. a. Diarrhö, Vomitus und Leukogrammveränderungen wie Leukopenie, Neutropenie mit starken toxischen Veränderungen und Lymphopenie. Das Parvovirus infiziert und zerstört sich schnell teilende Zellen (z. B. intestinale Kryptenepithelien, Lymphgewebe, hämatopoetische Zellen). Enteritis (mit oder ohne blutigen Durchfall) oder Leukopenie (durch eine ausgeprägte Neutrophilenexsudation in den geschädigten Darm) sind die Folgen dieser Gewebeprädilektion. Die Leukopenie ist transient und tritt bei der Parvovirose des Hundes i. d. R. in einem frühen Stadium auf, so dass sie leicht übersehen werden kann. Manchmal sind in den Blutausstrichen auch Mastzellen, die aus dem entzündeten Darm stammen, nachzuweisen. Während der Erholungsphase ist eine neutrophile Leukozytose zu erwarten. Bei starker Granulopoese kann eine leukämoide Reaktion mit Störung der Zellreifung auftreten. Mit vollständiger klinischer Genesung werden im Leukogramm wieder die Ausgangswerte erreicht. Die Diagnose der Parvovirusenteritis ist *ante mortem* am einfachsten durch Virusnachweis im Kot zu stellen (siehe Kap. 10). Die hämatologischen Reaktionen bei der Panleukopenie der Katze laufen identisch ab.

Felines Leukämievirus (FeLV)

Eine FeLV-Infektion kann verschiedene Erkrankungen hervorrufen (siehe Kap. 17), darunter auch Zytopenien, wie eine Neutropenie (Brown und Rogers, 2001). Eine FeLV-Virämie wird v. a. durch die Untersuchung von Blut- oder Buffy Coat-Ausstrichen durch ELISA (Enzyme-linked Immunosorbent Assay) und indirekten Fluoreszenz-Antikörper-Test (IFAT) diagnostiziert. Falls der ELISA für FeLV-gruppenspezifische Antigene trotz des Verdachts auf eine FeLV-Infektion negativ ausfällt, sollten Knochenmarkaspirate durch einen IFAT untersucht werden, um auszuschließen, dass eine Virussequestration vorliegt.

Felines Immundefizienzvirus (FIV)

Eine FIV-Infektion kann Zytopenien (Neutropenie, Anämie, Thrombozytopenie) verursachen (Shelton, Linenberger, Abkowitz, 1991). Viele Erkrankungen sind FIV-assoziiert, u. a. eine Reihe von Infektionen, maligne Neoplasien, Lymphadenopathie, Kolitis und Erkrankungen des zentralen Nervensystems. Die Diagnose der FIV-Infektion erfolgt durch ELISA und Western Blot.

Zyklische Hämatopoese

Bei der zyklischen Hämatopoese (Grey-Collie-Syndrom, zyklische Neutropenie) handelt es sich um eine autosomal rezessive Erkrankung, die v. a. durch eine zyklische Neutropenie mit 11–12 Tage dauernden Zyklen gekennzeichnet ist. Erstmals wurde diese Veränderung bei grauen Collie-Welpen beschrieben. Hochgradige Neutropenien ($0–0{,}4 \times 10^9$ Neutrophile/l [*0–400 Neutrophile/µl*]) prädisponieren die betroffenen Collies für lebensbedrohliche bakterielle Infektionen. Ein Stammzelldefekt verursacht auch einen zyklischen Abfall der Produktion von Thrombozyten, anderen Granulozyten, Monozyten und Erythrozyten (Retikulozyten). Aufgrund der längeren Halbwertszeit der Thrombozyten und Erythrozyten sind die Veränderungen weniger auffällig als bei den Neutrophilen. Die zyklische Hämatopoese wurde – oft mit unregelmäßigeren Zyklen – auch bei anderen Hunderassen sowie bei Hunden nach einer Behandlung mit Cyclophosphamid nachgewiesen, selten bei FeLV-infizierten Katzen (Swenson et al., 1987). Die Schwankungen der Neutrophilen, anderer Leukozyten, der Retikulozyten und Plättchen erfolgen in Intervallen von 8–29 Tagen.

Um eine zyklische Neutropenie zu belegen, werden im Abstand von 2–3 Tagen Hämogramme angefertigt. Zum Nachweis der zyklischen Schwankungen von Thrombozyten und anderen Zellen sind häufig auch tägliche Blutbilder erforderlich.

4.4 Monozytose und Monozytopenie

Bei ca. 30 % der hospitalisierten Hunde und 11 % der Katzen kommt es zur Monozytose. Die Monozyten im Blut dienen dazu, verbrauchte Makrophagen im Gewebe zu ersetzen. Zu den Gewebsmakrophagen gehören u.a. die Kupffer'schen Sternzellen in den Lebersinusoiden, die Alveolarmakrophagen der Lunge, die dendritischen Zellen der Lymphknoten und die Mikrogliazellen im Gehirn (zusätzlich zu den bei Entzündungen vorkommenden Histiozyten und vielkernigen Riesenzellen). Während der Reifung von Blutmonozyten zu Gewebsmakrophagen werden Zellmorphologie, metabolische Aktivität, Enzymgehalt und Synthese biologisch aktiver Proteine verändert.

Makrophagen entfernen nekrotischen Detritus, töten Pilze und manche Parasiten ab, inaktivieren Viren, reagieren auf Fremdkörper, phagozytieren alternde und abnorme Erythrozyten und zerstören Tumorzellen. Eine Monozytose mit einem großen Bedarf an Makrophagen ist bei entzündlichen Erkrankungen zu erwarten. Beispielsweise werden bei IMHA ständig Erythrozyten, die mit Antikörpern oder Komplement beladen sind, phagozytiert. Ebenso muss nekrotischer Zelldetritus entfernt werden, um eine Regeneration und Heilung des Gewebes zu ermöglichen. Obwohl Makrophagen bei den meisten entzündlichen Prozessen eher „spät“ auftreten, ist eine Monozytose sowohl bei akuten als auch bei chronischen Prozessen zu beobachten. Sie kann ferner auch bei eitrigen, pyogranulomatösen und granulomatösen Entzündungen, Nekrosen, malignen Tumoren, hämolytischen oder hämorrhagischen sowie immunmediierten Erkrankungen vorliegen. Selten ist eine Monozytose die einzige Veränderung des Leukogramms bei Hunden mit Sepsis oder bakterieller Endokarditis.

Reaktionen auf Kortikosteroide gehören beim Hund zu den Differentialdiagnosen einer Monozytose (siehe auch 4.2.3 Stress und Reaktion auf Kortikosteroide). Erkrankungen, bei denen Makrophagen benötigt werden, kommen bei Hund und Katze differentialdiagnostisch in Frage. Eine extreme Monozytose kann auf eine Leukämie hinweisen. Falls gleichzeitig eine Lympho- und Eosinopenie vorliegt, ist eine Reaktion auf Stress oder Kortikosteroide wahrscheinlich. Ohne gleichzeitige Lympho- und Eosinopenie liegt der Verdacht auf eine chronische Entzündung oder Gewebezerstörung nahe.

Eine Monozytopenie ist nicht von Bedeutung. Gewöhnlich kommen Monozyten in geringer Anzahl im Blut vor. Im Blutausstrich werden sie – insbesondere beim Ausstreichen mit Glaskeilen anstelle von Objektträgern – ungleichmäßig verteilt, so dass sie bei der Auszählung von 100 Leukozyten für ein Differentialblutbild unterrepräsentiert sein können. Automatisierte hämatologische Zählgeräte geben oft mehr Monozyten an als die mikroskopische Auszählung ergibt.

4.5 Lymphozytose

Lymphozyten behalten als einzige Leukozyten die Fähigkeit, sich zu teilen und zwischen Blut und Geweben zu zirkulieren. Eine Lymphozytose kann transient (15–30 Minuten Dauer) oder persistierend sein. Eine physiologische Leukozytose geht mit einer vorübergehenden Lymphozytose einher (s.o.). Liegt eine persistierende, nicht neoplastische Lymphozytose vor, spricht dies üblicherweise für eine starke Immunstimulation durch eine chronische Infektion, Virämie, immunmediierte Erkrankung oder kürzlich erfolgte Immunisierung. Ergänzende Laborbefunde, die (zusätzlich zu Vorbericht und klinischer Untersuchung) auf eine chronische Infektion hinweisen, sind u.a. eine Hyperproteinämie mit polyklonaler Gammopathie oder das Vorhandensein „reaktiver" Lymphozyten, Hinweise auf eine Entzündung im großen Blutbild, sowie der zyto- oder histologische Nachweis einer Entzündung und/oder Hyperplasie von Lymphknoten. Die Differenzierung einer persistierenden extremen Lymphozytose von einer chronisch lymphatischen Leukämie (CLL) wird später in diesem Kapitel besprochen.

4.5.1 Reaktive und zu Blasten transformierte Lymphozyten

Reaktive Lymphozyten sind große, immunstimulierte Lymphozyten mit dunkelblauem Zytoplasma und unregelmäßigen, ausgezogenen oder gespaltenen Kernen. Sie werden auch als Immunozyten bezeichnet. Im Gegensatz hierzu haben zu Blasten transformierte Lymphozyten einen großen Kern mit einem hellen verstreuten Chromatinmuster und prominenten Nukleoli oder nukleolären Ringen. Nur selten sind reaktive Lymphozyten in den Blutausstrichen gesunder Tiere zu finden. Bei kranken oder kürzlich geimpften Tieren hingegen sind oft einige bis mehrere reaktive Lymphozyten im Ausstrich zu finden. Reaktive Lymphozyten sind nicht von spezifischer diagnostischer Bedeutung. Ihre Anzahl gibt weder zuverlässig den Grad der Immunstimulation wieder, noch ist sie pathognomonisch für eine spezielle Erkrankung. Reaktive, zu Blasten transformierte Lymphozyten können ungewöhnlich zahlreich sein oder v.a. bei jungen Tieren sehr aktiv erscheinen. Fälschlicherweise wurden solche Fälle schon oft als lymphatische Leukämie oder als das leukämische Erscheinungsbild eines Lymphoms diagnostiziert.

4.6 Lymphopenie und Eosinopenie

Starker Stress oder eine Kortikosteroidgabe (siehe auch 4.2.3 Stress und Reaktion auf Kortikosteroide) verursachen i.d.R. eine Lympho- und Eosinopenie. Lymphopenien treten bereits früh im Verlauf von akuten schweren, stark belastenden Erkrankungen auf (Abb. 4.5). Die Rückkehr der Lymphozytenzahl in den Referenzbereich ist ein gutes prognostisches Zeichen, das auf eine Erholung hinweist. Geht lymphozytenreiche Lymphe beispielsweise durch einen Chylothorax verloren, kann sich bei Hund und Katze eine Lymphopenie entwickeln. Ähnliche Folgen haben eine Protein-losing Enteropathy (PLE) und Lymphangiektasien beim Hund sowie die Unterbrechung der physiologischen Lymphzirkulation durch entzündliche, infektiöse oder neoplastische Erkrankungen bei Hund und Katze (Latimer, 1995). Bei manchen Virusinfektionen führt eine direkte virale Schädigung von Lymphgewebe oder die Umverteilung von Lymphozyten aufgrund von Stress oder Antigenexposition zur Lymphopenie. Zu solchen Virusinfektionen gehören beim Hund u.a. Staupe, Hepatitis contagiosa canis (HCC), die Parvovirus- und Coronavirusenteritis. Bei Katzen können Panleukopenie und FeLV-Infektion zur Lymphopenie führen.

Die Lymphozytenzahl ist altersabhängig; jüngere Tiere haben i.d.R. höhere Werte. Beispielsweise liegen die minimalen Lymphozytenzahlen beim Hund für ein Alter von 3–6 Monaten bei 2×10^9/l (*2000/µl*), für 8–24 Monate bei $1{,}5 \times 10^9$/l (*1500/µl*) und für über 24 Monate alte Tiere bei 1×10^9/l (*1000/µl*). Diese Referenzbereiche sind bei Hinweisen auf eine Lymphopenie bei Jungtieren zu benutzen.

Eine Eosinopenie kann in routinemäßig erstellten weißen Blutbildern oft nur schwer nachzuweisen sein. Eosinophile können im Differentialblutbild gesunder Katzen gar nicht vorkommen, und auch beim gesunden Hund machen sie nur 2 % der Leukozyten aus. Die bei 2 % Eosinophilen zu erwartende Variation im Rahmen der manuellen Auszählung von 100 Zellen beträgt 0–8 % (95 % statistischer Vertrauensbereich). Der klinische Eindruck einer echten Eosinopenie bei einem kranken Tier wird verstärkt, wenn gleichzeitig eine Lymphopenie vorliegt. Die häufigsten Ursachen einer Eosinopenie sind starker krankheitsassoziierter Stress und die Reaktion auf eine Kortikosteroidgabe. Die scheinbare Eosinopenie des Greyhounds und anderer Hunderassen beruht darauf, dass „vakuolisierte" oder „graue" Eosinophile nicht erkannt wurden. Die Granula der betroffenen Eosinophilen erscheinen durchsichtig, anstatt rotorange.

4.7 Eosinophilie

4.7.1 Allgemeines

Eine Eosinophilie weist i.d.R. auf eine eosinophile Entzündung im Körper hin. Bedingt durch die wesentlich kürzere Halbwertszeit der eosinophilen Granulozyten im Blut als im Gewebe kann auch eine starke eosinophile Gewebsinfiltration ohne nachweisbare Eosinophilie vorliegen. Eosinophile töten Parasiten ab, regulieren die Intensität von IgE-vermittelten Hypersensitivitätsreaktionen und können Entzündungen und Gewebeschädigungen fördern (Center et al., 1990; McEwen, 1992). Die Abtötung von Parasiten erfolgt durch Bindung an die Eosinophilen und Ausbildung einer digestiven Vakuole zwischen dem jeweiligen Eosinophilen und dem Parasiten. Bei der Degranulation werden basisches Hauptprotein und eosinophile Peroxidase freigesetzt, die die Hülle von Parasiten oder deren Eiern schädigen. Zu einer stärkeren eosinophilen Reaktion kommt es bei Parasiten innerhalb von Geweben (z.B. Herzwürmer, Spulwürmer, wandernde Lungenegel wie *Paragonimus kellicotti* [Verbreitungsgebiet siehe Appendix I]). Endoparasiten wie Giardien oder Bandwürmer, die gewöhnlich nicht das Gewebe befallen, erzeugen im Allgemeinen keine Eosinophilie. Manche Parasiten führen erst nach ihrem Absterben zur Eosinophilie, da nun zuvor verborgene Antigene zugänglich werden. Die Eosinophilie entwickelt sich als Immunreaktion. Der Erstkontakt mit einem Parasiten erzeugt eine mittelgradige, verzögerte Eosinophilie, der Zweitkontakt mit demselben Parasiten führt zu einer heftigen, anhaltenden Eosinophilie.

Die inflammatorische Reaktion auf bestimmte Antigene ähnelt der Reaktion auf gewebsinvasive Parasiten. Lymphozyten reagieren auf das Allergen mit einer Immunantwort vom IgE-Typ. Die zur Degranulation stimulierten Eosinophilen können gesundes Gewebe zerstören, z.B. kann die durch inhalierte Allergene ausgelöste eosinophile Entzündung bei felinem Asthma das respiratorische Epithel schädigen.

Durch Produkte der Mastzellen und Lymphokine werden Eosinophile in entzündete Gewebe gelockt. Die Interaktion zwischen Lymphozyten, Mastzellen und Eosinophilen ist sehr komplex. Auch wenn sich Mediatoren jeder Zellart lokal oder auf das Knochenmark auswirken, haben doch die T-Lymphozyten über die Bildung von Interleukin-5 den größten Einfluss auf Produktion und Reifung der Eosinophilen.

4.7.2 Diagnostisches Vorgehen

Bei vorliegender Eosinophilie sollten zunächst parasitäre und allergische Prozesse in Betracht gezogen werden (Abb. 4.6 und Abb. 4.7; Center et al., 1990; Latimer, 1995). Weniger häufige Ursachen sind Neoplasien (z.B. Mastzelltumoren, Lymphome, muzinöse Karzinome, Fibrosarkome, eosinophile Leukämien), Virusinfektionen (z.B. FeLV) oder bakterielle Infektionen (z.B. durch Streptokokken- oder Staphylokokken). Beim hypereosinophilen Syndrom ist eine hochgradige persistierende Eosinophilie in Blut und Gewebe zu beobachten. Pilzinfektionen als Ursache einer Eosinophilie sind in Deutschland

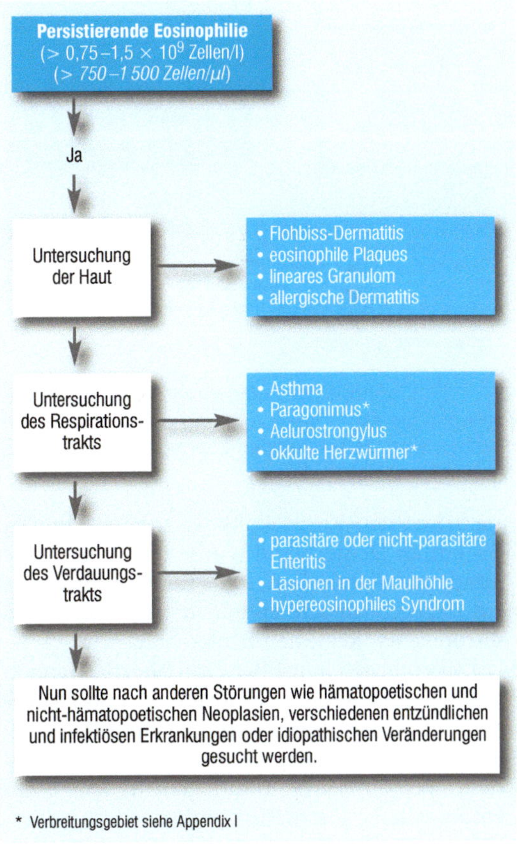

Abb 4.6 Diagnostische Aufarbeitung einer Eosinophilie (Katze). Ein Algorithmus zur Diagnose der häufigsten Ursachen der Eosinophilie

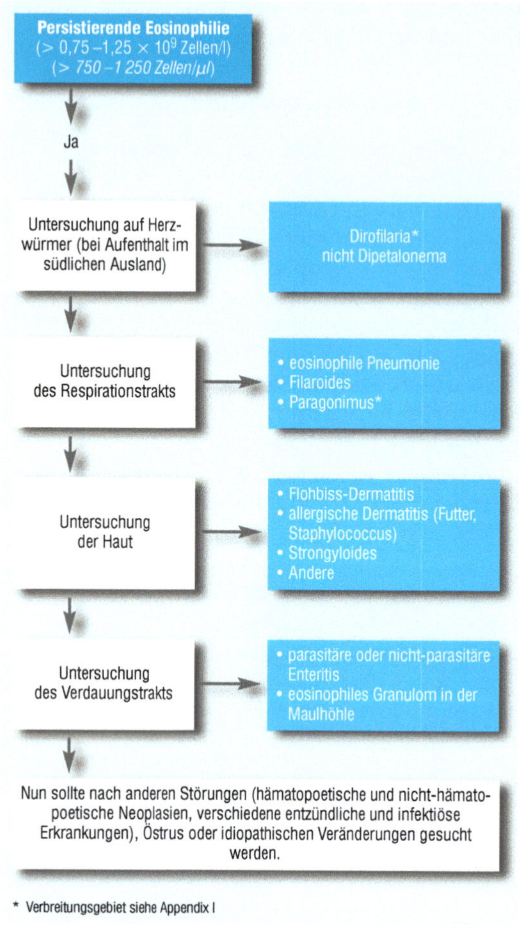

Abb. 4.7 Diagnostische Aufarbeitung einer Eosinophilie (Hund). Ein Algorithmus zur Diagnose der häufigsten Ursachen einer persistierenden Eosinophilie

eine Seltenheit. Kryptokokkose tritt v.a. in den USA auf, in Deutschland wurde über Einzelfälle (Hund und Katze) berichtet. Eine Zygomykose wird dagegen ausschließlich in tropischen und subtropischen Regionen beobachtet.

Mastzellen liegen in großer Zahl oberflächennah in Haut, Verdauungs-, Respirations- und Urogenitaltrakt; daher kann eine Eosinophilie auch über eine Aufarbeitung nach Organsystemen beurteilt werden. Haut und Fell sind leicht auf Ektoparasiten, Dermatitis oder Umfangsvermehrungen zu untersuchen. Die Flohstichallergie ist bei Katzen eine häufige Ursache für eine Eosinophilie. Der Respirationstrakt kann zytologisch untersucht werden, indem eine Transtracheallavage durchgeführt, Material aus den Bronchien (per Abstrich oder Bürstchen entnommen) oder an Endotrachealtuben anhaftendes Material gewonnen wird. Beim Hund sind Dirofilariose und pulmonale Infiltrate mit Eosinophilen (PIE) häufige Gründe für eine Eosinophilie. Feinnadelaspirate oder chirurgische Biopsien können bei der Beurteilung von Umfangsvermehrungen in Haut oder Lunge helfen. Die Untersuchung des oberen Verdauungstraktes sollte die Inspektion der Maulhöhle auf eosinophile Granulome beinhalten, v.a. im Hinblick auf den eosinophilen Granulomkomplex bei Katzen und beim Sibirian Husky. Die koproskopische Untersuchung auf Parasiteneier ist nicht teuer. Jedoch stehen Nachweis oder Fehlen von Eiern i.d.R. nicht in Zusammenhang mit dem ursprünglichen Grund für die Eosinophilie. Bei Verdacht auf eosinophile Gastroenterokolitis sind eine endoskopische Untersuchung, chirurgische Biopsien und die Zytologie verdächtiger Läsionen in Betracht zu ziehen. Beim Hund kommt es im Östrus gelegentlich zur Eosinophilie.

4.8 Basophilie

Basophile Granulozyten sind bei gesunden Hunden und Katzen selten. Sind mindestens 2 % basophile Granulozyten vorhanden oder werden wiederholt basophile Granulozyten nachgewiesen, spricht man von Basophilie. Zuverlässig nachzuweisen ist eine Basophilie bei 3–6 % Basophilen. Eine Basophilie von 2 % ist leicht zu übersehen, auch deshalb, weil Basophile schwer zu identifizieren sind. Basophile Granulozyten der Katze sind einzigartig und können fälschlicherweise mit eosinophilen Granulozyten mit blassen Granula oder mit Monozyten verwechselt werden. Die Granula der felinen Basophilen sind zahlreich, von mittlerer Größe, rund bis oval und graubeige bis hell lavendelfarben. Im Vergleich dazu zeichnen sich die eosinophilen Granulozyten der Katze durch rotorangefarbene, stabförmige Granula aus. Monozyten weisen ein blaugraues, granulafreies Zytoplasma auf. Selten findet man in Basophilen der Katze ein oder zwei dunkelpurpur gefärbte Granula, die ihre Identifizierung erleichtern. Basophile Granulozyten des Hundes besitzen wenige, über das gesamte Zytoplasma verteilte purpurne (metachromatische) oder kaum angefärbte Granula. Diese Zellen können fälschlicherweise als Monozyten angesprochen werden. Das seltene Vorkommen von basophilen Granulozyten im Blutausstrich trägt möglicherweise dazu bei, dass es so schwierig ist, sie zu identifizieren. Auch automatisierte Hämatologiegeräte (Adiva 120, Cell Dyn 3500) sind hinsichtlich der korrekten Angabe von basophilen Granulozyten im Differentialblutbild des Hundes und der Katze nicht validiert.

Basophile Granulozyten sind wie Mastzellen bei Hypersensitivitätsreaktionen von großer Bedeutung. Ferner sind sie an Vorgängen wie Hämostase, Lipidmetabolismus, Parasitenabwehr (z.B. Zekken) und an der Abtötung von Tumorzellen beteiligt (Latimer, 1995). Als zwei Hauptursachen für eine Basophilie gelten:

1. Parasitenbefall (v.a. Dirofilaria-immitis-Infektion)
2. Hypersensitivitätsreaktionen

Gelegentlich kommt eine Basophilie bei Lipämien, Mastzelltumoren des Hundes und der Katze oder als untypischer Bestandteil einer granulozytären Leukämie vor (Latimer, 1995; O'Keefe et al., 1987) vor.

4.9 Abnorme Kernmorphologie und zytoplasmatische Einschlüsse

Bei der Hyposegmentation handelt es sich um eine reduzierte Kernsegmentierung der Granulozyten. Sie weist auf Unreife hin und ist am häufigsten bei Entzündungen anzutreffen. Bei der Hypersegmentation ist der Kern in hohem Maße – oft in mehr als fünf Segmente – zerlappt. Diese Kernveränderung spricht für reifere Neutrophile, die länger in der Zirkulation verbleiben, wie dies v.a. nach Kortikosteroidgabe der Fall ist. Es können aber auch genetische Entwicklungsstörungen, präleukämische oder dysplastische Veränderungen sowie Leukämien (siehe unten) für diese Kernveränderungen verantwortlich sein.

Bei toxischen Veränderungen der Neutrophilen sind zytoplasmatische Einschlüsse häufig. Werden Infektionserreger wie Bakterien (neutrophile Ehrlichia), Protozoen (*Hepatozoon canis*, *Leishmania* spp.) oder Hefen (*Histoplasma capsulatum*) im Zytoplasma zirkulierender Leukozyten entdeckt, sollten diese in der Diagnosestellung berücksichtigt werden. Selten sind zytoplasmatische Einschlüsse auch genetisch bedingt.

4.9.1 Pelger-Huët-Anomalie

Die Pelger-Huët-Anomalie (PHA) ist eine hereditäre Entwicklungsstörung der Leukozyten, die durch eine Hyposegmentation des Kerns von Neutrophilen, anderen Granulozyten und Monozyten gekennzeichnet ist. Fast alle Neutrophilen entsprechen Stabkernigen oder Metamyelozyten (die absoluten Zahlen verhalten sich wie bei einer hochgradigen degenerativen Linksverschiebung). Das Chromatinmuster der Granulozytenkerne erscheint grob und ausgereift, das Zytoplasma ist klar und frei von toxischen Veränderungen. Dieses charakteristische Erscheinungsbild der Leukozyten sollte erkannt und deutlich vermerkt werden, um zu vermeiden, dass Kliniker, die den Laborbericht lesen, fälschlicherweise Entzündungen oder dysplastische, mit Leukämie assoziierte Veränderungen für ihre Diagnose in Betracht ziehen. Die PHA stellt sich wie eine lebenslange „degenerative Linksverschiebung“ dar, ist aber i.d.R. ein Zufallsbefund. Die Funktion der Neutrophilen ist unverändert, und eine Prädisposition für Infektionen wurde bisher nicht nachgewiesen. Die PHA kommt bei Hunden und Katzen vor. Sie wird vermutlich autosomal dominant vererbt (Latimer, 1995; Latimer und Robertson, 1994). Allerdings kann die PHA beim Australian Shepherd auch in einem autosomal unvollständig dominanten Erbgang vererbt werden. Dies lässt vermuten, dass die Expression der Anomalie von zwei oder mehr Allelen abhängt (Latimer et al., 2000).

Bakterielle Infektionen, Verabreichung von Arzneimitteln, eine sich entwickelnde granulozytäre Leukämie oder FeLV-Infektionen können eine erworbene Hyposegmentation der Neutrophilenkerne (Pseudo-PHA) hervorrufen. Die echte PHA kann bestätigt werden, wenn die Anomalie auch in Blutausstrichen von Eltern, Geschwistern oder anderen Verwandten nachgewiesen wird oder sich die Erblichkeit der Anomalie durch Zuchtversuche beweisen lässt. Werden Kernveränderungen wiederholt in Blutausstrichen festgestellt, gilt die Diagnose der PHA – nach Ausschluss der Ursachen für eine Pseudo-PHA – als sehr wahrscheinlich.

4.9.2 Genetische Erkrankungen mit zytoplasmatischen Einschlüssen

Chediak-Higashi-Syndrom

Das Chediak-Higashi-Syndrom (CHS) kommt mit einem autosomal rezessiven Erbgang bei Perserkatzen mit gelbgrünen Augen und einem farbverdünnten sog. „smoke"-blauen Haarkleid vor (Latimer und Robertson, 1994). Diese Anomalie wird nach einem autosomal rezessiven Muster vererbt und ist mit großen rosafarbenen Granula oder zytoplasmatischen Einschlüssen in den Neutrophilen assoziiert. Die grobe Verklumpung der Melaningranula steht im Zusammenhang mit der Farbverdünnung des Haarkleids und der Iris. Zusätzlich bewirkt die Verminderung des chorioidealen Pigments den roten Fundusreflex und die Photophobie in hellem Licht. Die Untersuchung des Blutausstrichs und das Erscheinungsbild der Katze bestätigen die Diagnose CHS. Die Einschlüsse in den Neutrophilen sind in der Peroxidase- und Sudanschwarz-B-Färbung positiv. Im Gegensatz zu anderen Tierarten sind Katzen mit CHS nicht prädisponiert für Infektionen, haben jedoch aufgrund einer geringgradigen Thrombozyten-Dysfunktion eine erhöhte Blutungsneigung. Deshalb kann die Hämostase nach einem Trauma, einer Blutentnahme oder chirurgischen Eingriffen leicht verzögert sein.

Lysosomale Speicherkrankheiten

Speicherkrankheiten sind seltene hereditäre Enzymdefekte, die zur Akkumulation von intermediären Metaboliten komplexer Moleküle in den zellulären Lysosomen führen. Abhängig von der Art des Metaboliten und seiner Affinität zu Romanowsky-Färbungen können die zellulären Einschlüsse purpurfarben und faserig erscheinen – wie bei der Mukopolysaccharidose (MPS) IV (Maroteaux-Lamy-Syndrom) der Katze oder bei der MPS VII des Hundes. Alternativ stellen sie sich bei Katzen mit einem Mangel an lysosomaler saurer Lipase als klare Vakuolen in den Leukozyten dar. Die charakteristischen purpurfarbenen Granula bei MPS können von toxischer Granulation unterschieden werden, weil einerseits keine zytoplasmatische Basophilie vorliegt und andererseits eine toxische Granulation bei Hunden und Katzen selten ist. Lysosomale Speicherkrankheiten stehen oft in Zusammenhang mit progressiven Erkrankungen des zentralen Nervensystems oder des Skeletts. Sie können im großen Blutbild anhand der charakteristischen Einschlüsse oder Vakuolen in den zirkulierenden Leukozyten nachgewiesen werden.

4.10 Defekte der Leukozytenfunktion

Die neutrophile Dysfunktion wurde bereits besprochen (Latimer et al., 2000). Eine neutrophile Dysfunktion ist selten. Der Verdacht liegt nahe bei Tieren mit dem Vorbericht wiederkehrender Infektionen bei unveränderten bis extrem erhöhten Neutrophilenzahlen und zytologisch nachgewiesener fehlender Migration der Neutrophilen an den Ort der Infektion. Die Diagnose einer neutrophilen Dysfunktion erfordert den Ausschluss häufiger Ursachen einer Immunschwäche und den Nachweis von Veränderungen in Adhärenz, Chemotaxis, Phagozytose und/oder bakterizider Aktivität der Neutrophilen. Die Untersuchung der Neutrophilenfunktion ist arbeitsintensiv, teuer und nur bei wenigen Spezialisten oder Forschungslabors verfügbar.

4.10.1 Kanine CD11/CD18-Adhäsionsdefizienz

Die Adhäsions-Defizienz des Hundes (kanine Leukozyten-Adhäsionsdefizienz, CLAD, kanines Granulozytopathie-Syndrom) kommt selten bei Irish Setter- und Irish Setter-Mischlingswelpen vor. Die CLAD ist eine autosomal rezessive Erkrankung. Die betroffenen Welpen leiden bereits in einem Alter von unter 12 Wochen an wiederkehrenden bakteriellen Infektionen. Die Leukogrammveränderungen beinhalten oft auch eine leukämoide Reaktion (z.B. bis zu 208×10^9 Zellen/l [*208 000 Zellen/µl*]). Da die Neutrophilen nicht in der Lage sind, aus den Gefäßen in die Infektionsgebiete einzuwandern, enthalten Flüssigkeiten aus den Infektionsgebieten nur wenige dieser Zellen. Den Neutrophilen fehlen die Adhäsionsproteine CD11 und CD18 auf der Plasmamembranoberfläche, die die Phagozytose von Organismen und die Zellmigration aus Blutgefäßen erleichtern (Trowald-Wigh et al., 1992).

4.10.2 Chronische Rhinitis und Pneumonie beim Dobermann

Chronische respiratorische Erkrankungen bei acht eng verwandten Hunden der Rasse Dobermann wurden einer eingeschränkten bakteriziden Aktivität der Neutrophilen zugeschrieben (Breitschwerdt et al., 1987). Die Neutrophilen phagozytieren die Bakterien, sind aber nicht in der Lage, sie abzutöten. Immunglobulin- und Komplementkonzentration sowie die mitogenstimulierte Lymphozytentransformation weisen keine Besonderheiten auf.

4.10.3 Erworbene Dysfunktion der Neutrophilen

Bei wenigen Hunden mit schlecht eingestelltem Diabetes mellitus, Pyodermie, Demodikose, Protothekose und Bleivergiftung wurde von einer erworbenen neutrophilen Dysfunktion berichtet. Bei Katzen wurde eine neutrophile Dysfunktion selten bei der FeLV-Infektion und der felinen infektiösen Peritonitis (FIP) nachgewiesen (Latimer et al., 2000).

4.11 Neoplastische und dysplastische Erkrankungen der zirkulierenden Leukozyten

4.11.1 Allgemeines

Die zuvor besprochenen proliferativen Reaktionen der Leukozyten entstehen aus der Absicht heraus, fehlende Zellen in der Zirkulation zu ersetzen. Dies steht in engem Zusammenhang mit einem gesteigerten Verbrauch im Gewebe. Bei einer Untersuchung des Knochenmarks sind Veränderungen im Sinne einer Hyperplasie feststellbar. Andere Proliferationen – Dysplasie genannt – sind häufig durch eine schlechte Regulation und eine abnorme Zellentwicklung gekennzeichnet. Ein völlig ungerichtetes und nicht reguliertes Neuwachstum von Zellen wird als Neoplasie bezeichnet. Dysplastische Veränderungen hämatopoetischer Zellen kommen mit oder ohne Neoplasie vor. Sie können sich als eine Präleukämie (d.h. vor Beginn der offensichtlichen Leukämie) darstellen oder lediglich eine hereditäre Störung ohne Folgen sein.

Tabelle 4.6 Formen der Myelodysplasie und ihr Vorkommen

Hauptkategorie	Vorkommen
kongenitale Dysplasie	• Toy- und Zwergpudel (Erythrozyten und Vorläuferzellen) • Cavalier King Charles Spaniel (Thrombozyten) • Riesenschnauzer (neutrophile Vorläuferzellen)
sekundäre MDS	• Arzneimittel: Azathioprin, Cyclophosphamid, Cytarabin, Vincristin, Chloramphenicol • Infektionen: FeLV, FIV • Nährstoffmangel: Folsäure, Kobalaminrezeptordefekt beim Riesenschnauzer • immunmediierte Erkrankungen: Immunmediierte Anämie/Thrombozytopenie • maligne Neoplasien: Lymphom, chronisch myeloproliferative Erkrankungen, Plasmazellmyelom
primäre MDS	• idiopathische Zellklondefekte

MDS, myelodysplastisches Syndrom; FeLV, felines Leukämievirus; FIV, felines Immundefizienzvirus

Hereditäre dysplastische Veränderungen bei Rassen wie Toy- und Zwergpudeln äußern sich in einer Größenzunahme der Erythrozyten und ihrer Vorläuferzellen. Beim Cavalier King Charles Spaniel kommen abnorm große Thrombozyten im Rahmen eines autosomal rezessiven Defekts vor. Diese Hunde sind frei von klinischen Symptomen, und die dysplastischen Veränderungen sind i.d.R. Zufallsbefunde. Sekundäre Myelodysplasien sind häufiger mit Arzneimitteln oder Fehlernährung assoziiert und nach Ursachenbeseitigung reversibel; oder aber sie stehen im Zusammenhang mit bestimmten Infektionen, malignen Neoplasien und immunmediierten Erkrankungen (Tab. 4.6). Beim idiopathischen oder primären myelodysplastischen Syndrom (MDS) handelt es sich um eine klonale Erkrankung. Der Begriff „klonale Erkrankung“ impliziert die Entstehung aus einer einzigen transformierten Stammzelle. Diese beeinträchtigt mehrere nicht-lymphatische Zelllinien, wie erythroide, granulozytäre und megakaryozytäre Vorläuferzellen. Jede der primären oder sekundären Myelodysplasien kann sich zu einer Leukämie weiterentwickeln.

Der Begriff Leukämie (wörtlich: „weißes Blut") steht für eine abnorme Population hämatopoetischer Zellen, die im Blut oder Knochenmark nachzuweisen ist, nicht aber in soliden Geweben wie Lymphknoten, Milz oder Leber. An einer Leukämie können lymphatische oder myeloische (nicht-lymphatische) Zellen beteiligt sein. Fünf Ursachen einer Leukämie sind:

1. Virusinfektionen wie FeLV, die die Entwicklung von Vorläuferzellen beeinflussen können
2. hereditäre oder erworbene genetische Veränderungen, die zu verändertem Zellwachstum führen
3. ein defektes Immunsystem wie bei der FIV-Infektion, das keine adäquaten Abwehrmechanismen gegen Leukämie mehr entwickeln kann
4. selten auch Chemikalien (z.B. Benzol, Arzneimittel)
5. Strahlung, die Vorläuferzellen verändern kann

Die klinische Symptomatik einer Leukämie ist vielfältig. Häufige Anzeichen sind Apathie, blasse Schleimhäute, Anorexie, Gewichtsverlust, Fieber, häufige Infektionen, Ikterus und eine veränderte Hämostase, beispielsweise in Form von Petechien. Bei der klinischen Untersuchung zeigen sich oft Hepatosplenomegalie, Lymphadenopathie oder vergrößerte Tonsillen.

Eine ausgeprägte Leukozytose eines monomorphen Zelltyps, das Vorhandensein vieler Blasten oder morphologische Unregelmäßigkeiten der reiferen Zellen in Form und Größe weisen im Laborbericht auf eine Leukämie hin. Bei der Messung des Hämatokrits kann aufgrund der Leuko- oder Thrombozytose ein breiter Buffy Coat auffallen. Blasten haben einen großen runden Kern mit feinem Chromatinmuster und einen oder mehrere prominente Nukleoli. Reaktive und zu Blasten transformierte Lymphozyten sind in geringer Anzahl (z.B. 1–5/Blutausstrich) häufig festzustellen und sind nicht diagnostisch. Bei kranken, aber nicht leukämischen Tieren können zahlreiche reaktive und zu Blasten transformierte Lymphozyten vorkommen (z.B. 1–5 % der Leukozyten) und eine Leukämie vortäuschen. Seltene mitotische Figuren sind kein Beweis für eine Leukämie, da mitotisch aktive Zellen wie Rubrizyten, Promyelozyten, Myelozyten, Monozyten und reaktive Lymphozyten auch bei nicht leukämischen Patienten vorliegen können. Morphologische Unregelmäßigkeiten – wie megaloblastische erythroide Vorläuferzellen, die eine übergroße Menge Zytoplasma und ein verändertes Chromatinmuster im Kern besitzen, vergrößerte Segmentkernige mit vielen Kernlappen (Makropolyzyten), vergrößerte stark vakuolisierte Thrombozyten oder verkleinerte Megakaryozyten – sind einerseits als Entwicklungsstörungen im Sinne einer Dysplasie zu betrachten, andererseits auch im Sinne einer asynchronen Reifung, bei der Kern und Zytoplasma ein unterschiedliches Reifestadium haben.

Bei Leukämien variiert das weiße Blutbild von Leukozytose bis Leukopenie, sogar physiologische Werte kommen vor. Eine Anämie ist meist aregenerativ, bei einigen Formen der Leukämie ist selten auch eine Hämolyse nachweisbar. Die Thrombozytopenie oder die seltene Thrombozytose stehen in Zusammenhang mit anderen hämatologischen Veränderungen. Zu den Laboruntersuchungen zur Diagnose hämatopoetischer Neoplasien oder Myelodysplasien und zur Beurteilung ihrer Ausbreitung gehören, zusätzlich zur Hämatologie, die Untersuchung des Knochenmarks, biochemische Profile, Zytologie, Serologie und Urinuntersuchung. Insbesondere eine Knochenmarkuntersuchung kann häufig die Leukämie bestätigen, wenn die Veränderungen im Blut dazu nicht ausreichen. Blasten werden hier oft in viel höherer Anzahl als im Blut angetroffen. Optimalerweise sollte die Knochenmarkuntersuchung aus einem Aspirat, einer Stanzbiopsie und einer gleichzeitigen Untersuchung des peripheren Bluts bestehen. Eine zytologische Untersuchung von Ergüssen und soliden Umfangsvermehrungen kann bei der Bestimmung des Ursprungsortes helfen. Leukämieverursachende Viren lassen sich serologisch abklären. Die Bestimmung der Proteinkonzentration in Serum und Urin ist zum Nachweis von Gammopathien nötig, die im Zusammenhang mit lymphoproliferativen Störungen stehen (siehe Kap. 14).

Beachte: Stress, Entzündungen und reaktive Lymphozyten sind wesentlich häufigere Ursachen für Veränderungen der Leukozytenzahl und -morphologie als eine Leukämie.

Nach Bestätigung der Diagnose Leukämie wird oft – ohne den spezifischen Typ zu kennen –die diagnostische Aufarbeitung beendet und zur Eu-

Tabelle 4.7 Ausgewählte zytochemische Färbungen zur Erkennung von Zelltypen bei Leukämien (Hund und Katze)

Färbung	angefärbte Zellen
Peroxidase	• Neutrophile – alle Stadien positiv • Monozyten – allenfalls schwach positiv • Eosinophile – beim Hund positiv, bei der Katze negativ
Sudanschwarz B	• Neutrophile – alle Stadien positiv • Monozyten – allenfalls schwach positiv • Eosinophile – beim Hund positiv, bei der Katze negativ
alkalische Phosphatase der Leukozyten	• Neutrophile – Myeloblasten, stark positiv • Monozyten – Monoblasten, beim Hund schwach oder selten positiv • Lymphozyten – Unterpopulation der B-Zellen • Eosinophile – bei der Katze zwischen den Granula • Basophile – schwache oder nur gelegentliche Anfärbung
Chloroazetat-Esterase	• Neutrophile – stark positiv • Basophile – mäßig positiv • Mastzellen – unterschiedlich stark positiv • Megakaryozyten – allenfalls schwach positiv
α-Naphthylbutyrat-Esterase	• Monozyten – diffus positiv • Lymphozyten – T-Zellen fokal positiv • Megakaryozyten – diffus positiv
unspezifische Esterase + Fluoride[1]	• Lymphozyten – positiv beim Hund, variabel bei der Katze • Megakaryozyten – schwach positiv beim Hund
Periodsäure-Schiff-Reagens	• Neutrophile – alle Stadien positiv • Megakaryozyten – positiv beim Hund, variabel bei der Katze • Mastzellen – unterschiedlich stark positiv • Lymphozyten – Plasmazellen • Eosinophile – schwache oder variable Anfärbung • Basophile – schwache oder variable Anfärbung • Monozyten – schwache oder variable Anfärbung
saure Phosphatase	• Neutrophile – alle Stadien positiv • Lymphozyten – T-Zellen fokal positiv • Eosinophile – positiv • Basophile – positiv bei der Katze, variabel beim Hund • Monozyten – diffus positiv • Megakaryozyten – diffus positiv • Mastzellen – positiv

[1] Hemmung der unspezifischen Esterase mit Fluorid, um die Anfärbung der Monozyten zu hemmen oder zu reduzieren

thanasie geraten. Die folgenden Informationen sind für die Kollegen gedacht, die sich entschieden haben, Patienten mit Leukämie zu behandeln und deshalb eine spezifischere Diagnose benötigen. Für die endgültige Diagnose spezifischer Leukämien ist i.d.R. ein Veterinärpathologe erforderlich. Durch eine erneute Untersuchung der nach Wright gefärbten Ausstriche von EDTA-Blut aus routinemäßig erstellten Blutbildern ist evtl. eine Differenzierung des zellulären Ursprungs möglich, beispielsweise zwischen lymphatisch und myeloisch (nicht-lymphatisch). Häufig ist die Untersuchung des Knochenmarks notwendig, weil die Blutuntersuchung für eine Klassifikation der Erkrankung oft keine repräsentativen Ergebnisse liefert. Wenn die Zellmorphologie für eine Zuordnung zu einer Stammzelllinie nicht ausreicht, sind spezifische Tests (Zytochemie, Elektronenmikroskopie, Immunzytochemie) angezeigt, die oft nur in akademischen Instituten oder Referenzlabors durchgeführt werden. Bei der Zytochemie wird versucht, nicht-immunologische, zytoplasmatische Marker für Enzyme, Lipide oder Glykogen innerhalb der Zelle nachzuweisen (Raskin und Valenciano, 2000). Untersuchte Enzyme sind u.a. die Peroxidase, die in bestimmten Granulozyten vorkommt, und unspezifische Esterasen aus Monozyten und T-Lymphozyten (Tab. 4.7). Die Elektronenmikroskopie ist hilfreich bei Beurteilung der Ultrastruktur von Zytoplasma und Kern (Grindem et al., 1985a und 1985b). Im

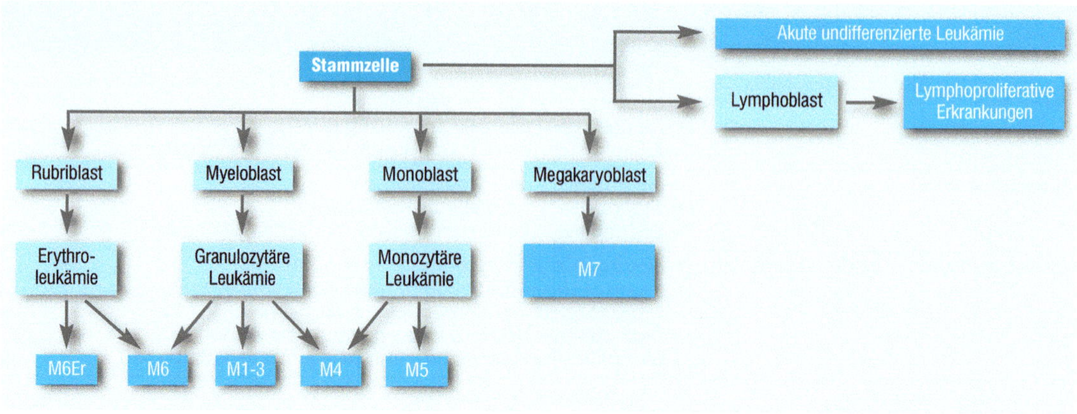

Abb. 4.8 Ursprung der häufigsten hämatopoetischen Neoplasien in Diagrammform. M6Er, Erythroleukämie mit Prädominanz der erythroiden Reihe; M6, Erythroleukämie; M1–3, myeloblastische und promyelozytäre Leukämien; M4, myelomonozytäre Leukämie; M5, Monozytenleukämie; M7, Megakaryoblastenleukämie.

Rahmen der Immunzytochemie erfolgt die Färbung spezifischer Oberflächenantigene mit Hilfe von Immunglobulinen wie monoklonalen Antikörpern gegen CD3 (T-Zellen), CD4 (Helferzellen), CD8 (zytotoxische oder Suppressorzellen), CD14 (Monozytenvorläufer), CD21 (B-Zellen) und CD79 (B-Zellen; Moore und Vernau, 2000). Für diese speziellen Untersuchungen ist eine besondere Aufbereitung, Präparation und Fixation der Blut- und Knochenmarkproben nötig. Daher sollte der klinische Pathologe rechtzeitig konsultiert werden, um Verzögerungen in der

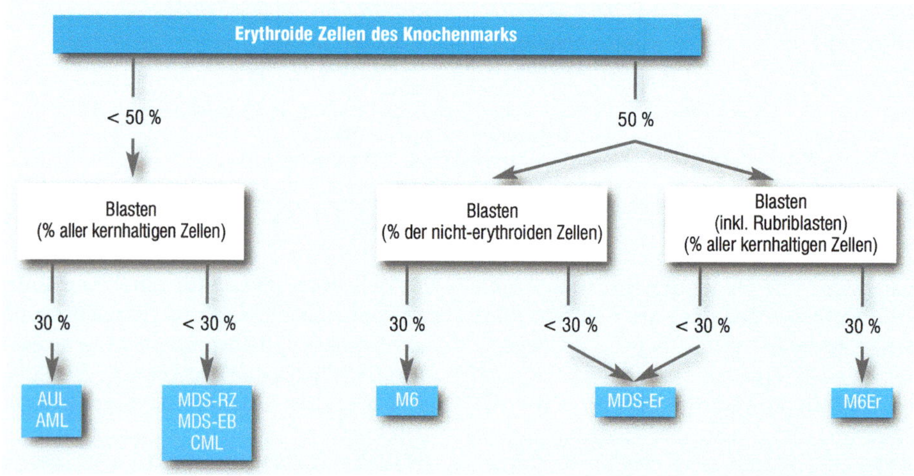

Abb. 4.9 Ein Schema zur Klassifikation myeloischer Leukämien bei Hunden und Katzen, das die erythroiden Zellen des Knochenmarks aus der Gruppe der ANC (All Nucleated Cells, alle kernhaltigen Zellen) verwendet. ANC ist eine Gruppe, die Lymphozyten, Plasmazellen, Makrophagen und Mastzellen ausschließt. Die nicht erythroiden Zellen werden aus ANC minus erythroide Zellen berechnet. Blastische Zellen sind Myeloblasten, Monoblasten und Megakaryoblasten. AUL, akute undifferenzierte Leukämie; AML, akute myeloische Leukämien M1–M5 und M7; CML, chronisch myeloische Leukämien; MDS, primäres myelodysplastisches Syndrom; RZ, refraktäre Zytopenie; EB, exzessive Blastenbildung; MDS-Er, myelodysplastisches Syndrom mit Prädominanz der erythroiden Reihe; M6, Erythroleukämie; M6Er, Erythroleukämie mit Prädominanz der erythroiden Reihe. (Nachgedruckt mit Erlaubnis von: *Raskin RE, Vet Clin North Am Small Anim Pract 26:1023, 1996.*)

Diagnostik durch unsachgemäße Probengewinnung oder -behandlung zu vermeiden.

4.11.2 Klassifikation

Die Klassifikationsschemata für hämatopoetische Neoplasien basieren hauptsächlich auf der Zuordnung zu bestimmten Stammzelllinien anhand nach Romanowsky (z.B. Wright) gefärbter Blut- und Knochenmarkausstriche (Abb. 4.8 und Abb. 4.9). Zunächst werden hämatopoetische Neoplasien in lymphoproliferative und myeloproliferative Störungen aufgeteilt (Übers. 4.1). Die lymphoproliferativen Störungen betreffen die Lymphozyten, während bei myeloproliferativen Erkrankungen nicht-lymphatische Leukozyten, erythroide Zellen, und Megakaryozyten oder Thrombozyten einzeln oder in Kombination betroffen sind. Die Unterscheidung erfolgt durch zytochemische Färbungen (Abb. 4.10).
Verschiedene Klassifikationssysteme für lymphatische Neoplasien wurden etabliert. Die meisten dieser Systeme – wie die „National Cancer Institute Working Formulation" oder die neueste Kieler Klassifikation – beruhen auf morphologischen und immunologischen Gesichtspunkten. Kürzlich wurde für Tiere ein System vorgeschlagen, das auf der Klassifikation von lymphatischen Tumoren des Menschen durch die Weltgesundheitsorganisation beruht (Valli et al., 2002). Dieses veterinärmedizinische System unterteilt lymphatische Neoplasien primär nach Immunphänotyp und Lokalisation des Tumors, ergänzt durch morphologische Kriterien, und kann bessere prognostische Informationen liefern, als bisherige Einteilungen. Die Histopathologie spielt bei diesem System eine zentrale Rolle. Die lymphatischen leukämischen Tumorformen werden als akut oder chronisch klassifiziert. Ein Überschuss von Blasten oder unreifen Zellen ist typisch für die akute Leukämie. Bei der chronischen Leukämie kommt es zur Proliferation differenzierter Zellen. Dies macht es schwierig, Leukämien von Hyperplasien (z.B. reaktive Knochenmarkantwort) zu unterscheiden. Grundsätzlich haben chronische Leukämien eine bessere Prognose und längere Überlebenszeiten als die akuten Formen.
Von der American Society for Veterinary Clinical Pathology (ASVCP) wurden morphologische Kriterien zur Einteilung akuter myeloischer Leukämien (AMLs) bei Hund und Katze erstellt.

Übersicht 4.1 Zusammenfassung wichtiger lympho- und myeloproliferativer Erkrankungen

- lymphoproliferative Erkrankungen
  - präneoplastisch:
    - persistierende Lymphozytose
  - leukämische/disseminierte Formen:
    - lymphoblastische Leukämie (B-, T-, Null-Zelltyp)
    - lymphozytäre Leukämie (B-, T-Zelltyp)
    - granulolymphozytäre Leukämie (T-, NK-Zelltyp)
    - Plasmazellmyelom
    - Mycosis fungoides/Sézary-Syndrom
  - neoplastische solide Gewebeformen:
    - Lymphom (B- und T-Zelltyp, nodale und extranodale Formen)
    - Plasmozytom (extramedullär)
- myeloproliferative Erkrankungen[1]
  - präneoplastisch:
    - myelodysplastisches Syndrom (primär)
  - leukämische/disseminierte Formen:
    - akute myeloische Leukämie (Typ M1–M7)
  - chronische myeloproliferative Erkrankungen[2]:
    - chronisch myeloische Leukämie (Neutrophile)
    - eosinophile Leukämie
    - basophile Leukämie
    - chronisch myelomonozytäre Leukämie
    - Polycythaemia vera
    - essentielle Thrombozythämie
    - myeloische Metaplasie/Myelofibrose oder idiopathische Myelofibrose
  - Mastzellleukämie/Mastozytämie[2]
  - maligne Histiozytose oder disseminiertes histiozytäres Sarkom (dendritische Zellen)
  - neoplastische solide Gewebeformen:
    - kutanes Histiozytom (dendritische Zellen)
    - lokalisiertes histiozytäres Sarkom (dendritische Zellen)

1 Der Begriff myeloproliferativ wird im weitesten Sinne benutzt – inkl. nicht-lymphatische dysplastische und neoplastische Erkrankungen.
2 seltene Erkrankungen

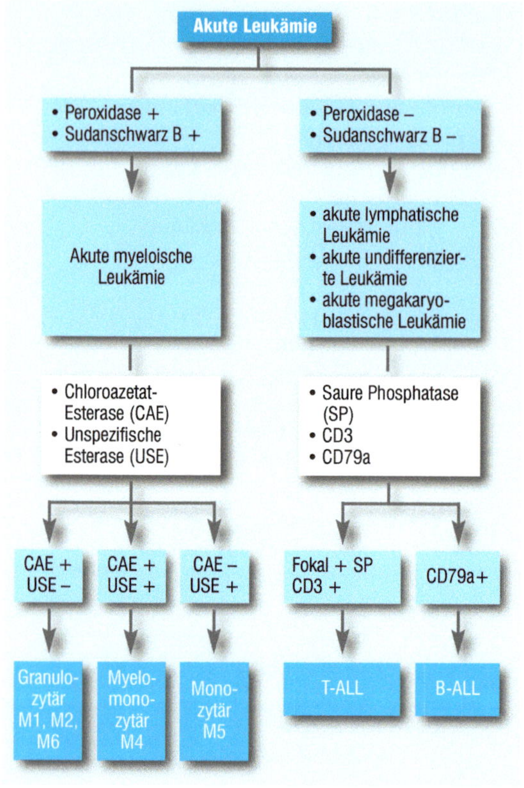

Abb. 4.10 Einfache Unterteilung der akuten Leukämie durch zytochemische Färbungen und Immunzytochemie.

Hierbei geht man für eine AML – bezogen auf alle nicht-lymphatischen und nicht histiozytären Zellen des Knochenmarks – von mindestens 30 % blastischen Zellen aus. Chronisch myeloische Leukämien, myelodysplastische Syndrome und leukämoide Reaktionen weisen dagegen weniger als 30 % Blasten auf (Abb. 4.9). Die AMLs werden weiter aufgeteilt und abhängig vom Zelltyp einem Subtyp (M1–M7) zugewiesen (Abb. 4.10). Die Stammzelllinie wird mit den entsprechenden Adjektiven (z. B. granulozytär oder myeloisch, monozytär, lymphozytär; Abb. 4.8) benannt. Kann der Zelltyp nicht eindeutig bestimmt werden, spricht man einfach von einer akuten undifferenzierten Leukämie.

Beachte: Grundsätzlich sprechen lymphoproliferative Erkrankungen besser auf eine Behandlung an als akute myeloproliferative Erkrankungen.

4.11.3 Lymphoproliferative Erkrankungen

Lymphoproliferative Erkrankungen sind lymphatische Störungen, die von soliden Geweben – wie Lymphknoten (nodal), Verdauungstrakt, Thymus, Milz, Auge und Haut – oder vom Knochenmark ausgehen. Dazu zählen das Plasmazellmyelom oder einige Formen der Leukämie. Eine über längere Zeit persistierende Erhöhung differenzierter Lymphozyten ohne Reaktion auf bekannte Erreger oder Antigenstimulation erweckt den Verdacht auf eine Neoplasie. Zu den lymphatischen Neoplasien gehören – in absteigender Häufigkeit – das Lymphom, das Plasmazellmyelom, die chronisch lymphatische Leukämie (CLL)und die akute lymphoblastische Leukämie (ALL). Die jährliche Inzidenz für Leukämien bei Hunden und Katzen liegt bei etwa 31 bzw. 224 Fällen von 100 000 Tieren. Über 85 % der Leukämien bei der Katze und über 65 % der des Hundes werden durch lymphatische Neoplasien – inkl. Lymphom – hervorgerufen. Katzen haben eine sechsfach höhere Inzidenz für Lymphome und eine 16fach höhere Inzidenz für myeloproliferative Erkrankungen als Hunde, hauptsächlich aufgrund der Tumorinduktion durch FeLV-Infektionen.

Nodales Lymphom

Das Lymphom, früher Lymphosarkom genannt, ist die häufigste lymphatische Neoplasie bei Hunden und Katzen. Es entsteht i. d. R. in peripheren lymphatischen Geweben, kann sich aber auch extranodal (z. B. in der Haut) oder aus Vorläuferzellen im Knochenmark entwickeln. Die multizentrische Form der Erkrankung ist beim Hund häufiger und bezieht üblicherweise die peripheren Lymphknoten, Milz und Leber ein. Andere Formen beim Hund sind in abnehmender Häufigkeit alimentäre, Thymus- und kutane Lymphome. Bei jungen Katzen kommt am häufigsten das Thymuslymphom vor, bei älteren Katzen hingegen das alimentäre Lymphom. Katzen können auch multizentrische, renale und kutane Lymphome entwickeln. Etwa 60–80 % der Katzen mit multizentrischem oder Thymuslymphom sind FeLV-positiv, im Vergleich dazu nur 30 % der Katzen mit alimentärem Lymphom.

Das große Blutbild ist beim Hund nicht geeignet, Lymphome zu diagnostizieren. 21 % der betroffenen Hunde zeigen eine Lymphozytose, 25 % eine Lymphopenie. Bei Diagnosestellung können bis zu 57 % der Hunde leukämisch sein. Etwa 30 % der Katzen mit Lymphom weisen ein leukämisches Blutbild auf. Des Weiteren können andere Zytopenien wie Anämie, Thrombozytopenie und Leukopenie vorliegen. Ist das Knochenmark beteiligt, wird dies benutzt, um das Lymphom zu klassifizieren bzw. eine geeignete Behandlung auszuwählen. Die Untersuchung des Knochenmarks ist notwendig, weil das große Blutbild möglicherweise keine Aussage über eine Beteiligung des Knochenmarks macht und umgekehrt. Am besten geeignet und am sensitivsten für eine Diagnosestellung sind Stanzbiopsien; beim Hund konnte in 97 % der Fälle eine Diagnose gestellt werden – im Vergleich zu 50 % anhand des Blutausstrichs und 60 % anhand von Knochenmarkaspiraten allein (Raskin und Krehbiel, 1989). Eine Hyperkalzämie (> 3 mmol/l) – meist assoziiert mit T-Zell-Lymphomen (siehe Kap. 9) – ist ein deutlicher Hinweis auf eine lymphatische maligne Neoplasie. Selten kann es bei B-Zell-Lymphomen zur monoklonalen Gammopathie kommen.

Lymphome werden von Zytopathologen täglich diagnostiziert (siehe Kap. 18). Feinnadelaspirate von Lymphknoten oder anderen betroffenen Geweben zeigen i.d.R. eine homogene Population von Lymphoblasten. In Fällen, bei denen die Zytologie nicht eindeutig zwischen extremer lymphatischer Hyperplasie und einem frühen Lymphom unterscheiden kann, ermöglicht die chirurgische Biopsie oft die definitive Diagnose, da dann Veränderungen der physiologischen Gewebestruktur beurteilbar sind. Auch chirurgische oder endoskopische Biopsien tief gelegener Gewebe können diagnostisch sein.

Die Immunphänotypisierung ist ein nützlicher prognostischer Indikator bei Lymphomfällen; Hunde mit T-Zell-Lymphom haben verglichen mit B-Zell-Lymphomen ein bedeutend höheres Risiko für Rezidive und einen früheren Tod. Die diagnostische Immunzytochemie (oder Durchflusszytometrie) von Feinnadelaspiraten und immunhistochemische Untersuchungen von Gewebeteilen werden gegenwärtig an einigen akademischen Instituten durchgeführt.

Im Gegensatz zum mediastinalen oder Thymuslymphom, das aus neoplastischen Lymphozyten besteht und v.a. bei jungen Katzen und Hunden vorkommt, enthält eine Neoplasie des Thymusepithels – Thymom genannt – eine variable Anzahl reifer Lymphozyten und kommt i.d.R. bei älteren Hunden und Katzen vor. Beide Neoplasien stellen sich als mediastinale Masse dar, oft begleitet von Befunden wie Husten, Dyspnoe oder Thoraxerguss inkl. Chylothorax. Thymustumoren stehen in Zusammenhang mit paraneoplastischen Hyperkalzämien. Beim Thymom kann begleitend eine reifzellige Lymphozytose von bis zu 25×10^9/l (*25 000/µl*) vorliegen und zur Verwechslung mit chronisch lymphatischer Leukämie führen. Thymome sind potentiell behandelbar. Die chirurgische Biopsie ist das Mittel der Wahl zur Diagnosestellung. Die Zytologie hingegen liefert oft aufgrund eines sekundären Chylothorax oder des Vorliegens vieler Mastzellen verwirrende Ergebnisse.

Plasmazellmyelom

Als Plasmazellmyelom (PZM) wird eine lymphoproliferative Störung der Plasmazellen im Knochenmark bezeichnet. In Weichteilgeweben (z.B. Leber, Niere, Milz, Haut) kommen extramedulläre Plasmozytome vor. Die vier diagnostischen Merkmale des PZM sind:

1. Hyperproteinämie mit monoklonaler Gammopathie
2. osteolytische Läsionen der Wirbelsäule
3. mehr als 15–20 % Plasmazellen in Knochenmarkaspiraten
4. Proteinurie mit Bence-Jones-Proteinen (siehe Kap. 8 und 14)

Letztere ist bei Hund und Katze selten. Die leichten Antikörperketten werden am besten durch Elektrophorese des Urins bei nachweisbarer Proteinurie identifiziert. Ehrlichiose kann eine Plasmazellneoplasie vortäuschen, wenn eine starke Plasmozytose im Knochenmark und eine oligoklonale Gammopathie im Serum – die einer monoklonalen Gammopathie ähnelt – vorliegen.

Von größtem diagnostischem Wert sind histo- oder zytologische Untersuchungen von osteolytischen Bezirken oder Umfangsvermehrungen im Weichteilgewebe (siehe Kap. 18). Neoplastische Plasmazellen können eine Anisozytose, Anisokaryose und ein fein verteiltes Chromatinmuster aufweisen. Zweikernige Plasmazellen kommen häufig beim PZM vor, sind aber auch in hyperplastischem Lymphgewebe (z.B. Lymphknotenaspirat) zu finden. Eine Plasmazellleukämie (neoplastische Plasmazellen im Blut) ist selten.

Akute lymphoblastische Leukämie

Eine akute lymphoblastische Leukämie (ALL) tritt seltener auf als das Lymphom. Bei der ALL handelt es sich um eine schnell fortschreitende Erkrankung, die meist bei Hunden mittleren Alters (Durchschnitt 6 Jahre) und häufig bei FeLV-infizierten Katzen vorkommt. Da die Leukämie ihren Ursprung im Knochenmark nimmt, kann die ALL mit einer aregenerativen Anämie, Neutropenie und/oder Thrombozytopenie vergesellschaftet sein. Wenn die Erkrankung fortschreitet, sind Lymphoblasten in den vergrößerten viszeralen Organen wie Leber und Milz nachzuweisen. Bei der ALL variiert die Lymphozytengröße in gefärbten Blutausstrichen bei gleichzeitigem Vorliegen vieler Lymphoblasten. Üblicherweise kann die Diagnose anhand des großen Blutbilds gestellt werden, auch wenn das Knochenmark im Vergleich dazu noch regelmäßiger verändert ist (dichte Infiltration mit Lymphoblasten). Ohne zytochemische Färbungen, Oberflächenmarker oder PCR-Untersuchungen, die derzeit nur zu Forschungszwecken verfügbar sind (Abb. 4.10), sind Lymphoblasten nur schwer von schlecht differenzierten myeloischen Vorläuferzellen zu unterscheiden. Die meisten Fälle von ALL bei der Katze entsprechen dem T-Zell-Immun-Phänotyp. Beim Hund kommen T-, B- oder Null-Zell-Immun-Phänotypen vor. Ein seltener Laborbefund ist eine Hyperkalzämie.

Reaktive oder zu Blasten transformierte lymphatische Zellen im Blutausstrich können v.a. bei Jungtieren, die einer starken Immunstimulation (z.B. durch Infektionen) ausgesetzt sind, die Diagnose der ALL oder anderer Leukämien erschweren. Bei vielen nicht-neoplastischen Vorgängen (z.B. Immunstimulation durch Krankheit oder Vakzinierung) können reaktive und zu Blasten transformierte Lymphozyten in variabler Anzahl (durchschnittlich 5 je Blutausstrich) vorkommen. Im Gegensatz hierzu überwiegen bei der ALL die Lymphoblasten; davon sind etwa 5 je Ölimmersionsfeld nachzuweisen. Die Herstellung von Buffy Coat-Präparationen, um durch Verdichtung der Leukozyten einige Lymphoblasten zu finden, wird nicht empfohlen, da diese Präparationen auch bei gesunden Tieren oft mehrere zu Blasten transformierte lymphatische Zellen aufweisen.

Chronisch lymphatische Leukämie

Die Prognose ist bei der chronisch lymphatischen Leukämie (CLL) relativ günstig. Hier beträgt die Überlebenszeit etwa 12 Monate nach Diagnosestellung. CLL kommt meist bei mittelalten bis alten (durchschnittlich 10 Jahre) weiblichen Hunden vor. Bei Katzen ist diese Form der Leukämie selten; die betroffenen Tiere sind meist FeLV-negativ. Die chronisch lymphatische Leukämie lässt sich von der akuten lymphoblastischen Leukämie (ALL) oder einem Lymphom mit leukämischem Erscheinungsbild differenzieren, da bei CLL relativ reif erscheinende Lymphozyten gefunden werden, bei den anderen Erkrankungen hingegen Lymphoblasten. Die Lymphozyten sind bei CLL vergrößert und stellen eine homogenere Zellpopulation dar als bei gesunden Tieren. Die Diagnose einer CLL wird durch das Ausmaß der Lymphozytose, die Werte von $40-100 \times 10^9$ Lymphozyten/l (*40 000–100 000 Lymphozyten/µl*) überschreiten kann, stark unterstützt. Eine maximale Lymphozytose liegt i.d.R. unter 15×10^9/l (*15 000/µl*), im Rahmen einer extremen Immunstimulation (z.B. chronische Rickettsieninfektion beim Hund) kann sie selten 25×10^9 Lymphozyten/l (*25 000 Lymphozyten/µl*) übersteigen. Bei Katzen mit starker andauernder Immunstimulation kann die Lymphozytose höhere Maximalwerte erreichen (z.B. 40×10^9/l [*40 000/µl*]). Eine reaktive Lymphozytose kann bei jungen asymptomatischen Zynomolgusaffen bis auf 70×10^9 Lymphozyten/l (*70 000 Lymphozyten/µl*) ansteigen und 1–2 Wochen anhalten. Diese extremen Veränderungen werden als lymphozytäre leukämoide Reaktion bezeichnet. Wenn eine Lymphozytose $25-40 \times 10^9$ Lymphozyten/l (*25 000–40 000 Lymphozyten/µl*) übersteigt, ist zunächst eine CLL auszuschließen. Die Wahrscheinlichkeit einer CLL steigt proportional zur Lymphozytose; Zahlen über $50-100 \times 10^9$/l (*50 000–100 000/µl*) sind ausgesprochen diagnostisch. Häufig kommt es zu einer geringgradigen normozytären normochromen Anämie mit variabler Thrombozytopenie.

Feinnadelaspirate von Lymphknoten, Milz und Leber bei CLL können zwar eine lymphatische Proliferation nachweisen, aber die Unterscheidung einer Hyperplasie von einer CLL kann sich schwierig gestalten. Die CLL hat eine homogenere Zellpopulation, während bei der Hyperplasie eine vielfältige Mischung von Lymphozyten, Plasmazellen und Lymphoblasten vorliegt. Durch Biopsie und Histopathologie lässt sich die Infiltration mit neoplastischen Lymphozyten und nachfolgender Zerstörung der Gewebearchitektur besser nachweisen. In Knochenmarkaspiraten spricht ein Befund von 15–20 % Lymphozyten für eine CLL.

Die Immunphänotypisierung hat gezeigt, dass beim Hund viele Fälle der CLL von T-Zellen ausgehen. Bei Hunden mit chronischer B-Zell-Leukämie kann es durch monoklonale Gammopathien (meist IgM, aber auch IgA und IgG) zur Dysproteinämie kommen. Ein weiterer diagnostischer Test – derzeit zu Forschungszwecken verfügbar – untersucht die Neuordnung von Genen, um die Zugehörigkeit zu einem Klon zu bestimmen und damit festzustellen, ob es sich bei der Lymphozytenproliferation um eine maligne Neoplasie oder eine Hyperplasie handelt.

Leukämie großer granulärer Lymphozyten und Lymphom

Ein Subtyp der lymphatischen Leukämie und des Lymphoms betrifft v.a. mittelgroße Zellen mit reichlich hellblauem bis klarem Zytoplasma, das mehrere kleine rote oder purpurfarbene Granula – sog. azurophile Granula – enthält. Diese Zellen werden „Large Granular Lymphocytes“ (LGL) genannt und sind physiologischerweise im Blut vieler Tierarten vorhanden. Dies trifft v.a. auf den Hund zu. Bei dieser Spezies entsprechen bis zu 5 % der Leukozyten bzw. bis zu 19 % der Lymphozyten LGLs. Die LGLs können als Folge einer Immunstimulation erhöht sein, z.B. bei der Ehrlichiose des Hundes. Neoplastische Proliferationen der LGLs sind häufig. Bei der Katze weisen granulierte Lymphozyten, die mit intestinalen Lymphomen assoziiert sind, auffällig große, grobe purpurfarbene Granula im Zytoplasma auf. Maligne Neoplasien der LGLs können sich beim Hund als Leukämie oder als Lymphom in Lymphknoten, Milz oder in anderen Geweben äußern. Bei Lymphomen liegen die Lymphozyten im Blut häufig im Referenzbereich. Aber auch auffällige Neutropenien sind möglich. In Wright-Färbungen auf Wasserbasis, z.B. in kommerziellen Schnellfärbungen, färben sich die Granula nicht gut an; sie sind aber in der Wright-Giemsa-Färbung darstellbar. Die Immunphänotypisierung dieser Zellen zeigt, dass es sich meist um zytotoxische T-Zellen handelt, die CD3 und CD8 exprimieren.

Beim Hund ist bei der LGL-Leukämie anfangs eine benigne, bestehenbleibende Proliferation granulierter Lymphozyten im peripheren Blut zu beobachten. Sie wird als persistierende Lymphozytose bezeichnet. Man vermutet, dass diese Zellen aus der roten Milzpulpa stammen. Mit Fortschreiten der Erkrankung wird oft eine Splenomegalie festgestellt, und zytologische Aspirate zeigen eine deutliche Zunahme der LGL-Population. Typischerweise erscheint das Knochenmark unauffällig oder nur minimal beteiligt. Die meisten LGL-Leukämien beim Hund verlaufen ähnlich wie CLLs langsam und indolent über mehrere Jahre. Bei einer kleinen Gruppe von Tieren kann es aber auch zu einem aggressiveren Verlauf – ähnlich der ALL – kommen (McDonough und Moore, 2000).

Kutanes Lymphom

Mycosis fungoides ist eine seltene Form des epitheliotropen kutanen Lymphoms (EKL), die meist ihren Ursprung in der Haut nimmt und unter Einbeziehung von Lymphknoten, Milz und Knochenmark voranschreitet. Ein Diagnostikum der Mycosis fungoides ist die Bildung eines Pautrier'schen Mikroabszesses durch die Akkumulation lymphatischer Zellen in der Epidermis. Das Sézary-Syndrom ist eine seltene Variante des EKL mit gleichzeitigem leukämischem Erscheinungsbild. Die für die Erkrankung charakteristischen großen T-Zellen haben ausgeprägte, gewundene Kerne (Latimer und Rakich, 1996). Die neoplastischen Zellen des EKLs sind zytotoxische T-Zellen, die CD3 und CD8 exprimieren.

Im Vergleich zur epitheliotropen Mycosis fungoides kommt das nicht-epitheliotrope Lymphom seltener vor. Früher wurde angenommen, es handele sich um ein B-Zell-Lymphom; jedoch weisen neuere Befunde darauf hin, dass auch hier ein T-Zell-Lymphom vorliegt, das sich morphologisch und immunologisch jedoch von der Mycosis fungoides unterscheidet. Beide Formen nehmen einen aggressiven Verlauf und sprechen nur sporadisch oder schlecht auf eine Therapie an (Moriello, 2000).

4.11.4 Myeloproliferative Erkrankungen

Die Charakteristika ausgewählter myeloproliferativer Erkrankungen werden in den folgenden Abschnitten erläutert. Myeloproliferative Erkrankungen bestehen aus einem präleukämischen Zustand mit Dysplasie und aus der Neoplasie reifer und schlecht differenzierter nichtlymphatischer Zellen in Form einer Leukämie (Übers. 4.1). Grundsätzlich sind akute myeloische Leukämien (AMLs) schwere, schnell fortschreitende Erkrankungen, die kaum auf eine Behandlung ansprechen. Bei chronisch myeloischen Leukämien werden relativ reife Zellen aus dem Knochenmark entlassen, und der klinische Verlauf kann sich lang hinziehen. Der leukämische Zelltyp kann bei myeloproliferativen Erkrankungen im Laufe der Zeit beim selben Patienten variieren; daher kann die Diagnose nur einen bestimmten Zeitpunkt der Erkrankung widerspiegeln.

Blasten verschiedener Zelltypen fehlen oft identifizierbare Charakteristika. Deshalb neigen Untersucher dazu, undifferenzierte Blasten zunächst als Lymphoblasten einzuordnen. Bei myeloproliferativen Erkrankungen werden Blasten durch eine sequentielle Differenzierung (falls verfügbar) von reiferen myeloischen Zellen oder durch zytochemische Färbungen von schlecht differenzierten Zellen einer Leukämie unterschieden (Tab. 4.7).

Beachte: Myeloproliferative Erkrankungen kommen nur selten bis vereinzelt vor – im Gegensatz zu lymphoproliferativen Erkrankungen, die häufiger auftreten.

Myelodysplastisches Syndrom

Bei einem primären myelodysplastischen Syndrom (MDS) handelt es sich um eine irreversible erworbene klonale Störung der multipotenten hämatopoetischen Stammzellen. Ein sekundäres myelodysplastisches Syndrom entsteht dagegen durch eine andere Grunderkrankung, Nährstoffmangel oder arzneimittelinduzierte Toxikosen (Tab. 4.6). Ein MDS wird manchmal als Präleukämie angesehen, da betroffene Patienten häufig an chronischer Schwäche leiden, die sich zu einer AML entwickeln kann. Charakteristische präleukämische Veränderungen hämatopoetischer Zellen sind Zytopenien einer oder mehrerer Zelllinien im peripheren Blut und morphologische Beweise für Dysplasien. Bei MDS sind weniger als 30 % der nicht-lymphohistiozytären Zellen im Knochenmark Myeloblasten, während letztere bei der AML über 30 % ausmachen (Abb. 4.9). Es existieren mehrere morphologische Typen von MDS, abhängig von der Anzahl der vorhandenen Myeloblasten (z.B. MDS-RZ, refraktäre Zytopenie oder MDS-EB, exzessive Blastenproduktion) und erythroiden Zellen (z.B. MDS-Er, Prädominanz der erythroiden Reihe; Raskin, 1996). Fälle von MDS-EB mit 5 % oder mehr Myeloblasten im Knochenmark haben deutlich kürzere Überlebenszeiten und sprechen schlecht auf eine Therapie an.

Wenn Laborbefunde eine makrozytäre aregenerative Anämie, multiple Zytopenien oder eine persistierende Anämie trotz Regenerationsversuchen zeigen, sollte eine Untersuchung des Knochenmarks erfolgen, um eine mögliche Dysplasie nachzuweisen. Die dysplastischen Veränderungen sind individuellen Schwankungen unterworfen. In der erythroiden Reihe können große Mengen von Rubriblasten und Prorubrizyten (offensichtlicher Reifungsstopp), megaloblastische Rubrizyten, Zellkerne mit abnormen Chromatinmustern, Zerlappung oder Vielkernigkeit, sowie Sideroblasten oder eine Kombination dieser Befunde vorkommen. Bei gesunden Katzen sind im Knochenmark weder Sideroblasten noch anfärbbares Hämosiderin nachzuweisen. In der myeloischen Zelllinie findet man häufig große Mengen von Myeloblasten und Promyelozyten (offensichtlicher Reifungsstopp), abnorme Granulation, bizarre hypersegmentierte Neutrophile (Makropolyzyten), Hyposegmentation der Kerne (erworbene Pelger-Huët-Anomalie), Riesenneutrophile und monozytoide Neutrophile einzeln oder eine Kombination daraus. In der megakaryozytären Linie sind folgende Befunde möglich: Zwergmegakaryozyten, Megakaryozyten mit hypolobulierten oder multiplen runden Kernen, Megakaryozyten mit hyperlobulierten Kernen und blauem Zytoplasma, Riesenthrombozyten, hypo- und/oder hypergranulierte Thrombozyten. Im Laufe der Zeit ist die Anfertigung vieler Blutbilder nötig, um Zytopenien zu überwachen oder den Übergang zur Leukämie nachzuweisen.

Beachte: Zu den präleukämischen Veränderungen hämatopoetischer Zellen zählen Zytopenien einer oder mehrerer Zelllinien im peripheren Blut sowie morphologische Beweise für Dysplasien im Blut oder Knochenmark.

Akute myeloische Leukämie

Die AML zählt zu einer Reihe neoplastischer Erkrankungen, die die Vorläufer nicht-lymphatischer Zellen betreffen. Abhängig von den Ursprungszellen und dem Grad der Differenzierung werden die Subtypen M1–M7 unterschieden (Raskin, 1996). Die Zuordnung zu den einzelnen Subtypen erfolgt durch zytochemische Färbungen (Abb. 4.10 und Tab. 4.7) oder Immunzytochemie. Beispielsweise besteht die akute myeloblastische (myelogene) Leukämie (AML-M2) i.d.R. aus Neutrophilen. Es kann aber auch zur sog. Koproduktion von Basophilen und Eosinophilen kommen. Die Gesamtleukozytenzahl variiert, extreme Leukozytosen sind aber möglich. Im Blut sind oft Blasten nachweisbar. Die AML kann von einer schweren Anämie und Thrombozytopenie begleitet sein. Myeloblasten, Promyelozyten und atypische Zellen entsprechen den Subtypen M1–M3. Myeloblasten haben ein mäßig basophiles Zytoplasma mit wenigen, kleinen, azurophilen Granula. Eine gestörte Reifungssequenz kann zwar auf eine Neoplasie hinweisen, ist aber auch nach einer zellulären Zerstörung (z.B. durch Toxine, Parvoviren) möglich, wenn die Repopulation des Knochenmarks einsetzt. Diese Phase beginnt mit unreifen Zellen (Myeloblasten, Progranulozyten, Myelozyten) ohne die sonstige Prädominanz der reifen Stab- und Segmentkernigen. Anfangs sind Ähnlichkeiten mit einer Leukämie nicht zu leugnen, aber durch die fortschreitende Reifung wird schließlich die physiologische Zellpopulation des Knochenmarks wiederhergestellt. Zur Diagnosestellung kann hierbei die erneute Untersuchung des Knochenmarks nach einigen Tagen erforderlich sein.

Die myelomonozytäre Leukämie (M4) ist durch die gleichzeitige Produktion von Neutrophilen und Monozyten aus bipotenten Stammzellen charakterisiert, was unter den nicht-erythroiden Zellen im Knochenmark zu einem Anteil von mindestens 30 % Myelo- und Monoblasten führt. Hierbei handelt es sich um die häufigste nicht-lymphatische Leukämie. Mit fortschreitender Erkrankung kann sich der Anteil der Monozyten und Neutrophilen ändern. Eine begleitende mittelgradige Anämie ist zu erwarten.

Die Monozytenleukämie (M5) kommt selten vor. Die Verwechslung mit einer akuten lymphatischen Leukämie lässt sich durch zytochemische Färbungen vermeiden. Unter den nicht-erythroiden Zellen des Knochenmarks sind die Monoblasten bis zu einem Anteil von 30 % und mehr erhöht. Monoblasten haben ein basophiles Zytoplasma ohne offensichtliche Granulation sowie unregelmäßig runde, gefaltet erscheinende Kerne.

Bei der Erythroleukämie (M6) kommt es zur Proliferation unreifer und atypischer erythroider und granulozytärer Zellen. Die erythroide Komponente übersteigt 50 %, von den nicht-erythroiden Zellen sind (zusammen) mindestens 30 % Myelo- und Monoblasten. Eine Sonderform (M6Er) besteht v.a. aus erythroiden Vorläuferzellen; hierbei übersteigt der Rubriblastenanteil 30 %. Die Erythroleukämie ist bei der Katze häufiger als beim Hund. Oft kommt es zu einer hochgradigen aregenerativen Anämie und auffälligen dysplastischen Veränderungen. Im Laufe der Zeit kann sich das Erscheinungsbild dieser Leukämie verändern und so weiterentwickeln, dass granulozytäre Vorläuferzellen vorherrschen. Erythroleukämien stehen bei der Katze nicht selten in Zusammenhang mit FeLV-Infektionen.

Die Megakaryoblastenleukämie ist bei Hunden und Katzen beschrieben. Leukozyten- und Thrombozytenzahlen variieren, und es können zirkulierende Megakaryoblasten nachgewiesen werden. Diese Zellen haben einen runden Kern und wenig basophiles Zytoplasma mit einer rauen, unregelmäßigen Zelloberfläche. Die Thrombozytenmorphologie ist oft bizarr, typischerweise liegen Riesenthrombozyten und eine abnorme Granulation vor. Zur Diagnose dieser Form der Leukämie sind positive zytochemische Reaktionen auf Periodsäure-Schiff-Reagens, α-Naphthyl-Azetatesterase, Acetylcholin-Esterase und Faktor-VIII-verwandtes Antigen nötig. Mit Hilfe der Elektronenmikroskopie können charakteristische α-Granula oder frühe Demarkationssysteme an der Innenmembran nachgewiesen werden. In einigen früheren Fallberichten wurde die Fehldiagnose einer AML-M7 gestellt, obwohl tatsächlich myeloische Hyperplasien mit Myelofibrose vorlagen (weitere Erläuterungen später in diesem Kapitel).

Chronisch myeloproliferative Erkrankungen

Die chronisch granulozytäre (myeloische) Leukämie (CGL, CML) weist v. a. segment- und stabkernige Neutrophile auf. Hieran ist sie auch von einer akuten granulozytären Leukämie zu unterscheiden. Die Linksverschiebung bei einer CGL kann bis zu den Promyelozyten reichen. Die myeloische Proliferation im Knochenmark bezieht häufig die physiologische myeloische Reifung mit ein, so dass das Verhältnis zwischen myeloischen und erythroiden Zellen deutlich ansteigt (Fine und Tvedten, 1999). Dieses Verhältnis kann zwischen 4 : 1 und 25 : 1, aber auch bei 36 : 1 liegen. Das Knochenmark enthält weniger als 30 % Myeloblasten nicht-lymphohistiozytärer Zellen (Abb. 4.9). Die Diagnose der CGL stützt sich oft auf den Nachweis einer ausgeprägten persistierenden Leukozytose (40–200 × 10^9/l [*40 000–200 000/µl*]) und den Ausschluss einer leukämoiden Reaktion (siehe 4.2.2 Entzündung). Die begleitende Anämie ist geringgradig bis mittelgradig, und die Thrombozytenzahlen variieren. Es kann im Rahmen der CGL zu einer Lymphadenopathie kommen, bei der die Lymphknotenaspirate denen bei ausgeprägter extramedullärer Hämatopoese ähneln. Die Prognose und das Ansprechen auf eine Behandlung sind besser als bei AML. Monate nach Diagnosestellung kann es zum Tod durch eine Blastenkrise kommen.

Die eosinophile Leukämie ist eine Sonderform der myeloischen Leukämie. Diese Art der Leukämie ist selten. Es gibt jedoch Berichte über das Vorkommen der Erkrankung beim Hund. Für die Katze wurde ein Zusammenhang mit der FeLV-Infektion nachgewiesen. Typische Befunde sind eine ausgeprägte persistierende Eosinophilie (oft > 50 × 10^9/l [> *50 000/µl*]) mit Verschiebung zugunsten unreifer Zellen. Eine mittelgradige Anämie kann vorhanden sein. Die Unterscheidung von hypereosinophilen Zuständen (z. B. hypereosinophiles Syndrom, Allergien, Parasitenbefall, eosinophil entzündliche Erkrankungen, Mastzelltumor, gewisse Lymphome) gestaltet sich mitunter schwierig. Leukämische Eosinophile verlassen das Knochenmark und infiltrieren Gewebe wie Lymphknoten, Leber und Milz.

Die basophile Leukämie ist eine weitere Sonderform der myeloischen Leukämie, die sehr selten und – Berichten zufolge – dann meist beim Hund vorkommt. Diese Neoplasie kann anhand feiner Einschnitte bzw. der Segmentation oder Zerlappung des Kerns von einer Mastzellleukämie unterschieden werden. Beim Hund können die zytoplasmatischen Granula der neoplastischen Basophilen gröber sein als bei Mastzellen. Die Erkrankung ist mit Thrombozytose und Anämie assoziiert. Mit Therapie ist die Prognose gut.

Bei der chronisch myelomonozytären Leukämie (CMML) handelt es sich um eine seltene Erkrankung, bei der die blastischen Zellen sowohl der granulozytären als auch der monozytären Zelllinien weniger als 30 % der nicht-lymphohistiozytären Zellen im Knochenmark darstellen. In vielen Fällen zeigt sich eine periphere Monozytose von über 4 × 10^9/l (*4000/µl*). Die Verdachtsdiagnose ergibt sich bei ausgeprägter Monozytose und gleichzeitiger Neutrophilie, ohne dass Hinweise auf eine Entzündung bestehen. Die CMML kann im Laufe der Zeit in eine AML übergehen.

Die Polycythaemia vera (primäre Erythrozytose) ist eine bei Hunden und Katzen seltene Erkrankung, bei der es zur neoplastischen Produktion reifer kernloser Erythrozyten kommt. Bei ziegelroten Schleimhäuten und einem deutlich erhöhten Hämatokrit (65–82 %) liegt eine Polyzythämie nahe. Eine evtl. vorhandene Splenomegalie ist i. d. R. gering ausgeprägt. Beim Hund kommt es in 50 % der Fälle zu Polyurie, Polydipsie, Hämorrhagien und neurologischen Symptomen. Die endgültige Diagnose einer Polycythaemia vera erfordert den Ausschluss anderer Ursachen für eine Erythrozytose oder absolute Polyzythämie (siehe Kap. 3). Die Diagnosestellung stützt sich auf den Nachweis einer absoluten Erhöhung der Erythrozytenmasse, einen unveränderten PaO_2 und eine reduzierte Erythropoetinkonzentration im Serum, die in spezialisierten Labors bestimmt werden kann. Nierenzysten, Pyelonephritis und Tumoren müssen ausgeschlossen werden, da diese – als paraneoplastisches Syndrom mit erhöhter Erythropoe-

tinkonzentration im Serum – auch eine absolute Polyzythämie (nicht angepasste sekundäre Erythrozytose) hervorrufen können.
Die essentielle Thrombozythämie (primäre Thrombozythämie) ist eine seltene chronische myeloproliferative Erkrankung, bei der es i.d.R. zur Proliferation der Megakaryozyten und zur ungehemmten Thrombozytenproduktion kommt. Die Erkrankung ist bei Hunden und Katzen beschrieben. Die o.g. Vorgänge laufen unabhängig von einer physiologischen oder responsiven Thrombozytose ab. Die klinische Symptomatik besteht aus einer Splenomegalie und Anzeichen für Funktionsstörungen der Thrombozyten, wie spontanen Blutungen und Thrombembolien (siehe Kap. 5). Die Thrombozytenzahlen liegen andauernd über $600 \times 10^9/l$ (*600 000/µl*) und oft über $1000 \times 10^9/l$ (*1 000 000/µl*), was den Patienten für Mikrothrombosen und mikrovaskuläre Ischämien prädisponiert. Es kann gleichzeitig eine Neutrophilie oder Basophilie vorliegen. Eine Messung des Thrombopoetins, die in spezialisierten Labors durchgeführt wird, bestätigt die Diagnose.
Die myeloische Metaplasie/Myelofibrose (MMM) wird auch als agnogene myeloische Metaplasie, idiopathische Myelofibrose oder chronisch megakaryozytäre-granulozytäre Myelose bezeichnet. Diese seltene Erkrankung führt zu einer intra- und extramedullären Hämatopoese, die im Spätstadium der Erkrankung von einer reaktiven oder sekundären Knochenmarkfibrose begleitet wird. Die am stärksten betroffenen hämatopoetischen Vorläufer sind granulozytären bzw. megakaryozytären Ursprungs und infiltrieren Milz und Leber. Einige Fälle könnten fälschlicherweise für eine AML megakaryozytären Ursprungs gehalten werden. Im peripheren Blut kommen oft gleichzeitig unreife Granulozyten und erythroide Zellen vor, was als leukoerythroblastische Reaktion bezeichnet wird. Bei den Erythrozyten kann eine Poikilozytose mit Ausbildung tropfenartiger Formen vorliegen. Bedingt durch die Myelofibrose gestaltet sich eine Aspiration des Knochenmarks oft schwierig, deshalb wird zur Bestätigung der Diagnose eine Stanzbiopsie empfohlen. Die Überlebenszeit liegt im Bereich von Monaten bis Jahren – abhängig vom Ansprechen auf die Therapie der aregenerativen Anämie.

Mastzellleukämie und Mastozytämie

Eine Mastzellleukämie beim Hund kann vom Knochenmark ausgehen und kommt selten vor. Eine Mastozytämie oder systemische Mastozytose kann sekundär bei soliden Mastzelltumoren (siehe Kap. 18) vorkommen oder auf schwere entzündliche Erkrankungen, v.a. die Parvovirusenteritis, hindeuten (Stockham et. al., 1986). Grundsätzlich ist eine systemische Mastzellneoplasie umso wahrscheinlicher, je mehr Mastzellen im Blut zu finden sind; dies gilt besonders, wenn keine Enteritis vorliegt. Die Anzahl der Mastzellen je Blutausstrich lag bei Hunden mit Enteritis und Mastozytämie üblicherweise im Bereich von 2–9, es konnten jedoch auch 30–90 Mastzellen je Ausstrich vorkommen. Bei Hund und Katze sind im Blut nur selten metastatische Mastzellen, die Mastzelltumoren der Haut entstammen, nachzuweisen. Zirkulierende Mastzellen sind häufiger bei Katzen zu finden, die unter der viszeralen Form einer Mastzellneoplasie (führt zu mittel- bis hochgradiger Splenomegalie) leiden. Eine Erythrophagozytose durch die zirkulierenden Mastzellen ist nicht selten und kann zu einer Anämie beitragen. Meist betrifft die disseminierte Erkrankung Milz, Leber, periphere Lymphknoten oder Knochenmark. Der beste Nachweis einer disseminierten Mastzellneoplasie erfolgt durch Zytologie oder chirurgische Biopsie.
Mastzellen sind in den Blutausstrichen gesunder Hunde nicht zu erwarten (Bookbinder et al., 1992). Im Knochenmark des Hundes kommt physiologischerweise höchstens eine Mastzelle auf 1000 kernhaltige Zellen vor. Eine Anzahl von mehr als 10 Mastzellen unter 1000 kernhaltigen Zellen wird als erhöht betrachtet und deutet auf eine hämolymphatische Einbeziehung im Rahmen disseminierter Mastzellneoplasien hin (O'Keefe et al., 1987). Anhand morphologischer und zytochemischer Kriterien kann die Mastzellleukämie von einer basophilen Leukämie unterschieden werden.

Maligne Histiozytose

Die maligne Histiozytose oder das disseminierte histiozytäre Sarkom ist eine aggressive, multisystemische Erkrankung, bei der es zu einer disseminierten Neoplasie der myeloischen dendritischen Zellen kommt (Affolter und Moore, 2002). Bei älteren Tieren und bei gewissen Rassen, wie Golden und Flat Coated Retriever, Rottweiler sowie Berner Sennenhund ist das Erkrankungsrisiko höher. Primär erkranken Milz, Lunge und Knochenmark, sekundär Leber, Lymphknoten, Subkutis und Nieren. Anämie, Thrombozytopenie und Hyperbilirubinämie sind die häufigsten Auffälligkeiten im Labor. In der Zytologie stellen sich die malignen Histiozyten als große, oft auffällig pleomorphe runde oder sternförmige Zellen mit reichlich (manchmal vakuolisiertem) basophilem Zytoplasma dar. Ihre Kerne sind oval bis nierenförmig mit spitzenartigem Chromatin und auffallenden multiplen Nukleoli (Farbtafel 6C). Vielkernige Zellen und mitotische Figuren kommen häufig vor.

Oft, aber nicht immer, kommt es zur Erythro- und Leukophagozytose. Eine andere Situation mit Erythrophagozytose und multipler Zytopenie liegt beim hämophagozytären Syndrom gut differenzierter Makrophagen vor, das durch infektiöse oder entzündliche Erkrankungen hervorgerufen werden kann. Hiervon kann sich die maligne Histiozytose durch das stärker anaplastische Erscheinungsbild der malignen Zellen und dadurch, dass vorberichtlich keine Infektion vorlag, unterscheiden. Die Differenzierung der malignen Histiozytose von anderen Neoplasien wird durch den Nachweis positiver histiozytär zytochemischer und immunhistochemischer Marker, bei gleichzeitig negativen lymphatischen oder epithelialen Markern, bestätigt. Gleich aussehende Zellen können sich nach Durchführung einer Immunphänotypisierung oder von Genneuordnungsstudien als T- oder B-Zell-Lymphom erweisen.

Quellen

Affolter VK, Moore PF: Localized and disseminated histiocytic sarcoma of dendritic cell origin in dogs, *Vet Pathol* 39:74, 2002.

Bookbinder PF, Butt MT, Harvey HJ: Determination of the number of mast cells in lymph node, bone marrow, and buffy coat cytologic specimens from dogs, *J Amer Vet Med Assoc* 200:1648, 1992.

Breitschwerdt EB et al: Rhinitis, pneumonia, and defective neutrophil function in the Doberman pinscher, *Am J Vet Res* 48:1054, 1987.

Brown MR, Rogers KS: Neutropenia in dogs and cats: a retrospective study of 261 cases, *J Am Anim Hosp Assoc* 37:131, 2001.

Center SA et al: Eosinophilia in the cat: a retrospective study of 312 cases (1975-1986), *J An Anim Hosp Assoc* 26:349, 1990.

Couto CG: Clinicopathologic aspects of acute leukemias in the dog, *J Amer Vet Med Assoc* 186:681, 1985.

Duncan JR, Prasse KW, Mahaffey EA: *Veterinary laboratory medicine*, ed 3, Ames, IA, 1994, Iowa State University Press.

Feldman BF, Zinkl JG, Jain NC: *Schalm's veterinary hematology*, ed 5, Baltimore, 2000, Williams & Wilkins.

Grindem CB, Perman V, Stevens JB: Morphological classification and pathologic characteristics of spontaneous leukemia in 17 dogs, *J Amer Anim Hosp Assoc* 21:219, 1985a.

Grindem CB, Perman V, Stevens JB: Morphological classification and pathologic characteristics of spontaneous leukemia in 10 cats, *J Amer Anim Hosp Assoc* 21:227, 1985b.

Jain NC et al: Proposed criteria for classification of acute myeloid leukemia in dogs and cats, *Vet Clin Pathol* 20:63, 1991.

Latimer KS: Leukocytes in health and disease. In Ettinger SJ, Feldman EC, editors: *Textbook of veterinary internal medicine. Diseases of the dog and cat*, ed 4, vol 2, Philadelphia, 1995, WB Saunders.

Latimer KS: An overview of neutrophil dysfunction in dogs and cats. In Bonagura JD, editor: *Kirk's current veterinary therapy XIII*, Philadelphia, 2000, WB Saunders.

Latimer KS, Campagnoli RP, Danilenko DM: Pelger-Huët anomaly in Australian shepherds: 87 cases (1991-1997), *Compar Clin Pathol* 10:9, 2000.

Latimer KS, Rakich PM: Sézary syndrome in a dog, *Compar Clin Pathol* 6:115, 1996.

Latimer KS, Robertson SL: Inherited leukocyte disorders. In August JR, editor: *Consultations in feline internal medicine*, vol 2, Philadelphia, 1994, WB Saunders.

McDonough SP, Moore PF: Clinical, hematologic, and immunophenotypic characterization of canine large granular lymphocytosis, *Vet Pathol* 37:637, 2000.

McEwen BJ: Eosinophils: a review, *Vet Res Commun* 16:11, 1992.

Meyer DJ, Harvey JW: *Veterinary laboratory medicine: interpretation and diagnosis*, ed 2, Philadelphia, 1998, WB Saunders.

Moore GE, Mahaffey EA, Hoenig M: Hematologic and serum biochemical effects of long-term administration of anti-inflammatory doses of prednisone in dogs, *Am J Vet Res* 53:1033, 1992.

Moore PF, Vernau W: Lymphocytes: differentiation molecules in diagnosis and prognosis. In Feldman BF, Zinkl JG, Jain NC, editors: *Schalm's veterinary hematology*, ed 5, Baltimore, 2000, Williams & Wilkins.

Moriello KA: Cutaneous lymphoma and variants. In Feldman BF, Zinkl JG, Jain NC, editors: *Schalm's veterinary hematology*, ed 5, Baltimore, 2000, Williams & Wilkins.

O'Keefe DA et al: Systemic mastocytosis in 16 dogs, *J Vet Intern Med* 1:75, 1987.

Raskin RE, Krehbiel JD: Prevalence of leukemic blood and bone marrow in dogs with multicentric lymphoma, *J Am Vet Med Assoc* 194:1427, 1989.

Raskin RE: Myelopoiesis and myeloproliferative disorders, *Vet Clin North Am Small Anim Pract* 26:1023, 1996.

Raskin RE, Valenciano A: Cytochemical tests for diagnosis of leukemias. In Feldman BF, Zinkl JG, Jain NC, editors: *Schalm's veterinary hematology*, ed 5, Baltimore, 2000, Williams & Wilkins.

Shelton GH, Linenberger ML, Abkowitz JL: Hematologic abnormalities in cats seropositive for feline immunodeficiency virus, *J Am Vet Med Assoc* 199:1353, 1991.

Stockham SL, Basel DL, Schmidt DA: Mastocythemia in dogs with acute inflammatory diseases, *Vet Clin Pathol* 15:16, 1986.

Swenson CL et al: Cyclic hematopoiesis associated with feline leukemia virus infection in two cats, *J Am Vet Med Assoc* 191:93, 1987.

Trowald-Wigh G et al: Leucocyte adhesion protein deficiency in Irish setter dogs, *J Vet Immunol Immunopathol* 32:261, 1992.

Valli VE et al: *Histological classification of hematopoietic tumors of domestic animals*, ed 2, Washington DC, 2002, Armed Forces Institute of Pathology.

5 Störungen der Hämostase

Renee Prater und Harold Tvedten

Ziel der Hämostase ist es, das empfindliche Gleichgewicht zwischen Gerinnung und Fibrinolyse zu erhalten, damit Gefäßstruktur und -funktion sowie die Fließfähigkeit des Blutes erhalten bleiben. Bei einer Gefäßverletzung werden ausreichend funktionsfähige Thrombozyten ebenso wie Gerinnungsfaktoren und -kofaktoren benötigt. Nur so kann das Blutvolumen konstant gehalten, sowie angemessene Voraussetzungen geschaffen werden, die die Wundheilung und Wiederherstellung der Gefäßintegrität sicherstellen. Zusätzlich ist eine intakte Fibrinolyse erforderlich, um die Gerinnung im Rahmen der Wundheilung auf den Ort der Gefäßschädigung zu beschränken. Durch ein Ungleichgewicht zwischen Gerinnung und Fibrinolyse kommt es zu Störungen der Hämostase, die entweder zur Hyperkoagulation mit Thrombembolien oder zur Hypokoagulation mit Hämorrhagien führen. Im klinischen Alltag der Veterinärmedizin wird, wie später erläutert, die Hypokoagulation häufiger beobachtet.

Nachfolgend wird die Labordiagnostik bei Störungen der Hämostase in drei Abschnitten besprochen: Im ersten Teil werden die Komponenten der physiologischen Hämostase – bestehend aus Gefäßendothel, Thrombozyten, Gerinnungsfaktoren und Fibrinolyse – dargestellt, im zweiten Abschnitt wichtige technische Aspekte ausgewählter Untersuchungsmethoden. Die verschiedenen hereditären und erworbenen Störungen der Hämostase sind Gegenstand des dritten Teils. In diesem Abschnitt wird auch auf Rasseprädispositionen und spezifische diagnostische Tests Bezug genommen.

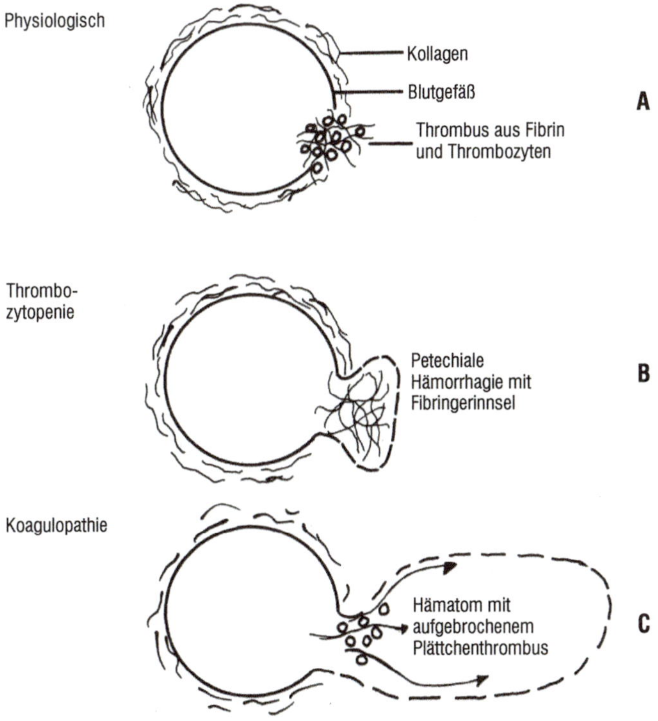

Abb. 5.1 Klinische Befunde bei Thrombozytopenie oder Koagulopathie. Das unterschiedliche Ausmaß der Blutung bei Thrombozytopenie und Koagulopathie wird dargestellt. **(A)** Die Zusammenhangstrennung eines Gefäßes wird gewöhnlich schnell repariert, indem Thrombozyten und Gerinnungsfaktoren durch den Kontakt zu freiliegendem Kollagen zur Bildung eines Plättchenthrombus angeregt werden, der dann durch Fibrinfäden stabilisiert wird. **(B)** Bei einer Thrombozytopenie kommt es nicht zur Ausbildung eines ausreichenden Plättchenthrombus. Dennoch tritt vor Bildung des Fibringerinnsels nur wenig Blut aus. **(C)** Ein Gerinnungsfaktordefekt verhindert die schnelle Stabilisierung des Plättchenthrombus durch Fibrineinlagerung oder führt zur Ausbildung eines weniger stabilen Fibrinnetzes, so dass der Plättchenthrombus zerfällt, was eine starke Hämorrhagie auslöst.

Eine Blutungsneigung kann sich mannigfaltig äußern – von deutlich sichtbaren Anzeichen (z. B. schwere Epistaxis) über einen entsprechenden Verdacht (z. B. Von-Willebrand-Syndrom, VWS, beim Dobermann) bis hin zum asymptomatischen Zufallsbefund (z. B. reduzierte Thrombozytenzahl, Hinweise auf Hepatopathie). Sowohl verlängerte Blutungen nach einer Geburt, im Östrus oder bei Bagatellverletzungen (z. B. Venenpunktion, Verlust von Milchzähnen) als auch spontane Hämorrhagien (Petechien, Ekchymosen, Hämatome) sind Anzeichen einer Blutungsneigung. Blutungen in den Verdauungstrakt äußern sich meist in Form von frischem Blut im Kot oder dunklem Teerstuhl. Die Diagnose von Blutungen in Gelenke oder Körperhöhlen erfolgt anhand zytologischer Untersuchungen von Synovia oder Erguss. Kleine Hämorrhagien wie Petechien oder Ekchymosen weisen auf einen Thrombozyten- oder Gefäßdefekt hin (Abb. 5.1). Bei Thrombozytendefekten kommt es häufig zur Epistaxis. Möglicherweise spielt die anatomische Nähe von Blutgefäßen und nasaler Schleimhaut hier eine Rolle. Im Vergleich dazu treten großflächige, tiefgreifende Blutungen (z. B. Hämatome, Hämarthrosen) vor allem bei Gerinnungsstörungen auf.

Um einen Patienten mit Verdacht auf eine Blutungsneigung zu beurteilen, sind ein ausführlicher Vorbericht sowie die klinische Untersuchung von größter Bedeutung. Vervollständigt wird das Bild durch notwendige hämostatische Untersuchungen. Einige Screeningtests können auch in einer Privatpraxis durchgeführt werden. Diese Untersuchungen sind aber u. U. nicht sensitiv genug, um geringgradige Störungen der Hämostase zu erkennen. Zur exakten Diagnose sind deshalb oftmals weitere Untersuchungen in Referenzlabors oder humanmedizinischen Kliniken erforderlich. Bei einer Blutungsneigung sollte die Diagnostik anhand eines gut durchdachten, einfachen, immer gleichen Schemas erfolgen (Abb. 5.2). Wenn keine Ursache für eine Blutung festgestellt werden kann oder die Blutung im Vergleich zum Grad der Verletzung übermäßig stark erscheint, sind Untersuchungen des Gerinnungssystems sinnvoll, um einen Defekt nachzuweisen und zu lokalisieren.

Hämostatische Defekte sollten zuerst einem der vier größeren Teilbereiche der Hämostase zugeordnet werden: Blutgefäße, Thrombozyten, Gerinnungsfaktoren und fibrinolytisches System

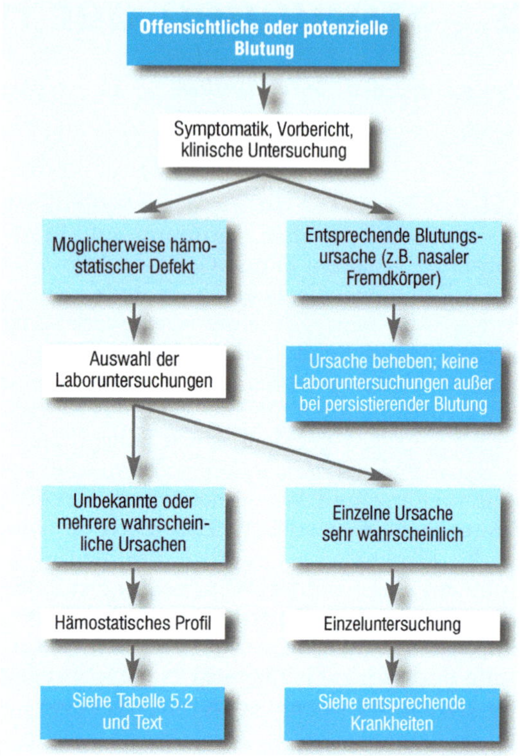

Abb. 5.2 Auswahl labordiagnostischer Untersuchungen. Bei Nachweis einer entsprechenden Ursache für ein Blutungsproblem sind keine weiteren hämostatischen Untersuchungen nötig. Ist ein hämostatischer Defekt wahrscheinlich und sind entweder mehrere Ursachen möglich oder ist die Ursache unklar, sollten alle Bestandteile der Hämostase durch ein Untersuchungsprofil auf einen Defekt hin geprüft werden. Wenn von klinischer Seite nur ein möglicher Grund nahe liegt, sollte ein entsprechender Test zur Bestätigung dieses Verdachts ausgewählt werden.

(Tab. 5.1). Zirkulierende Thrombozyten binden mit Hilfe des Von-Willebrand-Faktors (VWF) an freigelegtes subendotheliales Kollagen. Es bildet sich zunächst ein primärer Plättchenthrombus und verschließt das beschädigte Gefäß (Abb. 5.1, Abb. 5.3). Durch Kollagen, Gewebsthromboplastin und Thrombozyten werden die Gerinnungsfaktoren angeregt, Fibrinfäden auszubilden, die den Plättchenthrombus stabilisieren. Im Verlauf der Gefäßheilung wird das Gerinnsel durch das fibrinolytische System abgebaut und so das Gefäßlumen wiederhergestellt. Bei Koagulopathien entsteht zwar ein Plättchenthrombus, der aber nicht durch Fibrinfäden stabilisiert

Tabelle 5.1 Hämostatische Mechanismen: Funktionen und entsprechende Laboruntersuchungen

	Thrombozytenzahl[1]	Thrombozytenfunktion[1]	Gerinnungsfaktoren[1]	Fibrinolytisches System[1]	Blutgefäße[1]
physiologische Funktion[2]	Plättchenthrombus	Plättchenthrombus	Fibringerinnsel	Auflösung des Gerinnsels	Vasokonstriktion
mögliche Untersuchungen[3]	Thrombozytenzahl	Blutungszeit	APTT oder ACT	Plasminaktivität	Gefäßintegrität
	Thrombozytenschätzung	(BMBT)	PT spezifische Faktorenanalyse	FSP	Histopathologie
Name der Erkrankung	Thrombozytopenie Thrombopathie	Thrombozytendysfunktion	Koagulopathie	DIC	vaskuläre Erkrankungen

1 Fünf grundlegende Anteile der Hämostase
2 Grundsätzliche Funktionen der fünf Anteile. Alle Anteile interagieren miteinander (z.B. stabilisiert das Fibringerinnsel den Plättchenthrombus, Gerinnsel fördern die Fibrinolyse, Thrombozyten beschleunigen den Gerinnungsprozess).
3 Die fett gedruckten hämostatischen Parameter werden durch den entsprechenden Test untersucht. Mögliche Veränderungen, die durch die Untersuchungen erkannt werden können, sind kursiv gedruckt. Interpretation der Gerinnungsfaktoren-Aktivität siehe Text und Abb. 5.4, 5.7, 5.8, 5.10 und 5.11
BMBT, Buccal Mucosal Bleeding Time; APTT, aktivierte partielle Thromboplastinzeit; ACT, aktivierte Gerinnungszeit; PT, Prothrombinzeit; FSP, Fibrinspaltprodukte; DIC, disseminierte intravasale Gerinnung

wird und deshalb schnell zusammenbricht, so dass es zur erneuten Blutung kommt. Die Gerinnselbildung, die nach Kontakt mit subendothelialem Kollagen schnell ablaufen sollte, wird durch einen ausgeprägten Mangel eines oder mehrerer Gerinnungsfaktoren verlangsamt. In dieser Zeit kann es zu ausgedehnten Hämorrhagien kommen, bevor das Fibringerinnsel oder der Druck angrenzender Gewebe die Blutung zum Stillstand bringen (Abb. 5.1).

Beachte: In der Regel ist zu Beginn der Diagnostik unklarer Blutungsprobleme die Erstellung eines hämostatischen Profils effektiver als die Durchführung spezieller Einzeluntersuchungen, die zur Lokalisation des Problems meist nicht ausreichen.

Bei jeder klinisch signifikanten Blutung unbekannter Ursache wird zur Eingrenzung des Defekts die Erstellung eines hämostatischen Profils, das aus fünf Untersuchungen besteht, empfohlen (Tab. 5.1, Tab. 5.2). Bei manchen Störungen sind mehrere Komponenten des hämostatischen Prozesses betroffen. Hier könnte die Beurteilung von nur ein oder zwei Untersuchungsergebnissen zu unvollständigen oder falschen Schlussfolgerungen führen. Einige Situationen erfordern nur eine einzelne Untersuchung (z.B. Prüfung auf VWF als präoperatives Screening beim Dobermann; Prothrombinzeit, PT, bei Verdacht auf Kumarinvergiftung). Das empfohlene Profil besteht aus Thrombozytenzählung, Buccal Mucosal Bleeding Time (BMBT) zur Abschätzung der Thrombozytenfunktion, aktivierter partieller Thromboplastinzeit (APTT) zur Beurteilung des intrinsischen und des gemeinsamen Systems, Prothrombinzeit (PT) zur Beurteilung des extrinsischen und des gemeinsamen Systems und die Untersuchung auf Fibrinspaltprodukte (FSP) zur Einschätzung der fibrinolytischen Aktivität (Tab. 5.2). Falls nötig, werden ergänzend weitere Untersuchungen vorgenommen. Die aktivierte Gerinnungszeit (Activated Coagulation Time, ACT) ist ein Ersatz für die APTT; sie ist leichter durchzuführen, aber weniger sensitiv und spezifisch als die APTT. Die Abschätzung der Thrombozytenzahl im Blutausstrich ist oft ausreichend, um eine klinisch signifikante Thrombozytopenie nachzuweisen.

5.1 Komponenten der Hämostase

5.1.1 Gefäßendothel

Gesunde Endothelzellen sezernieren Substanzen wie Prostazyklin und Stickoxid, die als Vasodilatatoren und Inhibitoren der Thrombozytenadhäsion antithrombotisch wirksam sind. Wird das Gefäßendothel durch Trauma, Ent-

Tabelle 5.2 Hämostatische Suchprofile

bevorzugte Untersuchung	alternative Untersuchung	untersuchter Parameter
Thrombozytenzählung	Blutausstrich	Thrombozytenzahl
BMBT	Gerinnselretraktion	Thrombozytenfunktion
APTT	ACT	Gerinnungsfaktoren
PT	nicht vorhanden	Gerinnungsfaktoren
FSP	nicht vorhanden	Fibrinolyse
Untersuchung auf VWF	Botrozetin-Kofaktor	VWF

BMBT, Buccal Mucosal Bleeding Time; APTT, aktivierte partielle Thromboplastinzeit; PT, Prothrombinzeit; FSP, Fibrinspaltprodukte; ACT, aktivierte Gerinnungszeit; VWF, Von-Willebrand-Faktor

zündung, Neoplasie oder Vergiftung beschädigt, wird die Blutgerinnung eingeleitet, indem sich Thrombozyten an das freigelegte subendotheliale Kollagen anheften. Dadurch wird die Gerinnungskaskade in Gang gesetzt. Das Gerinnsel wird durch die Ausbildung eines Fibrinnetzes stabilisiert, bis die Reparatur des Gefäßes erfolgt. Der Thrombus zieht sich unter dem Einfluss einer Thromboxan-A_2-vermittelten Vasokonstriktion zusammen, was zusätzlichen Schutz vor Hämorrhagien und weiterem Blutverlust bietet.

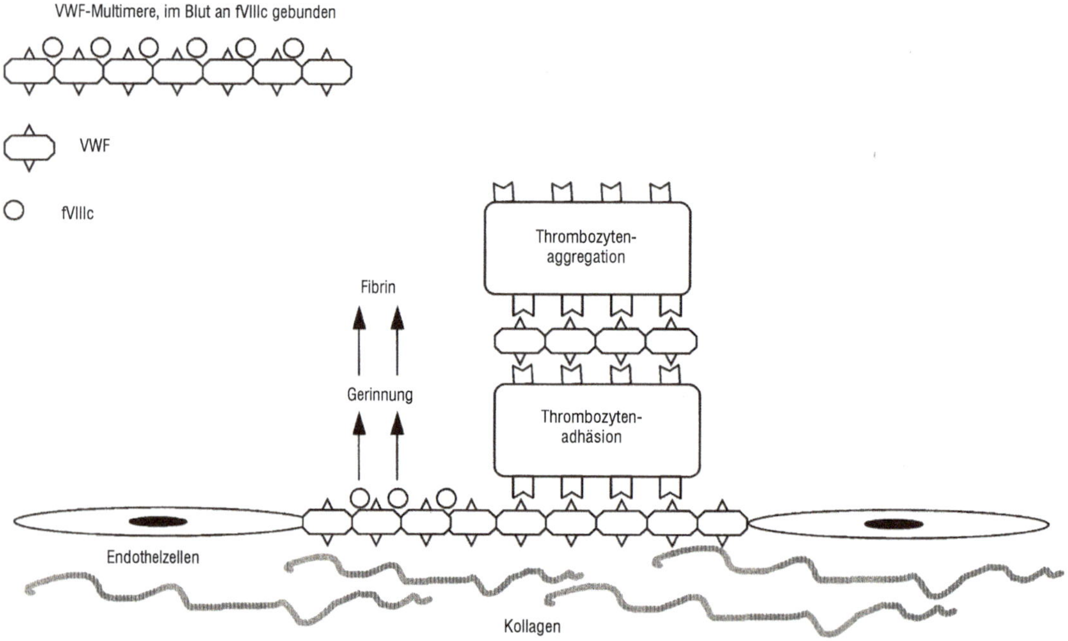

Abb. 5.3 Darstellung des molekularen Faktor-VIII-Komplexes. Der Von-Willebrand-Faktor (VWF) ist ein langes Multimer aus mehreren VWF-Einheiten. Beim gerinnungsaktiven Faktor VIII (fVIIIc) handelt es sich um ein kleineres Molekül, das an den VWF gebunden und in diesem Komplex geschützt vorliegt. VWF bindet an das Kollagen verletzter Gefäße, um dort die Thrombozytenadhäsion zu erleichtern. Ebenso ermöglicht der VWF auch eine rezeptorspezifische Thrombozytenaggregation. Im intrinsischen System aktiviert Faktor VIIIc das gemeinsame System bei Faktor X, was letztlich zur Fibrinbildung und zur Stabilisierung des Plättchenthrombus führt. (Modifiziert nach: *Cotran RS, Kumar V, Robbins SL: Robbins pathologic basis of disease, 5. Auflage, Philadelphia, 1994, WB Saunders, Seite 621.*)

5.1.2 Thrombozyten

Thrombozyten sind kleine zytoplasmatische Fragmente der Megakaryozyten; beim Hund verbringen sie etwa 5 Tage, bei der Katze ca. 30 Stunden in der Zirkulation. Die Milz sequestriert etwa ein Viertel bis ein Drittel der zirkulierenden Thrombozyten. Deshalb kann eine durch Aufregung (Adrenalin) bedingte Milzkontraktion zu einer Pseudothrombozytose führen. Die Thrombozyten werden entsprechend der Stimulation durch Thrombopoetin ins Blut freigesetzt. Die Thrombopoetinkonzentration im Blut hängt von der gesamten zirkulierenden Thrombozytenmasse ab, nicht aber von der absoluten Thrombozytenzahl. Daher können auch geringgradige Thrombozytopenien mit Riesenthrombozyten vorkommen. Beim Cavalier King Charles Spaniel existiert eine rassespezifische Dysplasie mit großen Thrombozyten, geringen Thrombozytenzahlen und eventuell physiologischer Thrombozytenmasse.

Thrombozyten sind die wichtigsten Bestandteile der primären Hämostase. Sie sind außerdem maßgeblich an der sekundären Hämostase beteiligt, da sie lösliche Faktoren zur Stabilisierung des Thrombus freisetzen. Thrombozyten beinhalten verschiedene Typen von Granula, darunter α-Granula, dichte Granula und lysosomale Körperchen. In α-Granula lassen sich eine Vielzahl von Faktoren nachweisen, wie adhäsive Faktoren, die die Thrombozytenaggregation und -adhäsion an das Subendothel fördern (VWF, Fibronektin, Fibrinogen, Thrombospondin, Vitronektin, P-Selektin), Faktoren, die für Gefäßreparaturen von Bedeutung sind (Platelet-derived Growth Factor; transformierender Wachstumsfaktor β; Plättchenfaktor 3, PF-3; Connective-Tissue-activating-Peptide III; hochmolekulares Kininogen, HMK) sowie Gerinnungsfaktoren (Faktor V, Faktor XI, Plasminogen-Aktivator-Inhibitor I, Protein S). Dichte Granula enthalten Nukleotide und Amine wie Adenosintriphosphat (ATP), Guanosintriphosphat (GTP), Adenosindiphosphat (ADP) und Guanosindiphosphat (GDP), Kalzium, Serotonin und Pyrophosphat. In den lysosomalen Körperchen sind eine Reihe von löslichen säureabhängigen Hydrolasen gespeichert, die beim intrazellulären Proteinabbau beteiligt sind.

Nach einer Gefäßverletzung heften sich Thrombozyten mit Hilfe des VWF an freigelegtes subendotheliales Kollagen an. Dies führt zur Bildung eines vorläufigen Gerinnsels und wird als primäre Hämostase bezeichnet. Durch diese Bindung der Thrombozyten erfolgt eine Konformationsänderung, so dass das vorher innerhalb der Zelle gelegene Phosphatidylserin (früher bekannt als PF-3, ein potenter Rezeptor für Faktor X und Prothrombin) jetzt auf der Außenseite der Thrombozytenmembran exprimiert wird. Dadurch kommt es zur Thrombozytenaktivierung, Freisetzung des Inhalts der Thrombozytengranula und zur Aggregation von weiteren Thrombozyten. Die sekundäre Hämostase wird durch die Bildung einer prokoagulatorischen Oberfläche von Fibrinogenrezeptoren auf dem primären Thrombus eingeleitet. Aus den dichten Granula wird ADP freigesetzt, das die Synthese von Thromboxan A_2 ermöglicht. Dabei handelt es sich um ein Prostaglandin, das irreversible Thrombozytenaggregation, visköse Metamorphose der Thrombozyten und lokale Vasokonstriktion bewirkt.

5.1.3 Gerinnungsfaktoren

Nach Ausbildung des initialen Plättchenthrombus über dem Bereich der Gefäßverletzung setzt die sekundäre Hämostase ein. Sie dient vor allem der Stabilisierung des Thrombus. Durch die Gerinnungskaskade wird ein Fibrinnetz gebildet, das besonders bei schnellerem Blutfluss und höherem Blutdruck wichtig ist. Das primäre Ziel des Gerinnungssystems ist die Bildung von Thrombin, welches wiederum das zirkulierende Fibrinogen in unlösliches Fibrin umwandelt. Die so erzeugten Fibrinfäden verbinden sich und formen ein Netz, das noch mehr Blutzellen abfängt, den Plättchenthrombus stabilisiert und so eine effektivere Hämostase ermöglicht. Der Fibrinthrombus ist stabiler als der Primärthrombus und zudem resistent gegenüber proteolytischem Abbau durch das fibrinolytische Enzym Plasmin.

Das Gerinnungssystem ist eine Kaskade von Proenzymen, die zur Erfüllung ihrer Funktion aktiviert werden müssen, und kann in drei Teile unterteilt werden:

1. intrinsisches System
2. extrinsisches System
3. gemeinsames System

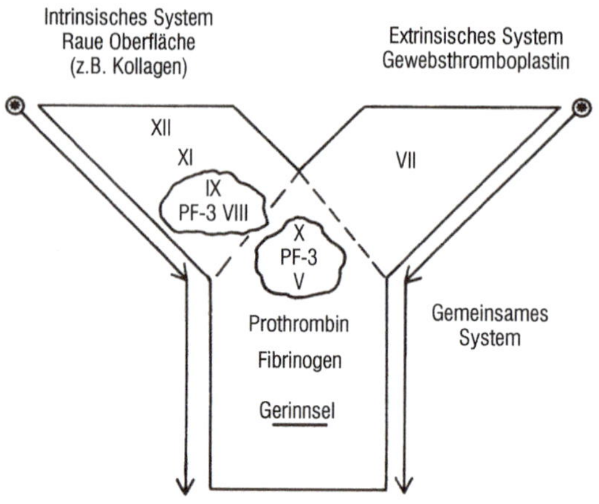

Abb. 5.4 Vereinfachte Gerinnungskaskade. Die Kaskade lässt sich vereinfacht durch den Buchstaben Y mit drei Anteilen (oder Systemen) veranschaulichen: Das intrinsische System enthält die Faktoren XII, XI, IX und VIII, das extrinsische System Faktor VII und das gemeinsame System die Faktoren X, V, Prothrombin und Fibrinogen. Plättchenfaktor 3 (Phosphatidylserin) auf der Oberfläche aktivierter Thrombozyten beschleunigt den Gerinnungsprozess. Tritt Blut aufgrund von Endotheldefekten in Kontakt mit nicht-endothelialen Oberflächen (z.B. Kollagen), wird das intrinsische System in Gang gesetzt. Es aktiviert das gemeinsame System bei Faktor X durch einen Komplex aus Faktor IX, VIII und Plättchenfaktor 3 (PF-3). Der Endpunkt des gemeinsamen Systems (und damit auch des intrinsischen oder extrinsischen Systems) ist die Ausbildung eines Fibrinthrombus. Gewebsthromboplastin aus geschädigten Zellen und Faktor VII aus dem extrinsischen System aktivieren ebenfalls das gemeinsame System.

Für diagnostische Zwecke lässt sich die Gerinnungskaskade vereinfacht durch ein Diagramm in Form des Buchstabens Y darstellen (Abb. 5.4). Die Aktivierung mehrerer Gerinnungsfaktoren (speziell II, VII, IX und X) ist Vitamin-K-abhängig; daher beeinflussen Vitamin-K-Antagonisten (antikoagulatorische Rodentizide) die Gerinnung durch Interaktion mit diesen Aktivierungsmechanismen. Auch bei Komplikationen während der Blutentnahme kann Gewebsthromboplastin von geschädigten Zellen freigesetzt werden und die Gerinnungskaskade *ex vivo* in Gang setzen. Ein Mangel an Gewebsthromboplastin oder ionisiertem Kalzium ist *in vivo* nie stark genug, um Blutungen zu verursachen.

Das intrinsische System enthält die Faktoren XII, XI, IX und VIII und wird durch Kontaktaktivierung in Gang gesetzt, wenn der zirkulierende Faktor XII Kontakt mit einer nicht-endothelialen Oberfläche – wie Kollagen – außerhalb eines Blutgefäßes aufnimmt. Aktivierte Plättchen spielen in der Gerinnselbildung eine wichtige Rolle, weil sie eine negativ geladene Phospholipid-Oberfläche bereitstellen, an der sich Gerinnungsfaktoren ansammeln. Bei schweren Thrombozytopenien ist der Gerinnungsprozess deshalb langsamer (z.B. leichte Verlängerung der ACT). Die negativ geladene Oberfläche der Thrombozyten reagiert zusammen mit den Faktoren IX und VIII als Komplex im intrinsischen System. Der aktivierte Faktor IX aus diesem Komplex tritt mit einem weiteren Komplex aus den Faktoren X und V im gemeinsamen System in Wechselwirkung.

Interaktion von Gewebefaktor und aktiviertem Faktor VII setzt das extrinsische System in Gang. Es wird als das klinisch wichtigere System angesehen, da der aktivierte Faktor VII sowohl Faktor IX im intrinsischen als auch Faktor X im gemeinsamen System aktiviert. Das extrinsische System aktiviert die Gerinnungsmechanismen, während das intrinsische System die Erzeugung von Fibrin fördert. Beide Systeme vereinigen sich zum gemeinsamen System bei der Aktivierung von Faktor X, was schließlich zur Bildung des Fibringerinnsels führt. Das gemeinsame System besteht aus den Faktoren X, V, Prothrombin und Fibrinogen. Nachdem die Gerinnungsfaktoren aktiviert wurden, werden sie durch Antithrombin III, das in einem Komplex mit Heparin vorliegt, gehemmt und durch das Phagozytensystem entfernt. Antithrombin III ist ein zirkulierendes natürliches Antikoagulans, das den wichtigsten physiologischen Thrombin-Inhibitor darstellt. Diejenigen Gerinnungsfaktoren, die nicht durch Antithrombin III gehemmt werden, binden mit Thrombomodulin an Endothelzellen, wodurch Protein C aktiviert wird. Protein C ist ein antikoagulatorischer und profibrinolytischer Faktor, der – zusammen mit Protein S als Kofaktor – spezifisch die Faktoren V und VIII hydrolysiert sowie die Thrombinbildung hemmt (Mosnier et al., 2001).

Heparin hemmt Thrombin und andere prokoagulatorische Faktoren indirekt, indem es Antithrombin III aktiviert. Da bei disseminierter intravasaler Gerinnung (Disseminated Intravascular Coagulation, DIC) die Antithrombin-III-Menge i.d.R. reduziert ist, ist eine Heparintherapie häufig nutzlos. Trotzdem wird sie bisher klinisch vielfach in Zusammenhang mit schweren gastrointestinalen Erkrankungen, Septikämien und Endotoxämien eingesetzt, um hämostatische Störungen zu behandeln (Moore und Hinchcliff, 1994). Menschen mit niedrigen Antithrombin-III-Konzentrationen (weniger als 40 % des physiologischen Antithrombin-III-Spiegels) sprechen nur schlecht auf Heparin an. Ein erniedrigtes Antithrombin III ist auch bei Leberinsuffizienz – bedingt durch die reduzierte Synthese – und bei erhöhtem Verlust im Rahmen einer Proteinurie festzustellen. Eine Protein-losing Enteropathy (PLE) kann ebenfalls zu einem Abfall von Antithrombin III führen. Die Bestimmung von Antithrombin III ist nicht überall verfügbar. In manchen Labors werden automatisierte Analysen mit chromogenen Substraten durchgeführt und ermöglichen so eine routinemäßige Bestimmung. Die Untersuchungen der Antithrombin-III-Funktion sind jedoch wegen des Zeitaufwands und der zu lagernden Reagenzien recht teuer, so dass sie auf wenige Hämostase-Referenzlabors beschränkt sind. Aktivität und Menge von Antithrombin III und anderen Antikoagulanzien müssen bekannt sein, um bei verschiedenen Erkrankungen oder spezifischen Patienten den Ausgang eines thrombotischen Ereignisses vorhersagen zu können.

5.1.4 Fibrinolyse

Als Fibrinolyse bezeichnet man den Prozess der Auflösung eines Fibrinthrombus nach Heilung eines verletzten Gefäßes. Damit wird das Gefäß wieder durchgängig. Das Enzym Plasmin baut zirkulierendes Fibrinogen und unlösliche Fibrinthromben ab und erzeugt so Fibrinogen- oder Fibrinspaltprodukte (FgSP bzw. FSP), die selbst antikoagulatorisch wirken. Eine Messung der Fibrinolyse kann durch FSP-Quantifizierung oder durch Bestimmung der proteolytischen Fragmente der Fibrinolyse – der D-Dimere – erfolgen.

5.2 Laboruntersuchungen

Wenn ein hämostatisches Profil, das sich aus mehreren Tests zusammensetzt, verwendet wird, sollte zunächst jeder Test einzeln interpretiert und das jeweilige Ergebnis als physiologisch bzw. verändert bewertet werden. Anschließend wird – basierend auf dem Muster der Laborbefunde und den klinischen Hinweisen – die Diagnose gestellt (siehe auch Tabelle 5.3 bzw. nächster Abschnitt 5.3). Korrekte Probengewinnung und -handhabung sind unumgänglich, um bei einer vermuteten hämostatischen Störung zu einer korrekten Diagnose zu kommen. Bei der Probennahme ist auf eine sorgfältige Venenpunktion zu achten, so dass möglichst geringe Mengen an Gewebefaktor (Gewebsthromboplastin) freigesetzt werden, die Thrombozyten und Gerinnungsfaktoren aktivieren und dadurch die Testergebnisse verfälschen können. Ferner ist zu berücksichtigen, dass Verwirbelungen, geronnenes Blut oder extreme Temperaturschwankungen eine hämostatische Untersuchung unbrauchbar machen können.

5.2.1 Beurteilung der Blutgefäße

Obwohl hier als erste Untersuchung aufgelistet, werden bei Hund und Katze selten Gefäßerkrankungen als Ursache einer Blutung diagnostiziert. Histologische Untersuchungen sind am besten geeignet, Blutgefäße zu beurteilen. Eine Hautbiopsie kann bei blutenden Tieren eine Vaskulitis nachweisen. Diese Untersuchung ist daher indiziert bei Vorliegen von Ödemen und Petechien bei physiologischer Thrombozytenzahl oder von Ödemen bei gleichzeitiger DIC. Eine immunmediierte Vaskulitis ist beim Hund selten. Nur gelegentlich lagern sich Antigen-Antikörper-Komplexe in Gefäßen ab und verursachen so Arthus-Reaktion sowie nicht-thrombozytopenische Purpura mit Petechien und Ödemen. Weitere Beispiele für Gefäßerkrankungen bei Kleintieren sind Bindegewebserkrankungen wie das Ehlers-Danlos-Syndrom oder die Epitheliogenesis imperfecta der Katze. Manchmal kommt es bei Hunden mit Hyperadrenokortizismus zu kutanen Hämorrhagien. Diese Blutungen entstehen sekundär durch den Abbau des stützenden Kollagens um die Blutgefäße.

5.2.2 Thrombozytenschätzung

Thrombozytopenie ist eine häufige Ursache für Blutungen; die Abschätzung der Thrombozyten aus einem Blutausstrich ist ein schnelles, preiswertes und effektives Diagnostikum. Dazu werden nach routinemäßiger Vorbereitung und Färbung des Blutausstrichs die durchschnittliche

Tabelle 5.3 Zu erwartende Ergebnisse hämostatischer Untersuchungen bei ausgewählten Erkrankungen

	hämostatisches Profil				
Erkrankung	**BMBT**	**Thrombozytenzahl**	**APTT**	**PT**	**FSP**
Thrombozytopenie (z. B. Ehrlichiose)	↑	↓	U	U	U
Thrombozytendysfunktion (z. B. Gabe von Azetylsalizylsäure)	↑	U	↑	U	U
Defekt im intrinsischen System (z. B. Hämophilie A oder B)	U[1]	U	↑	U	U
Faktor-VII-Mangel	U	U	U	↑	U
multiple Faktorendefekte (z. B. Vitamin-K-Antagonismus)	U[1]	U	↑	↑	U
Defekt im gemeinsamen System (z. B. Faktor-X-Mangel)	U[1]	U	↑	↑	U
disseminierte intravasale Gerinnung (DIC)	↑	↓	↑	↑	↑
Von-Willebrand-Syndrom	↑	U[2]	U[3]	U	U

[1] Blutung steht innerhalb der üblichen Zeit, aber erneute Blutung möglich.
[2] geringgradige Thrombozytopenie möglich, falls Patient gleichzeitig hypothyreot.
[3] I.d.R. unverändert, kann aber auch erhöht sein.
BMBT, Buccal Mucosal Bleeding Time; APTT, aktivierte partielle Thromboplastinzeit; PT, Prothrombinzeit; FSP, Fibrinspaltprodukte; ↑, erhöht bzw. verlängert; ↓ erniedrigt bzw. verkürzt; U, unverändert. Siehe Text für Details dieser Erkrankungen und andere mit ähnlichen Mustern
Bei einer DIC kann es zu sehr unterschiedlichen Untersuchungsergebnissen kommen (siehe Tab. 5.6).

Anzahl der Plättchen in 5–10 Ölimmersionsfeldern bei 1000facher Vergrößerung bestimmt (Tvedten et al., 1988). Dieses Vorgehen reicht i.d.R. aus, um die Thrombozytenzahl als sehr niedrig, niedrig, unverändert oder hoch einzustufen (Abb. 5.5). Physiologischerweise werden bei Hunden 8–29, bei Katzen 10–29 Thrombozyten je Feld angetroffen. Ist die Thrombozytopenie so schwerwiegend, dass sie zu Blutungen führt, sind keine oder lediglich bis zu 3 Plättchen pro Feld zu sehen. Thrombozyten sollten nur in dem dünnen Ausstrichbereich, in dem auch die sachgerechte Beurteilung der Leukozytenmorphologie erfolgt, gezählt werden. Dort berühren sich die Erythrozyten selten gegenseitig, und bei Hundeerythrozyten ist eine deutliche zentrale Aufhellung sichtbar. Bei anämischen, blutenden Tieren sind in diesem Gebiet weniger Erythrozyten je mikroskopisches Feld vorhanden. Ein Plättchen je 1000fach vergrößertes Ölimmersionsfeld entspricht etwa 15×10^9 Thrombozyten/l (*15 000 Thrombozyten/μl*). Vor der Beurteilung sollte sich der Untersucher von der gleichmäßigen Verteilung der Thrombozyten überzeugen. Bei Auftreten von Thrombozytenaggregaten sind sowohl Thrombozytenschätzung als auch Thrombozytenzählung äußerst fragwürdig. Große Plättchenaggregate werden i.d.R. bis ans distale Ende des Blutausstrichs gezogen und sind dort bereits in der Lupenvergrößerung (100fache Vergrößerung) zu erkennen.

Beachte: Die Thrombozytopenie ist eine sehr häufige Ursache für Blutungen, und die Abschätzung der Thrombozytenzahl aus dem Blutausstrich ein schnelles, preiswertes und effektives Diagnostikum.

5.2.3 Thrombozytenzählung

Die Bestimmung der Thrombozytenzahl ist sinnvoll, um den Schweregrad einer Thrombozytopenie zu klassifizieren und den Krankheitsverlauf bzw. das Ansprechen auf eine Behandlung zu kontrollieren. Die Thrombozytenzahl bei gesunden Hunden liegt bei etwa $200–700 \times 10^9$/l (*200 000–700 000/μl*), bei gesunden Katzen bei $300–800 \times 10^9$/l (*300 000–800 000/μl*) (siehe Kapitel 2 und Appendix II). Gewinnung und Handhabung der Blutprobe sind besonders wichtig. Eine Blutentnahme, die für ein Routineblutbild ausreicht, ist oft unzureichend für eine genaue Thrombozytenzählung. Bei Verdacht auf Thrombozytopenie wird eine Zwei-Spritzen- oder Zwei-Röhrchen-Technik empfohlen. Das zuerst aus der Nadel austretende Blut kommt mit Gewebsthromboplastin in Kontakt und regt so die Verklumpung der Plättchen an. Deshalb sollte die erste Spritze (bzw. das erste Röhrchen), in der Gewebsflüssigkeiten enthalten sind, verworfen und die Probe mit einer zweiten Spritze (bzw. Röhrchen) entnommen

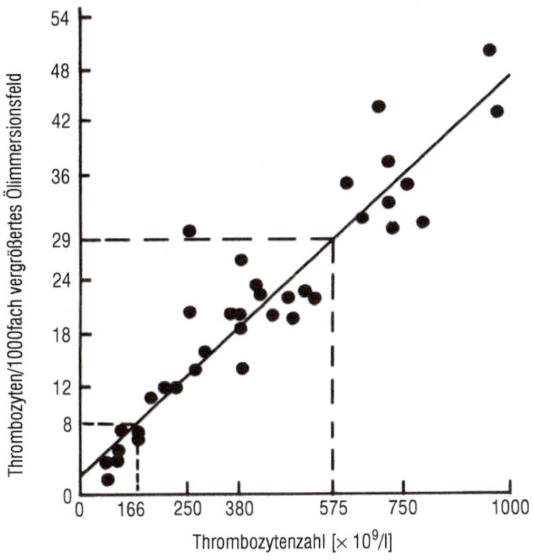

Abb. 5.5 Schätzung der Thrombozytenzahl im Blutausstrich (Hund). Die durchschnittliche Zahl der Plättchen im 1000fach vergrößerten Ölimmersionsfeld kann zur Abschätzung der Thrombozytenzahl benutzt werden. Physiologisches Hundeblut enthält 8–29 Thrombozyten je 1000fach vergrößertes Ölimmersionsfeld. Eine Regressionsgerade stellt die Beziehung zwischen den beiden Faktoren dar.

werden. Lässt man das Blut aus der Kanüle tropfen, ohne eine Spritze aufzusetzen, wird hierbei auch Gewebsthromboplastin ausgespült. Ethylendiamintetraessigsäure (EDTA) ist im Allgemeinen ein ausgezeichnetes Antikoagulans für die Thrombozytenzählung beim Hund. Jedoch kann EDTA (oder andere Antikoagulanzien) in Ausnahmen die Aggregation der Plättchen (oder die der Leukozyten) auch fördern und so eine Pseudothrombozytopenie verursachen.

Die Thrombozyten der Katze neigen zur Verklumpung, so dass die gemessenen Thrombozytenzahlen oft nicht verwertbar sind. Sind Plättchenaggregate sichtbar, kann ein Vortexer benutzt werden, um das Blut aufzuschütteln und anschließend die Thrombozytenzählung zu wiederholen. Dieses Vorgehen lässt häufig die Plättchenzahl bis in den Referenzbereich ansteigen und schließt somit eine Thrombozytopenie aus. Eine andere Fehlerquelle bei der Thrombozytenzählung sind ungewöhnlich große Thrombozyten (v.a. bei der Katze), die den Messbereich des Zählgeräts übersteigen und deshalb nicht mitgezählt werden. Bei myeloproliferativen Erkrankungen der Katze kann dies durch viele große oder bizarr geformte Plättchen der Fall sein. Bei Vorliegen einer Lipämie oder einer intravasalen hämolytischen Anämie können kleine Partikel (z.B. Fetttröpfchen, Erythrozytenfragmente, Erythrozytenschatten) als Thrombozyten gezählt werden und es resultiert ein abnormes Erscheinungsbild des Thrombozyten-Histogramms oder -Zytogramms. Bei einer Eisenmangelanämie werden bisweilen kleine Erythrozyten als Blutplättchen gezählt. Automatisierte Thrombozytenzählungen durch hämatologische Zählgeräte sind präziser, einfacher durchzuführen und i.d.R. genauer als manuelle Auszählungen mit einer Zählkammer. Die Zählkammer muss sauber und frei von Kratzern sein. Kerben und Kratzer im Glas sowie Staubpartikel können zur Verwechslung mit Thrombozyten führen. Deshalb sollte eine hochwertige Zählkammer ausschließlich der Thrombozytenzählung vorbehalten sein. Ein Phasenkontrastmikroskop erleichtert die Unterscheidung der Thrombozyten von anderen Partikeln. Durch Herunterdrehen des Kondensors werden bei einem Standardmikroskop die relativ transparenten Thrombozyten leichter erkennbar. Eine Plättchenfärbung könnte die Identifikation der Thrombozyten in der Zählkammer noch verbessern, ist jedoch i.d.R. überflüssig.

Wird die Thrombozytenzählung erst mit Verzögerung durchgeführt, kommt es zur Thrombozytenaggregation und folglich zu erniedrigten Thrombozytenzahlen. Deshalb wird zur Untersuchung innerhalb von 30 Minuten bis maximal 6 Stunden geraten. Eine Studie an 21 Hunden und dem Bayer H-1-Hämatologie-Zählgerät kam aber zu dem Ergebnis, dass klinisch korrekte Thrombozytenzählungen aus bis zu 2 Tage altem EDTA-Blut möglich sind (Abb. 5.6). Demnach ist also auch bei ein- bis zweitägigem Postversand von EDTA-Blut immer noch von klinisch akzeptablen Thrombozytenzahlen auszugehen, solange keine oder nur eine minimale Aggregation der Plättchen vorliegt.

5.2.4 Thrombozytenmorphologie

Werden Blutausstriche zur Beurteilung der Thrombozytenzahl und -aggregation durchgemustert, ist auch auf Größe und Morphologie der Thrombozyten zu achten. Zahlreiche große Thrombozyten weisen auf eine aktive Thrombo-

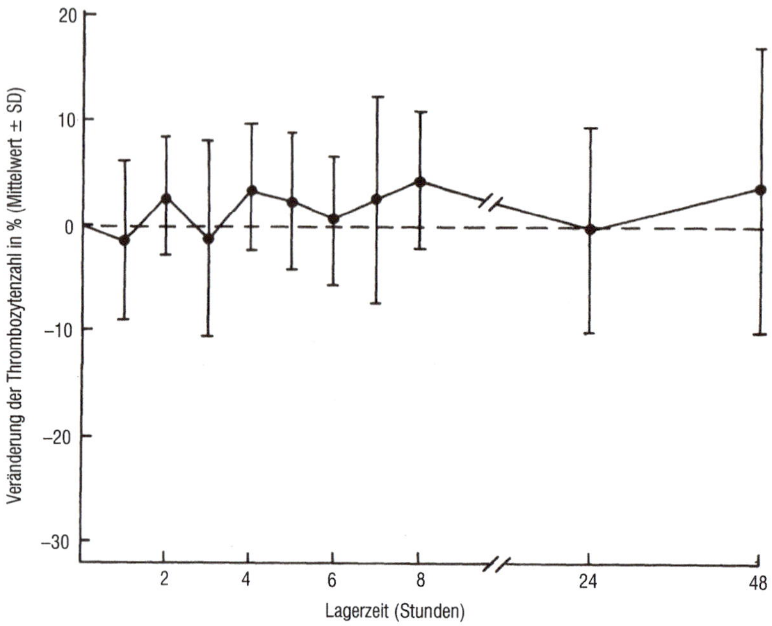

Abb. 5.6 Beständigkeit der Thrombozytenzahl. Die mittlere Abweichung der Thrombozytenzahl in Prozent zu einem bestimmten Zeitpunkt wird mit der anfänglichen Thrombozytenzahl verglichen. Diese Untersuchung wurde an Ethylendiamintetraessigsäure (EDTA)-Blut von 21 Hunden durchgeführt, das 8 Stunden bei Raumtemperatur gelagert und danach 2 Tage lang gekühlt wurde. Die Balken geben die Standardabweichung (SD) an.

poese und damit auf aktives Knochenmark hin. Die Aussage „erhöhte Anzahl großer Thrombozyten" gibt den subjektiven Eindruck des Untersuchers wieder; sie kann jedoch durch das mittlere Thrombozytenvolumen (Mean Platelet Volume, MPV) und ein Thrombozyten-Histogramm objektiviert werden. Große Thrombozyten treten häufig bei Thrombozytopenien auf und sind funktionell aktiver als normalgroße Thrombozyten. Dies erklärt, weshalb manche Hunde mit Thrombozytenzahlen unter 10×10^9/l (*10 000/μl*) nicht bluten. Beim Hund kann es durch Lagerung von EDTA-Blut bei 4 °C über einen Zeitraum von mehr als 4 Stunden zu einer Anschwellung der Thrombozyten und damit zur nachträglichen Erhöhung des MPV kommen. Mikrothrombozyten können bei Eisenmangelanämie, Knochenmarkaplasie und immunmediierter Thrombozytopenie (IMT) vorkommen. Gelegentlich bilden Thrombozyten Pseudopodien und sind unregelmäßig geformt. Dieser Befund hängt möglicherweise mit einer Plättchenaktivierung während der Gewinnung und Weiterverarbeitung der Blutprobe zusammen. Primäre Erkrankungen der Thrombozyten wie die thrombasthenische Thrombopathie bei Otterhund, Foxhound und Scotch Terrier sind eine weitere – wenn auch seltene – Ursache für große und morphologisch bizarre Thrombozyten. Innerhalb der Plättchen kann *Ehrlichia platys* sichtbar sein (Verbreitungsgebiet siehe Appendix I).

MPV, Thrombozytenmasse und Thrombozyten-Verteilungsspanne (Platelet Distribution Width, PDW) sind bei einigen hämatologischen Zählgeräten verfügbar. Das durchschnittliche MPV des Hundes liegt bei 6–9 fl, das der Katze bei 14–18 fl. Ein erhöhtes MPV weist i. d. R. auf eine verstärke Abschnürung der Thrombozyten von den Megakaryozyten hin. Ein mit dem Bayer H-1-Zählgerät gemessenes, erniedrigtes MPV bei thrombozytopenischen Hunden steht im Zusammenhang mit IMT. Ein niedriges MPV kann auch zustande kommen, wenn kleine Partikel (z. B. Fetttröpfchen, Erythrozytenfragmente) als Thrombozyten gezählt werden. Die Thrombozytenmasse ist das Produkt aus Thrombozytenzahl und MPV und damit ein eher den physiologischen Verhältnissen entsprechender Messwert. Beispielsweise haben Cavalier King Charles Spaniels oft niedrige Thrombozytenzahlen, aber große Plättchen und damit ein ausreichend hohes MPV, um auf die gleiche Thrombozytenmasse wie andere Rassen zu kommen. Eine erhöhte PDW weist auf eine erhöhte Variabilität des Thrombozytenvolumens hin.

5.2.5 Thrombozyten-Funktionstests

Die Durchführung von Thrombozyten-Funktionstests ist angezeigt, wenn Verdacht auf eine Störung der primären Hämostase besteht, aber kein Hinweis auf Thrombozytopenie, VWS oder Verabreichung von Azetylsalizylsäure vorliegt. Diese Untersuchungen beinhalten Thrombozytenaggregation, Buccal Mucosal Bleeding Time, Gerinnsel-Retraktions- und Glasperlen-Retentionstest. Beim Thrombozyten-Aggregationstest wird mit einem Thrombozytenaggregometer durch optische oder Impedanztechniken die Fähigkeit der Thrombozyten gemessen, sich aneinander zu heften und den Inhalt ihrer Granula freizusetzen. Hierbei handelt es sich um eine spezielle Technik, die für die klinische Diagnostik i.d.R. nicht zur Verfügung steht.

5.2.6 Buccal Mucosal Bleeding Time (BMBT)

Die Buccal Mucosal Bleeding Time (BMBT) ist ein sensitiver und spezifischer Thrombozyten-Funktionstest beim Hund und wird typischerweise präoperativ verwendet, um Störungen der primären Hämostase auszuschließen. Nach Hochklappen und festem Abbinden der Oberlippe, so dass es durch Behinderung des venösen Rückflusses zur Gefäßstauung kommt, wird mit einer kommerziell erhältlichen federgelagerten Vorrichtung ein standardisierter Schnitt in die Schleimhaut der Oberlippe gesetzt. Nun wird die Zeit bis zum Stillstand der Blutung gemessen. Durch vorsichtiges Saugen mit Filterpapier neben der Wunde wird das Blut vorsichtig entfernt, ohne Druck auf den Schnitt selbst auszuüben. Bei gesunden Hunden liegt die BMBT bei etwa 2,61 ± 0,48 Minuten. Sie kann zur Diagnose einer schweren Thrombozytopenie, des Von-Willebrand-Syndroms (VWS) und einer Urämie benutzt werden und ist ebenso hilfreich bei Gerinnungsstörungen, die mit einer disseminierten intravasalen Gerinnung (DIC) assoziiert sind. Die BMBT ist eine deutlich sensitivere und zuverlässigere Methode zur Bestimmung der Thrombozytenfunktion als der so genannte „Krallengefäßblutungstest". Dazu wird eine Kralle gerade so weit gekürzt, bis eine Blutung auftritt, und dann bis zum Stillstand der Blutung gewartet. Dieser sollte innerhalb von 5 Minuten eintreten. Ein Vorteil des „Krallengefäßblutungstests" besteht darin, dass er routinemäßig im Rahmen der Operationsvorbereitung des Patienten erfolgen kann. Allerdings ist er nach klinischer Erfahrung unzuverlässig (z.B. hatte ein Hund eine Thrombozytenzahl von $22 \times 10^9/l$ (*22 000/μl*) bei unauffälligem Ergebnis des „Krallengefäßblutungstests"). Die BMBT ist bei Gerinnungsstörungen wie Hämophilie i.d.R. nicht verändert, weil die Blutung zunächst durch Bildung eines Thrombozytenpfropfs innerhalb der erwarteten Zeit zum Stillstand kommt. Allerdings wird dieser Pfropf nicht durch Fibrinfäden stabilisiert, so dass die Inzision zur erneuten Blutung neigt.

Beachte: Die BMBT ist eine sehr nützliche klinische Übersichtsuntersuchung auf Thrombozytopenie oder gestörte Plättchenfunktion. Sie ist auch beim VWS verlängert und eignet sich auch als präoperative Untersuchung.

5.2.7 Gerinnsel-Retraktionstest

Diese nicht ausgereifte und nicht sensitive Untersuchung der Thrombozytenfunktion ist nicht empfehlenswert. Nachdem Blut in einem Röhrchen geronnen ist, wird es bei 37 °C aufbewahrt. Nach einer Stunde sollte durch Kontraktion der Thrombozyten Serum aus dem Gerinnsel gepresst worden sein und deshalb als Serumschicht zwischen Gerinnsel und Röhrchenwand sichtbar sein. Eine ungewöhnlich starke Lyse (z.B. Auflösung des Thrombus innerhalb von 24 Stunden bei 37 °C) weist auf eine erhöhte fibrinolytische Aktivität hin.

5.2.8 Glasperlen-Retentionstest

Der Glasperlen-Retentionstest ist nützlich beim Nachweis allgemeiner Störungen der Hämostase, inkl. Adhäsionsdefekte der Thrombozyten wie bei Thrombopathien oder beim VWS (Brassard und Meyers, 1991). Nach Bestimmung der Thrombozytenzahl wird eine standardisierte Menge venöses Blut mit Standardgeschwindigkeit durch eine mit Glasperlen gefüllte Plastiksäule geleitet. Das Ausmaß der Retention ist abhängig von VWF, ADP-Freisetzung aus hämolysierten Erythrozyten, der Thrombozytenfunktion und der Gerinnung.

5.2.9 Automatisierter Thrombozyten-Aktivierungstest

Diese automatisierte Untersuchung der Thrombozytenaktivierung in Blut (abgenommen in EDTA- und Zitrat-, Theophyllin-, Adenosin- oder Dipyridamolröhrchen), das bei 4 °C gelagert und innerhalb von 60–180 Minuten evaluiert wird, kann zur Beurteilung der Thrombozytenaktivierung beim Tier nützlich sein.

5.2.10 Aktivierte Gerinnungszeit

Die aktivierte Gerinnungszeit (Activated Coagulation Time, ACT) ist eine einfache, preiswerte Übersichtsuntersuchung zur Beurteilung des intrinsischen und gemeinsamen Gerinnungssystems. Allerdings ist diese Methode nicht sehr sensitiv. Bei einem spezifischen Faktorenmangel muss der entsprechende Gerinnungsfaktor auf unter 5 % des Referenzwertes abgesunken sein, um eine Verlängerung der aktivierten Gerinnungszeit zu bewirken. (Es ist also zu beachten, dass durch routinemäßige Untersuchung der ACT oder APTT ein Hämophilieträger mit 40–60 % von Faktor VIII oder IX nicht erkannt würde.) Bei Thrombozytopenie kann die ACT leicht verlängert sein. Referenzwerte für die ACT sind etwa 60–110 Sekunden für den Hund und 50–75 Sekunden für die Katze. Die Untersuchung wird mit Vollblut durchgeführt. Es besteht also kein Bedarf an Antikoagulanzien und der Gewinnung von Plasma; lediglich ein spezielles ACT-Röhrchen, das einen Aktivator enthält, ist notwendig.

Das Blut sollte mit zwei Röhrchen abgenommen werden, wobei das erste – möglicherweise Gewebsthromboplastin enthaltende – Röhrchen verworfen oder für andere Untersuchungen benutzt wird. Es sollte genau darauf geachtet werden, eine saubere Probe zu erhalten und eine Kontamination mit dem Gewebefaktor, der das extrinsische System aktivieren würde, zu vermeiden. Durch eine Heizplatte oder ein Wasserbad werden die Röhrchen auf 37 °C vorgewärmt. Diese Temperatur wird bis zur Ausbildung des Gerinnsels gehalten. Nach Eintritt des Bluts in das Röhrchen wird Hundeblut 60, Katzenblut 45 Sekunden lang bei 37 °C inkubiert. Dann wird das Röhrchen bis zum Sichtbarwerden des ersten Gerinnsels alle 5 Sekunden umgedreht. Die Zeit zwischen Befüllung des Röhrchens und sichtbarem Gerinnsel ist die ACT.

Beachte: Das ACT-Röhrchen ermöglicht eine einfache, billige Übersichtsuntersuchung zur Beurteilung des intrinsischen und des gemeinsamen Gerinnungssystems.

5.2.11 Prothrombinzeit

Anhand der Prothrombinzeit (PT) können das extrinsische und das gemeinsame Gerinnungssystem beurteilt werden (Abb. 5.7). Zum gemeinsamen System gehören die Faktoren X, V, II sowie Thrombin und Fibrinogen. Ein Haupteinsatzgebiet für die PT als Einzeluntersuchung ist es, eine Vergiftung mit Vitamin-K-Antagonisten (z. B. Warfarin) oder eine Synthesestörung von Vitamin-K-abhängigen Gerinnungsfaktoren in der Leber nachzuweisen. Im Hinblick auf eine Vergiftung vom Kumarin-Typ gilt die PT als sensitivste Untersuchung. Von allen Vitamin-K-abhängigen Faktoren (II, VII, IX und X) hat Faktor VII die kürzeste Halbwertszeit. Dementsprechend kommt es bei einer Synthesestörung dieser Faktoren zuerst zum Faktor-VII-Mangel. Da Faktor VII zum extrinsischen System gehört, ist die PT als erstes verlängert und zeigt – relativ zum physiologischen Mittelwert – auch die deutlichste Verlängerung. Bei anderen Koagulopathien wird die PT in Kombination mit APTT oder ACT verwendet (Abb. 5.8).

Beachte: Die PT ist die sensitivste Untersuchungsmethode zum Nachweis einer Vergiftung vom Kumarin-Typ.

Bei den mit Zitratplasma durchgeführten Gerinnungsanalysen (APTT, PT, Fibrinogen, Thrombinzeit [TT], FSP) ist auf 9 Teile frisches Vollblut ein Teil 3,8%iges Natriumzitrat-Antikoagulans erforderlich, um innerhalb von 30 Minuten nach Probennahme das Plasma von Zellen und Thrombozyten zu trennen. Zur Vermeidung von Verdünnungsfehlern müssen Blutröhrchen mit Zitrat oder Oxalat genau bis zu einer Markierung befüllt werden. Das Plasma kann 48 Stunden bei 4 °C bzw. 6 Stunden bei 20 °C aufbewahrt oder zum Transport eingefroren werden, um die Faktoren VII und VIII zu erhalten. Bei der Untersuchung werden Kalzium und

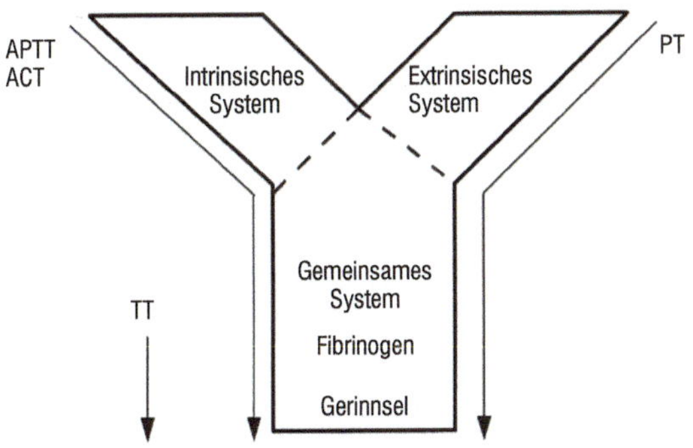

Abb. 5.7 Untersuchung der Gerinnungskaskade. Über die aktivierte partielle Thromboplastinzeit (APTT) und die aktivierte Gerinnungszeit (ACT) werden alle Faktoren des intrinsischen und des gemeinsamen Systems untersucht. Die modifizierte Thrombinzeit (TT) bestimmt die Fibrinogenkonzentration. Die Prothrombinzeit (PT) gibt Aufschluss über Faktor VII und die Faktoren des gemeinsamen Systems.

Aktivatoren zugegeben. Nach Entstehung des Gerinnsels wird die Bildung von Fibrinfäden durch ein Fibrometer oder eine Veränderung der Intensität von gefiltertem Licht durch photooptische Koagulometer nachgewiesen. Die PT ist die Zeit, die notwendig ist, um nach Zugabe von Thromboplastin und Kalzium einen Fibrinthrombus zu bilden. Sie ist bei Faktorenmangel im extrinsischen oder gemeinsamen System, DIC und erworbenem Vitamin-K-Mangel wie Kumarinvergiftung, Leberinsuffizienz oder -versagen verlängert.

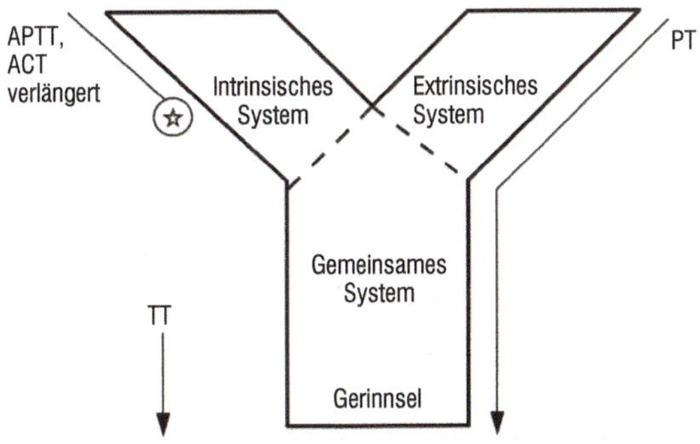

Abb. 5.8 Untersuchungsergebnisse bei einer Störung im intrinsischen System. Nur aktivierte partielle Thromboplastinzeit (APTT) und aktivierte Gerinnungszeit (ACT) sollten verändert sein. Stern und Ende des Pfeils auf Seite des intrinsischen Systems geben die Lokalisation des Defekts an. Anhand einer spezifischen Faktorenanalyse und unter Berücksichtigung von Symptomatik, Vorbericht und klinischer Untersuchung kann ein spezifischer Defekt der Faktoren XII, XI, IX und VIII festgestellt werden.

5.2.12 Aktivierte partielle Thromboplastinzeit

Die aktivierte partielle Thromboplastinzeit (APTT) ist die sensitivste Untersuchung für das intrinsische Gerinnungssystem (Faktor XII, XI, IX, VIII) und untersucht auch Faktoren des gemeinsamen Systems (alle Faktoren außer VII; Abb. 5.7). Sie wird benutzt, um die reduzierte Aktivität eines oder mehrerer Gerinnungsfaktoren nachzuweisen, wie beispielsweise bei Hämophilie, VWS, DIC, erworbenem Vitamin-K-Mangel, Kumarinvergiftung, Leberinsuffizienz oder -versagen. Die APTT entspricht der Zeit von Zugabe eines Oberflächen-Kontaktaktivators des intrinsischen Systems und Kalzium bis zur Bildung eines Fibringerinnsels. Um die APTT zu verlängern, muss die Konzentration der entsprechenden Faktoren auf weniger als 30 % der physiologischen Konzentration reduziert sein.

Beachte: Die APTT ist die sensitivste und spezifischste Untersuchung der Gerinnungsfaktoren.

5.2.13 Thrombinzeit

Die Thrombinzeit (TT) misst die Konzentration an physiologischem Fibrinogen (Abb. 5.7). Sie kann zur Überwachung der antikoagulatorischen Wirkung von Heparin und Fibrinspaltprodukten (FSP) benutzt werden. Bei der modifizierten TT wird dem Reagens ein Überschuss an Thrombin zugesetzt, wodurch es insensitiv gegenüber Antikoagulanzien wird. Diese modifizierte TT wird üblicherweise in veterinärmedizinischen Labors verwendet und sollte nicht zur Überwachung einer Heparintherapie verwendet werden. Hitzepräzipitationsmethoden zur Messung der Fibrinogenkonzentration sind nicht ausreichend empfindlich, um eine Hypofibrinogenämie nachzuweisen. Sie werden aber häufig zur Diagnose einer Hyperfibrinogenämie beispielsweise bei entzündlichen Erkrankungen eingesetzt. Die Hypofibrinogenämie entsteht v. a. durch erhöhten Verbrauch im Rahmen einer

DIC, es kann aber auch bei fortgeschrittenen Lebererkrankungen zur reduzierten Fibrinogenproduktion kommen.

5.2.14 Spezifische Faktorenanalyse

Untersuchungen auf Einzelfaktoren werden durchgeführt, wenn eine hämostatische Störung einem Faktor oder einer Faktorengruppe (z.B. frühes intrinsisches System) zugeordnet werden kann. In hämostatischen Labors wird eine modifizierte APTT benutzt, die den Prozentsatz der verschiedenen Faktoren angibt (z.B. Prozentsatz von Faktor VIII bei Hämophilie A). Dabei wird der beim Patienten bestimmte jeweilige Prozentsatz eines Faktors mit dem eines Plasmapools verglichen. Der Referenzwert liegt bei etwa 100 %.
Zur Diagnose des Von-Willebrand-Syndroms (VWS) werden immunologische Analysen (Elektroimmunoassay oder ELISA) des Von-Willebrand-Faktors (VWF) durchgeführt. Bisher konnten mehrere Subtypen des VWS durch genaue Beschreibung von Größe und Konzentration der Multimere des Moleküls charakterisiert werden (Thomas, 1996). Bei manchen Rassen (z.B. Dobermann, Airedale Terrier) beträgt die Inzidenz des VWS 50 % oder mehr, so dass jegliche Blutungsneigung oder geplante Operation eine Indikation für eine Analyse des VWF darstellt. Diese Messung sollte vor Verabreichung einer Bluttransfusion erfolgen, da dem Patienten durch die Transfusion zusätzlich VWF zugeführt wird (wodurch dann ein Mangel an VWF verschleiert werden kann). Die VWF-Konzentration ändert sich nachweislich auch abhängig von der Thyroxinkonzentration, bei systemischen Erkrankungen, Stress, starker Anstrengung, Azotämie, Hepatopathien, unter der Geburt und nach Gabe des Vasopressinanalogons Desamino-D-Anginin-Vasopressin (DDAVP). Die hundespezifische VWF-Antigen-Analyse wurde für die Diagnose des VWS bei Hunden und Katzen validiert. Ebenso können VWF-Funktionstests (z.B. Botrozetin) durchgeführt werden.
Der Transport des Plasmas zu Referenzlabors erfordert besondere Maßnahmen. Im entsprechenden Labor ist vorher die erforderliche Handhabung zu erfragen; i.d.R. kann das Plasma bei 4–22 °C bis zu 48 Stunden gelagert oder schnell in 1-ml-Portionen eingefroren und auf Trockeneis verschickt werden. 3,8%iges Zitrat ist als Antikoagulans im Verhältnis 1 : 9 zu verwenden, die Blutprobe im Kühlschrank oder auf Eis zu lagern und das Plasma innerhalb von 30 Minuten nach Gewinnung in einer Hochgeschwindigkeitszentrifuge (2500–3500 U/min) 15 Minuten lang abzutrennen. Zur Plasmagewinnung sollten Pipetten und Behälter aus Plastik verwendet werden.

5.2.15 Fibrinspaltprodukte

Untersuchungen auf Fibrinspaltprodukte (FSP) dienen hauptsächlich dazu, einen erhöhten Zerfall von Fibringerinnseln im Körper nachzuweisen. Dies steht i.d.R. im Zusammenhang mit intravasaler Gerinnung und weist auf eine disseminierte intravasale Gerinnung (DIC) hin. Dabei handelt es sich um eine häufige, sekundär erworbene Störung bei verschiedenen entzündlichen, neoplastischen und nekrotischen Erkrankungen. Früher wurde in veterinärmedizinischen Labors ein Latex-Agglutinationstest aus der Humanmedizin benutzt, der mit Fibrinspaltprodukten der Katze und des Hundes kreuzreagiert. Er ist mittlerweile durch andere FSP-Analysen wie den Plasma-FSP-Test ersetzt worden. Spezifische Testverfahren zur Konzentrationsbestimmung von D-Dimeren scheinen sensitive und spezifische begleitende Methoden zu sein, um die Diagnose einer DIC beim Hund zu untermauern. Bei den D-Dimeren handelt es sich um das proteolytische Fragment des Fibrinogenabbaus (Stokol et al., 1999 und 2000).

5.3 Störungen der Hämostase

5.3.1 Erkrankungen des Endothels

Hereditäre Erkrankungen der Gefäßwände

Von-Willebrand-Syndrom

Beim Von-Willebrand-Syndrom (VWS) handelt es sich um die häufigste hereditäre hämostatische Störung. Sie ist bei vielen Rassen beschrieben, u.a. bei Dobermann, Scotch Terrier, Sheltie und Chesapeake Bay Retriever (Brooks et al., 1992; Venta et al., 2000). Der Von-Willebrand-Faktor (VWF) ist bei Gefäßverletzungen für die Anheftung der Thrombozyten an das Subendothel und an weitere Thrombozyten erforderlich.

Außerdem bindet VWF an den Faktor VIII, stabilisiert ihn und schützt ihn vor schneller Entfernung aus der Zirkulation. Hämophilie A ist deshalb als Differentialdiagnose zum VWS in Betracht zu ziehen (Budde et al., 2002).

Beachte: Das Von-Willebrand-Syndrom ist der häufigste hereditäre hämostatische Defekt und wird i.d.R. durch die Buccal Mucosal Bleeding Time (BMBT) und Analysen des Von-Willebrand-Faktors nachgewiesen.

Die klinischen Anzeichen eines VWS sind oft nur gering ausgeprägt und variieren beträchtlich. Oft wissen Besitzer und Chirurgen vor Durchführung einer Operation nichts von einer Blutungsneigung beim betroffenen Hund. Bei den üblichen hämostatischen Untersuchungen (APTT, ACT) wird das VWS meist trotz sehr niedriger VWF-Konzentrationen nicht nachgewiesen. Geeignet zum Nachweis sind jedoch die Buccal Mucosal Bleeding Time (BMBT) und die VWF-Analyse. Beträgt die VWF-Konzentration 30 % oder weniger des Referenzwertes, ist meist eine Blutungsneigung festzustellen. Die Blutungen scheinen mit zunehmender Schwere der Erkrankung stärker zu werden. Beim VWS vom Typ I liegt typischerweise eine reduzierte Menge VWF-Antigen vor, das entsprechend in allen Multimeren reduziert ist. Diese Form der Erkrankung ist bei vielen Hunderassen beschrieben. Beim VWS vom Typ II – beschrieben beim Deutsch Kurzhaar und Deutsch Drahthaar – ist ebenfalls das VWF-Antigen reduziert, allerdings nur in Form der größten Multimere. Homozygote Träger des VWS vom Typ III haben im Grunde genommen keinen VWF und zeigen daher die schwersten Symptome. Typ III kommt beim Scotch Terrier, Sheltie und Chesapeake Bay Retriever vor. Die Differenzierung des VWS von einer Hämophilie A erfolgt durch Bestimmung der VWF-Konzentration (Tab. 5.4), die bei Hämophilie A im Referenzbereich liegen oder erhöht sein kann. Bei Hämophilie A ist die APTT immer verlängert, während sie beim VWS trotz des VWF-Mangels oft unverändert ist. Eine Bluttransfusion erhöht vorübergehend die VWF-Konzentration und kann so zu falschen Untersuchungsergebnissen führen. Als Therapie für Hunde mit VWS oder Hämophilie wird empfohlen, Frischgefrierplasma (oder Kryopräzipitat) zu verabreichen, um Hämorrhagien zu behandeln oder ihnen vorzubeugen (Stokol und Parry, 1998).

Tabelle 5.4 Differenzierung zwischen Von-Willebrand-Syndrom und Hämophilie A

Untersuchung	Von-Willebrand-Syndrom (VWS)	Hämophilie A
APTT	i.d.R. unverändert	verlängert
BMBT	verlängert	unverändert
VWF	reduziert	unverändert bis erhöht

APTT, aktivierte partielle Thromboplastinzeit; BMBT, Buccal Mucosal Bleeding Time; VWF, Von-Willebrand-Faktor

Ehlers-Danlos-Syndrom

Es gibt eine Reihe seltener hereditärer Gefäßerkrankungen, die Störungen der Hämostase zur Folge haben. Dazu zählen die kutane Asthenie oder ein dem Ehlers-Danlos-Syndrom ähnliches Krankheitsbild. Beide Erkrankungen kommen in erster Linie bei Hunden und Katzen vor (Sinke et al., 1997). Bei der kutanen Asthenie oder Dermatosparaxie ist die Kollagensynthese gestört, was in gesteigerter Gefäßfragilität, schwachen Gelenken und extremer Dehnbarkeit der Haut resultiert. Die Hautschädigung ist vergesellschaftet mit Hämorrhagien bzw. einer fehlerhaften Thrombozytenfunktion und lässt sich durch Gabe von Desmopressin (Desamino-D-Anginin-Vasopressin, DDAVP) erfolgreich behandeln.

Familiäre Vaskulopathie

Eine weitere hereditäre Gefäßwanderkrankung ist die familiäre Vaskulopathie. Dabei handelt es sich um eine seltene idiopathische Störung mit resultierender Vaskulitis und Kollagenolyse. Die Erkrankung ist bei mehreren Hunderassen beschrieben, darunter Deutscher Schäferhund, Beagle, Scotch Terrier und Greyhound (Weir et al., 1994). Typischerweise kommt es zu fokaler Kollagendegeneration, Vaskulitis und Schwellungen bei hohem Plättchenfaktor-3(PF-3)-Spiegel. Phosphatidylserin – oder PF-3 – ist ein Bestandteil der Thrombozytenmembran, der eine wichtige Rolle in der Aktivierung der Gerinnungskaskade und der Thrombinbildung spielt (Fondati et al., 1998). Erhöhte PF-3-Spiegel führen zu Thrombosen, mikroangiopathischer hämolytischer Anämie und Thrombozytopenie.

Erworbene Erkrankungen der Gefäßwände

Rocky Mountain Spotted Fever

Erworbenen Gefäßwanderkrankungen werden verursacht durch Rocky Mountain Spotted Fever, Dirofilariose, Hepatitis contagiosa canis, Leishmaniose, Neoplasien, Purpura haemorrhagica und verschiedene Endokrinopathien. Beim Rocky Mountain Spotted Fever (*Rickettsia rickettsii;* Verbreitungsgebiet siehe Appendix I) kommt es 2 Wochen nach Infektion zur Gefäßerkrankung. Der Parasit vermehrt sich in den Endothelzellen und schädigt diese. In der Folge kommt es zur Aktivierung von Thrombozyten bzw. Fibrinolyse, was schließlich eine Thrombozytopenie und disseminierte intravasale Gerinnung (DIC) hervorruft. Hämatologische Störungen äußern sich in einer veränderten Gefäßpermeabilität, Petechien, Ekchymosen, Ödemen, Splenomegalie, Hyperfibrinogenämie, Aktivierung der Fibrinolyse, Thrombosen und DIC (Davidson et al., 1990). Sinkt der Plasmaspiegel von Faktor VIII und steigt derjenige von Faktor V, ist die Prognose ungünstig (Schmaier et al., 2001). Bei vielen Infektionskrankheiten kommt es zu Todesfällen durch eine DIC, die sekundär nach Gefäßschädigungen und/oder Gewebsnekrosen auftritt. Bei der Sektion fallen bei einer Septikämie oft bereits makroskopisch ausgedehnte petechiale Blutungen als Folge der DIC auf.

Dirofilariose

Adulte Herzwürmer (Verbreitungsgebiet siehe Appendix I) siedeln sich im rechten Ventrikel und in der Lungenarterie an. Sie können zur partiellen Obstruktion des Blutflusses führen und den Trikuspidalschluss beeinträchtigen. Durch retrograde Wanderung adulter Herzwürmer kann ein Vena-cava-Syndrom entstehen. Infolge einer direkten Schädigung der Endothelzellen durch die Adultwürmer kommt es häufig zu myointimalen Proliferationen, Exposition subendothelialen Kollagens und Hyperkoagulabilität, Thrombozytopenie, Lungenembolie oder disseminierter intravasaler Gerinnung (DIC). Die Gabe von Thiazetarsamid kann die Inzidenz von Thrombembolien durch Plättchenaggregation steigern (Boudreaux und Dillon, 1991).

Leishmaniose

Bei der Leishmaniose sind hämostatische Störungen wie Epistaxis und Thrombozytopenien häufig zu beobachten. Eine disseminierte intravasale Gerinnung (DIC) kann durch Endothelschädigungen verstärkt werden. Ebenso sind Thrombozytopenien, Thrombozytopathien sowie veränderte Fibrin- und FSP-Konzentrationen im Plasma beschrieben. Epistaxis kann allein durch eine lokale Entzündung in der Nase verursacht sein, ohne dass erkennbare hämostatische Störungen vorliegen. Zum Verbreitungsgebiet der Leishmaniose siehe Appendix I.

Erworbene hämostatische Störungen

Erworbene Störungen der Blutgerinnung sind beim Menschen gut erforscht. Daher sollten die aus der Humanmedizin bekannten Mechanismen auch bei schwierigen veterinärmedizinischen Fällen in die Überlegungen einbezogen werden. Eine recht seltene erworbene Form des VWS ist beim Menschen zusammen mit hämoproliferativen Störungen wie monoklonalen Gammopathien, lymphoproliferativen und myeloproliferativen Erkrankungen beschrieben. Autoantikörper, die gegen den VWF gerichtet sind, können zur schnelleren Entfernung des VWF aus dem Plasma führen oder seine Funktion stören. Neoplasien können ebenfalls für erworbene Störungen der Hämostase verantwortlich sein. Sie rufen eine veränderte Angiogenese, Veränderungen im tumorassoziierten Gefäßendothel, Hyperkoagulabilität und venöse Thrombembolien hervor. Diese Effekte beruhen teilweise auf einer gesteigerten Synthese von Thrombin, Gewebefaktor, Gerinnungsfaktoren und von Wachstumsfaktoren, die auf das Gefäßendothel wirken. Dabei können die genannten Faktoren durch den Tumor selbst oder durch tumorassoziierte Zellen gebildet werden. Auch Diabetes mellitus und Hypoadrenokortizismus können die Gerinnung beeinflussen, u.a. durch Behinderung der Fibrinolyse, Thrombozytenaggregation und eine Erhöhung des Plasminogenaktivator-Inhibitors. Erworbene Gefäßschäden entstehen bei mit feliner infektiöser Peritonitis (FIP) assoziierter Vaskulitis, immunmediierten Erkrankungen wie hämorrhagischer Vaskulitis (Nazarova et al., 2001), Arzneimittelreaktionen, Trauma, gastrointestinalen Ulzerationen und Vitamin-C-Mangel.

5.3.2 Störungen der primären Hämostase

Die häufigste erworbene hämostatische Störung beim Hund ist die Thrombozytopenie. Sie ist gekennzeichnet durch eine absolute Erniedrigung der Thrombozytenzahl (Grindem et al., 1991). Hierfür gibt es viele Ursachen. Darunter fallen eine reduzierte Thrombozytenproduktion durch infektiöse, toxische oder neoplastische Erkrankungen des Knochenmarks sowie eine beschleunigte Zerstörung oder ein erhöhter Verbrauch der Thrombozyten durch immunmediierte, infektiöse oder entzündliche Erkrankungen. Eine Thrombozytensequestration in der Milz tritt in erster Linie im Zusammenhang mit Splenomegalie, Hypothermie, Kongestion oder Hyperplasie der Milz auf. Die häufigsten Ursachen einer Thrombozytopenie beim Hund sind immunmediierte, infektiöse und neoplastische Erkrankungen. Im Gegensatz dazu wird Thrombozytopenie bei der Katze meistens durch Infektionen, Neoplasien und Thrombembolien hervorgerufen (Hisasue et al., 2001).

Beachte: Die Thrombozytopenie ist die häufigste Ursache für klinische Anzeichen einer Blutungsneigung beim Hund. Daher sollte bei unklarer Blutungsneigung zuerst die Thrombozytenzahl bestimmt werden. Eine Abschätzung der Thrombozyten aus dem Blutausstrich ist einfach und schnell durchzuführen, nicht teuer und ausreichend für den Nachweis einer schweren Thrombozytopenie.

Bei der Thrombozytopenie liegt die Thrombozytenzahl unter dem entsprechenden Referenzbereich (siehe Appendix II). Es sollte immer kontrolliert werden, ob die Thrombozytopenie auch durch Fehler oder Verzögerungen bei der Blutentnahme oder im Labor entstanden sein kann (Abb. 5.9). Ein häufiger Grund einer Pseudothrombozytopenie – v.a. bei Katzenblut – ist die Verklumpung der Thrombozyten. In fraglichen Fällen wird deshalb der Blutausstrich auf Thrombozytenaggregate hin überprüft (siehe Kap. 2), ggf. muss eine neue Blutprobe entnommen und die Zählung wiederholt werden.

Diagnostische und therapeutische Entscheidungen sind je nach Schweregrad der Thrombozytopenie zu treffen. Eine persistierende geringgradige Thrombozytopenie von $100 \times 10^9/l$ bis $175 \times 10^9/l$ (*100 000–175 000/µl*) muss nicht spezifisch für eine bestimmte Erkrankung sein. Beim Hund weisen Thrombozytenzahlen unter $20 \times 10^9/l$ (*20 000/µl*) auf eine immunmediierte Thrombozytopenie hin. Das Auftreten klinischer Symptome (z.B. Epistaxis, Hämatochezie, Meläna, Hämaturie, Hämatemesis, kutane Petechien oder Ekchymosen) wird mit zunehmender Verringerung der Thrombozytenzahlen ($< 20 \times 10^9$ Thrombozyten/l) (*< 20 000 Thrombozyten/µl*) immer wahrscheinlicher. Während manche Patienten bei 10×10^9 Thrombozyten/l (*10 000/µl*) noch nicht bluten, kann dies bei anderen bereits bei $30 \times 10^9 – 50 \times 10^9$ Thrombozyten/l (*30 000–50 000/µl*) der Fall sein. Das Entstehen einer Blutung hängt von vielen Faktoren ab: Thrombozytengröße und -funktion, Integrität der Blutgefäße und ihrer Endothelien, Konzentration an FSP und Gerinnungsfaktoren sowie der jeweiligen Beanspruchung des Gerinnungssystems. Es ist wichtig, das Ausmaß der Laborveränderungen im Zusammenhang mit der klinischen Symptomatik zu betrachten. Liegt beispielsweise die Thrombozytenzahl über $50 \times 10^9/l$ (*50 000/µl*) und der Patient blutet, ist z.B. eine gestörte Thrombozytenfunktion im Zusammenhang mit DIC wahrscheinlich. Im Gegensatz hierzu kommen bei Gerinnungsstörungen eher großflächige Hämorrhagien, Hämatome, Blutungen in Körperhöhlen sowie Hämarthrosen und seltener Petechien und Ekchymosen vor.

Die drei häufigsten Gründe einer Thrombozytopenie sind:

1. Zerstörung von Thrombozyten (z.B. IMT)
2. Produktionsstörung im Knochenmark (z.B. Östrogenvergiftung, immunmediierte Zerstörung der Megakaryozyten, Neoplasie)
3. Verbrauch von Thrombozyten (z.B. DIC)

Ehrlichiose, Rocky Mountain Spotted Fever sowie weitere bakterielle und virale Krankheiten verursachen häufig Thrombozytopenien. In endemischen Gebieten (siehe Appendix I) sollten diese Infektionskrankheiten zu den o.g. häufigen Gründen hinzugefügt werden. Eine Aspiration und/oder Biopsie des Knochenmarks ermöglicht es üblicherweise, die Thrombozytenproduktion durch Abschätzung der Megakaryozytenzahlen zu beurteilen. Eventuelle Blutungen nach der Aspiration oder Biopsie sind i.d.R. leicht zu kontrollieren, so dass diese Untersuchungen nicht gescheut werden sollten (Abb. 5.9). Eine DIC wird anhand eines Profils hämostatischer Untersuchungen diagnostiziert. Bisher gibt es keine allgemein verfügbaren direkten Untersuchungsmethoden zum Nachweis einer IMT.

Thrombopathien sind häufiger erworben als hereditär, kommen beim Hund öfter vor als bei der Katze und sind gekennzeichnet durch eine gestörte Thrombozytenfunktion ohne veränderte Thrombozytenzahlen. Endokrinopathien wie Diabetes mellitus oder Hyperadrenokortizismus, immunmediierte hämolytische Anämien (IMHA), Pankreatitis oder Protein-losing Nephropathy (PLN) können Thrombopathien auslösen, die mit Thrombosen assoziiert sein können. Zu den hereditären Thrombozytendefekten zählen quantitative oder qualitative Störungen der für die Plättchenadhäsion nötigen Membranproteine, Störungen des Metabolismus des zyklischen Adenosinmonophosphats (cAMP), des Prostaglandinmetabolismus, der Granula,

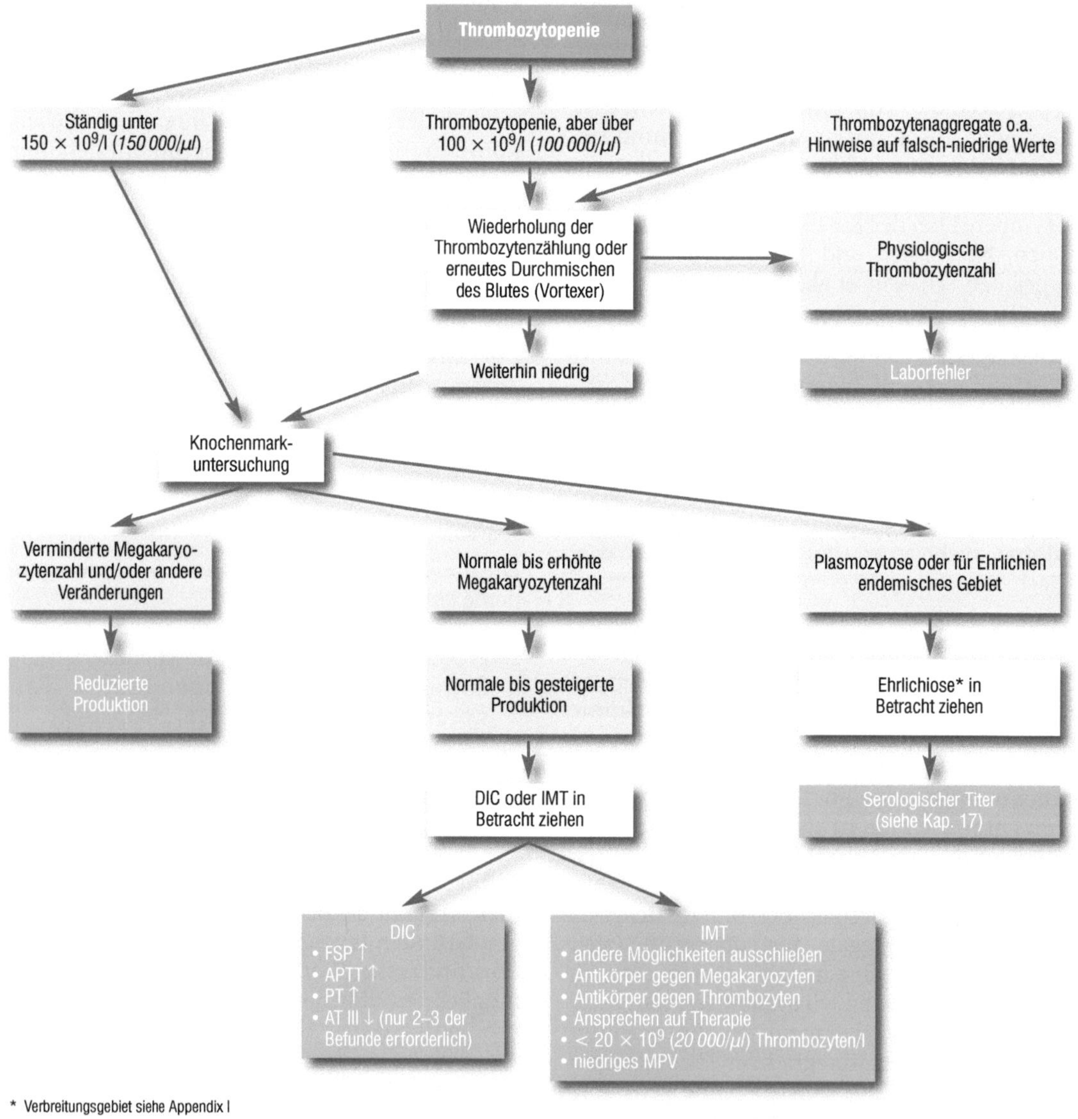

des Von-Willebrand-Faktors sowie der Fibrinogenkonzentration.
Eine Thrombozytose ist nicht selten und konnte bei Hunden bislang in 5 %, bei Katzen in 3 % der Blutproben nachgewiesen werden. Mögliche Ursachen umfassen Neoplasien, Endokrinopathien, Milzkontraktion, Splenektomie und immunsuppressive Therapie (z.B. Prednisolon, Vincristin). Im Rahmen einer Leukozytose oder Anämie kommt es – durch eine Kreuzstimulation der Zytokine Interleukin(IL)-3, IL-6, Granulozyten-Makrophagen-koloniestimulierender Faktor (GM-CSF) und Erythropoetin – zur unspezifischen Knochenmarkstimulation. Dies geschieht auch bei infektiösen und entzündlichen Erkrankungen, Tumoren, chronischem Blutverlust oder Endokrinopathien.
Bei Hunden ist eine Eisenmangelanämie meist mit einer Thrombozytose vergesellschaftet. Bei Katzen wird eine Thrombozytose häufig im Zusammenhang mit myeloproliferativen Erkrankungen oder Leukämie beobachtet. Eine primäre Thrombozytose, auch bekannt als Plättchenleukämie oder essentielle Thrombozythämie, kann zu einer Venenthrombose in Lunge, Mesenterium, ZNS oder Portalbereich führen und damit – abhängig von der Lokalisation des Thrombus – eine kongestive Herzinsuffizienz, pulmonale Hypertension, abdominale Schmerzen, Vomitus, Diarrhö, Aszites oder Krämpfe und Paresen verursachen.

Hereditäre Störungen

Mehrere Hunderassen, darunter Greyhounds (Sullivan et al., 1994) und Cavalier King Charles Spaniels (Pedersen et al., 2002), zeigen niedrigere Thrombozytenzahlen ohne klinische Symptomatik. Die Makrothrombozytopenie beim Cavalier King Charles Spaniel folgt einem autosomal rezessiven Erbgang. Im Blut dominieren große Thrombozyten.
Für eine beeinträchtigte Thrombozytenfunktion können verschiedene Arzneimittel oder Erkrankungen wie das Von-Willebrand-Syndrom (VWS) verantwortlich sein (Tab. 5.5). Eine Dysfunktion der Thrombozyten (Thrombopathie) wird bei Tieren mit physiologischen Thrombozytenzahlen durch einen Thrombozyten-Funktionstest (z.B. Buccal Mucosal Bleeding Time, Aggregationstest) nachgewiesen. Beim Amerikanischen Cockerspaniel wurden nach Bagatellverletzungen, Blutentnahmen oder chirurgischen Eingriffen häufig starke Blutungen beschrieben. Trotz physiologischer Thrombozytenzahlen, Gerinnungsprofilen und VWF-Konzentration sind die Blutungszeiten verlängert und die Plättchenaggregation als Reaktion auf ADP und Kollagen verändert, so dass eine veränderte Thrombozytenfunktion nahe liegt. In weiteren Studien wurde eine veränderte ADP-Konzentration in den dichten Granula der Thrombozyten mit nachfolgender hämorrhagischer Diathese nachgewiesen (Callan et al., 1995). Seltene Störungen der Membranglykoproteine, der Thrombozy-

◀ Abb. 5.9 Diagnostisches Vorgehen bei Thrombozytopenie (Hund). Disseminierte intravasale Gerinnung (DIC), immunmediierte Thrombozytopenie (IMT), Knochenmarkerkrankungen oder Ehrlichiose werden als die wichtigsten Differentialdiagnosen angesehen. Seltenere Ursachen werden vernachlässigt. Zuerst sollte ausgeschlossen werden, dass technische Fehler oder Fehler bei der Probengewinnung fälschlicherweise zur Diagnose „Thrombozytopenie" geführt haben. Wird die Thrombozytenzählung wiederholt, ist ggf. ein anderes Antikoagulans einzusetzen, die Venenpunktion vorsichtiger durchzuführen und die Probe schneller zu verarbeiten. Nach erneutem Durchmischen (z.B. mit einem Vortexer) kann sich bei Katzenblut herausstellen, dass die vorher bestimmte niedrige Thrombozytenzahl aufgrund von Plättchenaggregation aufgetreten ist. Eine Knochenmarkuntersuchung sollte aus Aspirat, Biopsie mit histologischer Untersuchung und gleichzeitig erstelltem großen Blutbild bestehen. Die Verdachtsdiagnose einer Knochenmarkerkrankung wird durch eine niedrige Megakaryozytenzahl oder den Nachweis anderer Krankheitsprozesse – wie Leukämie oder Myelofibrose – bestätigt. Bei Plasmozytose im Knochenmark oder bei einem vorherigen Aufenthalt des Patienten in endemischen Gebieten muss eine Ehrlichiose ausgeschlossen werden. Ein unauffälliges Knochenmark mit physiologischer bis erhöhter Megakaryozytenzahl spricht für einen gesteigerten Thrombozytenverbrauch. Eine DIC wird über Veränderungen des hämostatischen Profils diagnostiziert (siehe Text). Der Nachweis von Antikörpern gegen Thrombozyten oder Megakaryozyten ist diagnostisch für eine immunmediierte Thrombozytopenie (IMT; unterstützende Befunde siehe Text). Ergeben sich starke Hinweise auf eine IMT (z.B. Thrombozytenzahl $< 20 \times 10^9/l$ [*< 20 000/µl*] oder niedriges MPV) oder eine DIC, die bei schweren entzündlichen Erkrankungen oder malignen Neoplasien häufig vorkommt, sollten spezifische Untersuchungen durchgeführt und die Knochenmarkuntersuchung zunächst zurückgestellt werden.

tenadhäsion, der Sekretion der dichten Granula und der α-Granula, der ATP-Produktion und der prokoagulatorischen Aktivität sind u.a. die Thrombopathie des Bassets und des Spitzes, die thrombasthenische Thrombopathie des Otterhunds, das Bernard-Soulier-, Hermansky-Pudlak- und Wiskott-Aldrich-Syndrom, die Glanzmannsche Thrombasthenie des Pyrenäenberghundes und die Speicherstörung dichter Granula des American Cocker Spaniels (Boudreaux und Lipscomb, 2001; Boudreaux und Catalfamo, 2001; Nurden und Nurden, 2001).

Tabelle 5.5 Ausgewählte Ursachen einer gestörten Thrombozytenfunktion

Ursache	
Arzneimittel	Azetylsalizylsäure, Ibuprofen, Phenylbutazon, Indometacin
erworben	lymphoproliferative Erkrankungen, disseminierte intravasale Gerinnung (DIC), Urämie
hereditär	VWS und seltene Erkrankungen beim Basset, Otterhund, Foxhound, Spitz, Pyrenäenberghund, Scotch Terrier, Amerikanischen Cockerspaniel

Erworbene Störungen

Erworbene Störungen der Thrombozytenzahl und -funktion sind vielfältig. Sie können durch infektiöse und neoplastische Erkrankungen sowie sekundär durch Hyperthermie oder Arzneimitteltherapie entstehen. So verhindern beispielsweise Azetylsalizylsäure und andere nichtsteroidale Antiphlogistika durch irreversible oder reversible Azetylierung der Thrombozyten-Zyklooxygenase die Bildung von Thromboxan A_2, das zur Sekretion und Aggregation der Thrombozyten benötigt wird. Knochenmarkerkrankungen mit beeinträchtigter Thrombozytenproduktion können aufgrund verschiedener Toxine, Infektionen, Leukämie, immunmediierter Zerstörung und weiterer Einflüsse entstehen. Zu den o.g. Toxinen gehören Östrogene (auch durch Hodentumoren), Phenylbutazon, Chemotherapeutika und Dapson. Oft ist nur noch eine Myelofibrose oder eine fettige Degeneration des Knochenmarks ohne Hinweis auf die Ursache nachweisbar. Bizytopenie, Panzytopenie oder eine ungewöhnliche Zellmorphologie im peripheren Blut indizieren die Untersuchung des Knochenmarks.

Immunmediierte Thrombozytopenie

Die immunmediierte Thrombozytopenie (IMT) ist eine häufige Störung. Dabei binden Antikörper an jene Oberflächenglykoproteine der Thrombozyten, die für die Thrombozytenaggregation notwendig sind. Dies führt schließlich zur Entfernung der Thrombozyten aus der Zirkulation und zur Veränderung des MPV (Wilkerson et al., 2001). Die IMT wird oft über den Ausschluss von Erkrankungen wie Knochenmarkerkrankungen oder DIC diagnostiziert. Eine erhöhte Anzahl aktivierter Thrombozyten und das Ansprechen auf immunsuppressive Therapie untermauern die Diagnose (Scott-Moncrieff et al., 2001).
Der Nachweis von Anti-Thrombozyten-Antikörpern auf den Thrombozyten im Blut oder Serum ist für den Hund, jedoch nicht für die Katze validiert. Der Test beinhaltet hochsensitive durchflusszytometrische Methoden zum Nachweis von plättchenbindendem IgG im Serum und plättchengebundenem IgG (Kristensen et al., 1994; Lewis et al., 1995), ist aber nicht allgemein verfügbar. Antikörper gegen Megakaryozyten können in Knochenmarkausstrichen nachgewiesen werden. Ein niedriges MPV und eine Thrombozytenzahl unter $20 \times 10^9/l$ (*20 000/μl*) sind indirekte Hinweise auf eine IMT. Die Erkrankung kann sekundär durch Arzneimittel, Infektionen, wiederholte Bluttransfusionen, Lupus erythematodes oder auf idiopathische Weise entstehen.

Ehrlichiose

Das Vorliegen einer Thrombozytopenie, Anämie, Bi- oder Panzytopenie beim Hund lenkt den Verdacht auf eine bestehende Ehrlichieninfektion. Hunde aus Endemiegebieten (siehe Appendix I) können von verschiedenen Ehrlichia-Spezies befallen sein; nachfolgend wird die Infektion mit *Ehrlichia canis* beschrieben. Typischerweise kommt es im Rahmen der Ehrlichiose zu einer Thrombozytopenie. Obwohl die Thrombozytenzahlen oft über $20 \times 10^9/l$ (*20 000/μl*), liegen, können Blutungen auftreten (z.B. Epistaxis, Hyphäma, Petechien). Eine Dysfunktion der Thrombozyten ist häufig aufgrund von Anti-Thrombozyten-Antikörpern feststellbar (Harrus et al., 1996). Liegt keine Knochenmarkzerstörung durch Ehrlichia vor, bewegen sich die Thrombozytenzahlen i.d.R. zwischen 75 und $175 \times 10^9/l$ (*75 000 und 175 000/μl*). Zu den weiteren mit Ehrlichiose assoziierten hämatologischen Veränderungen zählen eine geringgradige bis hochgradige aregenerative Anämie (etwa 90 % der Fälle) ebenso wie eine Leuko- und Neutropenie (etwa 50 % der Fälle). Die Neutropenie kann so ausgeprägt sein, dass sich eine Sepsis entwickelt. Bei manchen Hunden kommt es zur ineffektiven Hämatopoese mit dem paradoxen Bild einer – trotz Panzytopenie – unveränderten bis erhöhten Zellularität im Knochenmark. In akuten Fällen ist eine Anämie eher selten. Eine hochgradige Anämie und Leukopenie entstehen grundsätzlich nur dann, wenn eine chronische Erkrankung mit Verlust der Knochenmarkzellularität vorliegt. Die akute Phase der Erkrankung verläuft mit Fieber, Anorexie, Gewichtsverlust und Lymphadenopathie ähnlich wie andere Infektionen.

Im Vergleich zur akuten Form ist die chronische Ehrlichiose sehr variabel; allerdings kommen Hyperproteinämie und Hypergammaglobulinämie häufig vor. Letztere führt gelegentlich – in schwerwiegenden Fällen – zur Hyperviskosität des Serums. Es ist eine polyklonale Gammopathie zu erwarten, aber gelegentlich zeigt die Serum-Elektrophorese oligoklonale Peaks, die den monoklonalen Peaks einer lymphatischen Neoplasie sehr ähneln. Ebenso kann eine große Anzahl von Plasmazellen im Knochenmark zur Fehldiagnose eines Plasmazellmyeloms verleiten. Die übermäßige Immunreaktion kann zur Immunkomplex-bedingten Glomerulopathie und Proteinurie führen.

Hämolytisches urämisches Syndrom

Das hämolytische urämische Syndrom ist beim Menschen und bei Tieren (Hund, Katze) beschrieben. Es tritt im Zusammenhang mit akutem Nierenversagen und Thrombozytopenien nach infektiösen und entzündlichen Erkrankungen auf und wurde bei Katzen nach Nierentransplantationen sowie beim Hund nach Gastroenteritis beobachtet (Holloway et al., 1993; Aronson und Gregory, 1999). Dieses Syndrom ist durch eine Hyperaggregabilität und Thrombenbildung der Thrombozyten, Ischämie der Gewebe, Thrombozytopenie und mikroangiopathische hämolytische Anämie charakterisiert. Innerhalb von 24–72 Stunden nach Exposition mit urämischem Serum kann es im Gefäßendothel zur Änderung der thrombogenen Eigenschaften mit gesteigerter Expression des Gewebefaktors und Thrombozytenablagerung kommen.

Erkrankungen durch Retroviren

Bei Katzen, die mit dem felinen Leukämievirus (FeLV) und/oder dem felinen Immundefizienzvirus (FIV) infiziert sind, liegt oft eine mittelgradige aregenerative Anämie mit oder ohne begleitende Granulo- und Thrombozytopenie vor (Shelton und Linenberger, 1995). Thrombozytopenische Katzen sollten immer auf FeLV, FIV, FIP und Erkrankungen durch Rickettsien untersucht werden. Die Thrombozyten von Katzen mit FeLV oder DIC können wenige Granula und Vakuolen aufweisen.

Hyperthermie

Mit gewissem Erfolg wurde die Hyperthermie in der Behandlung von bestimmten Tumoren und Virusinfektionen eingesetzt. Allerdings können dadurch – teilweise bedingt durch Leberschädigung infolge der Hyperthermie – Thrombozytopenien, erhöhte FSP, verlängerte Gerinnungszeiten und spontane Blutungen verursacht werden.

Medikamentös bedingte Thrombozytendysfunktion

Kortikosteroide, Sulfinpyrazon, Methylxanthin, Furosemid, Carbenicillin u. a. synthetische Penicilline, Cephalosporine, Nitrofurantoin, Chloroquin, Levamisol, Phenothiazin, Prostazyklin, Östrogen, Ethanol, Koffein, Heparin, Antihistaminika, Dextran, Vitamin E und Dipyridamol sind Arzneimittel, die die Thrombozytenfunktion beeinflussen können. Eine Rückkehr der physiologischen Thrombozytenfunktion 4–5 Tage nach Absetzen eines Medikaments legt ein Ursache-/Wirkungsprinzip nahe. Um dies zu bestätigen, sind allerdings noch eindeutigere Befunde nötig.

5.3.3 Störungen der sekundären Hämostase

Veränderte Gerinnungszeiten weisen auf eine Koagulopathie (veränderte Fähigkeit zur Gerinnselbildung) hin. Eine verkürzte Prothrombinzeit (PT) oder aktivierte partielle Thromboplastinzeit (APTT) wird üblicherweise ignoriert, weil sie nicht mit einer klinischen Hyperkoagulabilität korreliert. Verlängerte Gerinnungszei-

ten (angegeben in Sekunden, die PT kann auch in Prozent des Referenzwerts angegeben werden) sind dagegen in der Regel als Hinweis auf eine Gerinnungsstörung aufzufassen. Sind keine Referenzwerte verfügbar, können die Ergebnisse mit den Gerinnungszeiten der Probe eines gesunden Tieres, die parallel untersucht wurde, verglichen werden. Eine Steigerung der PT um 3 bzw. der APTT um 5 Sekunden im Vergleich zum gesunden Tier ist i.d.R. signifikant. Geringere Anstiege können ebenfalls durch eine Koagulopathie bedingt sein, weitere Informationen oder eine Wiederholung der Tests müssen hier allerdings die Verdachtsdiagnose stützen.
Ein Defekt im frühen intrinsischen System (XII, XI, IX, VIII) lässt sich anhand der Kombination einer unveränderten PT und einer verlängerten APTT diagnostizieren (Abb. 5.8). Bei einem Faktor-VII-Defekt liegen eine unveränderte APTT und eine verlängerte PT vor (Abb. 5.10).
Ein Defekt im gemeinsamen System (Faktor X, V, Prothrombin, Fibrinogen) oder multiple Defekte, die das intrinsische, das gemeinsame und das extrinsische Gerinnungssystem einbeziehen, verlängern sowohl PT als auch APTT. Bei einer Vergiftung mit Vitamin-K-Antagonisten sind alle Untersuchungen mit Ausnahme der TT verlängert, da der Mangel an Vitamin-K-abhängigen Faktoren (II, VII, IX, X) Störungen sowohl im intrinsischen, im extrinsischen als auch im gemeinsamen System verursacht. Allerdings sollte eine ausreichende Fibrinogenkonzentration vorliegen (Abb. 5.11). Da die meisten Gerinnungs- und antikoagulatorischen Faktoren in der Leber synthetisiert werden, führt eine schwere Leberinsuffizienz zu multiplen Störungen in der Gerinnungskaskade, darunter eine reduzierte Synthese von Gerinnungs- und Hemmfaktoren, verlangsamter Abbau von aktivierten Faktoren, quantitative und qualitative Störungen der Thrombozyten, Hyperfibrinolyse und beschleunigte intravasale Gerinnung (Amitrano et al., 2002). Bei Tieren mit Lebererkrankungen kommt es häufig zur DIC. Ein Defekt im gemeinsamen System verlängert sowohl PT als auch APTT, da die Gerinnselbildung auch bei ungestörtem in- und extrinsischen Ablauf immer über das gemeinsame System erfolgt (Tab. 5.3).
Die klinische Symptomatik, Rasse, Geschlecht und Vorbericht bieten vor einer Faktorenanalyse wichtige Anhaltspunkte für die Diagnosestellung. Sind zum Beispiel nur einige der männlichen Junghunde aus einem Wurf von schweren Blutungen (inkl. Hämatomen) betroffen und ist die APTT dieser Hunde verlängert, während die PT im Referenzbereich liegt, kann das Problem nur bei Faktor VIII oder IX liegen. Durch die Kombination einer verlängerten APTT und einer unveränderten PT ist der Defekt im intrinsischen System zu lokalisieren. Der Vorbericht weist auf ein geschlechtsabhängiges hereditäres Problem und damit auch auf die Faktoren VIII und IX hin, deren Defekte als einzige ge-

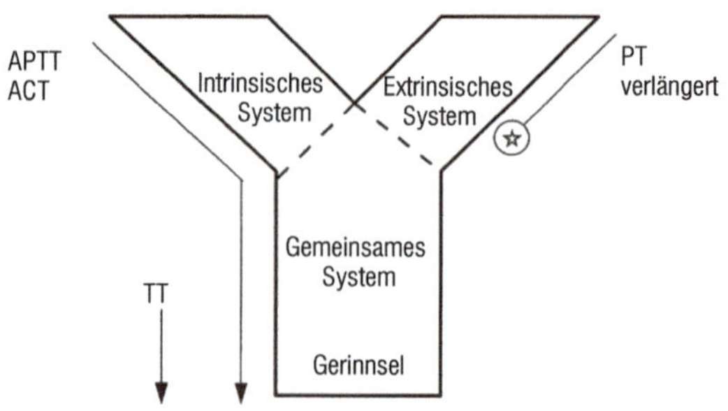

Abb. 5.10 Untersuchungsergebnisse bei Faktor-VII-Mangel. Nur die Prothrombinzeit (PT) sollte verändert sein, dargestellt durch den Stern und das Ende des Pfeils im Bereich von Faktor VII im extrinsischen System.

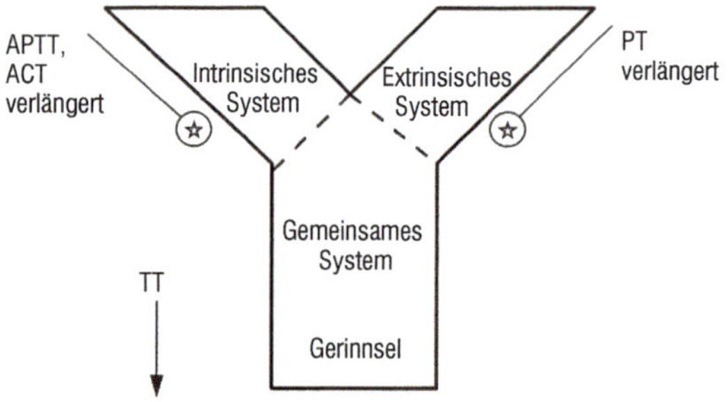

Abb. 5.11 Untersuchungsergebnisse bei Vergiftung mit Vitamin-K-Antagonisten. Die Hemmung Vitamin-K-abhängiger Faktoren (II, VII, IX und X) im Rahmen der Kumarinvergiftung führt zu Störungen in allen drei Gerinnungssystemen. Die Thrombinzeit (TT) sollte im Referenzbereich liegen, da Fibrinogen nicht beeinflusst wird. Das gleiche Muster an Untersuchungsergebnissen kann bei einem Faktor-X-Mangel vorliegen, da ein Defekt im gemeinsamen System die Gerinnselbildung trotz eines intakten in- und extrinsischen Systems verlangsamt. Bei Leberinsuffizienz kann – solange kein Fibrinogenmangel vorhanden ist – ein ähnliches Bild vorliegen.

schlechtsbezogen auftreten. Der Schweregrad der Blutungen schließt die Faktoren XII und XI des intrinsischen Systems als Ursache aus, da es bei Faktor-XII-Mangel zu keinen und bei Faktor XI-Mangel nur zu geringgradigen Blutungen kommt. Das Ausmaß der Blutungen und die genetischen Anhaltspunkte verhalten sich bei Faktor-IX- und Faktor-VIII-Mangel (Hämophilie B und A) gleich. Daher sollte die Frage, ob weitere Untersuchungen zur definitiven Diagnosestellung angemessen sind, erst nach einer sorgfältigen Kosten-Nutzen-Abwägung beantwortet werden.

Hereditäre Störungen

Eine Hämophilie A (Faktor-VIII-Mangel) wird aufgrund einer verlängerten APTT diagnostiziert. Sie ist die am häufigsten beschriebene hereditäre Koagulopathie des Hundes. Auch bei Katzen mit multiplem Faktorenmangel, der zu Störungen des intrinsischen Systems führt, wird über sie berichtet. Als ursächliche Mutation liegt eine Inversion des Introns 22 vor, die bei etwa 45 % der Patienten mit schwerer Hämophilie A nachgewiesen wurde (Hough et al., 2002). Es wurden mehrere kommerzielle Tests validiert, um einen Faktor-VIII: C- oder Faktor-IX-Mangel im Plasma hämophiler Hunde festzustellen (Mischke, 2000).

Ein Faktor-IX-Mangel (Hämophilie B oder Christmas-Erkrankung) ist wie Hämophilie A geschlechtsgebunden und anhand einer verlängerten APTT erkennbar. Im Vergleich zur Hämophilie A ist der Faktor-IX-Mangel wesentlich seltener beschrieben. Die Patienten zeigen regelmäßiger schwere klinische Symptome. Betroffen sind Deutsche Schäferhunde, Britisch Kurzhaarkatzen, Siamesen und Hauskatzen.

Ein Faktor-X-Mangel (Stuart-Prower-Faktor) kommt beim Cockerspaniel und beim Jack Russell-Terrier vor (Dodds, 1973). Beim Faktor-XI-Mangel des Kerry Blue Terriers, Springer Spaniels und Pyrenäenberghundes handelt es sich um eine schwerwiegende Gerinnungsstörung mit postoperativen Hämorrhagien und einer verlängerten APTT (Knowler et al., 1994). Diese Hunde neigen zu posttraumatischen oder postoperativen Blutungen, zeigen jedoch nicht die bei Hämophilien typischen spontanen Hämorrhagien in Gelenke und Weichteile (Gailani, 2001).

Bei Devon-Rex-Katzen werden Vitamin-K-abhängige Koagulopathien beobachtet. Sie lassen sich erfolgreich mit oralem Vitamin K_1 oder Plasmatransfusionen therapieren, wodurch sich die Konzentration der Gerinnungsfaktoren II, VII, IX und X normalisiert (Maddison et al., 1990). Ein Prothrombinmangel kommt beim Cocker Spaniel, Boxer und Otterhund vor und führt – als Defekt im gemeinsamen Gerinnungssystem – zu einer Verlängerung der APTT und PT.

Ein autosomal dominanter Faktor-VII-Mangel ist beim Alaskan Malamute (Mills et al., 1997), Labrador Retriever und Beagle (Spurling, 1988) beschrieben. Für den Mangel von Faktor XII (Hageman-Faktor) bei der Katze wurde ein autosomal rezessives Vererbungsmuster, gleich dem des Menschen (Hageman-Merkmal), nachgewiesen (Kier et al., 1980). Bei einem Shar Pei führte eine Kombination aus Faktor-XII-Mangel und gestörter Präkallikrein-Aktivität zu Phasen mit intestinalen Hämorrhagien und Durchfall. Hierüber wird beim Hund nur selten berichtet, da dieses Bild bei Blutungsneigungen untypisch ist.

Erworbene Störungen

Disseminierte intravasale Gerinnung

Die disseminierte intravasale Gerinnung (Disseminated Intravascular Coagulation, DIC) ist eine häufige schwerwiegende Komplikation und entsteht sekundär bei vielen verschiedenen Erkrankungen. Als Auslöser kommen u.a. Neoplasien, Entzündungen, Infektionen, Traumen und bestimmte Schlangengifte in Frage. Sie führen zu einer Stase des Blutflusses und rufen nekrotisches Gewebe, raue Oberflächen und Veränderungen der Gefäßwände hervor. Durch Gewebsthromboplastin aus beschädigten Zellen wird das extrinsische System aktiviert; nicht-endotheliale Oberflächen, wie z.B. Kollagen, das nach der Zerstörung des Endothels exponiert ist, aktivieren das intrinsische System. Entzündliche Erkrankungen erzeugen nekrotische Areale mit exponiertem Kollagen, wodurch die Blutgerinnung angeregt wird. Daher kommt es bei vielen Infektionen wie *Hepatitis contagiosa canis* oder feliner infektiöser Peritonitis zu einer Phase mit DIC (Weiss et al., 1980; Wigton et al., 1976).

Viele Neoplasien (z.B. Hämangiosarkome) weisen nekrotische, entzündete Bezirke auf. Zusätzlich entstehen häufig durch eine Chemotherapie weitere Nekrosen, was die Wahrscheinlichkeit einer DIC erhöht. Im Rahmen hämolytischer Anämien wird reichlich Erythrozytendetritus produziert. Auch Amnionflüssigkeit erzeugt sehr häufig eine DIC. Die genannten Gründe erklären die hohe Inzidenz der DIC bei hämolytischer Anämie und Geburtsstörungen. Bei einer Vaskulitis kann durch die beschädigten Endothelzellen der Gefäße eine DIC hervorgerufen werden. Endothelzellen stellen eine geschlossene Barriere zwischen Plasma und subendothelialem Kollagen dar und bilden Faktoren, die die Thrombozytenaggregation hemmen. Disseminierte intravasale Gerinnung kann auch als lokale oder chronische Verlaufsform – nicht immer disseminiert und perakut – vorliegen. Viele Erkrankungen nehmen durch DIC-bedingte Infarkte, Thrombosen oder Blutungen einen tödlichen Ausgang.

Bei starker Gerinnung ist ein Verbrauch der Thrombozyten und Gerinnungsfaktoren zu erwarten. Durch den Abbau dieser Gerinnsel werden die Fibrinspaltprodukte (FSP) erhöht. Diese wiederum wirken antikoagulatorisch und nehmen Einfluss auf Plättchenfunktion und Gerinnung, indem sie mit Fibrinogen um die Membranrezeptoren auf der Thrombozytenoberfläche konkurrieren. Den Fibrinspaltprodukten, D-Dimeren und Fibrinogenspaltprodukten (FgSP) kommt eine Schlüsselrolle in der Diagnostik zu. Einzelne oder alle hämostatischen Untersuchungen, inkl. Thrombozytenzahl, Buccal Mucosal Bleeding Time (BMBT), Prothrombinzeit (PT), aktivierter partieller Thromboplastinzeit (APTT), FSP, D-Dimeren und FgSP, können veränderte Ergebnisse liefern. Jedoch kann der Verbrauch durch eine gesteigerte Produktion von Gerinnungsfaktoren und Thrombozyten in unterschiedlichem Ausmaß kompensiert werden, so dass das Einzelergebnis nicht vorhersehbar ist (Tab. 5.6). Der Verdacht auf eine DIC erhärtet sich, wenn Thrombozytopenie und Gerinnungsfaktorenmangel gleichzeitig vorliegen bzw. je mehr Parameter verändert sind. Ein erniedrigtes Antithrombin III (AT III) ist ein sensitiver Indikator einer DIC; allerdings kann AT III auch durch Leberinsuffizienz oder Zustände mit Proteinverlust reduziert sein, und die Untersuchungsmethode ist nicht allgemein verfügbar.

Tabelle 5.6 Häufigkeit von Laborveränderungen bei disseminierter intravasaler Gerinnung

	Häufigkeit veränderter Ergebnisse	
Veränderung	**Feldman et al., 1981**	**Kociba, 1978**
FSP erhöht	61 %	94 %
APTT verlängert	87 %	95 %
PT verlängert	80 %	72 %
Thrombozytenzahl erniedrigt	80 %	48 %

FSP, Fibrinspaltprodukte; APTT, aktivierte partielle Thromboplastinzeit; PT, Prothrombinzeit
Aus: *Feldman BF, Madewell BR, O'Neill MA: Disseminated intravascular coagulation: Antithrombin, plasminogen and coagulation abnormalities in 41 dogs, J AM Vet Med Assoc 179:151, 1981* und *Kociba GJ: Disseminated intravascular coagulation proceedings, 29th Annual Meeting, American College oft Veterinary Pathologists, San Antonia, TX, 1978.*

Vitamin-K-Antagonismus

Antikoagulatorische Rodentizide vom Kumarintyp sind häufige Ursachen erworbener Gerinnungsstörungen. Rodentizide der zweiten Generation haben lange funktionelle Halbwertszeiten (15–20 Tage bei Diphacinon, verglichen mit 40 Stunden bei Warfarin). Die Wirkung dieser Rodentizide beruht auf einem funktionellen Vitamin-K-Mangel und damit einer verringerten hepatischen Synthese der Faktoren II, VII, IX und X. Eine Behandlung von Hunden mit Sulfaquinoxalin (Kokzidiostatikum) kann ebenfalls über einen Vitamin-K-Antagonismus zu Blutungen führen. Die Gerinnungsstörung wird vorzugsweise durch Bestimmung der PT überwacht. Bei Hemmung der Faktorensynthese tritt zunächst ein Mangel des Faktors mit der kürzesten Halbwertszeit auf. Die Halbwertszeit für Faktor VII beträgt 2–4 Stunden, im Vergleich zu 14–16 Stunden für die Faktoren IX und X sowie 41 Stunden für Prothrombin (II). Da Faktor VII zum extrinsischen System gehört, ist die früheste und stärkste relative Verlängerung bei der PT zu verzeichnen. Der Thrombotest oder PIVKA (Proteininduktion durch Vitamin K-Mangel oder -Antagonismus) ist ein sensitiver Nachweis der Vorläuferproteine der Gerinnungsfaktoren, die bei Vitamin-K-Antagonismus in der Leber akkumulieren und ins Blut ausgeschüttet werden. Nach ausreichender Vitamin-K_1-Therapie kann die Leber innerhalb von 9–11 Stunden zur maximalen Prothrombinsynthese zurückfinden, und auch die PT sollte sich innerhalb von 24 Stunden wieder normalisieren.

Andere erworbene Koagulopathien entstehen sekundär durch gastrointestinale Erkrankungen mit Maldigestion oder Malabsorption, exokrine Pankreasinsuffizienz, infiltrative Enteritis, Gallengangsobstruktion, Lebererkrankungen oder durch vermehrt zirkulierendes Heparin, das aus Mastzellen stammt.

Quellen

Amitrano L et al: Coagulation disorders in liver disease, *Semin Liver Dis* 22:83, 2002.

Aronson LR, Gregory C: Possible hemolytic uremic syndrome in three cats after renal transplantation and cyclosporine therapy, *Vet Surg* 28:135, 1999.

Boudreaux MK, Dillon AR: Platelet function, antithrombin-III activity, and fibrinogen concentration in heartworm-infected and heartworm-negative dogs treated with thiacetarsemide, *Am J Vet Res* 52:1986, 1991.

Boudreaux MK, Catalfamo JL: Molecular and genetic basis for thrombasthenic thrombopathia in otterhounds, *Am J Vet Res* 62:1797, 2001.

Boudreaux MK, Lipscomb DL: Clinical, biochemical, and molecular aspects of Glanzmann's thrombasthenia in humans and dogs, *Vet Pathol* 38:249, 2001.

Brassard JA, Meyers KM: Evaluation of the buccal bleeding time and platelet glass bead retention as assays of hemostasis in the dog: the effects of acetylsalicylic acid, warfarin and von Willebrand factor deficiency, *Thromb Haemost* 65:191, 1991.

Brooks M, Dodds WJ, Raymond SL: Epidemiologic features of von Willebrand's disease in Doberman pinschers, Scottish terriers, and Shetland sheepdogs: 260 cases (1984-1988), *J Am Vet Med Assoc* 200:1123, 1992.

Budde U et al: Laboratory diagnosis of congenital von Willebrand disease, *Semin Thromb Hemost* 28:173, 2002.

Callan MB et al: Inherited platelet delta-storage pool disease in dogs causing severe bleeding: an animal model for a specific ADP deficiency, *Thromb Haemost* 74:949, 1995.

Davidson MG et al: Vascular permeability and coagulation during *Rickettsia rickettsii* infection in dogs, *Am J Vet Res* 51:165, 1990.

Diehl KA et al: Alterations in hemostasis associated with hyperthermia in a canine model, *Am J Hematol* 64:262, 2000.

Dodds WJ: Canine factor X (Stuart-Prower factor) deficiency, *J Lab Clin Med* 82:560, 1973.

Fondati A et al: Familial cutaneous vasculopathy and demodicosis in a German shepherd dog, *J Small Anim Pract* 39:137, 1998.

Gailani D: Gene targeting in hemostasis. Factor XI, *Front Biosci* 6:D201, 2001.

Grindem CB et al: Epidemiologic survey of thrombocytopenia in dogs: a report on 987 cases, *Vet Clin Pathol* 20:38, 1991.

Harrus S et al: Platelet dysfunction associated with experimental acute canine ehrlichiosis, *Vet Rec* 139:290, 1996.

Hisasue M et al: Hematologic abnormalities and outcome of 16 cats with myelodysplastic syndromes, *J Vet Intern Med* 15:471, 2001.

Holloway S et al: Hemolytic uremic syndrome in dogs, *J Vet Intern Med* 7:220, 1993.

Hough C et al: Aberrant splicing and premature termination of transcription of the FVIII gene as a cause of severe canine hemophilia A: similarities with the intron 22 inversion mutation in human hemophilia, *Thromb Haemost* 87:659, 2002.

Kier AB et al: The inheritance pattern of factor XII (Hageman) deficiency in domestic cats, *Can J Comp Med* 44:309, 1980.

Knowler C et al: Factor XI deficiency in Kerry blue terriers, *J Am Vet Med Assoc* 205:1557, 1994.

Kristensen AT, Weiss DJ, Kausner JS: Platelet dysfunction associated with immune-mediated thrombocytopenia in dogs, *J Vet Intern Med* 8:323, 1994.

Lewis DC et al: Development and characterization of a flow cytometric assay for detection of platelet-bound immunoglobulin G in dogs, *Am J Vet Res* 56:1555, 1995.

Maddison JE et al: Vitamin K-dependent multifactor coagulopathy in Devon Rex cats, *J Am Vet Med Assoc* 197:1495, 1990.

Mills JN, Labuc RH, Lawley MJ: Factor VII deficiency in an Alaskan malamute, *Aust Vet J* 75:320, 1997.

Mischke R: Influence of factor VII: C and factor IX activity in plasmas of haemophiliac dogs on the activated partial thromboplastin time measured with two commercial reagents, *Haemophilia* 6:135, 2000.

Moore BR, Hinchcliff KW: Heparin: a review of its pharmacology and therapeutic use in horses, *J Vet Intern Med* 8:26, 1994.

Mosnier LO, Meijers JC, Bouma BN: The role of protein S in the activation of thrombin activatable fibrinolysis inhibitor (TAFI) and regulation of fibrinolysis, *Thromb Haemost* 86:1040, 2001.

Nazarova OA et al: Features of microcirculatory disorders in acute and recurrent hemorrhagic vasculitis (Schonlein-Henoch disease), *Ter Arkh* 73:39, 2001.

Nurden AT, Nurden P: Inherited defects of platelet function, *Rev Clin Exp Hematol* 5:314, 2001.

Pedersen HD et al: Idiopathic asymptomatic thrombocytopenia in Cavalier King Charles spaniels is an autosomal recessive trait, *J Vet Intern Med* 16:169, 2002.

Schmaier AH et al: Hemostatic/fibrinolytic protein changes in C3H/HeN mice infected with *Rickettsia conorii*—a model for Rocky Mountain spotted fever, *Thromb Haemost* 86:871, 2001.

Scott-Moncrieff JC et al: Hemostatic abnormalities in dogs with primary immune-mediated hemolytic anemia, *J Am Anim Hosp Assoc* 37:220, 2001.

Shelton GH, Linenberger ML: Hematologic abnormalities associated with retroviral infections in the cat, *Semin Vet Med Surg (Small Anim)* 10:220, 1995.

Sinke JD, van Dijk JE, Willemse T: A case of Ehlers-Danlos-like syndrome in a rabbit with a review of the disease in other species, *Vet Q* 19:182, 1997.

Spurling NW: Hereditary blood coagulation factor-VII deficiency: a comparison of the defect in beagles from several sources, *Comp Biochem Physiol* 89:461, 1988.

Stokol T, Parry B: Efficacy of fresh-frozen plasma and cryoprecipitate in dogs with von Willebrand's disease or hemophilia A, *J Vet Intern Med* 12:84, 1998.

Stokol T et al: Evaluation of kits for the detection of fibrinogen degradation products in dogs, *J Vet Intern Med* 13:478, 1999.

Stokol T et al: D-dimer concentrations in healthy dogs and dogs with disseminated intravascular coagulation, *Am J Vet Res* 61:393, 2000.

Sullivan PS, Evans HL, McDonald TP: Platelet concentration and hemoglobin function in greyhounds, *J Am Vet Med Assoc* 205:838, 1994.

Thomas JS: von Willebrand's disease in the dog and cat, *Vet Clin North Am Small Anim Pract* 26:1089, 1996.

Tvedten HW, Grabski S, Frame L: Estimating platelets and leukocytes on canine blood smears, *Vet Clin Pathol* 17:4-6, 1988.

Venta PJ et al: Mutation causing von Willebrand's disease in Scottish terriers, *J Vet Intern Med* 14:10, 2000.

Weir JA et al: Familial cutaneous vasculopathy of German shepherds: clinical, genetic and preliminary pathological and immunological studies, *Can Vet J* 35:763, 1994.

Weiss RC, Dodds WJ, Scott FW: Disseminated intravascular coagulation in experimentally induced feline infectious peritonitis, *Am J Vet Res* 41:663, 1980.

Wigton DH, Kociba GJ, Hoover EA: Infectious canine hepatitis: animal model for viral-induced disseminated intravascular coagulation, *Blood* 47:287, 1976.

Wilkerson MJ et al: Platelet size, platelet surface-associated IgG, and reticulated platelets in dogs with immune-mediated thrombocytopenia, *Vet Clin Pathol* 30:141, 2001.

6 Artefakte in der Serumchemie

Jennifer S. Thomas

6.1 Artefakte bei biochemischen Bestimmungen

Artefakte erschweren die Interpretation von Laborergebnissen. Aufgrund von Artefakten kommt es zur scheinbaren Erhöhung bzw. Erniedrigung einer gemessenen Konzentration oder Aktivität. Artefakte können die Messung eines einzelnen oder mehrerer Analyte beeinflussen. Die tatsächliche Konzentration oder Aktivität eines Analyts ist nur selten zuverlässig abzuschätzen, nachdem ein Artefakt aufgetreten ist. Ist ein Messwert in einem biochemischen Profil durch ein Artefakt verändert, sollten alle Werte sorgfältig auf eine mögliche Beeinflussung hin überprüft werden.

Artefakte sind bei hämolytischen, ikterischen oder lipämischen Proben wahrscheinlicher. Bei manchen Analyten, die bei Raumtemperaturen sehr labil sind und zu einem *In-vitro*-Verlust neigen (z.B. Ammoniak), führt eine Verzögerung der Messung oder eine nicht sachgemäße Handhabung (z.B. falsche Lagertemperatur) häufig zu ungenauen Messergebnissen. In diesen Fällen sollte eine neue Probe gewonnen werden. Laborfehler sollten immer dann in Betracht gezogen werden, wenn die Laborwerte nicht zur klinischen Symptomatik des Patienten passen (z.B. klinisch gesunder Patient mit deutlich erhöhter Kalium- oder erniedrigter Glukosekonzentration). Schließlich sind Artefakte auch bei Patienten zu erwarten, die ein Arzneimittel erhalten, dessen Einfluss auf die Bestimmung chemischer Parameter bekannt ist. So kann beispielsweise die Chloridkonzentration bei einem Patienten, der Kaliumbromid erhält, nicht genau gemessen werden, weil bei den am häufigsten verfügbaren Messtechniken Bromid nicht von Chlorid unterschieden werden kann.

Bei Verdacht auf ein Artefakt ist es wichtig zu bestimmen, ob es sich um ein präanalytisches oder ein analytisches Problem handelt (MacWilliams und Thomas, 1992). Präanalytische Probleme entstehen bei Probengewinnung oder -handhabung, bevor die eigentliche chemische Analyse durchgeführt wird (Tab. 6.1). Eine falsche Beschriftung der Proben kann beispielsweise dazu führen, dass die ermittelten Werte dem falschen Patienten zugeordnet werden. Wird die Blutprobe mittels eines Venenverweilkatheters gewonnen, sollte zunächst die Katheterflüssigkeit verworfen werden, da es sonst zu einer Probenverdünnung kommen kann. Die Verwendung eines ungeeigneten Antikoagulans (Tab. 6.2) beeinflusst möglicherweise biochemische Untersuchungen (Henry und Kurec, 1996). Eine verzögerte Trennung des Plasmas oder Serums von den Blutzellen führt:

1. zum Austritt intrazellulärer Bestandteile (z.B. Magnesium, Kalium, Phosphor, Aspartat-Amino-Transferase, AST; Laktatdehydrogenase, LDH), was deren Konzentration im Serum oder Plasma erhöhen und die Messwerte dadurch verfälschen kann.
2. zum Verbrauch von Glukose, deren Wert hierdurch erniedrigt wird (MacWilliams und Thomas, 1992).

Tabelle 6.1 Häufige Ursachen für Artefakte bei klinisch-chemischen Untersuchungen

präanalytische Probleme	falsche Probenbeschriftung fehlerhafte Probengewinnung über Katheter falsches Antikoagulans verzögerte Trennung von Serum bzw. Plasma und Zellen fehlerhafte Handhabung oder Lagerung von Proben unzureichende Vorbereitung des Patienten interferierende Substanzen in der Probe
analytische Probleme	Bedienungsfehler fehlerhafte Reagenzien Fehlfunktion des Messgeräts

Wird die Probe großer Hitze oder Kälte ausgesetzt, treten häufig intrazelluläre Bestandteile aus oder die Konzentration temperaturempfindlicher Analyte ändert sich. Eine schlechte Vorbereitung des Patienten kann sich ebenfalls auf die Ergebnisse der Analyse auswirken. Als Beispiele

Tabelle 6.2 Auswirkungen von Antikoagulanzien auf klinisch-chemische Untersuchungen

bevorzugte Proben für chemische Untersuchungen	Serum: Röhrchen mit rotem oder weißem Deckel heparinisiertes Plasma oder Vollblut: Röhrchen mit orangefarbenem Deckel
(Natrium- oder Kalium-) EDTA: Röhrchen mit rotem oder violettem Deckel	Bindung zweiwertiger Kationen: Reduzierte Konzentrationen von Kalzium oder Magnesium Interferenz mit Enzymaktivitäten (methodenabhängig) erhöhte Konzentration von Natrium oder Kalium
Natriumzitrat: Röhrchen mit violettem (1 : 5) oder grünem (1 : 9) Deckel	Bindung zweiwertiger Kationen: Reduzierte Konzentrationen von Kalzium oder Magnesium Interferenz mit Enzymaktivitäten (methodenabhängig)
(Natrium- oder Kalium-) Oxalat oder (Natrium-) Fluorid: Röhrchen mit gelbem Deckel	Benutzung nur für Glukose- oder Laktatbestimmung erhöhte Konzentration von Natrium oder Kalium erniedrigte Konzentration von Kalzium Wasserverschiebung aus Zellen ins Plasma: Verursacht Verdünnungseffekte Hemmung von Enzymaktivitäten (z. B. alkalische Phosphatase, Amylase, Laktatdehydrogenase)
EDTA, Ethylendiamintetraessigsäure	

sind Fütterung vor der Blutentnahme sowie ein ungünstiger Zeitpunkt der Probennahme (z. B. postprandiale Bestimmung der Gallensäuren) zu nennen. Gelegentlich kann die Blutprobe eines Patienten endogene (z. B. Hämolyse) oder exogene (z. B. Arzneimittel) Substanzen enthalten, die biochemische Analysen stören. Analytische Probleme treten direkt bei Durchführung einer Laboruntersuchung auf. Häufige Anwenderfehler sind eine ungeschickte Aufteilung der Proben in Aliquots, die fehlerhafte Benutzung eines Messgeräts oder falsche Handhabung der Proben. Ebenso können Probleme durch die Verwendung abgelaufener oder falsch gelagerter Reagenzien entstehen. Fehlfunktionen des Messgeräts können die Messung eines einzigen oder mehrerer Parameter betreffen.

Bei Verdacht auf ein Artefakt ist zunächst die Analyse mit derselben Probe nochmals durchzuführen. Stellt sich das fragliche Ergebnis nicht wieder ein, lag vorher ein Bedienungsfehler vor. Zeigt sich auch nach der zweiten Messung ein fragliches Resultat, ist es ratsam, eine neue Blutprobe zu entnehmen und die Analyse zu wiederholen. Kommt man mit der neuen Probe nicht mehr zu einem fraglichen Ergebnis, handelt es sich wahrscheinlich um ein präanalytisches Problem. Wiederholen sich die fraglichen Messergebnisse weiterhin, liegt entweder ein analytischer Fehler vor oder die Resultate geben den tatsächlichen Status des Patienten wieder. In letzterem Fall sollten Reagens und Funktion des Messgeräts kontrolliert werden, und die Probe sollte zur Analyse an ein Referenzlabor geschickt werden.

6.1.1 Hämolyse

Eine Hämolyse von Blutproben ist häufig und an der rötlichen Verfärbung des Plasmas oder Serums zu erkennen. Je nach Tierart und Untersuchungsmethode werden dadurch mehr oder weniger ausgeprägte Artefakte im biochemischen Profil verursacht. Gelegentlich kommt es bereits *in vivo* zur Hämolyse; jedoch entsteht sie wesentlich häufiger *in vitro* durch Erythrozytenschädigung im Zusammenhang mit fehlerhafter Probenhandhabung oder -gewinnung. Idealerweise werden hämolytische Proben verworfen. Die Hämolyse *in vitro* kann durch folgende Maßnahmen minimiert werden:

1. Benutzung scharfer Kanülen zur Blutentnahme
2. Vermeidung eines starken Unterdrucks bei der Blutentnahme
3. vorsichtiges Mischen und Handhaben der Röhrchen nach der Probengewinnung
4. schonende Zentrifugationstechniken, um Serum oder Plasma von den Zellen abzutrennen
5. sofortige Trennung des Serums oder Plasmas von den Zellen
6. Schutz vor Überhitzung oder Unterkühlung
7. Vermeidung von Feuchtigkeit in der Probe.

Durch die Hämolyse kann es bei Substanzen, deren Konzentration im Erythrozyten-Zyto-

Tabelle 6.3 Auswirkungen einer Hämolyse auf klinisch-chemische Untersuchungen

durch Freisetzung aus Erythrozyten beeinflusste Analyte (tierart- und rasseabhängig)	AST CK Laktatdehydrogenase Phosphor Kalium[1]
durch Interferenz mit dem Testverfahren beeinflusste Analyte (abhängig von Messgerät und Methodik)	Alanin-Aminotransferase Albumin Alkalische Phosphatase Amylase AST Chlorid Cholesterin CK Gesamtbilirubin Gesamtprotein Glukose Kalzium Kreatinin Lipase

[1] Nur bei Rassen mit hoher Kaliumkonzentration in den Erythrozyten verändert. Sollte bei den meisten Hunden und Katzen nicht beeinflusst werden.
AST, Aspartat-Amino-Transferase; CK, Kreatinkinase

plasma höher ist als im Plasma, zu falsch-hohen Messwerten kommen (O'Neill und Feldman, 1989; Alleman, 1990). Diese Veränderungen variieren je nach Tierart oder Rasse, sind aber unabhängig von Messgerät und verwendeter Methode (Tab. 6.3). Im Rahmen einer Hämolyse wird beispielsweise Hämoglobin freigesetzt, das spektrophotometrische Untersuchungen, die bei Wellenlängen in seinem Absorptionsbereich ablaufen, stören kann. Der ins Serum oder Plasma gelangte Erythrozyteninhalt kann direkt mit einem Analyt reagieren oder in den chemischen Reaktionen zur Bestimmung einer Analytkonzentration interferieren. Die Artefakte durch die beiden letztgenannten Hämolyseeffekte variieren je nach spezifischem Messgerät und verwendeter Methode beträchtlich (Abb. 6.1). Daher sollten Referenzlabors oder Hersteller von Messgeräten Informationen zur Verfügung stellen, welche Auswirkungen eine Hämolyse auf ihr spezifisches analytisches System haben kann.

6.1.2 Weitere Ursachen für Farbinterferenzen

Die gleichen Probleme können durch Farbinterferenzen auftreten, die durch Hyperbilirubinämie oder den Zusatz boviner Hämoglobinlösungen (z.B. Oxyglobin, Biopure Corporation®)

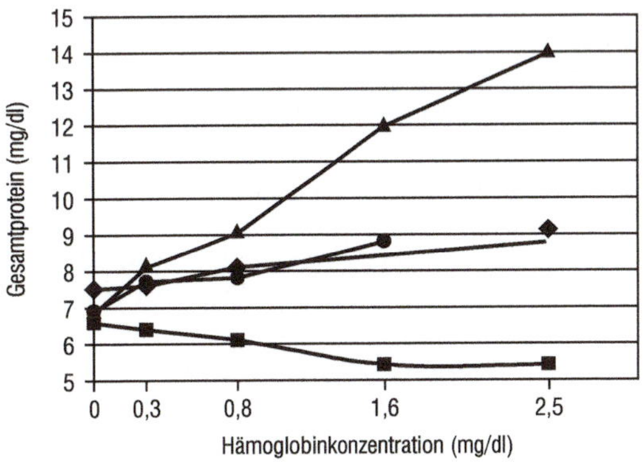

Abb. 6.1 Auswirkungen bei Zugabe verschiedener Mengen Hämolysat (angegeben als Hämoglobinkonzentration) zu normalem Hundeserum auf die mit 4 verschiedenen chemischen Messgeräten gemessene Konzentration des Gesamtproteins. ▲ Modell 8000 Biochromatic Analyzer (Boehringer Mannheim Diagnostics, Inc., Indianapolis, IN); ● SMA-2C (Technicon Instruments Corp., Tarrytown, NY); ■ DACOS (Coulter Electronics, Inc., Hialeah, FL); ◆ SMA 12/60 (Technicon Instruments Corp.). (Abbildung erstellt durch Nutzung der Daten von O'Neill et al., 1989.)

entstehen. Die Zugabe boviner Hämoglobinlösungen zu menschlichem Plasma verursacht relevante Änderungen einiger Analyte. Abhängig vom benutzten Messgerät variieren Aktivität oder Konzentration der betroffenen Analyte beträchtlich (Ma et al., 1997). Leider sind bislang keine analogen Studien mit tierischem Plasma veröffentlicht.

6.1.3 Lipämie

Sobald die Triglyzeridkonzentration eine Grenze von 3,5–4,5 mmol/l (*300–400 mg/dl*) übersteigt, führt das Vorliegen einer Lipämie zu milchig-weißem, trübem Aussehen von Serum oder Plasma. Da dann die lichtbrechenden Eigenschaften des Blutes verändert sind (Alleman, 1990) und – abhängig von Methode und Messgerät – auch viele chemische Analysen beeinflusst sind, sind lipämische Proben zu verwerfen. Beispielsweise ist für die Parameter Gesamtprotein, Gesamtbilirubin, Albumin, Globulin, Glukose, Kalzium und Phosphor beschrieben, dass durch Lipämie falsch-hohe Werte auftreten können. Falsch-niedrige Werte werden dagegen bei Bestimmungen von Lipase, Alanin-Amino-Transferase (ALT), Aspartat-Amino-Transferase

(AST), alkalischer Phosphatase (AP) und Amylase festgestellt (Alleman, 1990). Weiterhin verursacht die Lipämie eine *In-vitro*-Hämolyse, die zur Bildung von weiteren Artefakten beitragen kann.

Der häufigste Grund einer Lipämie ist die Fütterung kurz vor der Blutentnahme. Dieser postprandialen Lipämie kann gewöhnlich durch zwölfstündiges Fasten vor der Probengewinnung vorgebeugt werden. Sind lipämische Proben unvermeidbar (z. B. Patient mit Störung des Lipidmetabolismus), sollte das Serum oder Plasma durch Ultrazentrifugation oder Zugabe eines Polymers, das die Lipide zur Entfernung durch Zentrifugation binden kann (LipoClear®, StatSpin®), geklärt werden. Hierbei ist die Ultrazentrifugation der Proben das Standardverfahren, nach dem andere lipidklärende Methoden beurteilt werden und das in vielen Referenzlabors, aber nur in wenigen Praxen verfügbar ist. Bei Benutzung von Polymeren ist es wichtig, zunächst festzustellen, ob sich dadurch beim benutzten Analysesystem Konzentration oder Aktivität gemessener Analyte verändern.

Quellen

Alleman AR: The effects of hemolysis and lipemia on serum biochemical constituents, *Vet Med* 85:1272, 1990.

Henry JB, Kurec AS: The clinical laboratory: organization, purposes and practice. In Henry JB, editor: *Clinical diagnosis and management by laboratory methods,* ed 19, 1996, Philadelphia, WB Saunders.

Ma Z et al: Effect of hemoglobin- and Perflubron-based oxygen carriers on common clinical laboratory tests, *Clin Chem* 43:1732, 1997.

MacWilliams PS, Thomas CB: Basic principles of laboratory medicine, *Semin Vet Med Surg (Small Anim)* 7:253, 1992.

O'Neill SL, Feldman BF: Hemolysis as a factor in clinical chemistry and hematology of the dog, *Vet Clin Pathol* 18:58 1989.

7 Störungen des Elektrolyt- und Säure-Basen-Haushalts

Stephen P. DiBartola, Robert A. Green, Helio S. Autran de Morais und Michael D. Willard

Störungen des Elektrolyt- und Säure-Basen-Haushalts können durch zahlreiche Erkrankungen verursacht werden. Eine rasche Substitution von Flüssigkeit und Elektrolyten sowie der Ausgleich des Säure-Basen-Haushalts sind häufig für das Befinden des Patienten wichtiger als eine schnelle spezifische Diagnose.

7.1 Kalium

Indikation (häufig)

Allgemeine Indikationen zur Bestimmung der Serum-Kaliumkonzentration stellen anhaltende Anorexie, Erbrechen, Diarrhö, Muskelschwäche, Bradykardie, supraventrikuläre Arrhythmien, Oligurie, Anurie und Polyurie dar. Bei folgenden Verdachtsdiagnosen sollte ebenfalls die Kaliumkonzentration bestimmt werden: Hypoadrenokortizismus, akutes oder chronisches Nierenversagen, diabetische Ketoazidose, anhaltendes Erbrechen, Obstruktionen der Urethra, Uroperitoneum oder postobstruktive Diurese. Auch bei Gabe von Diuretika (z.B. Furosemid, Thiazide, Spironolacton) und ACE-Hemmern (z.B. Enalapril) sollte die Serum-Kaliumkonzentration überwacht werden.

Analyse

In Serum, Plasma oder Urin wird die Kaliumkonzentration mit Trockenchemie-Methoden, ionenspezifischer Potentiometrie und Flammenphotometrie (heutzutage nur noch selten benutzt) bestimmt. Die verschiedenen Methoden erbringen vergleichbare Resultate. Die mit Geräten zur klinisch-chemischen Schnellanalyse (sog. „Point-of-Care-Geräten") ermittelten Ergebnisse korrelieren nicht immer mit den Messwerten der gängigen Geräte. Point-of-Care-Geräte liefern bei der Kaliumbestimmung aus Vollblut meist Werte, die ungefähr 0,5 mmol/l unter den mit herkömmlichen Geräten ermittelten Konzentrationen liegen.

Referenzbereich

Hunde und Katzen: 3,5–5,5 mmol/l (Die Einheit mEq/l entspricht bei einwertigen Ionen der Einheit mmol/l).

Kritische Werte

Konzentrationen unter 2,5 mmol/l (Muskelschwäche) oder über 7,5 mol/l (Störungen der kardialen Erregungsleitung) werden als gefährlich eingestuft. Tiere mit einer hochgradigen Hyponatriämie können eine Hyperkaliämie schlechter kompensieren.

Artefakte

Im Verlauf der Gerinnung wird Kalium aus Thrombozyten freigesetzt. Deshalb liegt die Kaliumkonzentration im Serum höher als im Plasma. Dieser Unterschied ist bei einer vorliegenden Thrombozytose besonders ausgeprägt. Auch Hämolyse kann eine Hyperkaliämie verursachen, vorausgesetzt, der Kaliumgehalt der Erythrozyten ist erhöht. Hunde- und Katzenerythrozyten weisen für gewöhnlich einen geringen Kaliumgehalt auf, die Erythrozyten von Neugeborenen, Akitas und English Springer Spaniel enthalten jedoch höhere Kaliumkonzentrationen (≥ 20 mmol/l). Bei Tieren, deren Leukozytenzahlen über 100×10^9/l (*100 000/µl*) liegen, wird durch Lyse der Leukozyten während der Gerinnung genug Kalium freigesetzt, um zu einem falsch-hohen Serum-Kaliumspiegel zu führen. All dies sind Ursachen einer Pseudohyperkaliämie, die nur *in vitro* auftritt. Werden Lithium-Heparin-Röhrchen für die Blutentnahme benutzt, die Probe sofort zentrifugiert und das Plasma von den Zellen getrennt, treten diese Probleme nicht auf. Bei Blutentnahme aus einem schlecht gereinigten Venenkatheter kann die Kaliumkonzentration falsch-hoch oder -niedrig sein, je nachdem, welche Substanz vorher infundiert wurde. Deshalb muss der Zugang vor Entnahme der Blutprobe gereinigt werden, indem genügend Blut durch den Katheter entnommen und verworfen wird. Auch der Gebrauch von EDTA oder Kaliumoxalat als Antikoagulanzien beeinflusst die gemessenen Werte erheblich. Wird der Kaliumgehalt mit ionenselektiven Elektroden ermittelt, können große Mengen an Bilirubin zu einer leichten Erhöhung des Messwertes führen.

Medikamentöse Beeinflussung

Hypokaliämie entsteht bei Gabe von Furosemid, Thiaziden, Acetazolamid, Laxanzien, Mineralokortikoiden (z.B. Fludrocortison, Desoxycorticosteronprivalat), Insulin, Natriumbikarbonat, Amphotericin B, hohen intravenösen Dosen des Natriumsalzes von Penicillin G, chronischer Anwendung von Ammoniumchlorid sowie Infusion kaliumfreier und glukosehaltiger kristalloider Lösungen. Wird dauerhaft kaliumfreies Dialysat benutzt, kann auch eine peritoneale Dialyse für eine Hypokaliämie verantwortlich sein. Hyperkaliämie kann infolge übermäßiger Anwendung (intravenös oder oral) von Kaliumchlorid, Heparinlösungen mit Chlorbutol, massiver Digitalisüberdosierung, intravenöser Verabreichung des Kaliumsalzes von Penicillin G, Trimethoprim, Enalapril und durch Bluttransfusionen (Blut von einem Spendertier mit hohem intrazellulärem Kaliumgehalt) entstehen. Weitere Ursachen umfassen kaliumsparende Diuretika (Spironolacton, Amilorid), nicht-selektive Betablocker und Mannitolinfusionen, die eine akute Hypertonizität erzeugen. Nicht-steroidale Antiphlogistika können zu Nierenversagen und dadurch zu einer Hyperkaliämie führen.

Ursachen einer Hypokaliämie

Hypokaliämie kann folgende Ursachen haben:

1. verringerte Aufnahme
2. Übertritt von Kalium aus dem Extra- in den Intrazellularraum
3. Verlust über die Nieren oder den Gastrointestinaltrakt (Übers. 7.1 und Abb. 7.1)

Wird die Serum-Kaliumkonzentration durch kaliumfreie Infusionen verdünnt, insbesondere durch glukosehaltige Infusionen, kann dies zu einer Hypokaliämie beitragen. Verringerte Kaliumaufnahme kann eine Hypokaliämie verschlimmern, die durch einen gesteigerten Ver-

Übersicht 7.1 Ursachen einer Hypokaliämie

- Pseudohypokaliämie (gelegentlich, verursacht selten signifikante Veränderungen)
- erhöhter Verlust (häufigste und wichtigste Ursache)
  - gastrointestinal ($FE_K < 6$ %)
  - Erbrechen des Mageninhalts (häufig und wichtig)
  - Diarrhö (häufig und wichtig)
- Niere ($FE_K > 20$ %)
  - chronische Niereninsuffizienz bei Katzen (häufig und wichtig)
  - nutritiv bedingte hypokaliämische Nephropathie bei Katzen (wichtig)
  - postobstruktive Diurese (häufig und wichtig)
  - ungeeignete Infusionstherapie (besonders mit unzureichender Kaliumsupplementation; häufig und wichtig)
  - Diurese bei Diabetes mellitus/Ketoazidose (häufig und wichtig)
  - Dialyse (selten)
  - Medikamente
    - Schleifendiuretika (z.B. Furosemid; häufig und wichtig)
    - Thiazide (z.B. Chlorothiazid, Hydrochlorothiazid)
    - Amphotericin B
    - Penicilline (selten)
    - Überdosierung von Albuterol (selten)
  - distale (Typ 1) renale tubuläre Azidose (selten)
  - proximale (Typ 2) renale tubuläre Azidose nach $NaCOH_3$-Behandlung (selten)
  - Mineralokortikoidüberschuss
  - Hyperadrenokortizismus (geringgradige Veränderungen)
    - primärer Hyperaldosteronismus (Adenom, Hyperplasie)
- Translokation (aus dem Extrazellularraum in den Intrazellularraum)
  - Glukoseinfusionen ± Insulin (häufig und wichtig)
  - totale parenterale Ernährung (vereinzelt, aber wichtig)
  - Alkalämie (selten)
  - Katecholamine (selten)
  - hypokaliämische periodische Paralyse (Burmakatzen; selten)
  - Hypothermie (fraglich)

- reduzierte Aufnahme
  - verursacht alleine wahrscheinlich keine Hypokaliämie, außer bei extrem kaliumarmer Nahrung
  - Infusion kaliumfreier Lösungen (z.B. 0,9 % NaCl, 5 % Dextrose)

FE_K: Fraktionelle Kaliumausscheidung (fractional excretion)
Modifiziert nach: *DiBartola SP: Fluid therapy in small animal practice, 2. Auflage, Philadelphia, 2000, WB Saunders, Seite 93.*

lust oder durch eine Verschiebung entstanden ist; als alleinige Ursache einer Hypokaliämie ist sie allerdings unwahrscheinlich. Häufig entsteht eine Hypokaliämie durch eine Kombination aus verringerter Kaliumaufnahme und erhöhtem Verlust über Niere oder Gastrointestinaltrakt (z.B. Infusionen ohne Kalium bei anorektischen Patienten).
Die Applikation von Bikarbonat bewirkt, ebenso wie die insulinvermittelte Aufnahme von Glukose, eine Umlagerung des Kaliums vom Extra- in den Intrazellularraum. Beide Situationen sind typischerweise iatrogen bedingt (z.B. bei der aggressiven Therapie einer diabetischen Ketoazidose). Künstliche Ernährung (Total Parenteral Nutrition, TPN) mit einer kaliumarmen Lösung sowie Hypothermie können den gleichen Effekt erzeugen. Die Verschiebung des Kaliums ist reversibel, sobald die physiologische Körpertemperatur wieder erreicht wird. Bei der hypokaliämischen periodischen Paralyse junger Burmakatzen verschiebt sich die Kaliumverteilung zugunsten des Intrazellularraums. Diese Krankheit ist charakterisiert durch wiederkehrende Muskelschwäche in den Beinen, Ventroflexion des Halses, erhöhte Kreatinkinase(CK)-Aktivität und Hypokaliämie.
Hochgradige gastrointestinale (Diarrhö, Erbrechen) und renale (Polyurie) Verluste sind häufige Ursachen einer Hypokaliämie. Durch Erbrechen des Mageninhalts gehen Kalium und Chlorid verloren. Die daraus resultierende Hypochlorämie und metabolische Alkalose bewirken einen weiteren Verlust von Kalium- und Wasserstoffionen über den Urin. Aldosteron, das aufgrund einer Dehydratation gleich welcher Genese sezerniert wird, bedingt eine Natriumretention bei gleichzeitig erhöhter Kaliumexkretion. Schleifendiuretika (Furosemid) verursachen eine Kaliumausscheidung über die Niere. Bei 20–30 % der Katzen und 10 % der Hunde mit chronischem Nierenversagen wird eine Hypokaliämie beobachtet.
Katzen können eine hypokaliämische Nephropathie in Form einer tubulointerstitiellen Nephritis entwickeln, wenn sie eine Diät mit hohem Protein- und unausgewogenem Kaliumgehalt erhalten. Diese Gefahr besteht vor allem bei Diäten, denen Substanzen zur Ansäuerung des Urins zugesetzt sind. Hypokaliämie entsteht häufig im Zusammenhang mit der nach der Entfernung von Nierensteinen auftretenden postobstruktiven Diurese. Aufgrund der mineralokortikoiden Wirkung von Steroiden kann eine Hypokaliämie bei Hunden mit Hyperadrenokortizismus beobachtet werden. Bei Nebennierentumoren tritt diese Veränderung häufiger in Erscheinung als bei Hypophysentumoren.
Die häufigsten Ursachen mittel- bis hochgradiger Hypokaliämien (< 2,5–3,5 mmol/l) umfassen Erbrechen des Mageninhalts, Verluste über die Niere (postobstruktive Diurese, chronisches Nierenversagen mit Polyurie), Einsatz von Schleifendiuretika (insbesondere bei anorektischen Tieren), aggressive Insulin- und Natriumbikarbonat-Therapie (bei diabetischer Ketoazidose) sowie unausgewogene Infusionstherapie bei anorektischen Tieren. Meist ergeben sich aus Anamnese und Allgemeinuntersuchung Hinweise auf die oben genannten Ursachen, zusätzliche Laboruntersuchungen sind selten indiziert.

Ursachen einer Hyperkaliämie

Hyperkaliämie kann folgende Ursachen haben:

1. gesteigerte Kaliumaufnahme
2. Verschiebung von Kalium aus dem Intrazellular- in den Extrazellularraum
3. verringerte Ausscheidung über die Niere (häufigste Ursache; Übers. 7.2 und Abb. 7.2).

Die gesteigerte Aufnahme führt selten zu einer Hyperkaliämie, es sei denn, es wird übermäßig viel Kalium zugeführt oder es liegt gleichzeitig eine Funktionsstörung der Nieren oder Nebennieren vor.
Bei einer akuten anorganischen Azidose wird Kalium aus dem Intrazellularraum freigesetzt, ebenso bei einem massiven Gewebeschaden (akutes Tumorlyse-Syndrom), Kaliumretention (infolge akuten Nierenversagens), Insulinmangel und bei akuter Hypertonizität. Wird die

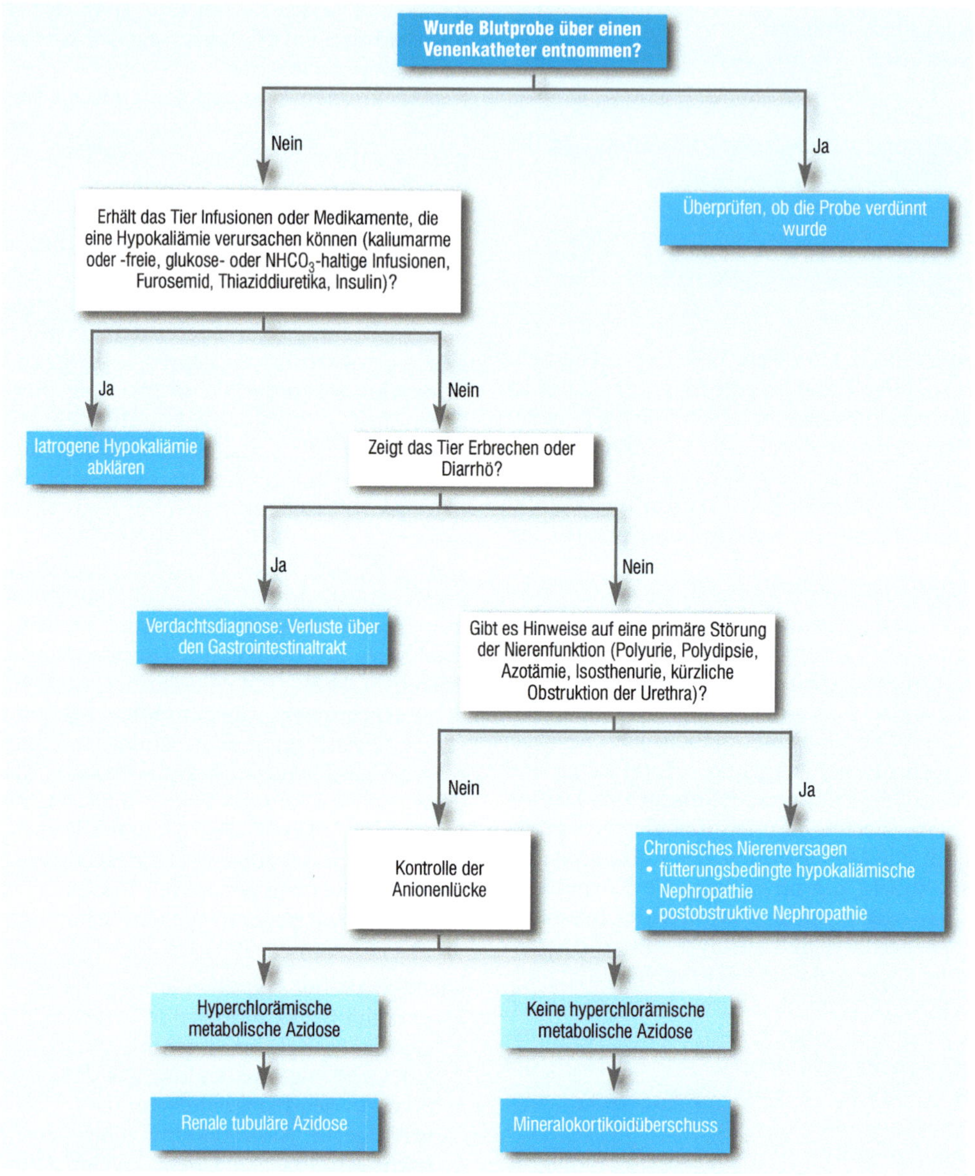

Abb. 7.1 Klinisches Vorgehen bei Hypokaliämie. Modifiziert nach: *DiBartola SP: Fluid therapy in small animal practice, 2. Auflage, Philadelphia, 2000, WB Saunders, Seite 98.*

Azidose durch anorganische Säuren (NH_4Cl, HCl) und nicht durch yorganische Säuren (Milchsäure, Ketosäuren) verursacht, verlagert sich Kalium aus den Zellen in den Extrazellularraum (selten). Der Effekt, den eine anorganische metabolische Azidose auf die Serum-Kaliumkonzentration hat, variiert; für gewöhnlich steigt die Kaliumkonzentration um 0,17–1,67 mmol/l (Mittelwert 0,75 mmol/l) pro pH-Abfall um 0,1, allerdings ist diese Faustregel nicht zuverlässig. Eine respiratorische Azidose wirkt sich nur minimal auf die Kaliumkonzentration aus. Selten tritt nach Bestrahlung oder Chemotherapie eines Lymphoms ein akutes Tumorlyse-Syndrom ein. Andere Ursachen eines massiven Gewebeschadens umfas-

Übersicht 7.2 Ursachen einer Hyperkaliämie

- Pseudohyperkaliämie
  - Thrombozytose (normalerweise geringgradig, kann aber signifikante Veränderungen verursachen)
  - Leukozyten > 100×10^9/l (*100 000/µl*) (selten, kann aber signifikante Veränderungen verursachen)
  - Hämolyse bei Rassen oder Einzeltieren mit hohem Kaliumgehalt der Erythrozyten (z.B. Akitas, Englische Springer Spaniel, Neugeborene)
- verringerte Exkretion über die Niere (am häufigsten)
  - Obstruktion der Urethra (häufig und wichtig)
  - Ruptur der Blase/des Ureters (selten, aber wichtig)
  - anurisches oder oligurisches Nierenversagen (häufig und wichtig)
  - Hypoadrenokortizismus (selten, aber wichtig)
  - verschiedene Erkrankungen des Gastrointestinaltrakts (z.B. Trichuriasis, Salmonellose, perforierende Ulzera im Duodenum)
  - wiederholt punktierter Chylothorax (selten)
  - hyporeninämischer Hypoaldosteronismus (bei Diabetes mellitus oder Nierenversagen; selten)
  - Medikamente (ACE-Hemmer, z.B. Enalapril[1]; kaliumsparende Diuretika[1], Spironolacton, Amilorid, Triamteren; Prostaglandininhibitoren[1], Heparin[1])
- gesteigerte Aufnahme
  - unwahrscheinlich bei normaler Funktion der Nieren und Nebennieren, außer bei extremer Kaliumzufuhr (z.B. Infusionstherapie mit hohem Kaliumgehalt, hohe Dosen Kaliumpenicillin G)
- Translokation (aus dem Intra- in den Extrazellularraum)
  - Insulinmangel (z.B. diabetische Ketoazidose; selten und nur vorübergehend)
  - akute anorganische Azidose (z.B. HCl, NH_4Cl; selten)
  - massiver Gewebeschaden (z.B. akutes Tumorlyse-Syndrom [selten], Reperfusion der Gliedmaßen nach Aortenthrombose bei Katzen mit Kardiomyopathie [selten], Quetschungen)
  - hyperkaliämische periodische Paralyse (selten)
  - Medikamente (unspezifische β-Blocker, z.B. Propranolol[1])

[1] verursacht nur Hyperkaliämie in Verbindung mit anderen Faktoren (herabgesetzte Nierenfunktion, gleichzeitige Gabe von Kaliumpräparaten)
Modifiziert nach: *DiBartola SP: Fluid therapy in small animal practice, 2. Auflage, Philadelphia, 2000, WB Saunders, Seite 100.*

sen Reperfusionsstörungen und Quetschungen (selten). Im Verlauf einer diabetischen Ketoazidose kann durch Insulinmangel und Hyperosmolalität eine Hyperkaliämie entstehen. Akute Hypertonizität (Mannitolinfusion, Hyperglykämie) bewirkt eine Umlagerung von Wasser und Kalium aus den Zellen heraus in den Extrazellularraum, führt aber nur selten zur Hyperkaliämie.

Reduzierte Kaliumausscheidung ist der wichtigste Grund einer Hyperkaliämie, bei physiologischer Nierenfunktion tritt selten eine Hyperkaliämie auf. Zu den häufigsten Ursachen einer verringerten Kaliumexkretion zählen Obstruktion der Urethra, Ruptur der Blase oder der Ureteren, Anurie oder Oligurie bei Nierenversagen und Hypoadrenokortizismus.

Bei Katzen kann sich innerhalb von 48 Stunden nach Obstruktion der Urethra eine Hyperkaliämie entwickeln, während nach einer Blasenruptur eine Hyperkaliämie für gewöhnlich frühestens nach 48 Stunden auftritt. Chronisches Nierenversagen erzeugt nur gelegentlich eine Hyperkaliämie, dabei sind fast ausschließlich oligurische Tiere betroffen. Hyperkaliämie, Hyponatriämie und ein Na/K-Verhältnis unter 27 : 1 sind oft (nicht immer) Symptome eines Hypoadrenokortizismus oder Nierenversagens. Ähnliche Elektrolytverschiebungen finden sich auch bei Peitschenwurminfestation, Salmonellose und Peritoneal- oder Pleuraergüssen, daher ist ein ACTH-Stimulationstest (Kap. 9) indiziert, um einen Hypoadrenokortizismus eindeutig diagnostizieren zu können.

Sehr selten wird infolge eines hyporeninämischen Hypoaldosteronismus die renale Kaliumexkretion beeinträchtigt und eine Hyperkali-

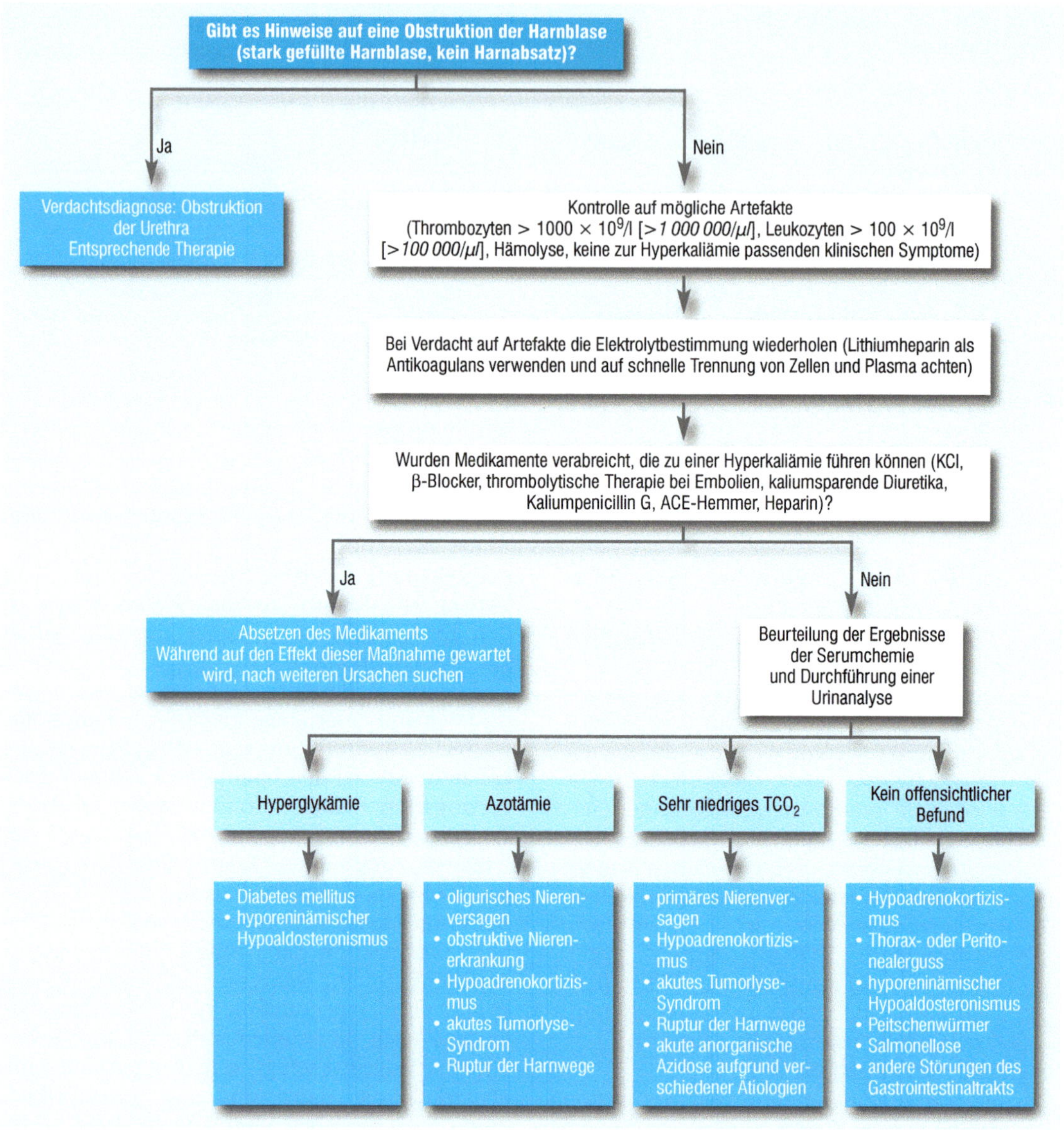

Abb. 7.2 Klinisches Vorgehen bei Hyperkaliämie. Modifiziert nach: *DiBartola SP: Fluid therapy in small animal practice, 2. Auflage, Philadelphia, 2000, WB Saunders, Seite 107.*

ämie bei Tieren mit Diabetes oder Nierenversagen verursacht. Die Diagnosestellung erfolgt durch Bestimmung des Aldosteronspiegels (nicht des Kortisolspiegels) vor und nach ACTH-Verabreichung. Die bisher nur für den Hund beschriebene hyperkaliämische periodische Paralyse stellt einen weiteren seltenen Grund einer Hyperkaliämie dar.

Bei hochgradiger Hyperkaliämie (> 6,0 mmol/l) zählen Nierenversagen mit Oligurie oder Anurie (Ethylenglykolvergiftung), Obstruktion der Urethra bei Katern und Hypoadrenokortizismus zu den wichtigsten Diffentialdiagnosen, wobei zuerst eine Pseudohyperkaliämie ausgeschlossen werden muss. Manche Tiere weisen eine Serum-Kaliumkonzentration von über 7,0 mmol/l auf, zeigen aber keine klinische Symptomatik (EKG und Allgemeinuntersuchung). In solchen Fällen sollte die Kaliumkonzentration noch einmal aus Lithium-Heparin-Plasma bestimmt werden, um Artefakte ausschließen zu können. Iatrogene Ursachen einer erhöhten Kaliumkonzentration können durch eine detaillierte Anamnese ermittelt werden. Besteht ein entsprechender Verdacht, muss das fragliche Medikament abgesetzt und die Kaliumkonzentration nach ein bis zwei Tagen erneut bestimmt werden. Weiterführende Diagnostik sollte betrieben werden, wenn eine zusätzliche Erkrankung besteht. Bei Vorliegen einer Hyperkaliämie sind für gewöhnlich einige oder alle der folgenden Untersuchungen indiziert: Bestimmung von Kreatinin und Harnstoff im Serum, Urinanalyse und ACTH-Stimulationstest.

7.2 Fraktionelle Kaliumausscheidung im Urin

Indikation (selten)

Mit der fraktionellen Kaliumausscheidung (FE_K) kann ein renaler von einem nicht-renalen Kaliumverlust unterschieden werden. Die FE_K wird folgendermaßen berechnet:

$$FE_K = ([U_K \div S_K] \div [U_{Kr} \div S_{Kr}]) \times 100$$

Wobei:
U_K = Urin-Kaliumkonzentration (mmol/l)
S_K = Serum-Kaliumkonzentration (mmol/l)
U_{Kr} = Urin-Kreatininkonzentration (μmol/l)
S_{Kr} = Serum-Kreatininkonzentration (μmol/l)

bzw.

U_{Kr} = Urin-Kreatininkonzentration (mg/dl)
S_{Kr} = Serum-Kreatininkonzentration (mg/dl)

Referenzbereich

Hunde und Katzen: 6–20 %

Kritische Werte

Die FE_K sollte bei nicht-renalen Verlusten (z.B. über den Gastrointestinaltrakt) bei 6 % oder darunter liegen. Bei Patienten mit Hypokaliämie und physiologischer Nierenfunktion sprechen Werte über 20 % für einen hochgradigen Kaliumverlust über die Niere.

7.3 Natrium

Indikation (häufig)

Die Serum-Natriumkonzentration sollte bei systemischen Krankheiten bestimmt werden, die folgende Symptome aufweisen: Erbrechen, Diarrhö, Polydipsie und Polyurie, Muskelschwäche, Verhaltensstörungen, Bewusstseinsveränderungen, Krampfanfälle, Ödeme, pleurale oder peritoneale Ergüsse und Dehydratation. Wird ein Versagen von Nebenniere, Niere, Leber oder Herz diagnostiziert oder über längere Zeit parenteral Flüssigkeit zugeführt oder mit Diuretika behandelt, ist ebenfalls die Serum-Natriumkonzentration zu überprüfen. Auch Tiere, die keine Flüssigkeit mehr aufnehmen, müssen kontrolliert werden. Die Ergebnisse, die mit Point-of-Care-Geräten in der Praxis ermittelt werden, sind mit den Werten der Referenzlabors vergleichbar.

Analyse

Mit Trockenchemie-Methoden oder ionenspezifischer Potentiometrie wird die Natriumkonzentration in Serum, Plasma oder Urin bestimmt.

Referenzbereich

Hunde: 140–150 mmol/l
Katzen: 150–160 mmol/l

Kritische Werte

Klinische Anzeichen einer Hyponatriämie oder Hypernatriämie sind stärker von der Geschwindigkeit, mit der die Veränderung eintritt, als vom Grad der Abweichung und der damit verbundenen Hypo- oder Hyperosmolalität des Plasmas abhängig. Bei Hunden treten neurologische Symptome (Desorientierung, Ataxie, Koma, epileptiforme Anfälle) bei Natriumkonzentrationen unter 120 mmol/l und über 170 mmol/l auf.

Artefakte

Früher verwendete man Flammenphotometrie und indirekte Potentiometrie zur Natriumbestimmung. Trat dabei eine Hyponatriämie bei normaler Plasmaosmolalität auf, sprach man von einer Pseudohyponatriämie, die durch Hyperlipidämie oder hochgradige Hyperproteinämie verursacht wurde. Große Mengen Proteine oder Lipide im Serum beeinträchtigen die Messgenauigkeit. Eine Pseudohyponatriämie tritt selten auf, wenn ionenspezifische Elektroden eingesetzt werden. Hyperviskosität, bedingt durch Hyperproteinämie, kann bei bestimmten Aspirationsmethoden dazu führen, dass zu geringe Probenvolumina aspiriert werden und deshalb eine scheinbare Hyponatriämie festgestellt wird. Wird die Probe über unsaubere Venenkatheter entnommen, können die Werte ebenfalls verfälscht sein. In Abhängigkeit von der zuvor verabreichten Infusionslösung kommt es zu falschhohen oder -niedrigen Werten. Deshalb sollte zunächst ausreichend Blut verworfen werden, um den Katheter zu reinigen, bevor eine repräsentative Blutprobe gewonnen werden kann. Natriumsalze verschiedener Antikoagulanzien (Oxalat, Zitrat) erhöhen die Natriumkonzentration in den Probenröhrchen.

Medikamentöse Beeinflussung

Eine Hyponatriämie entsteht durch Thiazide, Furosemid, Spironolacton oder durch eine Kombination von Trimethoprim mit einem Diuretikum. Das durch Medikamente (z.B. Vincristin) verursachte Syndrom der inadäquaten ADH-Sekretion (Syndrome of Inappropriate Antidiuretic Hormone Secretion, SIADH) wird beim Menschen, nicht aber bei Hund und Katze beschrieben. Desoxycorticosteronacetat oder -palmitat, Fludrocortison, Natriumbikarbonat, Laktose, Natriumphosphat-Klistiere oder eine ungeeignete Infusionstherapie mit physiologischen oder hypertonen Kochsalzlösungen können eine Hypernatriämie verursachen.

Veränderte Serum-Natriumkonzentration

Die Serum-Natriumkonzentration errechnet sich aus der Menge an Natrium im Verhältnis zur Menge an Wasser im Blut. Sie gibt keine Auskunft über die im Körper insgesamt enthaltene Natriummenge. Tiere mit einer Hypo- oder Hypernatriämie können insgesamt einen erniedrigten, normalen oder erhöhten Natriumgehalt im Körper aufweisen. Hypernatriämie verursacht fast immer Hyperosmolalität, und Hyponatriämie meist Hypoosmolalität.

Ursachen einer Hyponatriämie

Um eine Hyponatriämie richtig beurteilen zu können, ist die Bestimmung der Osmolalität unumgänglich. Meist treten Hyponatriämie und Hypoosmolalität gemeinsam auf, allerdings kann eine Hyperglykämie (bei Diabetes mellitus) oder Mannitolverabreichung (Übers. 7.3)

Übersicht 7.3 Ursachen einer Hyponatriämie

- bei normaler Osmolalität des Plasmas (Pseudohyponatriämie; selten bei neueren Laborgeräten)
  - Hyperlipidämie
  - deutliche Hyperproteinämie (selten)
- bei hoher Osmolalität des Plasmas
  - Hyperglykämie (häufig)
  - Infusion mit Mannitol
- bei niedriger Osmolalität des Plasmas
  - Hyperhydratation (Hypervolämie)
  - hochgradige Lebererkrankung mit resultierendem Aszites (häufig)
  - kongestive Herzinsuffizienz mit resultierenden Ergüssen (häufig)
  - Protein-losing Nephropathy (PLN), mit resultierenden Ergüssen (häufig)
  - fortgeschrittenes Nierenversagen (primär mit Anurie oder Oligurie)
- Dehydratation (Hypovolämie)
  - gastrointestinale Verluste (Erbrechen und Diarrhö; häufig)
  - Sequestration: Third-space-Verluste (Pankreatitis, Peritonitis, Uroperitoneum (häufig) wiederholt punktierter Chylothorax)
  - kutane Verluste (Verbrennungen)
  - Hypoadrenokortizismus (ungewöhnlich, aber wichtig)
  - Diuretika (inklusive osmotische Diuretika)
- normale Hydratation (Normovolämie)
  - inadäquate Infusionstherapie mit 5 % Dextrose, 0,45 % Kochsalzlösung oder hypotoner Flüssigkeit (wichtig)
  - psychogene Polydipsie
  - Syndrom der inadäquaten ADH-Sekretion, SIADH (selten)
  - antidiuretische Medikamente (Heparinlösung mit Chlorbutol, Vincristin, Cyclophosphamid, nicht-steroidale Antiphlogistika)
  - Hypothyreose mit Myxödemkoma (selten)

Modifiziert nach: *DiBartola SP: Fluid therapy in small animal practice, 2. Auflage, Philadelphia, 2000, WB Saunders, Seite 60.*

auch eine hyperosmolale Hyponatriämie verursachen. Der Hydratationsgrad wird im nächsten Schritt abgeschätzt, wobei die Anamnese bereits Hinweise auf einen Flüssigkeitsverlust liefert. Die Allgemeinuntersuchung erlaubt Rückschlüsse auf den Hydratationsgrad des Tieres (Hautturgor, Feuchtigkeit der Schleimhäute, kapilläre Füllungszeit (KFZ), Frequenz und Charakter des Pulses, Füllung der Jugularvenen, Aszites).

Dehydrierte hyponatriämische Tiere haben Wasser und vor allem Salz verloren. Über die Niere kann Flüssigkeit mit einer hohen Natriumkonzentration verloren gehen, ebenso wie über den Gastrointestinaltrakt (z.B. Erbrechen, Diarrhö), eine Sequestration in einen so genannten Third Space (z.B. Pankreatitis, Peritonitis, Pleuraerguss oder Uroperitoneum) oder über die Haut (z.B. Verbrennungen). Flüssigkeitsverluste über den Gastrointestinaltrakt können eine Hyponatriämie bedingen, wenn die Natrium- die Wasserausscheidung übertrifft. Wird verlorene Flüssigkeit durch natriumarmes Trinkwasser ersetzt, tritt das gleiche Phänomen ein, da es zu einer Verdünnung des verbleibenden Natriums kommt. Hypoadrenokortizismus, Diabetes mellitus, Diuretika und Nierenerkrankungen können einen renalen Verlust von Wasser und Natrium erzeugen. Auch hier ersetzt Trinkwasser zwar den Wasser-, nicht aber den Natriumverlust. Eine Hyponatriämie kann bei Hunden auch im Zusammenhang mit einer chronischen Hämorrhagie oder einem Hämoperitoneum beobachtet werden.

Überhydrierte hyponatriämische Tiere (z.B. bei Ödemen oder Aszites) können einen erhöhten Natriumgehalt im Gesamtorganismus aufweisen. Durch die gestörte Wasserexkretion wird eine Flüssigkeitsretention und somit eine weitere Verdünnung des Natriums bedingt. Eine Hypervolämie muss nicht zwingend zu klinischen Symptomen führen, da sich das Wasser innerhalb der Zellen oder im Interstitium befinden kann. Eine hypervolämische Hyponatriämie kommt bei einer dekompensierten Herzinsuffizienz, bei schweren Leberkrankheiten, Protein-losing Nephropathy (PLN) und bei fortgeschrittenem Nierenversagen vor.

Primäre (psychogene) Polydipsie und Infusionstherapie (z.B. 5 % Glukose oder 0,45 % NaCl) sowie antidiuretische Therapie bedingen eine normovolämische Hyponatriämie, die selten auch infolge SIADH (Syndrom der inadäquaten ADH-Sekretion) oder Myxödemkoma durch Hypothyreose auftreten kann. Primäre Polydipsie (siehe Kap. 8) kommt überwiegend bei Hunden großer Rassen vor. Betroffene Tiere zeigen hochgradige Polydipsie und Polyurie, hochgradige Hyposthenurie, geringgradige Hyponatriämie sowie eine geringgradige Hypoosmolalität des Plasmas. SIADH bezeichnet ein Syndrom, bei dem übermäßig viel antidiuretisches Hormon (ADH) ohne Stimulus freigesetzt wird und das durch maligne Neoplasien, Lungenerkrankungen und ZNS-Störungen verursacht wird. Um SIADH zu diagnostizieren, müssen Erkrankungen der Nebennieren, der Nieren, der Leber und des Herzens ausgeschlossen werden. Außerdem findet sich eine ungewöhnlich hohe Osmolalität des Urins (> 100 mOsm/kg) bei gleichzeitig hypoosmolalem Serum. Medikamente, die eine ADH-Ausschüttung bewirken oder die ADH-Wirkung auf die Niere verstärken, führen auch zu einer Hyponatriämie mit Normovolämie.

Für eine mittel- bis hochgradige Hyponatriämie (Na < 135 mmol/l) sind bei Hunden und Katzen meist folgende Störungen verantwortlich: Erbrechen, Hypoadrenokortizismus und fortgeschrittene dekompensierte Herzinsuffizienz (mit oder ohne begleitende diuretische Therapie). Aufgrund von Vorbericht und Allgemeinuntersuchung lässt sich die Ursache für gewöhnlich feststellen, bei Verdacht auf Hypoadrenokortizismus sollte ein ACTH-Stimulationstest eingeleitet werden. Führt auch dies zu keiner ätiologischen Diagnose, wird empfohlen, die Plasmaosmolalität zu bestimmen.

Ursachen einer Hypernatriämie

Eine Hypernatriämie entsteht aufgrund eines Wasserverlusts und/oder übermäßiger Aufnahme von Natrium (Übers. 7.4). Tiere mit normalem Durstgefühl und freiem Zugang zu Wasser zeigen selten eine Hypernatriämie, es sei denn, sie werden daran gehindert, Wasser aufzunehmen.

Freies Wasser (ohne Elektrolyte) geht bei Diabetes insipidus sowie infolge unmerklicher Verluste verloren. Zentraler Diabetes insipidus (siehe Kap. 8) wird durch eine mangelnde Bildung oder mangelnde Ausschüttung von ADH (antidiuretisches Hormon) verursacht. Die Pati-

Übersicht 7.4 Ursachen einer Hypernatriämie

- Verlust von freiem Wasser ohne ausreichenden Ersatz (wichtig)
  - physiologischer unmerklicher Wasserverlust ohne ausreichenden Ersatz
  - kein Wasser vorhanden oder der Patient kann nicht trinken
  - veränderter Durstmechanismus
    - primäre Hypodipsie (Zwergschnauzer; selten)
    - Neoplasie im ZNS
  - gesteigerter unmerklicher Wasserverlust ohne Ersatz
  - hohe Umgebungstemperaturen, Fieber, Tachypnoe/Hecheln
  - Verlust von freiem Wasser über den Urin
  - Diabetes insipidus (zentral oder nephrogen)
- Verlust hypotoner Flüssigkeit ohne ausreichende Wassersubstitution (wichtig)
  - renal
    - Diurese (osmotische: Diabetes mellitus, Mannitol; chemische: Medikamente)
    - Nierenversagen, postobstruktive Diurese
  - extrarenal
    - gastrointestinal (Erbrechen, Diarrhö, Dünndarmileus)
    - Third Space-Verluste (Sequestrierung durch Peritonitis, Pankreatitis)
    - kutane Verluste (Verbrennungen)
- gesteigerte Natriumaufnahme
  - hypertone Infusionstherapie (hypertone Kochsalzlösung, Natriumbikarbonat, totale parenterale Ernährung, Natriumphosphat-Klistier)
  - ungeeignete Infusionstherapie im Erhaltungsbedarf mit natriumhaltigen Lösungen (wichtig)
  - Salzvergiftung
  - Hyperaldosteronismus (selten)
  - Hyperadrenokortizismus (geringgradige Veränderungen)

Modifiziert nach: *DiBartola SP: Fluid therapy in small animal practice, 2. Auflage, Philadelphia, 2000, WB Saunders, Seite 53.*

enten zeigen hochgradige Polyurie, Polydipsie und häufig eine Hypernatriämie. Der Begriff nephrogener Diabetes insipidus schließt mehrere Krankheiten ein, bei denen die Konzentrationsfähigkeit der Niere verändert ist (siehe Kap. 8). Unmerkliche Wasserverluste (Verluste über den Atemtrakt) sind ein normaler Vorgang; kann oder will der Patient aber nicht trinken, resultiert eine Hypernatriämie. Anorexie, Lethargie, Schwäche, Desorientiertheit, Ataxie und epileptiforme Anfälle bestimmen die klinische Symptomatik.

Unter einem hypotonen Wasserverlust versteht man den Verlust von Wasser und Elektrolyten, wobei der Wasser- den Natriumverlust übersteigt. Solche Verluste sind renal oder extrarenal (z.B. über Gastrointestinaltrakt, Third Space oder Haut) bedingt. Erbrechen, Diarrhö oder ein Dünndarmileus können gastrointestinale hypotone Verluste bewirken, Verluste durch ein Third-Space-Problem kommen bei Pankreatitis oder Peritonitis vor. Bei Hunden und Katzen sind Verluste über die Haut selten. Renale Verluste können durch ADH-Mangel, osmotisch oder medikamentös bedingte Diurese oder durch renale Störungen, welche die Konzentrationsfähigkeit beeinträchtigen, entstehen.

Beachte: Patienten mit hypotonen Flüssigkeitsverlusten ersetzen die Verluste normalerweise, indem sie Wasser aufnehmen. Dabei können sie eine Hyponatriämie anstelle einer Hypernatriämie entwickeln, da das verbleibende Natrium weiter mit Wasser verdünnt wird.

Wird übermäßig viel Natrium (z.B. durch hypertone NaCl-Lösung, Natriumbikarbonat, ungeeignete Infusionstherapie) zugeführt, entwickelt sich ohne ausreichende Wasseraufnahme eine Hypernatriämie. Hyperadrenokortizismus, Natriumphosphat-Klistiere und primärer Hyperaldosteronismus (selten) stellen weitere Ursachen einer Hypernatriämie dar.

Eine klinisch auffällige Hypernatriämie (Na > 160 mmol/l bei Hunden und 170 mmol/l bei Katzen) entsteht üblicherweise durch zu geringe Wasseraufnahme (z.B. Unfähigkeit, zu trinken), Verlust hypotoner Flüssigkeit (z.B. gastrointestinale oder renale Verluste) oder infolge einer Infusionstherapie. Anhand der Anamnese lässt sich daher meist die Ursache der Hypernatriämie ermitteln.

7.4 Fraktionelle Natriumausscheidung im Urin

Indikation (selten)

Mit Hilfe der fraktionellen Natriumausscheidung (FE_{Na}) kann eine prärenale von einer primär renalen Azotämie unterschieden werden (wird selten hierfür eingesetzt) sowie, bei dehydrierten Patienten mit Hypo- oder Hypernatriämie, renale von extrarenalen Natriumverlusten abgegrenzt werden. FE_{Na} wird folgendermaßen berechnet:

$$FE_{Na} = ([U_{Na} \div S_{Na}] \div [U_{Kr} \div S_{Kr}]) \times 100$$

Wobei:
U_{Na} = Urin-Natriumkonzentration (mmol/l)
S_{Na} = Serum-Natriumkonzentration (mmol/l)
U_{Kr} = Urin-Kreatininkonzentration (µmol/l)
S_{Kr} = Serum-Kreatininkonzentration (µmol/l)

bzw.

U_{Kr} = Urin-Kreatininkonzentration (mg/dl)
S_{Kr} = Serum-Kreatininkonzentration (mg/dl)

Referenzbereich

FE_{Na} sollte bei gesunden Hunden und Katzen unter 1 % liegen.

Kritische Werte

Tiere mit prärenaler Azotämie weisen eine FE_{Na} von unter 1 % auf. Werte über 1 % deuten auf eine primär renale Azotämie hin. Eine prärenale Azotämie bei einer FE_{Na} > 1 % kann trotz physiologischer Nierenfunktion vorkommen, wenn das Tier Diuretika (z.B. Furosemid) erhält. Eine FE_{Na} < 1 % bei dehydrierten Tieren ist ein Anzeichen für das Vorliegen extrarenaler Verluste (z.B. gastrointestinale oder Third-Space-Verluste). Werte > 1 % werden dagegen bei renalen Verlusten erwartet (z.B. Hypoadrenokortizismus, Nierenerkrankungen und Therapie mit Diuretika).

7.5 Chlorid

Indikation (häufig)

Die Serum-Chloridkonzentration wird bei Patienten mit systemischen Erkrankungen, die mit Erbrechen, Diarrhö, Dehydratation, Polyurie und Polydipsie einhergehen, sowie bei Verdacht auf Veränderungen im Säure-Basen-Haushalt, routinemäßig bestimmt.

Analyse

In Serum, Plasma und Urin kann die Chloridkonzentration mit folgenden Methoden ermittelt werden: Trockenchemie, kolorimetrische Titration, Spektrophotometrie (Autoanalyzer), ionenselektive Potentiometrie, coulometrische und amperometrische Titration. Messungen mit Point-of-care-Geräten in der Praxis ergeben Werte, die nicht immer gut mit den durch herkömmliche Geräte erstellten Ergebnissen korrelieren.

Referenzbereich

Veränderungen im Wasserhaushalt beeinflussen die Chlorid- und Natriumkonzentration jeweils proportional. Primäre Veränderungen der Chloridkonzentration können ebenfalls vorkommen, weshalb Chlorid- und Natriumkonzentration immer im Zusammenhang beurteilt werden sollten. Davon ausgehend lassen sich Störungen im Chloridhaushalt in zwei Kategorien einteilen:

1. Artefakte (Chlorid- und Natriumkonzentration verändern sich proportional)
2. tatsächliche Veränderungen der (korrigierten) Chloridkonzentration (die Veränderungen der Chloridkonzentration sind proportional größer als die der Natriumkonzentration)

Im ersten Fall sind Verschiebungen des ungebundenen Wassers ursächlich, während sich bei Störungen der korrigierten Chloridkonzentration die Konzentration an Chloridionen verändert.
Die korrigierte Chloridkonzentration berechnet sich wie folgt:

Hunde: (Cl^-) korrigiert = (Cl^-) gemessen $\times 146 \div (Na^+)$ gemessen

Katzen: (Cl^-) korrigiert = (Cl^-) gemessen $\times 156 \div (Na^+)$ gemessen

Dabei geben „(Cl^-) gemessen" und „(Na^+) gemessen" jeweils die im Serum gemessene Konzentration von Chlorid bzw. Natrium an. Die Werte 146 und 156 beziehen sich auf den Mittelwert der Serum-Natriumkonzentration von Hunden bzw. Katzen. Die Referenzbereiche für (Cl^-) korrigiert betragen 107–113 mmol/l bei Hunden und 117–123 mmol/l bei Katzen. Abhängig von Labor und Messgerät können die Werte variieren.

Kritische Werte

Unbekannt. Eine metabolische Alkalose und eine verringerte Konzentration ionisierten Kalziums werden für Muskelzuckungen oder Krämpfe bei hypochlorämischen Tieren verantwortlich gemacht. Die klinischen Symptome bei Hyperchlorämie entstehen vermutlich eher aufgrund der Hyperosmolalität.

Artefakte

Wird die Chloridkonzentration in lipämischen oder hochgradig hyperproteinämischen Blutproben mit nicht-ionenselektiven Methoden gemessen, ergibt sich eine Pseudohypochlorämie. Hyperviskosität kann Probleme verursachen, wenn das Gerät die Probe vor der Messung automatisch verdünnt. In lipämischen Blutproben wird die Chloridkonzentration von einigen titrimetrischen Methoden unterschätzt und von kolorimetrischen Geräten überschätzt. Halogene (z.B. Bromid und Jod) werden als Chlorid gemessen und führen so zu falsch-hohen Chloridkonzentrationen (wichtig bei Tieren, die Kaliumbromid als krampflösendes Mittel erhalten).

Medikamentöse Beeinflussung

Durch Gabe von NH_4Cl, KCl, physiologischer Kochsalzlösung (mit oder ohne KCl), hypertoner Kochsalzlösung und Infusionen zur parenteralen Ernährung mit Arginin-HCl und Lysin-HCl wird dem Körper übermäßig viel Chlorid zugeführt. Durch Acetazolamid wird eine Chloridretention in der Niere verursacht. Bei hohen Chloridverlusten über die Niere (im Verhältnis zu Natrium; z.B. durch Furosemid, Thiazide) entsteht eine Hypochlorämie. Auch infolge der Aufnahme großer Natriummengen (Natriumbikarbonat) ohne gleichzeitige Chloridaufnahme kann eine Hypochlorämie hervorgerufen werden.

Ursachen einer Hypochlorämie

Viele Gründe einer Hyponatriämie sind auch für eine Hypochlorämie verantwortlich. Verhalten sich die Veränderungen der Chloridkonzentration proportional zu den Veränderungen der Natriumkonzentration, ist es einfacher, nach den Ursachen der Hyponatriämie zu suchen. Eine tatsächliche (korrigierte) Hypochlorämie entsteht einerseits durch den einseitigen Verlust großer Mengen Chlorid, andererseits kann sie auch infolge einer Infusionstherapie entstehen, die einseitig große Natriummengen zuführt (Übers. 7.5). Chronisches Erbrechen des Mageninhalts und aggressive Therapie mit Furosemid oder Thiaziden gehören zu den häufigsten Ursachen dieser Form der tatsächlichen Hypochlorämie. Wird Natrium ohne Chlorid (z.B. Natriumbikarbonat) zugeführt, kann es ebenfalls zu einer tatsächlichen Hypochlorämie kommen. Hypochlorämie infolge gesteigerter renaler Chloridexkretion entsteht auch immer als normale Anpassung an eine respiratorische Azidose. Bei einer länger anhaltenden Hypochlorämie sollten die Serumkonzentrationen von Natrium und Kalium sowie das Gesamtkohlendioxid (TCO_2; Blutgasanalyse) bestimmt werden.

Ursachen einer Hyperchlorämie

Viele Ursachen einer Hypernatriämie rufen auch eine Hyperchlorämie hervor. Auch hier ist

Übersicht 7.5 Ursachen einer Hypochlorämie

- Artefakt (Verdünnung)
- Tatsächliche (korrigierte) Hypochlorämie
  - Pseudohypochlorämie (mit titrimetrischen Methoden ausgewertete lipämische Probe)
  - verhältnismäßig höhere Chloridverluste als Natriumverluste
    - Erbrechen von Mageninhalt (häufig und wichtig)
    - Gabe von Thiaziden oder Schleifendiuretika (häufig und wichtig)
    - chronische respiratorische Azidose
    - Hyperadrenokortizismus
    - Bewegung
  - Infusionstherapie mit Lösungen, die verhältnismäßig mehr Natrium als Chlorid enthalten
  - Natriumbikarbonat

Modifiziert nach: *DiBartola SP: Fluid therapy in small animal practice, 2. Auflage, Philadelphia, 2000, WB Saunders, Seite 78.*

es einfacher, die Ursachen der Hypernatriämie zu suchen, wenn sich die Veränderungen der Natriumkonzentration proportional zu denen der Chloridkonzentration verhalten (Hyperchlorämie als Artefakt). Eine tatsächliche (korrigierte) Hyperchlorämie kommt bei massivem Natriumverlust ohne gleichzeitigen Chloridverlust, übermäßiger Chloridaufnahme und renaler Chloridretention vor (Übers. 7.6). Bei Dünndarmdurchfällen entsteht eine hyperchlorämische metabolische Azidose, da bikarbonatreiche und chloridarme Flüssigkeit verloren geht (massiver Natriumverlust). Eine übermäßige Chloridaufnahme ist bedingt durch Kochsalzvergiftungen, Therapie mit NH_4Cl, KCl, kationischen Aminosäuren, hypertoner Kochsalzlösung oder 0,9 % Kochsalzlösung mit oder ohne KCl (z. B. enthält eine physiologische Kochsalzlösung 154 mmol Chlorid/l; dies erhöht sich aber auf 174 mmol/l, wenn 20 mmol KCl/L zugefügt werden).

Hypotoner Flüssigkeitsverlust stellt die häufigste Ursache einer Hyperchlorämie dar und verursacht eine hyperchlorämische (normale Anionenlücke) metabolische Azidose. Bei persistierender Hyperchlorämie sollten die Natrium-, Kalium- und Gesamt-CO_2(TCO_2)-Konzentrationen bestimmt sowie eine Blutgasanalyse durchgeführt werden.

Übersicht 7.6 Ursachen einer Hyperchlorämie

- Artefakt (Konzentration)
- tatsächliche (korrigierte) Hyperchlorämie
  - Pseudohyperchlorämie
    - kolorimetrische Auswertung einer lipämischen Probe
    - Therapie mit Kaliumbromid (häufig und wichtig)
  - verhältnismäßig höhere Natrium- als Chloridverluste
    - Dünndarmdiarrhö (häufig und wichtig)
  - verhältnismäßig höhere Chlorid- als Natriumaufnahme
    - Therapie mit Chloridsalzen (z. B. NH_4Cl, KCl)
    - parenterale Ernährung
  - Infusionstherapie (z. B. 0,9 % NaCl, hypertone Kochsalzlösung, KCl-haltige Lösungen)
    - Kochsalzvergiftung
  - renale Chloridretention
    - Nierenversagen
    - renale tubuläre Azidose
    - Hypoadrenokortizismus
    - Diabetes mellitus
    - chronische respiratorische Alkalose
    - Medikamente
    - Spironolacton
    - Acetazolamid

Modifiziert nach: *DiBartola SP: Fluid therapy in small animal practice, 2. Auflage, Philadelphia, 2000, WB Saunders, Seite 79.*

7.6 Osmolalität und osmolale Lücke

Der Begriff Osmolalität bezieht sich auf die Anzahl der osmotisch aktiven Partikel in einer Lösung. Die Tonizität beschreibt die Osmolalität einer Lösung im Vergleich zu Plasma. Eine Lösung mit derselben Osmolalität wie Plasma wird als isoton, eine Lösung mit einer niedrigeren Osmolalität als Plasma als hypoton und eine höher osmolale Lösung als hyperton bezeichnet. Die Tonizität ist abhängig von der Fähigkeit der Partikel, onkotischen Druck auszuüben, und davon, ob sie eine semipermeable Membran (z. B. eine Zellmembran) passieren können. Harnstoff zum Beispiel erzeugt keine Hypertonizität (d. h. übt keinen onkotischen Druck aus), da er schnell durch Zellmembranen diffundieren und sich so gleichmäßig im Körper verteilen kann. Natrium und Glukose sind nicht in der Lage, Zellmembranen schnell zu überwinden. Deshalb bleiben sie auf einer Seite der Membran, erzeugen onkotischen Druck (Hypertonizität) und ziehen Flüssigkeit an sich. Jede Substanz, die die Tonizität beeinflusst, beeinflusst auch die Osmolalität (z. B. Natrium), aber nicht jede Substanz, die die Osmolalität beeinflusst, hat auch Auswirkungen auf die Tonizität (z. B. Harnstoff).

Indikation (gelegentlich)

Die Bestimmung der Osmolalität von Serum oder Plasma ist hilfreich, um mögliche Ursachen einer Hyponatriämie zu differenzieren, eine Ethylenglykolvergiftung früh zu erkennen sowie den Hydratationsstatus und die renale Konzentrationsfähigkeit während eines Durstversuchs zu beurteilen. Gelegentlich wird die Osmolalität bestimmt, um Patienten mit diabetischer Ketoazidose oder eine Mannitoltherapie bei Patienten mit Hirnödem zu überwachen.

Nachteile

Es werden spezielle Messgeräte benötigt (Gefrierpunkt- oder Dampfdruck-Osmometer).

Analyse

Die Osmolalität von Serum, Plasma oder Urin wird durch Gefrierpunkt- oder Dampfdruck-Osmometrie gemessen (Antikoagulanzien auf Zitratbasis bedingen falsch-hohe Messwerte). Eine rechnerische Abschätzung der Osmolalität ist durch verschiedene Formeln möglich. Sind keine großen osmotisch aktiven Moleküle (z.B. Ethylenglykol) vorhanden, können folgende Formeln verwendet werden:

Bei Verwendung des Parameters Serum-Harnstoff (in der SI-Einheit mmol/l)

$$\text{Osmolalität (mOsm/kg)} = 1{,}86\,(Na^+ + K^+) + \text{Glukose} + \text{Harnstoff} + 9$$

Alle Konzentrationen (Natrium, Kalium, Glukose und Harnstoff) werden in mmol/l angegeben.

Bei Verwendung des Parameters BUN (Blood Urea Nitrogen; in der konventionellen Einheit mg/dl):

$$\text{Osmolalität (mOsm/kg)} = 1{,}86\,([Na^+] + [K^+]) + \text{Glukose} \div 18 + \text{BUN} \div 2{,}8 + 9$$

Natrium und Kalium werden in mmol/l angegeben, Glukose und BUN in mg/dl.

Vereinfacht lässt sich die Osmolalität auch durch die Formel $2 \times Na$ grob abschätzen.

Die Tonizität kann folgendermaßen ermittelt werden:
Bei Verwendung des Parameters Serum-Harnstoff (in der SI-Einheit mmol/l)

$$\text{Tonizität} = \text{Plasmaosmolalität} - \text{Harnstoff}$$

Tonizität und Osmolalität des Plasmas werden in (mOsm/kg), Harnstoff in mmol/l angegeben.

Bei Verwendung des Parameters BUN (Blood Urea Nitrogen; in der konventionellen Einheit mg/dl):

$$\text{Tonizität} = \text{Plasmaosmolalität} - \text{BUN} \div 2{,}8$$

Tonizität und Osmolalität des Plasmas werden in (mOsm/kg) und BUN in mg/dl angegeben.

Anmerkung: Zur Umrechnung von BUN in Harnstoff siehe 8.7 Harnstoff.

Referenzbereich

Serum- oder Plasmaosmolalität: Hunde: 290–310 mOsm/kg; Katzen: 308–335 mOsm/kg. Die Osmolalität von Urin variiert sehr stark. Der Referenzbereich liegt zwischen 50 und 2800 mOsm/kg bei Hunden und zwischen 50 und 3000 mOsm/kg bei Katzen.

Kritische Werte

Schnelle Veränderungen der Osmolalität bedingen eher eine klinische Symptomatik als die Höhe der Abweichung. Neurologische Symptome (Desorientiertheit, Ataxie, Krampfanfälle, Koma) können auftreten, wenn die Osmolalität des Serums oder Plasmas unter 250 mOsm/kg fällt oder die Tonizität mehr als 360 mOsm/kg beträgt.

Die osmolale Lückewird definiert als Differenz zwischen gemessener und errechneter Serumosmolalität. Eine große osmolale Lücke lässt auf die Anwesenheit von nicht gemessenen osmotisch aktiven Molekülen (z.B. Metabolite von Ethylenglykol) schließen. Weiterhin ist die osmolale Lücke bei Pseudohypernatriämie (d.h. physiologische Osmolalität und Hyponatriämie) oder einem Laborfehler vergrößert. Bei der Dampfdruck-Osmometrie werden flüchtige Stoffe (z.B. Methanol) nicht berücksichtigt. Ist die gemessene Osmolalität geringer als die errechnete Osmolalität, liegt sehr wahrscheinlich ein Laborfehler vor.

Referenzbereich

Bei Hunden 10–15 mOsm/kg; für Katzen sind keine Referenzwerte bekannt.

Kritische Werte

Eine osmolale Lücke von mehr als 25 mOsm/kg ist ein Hinweis auf das Vorhandensein großer osmolaler Moleküle (Ethylenglykol, Methanol, Ethanol; meist aufgrund einer Vergiftung), die nicht mitgemessen wurden.

Ursachen einer Hypoosmolalität des Serums oder Plasmas

Siehe Hyponatriämie.

Ursachen einer Hyperosmolalität des Serums oder Plasmas

Hypernatriämie, Hyperglykämie, hochgradige Azotämie, Aufnahme von Glyzerin oder Vergiftungen (Ethylenglykol, Ethanol, Methanol) gehören zu den möglichen Ursachen einer Hyperosmolalität. Die häufigsten Gründe einer Serumosmolalität über 360 mOsm/kg stellen diabetische Ketoazidose, Azotämie und Hypernatriämie dar. Antikoagulanzien auf Zitratbasis können zu falsch-hohen Ergebnissen führen. Bei Hyperosmolalität sollten die Serumkonzentrationen von Natrium, Kalium, Harnstoff und Glukose bestimmt sowie die Anionenlücke und die osmolale Lücke berechnet werden.

Ursachen einer vergrößerten osmolalen Lücke

Die osmolale Lücke vergrößert sich bei Pseudohyponatriämie, Glyzerinaufnahme, Ethylenglykol-, Methanol-, Ethanol- und möglicherweise auch anderen Vergiftungen. Mannitol und Milchsäure können ebenfalls verantwortlich sein. Nach Ausschluss einer Pseudohyponatriämie sollte gezielt nach einer kürzlich erfolgten Exposition gegenüber den oben genannten toxischen Stoffen gefragt werden. Eine vergrößerte osmolale Lücke erreicht bei Hunden ca. 6 Stunden nach Ethylenglykolaufnahme ihr Maximum. Dieser Maximalwert bleibt für weitere 12 Stunden bestehen, kann aber nach 24 Stunden wieder im Referenzbereich liegen. Wird eine Ethylenglykolintoxikation vermutet, sollte der Urin auf Kalziumoxalatkristalle untersucht, eine Blutgasanalyse durchgeführt, die Anionenlücke berechnet und weiterführende toxikologische Untersuchungen (siehe Kap. 19) eingeleitet werden.

7.7 Blutgasanalyse

Indikation (gelegentlich)

Die Beurteilung des Säure-Basen-Haushalts ist bei schwerkranken Tieren indiziert (z.B. bei hochgradiger Dehydratation, Erbrechen, Durchfall, Oligurie, Anurie, Hyperkaliämie und Tachypnoe). Bei Tieren mit Störungen der Lungenfunktion wird die Blutgasanalyse verwendet, um den Gasaustausch und Veränderungen der CO_2-Konzentration beurteilen zu können (siehe Kap. 13). Der Urin-pH lässt keine Rückschlüsse auf den systemischen pH-Wert zu, weshalb die Blutgasanalyse nicht durch die Messung des pH-Werts im Urin ersetzt werden kann.

Vorteile

Mit der Blutgasanalyse kann die Art der Störung des Säure-Basen-Haushalts genau identifiziert und die Lungenfunktion beurteilt werden.

Nachteile

Das Analysegerät ist sehr teuer, außerdem muss bei Entnahme und Handling der Blutprobe sehr genau gearbeitet werden, um Artefakte zu vermeiden. Da schnelle Ergebnisse erforderlich sind, ist es keine Alternative, die Blutprobe an ein Fremdlabor zu versenden. Mobile Analysegeräte für die Praxis sind auf dem Markt, die sofort Ergebnisse liefern und deren Anschaffung sich bei ausreichender Nutzung lohnt.

Analyse

Die Analysegeräte sind mit speziellen Elektroden ausgestattet, die den pH-Wert sowie den Kohlendioxid- (pCO_2) und Sauerstoffpartialdruck (pO_2) bestimmen. Die HCO_3^--Konzentration wird aus diesen Parametern berechnet. Um die Lungenfunktion zu beurteilen, wird arterielles Blut benötigt, aus dem der pO_2 bestimmt werden kann. Dagegen ist zur Analyse des Säure-Basen-Haushalts frei fließendes venöses Blut ausreichend. Blut aus der Lungenarterie, der Jugularvene und der *Vena cephalica* weist bei gesunden Hunden etwa die gleichen Werte auf. Dagegen verfügt arterielles Blut über eine etwas geringere HCO_3^--Konzentration (21 mmol/l im Vergleich zu 22–23 mmol/l in venösem Blut) und einen wesentlich geringeren pCO_2 (37 mmHg entgegen 42–43 mmHg im venösen Blut). Pathologische Veränderungen des kardiovaskulären Systems können diese Verhältnisse ändern.

Tabelle 7.1 Physiologische Blutgaswerte

	pH-Wert	pCO_2 (mmHg)	HCO_3^- (mmol/l)	pO_2 (mmHg)
Hund venös	7,32–7,40	33–50	18–26	
Hund arteriell	7,36–7,44	36–44	18–26	ca. 100
Katze venös	7,28–7,41	33–45	18–23	
Katze arteriell	7,36–7,44	28–32	17–22	ca. 100

Für eine normale Blutgasanalyse genügt eine 3-ml-Spritze mit einer 27-Gauge-Nadel, um 0,5–1,5 ml Blut zu entnehmen. Heparin (1000 U/ml) wird aufgezogen und die Wand der Spritze damit benetzt. Anschließend wird das gesamte Heparin und die Luft aus der Spritze entfernt, so dass nur der Konus der Nadel mit Heparin (ca. 0,1–0,2 ml) gefüllt ist. Für praxisübliche Geräte reicht eine Menge von 0,125 ml Blut aus. Nach der Blutentnahme werden alle Luftblasen aus der Spritze entfernt. Die Nadel wird in Gummi gesteckt oder ein festsitzender Gummistopfen wird auf den Konus der Spritze aufgesteckt, um zu verhindern, dass die Blutprobe mit Raumluft in Kontakt kommen kann. Danach wird die Spritze zwischen den Handflächen gerollt. Die Analyse sollte innerhalb von 15–30 Minuten stattfinden (wenn die Probe bei 25 °C gelagert wird). Wird die Probe in einem Eiswasser-Bad aufbewahrt, kann die Analyse auch bis zu 2 Stunden nach der Blutentnahme stattfinden. Point-of-Care-Geräte sind als Handgeräte erhältlich, die direkt beim Patienten benutzt werden können. Diese Geräte liefern eine schnelle Blutgasanalyse (sowie auch Elektrolyte und einige andere Werte) bei schwerkranken Patienten. So kann der Praktiker schon Entscheidungen treffen, während er auf die Ergebnisse der weiteren Laborwerte wartet. Die Messwerte dieser kleinen Geräte und der Standardgeräte in den Großlabors zeigen eine gute Übereinstimmung.

Referenzbereich

Siehe Tabelle 7.1.

Kritische Werte

Ein pH-Wert unter 7,1 bedeutet eine lebensgefährliche Azidose, die die Kontraktilität des Herzmuskels beeinträchtigen kann. Bei einem pH-Wert über 7,6 liegt eine hochgradige Alkalose vor.

Artefakte

Kommt die Blutprobe mit Luft in Kontakt, erhöhen sich pO_2 und pH, der pCO_2 verringert sich dagegen. Luftblasen in der Spritze führen zu ähnlichen Veränderungen, vor allem, wenn sie mehr als 10 % des Spritzeninnenraums einnehmen. Bei verzögerter Analyse erhöht sich der pCO_2 und der pH-Wert sinkt. Der aerobe Stoffwechsel der Leukozyten kann ebenfalls den pO_2 verringern. Kühlen der Probe von 25 °C auf 4 °C verlangsamt diese Prozesse. Wird die Vene bei der Blutentnahme länger gestaut, steigt der pCO_2 und der pH-Wert sinkt. Auch zuviel Heparin (> 10 % des Probenvolumens) senkt pH-Wert, pCO_2 und HCO_3^--Konzentration; Zitrat, Oxalat und EDTA können den pH-Wert verringern. Blutgasgeräte berechnen die HCO_3^--Konzentration aus pH- und pCO_2-Wert. Die Gesamt-Kohlendioxidkonzentration (TCO_2) im Serum wird von Geräten für die Blutchemie mitbestimmt, kann aber auch vom Blutgasgerät berechnet werden. TCO_2 liegt normalerweise 1–2 mmol/l höher als die HCO_3^--Konzentration.

Medikamentöse Beeinflussung

Acetazolamid, NH_4Cl und $CaCl_2$ können eine Azidose verursachen. Antazida, Natriumbikarbonat, Kaliumzitrat oder Kaliumglukonat und Schleifendiuretika können eine Alkalose nach sich ziehen. Salizylate können eine metabolische und/oder respiratorische Alkalose verursachen.

Auswertung

Der Praktiker sollte mit der Bewertung des pH-Wertes beginnen. Ist er verändert, liegt eine Störung des Säure-Basen-Haushalts vor. Bei physiologischem pH werden HCO_3^--Konzentration und pCO_2 kontrolliert. Weichen sie von der Norm ab, spricht dies für eine gemischte Störung des Säure-Basen-Haushalts.

- Ist der pH-Wert niedrig und HCO_3^- verringert, liegt eine metabolische Azidose vor.

Tabelle 7.2 Renale und respiratorische Kompensation primärer Störungen des Säure-Basen-Haushalts (Hund)

Störung	primäre Veränderung	kompensatorische Antwort
metabolische Azidose	↓ (HCO_3^-)	je HCO_3^--Abfall um 1 mmol/l: pCO_2-Abfall um 0,7 mmHg
metabolische Alkalose	↑ (HCO_3^-)	je HCO_3^--Anstieg um 1 mmol/l: pCO_2-Anstieg um 0,7 mmHg
akute respiratorische Azidose	↑ pCO_2	je pCO_2-Anstieg um 10 mmHg: HCO_3^--Anstieg um 1,5 mmol/l
chronische respiratorische Azidose	↑ pCO_2	je pCO_2-Anstieg um 10 mmHg: HCO_3^--Anstieg um 3,5 mmol/l
akute respiratorische Alkalose	↓ pCO_2	je pCO_2-Abfall um 10 mmHg: HCO_3^--Abfall um 2,5 mmol/l
chronische respiratorische Alkalose	↓ pCO_2	je pCO_2-Abfall um 10 mmHg: HCO_3^--Abfall um 5,5 mmol/l

Aus: *DiBartola SP: Fluid therapy in small animal practice, 2. Auflage, Philadelphia, 2000, WB Saunders, Seite 196.*

- Ist der pH-Wert niedrig und pCO_2 erhöht, liegt eine respiratorische Azidose vor.
- Ist der pH-Wert hoch und HCO_3^- erhöht, liegt eine metabolische Alkalose vor.
- Ist der pH-Wert hoch und pCO_2 verringert, liegt eine respiratorische Alkalose vor.

Im nächsten Schritt wird die zu erwartende kompensatorische Antwort nach Tabelle 7.2 berechnet. (z.B. ist eine respiratorische Alkalose eine Kompensation einer metabolischen Azidose, eine metabolische Alkalose eine Kompensation einer respiratorischen Azidose.) Tabelle 7.2 macht nur Aussagen zum Säure-Basen-Haushalt von Hunden. Befindet sich die kompensatorische Antwort innerhalb des erwarteten Bereiches, liegt nur eine einfache Veränderung des Säure-Basen-Haushalts vor. Überschreitet die kompensatorische Antwort aber die in Tabelle 7.2 angegeben Werte, sind mehrere Störungen vorhanden (gemischte Störung des Säure-Basen-Haushalts).

Durch diese Vorgehensweise können sowohl die Art der Veränderung bestimmt, als auch gemischte Störungen des Säure-Basen-Haushalts erkannt werden. Diese Diagnose wird mit den klinischen Symptomen und dem Vorbericht verglichen. Passen die Werte der Blutgasanalyse nicht mit den übrigen Symptomen und Laborwerten zusammen, muss die Blutgasanalyse in Frage gestellt werden.

Metabolische Azidose

Eine metabolische Azidose (erniedrigter pH und HCO_3^- mit kompensatorisch erniedrigtem pCO_2) wird durch Zufuhr oder mangelnde Ausscheidung von Säure, Verlust von HCO_3^- oder eine Kombination dieser Gründe verursacht (Übers. 7.7). Säure kann iatrogen (z.B durch Ethylenglykol, Salizylate, kationische Aminosäuren, NH_4Cl) zugeführt werden oder im Körper selbst entstehen (z.B. durch Laktatazidose und Ketoazidose). Die Exkretion von Säure ist bei Nierenerkrankungen verringert (z.B. bei Nierenversagen, Hypoadrenokortizismus und Typ I der renalen tubulären Azidose, RTA). Dünndarmdurchfall führt zu einem Verlust an HCO_3^- (die bei Diarrhö sezernierte Flüssigkeit beinhaltet mehr HCO_3^- als Plasma). Verluste von HCO_3^- über die Niere sind selten (z.B. durch Carboanhydrase-Hemmer und Typ II-RTA). Eine metabolische Azidose entsteht üblicherweise bei Nierenversagen, diabetischer Ketoazidose, Laktatazidose (als Folge einer reduzierten Durchblutung), Hypoadrenokortizismus und Dünndarmdurchfall. Mit Hilfe der Anionenlücke (s.u.) lässt sich die Ursache gelegentlich eingrenzen. Die Bestimmung des Laktatgehaltes kann diagnostisch und prognostisch wertvoll sein (ein erhöhter Laktatgehalt verschlechtert die Prognose). In Kapitel 16 wird näher auf die Bestimmung der Laktatkonzentration eingegangen.

Respiratorische Azidose

Durch Hypoventilation (steigender pCO_2) entsteht eine respiratorische Azidose (niedriger pH-Wert, erhöhter pCO_2 und kompensatorisch erhöhte HCO_3^--Konzentration). Für dieses

Übersicht 7.7 Ursachen einer metabolischen Azidose

- vergrößerte Anionenlücke (normochlorämisch)
  - Ethylenglykolvergiftung (wichtig)
  - diabetische Ketoazidose[1] (häufig und wichtig)
  - urämische Azidose[2] (häufig und wichtig)
  - Laktatazidose (häufig und wichtig)
  - Salizylatvergiftung
  - andere seltene Vergiftungen (z. B. Paraldehyd, Methanol)
- normale Anionenlücke (hyperchlorämisch)
  - Hypoadrenokortizismus[3] (wichtig)
  - Diarrhö
  - Carboanhydrasehemmer (z. B. Acetazolamid)
  - Verdünnungsazidose (z. B. schnelle Infusion von 0,9 % Kochsalzlösung)
  - Ammoniumchlorid (vereinzelt)
  - kationische Aminosäuren (z. B. Lysin, Arginin, Histidin; selten)
  - posthypokapnische metabolische Azidose (selten)
  - renale tubuläre Azidose (RTA; selten)

[1] Patienten mit diabetischer Ketoazidose können eine leichte hyperchlorämische metabolische Azidose in Verbindung mit einer vergrößerten Anionenlücke haben.

[2] Im Anfangsstadium einer Niereninsuffizienz ist die metabolische Azidose oft hyperchlorämisch und wird später zur Azidose mit vergrößerter Anionenlücke.

[3] Patienten mit Hypoadrenokortizismus zeigen typischerweise eine Hypochlorämie, die durch eine gestörte Wasserausscheidung (Verdünnungseffekt) und einen Mangel an Aldosteron verursacht wird.

Modifiziert nach: *DiBartola SP: Fluid therapy in small animal practice, 2. Auflage, Philadelphia, 2000, WB Saunders, Seite 213.*

Phänomen wird auch der Begriff „primäre Hyperkapnie" verwendet (Übers. 7.8). Ein Tier hypoventiliert bei einer Obstruktion der Luftwege, Herz- und Atemstillstand, restriktiven Lungenerkrankungen (Pneumothorax, Hernia diaphragmatica, Thoraxerguss, Hämothorax, Trauma der Thoraxwand, Lungenfibrose und Pyothorax), hochgradigen Lungenerkrankungen und unzureichender künstlicher Beatmung. Außerdem kommt eine Hypoventilation durch Atemlähmung bei neuromuskulären Erkrankungen (Myasthenia gravis, Tetanus, Botulismus, Polyradikuloneuritis und hypokaliämische Polymyopathie) sowie bei Einsatz von Blockern der neuromuskulären Erregungsübertragung (Succinylcholin, Pancuronium, Aminoglykoside in Kombination mit Anästhetika) zustande. Eine Obstruktion der Luftwege, Herzstillstand und Atemlähmung verursachen ebenfalls eine respiratorische Azidose. Diese Tiere bleiben bei Raumluft unverändert hypoxisch, bei Beatmung mit sauerstoffangereicherter Luft (Anästhesie) kann der pO_2 auf normale oder sogar erhöhte Werte ansteigen.

Übersicht 7.8 Ursachen einer respiratorischen Azidose

- Obstruktion der Luftwege
  - Aspiration (z. B. Fremdkörper, Erbrochenes)
- Depression des Atemzentrums
  - Neurologische Erkrankungen (z. B. Läsionen des Hirnstamms und des hohen Zervikalmarks)
  - Medikamente (z. B. Narkotika, Sedativa, Barbiturate, Inhalationsanästhetika)
  - Toxämie
- Herz- und Atemstillstand (häufig)
- neuromuskuläre Störungen
  - Myasthenia gravis, Tetanus, Botulismus, Polyradikuloneuritis, Polymyositis, hypokaliämische periodische Paralyse bei Burmakatzen, hypokaliämische Polymyopathie bei Katzen
  - Medikamente (Succinylcholin, Pancuronium, Aminoglykoside mit Anästhetika, Organophosphate)
- restriktive Lungenerkrankungen
  - Hernia diaphragmatica, Pneumothorax, Thoraxerguß, Hämothorax, Pyothorax, Trauma der Thoraxwand, Lungenfibrose
- Lungenerkrankungen (weniger häufig)
  - Respiratory Distress Syndrome, Pneumonie, hochgradiges Lungenödem, diffuse metastatische Erkrankungen, Rauchvergiftung, pulmonaler Thromboembolismus, chronisch obstruktive Lungenerkrankungen, Lungenfibrose infolge künstlicher Beatmung
  - unzureichende künstliche Beatmung

Modifiziert nach: *DiBartola SP: Fluid therapy in small animal practice, 2. Auflage, Philadelphia, 2000, WB Saunders, Seite 246.*

Metabolische Alkalose

Eine metabolische Alkalose (erhöhter pH-Wert, erhöhte HCO_3^--Konzentration und kompensatorisch erhöhter pCO_2) entsteht durch Verlust von Säure oder Zufuhr von Basen (Übers. 7.9). Erbrechen von Mageninhalt (z.B. bei Pylorusobstruktion) stellt eine häufige Ursache für Säureverlust dar, aber auch über die Nieren kann Cl^- verloren gehen (verursacht durch Furosemid-Verabreichung). Basen werden dem Körper durch Gabe von Natriumbikarbonat, Ringer-Laktat oder Kaliumzitrat zugeführt. Gesunde Nieren scheiden die zugeführten Basen wieder aus, daher tritt selten, i.d.R. nur bei Niereninsuffizienz, eine iatrogene Alkalose auf.

Übersicht 7.9 Ursachen einer metabolischen Alkalose

- Erbrechen von Mageninhalt (häufig und wichtig)
- Gabe von Diuretika (z.B. Schleifendiuretika, Thiazide; wichtig)
- orale Gabe von Natriumbikarbonat oder anderen organischen Anionen (z.B. Laktat, Zitrat, Glukonat, Azetat)
- Hyperadrenokortizismus (vereinzelt)
- nach Hyperkapnie (selten)
- primärer Hyperaldosteronismus (selten)

Modifiziert nach: *DiBartola SP: Fluid therapy in small animal practice, 2. Auflage, Philadelphia, 2000, WB Saunders, Seite 231.*

Respiratorische Alkalose

Eine respiratorische Alkalose (erhöhter pH-Wert, verminderter pCO_2 und kompensatorisch verminderte HCO_3^--Konzentration) tritt bei Tachypnoe (die den pCO_2 herabsetzt) auf und wird auch „primäre Hypokapnie" genannt (Übers. 7.10). Sie kann durch Lungenerkrankungen, pulmonalen Thromboembolismus, Hypoxämie, zu starke künstliche Beatmung und direkte Stimulation des Atemzentrums in der Medulla (z.B. durch gramnegative Sepsis, Lebererkrankungen, Salizylate, Xanthine, ZNS-Erkrankungen und Hitzschlag) verursacht werden. Eine unklare respiratorische Alkalose deutet auf eine gramnegative Sepsis oder auf Schmerzen hin. Ein Lungenödem kann eine respiratorische Alkalose, metabolische Azidose oder eine respiratorische Azidose erzeugen. Darüber hinaus kann eine respiratorische Alkalose auch nach überstandener metabolischer Azidose entstehen. In diesem Fall hyperventiliert das Tier noch 24–48 Stunden (zur Kompensation der metabolischen Azidose) nach Ausgleich der Azidose. Diese Patienten sind manchmal hypoxämisch. Erkrankungen des Respirationstrakts erzeugen gelegentlich anfangs eine Tachypnoe und dadurch eine Hypokapnie, die bei Verschlimmerung des Krankheitsbildes in eine Hyperkapnie übergehen kann.

Übersicht 7.10 Ursachen einer Tachypnoe, die zu einer respiratorischen Alkalose führt

- Hypoxämie jeglicher Ursache
  - Rechts-links-Shunts, verringerter pO_2 (Aufenthalt in großer Höhe), kongestive Herzinsuffizienz, hochgradige Anämie, Lungenerkrankungen
- Zentrales Nervensystem (direkte Stimulation des Atemzentrums in der Medulla)
  - ZNS-Erkrankungen, Lebererkrankungen, gramnegative Sepsis, Medikamente (z.B. Salizylatvergiftung, Xanthine wie Aminophyllin), Hitzschlag, Angst, Schmerz, Fieber, Hyperthyreose
- künstliche Beatmung

Modifiziert nach: *DiBartola SP: Fluid therapy in small animal practice, 2. Auflage, Philadelphia, 2000, WB Saunders, Seite 247.*

7.8 Gesamt-Kohlendioxidkonzentration zur Beurteilung des Säure-Basen-Haushalts

Die Gesamt-Kohlendioxidkonzentration (TCO_2 entspricht in aerob behandelten Blutproben der HCO_3^--Konzentration.

Indikation (häufig)

Bei jeder schweren systemischen Erkrankung kann mit Hilfe der TCO_2 entschieden werden, ob eine Blutgasanalyse durchgeführt werden soll. Zu den Erkrankungen, bei denen TCO_2-Bestimmung und Blutgasanalyse indiziert sind, zählen Ethylenglykolvergiftung, Salizylatvergiftung, hochgradige diabetische Ketoazidose und hochgradige Urämie.

Vorteile

Eine veränderte TCO_2 ist eine Indikation für eine Blutgasanalyse.

Nachteile

Anhand der TCO_2 allein lässt sich die Art der Störung des Säure-Basen-Haushalts nicht genau bestimmen. Eine hohe TCO_2 kann Folge einer metabolischen Alkalose oder einer kompensierten respiratorischen Azidose sein. Eine niedrige TCO_2 wird durch eine metabolische Azidose oder eine kompensierte respiratorische Alkalose hervorgerufen.

Analyse

TCO_2 wird in Serum oder Plasma durch enzymatische Methoden oder durch Trockenchemie bestimmt. Das Serum oder Plasma sollte nicht älter als 15–20 Minuten sein. Die Blutprobe kann auch verschlossen auf Eis bei 4 °C bis zu 2 Stunden gelagert werden.

Referenzbereich

Hunde und Katzen: 17–23 mmol/l.

Kritische Werte

Werte unter 12 mmol/l können (müssen aber nicht) auf eine hochgradige metabolische Azidose hinweisen.

Artefakte

Bei TCO_2-Bestimmung mit Trockenchemie hat eine Hyperlipidämie keinen Einfluss. Ein falschniedriger Gesamt-CO_2-Wert tritt auf, wenn die Probe erst nach einigen Stunden ausgewertet wird, das Probenröhrchen nicht genug Blut enthält oder mehr als 10 % des Probenvolumens aus Heparin bestehen.

Medikamentöse Beeinflussung der TCO_2

Acetazolamid und NH_4Cl führen zu einer metabolischen Azidose und verringern dadurch die TCO_2. Furosemid, Thiazide und Natriumbikarbonat verursachen eine metabolische Alkalose und erhöhen die TCO_2.

Ursachen einer verringerten TCO_2

Die TCO_2 verringert sich bei metabolischen Azidosen (häufigster Grund) und kompensierten respiratorischen Alkalosen. Ein hyperventilierendes Tier mit einer erniedrigten TCO_2 leidet meist unter einer metabolischen Azidose, kann aber auch eine chronische respiratorische Alkalose aufweisen. Durch eine Blutgasanalyse kann die genaue Ursache bestimmt werden. Eine deutlich verringerte TCO_2 bei einem Patienten mit einer Störung, die Ursache einer metabolischen Azidose sein kann (z. B. diabetische Ketoazidose), wird als hinreichender Beweis einer metabolischen Azidose angesehen. Hierbei wird anhand einer Blutgasanalyse das Ausmaß der pH-Veränderung festgestellt. Eine TCO_2 von 12 mmol/l oder weniger stellt bei noch nicht diagnostizierten schweren systemischen Erkrankungen eine Indikation zur Blutgasanalyse dar. Ist diese nicht möglich, muss der Praktiker anhand der TCO_2 und der klinischen Symptome entscheiden, ob eine Therapie mit Natriumbikarbonat nötig ist. Dieses Vorgehen kann problematisch sein, da der genaue pH-Wert des Blutes nicht bekannt ist. Die Bestimmung der einzelnen Elektrolytkonzentrationen ermöglicht eine optimale Infusionstherapie (Störungen, die den Säure-Basen-Haushalts beeinträchtigen, verursachen häufig auch Elektrolytverschiebungen).

Ursachen einer erhöhten TCO_2

Die TCO_2 steigt bei einer metabolischen Alkalose (häufig) und bei einer kompensierten respiratorischen Azidose an. Die Natrium-, Chlorid- und Kaliumkonzentration im Serum sollte bestimmt werden, da Hypochlorämie und Hypokaliämie bei metabolischer Alkalose häufig auftreten. Werden diese Veränderungen festgestellt, sollten sie korrigiert (z. B. Gabe von 0,9 % NaCl mit KCl-Zusatz) und ihre Ätiologie abgeklärt werden (z. B. Pylorusobstruktion).

7.9 Anionenlücke

Indikation (selten)

Die Bestimmung der Anionenlücke ist manchmal hilfreich zur Differenzierung der Ursachen einer metabolischen Azidose, außerdem können gemischte Störungen des Säure-Basen-Haushalts besser abgeklärt werden. Eine metabolische Azidose mit großer Anionenlücke wird normalerweise durch Säuren verursacht, die kein Chlorid enthalten (Milchsäure, Ketosäuren, Salizylsäure, Metaboliten von Ethylenglykol, Phosphate und Sulfate). Dagegen ist eine metabolische Azidose bei normaler Anionenlücke durch eine erhöhte Chloridkonzentration im Plasma gekennzeichnet und wird als hyperchlorämische Azidose bezeichnet.

Vorteile

Aus bereits gemessenen Parametern lässt sich die Anionenlücke einfach berechnen.

Nachteile

Verschiedene Faktoren beeinflussen die Anionenlücke, und ihre Interpretation kann sich schwierig gestalten.

Analyse

Die Anionenlücke wird wie folgt berechnet:

Anionenlücke
$= (Na^+ + K^+) - (Cl^- + HCO_3^-)$

oder

Anionenlücke
$= Na^+ - (Cl^- + HCO_3^-)$

Welche Gleichung verwendet wird, ist abhängig vom jeweiligen Labor oder Tierarzt. Die Anionenlücke sowie ihre Einzelkomponenten werden in mmol/l angegeben. Weist der Patient eine schwere Hypalbuminämie auf, entspricht der errechnete möglicherweise nicht dem erwarteten Wert. Bei einer Reduktion des Serum-Albumins um 10 g/l verkleinert sich die Anionenlücke jeweils entsprechend um etwa 2,4 mmol/l.

Referenzbereich

Die Referenzbereiche für die nach der Formel

Anionenlücke
$= (Na^+ + K^+) - (Cl^- + HCO_3^-)$

berechnete Anionenlücke liegen bei 12–24 mmol/l (Hunde) und 13–27 mmol/l (Katzen).

Kritische Werte

Hochgradig erhöhte Werte weisen auf eine Ethylenglykolvergiftung hin und erfordern eine sehr genaue Anamnese. Ein Zusammenhang zwischen einer sich vergrößernden Anionenlücke und der Mortalität kann bei schwerkranken Tieren gegeben sein.

Ursachen einer verkleinerten Anionenlücke

Hypalbuminämie ist die vermutlich häufigste Ursache einer verkleinerten Anionenlücke. Einen weiteren möglichen Grund stellt ein IgG-produzierendes multiples Myelom dar. Eine Verkleinerung der Anionenlücke durch einen Überschuss an nicht gemessenen Kationen ist klinisch schwer möglich, da der Kationenüberschuss für den Patienten wahrscheinlich lebensbedrohlich wäre (z. B. Kalzium, Magnesium). Laborfehler, die eine falsch-hohe TCO_2 oder Chloridkonzentration sowie eine falsch-niedrige Natriumkonzentration bedingen, können die Anionenlücke scheinbar verkleinern. Eine verkleinerte Anionenlücke ist selten von klinischer Relevanz.

Ursachen einer normochlorämischen Azidose (vergrößerte Anionenlücke)

Zu den häufigsten Ursachen einer vergrößerten Anionenlücke bei azidotischen Tieren zählen Laktat-Azidose, diabetische Ketoazidose, urämische Azidose sowie Ethylenglykolvergiftung und Laborfehler.

Ursachen einer hyperchlorämischen Azidose (normale Anionenlücke)

Akuter hochgradiger Dünndarmdurchfall erzeugt einen HCO_3^--Verlust und dadurch eine hyperchlorämische Azidose. Carboanhydrasehemmer (Acetazolamid) blockieren die Reabsorption von HCO_3^- im proximalen Tubulus und erzeugen dadurch eine selbstlimitierende hyperchlorämische metabolische Azidose. Durch Gabe von NH_4Cl wird eine Azidose induziert, die zu einer Abnahme der HCO_3^--Konzentration führt. Da sich aber die Serum-Cl^--Konzentration erhöht, bleibt die Anionenlücke unverändert. Auch die Infusion kationischer Aminosäuren (Lysin-HCl und Arginin-HCl) bei parenteraler Ernährung kann eine hyperchlorämische Azidose erzeugen, da bei der Synthese von Harnstoff H^+-Ionen freigesetzt werden. Die renale Säureausscheidung verringert sich im Verlauf einer chronischen respiratorischen Alkalose mit der Folge sinkender HCO_3^-- und steigender Cl^--Konzentrationen im Plasma. Nachdem der Stimulus für die Hyperventilation beseitigt wurde und pCO_2 ansteigt, sinkt der pH-Wert, da die Niere 1–3 Tage benötigt, um die Säureausscheidung zu steigern und den HCO_3^--

Spiegel zu erhöhen. Danach steigt auch die Plasma-HCO_3^--Konzentration wieder an. Dieses Phänomen wird als posthypokapnische metabolische Azidose bezeichnet und ist mit einer Hyperchlorämie assoziiert.
Eine Verdünnungsazidose entsteht durch Vergrößerung des Extrazellularraums infolge Infusion alkalifreier Lösungen (z.B. 0,9%ige NaCl). Die sehr hohe Chloridkonzentration in physiologischer Kochsalzlösung (154 mmol/l) führt ebenso wie die hohe Resorptionsrate von Chlorid zur Abnahme der HCO_3^--Konzentration und Hyperchlorämie. Bei der renalen tubulären Azidose (RTA) handelt es sich um eine seltene Funktionsstörung der Niere, die durch eine hyperchlorämische metabolische Azidose gekennzeichnet ist. Bei der Typ-II-RTA ist die HCO_3^--Reabsorption verringert, während bei Typ I eine Störung der Säuresekretion vorliegt.

Andere Ursachen einer vergrößerten Anionenlücke

Hochgradige Dehydratation kann die Serum-Albuminkonzentration erhöhen und gleichzeitig die Anionenlücke vergrößern. Eine Alkalämie vergrößert die Anionenlücke geringgradig. Wird Serum lange in unverschlossenen Behältern gelagert, vergrößert sich die Anionenlücke ebenfalls (ein häufiger Fehler, wenn die Untersuchung der Probe erst am Folgetag stattfinden soll).

Quellen

Adams LG et al: Comparison of fractional excretion and 24-hour urinary excretion of sodium and potassium in clinically normal cats and cats with induced chronic renal failure, *Am J Vet Res* 52:718, 1991.

Alappan R, Perazella MA, Buller GK: Hyperkalemia in hospitalized patients treated with trimethoprimsulfamethoxazole, *Ann Intern Med* 124:316, 1996.

Atkins CE, Tyler R, Greenlee P: Clinical, biochemical, acid-base, and electrolyte abnormalities in cats after hypertonic sodium phosphate enema administration, *Am J Vet Res* 46:980, 1985.

Brown SA, Dusza K, Boehmer J: Comparison of measured and calculated values for colloid osmotic pressure in hospitalized animals, *Am J Vet Res* 55:910, 1994.

Degen M: Pseudohyperkalemia in Akitas, *J Am Vet Med Assoc* 190:541, 1987.

de Morais HSA: Chloride ion in small animal practice: the forgotten ion, *Vet Emerg Crit Care* 2:11, 1992.

de Morais HSA, Chew DJ: Use and interpretation of serum and urine electrolytes, *Semin Vet Med Surg (Small Anim)* 7:262, 1992.

Dhein CR, Wardrop KJ: Hyperkalemia associated with potassium chloride administration in a cat, *J Am Vet Med Assoc* 206:1565, 1995.

DiBartola SP: *Fluid therapy in small animal practice*, ed 3, Philadelphia, 2000, WB Saunders.

DiBartola SP et al: Clinicopathologic findings resembling hypoadrenocorticism in dogs with primary gastrointestinal disease, *J Am Vet Med Assoc* 187:60, 1985.

DiBartola SP et al: Development of chronic renal failure in cats fed a commercial diet low in potassium, *J Am Vet Med Assoc* 202:744, 1993.

Dow SW et al: Potassium depletion in cats: renal and dietary influences, *J Am Vet Med Assoc* 191:1569, 1987.

Glick MR, Ryder KW, Glick SJ: *Interferographs: user's guide to interferences in clinical chemistry instruments*, ed 2, Indianapolis, 1991, Science Enterprises.

Graves TK et al: Basal and ACTH-stimulated plasma aldosterone concentrations are normal or increased in dogs with *Trichuris*-associated pseudohypoadrenocorticism, *J Vet Intern Med* 8(4):287, 1994.

Hoskins JD et al: Quantitative urinalysis in kittens from four to thirty weeks after birth, *Am J Vet Res* 52:1295, 1991.

Ilkiw JE, Rose RJ, Martin ICA: A comparison of simultaneously collected arterial, mixed venous, jugular venous, and cephalic venous blood samples in assessment of blood gas and acid-base status in the dog, *J Vet Intern Med* 5:294, 1991.

James KM et al: Effects of sample handling on total carbon dioxide concentrations in canine and feline serum and blood, *Am J Vet Res* 58:343, 1997.

Kilborn SH, Bonnett BN, Pook HA: Comparison of three different methods of total carbon dioxide measurement, *Vet Clin Pathol* 24:22, 1995.

Lagutchik MS et al: Lactate kinetics in veterinary critical care: a review, *J Vet Emerg Crit Care* 6:81, 1997.

Mason KV: A hereditary disease in Burmese cats manifested as an episodic weakness with head nodding and neck ventroflexion, *J Am Anim Hosp Assoc* 24:147, 1988.

O'Brien DP et al: Myelinolysis after correction of hyponatremia in two dogs, *J Vet Intern Med* 8:40, 1994.

Oyer DL et al: Instrument correlation study between the i-STAT and the STAT 5 profile in an emergency setting, *J Vet Emerg Crit Care* 6:113, 1997.

Reimann KA, Knowlen GG, Tvedten HW: Factitious hyperkalemia in dogs with thrombocytosis, *J Vet Intern Med* 3:47, 1989.

Rose BD: *Clinical physiology of acid-base and electrolyte disorders*, ed 5, New York, 2000, McGraw-Hill.

Russo EA, Lees GE, Hightower D: Evaluation of renal function in cats, using quantitative urinalysis, *Am J Vet Res* 47:1308, 1986.

Schaer M, editor: Fluid and electrolyte disorders, *Vet Clin North Am Small Anim Pract* 19:203, 1989.

Tyler RD et al: Renal concentrating ability in dehydrated hyponatremic dogs, *J Am Vet Med Assoc* 191:1095, 1987.

Vap LM, Mitzner B: An update on chemistry analyzers, *Vet Clin North Am* 26:1129, 1996.

Willard MD, Refsal K, Thacker E: Evaluation of plasma aldosterone concentrations before and after ACTH administration in clinically normal dogs and in dogs with various diseases, *Am J Vet Res* 48:1713, 1987.

Willard MD et al: Hyponatremia and hyperkalemia associated with idiopathic or experimentally induced chylothorax in four dogs, *J Am Vet Med Assoc* 199:353, 1991.

Young DS: *Effects of drugs on clinical laboratory tests*, ed 4, Washington, DC, 1995, AACC Press.

8 Urologische Störungen

Jeanne A. Barsanti, George E. Lees, Michael D. Willard und Robert A. Green

8.1 Unterscheidung zwischen Polyurie / Polydipsie, Dysurie und Inkontinenz

Diese drei Abnormitäten sind zu Beginn der Diagnostik durch Anamnese und visuelle Beurteilung des Harnabsatzes voneinander abzugrenzen. Unter Polyurie/Polydipsie (PU/PD) versteht man eine wesentliche Steigerung der Harnmenge bzw. des Trinkvolumens über die physiologische Schwankungsbreite hinaus. Dysurie bedeutet erschwerter Harnabsatz und impliziert eine unnatürlich häufige Miktion mit jeweils geringer bis minimaler Harnmenge. Die Patientenbesitzer nehmen zuweilen fälschlich an, dass eine erhöhte Miktionsfrequenz mit einer erhöhten Urinausscheidung gleichzusetzen ist. Der Tierarzt muss daher zunächst feststellen, wie groß oder gering die pro Miktion ausgeschiedene Harnmenge tatsächlich ist. Bei Patienten mit PU/PD und Dysurie unterliegt der Harnabsatz der willentlichen Steuerung. Die Tiere nässen ihren Schlafplatz daher in der Regel nicht ein, ehe sie zu schwach sind oder zu starke Schmerzen haben, um sich zu erheben. Im Falle einer Inkontinenz können die Tiere dagegen von Urin durchnässt aufwachen oder einen deutlichen Urinfleck an der Schlafstätte zurücklassen. Auch können sie beim Gehen oder Laufen tröpfchenweise Urin verlieren.

8.1.1 Polyurie / Polydipsie

Ein detaillierter Vorbericht und ein konstant niedriges harnspezifisches Gewicht (< 1030) lenken den Verdacht auf eine PU/PD. Zur Verifizierung der Polydipsie ist eine Messung der aufgenommenen Flüssigkeitsmenge (einschließlich der im Futter enthaltenen Flüssigkeit) über einen Zeitraum von mindestens 24 Stunden notwendig (Referenzwert: 20–70 ml/kg/d). Diese Messung sollte nach Möglichkeit vom Patientenbesitzer zu Hause durchgeführt werden, da manche Tiere in der Klinik ungern trinken. Eine Quantifizierung der Harnmenge ist prinzipiell schwierig, wenn kein Stoffwechselkäfig zur Verfügung steht (Referenzwert: 20–45 ml/kg/d).

Eine PU/PD kann viele Ursachen haben (Tab. 8.1). Am Beginn der Diagnostik müssen daher eine gründliche Anamnese und klinische Untersuchung stehen (Abb. 8.1). Mögliche iatrogene Ursachen sind zu erfragen (z.B. Diuretika, Glukokortikoide, Antikonvulsiva, besonders salzige oder eiweißarme Futtermittel, überhöhte Thyroxinsubstitution). Aminoglykosid-Antibiotika können ein akutes Nierenversagen mit Polyurie auslösen, und Glukokortikoide auch bei rektaler oder topischer Applikation eine PU/PD hervorrufen. Der Verdacht auf eine Pyometra ergibt sich meist aufgrund des Vorberichts (Zeitpunkt des letzten Östrus) und/oder der klinischen Untersuchungsbefunde (vergrößerter Uterus, Scheidenausfluss). Falls man sich hinsichtlich einer Pyometra unsicher ist, gelangt man in der Regel mit Hilfe des Blutbildes (Leukozytose mit Neutrophilie und Linksverschiebung) und einer Röntgenaufnahme des Abdomens (vergrößerter Uterus) zur korrekten Diagnose. Bei einer Katze mit PU/PD und gleichzeitigem Gewichtsverlust ist primär an Hyperthyreose, Niereninsuffizienz und Diabetes mellitus zu denken (bei einem Hund wäre eine Hyperthyreose dagegen eine ungewöhnliche Erkrankung). Eine vergrößerte Schilddrüse kann im ventralen Halsbereich palpiert werden. Bei der Katze sind meist auch die Nieren zu ertasten, wobei Größe und Kontur zu beurteilen sind. Eine postobstruktive Diurese kann meist schon aufgrund der Vorgeschichte diagnostiziert werden (z.B. Kater nach Beseitigung einer Harnröhrenobstruktion). Eine PU/PD gehört auch zu den Kardinalsymptomen eines Hyperadrenokortizismus beim Hund. Zu den typischen Befunden der klinischen Untersuchung, die sowohl einzeln als auch gemeinsam auftreten können, zählen zudem ein vergrößertes Abdomen, Hepatomegalie und Alopezie. Ein Funktionstest der Nebennieren wäre in diesem Fall obligat (siehe Kap. 9). Ein unlängst aufgetretener Katarakt weist auf einen Diabetes mellitus hin. Eine Hyperkalzämie bei gleichzeitigem

Vorliegen einer peripheren Lymphadenopathie lässt primär an ein malignes Lymphom denken. Andere Neoplasien (z.B. das Adenokarzinom der apokrinen Analbeuteldrüsen) kommen ebenfalls als Ursache einer Hyperkalzämie in Betracht.

Sofern der Fall nicht eindeutig erscheint, zählen zu den nächsten diagnostischen Schritten Harnuntersuchung, Blutbild und Serumchemie (Abb. 8.1). Harnwegsinfektionen (HWI) können sich sekundär bei Hyperadrenokortizismus oder Diabetes mellitus entwickeln, während eine Nie-

Tabelle 8.1 Mögliche Ursachen einer Polyurie/Polydipsie (PU/PD) bei Hunden und Katzen

Ursachen	Anmerkungen
iatrogen; Medikamente (z.B. Diuretika, Kortikosteroide, Thyroxin, Aminoglykoside, Antikonvulsiva, Amphotericin B); gesalzene oder proteinarme Futtermittel	• Vorbericht beachten! • bei proteinarmer Fütterung sollte die Harnstoffkonzentration im unteren Referenzbereich liegen
Nephropathie	• Harndichte konstant im Bereich von 1008–1029 (Hund) • mit oder ohne Azotämie • bei nicht-azotämischem Nierenversagen dient die Bestimmung der Kreatinin-Clearance zur Identifizierung einer renalen Dysfunktion
Infektion der oberen Harnwege	• eventuell Hyposthenurie • die Ausscheidungsurographie ist das Diagnostikum der Wahl, eine Ultraschalluntersuchung kann jedoch ebenfalls nützlich sein
Fanconi-Syndrom	• in der Regel keine Azotämie, dafür hyperchlorämische Azidose, Glukosurie und Aminoazidurie
Diabetes mellitus	• Hyperglykämie • **Beachte**: Katzen sind anfällig für eine Stresshyperglykämie; in diesem Fall liegt meist (aber nicht immer) keine simultane Glukosurie vor
zentraler Diabetes insipidus	• hypotoner Urin, keine Dehydratation (Abb. 8.7)
renaler Diabetes insipidus	• hypotoner Urin, keine Dehydratation • man unterscheidet primäre (angeborene), idiopathische und sekundäre Formen (z.B. Pyelonephritis, Pyometra, Hyperkalzämie, Hypokaliämie, Hyperadrenokortizismus, Hypoadrenokortizismus, Prostataabszess und *E.-coli*-Septikämie)
Hyperadrenokortizismus	• der Urin kann hypoton, isoton oder konzentriert sein • häufige Ursache einer PU/PD bei alten Hunden; bei Katzen selten
Hypoadrenokortizismus	• PU/PD in etwa 20 % der Fälle; kann einer Niereninsuffizienz sehr ähnlich sein, jedoch abgrenzbar aufgrund des Fehlens einer Stressleukozytose und des Vorliegens einer Hyperkaliämie trotz Polyurie; zur Verifizierung ist ein ACTH-Stimulationstest notwendig
Hyperkalzämie	• Isosthenurie oder Hyposthenurie, mit oder ohne Azotämie
Leberinsuffizienz	• der Urin kann hypoton, isoton oder konzentriert sein; kann einem Hyperadrenokortizismus ähnlich sein (erhöhte Leberenzymwerte), ALT und AP können aber auch unverändert sein
Hyperthyreose	• insbesondere ältere Katzen, aber auch iatrogen bei überhöhter Substitution
Hyponatriämie	• bei Natriumverlusten jedweder Ursache • kann eine Isosthenurie zur Folge haben, falls die Konzentration unter 120 mmol/l sinkt
beseitigte Harnwegsobstruktion	• gelegentlich tritt nach Beseitigung einer Obstruktion, die zu einer Urämie geführt hat, eine PU/PD auf
Hypokaliämie	• zur Polyurie kommt es nur bei chronischer, hochgradiger Hypokaliämie
Polycythaemia vera	• selten
psychogene Polydipsie	• wird Wasser vorenthalten, kommt es zur Harnkonzentration (Abb. 8.7)
Akromegalie	• selten

ACTH, adrenokortikotropes Hormon; ALT, Alanin-Amino-Transferase; AP, alkalische Phosphatase

renentzündung (bakterielle Pyelonephritis) eine PU/PD zur Folge haben kann. Zu den möglichen Anzeichen einer Pyelonephritis zählen eine Leukozytose mit Neutrophilie, Azotämie, Leukozytenzylinder im Harn, Nierenschmerzen und eine Hyposthenurie.
Die Verifizierung einer Pyelonephritis kann gelegentlich Schwierigkeiten bereiten. Die Ausscheidungsurographie gilt als Methode der Wahl (wobei strukturelle Veränderungen ggf. auch im Ultraschall zu erkennen sind, wenn es gelingt, das Nierenbecken darzustellen). Manchmal kann auch nur eine Verdachtsdiagnose aufgrund des Erfolges einer Langzeitantibiose nach Versagen einer Kurzzeittherapie gestellt werden. Klinisch-pathologische Untersuchungen geben häufig einen Hinweis auf die Ursache einer PU/PD (Niereninsuffizienz, Hyperadrenokortizismus, Leberinsuffizienz, Hyperkalzämie, Diabetes mellitus; Abb. 8.1). Bei älteren Katzen (über 10 Jahre) ist die Bestimmung der basalen T_4-Konzentration grundsätzlich indiziert.
Bei vielen Hunden mit Hyperadrenokortizismus zeigt sich bei der klinischen Untersuchung ein klassisch cushingoides Erscheinungsbild (Dermatitiden, Hängebauch, Hepatomegalie). Hämatologische oder blutchemische Veränderungen treten nicht in jedem Fall auf, aber häufig sind eine Lymphopenie, Eosinopenie, Hypercholesterinämie sowie ein Anstieg der alkalischen Phosphatase (AP) und Alanin-Amino-Transferase (ALT) nachweisbar, wobei die Veränderungen sowohl einzeln als auch kombiniert vorliegen können. Ewa 40–50 % der Hunde mit einer adrenalen Überfunktion leiden an einem Harnwegsinfekt. Bei der Urinanalyse findet sich dann häufig nur eine Bakteriurie (kein Nachweis einer Hämaturie oder Pyurie). Zur Differenzierung eines Hyperadrenokortizismus und einer Leberinsuffizienz können die Durchführung eines Nebennierenfunktionstests (siehe Kap. 9) und/oder einer Leberbiopsie erforderlich sein.
Die klinischen Erscheinungsbilder bei Niereninsuffizienz, hyperkalzämischer Nephropathie und Hypoadrenokortizismus können sich ähneln. Bei den ersten beiden Erkrankungen tritt in der Regel eine PU/PD auf, und bei Hunden mit Hypoadrenokortizismus in etwa 15–25 % der Fälle. Alle drei Erkrankungen können mit Azotämie, Hyperkalzämie (ca. 10–15 % der Fälle mit Niereninsuffizienz bzw. 30 % bei Hypoadrenokortizismus) und reduzierter Harnkonzentrationsfähigkeit (z.B. spezifisches Gewicht im Bereich von 1012–1029) einhergehen. Infolge der Hyponatriämie und Hyperkaliämie weist das Serum der meisten Hunde mit Hypoadrenokortizismus ein Natrium/Kalium-Verhältnis von ≤ 27 : 1 auf. Typischerweise liegt bei dieser Erkrankung keine Stressleukozytose vor. Zur Bestätigung der Diagnose ist in jedem Fall ein ACTH-Stimulationstest (siehe Kap. 9) erforderlich, zumal andere Erkrankungen ähnliche Symptome hervorrufen können. In der Regel tritt bei azotämischen Patienten mit Niereninsuffizienz neben einer Hyperphosphatämie allenfalls eine marginale Hyperkalzämie (< 3,2 mmol/l [< *13 mg/dl*]) auf. Dagegen findet sich bei einer Hyperkalzämie nicht-renalen Ursprungs allenfalls eine geringgradige Hypophosphatämie, während die Kalziumkonzentration massiv erhöht sein kann. Die Unterscheidung einer Hyperkalzämie als Ursache oder Folge einer Niereninsuffizienz kann jedoch trotzdem Schwierigkeiten bereiten, wenn eine über längere Zeit bestehende Hyperkalzämie zu einer Nierenschädigung mit Hyperphosphatämie geführt hat (insbesondere bei geringgradiger Erhöhung der Kalziumkonzentration (2,9–3,5 mmol/l [*11,5–14 mg/dl*]). Bei diesen Tieren ist eine gründliche Suche nach etwaigen Neoplasien angezeigt, wozu auch die Bestimmung des ionisierten Kalziums und Parathormons (PTH) gehören kann (siehe Kap. 9). Die Konzentration des ionisierten Kalziums liegt bei den meisten Hunden mit Hypoadrenokortizismus oder primärer Niereninsuffizienz im Referenzbereich oder ist reduziert, während bei primär hyperkalzämischen Zuständen (Hyperparathyreoidismus, tumorassoziierte Hyperkalzämie) erhöhte Werte zu erwarten sind.
Falls die Diagnose nach wie vor unklar ist, sind weitere Untersuchungen notwendig (Abb. 8.1). Bei manchen Hunden mit Nierenversagen tritt eine Polyurie infolge einer Reduktion der Anzahl intakter Nephrone (ab einem Verlust von 67 %) auf, während aber gleichzeitig eine zur Vermeidung einer Azotämie ausreichende GFR (glomeruläre Filtrationsrate) aufrechterhalten wird (zur Azotämie kommt es erst ab einer Reduktion der GFR um 75 %). Zur Identifizierung derartiger Fälle eignet sich die nicht-invasive Bestimmung der renalen Kreatinin- oder Iohexol-Clearance. Sofern keine Azotämie vorliegt, können auch ein Durstversuch und Vaso-

pressin-Test hilfreich sein. Der Ausschluss anderer Ursachen erlaubt ebenfalls eine vertretbare Verdachtsdiagnose.

Beachte: Bei einer Niereninsuffizienz liegt das spezifische Gewicht des Harns gewöhnlich zwischen 1008 und 1020, jedoch können Hunde mit Nierenversagen in seltenen Fällen auch einen hypotonen Urin aufweisen (1006–1007), und bei einigen Hunden mit einem Ausfall von ⅔ aller intakten Nephrone findet sich eine Harnkonzentration von bis zu 1027. Bei Katzen mit Niereninsuffizienz kann das harnspezifische Gewicht gelegentlich über 1035 liegen.

Eine persistierende Hyposthenurie lenkt den Verdacht auf einen Diabetes insipidus. Allerdings kommen auch Hyperadrenokortizismus, Leberinsuffizienz und psychogene Polydipsie als mögliche Ursachen in Betracht. Funktionstests der Nebennieren und Leber können daher ebenso angezeigt sein wie ein Durstversuch und/oder Vasopressin-Test. Der Durstversuch ist allerdings erst nach Durchführung einer Urinanalyse sowie der Kontrolle von Blutbild und Blutserum statthaft. Im Vergleich zu einem Diabetes insipidus sind andere Auslöser einer PU/PD häufiger, und in diesen Fällen könnte eine iatrogene Dehydratation den Zustand der Patienten noch verschlimmern.

8.1.2 Dysurie

Jede Verhaltensänderung im Zusammenhang mit der Miktion (ausgenommen Polyurie) weist auf eine krankhafte Veränderung der Harnblase und/oder Harnröhre hin (Abb. 8.2). Reizzustände oder entzündliche Prozesse (septische oder aseptische), die den Urinfluss selbst nicht beeinträchtigen, haben zur Folge, dass die Tiere häufig und zuweilen unter sichtbarem Unbehagen kleine Urinmengen absetzen (Dysurie). Im Falle einer Harnröhrenobstruktion versuchen die Tiere immer wieder zu urinieren, wobei ihre Anstrengungen aber entweder unproduktiv bleiben (komplette Obstruktion) oder bei geringer Miktionsmenge keine vollständige Blasenentleerung bewirken (partielle Obstruktion). Manchmal tritt trotz Obstruktion eine Harninkontinenz auf. Eine solche paradoxe Inkontinenz entsteht, wenn der Harnblasendruck den Harnröhrenverschlussdruck übersteigt und der angesammelte Urin nach außen drängt.

Grundsätzlich muss jedes Abflusshindernis im Bereich der abführenden Harnwege so früh wie möglich erkannt werden. Im Falle einer kompletten Urethraobstruktion tritt nach 48–72 Stunden der Exitus infolge fortschreitender Urämie und Hyperkaliämie ein. Eine chronische partielle Obstruktion von Harnröhre oder Harnleiter kann schwere Gewebeläsionen zur Folge haben. Bei Verlegung der Harnröhre oder des Blasenausgangs findet sich typischerweise eine dilatierte, prall gefüllte Blase, aus der sich kein Harn ausdrücken lässt. Eine partielle Obstruktion ist dagegen schwieriger zu verifizieren; durch Beobachtung der Miktion und anschließende Messung des in der Blase befindlichen Restharns (durch Palpation, Sonographie oder Katheterisierung) gelangt man jedoch meist zur Diagnose. Die Palpation der Harnröhre und Prostata (beim Rüden) ist obligat. Die häufigste Ursache für einen Harnverhalt sind mechanische Obstruktionen, welche sowohl intraluminal (z.B. Harnkonkremente, Urethrapfröpfe, Neoplasien) als auch extraluminal (z.B. Abknickung der Urethra bei Verlagerung der Harnblase in eine Perinealhernie, Urethrastrikturen, Entzündungen oder Ödeme der Harnröhrenwand, Prostataerkrankungen) vorliegen können. In diesen Fällen ist eine Katheterisierung diagnostisch und therapeutisch indiziert.

Auch wenn sich der Harnröhrenkatheter ohne Widerstand einführen lässt, sollte zum Ausschluss einer anatomischen Obstruktion eine Urethrozystographie mit aufgedehnter Harnblase durchgeführt werden (ein Katheter kann eine Engstelle in Abhängigkeit vom Durchmesser des Katheters und der Harnröhre sowie der Natur der Obstruktion passieren). Zu den neuromuskulären Ursachen, die eine Miktion erschweren oder verhindern können, zählen die Dysfunktion des *M. detrusor vesicae* und eine funktionelle Obstruktion (Reflexdyssynergie). Die Detrusoratonie entsteht zumeist sekundär infolge einer fortdauernden Blasenüberdehnung aufgrund einer Urethraobstruktion oder neurologischen Läsion. Bei der Reflexdyssynergie handelt es sich um eine Ausschlussdiagnose, die nur gestellt werden darf, wenn eine anatomische Obstruktion sicher ausgeschlossen ist. Im Falle einer funktionellen Obstruktion deckt die neurologi-

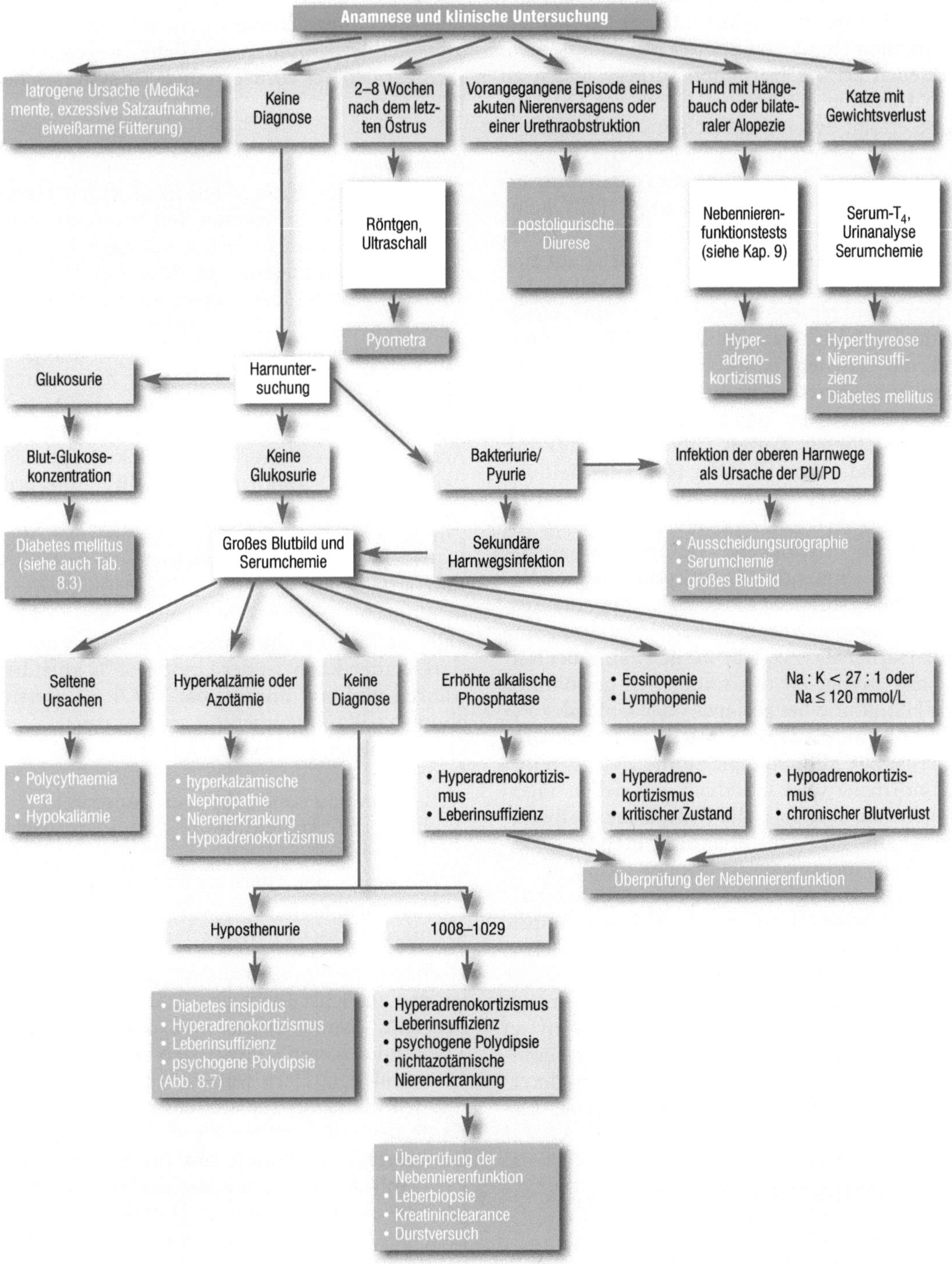

Abb. 8.1 Diagnostisches Stufenprogramm bei Hunden und Katzen mit vorberichtlicher Polyurie/Polydipsie (PU/PD), konstant hypotonem, isotonem oder inadäquat konzentriertem Urin oder einem bilanzierten Wasserverbrauch > 70 ml/kg/d. HWI, Harnwegsinfektion.

sche Untersuchung häufig gewisse Defizite auf, welche aber mitunter sehr subtil sein können.
Die meisten Hunde mit dysurischen Symptomen, bei denen keine Obstruktion vorliegt, leiden an einer Infektion der unteren Harnwege. Die Diagnose erfolgt durch den Nachweis einer Bakteriurie, oft in Verbindung mit Hämaturie, Proteinurie und Pyurie. Eine Urinkultur ist daher unverzichtbar (siehe 8.2.14 Bakteriurie). Falls keine Hinweise auf eine Harnwegsinfektion vorliegen oder wenn der Infekt nicht wie erwartet auf eine Therapie anspricht, sind als weitere mögliche Ursachen Konkremente, Neoplasien, eine sterile Zystitis infolge Cyclophosphamid-Behandlung und die seltenen parasitären Infektionen der Harnblase differentialdiagnostisch abzuklären.
Eine Infektion der unteren Harnwege kommt auch bei älteren Katzen (über 10 Jahre) mit Dysurie und unzureichender Harnausscheidung in Betracht. Bei jüngeren Katzen (2–6 Jahre) liegt dagegen meist eine idiopathische sterile Zystitis vor (Synonyme: Felines urologisches Syndrom, feline interstitielle Zystitis, feline idiopathische Zystitis). Es handelt sich um eine Ausschlussdiagnose, die erst nach Durchführung einer Harnanalyse gestellt werden kann. Bei Katzen mit steriler Zystitis findet sich gewöhnlich eine Hämaturie bei geringer oder fehlender Pyurie. Die zweithäufigste Ursache wäre eine Urolithiasis. Die idiopathische sterile Zystitis bildet sich normalerweise innerhalb von sieben Tagen spontan zurück. Falls die Symptome fortbestehen, ist eine Röntgenaufnahme und/oder Ultraschalluntersuchung der Harnblase indiziert.
Bei einem chirurgischen Eingriff im Bereich des unteren Harntrakts sollte stets auch eine Biopsie der Harnblase (und der Prostata beim Rüden) durchgeführt werden. Hierbei spielt es keine Rolle, ob das Organ unauffällig oder tumorös verändert erscheint, da Gewebeanomalien an der Harnblase auch ohne offensichtliche Veränderungen vorliegen können, während andererseits eine polypoide Zystitis ein malignes Geschehen vortäuschen kann.

8.2 Urinanalyse

Indikation (häufig)

Zu einer vollständigen Erhebung des Gesundheitszustandes insbesondere von kranken Tieren gehört eine Urinanalyse. Sie ist elementar bei allen Patienten mit Erkrankungen des Harnapparates.

Vorteile

Die Harnuntersuchung ist einfach und kostengünstig durchzuführen und liefert wertvolle Informationen bei Vorliegen diverser systemischer Erkrankungen.

Analyse

Der Urin sollte nach Möglichkeit durch Harnblasenpunktion gewonnen werden (eine Ausnahme besteht bei Patienten mit einer bekannten Blutgerinnungsstörung oder mit Verdacht auf eine leichte Hämaturie. In diesen Fällen wäre Spontanurin vorzuziehen, um die bei jeder Blasenpunktion auftretende leichte iatrogene Blutung zu vermeiden). Falls eine Zystozentese nicht durchgeführt werden kann, ist Mittelstrahlurin oder Katheterurin zu verwenden. Die Art der Harngewinnung ist zu dokumentieren, damit etwaige Abnormitäten richtig interpretiert werden können.
Zur Erzielung einer möglichst hohen Genauigkeit (v.a. in Bezug auf Harnzylinder, zelluläre Bestandteile und Kristalle) ist das Urinsediment in möglichst frischem Zustand zu untersuchen. Falls die Probe nicht binnen 30 Minuten analysiert werden kann, ist der Urin bei 4 °C aufzubewahren und erst unmittelbar vor der Untersuchung auf Raumtemperatur zu erwärmen.
Die Urinanalyse besteht aus vier wichtigen Schritten:

1. Bestimmung von Farbe und Transparenz
2. chemische Analyse mittels standardisierter Urinteststreifen
3. Messung des harnspezifischen Gewichts (Harndichte)
4. mikroskopische Untersuchung des Sediments

Nachdem die Probe gründlich gemischt wurde, werden zunächst Farbe und Transparenz visuell beurteilt. Dann taucht man kurz (maximal 1 Sekunde) einen Teststreifen in den Urin. Überschüssiger Harn wird entfernt, indem man mit dem Rand des Teststreifens vorsichtig an die Kante des Urinbehälters tippt. Der Teststreifen ist waagrecht zu halten, um ein Abfließen des Urins mit der Folge einer Vermischung der Reagenzien aus verschiedenen Testfeldern zu vermeiden. Nach einer vorgegebenen Zeitspanne vergleicht man die Farbe der Reaktionszonen mit den Farbskalen auf dem Teststreifenbehälter. Das spezifische Gewicht wird mit Hilfe eines Refraktometers bestimmt. Die Genauigkeit des

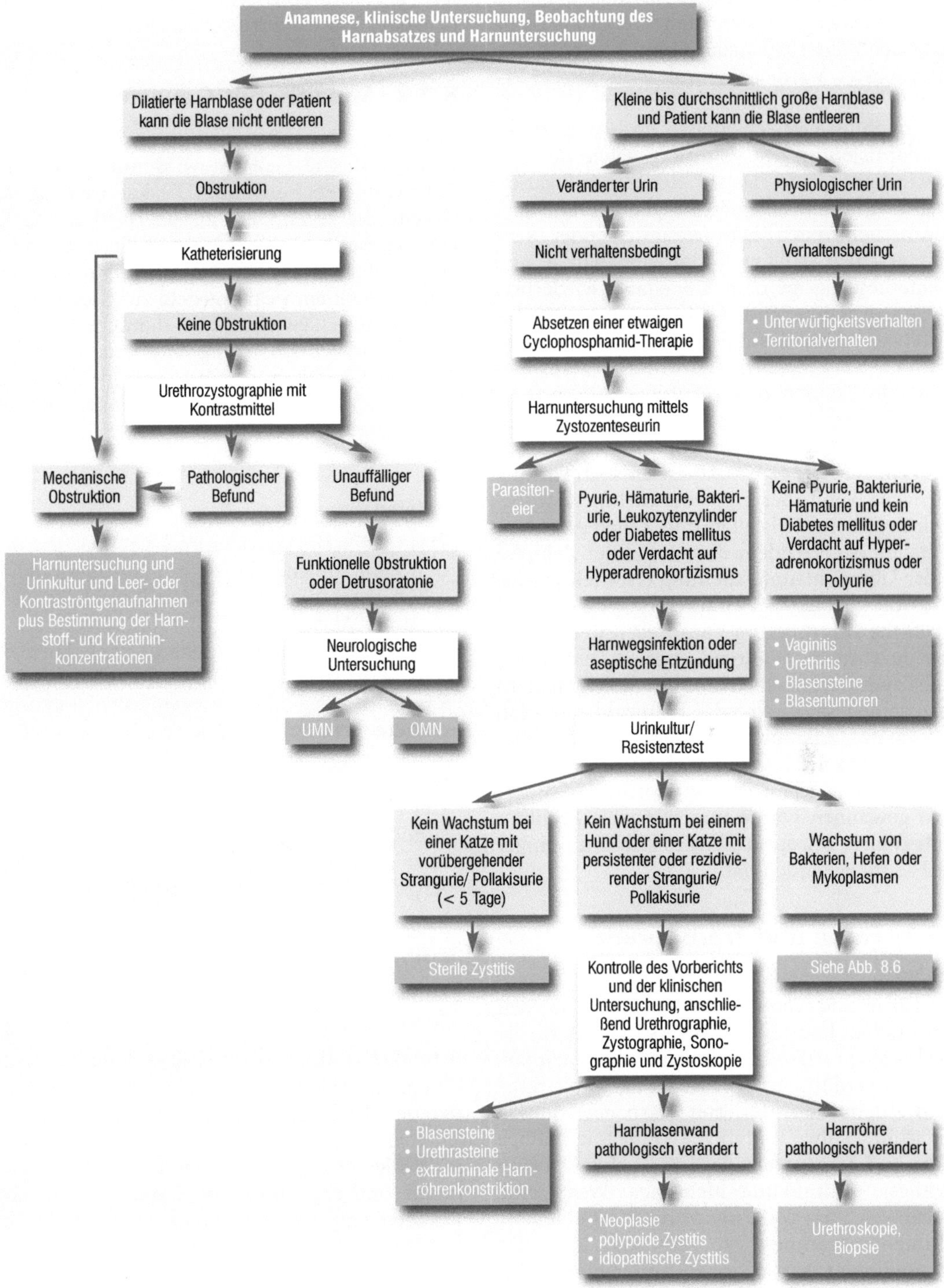

Abb. 8.2 Diagnostisches Stufenprogramm bei Hunden und Katzen mit Dysurie. UMN, unteres motorisches Neuron; OMN, oberes motorisches Neuron.

Gerätes ist in regelmäßigen Abständen an destilliertem Wasser zu überprüfen, wobei die Skala exakt den Wert 1000 anzeigen muss.
Als nächstes werden 3–5 ml Urin bei 1500–2000 U/min zentrifugiert. Für einen Vergleich der Ergebnisse verschiedener Proben sind die Standardisierung des Volumens sowie der Geschwindigkeit und Dauer der Zentrifugation unabdingbar. Falls die ursprüngliche Probe dem Augenschein nach hämorrhagisch oder sehr trüb erschien, sollten Teststreifenanalyse und Dichtemessung an dem Überstand wiederholt werden. Anschließend wird der Überstand bis auf etwa 0,5 ml dekantiert und das Sediment mit den verbliebenen Urintropfen resuspendiert. Ein Tropfen dieser Suspension wird auf einen Objektträger aufgebracht und mit einem Deckgläschen bedeckt. Bei abgeblendetem Licht ist zunächst eine Übersichtsbetrachtung (100fache Vergrößerung) vorzunehmen, wobei nach Zylindern, Kristallen und Zellen Ausschau zu halten ist. Nachdem die Anzahl der Zylinder in der Übersichtsuntersuchung ermittelt wurde, wird die Probe bei stärkerer Vergrößerung (400fache Vergrößerung) auf Zellen und Bakterien durchsucht. Während etwaige Leukozyten und Erythrozyten in mehreren Gesichtsfeldern auszuzählen sind, wird die Keimzahl nur grob abgeschätzt (z.B. Spuren, mäßig, viel). Abschließend werden die Ergebnisse dokumentiert, wobei auch anzugeben ist, auf welche Weise der Urin gewonnen wurde und wie viele Milliliter zentrifugiert wurden, sofern es sich um weniger als 3–5 ml gehandelt hat.

8.2.1 Farbe und Transparenz

Analyse

Die Farbe und Transparenz des Harns werden grobsinnlich beurteilt. Physiologischer Urin ist klar bis leicht trüb und gelblich bis bernsteinfarben. Ein verdünnter Urin ist blassgelb bis farblos, während konzentrierter Harn eine dunkle Verfärbung aufweist (Tab. 8.2). Eine unauffällige Farbe und Transparenz des Urins schließen eine manifeste Erkrankung nicht aus. Wenn eine Farbabweichung des Urins vorliegt, ist eine Medikamentenanamnese zu erheben und das Harnsediment sorgfältig zu untersuchen. Zu den häufigsten Ursachen eines verfärbten Urins zählen Hämaturie, Hämoglobinurie und Bilirubinurie. Eine manifeste Trübung ist in den meisten Fällen auf eine Pyurie, Hämaturie, Kristallurie oder Lipurie zurückzuführen.

8.2.2 Spezifisches Gewicht

Analyse

Das spezifische Gewicht wird mit Hilfe eines Refraktometers bestimmt. Die Kalibrierung des Gerätes ist regelmäßig zu überprüfen. Sie ist korrekt, wenn die Skala bei destilliertem Wasser den Wert 1000 anzeigt. Auf einigen Teststreifen befindet sich ein Reaktionsfeld zur Messung des spezifischen Gewichts. Die damit ermittelten Werte sind jedoch häufig ungenau, vor allem dann, wenn das spezifische Gewicht über 1025 liegt. Die Verwendung von Teststreifen zur Bestimmung der Harndichte ist daher nicht empfehlenswert.

Referenzbereich

Das spezifische Gewicht unterliegt bei gesunden Hunden und Katzen großen physiologischen Schwankungen, und jeder zufällig gemessene Wert bei einem Tier mit einem ausgeglichenen Hydratationsstatus kann normal sein. Ein spezifisches Gewicht unter 1020 kann mit einer klinisch manifesten Polyurie einhergehen. Bei dehydrierten oder azotämischen Tieren ist die Harndichte für die Beurteilung der Nierenfunktion von Bedeutung. Der Harn eines dehydrierten Hundes mit gesunden Nieren sollte ein spezifisches Gewicht über 1030 aufweisen. Bei einer dehydrierten Katze sollte der Wert über 1035 liegen.

Kritische Werte

Keine.

Artefakte und medikamentöse Beeinflussung

Eine niedrige Harndichte kann durch Glukokortikoide, Diuretika, Antikonvulsiva, überhöhte Thyroxin-Substitution, proteinarme oder kochsalzhaltige Fütterung, Methoxyfluran, Aminoglykoside und eine Infusionstherapie bedingt sein. Röntgenkontrastmittel können zu einem Anstieg der Harndichte führen, falls das spezifische Gewicht zum Zeitpunkt der Kontrastmittelgabe unter 1040 lag (bei einem Ausgangswert über 1040 kann es infolge einer osmotischen Diurese zu einer Verminderung der Harndichte kommen).

Tabelle 8.2 Mögliche Ursachen für Farbveränderungen des Urins (Hund und Katze)

Harnfarbe	Ursachen
dunkelgelb	• konzentrierter Urin
blassgelb	• Urochrom, Urobilin (physiologisch)
gelb-orange	• Bilirubin • Fluoreszein • konzentrierter Urin • Phenazopyridin
grün-blau	• Methylenblau • Diathiazanin • Biliverdin
braun-schwarz	• Gallenfarbstoffe • Myoglobin • Methämoglobin
braun-gelb	• Gallenfarbstoffe
rot	• Hämoglobin • Erythrozyten • Myoglobin • Farbstoffe • Phenazopyridin • Phenolsulfonphthalein
milchig	• Pyurie • Lipurie • Phosphatkristalle
farblos	• Harnverdünnung

Beachte: Das harnspezifische Gewicht muss vor dem Beginn einer Behandlung bestimmt werden, speziell vor einer Infusionstherapie oder einer Behandlung mit Diuretika.

Ursachen eines veränderten spezifischen Gewichts

Urin mit einem spezifischen Gewicht ≤ 1007 wird als hypoton bezeichnet. Eine Hyposthenurie zeigt an, dass die Fähigkeit der Niere zur Verdünnung des Glomerulumfiltrats intakt ist, was prinzipiell gegen ein Nierenversagen spricht; allerdings scheiden manche Hunde mit Niereninsuffizienz einen leicht hypotonen Urin aus. Für einen konstant hypotonen Urin können neben einem ADH-Mangel (zentraler Diabetes insipidus), eine exzessive Wasseraufnahme (primäre Polydipsie), fehlende Ansprechbarkeit der Rezeptoren des distalen Nierentubulus auf ADH (renaler Diabetes insipidus) oder ein Verlust der Hyperosmolarität im Bereich des Nierenmarks ursächlich sein. Eine primäre Polydipsie kann auf einer Hyperthyreose, Hyperkalzämie, Hypokaliämie und Leberinsuffizienz beruhen. Zudem kann sie psychogen bedingt sein. Bei einem sekundären renalen Diabetes insipidus (z. B. bei Hyperadrenokortizismus, Hypoadrenokortizismus, Hyperkalzämie, Hypokaliämie, Pyelonephritis, Pyometra, E.-coli-Septikämie) sprechen die Nieren nicht auf ADH an. Ein primärer renaler Diabetes insipidus ist selten. Es handelt sich um eine angeborene fehlende Erregbarkeit der ADH-Rezeptoren. Eine erhöhte Belastung mit gelösten Stoffen (z. B. bei Glukosurie, übermäßiger Salzzufuhr, behobener Harnröhrenobstruktion) kann ebenso wie eine Abnahme des osmotischen Gradienten im Nierenmark (z. B. bei Leberversagen, eiweißarmer Diät, Hyponatriämie, längerer Diuretikabehandlung) eine Polyurie zur Folge haben.

Urin mit einem spezifischen Gewicht im Bereich von 1008–1012 ist isoton, was bedeutet, dass die Konzentration des Glomerulusfiltrats während der Nierenpassage nicht verändert wurde. Urin mit einem spezifischen Gewicht von 1013–1029 (Hund) bzw. 1013–1034 (Katze) ist zwar konzentriert, allerdings zu wenig, um von einer physiologischen Nierenfunktion ausgehen zu können.

Eine Harndichte über 1030 (Hund) zeigt ein normales Konzentrationsvermögen als Ausdruck einer für die Aufrechterhaltung der physiologischen Homöostase adäquaten Nierenfunktion an. Doch können in diesem Fall noch viele Erkrankungen vorliegen, die eine PU/PD auslösen, z. B. Hyperadrenokortizismus, Leberinsuffizienz, Hyperthyreose sowie eine Glomerulopathie.

Die einmalige Messung eines harnspezifischen Gewichts im Bereich von 1007–1030 beim Hund bzw. bis 1035 bei einer Katze impliziert noch keine Nierenfunktionsstörung oder PU/PD, sofern keine klinisch manifeste Dehydratation oder Azotämie vorliegt. In diesem Fall würde eine Harndichte im genannten Bereich den Verlust der Konzentrationsfähigkeit der Nieren reflektieren. Ansonsten ist der Verlust einer adäquaten Harnkonzentration mittels Durstversuch nachzuweisen, ehe man das Konzentrationsvermögen der Nieren als unzureichend einstuft. Ein konstant hypotoner oder isotoner Harn stellt eine Indikation für weitere Untersuchungen dar (Abb. 8.1).

8.2.3 pH-Wert

Analyse

Der Urin-pH wird mittels Farbindikator-Teststreifen bestimmt. Spezielle pH-Messgeräte, die genauere Werte liefern würden, sind für den Praxisgebrauch zu kostspielig.

Referenzbereich

Bei gesunden Hunden und Katzen liegt der Urin-pH im Bereich von 5,0–8,5.

Kritische Werte

Keine.

Artefakte

Fälschlich erhöht bei Aufbewahrung der ungekühlten Probe in einem offenen Behälter, wodurch das CO_2 entweichen kann, sowie bei Kontaminierung mit Detergenzien oder Desinfektionsmitteln.

Medikamentöse Beeinflussung

Ein verminderter pH-Wert kann auf harnsäuernde Substanzen, wie Methionin, Mandelat, Phosphatsalze und Ammoniumchlorid zurückzuführen sein. Dagegen können Acetazolamid, Bikarbonate und Kaliumzitrat den pH-Wert erhöhen.

Ursachen eines sauren/alkalischen Urins

Jeder Urin-pH-Wert kann prinzipiell normal sein. Der Urin-pH ist ein grober Parameter für das Säure-Basen-Gleichgewicht, aber kein verlässlicher Maßstab für den Blut-pH (z.B. kann bei einem Patienten mit Erbrechen und sekundärer Hypochlorämie trotz systemischer Alkalose eine Azidurie vorliegen, da Bikarbonat als Anion reabsorbiert wird). Zu den möglichen Ursachen eines sauren Urins zählen Fleischfütterung, eine respiratorische und metabolische Azidose, massives Erbrechen mit Chloridverlust, schwere Diarrhö, Kachexie, Fieber sowie die Verabreichung harnsäuernder Mittel. Das Auftreten eines alkalischen Urins kurz nach der Fütterung ist physiologisch (postprandiale Basenflut). Ansonsten können die Aufnahme basischer Substanzen (z.B. Bikarbonate oder Zitrate), eine Harnwegsinfektion mit Urease produzierenden Keimen (insbesondere *Staphylococcus* oder *Proteus* spp.), eine renale tubuläre Azidose (RTA), überwiegend pflanzliche Ernährung sowie eine respiratorische oder metabolische Alkalose eine Alkalisierung des Urins verursachen. Ein konstant alkalischer Urin stellt eine Indikation für eine komplette Harnuntersuchung und Urinkultur dar. Falls weder Vorbericht noch Harnuntersuchung oder Urinkultur mögliche Ursachen für den basischen Urin zu Tage fördern, wäre die an sich seltene distale RTA in Betracht zu ziehen. Sowohl bei der distalen als auch bei der proximalen Form der RTA liegen eine hyperchlorämische metabolische Azidose bei physiologischer Anionenlücke und zudem meist eine Hypokaliämie vor (siehe Kap. 7).

8.2.4 Proteinurie

Analyse

Der Proteingehalt im Urin wird für gewöhnlich durch qualitative Tests wie Urinteststreifen (z.B. Tauchstäbchen) oder per Fällungsreaktion bestimmt (z.B. Sulfosalizylsäure, Salpetersäure). Der Teststreifen reagiert auf Albumine wesentlich empfindlicher als auf Globuline. Die Analyse mittels Spektralphotometrie ist präziser (siehe 8.2.5 Urin-Protein/Kreatinin-Verhältnis). Die Bewertung einer Proteinurie muss stets unter Berücksichtigung des spezifischen Harngewichts erfolgen. Da Screeningtests qualitativer Natur sind, muss für das gleiche Resultat in verdünntem Urin mehr Protein enthalten sein als in konzentriertem Harn (z.B. zeigt der Nachweis von Eiweißspuren bei einer Harndichte von 1010 an, dass mehr Protein im Harn ausgeschieden wurde als bei derselben Reaktion und einer Harndichte von 1030).
Die bei Myelomen auftretenden niedermolekularen Paraproteine (Bence-Jones-Proteine) lassen sich nur durch Präzipitation, nicht aber anhand von Teststreifen nachweisen. In diesen Fällen ist eine Urineiweißelektrophorese indiziert, wobei ein markanter monoklonaler Peak (M-Gradient) im β- und/oder γ-Bereich nachweisbar ist.

Referenzbereich

Bei einem spezifischen Gewicht ≥ 1035 gilt der Nachweis von Eiweißspuren (Eiweiß 1+) oder einer geringen Proteinmenge als physiologisch. Bei einem spezifischen Gewicht < 1035 ist jede Proteinurie als potentielles

Krankheitszeichen zu bewerten. Der Proteingehalt wird semiquantitativ angegeben. Aufgrund der Sensitivität der Testverfahren kann jene Proteinmenge, welche eine sehr starke Reaktion hervorruft, bei verschiedenen Tieren erheblich variieren. Um den Schweregrad einer Proteinurie richtig einschätzen zu können, bedient man sich daher eher quantitativer Methoden (siehe 8.2.5 Urin-Protein/Kreatinin-Verhältnis).

Kritische Werte

Keine.

Artefakte

Falsch-negative Werte in der Fällungsreaktion bei stark alkalischem Urin und bei der Teststreifenanalyse bei Vorliegen einer Bence-Jones-Proteinurie. Falsch-positive Werte in der Fällungsreaktion durch Röntgenkontrastmittel sowie durch Phenazopyridin und Chlorhexidin bei Verwendung von Teststreifen. Aber auch bei Einwirkung von Feuchtigkeit auf das Testfeld während der Lagerung, bei zu langem Eintauchen des Teststäbchens in den Urin und bei hohem Urin-pH (pH $\geq$ 9).

Medikamentöse Ursachen

Eine Proteinurie kann durch jedes Medikament hervorgerufen sein, das die Tubuli oder Glomerula zu schädigen vermag.

Ursachen

Es ist primär zu entscheiden, ob eine Proteinurie unter Berücksichtigung des spezifischen Gewichts (s.o.) als signifikant zu bewerten ist oder nicht (Abb. 8.3). Eine unbedeutende Proteinurie kann ignoriert werden, sofern der Patient keine nephrotoxischen Pharmaka (z.B. Aminoglykoside) erhält. Unabhängig vom Schweregrad der Proteinurie sind entsprechende Medikamente abzusetzen, da bereits eine leichte Eiweißausscheidung das erste Anzeichen einer Nierenschädigung und eines drohenden akuten Nierenversagens sein kann. Bei der durch Aminoglykoside hervorgerufenen Nierenschädigung finden sich bei der Harnuntersuchung typischerweise erst eine Proteinurie und andere krankhafte Veränderungen (z.B. Isosthenurie, Glukosurie, Zylindrurie), ehe eine Azotämie auftritt.

Wurde die Proteinurie als pathologisch eingestuft, ist zum Ausschluss einer etwaigen Blutung oder Entzündung eine Harnanalyse mit Sedimentuntersuchung durchzuführen. Geht die Proteinurie mit einer Entzündung (Pyurie) oder Blutung (Hämaturie) einher, ist diese zu behandeln und anschließend zu überprüfen, ob die Proteinurie weiterhin besteht. Die häufigste Ursache einer entzündungsbedingten Proteinurie ist ein Harnwegsinfekt. Daher ist stets eine Urinkultur angezeigt, wenn eine Infektion in Betracht kommt.

Sind sowohl eine Blutung als auch eine Entzündung aufgrund eines normalen (inaktiven oder unauffälligen) Harnsediments ausgeschlossen, sollte die Urinanalyse zunächst wiederholt werden, um festzustellen, ob die Proteinurie fortbesteht. Eine transiente (funktionelle) Proteinurie, für die es viele mögliche Ursachen (körperliche Anstrengung, Fieber, Krämpfe, venöse Stauung der Nierengefäße) gibt, ist selten signifikant. Zur Ermittlung des Schweregrades einer persistenten Proteinurie bei gleichzeitig unauffälligem Harnsediment ist das Urin-Protein/Kreatinin-Verhältnis zu ermitteln.

Bei Vorliegen einer pathologischen Proteinurie ist die Bestimmung der Albumin- und Globulinkonzentration im Serum angezeigt.

Beachte: Eine Proteinurie ist nicht als unbedeutend zu bewerten, auch wenn die Albuminkonzentration im Plasma im Referenzbereich liegt. Eine leichte Proteinurie (Urin-Protein/Kreatinin-Verhältnis von 0,6–3) kann mit einer Tubulopathie oder Glomerulopathie assoziiert sein.

Eine hochgradige Proteinurie (Urin-Protein/Kreatinin-Verhältnis > 3) bei unauffälligem Harnsediment und physiologischen Serumglobulinwerten oder einer polyklonalen Hypergammaglobulinämie ist in der Regel die Folge einer Glomerulopathie (**Beachte:** Die feline Amyloidose tangiert für gewöhnlich das Nierenmark und führt nicht zu einer Proteinurie). Mögliche Ursachen einer Glomerulopathie (z.B. chronische Parasitosen wie Herzwurmbefall oder Hepatozoon-Infektion; Immunkrankheiten wie systemischer Lupus erythematodes; chronische Infektionskrankheiten wie Borreliose, feline Leukämie, felines Immundefizienz-

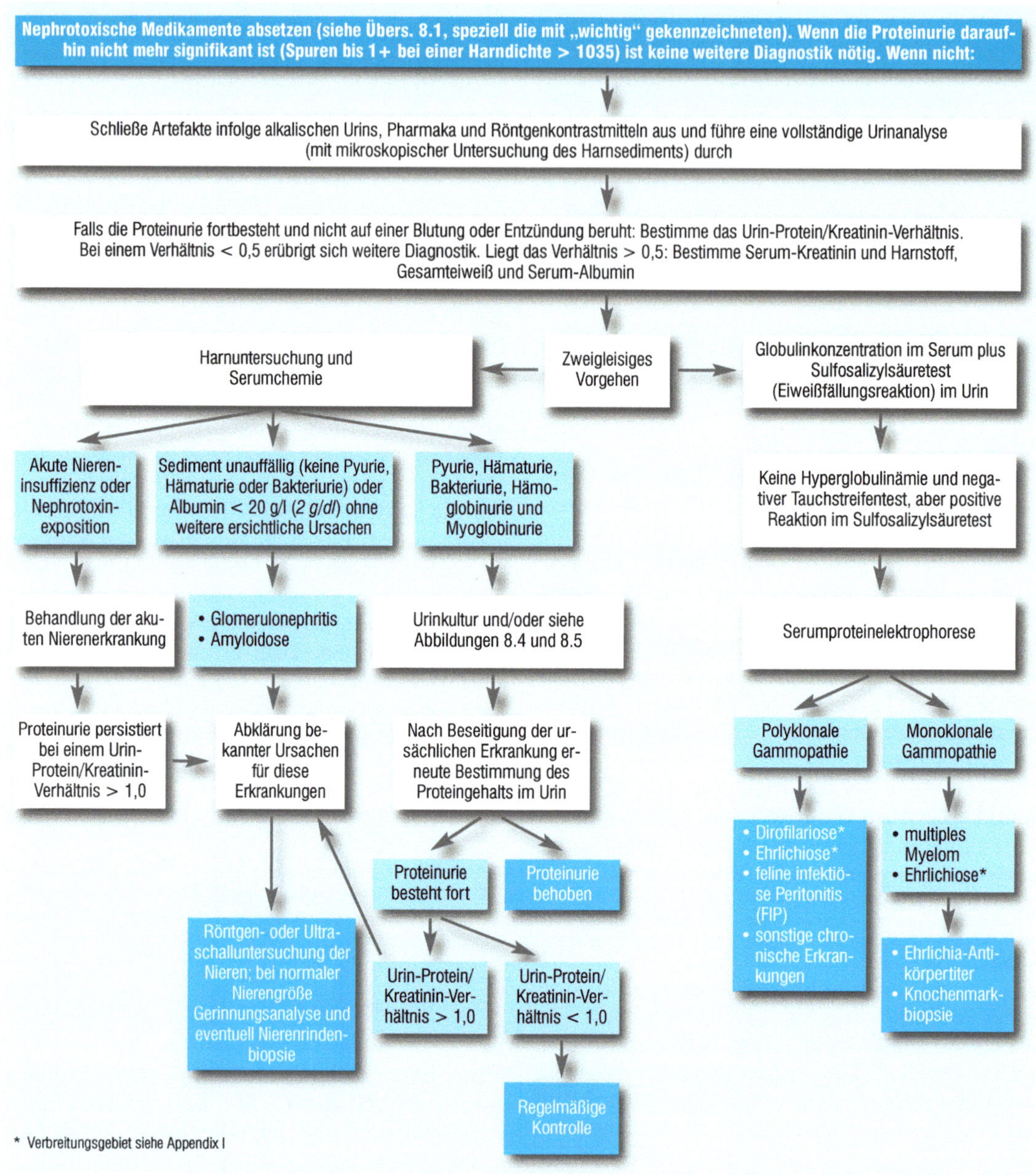

Abb. 8.3 Diagnostisches Stufenprogramm bei Hunden und Katzen mit Proteinurie.

Syndrom, Ehrlichiose; sonstige chronische Entzündungszustände, Neoplasien, Hyperadrenokortizismus) sind abzuklären. Wenn keine dieser Erkrankungen zugrunde liegt oder wenn die Proteinurie trotz Behandlung einer der genannten Krankheiten fortbesteht, ist zum Nachweis einer etwaigen Glomerulonephritis oder Amyloidose eine Biopsie der Nierenrinde durchzuführen.

Eine Proteinurie, die mit Hilfe der Fällungsreaktion (nicht durch Teststreifen) nachgewiesen wurde oder mit einer monoklonalen Hypergammaglobulinämie einhergeht, kann durch Bence-Jones-Proteine hervorgerufen sein. In einem solchen Fall muss nach osteolytischen oder lymphoproliferativen Veränderungen gefahndet werden. Eine Ehrlichiose kann gelegentlich einem Myelom (Glomerulonephritis, monoklonale Gammopathie, Plasmozytose im Knochenmark) ähneln. Die Diagnose erfolgt durch Bestimmung des Antikörpertiters (siehe Kap. 17). Bei Ausschluss einer Ehrlichiose ist die Durchführung einer Urineiweißelektrophorese indiziert. Ein monoklonaler Peak in Urin und Serum gilt als sicheres Indiz für ein Myelom (siehe Kap. 14).

8.2.5 Urin-Protein / Kreatinin-Verhältnis

Indikation

Die Bestimmung des Urin-Protein / Kreatinin-Verhältnisses (U-P / K) dient zur Ermittlung des ungefähren Ausmaßes und damit der Bedeutung einer Proteinurie.

Vorteile

Die Messung des U-P / K ist genauer als Teststreifenverfahren. Man benötigt dazu nur eine einzelne willkürlich entnommene Urinprobe. Das Ergebnis korreliert zudem gut mit Messungen im 24-Stunden-Urin.

Nachteile

Zum Ausschluss einer Blutung oder Entzündung, die bei der Beurteilung der Ergebnisse zu berücksichtigen wären, muss anhand der gleichen Probe eine komplette Harnuntersuchung durchgeführt werden. Tagesschwankungen sind bei Tieren mit Glomerulopathien nicht erforscht, weshalb der Quotient nicht zur Überwachung des Krankheitsverlaufes geeignet ist. Das Urin-Protein / Kreatinin-Verhältnis liefert zudem keinen Hinweis auf den Ursprung einer Proteinurie, sondern dient lediglich zu deren Quantifizierung.

Analyse

Die Messung der Harnkonzentrationen von Protein und Kreatinin erfolgt mit Hilfe der Spektralphotometrie. Gesamtprotein wird gewöhnlich durch Coomassie-Brillantblau- oder Trichloressigsäure-Ponceau-S-Färbemethoden bestimmt, wobei man mit Ersterem im Allgemeinen etwas höhere Werte erhält. Das U-P / K wird nach folgender Formel berechnet:

$$\text{U-P/K} = \frac{\text{Gesamtprotein (g/l)}}{(\text{Kreatinin [µmol/l]} \times 1{,}13)}$$

bzw.

$$\text{U-P/K} = \frac{\text{Gesamtprotein (mg/dl)}}{\text{Kreatinin (mg/dl)}}$$

Werte > 1,0 gelten als pathologisch.

Referenzbereich

Für Hunde < 0,3 und für Katzen < 0,6.

Kritische Werte

Keine.

Artefakte

Siehe die entsprechenden Ausführungen zum Gesamtprotein (siehe Kap. 14) und Kreatinin (in diesem Kapitel).

Ursachen eines erhöhten Urin-Protein / Kreatinin-Verhältnisses

Siehe die entsprechenden Ausführungen zur Proteinurie.

8.2.6 Glukosurie

Analyse

Die Bestimmung der Glukosekonzentration im Urin kann mit Hilfe von Urintauchstäbchen oder -teststreifen (Glukose-Oxidase-Methode) oder einem Tablettenschnelltest (Clinitest®) durchgeführt werden.

Referenzbereich

Der Harn gesunder Hunde und Katzen sollte keine Glukose enthalten.

Kritische Werte

Keine.

Artefakte

Falsch-negative Werte bei gekühltem Urin, hohem Gehalt an Ascorbinsäure, Tetrazyklinen (aufgrund der in der Formulierung enthaltenen

Ascorbinsäure) sowie bei niedrigem pH-Wert und erhöhten Salzkonzentrationen im Urin (bei Verwendung von Papierteststreifen). Falsch-positive Werte durch Wasserstoffperoxid, Hypochlorit oder Bleichmittel sowie eine nicht-glykoside oxidierende Substanz im Urin von Katzen mit einer Urethraobstruktion (bei Verwendung von Tauchstäbchen).

Der Clinitest® reagiert nicht spezifisch auf Glukose. Falsch-positive Befunde können durch Galaktose, Pentose, Fruktose, Salizylate, Penicillin, einige Cephalosporine, Röntgenkontrastmittel sowie größere Mengen von Ascorbinsäure oder Sulfonamiden hervorgerufen werden. Eine sehr starke positive Reaktion kann sich letztlich als schwach herausstellen, da die finale Färbung weniger intensiv ist, als die während der Reaktion auftretende („Durchgangsphänomen“).

Medikamentöse Ursachen

Eine Glukosurie kann verursacht sein durch Pharmaka, die eine Hyperglykämie induzieren können (siehe Kap. 9), durch intravenöse Zufuhr dextrosehaltiger Flüssigkeiten sowie durch spezielle Nephrotoxine, die eine Schädigung der proximalen Tubuli hervorrufen (z.B. Aminoglykosid-Nephrotoxizität).

Weitere Ursachen

Eine Glukosurie tritt auf, wenn im Zuge einer Hyperglykämie (Blutglukosekonzentration > 10 mmol/l [> *180 mg/dl*] bei Hunden bzw. > 17 mmol/l [> *300 mg/dl*] bei Katzen) die Nierenschwelle für die Rückresorption von Glukose überschritten wird. Bei Vorliegen einer Glukosurie ist grundsätzlich die Glukosekonzentration im Blut zu bestimmen. Die häufigste Ursache einer Glukosurie infolge einer Hyperglykämie ist ein Diabetes mellitus (Tab. 8.3). Wenn die Glukosekonzentration im Blut im Referenzbereich liegt, sollte der Urin nochmals untersucht werden. Falls die Glukosurie auch dann noch nachweisbar ist, liegt wahrscheinlich eine Schädigung des proximalen Tubulussystems zugrunde. In diesem Fall ist der Vorbericht auf die Exposition gegenüber nephrotoxischen Substanzen zu überprüfen, eine Urinanalyse durchzuführen und die Serumkonzentrationen von Harnstoff und Kreatinin zu bestimmen. Gelegentlich findet sich als multiple Schädigung des Tubulussystems das Fanconi-Syndrom, das bei einigen Hunderassen (z.B. Basenji) vorkommt, und mit einer Glukosurie trotz Normoglykämie, hyperchlorämischer Azidose, Hyperphosphaturie und Auftreten von Aminosäuren im Urin einhergeht.

Tabelle 8.3 Ursachen einer Glukosurie (Hund und Katze)

Überschreitung der Nierenschwelle für Glukose	• Diabetes mellitus • Stress (v.a. bei Katzen) • Infusion dextrosehaltiger Flüssigkeiten • Hyperadrenokortizismus (Blutglukose selten > 10 mmol/l) (> *180 mg/dl*) • Phäochromozytom (selten)
Dysfunktion der proximalen Tubuli	• Aminoglykosid-Toxizität • akutes Nierenversagen • Fanconi-Syndrom • primäre renale Glukosurie
Kontaminierung	• durch eine Blutung im Bereich der Harnwege bei einem Patienten mit leichter Hyperglykämie

8.2.7 Ketonurie

Analyse

Der Nachweis von Ketonkörpern im Urin erfolgt in der Regel mittels Urindipsticks oder Tablettentests (Acetest®). Damit lassen sich Azetessigsäure und Azeton, aber nicht β-Hydroxybuttersäure (die für die Azidose verantwortlich ist) nachweisen.

Referenzbereich

In physiologischem Harn sind keine Ketonkörper nachweisbar.

Kritische Werte

Der Schweregrad einer Ketoazidose korreliert nicht unbedingt mit dem Ausmaß einer Ketonurie. Größere Mengen von Ketonkörpern im Urin bei gleichzeitiger Lethargie und Erbrechen zeigen eine Ketoazidose an und rechtfertigen die sofortige Bestimmung der Glukosekonzentration im Blut sowie des Säure-Basen-Status (z.B. Messung der Gesamt-Kohlendioxidkonzentration (TCO_2), Blutgasanalyse).

Artefakte

Falsch-positiver Ketontest durch Phenazopyridin, Dimercaprol, Azetylsalizylsäure, Captopril, Mesna, N-Acetylcystein und Valproinsäure.

Medikamentöse Ursachen

Streptozocin und Intoxikation durch Azetylsalizylsäure.

Weitere Ursachen

Im Rahmen einer Lipolyse kommt es zur Produktion von Ketonkörpern. Zu den häufigsten Ursachen zählen Kachexie, Fasten und diabetische Ketoazidose. Wenn neben einer Ketonurie auch eine Glukosurie nachweisbar ist, liegt höchstwahrscheinlich ein Diabetes mellitus vor, der durch die Bestimmung der Blutglukosekonzentration verifiziert werden kann. Bei gleichzeitigem Nachweis einer Ketonurie, Glukosurie und Hyperglykämie steht die Diagnose Diabetes mellitus fest, und die Bestimmung der Serumkonzentrationen von Natrium, Kalium und Phosphor ist ebenso indiziert, wie die Messung der TCO_2 oder eine Blutgasanalyse. Eine Ketonurie ohne Glukosurie lenkt den Verdacht auf einen gesteigerten Fettsäurenabbau und bedarf bei anorektischen Tieren ohne Diabetes mellitus im Allgemeinen keiner weiteren Abklärung.

8.2.8 Bilirubinurie

Analyse

Der Nachweis einer Bilirubinurie erfolgt mittels Tauchstäbchen (Diazonium-Methode) und gelegentlich mittels Oxidationsverfahren (Harrisons-Spottest). Die Tablettenmethode ist empfindlicher.

Referenzbereich

Bei Hunden (speziell Rüden) können geringe Mengen Bilirubin im Urin nachweisbar sein, wenn das spezifische Gewicht ≥ 1030 beträgt. Bei gesunden Katzen tritt normalerweise keine Bilirubinurie auf.

Kritische Werte

Keine.

Artefakte

Mit falsch-negativen Ergebnissen ist zu rechnen, wenn die Urinprobe längere Zeit dem Sonnenlicht ausgesetzt war oder bei Raumtemperatur unverschlossen gelagert wurde (Bilirubin oxidiert zu Biliverdin, das nicht nachgewiesen wird). Eine ausgeprägte Hämoglobinurie kann ebenfalls ein falsch-negatives Ergebnis aufgrund einer Maskierung der Bilirubin-induzierten Farbveränderungen auf dem Tauchstäbchen verursachen. Falsch-positive Werte können durch einen hohen Gehalt an Phenothiazinen zustande kommen.

Medikamentöse Ursachen

Zu den möglichen Ursachen einer hämolytischen Anämie bzw. eines Ikterus siehe Kapitel 3 und 11.

Weitere Ursachen

Bilirubin kann nur in konjugierter Form im Urin ausgeschieden werden. Für die Konjugierung ist prinzipiell die Leber verantwortlich, doch sind die Nieren von Fleischfressern ebenfalls dazu befähigt. Zu den häufigsten Ursachen einer Hyperbilirubinämie bei Hunden und Katzen zählen neben einer Hepatopathie und posthepatischen Gallengangsobstruktion auch hämolytische Erkrankungen. Eine leichte Bilirubinurie kann zudem die Folge einer längeren Anorexie sein.

Eine ausgeprägte Bilirubinurie beim Hund sowie jede Bilirubinurie bei der Katze stellen eine Indikation zur Bestimmung der Bilirubinkonzentration im Serum dar. Außerdem sind die Aktivitäten der alkalischen Phosphatase (AP) und Alanin-Amino-Transferase (ALT) sowie der Hämatokrit zu ermitteln. Wenn der Hämatokrit unterhalb des Referenzbereiches liegt, sind ein großes Blutbild und die Bestimmung der Retikulozytenzahl erforderlich. Zum Untersuchungsgang bei Ikterus siehe Kapitel 11.

8.2.9 Urobilinogen

Analyse

Auf den Urinteststreifen befindet sich ein Testfeld zum Nachweis von Urobilinogen.

Referenzbereich

0,1–1,0 Einheiten nach Ehrlich. Ein völliges Fehlen von Urobilinogen kann mit diesem Test nicht festgestellt werden.

Kritische Werte

Keine.

Es handelt sich um einen unbedeutenden Test, dessen Ergebnisse außer Acht gelassen werden sollten.

8.2.10 Okkultes Blut im Urin

Analyse

Die Testfelder auf Urintauchstäbchen reagieren auf Hämoglobin, Myoglobin und in geringerem Maße auf intakte Erythrozyten. Mit der äußerst sensitiven Reaktion lassen sich bis zu 0,02 μmol Hämoglobin/l (*0,03 mg/dl*) nachweisen.

Referenzbereich

Im Harn gesunder Tiere findet sich weder Hämoglobin noch Myoglobin. Vereinzelte Erythrozyten (≤ 5 Erythrozyten je 400fach vergrößertes Gesichtsfeld) gelten als physiologisch. Im Spontanurin läufiger Hündinnen ist die Anzahl der Erythrozyten zuweilen erhöht.

Kritische Werte

Keine, doch kann eine massive Hämoglobinurie/Myoglobinurie bei einem dehydrierten Tier zur Schädigung der renalen Tubuli führen.

Artefakte

Falsch-negative Befunde durch Ascorbinsäure und Captopril. Falsch-positive Befunde bei Kontamination der Probe mit Flohkot.

Ursachen

Eine positive Nachweisreaktion beruht in den meisten Fällen auf einer Hämaturie; daher sollte in jedem Fall auch das Urinsediment untersucht werden. Die Hämaturie kann als gesichert gelten, wenn im Sediment Erythrozyten oder Erythrozytenschatten zu sehen sind. In hypotonem oder alkalischem Urin tritt eine Hämolyse der Erythrozyten ein, die dann häufig nicht mehr zu erkennen sind. Falls die Hämoglobinurie auf einer Hämaturie beruht, verläuft die weitere Abklärung wie bei einer Hämaturie (Abb. 8.4).

Wenn keine Erythrozyten zu finden sind, insbesondere wenn der Urin nach der Zentrifugation stark verfärbt erscheint, sind Hämatokrit und Plasmafarbe zu bestimmen. Eine Hämoglobinurie liegt vor, wenn das Plasma trotz korrekter venöser Blutentnahmetechnik pinkfarben oder rot ist (Abb. 8.5). Eine Hämoglobinurie infolge einer Hämoglobinämie gilt als Hinweis auf eine hämolytische Anämie (siehe Kap. 3). In diesem Fall ist eine Kontrolle des Blutbildes indiziert. Falls keine Anzeichen einer Hämaturie oder Hämolyse vorliegen, kommt eine Myoglobinämie in Betracht. Im Urin vorhandenes Myoglobin kann durch Ausfällung mit 80%igem gesättigtem Ammoniumsulfat nachgewiesen werden. Wenn der Überstand nach Zentrifugation rotbraun gefärbt ist, werden 2,8 g Ammoniumsulfat zu 5 ml pH-neutralem Urin gegeben. Bleibt nach Zentrifugation dieser Mixtur der Überstand dunkel, ist die Myoglobinurie nachgewiesen. Die Interpretation kann zuweilen schwierig sein, wenn der Urin durch Nichteiweißpigmente verfärbt ist. Bei Vorliegen einer Myoglobinurie sind eine etwaige Rhabdomyolyse oder eine Myositis abzuklären (siehe Kap. 16). Außerdem ist die Aktivität der Serum-Kreatinkinase (CK) zu bestimmen.

Ergeben sich keine Hinweise auf eine Hämaturie, Hämoglobinämie, Hämolyse oder Myopathie, sollte nochmals überprüft werden, ob ein Artefakt zugrunde liegt. Bei einer chronischen Hämoglobinurie unklarer Genese ist nach einer okkulten Blutung im Bereich der Harnwege zu fahnden.

8.2.11 Hämaturie

Analyse

Der Nachweis einer Hämaturie erfolgt über das Testfeld für okkultes Blut auf dem Urintauchstäbchen oder durch die mikroskopische Untersuchung des Harnsediments.

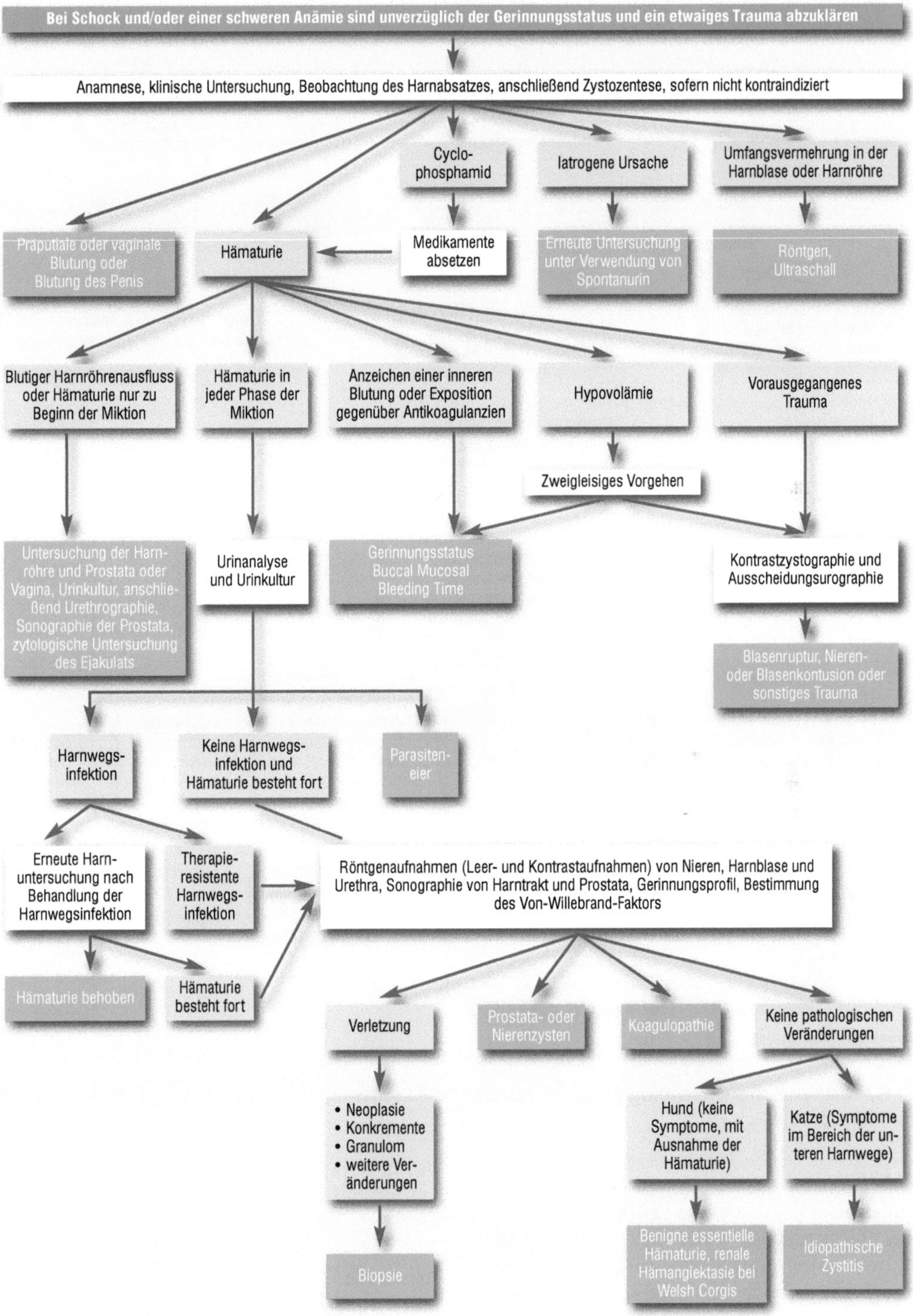

Abb. 8.4 Diagnostisches Stufenprogramm bei Hunden und Katzen mit persistierender Hämaturie (makroskopisch oder mikroskopisch).

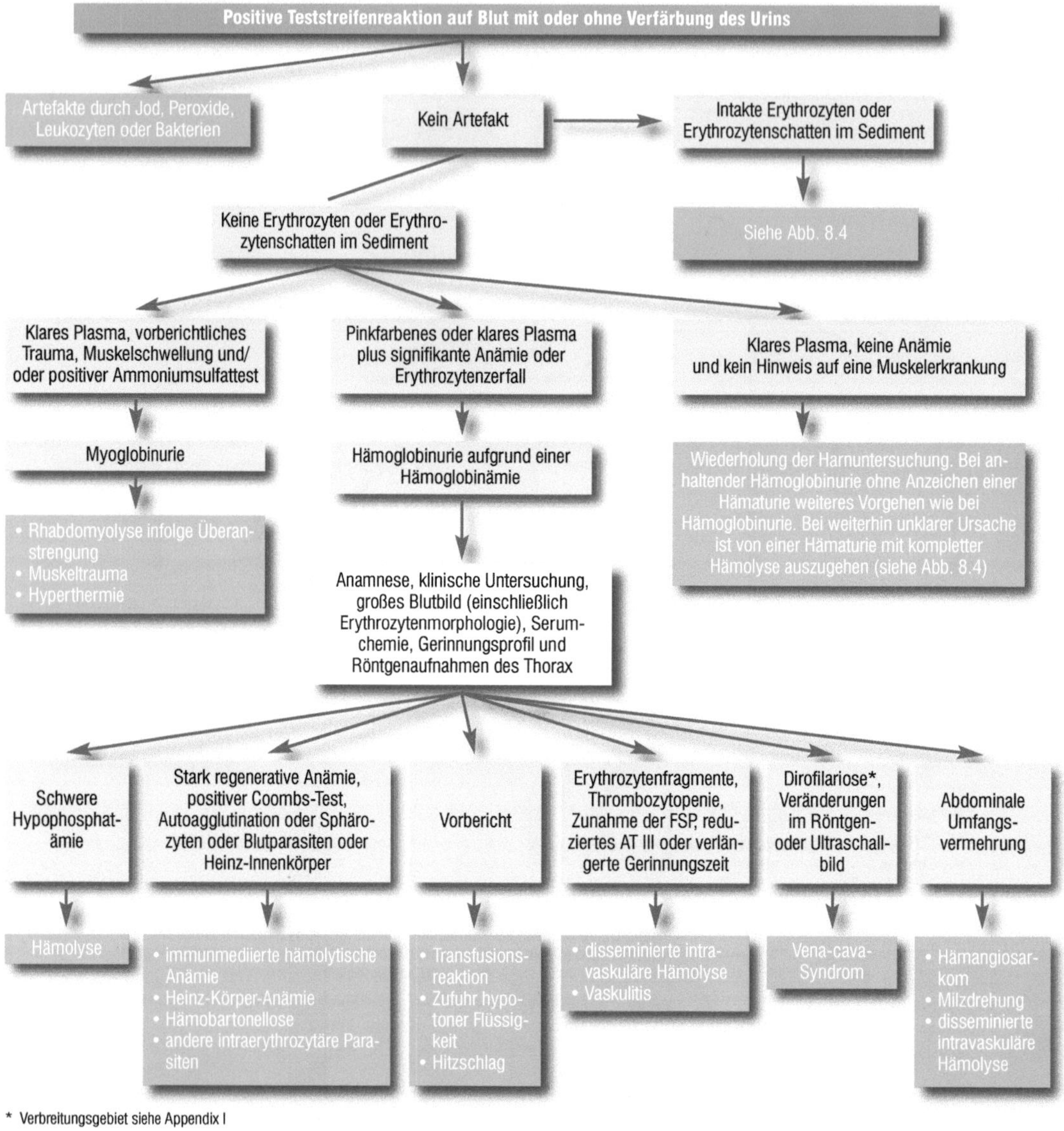

Abb. 8.5 Diagnostisches Stufenprogramm bei Hunden und Katzen mit Hämoglobinurie. AT III, Antithrombin III; FSP, Fibrinspaltprodukte.

Referenzbereich

Weniger als 6 Erythrozyten je 400fach vergrößertes Gesichtsfeld. Falls der Urin durch Punktion oder Katheterisierung gewonnen wurde, kann infolge des iatrogenen Traumas eine makroskopisch oder mikroskopisch erkennbare Hämaturie vorliegen.

Kritische Werte

Keine.

Artefakte

Falsch-negativer Befund infolge Hämolyse, die in hypotonem oder alkalischem Urin sehr rasch eintritt und innerhalb von zwei Stunden abgeschlossen sein kann. Die Reaktion auf okkultes Blut ist positiv, während im Harnsediment keine Erythrozyten zu sehen sind; allerdings können gelegentlich Erythrozytenschatten im Sediment zu erkennen sein.

Ursachen

Zunächst ist die Möglichkeit einer iatrogenen Mikroblutung infolge der Urinentnahme in Betracht zu ziehen (Abb. 8.4).

Durch die Verwendung von Spontanurin kann eine iatrogene Hämorrhagie infolge Katheterisierung oder Blasenpunktion vermieden werden. Bei einer Makrohämaturie ist die visuelle Beurteilung der Blutbeimischung während der Miktion zur Lokalisation der Blutungsquelle hilfreich. Im Falle einer Blutung, die unabhängig vom Harnabsatz auftritt oder zu Beginn der Miktion am stärksten ist, kommen beim Rüden primär Harnröhre, Prostata oder Präputium und bei der Hündin Urethra, Uterus oder Vagina als potentielle Blutungsquellen in Betracht. Wenn die Hämaturie mehr zum Ende der Miktion auftritt, stammt das Blut wahrscheinlich aus der Harnblase. Jede Blutungsquelle kann eine über die gesamte Dauer der Miktion währende Hämaturie verursachen. Wenn der Zystozenteseharn im Gegensatz zum Spontanurin kein Blut enthält, sind Präputium, Vagina, Uterus und distale Urethra als wahrscheinlichste Blutungsquellen anzusehen. Blut, das einer Läsion der Prostata oder der proximalen Harnröhre entstammt, kann sowohl in die Harnblase zurückfließen oder aber unabhängig von der Miktion auftreten.

Zu den möglichen Ursachen einer Hämaturie zählen eine Infektion, Konkremente, sonstige nicht-septische Entzündungen, Gerinnungsstörungen, Traumata (exogen, iatrogen), Neoplasien, Zysten, Niereninfarkte, Parasiten, venöse Nierenstauung, körperliche Anstrengung, Östrus bei weiblichen Tieren oder eine Glomerulonephritis (selten).

Der häufigste Grund für eine Hämaturie beim Hund ist eine Harnwegsinfektion; deshalb ist eine bakteriologische Harnuntersuchung auch dann indiziert, wenn weder eine Pyurie noch eine Bakteriurie nachweisbar sind. Ein weiterer häufiger Grund sind Konkremente, weswegen Leeraufnahmen des Abdomens ebenfalls indiziert sind. Gerinnungstests (siehe Kap. 5) sind durchzuführen im Falle einer vorausgegangenen Antikoagulanzientherapie, bei einer anamnestisch bekannten oder während der körperlichen Untersuchung festgestellten Koagulopathie, einer blutungsbedingten Hypovolämie oder Anämie und wenn die Ursache der Blutung offenbar nicht im Urogenitaltrakt liegt. Wenn sämtliche Tests negativ verlaufen, sind Kontrastaufnahmen und/oder eine Ultraschalluntersuchung zur Beurteilung von Nieren, Harnleiter, Harnblase, Prostata und Urethra durchzuführen. Bei Rüden sollte außerdem das Prostatasekret (Ejakulat oder Prostataexprimat) untersucht werden.

Bei Katzen stellt die idiopathische Zystitis (felines urologisches Syndrom, feline idiopathische Zystitis, feline interstitielle Zystitis) eine häufige Ursache für eine Hämaturie dar. Dagegen ist ein Prostataleiden nur selten für eine Hämaturie beim Kater verantwortlich. Ansonsten sind die möglichen Ursachen einer Hämaturie bei Hunden und Katzen identisch.

8.2.12 Nitriturie

Analyse

Auf den Urintauchstäbchen befindet sich ein Testfeld zum Nachweis einer Nitriturie.

Referenzbereich

Im Harn gesunder Tiere ist kein Nitrit nachweisbar.

Kritische Werte

Keine.

Beachte: Dieser Test ist bei Hunden und Katzen ungenau und sollte nicht berücksichtigt werden.

8.2.13 Pyurie

Analyse

Zum Nachweis einer Pyurie eignet sich die mikroskopische Untersuchung des Harnsediments. Der in der Humanmedizin zum Nachweis einer Leukozyturie verwendete Granulozytenesterase-Teststreifen ist bei Hunden unzureichend sensitiv und bei Katzen nicht erprobt. Durch Teststreifen gewonnene Ergebnisse können die Untersuchung des Urinsediments daher nicht ersetzen.

Referenzbereich

Weniger als vier Leukozyten je 400fach vergrößertes Gesichtsfeld. Zur Vermeidung einer sekundären Kontaminierung aus der Harnröhre oder dem äußeren Genitale sollte nach Möglichkeit Zystozenteseharn zur Untersuchung verwendet werden.

Kritische Werte

Keine.

Artefakte

Falsch-negative Befunde infolge Lyse der Leukozyten in alkalischem und verdünntem Urin, sowie nach längerer Lagerung der Probe bei Raumtemperatur.

Ursachen

Eine Pyurie gilt als Hinweis auf das Vorliegen einer Entzündung. Präputial- oder Vaginalsekrete können ebenfalls ursächlich sein. Um diese Faktoren auszuschalten, sollte die Urinprobe durch Harnblasenpunktion gewonnen werden. Die häufigste Ursache für eine Pyurie ist eine Infektion im Bereich der Harnwege. Zu den weiteren gängigen Ursachen zählen Konkremente und Neoplasien. Eine kulturelle Harnuntersuchung ist in jedem Fall indiziert. (**Beachte:** In verdünntem Urin oder bei Patienten mit gestörter Leukozytenfunktion, wie etwa bei Hyperadrenokortizismus oder Diabetes mellitus, kann die Pyurie trotz vorliegender Harnwegsinfektion fehlen.) Im Falle einer persistierenden Pyurie bei gleichzeitig unauffälliger Urinkultur sind Röntgenbilder (Leer- und Kontrastaufnahmen) und/oder eine Ultraschalluntersuchung des Harntraktes zum Ausschluss von Konkrementen und Neoplasien angezeigt.

8.2.14 Bakteriurie

Analyse

Zum Nachweis einer Bakteriurie dienen die mikroskopische Untersuchung des Harnsediments und die Urinkultur (siehe Kap. 17). Zur Vermeidung einer sekundären Verunreinigung der Probe mit Keimen aus dem distalen Harnröhrenabschnitt und/oder dem Genitaltrakt sollte nach Möglichkeit Zystozenteseharn verwendet werden. Mittels Harnblasenkatheter gewonnener Mittelstrahlurin von Rüden oder Katzen beiderlei Geschlechts ist aber ebenfalls geeignet. Dagegen sollte Katheterurin von Hündinnen, wegen des relativ hohen Risikos einer signifikanten Kontamination der Probe durch vaginale Keime sowie der Gefahr einer Keimverschleppung in die Blase mit nachfolgender Infektion, nicht verwendet werden.

Referenzbereich

Der Nachweis von Bakterien im Zystozenteseharn gilt als pathologisch. Zur Feststellung der Signifikanz einer Bakteriurie in einer mittels Katheterisierung gewonnenen Probe ist eine quantitative Urinkultur erforderlich. Das Vorkommen von Bakterien im Spontanurin kann sowohl auf einer Infektion beruhen als auch auf einer Kontamination durch die physiologische Bakterienflora der Urethra oder des äußeren Genitale.

Kritische Werte

Keine.

Artefakte

Falsch-negative Befunde bei vorangegangener Antibiose, Diurese, Kontaminierung des Urins mit Oxidanzien (z.B. Bleichmittel) oder einer größeren zeitlichen Verzögerung zwischen Entnahme und Untersuchung der Urinprobe. Falsch-positive Befunde nach längerer Lagerung des Urins bei Raumtemperatur sowie durch kontaminierte Zentrifugenröhrchen oder Färbereagenzien. In Nativpräparaten kann die Brown'sche Molekularbewegung von amorphem Zelldetritus mit einer Bakteriurie verwechselt werden.

Ursachen

Nach Ausschluss von Artefakten und einer Kontamination erlaubt der Nachweis einer Bakteriurie die Diagnose einer Harnwegsinfektion (Abb. 8.6). Bakteriurie, Pyurie und Hämaturie sind die klassischen Anzeichen eines Harnwegsinfektes in *lege artis* entnommenem Urin; allerdings geht nicht jede Infektion mit einer nachweisbaren Pyurie, Hämaturie und/oder Bakteriurie einher. So kann etwa in verdünntem Urin die Keimkonzentration derart gering sein, dass

Tabelle 8.4 Wahrscheinlichkeitsdiagnose bakterieller Keime aufgrund der Ergebnisse der Urinanalyse (zur Bestätigung ist eine kulturelle Harnuntersuchung durchzuführen)

Urin-pH	morphologische Merkmale	mutmaßlicher Keim
sauer	Stäbchen	*E. coli* [1]
sauer	Kokken	Enterokokken/ Streptokokken
alkalisch	Stäbchen	*Proteus* spp.
alkalisch	Kokken	Staphylokokken

[1] Andere gramnegative Stäbchen, wie etwa Klebsiella, Pseudomonas und Enterobacter können ebenfalls auftreten. *E. coli* wurde ausgewählt, da es sich hierbei um den häufigsten Erreger von Harnwegsinfektionen handelt.

bei der Sedimentuntersuchung keine Bakterien auffindbar sind. Grundsätzlich müssen mehr als 10^4 Stäbchen/ml bzw. 10^5 Kokken/ml vorhanden sein, um sie im Sediment einwandfrei erkennen zu können. Bei Patienten mit Hyperadrenokortizismus (endogen oder iatrogen) oder Diabetes mellitus sind bei der Urinanalyse zuweilen überhaupt keine Anzeichen einer Harnwegsinfektion feststellbar. Daher empfiehlt sich bei Vorliegen derartiger Erkrankungen stets die Durchführung einer kulturellen Harnuntersuchung.

Bei Verdacht auf einen Harnwegsinfekt ist das Anlegen einer Urinkultur grundsätzlich indiziert. Falls dennoch darauf verzichtet wird, können die Keimmorphologie (Stäbchen oder Kokken) und der Urin-pH (Tab. 8.4) zur Ermittlung der mutmaßlichen Keimspezies und zur Auswahl der am ehesten geeigneten Therapie herangezogen werden. Falls die Infektion fortbesteht oder nach Behandlung erneut auftritt, ist die Urinkultur jedoch unabdingbar. Bei rezidivierenden Harnwegsinfektionen sind Übersichts- und Kontrastmittelaufnahmen, eine Ultraschalluntersuchung sowie eine zytologische und kulturelle Untersuchung des Ejakulats bei unkastrierten Rüden indiziert. Eine gründliche Fahndung nach den möglichen Ursachen, wie etwa ungeeignete Therapie (z.B. Antibiotikaresistenz), unzuverlässige Medikamentengabe seitens des Tierhalters, wiederholte Katheterisierung oder Blasenverweilkatheter, Neoplasien, partielle Harnröhrenobstruktion, Pyelonephritis, Prostatitis, Harnkonkremente, Granulome, Harnblasendivertikel, Harninkontinenz, Polyurie, Harnverhalt, Diabetes mellitus und Hyperadrenokortizismus ist selbstverständlich obligat (Tab. 8.5).

Tabelle 8.5 Ursachen chronischer oder rezidivierender Harnwegsinfektionen und Methoden zur Diagnostik

Ursache	diagnostische Methode
Patientenbesitzer kann Medikamente nicht eingeben	Anamnese (Überprüfung der regelmäßigen Medikamentengabe)
Entzündung der oberen Harnwege	Ausscheidungsurographie zum Nachweis eines dilatierten Nierenbeckens, Nachweis von Leukozytenzylindern, Sonographie, Urinkultur mit aus dem Nierenbecken gewonnenem Harn
Konkremente	Leeraufnahmen, Kontrastdarstellungen, Sonographie, Zystoskopie
Prostatitis	zytologische und bakteriologische Untersuchung des Ejakulats, Feinnadelaspiration und/oder Biopsie der Prostata, Sonographie
Neoplasie	zytologische Untersuchung des Urinsediments, Kontrastdarstellungen, Biopsie, Sonographie, Urethrozystoskopie
Harnblasendivertikel	Positivkontrast-Urozystographie
Granulom	Kontrastdarstellungen, Urethrozystoskopie, Biopsie
Harninkontinenz/ Harnverhalt	Vorbericht, klinische Untersuchung, Restharnvolumenmessung
Immunsuppression	Hyperadrenokortizismus, Diabetes mellitus (siehe Kap. 9)
Katheterisierung	Vorbericht, klinische Untersuchung

8.2.15 Sonstige Zellen im Urin

Analyse

Der Nachweis sonstiger Zellen erfolgt durch die mikroskopische Untersuchung des Harnsediments. Einige wenige große und kleine Rundzellen gelten als Normalbefund.

Ursachen

Gelegentlich können neoplastische Zellen im Urin von Tieren, die an bösartigen Tumoren (z.B. Übergangszellkarzinom) der Harnblase oder Harnröhre leiden, gefunden werden. Zur gezielten Untersuchung des Urins auf Karzinomzellen ist eine größere Menge frisch gewonnenen Urins unverzüglich zu zentrifugieren, das

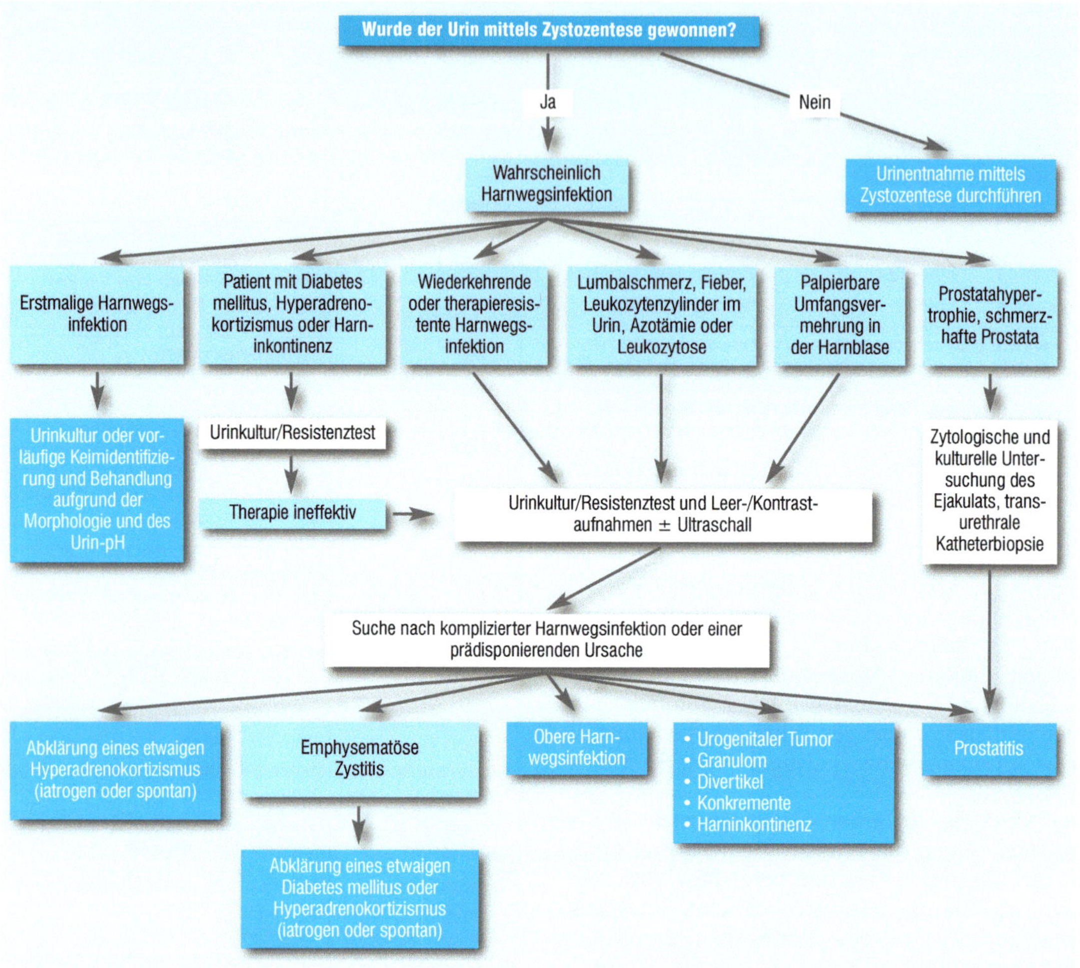

Abb. 8.6 Diagnostisches Stufenprogramm bei Hunden und Katzen mit Bakteriurie.

Sediment auf einem Objektträger auszustreichen, zu trocknen und mit Methylenblau oder nach Wright-Giemsa zu färben. Schwellung und frühe Degeneration von im Urin ausgeschiedenen Zellen sind ebenso häufig wie reaktive Veränderungen infolge einer Zystitis. Durch diese Erscheinungen (große oder atypisch geformte Kerne und Kernkörperchen) kann eine Malignität vorgetäuscht werden. Derartige Veränderungen können auch durch Röntgenkontrastmittel hervorgerufen werden. Wenn der Verdacht auf eine Neoplasie im Bereich der Harnröhre oder Harnblase besteht, aber entweder keine veränderten Zellen zu finden sind oder Unklarheit bezüglich der Natur vorhandener Zellen herrscht, sollte zur Gewinnung einer für die zytologische Untersuchung geeigneten Probe besser eine Harnblasenspülung oder Katheterbiopsie durchgeführt werden.

Bei Blastomykose oder disseminierter Aspergillose kann es in seltenen Fällen zur Ausscheidung von Pilzen im Harn kommen. Ansonsten handelt es sich beim Nachweis von Pilzen und Hefen meist um sekundäre Verunreinigungen, wenngleich auch selten eine Infektion mit *Candida albicans* ursächlich sein kann.

Der Nachweis von Spermien im Harn gesunder männlicher Tiere gilt als physiologisch.

8.2.16 Zylindrurie

Analyse

Der Nachweis von Harnzylindern erfolgt durch die mikroskopische Untersuchung des Harnsediments.

Referenzbereich

In mäßig konzentriertem Urin gesunder Tiere gelten bis zu zwei hyaline und/oder granulierte Zylinder je 100fach vergrößertes Gesichtsfeld als Normalbefund.

Kritische Werte

Keine.

Artefakte

Bei zu langer Lagerung (über Stunden), kräftigem Schütteln oder sonstiger unsachgemäßer Behandlung der Probe lösen sich die Zylinder auf. In alkalischem Urin sind Zylinder generell seltener nachweisbar.

Ursachen

Eine Zylindrurie ist ein Hinweis auf eine Nierenerkrankung, wobei aber der fehlende Nachweis von Zylindern eine Nephropathie keineswegs ausschließt. Während der Zylindertyp einen Hinweis auf die Art der Erkrankung liefert, steht die Anzahl in keinem Zusammenhang mit der Reversibilität bzw. Irreversibilität des krankhaften Geschehens.

Hyaline Zylinder können im Zuge einer Proteinurie oder Diurese sowie nach Behandlung einer Dehydratation auftreten. Granulierte Zylinder setzen sich aus Proteinen, degenerierten Zellen und weiteren Substanzen zusammen. Eine Unterscheidung zwischen grob und fein granulierten Zylindern ist nicht notwendig. Dieser Typus tritt bei Erkrankungen auf, die mit Degeneration und Nekrose der Tubulusepithelien einhergehen. Die Zellen, aus denen die Zylinder aufgebaut sind, entstammen daher wahrscheinlich den desquamierten Epithelien der Tubuli; gleichwohl kann es sich dabei auch um degenerierte Leukozyten handeln. Ältere, degenerierte Granulozytenzylinder werden als Wachszylinder bezeichnet. Mitunter findet man besonders dicke hyaline, granulierte oder wächserne Zylinder vor. Man nimmt an, dass der größere Umfang auf ihre Formierung in den Sammelrohren oder im dicken Teil der Henleschen Schleife zurückzuführen ist. Epithelzylinder treten häufig gemeinsam mit granulierten Zylindern auf. Sie gelten als Hinweis auf eine aktive tubuläre Nephropathie. Dagegen sind Leukozytenzylinder für eine tubulointerstitielle Nephritis kennzeichnend. Dieser Typ ist jedoch selten und findet sich nur bei wenigen Patienten mit einer Pyelonephritis, weswegen bei Fehlen dieser Zylinder eine Pyelonephritis keineswegs ausgeschlossen werden darf. Die ebenfalls seltenen Erythrozytenzylinder zeigen eine Blutung im renalen Tubulussystem oder eine schwere Glomerulopathie mit Übertritt von Erythrozyten in das Tubuluslumen an (z. B. Glomerulonephritis, Vaskulitis, Niereninfarkt).

8.2.17 Kristallurie

Analyse

Der Nachweis von Urinkristallen erfolgt durch die mikroskopische Untersuchung des Harnsediments. Das Erscheinungsbild der Kristalle (Mineralkristalle mit charakteristischen Formen) wird als Index für die chemische Zusammensetzung verwendet (Tab. 8.6). Die mikroskopische Identifizierung der Urinkristalle ist allerdings recht ungenau, da das äußere Erscheinungsbild durch zahlreiche Faktoren beeinflusst wird. Eine sichere Identifizierung der Kristallart ist nur mit Hilfe spezieller Analyseverfahren möglich.

Artefakte

Eine Kristallurie zeigt an, dass die Urinprobe mit kristallinen Substanzen übersättigt ist; allerdings unterliegt eine Kristallurie dem Einfluss zahlreicher Faktoren, ohne deren Berücksichtigung die diagnostische Bedeutung leicht verkannt wird. Zu den *in vivo* relevanten Einflussgrößen zählen Harnkonzentration, Urin-pH, Anzahl und Löslichkeit der Kristalle sowie Ausscheidung von Arzneistoffen oder diagnostischen Agenzien. Zu den *in vitro* bedeutsamen Faktoren gehören Temperatur, Verdunstung und pH-Wert sowie die Technik der Probenaufbereitung.

Tabelle 8.6 Harnkristalle, die im Urin von Hunden und Katzen auftreten können

Bezeichnung	Beschreibung	Bedeutung
Struvit (Magnesium-Ammonium-Phosphat)	farblose Prismen mit 3–6 Wänden (Sargdeckel)	physiologisch bei Hunden und Katzen mit mäßig saurem oder alkalischem Urin; können mit Struvitsteinen und einer Infektion mit ureaseproduzierenden Keimen assoziiert sein
Kalziumoxalat-Monohydrat	Hanteln oder kleine Spindeln	beim gesunden Tier, aber auch bei Ethylenglykolvergiftung oder in Verbindung mit Oxalatsteinen (Farbtafel 5D)
Kalziumoxalat-Dihydrat	farblose Briefumschläge oder kleine Sterne	beim gesunden Tier, aber auch bei Ethylenglykolvergiftung oder in Verbindung mit Oxalatsteinen
Kalziumphosphat	(längliche) Prismen oder ungeformt	beim gesunden Tier, aber auch in Verbindung mit Harnkonkrementen
Ammoniumurat	gelbbraune „Stechäpfel"	physiologischer Befund bei Dalmatiner und Englischer Bulldogge; ansonsten in Verbindung mit Leberinsuffizienz und portosystemischem Shunt; eventuell in Verbindung mit Harnsäurekonkrementen
Harnsäure	gelbe bis gelbbraune Prismen, Diamanten oder Rosetten	analog Ammoniumurat
Bilirubin	goldgelbe bis braune Nadeln oder Granulate	bei gesunden Hunden mit konzentriertem Urin oder bei Bilirubinurie
Cystin	farblose, flache sechseckige Tafeln	bei Cystinurie; eventuell assoziiert mit Harnkonkrementen
Cholesterin	farblose, flache Tafeln	zuweilen bei gesunden Hunden und Katzen
Hippursäure	Prismen (4–6 Wände) mit abgerundeten Ecken	zweifelhaft; Verwechslung mit Kalziumoxalat-Monohydrat-Kristallen
Sulfonamide	farblose bis braune Nadeln, die exzentrisch in Scheiben liegen	nach Applikation von Sulfonamiden

Ursachen

Falls die Kenntnis der Kristallart von Bedeutung ist (wegen eines aktuellen oder früheren Steinleidens oder weil Verdacht auf einen portosystemischen Shunt oder eine Ethylenglykolvergiftung besteht [Farbtafel 5D]), sollten möglichst frische Proben untersucht werden. Anzahl, Größe und Struktur der Kristalle sowie ihre Tendenz zur Aggregation sollten bestimmt werden.

Der Nachweis von Ammoniumuratkristallen ist bei allen Rassen, mit Ausnahme von Dalmatinern und Englischen Bulldoggen, als Hinweis auf eine Leberinsuffizienz anzusehen (portosystemischer Shunt). Bei Nachweis von Kalziumoxalatkristallen bei Tieren mit akutem Nierenversagen ist primär an eine Ethylenglykolintoxikation zu denken.

Eine Kristallurie erweckt oft Befürchtungen bezüglich einer Urolithiasis. Die Untersuchung der Urinkristalle kann für die Abklärung einer möglichen Prädisposition zur Steinbildung ebenso hilfreich sein, wie bei der Ermittlung der mineralischen Zusammensetzung vorhandener Steine und der Abschätzung der Wirksamkeit einer medikamentösen Steinauflösung oder Rezidivprophylaxe. Eine Kristallurie kann jedoch nie das alleinige Kriterium bei der Ermittlung der Zusammensetzung existierender Harnsteine sein. Tiere mit einer Kristallurie entwickeln nicht zwangsläufig auch eine Urolithiasis, und der Nachweis einer Kristallurie stellt auch nicht in jedem Fall eine Behandlungsindikation dar. So ist etwa die Ausscheidung von größeren Mengen Ammonium-Magnesium-Phosphat (Struvit) bei Hunden und Katzen ein physiologischer Vorgang. Bei einem Urin-pH über 6,5 formen sich aus diesen physiologischen Substanzen Struvitkristalle. Je alkalischer der Urin ist, desto mehr Kristalle werden gebildet. Demnach haben Struvitkristalle bei den meisten Hunden und Katzen keinen Krankheitswert. Die Gefahr einer Steinbildung besteht dann, wenn der Urin-pH aufgrund einer Infektion mit ureaseproduzierenden Keimen über längere Zeit im alkalischen Bereich liegt (Hunde) oder bei hoch konzentriertem Harn mit einem pH-Wert über 6,5 (Katzen).

8.3 Durstversuch

Indikation

Der Durstversuch bietet sich bei bestimmten Patienten mit massiver PU/PD an. Geeignet sind Patienten, bei denen eine Hyposthenurie vorliegt und die meisten Ursachen einer PU/PD aufgrund von Vorbericht, klinischer Untersuchung, Blutbild, Serumchemie (azotämisches Nierenversagen, Leberinsuffizienz, Diabetes mellitus, Hyperkalzämie, Hyponatriämie, Hypokaliämie) sowie gegebenenfalls endokrinologischer Tests (Hyperthyreose, Hyperadrenokortizismus, Hypoadrenokortizismus) ausgeschlossen werden konnten (Tab. 8.1). In diesen Fällen eignet sich der Durstversuch zur Abgrenzung einer psychogenen Polydipsie von einem zentralen oder renalen Diabetes insipidus (Abb. 8.7).

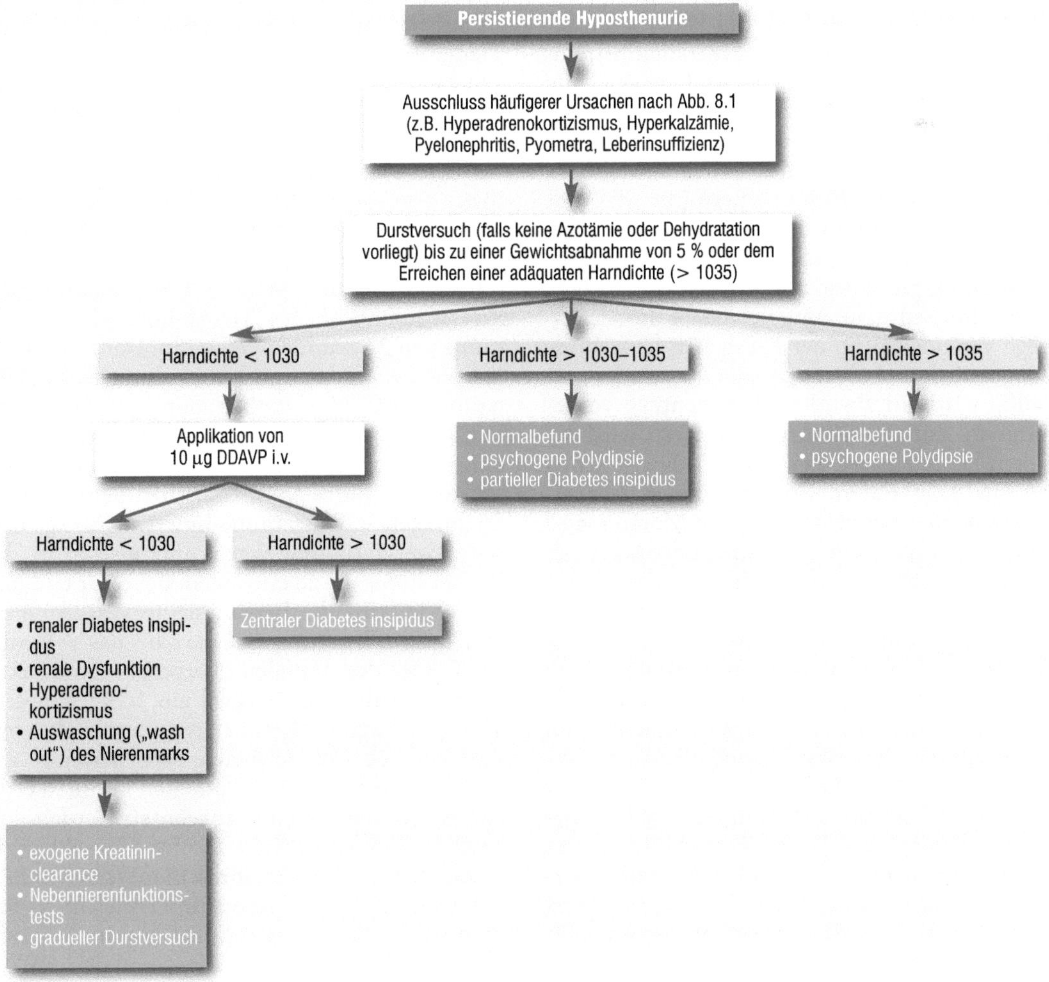

Abb. 8.7 Einsatz von Durstversuch und Vasopressin-Test zur Differenzierung der Ursachen einer Polyurie/Polydipsie, insbesondere der Ursachen einer Hyposthenurie.

Vorteile

Nach Ausschluss häufigerer Ursachen einer Polydipsie eignet sich der Durstversuch zum Nachweis einer psychogenen Polydipsie.

Nachteile

Der Test eignet sich nicht zur Differenzierung der vielen gängigen Ursachen einer PU/PD und erfordert wegen der Gefahr einer kritischen Verschlechterung des Gesundheitsstatus bis hin zu Todesfällen eine intensive Überwachung der Patienten.

Analyse

Der Test darf ausschließlich bei Patienten ohne Azotämie und mit normalem Hydratationsstatus zum Einsatz kommen. Vorab sind neben einer gründlichen Anamnese und vollständigen klinischen Untersuchung eine Kontrolle von Blutbild und Serumchemie sowie eine Urinanalyse durchzuführen. Pharmaka und Futtermittel, die eine PU/PD auslösen können (z.B. Diuretika, Glukokortikoide, Antikonvulsiva, überhöhte Thyroxinsubstitution, proteinarmes oder sehr salzhaltiges Futter), müssen zuvor ausgeschlossen werden. Etwaige Veränderungen der häuslichen Umgebung sind ebenfalls zu berücksichtigen.

Häufig wird ein abrupter Wasserentzug vorgenommen. Zur Durchführung des Tests wird der Patient hospitalisiert. In der ersten Nacht erhält das Tier kein Futter, während die Wasseraufnahme nicht beschränkt wird. Am Morgen wird der erste Spontanurin gesammelt und das spezifische Gewicht bestimmt (da Urin zu dieser Tageszeit höchstwahrscheinlich konzentriert ist). Zur Bestimmung der Osmolalität werden je eine Urin- und Serumprobe entnommen. Dann wird das Tier bewegt, um Kot- und Harnabsatz anzuregen. Die Harnblase ist zu palpieren, um sicherzugehen, dass eine Blasenentleerung stattgefunden hat. Anschließend wird das Tier exakt gewogen und ein um 5 % reduziertes Körpergewicht kalkuliert, bei dessen Erreichen der Test abgebrochen wird. Der Test wird ebenfalls beendet, wenn das harnspezifische Gewicht den Wert 1035 erreicht. Die Wasseraufnahme wird vollständig unterbunden und das Tier weiter gefastet. Je nach Fortschritt der Gewichtsabnahme wird nun alle 2–4 Stunden Urin gesammelt, die Harndichte gemessen und das Körpergewicht bestimmt. Wenn das kalkulierte Gewicht oder die angestrebte Harndichte erreicht sind, wird noch je eine Urin- und Plasmaprobe zur Messung der Osmolalität entnommen.

Es liegt in der Natur des Durstversuchs, dass die Testdauer nicht vorhersehbar ist, und häufig bricht die Nacht an, ehe bei dem Tier infolge der Dehydratation eine Abnahme des Körpergewichtes um 5 % oder eine Harndichte von mindestens 1035 auftritt. In diesem Fall hat man die Wahl, das Tier in eine Einrichtung mit Möglichkeit zur nächtlichen Pflege zu überführen, so dass die Uringewinnung fortgesetzt werden kann, oder aber den Patienten mit einer Erhaltungsdosis Wasser zu versorgen (berechnet mit 2,75 ml/kg für jede Stunde, die das Tier unbeaufsichtigt ist). Am nächsten Morgen wird das Tier gewogen, das spezifische Gewicht des Harns gemessen, das Wasser wieder weggenommen und der Test fortgesetzt, bis das kalkulierte Gewicht oder die Harndichte von 1035 erreicht ist. Bei einem länger dauernden Test kann Trockenfutter gegeben werden.

Es wurden mehrere Verfahren zur Durchführung eines schrittweisen Durstversuchs beschrieben. Bei allen Methoden wird zunächst die Wasseraufnahme des Tieres über einen Zeitraum von 24 Stunden gemessen. Dann wird das Körpergewicht bestimmt und eine Gewichtsabnahme von 5 % kalkuliert. Ein Verfahren sieht vor, die Menge des angebotenen Wassers über einen Zeitraum von 3 Tagen bis zu einer veranschlagten – unter physiologischen Bedingungen maximalen – Wasseraufnahme (60 ml/kg/Tag) schrittweise zu reduzieren und erst dann das Wasser komplett zu entziehen. Bei einer anderen Methode wird die bereitgestellte Wassermenge von Tag zu Tag etwas reduziert, bis das Volumen etwa 2 % des initialen Körpergewichtes entspricht. Wenn zum Beispiel ein 10 kg schweres Tier ursprünglich 1,5 Liter am Tag trank, wird die tägliche Wassermenge schrittweise auf 0,2 Liter reduziert. Dem Patienten könnten etwa am ersten Tag 1,3 Liter angeboten werden, am zweiten Tag dann 1,1 Liter usw. Unabhängig davon, für welches Verfahren man sich entscheidet, sind Harndichte und Körpergewicht zu Beginn jedes Tages zu bestimmen und im weiteren Verlauf umso häufiger, je näher man dem kalkulierten Gewicht kommt. Bei der Bewertung besteht zwischen dem graduellen und abrupten Durstversuch kein Unterschied. Der Grund zur Durchführung eines schrittweisen anstatt eines abrupten Wasserentzuges liegt in der Befürchtung, dass durch die Auswaschung gelöster Substanzen aus dem Nierenmark bei einer schon länger bestehenden Polyurie die Harnkonzentration bei einem abrupten Wasserentzug verhindert wird. Gewöhnlich kommt der graduelle Durstversuch erst dann zum Einsatz, wenn die Reaktion beim abrupten Wasserentzug nicht eindeutig ausfällt.

Referenzbereich

Bei 95 % der gesunden Katzen und Hunde tritt ein harnspezifisches Gewicht von 1048 auf, ehe es infolge der Dehydratation zu einer Abnahme des Körpergewichtes um 5 % des Ausgangsgewichtes kommt. Bei gesunden Hunden und Katzen dauert es einige Tage, bis dieser Zustand erreicht ist. Gesunde Tiere erreichen den Zielwert für die Harndichte von 1035 vor dem kalkulierten Gewichtsverlust infolge der Dehydratation. Bei einem Tier mit PU/PD und normaler Reaktion im Durstversuch liegt höchstwahrscheinlich eine psychogene Polydipsie vor; allerdings reagieren auch manche Hunde, die an einem Hyperadrenokortizismus leiden, auf Wasserentzug mit einer Harnkonzentration. Wenn nach Abnahme des Körpergewichtes um 5 % infolge der Dehydratation die Harndichte nicht mindestens den Wert 1030 aufweist, handelt es sich eindeutig um einen pathologischen Befund. Werte zwischen 1030 und 1035 gelten als zweifelhafte Reaktion, die das Ausmaß einer Auswaschung („wash out") des Nierenmarks sowie eines partiellen zentralen oder renalen Diabetes insipidus anzeigen können. Die Bestimmung der Serumosmolalität dient zur Sicherstellung, dass während des Tests eine Dehydratation stattgefunden hat. Ein Anstieg der Serumosmolalität von 1 % auf 2 % führt zu einer maximalen Freisetzung von ADH. Die Veränderungen der Urinosmolalität können zur Bestätigung der gemessenen Harndichte herangezogen werden.

Kritische Werte

Cave: Bei unzureichender Überwachung der Patienten kann es zu einer lebensbedrohlichen Hypernatriämie mit Dehydratation kommen. Diese Gefahr besteht v.a. bei kleinen Tieren und solchen Patienten, bei denen die ursächliche Krankheit eine Hyposthenurie verursacht hat (z.B. Diabetes insipidus). Falls vor dem Test keine Harnuntersuchung sowie keine Kontrolle von Blutstatus und Serumchemie erfolgen, kann der Wasserentzug die Destabilisierung eines kritischen Gesundheitszustandes (z.B. azotämisches Nierenversagen, Hyperkalzämie, Diabetes mellitus, Leberversagen) zur Folge haben.

Artefakte

Durch Kontamination der Probe kann das spezifische Gewicht des Urins erhöht sein und so zu einem falsch-positiven Ergebnis (Harnkonzentration) führen. Die Genauigkeit des Refraktometers muss gewährleistet sein.

8.4 Vasopressin-Test

Indikation

Falls im Durstversuch keine adäquate Harnkonzentration auftritt, dient der Vasopressin-Test zur Differenzierung zwischen zentralem und nephrogenem Diabetes insipidus.

Analyse

Es bieten sich verschiedene Methoden zur Durchführung des Tests an. Häufig wird ein synthetisches Vasopressin-Analogon (Deamino-D-Arginin-Vasopressin, DDAVP) verwendet. Zur Generierung eines normalen Hydratationsstatus lässt man das Tier zunächst trinken, und auch während des Tests wird kein Wasser vorenthalten. Dann werden 10 µg Desmopressin intravenös injiziert und das spezifische Gewicht des Urins nach 4, 6, 8, 12 und 24 Stunden bestimmt. Ein anderes Verfahren sieht vor, den Vasopressin-Test im direkten Anschluss an den Durstversuch durchzuführen, wobei der Wasserentzug aufrechterhalten bleibt. Hierzu werden 0,55 IU/kg Vasopressin in wässriger Lösung intramuskulär injiziert, wobei die applizierte Höchstmenge 5 IU beträgt. Nach jeweils 30, 60, 90 und 120 Minuten wird die Blase entleert und die Harndichte gemessen. Außerdem ist alle 2 Stunden die Serum- und Urinosmolalität zu bestimmen. Schließlich wird dem Tier über einen Zeitraum von 2 Stunden schrittweise Wasser angeboten und erst dann *ad libitum* zur Verfügung gestellt.

Referenzbereich

Die Verabreichung von exogenem Vasopressin eignet sich im Vergleich zum Durstversuch weniger zur Auslösung einer maximalen Reaktion. Ein harnspezifisches Gewicht ≥ 1030 oder eine Urin-/Plasma-Osmolalität > 3 : 1 (meist > 5 : 1) zeigt an, dass die Nieren auf das ADH ansprechen. Eine solche Reaktion bei einem Tier mit negativem Durstversuch wäre ein Indiz für einen totalen oder partiellen zentralen Diabetes insipidus (Abb. 8.7). Die Unterscheidung zwischen partiellem zentralem Diabetes insipidus und Hyperadrenokortizismus kann zuweilen schwierig sein, da in beiden Fällen sowohl eine gewisse Empfänglichkeit für exogenes ADH vorliegt als auch eine geringe Harnkonzentration bei Wasserentzug auftritt. Zur Differenzierung der beiden Erkrankungen können daher Nebennierenfunktionstests notwendig sein.
Bei Tieren ohne adäquate Reaktion im Durstversuch oder Vasopressin-Test liegt sehr wahrscheinlich das Frühstadium einer Niereninsuffizienz oder ein primärer bzw. sekundärer renaler Diabetes insipidus vor. Im Falle eines nephrogenen Diabetes insipidus ist der Urin vor dem Test gewöhnlich hypoton, während Patienten mit Nierenversagen in der Regel einen isotonen oder leicht konzentrierten Harn aufweisen. Man beachte, dass ein sekundärer nephrogener Diabetes insipidus die Folge eines Hyperadrenokortizismus sein kann; in diesem Fall können die Reaktionen im Durstversuch und Vasopressin-Test den Reaktionen bei anderen mit PU/PD assoziierten Erkrankungen ähneln (siehe Kap. 9).

Kritische Werte

Cave: Nach Gabe von ADH kann es infolge einer unbeschränkten Wasseraufnahme bei einem dehydrierten Tier, welches auf ADH anspricht, zu einer Wasserintoxikation kommen.

8.5 Anurie/Oligurie

Im Falle einer Anurie/Oligurie ist ein offensives diagnostisches Vorgehen angezeigt, da die Prognose kritisch bis schlecht ist, wenn nicht rasch eine adäquate Therapie eingeleitet wird. Die Diagnostik muss primär auf die gleichzeitige Erfassung etwaiger lebensbedrohlicher Sekundärfolgen und die Ursachen der Oligurie ausgerichtet sein (Abb. 8.8). Zunächst sind anhand von Vorbericht und klinischer Untersuchung die Möglichkeiten einer Obstruktion oder Ruptur im Bereich der Harnwege, einer massiven Dehydratation oder der Einwirkung nephrotoxischer Substanzen abzuklären. Durch eine Katheterisierung und Prüfung auf das Vorhandensein von Flüssigkeit im Bauchraum können eine Obstruktion und Ruptur in vielen Fällen bereits ausgeschlossen werden. Falls das Abdomen Flüssigkeit enthält, ist dessen Kreatininkonzentration mit derjenigen des Serums zu vergleichen (siehe Kap. 12). Es müssen Urin- und Blutproben für die Harnuntersuchung sowie zur Überprüfung von Blutstatus und Serumchemie (zumindest Natrium, Kalium, Kalzium, Phosphat, TCO_2, Anionenlücke, Glukose, Harnstoff und Kreatinin) gewonnen werden. Die Abklärung muss auch eine etwaige Hyperkaliämie (durch chemische Analyse oder EKG, wobei letzteres weniger sensitiv und spezifisch ist) und Azidose (am besten mittels Blutgasanalyse, die Bestimmung des TCO_2 ist ebenfalls hilfreich) einschließen. Bei Diagnose einer schweren Azotämie, Hyperkaliämie und/oder Azidose sind unverzüglich Behandlungsmaßnahmen zu ergreifen. Dagegen sollte mit der Korrektur einer Dehydratation erst begonnen werden, nachdem eine Urinprobe zur Bestimmung des spezifischen Gewichts gewonnen wurde.
Im Falle einer Harnwegsinfektion ist eine Urinkultur anzusetzen. Wurde zur besseren Überwachung des Patienten ein Dauerkatheter gelegt, sollte auf eine Antibiose verzichtet werden, sofern keine Hinweise auf einen systemischen Infekt oder eine Niereninfektion bestehen.
Eine Ethylenglykolvergiftung muss bei jedem Hund bzw. jeder Katze mit akutem oligurischem Nierenversagen – ungeachtet anamnestisch fehlender Exposition – in Betracht gezogen werden. Häufig treten binnen 24 Stunden nach Ingestion Kalziumoxalatkristalle im Urin auf. Man hat ursprünglich angenommen, dass die mit der Ethylenglykolvergiftung assoziierten länglichen Kristalle aus Hippursäure bestehen. Es handelt sich jedoch um Kalziumoxalat-Monohydrat. Neben einer hochgradigen metabolischen Azidose finden sich im Frühstadium der Vergiftung ZNS-Störungen (z. B. Ataxie, Krämpfe) und eine Hypokalzämie. Hyperosmolalität, eine vergrö-

ßerte osmolale Lücke und Anionenlücke (siehe Kap. 7) zeigen eine Ethylenglykolvergiftung an. Sofern auch nur der vage Verdacht besteht, sollte das Blut auf Ethylenglykol untersucht werden (siehe Kap. 19). Anurie / Oligurie und Urämie manifestieren sich in Abhängigkeit von der aufgenommenen Menge erst 1–4 Tage nach der Aufnahme. Zu diesem Zeitpunkt können die Kalziumoxalatkristalle, wie auch die Hypokalzämie, schon nicht mehr nachweisbar sein. Eine Hyperkaliämie kommt nicht immer vor. Im Ultraschallbild kann aufgrund der Ablagerung von Kalziumoxalatkristallen eine markante Hyperechogenität der Nieren zu erkennen sein. Hat sich die Urämie erst einmal manifestiert, ist zur Verifizierung der Diagnose eventuell eine Nierenbiopsie erforderlich.

Ein Hypoadrenokortizismus kann einem akuten Nierenversagen und einer hyperkalzämischen Nephropathie ähneln. Wie im Falle eines Hypoadrenokortizismus können auch bei einer akuten Niereninsuffizienz eine Hyponatriämie und Hyperkaliämie, ein reduziertes Na / K-Verhältnis und zuweilen eine verminderte Harnkonzentrationsfähigkeit der Nieren vorliegen. Einige Patienten mit Hypoadrenokortizismus zeigen eine verminderte Konzentrationsfähigkeit des Urins. Lenken die Konzentrationen der Serumelektrolyte den Verdacht auf eine Unterfunktion der Nebennieren, sollte daher eine adäquate Flüssigkeitstherapie eingeleitet und ein ACTH-Stimulationstest durchgeführt werden. Bei den meisten Patienten mit Hypoadrenokortizismus kommt es nach intravenöser Flüssigkeitszufuhr zur Urinproduktion. Ist das Vorliegen eines Hypoadrenokortizismus wahrscheinlich, sollte nach Abschluss des ACTH-Tests mit einer Glukokortikoidtherapie begonnen werden. Die meisten Hunde mit einer Nebennierenunterfunktion sprechen sehr rasch auf die exogene Zufuhr von Flüssigkeit und Glukokortikoiden an. Allerdings dürfen Glukokortikoide nicht wahllos an azotämische Tiere verabreicht werden, weil dadurch sowohl eine Azotämie als auch eine urämische Enteritis verschlimmert werden können.

Eine renale Ischämie jedweder Ursache (Dehydratation und Hypoadrenokortizismus eingeschlossen) kann eine Oligurie auslösen. In diesem Fall produzieren die Tiere meist wieder Urin, sobald sie korrekt rehydriert wurden. Die Frage, ob eine schwere lang dauernde Ischämie zu einer signifikanten Zerstörung des Nierenparenchyms geführt hat, kann jedoch mitunter schwierig zu entscheiden sein. Falls die Ursache der Oligurie nicht zu klären ist und die Harnproduktion trotz adäquater Flüssigkeitstherapie unzureichend bleibt, eignet sich die Messung der fraktionellen Natriumausscheidung im Urin (siehe Kap. 7) zum Nachweis einer renalen Tubulusnekrose.

Besteht die Oligurie trotz adäquater Infusionstherapie weiter und ist die Ursache immer noch unklar, sind eine beidseitige Harnleiterverlegung (selten) bzw. eine unilaterale Ureterobstruktion bei Tieren mit nur einer funktionsfähigen Niere in Betracht zu ziehen. Zum Ausschluss dieser Möglichkeiten bietet sich die Ultraschalluntersuchung des Abdomens an. Eine Ausscheidungsurographie ist bei Tieren mit schwerer Azotämie kontraindiziert, da der Farbstoff unzureichend ausgeschieden wird und das Kontrastmittel die Niereninsuffizienz weiter verschlimmern kann.

Eine Hyperkalzämie löst gewöhnlich eine PU / PD aus, doch kann in schweren oder chronischen Fällen eine Oligurie aufgrund einer Nierenverkalkung auftreten. Bei einem hyperosmolaren Diabetes mellitus kann es ausnahmsweise zu einem akuten oligurischen Nierenversagen kommen. In diesen Fällen liegt die Blutglukosekonzentration dann häufig über 55 mmol / l (*1000 mg / dl*).

Bei Patienten mit anurischem oder oligurischem Nierenversagen unklarer Genese, die auf die initiale Therapie kaum ansprechen oder einer langwierigen, teuren Behandlung bedürfen, sind zur Klärung der Diagnose und Prognose ein hämostatisches Profil und eine Nierenbiopsie durchzuführen. Die Biopsie erfolgt bei Hunden in der Regel mittels Laparoskopie oder unter sonographischer Kontrolle und bei Katzen perkutan.

8.6 Azotämie / Urämie

Bei Abnahme der glomerulären Filtration kommt es zur Azotämie (überhöhte Harnstoff- und Kreatininwerte im Serum) und Urämie (Azotämie plus deren klinische Folgen wie Lethargie, Depression, Inappetenz, Erbrechen, Gewichtsverlust). Man sollte sich folgender drei Fakten stets bewusst sein: Erstens, dass bereits eine leichte Zunahme des Harnstoffs oder Kreatinins eine erhebliche Abnahme der glomerulä-

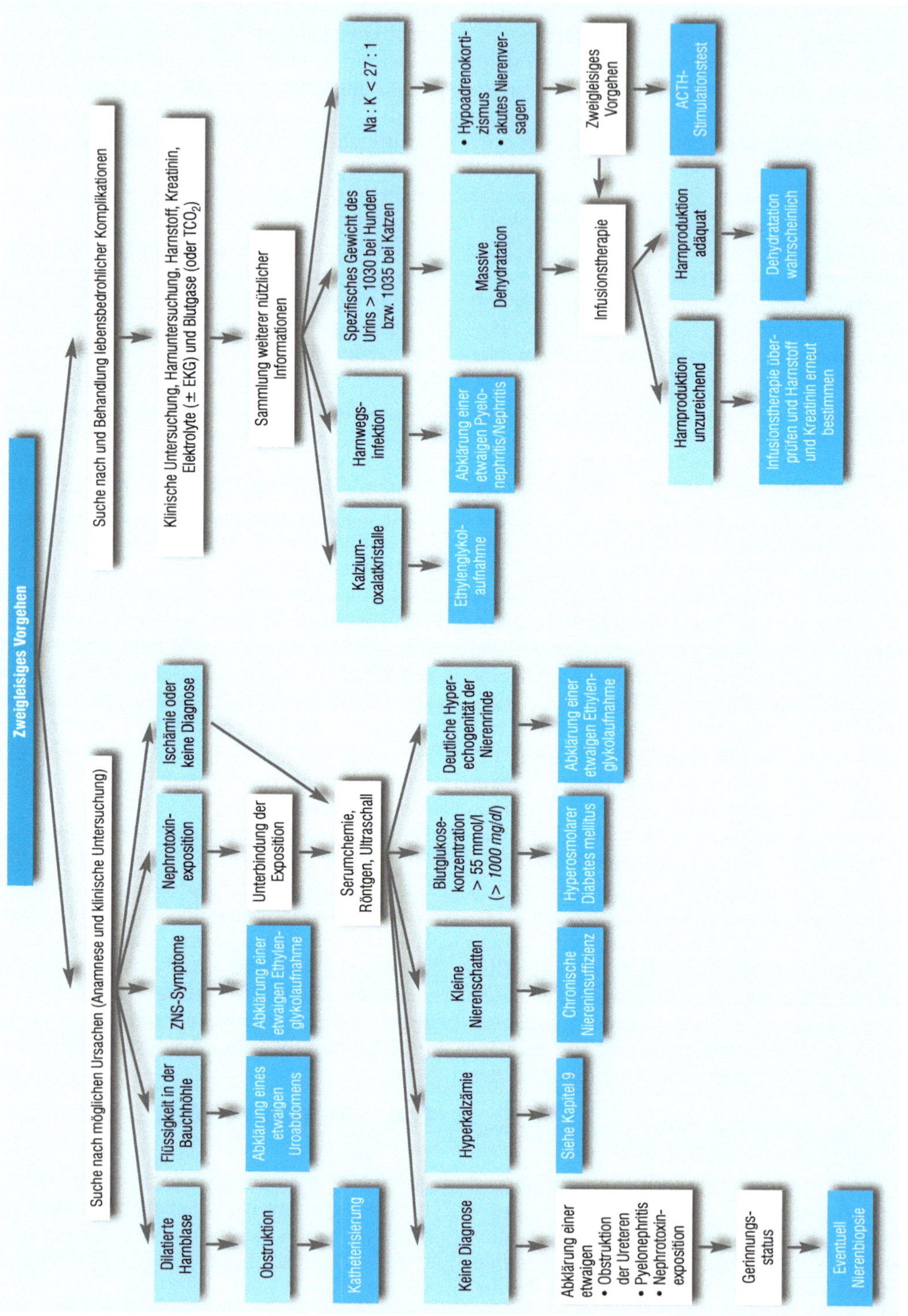

Abb. 8.8 Diagnostisches Stufenprogramm bei Hunden und Katzen mit Anurie oder Oligurie. ACTH, adrenokortikotropes Hormon; ZNS, Zentrales Nervensystem; EKG, Elektrokardiogramm.

Tabelle 8.7 Charakteristika einer prärenalen, renalen und postrenalen Azotämie bei Hunden und Katzen

prärenale Azotämie	• Harndichte > 1030 (Hunde); keine definierte Harndichte für Katzen (s. u.) • **Beachte:** Eine signifikante Proteinurie bei unauffälligem Harnsediment kann die Folge einer primären Glomerulopathie sein; in diesem Fall schließt eine normale Harnkonzentration eine primäre Nierenerkrankung nicht aus
renale Azotämie	• Harndichte 1008–1030 (bei Hunden) oder 1008–1035 (bei Katzen); bei Katzen findet sich im Frühstadium einer Niereninsuffizienz zuweilen eine Harndichte > 1035, während Hunde mit Nierenversagen ein harnspezifisches Gewicht von 1006–1007 aufweisen können • es kann eine Polyurie, Oligurie oder Anurie vorliegen
postrenale Azotämie	• die Tiere können aufgrund einer Urethraobstruktion keinen Harn absetzen oder der Urin hat sich nach einer Ruptur im Bereich der Harnwege in das Abdomen entleert; Obstruktion von Harnleiter oder Nierenbecken, entweder beidseitig oder unilateral, falls nur noch eine funktionsfähige Niere vorliegt • das harnspezifische Gewicht kann jeden Wert aufweisen

ren Filtrationsrate (Reduktion um > 75 %) reflektiert. Zweitens, dass solch eine gravierende Verminderung der glomerulären Filtrationsrate (GFR) sowohl durch renale Erkrankungen als auch durch prärenale (z. B. massive Dehydratation) und postrenale (z. B. Harnröhrenobstruktion) Ursachen hervorgerufen sein kann. Und drittens, dass bestimmte Faktoren, die die GFR nicht tangieren, die Werte ebenfalls beeinflussen können (insbesondere die Harnstoffkonzentration).

Eine signifikante Nierenerkrankung kann auch dann vorliegen, wenn keine Azotämie feststellbar ist. Durch eine komplette Harnuntersuchung kann eine Nephropathie verifiziert werden (z. B. Proteinurie, Glukosurie bei gleichzeitiger Normoglykämie, Harnzylinder, herabgesetztes Konzentrationsvermögen), noch ehe es zu einer Azotämie kommt. So ist beispielsweise eine durch Aminoglykoside hervorgerufene Nierenschädigung dadurch gekennzeichnet, dass eine Isosthenurie, Proteinurie, Glukosurie und/oder Zylindrurie auftreten, noch bevor sich eine Azotämie manifestiert. Deshalb sollte bei Patienten, die mit derartigen Pharmaka behandelt werden, zur Überwachung der Nierenfunktion der Urin regelmäßig untersucht und die Serum-Kreatininkonzentration bestimmt werden.

Für eine genaue Beurteilung der Serum-Kreatinin- und -Harnstoffwerte ist eine Harnuntersuchung erforderlich. Im Rahmen der Abklärung einer Azotämie gilt es zunächst festzustellen, ob eine prärenale, renale oder postrenale Ursache zugrunde liegt (Abb. 8.9, Tab. 8.7 und 8.7 Harnstoff).

8.7 Harnstoff im Serum

Anmerkung: In der englischsprachigen Literatur wird anstelle von Harnstoff meist BUN (Blood Urea Nitrogen) verwendet, der in deutschsprachigen Werken auch als Harnstoff-Stickstoff (Harnstoff-N) bezeichnet wird. Statt Harnstoff wird hier nur der im Harnstoff enthaltene Stickstoff angegeben. Ein Mol Harnstoff hat ein Molekulargewicht (MG) von 60,06 und enthält zwei Stickstoff-Atome mit einem MG von 28,02. Daraus ergibt sich die Umrechnungsformel:

> BUN (Harnstoff-N) (mg/dl) × 2,14 =
> Harnstoff (mg/dl)

Im weiteren Text wird aus Gründen der Übersichtlichkeit nur der Begriff Harnstoff verwendet. Da die diagnostische Bedeutung von Harnstoff und BUN (Harnstoff-N) aber identisch ist, sind die folgenden Ausführungen ebenso für den Parameter BUN gültig.

Indikation

Die Messung der Harnstoffkonzentration dient zur Überprüfung der Nierenfunktion im Rahmen einer allgemeinen Gesundheitskontrolle oder generell bei kranken Tieren (insbesondere bei Erbrechen, Gewichtsverlust, chronischer aregenerativer Anämie, PU/PD, Anurie/Oligurie, chronischer Harnwegsinfektion, Proteinurie oder Dehydratation). Gleichzeitig sollte stets auch die Konzentration des Serum-Kreatinins bestimmt werden.

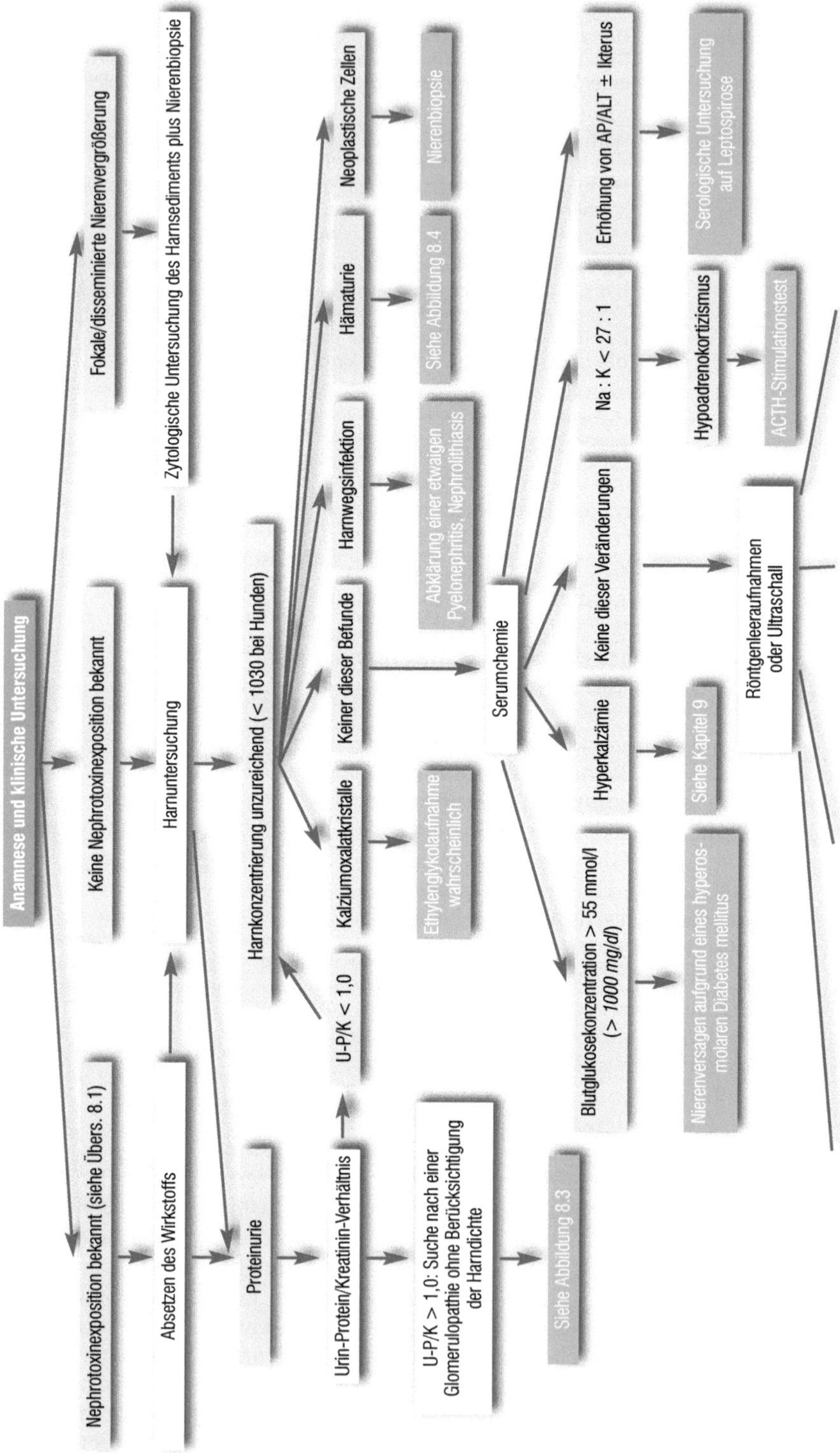
Anamnese und klinische Untersuchung
Nephrotoxinexposition bekannt (siehe Übers. 8.1)
Keine Nephrotoxinexposition bekannt
Fokale/disseminierte Nierenvergrößerung
Absetzen des Wirkstoffs
Harnuntersuchung
Zytologische Untersuchung des Harnsediments plus Nierenbiopsie
Proteinurie
Harnkonzentrierung unzureichend (< 1030 bei Hunden)
Urin-Protein/Kreatinin-Verhältnis
U-P/K < 1,0
Kalziumoxalatkristalle
Keiner dieser Befunde
Harnwegsinfektion
Hämaturie
Neoplastische Zellen
U-P/K > 1,0: Suche nach einer Glomerulopathie ohne Berücksichtigung der Harndichte
Ethylenglykolaufnahme wahrscheinlich
Abklärung einer etwaigen Pyelonephritis, Nephrolithiasis
Siehe Abbildung 8.4
Nierenbiopsie
Siehe Abbildung 8.3
Serumchemie
Blutglukosekonzentration > 55 mmol/l (> 1000 mg/dl)
Hyperkalzämie
Keine dieser Veränderungen
Na : K < 27 : 1
Erhöhung von AP/ALT ± Ikterus
Nierenversagen aufgrund eines hyperosmolaren Diabetes mellitus
Siehe Kapitel 9
Röntgenleeraufnahmen oder Ultraschall
Hypoadrenokortizismus
ACTH-Stimulationstest
Serologische Untersuchung auf Leptospirose

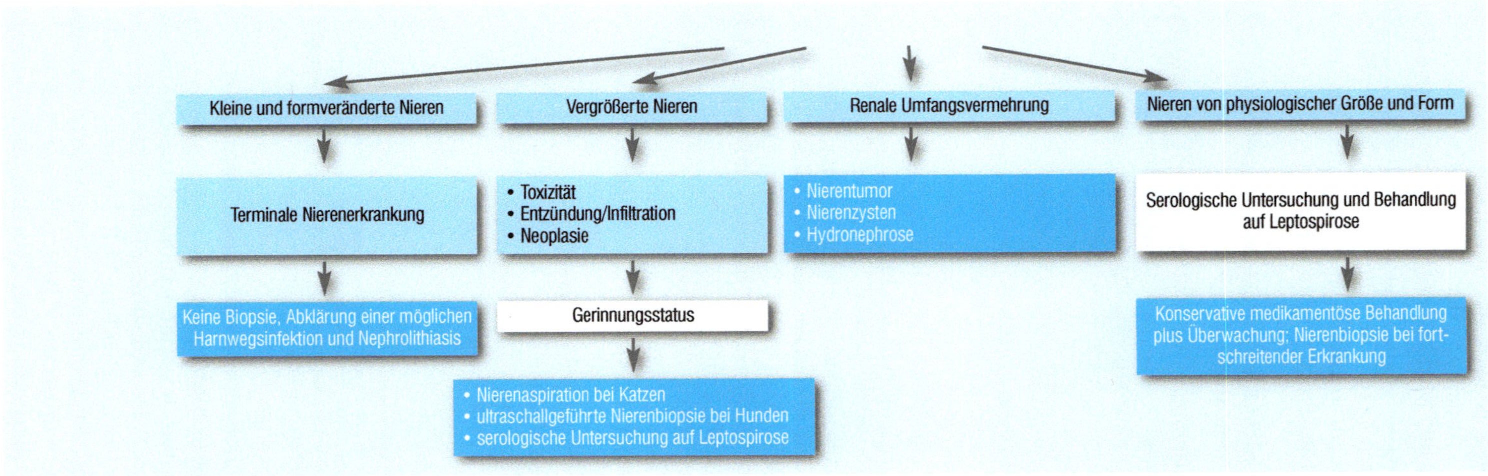

Abb. 8.9 Diagnostisches Stufenprogramm bei Hunden und Katzen mit nicht-oligurischer renaler Azotämie ohne Blockade oder Ruptur im Bereich der ableitenden Harnwege. ACTH, Adrenokortikotropes Hormon; ALT, Alanin-Amino-Transferase; AP, alkalische Phosphatase.

Vorteile

Die Messung der Harnstoffkonzentration ist einfach durchzuführen.

Nachteile

Die Harnstoffkonzentration wird durch extrarenale Faktoren beeinflusst (dies ist mitunter dann von Vorteil, wenn abgeschätzt werden soll, ob Patientenbesitzer der Empfehlung einer eiweißreduzierten Fütterung folgen) und steht zudem in einem umgekehrten Verhältnis zur Urinflussrate.

Analyse

Die Harnstoffkonzentration kann in Serum oder Plasma (Heparin- oder EDTA-Blut) durch Spektrophotometrie, Trokkenchemie und ammoniaksensitive Elektroden gemessen werden. Die Bestimmung kann außerdem durch Auftragen eines Tropfens frischen Vollbluts auf ein Tauchstäbchen erfolgen. Die verschiedenen Methoden liefern vergleichbare Ergebnisse, mit Ausnahme des Tauchstäbchens, welches nur eine grobe Schätzung erlaubt.

Referenzbereich

Die Harnstoffkonzentration liegt bei gesunden Hunden und Katzen bei 3,6–10,7 mmol/l (*21,4–64,2 mg/dl*).
BUN (Blood Urea Nitrogen, Harnstoff-Stickstoff) liegt bei gesunden Hunden und Katzen bei 10–30 mg/dl.

Umrechnung BUN in Harnstoff:
BUN (mg/dl) × 2,14 = Harnstoff (mg/dl)

Umrechnung in die SI-Einheit mmol/l:
Harnstoff (mg/dl) × 0,1665 = Harnstoff (mmol/l)

Kritische Werte

Harnstoff an sich ist nicht toxisch; ein erheblicher Anstieg ist jedoch mit einer Urämie assoziiert, bei der Störungen des Säure-Basen-Gleichgewichts, des Flüssigkeitshaushalts und der Elektrolytkonzentrationen lebensbedrohlich werden können.

Artefakte

Siehe Kapitel 6.

Medikamentöse Beeinflussung

Eine Abnahme der Harnstoffkonzentration kann auf Medikamente, die eine massive PU/PD verursachen, zurückzuführen sein. Dagegen können Kortikosteroide, Arginin und nephrotoxische Arzneistoffe eine Zunahme des Harnstoffs zur Folge haben (Übers. 8.1).

Übersicht 8.1 Ausgewählte potentiell nephrotoxische Arzneistoffe[1]

- Aminoglykosid-Antibiotika wie Neomycin, Kanamycin, Gentamicin, Amikacin und Tobramycin (wichtig)
- Amphotericin B (wichtig)
- Arsen
- Cephalotin (selten)
- Cisplatin (wichtig)
- Cyclophosphamid (eine Nierenschädigung ist selten; eine sterile Zystitis tritt häufiger auf)
- niedermolekulare Dextrane
- Ethylenglykol (wichtig)
- Furosemid (selten)
- Schwermetalle (Gold, Blei, Quecksilber)
- nicht-steroidale Antiphlogistika wie Azetylsalizylsäure oder Ibuprofen (wichtig bei vorbestehender Nierenerkrankung oder Hypotonie)
- Polymyxin B (wichtig)
- Röntgenkontrastmittel (wichtig bei vorbestehender Azotämie und Dehydratation)
- Sulfonamide (selten bei Verwendung gut löslicher Sulfonamide)
- Tetrazykline (selten)
- Thallium
- Thiazide (selten)
- Vancomycin (selten)
- Zink

[1] Nicht alle angegebenen Arzneistoffe entfalten stets eine nephrotoxische Wirkung. In dieser Hinsicht besonders gefährliche Substanzen sind durch den Zusatz „wichtig" gekennzeichnet.

Ursachen einer verringerten Harnstoffkonzentration

Harnstoff ist vermindert bei reduzierter Produktion (z. B. Hepatopathie, proteinarme Diät) oder erhöhter Ausscheidung (z. B. Polyurie, Überwässerung, fortgeschrittene Trächtigkeit). Im Falle einer reduzierten Harnstoffkonzentration ist eine Überprüfung der Leberfunktion angezeigt (siehe Kap. 11).

Ursachen einer erhöhten Harnstoffkonzentration

Zur korrekten Deutung einer erhöhten Harnstoffkonzentration ist eine Urinanalyse erforderlich, die noch vor Einleitung einer Therapie durchzuführen ist. Zudem ist die Konzentration des Serum-Kreatinins zu messen. Wenn der Serum-Kreatiningehalt im Referenzbereich liegt, müssen alle extrarenalen Einflussfaktoren abgeklärt werden (Tab. 8.8). Falls nicht gleichzeitig eine Nierenerkrankung vorliegt, verursachen diese für gewöhnlich nur einen leichten Anstieg der Harnstoffkonzentration. Im Falle einer parallelen Erhöhung von Serum-Harnstoff und -Kreatinin muss die Ursache der reduzierten GFR eruiert werden. Eine verminderte GFR kann auf prärenale Ursachen (z.B. inadäquate Nierenperfusion bei Schock; Dehydratation; geringes Herzminutenvolumen), Erkrankungen des Nierenparenchyms und postrenale Störungen (z.B. Harnröhren- oder Harnleiterobstruktion; Rupturen von Harnblase, Urethra oder Ureter; Tab 8.7) zurückzuführen sein.

Tabelle 8.8 Ursachen einer Inkongruenz der Serum-Harnstoff- und Serum-Kreatininkonzentrationen

Anstieg der Harnstoffkonzentration bei unveränderter Kreatininkonzentration	Anstieg der Kreatininkonzentration bei unveränderter bis reduzierter Harnstoffkonzentration
frühes Stadium einer prärenalen Azotämie (reduzierte Urinflussrate)	
Harnstoff erhöht	**Harnstoff vermindert**
proteinreiche Fütterung	Leberinsuffizienz
gastrointestinale Blutung	Polyurie/Polydipsie
Medikation mit Tetrazyklinen oder Kortikosteroiden	proteinarme Fütterung
Fieber	
schweres Gewebstrauma (?)	
Kreatinin vermindert	**Kreatinin erhöht**
Muskelatrophie (Verminderung des Kreatininwertes erst bei massiver Kachexie)	Myositis/Muskeltrauma (unwahrscheinlich)
	Fütterung mit gekochtem Fleisch (leichte, vorübergehende Schwankungen)
	Ketonämie (fälschlich erhöht)

Im Falle einer prärenalen Azotämie findet sich typischerweise ein spezifisches Gewicht des Urins über 1030 bei Hunden bzw. 1035 bei Katzen sowie eine entsprechend hohe Urinosmolarität. Eine Azotämie im Verbund mit einem harnspezifischen Gewicht über 1035 kann jedoch auch bei Katzen im Frühstadium einer Niereninsuffizienz vorliegen. Es ist unbedingt notwendig, dass noch vor Einleitung einer Therapie eine Urinprobe für die Harnuntersuchung gewonnen wird. Durch eine Flüssigkeitstherapie oder Pharmaka, die das renale Konzentrationsvermögen beeinträchtigen (z.B. Diuretika, Kortikosteroide), kann die Harndichte erheblich reduziert sein. Ebenso aufgrund einer anderen Erkrankung, die eine Einschränkung der renalen Tubulusfunktion nach sich zieht (z.B. Hyperkalzämie). In diesen Fällen kann der Eindruck entstehen, dass die Azotämie renal bedingt sei, während aber tatsächlich eine prärenale Ursache vorliegt. Zuweilen führt der Nachweis einer Hyposthenurie (Harndichte < 1008) auf die richtige Spur. Eine Verdünnung des Glomerulusfiltrats spricht für eine normale Funktionsfähigkeit der Nieren bis in den Bereich der distalen Tubuli und Sammelrohre. Allerdings kann bei Hunden mit einer Niereninsuffizienz zuweilen ein mäßig hypotoner Urin (1006 bis 1007) vorliegen.

Ein spezieller Fall liegt vor, wenn sich unabhängig von der Harndichte eine signifikante Proteinurie präsentiert. Bei einer Glomerulopathie kann es aufgrund einer herabgesetzten Filtrationsleistung trotz adäquatem Konzentrationsvermögen zur Azotämie kommen. Bei der so genannten glomerulotubulären Imbalanz ist der Harn konzentriert, weil die Schädigung der Glomerula noch keine – die Harnkonzentrationsfähigkeit einschränkende – Läsion der Nierentubuli nach sich gezogen hat.

Eine inadäquate Harnkonzentration (Harndichte zwischen 1008 und 1029), verbunden mit einer erhöhten Harnstoff- und Kreatininkonzentration im Serum, lenkt den Verdacht auf eine primäre Nierenerkrankung; es kommen jedoch auch andere Erkrankungen in Betracht, die zu einer Dehydratation und reduziertem Konzentrationsvermögen führen (Übers. 8.2). Bei vielen Patienten mit renaler Azotämie liegt eine chronische Nierenerkrankung unbekannter Genese vor. Zu den möglichen, potentiell lebensgefährlichen Ursachen einer renalen Azotämie, deren Folgen jedoch bei rechtzeitiger Erkennung und geeigneter Therapie gemildert werden können, zählen Hyperkalzämie, Pyelonephritis, nephrotoxische Pharmaka (z.B. Aminoglykoside, Amphotericin B), Leptospirose und ein hyperosmolarer Diabetes mellitus. Im Falle eines Hypoadrenokortizismus können dieselben Werte für Harndichte, Serum-Harnstoff und -Kreatinin auftreten wie bei einer primären Nierenerkrankung, wobei die Abweichungen jedoch nicht auf einer morphologischen Nierenschädigung beruhen und bei geeigneter Therapie reversibel sind. Deshalb sind bei Vorliegen einer renalen Azotämie im Anschluss an die Urinanalyse, neben einer sorgfältigen Anamnese und körperlichen Untersuchung, eine Kontrolle von Blutbild und Serumchemie (z.B. Natrium, Kalium, Kalzium, Gesamtprotein, Albumin, Glukose, TCO_2; Abb. 8.9) durchzuführen. Trotz geringer Sensitivität können auf Abdomenleeraufnahmen eine fokale oder diffuse Renomegalie sowie ein verringerter Nierenumfang und eine Nephrolithiasis erkennbar sein. Die Ultraschalluntersuchung eignet sich ebenfalls zur Beurteilung der Nierenmorphologie.

Eine erhöhte Echogenität ist sowohl bei akuten als auch chronischen Nierenerkrankungen ein häufiger Befund; allerdings wäre bei einer ausgeprägten Hyperechogenität primär an eine Ethylenglykolvergiftung zu denken. Bei einer leichten bis mäßigen Azotämie renalen Ursprungs dient die Ausscheidungsurographie zur Identifizierung einer Pyelonephritis, Nephrolithiasis und Ureterolithiasis, sowie zur Darstellung von Größe und Form der Nieren.

Übersicht 8.2 Erkrankungen/Zustände, die eine Azotämie und ein harnspezifisches Gewicht von 1008–1029 hervorrufen können

- akute oder chronische Niereninsuffizienz
- *E.-coli*-Septikämie/Pyometra/Prostataabszess
- Pyelonephritis
- Hypoadrenokortizismus
- Hyperkalzämie
- Hyponatriämie
- Hypokaliämie
- ketoazidotischer oder hyperosmolarer Diabetes mellitus
- Hyperadrenokortizismus mit Dehydratation
- Diabetes insipidus mit Dehydratation
- Leberversagen
- Obstruktion oder Ruptur im Bereich der ableitenden Harnwege
- Behandlung der Ursache einer prärenalen Azotämie mit Infusionen oder Diuretika

Harnstoff im Bauchpunktat

Bei Nachweis einer im Vergleich zum Blut signifikant höheren Harnstoffkonzentration im Bauchpunktat besteht der Verdacht auf eine Ruptur im Bereich des Harntraktes; allerdings wird Harnstoff schnell über das Peritoneum reabsorbiert, so dass sich im Falle einer Blasenruptur die Harnstoffwerte im Serum und der Peritonealflüssigkeit binnen 48 Stunden ausgleichen können. Aus diesem Grund ist die Bestimmung des Kreatiningehaltes im Punktat grundsätzlich vorzuziehen.

8.8 Kreatinin im Serum

Indikation

Die Messung der Serum-Kreatininkonzentration ist aus denselben Gründen indiziert wie die Serum-Harnstoffbestimmung.

Vorteile

Die Serum-Kreatininkonzentration wird im Vergleich zur Serum-Harnstoffkonzentration weniger durch extrarenale Faktoren und überdies nicht durch die Urinflussrate beeinflusst.

Analyse

Die Kreatininkonzentration wird in Serum oder Plasma (Heparin) durch Spektrophotometrie oder Trockenchemie bestimmt, wobei beide Methoden vergleichbare Ergebnisse liefern.

Referenzbereich

Die Serum-Kreatininkonzentration liegt bei Hunden und Katzen gewöhnlich < 150 µmol/l (*< 1,7 mg/dl*).

Kritische Werte

analog Harnstoff.

Artefakte

Siehe Kapitel 6.

Medikamentöse Beeinflussung

Nephrotoxische Arzneistoffe (Übers. 8.1) können einen Anstieg der Serum-Kreatininkonzentration verursachen.

Ursachen einer verminderten Serum-Kreatininkonzentration

Eine Abnahme der Kreatininkonzentration im Serum kann bei hochgradiger Muskelatrophie (Tab. 8.8) oder Trächtigkeit (Steigerung der glomerulären Filtrationsrate infolge des erhöhten Herzminutenvolumens) vorliegen.

Ursachen einer erhöhten Serum-Kreatininkonzentration

Siehe Abbildung 8.9 und Tabelle 8.8. Die Fütterung von gekochtem Fleisch kann einen leichten Anstieg des Serum-Kreatininwertes von weniger als 90 µmol/l (*1 mg/dl*) verursachen. Eine akute Myositis und ein massives Muskeltrauma sind weitere mögliche Ursachen, deren Bedeutung jedoch nicht geklärt ist. Der häufigste Grund für einen Anstieg des Serum-Kreatininwertes ist eine Abnahme der glomerulären Filtrationsleistung. Wie bereits ausgeführt, können für eine verminderte GFR sowohl prärenale als auch renale und postrenale Ursachen verantwortlich sein. Zur Differenzierung renaler und prärenaler Ursachen ist – wie ebenfalls bereits erwähnt – die Messung der Harndichte unabdingbar. Bei Nachweis eines erhöhten Serum-Kreatininwertes sind eine Urinanalyse und Harnstoffbestimmung angezeigt. Bei gleichzeitiger Erhöhung von Serum-Kreatinin und -Harnstoff in Verbindung mit einem inadäquaten Harnkonzentrationsvermögen, sind Blutbild und Serumchemie zu kontrollieren (Natrium, Kalium, Kalzium, Phosphor, Gesamtprotein, Albumin, Glukose, TCO_2) und die Nieren mit Hilfe bildgebender Verfahren darzustellen.

Kreatininkonzentration im Bauchpunktat

Die Bestimmung der Kreatininkonzentration in der Bauchhöhlenflüssigkeit dient zur Diagnose eines Uroabdomens. Ist der Kreatininspiegel im Punktat höher als im Serum, liegt sehr wahrscheinlich eine Harnblasenruptur vor. In diesem Fall wären eine Positivkontrast-Urozystographie oder eine Ausscheidungsurographie indiziert.

8.9 Kreatinin im Urin

Indikation

Die Messung der Kreatininkonzentration im Urin ist zur Berechnung der renalen Clearance und der Eliminationsfraktion erforderlich. Außerdem dient sie zur Abschätzung der Signifikanz einer Proteinurie (Urin-Protein/Kreatinin-Verhältnis).

Analyse

Die Kreatininkonzentration im Urin wird durch Spektrophotometrie bestimmt.

8.10 Renale fraktionelle Exkretion

Indikation

Die Bestimmung der Eliminationsfraktion dient zur Abschätzung der renalen Clearance einer bestimmten Substanz (z.B. Natrium, Kalium, Kalzium, Phosphor, Albumin). Erörterungen zu Anwendung und Nutzen der Methode finden sich in den jeweiligen Abschnitten.

Analyse

Zur Berechnung der Eliminationsfraktion dient folgende Formel, in die die Werte aus parallel entnommenen Blut- und Urinproben einzusetzen sind:

$$\frac{\text{Konzentration der Substanz im Urin}}{\text{Konzentration der Substanz im Plasma}} \times \frac{\text{Kreatininkonzentration im Plasma}}{\text{Kreatininkonzentration im Urin}} \times 100$$

8.11 Messung der glomerulären Filtrationsrate

Indikation

Die Bestimmung der glomerulären Filtrationsrate (GFR) ist indiziert bei Verdacht auf eine nicht-azotämische Nierenerkrankung oder zur Verlaufsbeobachtung einer manifesten Nierenerkrankung.

Analyse

Zur Bestimmung der glomerulären Filtrationsrate stehen drei hinreichend exakte Verfahren zur Auswahl:

1. endogene Kreatinin-Clearance
2. exogene Kreatinin-Clearance
3. Iohexol-Clearance

8.11.1 Endogene Kreatinin-Clearance

Zur Bestimmung der endogenen Kreatinin-Clearance benötigt man einen 24-Stunden-Sammelurin und eine Serumprobe, die etwa nach der Hälfte der Sammelperiode zu entnehmen ist. Das Urinvolumen wird gemessen und die Kreatininkonzentration in Serum und Urin (3 ml) bestimmt. Die Clearance wird nach folgender Formel berechnet:

GFR (ml/min/kg)
= Urinvolumen (ml) × Urin-Kreatinin (μmol/l)
÷ Zeit (min) × Serum-Kreatinin (μmol/l) × Gewicht (kg)

8.11.2 Exogene Kreatinin-Clearance

Zur Bestimmung der exogenen Kreatinin-Clearance wird gelöstes Kreatinin (25 mg/ml) subkutan appliziert, wobei die zu injizierende Menge 75–100 mg/kg beträgt. Dann wird über einen Magenschlauch eine Wassermenge verabreicht, die genau 3 % des Körpergewichts entspricht. Anschließend wird ein Blasenkatheter gelegt und vorerst in Position belassen. Exakt 38 Minuten nach der Injektion wird die Blase vorsichtig entleert und zweimal mit physiologischer Kochsalzlösung gespült. Exakt 40 Minuten nach der Kreatinin-Injektion wird eine 20-minütige Urinsammlung begonnen. Jeweils zu Beginn und Ende der Sammelperiode ist eine Blutprobe zu entnehmen. Exakt 60 Minuten nach der Kreatinin-Injektion schließt sich eine weitere 20-minütige Sammelperiode mit einer letzten Blutentnahme exakt 80 Minuten nach der Kreatinin-Injektion an. Das Urinvolumen der beiden Sammlungen wird gemessen und die Kreatininkonzentration in den drei Blutproben sowie im Urin (je eine Probe aus jeder Sammlung) bestimmt. Die Berechnung der GFR erfolgt wie bei der Bestimmung der endogenen Clearance, wobei jedoch für die Kreatininkonzentration im Serum der Mittelwert aus den drei Blutproben heranzuziehen ist.

8.11.3 Iohexol-Clearance

Es wird eine einzelne Iohexol-Dosis von 300 mg Iodin/kg i.v. injiziert und der Zeitpunkt genau festgehalten. Exakt 2, 3, und 4 Stunden nach der Injektion werden Blutproben von jeweils 3–4 ml entnommen. Nach erfolgter Gerinnung wird das Serum in ein Plastikfläschchen gefüllt (es werden mindestens 1,2 ml Serum benötigt). Der genaue Zeitpunkt jeder Blutabnahme ist schriftlich festzuhalten. Anschließend werden die Serumproben zur Bestimmung der GFR eisgekühlt oder umhüllt von Gefriergelbeuteln in einem isolierten Behälter an ein geeignetes Labor gesandt.

Referenzbereich

- endogene Kreatinin-Clearance: Hunde 2,0–4,5 ml/min/kg; Katzen 1,6–3,8 ml/min/kg.
- exogene Kreatinin-Clearance und Iohexol-Clearance: Hunde, 3,5–4,5 ml/min/kg; Katzen 2,6–3,2 ml/min/kg.

Kritische Werte

nicht festgelegt.

Artefakte

Alle Faktoren, die die Kreatininbestimmung beeinflussen können, können auch die Bestimmung der Kreatinin-Clearance beeinflussen (siehe vorhergehender Abschnitt). Durch eine unvollständige Urinsammlung kann das Ergebnis erheblich verfälscht werden. Eine falschniedrige endogene Kreatinin-Clearance erhält man, wenn andere im Plasma vorhandene Chromogene in die Kreatininkonzentration mit eingehen. Bei der Bestimmung der Iohexol-Clearance führen ungenaue Angaben bezüglich Dosierung, Zeitpunkt der Injektion und der jeweiligen Blutentnahmen zu einer falschen Berechnung der GFR.

Medikamentöse Beeinflussung sowie Beeinflussung durch sonstige Faktoren

Eine Abnahme der GFR kann durch nephrotoxische Medikamente bedingt sein (Übers. 8.1). Die GFR ist vom Hydratationsstatus abhängig. Folglich kann eine Infusionstherapie die Werte beeinflussen.

Ursachen einer verminderten glomerulären Filtrationsrate

Eine Abnahme der GFR kann auf prärenale, renale und postrenale Ursachen zurückzuführen sein. Deshalb ist es wichtig, vor Bestimmung der GFR mögliche prärenale (z.B. Dehydratation, reduziertes Herzminutenvolumen) und postrenale (z.B. Obstruktion/Ruptur der Harnröhre) Ursachen auszuschließen. Erst dann kann eine renale Dysfunktion als wahrscheinlichster Grund für die verminderte GFR angesehen werden. Durch eine gezielte Flüssigkeitszufuhr zu Beginn der Messung der exogenen Kreatinin-Clearance kann das Risiko einer subklinischen Dehydratation als mögliche Ursache einer reduzierten GFR vermieden werden. Eine Abnahme der glomerulären Filtrationsleistung bei einem Patienten ohne prärenale/postrenale Störungen und ohne Nachweis kleiner oder narbiger Nieren in bildgebenden Verfahren wäre eine Indikation zur Blutdruckmessung und Durchführung einer Nierenbiopsie.

Ursachen einer erhöhten glomerulären Filtrationsrate

Ohne klinische Relevanz.

8.12 Phosphat

Der Serumspiegel des anorganischen Phosphats kann im Falle einer reduzierten glomerulären Filtrationsrate erheblich erhöht sein. Bei chronischer Niereninsuffizienz ist die Kontrolle der Hyperphosphatämie wichtig, um einer renalen Mineralisierung und einem sekundären Hyperparathyreoidismus entgegenzuwirken (siehe Kap. 9 zur Bestimmung des anorganischen Serum-Phosphats).

8.13 Konkremente

Harnkonkremente können die Ursache einer Urethraobstruktion (z.B. Anurie und Oligurie, Azotämie, Urämie), Zystitis und/oder Urethritis (z.B. Dysurie, Hämaturie), Verlegung der Harnleiter oder des Nierenbeckens (z.B. Azotämie, Urämie) sowie einer Zerstörung des Nierengewebes (z.B. Azotämie, Urämie) sein. Bei allen Patienten mit Harnverhalt, chronischen oder rezidivierenden Harnwegsinfekten, Hämaturie oder einer Niereninsuffizienz unbekannter Genese sind Harnsteine in Betracht zu ziehen. Die Diagnose erfolgt durch eine klinische Untersuchung (Palpation der Harnblase und Harnröhre, Katheterisierung), Röntgenleeraufnahmen oder Kontrastmitteldarstellungen (einige Steine sind strahlendurchlässig) und/oder Sonographie. Alle entfernten oder spontan abgegangenen Konkremente sollten einer quantitativen Analyse unterzogen werden. Außerdem ist eine Urinkultur anzusetzen. Bei Hunden treten überwiegend Struvitsteine auf, für deren Entstehung eine Alkalisierung des Urins infolge einer Harnwegsinfektion mit ureaseproduzierenden Bakterien (v.a. *Staphylococcus* oder *Proteus* spp.) ausschlaggebend ist. Dagegen können andere Steintypen Gewebeschäden mit sekundären Harnwegsinfektionen hervorrufen. Daher ist bei simultanem Nachweis einer Harnwegsinfektion und einer Urolithiasis die Vermutung, dass die Infektion zur Bildung eines Struvitsteines geführt hat, nur dann gerechtfertigt, wenn der Urin alkalisch ist und ein ureaseproduzierender Keim in der Urinkultur nachgewiesen werden konnte. Aber auch dann handelt es sich bei der Diagnose des Steintyps nur um eine abgesicherte Ahnung. Falls die Therapie nicht den erwarteten Erfolg zeigt, müssen Konkremente gewonnen und untersucht werden. Die genaue Bestimmung der kristallinen Zusammensetzung der Konkremente ist Grundlage einer erfolgreichen Prophylaxe und wirkungsvollen medikamentösen Steinauflösung.

8.13.1 Harnsteinanalyse

Indikation

Alle Harnsteine sollten auf ihren Mineralgehalt untersucht werden.

Vorteile

Durch die Analyse kann der Steintyp ermittelt werden.

Nachteile

Die Konkremente müssen an speziell ausgerüstete Labors gesandt werden.

Analyse

Die Steinanalyse erfolgt gewöhnlich mittels optischer Kristallographie, Röntgendiffraktometrie oder chemischer Analyse. Zu den weniger gebräuchlichen Verfahren zählen Rasterelektronenmikroskopie, Elektronenstrahl-Mikrosondierung und Infrarotspektroskopie. Während bei der Kristallographie und Röntgendiffraktion exakte Ergebnisse zu erhalten sind, ist dies bei der chemischen Analyse nicht der Fall.

Artefakte

Die chemisch-qualitative Analyse ist mit vielen Ungenauigkeiten behaftet. Diese Methode sollte grundsätzlich nicht zum Einsatz kommen.

Ursachen

Dieses Thema ist zu komplex, um es im Rahmen dieses Kapitels zu erörtern. Der interessierte Leser sei auf die weiterführende Literatur verwiesen (Osborne and Finco, 1995).

Quellen

Osborne CA, Finco DR: *Canine and feline nephrology and urology*, Philadelphia, 1995, Williams & Wilkins.

Empfohlene Literatur

Barsanti JA: Genitourinary infections. In Greene CE, editor: *Infectious diseases of the dog and cat*, ed 2, Philadelphia, 1998, WB Saunders.

Barsanti JA, DiBartola SP, Finco DR: Diagnostic approach to polyuria/polydipsia. In Bonagura JD, editor: *Kirk's current veterinary therapy XIII*, Philadelphia, 1999, WB Saunders.

Barsanti JA et al: Urinary disorders. In Willard MD, Tvedten H, Turnwald GH, editors: *Small animal clinical diagnosis by laboratory methods*, ed 3, Philadelphia, 1999, WB Saunders.

Brown SA et al: Evaluation of a single injection method, using iohexol, for estimating glomerular filtration rate in cats and dogs, *Am J Vet Res* 57:105, 1996.

Feldman EC, Nelson RW: *Canine and feline endocrinology and reproduction*, Philadelphia, 1996, WB Saunders.

Glick MR, Ryder KW, Glick SJ: *Interferographs: user's guide to interferences in clinical chemistry instruments*, ed 2, Indianapolis, 1991, Science Enterprises.

Grooters AM, Biller DS: Ultrasonographic findings in renal diseases. In Bonagura JD, editor: *Current veterinary therapy XII*, Philadelphia, 1995, WB Saunders.

Hamilton GC: Use of the clinical laboratory in emergency medicine. I. *Emerg Med Clin North Am* 4:1, 1986.

Krawiec DR, Itkin RJ: When and how to measure glomerular filtration rate and effective renal plasma flow. In Bonagura JD, editor: *Current veterinary therapy XII*, Philadelphia, 1995, WB Saunders.

Lees GE, Willard MD, Green RA: Urinary disorders. In Willard MD, Tvedten H, Turnwald GH, editors: *Small animal clinical diagnosis by laboratory methods*, ed 2, Philadelphia, 1994, WB Saunders.

Lulich JP, Osborne CA: Interpretation of urine proteincreatinine ratios in dogs with glomerular and nonglomerular disorders, *Comp Cont Ed Pract Vet* 12:59, 1990.

Macintire DK et al: Hepatozoonosis in dogs: 22 cases (1989-1994), *J Am Vet Med Assoc* 210:916, 1997.

Selcer BA: Ultrasonographic findings in feline lower urinary tract diseases. In Bonagura JD, editor: *Current veterinary therapy XII*, Philadelphia, 1995, WB Saunders.

Tietz NW: *Clinical guide to laboratory tests*, ed 2, Philadelphia, 1990, WB Saunders.

Young DS: *Effects of drugs on clinical laboratory tests*, ed 4, Washington, DC, 1995, AACC Press.

9 Endokrine und metabolische Störungen

Richard W. Nelson, Grant H. Turnwald und Michael D. Willard

9.1 Kalzium

Indikation (häufig)

Die Bestimmung des Kalziumspiegels ist bei Patienten mit folgenden Symptomen angezeigt: Lethargie, Anorexie, Vomitus, Obstipation, Schwäche, Polydipsie, Polyurie (Symptome einer Hyperkalzämie), fazialer Pruritus, Unruhe, Muskelzittern, Faszikulationen, Krämpfe der Hintergliedmaßen, Tetanie, Anfallsleiden (Anzeichen einer Hypokalzämie). Weiterhin ist die Kalziumbestimmung bei Anzeichen einer Azotämie, diffusen Knochenerkrankungen und selektiven Veränderungen des Elektrokardiogramms (EKG), z.B. verlängertem QT-Intervall mit normalem QRS-Komplex oder unerklärlichen ventrikulären Extrasystolen, erforderlich.

Analyse

Die Kalziumkonzentration kann in Serum, heparinisiertem Plasma und Urin kolorimetrisch, spektrophotometrisch oder potentiometrisch über spezifische Kalziumelektroden bestimmt werden. Dabei dürfen die Gerinnungshemmer Oxalat, Zitrat oder Ethylendiamintetraessigsäure (EDTA) nicht für die Plasmagewinnung verwendet werden, da diese Stoffe Kalzium binden und es dadurch der Messung entziehen. Der Großteil der zur Bestimmung von Serumparametern verwendeten Analysegeräte bestimmt die Konzentration des Gesamtkalziums im Serum, das sich aus biologisch aktivem, ionisiertem Kalzium (50 %), proteingebundenem Kalzium (40 %) und Kalziumkomplexen (10 %) zusammensetzt. Beim Hund können Veränderungen der Plasma-Proteinkonzentration die Konzentration des Gesamtkalziums im Serum beeinflussen, die Werte des ionisierten Kalziums bleiben jedoch im Referenzbereich. Geringe Veränderungen der Albumin- und Gesamtproteinspiegel verursachen keine Hypo- oder Hyperkalzämie beim Hund, wenngleich die Gesamtkalziumkonzentration im Serum im biochemischen Profil erniedrigt oder erhöht erscheinen kann. Die folgenden Formeln können zur Korrektur der Gesamtkalziumkonzentration im Serum verwendet werden (Meuten et al., 1992):

SI-Einheiten:

Korrigiertes Kalzium (mmol/l)
$= (4 \times \text{gemessenes Kalzium [mmol/l]} - 0{,}1 \times \text{Albumin [g/l]} + 3{,}5) \times 0{,}25$

oder

Korrigiertes Kalzium (mmol/l)
$= (4 \times \text{gemessenes Kalzium [mmol/l]} - 0{,}04 \times \text{Serum-Protein [g/l]} + 3{,}3) \times 0{,}25$

Konventionelle Einheiten:

Korrigiertes Kalzium (mg/dl)
$= \text{gemessenes Kalzium} - \text{Albumin (g/dl)} + 3{,}5$

oder

Korrigiertes Kalzium (mg/dl)
$= \text{gemessenes Kalzium (mg/dl)} - (0{,}4 \times \text{Serum-Protein [g/dl]}) + 3{,}3$

Da eine stärkere Beziehung zwischen Serum-Albumin und der Gesamtkalziumkonzentration besteht sollte die Formel, die Albumin berücksichtigt, bevorzugt verwendet werden. Für Hunde unter 24 Wochen sind die Formeln nicht geeignet, da sich falsch-hohe Werte ergeben. Bei Katzen besteht keine lineare Beziehung zwischen Gesamtkalziumkonzentration und Serum-Albumin- oder Gesamtproteinkonzentration, weshalb die Formeln nicht angewandt werden können (Flanders et al., 1989). Berechnungen mit den oben angeführten Formeln ergeben lediglich ungefähre Schätzwerte für die korrigierte Serum-Gesamtkalziumkonzentration. Diese Formeln

wurden entwickelt, ohne dass eine Verifizierung durch Messung der tatsächlichen Konzentration an ionisiertem Kalzium erfolgte. Leider ist die Korrelation zwischen der „korrigierten“ Serum-Kalziumkonzentration und der ionisierten Kalziumkonzentration nur gering (Mischke et al., 1996). Deshalb stellt die korrigierte Serum-Gesamtkalziumkonzentration möglicherweise keinen verlässlichen Indikator für die Kalziumhomöostase dar.
Der biologisch aktive ionisierte Kalziumanteil kann direkt bestimmt und so der Einfluss der Plasmaproteine auf die Gesamtkalziumkonzentration umgangen werden. Die Verwendung von automatisierten Geräten mit selektiven Elektroden für Kalziumionen ermöglicht die exakte Messung des ionisierten Kalziums in Blut, Plasma oder Serum. Um die Genauigkeit der Methode zu gewährleisten, müssen die Proben jedoch speziell behandelt und der pH-Wert angepasst werden (die Konzentration an ionisiertem Kalzium sinkt bei steigenden pH-Werten).

Referenzbereich für Gesamtkalzium und ionisiertes Kalzium

Adulte:
gesamt Ca: 2,2–2,9 mmol/l (*9,0–11,5 mg/dl*)
ionisiertes Ca: 1,12–1,42 mmol/l

Jungtiere:
Die Konzentration an Gesamtkalzium und ionisiertem Kalzium im Serum junger Hunde (< 12 Monate), insbesondere großer und sehr großer Rassen, kann bis zu 0,25 mmol/l (*1 mg/dl*) bzw. 0,1 mmol/l höher liegen als bei adulten Hunden. Bei der Katze ist die Konzentration des Gesamtkalziums altersunabhängig. Ionisiertes Kalzium kann jedoch bei Katzen unter 2 Jahren im Vergleich zu älteren Katzen um bis zu 0,1 mmol/l erhöht sein.

Beachte:
Schätzwert für Gesamt-Ca (mmol/l)
= ionisiertes Ca (mmol/l) × 2
bzw.
Schätzwert für Gesamt-Ca (mg/dl
= ionisiertes Ca (mmol/l) × 8

Der Umrechnungsfaktor von mg/dl in mmol/l beträgt 0,25.

Kritische Werte

Gesamtkalzium im Serum unter 1,8 mmol/l (*7,0 mg/dl*) (Tetanie).

Beachte: Dieser Parameter ist abhängig vom pH-Wert des Blutes. Je niedriger der pH-Wert (Azidose), desto tiefer kann die Kalziumkonzentration sinken, ohne klinische Symptome zu verursachen, und umgekehrt. Gesamtkalziumspiegel im Serum über 4 mmol/l (*16 mg/dl*) können, abhängig von der Albuminkonzentration, zu akutem Nierenversagen führen und kardiotoxisch wirken.

Artefakte

Falsch-niedrig: Erhöhte Bilirubinkonzentration, Laborfehler.
Falsch-hoch: Laborfehler, Dehydratation (geringer Anstieg), Lipämie (siehe Kap. 6).

Medikamentöse Beeinflussung der Serum-Kalziumkonzentration

Die Verabreichung von Mithramycin, EDTA, Glukagon, Antikonvulsiva, Zitrat, Fluoriden, Glukokortikoiden, phosphathaltigen Klistieren sowie intravenöse Phosphatapplikation (Kaliumphosphat) können zur Hypokalzämie führen.
Vitamin D, cholecalciferolhaltige Rodentizide, Östrogene, Progesteron, Testosteron, anabole Steroide, Acetaminophen, Hydralazin, parenterale Kalziumverabreichung sowie übermäßige orale Aufnahme phosphatbindender Mittel können zur Hyperkalzämie führen.

Ursachen einer Hyperkalzämie

Neoplasien, die nicht von der Nebenschilddrüse ausgehen, insbesondere maligne Lymphome (Übers. 9.1), stellen die häufigste Ursache einer Hyperkalzämie beim Hund dar (tumorassoziierte Hyperkalzämie). Andere hämolymphatische maligne Tumoren, lymphatische Leukämie, multiple Myelome, myeloproliferative Erkrankungen, Karzinome der apokrinen Drüsen der Analbeutel sowie in die Knochen metastasierende Weichteiltumoren (z.B. Adenokarzinome der Milchdrüse) können ebenfalls eine Hyperkalzämie auslösen. Zu den selteneren Ursachen zählen primärer Hyperparathyreoidismus, chronisches Nierenversagen, Hypoadrenokortizismus und Hypervitaminose D (z.B. Cholecalciferol, Rodentizide). Bei der Katze tritt am häufigsten die tumorassoziierte Hyperkalzämie (speziell malignes Lymphom und Plattenepithelkarzinom), Hyperkalzämie infolge chronischen Nierenversagens oder aufgrund eines primären Hyperparathyreoidismus sowie die idiopathische Hyperkalzämie auf. Kalziumoxalat-Urolithiasis und die Aufnahme ansäuernder Diäten sind häufige Begleitumstände einer Hyperkalzämie bei Katzen, die ursächliche Rolle dieser Faktoren ist jedoch unbekannt.

Übersicht 9.1 Ursachen einer Hyperkalzämie (Hund und Katze)

- tumorassoziierte Hyperkalzämie
  - humorale Hyperkalzämie
    - malignes Lymphom
    - Adenokarzinom apokriner Drüsen
  - Karzinome (Plattenepithel-, Mamma-, bronchogene Karzinome, Prostata-, Schilddrüsen-, Nasenhöhlenkarzinome)
  - hämatologische Neoplasien (Osteolyse des Knochenmarks)
    - Lymphome
    - multiple Myelome
    - myeloproliferative Erkrankungen (selten)
  - metastatische oder primäre Neoplasie des Knochengewebes
- Hypoadrenokortizismus
- chronisches und akutes Nierenversagen
- Hypervitaminose D
  - iatrogen
  - Pflanzen
  - Rodentizide
- primärer Hyperparathyreoidismus
- idiopathische Hyperkalzämie der Katze
- granulomatöse Erkrankungen
- Skeletterkrankungen
  - Osteomyelitis
  - hypertrophe Osteodystrophie
- Hypervitaminose A
- iatrogene Erkrankungen
  - übermäßige Kalziumsupplementation
  - übermäßige orale Verabreichung phosphatbindender Stoffe
  - Dehydratation
- Artefakte
  - Lipämie
  - postprandiale Messung
- junger Hund (< 6 Monate), große oder sehr große Rasse
- Laborfehler

Die Diagnose Hyperkalzämie sollte immer bestätigt werden (vorzugsweise durch die Analyse einer nicht-lipämischen, nach 12-stündigem Fasten entnommenen Blutprobe) bevor eine aufwändige diagnostische Aufarbeitung eingeleitet wird. Die Ergebnisse von Blutbild, Serumchemie und Urinanalyse ergeben zusammen mit dem Vorbericht und der klinischen Untersuchung des Tieres häufig Hinweise auf die Diagnose (Abb. 9.1). Besondere Aufmerksamkeit sollte den Serumelektrolyten und Nierenparametern geschenkt werden. Eine durch Hypoadrenokortizismus induzierte Hyperkalzämie tritt gemeinsam mit Mineralokortikoidmangel auf; Hyponatriämie, Hyperkaliämie und prärenale Azotämie sollten bei dieser Erkrankung ebenfalls vorliegen. Die Serum-Phosphatkonzentration liegt bei tumorassoziierter Hyperkalzämie oder primärem Hyperparathyreoidismus im unteren Referenzbereich oder ist erniedrigt (Abb. 9.2). Ist die Serum-Phosphatkonzentration bei physiologischer Nierenfunktion erhöht, kommen differentialdiagnostisch Hypervitaminose D oder Osteolyse in Folge metastatischer oder primärer Knochentumoren in Betracht. Die Bestimmung der ionisierten Serum-Kalziumkonzentration kann dazu beitragen, Hunde und Katzen mit Hyperkalzämie in Folge eines Nierenversagens zu identifizieren; die Konzentration an ionisiertem Serum-Kalzium liegt bei Tieren mit Nierenversagen üblicherweise im Referenzbereich oder ist erniedrigt, bei Hyperkalzämie aufgrund anderer Ursachen ist sie erhöht.

Tumorassoziierte Hyperkalzämieund primärer Hyperparathyreoidismus sind die wichtigsten Differentialdiagnosen, wenn Hyperkalzämie und normale bis niedrige Serum-Phosphatkonzentrationen vorliegen. Die in diesem Zusammenhang häufigste neoplastische Veränderung stellt das maligne Lymphom dar. Eine genaue Erhebung des Vorberichts sowie klinische Untersuchungsbefunde können Hinweise auf die Diagnose geben. Systemische Krankheitsanzeichen lassen auf eine tumorassoziierte Hyperkalzämie schließen. Hunde und Katzen mit primärem Hyperparathyreoidismus sind in der Regel klinisch unauffällig mit wenig ausgeprägter Symptomatik. Gliedmaßenskelett, periphere Lymphknoten, Bauchhöhle und Rektum sollten sorgfältig auf Umfangsvermehrungen, Lymphadenopathien, Hepato- und Splenomegalie oder

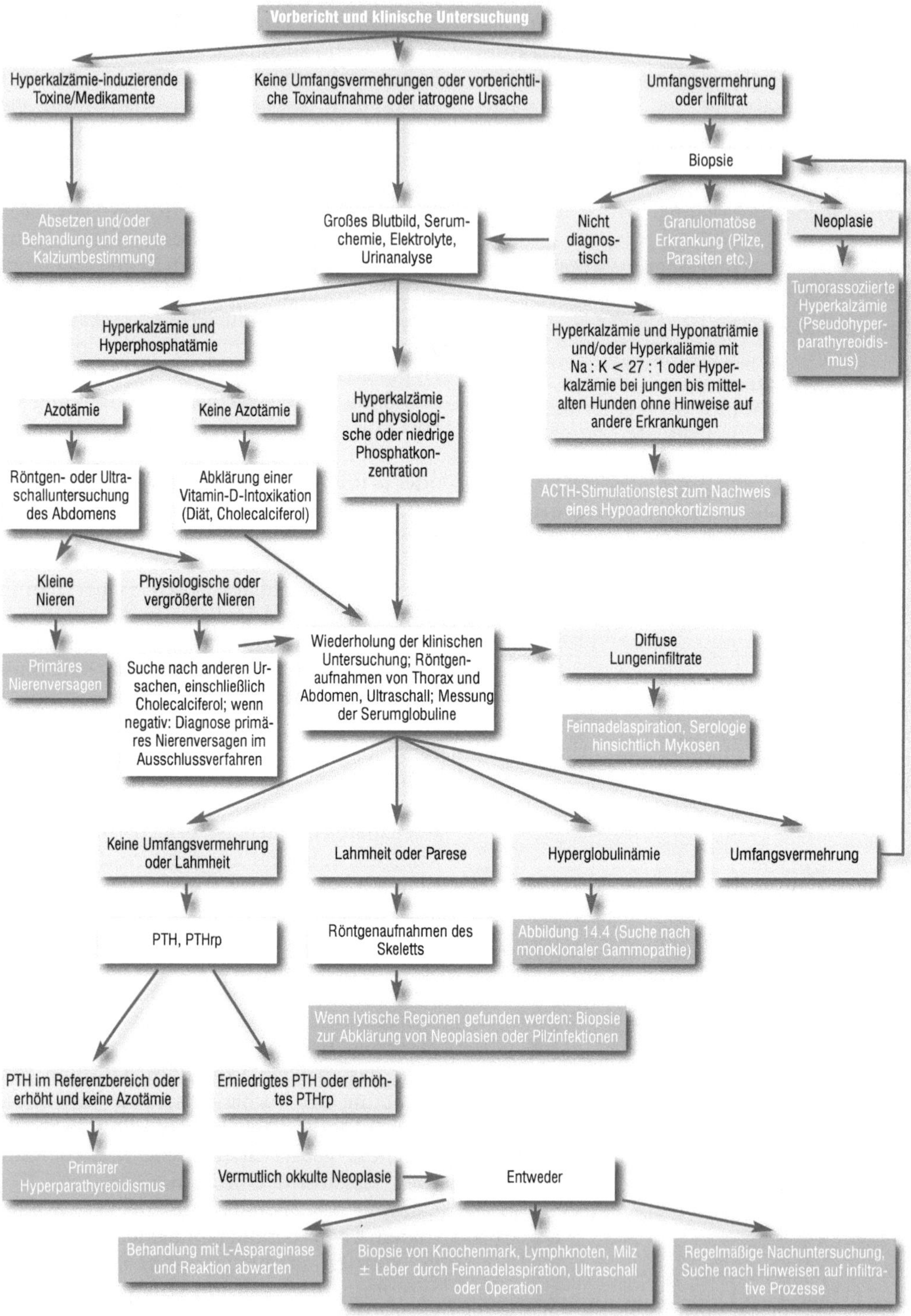

Abb. 9.1 Diagnostische Abklärung einer Hyperkalzämie (Hund und Katze). ACTH, adrenokortikotropes Hormon; PTH, Parathormon.

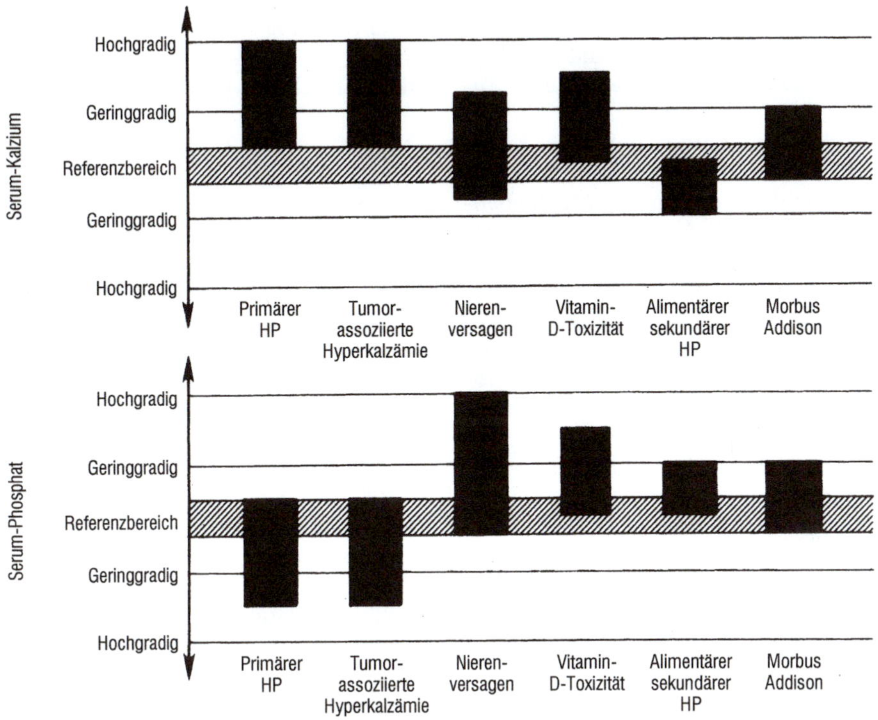

Abb. 9.2 Spannweite der Serum-Kalzium- und Phosphatkonzentration bei den häufigeren Ursachen einer Hyperkalzämie sowie eines Hyperparathyreoidismus beim Hund. HP, Hyperparathyreoidismus. Aus: *Feldman EC, Nelson RW, Canine and feline endocrinology and reproduction, 2. Auflage, Philadelphia, 1996, WB Saunders.*

Schmerzhaftigkeit der langen Röhrenknochen abgetastet werden. Weitere nützliche diagnostische Maßnahmen sind die Anfertigung abdominaler und thorakaler Röntgenaufnahmen, abdominale und zervikale Sonographie, die zytologische Untersuchung von Leber, Milz, Lymphknoten und Knochenmark sowie die Bestimmung von ionisiertem Kalzium, Parathormon (PTH) und PTHrP (Parathyroid Hormone related Peptide).

Eine Lymphadenopathie der Sternal- und Hiluslymphknoten tritt häufig im Zusammenhang mit lymphominduzierter Hyperkalzämie auf und kann durch eine radiologische Untersuchung des Thorax abgeklärt werden. Röntgenaufnahmen von Thorax und Abdomen können zur Beurteilung der Knochen herangezogen werden; einzelne lytische Regionen der Wirbel oder der langen Röhrenknochen deuten auf ein multiples Myelom hin. Hyperproteinämie, Proteinurie und Plasmazellinfiltration des Knochenmarks sind weitere Hinweise auf ein multiples Myelom. Die zytologische Untersuchung der peripheren Lymphknoten, des Knochenmarks sowie von Milzpunktaten kann hilfreich bei der Abklärung eines malignen Lymphoms sein. Periphere Lymphknoten oder die Milz können im Sinne eines malignen Lymphoms verändert sein, auch ohne eine nennenswerte Vergrößerung aufzuweisen. Idealerweise sollte der größte Lymphknoten untersucht werden. Auch bei unverändertem Lymphknoten-, Knochenmark- und Milzpunktat lassen sich Lymphome nicht ausschließen.

Die Bestimmung von ionisiertem Serum-Kalzium, PTH und PTHrP aus derselben Blutprobe kann hilfreich sein, um einen primären Hyperparathyreoidismus von einer tumorassoziierten Hyperkalzämie zu unterscheiden. (Abb. 9.3). In der Pathogenese der meisten Formen der tumorassoziierten Hyperkalzämie spielt die exzessive Sekretion von biologisch aktivem PTHrP eine zentrale Rolle. Erhöhtes ionisiertes Serum-Kalzium, messbare PTHrP-Konzentration und nicht messbare PTH-Konzentration sind diagnostisch für eine tumorassoziierte Hyperkalzämie. Das maligne Lymphom ist die häufigste Ursache messbarer PTHrP-Spiegel. Andere Tumoren wie Adenokarzinome der apokrinen Drüsen, verschiedene Karzinome (z.B. Karzinome der Milchdrüse, Plattenepithelkarzinome, bronchiogene Karzinome) können jedoch ebenfalls über einen PTHrP-Anstieg eine Hyperkalzämie verursachen. Erhöhte Konzentrationen an ionisiertem Serum-Kalzium, normale bis erhöhte PTH-Spiegel und nicht-messbare PTHrP-Konzentrationen sprechen dagegen für einen primären Hyperparathyreoidismus. Sonographisch kann die Vergrößerung einer oder mehrerer Nebenschilddrüsen dargestellt werden. Die meisten Adenome der Nebenschilddrüsen zeigen einen Durchmesser von 4–8 mm, nur wenige Adenome sind größer als 1 cm. Bei tumorassoziierter Hyperkalzämie dagegen sind die Nebenschilddrüsen klein oder nicht auffindbar. Die Veränderung des Serum-Kalziumspiegels nach L-Asparaginase-Verabreichung sollte bei Patienten mit ungeklärter Hyperkalzämie untersucht werden, um ein bestehendes Lymphom zu identifizieren. Die starke Reduktion des Serum-Kalziumspiegels innerhalb von 48 Stunden nach Verabreichung von L-Asparaginase ist sehr verdächtig für ein okkultes Lymphom.

Idiopathische Hyperkalzämie wird zunehmend bei jungen bis mittelalten Katzen diagnostiziert (Midkiff et al., 2000). Die Hyperkalzämie ist in der Regel geringgradig (< 3,2 mmol/l [< *13 mg/dl*]) und asymptomatisch, Serum-Phosphatkonzentration und Nierenparameter liegen im Referenzbereich. Die Ursache der idiopathischen Hyperkalzämie ist unbekannt. Eine vollständige diagnostische Aufarbeitung (wie beschrieben) ergibt keine Besonderheiten. Die Serum-PTH-Konzentration liegt im Referenzbereich oder ist erniedrigt; bei keiner der Katzen konnte ein primärer Hyperparathyreoidismus diagnostiziert werden. Nephrokalzinose und Urolithiasis können sich wahrscheinlich in Folge erhöhter Kalziumausscheidung im Urin manifestieren. Eine effektive Behandlung ist bislang noch nicht bekannt. Die Serum-Kalziumkonzentration sank bei manchen Katzen nach einer Erhöhung des Rohfasergehalts in der Diät oder nach Prednisolonbehandlung, das Ansprechen auf die Therapie ist jedoch nicht vorhersehbar.

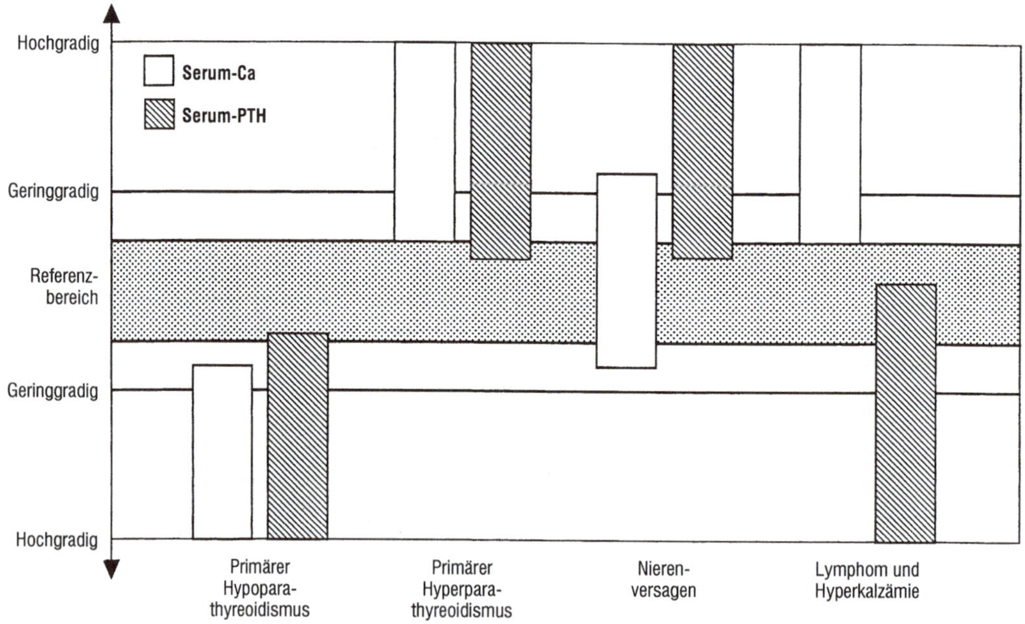

Abb. 9.3 Spannweite der Serumkonzentrationen von Kalzium (Ca) und Parathormon (PTH) bei häufigeren Erkrankungen, die Veränderungen der Kalziumkonzentration oder der Nebenschilddrüsenfunktion hervorrufen. Aus: *Nelson RW, Couto CG, Essentials of small animal internal medicine, St Louis, 1992, Mosby.*

Ursachen einer Hypokalzämie

Die häufigsten Ursachen einer Hypokalzämie bei Hund und Katze sind die puerperale Tetanie, akutes und chronisches Nierenversagen, Malassimilationssyndrom und primärer Hypoparathyreoidismus (insbesondere nach Thyreoidektomie bei hyperthyreoten Katzen, Übers. 9.2). Hypokalzämie besteht auch bei hypalbuminämischen Tieren, wobei jedoch der Anteil ionisierten Kalziums im Referenzbereich liegt. Die Serum-Kalziumkonzentration sollte im Zusammenhang mit dem zu niedrigen Gesamtprotein- oder Albuminspiegel beurteilt werden, bevor die Diagnose Hypokalzämie gestellt wird. Man sollte jedoch beachten, dass die Korrelation zwischen Gesamtkalziumkonzentration und Serum-Albumin gering ist, und die Konzentration des ionisierten Kalziums auch bei physiologischen „korrigierten" Serum-Kalziumspiegeln reduziert sein kann.

Übersicht 9.2 Ursachen einer Hypokalzämie (Hund und Katze)

- primärer Hypoparathyreoidismus
  - idiopathisch
  - Thyreoidektomie (bilateral)
- puerperale Tetanie (Eklampsie)
- akutes und chronisches Nierenversagen
- Ethylenglykolvergiftung
- akute Pankreatitis
- intestinales Malabsorptionssyndrom
- Hypoproteinämie und Hypalbuminämie
- Hypomagnesiämie
- sekundärer alimentärer Hyperparathyreoidismus
- Tumorlyse-Syndrom
- phosphathaltige Klistiere
- Antikonvulsiva
- Natriumbikarbonat-Verabreichung
- Laborfehler

Die Diagnose Hypokalzämie sollte bestätigt und die Konzentration des Serum-Gesamtkalziums an niedrige Serum-Gesamtprotein- oder Albuminspiegel angepasst, oder die Konzentration des ionisierten Kalziums bestimmt werden, bevor weitere diagnostische Maßnahmen eingeleitet werden. Die Liste der Differentialdiagnosen für eine Hypokalzämie ist relativ kurz, und Anamnese, klinische Untersuchungsbefunde, Blutbild, Serumchemie und Urinanalyse liefern die nötigen Hinweise auf die Diagnose (Abb. 9.4). Bei Verdacht auf Pankreatitis sollten Serum-Lipasekonzentration und Trypsin-like Immunoreactivity (TLI) bestimmt, sowie eine Ultraschalluntersuchung des Abdomens durchgeführt werden (siehe Kap. 10). Ein primärer Hypoparathyreoidismus ist bei nicht-azotämischen, nicht-laktierenden Hunden und Katzen mit Symptomen einer Hypokalzämie naheliegend. Niedrige basale Parathormonspiegel bestätigen diese Diagnose (Abb. 9.3; Torrance und Nachreiner, 1989).

9.2 Phosphat

Indikation (häufig)

Entsprechend der Indikation zur Kalziumbestimmung. Hinzu kommen eine Hämolyse unklarer Ätiologie, Krampfanfälle oder eine Erhöhung der alkalischen Phosphatase (AP) im Serum.

Analyse

Phosphor kann in Serum, Plasma und Urin als anorganisches Phosphat durch spektrophotometrische Methoden bestimmt werden.

Referenzbereich

Adulte Tiere: 0,9–1,9 mmol/l (*3,0–6,0 mg/dl*).
Jungtiere: Junge Hunde (< 12 Monate), speziell großer und sehr großer Rassen, und junge Katzen (< 6 Monate) zeigen höhere Serum-Phosphatkonzentrationen als adulte Tiere. Hund: 1,3–2,9 mmol/l (*4–9 mg/dl*); Katze: 1,3–2,6 mmol/l (*4–8 mg/dl*). Im Alter von 12 Monaten sollte die Phosphatkonzentration im Serum auf das Niveau ausgewachsener Tiere gesunken sein.
Der Umrechnungsfaktor von mg/dl in mmol/l beträgt 0,323.

Kritische Werte

Unter 0,5 mmol/l (*1,5 mg/dl*) (Hämolyse, neurologische Symptome)

Artefakte

Falsch-hohe Werte: Postprandial – Proteinaufnahme (geringe Veränderung), Hämolyse, Hyperlipidämie, Hyperproteinämie, Thrombozy-

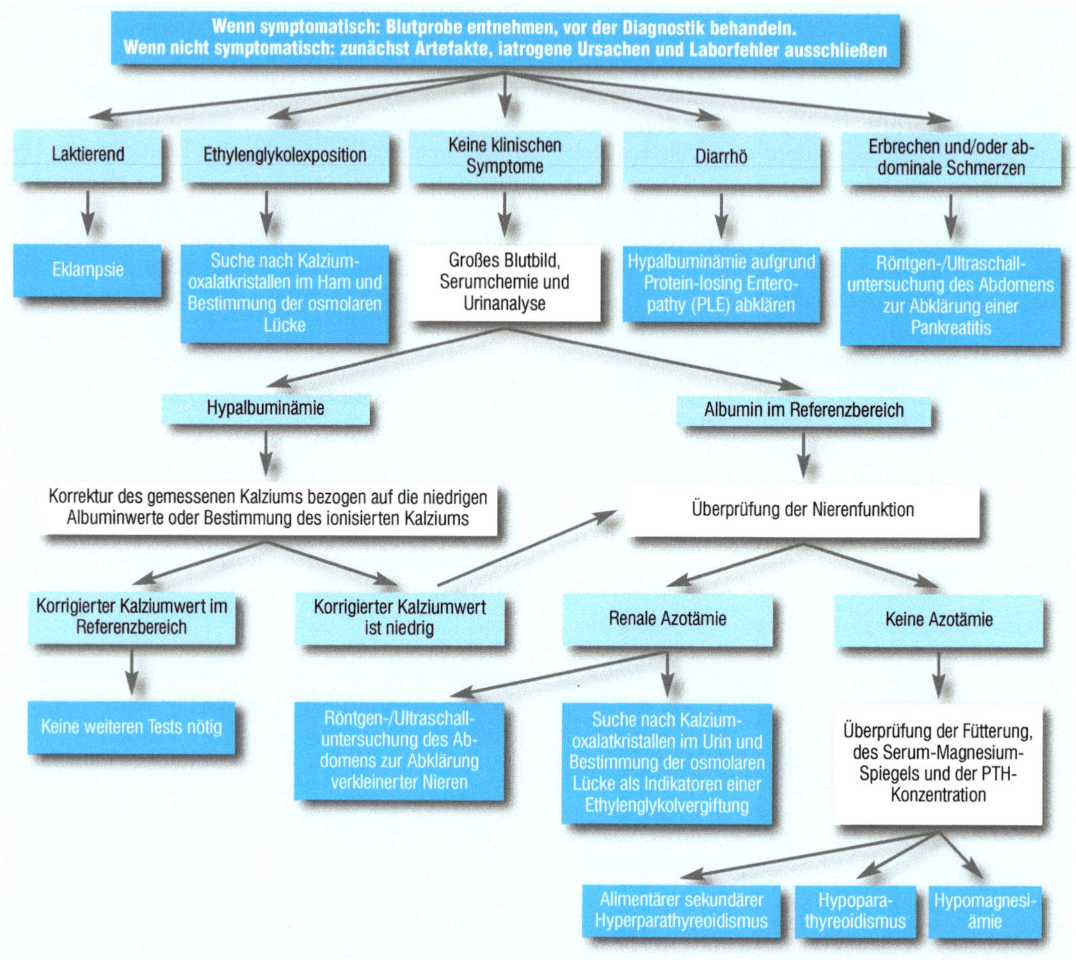

Abb. 9.4 Diagnostische Abklärung einer Hypokalzämie (Hund und Katze). PTH, Parathormon.

tose. Das Ausmaß des Einflusses dieser Faktoren ist abhängig von der Messmethode. Falschniedrige Werte: Postprandial – Kohlenhydrataufnahme (geringe Veränderung; siehe auch Kapitel 6).

Medikamentöse Beeinflussung der Serum-Phosphatkonzentration

Phosphatbindende Antazida, Anästhetika, Antikonvulsiva, Bikarbonat, Diuretika, Insulin, parenterale Glukoseverabreichung, Hyperalimentation, Mithramycin und Salizylate können eine Hypophosphatämie verursachen. Die Verabreichung phosphathaltiger Klistiere bei Katzen und kleinen Hunden, intravenöse Kaliumphosphatsupplementation, anabole Steroide, Vitamin-D-Supplementation, Furosemid, Hydrochlorothiazid und Minocyclin können zur Entstehung einer Hyperphosphatämie führen. Tetrazykline haben einen variablen Effekt auf die Phosphatkonzentration.

Ursachen einer Hyperphosphatämie

Hyperphosphatämie kann durch gesteigerte intestinale Phosphatabsorption, reduzierte renale Phosphatexkretion und durch Umverteilung des Phosphates vom Intra- in den Extrazellularraum verursacht werden. Die Translokation des Phosphates vom Intra- in den Extrazellularraum erfolgt ähnlich wie die Verschiebung von Kalium. Die häufigste Ursache einer Hyperphosphatämie stellt die reduzierte renale

Exkretion aufgrund von Nierenversagen dar (Tab. 9.1). Vorbericht, klinische Untersuchung und klinisch-pathologische Parameter (Blutbild, Serumchemie, Urinanalyse) geben Hinweise auf die Ursache der Hyperphosphatämie. Bei Patienten mit Azotämie müssen weitere Untersuchungen durchgeführt werden, um zwischen prärenaler, renaler und postrenaler Azotämie unterscheiden zu können (siehe Kap. 8; die Abklärung eines primären Hypoparathyreoidismus wurde bereits unter „Ursachen einer Hypokalzämie“ erläutert). Die Serum-Thyroxinkonzentration sollte bei nicht-azotämischen Katzen mit Anzeichen einer Hyperthyreose (Gewichtsverlust, Polyphagie, Unruhe) bestimmt werden. Röntgenaufnahmen des Skelettsystems dienen der Erkennung ossärer Neoplasien.

Ursachen einer Hypophosphatämie

Hypophosphatämie entsteht durch reduzierte intestinale Phosphatabsorption, erhöhte renale Exkretion oder durch eine Umverteilung des Phosphats vom Extra- in den Intrazellularraum. Eine Hypophosphatämie tritt häufig im Zusammenhang mit tumorassoziierter Hyperkalzämie (malignes Lymphom), primärem Hyperparathyreoidismus und aggressiver Therapie einer diabetischen Ketoazidose (DKA) auf (Tab. 9.1). Die Translokation des Phosphats vom Extra- in den Intrazellularraum erfolgt ähnlich der Kaliumverschiebung. Die Faktoren, die eine Umverteilung von Kalium in den Intrazellularraum fördern (z.B. Alkalose, Insulin, Glukoseinfusion), verursachen eine entsprechende Verschiebung von Phosphat.

Bei der Abklärung einer Hypophosphatämie sollten zunächst Artefakte und iatrogene Ursachen ausgeschlossen werden. Eine geringgradige Hypophosphatämie (> 0,6 mmol/l) (> *2 mg/dl*) wird bei Fehlen einer Hyperkalzämie häufig vernachlässigt, sofern keine Ketoazidose vorliegt (siehe Ursachen einer Hyperglykämie). Liegt eine begleitende Hyperkalzämie vor, sollten diagnostische Maßnahmen zur Abklärung einer tumorassoziierten Hyperkalzämie und eines primären Hyperparathyreoidismus eingeleitet werden (siehe Ursachen einer Hyperkalzämie).

Tabelle 9.1 Ursachen veränderter Serum-Phosphatkonzentrationen (Hund und Katze)

Hyperphosphatämie	Hypophosphatämie
junge Tiere im Wachstum[1]	verringerte intestinale Absorption
Niereninsuffizienz[1]	reduzierte Aufnahme (Diät)
prä- und postrenale Azotämie[1]	Malabsorption, Steatorrhö
endokrin	Erbrechen, Durchfall
• primärer Hyperparathyreoidismus	phosphatbindende Antazida[1]
• sekundärer alimentärer Hyperparathyreoidismus	Vitamin-D-Mangel
• Hyperthyreose (Katze)	erhöhte renale Exkretion
• Akromegalie	primärer Hyperparathyreoidismus[1]
Hypervitaminose D	tumorassoziierte Hyperkalzämie[1]
• exzessive Supplementation	diabetische Ketoazidose
• Cholecalciferol-Rodentizide[1]	Eklampsie
• Jasmintoxizität	Hyperadrenokortizismus
osteolytische Knochenerkrankungen (Neoplasien)	Fanconi-Syndrom (renaler Tubulusdefekt)
Rhabdomyolyse	• Diuretika
• Trauma	• nach Hypothermie
• Nekrose	Hyperaldosteronismus
Tumorlyse-Syndrom	exzessive parenterale Flüssigkeitszufuhr
metabolische Azidose	transzellulärer Shift
Hämolyse	Insulingabe[1]
Medikamente	Bikarbonatverabreichung[1]
iatrogen	• parenterale Glukosegabe[1]
• intravenöse Phosphorsupplementation	Hyperalimentation
• phosphathaltige Klistiere	• respiratorische, metabolische Azidose
Laborfehler	

[1] häufige Ursache

9.3 Magnesium

Indikation (gelegentlich)

Die Serum-Magnesiumkonzentration sollte bei Hunden und Katzen mit Erkrankungen und prädisponierenden Faktoren, die mit dem Auftreten von Hypo- und Hypermagnesiämie assoziiert sind, gemessen werden (Tab. 9.2). Insbesondere kommen folgende Erkrankungen und Faktoren in Betracht:

- Hypokalzämie unklarer Ätiologie (Hypomagnesiämie kann die Sekretion und Wirkung des Parathormons [PTH] hemmen und so die Kalziumaufnahme in den Knochen fördern)
- therapieresistente Hypokaliämie (Hypomagnesiämie kann eine Nephropathie mit Kaliumverlust verursachen)
- diabetische Ketoazidose (DKA; während der ersten 24 Stunden der Therapie kann sich eine Hypomagnesiämie entwickeln)
- durch konventionelle Therapie nicht beeinflussbare kardiale Arrhythmie und Muskelschwäche unklarer Ursache (einschließlich Dysphagie und Dyspnoe)
- Muskelfaszikulationen
- Anfälle

Tabelle 9.2 Ursachen veränderter Serum-Magnesiumkonzentrationen (Hund und Katze)

Hypomagnesiämie	Hypermagnesiämie
gastrointestinal	
unzureichende Aufnahme chronischer Durchfall und Erbrechen Malabsorptionssyndrome akute Pankreatitis Lebererkrankung mit Cholestase nasogastrales Absaugen	übermäßige orale Aufnahme (z. B. Antazida, Laxanzien)
renal	
Glomerulonephritis akute Tubulusnekrose postobstruktive Diurese medikamentös induzierte Tubulusschäden (Aminoglykoside, Cisplatin) langandauernde intravenöse Flüssigkeitstherapie Diurese Verabreichung von Digitalis Hyperkalzämie Hypokaliämie	Niereninsuffizienz, -versagen
endokrin	
diabetische Ketoazidose Hyperthyreose primärer Hyperparathyreoidismus primärer Hyperaldosteronismus	
sonstiges	
akute Verabreichung von Insulin, Glukose und Aminosäuren Sepsis Hypothermie Transfusion großer Mengen Vollblut peritoneale Dialyse, Hämodialyse parenterale Ernährung	exzessive parenterale Verabreichung (z. B. Mg^{2+}-haltige Lösungen)

Analyse

Die Magnesiumkonzentration kann in Serum oder Urin durch spektrophotometrische Methoden gemessen werden. Die Messung des ionisierten Magnesiums durch selektive Elektroden ermöglicht eine akkuratere Bestimmung des Gesamtkörpermagnesiums. Alternativ kann der Magnesiumstatus auch über das ultrafiltrierbare Magnesium und den Magnesiumgehalt der mononukleären Blutzellen bestimmt werden.

Referenzbereich

Der Referenzbereich liegt bei 0,6–1,1 mmol/l (*1,5–2,5 mg/dl*).

Kritische Werte

Die Entwicklung klinischer Symptome bei Hypomagnesiämie variiert stark. Eine Behandlung ist angezeigt, wenn die Magnesiumkonzentration im Serum unter 0,4 mmol/l (*1,0 mg/dl*) liegt. Beim Menschen kann eine Magnesiumkonzentration über 4 mmol/l (*10 mg/dl*) zu Atemdepression, Apnoe, Koma und Herzstillstand führen.

Artefakte

Siehe Kapitel 6.

Faktoren, die eine Hypomagnesiämie auslösen können

- Medikamente, die einen Tubulusschaden der Niere verursachen können (z. B. Cisplatin, Aminoglykoside, Amphotericin B)
- Diuretika (Furosemid, Thiazide)
- Digitalis
- Insulin

- Glukose
- Aminosäuren
- Transfusion großer Mengen Vollblut
- parenterale Ernährungslösungen

Faktoren, die eine Hypermagnesiämie hervorrufen können

- magnesiumhaltige Medikamente (z.B. orale Antazida und Laxanzien)
- Langzeittherapie mit Azetylsalizylsäure
- Lithium
- Progestagene

Ursachen einer Hypomagnesiämie

Eine Hypomagnesiämie entsteht durch eine zu geringe orale Aufnahme oder eine reduzierte gastrointestinale Resorption von Magnesium (z.B. Erkrankungen des Dünndarms, die zur Malabsorption führen). Zu den weiteren Ursachen zählen: erhöhter gastrointestinaler Verlust (protrahiertes Erbrechen, Durchfall), erhöhte renale Magnesiumexkretion (z.B. interstitielle Nephritis, Diuretika) oder die Umverteilung vom Extra- in den Intrazellularraum. Zu den häufigsten Ursachen einer klinisch relevanten Hypomagnesiämie zählen: Erkrankungen, die intestinale Malabsorption mit sich bringen; Nierenerkrankungen, die zu großen Harnvolumina führen; eine osmotische Diurese bei diabetischer Ketoazidose (DKA); die Umverteilung von Kalium, Phosphat und Magnesium vom Extra- in den Intrazellularraum, wie sie in den ersten 24 Stunden nach Beginn der DKA-Therapie stattfindet (Tab. 9.2). Bei Magnesium handelt es sich um ein vornehmlich intrazelluläres Kation. Die Translokation von Magnesium zwischen Intra- und Extrazellularraum erfolgt ähnlich wie die Verschiebung von Kalium. Faktoren, die eine Umverteilung von Kalium in den intrazellulären Raum begünstigen (z.B. Alkalose, Insulin, Glukoseinfusion), begünstigen auch die Umverteilung von Magnesium. Ein starker Abfall der Serum-Magnesiumkonzentration (< 0,4 mmol/l [*< 1 mg/dl*]) kann während verschiedener Therapieformen beobachtet werden, z.B. durch den verdünnenden Effekt einer Flüssigkeitstherapie oder der Verschiebung von Magnesium in die Zellen nach Beginn einer Insulin- und Bikarbonattherapie.

Die Diagnose einer Hypomagnesiämie ist problematisch, da keine einfachen, schnellen und genauen Labortests zur Verfügung stehen, mit denen der Gesamtkörper-Magnesiumgehalt bestimmt werden kann. Da sich nur ungefähr 1 % des Gesamtkörper-Magnesiums im Serum befindet, muss die Serum-Magnesiumkonzentration nicht unweigerlich den Gesamtkörper-Magnesiumstatus widerspiegeln. Auch wenn die Serum-Magnesiumwerte im Referenzbereich liegen, kann ein Defizit im Gesamtkörper-Magnesiumgehalt bestehen. Niedrige Serum-Magnesiumkonzentrationen sprechen jedoch für einen Gesamtkörper-Magnesiummangel. Magnesium kommt in drei verschiedenen Fraktionen im Serum vor:

1. einer ionisierten Fraktion,
2. einer an Anionen komplexgebundenen Fraktion,
3. einer proteingebundenen Fraktion.

Die Messung der ionisierten Magnesiumfraktion mittels spezifischer Elektroden ist die empfohlene und akkuratere Methode zur Bestimmung der Gesamtkörper-Magnesiumkonzentration (Norris et al., 1999). Bei Tieren mit niedrigen Serum-Magnesiumspiegeln können die Anamnese, die klinische Untersuchung und die Bestimmung klinisch-pathologischer Parameter (z.B. Blutbild, Serumchemie, Urinanalyse) in der Regel Hinweise auf die zugrunde liegende Ursache liefern (Tab. 9.2)

Ursachen einer Hypermagnesiämie

Hypermagnesiämie tritt bei Patienten mit Niereninsuffizienz auf (Tab. 9.2) oder wird iatrogen durch exzessive Magnesiumaufnahme (z.B. intravenöse Verabreichung, Antazida, Laxanzien) induziert. Da gesunde Nieren überschüssiges Magnesium ausscheiden, spiegelt eine iatrogen induzierte Hypermagnesiämie in der Regel eine zugrunde liegende Niereninsuffizienz wider. Hypermagnesiämie wird auch bei Katzen mit thorakalen Neoplasien und Thoraxergüssen beobachtet. Der hierfür verantwortliche Mechanismus ist unbekannt (Toll et al., 2002). Die Bestimmung der Serum-Magnesiumkonzentration kann Aufschluss über das Vorliegen einer Hypermagnesiämie geben. Vorbericht, klinische Untersuchung und die Bestimmung klinisch-pathologischer Routineparameter (Blutbild, Serumchemie, Urinanalyse) können helfen, die Ursache der Hypermagnesiämie zu erkennen.

9.4 Parathormon

Indikation (gelegentlich)

Die Serum-Parathormon(PTH)-Konzentration ist ein wichtiger Parameter, um bei Tieren mit Hyperkalzämie einen primären Hyperparathyreoidismus, bzw. bei Patienten mit Hypokalzämie einen Hypoparathyreoidismus zu diagnostizieren.

Vorteile

Durch die Serum-PTH-Messung kann eine primäre Nebenschilddrüsenerkrankung ohne chirurgische Intervention erkannt werden.

Nachteile

Es steht nur eine limitierte Anzahl validierter Analysesysteme zur Verfügung, die Proben müssen gefroren verschickt werden, und das Vorliegen einer Azotämie interferiert mit der Interpretation der Ergebnisse.

Analyse

Die PTH-Konzentration wird im Serum mit einem Radioimmunoassay (RIA) bestimmt. Die Probe sollte sofort nach der Gerinnung zentrifugiert, eingefroren und zum Labor geschickt werden. Verschiedene PTH-Assays weisen unterschiedliche Anteile des PTH-Moleküls nach und können aus diesem Grund beim gleichen Patienten unterschiedliche Ergebnisse liefern. Beim „two-site" PTH-Assay werden zwei verschiedene polyklonale Antikörper eingesetzt, die in der mittleren Region und C-terminal 39–84 und N-terminal 1–34 Aminosäuren des PTH-Moleküls simultan erfassen. Dieser Test ist für die Bestimmung der PTH-Konzentration bei Hund und Katze validiert und wird derzeit in den meisten Veterinärlabors verwendet.

Referenzbereich

2–13 pmol/l. Der Referenzbereich variiert zwischen den verschiedenen Labors.

Kritische Werte

Keine.

Artefakte

Lange Lagerung und Transport bei Temperaturen über dem Gefrierpunkt können zu fehlerhaften Ergebnissen führen.

Medikamentöse Beeinflussung der Parathormonkonzentration

Jegliche medikamentöse Therapie, die den Serum-Kalziumspiegel beeinflusst, kann auch Auswirkungen auf die PTH-Konzentration haben (siehe medikamentöse Beeinflussung der Serum-Kalziumkonzentration). Medikamente, welche die Serum-Kalziumkonzentration erniedrigen, können den PTH-Spiegel erhöhen und umgekehrt.

Ursachen erhöhter Parathormonspiegel

Folgende Erkrankungen erzeugen eine erhöhte Parathormonkonzentration:

- primärer Hyperparathyreoidismus
- sekundärer renaler Hyperparathyreoidismus
- sekundärer alimentärer Hyperparathyreoidismus
- Ursachen einer Hypokalzämie, die nicht durch die Nebenschilddrüse bedingt sind (siehe Ursachen einer Hypokalzämie)

Serum-PTH-Spiegel bei einem Patienten mit Hyperkalzämie und physiologischer Nierenfunktion, die im mittleren Referenzbereich liegen oder erhöht sind, sprechen für das Vorliegen eines primären Hyperparathyreoidismus (Abb. 9.3; Kallet et al., 1991; Torrance und Nachreiner, 1989). Patienten, die eine nicht nebenschilddrüsenassoziierte Hyperkalzämie aufweisen, zeigen in der Regel niedrige bis nicht nachweisbare PTH-Spiegel. Bei Patienten mit Nierenversagen kann die PTH-Konzentration aufgrund eines sekundären renalen Hyperparathyreoidismus erhöht sein. Die Serum-Kalziumkonzentration liegt bei diesen Tieren meistens im Referenzbereich, kann aber auch aufgrund eines chronischen Nierenversagens im Endstadium erniedrigt oder seltener erhöht sein. Die Konzentration des ionisierten Kalziums im Serum liegt bei Hunden und Katzen mit sekundärem renalem Hyperparathyreoidismus üblicherweise im Referenzbereich. Bei sekundärem alimentärem Hyperparathyreoidismus liegt die Kalziumkonzentration im unteren Referenzbereich oder ist erniedrigt.

Ursachen erniedrigter Parathormonspiegel

Ist bei einem Patienten mit Hypokalzämie die PTH-Konzentration nicht messbar, liegt höchstwahrscheinlich ein primärer Hypoparathyreoidismus vor. Tiere mit einer Hypokalzämie, die nicht nebenschilddrüsenassoziiert ist, sollten normale oder erhöhte PTH-Konzentrationen im Serum aufweisen. Bei nicht nebenschilddrüsenassoziierten Krankheiten, die eine Hyperkalzämie hervorrufen, kommen ebenfalls niedrige bis nicht nachweisbare PTH-Spiegel vor (siehe Ursachen einer Hyperkalzämie). Eine Ausnahme stellt die Hyperkalzämie aufgrund eines chronischen Nierenversagens dar.

9.5 Glukose

Indikation (häufig)

Die Serum-Glukosekonzentration sollte bei Auftreten folgender Symptome gemessen werden: Polyurie, Polydipsie, Schwäche, Koma, Verhaltensänderungen oder Krampfanfälle (partiell oder generalisiert). Auch bei Patienten mit bekannter hepatischer oder adrenaler Insuffizienz, schwerer Sepsis, Pankreasneoplasie oder Glukosurie sowie bei Patienten, die Insulin erhalten oder parenteral ernährt werden, ist die Bestimmung des Glukosespiegels indiziert.

Vorteile

Der Test lässt sich einfach durchführen und ist allgemein verfügbar.

Nachteile

Der Nachweis ist wenig sensitiv (Einzelmessung), weswegen Erkrankungen, die beim Patienten eine hochgradige Hypoglykämie verursachen, möglicherweise nicht erfasst werden. Um Artefakte zu vermeiden, muss das Serum schnell von den Erythrozyten separiert werden.

Analyse

Glukose kann in Vollblut, Serum oder Plasma (Lithium-Heparin, Natriumfluorid oder EDTA) gemessen werden. Der Kliniker kann die Blutglukose auf zwei Wegen bestimmen:

1. durch Teststreifen (mit oder ohne Reflektometer)
2. durch Standardlabormethoden

Bei der zweiten Methode wird die Glukosekonzentration spektrophotometrisch, unter Verwendung von *o*-Toluidin oder Enzymen (Hexokinase, Glukoseoxidase), bestimmt. Die Teststreifen-Methode für Vollblut ist schnell, einfach, preiswert und sofort verfügbar. Die Korrelation zwischen den Messwerten von Teststreifen und Reflektometer und den durch Standardlabormethoden ermittelten Werten variiert sehr stark.

Die Unterschiede zwischen diesen beiden Methoden sind bei hohen Glukosekonzentrationen (> 16,8 mmol/l [> *300 mg/dl*]) stärker ausgeprägt. Die Messwerte des Reflektometers sind meist niedriger als die korrespondierenden Werte der Standardlabormethoden.

Referenzbereich

3,9–6,2 mmol/l (*70–110 mg/dl*)
Der Umrechnungsfaktor von mg/dl nach mmol/l beträgt 0,056.

Kritische Werte

Unter 2,3 mmol/l (*40 mg/dl*) (Koma oder Krampfanfälle) oder über 56 mmol/l (*1000 mg/dl*) (hyperosmotischer Diabetes mit zentralnervöser Dysfunktion und möglichem Koma).

Artefakte

Siehe auch Kapitel 6.
Das Serum oder Plasma muss innerhalb von 30 Minuten nach Entnahme von den roten und weißen Blutkörperchen getrennt werden, um die zelluläre Glukoseverwertung zu minimieren. Bei 22 °C sinkt die Glukosekonzentration alle 30–60 Minuten um 10 %. Der Abbau geschieht umso schneller, je mehr metabolisch aktive Zellen vorhanden sind (z.B. bei Leukozytose, Leukämie).

Bei der Teststreifenmethode kann das Ergebnis durch einen extrem hohen oder niedrigen Hämatokrit beeinflusst werden. Teststreifen sind bei hohen Glukosekonzentrationen weniger genau (> 16,8 mmol/l [> *300 mg/dl*]). Unvollständiges Bedecken des Teststreifens mit Blut kann zu falsch-niedrigen Ergebnissen führen. Abgelaufene Teststreifen, nicht kalibrierte Messgeräte, exzessives Waschen und Trocknen der Teststreifen und falsche Einwirkzeiten können ebenfalls zu falschen Ergebnissen führen.

Medikamentöse Beeinflussung der Blutglukosekonzentration

Hypoglykämie kann durch Insulin, Antihistaminika, Betablocker (z.B. Propranolol), Sulfonylharnstoffe (z.B. Chlorpropamid), Ethanol und, bei Diabetikern, durch Salicylate und anabole Steroide hervorgerufen werden. Eine Hyperglykämie entsteht (insbesondere bei prädiabetischen Patienten) durch *L*-Asparaginase, betaadrenerge Medikamente, Kortikosteroide, Diazoxid, Furosemid, Acetazolamid, Thiazide, Salizylate, Phenothiazine, Nitrofurantoin, Heparin, Glukagon, Thyroxin, Progestagene und Östrogene. Bei Katzen kann Megestrolacetat eine transiente oder persistierende Hyperglykämie verursachen.

Ursachen einer Hypoglykämie

Eine Hypoglykämie entsteht typischerweise infolge exzessiven Glukoseverbrauchs normaler (bei Hyperinsulinismus) oder neoplastischer Zellen, gestörter hepatischer Glukoneogenese und Glykogenolyse (Leberinsuffizienz), bei Mangel an diabetogenen Hormonen (Hypokortisolismus), inadäquater Aufnahme von Glukose und anderen Substraten, die für die hepatische Glukoneogenese benötigt werden (z.B. Hungern bei Neugeborenen) oder einer Kombination dieser Mechanismen (z.B. Sepsis; Tab. 9.3). Die iatrogene Hypoglykämie ist ein häufiges Problem nach Insulinüberdosierung bei Diabetikern.

Die Diagnose Hypoglykämie sollte immer erst bestätigt werden, bevor weitere diagnostische Maßnahmen ergriffen werden. Vorbericht, klinische Untersuchungsbefunde und klinisch-pathologische Routineparameter (Blutbild, Serumchemie, Urinanalyse) liefern wichtige Hinweise auf die zugrunde liegende Ursache (Abb. 9.5). Idiopathische Hypoglykämie, Hungern, Leberinsuffizienz (portaler Shunt) oder Sepsis sind die häufigsten Gründe einer Hypoglykämie

Tabelle 9.3 Ursachen veränderter Blutglukosekonzentrationen (Hund und Katze)

Hypoglykämie	Hyperglykämie
β-Zelltumor (Insulinom)	Diabetes mellitus[1]
extrapankreatische Neoplasie	Stress (Katze)[1]
• hepatozelluläres Karzinom, Hepatom	postprandial
• Leiomyosarkom, Leiomyom	Hyperadrenokortizismus[1]
• Hämangiosarkom	Akromegalie (Katze)
Leberinsuffizienz[1]	Diöstrus (Hündin)
• portokavaler Shunt	Phäochromozytom (Hund)
• chronische Fibrose, Zirrhose	Pankreatitis
Sepsis[1]	Neoplasie des exokrinen Pankreas
Hypoadrenokortizismus	Niereninsuffizienz
Hypophysenunterfunktion	Medikamente[1]
idiopathische Hypoglykämie[1]	• Glukokortikoide
• neonatale Hypoglykämie	• Progestagene
• juvenile Hypoglykämie (insbesondere kleine Rassen)	• Megestrolacetat
• „Jagdhund-Hypoglykämie"	• Thiaziddiuretika
Nierenversagen	parenterale Ernährung
Neoplasie des exokrinen Pankreas	
Leberenzymdefizienz	
• Von-Gierke-Krankheit (Glykogenspeicherkrankheit vom Typ I)	
• Cori-Krankheit (Glykogenspeicherkrankheit vom Typ III)	
schwere Polyzythämie	
längeres Hungern	
lange Lagerung der Blutproben[1]	
iatrogen[1]	
• Insulintherapie	
• Sulfonylharnstofftherapie	
• Ethanol	
• Ethylenglykol	
Artefakte	
• Glukometer	
• Laborfehler	

[1] häufige Ursache

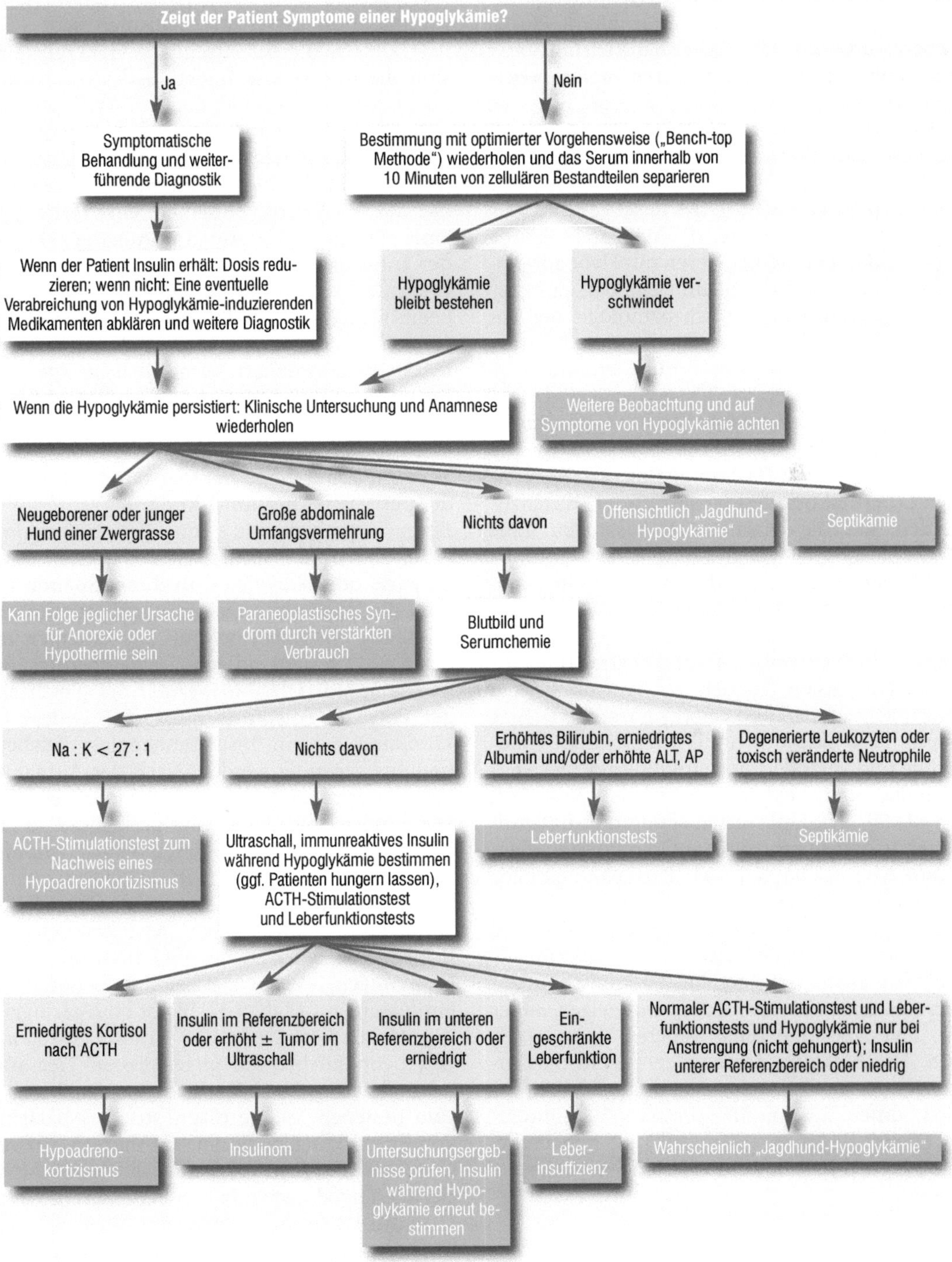

Abb. 9.5 Diagnostisches Vorgehen bei Hypoglykämie (Hund und Katze). ACTH, adrenokortikotropes Hormon; ALT, Alanin-Amino-Transferase; PTH, Parathormon; AP, alkalische Phosphatase.

bei Hunde- und Katzenwelpen. Bei jungadulten Tieren wird eine Hypoglykämie häufig durch Leberinsuffizienz, Hypoadrenokortizismus oder Sepsis bedingt. Bei älteren Tieren zählen Leberinsuffizienz, β-Zell- oder extrapankreatische Neoplasien, Hypoadrenokortizismus und Sepsis zu den häufigsten Ursachen einer Hypoglykämie.

Eine Hypoglykämie ist in der Regel geringgradig (> 2,5 mmol/l [> *45 mg/dl*]) und stellt häufig einen Zufallsbefund bei Tieren mit Hypoadrenokortizismus und Leberinsuffizienz dar. Zusätzliche Veränderungen klinisch-pathologischer Parameter, wie z.B. Hyponatriämie oder Hyperkaliämie (Hypoadrenokortizismus), erhöhte Alanin-Amino-Transferase(ALT)-Aktivität und Hypalbuminämie (Leberinsuffizienz), werden ebenfalls häufig festgestellt. Es kann notwendig werden, einen ACTH-Stimulationstest oder einen Leberfunktionstest (siehe Kap. 11) durchzuführen, um die Diagnose zu bestätigen. Eine hochgradige Hypoglykämie (< 2 mmol/l [< *35 mg/dl*]) kann sich bei neugeborenen und juvenilen Katzen- und Hundewelpen (insbesondere kleiner Rassen) entwickeln, aber auch bei Sepsis, β-Zellneoplasien und extrapankreatischen Neoplasien (speziell bei hepatozellulären Adenokarzinomen und Leiomyosarkomen). Eine Sepsis lässt sich durch die klinische Untersuchung und Veränderungen im Blutbild, wie Neutrophilie und Leukozytose (meist $> 30 \times 10^9$/l [> *30 000/µl*]), Linksverschiebung und das Auftreten toxischer neutrophiler Granulozyten diagnostizieren (siehe Kap. 4). Extrapankreatische Neoplasien können meist durch klinische Untersuchung und bildgebende Verfahren (abdominal und thorakal) abgeklärt werden. Hunde mit β-Zellneoplasien erscheinen bei der klinischen Untersuchung meist unauffällig und zeigen außer der Hypoglykämie keine weiteren Veränderungen. Die Messung der basalen Serum-Insulinkonzentration, bei einer Blutglukosekonzentration unter 3,4 mmol/l (besser < 2,8 mmol/l) (< *60 mg/dl* [*besser < 50 mg/dl*]), ist notwendig, um einen β-Zelltumor zu bestätigen (siehe 9.6 Insulin).

Ursachen einer Hyperglykämie

Hyperglykämie kann die Folge eines Insulinmangels, einer beeinträchtigten Insulinwirkung in peripheren Geweben (verringerter Glukoseverbrauch), einer gesteigerten hepatischen Glukoneogenese und Glykogenolyse oder einer Kombination dieser Mechanismen sein (Tab. 9.3). Ursachen einer iatrogenen Hyperglykämie sind die intravenöse Injektion dextrosehaltiger Lösungen und parenteraler Ernährungsflüssigkeiten und die Verabreichung diabetogener Medikamente (z.B. Glukokortikoide, Megestrolacetat). Infusionslösungen können, selbst wenn sie nur 2,5 % Dextrose enthalten, eine Hyperglykämie erzeugen. Dies erfolgt in Abhängigkeit von der Infusionsrate und gleichzeitig bestehenden Erkrankungen, welche die Kohlenhydrattoleranz beeinträchtigen. Hochgradige Hyperglykämie (typischerweise ohne Glukosurie) ist bei Katzen häufig stressassoziiert, vermutlich infolge einer Epinephrinausschüttung. Viele Erkrankungen beeinträchtigen die Kohlenhydrattoleranz und verursachen so eine geringgradige Hyperglykämie, in erster Linie bedingt durch Störungen der peripheren Insulinwirkung.

Eine Hyperglykämie von 7,3–10,0 mmol/l (*130–180 mg/dl*) verursacht keine Glukosurie, Polyurie oder Polydipsie. In dieser Spanne verläuft die Hyperglykämie meist symptomlos und ist häufig ein Zufallsbefund. Bei Patienten mit einer geringgradigen Hyperglykämie (< 10,0 mmol/l [< *180 mg/dl*]) bei gleichzeitiger Polyurie/Polydipsie muss eine andere Erkrankung als ein insulinabhängiger Diabetes mellitus vermutet werden. Nach der Aufnahme von Futtermitteln, die reich an Mono- und Disacchariden sind, kann eine geringgradige Hyperglykämie bei einigen Tieren bis zu 2 Stunden persistieren. Weiterhin tritt eine geringgradige Hyperglykämie bei gestressten Katzen, nach Verabreichung diabetogener Medikamente, in Frühstadien des Diabetes mellitus und bei Erkrankungen, welche die Insulineffektivität beeinflussen, auf (Tab. 9.3). Bleibt eine geringgradige Hyperglykämie (< 10,0 mmol/l [< *180 mg/dl*]) beim nüchternen ungestressten Tier auch nach dem Absetzen der diabetogenen Medikation bestehen, ist die diagnostische Abklärung von Erkrankungen, die eine Insulinresistenz verursachen, indiziert.

Bei allen hyperglykämischen Patienten muss der Urin auf Glukosurie untersucht werden. Persistierende Hyperglykämie und Glukosurie bei gleichzeitiger Polydipsie und Polyurie sind diagnostische Parameter des Diabetes mellitus. Ob ein Diabetes mellitus transienter Natur ist oder persistiert, steht in Zusammenhang mit den pathologischen Befunden der Pankreasinseln, dem Funktionszustand der β-Zellen und der Reversibilität begleitender diabetogener Erkrankungen. Diabetogene Medikamente (siehe Medikamentöse Beeinflussung der Blutglukosekonzentration) sollten abgesetzt oder ihre Dosis verändert werden. Begleitende entzündliche, infektiöse, hormonelle oder neoplastische Erkrankungen sollten nach Möglichkeit therapiert werden, anschließend sollte die Blutglukosekonzentration bei Patienten mit Verdacht auf Diabetes mellitus erneut bewertet werden. Auf das Vorliegen einer begleitenden diabetogenen Erkrankung kann meist aufgrund der klinischen Untersuchung, klinisch-pathologischer Parameter (Blutbild, Serumchemie, Urinanalyse) und einer nur geringen Beeinflussbarkeit des Blutzuckerspiegels durch Insulin geschlossen werden. Begleitende diabetogene Erkrankungen sollten immer bei einem durch Insulin schlecht einstellbaren Diabetes mellitus in Betracht gezogen werden. Die häufigsten Faktoren, die beim Hund mit der Blutzuckereinstellung interferieren, sind Adipositas, chronische Pankreatitis, Hyperadrenokortizismus, Diöstrus und begleitende Infektionen. Bei der Katze zählen Adipositas, chronische Pankreatitis, Hyperadrenokortizismus, Akromegalie, Hyperthyreose und Infektionen zu den häufigsten Ursachen einer gestörten Glukosehomöostase (Abb. 9.6). Zusätzliche Tests (z. B. ACTH-Stimulationstest, Messung der Serum-Thyroxinkonzentration) können zur Abklärung notwendig werden. Probleme mit der Insulintherapie selbst (z. B. schlechte Absorption, Somogyi-Phänomen, kurze Dauer der Insulinwirkung) müssen bei Tieren mit schlecht einstellbarem Diabetes mellitus ebenfalls in Betracht gezogen werden. Die Beurteilung der Insulintherapie durch ein Blutzukkertagesprofil (alle 1–2 Stunden) ist der erste diagnostische Schritt, um Probleme der Insulintherapie näher zu bestimmen.

9.6 Insulin

Indikation (gelegentlich)

Die Serum-Insulinkonzentration wird bestimmt, um vermutete insulinsezernierende β-Zellneoplasien des Pankreas zu bestätigen, um bei diabetischen Tieren die β-Zellfunktion zu überprüfen sowie um den Verdacht auf zirkulierende insulinbindende Antikörper bei Tieren mit insulinresistentem Diabetes mellitus zu bestätigen.

Vorteile

Die Messung der Insulinkonzentration kann dazu dienen, präoperativ einen β-Zelltumor zu diagnostizieren, der während der Operation schwer auffindbar sein kann.

Nachteile

Es gibt viele Faktoren, die die Insulinkonzentration beeinflussen können. Die Interpretation der Ergebnisse muss die korrespondierende Blutglukosekonzentration mit einbeziehen. Einige RIAs zur Messung der Insulinkonzentration können bei der Katze nicht verwendet werden.

Analyse

Insulin wird in Serum durch einen RIA bestimmt. Die Plasma-Insulinkonzentration liegt tendenziell höher als die korrespondierenden Serumwerte. Nüchtern gewonnene Proben werden bevorzugt, da der stimulierende Effekt einer Mahlzeit auf die Insulinsekretion minimiert wird. Serumproben sollten von zellulären Blutbestandteilen separiert und eingefroren werden, bevor sie dem Labor zugesandt werden.

Referenzbereich (nüchtern)

36–144 pmol/l (*5–20 μU/ml*)
Nüchterninsulinkonzentrationen (Serum) über 144 pmol/l (*20 μU/ml*) implizieren bei unbehandeltem Diabetes mellitus, dass ein NIDDM (Typ-II-Diabetesder ein Diabetes, der durch eine begleitende insulinantagonisierende Erkrankung hervorgerufen wird, vorliegt.
Zur Umrechnung von μU/ml in pmol/l muss mit dem Faktor 7,18 multipliziert werden.

Kritische Werte

Keine, sofern keine begleitende Hypoglykämie vorliegt.

Artefakte und medikamentöse Beeinflussung der Insulinkonzentration

Nach einer Mahlzeit ist der Insulinspiegel im Serum für mehrere Stunden erhöht. Zusätzlich beeinflussen viele Medikamente und Erkrankungen, die den Blutzuckerspiegel verändern, auch die Serum-Insulinkonzentration. Injiziertes Insulin kann in Blutproben bis zu 24 Stun-

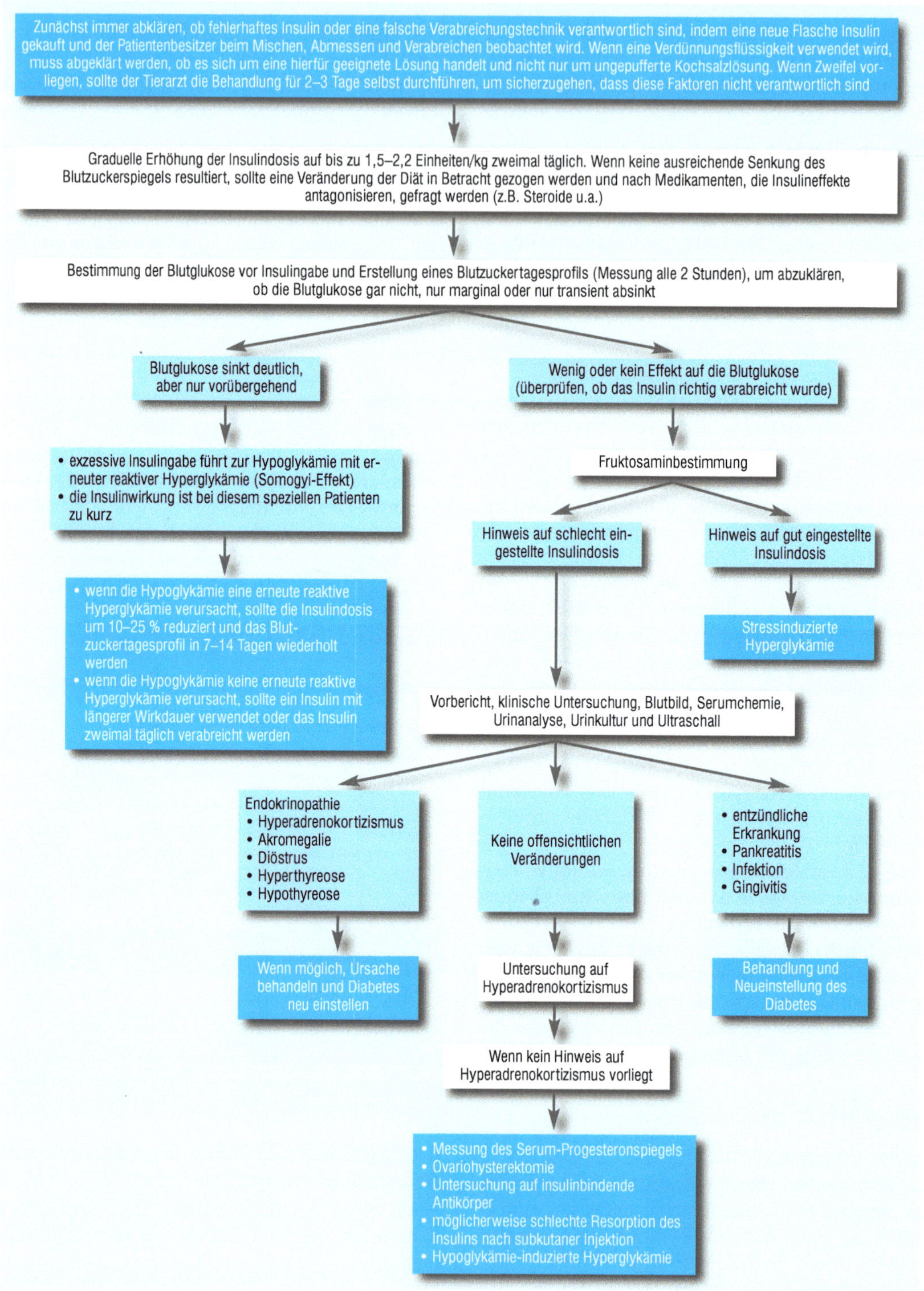

Abb. 9.6 Diagnostisches Vorgehen bei persistierender oder unangemessener Hyperglykämie bei mit Insulin behandelten Diabetikern.

den nach Verabreichung nachgewiesen werden. Bei Diabetikern kann die chronische exogene Insulintherapie die Bildung von Insulinantikörpern hervorrufen, die mit RIA-Antikörpern interferieren und somit deutlich erhöhte Werte (> 2900 pmol/l [> *400 µU/ml*]) erzeugen können.

Interpretation bei Hypoglykämie

Um den Verdacht auf eine insulinsezernierende Neoplasie zu bestätigen, muss eine unangemessene Insulinsekretion bei gleichzeitiger Hypoglykämie nachgewiesen werden. Liegt die Blutglukosekonzentration unter 3,4 mmol/l (*60 mg/dl*) (vorzugsweise < 2,8 mmol/l [< *50 mg/dl*]), während die Insulinkonzentration erhöht ist (> 144 pmol/l [> *20 µU/ml*]), ist das Vorliegen eines insulinsezernierenden Tumors wahrscheinlich. Bei einer Insulinkonzentration im oberen Referenzbereich (72–144 pmol/l [*10–20 µU/ml*]) kann ein Tumor ebenfalls möglich sein. Insulinwerte im unteren Referenzbereich (36–72 pmol/l [*5–10 µU/ml*]) können aufgrund anderer Ursachen einer Hypoglykämie, aber auch infolge von insulinsezernierenden Tumoren vorliegen. Eine möglichst genaue Eruierung des Vorberichts, die klinische Untersuchung, Ultraschalluntersuchungen des Abdomens und, wenn möglich, wiederholte Glukose- und Insulinmessungen helfen in der Regel, die Ursachen der Hypoglykämie zu identifizieren. Insulinkonzentrationen unterhalb des Referenzbereiches (< 36 pmol/l [< *5 µU/ml*]) kommen im Zusammenhang mit insulinsezernierenden Tumoren gewöhnlich nicht vor.

Interpretation bei Hyperglykämie

Bei gesunden Tieren sollte die Serum-Insulinkonzentration während Hyperglykämieperioden erhöht sein (> 144 pmol/l [> *20 µU/ml*]). Bei Diabetikern weisen Serum-Insulinwerte über 144 pmol/l (*20 µU/ml*) auf eine Restfunktion der β-Zellen und damit entweder auf einen nicht-insulinpflichtigen Diabetes mellitus (Noninsulin-dependent Diabetes mellitus, NIDDM) oder auf einen Diabetes aufgrund einer begleitenden, insulinantagonisierenden Erkrankung hin. Bei den meisten Tieren mit insulinpflichtigem Diabetes mellitus (Insulin-dependent Diabetes mellitus, IDDM) liegen die Insulinwerte unter 72 pmol/l (*10 µU/ml*). NIDDM wid häufig auch als Typ-II-Diabetes, IDDM als Typ-I-Diabetes bezeichnet. Deutlich erhöhte Insulinkonzentrationen (> 2900 pmol/l [> *400 µU/ml*]) in Blutproben eines mit Insulin behandelten Diabetikers, die mehr als 24 Stunden nach der letzten Insulininjektion gewonnen wurden, lassen auf das Vorhandensein insulinbindender Antikörper schließen. 24 Stunden nach der letzten Behandlung mit Insulin liegt die Serum-Insulinkonzentration üblicherweise unter 360 pmol/l (*50 µU/ml*), sofern keine Antikörper mit dem RIA interferieren.

9.7 Insulinstimulationstests

Indikation (selten)

Die Stimulation und Überprüfung der Insulinausschüttung kann dazu dienen, zwischen IDDM (insulinabhängig) und NIDDM (nicht insulinabhängig) zu unterscheiden. Ferner kann sie helfen, eine Kohlenhydratintoleranz bei Tieren mit Verdacht auf präklinischen Diabetes mellitus zu erkennen und okkulte insulinsezernierende Tumoren zu diagnostizieren. Mit Hilfe des Glukagonstimulationstests können Hyperadrenokortizismus, portosystemische Shunts und Glykogenspeicherkrankheiten erkannt werden. Zu den bekanntesten Insulinstimulationstests gehören der intravenöse Glukosetoleranztest (IVGTT) und der intravenöse Glukagonstimulationstest (IVGST).

Vorteile

Keine.

Nachteile

Die Untersuchungen sind aufwendig, teuer, häufig zur Unterscheidung zwischen NIDDM und IDDM wenig geeignet und nicht empfehlenswert, um die Diagnose insulinsezernierender Tumor, Hyperadrenokortizismus oder portosystemischer Shunt zu stellen. Bei manchen Katzen kann die intraindividuelle Variabilität der Ergebnisse eines intravenösen Glukosetoleranztests (IVGTT) sehr hoch sein (Sparkes et al., 1996).

Durchführung

Das Tier sollte über Nacht nüchtern gehalten werden. Beim intravenösen Glukosetoleranztest (IVGTT) wird 0,5 g Dextrose je Kilogramm Körpergewicht (in einer 50%igen Dextroselösung) über 30 Sekunden intravenös appliziert und es werden Blutproben vor Glukoseverabreichung und 1, 5, 10, 15, 20, 30, 45, 60, 90 und 120 Minuten nach Glukoseverabreichung gewonnen. Der intravenöse Glukagonstimulationstest (IVGST) wird bevorzugt, wenn die Nüchternhyperglykämie über 11 mmol/l (*200 mg/dl*) liegt. Bei einem IVGST werden 0,5 mg (Katze) oder 1,0 mg (Hund) Glukagon pro Patient intravenös verabreicht und Blutproben vor und 1, 5, 10, 20, 30, 45 und 60 Minuten nach Glukagonverabreichung gewonnen. Bei beiden Tests sollte Serum gewonnen und bis zur Bestimmung von Glukose und Insulin eingefroren werden.

Auswertung

Die Serum-Insulinkonzentration steigt nach der intravenösen Gabe von Glukose oder Glukagon bei einem gesunden Tier schnell stark an und liegt nach 60 Minuten innerhalb einer Standardabweichung (SD) der basalen mittleren Insulinkonzentration (Kaneko et al., 1977, Kirk et al., 1993). Bei Diabetikern kann man aufgrund erhöhter Nüchterninsulinspiegel oder einer um mehr als eine SD vom mittleren Referenzbereich (üblicherweise > 108 pmol/l [*15 μU/ml*]) abweichenden poststimulatorischen Insulinkonzentration auf eine residuelle β-Zellfunktion und damit auf einen möglichen NIDDM (Non-insulin-dependent Diabetes mellitus, Typ-II-Diabetes) schließen. Ein Anstieg der Insulinkonzentration nach intravenöser Glukose- oder Glukagonverabreichung untermauert den Verdacht auf einen NIDDM, bleibt dieser Anstieg aus, lässt sich ein NIDDM jedoch nicht ausschließen.

Die Klassifizierung eines Diabetes in IDDM (Insulin-dependent Diabetes mellitus) und NIDDM hängt von seinem Ansprechen auf die Behandlung ab. Bei einem gesunden Tier sollte sich die Blutglukosekonzentration 60 Minuten nach intravenöser Glukose- oder Glukagongabe wieder im Referenzbereich befinden. Eine über diesen Zeitpunkt hinaus persistierende Hyperglykämie (> 7,2 mmol/l [*130 mg/dl*]) lässt auf eine Kohlenhydratintoleranz und einen möglichen prädiabetischen Status schließen, kann aber auch, speziell bei Katzen, stressinduziert sein. Der Glukoseeliminationskoeffizient (K-Wert) kann bei Bedarf nach einem intravenösen Glukosetoleranztest (IVGTT) anhand folgender Formel berechnet werden:

$$K = (0{,}693 \div t_{1/2}) \times 100$$

wobei $t_{1/2}$ der Halbwertszeit der Glukoseelimination aus dem Serum entspricht (Kaneko et al., 1977). Die lineare Regressionsanalyse einer semilogarithmischen Darstellung der Glukosekonzentration gegen die Zeit wird zur Ermittlung von $t_{1/2}$ verwendet. Bei der grafischen Abschätzung liegt $t_{1/2}$ 15–45 Minuten nach Glukoseverabreichung. Bei gesunden Tieren liegt der K-Wert üblicherweise über 1,5–2 %/min. K-Werte unter 1 %/min sprechen für das Vorliegen einer Kohlenhydratintoleranz.

Artefakte

Alle Medikamente, die unter Medikamentöse Beeinflussung der Blutglukosekonzentration aufgeführt sind, können die Ergebnisse von IVGTT und IVGST beeinflussen. Eine stressinduzierte Hyperglykämie und Anästhetika können ebenfalls eine Glukoseintoleranz verursachen. Dies ist insbesondere bei Katzen relevant, da es hier schwierig ist, mehrere Blutproben zu gewinnen, ohne einen Venenkatheter zu verwenden.

Warnung

Die Verabreichung von Glukagon kann bei Patienten mit Phäochromozytom eine schwere Hypertonie sowie bei Patienten mit insulinsezernierenden Tumoren eine bedrohliche Hypoglykämie auslösen.

9.8 Fruktosamin

Indikation (häufig)

Die Messung der Serum-Fruktosaminkonzentration dient dazu, die Blutzukkereinstellung bei diabetischen Hunden und Katzen zu überprüfen, oder eine persistierende Hyperglykämie und einen möglichen Diabetes mellitus bei Tieren mit widersprüchlichen Ergebnissen der Blut- und Harnglukosebestimmung abzuklären.

Analyse

Die Fruktosaminkonzentration wird in Serum durch automatisierte kolorimetrische Verfahren unter Verwendung der Nitroblau-Tetrazoliumchloridreduktion bestimmt. Das Serum sollte bis zur Fruktosaminbestimmung eingefroren gelagert werden.

Referenzbereich

225–375 µmol/l. Der Referenzbereich kann in Abhängigkeit vom untersuchenden Labor variieren.

Artefakte

Hypalbuminämie (Erniedrigung); Hyperlipidämie (geringgradige Erniedrigung beim Hund); Azotämie (geringgradige Erniedrigung beim Hund); Lagerung bei Raumtemperatur (Erniedrigung).

Medikamentöse Beeinflussung der Fruktosaminkonzentration

Alle Medikamente, die einen persistierenden und prolongierten Anstieg (z.B. Glukokortikoide) oder Abfall (z.B. Chlorpropamid) der Blutglukosekonzentration bewirken, können zu einem Anstieg bzw. Abfall der Fruktosaminkonzentration führen.

Interpretation bei diabetischen Hunden und Katzen

Fruktosamine entstehen durch eine irreversible, nicht-enzymatische, insulinabhängige Bindung von Glukose an Serumproteine. Das Ausmaß der Glykosylierung der Serumproteine steht in direktem Zusammenhang mit der Blutglukosekonzentration; je höher die durchschnittliche Blutglukosekonzentration in den letzten zwei bis drei Wochen vor der Messung war, desto höher ist die gemessene Serum-Fruktosaminkonzentration und umgekehrt. Fruktosamin im Serum wird nicht durch einen akuten Anstieg der Blutglukosekonzentration beeinflusst, wie z.B. bei stress- und aufregungsbedingter Hyperglykämie. Die Serum-Fruktosaminkonzentration kann bei der Routinebeurteilung der Blutzuckereinstellung, die alle drei bis sechs Monate durchgeführt wird, mitbestimmt werden. Sie dient dazu:

1. den Einfluss von Stress und Aufregung auf die Blutglukosekonzentration zu klären
2. Diskrepanzen zwischen Anamnese, klinischer Untersuchung und einem Blutzuckertagesprofil zu analysieren
3. die Auswirkungen von Veränderungen in der Insulintherapie zu beurteilen (Elliott et al., 1999)

Der Referenzbereich für die Fruktosaminkonzentration wird anhand der Daten gesunder Hunde und Katzen mit durchgehend physiologischen Blutglukosewerten erstellt. Bei der Interpretation der Fruktosaminkonzentration diabetischer Hunde und Katzen muss berücksichtigt werden, dass selbst bei gut eingestellten Diabetikern eine periodisch auftretende Hyperglykämie keine Seltenheit ist. Die meisten Patientenbesitzer sind mit dem Ansprechen ihrer Tiere auf Insulin sehr zufrieden, wenn die Fruktosaminkonzentration zwischen 350 und 450 µmol/l gehalten werden kann. Werte über 500 µmol/l lassen auf einen schlecht eingestellten Diabetes schließen. Werte über 600 µmol/l sprechen für eine fehlende Blutzuckerkontrolle. Serum-Fruktosaminkonzentrationen im unteren Referenzbereich (< 300 µmol/l) oder unterhalb des Referenzbereichs lassen das Auftreten signifikanter hypoglykämischer Perioden bei diabetischen Hunden und Katzen befürchten oder sind Anzeichen für die Rückkehr zu einem nicht-insulinpflichtigen diabetischen Status. Das Somogyi-Phänomen muss in Betracht gezogen werden, wenn bei einem diabetischen Hund oder einer diabetischen Katze mit Fruktosaminkonzentrationen unter 400 µmol/l klinische Symptome (Polyurie, Polydipsie, Polyphagie, Gewichtsverlust) auftreten. Ein Anstieg der Serum-Fruktosaminkonzentration (> 500 µmol/l) weist auf einen schlecht eingestellten Diabetes und die Notwendigkeit, die Insulintherapie anzupassen, hin. Eine erhöhte Fruktosaminkonzentration allein gibt jedoch keinen Hinweis auf das ursächliche Problem.

Bei reizbaren oder gestressten diabetischen Hunden und Katzen ist die Aussagekraft der Blutglukosekonzentration fraglich. Die Beurteilung von Veränderungen der Fruktosaminwerte ermöglicht in diesen Fällen eine Aussage über das Ansprechen auf die Insulintherapie. Da Serumproteine eine relativ kurze Halbwertszeit aufweisen, reagiert die Serum-Fruktosaminkonzentration relativ schnell auf Veränderungen der Blutglukose (2–3 Wochen). Dieses kurze Intervall ist von Vorteil, da so ein schneller Nachweis einer Verbesserung oder Verschlechterung der Blutzuckereinstellung möglich ist. Aus diesem Grund kann die Fruktosaminkonzentration vor, sowie 2–3 Wochen nach Veränderung der Insulintherapie gemessen und daran die Effektivität der Threapieveränderung abgeschätzt werden. Bei angemessener Veränderung der Insulindosis sollte die Fruktosaminkonzentration sinken. Bei unveränderten oder ansteigenden Fruktosaminwerten ist davon auszugehen, dass die Veränderung der Insulintherapie nicht ausreichend war, um die Blutzuckereinstellung zu verbessern. In diesem Fall sollte eine empirische Veränderung der Therapie vorgenommen und die Fruktosaminkonzentration nach 2–3 Wochen erneut bestimmt werden.

9.9 Hyperlipidämie

Als Hyperlipidämie wird ein Anstieg der Plasmakonzentration von Cholesterin und/oder Triglyzeriden bezeichnet. Da Lipide nicht wasserlöslich sind, müssen sie im Blut an Plasmaproteine gebunden transportiert werden. Polare Lipide (Fettsäuren, Phospholipide, freies Cholesterin) werden an Albumin gebunden, nichtpolare Lipide (Triglyzeride, Cholesterinester) werden an Trägerproteine (Apoproteine) angelagert und bilden so lösliche makromolekulare Komplexe, die so genannten Lipoproteine. Vier Lipoprotein-Hauptgruppen sind bekannt:

1. Chylomikronen
2. Lipoproteine sehr geringer Dichte (very-low-density lipoproteins, VLDLs)
3. Lipoproteine geringer Dichte (low-density lipoproteins, LDLs)
4. Lipoproteine hoher Dichte (high-density lipoproteins, HDLs)

Chylomikronen und VLDLs gehören zu den triglyzeridreichen Lipoproteinen. Chylomikronen werden aus dem Nahrungsfett gebildet, VLDLs werden kontinuierlich von der Leber synthetisiert und bestehen aus körpereigenen Triglyzeriden. LDLs und HDLs dienen vornehmlich als Vehikel für Cholesterin und Cholesterinester. LDLs sind ein Abbauprodukt des VLDL-Metabolismus. HDLs werden in der Leber produziert und stellen bei Hund und Katze das Hauptlipoprotein dar.

Eine Hyperlipidämie wird initial häufig aufgrund des lipämischen Erscheinungsbildes (milchiges Plasma oder Serum) der Blutprobe festgestellt. Postprandial ist eine Hyperlipidämie als normal zu betrachten, beim nüchternen Tier (> 12 Stunden gehungert) hingegen nicht. Erscheint das Plasma klar, kann eine Hyperlipidämie nicht ausgeschlossen werden, da eine Hypercholesterinämie ohne Hypertriglyzeridämie keine Lipämie verursacht. Eine Lipämie wird sichtbar, wenn die Triglyzeridkonzentration 2,3 mmol/l (*200 mg/dl*) überschreitet und impliziert das Vorhandensein einer Hypertriglyzeridämie sowie erhöhter Chylomikronen- und/oder VLDL-Werte. Eine Hyperlipidämie kann auch anhand der Cholesterin- und Triglyzeridkonzentration diagnostiziert werden. Als generelle Faustregel gilt: Der Verdacht auf Hyperlipidämie besteht beim nüchternen adulten Hund, wenn die Cholesterinkonzentration 7,8 mmol/l (*300 mg/dl*) und die Triglyzeridkonzentration 1,7 mmol/l (*150 mg/dl*) übersteigt. Bei der nüchternen adulten Katze muss eine Hyperlipidämie bei einer Cholesterinkonzentration über 5,2 mmol/l (*200 mg/dl*) und einer Triglyzeridkonzentration über 1,1 mmol/l (*100 mg/dl*) erwartet werden.

Eine Hyperlipidämie kann idiopathisch oder durch einen primären Defekt des Lipoproteinstoffwechsels bedingt sowie Folge einer systemischen Erkrankung sein (Übers. 9.3). Die postprandiale Hyperlipidämie tritt am häufigsten auf und sollte ausgeschlossen werden, bevor weiterführende kostspielige Untersuchungen eingeleitet werden. Innerhalb von 10 Stunden nach Nahrungsaufnahme flaut der vorübergehende Anstieg der Serum-Triglyzeride wieder ab. Üblicherweise überschreitet die postprandiale Serum-Cholesterinkonzentration den speziesspezifischen Referenzbereich nicht.

Übersicht 9.3 Ursachen einer Hyperlipidämie (Hund und Katze)

- postprandiale Hyperlipidämie[1]
- sekundäre Hyperlipidämie[1]
  - Hypothyreose
  - Diabetes mellitus
  - Hyperadrenokortizismus
  - Pankreatitis
  - Cholestase
  - Leberinsuffizienz
  - Protein-losing Nephropathy (PLN)

- primäre Hyperlipidämie
  - idiopathische Hyperlipoproteinämie[1] (Zwergschnauzer)
  - idiopathische Hyperchylomikronämie (Katze)
  - Lipoproteinlipase-Defizienz (Katze)
  - idiopathische Hypercholesterinämie
- medikamentös bedingte Hyperlipidämie
  - Glukokortikoide
  - Megestrolacetat (Katze)

[1] häufige Ursache

Meist liegt einer persistierenden Hyperlipidämie eine endokrine oder metabolische Erkrankung zugrunde. Die Patienten können Symptome der Grunderkrankung (Übers. 9.3) sowie durch die Hyperlipidämie verursachte Symptome aufweisen oder auch asymptomatisch sein. Eine persistierende Hyperlipidämie verlangt nach weiterführenden Untersuchungen, um mögliche sekundäre Ursachen auszuschließen. Vorbericht, klinische Untersuchung, Blutbild, Serumchemie, Serum-Lipase (kontrovers, siehe Kapitel 10), Thyroxinkonzentration und Urinanalyse sind für die initiale diagnostische Abklärung der Hyperlipidämie geeignet (Abb. 9.7).

Beachte: Hypertriglyzeridämie kann bei Hunden zu falsch-hohen Serum-Lipasekonzentrationen führen. Zusätzliche Untersuchungen (z.B. abdominale Sonographie; ACTH-Stimulationstest; Serum-Trypsin-like-Immunoreactivity, TLI) können, in Abhängigkeit von den anfänglichen Ergebnissen, notwendig sein.

Zum Komplex der idiopathischen Hyperlipidämie zählen:

- die idiopathische Hyperlipoproteinämie der Zwergschnauzer
- die idiopathische Hyperchylomikronämie
- die feline Lipoproteinlipase-Defizienz
- die idiopathische Hypercholesterinämie

Die idiopathische oder primäre Hyperlipidämie wird diagnostiziert, nachdem sekundäre Ursachen für eine persistierende Hyperlipidämie ausgeschlossen wurden. Durch Lipoproteinelektrophorese oder kombinierte Ultrazentrifugations- und Präzipitationstechnik kann die idiopathische oder primäre Hyperlipidämie weiter differenziert werden. Diese Techniken erfordern eine spezielle Ausrüstung und sind häufig nicht kommerziell erhältlich. Einen Anhaltspunkt für die Natur der Lipoproteinveränderung können auch die Bestimmung der Cholesterin- und Triglyzeridkonzentration im Serum und ein Chylomikronentest liefern. Zur Durchführung des Chylomikronentests wird das lipämische Plasma oder Serum über Nacht (12 Stunden) bei 4 °C gelagert und visuell erfasst. Chylomikronen bilden einen weißlichen Film auf der Oberfläche der Probe, wohingegen eine bleibende milchige Beschaffenheit der Plasma- oder Serumprobe durch VLDLs verursacht wird.

9.10 Cholesterin

Indikation (gelegentlich)

Die Messung der Serum-Cholesterinkonzentration ist bei Hunden und Katzen mit Hyperlipidämie indiziert und dient als Suchtest für Hypothyreose und Hyperadrenokortizismus. Eine Hypercholesterinämie selbst verursacht keine Hyperlipidämie.

Analyse

Cholesterin wird in Serum oder heparinisiertem Plasma spektrophotometrisch, chromatographisch, durch direkte automatisierte sowie durch enzymatische Methoden bestimmt. Direkte automatisierte Methoden ergeben geringfügig höhere Cholesterinwerte.

Referenzbereich

Hund: 3,2–7,8 mmol/l (*125–300 mg/dl*);
Katze: 1,9–5,2 mmol/l (*75–200 mg/dl*).
Für die Umrechnung von mg/dl in mmol/l wird mit dem Faktor 0,026 multipliziert.

Kritische Werte

Keine.

Artefakte

Siehe Kapitel 6.

Medikamentöse Beeinflussung der Cholesterinkonzentration

Die Verabreichung von *L*-Asparaginase, Azathioprin, Colchicin, Cholestyramin und oralen Aminoglykosiden kann eine Hypocholesterin-

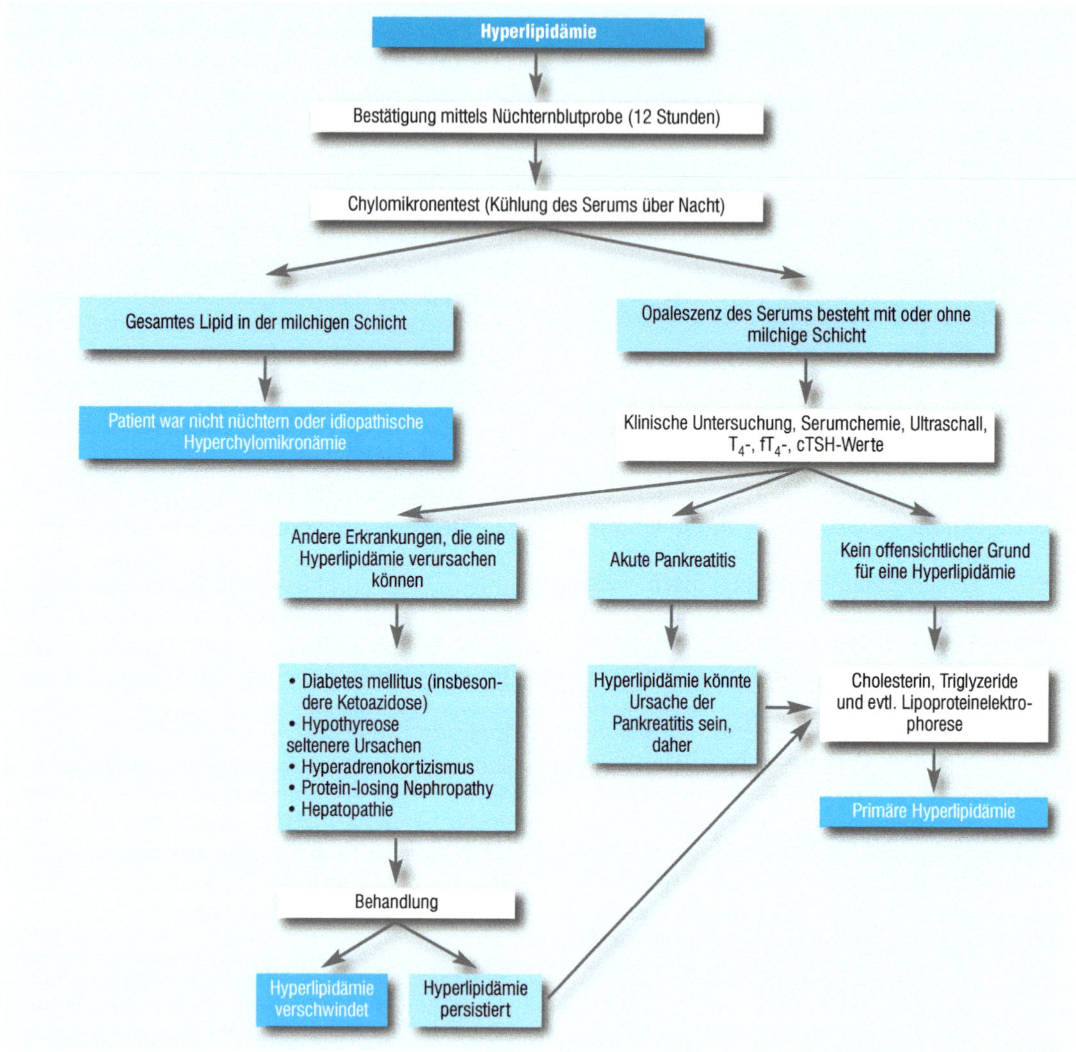

Abb. 9.7 Diagnostisches Vorgehen bei Hyperlipidämie (Hund und Katze). cTSH, kanines thyreoideastimulierendes Hormon; T_4, Thyroxin; fT_4, freies Thyroxin.

ämie bedingen. Kortikosteroide, Methimazol, Phenytoin, Prochlorperazin, Thiazide und Phenothiazide können zur Entwicklung einer Hypercholesterinämie führen.

Ursachen einer Hypocholesterinämie

Eine Hypocholesterinämie stellt selten ein Problem dar. Sie tritt primär im Zusammenhang mit Protein-losing Enteropathy (PLE), Hepatopathien (insbesondere portokavaler Shunt und Zirrhose), bestimmten Neoplasien und schwerer Fehlernährung auf.

Ursachen einer Hypercholesterinämie

Diätetische Faktoren oder bestimmte Erkrankungen (Übers. 9.3) können eine Hypercholesterinämie auslösen. Die Verabreichung einer fettreichen Diät sowie eine Blutentnahme unmittelbar nach der Fütterung können zu einem geringen Anstieg der Serum-Cholesterinkonzentration führen. Das diagnostische Vorgehen bei einer persistierenden Hypercholesterinämie bei nüchternen Tieren entspricht dem unter 9.9 Hyperlipidämie dargestellten Ansatz (Abb. 9.7). Zu den primären Differentialdiagnosen zählen Diabetes mellitus, Hypothyreose, Hyperadrenokortizismus und mit Proteinverlust assoziierte Störungen – insbesondere Nierenerkrankungen.

9.11 Triglyzeride

Indikation (gelegentlich)

Die Messung der Serum-Triglyzeridkonzentration ist bei Patienten mit Hyperlipidämie oder Hypercholesterinämie indiziert, insbesondere wenn klinische Symptome einer Hypertriglyzeridämie auftreten (Krampfanfälle, gastrointestinale Symptome, Lipaemia retinalis, Xanthomatose, periphere Neuropathie). Das Vorliegen einer Lipämie impliziert das Vorhandensein einer Hypertriglyzeridämie.

Analyse

Triglyzeride werden in Serum oder EDTA-Blut durch spektrophotometrische oder enzymatische Methoden bestimmt. Die Triglyzeridwerte im Plasma liegen tendenziell niedriger als im Serum. Die Verwendung enzymatischer Methoden kann etwas höhere Ergebnisse liefern, als spektrophotometrische Methoden.

Referenzbereich

Hund: 0,11–1,71 mmol/l (*10–150 mg/dl*);
Katze: 0,06–1,14 mmol/l (*5–100 mg/dl*).

Kritische Werte

Über 11,4 mmol/l (*1000 mg/dl*) (neurologische Symptome, Krampfanfälle).

Artefakte

Eine Lipämie kann (Tab. 9.4), abhängig von der untersuchten Tierart (Hund oder Katze), den analytischen Instrumenten, der Labormethode sowie der Schwere der Hypertriglyzeridämie (siehe Kap. 6) mit zahlreichen biochemischen Tests interferieren.

Medikamentöse Beeinflussung der Triglyzeridkonzentration

Die Verabreichung von Ascorbinsäure, *L*-Asparaginase und Heparin kann zur Hypotriglyzeridämie führen. Verschiedene anabole Steroide zeigen unterschiedliche Effekte. Die Verabreichung von Östrogenen und Cholestyramin kann eine Hypertriglyzeridämie auslösen.

Tabelle 9.4 Auswirkung einer Lipämie auf klinisch-chemische Serumparameter[1] (Hund und Katze)

falsch-hohe Werte		falsch-niedrige Werte	
kanine Seren	**feline Seren**	**kanine Seren**	**feline Seren**
Gesamtbilirubin	Gesamtbilirubin	Kreatinin	Kreatinin
Phosphor	Phosphor	Gesamt-CO_2	Gesamt-CO_2
alkalische Phosphatase[2]	alkalische Phosphatase[2]	Cholesterin	Alanin-Amino-Transferase
Glukose[2]	Glukose[2]	Harnstoff	
Gesamtprotein[3]	Gesamtprotein[3]		
Lipase			
Alanin-Amino-Transferase			

[1] die Parameter wurden mittels Coulter Counter DACES (Coulter Diagnostics, Hialeah, FL) bestimmt
[2] Interferenzen nur bei sehr hohen Lipidkonzentrationen
[3] nur bei Messung mit einem Refraktometer
Modifiziert nach: *Jacobs RM et al., Effects of bilirubinemia, hemolysis, and lipemia on clinical chemistry analytes in bovine, canine, equine, and feline sera. Can Vet J 1992, 33:605–608.*

Ursachen einer Hypotriglyzeridämie

Hypotriglyzeridämie ist mit keiner Erkrankung klar assoziiert. Selten tritt sie im Zusammenhang mit Hyperthyreose (fraglich) und Protein-losing Enteropathy (PLE; fraglich) auf.

Ursachen einer Hypertriglyzeridämie

Hypertriglyzeridämie kann idiopathisch sein, sich als primärer Defekt des Lipoproteinmetabolismus manifestieren oder Folge einer zugrunde liegenden systemischen Erkrankung sein (Übers. 9.3). Die postprandiale Hypertriglyzeridämie ist die häufigste Form der Hyperlipidämie und sollte abgeklärt werden, bevor kostspielige weiterführende Untersuchungen durchgeführt werden (siehe Hyperlipidämie). Die diagnostische Abklärung einer Hypertriglyzeridämie beim nüchternen Tier sollte sich an dem unter 9.9 Hyperlipidämie erläuterten Ansatz orientieren (Abb. 9.7). Zu den primären Differentialdiagnosen zählen Diabetes mellitus, Hypothyreose, akute Pankreatitis und idiopathische Hyperlipoproteinämie.

9.12 Lipoproteinelektrophorese

Indikation (selten)

Die Durchführung einer Lipoproteinelektrophorese ist nur selten bei Patienten mit ungeklärter persistierender Nüchternhyperlipidämie indiziert.

Nachteile

Für die Lipoproteinelektrophorese wird eine spezielle Ausstattung benötigt. Die fehlende diagnostische Spezifität ist problematisch. Aufgrund der Speziesunterschiede zwischen Hunden bzw. Katzen und Menschen kann eine Kombination verschiedener labordiagnostischer Methoden notwendig sein, um eine bestimmte Lipoproteinklasse zu bewerten und eine fehlerhafte Ergebnisinterpretation zu vermeiden.

Analyse

Die Analyse wird mit Serum oder EDTA-Plasma durchgeführt.

Referenzbereich

Hund (siehe Zerbe, 1986), Katze (siehe Bauer, 1992).

Kritische Werte

Keine.

Artefakte

Bei stark lipämischem Serum oder Plasma sollte eine Phasentrennung vermieden und die milchige Schicht (Chylomikronen) vor der Analyse entfernt werden.

Medikamentöse Beeinflussung der Ergebnisse

Siehe 9.10 Cholesterin und 9.11 Triglyzeride.

Ursachen veränderter Lipoproteinmuster

Obwohl die Lipoproteinelektrophorese das Vorhandensein von Chylomikronen, VLDLs, LDLs und HDLs oder einer Kombination dieser Lipoproteine aufzeigt, ermöglicht sie selten die Diagnose einer bestimmten Krankheit.

9.13 Thyroxin (T_4)

Indikation (häufig)

Die Messung der Serum-Thyroxinkonzentration (T_4) wird zur Diagnose einer Hypo- bzw. Hyperthyreose sowie zur Kontrolle des Behandlungserfolgs einer Hypothyreose mit Natrium-Levothyroxin bzw. einer Hyperthyreose mit Thyreostatika herangezogen. Das Vorliegen einer Hypothyreose ist bei folgenden klinischen Symptomen zu vermuten: Mentale Trägheit, Lethargie, rasche Erschöpfung und Bewegungsunwille, Gewichtszunahme ohne gesteigerten Appetit oder vermehrte Futteraufnahme, endokrine Alopezie, Seborrhö, Pyodermie, Schwäche, neurologische Symptome (Fazialislähmung, Schiefhalten des Kopfes, Ataxie, Krampfanfälle), Zyklusstörungen (Hündin) sowie Wachstumsretardierung (Kretinismus). Symptome einer Hyperthyreose sind: Gewichtsverlust (fortschreitend, bis hin zur Kachexie), Polyphagie, Unruhe oder Hyperaktivität, Veränderungen des Haarkleides (herdförmige Alopezie, verfilztes Haarkleid, mangelhaftes oder exzessives Fellpflegeverhalten), Polyurie, Polydipsie, Vomitus, Diarrhö sowie aggressives Verhalten. Das Vorliegen einer Hyperthyreose muss auch bei älteren Katzen mit palpierbaren Umfangsvermehrungen im Halsbereich in Betracht gezogen werden.

Vorteile

Testsysteme zur T_4-Messung sind erhältlich; T_4 ist ein stabiles Hormon und das bedeutsamste Schilddrüsenhormon.

Nachteile

Zahlreiche Faktoren können die T_4-Konzentration verändern und dadurch zu Fehlinterpretationen führen.

Analyse

Die T_4-Konzentration wird in Serum mit einem RIA oder ELISA bestimmt. Bei Raumtemperatur bleibt die T_4-Konzentration im Serum für mindestens 8 Tage stabil, Hämolyse sowie Einfrieren und Auftauen beeinflussen sie nicht. Trotz der Stabilität des Hormons sollten Serumproben eingefroren und anschließend gekühlt zum untersuchenden Labor geschickt werden. Das Labor muss einen für die jeweilige Spezies validierten RIA verwenden. Zur Beurteilung einer Natrium-Levothyroxintherapie sollte bei

Tabelle 9.5 Einflussfaktoren auf die Ergebnisse basaler Schilddrüsenfunktionstests beim Hund

Alter	**umgekehrt proportionale Wirkung**
Neugeborene (< 3 Monate)	erhöhtes T_4
Ältere (> 6 Monate)	erniedrigtes T_4
Körpergröße	**umgekehrt proportionale Wirkung**
klein (< 10 kg)	erhöhtes T_4
groß (> 30 kg)	erniedrigtes T_4
Rasse	
Windhunde (z. B. Greyhound)	T_4 und fT_4 niedriger als bei anderen Hunden, keine Veränderung der TSH-Spiegel
Geschlecht	kein Effekt
Tageszeit	kein Effekt
Gewichtszunahme / Adipositas	erhöht
Gewichtsverlust / Hungern	erniedrigtes T_4, kein Effekt auf fT_4
starke körperliche Belastung	erhöhtes T_4, erniedrigtes TSH, kein Effekt auf fT_4
Östrus (Östrogen)	kein Effekt auf T_4
Trächtigkeit (Progesteron)	erhöhtes T_4
Operationen / Anästhesie	erniedrigtes T_4
Begleiterkrankungen[1]	erniedrigtes T_4 und fT_4; in Abhängigkeit von der Erkrankung kann TSH ansteigen, sinken oder unverändert bleiben
Medikamente	
Carprofen	erniedrigtes T_4, fT_4 und TSH
Glukokortikoide	erniedrigtes T_4 und fT_4; unverändertes oder erniedrigtes TSH
Furosemid	erniedrigtes T_4
Thyreostatika	erniedrigtes T_4 und fT_4; erhöhtes TSH
Phenobarbital	erniedrigtes T_4 und fT_4; verzögerter TSH-Anstieg
Phenylbutazon	erniedrigtes T_4
Kaliumbromid	kein Effekt auf T_4, fT_4 oder TSH
Progestagene	erniedrigtes T_4
Propylthiouracil	erniedrigtes T_4 und fT_4; erhöhtes TSH
Sulfonamide	erniedrigtes T_4 und fT_4; erhöhtes TSH
diätetische Jodaufnahme (übermäßig)	erniedrigtes T_4 und fT_4; erhöhtes TSH
Autoantikörper gegen Schilddrüsenhormone	erhöhtes oder erniedrigtes T_4, kein Effekt auf fT_4 oder TSH

[1] Es besteht eine Korrelation zwischen Schweregrad und Natur der Erkrankung einerseits und Erniedrigung der T_4- und fT_4-Konzentrationen andererseits.
Aus: *Nelson RW, Couto GC: Small animal internal medicine, 3. Auflage, St Louis, 2003, Mosby.*

Hunden, denen zweimal täglich Natrium-Levothyroxin verbreicht wird, 4–6 Stunden nach Medikamentengabe Blut entnommen werden, während Hunden, die nur einmal täglich behandelt werden, vor Levothyroxingabe sowie 4–6 Stunden danach eine Probe entnommen wird (siehe Kap. 20). Um eine thyreostatische Therapie bei der Katze zu beurteilen, ist eine einzelne Serumprobe ausreichend.

Referenzbereich

Hund: 12–45 nmol/l (*1,0–3,5 µg/dl*); Katze: 12–51 nmol/l (*1,0–4,0 µg/dl*).

Beachte: Verschiedene Labors geben unterschiedliche Referenzbereiche an.
Für die Umrechnung von µg/dl in nmol/l wird mit dem Faktor 12,87 multipliziert.

Interpretation der T_4-Werte hinsichtlich einer Hypothyreose beim Hund:

Werte über 25 nmol/l (*2,0 µg/dl*): Hypothyreose sehr unwahrscheinlich
19–25 nmol/l (*1,5–2,0 µg/dl*): Hypothyreose unwahrscheinlich
12–19 nmol/l (*1,0–1,5 µg/dl*): Graubereich
6–12 nmol/l (*0,5–1,0 µg/dl*): Hypothyreose möglich
Werte unter 12 nmol/l (*0,5 µg/dl*): Hypothyreose sehr wahrscheinlich.

Interpretation der T_4-Werte hinsichtlich einer Hyperthyreose bei der Katze:

Werte über 51 nmol/l (*4,0 µg/dl*): Hyperthyreose sehr wahrscheinlich
39–51 nmol/l (*3,0–4,0 µg/dl*): Hyperthyreose möglich
32–39 nmol/l (*2,5–3,0 µg/dl*): Graubereich
26–32 nmol/l (*2,0–2,5 µg/dl*): Hyperthyreose unwahrscheinlich
Werte unter 26 nmol/l (*2,0 µg/dl*): Hyperthyreose sehr unwahrscheinlich.

Beachte: Bei der Interpretation der T_4-Ergebnisse müssen stets die klinische Symptomatik, klinische Untersuchungsbefunde, klinisch-pathologische Befunde, die Effekte verabreichter Medikamente und begleitender Krankheiten sowie der Verdachtsindex berücksichtigt werden.

Kritische Werte

Keine.

Beeinflussung der Serum-T_4-Konzentration

Auf die T_4-Konzentration wirken sich physiologische und pharmakologische Einflüsse, aber auch systemische Erkrankungen aus (Tab. 9.5). Junge Hunde (< 1 Jahr) weisen eine höhere Serum-T_4-Konzentration auf, die mit zunehmendem Alter abnimmt (Reimers et al., 1990). Die T_4-Werte kleinwüchsiger Rassen übertreffen die Werte großer oder sehr großer Rassen. Bestimmte Rassen (z.B. Windhunde) zeigen vergleichsweise niedrige Serum-T_4-Werte. Im Östrus, bei Trächtigkeit und bei Adipositas kann die T_4-Konzentration ansteigen, bei Hypoproteinämie dagegen abfallen. Hunde mit lymphozytärer Thyreoiditis können Antikörper gegen Schilddrüsenhormone bilden, was zu falschhohen oder -niedrigen T_4-Konzentrationen führen kann (Thacker et al., 1992). Der Effekt der Schilddrüsenhormon-Antikörper auf die T_4-Konzentration hängt von der verwendeten Analysemethode ab. Medikamente mit Einfluss auf die T_4-Konzentration sind in Tabelle 9.5 aufgeführt. Die größte klinische Relevanz kommt der gleichzeitigen Verabreichung von Glukokortikoiden zu. Viele schilddrüsenunabhängige Erkrankungen gehen mit reduzierten T_4-Werten einher (Übers. 9.4). Dieses Phänomen wird als Euthyroid Sick Syndrome (ESS) bezeichnet, der Schweregrad der Erkrankung korreliert direkt mit der Suppression der T_4-Konzentration.

Übersicht 9.4 Häufige Ursachen des Euthyroid Sick Syndrome (ESS)

- akute Erkrankungen
  - bakterielle Bronchopneumonie
  - Sepsis
  - Staupe
  - immunmediierte hämolytische Anämie
  - systemischer Lupus erythematodes
  - Bandscheibenerkrankungen
  - Polyradikuloneuritis
  - akute Niereninsuffizienz
  - akute Hepatitis
  - akute Pankreatitis
- chronische Erkrankungen
  - generalisierte Demodikose
  - generalisierte bakterielle Furunkulose
  - systemische Mykosen
  - malignes Lymphom
  - chronische Niereninsuffizienz
  - Diabetes mellitus
  - kongestives Herzversagen
  - Kardiomyopathie
  - chronische Hepatitis, Zirrhose
  - Adipositas
  - gastrointestinale Erkrankungen
  - Megaösophagus

Aus: *Feldmann EC, Nelson RW, Hypothyreose.* In: *Canine and feline endocrinology and reproduction, Philadelphia, 1996, WB Saunders.*

Ursachen einer erniedrigten Serum-T_4-Konzentration

An erster Stelle ist die Hypothyreose zu nennen, die von allen anderen bereits aufgeführten Faktoren, die hemmend auf die T_4-Konzentration einwirken, klar differenziert werden muss (Übers. 9.5). Beim Hund wird die primäre Hypothyreose durch eine lymphozytäre Thyreoiditis, idiopathische Atrophie oder neoplastische Zerstörung der Thyreoidea verursacht. Missbildung oder Zerstörung der Hypophyse sowie Hemmung ihrer Funktion (z.B. durch Glukokortikoidtherapie) bedingen einen Mangel des Hypophysenhormons TSH (thyreoideastimulierendes Hormon), der zu einer sekundären Hypothyreose führt. Die feline Hypothyreose entsteht meist iatrogen durch bilaterale Thyreoidektomie, Überdosierung von Thyreostatika oder seltener, Therapie einer Hyperthyreose mit radioaktivem Jod (J^{131}). Die natürliche Form der Hypothyreose der Katze ist selten und wird für gewöhnlich bereits bei Katzenwelpen diagnostiziert. Eine kongenitale Hypothyreose führt zu Kretinismus.

Übersicht 9.5 Ursachen veränderter T_3- und T_4-Werte (Hund und Katze)

- erniedrigte Schilddrüsenhormonwerte
  - Hypothyreose (primär, sekundär)
  - schilddrüsenunabhängige Erkrankungen (Euthyroid Sick Syndrome; Übers. 9.4)
  - Medikamente (Tab. 9.5)
  - iatrogen (bilaterale Thyreoidektomie)
- erhöhte Schilddrüsenhormonwerte
  - Hyperthyreose
  - Medikamente (Tab. 9.5)
  - Schilddrüsenhormon-Autoantikörper
  - gesunde Hunde und Katzen
  - iatrogen (exzessive Schilddrüsenhormon-Supplementation)

Für die Diagnose einer Hypothyreose müssen Vorbericht, klinische Untersuchungsbefunde, die klinisch-pathologische Beurteilung, Serum-T_4-Konzentration und der Verdachtsindex des Klinikers für die Erkrankung berücksichtigt werden (Übers. 9.6). Eine Nüchternlipämie, Hypercholesterinämie und seltener eine geringgradige normozytäre normochrome Anämie (Hämatokrit bei 30–35 %) sind die häufigsten klinisch-pathologischen Befunde. Gelegentlich kann ein gering- bis mittelgradiger Aktivitätsanstieg der Laktatdehydrogenase, Aspartat-Amino-Transferase, alkalischen Phosphatase und seltener der Kreatinkinase beobachtet werden; diese Befunde sind jedoch äußerst uneinheitlich und stehen nicht unbedingt mit einer Hypothyreose in Zusammenhang. Bei manchen Hunden mit kongenitaler Hypothyreose kann eine geringgradige Hyperkalzämie auftreten; weiterhin zeigen bei der kongenitalen Hypothyreose Röntgenaufnahmen des Skeletts eine verzögerte epiphysäre Ossifikation, epiphysäre Dysgenesie (irregulär geformte, fragmentierte oder getüpfelt erscheinende Epiphysenzentren), kurze breite Schädel, verkürzte Wirbelkörper und reduzierte Diaphysenlänge der langen Röhrenknochen (Saunders und Jezyk, 1991). Weiterführende Untersuchungen wie die Messung des basalen freien Thyroxins (fT_4) und der endogenen TSH(Thyreoideastimulierendes Hormon)-Konzentration, TSH- sowie TRH(Thyroid-releasing Hormone)-Stimulationstests oder das Ansprechen auf Therapieversuche mit Natrium-Levothyroxin sind meist für eine Diagnosestellung notwendig.

Übersicht 9.6 Diagnostische Empfehlungen zur Beurteilung der Schilddrüsenfunktion (Hund)

1. Die Entscheidung zur Überprüfung der Schilddrüsenfunktion sollte auf den Ergebnissen der Eingangsuntersuchung basieren; diese schließt Vorbericht, klinische Untersuchung und routinemäßig durchgeführte Laboruntersuchungen (z.B. Blutbild, Serumchemie, Urinanalyse) ein.
2. Das initiale Screening der Schilddrüsenfunktion bei Haushunden besteht aus den oben genannten Komponenten und der basalen Serum-T_4-Konzentration.
   a. Eine Behandlung ist indiziert, wenn die Serum-T_4-Konzentration niedrig ist und die Ergebnisse der Eingangsuntersuchung stark auf eine Hypothyreose hinweisen.
   b. Eine Behandlung ist nicht indiziert, wenn die Serum-T_4-Konzentration im Referenzbereich liegt und die Eingangsuntersuchung nicht auf eine Hypothyreose hinweist.

c. Zusätzliche diagnostische Tests (endogenes TSH und fT_4 durch Equilibrium-Dialyse) sind indiziert, wenn die Serum-T_4-Konzentration im Referenzbereich liegt, initiale Befunde aber auf die Diagnose Hypothyreose hinweisen *oder* wenn der Kliniker sich nach Vorbericht, klinischer Untersuchung, routinemäßig erhobenen Laborparametern sowie der basalen Serum-T_4-Konzentration über das Vorliegen einer Hypothyreose unsicher ist.

3. Zum initialen Screening der Schilddrüsenfunktion bei potentiellen Zucht- oder Ausstellungshunden mit klinischer Symptomatik gehören die unter 1. genannten Untersuchungen sowie die basale fT_4-Konzentration, die mittels Equilibrium-Dialyse gemessen wird. Des Weiteren sollten die endogene TSH-Konzentration und Thyreoglobulin-Autoantikörper bestimmt werden. Die Messung der basalen T_4-Konzentration ist optional.
   a. Eine Behandlung ist indiziert, wenn alle Testergebnisse außerhalb des Referenzbereichs liegen und die initiale Befunderhebung die Diagnose Hypothyreose unterstützt.
   b. Eine Behandlung ist nicht indiziert, wenn alle Testergebnisse innerhalb des Referenzbereichs liegen und die initialen Untersuchungsergebnisse nicht für die Diagnose Hypothyreose sprechen.
   c. Eine Behandlung ist nicht indiziert und die Untersuchungen sollten nach 2–3 Wochen wiederholt werden, wenn der Hund klinische Symptome zeigt, die verdächtig für das Vorliegen einer Hypothyreose sind, alle Testergebnisse im Referenzbereich liegen oder nur ein Ergebnis von der Norm abweicht und keine andere Ursache für die klinische Symptomatik identifiziert werden kann.
   d. Liegen zwei Testergebnisse außerhalb des Referenzbereichs, insbesondere die T_4- und die endogene TSH-Konzentration, sollte die Entscheidung, zu behandeln oder abzuwarten und die Tests nach 2–4 Wochen zu wiederholen, auf den Ergebnissen der klinischen Untersuchung und dem Verdachtsindex für das Vorliegen der Erkrankung basieren.

4. Zu den empfohlenen Untersuchungen der Schilddrüsenfunktion bei gesunden Zuchthunden gehören die unter Punkt eins genannten Parameter, die basale fT_4-Konzentration, welche durch Equilibrium-Dialyse bestimmt wird, die endogene TSH-Konzentration und der Test auf Thyreoglobulin-Autoantikörper.
   a. Die Schilddrüse ist unauffällig und der Hund für die Zucht geeignet, wenn keine klinischen Symptome vorliegen und klinische Untersuchung, Blutuntersuchung und alle Schilddrüsenparameter im Referenzbereich liegen. Unveränderte Werte schließen die spätere Entwicklung einer Hypothyreose jedoch nicht aus. Bei zur Zucht vorgesehenen Hunden sollte, beginnend mit dem vollendeten ersten Lebensjahr, die Schilddrüse jährlich untersucht werden.
   b. Welche Bedeutung einem einzelnen Schilddrüsenparameter außerhalb des Referenzbereichs zukommt, lässt sich nicht mit Sicherheit sagen. Der betroffene Hund sollte zunächst von der Zucht ausgeschlossen und die Untersuchung der Schilddrüsenfunktion nach ein bis sechs Monaten wiederholt werden. Solange eines der Ergebnisse weiterhin außerhalb des Referenzbereiches liegt, muss die spätere Entwicklung einer Hypothyreose in Betracht gezogen werden. Die Verwendung des Hundes für die Zucht ist nicht empfehlenswert.

Die Überwachung der Serum-T_4-Konzentration während einer Levothyroxintherapie erlaubt es dem Kliniker, Dosis, Häufigkeit der Verabreichung und intestinale Absorption zu beurteilen (siehe Kap. 20). Bei ausreichender Supplementierung sollten die gemessenen T_4-Konzentrationen im Bereich 19–64 nmol/l (*1,5–5 µg/dl*) sowie die Serum-TSH-Konzentration innerhalb des Referenzbereichs liegen. Serum-T_4-Konzentrationen unter 19 nmol/l (*1,5 µg/dl*) und deutlicher noch Werte unter 13 nmol/l (*1,0 µg/dl*) lassen auf eine unzureichende Schilddrüsenhormon-Supplementation schließen, speziell bei gleichzeitig erhöhter Serum-TSH-Konzentration und persistierenden klinischen Symptomen einer Hypothyreose. Erhöhte Serum-T_4-Werte nach

Substitutionstherapie stellen keine Indikation zur Reduzierung der Levothyroxindosis dar. Dies gilt insbesondere bei fehlenden klinischen Symptomen einer Thyreotoxikose. Die Reduktion der Dosis wird empfohlen, wenn die Serum-T_4-Konzentration 97 nmol/l (*7,5 µg/dl*) überschreitet.

Ursachen einer erhöhten Serum-T_4-Konzentration

Erhöhte Serum-T_4-Konzentrationen entstehen hauptsächlich infolge einer Hyperthyreose (Übers. 9.5). Die spontane feline Hyperthyreose wird meist durch multinoduläre adenomatöse Hyperplasie verursacht. Schilddrüsenadenome, die eine Vergrößerung und Deformierung der Läppchen verursachen, werden seltener diagnostiziert. Maligne Schilddrüsenkarzinome kommen in weniger als 5 % der Fälle vor. Funktionell aktive Schilddrüsentumoren werden beim Hund selten beobachtet, können dann aber Adenome oder Karzinome sein.

Die Überdosierung von Natrium-Levothyroxin beim hypothyreoten Hund, die sich anhand des Vorberichts ermitteln lässt, sowie Interferenzen zwischen Autoantikörpern gegen Schilddrüsenhormone und RIA-Antikörpern gegen T_4 können zu falsch-hohen T_4-Werten führen. Autoantikörper gegen Schilddrüsenhormone müssen bei Hunden mit klinischen Symptomen einer Hypothyreose und gleichzeitig erhöhter Serum-T_4-Konzentration vermutet werden. Erhöhte T_4-Werte werden auch bei gesunden Hunden beobachtet. Werte, die um mehr als das 2fache der Standardabweichung vom Mittelwert (der für die Erstellung der Referenzwerte etabliert wurde) abweichen, können bei 2–3 % der gesunden Hundepopulation nachgewiesen werden. Die Bestimmung der Serum-TSH-Konzentration kann helfen, eine Unterscheidung zwischen den verschiedenen Ursachen einer erhöhten T_4-Konzentration beim Hund zu ermöglichen.

Anamnese und klinische Untersuchung sind die Basis für einen Verdacht auf Hyperthyreose. Bei Katzen ist das Blutbild in der Regel wenig aussagekräftig, ein Anstieg des Hämatokritwerts sowie des Erythrozytenvolumens tritt am häufigsten auf. Serologisch wird häufig ein überwiegend gering- bis mittelgradiger Aktivitätsanstieg (100–400 IU/l) der ALT (Alanin-Amino-Transferase), der AP (alkalische Phosphatase) sowie der AST (Aspartat-Amino-Transferase) festgestellt. Bei ungefähr 90 % der hyperthyreoten Katzen sind eines oder mehrere dieser Leberenzyme erhöht; bei einem Aktivitätsanstieg von mehr als 500 IU/l sollte eine mögliche Lebererkrankung abgeklärt werden. Erhöhte Harnstoff- und Kreatininkonzentrationen werden bei etwa 30 %, eine Hyperphosphatämie bei ca. 20 % der Katzen mit Hyperthyreose nachgewiesen, diese Befunde sind in die Auswahl der ersten therapeutischen Maßnahmen unbedingt einzubeziehen. Das spezifische Harngewicht der meisten hyperthyreoten Katzen liegt über 1035, Werte zwischen 1008 und 1050 kommen vor. Das renale Konzentrationsvermögen ist ein wichtiges Kriterium, um bei Katzen mit erhöhten Harnstoffwerten eine primäre Niereninsuffizienz von einer prärenalen Azotämie zu unterscheiden. Zu den EKG-Veränderungen zählen Tachykardie, erhöhte Amplituden der R-Zacken (in Ableitung II) und, seltener, ein vollständiger Rechtsschenkelblock, ein linksanteriorer Faszikelblock, verbreiterte QRS-Komplexe sowie atriale und ventrikuläre Arrhythmien. Röntgenaufnahmen des Thorax können Kardiomegalie, Lungenödem und Pleuraergüsse aufzeigen. Die EKG-Veränderungen hängen von der Art der thyreotoxischen Kardiomyopathie ab. Zu den sonographisch feststellbaren Veränderungen sei auf die entsprechende Literatur verwiesen.

Anhand der basalen T_4-Konzentration lässt sich bei den meisten Tieren eine Hyperthyreose zuverlässig diagnostizieren (Abb. 9.8). Eine Ausnahme bilden Katzen mit geringgradiger oder subklinischer Hyperthyreose sowie hyperthyreote Katzen, die unter schweren schilddrüsenunabhängigen Erkrankungen (Neoplasien, systemische Infektionen, Organversagen) leiden, da ihre T_4-Werte im Referenzbereich liegen können (vgl. Euthyroid Sick Syndrome). In solchen unklaren Fällen sollten nicht-schilddrüsenassoziierte Erkrankungen ausgeschlossen werden sowie nach 1–2 Wochen die Serum-T_4-Konzentration und freies Thyroxin (fT_4), mittels modifizierter Equilibrium-Dialyse bestimmt werden. Führen auch diese Schritte nicht zur Diagnose, wird angeraten, den T_4- und fT_4-Test nach 4–8 Wochen zu wiederholen, ein Szintigramm der Schilddrüse anzufertigen oder, falls diese Technik nicht verfügbar ist, einen T_3-Suppressionstest durchzuführen.

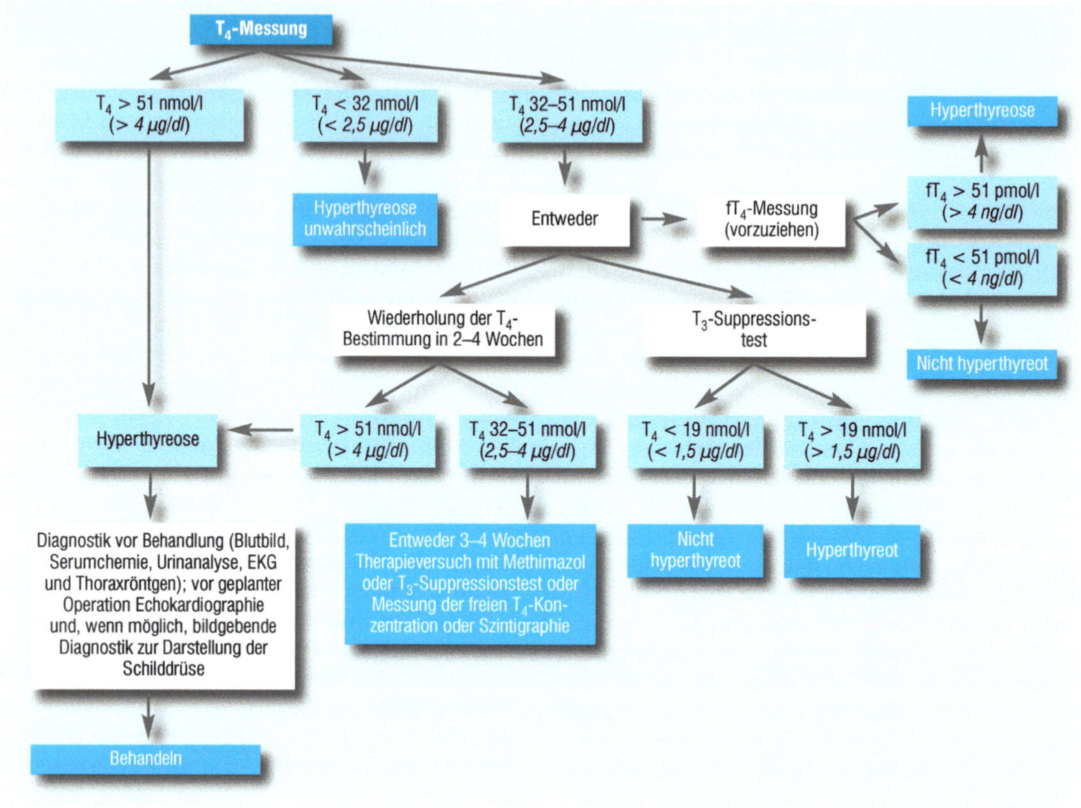

Abb 9.8 Verdachtsdiagnose Hyperthyreose bei Katzen: Diagnostische Aufarbeitung basierend auf Vorbericht, klinischer Symptomatik (Gewichtsverlust, Polyphagie, Polyurie, Polydipsie, Hyperaktivität, Umfangsvermehrungen im Halsbereich) oder Laborbefunden (erhöhte alkalische Phosphatase [AP], erhöhtes Serum-Phosphat). EKG, Elektrokardiogramm; T_4, Thyroxin; fT_4, freies Thyroxin; T_3, Trijodthyronin.

9.14 3,5,3'-Trijodthyronin (T_3)

Indikation

Die 3,5,3'-Trijodthyronin(T_3)-Konzentration wird im Rahmen eines T_3-Suppressionstests bei Katzen mit Hyperthyreose bestimmt. Die theoretischen Indikationen zur Messung der T_3- und der T_4-Konzentration entsprechen einander, die zusätzliche T_3-Messung bringt allerdings keinen Vorteil bei der Diagnose einer felinen Hyperthyreose. Zur Beurteilung der kaninen Schilddrüsenfunktion liefert sie wenige bis keine Hinweise (Nelson et al., 1991). Derzeit wird die Messung der Serum-T_3-Konzentration nicht zur Beurteilung der Schilddrüsenfunktion empfohlen.

Vorteile

Keine.

Nachteile

Die diagnostische Aussagekraft der T_3-Konzentration ist fraglich; sie wird von zahllosen Faktoren beeinflusst.

Analyse

Siehe T_4-Messung.

Referenzbereich

Hund: 0,76–2,76 nmol/l (*0,5–1,8 ng/ml*)
Katze: 0,61–2,46 nmol/l (*0,4–1,6 ng/ml*)
Beachte: Die von verschiedenen Labors angegebenen Referenzbereiche variieren.

Kritische Werte:

Keine.

Beeinflussung der Serum-T_3-Konzentration

Alle Faktoren, die sich auch auf die Serum-T_4-Konzentration auswirken. Bei Hunden mit lymphozytärer Thyreoiditis ist die Inzidenz von T_3-Autoantikörpern größer als die Inzidenz von T_4-Antikörpern.

Ursachen einer erniedrigten Serum-T_3-Konzentration

Siehe Ursachen einer erniedrigten Serum-T_4-Konzentration.

Ursachen einer erhöhten Serum-T_3-Konzentration

Siehe Ursachen einer erhöhten Serum-T_4-Konzentration. Bei der Verwendung so genannter „single-antibody-RIAs" treten bei T_3 verglichen mit T_4 häufiger Interferenzen mit Antischilddrüsenhormon-Antikörpern auf, die zu falschhohen Messwerten führen können.

9.15 Freies Thyroxin (fT_4)

Indikation

Die fT_4-Konzentration wird bei Hunden mit Verdacht auf Hypothyreose sowie bei Katzen mit subklinischer Hyperthyreose bestimmt. Die Messung der fT_4-Konzentration durch die modifizierte Equilibrium-Dialyse ermöglicht eine einheitlichere und verlässlichere Beurteilung der Schilddrüsenfunktion als die Messung der Gesamt-T_4-Konzentration.

Vorteile

Die Analyse wird von den meisten Labors angeboten. Die Messung der fT_4-Konzentration mittels modifizierter Equilibrium-Dialyse (MED) ermöglicht eine genauere und verlässlichere Beurteilung der Schilddrüsenfunktion als die Messung der Gesamt-T_4-Konzentration. Das Hormon ist bei Verarbeitung und Transport stabil.

Nachteile

Verschiedene Faktoren können die fT_4-Konzentration beeinflussen und erschweren die Interpretation der Messwerte.

Analyse

Derzeit wird die fT_4-Konzentration mit zwei verschiedenen Methoden bestimmt:

1. RIA-Kits, die für die Diagnostik beim Menschen entwickelt wurden
2. MED-Technik, die einen kurzen Dialyseschritt verwendet, um fT_4 vom proteingebundenen fT_4 zu separieren. Danach folgt die Bestimmung durch einen fT_4-RIA. Die MED-Technik ist die genaueste Methode, um die fT_4-Konzentration zu messen, und ist der bevorzugte Test zur Beurteilung der Schilddrüsenfunktion beim Hund. Die Messgenauigkeit des MED-Assays liegt Studien zufolge über 90 %; bei der Serum-T_4-Messung liegt die Genauigkeit nur bei 75–85 % (Peterson et al., 1997)

Referenzbereich

Hund: 10,3–45,0 pmol/l (*0,8–3,5 ng/dl*)
Katze: 12,9–51 pmol/l (*1,0–4,0 ng/dl*)

Beachte: Verschiedene Labors verwenden unterschiedliche Referenzbereiche.
Zur Umrechnung von ng/dl in pmol/l wird mit dem Faktor 12,87 multipliziert.

Kritische Werte

Keine.

Beeinflussung der Serum-fT4-Konzentration

Begleitende Erkrankungen können die fT_4-Konzentration senken. Veränderungen der fT_4-Konzentration sind aber variabler als die der Serum-T_4-Konzentration und hängen wahrscheinlich von den involvierten pathophysiologischen Mechanismen der Erkrankung ab. Bei Hunden mit Begleiterkrankungen sinkt die fT_4-Konzentration tendenziell, aber nicht im gleichen Ausmaß wie die Gesamt-T_4-Konzentration. Bei schweren Erkrankungen kann die fT_4-Konzentration dennoch unter 6,4 pmol/l (*0,5 ng/dl*) fallen. Die gleichen Medikamente, die dieT_4-Konzentration beeinflussen, können auch die fT_4-Werte senken (Tab. 9.5). Anders als bei der T_4-Konzentration werden die durch modifizierte Equilibrium-Dialyse (MED) bestimmten fT_4-Werte nicht durch zirkulierende Autoantikörper gegen Schilddrüsenhormone beeinflusst. Ob andere Faktoren, die bekanntermaßen die T_4-Konzentration verändern, die fT_4-Konzentration in ähnlicher Weise beeinflussen, wurde noch nicht berichtet.

Solange keine klinischen Studien das Gegenteil beweisen, sollte der Kliniker davon ausgehen, dass die Faktoren, die die T_4-Konzentration beeinflussen, in ähnlicher Weise die fT_4-Werte verändern.

Ursachen einer erniedrigten Serum-fT_4-Konzentration

Siehe Ursachen einer erniedrigten Serum-T_4-Konzentration. Im Labor des Autors werden fT_4-Werte unter 10,3 pmol/l (*0,8 ng/dl*) (insbesondere < 6,4 pmol/l [*< 0,5 ng/dl*]) bei entsprechendem Vorbericht und passenden klinischen Befunden als Hinweis auf eine Hypothyreose gewertet, sofern nicht gleichzeitig anderweitige schwere Erkrankungen vorliegen.

Ursachen einer erhöhten Serum-fT_4-Konzentration

Siehe Ursachen einer erhöhten Serum-T_4-Konzentration. Bei Katzen mit Hyperthyreose ist die fT_4-Messung durch MED-Technik zuverlässiger als die Messung der T_4-Konzentration. Nicht-schilddrüsenassoziierte Erkrankungen wirken sich stärker suppressiv auf die Gesamt-T_4-Konzentration aus als auf fT_4-Werte. Bei vielen Katzen mit subklinischer Hyperthyreose, deren T_4-Werte im Referenzbereich liegen, ist die fT_4-Konzentration erhöht (Peterson et al., 2001). Aufgrund der Kosten wird die fT_4-Messung mittels MED für Katzen mit Verdacht auf Hyperthyreose reserviert, bei denen die T_4-Ergebnisse grenzwertig sind. Gelegentlich können begleitende Erkrankungen zu einem Anstieg der fT_4-Konzentration bei Katzen führen. Deshalb sollte die Serum-fT_4-Konzentration immer im Zusammenhang mit der in der gleichen Blutprobe gemessenen Gesamt-T_4-Konzentration interpretiert werden. Eine erhöhte fT_4-Konzentration bei gleichzeitig erhöhter oder im oberen Referenzbereich liegender T_4-Konzentration unterstützt die Diagnose Hyperthyreose. Erhöhte fT_4-Konzentrationen bei T_4-Werten im unteren Referenzbereich oder darunter sprechen eher für das Euthyroid Sick Syndrome (ESS), als für eine Hyperthyreose.

9.16 Basales kanines thyreoideastimulierendes Hormon (cTSH)

Indikation

Die Serumkonzentration des basalen kaninen thyreoideastimulierenden Hormons (cTSH) wird zur Überprüfung der Schilddrüsenfunktion bei Hunden mit dem Verdacht auf Hypothyreose bestimmt. Die Messung der cTSH-Konzentration gemeinsam mit der Serum-T_4- und/oder fT_4-Konzentration ermöglicht, zumindest theoretisch, bei Hunden mit vermuteter Hypothyreose eine genauere Diagnose.

Vorteile

Der Test wird allgemein angeboten, und das Hormon ist bei Verarbeitung und Transport stabil. Wird die cTSH-Konzentration zusätzlich zu anderen Schilddrüsenhormonen bestimmt, erlaubt dies eine genauere Beurteilung der Schilddrüsenfunktion.

Nachteile

Als Einzeltest ist cTSH nur von minimalem diagnostischem Wert: Physiologische cTSH-Konzentrationen sind bei Hunden mit Hypothyreose häufig zu finden, erhöhte cTSH-Werte kommen regelmäßig im Zusammenhang mit ESS vor. Die derzeit verfügbaren cTSH-Testsysteme können sehr niedrige cTSH-Werte nicht detektieren.

Analyse

Derzeit gibt es zwei kommerziell erhältliche und validierte Testsysteme zur cTSH-Bestimmung,
1. einen immunradiometrischen Test oder
2. einen ELISA.

Beide Untersuchungen liefern vergleichbare Ergebnisse. Augenblicklich gibt es keine validierten Tests für die Bestimmung der endogenen TSH-Konzentration bei der Katze.

Referenzbereich

Hund: 0,01–0,6 ng/ml (*0,01–0,6 mg/dl*).

Kritische Werte

Keine.

Beeinflussung der Serum-cTSH-Konzentration

Viele Einflussfaktoren, welche die basale Schilddrüsenhormonkonzentration reduzieren, insbesondere Begleiterkrankungen, können bei euthyreoten Hunden die cTSH-Werte erhöhen. Dies führt häufig zur Fehldiagnose Hypothyreose, insbesondere wenn die Ergebnisse nicht im Zusammenhang interpretiert werden (Tab. 9.5). Die Serum-TSH-Konzentration kann, abhängig von den Auswirkungen der bestehenden Erkrankung auf die fT_4-Konzentration und die Hypophysenfunktion, im Referenzbereich liegen oder erhöht sein. Wird die Hypophysenfunktion gehemmt, liegt die cTSH-Konzentration im Referenzbereich oder ist nicht detektierbar. Wird die Hypophysenantwort auf Veränderungen der fT_4-Konzentration nicht durch eine bestehende Erkrankung beeinflusst, steigt die cTSH-Konzentration als Reaktion auf die sinkenden fT_4-Werte an. Die cTSH-Werte können bei Hunden mit ESS durchaus über 1,0 ng/ml liegen.

Ursachen einer erhöhten cTSH-Konzentration

Eine primäre Hypothyreose und das ESS sind die Hauptursachen einer erhöhten cTSH-Konzentration bei Hunden. Typischerweise sollte bei Hunden mit primärer Hypothyreose das endogene cTSH erhöht und die Serum-T_4- und -fT_4-Konzentration erniedrigt sein. Die Interpretation wird allerdings durch den Umstand erschwert, dass die cTSH Werte hypothyreoter Hunde sowie euthyreoter, aber anderweitig erkrankter Hunde im gleichen Bereich liegen können. Ungefähr 20 % der Hunde mit Hypothyreose weisen normale TSH-Spiegel auf (< 0,6 ng/ml). In den meisten Studien wird die Sensitivität und Spezifität der TSH-Messung mit 80 % angegeben (Scott-Moncrieff et al., 1998). Die Serum-TSH-Konzentration sollte immer zusammen mit der T_4- oder fT_4-Konzentration der gleichen Blutprobe bestimmt und nie als einziger Test zur Überprüfung der Schilddrüsenfunktion verwendet werden. Niedrige T_4- oder fT_4-Werte bei gleichzeitig hoher cTSH-Konzentration, entsprechendem Vorbericht und klinischen Untersuchungsbefunden lassen auf das Vorliegen einer primären Hypothyreose bei einem Hund schließen. Werden dagegen Serum-T_4-, -fT_4- und -cTSH-Werte im Referenzbereich gemessen, kann eine primäre Hypothyreose ausgeschlossen werden. Jede andere Kombination der Serum-T_4-, -fT_4- und -cTSH-Konzentrationen ist schwierig zu interpretieren. Aufgrund der Genauigkeit des Tests können die mittels MED-Technik bestimmten fT_4-Werte als verlässlich empfohlen werden (Übers. 9.6). Serum-T_4- oder fT_4-Werte im Referenzbereich und erhöhte TSH-Konzentrationen werden bei Frühstadien der primären Hypothyreose des Menschen beobachtet. Obgleich ähnliche Werte bei Hunden gemessen wurden, ist unbekannt, welcher Prozentsatz dieser Hunde später eine klinisch manifeste Hypothyreose entwickelt. Klinische Symptome einer Hypothyreose werden bei diesen Hunden meist nicht augenfällig, was zum Teil darauf zurückzuführen ist, dass die T_4- und fT_4-Konzentrationen im Referenzbereich liegen. Die Behandlung mit Natrium-Levothyroxin ist daher nicht indiziert. Stattdessen sollte die Schilddrüsenfunktion nach zwei bis vier Monaten erneut beurteilt werden, insbesondere wenn der Antikörpertest auf eine lymphozytäre Thyreoiditis positiv ausfällt. Bei einer progressiven Zerstörung der Schilddrüse fällt die Serum-T_4- und -fT_4-Konzentration schrittweise ab, die Serum-TSH-Konzentration steigt mit der Zeit an und schließlich treten klinische Symptome auf.

9.17 Schilddrüsenhormon-Autoantikörper

Indikation

Die Messung der Schilddrüsenhormon-Autoantikörper dient der Abklärung ungewöhnlicher Serum-T_4- oder -T_3-Werte bei Hunden mit Verdacht auf Hypothyreose, der Identifizierung einer lymphozytären Thyreoiditis bei hypothyreoten Hunden, und sie kann möglicherweise als Suchtest auf lymphozytäre Thyreoiditis bei momentan euthyreoten, für die Zucht vorgesehenen Hunden dienen (siehe 9.18 Thyreoglobulin-Autoantikörper). Zirkulierende Autoantikörper können mit den zur Messung der T_3- und T_4-Konzentrationen eingesetzten RIA-Techniken interferieren und zu falschen, unzuverlässigen Messergebnissen führen (Thacker et al., 1992; Young et al., 1985). Die Art der Interferenz hängt vom verwendeten RIA ab. Falsch-niedrige Werte kommen bei nicht-spezifischen Separationsmethoden (z.B. Ammoniumsulfat, Aktivkohle) vor; falsch-hohe Werte dagegen treten bei „single-antibody"-Systemen (antikörperbeschichtete Gefäße), auf. Bei solchen Patienten sind spezielle Extraktionsmethoden oder die

Entfernung des endogenen Immunglobulins vor der Durchführung des Assays notwendig, um die genaue T_4- oder T_3-Konzentration bestimmen zu können. Glücklicherweise treten relevante Mengen an Schilddrüsenhormon-Autoantikörpern, die offensichtlich falsche Werte bei der T_4-Messung verursachen, nur in weniger als 1 % der untersuchten Blutproben auf. Die Messung der Serum-fT_4-Konzentration durch MED-Technik wird nicht durch vorhandene Autoantikörper beeinflusst. Deswegen sollten bei Hunden mit dem Verdacht auf Schilddrüsenhormon-Autoantikörper die fT_4- statt die T_4-Werte bestimmt werden.

Die Messung zirkulierender Autoantikörper, die gegen T_3 und T_4 gerichtet sind, ist wenigen Speziallabors vorbehalten. Ein positiver Schilddrüsenhormon-Antikörpertiter bei einem Hund mit entsprechender klinischer Symptomatik, klinisch-pathologischen Befunden und niedriger oder hoher Serum-Schilddrüsenhormonkonzentration spricht für die Diagnose Hypothyreose, verursacht durch eine lymphozytäre Thyreoiditis. Die Interpretation der Antikörpertiter bei einem Hund ohne klinische Symptome, ohne klinisch-pathologische Befunde und mit Serum-Schilddrüsenhormonspiegeln im Referenzbereich ist schwierig. Sie können als ein erstes Anzeichen einer lymphozytären Thyreoiditis, die sich zu einer symptomatischen Hypothyreose entwickelt, aber auch als ein zufälliger oder vorübergehender Befund gewertet werden. Der Prozentsatz der euthyreoten Hunde, bei dem Schilddrüsenhormon-Autoantikörper nachgewiesen wurden und der tatsächlich eine manifeste Hypothyreose entwickelt, ist unbekannt (siehe 9.18 Thyreoglobulin-Autoantikörper).

9.18 Thyreoglobulin-Autoantikörper

Indikation

Die Messung der Thyreoglobulin(Tg)-Autoantikörper wird zur Identifizierung einer lymphozytären Thyreoiditis bei Hunden mit Hypothyreose herangezogen und ist möglicherweise als Suchtest bei momentan euthyreoten, zur Zucht vorgesehenen Hunden geeignet. Tg-Autoantikörper treten zusammen mit T_3- und T_4-Autoantikörpern auf, werden aber auch bei Hunden mit lymphozytärer Thyreoiditis nachgewiesen, die keine Autoantikörper gegen T_3 und T_4 bilden. Die Bestimmung der Tg-Autoantikörper stellt deshalb einen besseren Suchtest auf lymphozytäre Thyreoiditis dar als der Nachweis von T_3- und T_4-Autoantikörpern. Das Auftreten von Tg-Autoantikörpern im Serum impliziert eine pathologische Veränderung der Schilddrüse, liefert jedoch keine Information über die Schwere oder progressive Natur der Entzündungsantwort oder das Ausmaß der Schilddrüsenbeteiligung. Der Test ist kein Indikator für die Schilddrüsenfunktion. Die Messung von Tg-Autoantikörpern allein ist zur Diagnose einer Hypothyreose nicht ausreichend. Hunde mit bestätigter Hypothyreose können negativ und euthyreote Hunde positiv im Tg-Autoantikörpertest reagieren. Die Identifizierung von Tg-Autoantikörpern spricht für das Vorliegen einer Hypothyreose, die durch eine lymphozytäre Thyreoiditis hervorgerufen ist, sofern der Hund klinische Symptome und entsprechende Schilddrüsenhormonwerte aufweist.

Die Bestimmung von Tg-Autoantikörpern kann als Zuchtuntersuchung auf lymphozytäre Thyreoiditis bei wertvollen Tieren eingesetzt werden. Derzeit wird ein positives Testergebnis als Hinweis auf eine lymphozytäre Thyreoiditis angesehen, der Test sollte mehrere Monate vor dem geplanten Zuchteinsatz wiederholt werden. Ob Tg-Autoantikörper einen geeigneten Marker für die mögliche Entwicklung einer lymphozytären Thyreoiditis darstellen, muss noch geklärt werden. Eine aktuelle fT_4-Studie an 171 Hunden mit Tg-Autoantikörpern und physiologischen fT_4- und cTSH-Werten konnte zeigen, dass etwa 20 % der Hunde nach einem Jahr zum Bild einer Hypothyreose passende fT_4- und/oder cTSH-Werte aufwiesen. Bei weiteren 15 % konnten nach einem Jahr keine Tg-Autoantikörper mehr nachgewiesen werden, die fT_4- und cTSH-Konzentrationen blieben unverändert. 65 % der Hunde blieben Tg-Antikörper-positiv oder zeigten unschlüssige Ergebnisse ohne Veränderung der fT_4- und cTSH-Konzentrationen (Graham et al., 2001).

9.19 3,5,3'-Trijodthyronin-Suppressionstest

Indikation

Der T_3-Suppressionstest wird zur Bestätigung einer Hyperthyreose bei Katzen mit okkulter Erkrankung eingesetzt. Er ermöglicht es, zu beurteilen, inwieweit sich die Gabe von Natrium-

Liothyronin (synthetisches T_3) hemmend auf die TSH-Sekretion der Hypophyse auswirkt. Bei gesunden Katzen hemmt die Verabreichung von T_3 die hypophysäre Sekretion des thyreoideastimulierenden Hormons (TSH), woraufhin die Serum-T_4-Konzentration sinkt. Die nachfolgende T_4-Messung ist aussagekräftig, da exogenes T_3 nicht in T_4 umgewandelt werden kann. Bei hyperthyreoten Katzen erfolgt eine autonome Sekretion der Schilddrüsenhormone, weshalb die Gabe von T_3 keinen hemmenden Effekt zeigt.

Vorteile

Der Test wird allgemein angeboten, ist relativ preiswert und einfach zu interpretieren.

Nachteile

Der Test dauert drei Tage. Die Genauigkeit der Ergebnisse hängt von der erfolgreichen Medikamentengabe durch den Besitzer ab (insgesamt siebenmalige Medikamentengabe).

Durchführung

Serum wird zur Bestimmung der basalen T_4- und T_3-Konzentrationen gewonnen. Der Besitzer verabreicht dann je 25 µg Natrium-Liothyronin, beginnend am folgenden Morgen, dreimal täglich für zwei Tage. Am Morgen des dritten Tages wird ein siebtes Mal eine 25-µg-Dosis verabreicht. Zwei bis vier Stunden später wird eine zweite Blutprobe zur Bestimmung der Serum-T_4- und -T_3-Konzentrationen entnommen.

Interpretation

Die Serum-T_4-Konzentration liegt bei gesunden Katzen nach der Gabe von Natrium-Liothyronin unter 19 nmol/l (*1,5 µg/dl*), bei hyperthyreoten Katzen dagegen über 26 nmol/l (*2 µg/dl*). Werte von 19–26 nmol/l (*1,5–2,0 µg/dl*) sind diagnostisch nicht verwertbar. Die prozentuale Abnahme der T_4-Konzentration ist kein verlässlicher Parameter, auch wenn ein Absinken um mehr als 50 % unter den Basalwert nur bei gesunden, nicht aber bei hyperthyreoten Katzen beobachtet wird (Peterson et al., 1990).
Die Messung der Serum-T_3-Konzentration wird herangezogen, um die zuverlässige Verabreichung des synthetischen T_3 durch den Besitzer zu kontrollieren. Die Serum-T_3-Konzentration sollte bei allen Katzen, bei denen das Testprotokoll eingehalten wurde, ansteigen, unabhängig von der Schilddrüsenfunktion. Bleibt der Abfall der Serum-T_4-Werte aber auch ein Anstieg der T_3-Konzentration aus, ist anzunehmen, dass der Besitzer Schwierigkeiten bei der Medikamentengabe hatte. Die Testergebnisse können dann nicht verwertet werden.

9.20 Thyreoideastimulierendes Hormon(TSH)-Stimulationstest

Indikation

Der TSH-Stimulationstest wird zur Bestätigung einer Hypothyreose bei Hunden verwendet. Der primäre Vorteil des Tests ist die Möglichkeit, eine Hypothyreose vom Euthyroid Sick Syndrome (ESS) bei Hunden mit niedriger basaler Serum-T_4- oder -fT_4-Konzentration differenzieren zu können.

Vorteile

Der Test ist einfach durchzuführen und erlaubt in der Regel die genaue Abgrenzung einer Hypothyreose von anderen Erkrankungen, die mit niedrigen Serum-T_4-Konzentrationen einhergehen.

Nachteile

Der Test ist teuer, TSH ist schwer bis gar nicht erhältlich und bei manchen Hunden können die Ergebnisse nicht interpretiert werden.

Durchführung

Eine Blutprobe wird unmittelbar vor und sechs Stunden nach intravenöser Verabreichung von 0,1 Einheiten (IU) TSH je Kilogramm Körpergewicht (maximal 5 IU TSH je Hund) gewonnen. In beiden Blutproben wird die Serum-T_4-Konzentration bestimmt. Das übriggebliebene gelöste TSH kann drei Wochen lang gekühlt oder drei Monate lang gefroren gelagert werden, ohne die biologische Aktivität zu verlieren.

Interpretation

Die Interpretation des TSH-Stimulationstests basiert auf den absoluten Serum-T_4-Werten. Im Labor des Autors werden bei euthyreoten Hunden unter Verwendung des oben beschriebenen Protokolls nach TSH-Gabe T_4-Werte über 39 nmol/l (*3 µg/dl*) gemessen. Dagegen weisen

Hunde mit primärer Hypothyreose T_4-Konzentrationen unter dem Basalwert (< 19 nmol/l [< *1,5 µg/dl*]) auf (Abb. 9.9; Nelson et al., 1991). Werte von 19–39 nmol/l (*1,5–3 µg/dl*) sind diagnostisch nicht verwertbar. Solche Werte können in frühen Phasen der Hypothyreose auftreten oder für eine Suppression der Schilddrüse sprechen, die durch begleitende Erkrankungen oder Medikamente bei einem sonst euthyreoten Hund hervorgerufen wird. Systemische Erkrankungen können jedoch die T_4-Serumwerte derart verändern, dass sie eine primäre Hypothyreose vortäuschen (< 19 nmol/l [< *1,5 µg/dl*]). Ebenso schwierig gestaltet sich die Interpretation von niedrigen basalen T_4-Werten bei normalen T_4-Werten nach TSH-Gabe. Vorbericht, klinische Untersuchung, klinisch-pathologische Befunde und manchmal auch das Ansprechen auf Therapieversuche müssen gegebenenfalls zur endgültigen Beurteilung der Schilddrüsenfunktion herangezogen werden. Bei hypothyreoten Hunden kann es vorkommen, dass die T_4-Konzentration vor und nach TSH-Gabe über dem Basalwert liegt und gleichzeitig ein mangelhaftes Ansprechen der Schilddrüse auf TSH besteht (Abb. 9.9). Ein derartiger Befund kann durch zirkulierende Schilddrüsenhormon-Autoantikörper bei einem Hund mit lymphozytärer Thyreoiditis verursacht werden.

9.21 Thyreotropin-releasing Hormon(TRH)-Stimulationstest

Indikation

Der TRH-Stimulationstest wird zur Bestätigung der kaninen Hypothyreose durchgeführt. Der primäre Vorteil dieses Tests besteht darin, dass bei Hunden mit niedrigen basalen T_4- und fT_4-Konzentrationen eine Hypothyreose vom Euthyroid Sick Syndrome (ESS) differenziert werden kann. Für die Identifikation einer okkulten Hyperthyreose bei der Katze wird der Test nicht mehr empfohlen, da TRH bei Katzen Nebenwirkungen hat und besser geeignete Untersuchungen für die Hyperthyreose-Diagnostik zur Verfügung stehen.

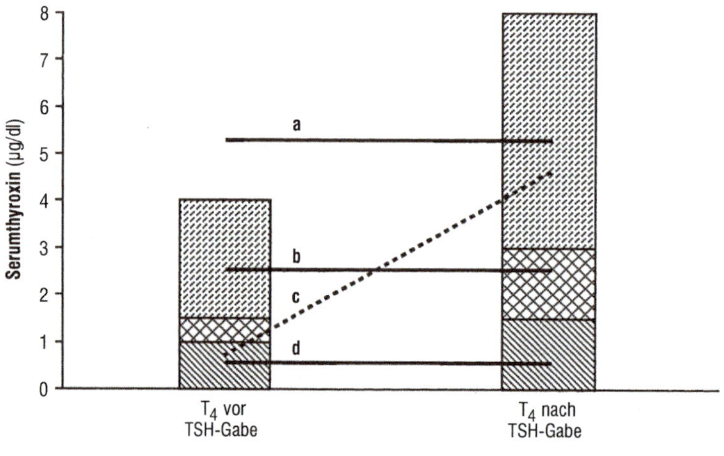

Abb. 9.9 Beurteilung des TSH-Stimulationstests beim Hund. Bis in den Referenzbereich sinkende post-TSH-Thyroxin(T_4)-Werte weisen in der Regel auf eine physiologische Schilddrüsenfunktion hin. Zu den Ausnahmen gehören hohe prä-TSH-T_4-Werte ohne Anstieg der post-TSH-T_4-Konzentration (Linie a) und niedrige prä-TSH-T_4-Werte mit normalem Ansprechen auf TSH (Linie c). Das Vorliegen einer primären Hypothyreose mit T_4-Autoantikörpern (Linien a und b) und einer sekundären Hypothyreose oder des suppressiven Effekts einer Begleiterkrankung (Linie c) muss in Betracht gezogen werden. Niedrige prä-TSH- und post-TSH-T_4-Werte (Linie d) und post-TSH-T_4-Konzentrationen im nicht-diagnostischen Bereich können auf eine Hypothyreose oder den hemmenden Effekt einer Begleiterkrankung schließen lassen. Unterbrochen schraffierter Teil der Säulen, physiologischer Bereich; kreuzschraffierter Bereich der Säulen, nicht auswertbarer Bereich; einfach schraffierter Bereich der Säulen, hypothyreoter Bereich. Aus: *Nelson RW, Couto CG: Essentials of small animal internal medicine, St Louis, 1992, Mosby-Year Book, S. 549.*

Vorteile

Der Test ist leicht durchzuführen und TRH leicht erhältlich.

Nachteile

Der Test ist teuer, nicht interpretierbare Ergebnisse kommen häufiger vor als beim TSH-Stimulationstest, und bei Katzen werden häufiger Nebenwirkungen beobachtet.

Durchführung

Beim Hund werden 0,2 mg TRH/Tier intravenös appliziert, bei der Katze 0,1 mg TRH/kg Körpergewicht. Vor sowie vier Stunden nach TRH-Gabe wird Blut zur Bestimmung der Gesamt-T_4-Konzentration gewonnen. Nebenwirkungen (Speicheln, Harn- und Kotabsatz, Erbrechen, Miosis, Tachykardie, Tachypnoe) kommen bei Katzen häufig vor und werden auch bei einer Dosis über 0,1 mg/kg beobachtet. Die Nebenwirkungen setzen üblicherweise sofort nach TRH-Gabe ein und können bis zu vier Stunden anhalten.

Interpretation

Die Interpretation des TRH-Stimulationstests ist subjektiver als die des TSH-Stimulationstests, unter anderem weil der Anstieg der Gesamt-T_4-Konzentration im Serum bei TRH-Gabe weniger deutlich ausfällt als nach TSH-Verabreichung. Euthyreote Hunde sollten nach TRH-Gabe (entsprechend dem oben aufgeführten Protokoll) T_4-Werte über 26 nmol/l (*2 µg/dl*) aufweisen bzw. ihre T_4-Werte sollten um mindestens 6 nmol/l (*0,5 µg/dl*) über den Basalwert ansteigen. Im Gegensatz dazu liegen bei hypothyreoten Hunden die T_4-Werte nach Stimulation unter den normalen Basalwerten (< 19 nmol/l [< *1,5 µg/dl*]) und der T_4-Anstieg sollte nach TRH-Gabe weniger als 6 nmol/l (*0,5 µg/dl*) betragen. Werte von 19–26 nmol/l (*1,5–2 µg/dl*) sind nicht aussagekräftig und treten in der frühen Phase einer Hypothyreose auf oder repräsentieren eine Hemmung der Schilddrüsenfunktion durch andere Erkrankungen oder Medikamente bei einem sonst euthyreoten Hund.

Gesunde Katzen und Katzen mit nicht-schilddrüsenassoziierten Krankheiten weisen vier Stunden nach TRH-Gabe in der Regel einen 2fachen Anstieg der T_4-Konzentration auf (Peterson et al., 1994). Eine einzige Verabreichung von TRH verstärkt die hypophysäre TSH-Sekretion bei hyperthyreoten Katzen nicht, Katzen mit geringgradiger Hyperthyreose zeigen entsprechend keinen oder nur einen geringen Anstieg der T_4-Konzentration. Steigt die T_4-Konzentration nach TRH-Gabe um weniger als 50 % über den Basalwert, kann eine Hyperthyreose diagnostiziert werden. Eine physiologische Funktion der Hypophysen-Schilddrüsenachse ist gegeben, wenn die T_4-Werte um mehr als 60 % über den Basalwert ansteigen. Ein Anstieg um 50–60 % ist diagnostisch nicht verwertbar.

9.22 Adrenokortikotropes Hormon (ACTH)

Indikation (gelegentlich)

Beim Hund wird die Konzentration des Hypophysenhormons ACTH bestimmt, um einen spontanen hypophysären Hyperadrenokortizismus (Morbus Cushing, Pituitary-dependent Hyperadrenocorticism, PDH) von einem spontanen adrenalen Hyperadrenokortizismus (Cushing-Syndrom, adrenokortikaler Tumor, AT), der durch adrenokortikale Tumoren verursacht wird, zu unterscheiden. Außerdem kann anhand der ACTH-Konzentration zwischen primärem Hypoadrenokortizismus (nach Zerstörung der *Zona fasciculata*, Morbus Addison) und sekundärem Hypoadrenokortizismus (infolge Funktionsverlust der hypophysären kortikotropen Zellen) differenziert werden. Ähnliche Indikationen gibt es bei der Katze, obwohl die basale ACTH-Konzentration sowohl bei gesunden Katzen als auch bei Katzen mit Hyperadrenokortizismus aufgrund adrenokortikaler Tumoren unter 2,2 pmol/l (*10 pg/ml*) liegen kann (Smith und Feldmann, 1987). Die Messung der basalen endogenen ACTH-Konzentration wird nicht zur Diagnose eines Hyperadrenokortizismus herangezogen, da die ACTH-Sekretion einem zirkadianen Rhythmus unterliegt, und sich die Messwerte bei gesunden Tieren und solchen mit hypophysärem Hyperadrenokortizismus überschneiden.

Vorteile

Mit diesem Test kann zuverlässig zwischen hypophysärem Hyperadrenokortizismus (Pituitary-dependent Hyperadrenocorticism, PDH) und adrenalem Hyperadrenokortizismus (adrenokortikaler Tumor, AT) unterschieden werden.

Nachteile

ACTH ist ein sehr instabiles Hormon, das besondere Vorsicht bei der Probenbehandlung voraussetzt (siehe unten). Der Test ist teuer, nur begrenzt verfügbar, und die Proben müssen bis zur Untersuchung eingefroren werden.

Durchführung

Zwischen acht und neun Uhr morgens sollte eine Blutprobe genommen werden, vorzugsweise nachdem das Tier über Nacht stationär aufgenommen wurde. Das Blut muss in eine gekühlte heparinisierte Plastikspritze aufgezogen, sofort in eisgekühlte Plastikröhrchen verbracht und bis zur Zentrifugation auf Eis gelagert werden. Alternativ können gekühlte EDTA-Röhrchen mit Silikonbeschichtung verwendet werden, die ebenfalls zu kühlen sind. Das Blut sollte sofort zentrifugiert und das Plasma in Plastikgefäßen eingefroren werden. Die gesamte Prozedur darf nicht länger als 10 Minuten dauern. Die Proben werden gefroren versandt und müssen bis zur Untersuchung gefroren bleiben. Validierte ACTH-Tests sind nur limitiert verfügbar und teuer.

Analyse

ACTH wird in Plasma durch einen RIA bestimmt. Der Test muss für Katze und Hund validiert sein.

Referenzbereich

Hund: 2,2–24,2 pmol/l (*10–110 pg/ml*)
Katze: nicht nachweisbar bis 24,2 pmol/l (*110 pg/ml*)
Zur Umrechnung von pg/ml in pmol/l wird mit dem Faktor 0,220 multipliziert.

Interpretation bei Hunden mit Hyperadrenokortizismus:

< 2,2 pmol/l (< *10 pg/ml*): adrenaler Hyperadrenokortizismus (AT)
2,2–9,9 pmol/l (*10–45 pg/ml*): nicht aussagekräftig
> 9,9 pmol/l (> *45 pg/ml*): hypophysärer Hyperadrenokortizismus (PDH)

Interpretation bei Hunden mit Hypoadrenokortizismus:

< 2,2 pmol/l (< *10 pg/ml*): sekundärer Hypoadrenokortizismus; 2,2–9,9 pmol/l (*10–45 pg/ml*): nicht aussagekräftig
> 9,9 pmol/l (> *45 pg/ml*): primärer Hypoadrenokortizismus

Kritische Werte

Keine.

Artefakte

Falsch-niedrig: Lagerung des Plasmas über dem Gefrierpunkt, Auftauen der Probe während des Transports zum untersuchenden Labor, Verwendung von Glasgefäßen bei Entnahme und Lagerung.

Medikamentöse Beeinflussung der ACTH-Konzentration

Erniedrigung: Verabreichung von Glukokortikoiden (z. B. Dexamethason).
Erhöhung: Insulin.

Ursachen einer veränderten ACTH-Konzentration

Veränderungen der basalen endogenen ACTH-Konzentration sind entweder Folge einer primären Hypophysenerkrankung oder resultieren aus Erkrankungen, die die Kortisolkonzentration beeinflussen und damit einen inhibitorischen Effekt auf die ACTH-Sekretion ausüben (Übers. 9.7). Zu den hypophysär bedingten Erkrankungen gehört der hypophysäre Hyperadrenokortizismus, der mit einer gesteigerten ACTH-Sekretion einhergeht (Abb. 9.10) sowie der sekundäre Hypoadrenokortizismus, der aus dem Funktionsverlust der hypophysären kortikotropen Zellen resultiert und zu einer Reduktion der ACTH-Sekretion führt (Abb. 9.11). Funktionell aktive adrenokortikale Tumoren der *Zona fasciculata* erhöhen die Kortisolsekretion, was wiederum die ACTH-Ausschüttung der Hypophyse hemmt. Die Plasma-ACTH-Konzentration sinkt üblicherweise bis auf nicht mehr messbare Werte (Abb. 9.10). Ein ähnliches Phänomen kann bei exzessiver exogener Glukokortikoidgabe beobachtet werden (iatrogener Hyperadrenokortizismus). Die Zerstörung der *Zona fasciculata* (primärer Hypoadrenokortizismus, Morbus Addison) führt zur Reduktion der Kortisolspiegel, was wiederum einen Anstieg der ACTH-Konzentration zur Folge hat (Abb. 9.11). Vorläufige Untersuchungen zur Bestimmung der endogenen ACTH-Konzentration bei Katzen lieferten ähnliche Ergebnisse (Peterson et al., 1989), obwohl die ACTH-Werte bei gesunden Katzen unter

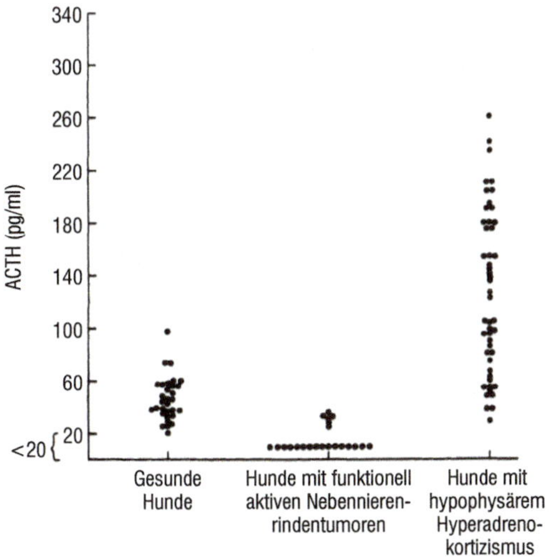

Abb. 9.10 Konzentrationen von endogenem adrenokortikotropem Hormon (ACTH) im Plasma von klinisch gesunden Hunden, Hunden mit adrenalem Hyperadrenokortizismus (adrenokortikale Adenome oder Karzinome) und Hunden mit hypophysärem Hyperadrenokortizismus. Aus: *Feldman EC, Nelson RW, Canine and feline endocrinology and reproduction, Philadelphia, 1987, WB Saunders.*

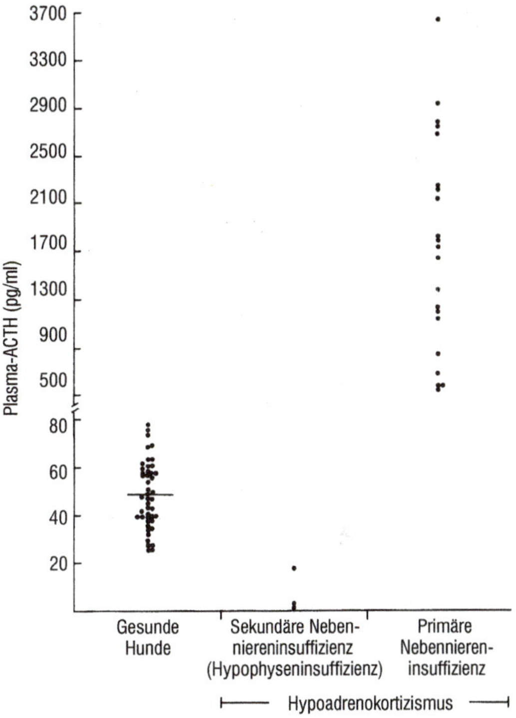

Abb. 9.11 Konzentrationen von endogenem adrenokortikotropem Hormon (ACTH) bei gesunden Hunden, Hunden mit sekundärem Nebennierenversagen und Hunden mit primärem Nebennierenversagen. Aus: *Feldmann EC, Peterson ME, Hypoadrenocorticism, Vet Clin North Am 14: 761, 1984.*

2,2 pmol/l (*10 pg/ml*) liegen können. Vergleichbare Werte können bei felinen adrenokortikalen Tumoren auftreten, was die Brauchbarkeit dieses Assays bei der Katze in Frage stellt.

Übersicht 9.7 Ursachen einer veränderten endogenen ACTH-Konzentration bei Hunden

- im Referenzbereich bis erhöht
  - hypophysärer Hyperadrenokortizismus (PDH)
  - primärer Hypoadrenokortizismus
- im Referenzbereich bis erniedrigt
  - adrenaler Hyperadrenokortizismus (AT)
  - iatrogener Hyperadrenokortizismus
  - spontaner sekundärer Hypoadrenokortizismus[1]
  - fehlerhafte Probengewinnung/-lagerung

[1] selten

9.23 Kortisol

Indikation (häufig)

Die Plasma-Kortisolkonzentration wird bei Patienten mit Verdacht auf Hyper- oder Hypoadrenokortizismus zur Beurteilung der Hypophysen-Nebennierenachse bestimmt.

- Befunde, die für Hyperadrenokortizismus sprechen, sind: Polydipsie, Polyurie, Polyphagie, endokrine Alopezie, Hecheln, Schwäche, Calcinosis cutis, epidermale und dermale Atrophie, Veränderung der Körperform (z.B. Stammfettsucht), insulinresistenter Diabetes mellitus, Hepatomegalie, Stress-Leukogramm, Erhöhung der alkalischen Phosphatase (AP), Hypercholesterinämie, persistierende Hyposthenurie und rezidivierende Harnwegsinfektionen, insbesondere bei mittelalten bis alten Patienten.

- Befunde, die für Hypoadrenokortizismus sprechen, sind: Lethargie, Depression, Anorexie, Erbrechen, Schwäche, Gewichtsverlust, Bradykardie, Hypovolämie, Hyponatriämie und Hyperkaliämie, insbesondere bei jungen und mittelalten Hunden und Katzen.

Vorteile

Der Test ist allgemein verfügbar und das Hormon ist stabil.

Nachteile

Die basale Plasma-Kortisolkonzentration hat keine diagnostische Relevanz. Nur nach Stimulation/Suppression der Hypophysen-Nebennierenachse mit ACTH oder Dexamethason ist eine Aussage möglich.

Analyse

Die Plasma-Kortisolkonzentration wird in heparinisiertem oder EDTA-Plasma durch einen Radioimmunoassay (RIA) oder ELISA bestimmt. Mit einem RIA, der für Hund und Katze validiert werden sollte, kann sowohl freies als auch proteingebundenes Kortisol bestimmt werden. Das Plasma muss möglichst schnell separiert und eingefroren werden, um die Bindung von Kortisol an Erythrozyten zu minimieren. Zum Versand empfiehlt es sich, Kühlelemente mitzuschicken. Mehrfaches Einfrieren und Auftauen oder eine Hämolyse der Proben beeinflussen die Kortisolkonzentration nicht. Eine Nahrungskarenz von bis zu 36 Stunden verändert die Kortisolwerte nicht und es gibt keine klinisch erfassbaren tageszeitlichen Schwankungen der Kortisolkonzentration bei Hunden und Katzen.

Referenzbereich

Hund: 28–166 nmol/l (*1,0–6,0 µg/dl*)
Katze: 28–138 nmol/l (*1,0–5,0 µg/dl*)
Zur Umrechnung von µg/dl in nmol/l wird mit dem Faktor 27,59 multipliziert.

Kritische Werte

Keine.

Artefakte mit Einfluss auf die Kortisolkonzentration

Umweltfaktoren (z.B. Stress, Aufregung) und chronische Erkrankungen können zur Erhöhung der basalen Plasma-Kortisolkonzentration führen. Glukokortikoidhaltige Präparate (mit Hydrokortison, Kortison, Prednison, Prednisolon und möglicherweise auch Methylprednisolon) können zu Kreuzreaktionen mit einigen Kortisol-Testsystemen und in der Folge zu falsch-hohen Kortisolwerten führen. Dexamethason zeigt keine Kreuzreaktion mit den Kortisolassays. Die Plasma-Kortisolkonzentration sinkt bei Lagerung bei 22 °C nach zwei Tagen um 21 % und nach acht Tagen um 57 % ab; bei 4–8 °C bleiben die Werte stabil.

Medikamentöse Beeinflussung der Kortisolkonzentration

Östrogengabe kann erhöhte Plasma-Kortisolwerte bedingen. Die dauerhafte Gabe von Androgenen oder Glukokortikoiden und die Verabreichung von Progestagenen (z.B. Megestrolacetat) können einen Abfall der Plasma-Kortisolkonzentration bewirken.

Ursachen einer Hyperkortisolämie

Die aus klinischer Sicht relevanteste Ursache einer Hyperkortisolämie ist der Hyperadrenokortizismus (Übers. 9.8). Zusätzliche Ursachen sind Umweltfaktoren, die Stress oder Aufregung verursachen, chronische Erkrankungen (z.B. Diabetes mellitus, Niereninsuffizienz, kongestives Herzversagen) und glukokortikoidhaltige Medikamente, die mit dem Kortisolassay kreuzreagieren. Um zu einem Anstieg der Kortisolwerte zu führen, müssen derartige Präparate innerhalb von 12–24 Stunden vor der Blutentnahme verabreicht worden und nach wie vor im Blut präsent sein. Sobald das mit dem Medikament zugeführte Glukokortikoid metabolisiert wurde, sinkt die Plasma-Kortisolkonzentration durch den negativ inhibitorischen Effekt exogener Glukokortikoide auf die ACTH-Sekretion der Hypophyse. Dieser iatrogene Hyperadrenokortizismus verursacht Symptome eines Hyperadrenokortizismus, die Funktion der Hypophysen-Nebennierenachse ist jedoch gehemmt und gleicht einem Hypoadrenokortizismus (siehe Abb. 9.12 und Ursachen einer Hypokortisolämie).

Übersicht 9.8 Ursachen für veränderte basale Plasma-Kortisolkonzentrationen (Hund und Katze)

- erhöht
  - Stress
  - schwere oder chronische Erkrankungen
  - Medikamente: Kortison, Hydrokortison, Prednison und Prednisolon, aufgrund von Kreuzreaktionen mit dem Kortisolassay; Antikonvulsiva
  - Hyperadrenokortizismus (hypophysär, adrenal)
- erniedrigt
  - falsche Lagerung
  - iatrogener Hyperadrenokortizismus
  - Hypoadrenokortizismus (primär, sekundär/Hypophyseninsuffizienz)
  - Medikamente (Progestagene, Megestrolacetat)

Hyperadrenokortizismus wird bei Hunden und selten bei Katzen beobachtet. Eine Verdachtsdiagnose kann anhand der Patientengeschichte, der klinischen Untersuchung und routinemäßig erhobener Blutparameter (Blutbild, Serumchemie, Urinanalyse) gestellt werden (Näheres siehe unter Indikation). Häufige Veränderungen der klinisch-pathologischen Parameter sind ein Stressleukogramm, erhöhte AP- und ALT-Aktivitäten, Hypercholesterinämie sowie Isosthenurie bis Hyposthenurie, Proteinurie und Bakteriurie. Bei Katzen mit Hyperadrenokortizismus sind Hyperglykämie und Hypercholesterinämie die konstantesten klinisch-pathologischen Befunde (Nelson et al., 1988). Zusätzlich können bei beiden Spezies erhöhte Amylase-, Lipase- und Insulinkonzentrationen sowie erniedrigte basale Serum-T_4-, -fT_4-, -T_3- und möglicherweise -TSH-Werte diagnostiziert werden. Bei vielen Hunden mit Hyperadrenokortizismus wird aufgrund von Hepatomegalie, erhöhten Leberenzymen (insbesondere AP), erhöhter Serum-Gallensäurenkonzentration und vakuolärer Hepatopathie fälschlich eine primäre Lebererkrankung diagnostiziert.

Die Diagnose Hyperadrenokortizismus und die Abgrenzung eines hypophysären (PTH) von einem adrenalen (AT) Hyperadrenokortizismus kann erst durch die Messung der Kortisolkonzentration nach Manipulation der Hypophysen-Nebennierenachse mit ACTH oder Dexamethason gestellt werden (Abb. 9.13). Die basale Kortisolkonzentration hat keine diagnostische Aussagekraft. Zu den Laboruntersuchungen, die einen Hyperadrenokortizismus bestätigen können, zählen der ACTH-Stimulationstest, der Low-Dose-Dexamethason-Suppressionstest (LDDS) sowie die kombinierte Durchführung dieser beiden Verfahren (kombinierter Dexamethasonsuppressions-ACTH-Stimulationstest).

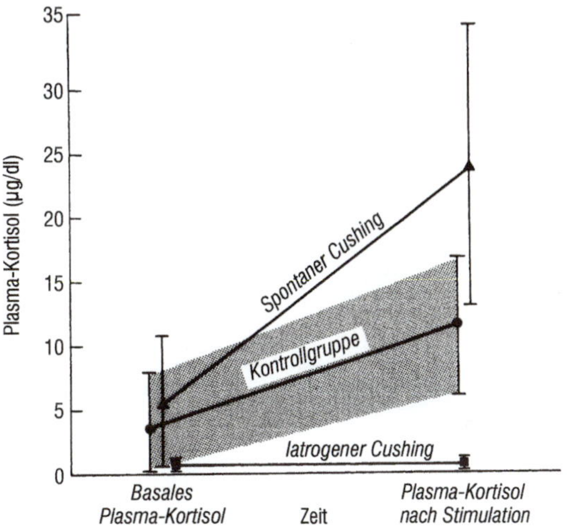

Abb. 9.12 Mittlere Plasma-Kortisolkonzentrationen (± 2 SD) vor und eine Stunde nach Verabreichung von synthetischem adrenokortikotropen Hormon (ACTH) bei einer Kontrollgruppe, Hunden mit spontanem Hyperadrenokortizismus und Hunden mit iatrogenem Hyperadrenokortizismus. Aus: *Feldman EC, Nelson RW, Canine and feline endocrinology and reproduction, 2. Auflage, Philadelphia, 1996, WB Saunders.*

Die Unterscheidung zwischen AT (adrenaler Hyperadrenokortizismus) und PDH (hypophysärer Hyperadrenokortizismus) wird durch Messung der endogenen ACTH-Konzentration, LDDS, High-Dose-Dexamethason-Suppressionstest (HDDS) und abdominalen Ultraschall möglich. Die Diagnose eines iatrogenen Hyperadrenokortizismus basiert auf der vorberichtlichen Glukokortikoidgabe und den Ergebnissen des ACTH-Stimulationstests. Für genauere Informationen über die einzelnen Tests wird auf die entsprechenden Abschnitte dieses Kapitels verwiesen.

Am häufigsten werden ACTH-Stimulationstest, LDDS und abdominale Sonographie zur Diagnose eines Hyperadrenokortizismus sowie zur Unterscheidung zwischen hypophysärem

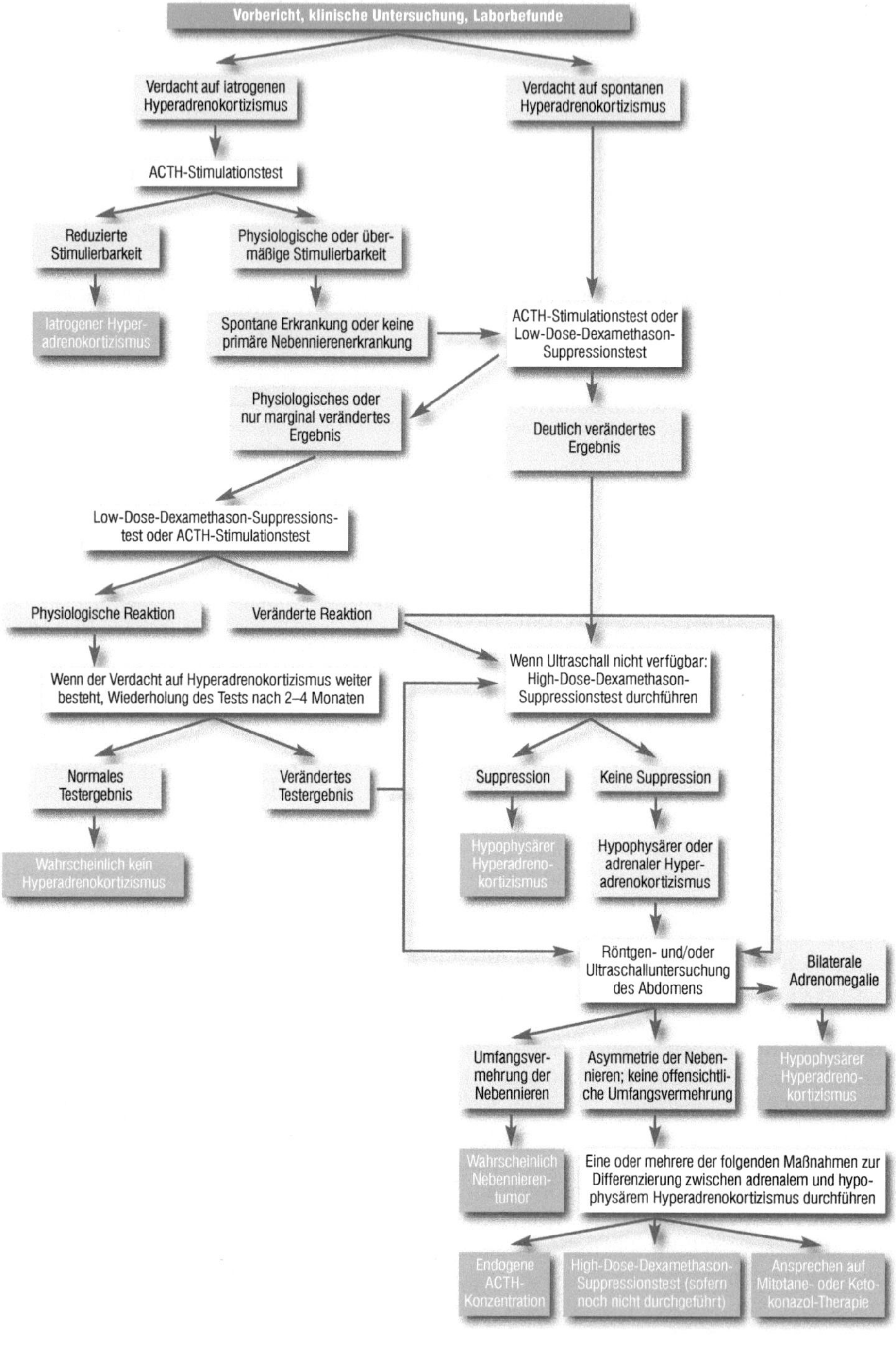

Abb. 9.13 Diagnostische Aufarbeitung bei Patienten mit Verdacht auf Hyperadrenokortizismus, basierend auf Vorbericht (Polyurie, Polydipsie, Polyphagie, Anöstrus, Hecheln), klinischer Untersuchung (Alopezie am Rumpf, Stammfettsucht, Calcinosis cutis, Hepatomegalie) oder Laborbefunden (erhöhte alkalische Phosphatase [AP], Lymphopenie, Eosinopenie, Hypercholesterinämie, Harnwegsinfektionen). ACTH, adrenokortikotropes Hormon.

(PDH) und adrenalem (AT) Hyperadrenokortizismus herangezogen. Die Beurteilung des Kortisol/Kreatinin-Verhältnisses im Urin kann Teil der initialen Diagnostik eines Hyperadrenokortizismus sein. Häufiger dient sie jedoch dem weiteren Ausschluss eines Hyperadrenokortizismus, wenn die Ergebnisse der oben aufgeführten Untersuchungen im Referenzbereich liegen oder unschlüssig sind und der Hund unklare klinische Symptome zeigt. Da eine Adrenalektomie die zurzeit einzig wirksame Langzeittherapie des felinen Hyperadrenokortizismus darstellt, ist die Differenzierung zwischen hypophysärem und adrenalem Hyperadrenokortizismus bei Katzen weniger bedeutsam als beim Hund. Der Autor verwendet zum Nachweis eines felinen Hyperadrenokortizismus Dexamethason-Suppressionstest, Urin-Kortisol/Kreatinin-Verhältnis und abdominale Sonographie. Erfahrungsgemäß liegt die Sensitivität des ACTH-Stimulationstests bei Katzen mit Hyperadrenokortizismus unter 50 %.

Ursachen einer Hypokortisolämie

Der primäre Hypoadrenokortizismus (Morbus Addison; ausgelöst durch die Zerstörung der *Zona glomerulosa* [Mineralokortikoid-produzierende Zone] und der *Zona fasciculata* [Glukokortikoid-produzierende Zone]), ist die klinisch relevanteste Ursache einer Hypokortisolämie (Übers. 9.8). Iatrogener Hyperadrenokortizismus (siehe Ursachen einer Hyperkortisolämie), sekundärer Hypoadrenokortizismus, progesteronsezernierende Nebennierentumoren, die Therapie mit Megestrolacetat und falsche Probenhandhabung können ebenfalls eine Hypokortisolämie auslösen. Sekundärer Hypoadrenokortizismus entsteht durch eine selektive Defizienz der Glukokortikoidsekretion, die in der Regel durch inadäquate ACTH-Sekretion aufgrund einer hypophysären Erkrankung ausgelöst wird.

Primärer Hypoadrenokortizismus tritt meist bei jungadulten Hunden und selten bei Katzen auf. Vorbericht, klinische Untersuchung und klinisch-pathologische Befunde lassen häufig bereits auf einen Hypoadrenokortizismus schließen. Zu den klinisch-pathologischen Befunden zählen eine geringgradige aregenerative Anämie, das Fehlen eines Stress-Leukogramms bei kranken Hunden oder Katzen, Hyperkaliämie, Hyponatriämie, Hypochlorämie, Azotämie, Hyperphosphatämie, geringgradige Hyperkalzämie (3–3,5 mmol/l [*12–14 mg/dl*]), geringgradige Hypoglykämie (2,5–3,3 mmol/l [*45–60 mg/dl*]) und metabolische Azidose. Das spezifische Gewicht des Harns kann von Hypersthenurie bis Isosthenurie (durch renalen Natriumverlust und Verlust des renalen medullären Konzentrationsgradienten) reichen und so eine primäre Nierenerkrankung vortäuschen. Reizleitungsstörungen am Herzen können sich in Folge einer hochgradigen Hyperkaliämie (> 7 mmol/l [*> 7 m Eq/l*]) entwickeln und können durch ein EKG nachgewiesen werden (erniedrigte P-Zacken, verlängerte PR-Intervalle und QRS-Komplexe, spitze T-Zacken und ventrikuläre Arrhythmien).

Die kennzeichnenden klinisch-pathologischen Veränderungen stellen Hyperkaliämie, Hyponatriämie und Hypochlorämie dar. Das Natrium/Kalium-Verhältnis reflektiert Veränderungen dieser Elektrolyte und liegt bei primärem Hypoadrenokortizismus häufig unter 27 : 1 (Referenzbereich 27 : 1 bis 40 : 1). Physiologische Elektrolytkonzentrationen schließen eine Nebenniereninsuffizienz jedoch nicht aus. Die Serumelektrolyte können im Anfangsstadium der Erkrankung, bei selektivem Hypokortisolismus, bei hypoadrenalen Patienten, die vor kurzem eine Flüssigkeitstherapie erhalten haben sowie bei sekundärem Hypoadrenokortizismus innerhalb des Referenzbereiches liegen. Andere Erkrankungen (insbesondere renale, gastrointestinale und hepatische) können ähnliche Veränderungen der Elektrolytwerte wie eine adrenale Insuffizienz hervorrufen. Für weitere Ursachen von Hyponatriämie, Hypochlorämie und Hyperkaliämie wird auf Kapitel 7 verwiesen.

Für die endgültige Diagnose eines Hypoadrenokortizismus bedarf es eines ACTH-Stimulationstests (Abb. 9.14). Tiere mit adrenaler Insuffizienz weisen niedrige oder im unteren Referenzbereich liegende basale Kortisolkonzentrationen im Plasma auf. Nach Stimulation mit ACTH wird kein oder nur ein minimaler Anstieg der Kortisolwerte verzeichnet (Abb. 9.15). Mit dem ACTH-Stimulationstest kann nicht zwischen primärer und sekundärer Nebenniereninsuffizienz unterschieden werden. Begleitende Elektrolytveränderungen implizieren das Vorliegen eines primären Hypoadrenokortizismus, physiologische Elektrolytkonzentrationen lassen eine Unterscheidung zwischen früher primärer und

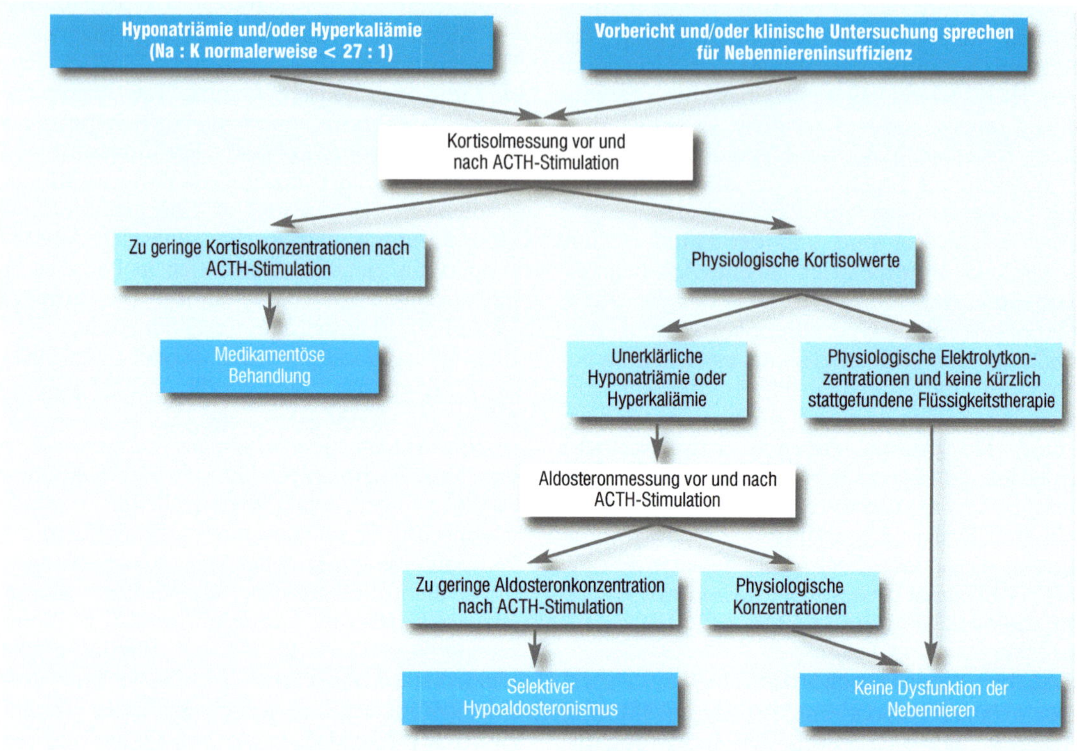

Abb. 9.14 Diagnostische Aufarbeitung bei Hunden und Katzen mit Verdacht auf Hypoadrenokortizismus und Hypokortisolismus. ACTH, adrenokortikotropes Hormon.

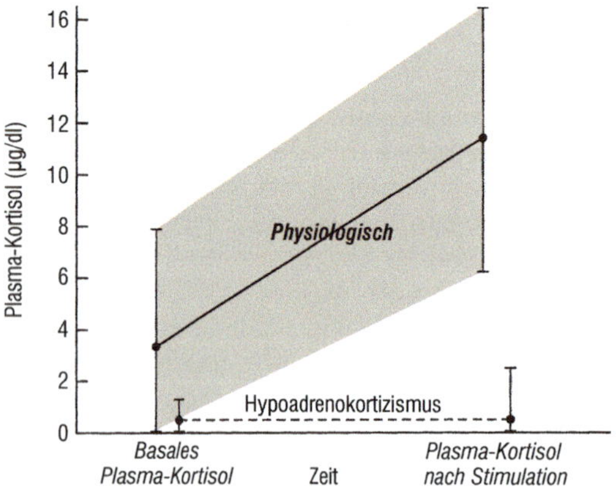

Abb. 9.15 Plasma-Kortisolkonzentration vor und nach exogener ACTH-Stimulation bei gesunden Hunden und Hunden mit Hypoadrenokortizismus. Der Wertebereich ist als Mittelwert ± 2 SD dargestellt. Aus: *Feldman EC, Nelson RW, Canine and feline endocrinology and reproduction, 2. Auflage, Philadelphia, 1996, WB Saunders.*

sekundärer Insuffizienz jedoch nicht zu. Diese Differenzierung ist nur durch die Bestimmung der basalen endogenen ACTH-Werte oder der Plasma-Aldosteronkonzentration während eines ACTH-Stimulationstests möglich (siehe Abb. 9.14 und 9.29 Aldosteron).

9.24 ACTH-Stimulationstest

Indikation (häufig)

Ein ACTH-Stimulationstest wird zur Bestätigung eines Hypoadrenokortizismus, eines iatrogenen Hyperadrenokortizismus sowie als Suchtest für einen spontanen Hyperadrenokortizismus verwendet und dient zur Überwachung einer Mitotane(*o,p*'-DDD)-Therapie bei Hunden mit hypophysärem Hyperadrenokortizismus. Mit dem ACTH-Stimulationstest kann nicht zwischen hypophysärem (Pituitary-dependent Hyperadrenocorticism, PDH) und adrenalem (adrenokortikaler Tumor, AT) Hyperadrenokortizismus unterschieden werden.

Vorteile

Der Test ist allgemein verfügbar, relativ preisgünstig und einfach zu interpretieren.

Nachteile

Die Ergebnisse können durch chronische Erkrankungen und Stress beeinflusst werden. Mit dem Test kann nicht zwischen primärem und sekundärem Hypoadrenokortizismus unterschieden werden.

Durchführung

Das Protokoll ist für Hunde und Katzen unterschiedlich durchzuführen. Die Proben für die Kortisolbestimmung werden beim Hund vor und eine Stunde nach intramuskulärer Gabe von 0,25 mg synthetischem ACTH (unabhängig vom Körpergewicht) entnommen. Bei der Katze werden 0,125 mg synthetisches ACTH (unabhängig vom Körpergewicht) ebenfalls intramuskulär verabreicht und die Blutproben vor sowie 30 und 60 Minuten nach der Injektion gewonnen. Der ACTH-Stimulationstest kann zu jeder Tageszeit durchgeführt werden.

Artefakte und medikamentöse Beeinflussung der Ergebnisse

Alle Faktoren, die die Plasma-Kortisolkonzentration beeinflussen, können die Ergebnisse des ACTH-Stimulationstests verändern (siehe Artefakte mit Einfluss auf die Kortisolkonzentration). Die gleichzeitige Gabe von Antikonvulsiva kann zu falsch-hohen Ergebnissen des ACTH-Stimulationstests führen.

Interpretation

Hund:

- Kortisol post ACTH unter 138 nmol/l (*5 μg/dl*): Hypoadrenokortizismus oder iatrogener Hyperadrenokortizismus
- Kortisol post ACTH 138–497 nmol/l (*6–18 μg/dl*): physiologisch
- Kortisol post ACTH 497–662 nmol/l (*18–24 μg/dl*): verdächtig für spontanen Hyperadrenokortizismus
- Kortisol post ACTH über 662 nmol/l (*24 μg/dl*): stark verdächtig für spontanen Hyperadrenokortizismus

Katze:

- Kortisol post ACTH unter 138 nmol/l (*5 μg/dl*): Hypoadrenokortizismus oder iatrogener Hyperadrenokortizismus
- Kortisol post ACTH 138–331 nmol/l (*6–12 μg/dl*): physiologisch
- Kortisol post ACTH zwischen 331 und 441 nmol/l (*13–16 μg/dl*): verdächtig für spontanen Hyperadrenokortizismus
- Kortisol post ACTH über 441 nmol/l (*16 μg/dl*): stark verdächtig für spontanen Hyperadrenokortizismus

Für die Umrechnung von mg/dl in nmol/l wird mit dem Faktor 27,59 multipliziert.

9.25 Low-Dose-Dexamethason-Suppressionstest (LDDS)

Indikation (häufig)

Ein LDDS wird für die Diagnostik eines spontanen Hyperadrenokortizismus und zur Differenzierung zwischen hypophysärem (PDH) und adrenalem (AT) Hyperadrenokortizismus verwendet. Der Test ist weder zur Identifizierung eines iatrogenen Hyperadrenokortizismus noch zur Beurteilung des Ansprechens auf Mitotane-, Trilostane- oder Ketoconazoltherapie geeignet.

Vorteile

Der Test ist allgemein verfügbar, relativ günstig und einfach zu interpretieren. Er kann häufig einen Hyperadrenokortizismus bestätigen und ihn gleichzeitig als hypophysären Hyperadrenokortizismus identifizieren.

Nachteile

Die Ergebnisse können durch akuten Stress und begleitende Erkrankungen beeinflusst werden. Zusätzlich müssen andere diagnostische und therapeutische Eingriffe und Manipulationen vermieden werden, bis der Test abgeschlossen ist (ungefähr 8 Stunden).

Durchführung

Idealerweise sollte der Test zwischen acht und neun Uhr morgens begonnen werden, nachdem der Patient stationär aufgenommen wurde. Der Patient sollte still in einem Käfig ruhen, außer wenn er ausgeführt oder Blut entnommen wird.

Beim Hund werden kurz vor sowie vier und acht Stunden nach der intravenösen Verabreichung von 0,01 mg Dexamethason/kg Körpergewicht Blutproben für die Kortisolbestimmung gewonnen. Bei der Katze wird die gleiche Dosis verwendet, die Blutproben werden jedoch kurz vor sowie vier, sechs und acht Stunden nach der i.v. Dexamethasongabe entnommen. Es kann Dexamethason-Natriumphosphat oder Dexamethason in Polyethylenglykol verwendet werden.

Analyse

Siehe 9.23 Kortisol.

Artefakte und medikamentöse Beeinflussung der Ergebnisse

Alle Faktoren, welche die Plasma-Kortisolkonzentration beeinflussen, können auch die LDDS-Ergebnisse verändern (siehe Artefakte mit Einfluss auf die Kortisolkonzentration). Die Ergebnisse können durch Antikonvulsiva, Stress (z.B. Baden; gleichzeitige Diagnostik), Glukokortikoidgabe und nicht-nebennierenassoziierte Erkrankungen verändert werden; je schwerwiegender die begleitende Erkrankung, desto größer wird das Risiko falsch-positiver Testergebnisse.

Interpretation

Der 8 Stunden nach Dexamethasongabe gemessene Plasma-Kortisolwert wird beurteilt, um die Diagnose Hyperadrenokortizismus zu bestätigen (Abb. 9.16). Gesunde Hunde haben 8-Stunden-post-Dexamethason-Kortisolwerte unter 28 nmol/l (*1,0 µg/dl*). Hunde mit hypophysärem (PDH) oder adrenalem (AT) Hyperadrenokortizismus weisen dagegen nach acht Stunden Kortisolkonzentrationen von 39 nmol/l (*1,4 µg/dl*) oder darüber auf. Werte von 28–39 nmol/l (*1,0–1,4 µg/dl*) sind nicht von diagnostischem Wert, vielmehr muss der Kliniker in diesem Fall weitere Informationen zur Diagnosestellung hinzuziehen.

Unterstützt der 8-Stunden-post-Dexamethason-Kortisolwert die Diagnose Hyperadrenokortizismus, kann der 4-Stunden-Wert für die Unterscheidung zwischen hypophysärem (PDH) und adrenalem (AT) Hyperadrenokortizismus nützlich sein (Mack und Feldmann, 1990). Niedrige Dexamethason-Dosen hemmen die hypophysäre ACTH-Sekretion und senken die Plasma-Kortisolkonzentration bei etwa 60 % der Hunde mit PDH innerhalb der ersten zwei bis sechs Stunden nach Applikation. Bei Hunden mit adrenalem Hyperadrenokortizismus (AT) bleibt eine derartige Suppression aus, genauso wie bei 40 % der Hunde mit PDH.

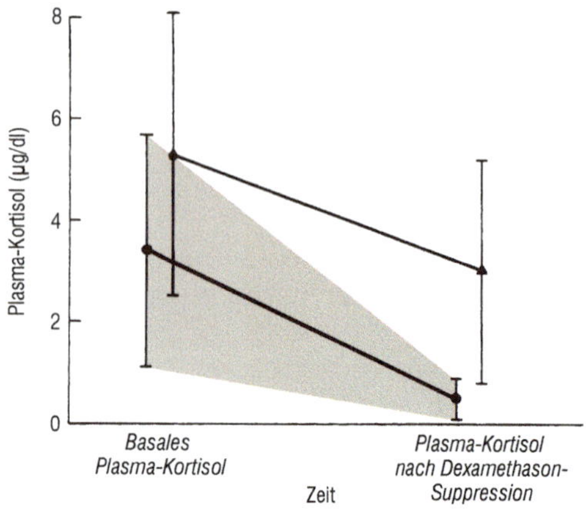

Abb. 9.16 Mittlere Plasma-Kortisolkonzentrationen (± 2 SD) vor sowie acht Stunden nach intravenöser Verabreichung einer niedrigen Dexamethasondosis (0,01 mg/kg) bei einer Kontrollgruppe (Kreise) und bei Hunden mit Hyperadrenokortizismus (Dreiecke). Die leichte Überschneidung der Werte nach Dexamethasongabe ist zu beachten. Aus: *Feldman EC, Nelson RW, Canine and feline endocrinology and reproduction, Philadelphia, 1987, WB Saunders.*

Eine Suppression ist folgendermaßen definiert:

- Kortisol 4-Stunden-post-Dexamethason unter 39 nmol/l (*1,4 µg/dl*)
- Kortisol 4-Stunden-post-Dexamethason weniger als 50 % der basalen Konzentration
- Kortisol 8-Stunden-post-Dexamethason weniger als 50 der basalen Konzentration (Feldmann et al., 1996)

Hyperadrenerge Hunde mit Plasma-Kortisolwerten, die mindestens eines dieser Kriterien erfüllen, leiden in der Regel unter einem hypophysären Hyperadrenokortizismus. Das Fehlen einer Suppression (keines der Kriterien wird erfüllt) ist unspezifisch, kommt zwar bei Hyperadrenokortizismus vor, erlaubt aber keine Unterscheidung zwischen hypophysärem (PDH) und adrenalem (AT) Hyperadrenokortizismus.

Bei Katzen ist der Test schwierig zu interpretieren:

- Bei vereinzelten gesunden Katzen bewirkt die Gabe von 0,01 mg Dexamethason/kg i.v. keinen suppressiven Effekt, und ihre Kortisolwerte liegen außerhalb des 8-Stunden-post-Dexamethason-Referenzbereiches (Kortisol 8-Stunden-post-Dexamethason > 39 nmol/l [>*1,4 µg/dl*]) (Smith und Feldmann, 1987).
- Liegen die Plasma-Kortisolwerte 4, 6 und 8 Stunden nach Dexamethasongabe über 39 nmol/l (*1,4 µg/dl*), ist ein Hyperadrenokortizismus sehr wahrscheinlich.
- Das Ergebnis ist fraglich, wenn entweder der 4- oder der 6-Stunden-Wert unter 39 nmol/l (*1,4 µg/dl*), der 8-Stunden-Wert jedoch über 39 nmol/l (*1,4 µg/dl*) liegt. Derartige Ergebnisse sprechen für das Vorliegen eines Hyperadrenokortizismus, können aber auch bei gesunden Katzen vorkommen, bei denen der suppressive Effekt des Dexamethasons ausgeblieben ist (s.o.). Der Test sollte mit 0,1 mg Dexamethason/kg Körpergewicht wiederholt werden (siehe 9.27 High-Dose-Dexamethason-Suppressionstest).

Da der LDDS bei gesunden Katzen falsch-positiv ausfallen kann, sollte er nie alleine für die Diagnosestellung eines felinen Hyperadrenokortizismus eingesetzt werden.

9.26 Kombinierter Dexamethason-Suppressions-ACTH-Stimulationstest

Indikation (selten)

Dieser Test wurde zur Abklärung eines Hyperadrenokortizismus eingesetzt; er erlaubt allerdings keine verlässliche Unterscheidung zwischen hypophysärem und adrenalem Hyperadrenokortizismus und sollte daher nicht zu diesem Zweck verwendet werden.

Vorteile

Der Test ist allgemein verfügbar, relativ schnell und einfach zu interpretieren.

Nachteile

Der Test ist teurer und weniger zuverlässig als ACTH-Stimulationstest oder LDDS; chronische Erkrankungen und Stress können die Ergebnisse beeinflussen.
Beachte: Dieser Test wird nicht empfohlen.

9.27 High-Dose-Dexamethason-Suppressionstest

Indikation (gelegentlich)

Der HDDS wird zur Differenzierung zwischen hypophysärem (Pituitary-dependent Hyperadrenocorticism, PDH) und adrenalem (adrenokortikaler Tumor, AT) Hyperadrenokortizismus bei Hunden mit bestätigtem spontanem Hyperadrenokortizismus verwendet. Bei Katzen dient er dazu, einen Hyperadrenokortizismus zu verifizieren. Die Bedeutung des HDDS ist aufgrund der vermehrt verfügbaren abdominalen Sonographie zur Beurteilung der Nebennieren zurückgegangen.

Durchführung

Idealerweise sollte der Test zwischen acht und neun Uhr morgens durchgeführt werden, nachdem der Patient stationär aufgenommen wurde. Abgesehen von den Zeiten, in denen er ausgeführt oder Blut entnommen wird, sollte der Patient in einem Käfig ruhen. Beim Hund wird unmittelbar vor, sowie acht Stunden nach intravenöser Gabe von 0,1 mg Dexamethason/kg Körpergewicht Blut für die Plasma-Kortisolbestimmung entnommen. Die zusätzliche Gewinnung einer 4-Stunden-post-Dexamethason-Blutprobe ist optional; die Erfahrung des Autors konnte zeigen, dass diese nur bei etwa 2 % der mittels LDDS oder HDDS untersuchten Hunde informativ ist (Feldmann et al., 1996). Bei der Katze wird die gleiche Dexamethason-Dosis verwendet, die Blutproben werden jedoch kurz vor sowie vier, sechs und acht Stunden nach der intravenösen Verabreichung von Dexamethason entnommen. Dexamethason-Natriumphosphat oder Dexamethason-Polyethylenglykol können verwendet werden.

Interpretation

Die höhere Dexamethasondosis wird verwendet, um bei Hunden mit PDH die hypophysäre ACTH-Sekretion zu hemmen. Eine Suppression wird folgendermaßen definiert:

- Plasma-Kortisolkonzentrationen 4 Stunden nach Dexamethasongabe unter 39 nmol/l (*1,4 µg/dl*)
- Plasma-Kortisolkonzentrationen 8 Stunden nach Dexamethasongabe unter 39 nmol/l (*1,4 µg/dl*)

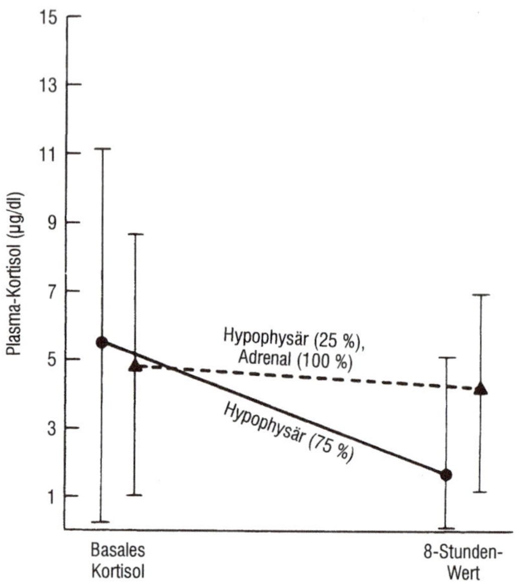

Abb. 9.17 Plasma-Kortisolantwort während eines High-Dose(0,1 mg/kg)-Dexamethason-Suppressionstests bei Hunden mit hypophysärem (PDH) oder adrenalem (AT) Hyperadrenokortizismus. Die Suppression ist diagnostisch für einen PDH. Bei allen adrenalen Fällen und bei 25 % der hypophysären Fälle tritt keine Suppression auf. Aus: *Feldman EC, Nelson RW, Canine and feline endocrinology and reproduction, Philadelphia, 1987, WB Saunders.*

- Plasma-Kortisolkonzentration 4 Stunden nach Dexamethasongabe weniger als 50 % der basalen Kortisolkonzentration
- Plasma-Kortisolkonzentration 8 Stunden nach Dexamethasongabe weniger als 50 % der basalen Kortisolkonzentration

Hunde mit Hyperadrenokortizismus, die eines oder mehrere dieser vier Kriterien einer Suppression erfüllen, leiden höchstwahrscheinlich unter einem hypophysären Hyperadrenokortizismus (75 % dieser Hunde weisen mindestens ein Kriterium auf). Wird keines der Kriterien erfüllt, liegt keine Suppression der ACTH-Sekretion vor. Bei ungefähr 25 % der Hunde mit hypophysärem Hyperadrenokortizismus (PDH) und nahezu 100 % der Hunde mit adrenalem Hyperadrenokortizismus (AT) (Abb. 9.17) kann keine Suppression demonstriert werden. Höhere Dexamethasondosen (z.B. 1,0 mg/kg) könnten eingesetzt werden, um die hypophysäre ACTH-Sekretion bei Hunden mit Dexamethason-resistentem hypophysärem Hyperadrenokortizismus zu hemmen; der Prozentsatz der Hunde, bei dem die höhere Dosis eine Hemmung hervorruft, ist jedoch ähnlich wie bei der Verabreichung von 0,1 mg Dexamethason/kg.

Der HDDS wird auch zur Diagnose des felinen Hyperadrenokortizismus verwendet. Bei gesunden Katzen sollte die Plasma-Kortisolkonzentration nach 4, 6 und 8 Stunden unter 39 nmol/l (*1,4 µg/dl*) liegen. Ähnliche Ergebnisse werden bei Katzen mit hypophysärem Hyperadrenokortizismus (PDH) beobachtet. Der Verdacht auf Hyperadrenokortizismus besteht, wenn der 8-Stunden-Wert über 39 nmol/l (*1,4 µg/dl*) liegt und erhärtet sich, wenn die 4- und 6-Stunden-Werte ebenfalls 39 nmol/l (*1,4 µg/dl*) übersteigen. Sofern ein Hyperadrenokortizismus bestätigt wurde, sprechen nach Dexamethasongabe erhobene Kortisolwerte, die weniger als 50 % der Basalwerte betragen, für das Vorliegen eines hypophysären Hyperadrenokortizismus (PDH).

9.28 Urin-Kortisol/Kreatinin-Verhältnis

Indikation

Das Verhältnis zwischen Kortisol- und Kreatininkonzentration im Harn wird als Suchtest auf Hyperadrenokortizismus verwendet. Verglichen mit gesunden Tieren zeigen Hunde mit Hyperadrenokortizismus eine gesteigerte Exkretion von freiem Kortisol im 24-Stunden-Harn (Stolp et al., 1983). Die Kortisolkonzentration im Urin wird durch einen RIA in nicht-extrahiertem Harn bestimmt. Das Urin-Kortisol/Kreatinin-Verhältnis (U-K/K) ist in nach dem Zufallsprinzip ausgewählten Harnproben bei Hunden mit spontanem Hyperadrenokortizismus im Vergleich zu gesunden Tieren erhöht (Feldmann und Mack, 1992). Allerdings ist das Urin-Kortisol/Kreatinin-Verhältnis auch bei Hunden mit nicht-adrenalen Erkrankungen sowie bei Hunden mit Symptomen eines Hyperadrenokortizismus mit einer physiologischen Hypophysen-Nebennierenachse erhöht.

Durchführung

Eine aufgefangene Urinprobe wird zur Bestimmung der Kortisol- und Kreatininkonzentration eingeschickt. Probengewinnung durch den Besitzer in einer stressfreien Umgebung ist vorteilhaft. Stress, der durch die Fahrt zur Klinik und die klinische Untersuchung vor dem Auffangen der Probe entsteht, kann die Testergebnisse beeinflussen. Das Urin-Kortisol/Kreatinin-Verhältnis wird folgendermaßen errechnet:

$$\text{U-K/K} = \frac{\text{Kortisol}_{\text{Urin}}\ (\text{nmol/l})}{(\text{Kreatinin}_{\text{Urin}}\ [\mu\text{mol/l}] \times 1000)}$$

bzw.

$$\text{U-K/K} = \frac{\text{Kortisol}_{\text{Urin}}\ (\mu\text{mol/l})}{\text{Kreatinin}_{\text{Urin}}\ (\mu\text{mol/l})}$$

Interpretation

Das Kortisol/Kreatinin-Verhältnis im Harn gesunder Hunde beträgt nach den Erfahrungen des Autors weniger als $1{,}35 \times 10^{-5}$. Ein physiologisches Kortisol/Kreatinin-Verhältnis spricht gegen, ein Kortisol/Kreatinin-Verhältnis über $1{,}35 \times 10^{-5}$ für das Vorliegen eines Hyperadrenokortizismus. Weitere Tests (z.B. LDDS) sollten eingeleitet werden, um die Diagnose zu bestätigen, zumindest sofern Vorbericht, klinische Untersuchung und Blutuntersuchungen ebenfalls die Diagnose Hyperadrenokortizismus unterstützen. In einer Studie, die kranke Hunde ohne Hyperadrenokortizismus und Hunde mit Hyperadrenokortizismus verglich, lag die Spezifität des Urin-Kortisol/Kreatinin-Verhältnisses bei nur 20 % (Smiley und Peterson, 1993). Aus diesem Grund ist ein erhöhtes Kortisol/Kreatinin-Verhältnis kein eindeutiges diagnostisches Kriterium eines spontanen Hyperadrenokortizismus, auch wenn der Test als Suchtest eingesetzt wird und ein unverändertes U-K/K die Diagnose Hyperadrenokortizismus ausschließt. Allein aufgrund eines erhöhten U-K/K kann die Diagnose Hyperadrenokortizismus nicht gestellt werden, da auch andere Erkrankungen sowie Stress häufig zu erhöhten U-K/K-Werten bei Hunden führen können.

Der Referenzbereich des Kortisol/Kreatinin-Verhältnisses im Urin liegt bei Katzen zwischen 0,2 und $3{,}6 \times 10^{-5}$ (Median $1{,}3 \times 10^{-5}$). Die Interpretation erfolgt ähnlich wie bei Hunden (physiologische Werte schließen Hyperadrenokortizismus aus, erhöhte Werte sprechen für Hyperadrenokortizismus, sind aber nicht definitiv).

9.29 Aldosteron

Indikation (selten)

Plasma-Aldosteron wird bestimmt, um

1. einen selektiven Aldosteronmangel bei Patienten mit Hyponatriämie, Hyperkaliämie und physiologischer Kortisolantwort auf ACTH zu identifizieren,
2. zwischen primärer Nebennierenerkrankung und sekundärer Nebennierenatrophie aufgrund von hypophysärer oder hypothalamischer Defizienz, bei Hunden mit Serumelektrolytwerten im Referenzbereich und hypoadrenalen ACTH-Stimulationstestergebnissen zu unterscheiden,
3. einen Hypoaldosteronismus zu identifizieren,
4. die hormonelle Aktivität eines adrenalen Tumors zu beurteilen.

Zu den klinischen Befunden bei Hyperaldosteronismus zählen Lethargie, Schwäche, Hypokaliämie, Hypernatriämie, Hypertension und Adrenomegalie.

Analyse

Aldosteron wird in EDTA- oder heparinisiertem Plasma oder Serum durch einen RIA bestimmt. Im Labor des Autors werden mit Serum und heparinisiertem Plasma vergleichbare Ergebnisse erzielt. Die basale Aldosteronkonzentration hat wenig bis keine diagnostische Relevanz. Die Serum-Aldosteronkonzentration wird immer nach Stimulation mit ACTH interpretiert (siehe 9.24 ACTH-Stimulationstest). Die Zeitpunkte für die Probennahme entsprechen denen für Plasma-Kortisol. Um aussagekräftige Ergebnisse zu erzielen, muss der Aldosterontest für die jeweilige Spezies validiert und Referenzbereiche ermittelt werden. Probenverarbeitung und -transport entsprechen dem Vorgehen bei Plasma-Kortisol.

Referenzbereich (Hund)

Basalwerte liegen beim Hund im Mittel bei 136 pmol/l (6–266 pmol/l) (*49 pg/ml [2–96 pg/ml]*). Eine Stunde post-ACTH-Gabe (synthetisch) liegen die Werte im Mittel bei 849 pmol/l (405–1440 pmol/l) (*306 pg/ml [146–519 pg/ml]*).

Zur Umrechnung von pg/ml in ng/dl wird durch 10 dividiert.

Um von pg/ml in pmol/l umzurechnen, wird mit 2,775 multipliziert.

Kritische Werte

Keine.

Artefakte

Die Lagerung bei 22 °C für 3 oder mehr Tage oder bei 37 °C für einen Tag führt zur Erniedrigung der gemessenen Plasma-Aldosteronkonzentration. Die Aufnahme großer Natriummengen kann die Serum-Aldosteronkonzentration senken, wohingegen eine geringe Natriumaufnahme die Serum-Aldosteronkonzentration erhöhen kann.

Interpretation

Hypoaldosteronismus wird durch niedrige Basalwerte und einen minimalen bis nicht vorhandenen Anstieg der post-ACTH-Plasma-Aldosteronkonzentration diagnostiziert (Golden und Lothrop, 1988). Theoretisch sollte die Messung der Aldosteronkonzentration beim Hund zur Differenzierung zwischen primärer Nebennierenerkrankung und sekundärer Nebennierenatrophie aufgrund von hypophysärer oder hypothalamer Insuffizienz wertvoll sein. Leider existiert keine klare Grenze bezüglich der Aldosteronkonzentration zwischen diesen beiden Gruppen. Nach ACTH-Gabe betrug die Serum-Aldosteronkonzentration 36 pmol/l (*13 pg/ml*) (Wertebereich: 0,3–253 pmol/l [*0,1–91 pg/ml*]) bei 15 Hunden mit primärem Hypoadrenokortizismus sowie bei 2 Hunden mit sekundärem Hypoadrenokortizismus 78 und 114 pmol/l (*28 und 41 pg/ml*). Stark erhöhte basale und post-ACTH-Plasma-Aldosteronwerte sind verdächtig für das Vorliegen eines primären Hyperaldosteronismus bei Hunden, bei denen es keine andere Erklärung für das Vorliegen von Hypokaliämie, Hyperkaliurie, Hypernatriämie, reduzierter Natriurese und systemischen Bluthochdruck gibt. Die Identifikation einer einseitigen Adrenomegalie durch abdominale Sonographie unterstützt ferner die Diagnose.

9.30 Insulin-like Growth Factor-1

Indikation zur Bestimmung

Die Messung der Insulin-like-Growth-Factor-1(IGF-1)-Konzentration wird als Suchtest für Akromegalie bei diabetischen Katzen mit Insulinresistenz eingesetzt. Die meisten wachstumssteigernden Effekte des Wachstumshormons (somatotropes Hormon, STH) werden durch IGF-1 vermittelt. IGF-1 wird hauptsächlich in der Leber synthetisiert und man geht davon aus, dass der Großteil des zirkulierenden IGF-1 aus der Leber stammt. IGF-1 zeigt eine etwa 50%ige Homologie zur Struktur von Proinsulin und Insulin. Der IGF-1-Zellmembranrezeptor ähnelt der Struktur des Insulinrezeptors. Die IGF-1-Sekretion steht unter direkter STH-Kontrolle, weshalb die Serum-IGF-1-Konzentration bei Akromegalie erhöht ist.

Analyse

IGF-1 wird in Serum durch einen RIA bestimmt.

Referenzbereich

Katze: 5–70 nmol/l

Artefakte

Unbekannt.

Medikamentöse Beeinflussung der IGF-1-Konzentration

Unbekannt.

Rolle als diagnostischer Test bei feliner Akromegalie

Da bei Katzen mit Akromegalie erhöhte IGF-1-Spiegel gefunden wurden (Middleton et al., 1985; Abrams-Ogg et al., 1993), könnte IGF-1 einen nützlichen diagnostischen Parameter darstellen. Die Bedeutung eines IGF-1-Suchtests für STH-Überschuss wurde allerdings durch eine Studie in Frage gestellt, bei der die Serum-IGF-1-Konzentration bei acht zufällig ausgewählten diabetischen Katzen im Vergleich zu acht gesunden Katzen 4fach erhöht war (Lewitt et al., 2000). Bei keiner der diabetischen Katzen lag ein Verdacht auf Akromegalie vor. Die Erfahrungen des Autors zeigen, dass die Messung der Serum-IGF-1-Werte einen nützlichen Suchtest für eine STH-Erhöhung bei diabetischen Katzen mit Insulinresistenz darstellt. Die meisten Katzen mit Akromegalie weisen IGF-1-Konzentrationen über 100 nmol/l auf. Serumwerte zwischen 70 und 100 nmol/l sind nicht von diagnostischem Nutzen und treten bei manchen diabetischen Katzen mit Insulinresistenz, aber ohne Akromegalie auf. Bei einigen akromegalen diabetischen Katzen liegen die IGF-1-Werte in Frühstadien der Erkrankung im oberen Referenzbereich. Die Wiederholung der Messung nach 3–6 Monaten kann im Falle einer Akromegalie einen Anstieg der IGF-1-Konzentration aufzeigen. Der Anstieg der IGF-1-Konzentration ereignet sich typischerweise gleichzeitig mit der Entwicklung und dem Wachstum eines hypophysären somatotropen Adenoms. Es ist wichtig, die IGF-1-Ergebnisse immer gemeinsam mit Vorbericht, klinischer Untersuchung, routinemäßig angefertigten Blut- und Harnuntersuchungen und unter Berücksichtigung des Schweregrads der Insulinresistenz zu interpretieren. Es wird empfohlen, eine Computertomographie (CT) oder Magnetresonanztomographie (MRT) durchzuführen, um die Existenz eines hypophysären Makrotumors zu bestätigen, sofern das klinische Bild für Akromegalie spricht und die Serum-IGF-1-Konzentration erhöht ist.

Quellen

Abrams-Ogg ACG et al: Acromegaly in the cat: diagnosis with magnetic resonance imaging and treatment by cryohypophysectomy, *Can Vet J* 34:682, 1993.

Bauer JE: Diet-induced alterations of lipoprotein metabolism, *J Am Vet Med Assoc* 201:1691, 1992.

Elliott DA et al: Comparison of serum fructosamine and blood glycosylated hemoglobin concentrations for assessment of glycemic control in cats with diabetes mellitus, *J Am Vet Med Assoc* 214:1794, 1999.

Feldman EC, Mack RE: Urine cortisol:creatinine ratio as a screening test for hyperadrenocorticism in dogs, *J Am Vet Med Assoc* 200:1637, 1992.

Feldman EC, Nelson RW: Hypothyroidism. In Feldman EC, Nelson RW, editors: *Canine and feline endocrinology and reproduction*, ed 2, Philadelphia, 1996, WB Saunders.

Feldman EC, Nelson RW, Feldman MS: Use of low and high-dose dexamethasone tests for distinguishing pituitary-dependent from adrenal tumor hyperadrenocorticism in dogs, *J Am Vet Med Assoc* 209:772, 1996.

Flanders JA et al: Adjustment of total serum calcium concentration for binding to albumin and protein in cats: 291 cases (1986-1987), *J Am Vet Med Assoc* 194:1609, 1989.

Golden DL, Lothrop CD: A retrospective study of aldosterone secretion in normal and adrenopathic dogs, *J Vet Intern Med* 2:121, 1988.

Graham PA et al: A 12-month prospective study of 234 thyroglobulin-antibody positive dogs which had no laboratory evidence of thyroid dysfunction, *J Vet Intern Med* 15:298, 2001 (abstract).

Kallet AJ et al: Primary hyperparathyroidism in cats: seven cases (1984-1989), *J Am Vet Med Assoc* 199:1767, 1991.

Kaneko JJ et al: Glucose tolerance and insulin response in diabetes mellitus of dogs, *J Small Anim Pract* 18:85, 1977.

Kirk CA, Feldman EC, Nelson RW: The diagnosis of turally occurring type I and type II diabetes mellitus in the cat, *Am J Vet Res* 54:463, 1993.

Lewitt MS et al: Regulation of insulin-like growth factor-binding protein-3 ternary complex in feline diabetes mellitus, *J Endocrinol* 166:21, 2000.

Mack RE, Feldman EC: Comparison of two low-dose dexamethasone suppression protocols as screening and discrimination tests in dogs with hyperadrenocorticism, *J Am Vet Med Assoc* 197:1603, 1990.

Meuten DJ et al: Relationship of serum total calcium to albumin and total protein in dogs, *J Am Vet Med Assoc* 180:63, 1992.

Middleton DJ et al: Growth hormone–producing pituitary adenoma, elevated serum somatomedin C concentration and diabetes mellitus in a cat, *Can Vet J* 26:169, 1985.

Midkiff AM et al: Idiopathic hypercalcemia in cats, *J Vet Int Med* 14:619, 2000.

Mischke R et al: The effect of the albumin concentration on the relation between the concentration of ionized calcium and total calcium in the blood of dogs, *Berl Munch Tierarztl Wochenschr* 103:199, 1996.

Montgomery T et al: Comparison of five analog RIAs for free thyroxine in dogs, *J Vet Intern Med* 5:128, 1991 (abstract).

Nachreiner RF et al: Prevalence of autoantibodies to thyroglobulin in dogs with nonthyroidal illness, *Am J Vet Res* 59:951, 1998.

Nelson RW, Feldman EC, Smith MC: Hyperadrenocorticism in cats: seven cases (1978-1987), *J Am Vet Med Assoc* 193:245, 1988.

Nelson RW et al: Serum free thyroxine concentration in healthy dogs, dogs with hypothyroidism, and euthyroid dogs with concurrent illness, *J Am Vet Med Assoc* 198:1401, 1991.

Norris CR, Nelson RW, Christopher MM: Serum total and ionized magnesium concentrations and urinary fractional excretion of magnesium in cats with diabetes mellitus and diabetic ketoacidosis, *J Am Vet Med Assoc* 215:1455, 1999.

Peterson ME, Broussard JD, Gamble DA: Use of the thyrotropin releasing hormone stimulation test to diagnose mild hyperthyroidism in cats, *J Vet Intern Med* 8:279, 1994.

Peterson ME, Graves TK, Gamble DA: Triiodothyronine (T3) suppression test: an aid in the diagnosis of mild hyperthyroidism in cats, *J Vet Intern Med* 4:233, 1990.

Peterson ME, Greco DS, Orth DN: Primary hypoadrenocorticism in ten cats, *J Vet Intern Med* 3:55, 1989.

Peterson ME, Melian C, Nichols R: Measurement of serum total thyroxine, triiodothyronine, free thyroxine, and thyrotropin concentrations for diagnosis of hypothyroidism in dogs, *J Am Vet Med Assoc* 211:1396, 1997.

Peterson ME, Melian C, Nichols R: Measurement of serum concentrations of free thyroxine, total thyroxine, and total triiodothyronine in cats with hyperthyroidism and cats with nonthyroidal disease, *J Am Vet Med Assoc* 218:529, 2001.

Reimers TJ et al: Effects of age, sex, and body size on serum concentrations of thyroid and adrenocortical hormones in dogs, *Am J Vet Res* 51:454, 1990.

Saunders HM, Jezyk PK: The radiographic appearance of canine congenital hypothyroidism: skeletal changes with delayed treatment, *Vet Radiol Ultrasound* 32:171, 1991.

Scott-Moncrieff JC et al: Comparison of serum concentrations of thyroid-stimulating hormone in healthy dogs, hypothyroid dogs, and euthyroid dogs with concurrent disease, *J Am Vet Med Assoc* 212:387, 1998.

Smiley LE, Peterson ME: Evaluation of a urine cortisol: creatinine ratio as a screening test for hyperadrenocorticism in dogs, *J Vet Intern Med* 7:163, 1993.

Smith MC, Feldman EC: Plasma endogenous ACTH concentrations and plasma cortisol responses to synthetic ACTH and dexamethasone sodium phosphate in healthy cats, *Am J Vet Res* 48:1719, 1987.

Sparkes AH et al: Inter- and intra-individual variability of the response to intravenous glucose tolerance testing in cats, *Am J Vet Res* 57:1294, 1996.

Stolp R et al: Urinary corticoids in the diagnosis of canine hyperadrenocorticism, *Res Vet Sci* 34:141, 1983

Thacker EL, Refsal KR, Bull RW: Prevalence of autoantibodies to thyroglobulin, thyroxine, or triiodothyronine and relationship of autoantibodies and serum concentrations of iodothyronines in dogs, *Am J Vet Res* 53:449, 1992.

Thorner MO et al: The anterior pituitary. In Wilson JD et al, editors: *William's textbook of endocrinology*, ed 9, Philadelphia, 1998, WB Saunders, p 249.

Toll J et al: Prevalence and incidence of serum magnesium abnormalities in hospitalized cats, *J Vet Int Med* 16:217, 2002.

Torrance AG, Nachreiner R: Intact parathyroid hormone assay and total calcium concentration in the diagnosis of disorders of calcium metabolism in dogs, *J Vet Intern Med* 3:86, 1989.

Young DW, Sartin JL, Kemppainen RJ: Abnormal canine triiodothyronine-binding factor characterized as a possible triiodothyronine autoantibody, *Am J Vet Res* 46:1346, 1985.

Zerbe CA: Canine hyperlipidemias. In Kirk RW, editor: *Current veterinary therapy IX*, Philadelphia, 1986, WB Saunders, p 1045.

10 Gastrointestinale und pankreatische Störungen

Michael D. Willard und David C. Twedt

Bei gastrointestinalen Beschwerden wie z.B. Erbrechen, Diarrhö, Gewichtsverlust, Anorexie, Ikterus, Hepatomegalie, abnormem Fressverhalten und abdominalem Schmerz sind Laboruntersuchungen notwendig. Dysphagie, Regurgitation, Ptyalismus, Foetor ex ore, Verstopfung, mukoider bzw. blutiger Kot und Meläna hingegen können zunächst besser mit anderen Untersuchungsmethoden abgeklärt werden (z.B. klinische Untersuchung, Röntgen, Endoskopie, Biopsien).

10.1 Differenzierung zwischen Auswurf, Regurgitation und Erbrechen

Treten Flüssigkeit, Schleim, Schaum, Futter oder Blut aus dem Maul, muss zwischen Erbrechen, Regurgitation, Würgen und Auswurf unterschieden werden. Im manchen Fällen ermöglicht bereits die Anamnese die Differenzierung. Am einfachsten lässt sich Auswurf identifizieren.

10.1.1 Auswurf

Als Auswurf wird das Hochhusten von Material aus Lunge oder den Stammbronchien bezeichnet. Dabei handelt es sich meist um schaumigen Schleim oder Blut; Galle tritt nicht auf. Charakteristisch ist eine Sequenz aus Husten und nachfolgendem oralen Ausstoß, die über die Anamnese abzuklären ist. Bei Regurgitation und Erbrechen hingegen ist i.d.R. kein simultanes Husten zu beobachten, obwohl Regurgitation häufig mit einer Tracheitis und Aspirationspneumonie assoziiert ist.

10.1.2 Regurgitation

Regurgitation ist Folge einer oralen, pharyngealen oder ösophagealen Dysfunktion. Gekennzeichnet ist sie durch einen eher passiven Ausstoß von Ösophagusinhalt. Durch Würgen wird orales oder pharyngeales Material ausgestoßen. Die relativ geringen abdominalen Kontraktionen können dabei meist leicht von den heftigen abdominalen Kontraktionen bei Erbrechen unterschieden werden. Würgen ist mit Erkrankungen, die zu Dysphagie (erschwertes Schlucken) oder Regurgitation führen, assoziiert. Eine Regurgitation kann Sekunden bis Stunden nach Nahrungs- und Wasseraufnahme auftreten. Wird nur Speichel regurgitiert, hat das Tier wahrscheinlich Stunden bis mehrere Tage vor dem Auftreten nicht gefressen. Regurgitiertes Futter ist unverdaut und hat häufig eine tubuläre Form – entsprechend der Gestalt des Ösophaguslumens. Wenn regurgitiertes Material längere Zeit im Ösophagus verweilt, ist es mazeriert, stinkend und mit Speichel und Schleim vermischt. Blutbeimengungen sind meist unverdaut (hellrot). Blut aus dem Magen ist im Gegensatz dazu in der Regel teilweise durch Magensäure verdaut und weist ein „kaffeesatzähnliches“ Aussehen auf.

Die Unterscheidung zwischen Erbrechen und Regurgitieren anhand des Vorberichts gestaltet sich häufig schwierig. So können die meisten Patientenbesitzer nicht sicher zwischen verdautem und unverdautem Futter unterscheiden. Bei manchen Patienten kommen Erbrechen und Regurgitieren gleichzeitig vor. Erbrechen verursacht oftmals eine sekundäre Ösophagitis, die zu Regurgitieren führt; andererseits kann ein Patient bei Vorliegen andauernder ösophagealer Erkrankungen auch eine andere Begleiterkrankung entwickeln, die zu Erbrechen führt. Schließlich ist es auch möglich, dass Patienten, deren klinische Symptome für Regurgitation sprechen, tatsächlich jedoch erbrechen. Aufgrund dieser Zusammenhänge ist es wichtig, die chronologische Folge der spezifischen Symptome zu klären. Um die Krankheitsbilder zu unterscheiden, kann es sinnvoll sein, durch Fütterung des Patienten den Ausstoß gezielt auszulösen, auch wenn dies nicht immer gelingen mag („beobachtete“ regurgitierende Patienten regurgitieren häufig nicht). Wird das Tier beim Fressen beobachtet, ist eine pharyngeale Dysphagie, die auf eine oropharyngeale Erkrankung hinweist, leicht festzustellen. Manchmal wird die Dysphagie von einer ösophagealen Dysfunktion begleitet. Röntgenkontrastaufnahmen von Pharynx und Ösophagus ermöglichen in der Regel die Unterscheidung einer pharyngealen von einer ösophagealen Dysfunktion.

Am besten geeignet, Regurgitieren zu diagnostizieren, sind neben der Erhebung des Vorberichts die klinische Untersuchung, Röntgenleer- und -kontrastaufnahmen und die Ösophagoskopie (Abb. 10.1). Zur Anfertigung von Röntgenkontrastaufnahmen sollten bariumhaltige statt jodhaltige Kontrastmittel verwendet werden – es sei denn, es besteht der starke Verdacht auf eine Ösophagusruptur. Röntgenkontrastaufnahmen des Ösophagus dienen hauptsächlich dazu, zwischen ösophagealen Motilitätsstörungen und Läsionen wie Obstruktion, Divertikel- oder Fistelbildung zu differenzieren. Einige ruhigstellende Medikamente (z.B. Xylazin) verursachen eine ösophageale Paralyse, was möglicherweise zur Fehlinterpretation der Röntgenaufnahmen führen kann. Die Ösophagoskopie ist ein effektives diagnostisches Hilfsmittel zur Feststellung von größeren Läsionen, zur Unterscheidung zwischen intra- und extramuraler Obstruktion sowie zur Ösophagitis- und Divertikelerkennung. Mit ihrer Hilfe können Fremdkörper entfernt werden. Jedoch ist die Ösophagoskopie nicht geeignet für die Diagnose der ösophagealen Muskelschwäche. Patienten mit erworbenem Megaösophagus sollten auf Myopathien, Neuropathien und Myasthenia gravis (generalisiert oder auf den Ösophagus beschränkt) hin untersucht werden. Manchmal können auch Hypoadrenokortizismus, Hyperkaliämie, Bleivergiftung, *Spirocerca lupi* und selektive Erkrankungen des zentralen Nervensystems (z.B. Staupe, Hydrozephalus) verantwortlich sein. Generalisierte oder lokale Myopathien und Neuropathien haben verschiedene Ursachen. Dazu zählen Trauma, Dermatomyositis, Thymom, Botulismus, Hypothyreose, Hyperadrenokortizismus, systemischer Lupus erythematodes, alimentäre Faktoren, Toxoplasmose, sowie in endemischen Gebieten Trypanosomen (siehe Appendix I). Dysautonomien verursachen bei Hunden und Katzen eine generalisierte Dysfunktion des autonomen Nervensystems, einschließlich einer gestörten Regulation der Ösophagusmotilität. Hypothyreose und der systemische Lupus erythematodes können ohne sichtbare klinische Symptomatik präsent sein. Es ist wichtig, die zugrunde liegenden Erkrankungen zu finden, um die Ursache und nicht nur die Symptome zu behandeln. Es ist ebenfalls ratsam, Patienten mit unerwarteten ösophagealen Fremdkörpern (z.B. ein relativ kleiner Futterbolus) auf partielle Obstruktionen hin zu untersuchen (z.B. subklinische Gefäßringanomalien, Strikturen).

10.1.3 Erbrechen

Erbrechen ist ein Reflex, der seinen Ursprung im zentralen Nervensystem nimmt und durch verschiedene Zustände ausgelöst wird. Als Ursachen (metabolisch, entzündlich und toxisch) kommen primäre Erkrankungen des Gastrointestinaltrakts sowie extragastrointestinale Erkrankungen in Betracht. Bei den meisten Patienten mit Erbrechen ist die Ursache nicht im Gastrointestinaltrakt lokalisiert bzw. es liegt primär keine gastrointestinale Erkrankung vor.

Erbrechen ist klassischerweise charakterisiert durch Brechreiz (Speicheln, Lekken der Lippen), gefolgt von Würgen oder kräftigen abdominalen Kontraktionen. Es kann jederzeit (Sekunden bis Stunden) nach Futter- oder Wasseraufnahme auftreten. Der Patient erbricht Futter, Wasser, frisches Blut oder Schleim, was dann nicht von regurgitiertem Material zu unterscheiden ist. Galle, angedautes Blut („Kaffeesatz“) oder ausgeworfenes Material mit einem pH-Wert von 5 oder darunter beweist, dass Erbrechen vorliegt. Erbrochener Duodenalinhalt kann einen pH-Wert von 6 und mehr aufweisen und enthält in der Regel Galle. Zur Bestimmung des pH-Wertes ist ein Urinteststreifen mit einem pH-Indikator nützlich.

Klinisch können erbrechende Patienten in solche mit akutem (< 2 Wochen) und mit chronischem (> 2 Wochen) Vomitus eingeteilt werden (Übersicht 10.1 bzw. 10.2.). Akutes Erbrechen bessert sich häufig spontan, wenn der Patient mit Flüssigkeit und Elektrolyten versorgt und sein Säure-Basen-Haushalt ausgeglichen wird. Am Anfang der Untersuchung stehen zunächst die gründliche Erhebung des Vorberichts und die klinische Untersuchung. Bei Verdacht auf eine schwerere Erkrankung sollten anschließend

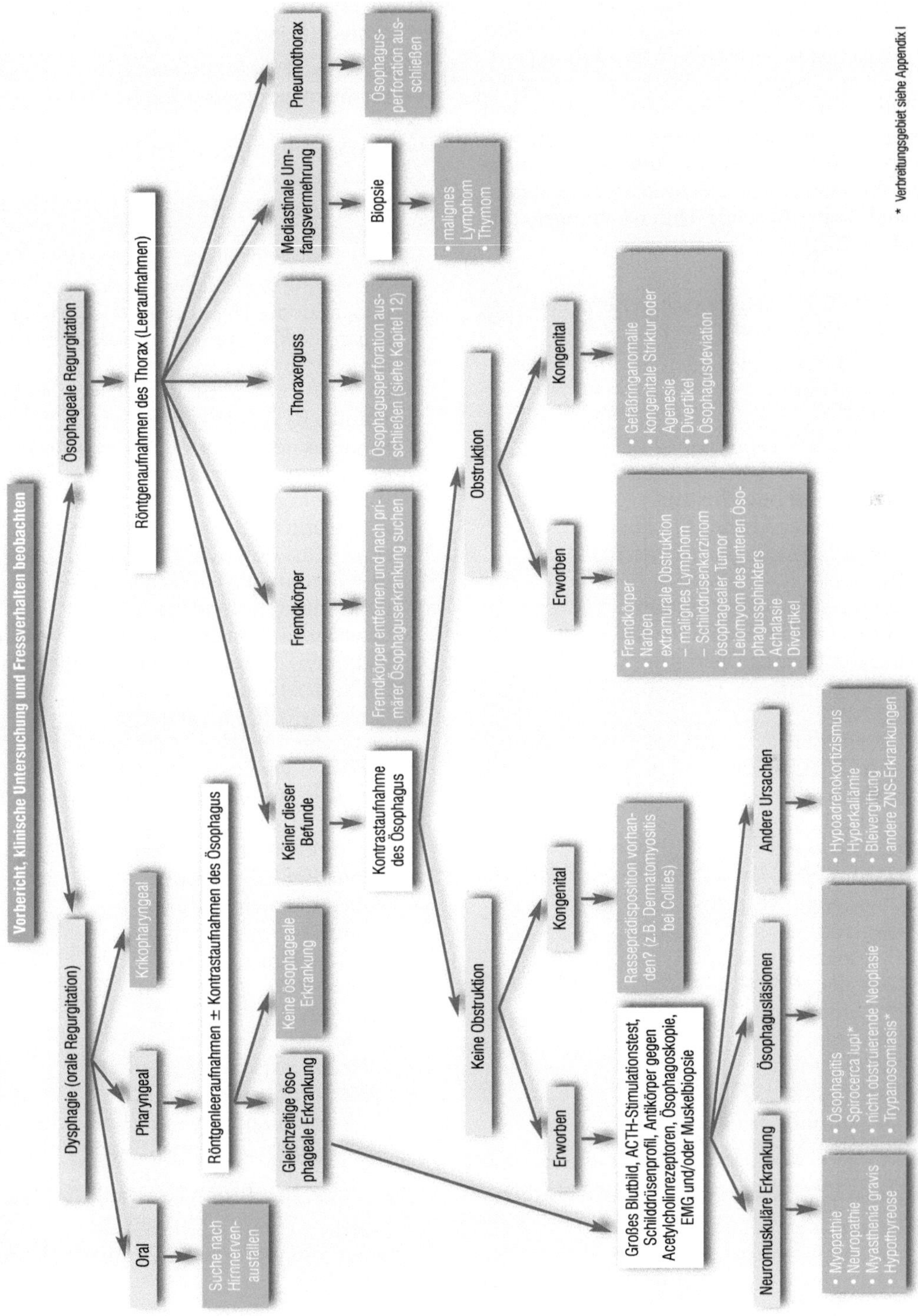

Abb. 10.1 Diagnostisches Vorgehen bei chronischer Regurgitation (Hund und Katze). ACTH, adrenokortikotropes Hormon; EMG, Elektromyogramm; ZNS, zentrales Nervensystem.

Laboruntersuchungen (einschließlich Elektrolyte und Säure-Basen-Haushalt) durchgeführt oder bildgebende Verfahren in Erwägung gezogen werden. Bessert sich das Erbrechen nicht, verschlimmert es sich gar oder wird es von anderen Symptomen begleitet (z.B. Polyurie, Polydipsie, Gewichtsverlust, Ikterus, schmerzhaftes Abdomen, Aszites, Schwäche, Hämatemesis), sind weiterführende Untersuchungen ratsam (Abb. 10.2).

Übersicht 10.1 Hauptursachen für akutes Erbrechen (Hund und Katze)

- Aufnahme von ungeignetem oder verdorbenem Futter
- Kinetose
- postoperatives Erbrechen
- akute Gastritis-Enteritis (verschiedene Viren, Bakterien oder Toxine)
  - Parvovirusenteritis (Hund und Katze)
  - hämorrhagische Gastroenteritis
  - Parasiten
- gastrointestinale Obstruktion
  - obstruierender Fremdkörper
  - linearer Fremdkörper
  - Invagination
- diätetisch
  - Überfressen
  - Aufnahme von unverträglichem oder verdorbenem Futter
- akute Pankreatitis
- Medikamente
  - Doxomycin
  - Chloramphenicol
  - Cisplatin
  - Cyclophosphamid
  - Digitalis
  - Erythromycin
  - Narkotika
  - Nitrofurantoin
  - Tetrazykline
  - Theophyllin
  - Xylazin
- Vergiftungen
  - Ethylenglykol
  - Herbizide
  - Organophosphate
  - Strychnin

Übersicht 10.2 Hauptursachen chronischen Erbrechens (Hund und Katze)

- obstruktive Erkrankungen
  - Fremdkörper (besonders häufig)
  - Invagination
  - Neoplasien (Magen oder Darm)
  - Pylorusstenose
  - Schleimhauthyperplasie im Bereich des Antrums
  - entzündliche Infiltrate (Magen oder Darm)
  - chronische partielle Magendrehung
  - idiopathische Hypermotilität des Magen-Darm-Trakts (physiologische Obstruktion; selten)
  - kongenitale Strukturanomalien (selten)
- entzündliche Erkrankungen
  - Komplex der entzündlichen Darmerkrankungen (Inflammatory Bowel Disease, IBD; häufig)
  - Pankreatitis (häufig)
  - chronische Gastritis
  - gastrointestinale Ulzera/Erosionen
  - Peritonitis (steril/septisch)
  - Pharyngitis (verursacht durch Virusinfektionen des oberen Respirationstrakts bei Katzen)
  - Parasiten (z.B. *Physaloptera*)
- systemische Ursachen (Erkrankungen außerhalb des Verdauungstrakts mit Stimulierung der Chemorezeptoren-Triggerzone und/oder vagaler Afferenzen; häufig)
  - Lebererkrankungen/-insuffizienz
  - Hypoadrenokortizismus
  - diabetische Ketoazidose
  - Urämie
  - Hyperkalzämie
  - Cholezystitis
  - Pyometra
- verschiedene Ursachen
  - feline Hyperthyreose (häufig)
  - feline Dirofilariose (fraglich)
  - ZNS-Erkrankungen (z.B. limbische Epilepsie, Tumor, Enzephalitis oder erhöhter intrakranieller Druck; selten)
  - psychotische oder Verhaltensstörungen (selten)
  - frühe kongestive Herzinsuffizienz (fraglich)

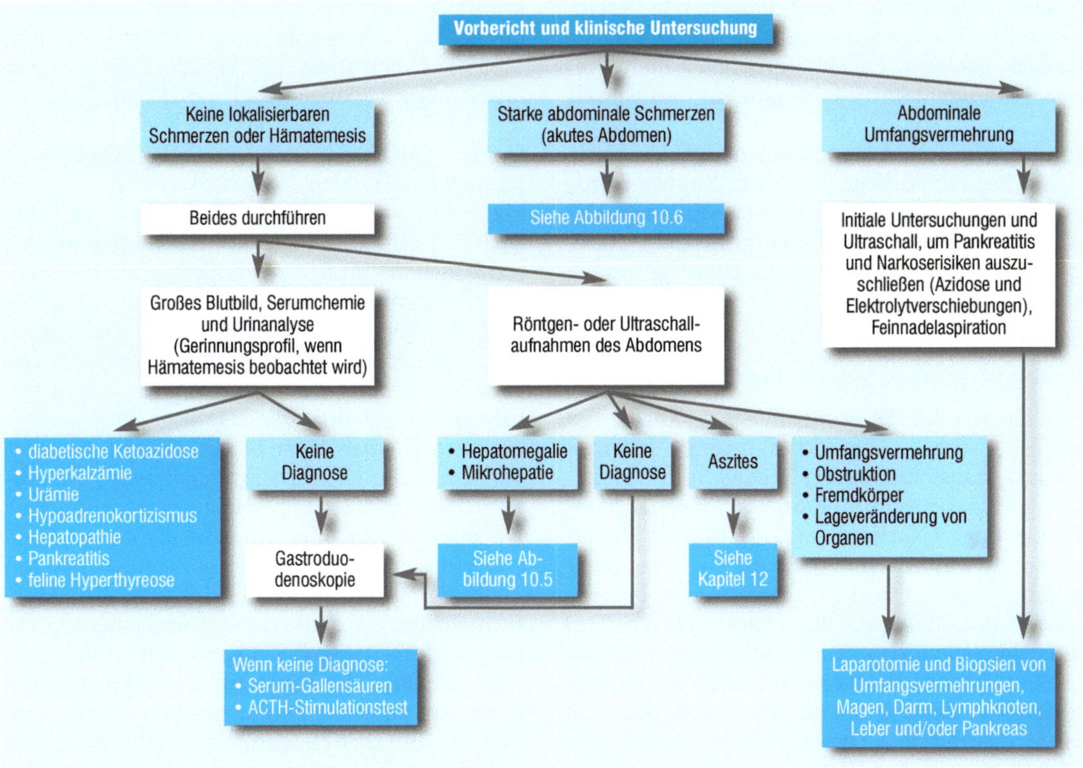

Abb. 10.2 Diagnostisches Vorgehen bei chronischem Erbrechen, das auf diätetische Veränderungen und Anthelmintika nicht anspricht (Hund und Katze). ACTH, adrenokortikotropes Hormon.

Futter und Parasiten

Unverträgliches Futter und Parasiten verursachen häufig akutes und chronisches Erbrechen. Deshalb gehören Futterumstellung (Schonkost oder hypoallergene Diät), Kotuntersuchung und Entwurmung mit Breitspektrumanthelmintika (z.B. Fenbendazol, Pyrantel) zu den initialen Maßnahmen, nachdem eine Obstruktion ausgeschlossen wurde. Fortwährendes Erbrechen ist eine Indikation für Laboruntersuchungen oder bildgebende Verfahren.

Obstruktion

Magen- oder Darmobstruktionen benötigen für die Diagnosestellung keine klinisch-pathologischen Untersuchungen. Das Blutbild kann Hinweise auf eine Sepsis, disseminierte intravasale Gerinnung (DIC) oder schweren Blutverlust geben. Vor der Anästhesie sind Nierenfunktion sowie Elektrolyt- und Säure-Basen-Haushalt zu überprüfen. Auch wenn die Lokalisation der Obstruktion bekannt ist, ist es nicht möglich, zuverlässig vorauszusagen, wie sich die vorgenannten Parameter verändern werden. Erbrechen von Mageninhalt verursacht manchmal eine hypokaliämische, hypochlorämische metabolische Alkalose mit Azidurie. Dazu kommt es generell sekundär nach persistierendem und profusem Erbrechen, Magenabflussobstruktion oder proximaler duodenaler Obstruktion. Jedoch zeigen die meisten Patienten, die Mageninhalt erbrechen, keine Alkalose. Häufiger ändert sich der Säure-Basen-Haushalt nur geringfügig, oder es entwickelt sich aufgrund der Dehydratation und der daraus resultierenden Laktatazidose eine metabolische Azidose. Intestinale Obstruktionen können, durch den Verlust von pankreatischem Bikarbonat, eine Azidose verursachen. Manche Patienten weisen allerdings trotz weit proximal gelegener Obstruktion physiologische Blut-pH-Werte oder eine metabolische Alkalose auf.

Abdominale Palpation und bildgebende Verfahren sind zunächst am besten für die Diagnosefindung geeignet. Bei subklinischen Fällen können Röntgenkontrastaufnahmen notwendig sein. Barium sollte jodhaltigen Mitteln vorgezogen werden, sofern kein Verdacht auf eine intestinale Ruptur vorliegt. Bei einer Ruptur würde austretendes Barium eine Peritonitis verursachen und müsste durch eine gründliche abdominale Lavage während der OP beseitigt werden (siehe Kap. 12).

Extragastrointestinale Erkrankungen

Ein chemisches Serumprofil sollte angefertigt werden, um Lebererkrankungen (Alanin-Amino-Transferase, ALT; alkalische Phosphatase, AP; Harnstoff und Albumin), Hypoadrenokortizismus (Natrium und Kalium), Hyperkalzämie (Kalzium und Albumin), Urämie (Kreatinin, Harnstoff und Urinanalyse) und diabetische Ketoazidose (Glukose und Urinanalyse) ausschließen zu können. Bei sehr jungen Patienten (< 12 bis 14 Wochen) sollte die Blutglukose überwacht werden, um zu vermeiden, dass sich eine sekundäre Hypoglykämie entwickelt. Manchmal sind zur Diagnose zusätzliche genauere Untersuchungen notwendig wie z. B. Serum-Gallensäuren bei Leberinsuffizienz, ACTH-Stimulationstest (ACTH, adrenokortikotropes Hormon) bei Hypokortisolämie. Bei Verdacht auf ein Gastrinom bzw. bei Verdacht auf feline Hyperthyreose ist es sinnvoll, Gastrin bzw. Thyroxin zu bestimmen.

Pankreatitis

Akute Pankreatitiden werden häufig beobachtet. Zu den prädisponierenden Faktoren beim Hund gehören Hyperlipidämie, fettreiche Mahlzeiten oder Adipositas. Pankreatitiden können grundsätzlich bei jedem Hund auftreten. Mittelalte und weibliche Hunde, Schnauzer und Yorkshire Terrier scheinen jedoch am häufigsten betroffen zu sein. Erbrechen kann – muss aber nicht – während des Fressens auftreten. Ferner werden abdominaler Schmerz, Nüchternhyperlipidämie, blutiger Durchfall und seltener diffuse subkutane Fettgewebsnekrosen beobachtet. Bei der röntgenologischen Untersuchung sind häufig Umfangsvermehrungen oder verwaschene Bezirke (aufgrund einer lokalen Peritonitis) im kranialen rechten abdominalen Quadranten darstellbar. Die Bestimmung der Amylase- und Lipasekonzentration im Serum liefert häufig falsch-negative oder falsch-positive Ergebnisse und ist daher weniger verlässlich als andere Befunde. Aufgrund der sterilen Entzündung kommt es häufig zu einer Leukozytose mit oder ohne Linksverschiebung bzw. mit oder ohne toxisch veränderte Neutrophile. Häufig werden erhöhte ALT- und AP-Konzentrationen festgestellt, die in der Nähe des Pankreas zur Leber und der möglichen Obstruktion des Gallenganges nach einer Pankreatitis begründet sind. Die Obstruktion des extrahepatischen Gallengangs führt zur Entstehung eines Ikterus. Eine gering- bis mittelgradige Hypokalzämie kann ebenfalls auftreten. Die Ultraschalluntersuchung des Abdomens scheint eine optimale Untersuchung zur Diagnose der kaninen Pankreatitis zu sein. Veränderungen in der Pankreasregion können meist dargestellt werden. Wird eine Umfangsvermehrung des Pankreas während einer Operation entdeckt, ist eine Biopsie durchzuführen, da eine chronische Pankreatitis makroskopisch nicht von einer Neoplasie zu unterscheiden ist. Wie die Pankreatitis kann auch eine Neoplasie mit erhöhten Amylase- und Lipasewerten einhergehen. Vor kurzem wurde in den USA ein Test für die kanine immunreaktive Lipase entwickelt und validiert (GI Laboratory, Texas A&M University, USA); dieser Test verspricht derzeit eine ausreichende Sensitivität und Spezifität für die Diagnostik einer akuten Pankreatitis.

Pankreatitiden wurden früher bei Katzen als selten angesehen. Heute werden sie jedoch mit zunehmender Häufigkeit festgestellt. Die feline Pankreatitis ist schwieriger zu diagnostizieren. Bei älteren Katzen ist eine chronische Pankreatitis keine Seltenheit und kommt häufig zusammen mit einer Cholangiohepatitis und manchmal auch mit entzündlichen Darmerkrankungen (Inflammatory Bowel Disease, IBD) vor. Treten diese drei Erkrankungen gemeinsam auf, spricht man von einem „Triaditis-Syndrom„. Erbrechen steht bei der Katze weniger im Vordergrund als beim Hund. Amylase und Lipase liegen meist im Referenzbereich. Die feline Trypsin-like Immunoreactivity (fTLI) ist bei manchen Patienten erhöht. Wenn eine offensichtliche Veränderung vorliegt, kann die Ultraschalluntersuchung des Abdomens nützlich sein, jedoch ist die Sensitivität sonographischer

Untersuchungen unsicher. Auch eine Pankreasbiopsie kann für die Diagnostik notwendig werden. Die feline Pankreatitis wird manchmal durch Toxoplasmose oder feline infektiöse Peritonitis (FIP; Kap. 17) verursacht.

Gastritis, Enteritis und Kolitis

Sowohl chronische Enteritis als auch Kolitis oder Gastritis können Erbrechen unterschiedlicher Stärke verursachen. Zur Diagnosestellung ist es in manchen Fällen notwendig, eine Schleimhautbiopsie zu entnehmen bzw. histologisch zu untersuchen. Durch abdominale bildgebende Verfahren können infiltrative oder entzündliche intestinale Muster veranschaulicht werden. Wenn der Verdacht auf das Vorliegen einer Gastritis oder Enteritis besteht bzw. andere Hauptursachen für chronisches Erbrechen ausgeschlossen sind, sind Magen- oder Darmschleimhautbiopsien, via Endoskopie oder Laparotomie, indiziert. IBD stellt die Hauptursache für chronisches Erbrechen bei der Katze dar. Erbrechen ohne Durchfallsymptomatik beim Hund ist in den meisten Fällen durch Duodenitiden verursacht. Deshalb sollten sowohl Magen- als auch Darmbiopsien gewonnen werden. Da 10 bis 20 % der Patienten mit Kolitis Erbrechen zeigen, sollte bei Patienten mit Vomitus sowohl vom oberen als auch vom unteren Verdauungstrakt routinemäßig eine Endoskopie durchgeführt werden. Dies gilt insbesondere für Katzen. Um Artefakte zu vermeiden, ist es entscheidend, die Schleimhautproben richtig zu entnehmen und zu verarbeiten.

Hämatemesis

Hämatemesis ist das Erbrechen von Blut und lässt auf das Vorliegen von Magenulzera schließen. Das Erbrochene kann wie hellrotes oder wie verdautes Blut, das an Kaffeesatz erinnert, aussehen. Die Verabreichung nichtsteroidaler Antiphlogistika (insbesondere gemeinsam mit Kortikosteroiden) stellt eine Hauptursache von Magenulzera beim Hund dar. Nieren- und Leberversagen, Mastzelltumoren, Schock mit schlechter Schleimhautdurchblutung und Koagulopathien müssen ebenfalls in Betracht gezogen werden. Wenn diese Veränderungen ausgeschlossen wurden, ist zur weiteren Diagnose einer Ulzeration die Durchführung einer Endoskopie angezeigt (insbesondere bei Verdacht auf Fremdkörper, entzündliche Erkrankungen oder neoplastische Veränderungen). Alternativ kann eine symptomatische Behandlung der Ulzera eingeleitet werden. Man sollte jedoch beachten, dass eine derartige Behandlung das Fortschreiten der Grunderkrankung begünstigen kann.

Peritonitis

Septische oder sterile Peritonitiden (oder Entzündungen eines Bauchorgans) können Erbrechen verursachen. Wenn die klinische Untersuchung oder bildgebende Verfahren für das Vorhandensein von Flüssigkeit im Bauchraum sprechen, kann es notwendig sein, eine Abdominozentese oder Abdominallavage durchzuführen. Bei subklinischen Fällen kann eine explorative Laparotomie zur Diagnosestellung erforderlich werden.

Gastrinom

Ein Gastrinom (z.B. Zollinger-Ellison-Syndrom) ist ein gastrinsezernierender Tumor der pankreatischen Inselzellen. Gastrin führt zur Steigerung der Magensäureproduktion und verursacht duodenale Ulzera. Gastrinome sind selten, werden aber, seitdem verlässliche Methoden zur Gastrinbestimmung zur Verfügung stehen, häufiger diagnostiziert. Außer der Gastrinbestimmung gibt es keine andere typische klinisch-pathologische Untersuchung zur Diagnose der Erkrankung, die ebenso verlässlich ist. Jeder mittelalte oder alte Hund, der chronisches Erbrechen und Gewichtsverlust oder Durchfall zeigt, ist verdächtig für das Vorliegen eines Gastrinoms. Duodenale Ulzera und Refluxösophagitis kommen häufig vor. Die basale Gastrinkonzentration ist gewöhnlich erhöht, in seltenen Fällen muss die Gastrinkonzentration nach Verabreichung von Futter oder Sekretin gemessen werden.

10.2 Amylase

Indikation

Die Amylaseaktivität sollte bei den Patienten bestimmt werden, die Vomitus, abdominale Schmerzen, steriles entzündliches Exsudat oder Ikterus zeigen oder die früher schon einmal an Pankreatitis erkrankt waren. Der Test ist insbesondere bei adipösen Tieren angezeigt.

Nachteile

Geringe Sensitivität und geringe Spezifität. Die Amylaseaktivität im Serum korreliert nicht mit der Schwere der Pankreatitis.

Analyse

Die Amylaseaktivität kann in Serum, heparinisiertem Plasma oder in Körperflüssigkeiten durch spektrophotometrische Methoden (amyloklastische, saccharogene und chromogene Techniken) bestimmt werden. Turbidimetrische, nephelometrische und trockenchemische Methoden können ebenfalls verwendet werden.

Beachte: Verschiedene Methoden können substantiell unterschiedliche Ergebnisse liefern. Einige saccharogene Methoden werden durch die normale kanine Maltasekonzentration im Serum beeinflusst und sollten beim Hund nicht verwendet werden. Die Amylaseaktivität im Serum ist bei Raumtemperatur für bis zu 7 Tage und bei 4 °C bis zu 1 Monat lang stabil.

Referenzbereich

Ähnlich wie bei anderen Enzymen schwanken die Referenzwerte zwischen den unterschiedlichen Labors und hängen von der verwendeten Technik und den Einheiten ab.

Kritische Werte

Keine.

Artefakte

Siehe Kapitel 6.

Medikamentöse Ursachen einer Hyperamylasämie

Einige Medikamente können gelegentlich eine Pankreatitis verursachen (Übers. 10.3). Kortikosteroide verursachen nicht immer eine Erhöhung der Amylasekonzentration.

Übersicht 10.3 Medikamente, die eine akute Pankreatitis verursachen können

- Asparaginase
- Azathioprin
- Kalzium
- Östrogene
- Furosemid
- Glukokortikoide (besonders Dexamethason)
- Isoniazid
- Metronidazol
- Kaliumbromid (wurde beschrieben, jedoch nicht bewiesen)
- Salizylazosulfapyridin
- Sulfonamide
- Tetrazykline
- Thiazid-Diuretika

Beachte: Diese Medikamente verursachen nicht immer eine Pankreatitis. Die vorberichtliche Gabe eines dieser Medikamente und Symptome einer Pankreatitis können nicht grundsätzlich als Ursache und Wirkung angesehen werden. Bei Patienten, die an einer Pankretitis leiden, und die eines der genannten Medikamente erhalten, sollte das entsprechende Medikament möglichst abgesetzt werden.

Ursachen einer Hypoamylasämie

Eine Hypoamylasämie hat keine besondere Bedeutung. Die Diagnose einer Pankreasinsuffizienz wird durch diesen Befund nicht unterstützt.

Ursachen einer Hyperamylasämie

Reduzierte glomeruläre Filtration (Azotämie) und Pankreatitis sind zwei Ursachen einer Hyperamylasämie. Hyperamylasämie aufgrund einer renalen Dysfunktion ist gegeben, wenn die Werte unterhalb des zwei- bis dreifachen des oberen Schwellenwerts des Referenzbereichs liegen. Patienten mit Pankreatitis weisen häufig normale bis stark erhöhte Werte auf. Darmerkrankungen, Darmrupturen und Lebererkrankungen wurden verdächtigt, die Amylasekonzentration im Serum zu erhöhen, da Amylase in diesen Geweben vorkommt. Bei der Katze ist Amylase ein unzuverlässiger Parameter für die Pankreatitisdiagnostik. Das Vorliegen einer Hyperamylasämie bei einem Patienten mit Erbrechen oder Anorexie kann Anlass sein, eine Pankreatitis abzuklären. Dies erfolgt durch Blutbild, Serumchemie (inklusive ALT und AP), bildgebende Verfahren, Messung der Trypsin-like Immunoreactivity (TLI) im Serum oder eine Kombination dieser Untersuchungen.

Ursachen einer erhöhten Amylasekonzentration in Körperflüssigkeiten

Wenn die Amylasekonzentration in abdominaler Flüssigkeit höher ist als im Serum, besteht möglicherweise ein steriles Exsudat, verursacht durch eine Pankreaserkrankung. Eine Darmruptur kann ebenfalls möglich sein.

10.3 Lipase

Indikation

Die Indikation zur Bestimmung der Lipasekonzentration entspricht der Indikation zur Amylasemessung.

Nachteile

Fragliche Spezifität und Sensitivität. Manche Hunde mit duodenalen Fremdkörpern, chronischer Gastritis und abdominalen Karzinomen ohne Hinweise auf Pankreatitis weisen eine erhöhte Lipaseaktivität auf. Die Lipaseaktivität im Serum korreliert nicht mit der Schwere der Pankreatitis.

Analyse

Die Messung erfolgt in Serum oder Körperflüssigkeiten mittels Trockenchemie. Turbidimetrische und titrimetrische Techniken werden selten verwendet.

Referenzbereich

Wie auch bei anderen Enzymen, variieren die Werte von Labor zu Labor, in Abhängigkeit von der verwendeten Technik und den Einheiten.

Kritische Werte

Keine.

Artefakte

Siehe Kapitel 6.

Medikamentöse Ursachen einer Hyperlipasämie

Dieselben Medikamente, die eine Hyperamylasämie verursachen können (Übers. 10.3) sowie zusätzlich Heparin können eine Hyperlipasämie verursachen. Kortikosteroide (Dexamethason) können die Lipaseaktivität im Serum bis zum Fünffachen des Basalwertes erhöhen, ohne dass histologische Beweise für eine akute Pankreatitis vorliegen. Die Lipaseaktivität liegt meist nur wenig über dem Referenzbereich.

Ursachen einer Hypolipasämie

Eine Hypolipasämie hat keine Bedeutung. Dieser Befund spricht nicht für das Vorliegen einer Pankreasinsuffizienz.

Ursachen einer Hyperlipasämie

Die Ursachen einer Hyperlipasämie ähneln denen einer Hyperamylasämie. Renale Dysfunktion erhöht die Serum-Lipase meist um weniger als das zwei- bis dreifache des Referenzbereichs, manchmal kann sie aber auch um mehr als das Vierfache ansteigen. Nicht bei allen Patienten mit Pankreatitis werden erhöhte Lipasewerte gefunden. Ihr Anstieg ist ferner nicht proportional zum Schweregrad der Pankreatitis. Stark erhöhte Lipasewerte werden in Assoziation mit Pankreaskarzinomen gefunden. Die Ultraschalluntersuchung des Abdomens und die Bestimmung der felinen Trypsin-like Immunoreactivity (fTLI) scheinen für die Diagnose einer felinen Pankreatitis hilfreicher zu sein. Zusätzlich zur Serum-TLI wurden Trypsin-activating Peptide (TAP) und Phospholipase A_2 dahingehend untersucht, ob sie zur Diagnose von Pankreatitis beim Hund geeignet seien. Beide Parameter erwiesen sich bislang aber als nicht sehr wertvoll.

10.4 Kanine immunreaktive pankreatische Lipase

Indikation

Die Bestimmung der kaninen immunreaktiven pankreatischen Lipase ist bei folgenden Symptomen indiziert: Erbrechen (insbesondere bei adipösen Patienten), abdominaler Schmerz, steriles entzündliches abdominales Exsudat, Ikterus oder bei vorberichtlicher Pankreatitis.

Vorteile

Die Messung erscheint sensitiv und spezifisch und benötigt lediglich eine Serumprobe.

Nachteile

Das derzeit einzige Labor, das diesen Test für Hunde durchführt, ist das GI Laboratory, College of Veterinary Medicine, Texas A&M University, College Station, TX 77834–4474.

Analyse

Die Messung erfolgt im Serum durch einen Enzyme-linked Immunosorbent Assay (ELISA).

Referenzbereich

2,2 bis 102,1 µg/l

Ursachen verringerter Werte

Exokrine Pankreasinsuffizienz (EPI) oder isolierte pankreatische Lipasedefizienz verursachen eine Erniedrigung der Konzentration. Im Vergleich zu TLI-Konzentrationen gibt es aber etwas mehr Überschneidungen zwischen Werten bei gesunden Hunden und Hunden mit EPI. Aus diesem Grund bleibt die TLI-Messung für die EPI-Diagnostik der Test der Wahl.

Ursachen erhöhter Werte

Die Pankreatitis ist derzeit die einzige bekannte Ursache für die Erhöhung der Konzentration der kaninen immunreaktiven pankreatischen Lipase. Weitere Erfahrungen mit dem Test könnten seine Indikationen und Interpretation verändern.

10.5 Gastrin

Indikation

Die Bestimmung der Gastrinkonzentration ist bei Patienten mit chronischem Erbrechen, Durchfall, Gewichtsverlust, Verdacht auf Gastrinom oder Magen- bzw. Duodenalulzera unbekannter Ursache indiziert. Die Untersuchung wird normalerweise erst verlangt, wenn häufiger vorkommende Krankheiten ausgeschlossen sind.

Vorteile

Die Gastrinbestimmung ermöglicht den Nachweis okkulter Gastrinome.

Nachteile

Die Bestimmung benötigt einen Radioimmunoassay (RIA), der langwierig in der Durchführung ist.

Analyse

Die Messung der Gastrinkonzentration erfolgt im Serum durch einen RIA. Das Serum sollte bis zur Untersuchung gefroren gelagert werden.

Referenzbereich

Hund: abhängig vom Labor (der Test muss für Hunde validiert sein); Katze: nicht etabliert.
Zur Umrechnung von pg/ml in ng/l wird mit 1,0 multipliziert.

Artefakte

Falsch-niedrig: Hormondegradation aufgrund mehrtägiger Lagerung der Probe über dem Gefrierpunkt.

Medikamentöse Erhöhung der Gastrinkonzentration

Antazida inklusive H_2-Rezeptorantagonisten und Protonenpumpeninhibitoren können die Gastrinwerte erhöhen.

Ursachen einer Hypogastrinämie

Nicht bedeutsam.

Ursachen einer Hypergastrinämie

Zu den häufigsten Auslösern einer Hypergastrinämie zählen Ulzera, Obstruktion des Magenausgangs, Nierenversagen und Gastrinome. Ferner kann die Erhöhung der Gastrinkonzentration durch die atrophische Gastritis (wenig verbreitet), die antrale G-Zell-Hyperplasie (selten), Short-Bowel-Syndrome und Hyperparathyreoidismus verursacht sein. Eine Leberinsuffizienz scheint die Serum-Gastrinkonzentration nicht direkt zu beeinflussen. Wenn bei einem Patienten mit unauffälligen oder nicht eindeutigen Serum-Gastrinwerten der Verdacht auf ein Gastrinom besteht, kann ein Sekretin- oder Kalziumstimulationstest durchgeführt werden. Ein Anstieg der Gastrinkonzentration nach Verabreichung von Sekretin bzw. von Kalzium deutet auf das Vorliegen eines Gastrinoms hin.

10.6 Akute Diarrhö

Durchfallpatienten lassen sich in solche mit akuter Diarrhö (< 2 bis 3 Wochen) bzw. solche mit chronischer Diarrhö (> 2 bis 3 Wochen) einteilen. Akute Durchfallerkrankungen (Übers. 10.4) sind in der Regel selbst limitierend. Manche Erkrankungen wie die akute hämorrhagische Gastroenteritis, Parvovirusinfektionen, Parasiteninfestationen (z. B. Hakenwürmer) oder Intoxikationen können aber auch sehr schwerwiegend oder sogar tödlich verlaufen. Im Vorbericht sollte geklärt werden, ob eine Futterumstellung stattgefunden hat oder Kontakt mit infektiösen Agenzien bestand. Diätetische Faktoren, Bakterien, Viren und Parasiten sind die Hauptursachen für akuten Durchfall bei Hunden und Katzen. Da Darmparasiten an jedem Stadium einer Diarrhö beteiligt sein können, sind bei allen Durchfallpatienten multiple Kotuntersuchungen (direkt und Flotation) durchzuführen. Bei Verdacht auf Giardieninfektionen, die häufig okkult auftreten, sind besondere diagnostische Tests notwendig (siehe 10.31 Giardiennachweis im Kot).

Übersicht 10.4 Hauptursachen akuten Durchfalls bei Hunden und Katzen

- Darmparasiten
  - Hakenwürmer
  - Rundwürmer
  - Peitschenwürmer
  - Kokzidien
  - Giardia (manchmal schwer diagnostizierbar)
  - Strongyloides
- diätetisch
  - Futter schlechter Qualität/Futtermittelvergiftung
  - plötzliche Futterumstellung (insbesondere bei jungen Tieren)
  - Futtermittelintoleranz/-allergie
- akute virale oder bakterielle Enteritis
  - Parvovirus (kanines und felines)
  - Coronavirus (kanines und felines)
  - Clostridium perfringens
  - Campylobakteriose
  - Salmonellose
  - *Escherichia coli* (Verotoxin produzierende Arten)
- Invagination
- Intoxikation
  - Aufnahme von Essensresten/Müll
  - Futtermittelvergiftung
  - Schwermetalle
  - Organophosphate
- hämorrhagische Gastroenteritis

Die Fütterung einer Schonkost oder hypoallergenen Diät kann von diagnostischem und therapeutischem Nutzen sein. Bei apathischen, schwachen und dehydrierten Patienten sollten Elektrolyt- und Säure-Basen-Haushalt beurteilt werden, um die Infusionstherapie optimal auf den Patienten auszurichten. Bei allen Patienten unter 12 bis 14 Wochen und solchen, die stark abgemagert sind bzw. weniger als 2,5 kg wiegen, ist die Überwachung der Blutglukosekonzentration angezeigt, um eine sekundäre Hypoglykämie rechtzeitig zu erkennen. Insbesondere bei fiebrigen oder im Allgemeinbefinden stark gestörten Patienten ist ein Blutbild anzufertigen, um das Vorliegen einer Sepsis oder transmuralen Entzündung aufzudecken. Wenn eine Diarrhö nicht diätbedingt ist oder durch Parasiten (wie sie in Zwingern, Zoogeschäften, Tierheimen und in Haushalten, in denen mehrere Tiere Durchfall zeigen, vorkommen) hervorgerufen wurde, sollten zur Ursachenklärung Kotkulturen untersucht werden. Der Nachweis sollte *Salmonella* spp., *Campylobacter jejuni, Yersinia enterocolitica*, Verotoxin-positive *Escherichia coli, Clostridium perfringens* und andere pathogene Keime erfassen. Weiterhin wird empfohlen, Tests zum Nachweis von Viren (ELISA, Elektronenmikroskop) und/oder Toxinen (ELISA für *Clostridium-perfringens-* oder *Clostridium-difficile*-Toxine) durchzuführen.

Nicht bei allen durch das kanine Parvovirus induzierten Enteritiden sind die Tiere schwer erkrankt und zeigen eine deutliche Leukopenie, Diarrhö und Fieber. Die Leukopenie besteht oft nur 24 bis 36 Stunden. Wenn in diesem Zeitraum kein Blutbild angefertigt wurde, ist sie leicht zu übersehen. Auch andere Erkrankungen, die eine schwere Sepsis verursachen (perforierende Fremdkörper mit Peritonitis oder schwere Salmonellose), können eine Leukopenie erzeugen, die nicht von der Leukopenie, wie sie bei kaniner Parvovirusenteritis auftritt, zu unterscheiden ist. Routinemäßig durchgeführte Impfungen müssen nicht unbedingt einen sicheren Schutz vor dem kaninen Parvovirus bedeuten. Darüber hinaus werden die Erreger der Parvovirose erst 1–3 Tage, nachdem erste Symptome aufgetreten sind, im Kot ausgeschieden – und dies auch nur für mehrere Tage. Kanines Parvovirus wird im Kot durch einen ELISA bestimmt. Der Test scheint das Parvovirusantigen zuverlässig nachzuweisen. Dennoch kann das Ergebnis negativ ausfallen, wenn zu früh oder zu spät getestet wird. Drei Tage nach dem Auftreten erster klinischer Symptome sollte der Test stark positiv ausfallen und dann mehrere Tage positiv

Tabelle 10.1 Unterscheidung zwischen chronischem Dünn- und Dickdarmdurchfall

	Dünndarmdurchfall	Dickdarmdurchfall
Gewichtsverlust (wichtigstes Kriterium)	zu erwarten	selten, außer bei systemischen Mykosen oder Neoplasien
Polyphagie	häufig	selten
Erbrechen	kann auftreten	bei 10–20 % der Patienten
Kotvolumen	normal oder erhöht	normales bis geringeres Volumen
Häufigkeit des Kotabsatzes	normal oder leicht erhöht	normal bis deutlich erhöht, häufiger Absatz kleiner Mengen möglich
schiefergrauer Kot (Steatorrhö)	gelegentlich	nein
Hämatochezie	nein	manchmal
Meläna	manchmal	nein
mukoider Kot	selten (nur bei erkranktem Ileum)	häufig
Tenesmus / Dyschezie	selten	manchmal

bleiben. Eine kürzlich stattgefundene Vakzinierung kann zu einem schwach positiven fäkalen ELISA-Ergebnis führen.

10.7 Chronische Diarrhö

Bei der chronischen Diarrhö sollte zunächst über Anamnese und klinische Untersuchung geklärt werden, ob Dünn- oder Dickdarm oder beide Darmbereiche betroffen sind (Tab. 10.1). Patienten mit chronischer Diarrhö, bei denen keine schwere klinische Erkrankung vorliegt, werden häufig zunächst versuchsweise therapiert, bevor aggressive diagnostische Maßnahmen eingeleitet werden. Bei allen Patienten sollten mindestens drei Kotuntersuchungen in 48-stündigen Intervallen durchgeführt werden. Wenn diese negativ ausfallen, ist es immer noch akzeptabel, vor einer weiterführenden Diagnostik empirisch auf einen Giardien- oder Peitschenwurmbefall hin zu behandeln. Besonders eine Giardiasis ist oftmals schwierig zu diagnostizieren (siehe 10.31 Giardiennachweis im Kot) und zu behandeln. Futtermittelunverträglichkeiten können ebenfalls chronischen Durchfall verursachen. Bei Unverträglichkeiten handelt es sich um Reaktionen auf eine spezielle Substanz in der Diät. Tatsächliche Futtermittelallergien hingegen sind durch immunologische Reaktionen auf spezifische Antigene charakterisiert. Reaktionen auf Futtermittel kommen insbesondere bei der Katze häufig vor. Ausschlussdiäten sind bei verdächtigen Fällen indiziert. Spricht der Patient nicht auf die empirische Therapie an, muss weiterführende Diagnostik betrieben werden.

10.7.1 Dickdarmdiarrhö

Wenn Parasitosen, diätetische Erkrankungen und Clostridienkolitis ausgeschlossen sind, können einfache diagnostische Schritte in Erwägung gezogen werden. Dazu gehört beispielsweise, ein Rektalschleimhautgeschabsel (keine Abstriche) anzufertigen und zytologisch zu untersuchen (Farbtafel 3B) und / oder Kotkulturen zur Untersuchung auf *C. jejuni*, *Salmonella* spp., *Y. enterocolitica* und Verotoxin-positive *E. coli* anzulegen. Liegt eine persistierende Erkrankung des Dickdarms vor, ist es i. d. R. indiziert, eine Koloskopie durchzuführen und Biopsieproben zu entnehmen – insbesondere, wenn das Tier eine Hypalbuminämie aufweist und Gewicht verloren hat. Die Untersuchung des *Colon descendens* mit einem starren Koloskop ist in den meisten Fällen für die Diagnostik ausreichend. Ein flexibles Endoskop erlaubt den Zugang zum *Colon descendens*, *C. transversum* und *C. ascendens* sowie zur Ileozäkalklappe, Zäkum und Ileum. Wenn kein flexibles Endoskop verfügbar ist, können Veränderungen in Darmarealen, die mit dem starren Endoskop nicht zu erreichen sind, auch durch abdominale Sonographie oder die Verabreichung bariumhaltiger Klistiere aufgezeigt werden.

10.7.2 Dünndarmerkrankungen

Chronische und schwere Dünndarmerkrankungen müssen in maldigestive Erkrankungen, Protein-losing Enteropathy (PLE) und malabsorptive Erkrankungen ohne Proteinverlust eingeteilt werden (Abb. 10.3). In der Regel liegen

Gewichtsverlust und Diarrhö vor, bei manchen Patienten tritt aber ausschließlich ein Gewichtsverlust auf.

Maldigestion

Maldigestion aufgrund eines Gallensäurenmangels nach Gallengangsobstruktion ist selten. Auch eine intestinale Laktasedefizienz kommt nicht häufig vor. Bei ausgewählten Patienten (insbesondere Katzen) kann eine laktosefreie Diät jedoch ausprobiert werden. Exokrine Pankreasinsuffizienz (EPI) ist die häufigste Ursache einer Maldigestion beim Hund, bei der Katze ist EPI dagegen selten. Die Abgrenzung einer EPI von malabsorptiven Erkrankungen ist wichtig. Die Diagnose wird häufig übersehen oder unzutreffend bei nicht an EPI erkrankten Hunden gestellt. Zur Diagnose der EPI wird häufig ein Therapieversuch mit Pankreasenzympräparaten unternommen. Da es recht unterschiedliche Enzympräparate gibt, ist die Methode sehr unzuverlässig. Pulverisierte Enzyme sind meist den Medikamenten in Tablettenform überlegen. Manche Enzympräparate sind eindeutig besser als andere. Selbst wenn geeignete Enzympräparate verabreicht werden, ist bei manchen Tieren eine fettreduzierte Diät oder der Einsatz von Antazida (selten) sowie die Therapie einer begleitenden Antibiotika-responsive Enteropathie (ARE) (häufig) notwendig, damit die Enzymersatztherapie anschlägt. Zu häufig führt das Versagen der initialen Enzymersatztherapie zur Durchführung unnötiger Untersuchungen (explorative Laparotomie), weil die korrekte Diagnose EPI fälschlich ausgeschlossen wurde. Es werden keine einheitlichen hämatologischen Veränderungen oder Abweichungen in der Serumchemie beobachtet, und die Amylase- und Lipasewerte liegen im Referenzbereich. Im Kot können unverdaute Fette gefunden werden, dieser Befund ist jedoch inkonsistent. Der Fettabsorptionstest ist preiswert, kann aber falsche Ergebnisse liefern. Die TLI-Bestimmung ist die beste Möglichkeit, EPI beim Hund nachzuweisen. Bei der Katze ist der fTLI-Test zur Diagnose am besten geeignet. Es ist wichtig zu beachten, dass die Tests speziesspezifisch sind. Die Messung der proteolytischen Aktivität von Trypsin ist ebenfalls ein akkurater Test zur EPI-Diagnostik bei der Katze. Allerdings ist er aufwändiger und nur limitiert verfügbar.

Malabsorptive Erkrankungen ohne Proteinverlust

Wenn das Vorliegen einer Maldigestion ausgeschlossen wurde, ist die Malabsorption die wahrscheinlichste Diagnose bei Patienten mit Durchfall und Gewichtsverlust. Es können diagnostisch-therapeutische Versuche oder diagnostische Tests zur Abklärung einer Malabsorption durchgeführt werden. Um eine definitive Diagnose zu stellen, ist i.d.R. eine Darmbiopsie zu entnehmen. Bei Patienten, die sich in einem kritischen Zustand befinden (ausgezehrte Patienten oder solche mit Serum-Albuminwerten < 22 g/l [< *2,2 g/dl*]), sollten abdominale Sonographie und Darmbiopsien (vorzugsweise endoskopisch) eingeleitet werden. Therapieversuche sind bei Patienten mit einer schwächeren Symptomatik legitim. Zur Auswahl der entsprechenden Therapie genügen einige wenige Laboruntersuchungen wie großes Blutbild, Serumchemie und Kotuntersuchung. Die beiden wichtigsten Therapieversuche sind

1. Futterumstellung, um diätetische Intoleranzen abzuklären,
2. Verabreichung von Antibiotika bei ARE (Antibiotika-responsiver Enteropathie).

ARE (früher auch „Small Intestinal Bacterial Overgrowth“ genannt) kann alleine bestehen oder zusammen mit anderen gastrointestinalen Erkrankungen vorkommen. Eine vorliegende ARE führt häufig dazu, dass sich trotz einer Therapie, die gegen das zugrunde liegende Problem gerichtet ist, die klinischen Symptome nicht bessern. Die Veränderungen des Blutbilds oder der Serumchemie sind nicht konsistent. Darüber hinaus sind Kotkulturen nicht aussagekräftig, und auch intestinale Biopsien nur selten von diagnostischem Wert. Eine Bariumkontrastuntersuchung kann segmentale Veränderungen oder partielle Obstruktionen aufdecken, die für eine sekundäre ARE verantwortlich sind. Quantitative kulturelle Untersuchungen von Duodenal- oder proximalem Jejunuminhalt auf Aerobier oder Anaerobier sind schwierig zu interpretieren, da bei klinisch gesunden Hunden genauso viele oder mehr Bakterien nachgewiesen werden können wie bei erkrankten Tieren. Man nimmt an, dass ein Anstieg der unkonjugierten Serum-Gallensäuren die Diagnose ARE erhärtet. Bakterien können im Darmlumen Gallensäuren dekonjugieren; diese werden anschließend im

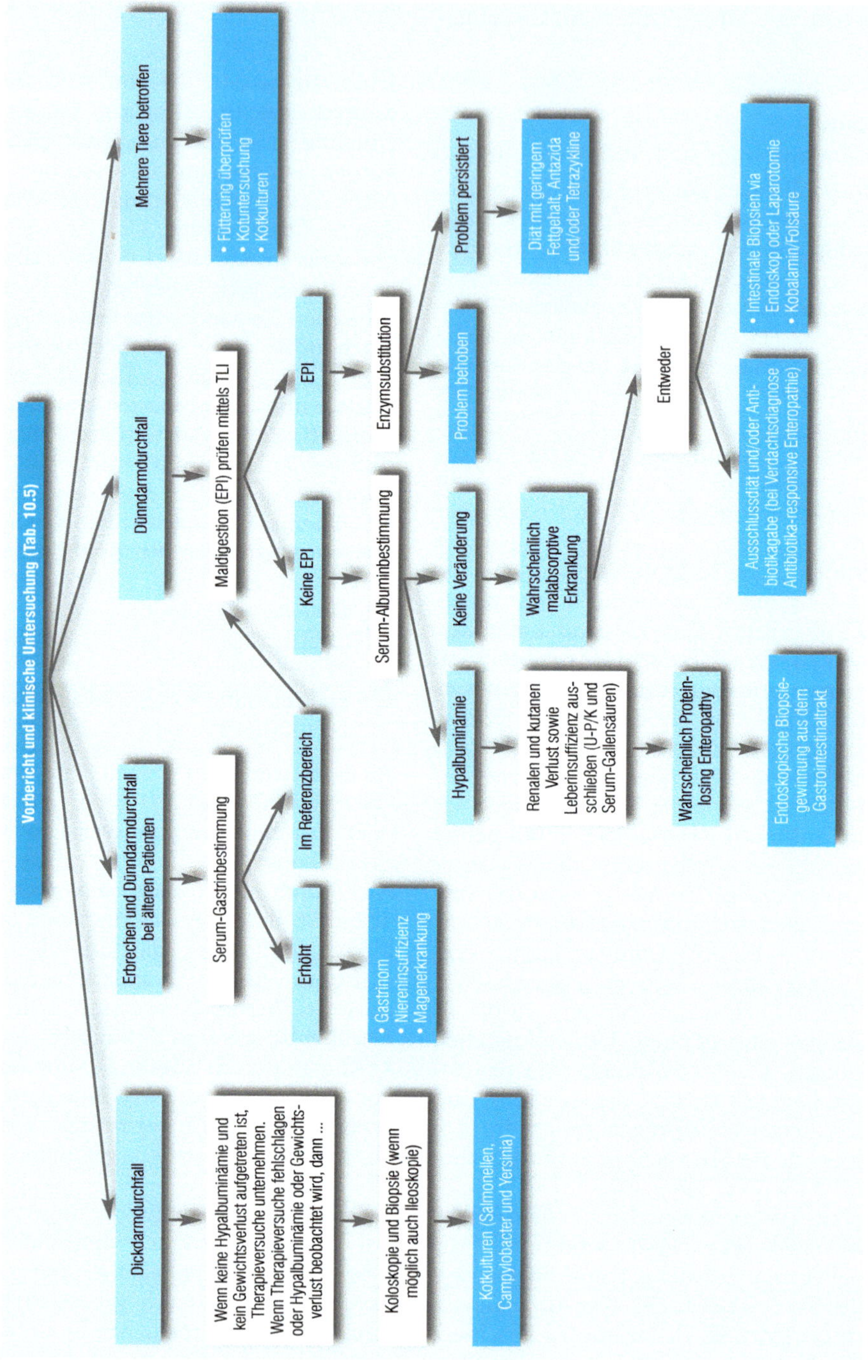

Abb. 10.3 Diagnostisches Vorgehen bei chronischer Diarrhö (Hund und Katze) nachdem mehrmalige Kotuntersuchungen negativ ausfielen und die empirische Therapie von Parasitosen, Protozoonosen sowie die diätetische Therapie nicht erfolgreich waren. EPI, exokrine Pankreasinsuffizienz; TLI, Trypsin-like Immunoreactivity; U-P/K, Urin-Protein/Kreatinin-Verhältnis.

Jejunum absorbiert. Der Tests ist jedoch nur limitiert verfügbar. Als Suchtest für ARE können – nach Ausschluss einer exokrinen Pankreasinsuffizienz – Vitamin-B_{12}- und Folsäurekonzentrationen im Serum verwendet werden. Allerdings zeigen manche Patienten trotz ihrer Erkrankung unauffällige Vitamin-B_{12}- und Folsäurekonzentrationen. Das Ansprechen auf eine empirische Antibiotikatherapie unterstützt die Diagnose. Symptome, die sekundär aufgrund einer ARE entstehen, verschwinden in der Regel nach entsprechender Therapie (z.B. Tetrazykline, Tylosin, Ampicillin, Metronidazol), sofern keine irreversiblen Schleimhautschäden und keine primär zugrunde liegenden Darmerkrankungen vorhanden sind.

Futtermittelintoleranzen sind relativ häufig. Entsprechend ist die Fütterung von hypoallergenen Diäten (z.B. Fisch und Kartoffel, Truthahn und Kartoffel, Tofu und Bohnen) ein angemessener Therapieversuch. Für eine Eliminationsdiät sollten mindestens 4 Wochen (besser 6 bis 8 Wochen) veranschlagt werden, während denen nichts anderes gefüttert werden darf (einschließlich Belohnungen oder Medikamente).

Wenn diätetische, antibiotische und wiederholte anthelmintische Behandlungen und Medikamente gegen Protozoen nicht wirksam sind, ist eventuell eine Dünndarmbiopsie angezeigt. Die Probenentnahme erfolgt mittels Laparotomie, Laparoskopie oder Endoskopie. Bei den meisten Patienten lassen sich Biopsien aus Magen, Duodenum, Ileum und Kolon unter endoskopischer Kontrolle durchführen. Bei manchen Erkrankungen hat sich eine duodenale Zytologie als hilfreich erwiesen (z.B. eosinophile Enteritis, eitrige Enteritis, Giardiasis, malignes Lymphom). Wenn eine Laparotomie durchgeführt wird, hat es sich bewährt, repräsentative Proben aus allen Schichten z.B. von Magen, Duodenum, Jejunum, Ileum und Mesenteriallymphknoten sowie mehrere Proben (> 8) von jeder Lokalisation zu entnehmen, da die Läsionen sporadisch vorkommen können. Die endoskopierende Person sollte mit der Entnahme von qualitativ hochwertigen Gewebeproben vertraut sein und genügend Erfahrung auf diesem Gebiet haben. Viele Biopsieproben verlieren ihren diagnostischen Wert, weil sie von einem ungeübten Untersucher entnommen wurden.

Protein-losing Enteropathy

Enteropathien mit Proteinverlust (Protein-losing Enteropathy, PLE) sind häufig durch einen Abfall der Serum-Albumin- und Serum-Globulinkonzentration charakterisiert. Albumin und Globulin gehen über den Gastrointestinaltrakt verloren. Während PLE bei Katzen selten vorkommt, wird sie bei Hunden relativ regelmäßig beobachtet. Hunde mit entzündlichen Erkrankungen, die zur Hyperglobulinämie führen, und bestimmte Rassen (z.B. Basenjis) weisen möglicherweise nur eine Hypalbuminämie auf. Das ist der Fall, wenn die Globulinkonzentration massiv erhöht ist und, obwohl der Hauptteil des Globulins in den Darmtrakt verloren geht, das verbleibende Globulin die Konzentration im Referenzbereich hält. Gehen auch Erythrozyten verloren, kann eine Eisenmangelanämie entstehen (siehe Kap. 3).

PLE kann die Folde verschiedener gastrointestinaler Erkrankungen sein (z.B. Hakenwürmer, chronische Invagination, Pilzinfektionen, Ulzera und Erosionen). Die häufigsten Ursachen bei adulten Hunden sind aber entzündliche Darmerkrankungen (Inflammatory Bowel Disease, IBD), intestinales Lymphom und Lymphangiektasien. Beispielsweise kann eine intestinale Lymphangiektasie beim Hund für eine schwere PLE verantwortlich sein und zu den niedrigsten Proteinspiegeln im Serum (Albumin < 10 g/l [< *1,0 g/dl*]) führen, die bei Darmerkrankungen vorkommen (wurde bei Katzen noch nicht beschrieben). Durch den Verlust von Lymphe in den Darm sind die peripheren Lymphozytenzahlen häufig reduziert. Hypocholesterinämie und Steatorrhö werden in vielen Fällen beobachtet. Nach Ausschluss einer Leberinsuffizienz sowie von Proteinverlusten über Niere und Haut ist PLE die Hauptdifferentialdiagnose bei hypalbuminämischen Patienten. Bei Patienten, bei denen auch andere Ursachen einer Hypalbuminämie (z.B. renaler Proteinverlust oder Leberinsuffizienz) in Betracht kommen, kann eine PLE durch die Messung einer erhöhten Alpha-1-Protease-Inhibitor-Konzentration im Kot betätigt werden. Die relativ stabile Alpha-1-Protease ist resistent gegenüber intestinalem Abbau und kann aus diesem Grund im Kot bestimmt werden. Anhand einer Biopsieprobe wird die endgültige Diagnose gestellt. Bei Darmbiopsien durch alle Schichten besteht das Risiko einer Dehiszenz, wenn die Serum-Albuminkonzentration unter 15 g/l (*1,5 g/dl*) liegt. Eine Endoskopie von Magen, Duodenum und Ileum mit Biopsieentnahme ist sicher und reicht in den meisten Fällen (aber nicht immer) für eine Diagnosestellung aus. Manchmal ist die Läsion für eine endoskopische Untersuchung nicht zugänglich. Bei Patienten mit PLE kann eine diätetische Behandlung versucht werden, wird aber nicht empfohlen. Bei einer vermuteten Lymphangiektasie ist eine sehr fettarme Diät vertretbar. Therapieversuche mit Steroiden sind potentiell gefährlich und nicht ohne eine definitive Diagnose indiziert.

10.8 Beschaffenheit des Kots

Mukoide Fäzes sprechen für eine Dickdarm- oder distale Dünndarmerkrankung. Bei Patienten mit Dickdarmerkrankungen ohne Gewichtsverlust oder Hypalbuminämie ist es sinnvoll, initial multiple Kotproben zu untersuchen, eine digitale rektale Untersuchung durchzuführen und Therapieversuche (diätetisch, antibakteriell und/oder anthelmintisch) zu unternehmen. Kommt es zu keiner Besserung bzw. Klärung der Ursache, ist eine Koloskopie bzw. Ileoskopie mit Biopsieentnahme angezeigt. Liegt Hämatochezie vor, sollte sie als Hinweis auf eine Dickdarmerkrankung betrachtet werden. Meläna kennzeichnet verschlucktes Blut jeglicher Herkunft, eine Koagulopathie oder Blutungen des Magens oder oberen Darmbereichs. Vor einer explorativen Laparotomie müssen alle möglichen Ursachen oraler Blutungen (z. B. Hochhusten von Blut aus dem Respirationstrakt, hinteres Nasenbluten) in Betracht gezogen werden. Bei Aufnahme von Bismutsubsalizylat oder Leber kann der Kot farblich einer Meläna ähneln. Diäten und Veränderungen der Darmflora beeinflussen die Farbe des Kots, sprechen aber nicht generell für eine Erkrankung.

10.9 Parvovirusnachweis im Kot (ELISA)

Indikation (gelegentlich)

Dieser Test wird bei Hunden mit Verdacht auf Parvovirusenteritis (insbesondere bei Tieren, die keine typischen Symptome zeigen) und akuter Neutropenie unbekannter Ursache durchgeführt.

Vorteile

Der Test ist schnell, allgemein verfügbar und – wenn er zum richtigen Zeitpunkt (ungefähr 1–3 Tage nach dem Auftreten klinischer Symptome) durchgeführt wird – sensitiv und spezifisch.

Nachteile

Hunde mit Parvovirusenteritis können negative Ergebnisse aufweisen, besonders in der Anfangsphase der Erkrankung.

Analyse

Wenn möglich, sollte frischer Kot von Tieren, die innerhalb der letzten 24 bis 36 Stunden die ersten Symptome gezeigt haben, entsprechend den Anweisungen des Testherstellers verwendet werden (siehe Kap. 17). Die Anleitung zur Testdurchführung muss strikt befolgt werden, da sonst falsche Ergebnisse erzielt werden können.

Referenzbereich

Hunde sollten kein Parvovirusantigen im Kot aufweisen.

Interpretation

Ein positives Ergebnis unterstützt die Diagnose kanine Parvovirusenteritis. Nicht alle Hunde mit Parvovirusenteritis zeigen die Symptome Durchfall und Fieber. Manchmal sind lediglich Anorexie, Erbrechen oder Fieber (ohne Durchfall) zu beobachten. Theoretisch können aufgrund der Bindung des Antigens durch Antikörper aus dem Kot falsch-negative Ergebnisse auftreten. Wird der Test zu früh durchgeführt, können – trotz Vorliegens der Erkrankung – negative Ergebnisse vorkommen. Dann ist es angezeigt, den Test nach 36 bis 48 Stunden zu wiederholen. Da die Ausscheidung von Viruspartikeln innerhalb der ersten Erkrankungswoche zurückgeht, kann auch ein zu spät durchgeführter Test falsch-negativ ausfallen. Die Vakzination mit modifiziertem Lebendimpfstoff verursacht eine transiente Virusausscheidung. Dementsprechend sind eine Woche lang (5 bis 15 Tage nach der Vakzination) positive ELISA-Testergebnisse möglich.

10.10 Nachweis von Clostridientoxinen im Kot

Indikation (gelegentlich)

Der Test wird bei akuter nosokomialer Diarrhö oder chronischer Dickdarmdiarrhö unbekannter Ursache durchgeführt.

Vorteile

Der Test ist relativ leicht durchzuführen.

Nachteile

Der Test kann schwer zu interpretierende Ergebnisse liefern, insbesondere bei älteren Kotproben. Auch Sensitivität und Spezifität des Tests gegenüber *Clostridium perfringens* assoziierter Diarrhö sind ungewiss.

Analyse

Frischer oder gefrorener Kot wird gemäß der Testanleitung verwendet. Ein reverser passiver Latexagglutinationstest (RPLA) und eine ELISA-Methode stehen zum Nachweis von *Clostridium-perfringens*-Enterotoxin zur Verfügung. Ein ELISA zum Nachweis von *Clostridium-difficile*-Toxin A und B ist ebenfalls verfügbar.

Interpretation

Der Nachweis von *Clostridium-perfringens*-Enterotoxin im Kot gilt bei klinischen Anzeichen einer Clostridiendiarrhö als diagnostisches Kriterium für das Vorliegen einer Clostridienkolitis. Die Ergebnisse des ELISA scheinen – im Vergleich zu den Ergebnissen des RPLA – besser mit der Erkrankung zu korrelieren. Zu berücksichtigen ist aber, dass die Toxinproduktion – insbesondere im späten Stadium der Erkrankung – nicht ständig stattfindet. Ist Toxin trotz entsprechenden Verdachts nicht nachweisbar, sollte der Test nach dem erneuten Einsetzen klinischer Symptome wiederholt oder ein Therapieversuch mit Amoxicillin oder Tylosin durchgeführt werden.

Die Sporenzählung im Kot korreliert nicht gut mit der Enterotoxinproduktion von *Clostridium perfringens* oder Durchfallsymptomen. Beispielsweise können klinisch gesunde Hunde Sporen im Kot aufweisen, wobei auch der RPLA-Toxinnachweis positiv ausfallen kann. Deshalb ist es nicht mehr akzeptabel, im Rahmen eines Suchtests Kotausstriche auf Sporen zu untersuchen.

Der Nachweis von *Clostridium-difficile*-Toxin A bei Durchfallpatienten scheint auf eine Ursache-/Wirkungsbeziehung hinzudeuten; dies wird derzeit näher untersucht.

10.11 Kotkultur

Indikation (gelegentlich)

Fäkale Kulturen werden bei Hunden und Katzen mit persistierender Diarrhö (insbesondere Dickdarm) unbekannter Ursache oder dem Verdacht auf infektiösen Durchfall (z.B. Durchfall mit begleitendem Fieber, Leukozytose, Neutrophile im Kotausstrich, blutiger Durchfall) angelegt. Zu den darmpathogenen Erregern gehören: *C. perfringens*, *Salmonella* spp., *C. jejuni*, Verotoxin-positive *E. coli*, *Clostridium perfringens*, *Clostridium difficile* und *Y. enterocolitica*.

Nachteile

Es muss vorher spezifiziert werden, welche Keime kultiviert werden sollen. Ferner ist dem Labor frischer Kot bzw. Kot in geeigneten Transportmedien zur Verfügung zu stellen. Schließlich muss das mikrobiologische Labor mit den speziellen Anreicherungs- und Isolierungstechniken aller pathogenen Keime, für die eine Kultur angestrebt wird, vertraut sein. Die Verwendung von Abstrichen ist für die Isolierung der meisten darmpathogenen Keime nicht geeignet. Lässt sich ein pathogener Keim anzüchten, bedeutet das nicht unbedingt, dass er auch für die beobachteten klinischen Symptome verantwortlich ist.

Analyse

Frischer Kot muss schnell in ein Labor gebracht werden, das für die Kultivierung von pathogenen Keimen ausgestattet ist. Das Labor muss darüber hinaus wissen, welcher pathogene Keim in Frage kommt. Das Einschicken von altem Kot oder Kot, der nicht richtig gewonnen und behandelt wurde, oder ein Auftrag zur Kultivierung aller pathogenen Keime ist in der Regel Zeit- und Geldverschwendung. Auch die Kultivierung von *C. perfringens* und *C. difficile* ist gewöhnlich nicht von diagnostischem Wert.

Interpretation

Die Interpretation einer Kotkultur muss Vorbericht, klinische Untersuchung, Labordaten und gelegentlich auch die Anzahl pathogener Organismen (Anzahl der koloniebildenden Einheiten pro Gramm Kot) mit einbeziehen. Geringe Mengen aller oben aufgelisteten pathogenen Keime können bei gesunden Tieren gefunden werden. Bei Durchfall kann sich die Darmflora von einer vorwiegend anaeroben zu einer gramnegativen aeroben Population verändern.

10.12 Fettnachweis im Kot

Indikation (selten)

Der Fettgehalt des Kots wird bestimmt, um Maldigestion und Malabsorption bei Patienten mit Durchfall oder unerklärbarem Gewichtsverlust zu diagnostizieren.

Vorteile der semiqualitativen Analyse

Sehr kostengünstiger, allgemein verfügbarer und ausreichend genauer Suchtest.

Nachteile der semiqualitativen Analyse

Zeitweilig irreführende Ergebnisse.

Vorteile der quantitativen Analyse

Sehr sensitiv.

Nachteile der quantitativen Analyse

Teuer, Kotgewinnung- und Lagerung gestaltet sich schwierig, die Ursachen der Steatorrhö sind schlecht zu differenzieren.

Analyse

Bei der semiqualitativen Analyse von unverdautem Fett vermischt der Untersucher einen Tropfen frischen Kot mit einem Tropfen Sudan III, erhitzt den Objektträger bis zum Kochen und wertet den Ausstrich mikroskopisch aus. Um verdautes Fett nachzuweisen, wird ein Tropfen frischer Kot mit einem Tropfen 36%iger Essigsäure und einem Tropfen Sudan III vermischt. Diese Mischung wird auf einen Objektträger gegeben, bis zum Kochen erhitzt und das noch warme Gemisch untersucht. Werden orangefarbene Tröpfchen gefunden, gilt der Test – sowohl für unverdautes als auch für verdautes Fett – als positiv. Vor der Testdurchführung sollte der Patient Futter mit mittlerem bis hohem Fettgehalt verabreicht bekommen. Die Fütterung einer Diät mit geringem Fettgehalt kann bei Malabsorption zu falsch-negativen Ergebnissen führen.

Die quantitative Analyse ist selten indiziert und wird nur selten durchgeführt.

Referenzbereich

Semiqualitativ: wenige bis keine unverdaute und verdaute Fetttropfen pro Gesichtsfeld (bei 400facher Vergrößerung).

Artefakte

Beim semiqualitativen Test können falsch-negative und falsch-positive Ergebnisse auftreten. Die Verabreichung von Bariumsulfat, Bismut, Psylliumfaser, Mineralöl oder Rizinusöl, oder die Fütterung einer Diät mit niedrigem Fettgehalt kann die semiqualitative Analyse verzerren.

Medikamentöse Beeinflussung der Fettausscheidung

Eine reduzierte Ausscheidung kann durch mittellangkettige Triglyzeridölsupplementierung (titrimetrische Analyse) verursacht sein. Erhöhte Fettexkretion kann durch Azathioprin, oral verabreichte Aminoglykoside und Cholestyramine ausgelöst sein.

Ursachen einer Steatorrhö

Sind mehrere orangefarbene Tropfen pro Gesichtsfeld (400fache Vergrößerung) nachweisbar und fällt der Test wiederholt positiv aus, spricht dies für das Vorliegen einer Malabsorption oder Maldigestion. Der Suchtest erlaubt eine Differenzierung zwischen Maldigestion aufgrund einer exokrinen Pankreasinsuffizienz (positiver Nachweis von unverdautem Fett) und Malabsorption (positiver Nachweis von verdautem Fett). Werden große Mengen an unverdautem Fett bei Hunden mit Symptomen einer Maldigestion nachgewiesen, sind – trotz gelegentlich vorkommender falsch-positiver Ergebnisse – spezifischere Untersuchungen angezeigt (z. B. TLI-Test). Fraglichen Ergebnissen beim semiqualitativen Test sollten immer spezifischere Tests folgen. Mit der Sudan-III-Färbung kann Fett im Kot bei manchen Hunden mit exokriner Pankreasinsuffizienz nicht angefärbt werden, was zu falsch-negativen Resultaten führt.

10.13 Stärkenachweis im Kot

Indikation (selten)

Bei chronischem Durchfall und Gewichtsverlust ist Stärke im Kot zu bestimmen.

Vorteile

Niedrige Kosten; Verfügbarkeit.

Nachteile

Es kommen negative und positive Ergebnisse vor, die nicht mit Malabsorption und Maldigestion korrelieren.
Der Test wird nicht empfohlen.

Analyse

Kotausstriche werden mit 2%iger Lugolscher Jodlösung gefärbt. Stärke stellt sich bei mikroskopischer Untersuchung in Form dunkelblauer bis schwarzer Körnchen dar.

Referenzbereich

Einzelne (0 bis 5) Körnchen pro Gesichtsfeld bei 400facher Vergrößerung. Das Ergebnis variiert in Abhängigkeit von der Diät.

Artefakte

Falsch-hoch: Kontamination des Kots mit Futter. Außerdem treten unerklärliche falsch-positive und falsch-negative Ergebnisse auf. Manche Diäten bedingen eine gesteigerte Stärkeausscheidung.

Ursachen einer Amylorrhö

Bei erhöhter Stärkeausscheidung ist das Vorliegen einer exokrinen Pankreasinsuffizienz (EPI) wahrscheinlich. Aber auch Futtermittel mit hohem Stärkegehalt oder Zustände, die eine beschleunigte Darmpassage verursachen, können zu Amylorrhö führen. Wird bei Patienten mit Gewichtsverlust und Diarrhö eine erhöhte Stärkeausscheidung festgestellt, ist eine TLI-Messung indiziert.

10.14 Muskelfasernachweis im Kot

Indikation

Der Nachweis von Muskelfasern im Kot wird bei schwer zu diagnostizierendem chronischem Dickdarmdurchfall oder Gewichtsverlust durchgeführt.

Vorteile und Nachteile

Die Untersuchung birgt die gleichen Vor- und Nachteile wie der fäkale Stärkenachweis.
Der Test wird nicht empfohlen.

Analyse

Ein frischer Kotausstrich wird mit 2%iger Lugolscher Lösung, Methylenblau oder nach Wright gefärbt.

Referenzbereich

Hund: Es sollten keine Muskelfasern im Kot vorhanden sein.
Katze: Es wird angenommen, dass bei der Katze ebenfalls keine Muskelfasern im Kot sichtbar sein dürfen.

Iatrogene Beeinflussung

Bei manchen Diäten werden mehr Muskelfasern im Kot nachgewiesen als bei anderen. Die Verabreichung von Bariumsulfat, Mineralöl, Magnesium oder Bismut kann die Identifizierung von Fasern erschweren. Eine fleischfreie Ernährung macht den Test überflüssig.

Ursachen einer Kreatorrhö

Beim Nachweis von Muskelfasern im Kot ist das Vorliegen einer EPI möglich und die TLI-Messung indiziert.

10.15 Proteolytische Aktivität im Kot

Indikation (selten)

Zur Abklärung einer Maldigestion bei Tieren mit chronischem Durchfall oder bei Gewichtsverlust unbekannter Genese ist die proteolytische Aktivität im Kot zu bestimmen.

Vorteile

Theoretisch kann man mit dieser Untersuchung das Vorliegen einer sekundären EPI, die sich aufgrund einer selten vorkommenden Obstruktion des Ausführungsganges/der Ausführungsgänge des Pankreas entwickelt hat, diagnostizieren.

Nachteile

Die verlässlichste Methode, die proteolytische Aktivität im Kot zu bestimmen, ist aufwändig

und benötigt eine spezielle Aufbereitung der Kotproben.
Bei der EPI-Diagnostik der Katze hat der fTLI-Test die Messung der proteolytischen Aktivität ersetzt.

10.16 Alpha-1-Protease-Inhibitor-Aktivität im Kot

Indikation (selten)

Die Alpha-1-Protease-Inhibitor-Aktivität wird bei Hypalbuminämie unbekannter Ursache oder dem Verdacht auf Protein-losing Enteropathy (PLE) bestimmt.

Vorteile

Der Test identifiziert den Gastrointestinaltrakt als Quelle des Proteinverlusts. Gelangt das Plasmaprotein Alpha-1-Protease-Inhibitor ins Darmlumen, ist es gegenüber gastrointestinalem Abbau resistent und kann aus diesem Grund im Kot gemessen werden. Die Menge an Alpha-1-Protease-Inhibitor reflektiert den ungefähren Verlust an Plasmaproteinen in den Gastrointestinaltrakt.

Nachteile

Die Untersuchung ist nur limitiert verfügbar. Die Höhe der Alpha-1-Protease-Inhibitor-Konzentration im Kot ist variabel und muss nicht den Schweregrad der Erkrankung reflektieren.

Analyse

Drei Kotproben von je 1 g – gewonnen an drei verschiedenen Tagen bzw. wenigstens aus drei verschiedenen Defäkationen – werden in Röhrchen gegeben, die vom Labor zur Verfügung gestellt werden. Zu beachten ist, dass die Proben sofort nach dem Kotabsatz genommen werden und ferner die Fäzes nicht durch digitale Manipulation aus dem Rektum gewonnen werden. Die Proben müssen bis zum Versand gefroren gelagert und auf Kühlkissen verschickt werden. Das derzeit einzige Labor, das diese Untersuchung für Hunde anbietet, ist das GI Laboratory des College of Veterinary Medicine der Texas A&M University, College Station, TX 77843–4474, USA.

Referenzbereich

0,23–5,67 µg/g Kot.

Ursachen von Veränderungen

Ungewöhnlich hohe Werte im Kot sprechen für einen Verlust von Serumproteinen in den Verdauungstrakt und dafür, dass PLE die Ursache der Hypalbuminämie ist. Die Interpretation des Ausmaßes des Proteinverlusts erfolgt gemäß den Empfehlungen des durchführenden Labors.

10.17 Kotzytologie

Indikation (häufig)

Dick- oder Dünndarmdurchfall.

Vorteile

Verfügbarkeit und einfache Durchführung.

Nachteile

Unterschiedliche Spezifität für bestimmte ursächliche Faktoren.

Analyse

Dünne luftgetrocknete Ausstriche von frischem Kot werden mit Methylenblau oder nach Wright gefärbt und bei 1000facher Vergrößerung mit Ölimmersion untersucht. Schleimhautgeschabsel von Rektum oder Kolon, die mit einer Kürette gewonnen wurden, können auch für die Untersuchung von Schleimhautzellen herangezogen werden.

Physiologischer Befund

Eine Mischpopulation stäbchenförmiger und kokkoider Bakterien, wenige Bakteriensporen oder Hefen, einzelne Epithelzellen und amorpher Debris können vorhanden sein.

Artefakte

Alte Kotproben (Leukozyten sind in Kotproben nicht lange identifizierbar. Darüber hinaus ändert sich die Bakterienpopulation und Bakteriensporen können vermehrt auftreten). Fäkaler Debris kann degenerierten Leukozyten ähneln.

Medikamentöse Therapie

Die Verabreichung von Barium und Psylliumfaser kann die Interpretation erschweren. Auch Antibiotikagaben können die Zusammensetzung der Bakterienflora verändern.

Ursachen von Veränderungen
Fäkale Leukozyten (insbesondere Neutrophile) treten vermehrt bei bakteriellen (z.B. Salmonellose, Campylobakteriose) und entzündlichen Schleimhauterkrankungen auf. Bei transmuralen Kolitiden kommt gelegentlich eine erhöhte Zahl weißer Blutkörperchen im Kot vor. Sind Leukozyten vorhanden, ist es angezeigt, Kotkulturen für spezifische pathogene Bakterien anzulegen oder eine Biopsie der Kolonschleimhaut durchzuführen. Eosinophile Granulozyten können bei allergischen und parasitären Kolitiden sichtbar werden. Lassen sich Hefen und Pilze in größerer Anzahl nachweisen oder ist eine uniforme Bakterienpopulation feststellbar, ist dies möglicherweise bei der Identifikation der Durchfallursache von Belang.

10.18 Okkultes Blut im Kot

Indikation (selten)
Zur Identifizierung gastrointestinaler Blutungen, die makroskopisch nicht sichtbar sind (Meläna, Hämatochezie).

Nachteile
Siehe Artefakte.

Analyse
Frischer Kot wird auf einen Teststreifen gestrichen. Der Patient muss mindestens drei Tage vor der Kotgewinnung eine fleischfreie Diät erhalten haben. Die Sensitivität variiert stark in Abhängigkeit vom verwendeten Test.

Referenzbereich
Siehe Artefakte.

Artefakte
Falsch-niedrig: Gewinnung von schlecht gemischtem Kot (das Blut ist möglicherweise nicht homogen in der Probe verteilt) und Vitamin-C-Supplementierung.
Falsch-hoch: Diäten mit frischem Fleisch (Hämoglobin) oder frischem ungekochtem Gemüse (Peroxidasen), die eine positive Reaktion verursachen können.

Ursachen
Blutungen in den Gastrointestinaltrakt an jeglichem Ort und aufgrund jeglicher Ursache können zu okkultem Blut im Kot führen. Blutverluste in den Verdauungstrakt von 2 ml Blut/30 kg Körpergewicht führen zu einem positiven Ergebnis.

10.19 Fettabsorptionstest

Indikation (selten)
Der Test wird zu Nachweis und Unterscheidung zwischen Maldigestion und Malabsorption, bei chronischem Dünndarmdurchfall oder unerklärbarem Gewichtsverlust durchgeführt. Positiv sind die niedrigen Kosten und die Verfügbarkeit des Tests. Es treten jedoch häufig falsch-negative und falsch-positive Ergebnisse auf.
Der Fettabsorptionstest wird nicht empfohlen.

10.20 Bentiromid

Indikation (selten)
Aufgrund der Genauigkeit und Verfügbarkeit der TLI-Messung wird der Bentiromid-Test (BT-PABA) selten verwendet und **wird nicht empfohlen.**

10.21 Trypsin-like Immunoreactivity (TLI)

Indikation (häufig)
TLI wird bei chronischem Dünndarmdurchfall oder unklarem Gewichtsverlust bestimmt.

Vorteile
Der Test besitzt eine hohe Sensitivität und Spezifität für den Nachweis einer exokrinen Pankreasinsuffizienz (EPI). Es wird nur eine Serumprobe benötigt, die nicht speziell behandelt werden muss. Die meisten Veterinärlabors können diesen Test beim Hund durchführen.

Nachteile
Das derzeit einzige Labor, das den fTLI-Test (für Katzen) durchführt, ist das GI Laboratory des College of Veterinary Medicine der Texas A&M University, College Station, TX 77843–4474, USA. Allerdings gibt es die Möglichkeit, Blutproben über in Deutschland ansässige Einsendelabors zur A&M University zu schicken, wobei aber bis zur Mitteilung des Ergebnisses viel Zeit verstreicht.

Analyse

Die TLI wird in Serum durch einen ELISA bestimmt.

Referenzbereich

Hund: 5–35 μ/l (Abb. 10.4); Katze: 12–82 μg/l.

Kritische Werte

Keine.

Artefakte

Theoretisch könnten bei einer sekundären EPI, die im Gegensatz zur primären Form durch Obstruktion des Pankreasgangs und nicht durch Atrophie der Azinuszellen verursacht wird, physiologische oder sogar erhöhte Serum-TLI-Werte auftreten.

Medikamentöse Beeinflussung

Medikamente, die eine akute Pankreatitis verursachen (Übersicht 10.3), können die TLI im Serum erhöhen. Orale Supplementation mit Pankreasenzymen verändert die Serum-TLI-Konzentration nicht.

Ursachen einer erniedrigten TLI

Eine TLI-Konzentration unter 2,5 μg/l (Hund) oder 8 μg/l (Katze) wird generell als diagnostisches Kriterium für das Vorliegen einer EPI angesehen. Die TLI-Bestimmung gilt als der Test der Wahl zur EPI-Diagnostik (Abb. 10.4). Eine subklinische EPI kann bei intermediären Werten (> 2,5 μg/l und < 5 μg/l) vorliegen. In solchen Fällen sollten wiederholte Messungen durchgeführt werden. Manche Hunde entwickeln später eine EPI, andere hingegen nicht.

Ursachen einer erhöhten TLI

Werte über 50 μg/l beim Hund und über 100 μg/l bei der Katze können bei Pankreatitis, Nierenversagen, prärenaler Azotämie (zweifache Erhöhung möglich) und Fehlernährung auftreten. Der fTLI-Test scheint bei Katzen spezifischer für die Pankreatitisdiagnostik zu sein als Amylase- oder Lipasebestimmung. Dennoch ist der fTLI-Test nicht so sensitiv und spezifisch für feline Pankreatitis wie eine Pankreasbiopsie. Beim Hund steigt TLI in der frühen Phase der Pankreatitis an und kehrt dann zu Werten um den Referenzbereich zurück.

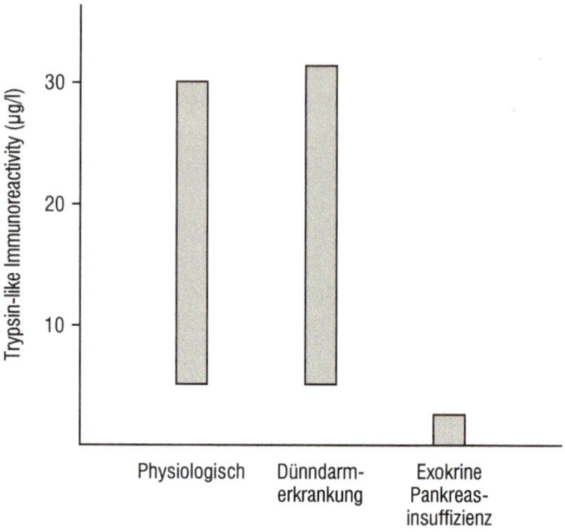

Abb. 10.4 Typische Wertebereiche der Trypsin-like-Immunoreactivity-Konzentration bei gesunden Hunden, Hunden mit Dünndarmerkrankungen und Hunden mit exokriner Pankreasinsuffizienz (EPI). Modifiziert nach: *Williams DA: Sensitivity and specificity of radioimmunoassay of serum trypsin-like immunoreactivity for the diagnosis of canine exocrine pancreatic insufficiency, J Am Vet Med Assoc 192:195, 1988.*

10.22 Oraler Glukoseabsorptionstest

Indikation (selten)

Der Test wird nicht für die Untersuchung des Gastrointestinaltrakts empfohlen.

10.23 Stärke-Verdauungstest

Indikation (selten)

Wie beim oralen Glukoseabsorptionstest.

10.24 *D*-Xylose-Absorptionstest

Indikation (selten)

Der Test wird nicht zur Untersuchung des Gastrointestinaltrakts empfohlen.

10.25 Zucker-Permeabilitätstest

Indikation (selten)

Der Test wird zur Bestätigung einer Dünndarmerkrankung durchgeführt, die nicht durch andere Untersuchungen nachweisbar ist.

Vorteile

Der Test ist als sensitive Untersuchung geeignet, um eine klinisch nicht offensichtliche intestinale Dysfunktion zu erkennen. Ferner kann er Veränderungen der Darmfunktion, die infolge von Behandlungen oder Fütterungsumstellung auftreten und klinisch nicht offensichtlich sind, detektieren.

Nachteile

Derzeit korreliert keine spezielle Erkrankung mit den Testergebnissen. Das einzige Labor, das den Test derzeit anbietet ist das GI Laboratory des College of Veterinary Medicine der Texas A&M University, College Station, TX 77843–4474, USA.

Analyse

Für den Test wird eine Lösung aus 2–5 Zuckerarten, die vom Labor bezogen werden kann, oral verabreicht. Sechs Stunden später wird eine Harnprobe gewonnen und in ein Gefäß mit Natriumazid verbracht, um eine bakterielle Zersetzung des Zuckers zu vermeiden. Die Zuckerkonzentration wird durch Hochdruck-Flüssigkeitschromatographie bestimmt und das Verhältnis der spezifischen Zuckerarten errechnet. Die Ergebnisse werden gemäß den Vorgaben des Labors interpretiert.

10.26 Vitamin B_{12} und Folsäure im Serum

Indikation (gelegentlich)

Die Bestimmung von Vitamin B_{12} (Kobalamin) und Folsäure ist bei chronischem Dünndarmdurchfall, unerklärbarem Gewichtsverlust oder dem Verdacht auf Dünndarmerkrankungen indiziert.

Vorteile

Es wird nur eine Serumprobe benötigt.

Nachteile

Unsichere Sensitivität und Spezifität bei Dünndarmerkrankungen, Antibiotika-responsiver Enteropathie (ARE) oder exokriner Pankreasinsuffizienz (EPI). Diese Untersuchung sollte zusätzlich zu anderen Tests für Malabsorptions- und Maldigestionssyndrome durchgeführt werden. Sie ist spezifisch für einen Vitamin-B_{12}-Mangel.

Analyse

Die Messung erfolgt im Serum durch biologische oder immunologische Verfahren. Methoden ohne Erhitzen sind beim Hund unzuverlässig. Das Serum sollte in einem verschlossenen Röhrchen transportiert werden.

Referenzbereich

Die Referenzbereiche variieren stark in Abhängigkeit vom untersuchenden Labor. Das jeweilige Labor muss den Test für Hunde und Katzen validieren.

Kritische Werte

Keine.

Artefakte

Falsch-niedriges Vitamin B_{12}: Degradation des Vitamins, wenn das Serum Sonnenlicht ausgesetzt wurde.

Medikamentöse Beeinflussung der Vitamin-B_{12}-Werte

Der Vitamin-B_{12}-Gehalt des Futters, Supplementation von Vitamin B_{12} und Folsäure können die Serumkonzentration beeinflussen. Medikamente, welche die Bakterienkonzentration im Darm beeinflussen (Antibiotika und Antazida), können die Werte ebenfalls verändern.

Ursachen einer erniedrigten Vitamin-B_{12}-Konzentration

Zu den Hauptursachen erniedrigter Vitamin-B_{12}-Konzentrationen im Serum von Hunden und Katzen gehören Erkrankungen des Ileums oder Resektion des Ileums (selten), EPI, Erkrankungen der Darmschleimhaut, ARE und bei der Katze Lebererkrankungen. Am wichtigsten sind EPI, Schleimhauterkrankungen und ARE. Liegen reduzierte Vitamin-B_{12}-Spiegel vor, ist eine TLI-Messung indiziert. Nicht alle Hunde mit EPI, Schleimhauterkrankungen und ARE zeigen eine verringerte Vitamin-B_{12}-Konzentration im Serum. Andererseits können Katzen mit EPI, schweren Dünndarmerkrankungen (z.B. malignes Lymphom, Inflammatory Bowel Disease [IBD]) und einigen Lebererkrankungen (z.B. idiopathische Hepatolipidose) sehr niedrige Vitamin-B_{12}-Werte aufweisen. Die deutliche Reduktion der Vitamin-B_{12}-Konzentration kann Indiz einer Dünndarmerkrankung bei Tieren sein, bei denen zunächst kein Verdacht auf eine derartige Erkrankung bestanden hat.

Ursachen einer erhöhten Vitamin-B_{12}-Konzentration
Vitamin-B_{12}-Supplementation.

Ursachen einer erniedrigten Folsäurekonzentration
Schwere Schleimhauterkrankungen des proximalen Dünndarms führen zur Reduktion der Folsäurekonzentration im Serum. Nicht alle Patienten mit einer derartigen Erkrankung weisen erniedrigte Folsäurewerte auf.

Ursachen einer erhöhten Folsäurekonzentration
ARE, EPI und Supplementation der Diät mit Folat sind wahrscheinlich die Hauptursachen für eine Erhöhung der Folsäurekonzentration. Viele Patienten mit derartigen Erkrankungen zeigen jedoch keine erhöhten Werte. Die Kombination aus niedrigen Vitamin-B_{12}- und hohen Folsäurewerten ist eine Indikation, auf eine mögliche ARE hin zu behandeln.

10.27 Wasserstoff-Atemtest

Indikation (selten)
Die Durchführung eines Wasserstoff-Atemtests ist bei chronischem Dünndarmdurchfall und unerklärbarem Gewichtsverlust indiziert und dient dem Nachweis von Wasserstoff, der als Nebenprodukt der bakteriellen Fermentation von Kohlenhydraten entsteht. Eine gestiegene Wasserstoffproduktion ist typisch für das Vorliegen einer ARE oder Kohlenhydratmalabsorption.

Vorteile
Der Test ist einfach durchzuführen und nichtinvasiv.

Nachteile
Für die Wasserstoffanalyse werden spezielle Gerätschaften benötigt; der Wasserstofftest ist deshalb keine Routineuntersuchung. Auch sind Sensitivität und Spezifität unsicher, und es gibt viele Faktoren, die den Test beeinflussen.

Analyse
Die Wasserstoffkonzentration in der Ausatemluft wird nach der Verdauung von Futter oder Kohlenhydraten wie D-Xylose oder Laktulose bestimmt.

Referenzbereich

Hund: Die Werte variieren in Abhängigkeit von der Analysemethode und dem verwendeten Kohlenhydrat.

Artefakte
Eine abnorme Darmtätigkeit kann das Abatmen von Wasserstoff aufgrund der bakteriellen Fermentation von Kohlenhydraten im Kolon beschleunigen oder verlangsamen.

Medikamentöse Beeinflussung
Antibiotika und Medikamente, welche die Darmpassage verzögern, können zu erniedrigter oder verzögerter Abatmung von Wasserstoff führen.

Ursachen erniedrigter Wasserstoffkonzentrationen in der Ausatemluft
Kommt bei gesunden Tieren vor.

Ursachen erhöhter Wasserstoffkonzentrationen in der Ausatemluft
Kohlenhydratmalabsorption und ARE können die Menge an ausgeatmetem Wasserstoff erhöhen. Die einzige Quelle für Wasserstoff ist die bakterielle Fermentation von Kohlenhydraten. Die Sensitivität und Spezifität des Tests für ARE beim Hund ist unbekannt.

10.28 Kotausstriche (Nativpräparate) zum Parasitennachweis

Indikation (häufig)
Kotausstriche werden zum Nachweis von Parasiten und Parasiteneiern untersucht. Sie sollten bei allen Patienten mit Durchfall, Meläna, Hämatochezie, mukösem Kot, Gewichtsverlust oder Erbrechen angefertigt werden.

Vorteile
Die Untersuchung ist allgemein verfügbar, einfach durchzuführen und kostengünstig.

Nachteile
Es werden frische Kotproben benötigt. Die Mengen an Parasiten und ihren Eiern bzw. Oozysten kann nicht bestimmt werden.

Analyse
Ein dünner Ausstrich von frischem Kot (< 5 Minuten alt) wird angefertigt, der meist mit einem Tropfen Salzlösung vermischt und – um das Austrocknen zu vermeiden – mit einem Deckglas bedeckt wird. Der Ausstrich sollte sofort untersucht werden. Wenn Protozoen sichtbar sind oder mehr zytologische Details erwünscht sind, kann ein Tropfen Lugolscher Lösung oder einer anderen Jodlösung an den Rand des Deckglases gegeben werden.

Beachte: Jod tötet Protozoen und stoppt dadurch deren Beweglichkeit.

Referenzbereich

Hund und Katze: Keine Parasiten oder deren Eier.

Artefakte
Kühlung der Objektträger oder Wasserentzug hemmt die Motilität einiger Protozoen und Bakterien.

Medikamentöse Beeinflussung der Ergebnisse
Oral verabreichte Verbindungen, die Kaolin, Pektin, Bariumsulfat, Bismut und andere darmwirksame Bestandteile (z.B. Abführmittel, Klistiere) enthalten, können das Auffinden und die Identifizierung von Parasiten, Eiern und Oozysten erschweren.

Nachweisbare Parasiten und Bakterien
Die Untersuchung ist nützlich, um folgende Erreger nachzuweisen: *Giardia* spp., *Tritrichomonas* spp., *Entamoeba histolytica*, *Balantidium coli*, *Strongyloides stercoralis* und *Aelurostrongylus abstrusus*. Alle Eier können gefunden werden. Diese Untersuchung ist besonders geeignet, Eier von *Spirocerca lupi* und *Trichuris vulpis* zu identifizieren. In der Ölimmersion können kleine bewegliche Spirochäten zusammen mit fäkalen Leukozyten auf *Campylobacter* spp. als mögliche Ursache hindeuten.

10.29 Parasitenanreicherung durch Flotation

Indikation (häufig)
Wie beim Kotausstrich.

Vorteile
Sensitivität, Verfügbarkeit und niedrige Kosten.

Analyse
Der Kot wird entweder mit einer gesättigten Zucker- oder einer Zinksulfatlösung gut gemischt (Leib, 1999). Die Zinksulfatlösung wird aus 331 g $ZnSO_4 \times 7\ H_2O$ gelöst in 1 Liter Wasser hergestellt; das spezifische Gewicht liegt zwischen 1,18 und 1,20 (gemessen mit einem Hydrometer). Wahrscheinlich handelt es sich bei dieser Vorgehensweise um die beste Methode, *Giardia* spp. mittels Flotation nachzuweisen, da Oozysten i.d.R. nicht verzerrt werden. Man lässt Eier und Oozysten an die Oberfläche steigen und sich an ein Deckglas heften. Dabei ist zu beachten, dass die Proben innerhalb von 15 Minuten untersucht werden, da ansonsten doch Verzerrung und Auflösung der Oozysten auftreten können. Zentrifugation der Probe erhöht die Sensitivität der Untersuchung. Proben, die eingeschickt werden sollen, können für 1 bis 2 Tage gekühlt (nicht gefroren) gelagert oder durch eine Mischung von 1 Teil Kot mit 3 Teilen einer Natriumazetat-Essigsäure-Formalin-Lösung (aus 1,5 g Natriumazid, 2 ml Eisessig, 4 ml 40 % Formaldehydlösung und 92,5 ml Wasser) konserviert werden (Kirkpatrick, 1987).

Referenzbereich

Hunde und Katzen: Keine Eier oder Oozysten vorhanden.

Artefakte
Falsch-niedrig: Durchfall kann die Eimenge in einer Probe reduzieren.

Nachweisbare Parasiteneier und Oozysten
Ancylostoma spp., *Toxocara* spp., *Toxascaris leonina*, *T. vulpis*, *S. lupi*, *Physaloptera rara* (wenn eine dichromate Lösung verwendet wird), *Capillaria aerophilia*, *Capillaria plica*, *Onciolo canis*, *Dioctophyma renale*, *Isospora* spp., *Giardia* spp., *Toxoplasma gondii*, *Cryptosporidium* spp., *Paragonimus kellicotti* und einige Bandwürmer.

10.30 Parasitenanreicherung durch Sedimentation

Indikation (häufig)

Die gleichen Indikationen wie bei Kotausstrich und Flotation, insbesondere bei Verdacht auf Trematoden. Wenn der Kot viel Fett enthält, sind Formalin und Ethylazetat wahrscheinlich besser geeignet als die Sedimentation mit Wasser.

Nachteile

Die Sedimentation dauert länger als Kotausstrich oder Flotation.

Analyse

Der Kot wird mit der Sedimentationslösung (z. B. Wasser) gemischt, ein- bis zweimal gesiebt, um größere Partikel zu entfernen, und 30 Minuten bis 2 Stunden zur Sedimentation stehen gelassen. Das Sediment wird mikroskopisch untersucht. Wenn Formalin und Ethylazetat verwendet werden, wird der gesiebte Kot zentrifugiert, das Pellet in 9 ml 5 % Formalinlösung resuspendiert, 3 ml Ethylazetat hinzu gegeben und die Mischung gründlich geschüttelt. Dann wird erneut zentrifugiert, Debris an der Formalin-Ethylazetat-Grenze entfernt und das Sediment untersucht (Kirkpatrick, 1987).

Referenzbereich

Hund und Katze: Keine Parasiteneier.

Artefakte

Entsprechend Flotationstest.

Nachweisbare Parasiteneier

Alle Eier, die unter Flotation aufgeführt sind sowie *Alaria canis* und *Nanophyetus salmincola.*

10.31 Giardiennachweis im Kot

Indikation (gelegentlich)

Chronischer Durchfall, unerklärbarer Gewichtsverlust, intermittierendes Erbrechen von Galle oder klinischer Verdacht auf Giardien trotz mehrerer (mindestens 3) negativer Untersuchungen mittels Flotation mit Zinksulfat und Zentrifugation. Zu den Techniken gehören Dünndarmaspiration mit Zytologie, Antigennachweis im Kot durch ELISA und Immunfluoreszenztest (IFT).

Vorteile

Die Untersuchungen liefern zusätzliche Methoden zum Nachweis von Giardien.

Nachteile

Zur Entnahme von Dünndarmaspiraten muss ein operativer Eingriff oder eine Endoskopie durchgeführt werden.

Analyse

Bei der Aspiration von Duodenalflüssigkeit werden frische Nativpräparate angefertigt, in denen die beweglichen Trophozoiten nachgewiesen werden. Für die Kotanalyse mittels ELISA oder IFT werden frische Proben benötigt.

Referenzbereich

Keine Trophozoiten und kein Antigen im Kot nachweisbar.

10.32 Kryptosporidiennachweis im Kot

Indikation (selten)

Chronischer Durchfall. Katzen (insbesondere bei Infektion mit dem felinen Immundefizienzvirus, FIV) leiden eher unter Kryptosporidiose als Hunde. Die Prävalenz dieser Erkrankung ist jedoch derzeit nicht bekannt.

Nachteile

Die Oozysten sind klein und schwer aufzufinden.

Analyse

Frische Kotproben sollten zu einem Referenzlabor geschickt werden, das mit dem Auffinden von Kryptosporidien Erfahrung hat. Es können spezielle Flotationstechniken, nach Ziehl-Neelsen gefärbte Direktausstriche oder ELISA-Techniken verwendet werden, wobei ELISA-Techniken am sensitivsten für den Nachweis von Kryptosporidien sind.

Referenzbereich

Hunde- und Katzenkot sollte frei von Kryptosporidien sein.

10.33 Gewichtsverlust oder Anorexie unbekannter Ursache

Gewichtsverlust kann viele Ursachen haben (Übers. 10.5). Gleichzeitig auftretende Störungen, an deren Auftreten wenige ursächliche Faktoren beteiligt sind (z.B. Regurgitation, Erbrechen, Durchfall, Ikterus), sollten zuerst in Erwägung gezogen werden. War anfangs der Gewichtsverlust trotz unveränderten Appetits festzustellen, gehören Darmerkrankungen, Maldigestion, erhöhter Kalorienverbrauch (z.B. bei Hyperthyreose, Laktation) oder erhöhter Kalorienverlust (z.B. bei Diabetes mellitus) zu den Hauptdifferentialdiagnosen. Sind Gewichtsverlust oder Anorexie die einzigen Auffälligkeiten, ist eine systematische Suche indiziert (Abb. 10.5). Zunächst sind anhand der Anamnese und der klinischen Untersuchung möglichst viele Ursachen auszuschließen (Futtermangel, mangelnder Energiegehalt des Futters, Schwierigkeiten beim Fressen, Regurgitieren, Erbrechen und Durchfall). Danach ist ein extensives klinisch-pathologisches Screening indiziert. Bildgebende Verfahren – besonders eignen sich abdominale und thorakale Röntgenaufnahmen – vervollständigen die klinische Untersuchung. Thorakale Aufnahmen können recht aufschlussreich sein, auch wenn der Patient keinen Husten oder abnorme Lungengeräusche zeigt. Häufig kann die Ultraschalluntersuchung des Abdomens – besonders bei einem erfahrenen Untersucher – noch nützlicher sein als entsprechende Röntgenaufnahmen. Zeigen Laborergebnisse und bildgebende Verfahren keine Veränderungen oder sind diese nicht überzeugend, sind die Untersuchungen ggf. in 1–3-wöchigen Intervallen zu wiederholen. In Abhängigkeit vom Allgemeinbefinden des Patienten können auch sofort Funktionstests und/oder die Entnahme von Biopsien eingeleitet werden. Bestimmte Erkrankungen der Nebennieren sowie der Leber lassen sich nur anhand weiterführender Untersuchungen diagnostizieren. Es ist ferner zu beachten, dass manche Magen- oder Darmerkrankungen (wie z.B. Magentumore) Anorexie oder schweren Gewichtverlust auslösen können, ohne von Erbrechen oder Durchfall begleitet zu sein.

Übersicht 10.5 Hauptursachen eines Gewichtsverlusts (Hund und Katze)

- kalorienreduziertes Futter oder zu geringe Futtermenge
- Unvermögen zu fressen oder Futterverweigerung
  - Dysphagie
  - orale Läsionen
  - Anorexie jeglicher Ursache
- Regurgitation
  - pharyngeale oder ösophageale Erkrankungen
- Erbrechen
- Maldigestion
  - exokrine Pankreasinsuffizienz (EPI; verursacht nicht immer Durchfall)
- intestinale Malabsorption (verursacht nicht immer Diarrhö)
- Malassimilation
  - Leberversagen
  - Herzversagen
  - Diabetes mellitus
  - Urämie
  - Tumorkachexiesyndrom
  - Hypoadrenokortizismus
- exzessiver Kalorienverbrauch oder -verlust
  - Hyperthyreose
  - gesteigerter Bedarf aufgrund von Umweltfaktoren oder Anstrengung
  - Laktation
- Muskelatrophie
  - Myopathie
  - Neuropathie

Die Durchführung einer Gastroduodeno- und Ileoskopie mit Biopsieentnahme ist bei Patienten mit schwerem Gewichtsverlust unbekannter Ursache angemessen. Kliniker ohne endoskopische Ausrüstung sollten eine explorative Laparotomie in Erwägung ziehen. Wird ein Eingriff durchgeführt, sollten Biopsien sowohl des Magens als auch des Duodenums, Jejunums, Ileums, der Mesenteriallymphknoten und der Leber gewonnen werden, unabhängig vom makroskopischen Aussehen der Organe. Bei Katzen sollte auch das Pankreas bioptiert werden.

Das Vorliegen einer Tumorkachexie ist häufig schwierig zu diagnostizieren. Bei diesem schlecht definierten, facettenreichen Syndrom kann es zum Verlust des Geschmackssinns, Malabsorption, erhöhtem Metabolismus mit

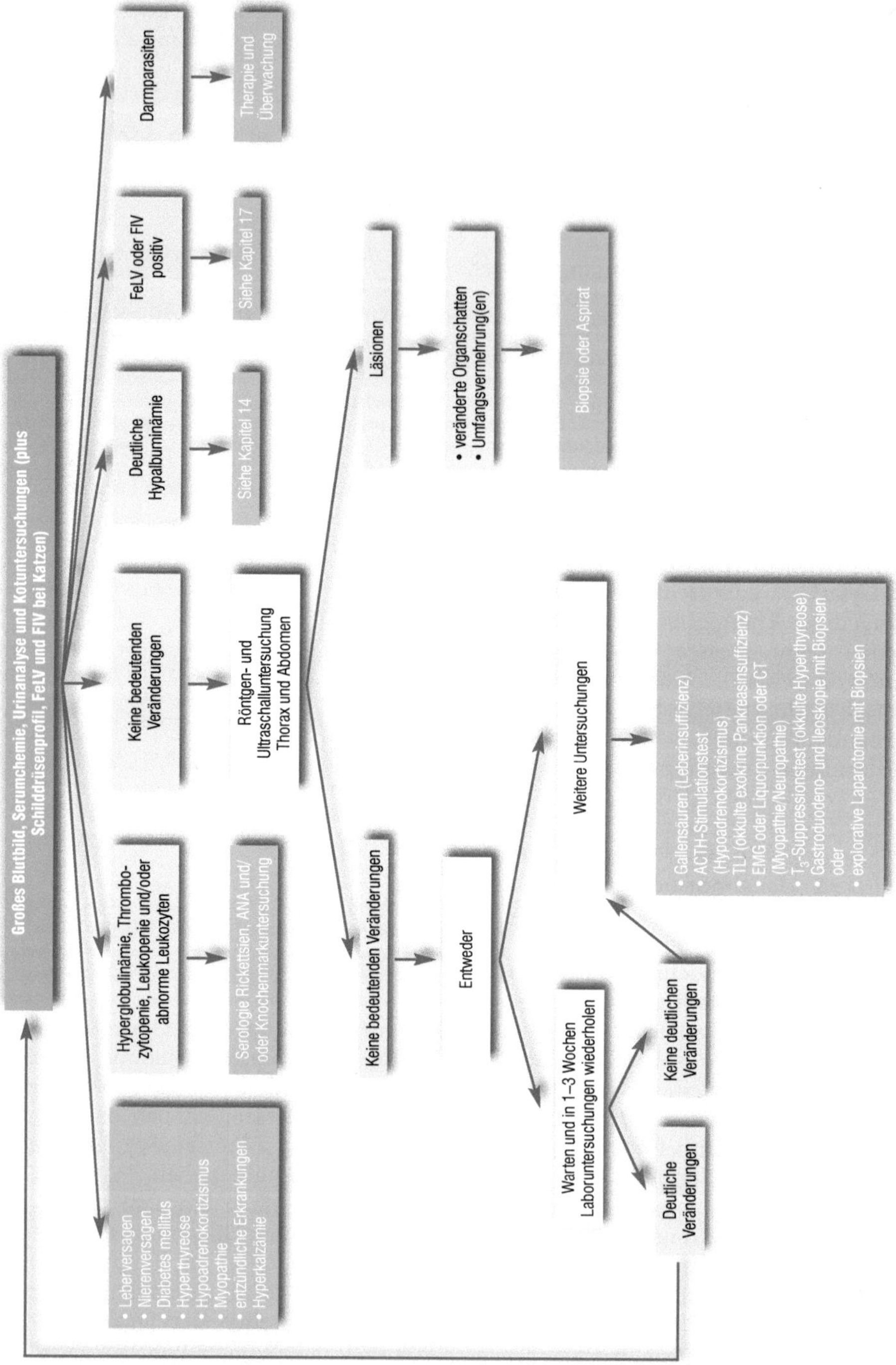

Abb. 10.5 Diagnostisches Vorgehen bei Hunden und Katzen mit chronischem Gewichtsverlust, bei denen keine anderen Erkrankungen nachgewiesen wurden und eine ungenügende Kalorienaufnahme besteht (Übers. 10.5). ACTH, adrenokortikotropes Hormon; ANA, antinukleäre Antikörper; EMG, Elektromyogramm; FeLV, felines Leukämievirus; FIV, felines Immundefizienzvirus; TLI, Trypsin-like Immunoreactivity.

Energieverlust und anderen Mechanismen kommen. Nahezu jeder Tumor kann zur Tumorkachexie führen, und es existieren keine einheitlichen Laborbefunde. Der zugrunde liegende Tumor kann groß oder klein, herdförmig oder diffus sein. Maligne Lymphome und Karzinome sind wahrscheinlich die häufigsten Ursachen.

Anorexie unbekannter Ursache ist wie Gewichtsverlust schwer diagnostisch aufzuarbeiten, wenn keine anderen Veränderungen gefunden werden. Der diagnostische Ansatz ist ähnlich wie beim Gewichtsverlust (Abb. 10.5; Übers. 10.6).

Anorexie kann in drei Kategorien eingeteilt werden:

1. Pseudoanorexie mit Unfähigkeit zu fressen (orale, pharyngeale oder ösophageale Erkrankung)
2. primäre Anorexie (selten), assoziiert mit einer primären ZNS-Erkrankung
3. sekundäre Anorexie (die häufigste Form) aufgrund systemischer oder metabolischer Erkrankungen

Nötigenfalls kann ein diagnostischer Therapieversuch unternommen werden. Es ist lebenswichtig, die Therapie so auszuwählen, dass sie sicher und bei Vorliegen der vermuteten Krankheit Erfolg versprechend ist. Dosis und Therapiedauer sollten ausreichend sein. Schlägt der Versuch fehl, kann diese Erkrankung ausgeschlossen und eine andere Therapie begonnen werden.

Übersicht 10.6 Krankheitskategorien, die Anorexie verursachen

- psychologisch (besonders Katzen)
- Unvermögen, Futter zu riechen
- Dysphagie (insbesondere mit Schmerzen assoziierte)
- Entzündungen
  - infektiös
  - immunmediiert
  - neoplastisch
  - nekrotisch
  - medikamentös
- gastrointestinale oder abdominale Erkrankungen (insbesondere solche, die Übelkeit oder Schmerzen verursachen)
- Neoplasien
  - aufgrund der Neoplasie selbst
  - aufgrund bakterieller Sekundärinfektionen, da der Tumor die natürliche Abwehr schwächt
- Toxine
  - exogene (verschiedene)
  - endogene (z. B. Nieren-, Leberversagen)
- endokrine Erkrankungen
  - Hypoadrenokortizismus
  - Hyperthyreose
- Erkrankungen des zentralnervösen Systems (ZNS)
  - primär
  - sekundär

10.34 Abdominaler Schmerz

Um die Ursache abdominaler Schmerzen aufzuklären, ist zunächst der Vorbericht zu erheben und die klinische Untersuchung durchzuführen. Anschließend erfolgen Röntgenaufnahmen sowie Ultraschalluntersuchungen (Abb. 10.6). Extraabdominale Erkrankungen wie Wirbelsäulenprobleme und inoperable Erkrankungen (z. B. Pankreatitis) müssen schnell identifiziert werden.

Bei Patienten mit schwerem, progressivem, akutem Abdomen (d. h. nicht nachlassende Schmerzen, Schock oder Stupor bei einem sich verschlechternden Patienten) ist eine Operation indiziert, sofern Flüssigkeits-, Elektrolyt- und Säure-Basen-Haushalt eine Anästhesie erlauben. Bildgebende Verfahren sollten angewandt werden. Umfassende Laboruntersuchungen sind in den meisten Fällen weniger gut geeignet, die häufigeren Ursachen eines akuten Abdomens (z. B. Darmobstruktion, Magendilatation und Volvulus, Peritonitis, Organischämie, Tumor, Sepsis oder Blutungen) zu identifizieren und verzögern nur die chirurgische Intervention. Die abdominale Exploration bietet gute Chancen, eine definitive Diagnose zu stellen sowie den Krankheitsprozess zu behandeln.

Beachte: Diese Erkrankungen werden nicht immer als chirurgische Notfälle vorgestellt.

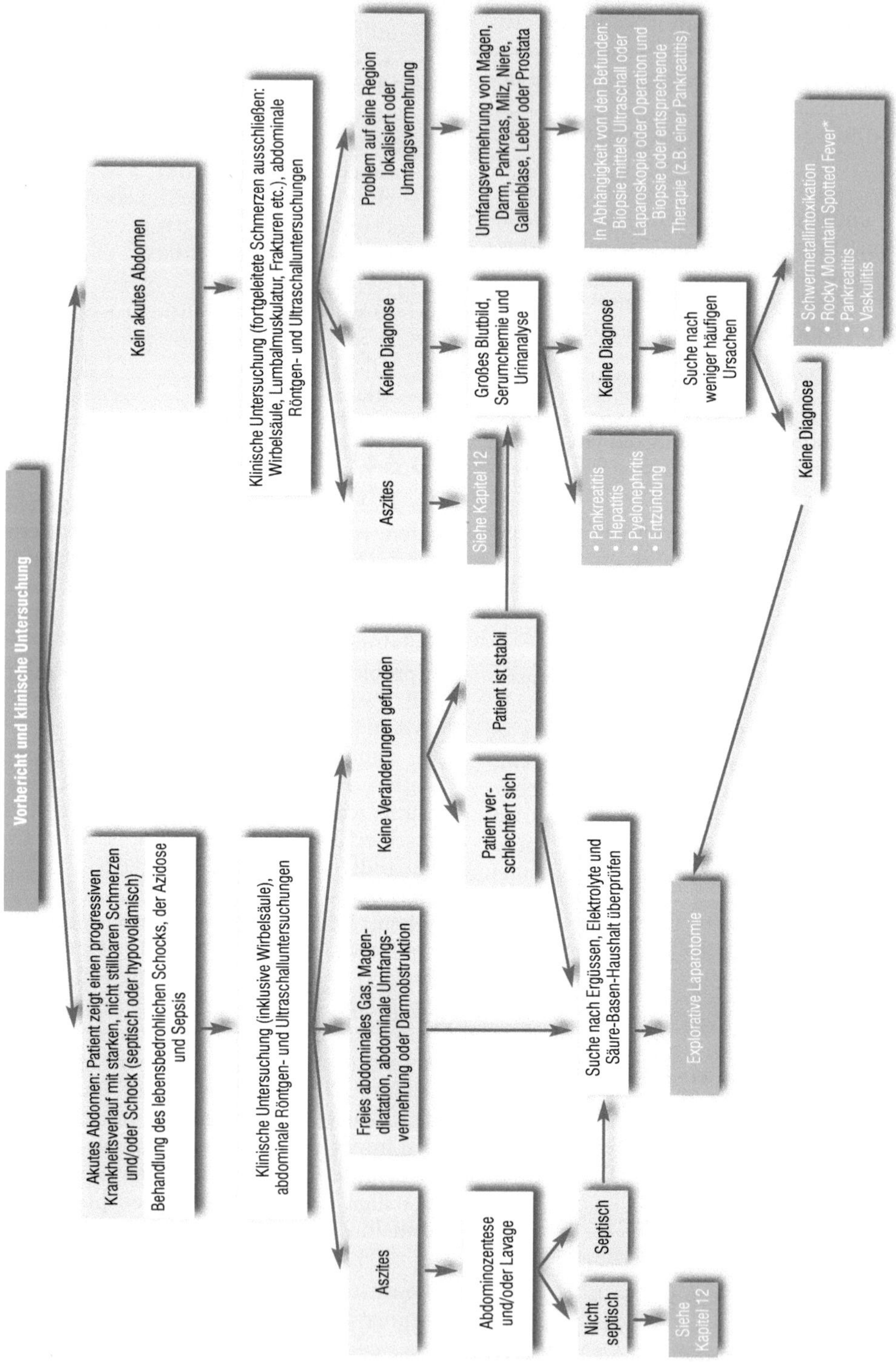

* Verbreitungsgebiet siehe Appendix I

Abb. 10.6 Diagnostisches Vorgehen bei abdominalem Schmerz (Hund und Katze).

Hat der Patient keine starken Schmerzen und verschlechtert sich sein Zustand nicht rapide, muss zwischen Problemen, die einen chirurgischen Eingriff notwendig machen, und solchen, bei denen ein Eingriff normalerweise nicht angezeigt ist (z.B. Pankreatitis, Hepatitis, Cholezystitis oder Harnwegsinfektion, Prostatitis, Pansteatitis, Schwermetallvergiftung, Rocky Mountain Spotted Fever) unterschieden werden. Die abdominale Sonographie ist nützlich, um Leber, Milz, Pankreas, Niere und Prostata zu untersuchen und Flüssigkeitsansammlungen im Abdomen zu diagnostizieren. Wenn ein Erguss vorliegt, ist eine Abdominozentese oder Abdominallavage mit zytologischer Untersuchung indiziert. Bringen diese Untersuchungen keinen Aufschluss und bleibt das Problem bestehen, ist es oft erforderlich, eine explorative Laparotomie durchzuführen. Röntgenkontrastaufnahmen sind selten von Wert, da eine gründliche abdominale Exploration nahezu gleichwertige Erkenntnisse liefert. Abnorme Röntgenbefunde machen einen Eingriff notwendig. In seltenen Fällen können dem abdominalen Schmerz auch Lungen- oder Bandscheibenerkrankungen zugrunde liegen.

Quellen

Cave NJ et al: Evaluation of a routine diagnostic fecal panel for dogs with diarrhea, *J Am Vet Med Assoc* 221: 52, 2002.

Gerhardt A et al: Comparison of the sensitivity of different diagnostic tests for pancreatitis in cats, *J Vet Int Med* 15:329, 2001.

Glick MR, Ryder KW, Glick SJ: *Interferographs: user's guide to interferences in clinical chemistry instruments*, ed 2, Indianapolis, 1991, Science Enterprises.

Guilford WG, Williams DA: Procedures for the evaluation of pancreatic and gastrointestinal diseases. In Guilford WG et al, editors: *Strombeck's small animal gastroenterology*, ed 3, Philadelphia, WB Saunders, 1996.

Hall EJ, Simpson KW: Diseases of the small intestine. In Ettinger SJ, Feldman EC, editors: *Textbook of veterinary internal medicine*, ed 5, Philadelphia, WB Saunders, 2000.

Kimmel SE, Washabau RJ, Drobatz KJ: Incidence and prognostic value of low plasma ionized calcium concentration in cats with acute pancreatitis: 46 cases, *J Am Vet Med Assoc* 219:1105, 2001.

Leib MS et al: Endoscopic aspiration of intestinal contents in dogs and cats: 394 cases, *J Vet Int Med* 13:191, 1999.

Ludlow CL, Davenport DJ: Small intestinal bacterial overgrowth. In Kirk RW, Bonagura JD, editors: *Kirk's current veterinary therapy 13*, Philadelphia, 2000, WB Saunders.

Marks SL et al: Genotypic and phenotypic characterization of *Clostridium perfringens* and *Clostridium difficile* in diarrheic and healthy dogs, *J Vet Int Med* 16:533, 2002.

Wilberg ME, Westermarck E: Subclinical exocrine pancreatic insufficiency in dogs, *J Am Vet Med Assoc* 220:1183, 2002.

11 Lebererkrankungen

Michael D. Willard und David C. Twedt

Lebererkrankungen können von relativ spezifischen Symptomen (z.B. Hepatomegalie, Mikrohepatie, Ikterus, Aszites, hepatoenzephales Syndrom im Zusammenhang mit der Futteraufnahme) oder eher unspezifischen Symptomen (Apathie, Gewichtsverlust, Anorexie, Erbrechen) begleitet werden. Unspezifische Symptome treten bei vielen Erkrankungen auf, weshalb bei Patienten mit Zeichen einer chronischen oder systemischen Erkrankung ein biochemisches Serumprofil angefertigt werden sollte. Es gibt keine Symptome oder Veränderungen der Laborparameter, die durchgehend bei allen Patienten mit Lebererkrankungen auftreten. Besteht der Verdacht auf eine Lebererkrankung, sollten zumindest die Aktivitäten der Alanin-Amino-Transferase (ALT), alkalischen Phosphatase (AP) und der γ-Glutamyl-Transferase (γ-GT) sowie Gesamtbilirubin, Albumin, Cholesterin, Harnstoff und Glukose bestimmt werden sowie ein großes Blutbild und eine Urinanalyse angefertigt werden. Weiterhin sollten bildgebende Verfahren zur Untersuchung des Abdomens eingesetzt werden. Zur definitiven Diagnosestellung sind meist Leberfunktionstests (Gallensäuren, Ammoniumchlorid-Belastungstest, Gerinnungszeiten und andere), Ultraschalluntersuchung, Leberbiopsie oder Angio- und Portographie notwendig. Veränderungen der Leberenzymaktivitäten können durch eine primäre Lebererkrankung bedingt sein, aber auch aufgrund einer sekundären Beteiligung der Leber im Verlauf einer anderen, primär nicht leberassoziierten Erkrankung (z.B. glukokortikoidinduzierte Hepatopathie, Inflammatory Bowel Disease [IBD], Pankreatitis) entstehen. Liegen Veränderungen der ALT-, Aspartat-Amino-Transferase(AST)-, AP- oder -GT-Aktivitäten vor, sollten zunächst primär nicht leberassoziierte Erkrankungen ausgeschlossen werden, da sie die häufigsten Ursachen solcher Veränderungen darstellen. In diesen Fällen zeigt die Leber häufig reaktive aber reversible degenerative Veränderungen.

Laboruntersuchungen sollen in erster Linie zur Klärung der folgenden Fragestellungen beitragen:

1. Liegt eine Lebererkrankung vor?
2. Ist eine Biopsie oder Angio-/Portographie indiziert?

11.1 Mikrohepatie

Das Vorliegen einer verkleinerten Leber lässt auf Leberatrophie (aufgrund porto-systemischer Shunts, hepatischer arteriovenöser Fisteln), Fibrose und Zirrhose oder diffuse hochgradige Lebernekrosen schließen (Abb. 11.1). Röntgenologisch fallen bei einer Leberatrophie scharfe Leberränder auf, im Gegensatz zu den abgerundeten oder stumpfen Leberrändern, die typisch für Leberfibrose und -zirrhose sind. Allerdings weisen manche Patienten, bei denen eine sehr schwere primäre Leberfibrose einen portalen Hochdruck bedingt, ebenfalls scharfe Leberränder auf. Eine deutliche Leberatrophie aufgrund porto-systemischer Shunts tritt typischerweise bei relativ jungen (< 1–2 Jahre) Patienten auf, die bereits seit dem Absetzen (oder schon davor) Symptome einer Lebererkrankung zeigen. Im Gegensatz dazu sind die meisten Patienten mit Leberzirrhose mittleren Alters oder älter und zeigen erst spät klinische Symptome. Hepatische arteriovenöse Fisteln sind eine seltene Ursache einer Mikrohepatie; sie werden für gewöhnlich bei Hunden unter zwei Jahren diagnostiziert. Manche Hunde mit einem einzelnen kongenitalen portosystemischen Shunt sind jedoch zum Zeitpunkt der Diagnosestellung bereits über 10 Jahre alt. Ebenso können erworbene portosystemische Shunts auch bei Hunden unter 6 Monaten diagnostiziert werden, obwohl die erworbene Form klassischerweise bei älteren Hunden auftritt.

Eine Leberatrophie führt zu Veränderungen der Leberfunktionstests (z.B. Serum-Gallensäuren, Ammoniak oder Ammoniumchlorid-Belastungstest), kann aber mit normalen ALT-, AP-, Harnstoff- und Albuminwerten einhergehen. Ergibt ein einzelner Leberfunktionstest normale

oder veränderte Ergebnisse, lässt sich daraus nicht auf ähnliche Ergebnisse anderer Leberfunktionstests schließen. Mit der Bestimmung der prä- und postprandialen Serum-Gallensäurenkonzentration steht ein sensitiver Funktionstest zur Verfügung. (**Beachte:** Erkrankungen, die mit Cholestase einhergehen, führen ebenfalls zur Erhöhung der Serum-Gallensäuren; aus diesem Grund ist die Bestimmung der Serum-Gallensäuren kein reiner Leberfunktionstest.) Fällt bei Verdacht auf eine Lebererkrankung die Serum-Gallensäurenkonzentration geringer als erwartet aus, sollten weitere Untersuchungen der Leber eingeleitet werden. Wird eine Leberatrophie vermutet empfiehlt es sich, abdominale Sonographie, Kontrastportographie, Leberbiopsie oder eine Kombination dieser Untersuchungen in Betracht zu ziehen.
Kleine Lebern mit deutlich abgerundeten oder stumpfen Leberrändern sind in der Regel zirrhotisch. Ein signifikanter ALT- und AP-Aktivitätsanstieg ist häufig vorhanden. Manche Hunde mit Leberzirrhose zeigen jedoch unauffällige Leberenzymwerte. Albumin- und Harnstoffwerte können bei diesen Patienten variieren. Der Verdacht auf Zirrhose ist eine Indikation für die Durchführung einer Biopsie. Die meisten zirrhotischen Lebern können makroskopisch anhand ihres knotigen oder höckrigen Erscheinungsbildes erkannt werden. Eine Fibrose kann jedoch auch ohne deutliche makroskopische Veränderungen vorliegen und schwere noduläre Hyperplasien können einer zirrhotischen Leber ähneln. Erworbene multiple Shunts, die bei der Laparoskopie oder Laparotomie sichtbar sind, resultieren meist aus einer Zirrhose, können aber auch sekundär infolge kongenitaler arteriovenöser Fisteln der Leber, venookklusiver Erkrankungen oder Portalvenenobstruktion auftreten. Erscheint die Leber nicht deutlich zirrhotisch oder fibrotisch verändert, sollte bei Patienten mit erworbenen Shunts eine mesenteriale Portographie in Erwägung gezogen werden.

11.2 Hepatomegalie

Eine fokale oder asymmetrische Lebervergrößerung muss durch weiterführende Laboruntersuchungen, bildgebende Verfahren und möglicherweise anhand von Biopsieproben näher untersucht werden. Neoplasien sind die Haupt-, aber nicht die alleinigen Ursachen einer fokalen Hepatomegalie. Das Ausmaß der Vergrößerung ist kein prognostisches Kriterium.
Bei einer generalisierten Hepatomegalie sollten sorgfältige klinisch-pathologische Untersuchungen erfolgen. Primäre und sekundäre Lebererkrankungen können zu einer Hepatomegalie führen. Die Diagnose kann bestätigt werden, wenn eine frühere Exposition gegenüber bestimmten Toxinen bekannt ist (Übers. 11.1 und 11.2) oder eine systemische Erkrankung, die bekanntermaßen die Leber schädigt (z.B. Hyperadrenokortizismus), diagnostiziert wird. **Veränderungen der ALT, AP, Leberfunktionstests und Lebergröße sind, obwohl sie eine Lebererkrankung andeuten, nicht diagnostisch für ein bestimmtes Krankheitsbild.** Dies trifft auch für Rassen (z.B. Dobermann, Bedlington Terrier) mit einer Prädisposition für spezifische Hepatopathien zu. Veränderungen der AP oder ALT können auch aus einer nicht-leberassoziierten Erkrankung resultieren (z.B. Hyperadrenokortizismus, Inflammatory Bowel Disease [IBD], Herzversagen). Für eine definitive Diagnose wird meist eine Leberbiopsie benötigt. Der Kliniker sollte zunächst versuchen, nicht leberassoziierte Ursachen einer sekundär bedingten Leberdysfunktion auszuschließen.
Leberbiopsien sollten bei folgenden Patienten in Betracht gezogen werden:

1. Patienten mit offensichtlich schwerer Lebererkrankung
2. Patienten, bei denen kein Hyperadrenokortizismus nachgewiesen werden konnte
3. Patienten mit persistierender (> 1 Monat) Veränderung der ALT oder AP, die für eine chronische oder progressive Lebererkrankung sprechen, oder mit veränderten Leberfunktionstests (Abb. 11.1)

Es ist nicht immer möglich, diese Differenzierungen genau zu treffen. Bei der Biopsieentnahme mittels Laparotomie oder Laparoskopie sollte deshalb immer der übrige Bauchraum untersucht und weitere Organproben genommen werden, sofern der Kliniker eine Beteiligung dieser Organe vermutet. Feinnadelaspirate und deren zytologische Untersuchung können manchmal nützlich sein, um diffuse infiltrative Lebererkrankungen und Hepatolipidosen zu diagnostizieren (Farbtafel 5E). Bei der Gewinnung von Feinnadelaspiraten können jedoch infiltrative Prozesse verfehlt werden (selbst bei ultraschallkontrollier-

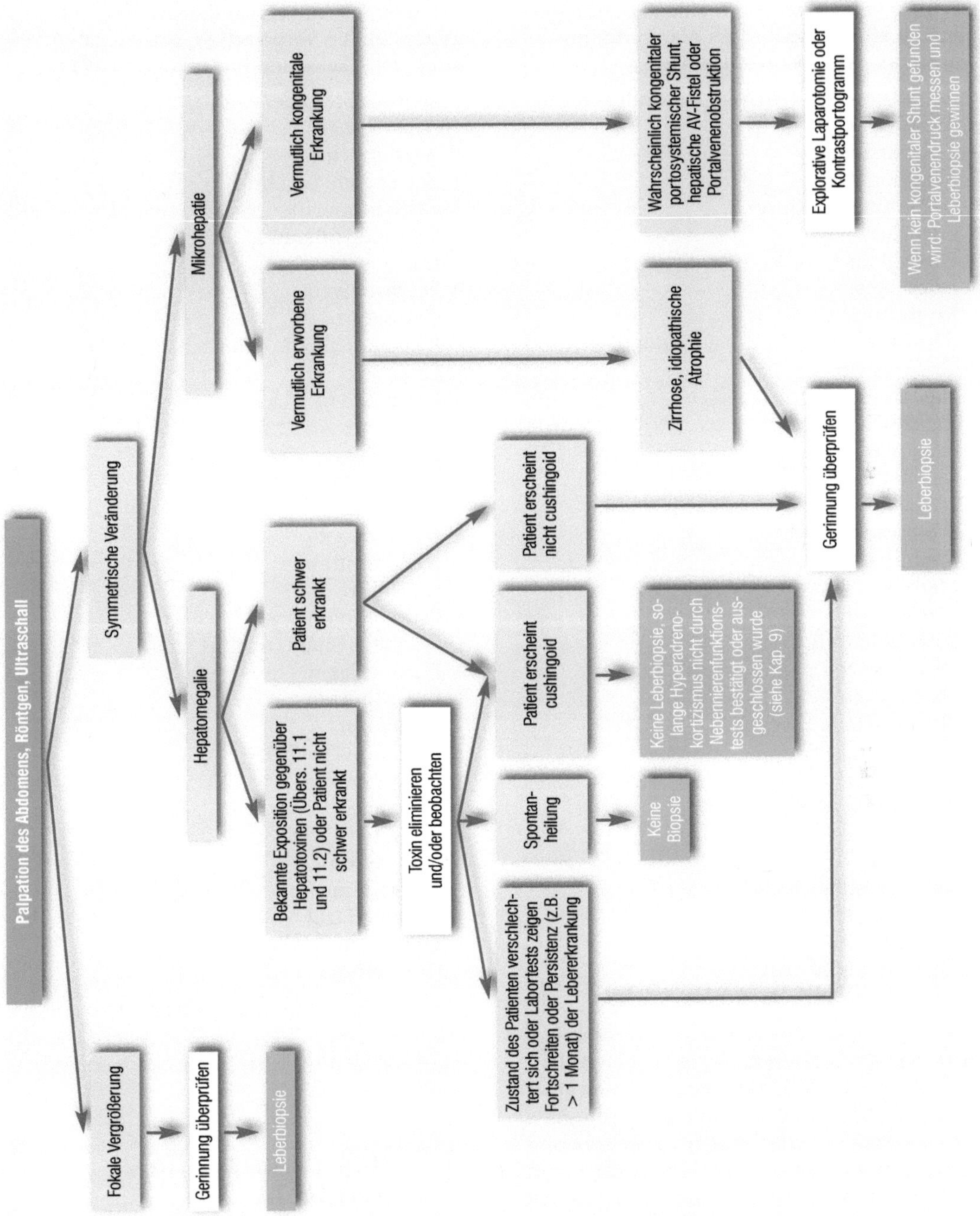

Abb. 11.1 Diagnostisches Vorgehen bei veränderter Leberform oder -größe (Hund und Katze).

ter Durchführung). Ein negatives zytologisches Ergebnis kann deshalb niemals eine infiltrative Erkrankung der Leber ausschließen. Im Allgemeinen ermöglicht eine Laparoskopie, verglichen mit ultraschallgestützter Technik, die Gewinnung wesentlich besserer Leberbiopsieproben.

Übersicht 11.1 Medikamente, die bekanntlich oder vermutlich durch eine Leberschädigung zu einer gesteigerten Alanin-Amino-Transferase(ALT)-Aktivität führen

- Acetaminophen (wichtig), besonders Katzen
- Amiodaron
- L-Asparaginase
- Azathioprin
- Barbiturate (wichtig)
- Carprofen
- Doxycyclin
- Diazepam
- Erythromycin
- Glukokortikoide (nur bei Hunden, wichtig)
- Griseofulvin
- Halothan
- Ibuprofen
- Itrakonazol
- Ketokonazol
- Mebendazol
- 6-Mercaptopurin
- Methimazol
- Methotrexat
- Methoxyfluran
- Nitrofurantoin
- Oxacillin
- Oxibendazol
- Phenobarbital (wichtig)
- Phenylbutazon
- Phenytoin
- Primidon (wichtig)
- Quinidin
- Salizylate
- Salizylazosulfapyridin
- Sulfonamide
- Tetrazykline
- Thiacetarsemid (wichtig)
- Trimethoprim-Sulfonamide (wichtig)

Beachte: Diese Medikamente verursachen nicht immer Lebererkrankungen. Bei Patienten mit erhöhter ALT-Aktivität, bei denen eines dieser Medikamente verabreicht wird, sollte das Medikament wenn möglich abgesetzt und die ALT nach 2–4 Wochen erneut überprüft werden. Die Medikamente, die am häufigsten die ALT erhöhen, sind mit (wichtig) markiert. Die übrigen Medikamente verhalten sich weniger einheitlich, können aber durchaus zu schweren Lebererkrankungen führen. Nahezu jedes Medikament könnte bei einem speziellen Patienten einen ALT-Anstieg bewirken.

Übersicht 11.2 Medikamente, die bekanntlich oder vermutlich Cholestase oder Leberenzyminduktion verursachen, was zu einem Anstieg der alkalischen Phosphatase (AP) führt

- anabole Steroide/Androgene
- Asparaginase
- Azathioprin
- Barbiturate (wichtig)
- Cephalosporine
- Cyclophosphamid
- Dapson
- Erythromycin
- Östrogene
- Glukokortikoide (nur beim Hund wichtig)
- Goldsalze
- Griseofulvin
- Halothan
- Ibuprofen
- 6-Mercaptopurin
- Methimazol
- Methotrexat
- Nitrofurantoin
- Oxacillin
- Oximetholon
- Phenobarbital (wichtig)
- Phenothiazin
- Phenylbutazon
- Phenytoin
- Primidon (wichtig)
- Progesteron
- Salizylate
- Schwefel
- Testosteron
- Tetrazykline
- Thiabendazol
- Trimethoprim-Sulfonamide
- (Vitamin A)

Die Medikamente, die am häufigsten die AP erhöhen, sind mit (wichtig) markiert. Die übrigen Medikamente verhalten sich weniger einheitlich.

11.3 Hepatoenzephales Syndrom

Verhaltensauffälligkeiten, manchmal zeitlich mit der Futteraufnahme assoziiert, können durch ein hepatoenzephales Syndrom verursacht werden. Hypoglykämie, primäre ZNS-Erkrankungen und Epilepsie müssen differentialdiagnostisch in Betracht gezogen werden. Wenn möglich, sollte die Glukosekonzentration in einer während eines Anfalls entnommenen Blutprobe bestimmt werden. Die Beurteilung der Leberfunktion ist bei allen Patienten mit Verhaltensstörungen, transienter Blindheit, Anfällen, Koma oder unklaren ZNS-Veränderungen indiziert. Kongenitale (z.B. portosystemischer Shunt) und schwere erworbene Lebererkrankungen (z.B. Zirrhose), können eine Enzephalopathie verursachen. Ein routinemäßiges biochemisches Profil kann sinnvoll sein, die Durchführung von Leberfunktionstests ist jedoch obligat, da Lebererkrankungen nicht immer mit deutlichen Veränderungen von ALT, AP, Albumin, Harnstoff, Glukose oder Bilirubin einhergehen. Nur erhöhte basale Plasma-Ammoniakkonzentrationen sind aussagekräftig, da Patienten mit hepatoenzephalem Syndrom erhöhte ebenso wie physiologische basale Ammoniakwerte aufweisen können. Der Ammoniumchlorid-Belastungstest (ABT) sowie prä- und postprandiale Gallensäurenkonzentration stellen die sensitivsten und spezifischsten Untersuchungen zur Diagnose einer Leberdysfunktion dar, die eine hepatische Enzephalopathie verursacht. Ein sehr seltener Enzymmangel im Harnstoffzyklus kann eine hepatische Enzephalopathie und Hyperammonämie verursachen, ohne die Leberenzyme oder Gallensäuren zu beeinflussen. Die Diagnose dieser Erkrankung stützt sich ausschließlich auf Biopsieproben mit einer spezifischen Analyse der Enzyme des Harnstoffzyklus.

11.4 Ikterus

Ein Ikterus wird bei der klinischen Untersuchung und/oder der grobsinnlichen Untersuchung von Serum oder Plasma im Labor diagnostiziert. Eine Hyperbilirubinämie deutet generell auf eine hepatobiliäre oder hämatopoetische Erkrankung hin (Abb. 11.2). Lebererkrankungen und Blutbildungsstörungen können sekundär zu anderen Grunderkrankungen auftreten und sind nicht grundsätzlich mit Ikterus assoziiert. Anzeichen eines Ikterus sind nicht diagnostisch für Leberkrankheiten und wirken sich auch nicht auf die Prognose aus. Sepsis, Pankreatitis und Inflammatory Bowel Disease (IBD) können gelegentlich zu sekundärer Leberdysfunktion und Ikterus führen.

11.5 Gesamtbilirubin

Indikation (gelegentlich)

Die Gesamtbilirubinkonzentration sollte bestimmt werden bei:

- Ikterus (nachgewiesen durch klinische Untersuchung oder grobsinnlicher Beurteilung einer nicht hämolytischen Serum- oder Plasmaprobe)
- Bilirubinurie (gesunde Katzen scheiden kein, gesunde Hunde nur geringe Mengen Bilirubin im Urin aus)
- Verdacht auf eine Lebererkrankung, die sich nicht durch andere Untersuchungen nachweisen lässt

Die Skleren erscheinen ikterisch, wenn das Gesamtbilirubin über 51–68 µmol/l (*3–4 mg/dl*) liegt, Plasma ist ikterisch, wenn der Bilirubinspiegel mehr als 25–34 µmol/l (*1,5–2 mg/dl*) beträgt.

Beachte: Ikterus fehlt bei vielen Tieren (insbesondere Hunden) mit Lebererkrankungen. Die Bilirubinbestimmung ist kein sensitiver Test zur Diagnose von Lebererkrankungen.

Die Messung der direkten (konjugierten) und indirekten (unkonjugierten) Bilirubinfraktion ist nicht sinnvoll und sollte nicht durchgeführt werden. Hämolytische Erkrankungen, Leber- und Gallengangserkrankungen zeigen eine unvorhersehbare Variabilität jeder Fraktion (konjugiert, unkonjugiert). Um die Ursache der Hyperbilirubinämie zu identifizieren werden weitere Tests benötigt.

Analyse

Die Messung erfolgt in Serum oder heparinisiertem Plasma durch spektrophotometrische und trockenchemische Methoden. Liegt die Bilirubinkonzentration über 128 µmol/l (*7,5 mg/dl*), muss die Probe für trockenchemische Methoden verdünnt werden. Bilirubin bleibt bei 4 °C sieben Tage stabil, die Probe muss lichtgeschützt aufbewahrt werden. Die Bilirubinbestimmung im Urin wird in Kapitel 8 besprochen.

Referenzbereich

Hund: < 17 µmol/l (*< 1,0 mg/dl*); Katze: < 17 µmol/l (*< 1,0 mg/dl*).

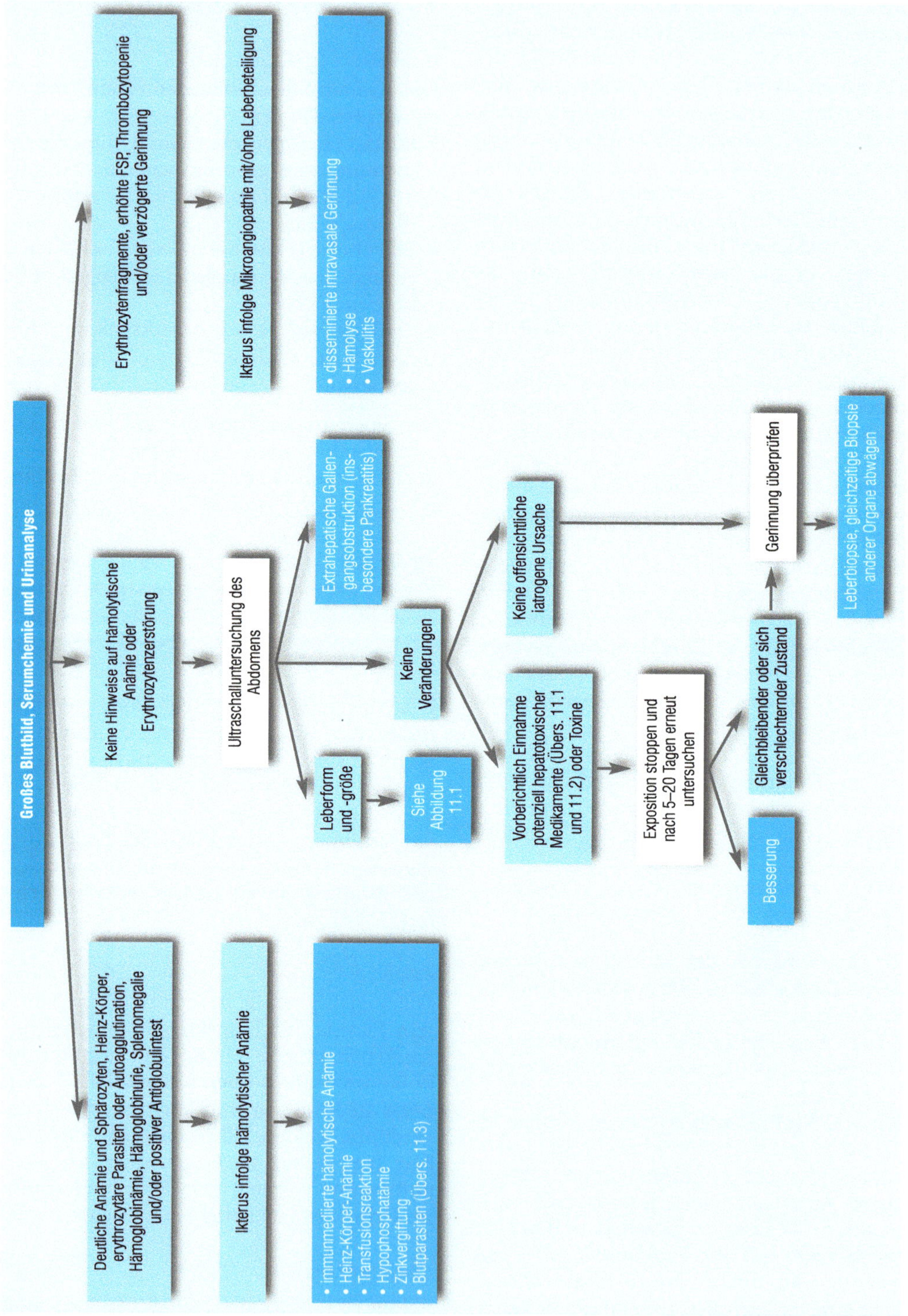

Abb. 11.2 Diagnostisches Vorgehen bei Hyperbilirubinämie (Hund und Katze). FSP, Fibrinspaltprodukte; DIC, disseminierte intravasale Gerinnung.

Kritische Werte

Hund: unsicher, Werte > 340 µmol/l (> *20 mg/dl*) sind besorgniserregend (Kernikterus); Katze: unbekannt.

Artefakte

Sonnenlicht oder fluoreszierendes Licht kann die Bilirubinkonzentration pro Stunde um 50 % senken. Siehe Kapitel 6.

Medikamentöse Beeinflussung

Erniedrigte Bilirubinwerte können durch Medikamente verursacht werden, die Leberenzyme induzieren (z. B. Phenobarbital). Erhöhte Bilirubinkonzentrationen entstehen durch Medikamente, die eine hämolytische Anämie (Übers. 11.3) oder akute Lebernekrosen (Übers. 11.1) verursachen.

Übersicht 11.3 Substanzen (Auswahl), die bekanntlich oder vermutlich eine hämolytische Anämie verursachen

- Acetaminophen (besonders Katzen)
- Benzocain (besonders Katzen)
- Cephalosporine
- Dapson
- Methylenblau (besonders Katzen)
- Nitrofurantoin
- Zwiebeln
- Penicillin
- Phenacetin (besonders Katzen)
- Phenazopyridin
- Phenylbutazon
- Sulfonamide
- Impfungen
- Vitamin K_3 (Katzen)
- Zink

Beachte: Diese Substanzen verursachen nicht immer eine Anämie, sie sollten jedoch wenn möglich bei Patienten mit hämolytischer Anämie abgesetzt werden.

Ursachen einer Hypobilirubinämie

Keine.

Ursachen einer Hyperbilirubinämie

Hämolytische und hepatobiliäre Erkrankungen stellen die beiden Hauptursachen einer Hyperbilirubinämie (Abb. 11.2) dar. Bei jedem ikterischen Patienten sollte ein großes Blutbild angefertigt werden, um hämolytische Erkrankungen auszuschließen. Die Erythrozytenzahl muss rapide und signifikant fallen, um einen klinischen Ikterus zu verursachen. Stark regenerative Anämien weisen auf eine immunmediierte hämolytische Anämie (IMHA) als Ursache des Ikterus hin. Häufig treten Retikulozytose, Hämoglobinämie, Hämoglobinurie, Erythrozyten-Autoagglutination, Sphärozytose, positive Ergebnisse des Coombs-Tests, Splenomegalie oder Hepatomegalie auf. In Kapitel 3 werden IMHA und andere regenerative Anämien (z. B. Heinz-Körper, Zinkvergiftung, Haemobartonella) diskutiert. Bei hämolytischen Erkrankungen sollte theoretisch keine Bilirubinurie auftreten; trotzdem ist sie ein häufiger Befund bei IMHA, da die Nieren des Hundes in der Lage sind, Bilirubin zu konjugieren. Eine Erhöhung der ALT kann ebenfalls irreführend sein, da auch schwere akute hämolytische Anämien zu einem Anstieg der ALT führen können (möglicherweise durch akute Leberhypoxie).

Schwere Lebererkrankungen (insbesondere akute Nekrosen) gehen manchmal mit einer disseminierten intravasalen Gerinnung (DIC) und darauf folgender hämolytischer Anämie einher. Solche Fälle können schwer von einer IMHA zu differenzieren sein. Eine durch DIC ausgelöste Anämie ist jedoch für gewöhnlich weniger stark regenerativ als eine IMHA und außerdem durch das Auftreten von Fragmenten roter Blutkörperchen, eine Thrombozytopenie, vermehrte Fibrinspaltprodukte (FSP), reduziertes Antithrombin III, verlängerte Gerinnungszeiten und veränderte Ergebnisse der Leberfunktionstests gekennzeichnet. Weiterhin können, sofern vorhanden, Erbrechen, abdominale Schmerzhaftigkeit und Enzephalopathie zur Differenzierung herangezogen werden.

Einem sichtbaren Ikterus liegen bei Hunden und Katzen häufig relativ schwere Lebererkrankungen zugrunde, der Gesamtbilirubinwert lässt jedoch keine prognostische oder diagnostische Aussage zu. Sekundäre Lebererkrankungen (reaktive Erkrankungen oder Begleitphänomene aufgrund einer Septikämie, Toxämie oder Entzündung) können ein ähnliches ikterisches Bild wie primäre Lebererkrankungen hervorrufen. Bestimmte Bakterientoxine und Akute-Phase-Entzündungsmediatoren sind in der Lage, den physiologischen Bilirubinmetabolismus zu verändern, und dadurch eine Erhöhung des Gesamtbilirubins zu verursachen.

Die meisten felinen Hepatopathien erzeugen einen Ikterus; Hepatolipidose, Cholangitis und Cholangiohepatitis, malignes Lymphom der Leber und feline infektiöse Peritonitis (FIP) sind häufige Ätiologien. Bei ikterischen Katzen sind ein großes Blutbild und die Bestimmung biochemischer Serumparameter indiziert. Ein nicht durch Hämolyse verursachter Ikterus bei Katzen spricht für die Entnahme einer Leberbiopsie, da meist eine primäre Lebererkrankung zugrunde liegt. Die Biopsie ist notwendig, um die Ätiologie zu klären und eine spezifische Behandlung einzuleiten.
Zu den häufigsten Ursachen eines nicht hämolytischen Ikterus beim Hund gehören: Pankreatitis mit Obstruktion des Gallenganges, Cholezystitis, chronische Hepatitis, malignes Lymphom der Leber, akute Lebernekrose, Leberzirrhose und intrahepatische Cholestase. Ikterus ist eine Indikation zur Anfertigung eines Blutbildes und Bestimmung biochemischer Serumparameter (mindestens ALT, AP, Harnstoff, Cholesterin und Albumin). Bildgebende Verfahren (Röntgen und/oder Ultraschall) ermöglichen es, zwischen primärer Lebererkrankung und Gallengangsobstruktion zu unterscheiden. Bei primären Lebererkrankungen ist eine Biopsiegewinnung indiziert. Bei Vorliegen einer Pankreatitis ist ein Eingriff normalerweise nicht angezeigt, es sei denn, es besteht ein Pankreasabszess. Bei chronischer Gallengangsobstruktion wird ein Bypass des gemeinsamen Gallengangs mittels Cholezystoduodenostomie gelegt (selten erforderlich). Eine gleichzeitig vorliegende extrahepatische Erkrankung sollte abgeklärt werden.

11.6 Alanin-Amino-Transferase (ALT)

ALT wurde früher als Glutamat-Pyruvat-Transaminase (GPT) bezeichnet.

Indikation (häufig)

Die Bestimmung der ALT-Aktivität ist bei folgender Symptomatik indiziert: Systemische Erkrankungen mit Gewichtsverlust, Hepatomegalie, Erbrechen, Durchfall, Ikterus, Aszites, Apathie und Anorexie. Die ALT ist auch als Suchtest auf Hepatopathien bei Patienten mit unklaren Krankheitserscheinungen geeignet. Eine regelmäßige ALT-Bestimmung ist bei den meisten Patienten mit chronischer Hepatitis zur Überwachung des Krankheitsverlaufs empfehlenswert.

Vorteile

Die ALT ist leberspezifisch.

Nachteile

Geringe Sensitivität (Patienten mit schweren Lebererkrankungen wie Leberzirrhose oder Lebertumoren können unauffällige ALT-Werte aufweisen). Eine Differenzierung zwischen verschiedenen Lebererkrankungen ist nicht möglich, sekundäre, nicht leberassoziierte Erkrankungen können nicht ausgeschlossen werden.

Analyse

Die Messung erfolgt in Serum (oder, bei manchen Testsystemen, in heparinisiertem Plasma) durch spektrophotometrische Methoden und Trockenchemie. ALT ist in Serum bei 22 °C einen bei 4 °C sieben Tage stabil.

Referenzbereich

Die gemessene Enzymaktivität im Serum variiert abhängig vom untersuchenden Labor, der verwendeten Technik und den verwendeten Einheiten stark.

Kritische Werte

Trotz der Korrelation zwischen ALT und aktivem Leberschaden besteht keine Korrelation zwischen ALT und Leberfunktion. Aus diesem Grund können keine kritischen Werte festgelegt werden.

Artefakte

Siehe Kapitel 6.

Medikamentöse Beeinflussung

Alle Medikamente, die hepatozelluläre Schäden verursachen (arzneimittelinduzierte Hepatopathie), können zu einem Aktivitätsanstieg führen. Die Liste der Medikamente, die im Verdacht stehen, die ALT zu erhöhen ist lang. Einige dieser Medikamente können für den Großteil der Patienten als sicher eingestuft werden. In Übersicht 11.1 sind ausgewählte Medikamente, die eine Steigerung der ALT-Aktivität bei Menschen, Hunden und Katzen bedingen, aufgelistet. Die vorberichtliche Verabreichung eines dieser Medikamente erklärt aber nicht automatisch eine Erhöhung der ALT.

Tabelle 11.1 Ausgewählte Ursachen für erhöhte Alanin-Amino-Transferase-Spiegel

Hunde	Katzen
Leberparenchymerkrankungen • Cholangitis • Cholangiohepatitis • Zirrhose • Kupferspeicherkrankheit • Lebertumoren • chronische Hepatitis • Lebertoxine • Trauma • Pankreatitis **andere Erkrankungen** • Anoxie durch Anämie/Schock • iatrogen (Übers. 11.1)	**Leberparenchymerkrankungen** • Cholangitis • Cholangiohepatitis • feline infektiöse Peritonitis (FIP) • malignes Lymphom der Leber • Zirrhose • Lebertoxine • Trauma • Pankreatitis • Hyperthyreose **andere Erkrankungen** • Anoxie durch Anämie/Schock • iatrogen (Übers. 11.1)

Beachte: Nahezu alle die Leber betreffenden Erkrankungen können zu erhöhten ALT-Spiegeln führen. Die aufgeführten Erkrankungen verursachen meist einen deutlichen Anstieg, können aber auch nur eine minimale oder keine Veränderung der ALT bewirken.

Beachte: Ein Patient kann auf nahezu alle Medikamente idiosynkratisch reagieren, was einen Anstieg der ALT-Aktivität bedingt.

Ursachen einer ALT-Aktivitätsabnahme

Nicht bedeutsam.

Ursachen eines ALT-Aktivitätsanstiegs

Eine Erhöhung der ALT wird prinzipiell durch jeglichen Leberschaden ausgelöst (Tab. 11.1). Rote Blutkörperchen und quer gestreifte Muskelzellen enthalten geringe Mengen an ALT. Ihre Beschädigung führt daher zu einem relativ schwachen Anstieg der ALT, wie er auch bei körperlicher Anstrengung beobachtet wird (Anstieg um weniger als das 2- bis 3fache). Hunde mit Muskeldystrophie zeigen geringgradige Veränderungen der ALT, sollten aber auch einen Anstieg der Aspartat-Amino-Transferase (AST) und Kreatinkinase (CK) aufweisen.

Leberzellen enthalten im Zytosol große Mengen an ALT. Ein starker Anstieg der ALT-Aktivität (um das 3fache oder mehr) spricht für einen Austritt des Enzyms aus den Leberzellen, muss aber nicht zwangsläufig auf eine primäre oder irreversible Lebererkrankung hinweisen. Bei Lebererkrankungen werden physiologische bis signifikant erhöhte ALT-Werte im Serum gemessen. Der Grad des Anstiegs korreliert nicht mit der Schwere der Erkrankung und ist auch kein prognostischer Indikator, zumindest solange keine spezielle Krankheit in Betracht gezogen wird. Die Halbwertszeit der ALT liegt bei ungefähr 1–2 Tagen oder weniger. Nach dem Abklingen der Lebererkrankung sollte die ALT im Serum binnen 1–2 Wochen sinken. Es wird angenommen, dass die ALT auch während der Leberregeneration erhöht bleibt.

Bei erhöhten ALT-Werten sind zahlreiche Faktoren zu berücksichtigen (Abb. 11.3). Wenn keine weiteren Anzeichen einer Erkrankung vorliegen, muss die ALT in bestimmten Abständen überprüft werden. Ein Anstieg der ALT kann das erste Anzeichen einer Lebererkrankung sein. Bestehen andere Symptome einer Lebererkrankung, wird eine entsprechende Diagnostik eingeleitet. Häufige Ursachen einer mehr als dreifachen ALT-Erhöhung sind: Anoxie der Leber, schlechte Leberdurchblutung, spontanes und operatives Trauma (z.B. Autounfall, Operationen), chronische Hepatitis, Zirrhose, Cholangitis und Cholangiohepatitis, akute Gallengangsobstruktion, Lebernekrosen jeglicher Ursache, akute Pankreatitis, Lebertumoren, Sepsis und bestimmte Medikamente. Eine Sepsis (insbesondere Septikämien und Toxämien) kann, ebenso wie Entzündungen im Bauchraum, zu einem sekundären Leberzellschaden führen. Aufgrund der anatomischen Nähe von Pankreas und Leber können Entzündungen des Pankreas zu mechanischen Leberschäden führen. Beim Dobermann, Bedlington Terrier, Dalmatiner und West Highland White Terrier weist die persistierende Erhöhung der ALT auf das Vorliegen einer chronischen Hepatitis hin, die mit einer erhöhten hepatischen Kupferkonzentration einhergehen kann, aber nicht muss.

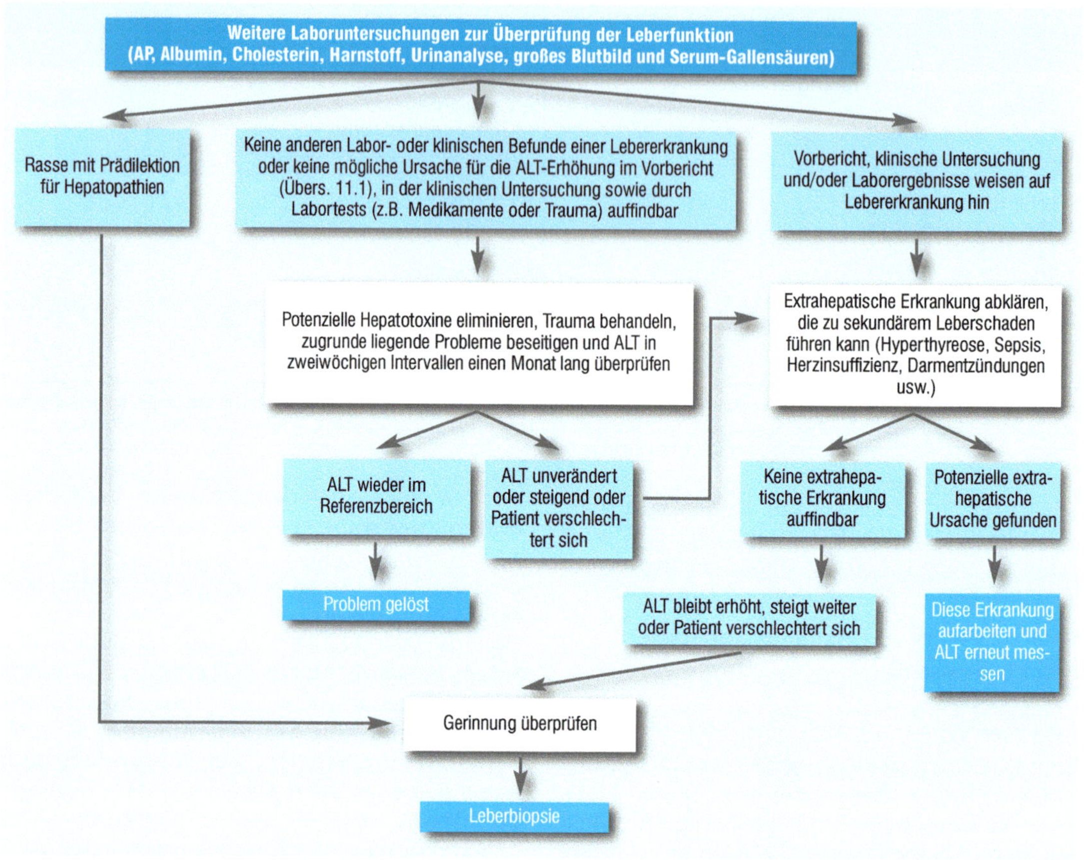

Abb. 11.3 Diagnostisches Vorgehen bei erhöhter Alanin-Amino-Transferase (ALT) (Hund und Katze). AP, alkalische Phosphatase.

11.7 Aspartat-Amino-Transferase (AST)

AST wurde als Glutamat-Oxalazetat-Transaminase (GOT) bezeichnet.

Indikation (gelegentlich)

Entsprechend ALT.

Nachteile

Der Test ist weniger spezifisch als die ALT-Bestimmung.

Analyse

Entsprechend ALT.

Medikamentöse Beeinflussung

Eine Abnahme der AST-Aktivität kann durch Metronidazol-Therapie verursacht sein. Hepatotoxische Medikamente können die AST erhöhen (Übers. 11.1).

Ursachen einer AST-Aktivitätsabnahme

Keine.

Ursachen eines AST-Aktivitätsanstiegs

Wie die ALT kommt auch die AST in größeren Mengen in Hepatozyten vor. Die ALT befindet sich im Zytosol, die AST ist dagegen in den Mitochondrien lokalisiert. Die Erhöhung der ALT weist auf einen Zellmembrandefekt hin; eine AST-Erhöhung bedeutet eine schwerwiegendere Leberkrankung, da Mitochondrien nicht so schnell geschädigt werden wie Zellmembranen. Die AST kommt jedoch auch in vielen anderen Geweben wie z.B. Muskulatur, sowie in Erythrozyten in signifikanter Menge vor. Aus diesem Grund ist der Aktivitätsanstieg der AST weniger spezifisch für einen Leberschaden als der Anstieg der ALT. Training und intramuskuläre Injektionen können die AST erhöhen. Zu den häufigsten Ursachen eines AST-Anstiegs gehören: Lebererkrankungen, Muskelschäden (Entzündung oder Nekrose) oder Hämolyse (spontan oder artifiziell). Wird ein AST-Anstieg festgestellt, sollte eine eventuelle Hämolyse abgeklärt werden, indem der Hämatokrit gemessen und die Farbe von Plasma oder Serum beurteilt wird. Liegt keine Hämolyse vor, kann durch ALT-Bestimmung beurteilt werden, ob es sich um einen leberassoziierten AST-Anstieg handelt (der signifikante Anstieg beider Enzyme, ALT und AST, weist darauf hin, dass der AST-Anstieg leberassoziiert ist).

11.8 Alkalische Phosphatase (AP)

Indikation (häufig)

Die alkalische Phosphatase (AP) wird bei systemischen Erkrankungen mit Gewichtsverlust, Hepatomegalie, Erbrechen, Durchfall, Aszites, Ikterus, Apathie oder Anorexie bestimmt. Weiterhin wird sie als Suchtest für Hepatopathien und Hyperadrenokortizismus verwendet.

Vorteile

Die AP ist hilfreich zur Beurteilung geringgradiger cholestatischer Erkrankungen der Leber.

Nachteile

Die AP wird durch Kortikosteroide, Knochenerkrankungen und Osteoblastenaktivität bei jungen wachsenden Hunden beeinflusst.

Analyse

Die AP-Messung erfolgt in Serum oder heparinisiertem Plasma durch spektrophotometrische Methoden. Die Hitzestabilität (55 °C) wurde verwendet, um zwischen AP aus den Knochen (hitzesensitiv) und AP aus der Leber (hitzestabil) zu unterscheiden. Es ist schwierig, mit dem Hitzetest reproduzierbare Ergebnisse zu erzielen. L-Phenylalanin hemmt die steroidinduzierte AP und kann verwendet werden, um zu bestimmen, ob erhöhte AP-Werte durch Kortikosteroide verursacht wurden. Alternativ können die Isoenzyme mit der Zelluloseazetat-Elektrophorese sicherer unterschieden werden. Die diagnostische Aussagekraft der Bestimmung des Prozentsatzes der Steroidfraktion ist fraglich, da bei Hunden mit verschiedenen Lebererkrankungen Steroide häufig eine beachtenswerte Rolle spielen.

Referenzbereich

Die Werte können zwischen den verschiedenen Labors stark variieren. Junge Hunde zeigen typischerweise eine zweifach höhere AP-Aktivität (aus dem Knochen) als geschlechtsreife Hunde.

Kritische Werte

Da keine Korrelation mit der Leberfunktion besteht, existieren keine kritischen Werte.

Artefakte

Siehe Kapitel 6.

Medikamentöse Beeinflussung

Alle Medikamente, die Leberenzyme induzieren oder eine Cholestase verursachen (Übers.11.2), können die AP-Aktivität erhöhen. Glukokortikoide, Primidon und Barbiturate erhöhen regelmäßig die AP bei Hunden, bei anderen Medikamenten fällt der Einfluss auf die AP unterschiedlich aus. Obwohl Glukokortikoide die AP bei Hunden stark beeinflussen, ist dies bei Katzen nahezu nie der Fall.

Ursachen einer AP-Aktivitätsabnahme

Nicht signifikant.

Ursachen eines AP-Aktivitätsanstiegs

Die aus den Knochen stammende AP ist in der Regel bei Hunden unter 6–8 Monaten erhöht (um weniger als das 3fache des Referenzbereichs). Knochenerkrankungen (z.B. Osteosarkom, Osteomyelitis) können zur AP-Erhöhung führen (meist nur geringer Anstieg) und die Prognose bezüglich metastatischer Knochenveränderungen ist bei AP-Erhöhung generell vorsichtig zu stellen.
Ein Anstieg der AP muss bei Hunden und Katzen unterschiedlich interpretiert werden (Tab. 11.2). Katzen verfügen über weniger AP hepatozellulären Ursprungs, die außerdem leicht über die Nieren ausgeschieden wird. Aus diesem

Grund muss jeder Anstieg der AP bei Katzen als bedeutsam angesehen werden und es sollten weitere Untersuchungen folgen. Nicht bei allen Katzen mit Lebererkrankungen steigt die AP an. Zu den Hauptursachen erhöhter AP-Werte bei der Katze zählen: Hepatolipidose, Cholangitis und Cholangiohepatitis, Hyperthyreose und Diabetes mellitus. Der Anstieg der AP ist bei Katzen mit Lipidose generell spezifischer als der Anstieg der γ-GT (Katzen mit Lipidose zeigen klassisch eine sehr hohe AP-Konzentration und nur einen geringen bis keinen Anstieg der γ-GT, trotzdem ist dieser Befund nicht diagnostisch für eine Hepatolipidose). Hyperadrenokortizismus (spontan und iatrogen) führt bei Katzen außerordentlich selten zum AP-Anstieg. Erhöhte AP-Werte bei Katzen sind eine Indikation zur Bestimmung von Schilddrüsenhormonen, zur Urinanalyse, Blutglukose- und ALT-Bestimmung sowie eventuell zur Durchführung von Leberfunktionstests (z.B. Gallensäuren). Bei Verdacht auf eine ursächliche Lebererkrankung muss eine Biopsie in Betracht gezogen werden (siehe 11.13 Serum-Gallensäuren).

Zu den Hauptursachen mehr als 3fach erhöhter AP-Aktivitäten beim Hund werden hepatobiliäre Erkrankungen, Hyperadrenokortizismus sowie Therapie mit Glukokortikoiden und Antikonvulsiva gerechnet. Lebererkrankungen, die mit einem AP-Anstieg einhergehen, weisen in der Regel eine cholestatische Komponente auf; die jedoch keinen Ikterus oder eine Obstruktion des Gallengangs impliziert. Die intrahepatische Cholestase, verursacht durch diffuse oder fokale Kompression von Gallengangskanälchen, kann bei verschiedenen Hepatopathien auftreten. Sie wird sogar bei sekundären Hepatopathien, aufgrund von Septikämie, Toxämie und chronischer, stressinduzierter vakuolärer Degeneration (hydropische Degeneration), beobachtet. Akute Leberzellnekrosen können zum transienten Anstieg der AP führen (meist um weniger als das 5fache des Referenzwerts). Eine extrahepatische Gallengangsobstruktion und Enzyminduktion, verursacht durch endogene oder exogene Glukokortikoide oder Medikamentengabe, können die AP mehr als 10fach erhöhen. Ähnlich wie bei der ALT korreliert das Ausmaß des Anstiegs nicht mit Schweregrad oder Prognose der Erkrankung. Beim Hund ist es wichtig, zunächst Wachstum, Medikamentengabe und Hyperadrenokortizismus auszuschließen, um unnötige Leberbiopsien zu vermeiden (Abb. 11.4). Hyperadrenokortizismus kann leicht mit Lebererkrankungen verwechselt werden, da er Hepatomegalie, Polydipsie, Polyurie, erhöhte ALT- und manchmal auch erhöhte Gallensäurewerte verursacht. Sofern der Patient keine Anzeichen eines Leberversagens zeigt (Ikterus, hepatoenzephales Syndrom, Hypoglykämie, Gewichtsverlust, Erbrechen, Hypalbuminämie, Aszites, Mikrohepatie), muss das Vorliegen eines Hyperadrenokortizismus, durch Nebennierenfunktionstests ausgeschlossen werden. In Leberbioptaten von Patienten mit Hyperadrenokortizismus wird eine vakuoläre Hepatopathie festgestellt.

Tabelle 11.2 Ausgewählte Ursachen erhöhter Konzentrationen der alkalischen Phosphatase

Hunde	Katzen
Gallengangsveränderungen • Pankreatitis • Gallengangsneoplasie • Cholelithiasis • Cholezystitis • Ruptur der Gallenblase	**Gallengangsveränderungen** • wie beim Hund
Leberparenchymerkrankungen • Cholangiohepatitis • chronische Hepatitis • Kupferspeicherkrankheit • Zirrhose / Fibrose • hepatische Neoplasien: Malignes Lymphom, Hämangiosarkom, hepatozelluläres Karzinom, metastatische Karzinome • toxische Hepatitis (Aflatoxine)	**Leberparenchymerkrankungen** • Cholangiohepatitis • Hepatolipidose • malignes Lymphom der Leber • feline infektiöse Peritonitis (FIP)
andere Erkrankungen • Diabetes mellitus • Hyperadrenokortizismus • Chronische passive Kongestion aufgrund von Rechtsherzinsuffizienz • Hernia diaphragmatica • Septikämie • Ehrlichiose[1] • junge Hunde mit Knochenwachstum • Osteomyelitis[1]	**andere Erkrankungen** • Diabetes mellitus • Hyperthyreose
• iatrogen (Übers. 11.2)	• iatrogen (Übers. 11.2)[1]

Beachte: Nahezu alle die Leber betreffenden Erkrankungen können erhöhte AP-Spiegel verursachen. Die aufgeführten Erkrankungen verursachen meist einen deutlichen Anstieg, können aber auch nur eine minimale oder keine Veränderung der AP bewirken.

[1] selten von Bedeutung

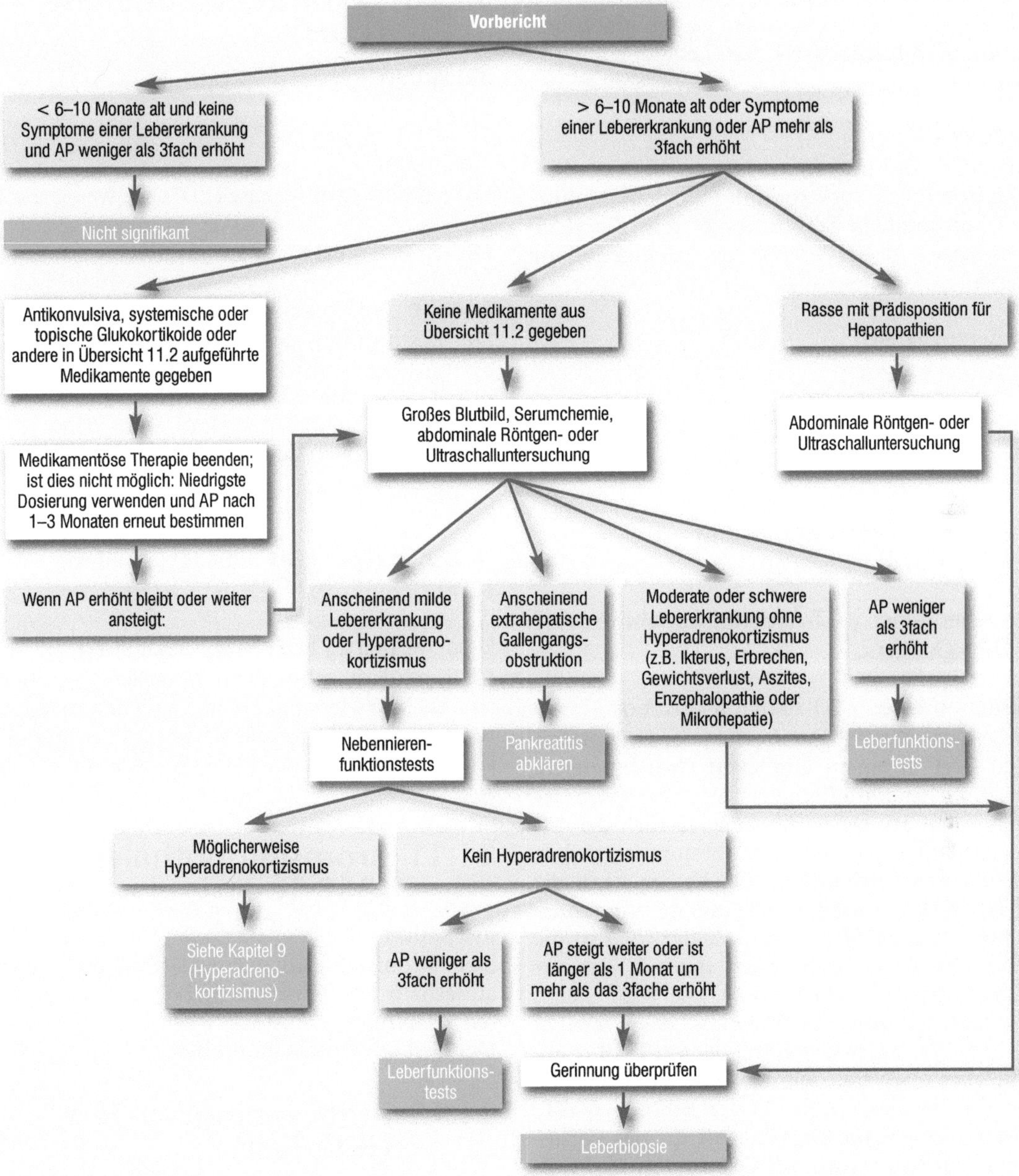

Abb. 11.4 Diagnostisches Vorgehen bei einem Anstieg der alkalischen Phosphatase (AP) beim Hund.

11.9 γ-Glutamyl-Transferase (γ-GT)

Indikation (gelegentlich)

Die Indikationen zur Bestimmung der γ-GT- und der AP-Aktivität entsprechen einander. Für hepatobiliäre Erkrankungen beim Hund scheint die AP sensitiver zu sein. Bei Katzen ist die γ-GT etwas sensitiver und wahrscheinlich auch spezifischer für Lebererkrankungen, außer für Hepatolipidose. Daher ist die Bestimmung der γ-GT bei Katzen häufiger indiziert als bei Hunden. Die γ-GT wird durch sekundäre Lebererkrankungen und enzyminduzierende Medikamente weniger beeinflusst als die AP. AP und γ-GT zusammen haben einen höheren prädiktiven Wert für Lebererkrankungen.

Analyse

Die γ-GT wird in Serum, Harn und Körperflüssigkeiten durch spektrophotometrische Methoden bestimmt. In Serum bei 4 °C ist die γ-GT drei Tage und bei –20 °C bis zu einem Jahr stabil.

Referenzbereich

Entsprechend AP.

Artefakte

Siehe Kapitel 6.

Medikamentöse Beeinflussung

Entsprechend AP.

Ursachen einer γ-GT-Aktivitätsabnahme

Nicht signifikant.

Ursachen eines γ-GT-Aktivitätsanstiegs

Siehe Ursachen AP. Der Anstieg der Enzymaktivität liegt in einem ähnlichen Größenbereich. Bei Knochenerkrankungen steigt die γ-GT jedoch nicht an. Die γ-GT wird, ähnlich der AP, durch Glukokortikoide und bestimmte andere Medikamente beeinflusst. Bei Katzen kann die γ-GT stärker ansteigen als die AP, eine Ausnahme stellt die Hepatolipidose dar (hier ist die AP in der Regel relativ hoch, die γ-GT ist nur wenig oder gar nicht erhöht). Die γ-GT steigt, im Gegensatz zur AP, bei akuten Lebernekrosen nicht an. Bei einer Erhöhung der γ-GT sollte ein ähnliches Vorgehen wie bei einem AP-Anstieg gewählt werden (Abb. 11.4). Erhöhte γ-GT-Werte können, wie auch die AP, für das Vorliegen einer Pankreatitis mit Obstruktion des Gallengangs sprechen.

Ursachen einer gesteigerten γ-GT-Exkretion im Harn

Der Anstieg der 24-Stunden-γ-GT-Exkretion kann durch verschiedene Nephrotoxine (z.B. Gentamyzin) verursacht werden.

11.10 Laktatdehydrogenase (LDH)

Indikation

Selten.

Nachteile

Die Laktatdehydrogenase (LDH) ist wenig spezifisch.

Dieser Test wird nicht empfohlen.

Analyse

Die Bestimmung der LDH-Aktivität erfolgt in Serum, heparinisiertem Plasma oder Liquor durch spektrophotometrische Methoden.

Referenzbereich und kritische Werte

Entsprechend ALT und AP.

Ursachen einer LDH-Aktivitätsabnahme

Nicht signifikant.

Ursachen eines LDH-Aktivitätsanstiegs

LDH wird in zahlreichen Geweben gefunden, so dass ihre Messung einen fraglichen diagnostischen Wert hat. Unerklärliche geringe bis starke Zunahmen der LDH-Aktivität sind nicht selten.

11.11 Bromsulfophthalein-Test (BSP-Test)

Indikation

Der Bromsulfophthaleintest (BSP-Test) wird außerhalb von Forschungslabors nur noch selten verwendet.

Der Test wird nicht empfohlen.

11.12 Indocyaningrün-Test (ICG-Test)

Indikation (selten)

Entprechend BSP-Test.

Der Indocyaningrün(ICG)-Test wird nicht empfohlen.

11.13 Serum-Gallensäuren (SGS)

Indikation (häufig)

Serum-Gallensäuren werden bei Verdacht auf subklinische Hepatopathien, bei chronischem Gewichtsverlust, ZNS-Symptomatik, Ikterus, Hepatomegalie und Mikrohepatie bestimmt. Der Test wird auch zur Verlaufskontrolle der Leberfunktion bei Patienten mit bekannter Hepatopathie verwendet. Da die Messung der Serum-Gallensäuren wesentlich einfacher als BSP-, ICG- und Ammoniumchlorid-Belastungstest durchzuführen ist, wird die Bestimmung der Serum-Gallensäuren als Suchtest für Leberdysfunktion verwendet.

Vorteile

Der Test ist einfach durchzuführen und nur wenige extrahepatische Faktoren beeinflussen die Serum-Gallensäuren.

Nachteile

Eine Unterscheidung zwischen den verschiedenen hepatobiliären Erkrankungen ist nicht zuverlässig möglich. Die Werte unterliegen großen tagesabhängigen Schwankungen, die die Beurteilung von Veränderungen der Leberfunktion erschweren.

Analyse

Die Messung erfolgt in Serum, entweder durch direkte enzymatische Methoden, die alle im Serum enthaltenen 3-Alpha-Hydroxy-Gallensäuren quantifizieren, oder durch einen RIA, der spezifische Gallensäuren misst. Es sollte darauf geachtet werden, dass für Hunde und Katzen validierte Tests verwendet werden. Die Werte der enzymatischen Methode und des RIA können nicht miteinander verglichen werden.

Die meiste Information liefert die Doppelbestimmung der Gallensäuren präprandial (nach 12 Stunden Nahrungskarenz) sowie 2 Stunden postprandial. Nach der ersten Blutentnahme sollten die Patienten Dosenfutter mit moderatem Fettgehalt erhalten, was die Kontraktion der Gallenblase fördert. Die kombinierte Bestimmung prä- und postprandialer Werte erhöhen die Sensitivität des Tests, wodurch er sensitiver als andere Funktionstests (z.B. basale Serum-Ammoniakkonzentration) ist.

Referenzbereich

Aufgrund der verschiedenen Techniken und Assays (µmol/l oder µg/ml) müssen die Referenzwerte von den verschiedenen Labors aufgestellt werden. Üblicherweise werden die Serum-Gallensäuren in µmol/l angegeben.

Kritische Werte

Keine.

Artefakte

Bei stark erhöhter Dehydrogenaseaktivität im Serum kann eine Modifikation der spektrophotometrischen Methode notwendig sein. Hochgradige Lipämie (Chylomikronämie) und Hämolyse können zu falsch-niedrigen Serum-Gallensäurenwerten führen. Hypertriglyzeridämie kann bei der Verwendung spektrophotometrischer Methoden zu einer falsch-hohen Konzentration führen. Der RIA wird durch Triglyzeride nicht beeinflusst. Bei ikterischen Patienten ist der Test indiziert.

Medikamentöse und anderweitige Beeinflussung

Cholestyramin senkt die Serumkonzentration durch Bindung der Gallensäuren im Darmlumen, wodurch ihre Reabsorption gehemmt wird. Die Therapie mit Ursodesoxycholsäure (synthetische Gallensäure) kann die Gesamt-Serum-Gallensäurenkonzentration erhöhen. Die Resektion des Ileums (Hauptort der Reabsorption von Gallensäuren), verschiedene Erkrankungen des Ileums oder eine Cholezystostomie können ebenfalls dazu führen, dass der Serum-Gallensäurengehalt eine gestörte Leberfunktion suggeriert. Länger andauernde (> 1–2 Tage) Anorexie kann zu niedrigeren Nüchternwerten führen, als dies bei Patienten mit ungestörter Futteraufnahme der Fall wäre. Intestinale Hypomotorik reduziert die diagnostische Aussagekraft des 2 Stunden postprandial bestimmten Werts, da die Gallensäuren nicht in einem entsprechenden zeitlichen Intervall ins Ileum befördert werden. Eine Antibiotika-responsive Enteropathie (ARE) kann, durch bakterielle Dekonjugation der Gallensäuren und nachfolgende erhöhte Aufnahme über den Dünndarm, die Serum-Gallensäurenkonzentration erhöhen. Das Vorliegen einer Leberinsuffizienz führt nicht zur Reduktion der Gallensäuren.

Ursachen erniedrigter Serum-Gallensäuren

Verzögerte Magenentleerung, beschleunigte Darmpassage, Malabsorptionssyndrome und Ileumresektion können erniedrigte Werte hervorrufen. Bei ARE kann die Gesamtkonzentration fallen oder gleich bleiben, es ist jedoch zu erwarten, dass die unkonjugierte Fraktion ansteigen wird.

Ursachen erhöhter Serum-Gallensäuren

Hepatobiliäre Erkrankungen, Cholestase oder ein portosystemischer Shunt bedingen einen Anstieg der Serum-Gallensäurenkonzentration. Wenn sowohl der Nüchternwert als auch der 2 Stunden postprandiale Wert bestimmt werden, ist der Test sensitiver als andere Leberfunktionstests. Aufgrund der einfachen Durchführbarkeit und Verfügbarkeit hat die Bestimmung der Serum-Gallensäuren andere Leberfunktionstests verdrängt. Die Serum-Gallensäuren liefern keine zusätzliche Information bei ikterischen Patienten mit hepatischer oder extrahepatischer Gallengangserkrankung. Bei nicht ikterischen Patienten, bei denen der Verdacht auf eine Lebererkrankung vorliegt, stellt die Bestimmung der Serum-Gallensäuren einen geeigneten Suchtest dar, und kann eine Grundlage für weiterführende Untersuchungen sein. Nicht bei allen Patienten mit Lebererkrankungen ist die Serum-Gallensäurenkonzentration erhöht und der relative Anstieg der Gallensäuren lässt nicht auf die Art der Erkrankung oder ihre Prognose schließen. Nüchternwerte über 20 µmol/l oder postprandiale Werte über 25 µmol/l lassen auf eine signifikante Lebererkrankung oder einen portosystemischen Shunt schließen; es müssen weiterführende Untersuchungen durchgeführt und eventuell Leberbiopsien genommen werden. Generell sollten die prä- und postprandialen Werte simultan bestimmt werden. Wenn nur Nüchternwerte bestimmt wurden und unauffällig sind, muss eine postprandiale Messung durchgeführt werden. Das Ausmaß des Anstiegs oder der prozentuale Anstieg zwischen prä- und postprandialen Werten lässt auf keine bestimmte Diagnose oder Prognose schließen. Die meisten Tiere mit chronischer Hepatitis, ausgedehnten Lebernekrosen, Cholestase und Lebertumoren weisen veränderte Werte auf. Die Serum-Gallensäurenkonzentration wird in der Regel nicht durch sekundäre Lebererkrankungen, Glukokortikoid- oder antikonvulsive Therapie beeinflusst; in seltenen Fällen kann dies jedoch der Fall sein.

Eine Erhöhung der Serum-Gallensäuren ist wahrscheinlich der sensitivste Indikator für einen kongenitalen portosystemischen Shunt. Nahezu alle Tiere mit kongenitaler Portalgefäßanomalie weisen erhöhte postprandiale Serum-Gallensäurenkonzentrationen auf; bei dieser Erkrankung werden die höchsten Serum-Gallensäurenkonzentrationen gemessen.

11.14 Ammoniak und Ammoniumchlorid-Belastungstest (ABT)

Indikation (selten)

Entsprechend Serum-Gallensäuren (d.h. wenn ein sensitiver Funktionstest benötigt wird, um das Vorliegen einer Lebererkrankung bei Tieren zu bestätigen, bei denen einfachere Tests keine Diagnose ermöglichen).

Vorteile

Der Test weist eine gute Sensitivität und Spezifität auf.

Nachteile

Das Prozedere, das für die Bereitstellung der Proben notwendig ist und die Wahrscheinlichkeit, dass beim ABT Erbrechen oder ZNS-Symptome auftreten, werden als nachteilig angesehen.

Analyse

Die Messung erfolgt in Blut, Serum, Plasma (heparinisiert, wird empfohlen), Liquor oder Urin mittels enzymatischer Methoden, selektiver Elektroden oder Trockenchemie. Arterielles scheint verglichen mit venösem Blut keine Vorteile zu liefern. Das Blut muss in einem eisgekühlten Röhrchen aufgefangen werden, das sofort dicht verschlossen, wieder eisgekühlt und zum Labor gebracht wird. Eine Kontrollprobe sollte gleichzeitig unter denselben Bedingungen gewonnen werden. Der Test muss innerhalb von 20 Minuten durchgeführt oder das Plasma bei –20 °C eingefroren werden. Dadurch wird die Ammoniakkonzentration für wenigstens 2 Tage stabilisiert. Wenn ein ABT durchgeführt wird, müssen Proben für die Ammoniakbestimmung vor sowie 30 oder 45 Minuten nach Verabreichung von Ammoniumchlorid (NH_4Cl;

100 mg/kg Körpergewicht), gewonnen werden. Das Ammoniumchlorid kann als Lösung in 20–50 ml Wasser, als 5%ige Lösung sowie als trockenes Pulver in Gelatinekapseln oral verabreicht werden oder als 5%ige Lösung rektal eingegeben werden. Die Verwendung oral verabreichter Gelatinekapseln ist am einfachsten und es besteht nur geringe Wahrscheinlichkeit, dass Ammoniumchlorid wieder ausgestoßen wird (Erbrechen, Ausscheidung mit dem Kot).
Cave: Die Gabe von Ammoniumchlorid (NH_4Cl) bei Patienten mit erhöhten basalen Ammoniakwerten kann zur Enzephalopathie führen. Der Kliniker sollte keinen ABT durchführen, wenn der Patient Anzeichen einer Enzephalopathie zeigt. Das Fehlen von Symptomen eines hepatoenzephalen Syndroms garantiert nicht, dass die Ammoniakwerte im Referenzbereich liegen.

Referenzbereich

Basale Werte: Hund, 26–70 µmol/l (*45–120 µg/dl*); Katze, 18–59 µmol/l (*30–100 µg/dl*).
ABT, Ammoniak nach 30 Minuten: Hund, minimale Abweichung vom Referenzbereich; Katze, keine Abweichung vom Referenzbereich.

Kritische Werte

Hund: > 580 µmol/l (*1000 µg/dl*) (ein hepatoenzephales Syndrom kann drohen, obwohl nur eine schwache Korrelation zwischen klinischen Symptomen eines hepatoenzephalen Syndroms und der Ammoniakkonzentration besteht). Katze: unbekannt.

Artefakte
Falsch-hoch: längeres stehen lassen der Blutprobe, starke Anstrengung. Siehe Kapitel 6.

Medikamentöse Beeinflussung
Ein Absinken der Ammoniakwerte kann durch darmwirksame Antibiotika (z.B. Aminoglykoside), Laktulose, *Lactobacillus-acidophilus*-Kulturen, Klistiere und Diphenhydramin verursacht werden. Erhöhte Werte können durch Valproinsäure, Asparaginase, Narkotika, Diuretika, die zur Hypokaliämie oder Alkalose führen, Überfütterung, Ammoniumsalze und proteinreiche Nahrung (einschließlich Blut aus spontaner gastrointestinaler Blutung) vorkommen.

Ursachen einer Hypoammonämie
Nicht signifikant.

Ursachen einer Hyperammonämie
Störungen des Harnstoffzyklus (sehr selten) und Leberinsuffizienz (insbesondere kongenitaler und erworbener portosystemischer Shunt). Die basalen Ammoniakwerte sind wahrscheinlich weniger sensitiv für die Diagnose einer Leberdysfunktion als die Serum-Gallensäuren-Nüchternwerte. Der ABT ist zur Diagnose eines portosystemischen Shunts vermutlich genauso sensitiv wie die prä- und postprandialen Serum-Gallensäuren. Ist bereits die basale Ammoniakkonzentration signifikant erhöht, darf kein ABT durchgeführt werden, da er unter diesen Umständen überflüssig und gefährlich ist. Klinische Symptome korrelieren schlecht mit der Ammoniakkonzentration. Ein veränderter ABT oder erhöhte basale Ammoniakwerte bei Patienten mit Lebererkrankungen sind Indikationen für eine Leberbiopsie oder eine Portographie. Die Ammoniakkonzentration ist nur selten aufgrund von Harnwegsobstruktionen erhöht, dann insbesondere bei Komplikation durch Infektion mit ureaseproduzierenden Bakterien. Manche jungen Hunde (besonders Scottish Deerhound) weisen erhöhte basale Ammoniakwerte auf, die sich spontan normalisieren, wenn der Hund älter wird. Aus diesem Grund ist bei der Diagnosestellung kongenitaler portosystemischer Shunt, allein anhand der basalen Ammoniakkonzentration, zumindest bei manchen Rassen Vorsicht geboten.

11.15 Cholesterol

Siehe Kapitel 9.

Quellen

Allen L, Stobie D, Mauldin GN: Clinicopathologic features of dogs with hepatic microvascular dysplasia with and without portosystemic shunts, *J Am Vet Med Assoc* 214:218, 1999.

Center SA: Diagnostic procedures for evaluation of hepatic disease. In Guilford WG et al, editors: *Strombeck's small animal gastroenterology*, ed 3, Philadelphia, 1996, WB Saunders.

Cole TL et al: Diagnostic comparison of needle and wedge biopsy specimens of the liver in dogs and cats, *J Am Vet Med Assoc* 220:1483, 2002.

Glick MR, Ryder KW, Glick SJ: *Interferographs: user's guide to interferences in clinical chemistry instruments*, ed 2, Indianapolis, 1991, Science Enterprises.

Hess PR, Bunch SE: Diagnostic approach to hepatobiliary disease. In Kirk RW, Bonagura JD, editors: *Kirk's current veterinary therapy 13*, Philadelphia, 2000, WB Saunders, 2000.

Meyer DJ, Twedt DC: Effect of extrahepatic disease on the liver. In Kirk RW, Bonagura JD, editors: *Kirk's current veterinary therapy 13*, Philadelphia, 2000, WB Saunders.

12 Ergüsse und andere Flüssigkeitsansammlungen

Sharon A. Center

12.1 Diagnostische Maßnahmen

Der Begriff Erguss umfasst alle pathologischen Flüssigkeitsansammlungen des Körpers, die außerhalb der viszeralen Lumina, Blut- und Lymphgefäße stattfinden. Ergüsse können häufig bereits während der klinischen Untersuchung festgestellt werden. Lokalisierte wie auch generalisierte Ödeme (Anasarka) lassen sich leicht an Hautturgor, Lippenfalten, Konjunktiven und Peritarsalregion ablesen. Andere Ergüsse erfordern dagegen zusätzliche diagnostische Maßnahmen wie den Einsatz bildgebender Verfahren (Röntgen, Sonographie). Zu diesen zählen Bauchhöhlenergüsse, die bei der palpatorischen Untersuchung oft übersehen werden (das Ballottieren einer Flüssigkeitswelle hat geringe diagnostische Aussagekraft). Ebenso entgehen dem Untersucher regelmäßig geringfügige Thoraxergüsse. In fast allen Fällen ist die Analyse der Ergussflüssigkeit der Schlüssel zur richtigen Kategorisierung und Bestimmung der Ursache des Ergusses.

12.2 Entnahmetechniken

Flüssigkeitsgewinnung

Punktionsstellen müssen ebenso vorbereitet werden wie Operationsfelder. Die eigentliche Entnahme kann mit Hilfe von Kanülen (23 bis 20 Gauge), Teflonkathetern und Butterfly-Kanülen vorgenommen werden. Im Allgemeinen sind 3–5 ml für eine Flüssigkeitsanalyse ausreichend. Sofern die Entnahme unter Ultraschallkontrolle vorgenommen wird, ist darauf zu achten, dass die Probe nicht durch das Ultraschallgel verunreinigt wird. Dieses bildet bei Diff-Quick- und Wright's Giemsa-Färbung bläuliche Schlieren.

Abdominozentese

Zur Vermeidung von Organpunktionen muss das Abdomen vor einer Abdominozentese sorgfältig durchpalpiert werden. Es empfiehlt sich, vor der Abdominozentese die Blase zu entleeren, insbesondere wenn 14-Gauge-Katheter verwendet werden. Bei Ergüssen mit hohem intraabdominalen Druck sollte die Punktion von lateral vorgenommen werden, da sich so Serombildungen in der Mittellinie vermeiden lassen. Bei jeglichem Verdacht auf einen septischen Erguss müssen alle vier Quadranten der Bauchhöhle überprüft werden. Ultraschallkontrolle hilft nicht nur bei der Navigation der Punktionskanüle, sondern auch zur Erklärung einer besonders schwierigen Flüssigkeitsgewinnung. Um Verletzungen in Folge spontaner Bewegungen des Patienten zu vermeiden, kann die Punktionsnadel bzw. der Katheter mit einem Verlängerungsschlauch verbunden werden. Alternativ hierzu lassen sich auch Butterfly-Kanülen verwenden. Bei besonders schwieriger Gewinnung empfiehlt es sich, einen Teflonkatheter einzubringen. Ein Polypropylen-Harnkatheter (flexibel) lässt sich einfach durch das Lumen des Teflonkatheters schieben und kann dann bei Positionsveränderungen des Patienten mühelos manipuliert werden.

Peritoneallavage

Für eine Peritoneallavage wird über einen Zeitraum von 5–10 Minuten 20 ml/kg Körpergewicht sterile warme, physiologische Kochsalzlösung intraabdominal instilliert. Im Anschluss sollte das Abdomen über mehrere Minuten sanft massiert werden, da sich hierdurch Flüssigkeit aus den Nischen und Rezessus des Netzes und Organlagers löst. Danach wird die Flüssigkeit aspiriert und untersucht. Bei einem gesunden Hund finden sich in der Flüssigkeit nicht mehr als $0{,}5 \times 10^9$ Leukozyten/l (*500 Leukozyten/µl*). Ein kürzlich erfolgtes abdominales Trauma sowie chirurgische Eingriffe ziehen geringfügige Erhöhungen nach sich. In Tabelle 12.1 sind einige Richtlinien der Ergussdiagnostik wiedergegeben. Iatrogene Organverletzungen und Infektionen müssen als Komplikationen einer Perito-

Tabelle 12.1 Richtlinien zur Interpretation eines Peritonealergusses[1]

Farbe / Trübheit	
klar	keine Erkrankung oder abdominales Trauma
blutig	• iatrogen oder Hämorrhagie • chronischer Erguss: serosanguinös
Blut verdunkelt sich nach wiederholter Entnahme:	aktive Blutung; Hämatokrit bestimmen!
trüb	zytologische Untersuchung einleiten!
Hämatokrit	
< 5 %	geringgradige Blutung
> 10 %	starke Blutung
Leukozyten	
$< 0{,}5 \times 10^9$/l (< *500/µl*)	physiologisch (Hund)
$> 10^9$/l (> *1000/µl*)	gering- bis mittelgradige Entzündung
$> 2 \times 10^9$/l (> *2000/µl*)	Peritonitis wahrscheinlich, Zytologie indiziert
Lipase / Amylase	
wenn > als im Serum	Pankreatitis, Trauma, Nekrose
Gesamt-Bilirubin	
wenn > als im Serum	Galleübertritt, Darmruptur
Kreatinin	
wenn > als im Serum	Urinübertritt, Ruptur der harnableitenden Wege
pflanzliche Fasern	
wenn nachweisbar	Darmruptur oder versehentliche Punktion des Darms
bakterielle Mischflora	
wenn nachweisbar	Darmruptur, rupturierter Abszess oder oder versehentliche Punktion des Darms

[1] nach Instillation von 20 ml/kg Lavageflüssigkeit.

neallavage in Betracht gezogen werden. Außerdem ist der Verdünnungseffekt durch die eingebrachte Flüssigkeit bei jeder Interpretation zu berücksichtigen.

Thorakozentese

Die Punktion des Thorax erfolgt üblicherweise im siebten bis achten Interkostalraum, auf Höhe des Rippen-Rippenknorpel-Überganges, sofern sich im konkreten Fall über bildgebende Verfahren kein geeigneterer Zugang ermitteln lässt. Da am kaudalen Rippenrand wichtige Interkostalnerven und -gefäße verlaufen, sollte der Interkostalraum etwa in der Mitte zwischen zwei Rippen penetriert werden. Etwaige Flüssigkeit lässt sich am besten gewinnen, wenn sich das Tier in Brustlage befindet oder steht. Zur Entnahme eignen sich Butterfly-Kanülen (18 oder 20 Gauge) und 20–35 ml-Spritzen mit einem Drei-Wege-Hahn als Verbindungsstück. Zur Sicherheit sollte bereits beim Einstechen der Nadel ein Unterdruck erzeugt werden, damit das Erreichen der Pleurahöhle sofort an der einströmenden Flüssigkeit erkannt und einer Verletzung der Lunge durch die Nadel vorgebeugt werden kann. Eine wiederholte Thorakozentese sollte unter Lokalanästhesie erfolgen.

Perikardiozentese

Der Herzbeutel lässt sich am besten vom fünften oder sechsten rechten Interkostalraum her erreichen. Das Einstichgebiet ist durch Applikation eines Lokalanästhetikums bis in die Nähe der Pleura vorzubereiten. Zur Flüssigkeitsentnahme eignet sich besonders ein über die Nadel eingebrachter Teflonkatheter (12–16 Gauge), der 2–3 seitliche Öffnungen aufweist. Diese kann man durchaus selbst mit einer sterilen Schere anfertigen. Des Weiteren benötigt man für mittelgroße und große Hunde einen Verlängerungsschlauch sowie einen Drei-Wege-Hahn. Die Penetrationsstelle ist chirurgisch vorzubereiten und mit einem oberflächlichen Einschnitt zu versehen, durch den der Katheter die Haut leichter passieren kann. Das Vorschieben des Katheters ist elektrokardiographisch zu kontrollieren, denn sobald das Myokard erreicht ist, kommt es zu ventrikulären Extrasystolen. Zur Penetration des Herzbeutels muss unter Umständen kurzzeitig ein festerer Druck auf die Nadel ausgeübt werden. Nachdem der Katheter über die Nadel in das Perikard eingebracht wurde, ist die Nadel vorsichtig zu entfernen. Sofern das Punktat Blut enthält, sollte der Kliniker sofort Hämatokrit, Thrombozytenzahl, gesamte Feststoffe, Farbe des Überstands und Gerinnungszeiten mit denen des peripheren Blutes vergleichen. Auf diese Weise lässt sich eine versehentliche intrakardiale Blutentnahme ermitteln.

Gewinnung von Ödemflüssigkeit

In das entsprechende Gewebe ist eine 22- bis 25-Gauge-Kanüle einzuführen. Oft folgt die Flüssigkeit der Schwerkraft und fließt nach unten ab. Sonst kann durch Massage und Aspiration nachgeholfen werden.

12.3 Beurteilung der gewonnenen Flüssigkeit

Flüssigkeitsanalyse

Die Analyse sollte sofort erfolgen, damit die Flüssigkeit eingeordnet werden kann und um zu entscheiden, ob weitere diagnostische Maßnahmen (z.B. bakteriologische Untersuchung) notwendig sind. Aliquots von 3 bis 5 ml der gewonnenen Flüssigkeit sollten jeweils in ein EDTA- und ein Serumröhrchen überführt werden, aus denen die zytologischen und klinisch-chemischen Analysen vorgenommen werden. Eine weitere Probe für mikrobiologische Untersuchungen wird in einem sterilen Serumröhrchen oder in speziellen Behältnissen mit Nähr- oder Transportmedien aufbewahrt. Steht nicht genügend Material zur Verfügung, ist der zytologischen Untersuchung der Vorzug zu geben. Die im Konus der Injektionsnadel verbleibenden Reste können abpipettiert, oder die Nadel und Spritze mit Nährlösung ausgewaschen werden, um eine mikrobiologische Untersuchung zu ermöglichen. Blutige Punktate sollten hinsichtlich Hämatokrit, Gesamtprotein, Thrombozytenzahl, gesamte Feststoffe, Farbe des Überstands und Gerinnungszeiten mit dem peripheren Blut verglichen werden. Über die zytologischen und physikalisch-chemischen Untersuchungen gelingt es meist, einen Erguss in eine der in Tabelle 12.2 aufgeführten Kategorien einzuordnen.

Physikalische Untersuchungen

Trübungen kommen generell durch eine Beimengung von Lipiden oder Zellen zustande. Chylöse Ergüsse sind üblicherweise weiß, pink oder opaleszierend, und weisen einen trüben Überstand auf. Rötliche oder rotbraune Flüssigkeiten enthalten entweder Erythrozyten oder freies Hämoglobin. Sofern Blutbeimengungen vorliegen, muss die Probe zentrifugiert werden, damit der Hämatokrit mit dem des peripheren Blutes verglichen und der Überstand weitergehend untersucht werden kann. Sofern Erythrozyten stauungsbedingt oder im Rahmen einer Entzündung in eine Flüssigkeit übertreten, sollte der Hämatokrit 8 % nicht überschreiten. Wenn der Hämatokrit der Ergussflüssigkeit näher an dem des Blutes liegt und der Überstand klar ist, besteht entweder eine akute Einblutung oder die Probe wurde iatrogen mit Blut kontaminiert. Zu einer artifiziellen Absenkung des Probenhämatokrits kommt es bei Hämolyse, die durch Zugabe stark hypo- oder hypertoner Flüssigkeiten, Einfrieren und Auftauen sowie durch mechanische Schädigung der Erythrozyten (z.B. in Folge des Absaugens der Flüssigkeit in ein Vacutainer"-Röhrchen) verursacht wird. Bräunliche Verfärbung des Überstands weist auf Hämolyse hin. Wenn ein Blutübertritt in eine Ergussflüssigkeit länger als einen Tag besteht, können in der Flüssigkeit Makrophagen festgestellt werden, die ganze Erythrozyten (Erythrophagie) oder Hämosiderin (Siderophagen) enthalten. Erythrophagie kann auch in Ergussflüssigkeit, die länger als ein paar Stunden gelagert wurde, auftreten. Bei länger zurückliegendem Blutübertritt finden sich keine Thrombozyten mehr und der Überstand ist von gelblicher Farbe. Dieser auch als Xanthochromie bezeichnete Befund deutet die Anwesenheit von Bilirubin an. Ikterische Tiere weisen gelbliche Ergüsse auf. Ein galliger Bauchhöhlenerguss (Cholaskos) führt zu einer braungrünen oder gelbgrünen Farbe der Ergussflüssigkeit und dem Vorkommen freier und phagozytierter Bilirubinkristalle. Septische Ergüsse können einen durch anaerobe Bakterien verursachten fauligen Eigengeruch haben.

Zellzahlen und Zytologie

Zellzahlen und Differentialzellbilder werden aus mit Gerinnungshemmern behandeltem, nicht zentrifugiertem Probenmaterial bestimmt. Die Zellzahlen in Ergüssen müssen in der Regel mit einer Zählkammer ermittelt werden, da enthaltener Debris in automatischen Countern zu Fehldetektionen führt. Bei sehr kleinen Probenvolumina ist mit fälschlich erniedrigten Zellzahlen aufgrund der Verdünnung mit Antikoagulanzien zu rechnen. Darüber hinaus kann die Zellzahl durch unzureichendes Durchmischen, Kontamination und Überalterung der Probe sowie vorangegangene Therapien verfälscht sein.
Differentialzellbilder lassen sich einfacher aus konzentrierten Flüssigkeiten ermitteln. In Ausstrichen nicht konzentrierter Flüssigkeit kann die Zellzahl abgeschätzt werden, wenn die Ausgangskonzentration höher als

Tabelle 12.2 Charakteristik der einzelnen Ergusstypen

	Transsudat			Exsudat		galliger Erguss	chylöser Erguss
	reines	modifiziertes	Hämorrhagie	aseptisch	septisch		
Farbe	klar wässrig	serös serosanguinös	blutig	serosanguinös	eitrig serosanguinös	braun/grün gelb	milchig/weiß/rosa opaleszierend
Trübheit	klar	klar bis wolkig	trüb	wolkig	wolkig/flockig	trüb	trüb
gesamte Feststoffe	< 25 g/l (*< 2,5 g/dl*)	25–50 g/l (*2,5–5,0 g/dl*)	> 30 g/l (*> 3,0 g/dl*)	> 30 g/l (*> 3,0 g/dl*)	> 30 g/l (*> 3,0 g/dl*)	> 30 g/l (*> 3,0 g/dl*)	> 25 g/l (*> 2,5 g/dl*)
spezifisches Gewicht	< 1017	1017–1025	> 1025	> 1025	> 1025	> 1025	> 1018
kernhaltige Zellen	$< 1 \times 10^9$/l (*< 1000/µl*)	0,5–10×10^9/l (*500–10 000/µl*)	$> 1 \times 10^9$/l (*> 1000/µl*)	$> 5 \times 10^9$/l (*> 5000/µl*)	$> 5 \times 10^9$/l (*> 5000/µl*)	$> 5 \times 10^9$/l (*> 5000/µl*)	variabel
Differentialzellbild	mononukleär (Mesothelzellen, Lymphozyten, Makrophagen)	Mesothelzellen Makrophagen Neutrophile (nicht degeneriert) einzelne Erythrozyten Lymphozyten	Blutzellen Neutrophile (nicht degeneriert) einzelne Lymphozyten Makrophagen (Erythrophagozytose)	Neutrophile (nicht degeneriert) Makrophagen, (phagozytierter Debris) Mesothelzellen +/- Tumorzellen	Neutrophile (degeneriert, phagozytierte Bakterien) Makrophagen (phagozytierte Bakterien) Mesothelzellen Erythrozyten	Neutrophile (v. a. akut) Makrophagen Bilirubin (frei, phagozytiert) Lymphozyten	Lymphozyten (dominieren) Neutrophile (chronisch) Mesothelzellen
Bakterien	nein	nein	nein	nein	eventuell	+/-	selten
Lipide	nein	nein	nein	nein	nein	nein	viele Triglyzeride (mehr als im Serum) Cholesterin (weniger als im Serum) positive Fettfärbung

10^9 Zellen/l (*1000 Zellen/µl*) ist. Mindestens sechs Ausstriche pro Probe sollten sofort angefertigt werden. Die Präparate werden zunächst luftgetrocknet und im Folgenden mit der modifizierten Wright-Färbung (Diff-Quick®) angefärbt. Wenn bei der anschließenden Durchsicht Bakterien festgestellt wurden, ist des Weiteren eine Gram-Färbung durchzuführen. Erscheint die Probe relativ zellarm, sollte ein Teil zentrifugiert und möglichst schnell Ausstriche aus dem Sediment angefertigt werden. Die Verwendung von Zytozentrifugen garantiert hier den besten morphologischen Erhaltungszustand der Zellen. Ausstriche zur zytologischen Diagnostik sollten umgehend luftgetrocknet werden, um die Zellmorphologie zu erhalten.

Der Untersucher muss bei der Interpretation der zytologischer Präparate immer die Möglichkeit mikrobiell kontaminierter Färbelösungen, einer Degeneration neutrophiler Granulozyten in Folge langen Kontakts mit EDTA oder Kochsalzlösung, sowie Zellveränderungen durch Kontakt zu Urin oder Galle in Betracht ziehen.

12.4 Einteilung der Ergüsse

12.4.1 Transsudate

Reine Transsudate entstehen bei erniedrigtem onkotischem oder erhöhtem hydrostatischem Druck und manchmal bei erhöhter Gefäßpermeabilität. Sie enthalten wenige Zellen ($< 10^9$ Zellen/l [< *1000 Zellen/μl*]), die gesamten Feststoffe liegen unter 25 g/l (*2,5 g/dl*) und das spezifische Gewicht unter 1017. Der klassische Vertreter dieser Gruppe ist ein Aszites in Folge hypalbuminämischer Zustände bei Leberinsuffizienz sowie infolge einer Nephro- oder Enteropathie mit Proteinverlust (PLE, Protein-losing Enteropathy; PLN, Protein-losing Nephropathy).

12.4.2 Modifizierte Transsudate

Modifizierte Transsudate besitzen eine höhere Konzentration an gesamten Feststoffen (zirka 25 g/l [*2,5 g/dl*]), ein spezifisches Gewicht zwischen 1017 und 1025 und eine mittlere Zelldichte von $0{,}5–10 \times 10^9$ Zellen/l (*500–10 000 Zellen/μl*). Hierbei bilden Mesothelzellen einen großen Anteil, die übrigen Zelltypen können erheblich variieren.

12.4.3 Hämorrhagische Ergüsse

Hämorrhagische Ergüsse wirken blutig, besitzen einen messbaren Hämatokrit und ihr Gehalt an gesamten Feststoffen liegt über 30 g/l (*3 g/dl*). Handelt es sich hierbei um eine alte Blutung, finden sich Hämolyse oder Xanthochromie, Erythrophagie, Siderozytose und ein Fehlen von Blutplättchen. Diese Ergüsse neigen auch nicht mehr zur Gerinnung. Thrombozyten lassen sich allerdings nur nachweisen, wenn zwischen Probengewinnung und Untersuchung nicht mehr als 1 Stunde verstreicht. Bei perakuten und iatrogenen Blutungen fehlen Xanthochromie, Siderozyten und Erythrophagie; der Überstand ist klar und Blutplättchen können nachgewiesen werden.

12.4.4 Exsudate

Exsudate sind durch mehr als 30 g/l (*3 g/dl*) gesamte Feststoffe, ein spezifisches Gewicht über 1025 und vor allem Zellzahlen über 5×10^9/l (*5000/μl*), bei Prädominanz von Neutrophilen und Makrophagen, charakterisiert. Sie können septisch oder aseptisch sowie entzündlich, nekrotisch, infektiös oder neoplastisch bedingt sein. Zum Ausschluss eines septischen Prozesses sollten sofort bakteriologische Untersuchungen auf Aerobier und Anaerobier durchgeführt werden. Man sollte unverzüglich zytologisch feststellen, ob es sich um einen exsudativen Erguss handelt, um eine eventuell notwendige bakterielle Untersuchung sofort einleiten zu können.

12.4.5 Gallige Ergüsse

Gallige Ergüsse enthalten große Mengen an intra- und extrazellulären Bilirubinkristallen, die eine gelbe, goldene oder braune Farbe besitzen. Des Weiteren finden sich stark segmentierte Neutrophile und aktivierte Mesothelzellen. Bakterien können, müssen aber nicht enthalten sein. Ist der Bilirubingehalt der Ergussflüssigkeit höher als der des Blutes, gilt dies als diagnostisch für einen galligen Bauchhöhlenerguss (Cholaskos). Man beachte, dass ikterische Tiere ebenfalls gelbliche Ergüsse aufweisen.

12.4.6 Chylöse Ergüsse

Chylöse Ergüsse enthalten mehr als 25 g/l (*2,5 g/dl*) gesamte Feststoffe, besitzen ein spezifisches Gewicht über 1018 und große Mengen an Neutrophilen und/oder Lymphozyten. Ihr eigentliches Markenzeichen ist aber die hohe Konzentration an Triglyzeriden, die deren Blutwert erheblich übersteigt. Das Erguss-zu-Blut-Verhältnis der Triglyzeride ist immer höher als 2–3 : 1 und meistens höher als 10 : 1. Dagegen ist der Cholesteringehalt deutlich niedriger als im peripheren Blut. Typischerweise bleibt nach Zentrifugation der Überstand eines chylösen Ergusses milchig-trüb und opaleszierend. Bei Kühlschranktemperatur setzen sich zudem triglyzeridreiche Chylomikronen an der Oberfläche ab. Zum qualitativen Triglyzeridnachweis wird die Probe mit 1–2 Tropfen 1 N Natronlauge und dann einer gleichen Menge Äther versetzt. Die ätherlöslichen Triglyzeride lassen sich im Folgenden als weiße Bande an der Oberfläche erkennen. Alternativ hierzu kann im Verdachtsfall eine kleine Probenmenge auf einem Objektträger mit Ölrot oder Sudanschwarz behandelt werden, wobei sich kleine Fetttröpfchen (Chylomikronen) anfärben sollten (Farbtafel 5B).

12.4.7 Pseudochylöse Ergüsse

Die vor allem in der älteren veterinärmedizinischen Literatur erwähnten pseudochylösen Ergüsse kommen extrem selten vor. Im Vergleich zum Blutplasma enthalten sie hohe Konzentrationen an Cholesterin, aber niedrige an Triglyzeriden.

12.4.8 Maligne Ergüsse

Bei malignen Ergüssen handelt es sich meist um modifizierte Transsudate oder Exsudate, mit Blutbeimengung und Xanthochromie, die neoplastische Zellen enthalten. Man beachte allerdings, dass reaktive Mesothelzellen oft einen Phänotyp aufweisen, der sich mit Malignitätskriterien (zweikernige Zellen, Siegelringzellen, hohes Kern-Zytoplasma-Verhältnis, große und anisometrische Zellkerne und Kernkörperchen) überschneidet. Sie führen nicht selten zu Fehldiagnosen. In der Humanmedizin hat sich die Immunhistochemie zur näheren Charakterisierung verdächtiger Zellen durchgesetzt. Eine Entwicklung, die glücklicherweise auch in der Tiermedizin an Boden gewinnt. Allerdings gibt es bislang keinen einzelnen Marker, der übergreifend zwischen reaktiven und neoplastischen Zellen zu differenzieren vermag und geeignet ist, adenokarzinomatöse Zellen mit Sicherheit von hyperplastischen Mesothelzellen abzugrenzen.
Bei Hunden gehen Hämangiosarkome sehr häufig mit malignen Ergüssen einher. Diese enthalten große Mengen an Makrophagen mit schaumigem Zytoplasma, Mesothelzellen und Erythrophagen; sie sind xanthochrom und enthalten keine Blutplättchen. Häufig finden sich im peripheren Blut parallel Schistozyten und Akanthozyten (siehe Kap. 2 und 3). Durch Ergusszytologie alleine lässt sich die neoplastische Genese kaum darstellen, da in der Regel keine Tumorzellen zu finden sind.
Auch Karzinome mit Implantationsmetastasen an Pleura oder Peritoneum verursachen oft maligne Körperhöhlenergüsse. Hier zeichnen sich im Röntgenbild unter Umständen verwaschene Serosagrenzen ab und sonographisch lassen sich schon geringe Flüssigkeitsansammlungen darstellen. Manche Umfangsvermehrungen sind groß genug, um Aspirationsbiopsien durchzuführen. Diese Tumorergüsse weisen ein hohes spezifisches Gewicht auf, enthalten große Mengen an Eiweiß und unter Umständen auch Erythrozyten, so dass sie häufig nur als hämorrhagisch interpretiert werden. Tumorzellen können ebenfalls erfasst werden. Wie oben erwähnt, besteht eine grundlegende Schwierigkeit in der Differenzierung von Tumorzelle und Mesothelzelle. Noch diffiziler ist die Situation bei Vorliegen eines Mesothelioms. Hier obliegt die definitive Diagnose meist der histologischen Untersuchung.

12.4.9 Eosinophile Ergüsse

Definitionsgemäß besteht bei einem eosinophilen Erguss der Zellgehalt zu mindestens 10 % aus eosinophilen Granulozyten. Bei ungefähr 50 % dieser Ergüsse handelt es sich um modifizierte Transsudate, bei den übrigen um nicht septische Exsudate. Eosinophile Ergüsse können nicht über hämatologische Untersuchungen (zirkulierende Eosinophile) abgeklärt werden. Beim Hund treten eosinophile Ergüsse im Rahmen von Herzwurmbefall, disseminierter eosinophiler Granulomatose, systemischer Mastozytose, interstitieller Pneumonie, malignen Lymphomen und Hämangiosarkomen auf. Häufig lassen Röntgenbilder infiltrative Prozesse erkennen. Ein Pneumothorax kann eosinophilen Thoraxergüssen vorausgehen.

12.5 Spezielle Körperhöhlenergüsse

12.5.1 Aszites

Jeder Kliniker muss mit den diagnostischen Leitlinien zur Abklärung von Bauchhöhlenergüssen vertraut sein (Abb. 12.1).

Reine Transsudate

sind regelmäßig bei Hypalbuminämie anzutreffen (siehe Kap. 14 und Abb. 12.2), die durch eine Nephro- oder Enteropathie mit Proteinverlust (PLE, Protein-losing Enteropathy; PLN, Protein-losing Nephropathy), Leberversagen, Plasmaverlust über Hautwunden (Verbrennungen) oder auch wiederholte Körperhöhlen-Lavage verursacht sein kann. Anorexie und Auszehrung reichen dagegen selten aus, um Ödeme und Ergüsse hervorzurufen. Daher muss der Patient auf jeden Fall auf eine pathologische Proteinurie (siehe Kap. 8) und Leberversagen hin untersucht werden (siehe 11.13 Serum-Gallensäuren). Eine

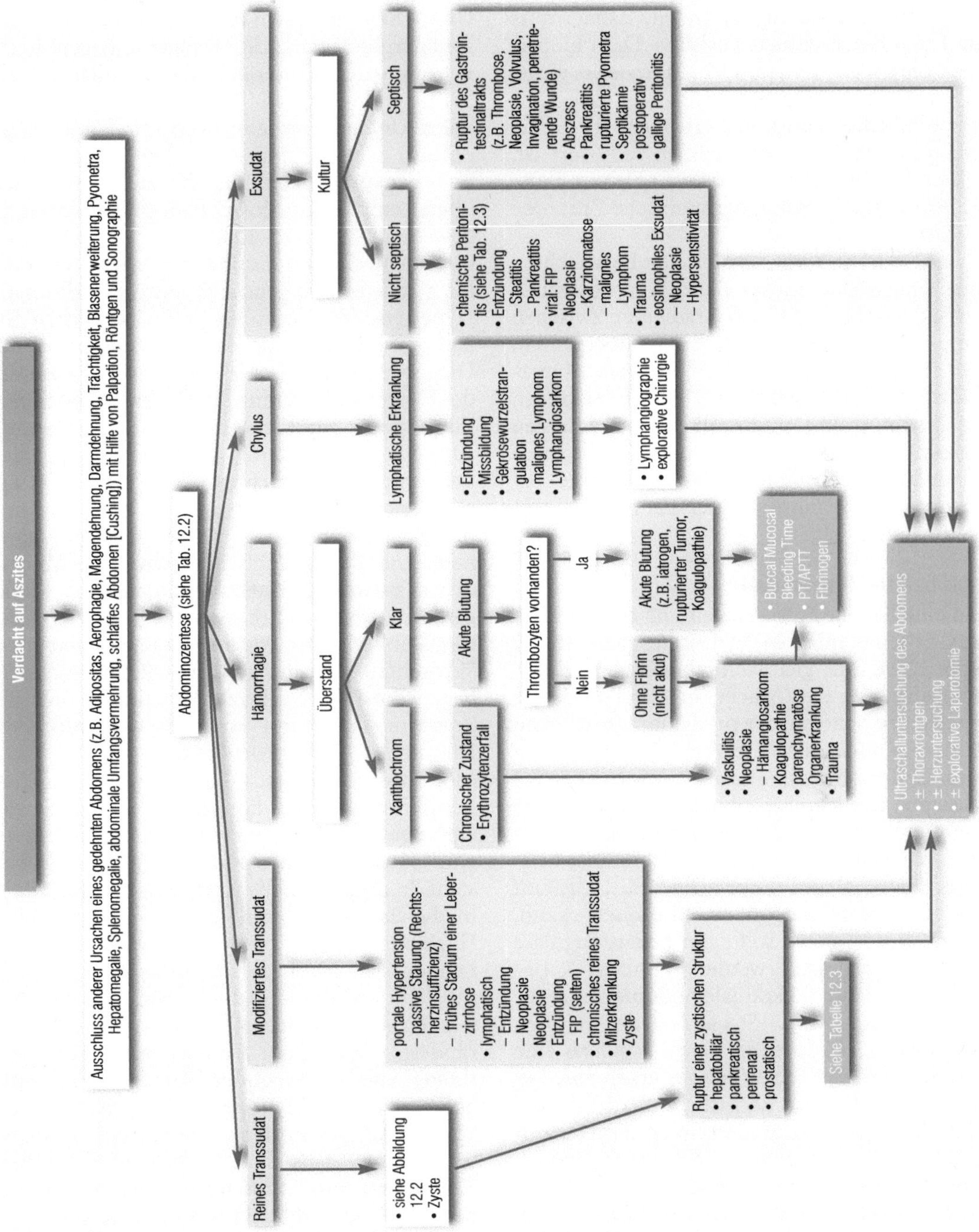

Abb. 12.1 Diagnostische Überlegungen bei einem Tier mit Bauchhöhlenerguss. APTT, aktivierte partielle Thromboplastinzeit; FIP, feline infektiöse Peritonitis; PT, Prothrombinzeit.

PLE kann durchaus ohne klinische Anzeichen einer Darmerkrankung auftreten, daher muss zur Diagnose eventuell auf eine Darmbiopsie zurückgegriffen werden. Der Cholesterinspiegel im Serum (siehe Kap. 9) hat sich hier als besonders hilfreicher Parameter erwiesen, da er bei PLE und Leberversagen deutlich reduziert ist, während eine Protein-losing Nephropathy (PLN) meist hypercholesterinämische Zustände hervorruft.
Ob eine portale Hypertension zur Entwicklung eines Transsudats in der Bauchhöhle beigetragen hat, lässt sich über den Gradienten zwischen Albumin im Serum und im Erguss überprüfen: Werte über 1,1 weisen auf eine portale Hypertension hin. Da deutliche Überschneidungen der Serum- und Ergussalbumin-Gradienten vorkommen, lässt sich die zugrunde liegende Erkrankung (Lebererkrankung bzw. keine Lebererkrankung) mittels dieser Parameter nicht identifizieren.

Modifizierte Transsudate

sind eine häufige Folgeerscheinung eines erhöhten venösen (kapillären) hydrostatischen Drucks (Abb. 12.2). Eine gleichzeitig bestehende Hepatomegalie hilft, die Ursache auf das Gebiet der hepatischen Venolen, der prädiaphragmatischen *V. cava cranialis*, den Herzbeutel, den rechten Vorhof oder den Pulmonalarterienverlauf zu lokalisieren. Der Kliniker sollte hier unbedingt auf einen Jugularispuls, Pulsus paradoxus, schwachen Femoralispuls, gedämpfte Herztöne, Leistungsschwäche und Ruhetachykardie, die auf eine Herzbeuteltamponade hinweisen kann, achten. Des Weiteren sollte der hepato-jugulare Reflex überprüft werden, indem 10–15 Sekunden auf das kraniale Abdomen oder die Leber gedrückt wird (Steigerung des venösen Rückflusses). Ist dabei an der *V. jugularis* eine Erweiterung oder Pulsation zu erkennen, besteht eine reduzierte Rechtsherzfunktion oder-füllung. Bei venöser Stauung mag die Hepatomegalie nicht zu palpieren sein, wenn eine erhöhte Bauchspannung vorliegt.
Über Röntgenaufnahmen des Thorax lassen sich Form und Größe von Herzbeutel und Herzschatten, Verlauf und Füllung der Pulmonalarterien sowie Form, Weite und Position der *V. cava* nachzeichnen. Im Fall einer Kardiomegalie kann durch eine sonographische Untersuchung zwischen kardialen und perikardialen Krankheitszuständen unterschieden werden. Abdominaler Ultraschall, am besten mit zusätzlicher Dopplersonographie, dient der Darstellung geweiteter Lebervenen und veränderter Zirkulationsverhältnisse im Zuge von Obstruktionen, abdominalen Umfangsvermehrungen (Neoplasie, Granulom) oder Thromben, die den portalen Blutfluss beeinträchtigen. Ein zentraler Venendruck über 8 cmH_2O ist hinweisend, über 14 cmH_2O beweisend für einen Rückstau, dessen Ursache in einer Rechtsherzinsuffizienz oder verminderten arteriellen Lungendurchblutung (pulmonale Hypertension, Thrombembolie) zu suchen ist. Der zentrale Venendruck erlaubt jedoch keine Diagnose pathologischer Veränderungen kaudal des Herzens und kann zudem bei Patienten mit Blutungsneigung (Leberinsuffizienz, Rattengiftaufnahme, Vaskulitis, Thrombozytopenie) hochgradig beeinträchtigt sein. Hunde mit einem Cor triatriatum dexter, einer Anomalie mit okklusiver Netzbildung im rechten Vorhof, können einen physiologischen zentralen Venendruck aufweisen. Außerdem hängt die Messgenauigkeit von zahlreichen mechanischen Faktoren ab, wie der Position des Katheterendes, Verdrehungen, Faltungen und Okklusion desselben, weshalb der zentrale Venendruck nur im Zusammenhang mit weiteren diagnostischen Parametern gesehen werden darf.
Modifizierte Transsudate aufgrund chronischer Lebererkrankungen können entstehen, bevor eine deutliche Hypalbuminämie auftritt, wenn eine sinusoidale oder portale Hypertension besteht. In diesem Fall bewirkt der Albuminverlust in die Ergussflüssigkeit unter Umständen eine Hypalbuminämie, bevor die Proteinsynthese nennenswert herabgesetzt wurde. Auch hier ermöglicht die abdominale Sonographie eine Erfassung von Mikrohepatie, abgerundeten Leberrändern, veränderter Parenchymstruktur, pathologischer Füllung des Portalvenensystems, Splenomegalie und größeren portosystemischen Shunts. Als weitere Ursachen für die zirkulationsbedingte Entstehung eines modifizierten Transsudats sind Fibrosen der Leberpforte sowie neoplastische und thrombembolische Verlegungen des Portalkreislaufs zu nennen. In diesen Fällen beträgt der Quotient Serum-Albumin : Erguss-Albumin 1,1 oder mehr.
Infarkte, Thrombembolien und Torsionen der Milz führen zur Absonderung von modifizierten Transsudaten oder Exsudaten. Dabei lässt sich

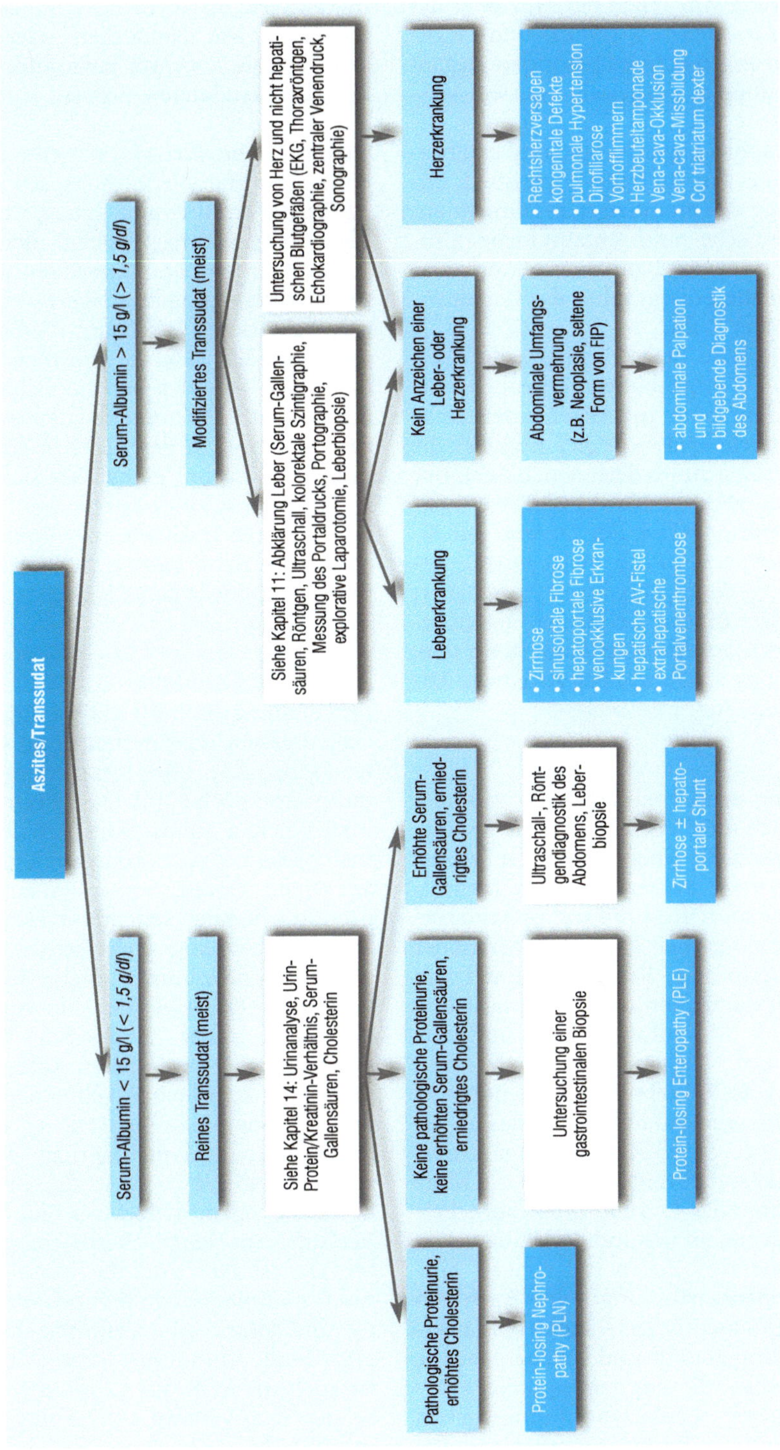

Abb. 12.2 Diagnostische Überlegungen bei einem Tier mit transsudativem Bauchhöhlenerguss. AV, arteriovenös; SGS, Serum-Gallensäuren; EKG, Elektrokardiogramm; FIP, feline infektiöse Peritonitis; PLE, Protein-losing Enteropathy.

eine Vergrößerung von Teilen der Milz oder des ganzen Organs feststellen. Struktur- und Zirkulationsveränderungen können besonders elegant mit dem Farbdoppler dargestellt werden. Weitere diagnostische Möglichkeiten offerieren die Splenoportographie, Laparoskopie und explorative Laparotomie. Ein ähnliches Ergussbild, unter Bevorzugung des modifizierten Transsudats, liefern neoplastische und entzündliche Umfangsvermehrungen der Bauchhöhle. Auch hier ist die abdominale Sonographie das diagnostische Verfahren der Wahl.

Körperhöhlenergüsse beeinträchtigen die Auswertbarkeit von Röntgenbildern erheblich stärker als die Sonographie. Im Allgemeinen empfiehlt es sich, nach Ablassen eines Ergusses die Röntgenaufnahmen zu wiederholen, da sich nur so Lebergröße, abdominale Umfangsvermehrungen und Position viszeraler Organe mit Sicherheit abklären lassen. Die meist unvollständige Entfernung einer Flüssigkeit verschleiert dennoch die klare Erkennbarkeit der Organränder. Ein mehrmaliges Ablassen kann nötig sein, führt wie anfangs erwähnt, aber zu einem Absinken des Serum-Albuminspiegels.

Exsudate

Die Feststellung eines Exsudats sollte eine gezielte Suche nach möglichen Infektionen einleiten. Als beweisend für einen septischen Prozess gelten phagozytierte Bakterien, deren Identifikation eine sehr sorgfältige mikroskopische Untersuchung zytologischer Präparate bei hoher Vergrößerung erfordert. Die Anwesenheit von pflanzlichen Bestandteilen, enterischem Debris und bakterieller Mischflora deutet auf eine Darmruptur hin. Degenerierte Leukozyten (siehe Kap. 18 und Farbtafel 4B) sind zwar klares Indiz für eine bakterielle Infektion, sie treten aber nicht bei jedem Mikroorganismus auf. *Actinomyces* spp.. beeinträchtigen die Morphologie neutrophiler Granulozyten zum Beispiel kaum (Farbtafeln 4A und 4C). Außerdem können degenerative Zellveränderungen eine Folge der Probenbehandlung sein. Auch ein kürzlich erfolgtes aseptisches Bauchtrauma verursacht eine geringgradige und vorübergehende Ergussneutrophilie, die mit geringgradiger Degeneration dieser Leukozyten einhergehen kann. Der eigentliche Erregernachweis gestaltet sich oft schwierig, da die Bakteriendichte oft gering ist oder die Organismen in einem Granulom oder Abszess eingeschlossen sind. Einige Bakterien wie Nokardien oder Actinomyces sind notorisch schwer aufzufinden. Daher sollten alle exsudativen Ergüsse *a priori* kulturell auf Aerobier und Anaerobier hin untersucht werden (siehe Kap. 17), was eine sterile Probenentnahme und -versendung sowie den Einsatz geeigneter Kultur- und Transportmedien erfordert. Sollten diese Proben nicht sofort verschickt werden können, müssen sie unter Kühlschrankbedingungen gelagert werden, wodurch sich bakterielles Wachstum, Substratverbrauch und Tod der Mikroorganismen hinauszögern lassen. Im Hinblick auf mögliche Organrupturen besteht die Konsequenz einer nachgewiesenen Infektion in der Regel in einer Notoperation, es sei denn, es handelt sich hier um die Komplikation eines kürzlichen Eingriffs, einer wiederholten Drainage oder Punktion. Hier gilt es, eine gezielte antibiotische Therapie an die Ergebnisse der bakteriologischen Untersuchung anzupassen.

Aseptische Exsudate

sind anamnestisch oft mit Traumen, Harn- und Gallenblasen- oder Zystenruptur vergesellschaftet (Tab. 12.3). Eine intraabdominale Entzündung kann nach einmaligem stumpfem Trauma über Wochen hinaus bestehen bleiben. Manchmal bestehen auch röntgenologisch Hinweise auf einen Unfall. Sollte ein äußeres Trauma unwahrscheinlich sein, muss nach anderen Entzündungsherden gesucht werden. Bei Katzen ist darüber hinaus immer an eine feline infektiöse Peritonitis (FIP) zu denken. Auch wenn das klinische Bild der FIP durchaus heterogen sein kann, sind die betroffenen Katzen meist chronisch krank, zeigen Allgemeinsymptome, Hyperglobulinämie (≥ 50 g/l [≥ *5 g/dl*]) und einen hohen Proteingehalt innerhalb der Ergussflüssigkeit (> 45 g/l [> *4,5 g/dl*]). Zytologisch findet sich ein gemischtzelliges Bild. Bei atypischer Verlaufsform (lange Überlebenszeit, modifiziertes Transsudat) sind die klinischen und klinisch-pathologischen Befunde oft nicht eindeutig und lassen eine definitive Diagnose ohne ergänzende Immunhistochemie nicht zu. Leider ist auch die PCR auf Coronaviren kein beweisender Test. Weitere Überlegungen finden sich in Abb. 12.1.

Wenn alle anderen Differentialdiagnosen ausgeräumt wurden, ist ein neoplastisches Geschehen

Tabelle 12.3 Charakteristika, Ursachen und Diagnose der chemischen Peritonitis

	Cholaskos	Uroperitoneum	Pankreatitis	Zystenruptur
Makroskopie	goldbraun, grünlich serosanguinös trüb	hell- bis dunkelgelb ± serosanguinös klar (akut) bis trüb (chronisch)	weißlich, gelb serosanguinös trüb	farblos bis gelb klar bis trüb
Ursachen	stumpfes abdominales Trauma nekrotisierende Cholezystitis Cholelithiasis	Trauma: Abriss des Urethers oder der Harnblase; Ruptur der Harnblase Neoplasie Urolithiasis	Pankreatitis	perirenale Zysten polyzystische Nieren-/Leber-Erkrankung Pankreaszysten paraprostatische/prostatische Zysten
Klinik	abdominaler Schmerz Lethargie acholische Fäzes erhöhte Leberenzyme Ikterus (bei Chronizität) septische Peritonitis Gallenblase: kann sonographisch schwierig darstellbar sein	Dehydratation Azotämie Anurie/Oligurie gedehntes Abdomen Hyponatriämie/Hyperkaliämie Hyperphosphatämie/Azidose	Anorexie, Erbrechen abdominaler Schmerz Fieber Ikterus erhöhte Leberenzyme erhöhte Lipase/Amylase/TLI erhöhtes Cholesterin erhöhtes Bilirubin kardiale Arrhythmien Thoraxerguss akutes Nierenversagen	variabel, je nach Beteiligung des umliegenden Gewebes
definitive Diagnose	Bilirubinkristalle (frei und phagozytiert) Bilirubin im Erguss > Bilirubin im Serum evtl. Flüssigkeitsaspiration unter sonographischer Kontrolle oder hepatobiliäre Szintigraphie nötig	Ausscheidungsurographie retrograde Ureterozystographie Kreatinin im Erguss > Kreatinin im Serum	Makrophagen mit eingeschlossenen lichtbrechenden Lipiden Lipase/Amylase/TLI im Erguss > Lipase/Amylase/TLI im Serum	Ultraschall, Biopsie Aspiration der Flüssigkeit Zytologie

TLI, Trypsin-like Immunoreactivity

als Ursache modifizierter Transsudate und Exsudate abzuklären. In seltenen Fällen können Tumorzellen in der Ergussflüssigkeit zytologisch nachgewiesen werden. Es handelt sich hierbei meist um Einzelzellen, die nur in großen Probenvolumina (> 50 ml) zu finden sind. Zytospinpräparate oder eine Sedimentuntersuchung nach Zentrifugation erhöhen die Wahrscheinlichkeit des positiven Zellnachweises. Bezüglich der Abgrenzung von reaktiven Mesothelzellen gilt das oben gesagte. Eine direkte Aspiration von Umfangsvermehrungen kann unter Ultraschallkontrolle vorgenommen werden.

Chylöse abdominale Ergüsse

treten üblicherweise gemeinsam mit einer intestinalen Lymphangiektasie, lymphoproliferativen Erkrankungen des Darmes, der Mesenteriallymphknoten und ihrer Gefäße auf oder lassen sich auf neoplastische Kompressionen der Gekrösewurzel zurückführen. Bei Katzen wurde ein Chyloperitoneum auch im Zusammenhang mit einer Vitamin-E-responsiven Steatitis und biliären Zirrhose beschrieben (Abb. 12.1). Zytologisch finden sich zunächst Lymphozyten, während neutrophile Granulozyten in späteren Stadien hinzutreten. Da Lymphe erhebliche Mengen an Eiweiß enthält (10–60 g/l [*1–6 g/dl*]), führt ein wiederholtes Absaugen zum Proteinverlust, der wiederum die Ergussneigung verstärken kann. Der bakteriostatische Effekt der Lymphe verhindert wirksam Sekundärinfektionen. Ein Chyloperitoneum sollte immer zum Thoraxröntgen Anlass geben, da koexistente Thoraxergüsse, Lymphadenopathien und Metastasen ausgeschlossen werden müssen. Das mesenteriale Lymphsystem lässt sich am besten sonographisch überprüfen.

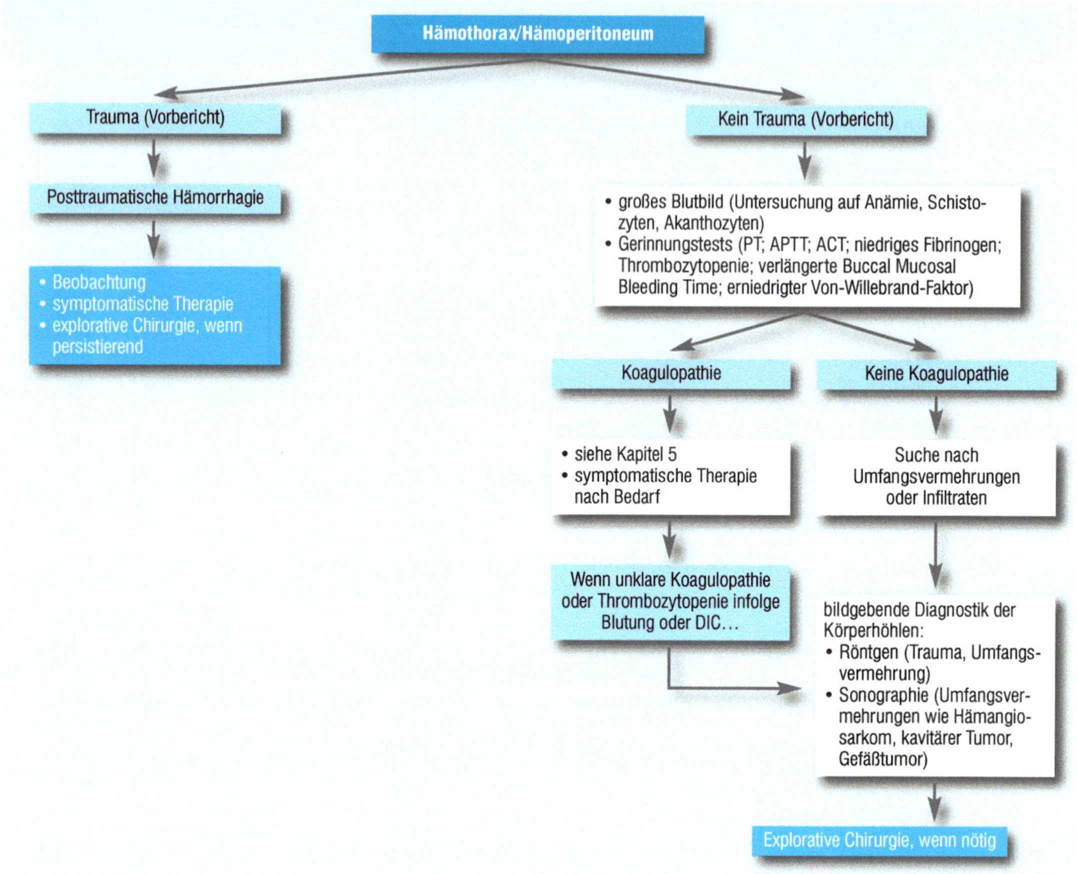

Abb. 12.3 Diagnostische Überlegungen bei einem Tier mit Hämothorax oder Hämoperitoneum. ACT, aktivierte Gerinnungszeit; APTT, aktivierte partielle Thromboplastinzeit; DIC, disseminierte intravasale Gerinnung; FIP, feline infektiöse Peritonitis; PT, Prothrombinzeit.

Hämoabdomen

Traumata mit Ruptur der Milz und Leber oder großer abdominaler Gefäße sowie Blutgefäßtumoren (Hämangiosarkome), Tumoren mit zentraler Nekrose, feline Leberamyloidose oder Koagulopathien (siehe Kap. 5 und Abb. 12.3) können mit einem Hämoperitoneum einhergehen. Bei Traumapatienten können Schmerzhaftigkeit und Abschürfungen diagnostisch verwertet werden. Koagulopathien lassen sich unter Umständen an petechialen Blutungen (auch des Augenfundus), Meläna, Hämatochezie, Hämarthros und Hämaturie ablesen. Sollten keine Hinweise auf ein Trauma vorliegen, müssen ein großes Blutbild und der Gerinnungsstatus angefertigt werden. Der Hämatokrit kann dabei Auskünfte über den Flüssigkeitshaushalt und die Regenerationsfreudigkeit des roten Blutzellsystems geben. Die hierfür benötigten Proben sollten vor Einleitung einer Flüssigkeitstherapie entnommen werden. Das Vorliegen von Schistozyten und Akanthozyten im Blutausstrich (siehe Kap. 2 und 3) kann für mikroangiopathische Zellschädigung im Zuge eines Hämangiosarkoms oder einer disseminierten intravasalen Gerinnung (DIC) sprechen. Ein besonderes Augenmerk ist außerdem auf die Thrombozytenzahlen zu richten (siehe Kap. 5). Schwere akute Blutungen ohne Thrombozytopenie bewirken initial eine Erhöhung der zirkulierenden Blutplättchen. Über die aktivierte Gerinnungszeit und die Buccal Mucosal Bleeding Time (siehe Kap. 5) lassen sich viele Gerinnungsstörungen aufdecken. Auch hier dient das Thoraxröntgen der Kontrolle von Thoraxergüssen, Lymphadenopathien und versteckten Metastasen. Sofern ein Thoraxerguss vorliegt, sollte er ebenfalls punktiert und untersucht werden. Sonographische Untersuchungen des Abdomens können die Blutungsquelle sowie Hämangiosarkome, die üblicherweise mit Hämatomen in Leber und Milz vergesellschaftet sind, preisgeben. Sollte die Blutung andauern, sind die Tiere mit Bluttransfusionen, Hämoglobin und/oder Vitamin K_1 (0,5 bis 1,5 mg/kg s.c. oder i.m.) zu therapieren. Die Versorgung einer inneren Blutungsquelle kann ferner einen chirurgischen Eingriff erfordern.

Gallige Ergüsse

entstehen im Zuge von Rupturen des *Ductus choledochus* oder der Gallenblase selbst. Ätiologisch sind hier ein stumpfes Bauchtrauma, nekrotisierende Entzündungen und Cholelithiasis in Betracht zu ziehen. Eine Perforation des Gallengangsystems kann sich unmittelbar im Anschluss an ein stumpfes oder chirurgisches Trauma oder auch mit Verspätung bemerkbar machen (Tab. 12.3). Die Tiere zeigen üblicherweise eine schwache abdominale Schmerzhaftigkeit, Lethargie, Fieber, Ikterus und freie Flüssigkeit in der Bauchhöhle. Sofern keine Galle mehr ins Darmlumen gelangt, finden sich acholische Fäzes. Im Serum sind die Aktivitäten von alkalischer Phosphatase (AP), γ-Glutamyl-Transferase (γ-GT), Alanin-Amino-Transferase (ALT) und Aspartat-Amino-Transferase (AST) erhöht. Vorhandensein und Schweregrad eines begleitenden Ikterus hängen von der Ursache und Dauer einer Ruptur ab. Initial stehen große Ergussvolumina nicht selten einer minimalen Symptomatik gegenüber. Die Einwirkung der Gallensäuren und des Lysolezithins fördert die transmurale Einwanderung von Darmkeimen und damit die Entstehung einer septischen Peritonitis. Im glücklichsten Fall wird eine fokale biliäre Peritonitis vom Netz abgedeckt. Dabei lassen sich sonographisch oft flüssigkeitsgefüllte Täschchen abgrenzen, deren Inhalt gezielt aspiriert und untersucht werden kann. Leider entziehen sich rupturierte Gallenblasen oft einer sonographischen Darstellung. Die diffuse biliäre Peritonitis ist zytologisch wesentlich leichter nachzuweisen. Die assoziierte Peritonealflüssigkeit enthält typischerweise große Mengen an neutrophilen Granulozyten und Makrophagen sowie freie und phagozytierte Gallensäurekristalle. Makroskopisch stellt sie sich trüb und goldbraun bis grünlich dar. Der Bilirubingehalt sollte außerdem höher sein als im Serum, wenngleich dieser Test zur Diagnose meist nicht nötig ist. Je näher die Punktion der Rupturstelle kommt, desto eindeutiger sind die Befunde der Probe.

Uroperitoneum

Ein Uroperitoneum ist auf die Perforation der harnleitenden Wege zurückzuführen. Der Harnabsatz muss dabei nicht erkennbar beeinträchtigt sein (zum Beispiel bei Ruptur eines Ureters oder Blasenabriss mit erhaltener Schleimhautverbindung zur Urethra). Der Ausriss des Harnleiters am Nierenbecken resultiert zunächst in einer retroperitonealen Urinansammlung. Ätiologisch kommt neben primären Traumata auch eine Zystozentese oder perforierende Neoplasien in Betracht. Der Grad der Azotämie hängt von der Restkapazität der Ausscheidung ab. Sofern der gesamte Urin in die Bauchhöhle abfließt, kommt es zu einer sehr schnellen Azotämie mit schweren klinischen Folgen. Die meisten Patienten entwickeln neben einem schmerzhaften Abdomen Allgemeinbefunde wie Lethargie, Fieber und Dehydratation. Die Serumchemie ist durch erhöhte Harnstoff- und Kreatinin-Konzentrationen, Hyperphosphatämie, Hyponatriämie, Hyperkaliämie und eine metabolische Azidose charakterisiert. Die Ergussflüssigkeit ist leicht trüb, gelb und enthält unterschiedlich starke Blutbeimengungen. Ihre Kreatininkonzentration liegt höher als die des peripheren Blutes. Dagegen besteht kein großer Unterschied zwischen der Harnstoffkonzentration der Ergussflüssigkeit und der des Blutes, da dieses Molekül aufgrund seiner geringen Größe leicht diffundiert. Die Austrittsstelle des Harns lässt sich durch eine intravenöse Ausscheidungsurographie, gefolgt von einem retrograden Zystogramm spezifizieren. Die Elektrolyt- und pH-Wert-Verschiebungen werden mit Hilfe einer Peritoneallavage und Flüssigkeitstherapie korrigiert.

Pankreatitis

Auch eine Pankreatitis zieht nicht selten eine diffuse Peritonitis mit Flüssigkeitsaustritt nach sich. Die klinisch-pathologischen Marker der Pankreatitis sind in Kapitel 10 aufgeführt. Sie lässt sich beim Hund meist sonographisch darstellen. Charakteristischerweise ist der pankrea-

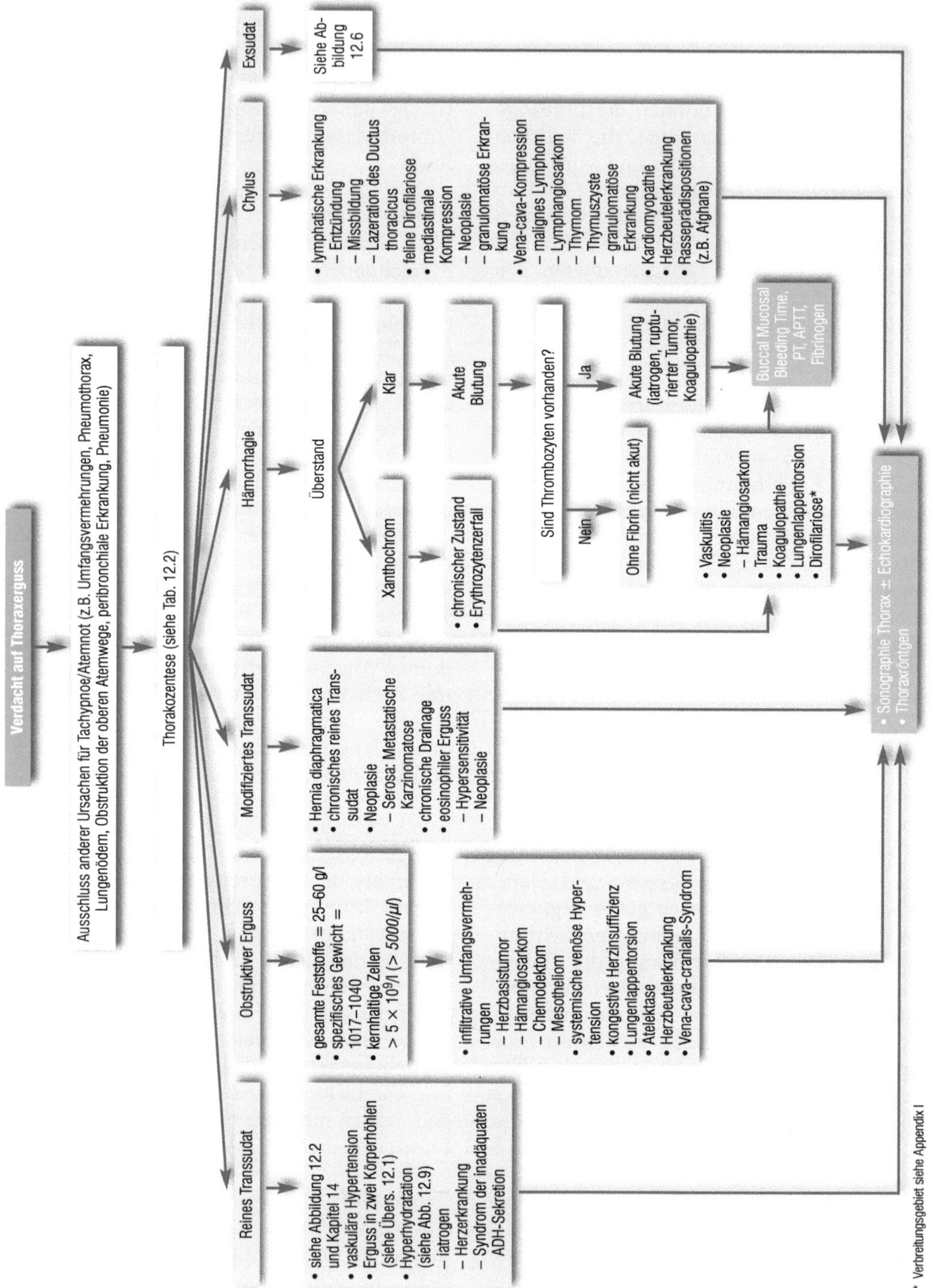

Abb. 12.4 Diagnostische Überlegungen bei einem Tier mit Verdacht auf Thoraxerguss. ADH, antidiuretisches Hormon; APTT, aktivierte partielle Thromboplastinzeit; FIP, feline infektiöse Peritonitis, PT, Prothrombinzeit.

togene Erguss trüb und lässt nach Zentrifugation und Abkühlung im Kühlschrank eine oberflächliche Lipidschicht erkennen. Das Zellbild enthält größere Mengen an neutrophilen Granulozyten und Makrophagen. Letztere sind durch große und kleine leere oder Lipid enthaltende Vakuolen gekennzeichnet. Die Aktivität der Pankreasenzyme (Lipase, Amylase) ist gegenüber den Blutwerten unter Umständen deutlich erhöht.

Rupturen von zystischen Läsionen

Eine seltene Ursache für freie Flüssigkeit in der Bauchhöhle sind Rupturen von zystischen Läsionen in Pankreas, Leber, Niere und Prostata. Auch hier ist die abdominale Sonographie beim Hund das diagnostische Mittel der Wahl. Allerdings können sehr große intakte Zysten fälschlich als freie Flüssigkeit interpretiert werden. Von klinischer Seite her steht die Untersuchung des Zysteninhalts mit Ausschluss einer zugrunde liegenden Neoplasie oder Infektion im Vordergrund. Polyzystische Erkrankungen der Leber oder Niere treten häufiger bei Katzen, insbesondere Perserkatzen, auf. Zysten der Leber und Niere können seröse Flüssigkeit oder seltener Galle bzw. Urin enthalten. Bei alten Katern treten vereinzelt perirenale Pseudozysten auf. Zysten des Pankreas können benigne sein, im Zusammenhang mit einem Abszessgeschehen auftreten oder aber einen neoplastischen Ursprung (z.B. pankreatisches Adenokarzinom) aufweisen. Um entscheiden zu können, ob eine Resektion oder Drainage des Zysteninhalts nötig ist, ist die ultraschallgesteuerte Feinnadelaspiration sicher die am wenigsten invasive und kostengünstigste Untersuchungsmethode. Paraprostatische und prostatische Zysten zeichnen sich dadurch aus, dass sie eine immense Größe erreichen können. Wie in allen Fällen dient die Untersuchung der Zystenflüssigkeit auch hier der Abgrenzung von Tumor oder Infektion. Bei perirektalen Zysten kommt außerdem die Differenzierung einer möglicherweise verlagerten Harnblase hinzu. Hierfür eignet sich die Kreatinin-Bestimmung aus dem Zysteninhalt.

12.5.2 Thoraxergüsse

Im Prinzip ist die diagnostische Vorgehensweise bei Thoraxergüssen eine ähnliche wie bei freier Flüssigkeit in der Bauchhöhle (Abb. 12.4). Allerdings ist die Pleurahöhle einer chirurgischen Exploration nicht uneingeschränkt zugänglich und das Brustfell kann auch mit Ultraschall nicht komplett eingesehen werden. Ein Thoraxerguss geht oft mit respiratorischen Konsequenzen einher, die sich aus Tachypnoe bei geringem Atemzugvolumen und abdominal akzentuiertem Atemtyp zusammensetzen. Thorakale Übersichtsaufnahmen sollten sowohl in rechter Seitenlage als auch ventrodorsal angefertigt werden. Wenn die Flüssigkeit umkapselt ist, ruft eine Positionsänderung des Patienten keine Flüssigkeitsbewegungen hervor. Freie Flüssigkeit hingegen folgt immer der Schwerkraft.

Reine Transsudate

treten in der Brusthöhle wesentlich seltener auf als im Abdomen (Abb. 12.5). Sie stehen für eine schwere Hypalbuminämie oder starke Hypertension der Thorakalgefäße. Eine mögliche iatrogene Quelle des Transsudats stellt die Überinfusion mit kristalloiden Lösungen dar. Insbesondere Patienten mit subklinischer Kardiomyopathie reagieren hier mit einer pleuralen und pulmonalen Flüssigkeitsretention.

Modifizierte Transsudate

Die meisten Thoraxergüsse sind dem Typ des modifizierten Transsudats zuzuordnen (Tab. 12.4). Stauungsbedingte Ergüsse können serös sein (Hydrothorax) oder geringe Mengen Blut enthalten (Hämo-Hydrothorax). Ihr spezifisches Gewicht liegt zwischen 1015 und 1040 und die gesamten Feststoffe bei mindestens 25 g/l (*2,5 g/dl*). Die enthaltenen Zellen setzen sich aus Erythrozyten und Lymphozyten sowie geringeren Mengen an neutrophilen Granulozyten, Eosinophilen, Makrophagen und Mesothelzellen zusammen. Dabei kann die Entzündungskomponente durchaus variieren. Der klinischen Untersuchung ist bei Thoraxergüssen ein gesteigerter Wert beizumessen. Hierbei sollte insbesondere kardialen Symptomen (Galopprhythmus, Herzgeräusch) sowie dem Verlust der kranialen Komprimierbarkeit des Thorax bei Katzen (z.B. bei mediastinalen Umfangsvermehrungen) Beachtung geschenkt werden. Eine Trauma-Vorgeschichte in Verbindung mit einem scheinbar „leeren“ Abdomen und intrathorakalen Verdauungsgeräuschen weist auf eine Zwerchfellhernie hin. Während Hunde mit Rechtsherzinsuffizienz meist einen Aszites entwickeln, tritt bei Katzen

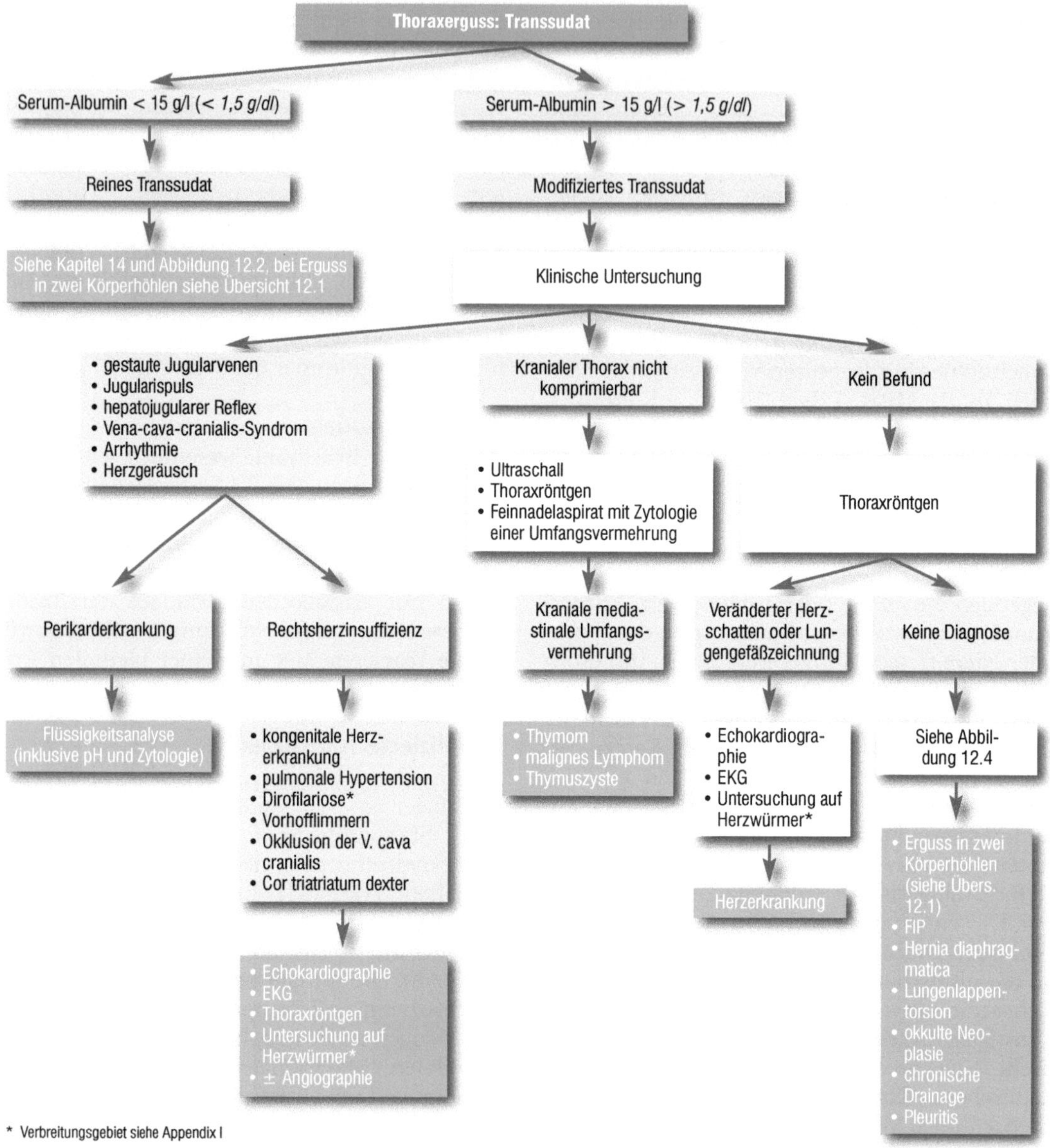

Abb. 12.5 Diagnostische Überlegungen zu Tieren mit transsudativem Thoraxerguss. EKG, Elektrokardiogramm; FIP, feline infektiöse Peritonitis.

mit Herzversagen nicht selten Flüssigkeit in die Brusthöhle aus. Benigne oder neoplastische Perikardergüsse, restriktive und konstriktive Herzbeutelerkrankungen sowie Hämangiosarkome der Herzohren verursachen bei Hunden Thoraxergüsse verbunden mit einer Herzbeuteltamponade. Wenn Ergusspatienten neben dem Flüssigkeitsaustritt ein so genanntes V.-cava-cranialis-Syndrom aufweisen, ist mit einer kranialen mediastinalen Umfangsvermehrung zu rechnen. Dieses Syndrom setzt sich aus einem submandibulären Ödem, Jugulariserweiterung, Jugularispuls und injizierten Konjunktiven zusammen, die gemeinsam eine Beeinträchtigung des krani-

Tabelle 12.4 Analyse von Gelenkergüssen

	nicht entzündliche Gelenkerkrankungen			entzündliche Gelenkerkrankungen		physiologisch
	Degeneration	**Neoplasie**	**Hämarthros**	**infektiös**	**nicht infektiös**	
Farbe	hellgelb	hellgelb, blutig	blutig, xanthochrom	gelb bis blutig	gelb bis blutig	strohgelb
Trübheit	klar bis leicht trüb	leicht bis mitteltrüb	trüb	trüb, eitrig	mitteltrüb	klar
Viskosität	normal	normal bis reduziert	reduziert	reduziert	reduziert	viskös
Mucin-Clot-Test	fest	fest	leicht brüchig	bröckelig	bröckelig	fest
Zytologie						
Erythrozyten	wenige	einige	viele, Erythrophagozytose	viele	einige bis viele	wenige
Leukozyten	$< 3 \times 10^9$/l (*< 3000/µl*)	variabel	variabel	$40–250 \times 10^9$/l (*40 000–250 000/µl*)	viele	$< 2{,}9 \times 10^9$/l (*< 2900/µl*)
Neutrophile	wenige (< 20 %)	einige	einige	meist > 90 %	viele	< 10 %
degenerierte Neutrophile	keine	keine	keine	wenige bis einige	keine bis wenige	keine
Lymphozyten	wenige bis einige	wenige bis einige	einzelne	wenige	wenige bis einige	wenige
Synovialzellen	häufig	wenige	selten	wenige bis einige	wenige bis einige	wenige
Makrophagen	wenige bis einige	wenige bis einige	einige (chronisch)	wenige bis einige	wenige bis einzelne	selten
Mikroorganismen	keine	keine	keine	eventuell	keine	keine
Tumorzellen	keine	eventuell	keine	keine	keine	keine
Lupus erythematodes Zellen	keine	keine	keine	keine	eventuell	keine

alen Blut- oder/und Lymphrückflusses anzeigen. Ursächlich ist an Thymome, maligne Lymphome, Thymuszysten, invasive Schilddrüsenkarzinome und Thrombophlebitis der Jugularvene zu denken.

Vor einer Thorakozentese sollte in jedem Fall eine Röntgenuntersuchung vorgenommen werden. Mit ihrer Hilfe sind Kardiomegalien, Tumoren, Abszesse und Gasansammlungen in vorgefallenen Abdominalorganen zu identifizieren; außerdem lässt sich die Wahrscheinlichkeit einer iatrogenen Lungenschädigung im Vorfeld besser abschätzen. Die Erkennung konsolidierter Lungenbereiche und intrathorakaler Umfangsvermehrungen kann nach Ablassen der Flüssigkeit erleichtert sein. Sehr starke Flüssigkeitsansammlungen sollten sonographisch überprüft werden. Wie im Abdomen ist einer Ultraschall gesteuerten Punktion gegenüber der „blinden" der Vorzug zu geben. Wenn das Ziel der Punktion viel tiefer liegt als die *Pleura parietalis* wird eine Sedation des Tieres nicht zu umgehen sein.

Exsudate

Intrathorakale Exsudate bedürfen einer infektionsmedizinischen Abklärung (Abb. 12.6 und 12.4). *Actinomyces* spp. und Nokardien werden häufiger beim Hund festgestellt. Der wichtigste aerobe Keim ist *Pasteurella multocida*. Der Pyothorax der Katze ist in den meisten Fällen auf Mischinfektionen zurückzuführen. Septische Exsudate sind trüb, cremig, oft seropurulent durch große Mengen degenerierter Leukozyten mit oder ohne mikroskopisch erkennbare Bakterien. Wie bereits erwähnt, zeichnen sich Monoinfektionen mit Actinomyces durch das Fehlen degenerierter

Neutrophiler aus. Allerdings treten diese Keime gerne zusammen mit Nokardien auf und verursachen dann einen relativ charakteristischen Pyothorax von bräunlicher Farbe, der mit Sago ähnlichen Körnchen durchsetzt ist und übel riecht. Diese Körnchen erleichtern das Auffinden der Bakterien bei einer zytologischen Untersuchung. Die verzweigten Nokardia-Organismen erlauben dem Untersucher die ätiologische Diagnosestellung (Farbtafeln 4B und 4C). Sie sind darüber hinaus, und im Gegensatz zu Actinomyces, säurefest. Röntgenaufnahmen können über die mögliche Einbeziehung des Lungenparenchyms Aufschluss geben. Zur Therapie und Therapiekontrolle eines septischen Thoraxergusses ist das Einbringen einer Thoraxdrainage unerlässlich. Solange die Thoraxdrainage liegen bleibt, ist mit einem schwachen mechanischen Reiz und einer geringen Exsudatbildung zu rechnen.

Aseptische Exsudate

Im Zusammenhang mit Lungenlappentorsionen treten aseptische Exsudate mit blutiger Komponente auf. Die radiologischen Hinweise auf eine Torsion bestehen aus abnormer Position der Stammbronchien, persistierenden Lufteinschlüssen im nicht ventilierten Lungenbereich und reichlicher Flüssigkeitsabscheidung. Die Diagnose lässt sich bronchoskopisch vermuten und sonographisch beweisen, wobei die Ultraschalluntersuchung wertvolle Informationen über die Blutzirkulation mitzuliefern vermag. Andere Ursachen aseptischer Exsudate sind die idiopathische Pleuritis, infektiöse Pneumonien (Mykoplasmen) und verschiedene Tumorleiden. Bei der Katze treten im Zuge der FIP-Erkrankung pyogranulomatöse, gelbliche bis bersteinfarbene, oft fadenziehende Exsudate mit hohem Proteingehalt auf.

Neoplasien

Intrathorakale Neoplasien gehen beinahe immer mit einem Thoraxerguss einher. Am häufigsten findet sich das mediastinale Lymphom. Zytologisch fallen beim Hund oft nur Lymphozyten auf, die keine Malignitätskriterien aufweisen. Hier kann der Beweis dann nur durch direkte Punktion der Tumormasse oder Lymphknoten oder anderer zugänglicher Umfangsvermehrungen geführt werden. Katzen neigen dagegen eher zur Abschilferung von Lymphoblasten. Im Hinblick auf die Prognose ist eine Differenzierung zwischen malignen Lymphomen und den prognostisch günstigeren Thymomen sinnvoll, erfordert aber meist eine Tumorbiopsie. Thymuszysten können gutartigen oder malignen Ursprungs sein und ebenfalls einen Erguss hervorrufen. Reaktive Mesothelzellen und Mesotheliome sind schwer zu differenzieren, für eine definitive Diagnose ist eine Biopsie unumgänglich.

Blutungen

sind meist traumatischen Ursprungs. Röntgenologisch sind Rippenfrakturen, Konsolidation oder Torsion der Lungenlappen und Pneumothorax feststellbar. Ein nicht traumatischer Hämothorax entsteht meist in Folge einer blutenden Neoplasie, aber auch Koagulopathien gehören zu den möglichen Ursachen (z. B. kann ein kleines Trauma bei Hunden mit einem schweren Von-Willebrand-Syndrom oder Vitamin-K-Mangel durch Warfarin-ähnliche Rhodentizide eine beachtliche Blutung auslösen). Lungenlappentorsionen, Abszesse, Lungeninfarkte, Dirofilariose und selten Aortenaneurismen (*Spirocerca lupi*) sind weitere mögliche Ursachen eines Hämothorax. Disseminierte pulmonale Hämangiosarkome stellen beim Hund eine besondere diagnostische Herausforderung dar. Lungenaspirate oder eine explorative Thorakotomie sind aufgrund der Gefahr eines Spannungspneumothorax oder einer Verschlimmerung der Blutung mit einem großen Risiko behaftet.

Chylöse Flüssigkeiten

treten im Thorax wesentlich häufiger auf als im Abdomen. Sie sind entweder Teilbild einer Erkrankung oder als idiopathisch zu verstehen. In Abbildung 12.4 ist eine Reihe assoziierter Grunderkrankungen aufgeführt. Manche Rassen wie der Afghane weisen eine besondere Prädisposition für den Chylothorax auf. Thorakale Ultraschalluntersuchungen und Röntgenbilder nach Drainage können helfen, die Ursache aufzuklären. Andernfalls sind kompliziertere Verfahren wie die Kontrastlymphangiographie geeignet, über den Ort des Lymphaustritts Auskunft zu erteilen.

12.5.3 Ergüsse in zwei Körperhöhlen

Eine Liste der Differentialdiagnosen ist in Übersicht 12.1 wiedergegeben. Herzerkrankungen und Tumoren zählen zu den häufigsten Ursachen.

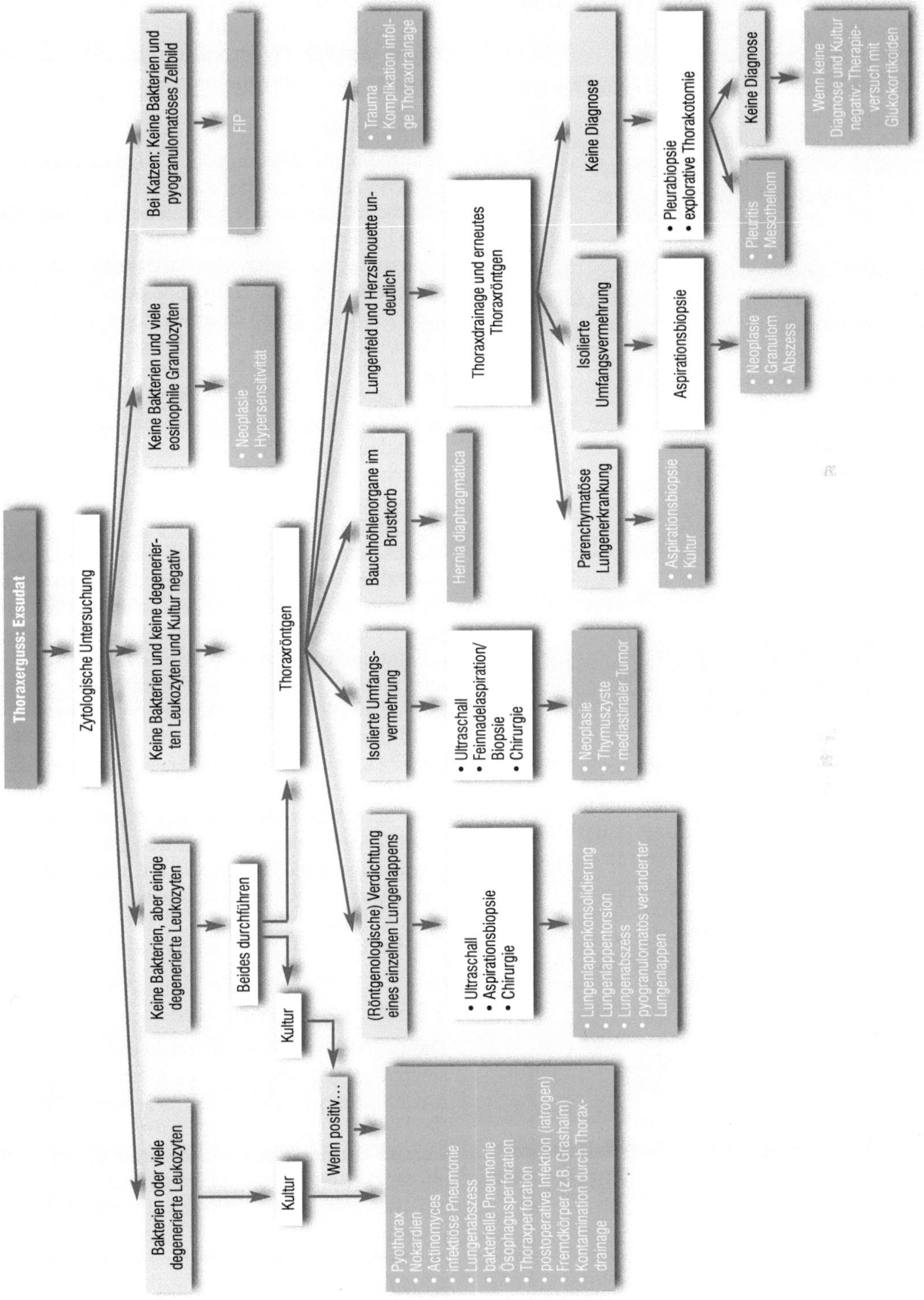

Abb. 12.6 Diagnostische Überlegungen bei Tieren mit exsudativem Thoraxerguss. FIP, feline infektiöse Peritonitis.

Übersicht 12.1 Ursachen für Ergüsse in zwei Körperhöhlen

- kardiovaskuläre Ursachen
  - idiopathischer hämorrhagischer Perikarderguss
  - konstriktive Perikarderkrankungen
  - biventrikuläre Herzinsuffizienz
    - kongestive Kardiomyopathie
    - hypertrophe Kardiomyopathie
    - idiopathische pulmonale Hypertension
  - rechtsventrikuläre Thrombembolie
  - Thrombembolie der *V. cava caudalis*
  - kongenitale Hohlvenenverengung
- Pankreatitis
- gallige Peritonitis
- finales Leberversagen
- feline infektiöse Peritonitis
- Neoplasie
  - Fibrom des rechten Herzens
  - Adenokarzinommetastase
  - malignes Lymphom
  - Hämangiosarkom
  - Mesotheliom
  - Gallengangskarzinom
  - Chemodektom
  - Prostataadenokarzinom
  - diffuse Karzinomatose

12.5.4 Perikardergüsse

Perikardergüsse beruhen meist auf einer Perikardreizung oder -entzündung, auf Blutungen oder venösem Rückstau. Tiere mit kongestiver Kardiomyopathie können kleine bis mittlere Flüssigkeitsvolumina aufweisen. Das Management akut erkrankter Patienten kann eine Notperikardiozentese erfordern, für die allerdings klare Indikationen zu stellen sind.

Reine Transsudate

beruhen auf einer schweren Hypalbuminämie.

Modifizierte Transsudate

dagegen sind Folge einer Rechtsherzinsuffizenz, perikardialer Zysten oder aber einer urämischen Perikarditis.

Exsudate

kommen bei FIP, bakteriellen Infektionen und Kokzidioidomykose vor, wobei septische Ursachen sehr selten sind.

Chylöse Ergüsse

basieren in der Regel auf einer Lymphstauung in Folge venöser Hypertension im Mediastinum (z. B. bei Kardiomyopathie).

Hämoperikard

Traumata, Neoplasien und Koagulopathien verursachen ein Hämoperikard.
Herzbeuteltamponaden entstehen zu über 50 % aus benignen Exsudaten oder modifizierten Transsudaten. Unter den neoplastischen Ursachen rangiert das Hämangiosarkom an erster Stelle, gefolgt von Chemodektom, Adenokarzinommetastasen und Mesotheliom. Die zytologische Differenzierung benigner und maligner Prozesse gestaltet sich sehr schwierig. Vereinzelt kann der pH-Wert zur Hilfe genommen werden: Werte ≥ 7,0 deuten üblicherweise auf eine neoplastische Ursache hin, Werte ≤ 6,5 sind dagegen häufiger mit gutartigen Erkrankungen assoziiert (Jackson et al., 1999). Dieser Parameter ist allerdings auch nicht sehr zuverlässig, weshalb der Ausschluss auf zusätzlichen Untersuchungen (Kontrastmitteldarstellung, Sonographie, Thorakoskopie, explorative Chirurgie) basiert. Sehr viel versprechend scheint auch die Perikardbiopsie zu sein.
Die meisten Katzen mit Perikarderguss zeigen eine kardiale Primärerkrankung (hypertrophe Kardiomyopathie, Klappeninsuffizienz), Neoplasie (Lymphom, Metastasen), Niereninsuffizienz (urämische Perikarditis) oder Koagulopathie. Sehr viel seltener liegt dagegen ein septischer Prozess vor. Bei Hunden gibt es zudem intraperikardiale Zysten, die ein seröses bis blutiges modifiziertes Transsudat oder Exsudat nach sich ziehen und mit Hilfe der Echokardiographie diagnostiziert werden können.

12.5.5 Gelenkergüsse

Die Punktion eines Gelenkes ist bei Tieren indiziert, die geschwollene, schmerzhafte Gelenke mit Fluktuation aufweisen, bei denen aber eine degenerative Gelenkerkrankung ausgeschlossen werden konnte. Der Gelenkschmerz kann wenig ausgeprägt sein; die Gelenke sollten aufmerksam auf Beweglichkeit, Schwellung und Schmerzempfindlichkeit untersucht werden. Die Analyse der Synovia dient dabei vor allem der Unterscheidung zwischen entzündlichen und nicht entzündlichen Erkrankungen. Außerdem kann sie im Einzelfall auch bei Tieren mit Fieber unbe-

kannter Herkunft wertvolle diagnostische Hinweise liefern, da viele Autoimmunkrankheiten die Gelenke mit einbeziehen. Akute und entzündliche Veränderungen ziehen vermehrte Füllungszustände nach sich, während chronische und nicht entzündliche Umstände mit einer Schwellung der umgebenden Weichteile einhergehen ohne die Produktion von Gelenkflüssigkeit anzuregen. Arthrozentesen zur Diagnostik von Fieber oder unklarer Lahmheit ohne Gelenkschwellung sollten mindestens drei Gelenke einbeziehen (bevorzugt Karpus und Tarsus).
Ein hoher synovialer Zellgehalt führt zur Trübung der Flüssigkeit. Homogene Blutbeimengungen weisen auf eine Hämorrhagie hin, wohingegen Blutschlieren eindeutige Anzeichen einer iatrogenen Kontamination darstellen. Das Untersuchungsprofil der Gelenkflüssigkeit umfasst die Zellzahlbestimmung, ein Differentialzellbild, Viskositätsüberprüfungen und eine kulturelle Untersuchung (Tab. 12.4 und Abb. 12.7).
Unveränderte Synovia zieht beim Herabtropfen von der Kanüle leichte Fäden. Bei fast allen Gelenkergüssen ist die Viskosität herabgesetzt. Die Überprüfung der Viskosität ist an eine bestimmte Materialmenge gebunden. Bei limitierten Volumina ist zuallererst ein Ausstrich zur zytologischen Untersuchung anzufertigen. Damit lässt sich bereits erkennen, ob eine entzündliche Erkrankung vorliegt. Definitionsgemäß besteht eine Entzündung, wenn mehr als 3×10^9 Leukozyten/l (*3000 Leukozyten/µl*) enthalten sind oder mehr als 15 % der Zellen sich aus neutrophilen Granulozyten rekrutieren.
Septische Ergüsse können aufgrund degenerativer Veränderungen der neutrophilen Granulozyten vermutet werden, oder sie bestätigen sich durch die Anwesenheit von Bakterien. Ungünstigerweise treten bei Hunden auch bei septischen Arthritiden oft keine degenerierten Neutrophilen auf. Darüber hinaus erschwert eine Antibiose die Diagnostik, da sie zusätzlich Zelldegenerationen verhindert, die Bakterienzahl reduziert und kulturelle Untersuchungen verfälscht bzw. unmöglich macht. Es bleibt zu beachten, dass eine Reihe von Keimen keine degenerativen Veränderungen der Neutrophilen hervorruft und leider auch nicht mikroskopisch nachzuweisen ist. Hierzu zählen zum Beispiel Rickettsien, Mykoplasmen und Viren (Calicivirus bei der Katze; Arthritiden nach Vakzination). Die Mehrzahl der kaninen Polyarthritiden ist unspezifisch immunmediiert. Bei der Katze lässt sich ein statistischer Zusammenhang mit felinem Synzytiumvirus und FeLV-Infektion herstellen.
Um die Materialausbeute für kulturelle Untersuchungen zu erhöhen, kann man die Punktionskanülen mit Anreicherungsmedien durchspülen. Eine Präinkubation gewonnener Synovia in Blutkultur-Medien für 24 Stunden erhöht weiter die Ausbeute. Mit fortschreitender Chronizität eines geringgradigen Infektionsprozesses gewinnt die Synovialbiopsie an Bedeutung.
Nach Feststellung einer Gelenkinfektion sollten Blut- und Urinkulturen angelegt sowie eine Echokardiographie durchgeführt werden. Bei Jungtieren kann auch eine Nabelentzündung die Eintrittspforte für einen septischen Prozess darstellen. Etwas umstritten ist der Nutzen und die Interpretation der serologischen Untersuchung auf Borreliose (siehe Kap. 17). Bis hier klarere Richtlinien gegeben sind, liefert im Einzelfall der Therapieerfolg den glaubwürdigsten Hinweis auf eine kausale Beteiligung der Borrelien an einer Polyarthritis.
Exsudative Gelenkerkrankungen ohne Anzeichen einer Sepsis können seitens der Bildgebung in erosive und nicht erosive Typen unterteilt werden. Der Prototyp der erosiven Erkrankungen ist die rheumatoide Arthritis (Abb. 12.7). Nicht-erosive Typen sind wesentlich schwerer zu diagnostizieren und einzuordnen. Beim Hund finden sich nicht selten Arthritiden im Zuge eines systemischen Lupus erythematodes (SLE) oder anderer Allgemeinerkrankungen. Ragozyten und Lupus-erythematodes(LE)-Zellen weisen auf eine immunvermittelte Pathogenese hin (Farbtafel 5A). Andere Anhaltspunkte für einen immundestruktiven Prozess können sich aus dem Nachweis antinukleärer Antikörper (ANA) und Rheumafaktoren (siehe Kap. 14), der Isolierung von Lupus-erythematodes-Zellen und aus Synovialbiopsien ergeben.
Die chronisch-progressive feline Polyarthritis betrifft vorwiegend männliche Tiere und kommt in zwei Formen vor. Die periostal-proliferative Form ist häufiger und bei eher jungadulten Tieren anzutreffen. Morphologisch imponiert sie durch Sehnenscheidenentzündungen und nicht-deformierende, periartikuläre Periostwucherungen, gefolgt von Erosionen des subchondralen Knochens. Die deformierende oder rheumaartige Arthritis befällt dagegen schleichend ältere Katzen. Sie ist durch subchondrale

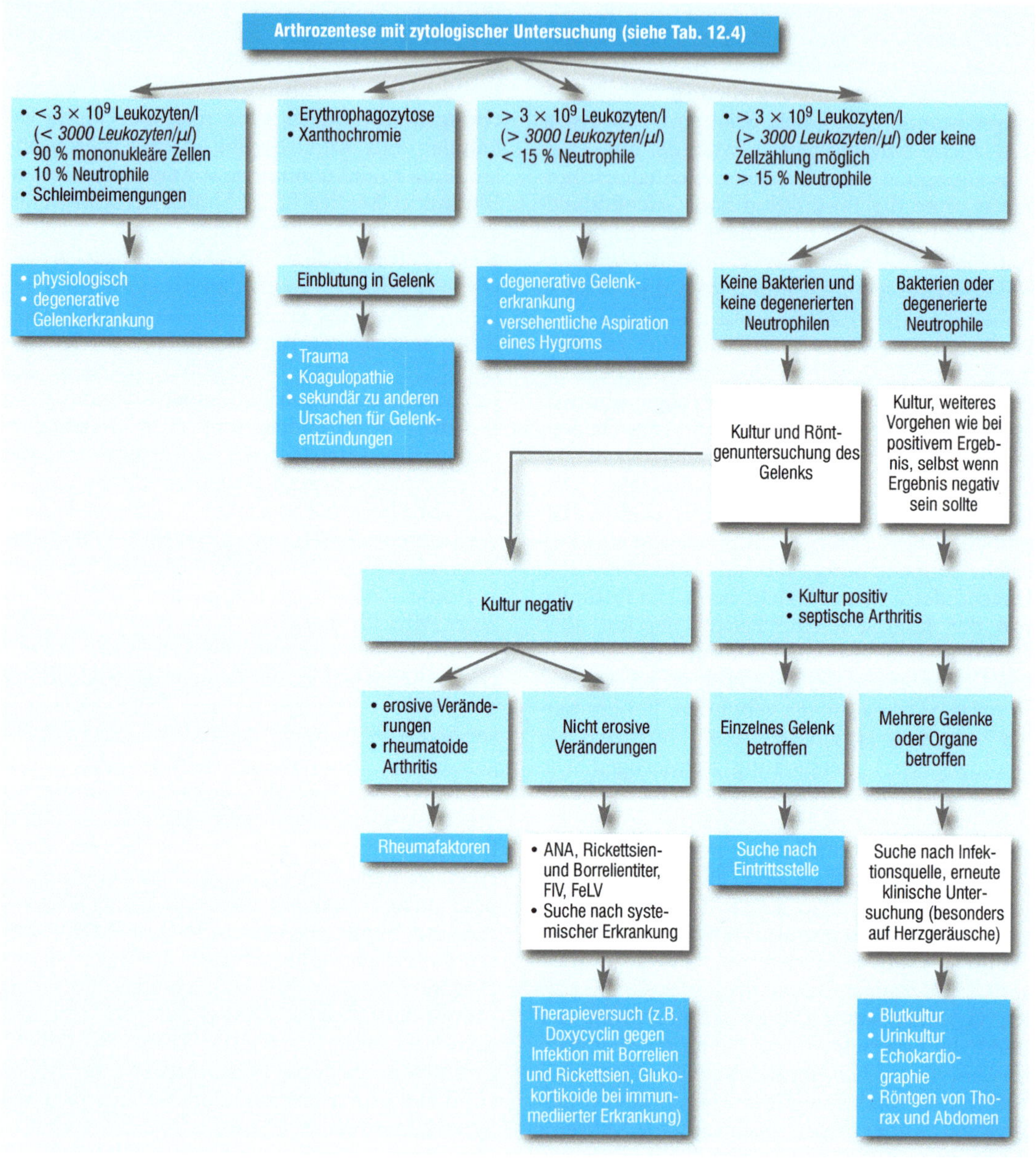

Abb.12.7 Diagnostische Überlegungen zu Tieren mit Gelenkerguss. ANA, antinukleäre Antikörper; FeLV, felines Leukämievirus; FIV, felines Immundefizienzvirus.

Knochenzerstörung, Gelenkinstabilität und -deformationen charakterisiert. Üblicherweise sind sowohl Zehen-, Karpal- und Tarsalgelenke in einer symmetrischen Weise betroffen.
Die häufigste Ursache nicht immunvermittelter Gelenkerkrankungen ist die degenerative Arthritis infolge Trauma oder Instabilität. Gelenkfüllungen werden aber auch durch Hämarthros, Tumoren, genetische Schäden und Malformationen sowie alimentäre Krankheitsursachen hervorgerufen. Eine weitere Ursache ist die hypertrophe Osteopathie.

12.5.6 Ödeme

Ödeme geben meist über die zugrunde liegende Erkrankung Aufschluss. In diesem Sinne liegt der Gehalt der Ödemflüssigkeit an gesamten Feststoffen (Total Solids) bei hypoproteinämischen Zuständen unter 10 g/l (*1 g/dl*), wohingegen venöse Stauungen, Lymphödeme oder entzündliche Ödeme Werte über 25 g/l (*2,5 g/dl*) aufweisen. Bei Erhöhung dieses Parameters liefert der zytologische Befund das Unterscheidungsmerkmal zwischen entzündlicher und nicht entzündlicher Genese.

Lokalisierte Ödeme

basieren in der Regel auf Entzündungen oder Beeinträchtigungen des Lymph- und Blutabflusses (Abb. 12.8). Lymphadenopathien sind eine der Hauptindikationen zur Vornahme einer Lymphknotenpunktion mit zytologischer und kultureller Untersuchung. Die sehr seltenen erworbenen oder kongenitalen arteriovenösen Fisteln rufen ebenfalls lokalisierte Ödeme hervor. Sie können palpatorisch, sono- oder angiographisch verifiziert werden. Lokalisierte Störungen des Lymphabflusses basieren häufig auf Traumen, chirurgischen Eingriffen oder lokalen Infektionen. Auch hier erweist sich die Lymphknotenpunktion und Untersuchung der Ödemflüssigkeit als hilfreich. Lymphangiographien dagegen sind im akuten Fall selten von Nutzen. In Fällen von Lymphgefäßobstruktionen und -entzündungen können manchmal strangartige Verdickungen palpiert werden. Bei Jungtieren mit Lymphödemen muss an Malformationen oder das Vorliegen einer lymphodegenerativen Erkrankung gedacht werden. Hier sind die Lymphknoten manchmal atrophisch oder fehlen völlig. Prädilektionsstellen dieser Ödeme stellen die Gliedmaßen und der Schwanz dar. Abgesehen von den appendikulären Verdickungen ist das Allgemeinbefinden dieser Tiere wenig beeinträchtigt.

Anasarka oder generalisierte Ödemneigung

sind als erstes den distalen Gliedmaßen abzulesen (Abb. 12.9). Ihre Hauptursachen sind in Hyperhydratation, Rechtsherzinsuffizienz und Hypalbuminämie zu suchen (Übers. 12.2). Allerdings führt eine iatrogene Hyperhydratation nicht zu generalisierten Ödemen, bevor nicht ein weiterer Faktor seitens des Proteingehalts oder der Ausscheidungsfunktionen (d.h. Anurie, Oligurie) hinzukommt. Iatrogene Hyperhydratation äußert sich zuerst in einem generalisierten geleeartigen Unterhautödem, das nach sich 48 Stunden wieder zurückbilden sollte, sofern die Ursache abgestellt wurde. Wenn Tiere nach Überinfusion trotz physiologischen Serum-Albuminwerten ein Ödem entwickeln, sollte unbedingt nach kardialen Problemen und An- oder Oligurie gefahndet werden.

Übersicht 12.2 Ursachen von Anasarka

- iatrogene Hyperhydratation
  - falsch berechnete oder applizierte Flüssigkeitsmenge
- akutes Nierenversagen
  - Anurie mit Flüssigkeitsretention
- Leberversagen
  - Hypalbuminämie
  - portale Hypertension
  - Hypernatriämie und Flüssigkeitsretention
- Protein-losing Nephropathy
  - Hypalbuminämie
  - Hypernatriämie und Flüssigkeitsretention
- Vaskulitis
  - erhöhte Kapillarpermeabilität
  - immunmediiert (systemischer Lupus erythematodes)
  - infektiös (Rickettsien)
  - Hypersensitivitätsreaktion

Eine Anasarka kann nur entstehen, wenn der Serum-Albumingehalt unter die Grenze von 15 g/l (*1,5 g/dl*) absinkt. Der reduzierte onkotische Druck bedingt den Übertritt eines reinen Transsudates in die Körperhöhlen. Generalisierte Ödeme bei Patienten mit Vaskulitis werden von perivaskulären Blutungserscheinungen (Petechien, Mikrohämaturie) und mikroangiopathischen Anzeichen (Schistozyten) begleitet. Auch ADH-Mangel kann eine generelle Wasserretention bewirken (siehe Kap. 7). Bei hypalbuminämischen Patienten mit Leber-, Nieren- oder Herzerkrankungen führen erhöhte Renin-, Angiotensin- und Aldosteronspiegel zu einer beachtlichen Natriumretention. Liegt das Problem aber primär auf der Renin-Angiotensin-Achse ist meist eine systemische Hypertension nachzuweisen. Das Untersuchungsprofil für Anasarka-Pati-

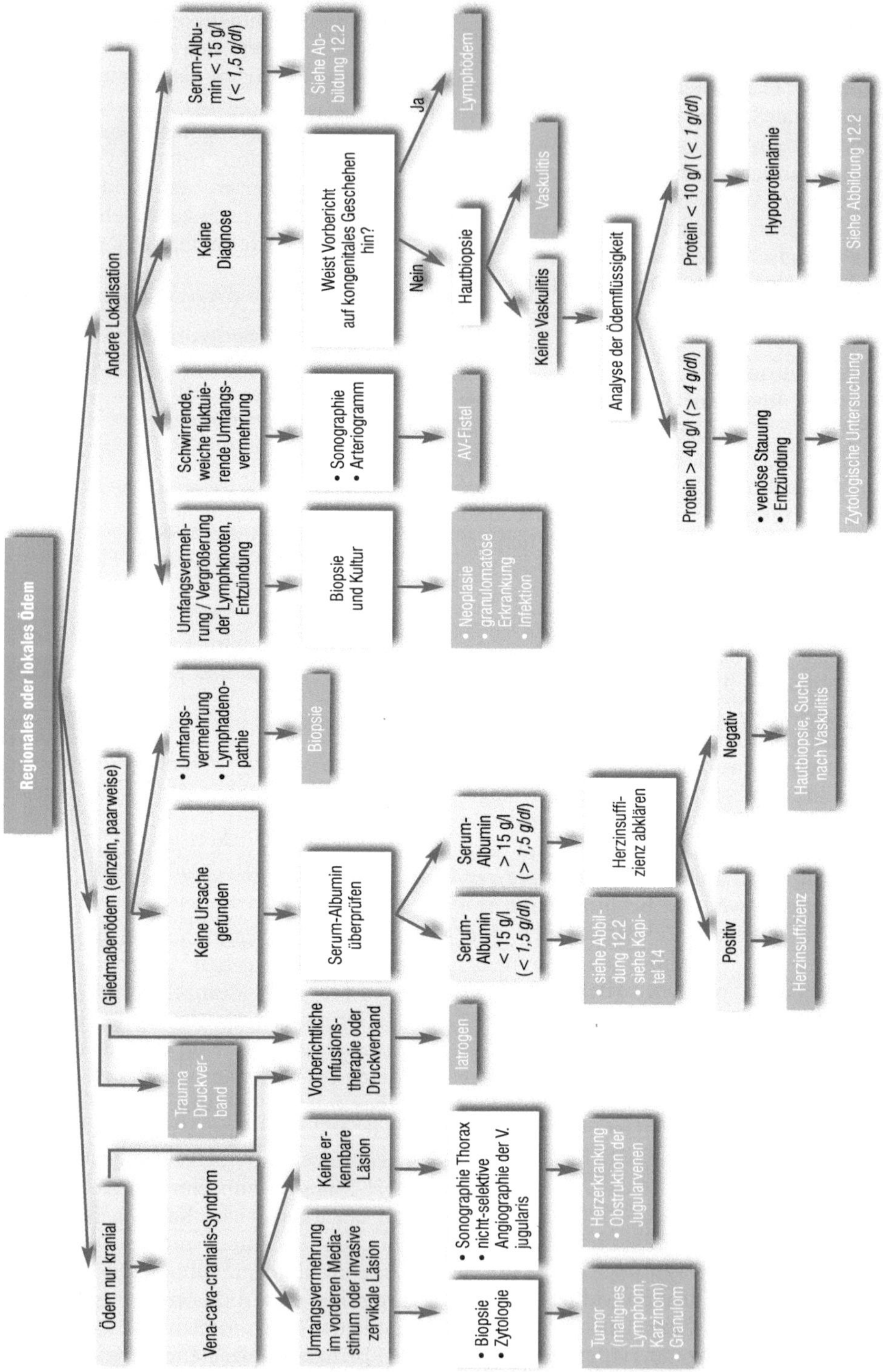

Abb. 12.8 Diagnostische Überlegungen zu Tieren mit lokalisiertem Ödem. AV, arteriovenös.

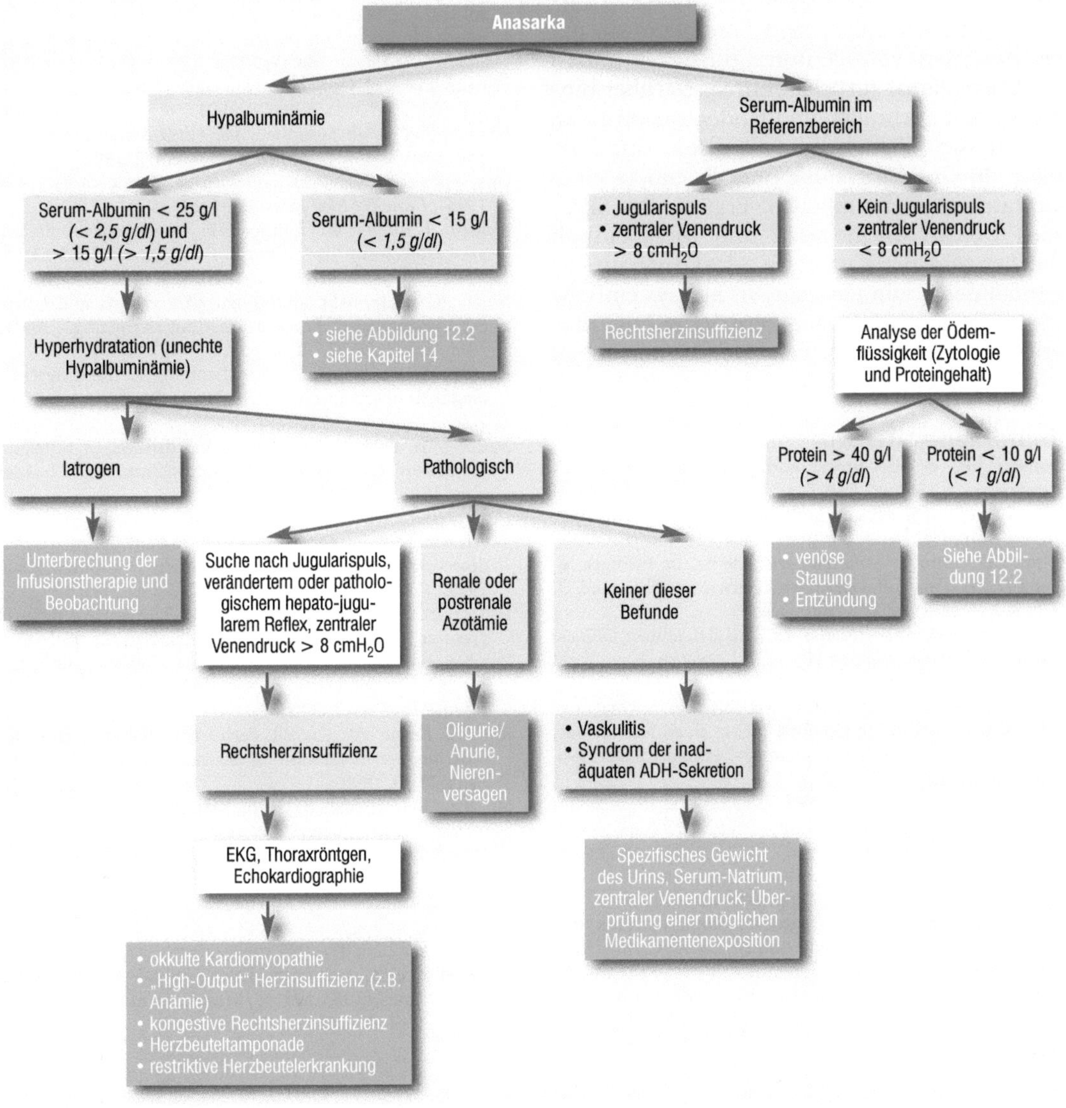

Abb. 12.9 Diagnostische Überlegungen zu Tieren mit Anasarka. ADH, antidiuretisches Hormon; EKG, Elektrokardiogramm.

enten umfasst die klinische Untersuchung, Serum-Albuminbestimmung, Thoraxröntgen, Herzuntersuchung (EKG, Echokardiographie), Blutdruckmessung (zentraler Venendruck) und Urinanalyse (Abb. 12.9). Die Anwesenheit eines Jugularispulses oder hepato-jugularen Reflexes deutet auf eine intrathorakale Ursache hin. Wenn keine zugrunde liegende Erkrankung auf der Hand liegt, sollten alle bislang erhobenen Befunde (klinische Untersuchung, Labor) auf Anzeichen einer Vaskulitis (Petechien, Fundusuntersuchung auf mikrovaskuläre Läsionen, mikroskopische Hämaturie, Blutausstrich mit Schistozyten) nochmals genau durchgesehen werden. Hautbiopsien, die in Bereichen mit Hautläsionen oder Quetschungen entnommen wurden, dienen der Diagnostik von Vaskulitiden. Die Bestimmung des Proteingehaltes der Ödemflüssigkeit ermöglicht es, zwischen entzündlichen Ursachen und einer Hypalbuminämie zu unterscheiden.

12.5.7 Skrotalergüsse

In den meisten Fällen sind Skrotalergüsse auf das Absacken von Peritonealflüssigkeit durch den Leistenkanal zurückzuführen. Darüber hinaus können Orchitiden und Hodentorsion einen Austritt von Flüssigkeit hervorrufen, eine Diagnose durch Sonographie oder Zytologie eines Aspirates ist meist möglich. Ergüsse des Skrotums werden diagnostisch und therapeutisch üblicherweise per Kastration gelöst. Interstitielle Skrotalödeme können dagegen auf systemische Erkrankungen, unter anderem Vaskulitis, hinweisen und sollten zu weiteren diagnostischen Schritten Anlass geben.

Empfohlene Literatur

Aronson MG et al: Clinical and pathologic features of thymoma in 15 dogs, *J Am Vet Med Assoc* 184:1355, 1984.

Berg RJ: Pericardial effusion in the dog: a review of 42 cases, *J Am Anim Hosp Assoc* 20:721, 1984.

Bolton GR, Ettinger SJ: Peripheral edema. In Ettinger SJ, editor: *Textbook of veterinary internal medicine*, ed 3, Philadelphia, 1989, WB Saunders.

Bunch SE: Abdominal effusion. In Ford RB, editor: *Clinical signs and diagnosis in small animal practice*, New York, 1988, Churchill Livingstone.

Center SA: Pathophysiology of liver disease: normal and abnormal function. In Guilford WG et al, editors: *Strombeck's small animal gastroenterology*, Philadelphia, 1996, WB Saunders.

Center SA et al: Proteins invoked by vitamin K absence and clotting times in clinically ill cats, *J Vet Intern Med* 14:292, 2000.

Edwards NJ: The diagnostic value of pericardial fluid pH determination, *J Am Anim Hosp Assoc* 32:63, 1996.

Forrester SD, Fossum TW: Pleural effusions: pathophysiology and diagnostic considerations, *Comp Contin Educ* 10:121, 1988.

Fossum TW, Birchard SJ, Jacobs RM: Chylothorax in 34 dogs, *J Am Vet Med Assoc* 188:1315, 1986.

Fossum TW, Jacobs RM, Birchard SJ: Evaluation of cholesterol and triglyceride concentrations in differentiating chylous and nonchylous pleural effusions in dogs and cats, *J Am Vet Med Assoc* 188:49, 1986.

Fossum TW et al: Chylothorax in cats: 37 cases (1969-1989), *J Am Vet Med Assoc* 198:672, 1991.

Fossum TW et al: Lymphedema: clinical signs, diagnosis, and treatment, *J Am Vet Med Assoc* 6:312, 1992.

Gores BR et al: Chylous ascites in cats: nine cases (1978-1993), *J Am Vet Med Assoc* 205:1161, 1994.

Jackson, J, Richter KP, Launer DP: Thoracoscopic partical pericardiectomy in 13 dogs, *J Vet Intern Med* 13:529, 1999.

Kolata RJ: Diagnostic abdominal paracentesis and lavage: experimental and clinical evaluations in the dog, *J Am Vet Med Assoc* 168:697, 1976.

Lozano MD et al: Immunocytochemistry in the differential diagnosis of serous effusions, *Cancer Cytopathology* 93:68, 2001.

Miller MW, Fossum TW: Pericardial disease. In Bonagura JD, editor: *Kirk's current veterinary therapy XII*, Philadelphia, 1995, WB Saunders.

Montgomery RD et al: Comparison of aerobic culturette, synovial membrane biopsy, and blood culture medium in detection of canine bacterial arthritis, *Vet Surg* 18:300, 1989.

Pedersen NC, Pool RR, O'Brien T: Feline chronic progressive polyarthritis, *Am J Vet Res* 41:522, 1980

Pembleton-Corbett JR et al: Serum-effusion albumin gradient in dogs with transudative abdominal effusion, *J Vet Intern Med* 14:613, 2000.

Rush JE, Keene BW, Fox PR: Pericardial disease in the cat: a retrospective evaluation of 66 cases, *J Am Anim Hosp Assoc* 26:39, 1990.

Sherding RG: Diseases of the pleural cavity. In Sherding RG, editor: *The cat, diseases and management*, ed 2, New York, 1994, Churchill Livingstone.

Steyn PF, Wittum TE: Radiographic, epidemiologic, and clinical aspects of simultaneous pleural and peritoneal effusions in dogs and cats: 48 cases (1982-1991), *J Am Vet Med Assoc* 202:307, 1993.

Suess RP et al: Constrictive pleuritis in cats with chylothorax: 10 cases (1983-1991), *J Am Anim Hosp Assoc* 30:70, 1994.

13 Erkrankungen des Atmungsapparates

Ned F. Kuehn und Grant H. Turnwald

13.1 Respiratorische Störungen

13.1.1 Dyspnoe

Unter Dyspnoe (respektive Atemnot) versteht man einen unverhältnismäßigen Grad an Atemarbeit, dem Veränderungen der Atemfrequenz, des Atemrhythmus sowie des Atmungstyps zugrunde liegen. Es handelt sich um ein häufiges Symptom, das in Verbindung mit einer Vielzahl respiratorischer und nicht-respiratorischer Störungen auftreten kann (Kuehn und Roudebush, 1991a). Zu Beginn der Diagnostik steht die klinische Untersuchung. Das Atmungsmuster von Patienten mit obstruktiven Lungenerkrankungen ist durch eine verstärkte Atemtiefe, Atemfrequenz und Atemarbeit gekennzeichnet. Während eine dynamische Obstruktion (z.B. Larnyxparalyse) oberhalb des Brusthöhleneingangs (im Bereich der oberen Atemwege) verstärkte inspiratorische Atemarbeit erforderlich macht, bedingt eine dynamische Obstruktion (z.B. Trachealkollaps) unterhalb der *Apertura thoracis* (im Bereich der unteren Atemwege) eine größere Anstrengung während der Exspiration. Fixierte Obstruktionen (z.B. trachealer Tumor) gehen häufig mit einer erhöhten inspiratorischen und exspiratorischen Atemarbeit einher. Bei einer Obstruktion im Bereich der Nasenhöhle liegt ein obstruktives Atmungsmuster nur vor, wenn das Tier nicht durch das Maul atmet. Die Auskultation pfeifender Atemgeräusche lenkt den Verdacht auf eine Obstruktion, ein solches Giemen tritt jedoch nicht grundsätzlich bei Patienten mit einer Obstruktion auf. Bei einem verlängerten Gaumensegel kann ein monophones pfeifendes Geräusch (Einzelton) auffallen. Giemen kann sich, beispielsweise bei asthmatischen Katzen aber auch aus mehreren Tönen zusammensetzen (polyphone Keuchtöne).

Eine Dyspnoe aufgrund nicht-respiratorischer Störungen (z.B. schwere Anämie, schwere metabolische Azidose) kann ein scheinbar obstruktives Atmungsmuster mit einer verstärkten Intensität der physiologischen Lungengeräusche (bronchovesikuläres Atemgeräusch), aber ohne Giemen hervorrufen.

Krankheiten, bei denen die Fähigkeit der Lunge zur Entfaltung herabgesetzt ist, führen zur Ausbildung eines restriktiven Atmungsmusters, das durch eine gesteigerte Atemfrequenz bei physiologischer bis reduzierter Atemtiefe, mit oder ohne Anstieg der inspiratorischen Atemarbeit, charakterisiert ist. Bei der Auskultation kann insbesondere während der Inspiration ein Knisterrasseln zu hören sein oder aber eine komplette Absenz von Atemgeräuschen bei bestimmten restriktiven Lungenerkrankungen (z.B. Pneumothorax, Hydrothorax) vorliegen. Vor allem bei kleinen Patienten mit einem geringen Atemzugvolumen sind Erkrankungen des Lungengewebes auskultatorisch mitunter schwer feststellbar. Bei diesen Patienten können Röntgenaufnahmen des Thorax trotz scheinbar unauffälliger Atemgeräusche substantielle Erkrankungen des Lungengewebes zu Tage fördern. Obstruktive und restriktive Atmungsmuster lassen sich nicht immer eindeutig voneinander trennen; das jeweils vorherrschende Atmungsmuster hängt vom relativen Ausmaß der pathologischen Veränderung in dem betroffenen Gewebe ab. So kann etwa bei einem Hund mit einem schweren Lungenödem sowohl eine obstruktive (alveoläre Flüssigkeit) als auch eine restriktive Erkrankung (interstitielle Flüssigkeit) vorliegen.

Bei Patienten mit Thoraxinstabilität treten zuweilen paradoxe Atembewegungen auf (ein Teil der Brustwand kollabiert während der Inspiration und dehnt sich bei Exspiration). Pulmonale Gefäßerkrankungen können sowohl mit einer inspiratorischen, als auch mit einer gemischt inspiratorischen und exspiratorischen Dyspnoe einhergehen (Tab. 13.1).

Geeignete diagnostische Verfahren

Nachdem die Herkunft eines pathologischen Atmungsmusters anhand der klinischen Untersuchung lokalisiert wurde, zählen Röntgenaufnah-

Tabelle 13.1 Mögliche Ursachen einer Dyspnoe (Atemnot)

respiratorische Störungen			nicht-respiratorische Störungen
obstruktive Erkrankungen		**restriktive Erkrankungen**	
extrathorakale Erkrankungen	**intrathorakale Erkrankungen**		
• nasal (nur wenn das Tier nicht durch das Maul atmet) – stenosierte Nasenlöcher – Neoplasie – Pilzgranulom – Fremdkörper – Trauma – Epistaxis (Blutgerinnsel) • Nasopharynx – Fremdkörper – Neoplasie • Pharynx – verlängertes/ödematöses Gaumensegel – pharyngeales Ödem – Fremdkörper – Neoplasie – pharyngeale Polypen (Katzen) • Larynx – Larynxparalyse – Larynxödem – Larynxkollaps – Laryngospasmus – Eversion der Kehlkopftaschen – Fremdkörper – Neoplasie • Trachea – Trachealkollaps im Halsbereich – Fremdkörper – Neoplasie – Stenose – extraluminale Kompression – traumatische Ruptur	• Trachea – Trachealkollaps im Halsbereich – Fremdkörper – Neoplasie – Stenose – extraluminale Kompression (Tumor oder Granulom) – Parasiten (Oslerus osleri) • Hauptbronchien – Bronchialkollaps – Fremdkörper – Neoplasie – Stenose – extraluminale Kompression (Tumor, Granulom, hiläre Lymphadenopathie, Vergrößerung des linken Vorhofs) – Parasiten (Oslerus osleri) • untere Atemwege und Lungenparenchym – Erkrankungen der Bronchien – – chronische Bronchitis (Hunde) – – Asthma bronchiale (Katzen) – Lungenödem – Pneumonie (viral, bakteriell, mykotisch) – Aspirationspneumonie – parasitäre Lungenentzündung – hypersensitive (allergische) Lungenerkrankung – – Pulmonary Infiltrates with Eosinophilia (PIE) – Lungenblutung – Neoplasie	• Lungenerkrankungen – Lungenfibrose – Lungenödem – interstitielle Pneumonie – Pulmonary Infiltrates with Eosinophilia (PIE) • Erkrankungen der Pleurahöhle oder Körperwand – Pneumothorax – Thoraxerguss – Hernien – – pleuroperitoneal – – perikardoperitoneal – Zwerchfellverlagerung nach kranial – – abdominale Umfangsvermehrungen – – Aszites – – Magendilatation – Trauma – – Rippenfraktur/-en – – Thoraxinstabilität – Neoplasien – – Mediastinum – – Thoraxwand – Fettleibigkeit	• vaskuläre Erkrankungen – Dirofilariose – Lungenembolie • kardiale Erkrankungen • hämatologische Störungen – Anämie (schwere Formen; keine Dyspnoe im eigentlichen Sinn) – Methämoglobinämie • Stoffwechselstörungen – Azidose (keine Dyspnoe im eigentlichen Sinn) – Schock – Hitzschlag • neurologische und neuromuskuläre Erkrankungen – zentrales Nervensystem (ZNS) – – Kopftrauma – – entzündliche Erkrankung des zentralen Nervensystems – – Neoplasie • neuromuskuläre Erkrankungen, mit Beeinträchtigung der Atemmuskulatur • Myasthenia gravis • Polymyopathie • Neuropathie • Polyradikuloneuropathie

men von Trachea und Thorax in aller Regel zu den sinnvollsten nächsten diagnostischen Schritten (Abb. 13.1). **Beachte:** Obwohl ein Trachealkollaps anhand einer Röntgenaufnahme zu diagnostizieren ist, kann er mit diesem Verfahren selbst dann nicht ausgeschlossen werden, wenn sowohl Aufnahmen in Inspiration als auch in Exspiration angefertigt werden. Zur Sicherung der Diagnose kann eine Durchleuchtung oder Tracheobronchoskopie erforderlich sein. Eine transtracheale Aspiration (TTA), bronchoalveoläre Lavage (BAL) oder transthorakale Feinnadelaspiration (siehe spätere Abschnitte) können sich anschließen, wenn die Röntgenuntersuchung eine Zytodiagnostik oder Kultur aus den unteren Luftwegen sinnvoll erscheinen lässt, v.a. bei bestehendem Husten (Rebar et al., 1992). Bei einer Obstruktion im Bereich der oberen Atemwege sind die Pharyngoskopie und Laryngoskopie hilfreiche Untersuchungsverfahren. Die Tracheobronchoskopie dient zur Abklärung trachealer und bronchialer Erkrankungen, insbesondere zur Diagnose einer obstruktiven Erkrankung wie etwa eines Trachealkollapses, und ist unverzichtbar bei den meisten pharyngealen und laryngealen Erkrankungen (Abb. 13.1). Bei einem Pleuraerguss ist die Analyse der Pleuraflüssigkeit grundsätzlich angezeigt (siehe Kap. 12). Bei Verdacht auf Dirofilariose sind der Knott-Test, Filter-Test oder *Dirofilaria-immitis* Antigen-Test (oder Antikörper-Test bei Katzen) indiziert (siehe Kap. 17). Die Kotuntersuchung mittels Filtration oder Auswanderungsverfahren nach Baermann führt zwar nur selten zur Diagnose, doch handelt es sich um ein kostengünstiges, nicht invasives Verfahren, anhand dessen Lungenparasiten definitiv nachgewiesen werden können. Bei Hunden aus endemischen Gebieten ist eine Serodiagnostik zum Nachweis einer systemischen Mykose (ausgenommen Histoplasmose) zweckmäßig (siehe Kap. 17).

Eine Kontrolle des Blutbildes ist immer sinnvoll, führt aber selten zur Diagnose. Allergische oder parasitäre Erkrankungen rufen bei Hunden zuweilen eine Eosinophilie hervor, während ihr Auftreten bei Katzen inkonsistent ist (Moise et al., 1989). Eine schwere Anämie als mögliche Ursache einer Dyspnoe kann ebenfalls nachgewiesen werden. Serumchemie und eine arterielle Blutgasanalyse sind bei diesen Patienten meist weniger kosteneffektiv, es sei denn, das pathologische Atmungsmuster beruht auf einer nicht-respiratorischen Ursache (z.B. bei einer schweren metabolischen Azidose). Eine perkutane Feinnadelaspiration der Lunge führt bei infiltrativen Erkrankungen (z.B. Blastomykose, Histoplasmose, Tumorose) gelegentlich zur Diagnose, v.a. wenn BAL und Aspiration von weiter oberflächlich gelegenen Strukturen (z.B. Lymphknoten) keinen Befund ergeben haben. Durch Führung der Nadel unter röntgenologischer, sonographischer oder Durchleuchtungskontrolle kann die Chance einer Diagnose von Umfangsvermehrungen mittels Aspiration erhöht werden. Allerdings birgt die Feinnadelaspiration ein gewisses Risiko für einen Pneumothorax oder Hämothorax.

13.1.2 Husten einschließlich Hämoptyse

Für Husten bei Hunden und Katzen gibt es eine Vielzahl möglicher Ursachen (Übers. 13.1). Die Anamnese dient dem primären Ausschluss sich selbst limitierender, kontagiöser Infektionskrankheiten. Die Art des Hustens sollte möglichst genau erfragt werden, da viele Patientenbesitzer Würgegeräusche als Husten fehl deuten. Ein Würgelaut (außer wenn er nach Husten auftritt) würde auf eine nasopharyngeale oder nicht-respiratorische Ursache (Erkrankungen des Oropharynx, Ösophagus oder Gastrointestinaltraktes) hindeuten. Die Differenzierung zwischen einem produktiven Husten (z.B. bei Bronchopneumonie) und einem nicht-produktiven Husten (z.B. bei viraler Tracheobronchitis) sowie die Identifizierung eines abnormen Atmungsmusters (Tab. 13.1 und Abb. 13.1) sind ebenfalls hilfreich. Röntgenaufnahmen von Trachea und Thorax sind bei Patienten mit chronischem Husten, Hämoptyse und kardiovaskulären Erkrankungen obligat. Bei einem akuten Infekt der tracheobronchialen Luftwege sind sie dagegen nur von geringem Nutzen, es sei denn, es besteht Verdacht auf eine sekundäre Pneumonie. Ein möglicher Trachealkollaps kann anhand von Röntgenbildern zwar diagnostiziert, aber nicht zuverlässig ausgeschlossen werden. Mittels transtrachealer Aspiration oder bronchoalveolärer Lavage (speziell in Kombination mit einer Bronchoskopie) lassen sich allergische Erkrankungen sowie parasitäre oder bakterielle Infekte häufig diagnostizieren. Zudem kann mit den genannten Verfahren die klinische Diagnose bestimmter chronischer Bronchialleiden untermauert werden (z.B. chronische Bronchitis; Kuehn und Roudebush, 1991b). Zur Identifizierung von Fremdkörpern oder obstruktiven Erkrankungen ist häufig eine Bronchoskopie notwendig. Der Blutstatus hilft selten weiter, außer es liegt eine ausgeprägte Eosinophilie vor (z.B. bei parasitären oder allergischen Erkrankungen). Die Kotuntersuchung mittels Flotations- oder Baermann-Verfahren führt zwar selten zur Diagnose, ist aber dennoch indiziert, da es sich um leicht durchzuführende und kostengünstige Verfahren handelt. Eine arterielle Blutgasanalyse ist bei Patienten mit Husten ohne gleichzeitige Dyspnoe nur selten von diagnostischem Wert und daher meist nicht kostendeckend.

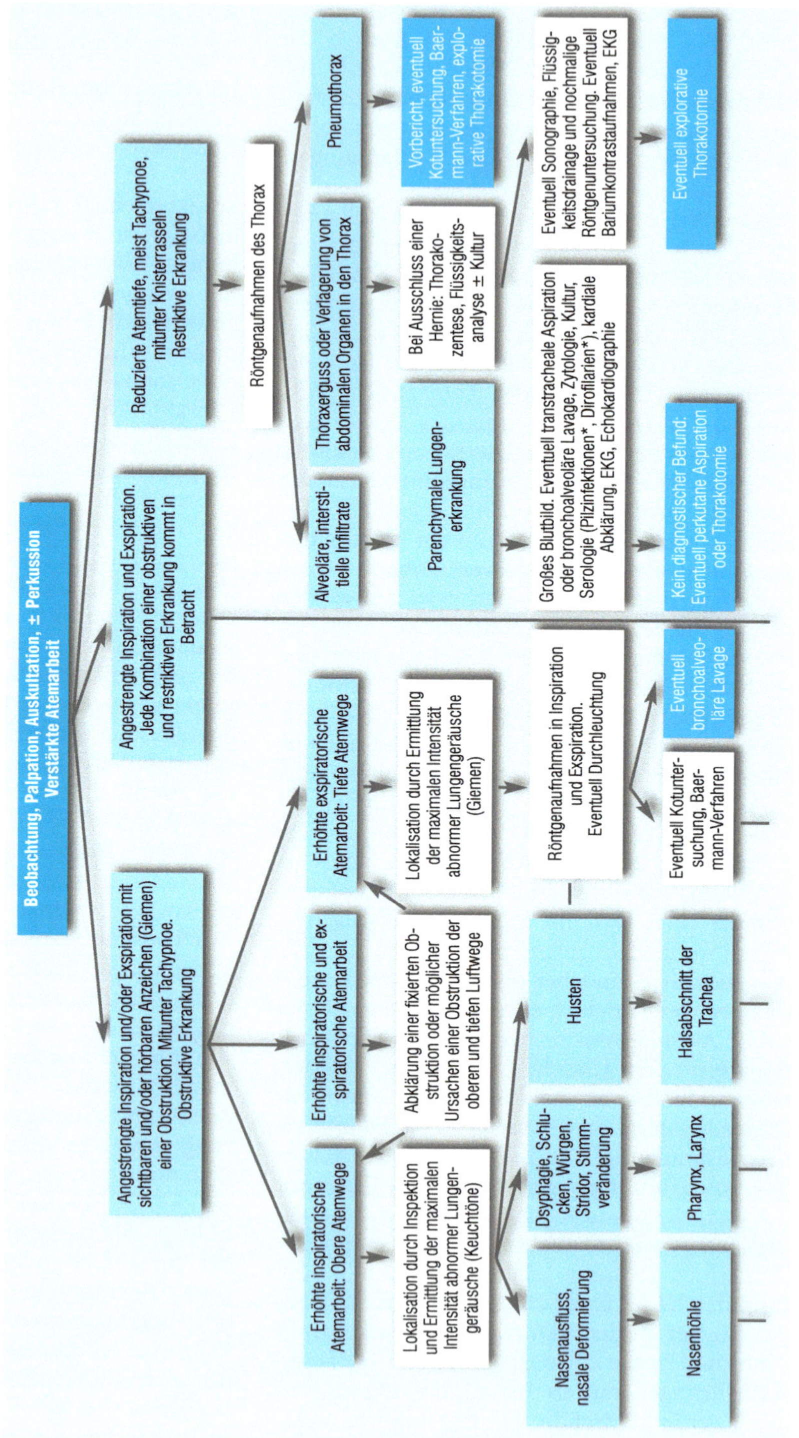
Beobachtung, Palpation, Auskultation, ± Perkussion
Verstärkte Atemarbeit
Angestrengte Inspiration und/oder Exspiration mit sichtbaren und/oder hörbaren Anzeichen (Giemen) einer Obstruktion. Mitunter Tachypnoe. Obstruktive Erkrankung
Angestrengte Inspiration und Exspiration. Jede Kombination einer obstruktiven und restriktiven Erkrankung kommt in Betracht
Reduzierte Atemtiefe, meist Tachypnoe, mitunter Knisterrasseln Restriktive Erkrankung
Röntgenaufnahmen des Thorax
Erhöhte inspiratorische Atemarbeit: Obere Atemwege
Erhöhte inspiratorische und exspiratorische Atemarbeit
Erhöhte exspiratorische Atemarbeit: Tiefe Atemwege
Alveoläre, interstitielle Infiltrate
Thoraxerguss oder Verlagerung von abdominalen Organen in den Thorax
Pneumothorax
Lokalisation durch Inspektion und Ermittlung der maximalen Intensität abnormer Lungengeräusche (Keuchtöne)
Abklärung einer fixierten Obstruktion oder möglicher Ursachen einer Obstruktion der oberen und tiefen Luftwege
Lokalisation durch Ermittlung der maximalen Intensität abnormer Lungengeräusche (Giemen)
Parenchymale Lungenerkrankung
Bei Ausschluss einer Hernie: Thorakozentese, Flüssigkeitsanalyse ± Kultur
Vorbericht, eventuell Kotuntersuchung, Baermann-Verfahren, explorative Thorakotomie
Nasenausfluss, nasale Deformierung
Dysphagie, Schlucken, Würgen, Stridor, Stimmveränderung
Husten
Röntgenaufnahmen in Inspiration und Exspiration. Eventuell Durchleuchtung
Großes Blutbild. Eventuell transtracheale Aspiration oder bronchoalveoläre Lavage, Zytologie, Kultur, Serologie (Pilzinfektionen*, Dirofilarien*), kardiale Abklärung, EKG, Echokardiographie
Eventuell Sonographie, Flüssigkeitsdrainage und nochmalige Röntgenuntersuchung. Eventuell Bariumkontrastaufnahmen, EKG
Nasenhöhle
Pharynx, Larynx
Halsabschnitt der Trachea
Eventuell Kotuntersuchung, Baermann-Verfahren
Eventuell bronchoalveoläre Lavage
Kein diagnostischer Befund: Eventuell perkutane Aspiration oder Thorakotomie
Eventuell explorative Thorakotomie

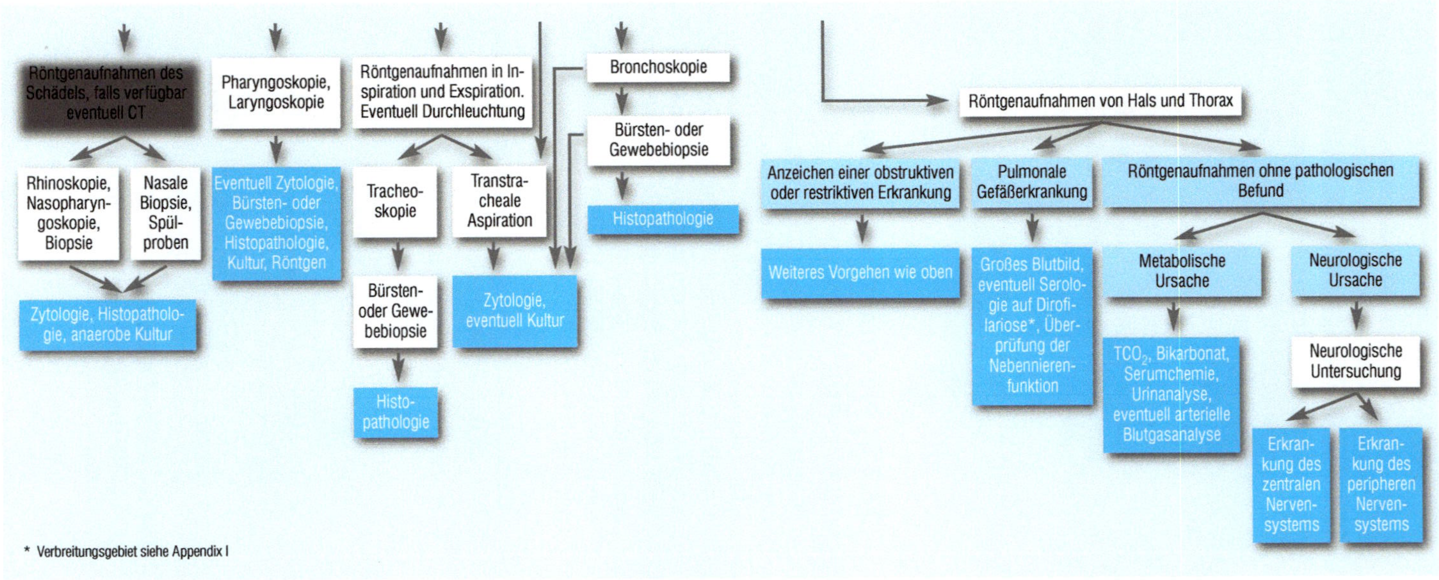

Abb. 13.1 Diagnostisches Vorgehen bei Hunden und Katzen mit Atemnot und Tachypnoe. EKG, Elektrokardiogramm; ZNS, zentrales Nervensystem; PNS, peripheres Nervensystem.

Übersicht 13.1 Ursachen von Husten (Hund und Katze)

- Erkrankungen der Nasenhöhle/Nasennebenhöhlen mit retrogradem Sekretabfluss
  - siehe Übersicht 13.2
- Pharynx/Larynx
  - Trauma
  - Fremdkörper
  - Infektion (bakteriell oder viral)
  - Neoplasie
  - Larynxparalyse (angeboren oder erworben)
  - Eversion der Kehlkopftaschen
  - Larynxkollaps
  - granulomatöse Laryngitis
  - eosinophiles Granulom
- Trachea/untere Atemwege
  - Trauma
  - Fremdkörper
  - Allergie (allergische Bronchitis/Asthma)
  - Infektion
    - viral (Übers. 13.2)
    - bakteriell (*Bordetella bronchiseptica*)
    - parasitär (*Filaroides* spp., *Oslerus osleri, Capillaria aerophilia*)
  - Anomalien (Kollaps, Hypoplasie, primäre Dyskinesie des Flimmerepithels, segmentale Stenose, extraluminale Kompression (linker Vorhof, Tumor))
  - Neoplasie (osteochondrale Dysplasie [Osteochondrom])
  - Degenerative Erkrankungen (Bronchiektasie)
- Erkrankungen des Lungenparenchyms
  - Trauma
  - Allergie (Pulmonary Infiltrates with Eosinophilia, PIE)
  - Infektion
    - viral (Übers. 13.2)
    - bakteriell
    - mykotisch (*Blastomyces dermatitidis, Histoplasma capsulatum, Coccidioides immitis* [Verbreitungsgebiete siehe Appendix I], *Cryptococcus neoformans, Aspergillus* spp.)
    - protozoär (*Toxoplasma gondii, Pneumocystis carinii*)
    - parasitär (*Filaroides hirthi, Dirofilaria immitis* [Verbreitungsgebiet siehe Appendix I], *Angiostrongylus vasorum, Paragonimus kellicotti* [Verbreitungsgebiet siehe Appendix I])
  - degenerative Erkrankungen (Emphysem)
  - Neoplasie (primär oder metastatisch)
  - nicht-infektiöse granulomatöse Erkrankungen (eosinophile pulmonale Granulomatose, pulmonale lymphomatöse Granulomatose)
- kardiovaskuläre Erkrankungen
  - Lungenödem
  - Kompression der Bronchien aufgrund einer Vergrößerung des linken Vorhofs
  - Thrombembolie (Dirofilariose, Hyperadrenokortizismus, Protein-losing Nephropathy, Neoplasien, kardiale Erkrankung)
- mediastinale Erkrankungen (die eine Kompression der Atemwege verursachen)
  - malignes Lymphom (speziell bei Katzen)
  - Thymom

13.1.3 Nasenausfluss, Niesen und Epistaxis

Nasenausfluss und Niesen können die Folge einer primären Erkrankung der Nasenhöhle sein oder sekundär im Rahmen einer bronchopulmonalen Erkrankung (z.B. Pneumonie) auftreten. Nasenbluten kann auf eine primär in der Nase lokalisierte Störung (z.B. Neoplasie) oder eine systemische Ursache (z.B. Koagulopathie; Kuehn und Roudebusch, 1991c) zurückzuführen sein (Übers. 13.2).

Übersicht 13.2 Ursachen von Nasenausfluss, Niesen und Epistaxis (Hund und Katze)

- strukturelle Veränderungen
  - Gaumenspalten
  - oronasale Fisteln
  - krikopharyngeale Achalasie
  - Megaösophagus
- allergische/immunologische Ursachen
  - allergische Rhinitis
  - lymphoplasmozytäre Rhinitis
- Gerinnungsstörungen
  - Mangel an Gerinnungsfaktoren (angeboren und erworben)
  - Thrombozytopenie (infektiös und immunmediiert)
  - Veränderungen der Gefäßwand (Trauma und Vaskulitis)
  - Fremdkörper/Trauma

- Infektionskrankheiten
  - viral: Staupe, Parainfluenza, Adenoviren Typ 2 (bei Hunden), Herpesviren, Caliciviren (bei Katzen)
  - bakteriell: einschließlich Zahnerkrankungen, chronische feline Rhinosinusitis
  - mykotisch: *Aspergillus* spp., *Penicillium* spp., *Cryptococcus neoformans, Rhinosporidium seeberi* (Verbreitungsgebiet siehe Appendix I); sonstige opportunistische Pilzerreger treten selten auf (z.B. *Trichosporon*)
  - Rickettsien (*Ehrlichia canis*, Rocky Mountain Spotted Fever [Verbreitungsgebiete siehe Appendix I])
  - parasitär: (*Pneumonyssus caninum, Linguatula serrata* (Verbreitungsgebiete siehe Appendix I), *Capillaria aerophilia*)
  - sonstige (*Chlamydia* spp.)
- Neoplasien/Polypen
  - Karzinome, Sarkome, transmissibler venerischer Tumor
  - nasopharyngeale Polypen (bei Katzen)

Bei Nasenbluten stellt die Gerinnungsanalyse den ersten diagnostischen Schritt dar (siehe Kap. 5). Daran schließen sich in der Regel Röntgenuntersuchung und Computertomographie der Nasenhöhlen an (Abb. 13.2), die allerdings im akuten Stadium selten zu einer Diagnose führen. Bei Nachweis einer Umfangsvermehrung oder Knochenlyse ist eine Biopsie via Nasenloch indiziert. Der nächste Schritt besteht in der Suche nach etwaigen Fremdkörpern mit Hilfe der Rhinoskopie, die noch während der Narkose für die Röntgenuntersuchung durchgeführt werden kann. Durch die direkte Untersuchung lassen sich gegebenenfalls adulte Stadien von *Pneumonyssus caninum* (Verbreitungsgebiet siehe Appendix I) nachweisen. Die Serodiagnostik auf das Vorliegen einer nasalen Aspergillose kann falsch-negativ ausfallen, weshalb man sich auf einen negativen Befund nicht verlassen sollte (siehe Kap. 17). Zur direkten Untersuchung der Nasenhöhle (dorsaler und ventraler Nasengang) bietet sich die Verwendung eines starren oder flexiblen Endoskops an (Rhinoskopie). Der Nasopharynx und der hintere Abschnitt der Nasenhöhle können mit Hilfe eines Dentalspiegels und einer Stablichtquelle inspiziert werden, besser jedoch mit einem flexiblen Endoskop. Die Endoskopie der vorderen Nasenhöhle ist bei kleinen Hunden und Katzen durch den Durchmesser des Endoskops limitiert. Eine Nasenspülprobe hilft diagnostisch selten weiter. Das routinemäßige Ansetzen einer Bakterienkultur ist nicht zu empfehlen, da die Interpretation aufgrund der großen physiologischen Keimflora in der Nasenhöhle schwierig ist (siehe Kap. 17). Die kulturelle Untersuchung auf Aspergillose kann sowohl falsch-positive als auch falsch-negative Ergebnisse liefern (siehe Kap. 17). Die Aussagekraft der Pilzkultur ist generell höher, wenn dazu statt einfacher Tupferproben aus der Nasenhöhle ein Bioptat verwendet wird. Zur Entnahme einer Biopsie aus der Nase können eine Alligatorgreifzange, Uterusbiopsiezange oder Hohlnadelstanze verwendet werden. Falls die beschriebenen Methoden nicht zur Diagnose führen und der krankhafte Zustand fortbesteht, sind eine Computertomographie und/oder eine diagnostische Rhinotomie in Betracht zu ziehen.

13.2 Röntgenuntersuchung der Nase

Indikation (häufig)

Röntgenaufnahmen der Nase sind indiziert bei chronischem Nasenausfluss, Epistaxis, starkem anfallsartigen Niesen unklarer Ursache, Deformation des Gesichtsschädels, Obstruktion im Bereich der Nasenhöhle oder ständigem Reiben des Gesichts und/oder der Nase mit den Vorderpfoten (Übers. 13.2).

Vorteile

Es handelt sich um ein nicht-invasives Verfahren. Im Fall einer Neoplasie und einer Aspergillose kommt es häufig zur Knochenlyse, die bei anderen Erkrankungen selten ist.

Nachteile

Eine Narkose ist notwendig. Etwaige Veränderungen des Weichteilgewebes können durch große Flüssigkeitsmengen (z.B. nasale Blutung, Exsudat) verdeckt werden. Zudem sind im Röntgenbild feinere Details nicht zu erkennen (ausgenommen hochauflösende Dentalfilme bei Katzen und kleinen Hunden).

Nähere Informationen sind den Fachbüchern der radiologischen Diagnostik zu entnehmen. Die Computertomographie oder Kernspinto-

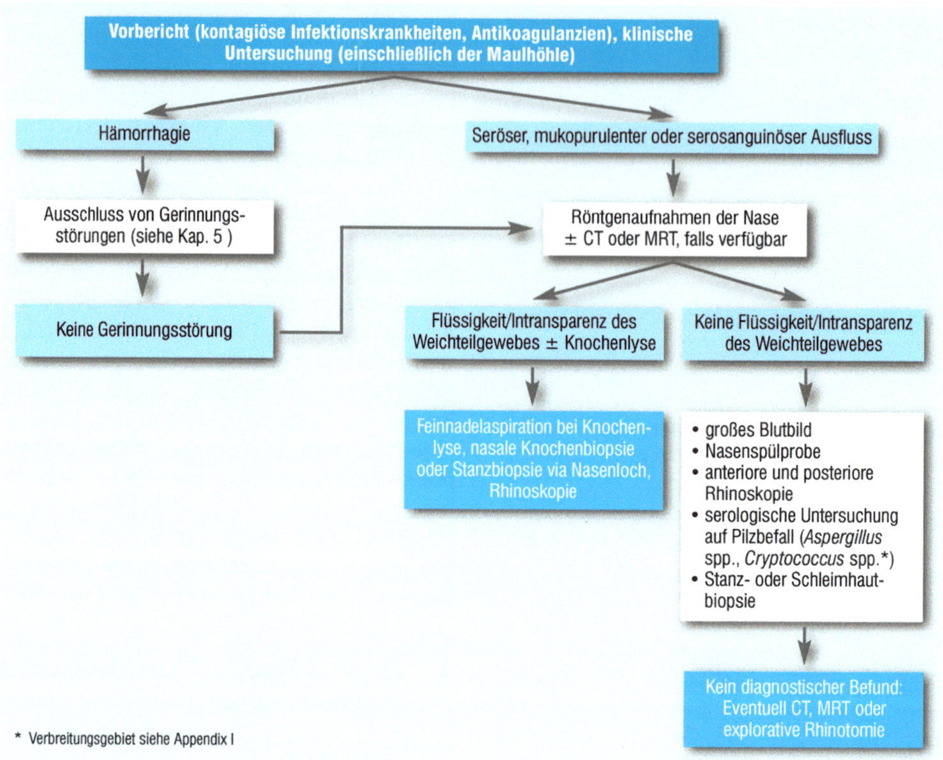

Abb. 13.2 Diagnostisches Vorgehen bei Hunden und Katzen mit Nasenausfluss und Epistaxis. CT, Computertomographie; MRT, Magnetresonanztomographie.

mographie, die dem konventionellen Röntgen prinzipiell vorzuziehen sind, bieten eine größere Detailgenauigkeit bei der Beurteilung der Nasenhöhlen (Codner et al., 1993).

13.3 Computertomographie

Indikation (häufig)

Für die Computertomographie (CT) gelten die gleichen Indikationen wie für die Röntgenuntersuchung. Sie ist elementar für die Planung einer Strahlentherapie eines Nasentumors und grundsätzlich empfehlenswert vor Einleitung einer topischen Clotrimazol-Behandlung bei nasaler Aspergillose (zur Gewähr, dass die *Lamina cribrosa* nicht erodiert wurde).

Vorteile

Die Computertomographie liefert wesentlich mehr Detailinformationen als das Röntgenbild. Das Verfahren eignet sich hervorragend zum Nachweis so genannter „Höhlen", die sich im Rahmen einer Aspergillose infolge Destruktion und Substanzverlust der Nasenmuscheln ausbilden. Außerdem ist die Computertomographie dem konventionellen Röntgen beim Nachweis von Tumoren deutlich überlegen. Schließlich lassen sich mittels CT sowohl bei Vorliegen einer Aspergillose als auch einer Neoplasie eine mögliche Affektion der Schädeldecke und der *Lamina cribrosa* leicht feststellen.

Nachteile

Die wesentlichen Nachteile der Computertomographie sind – neben den erforderlichen speziellen Gerätschaften – die im Vergleich zum konventionellen Röntgen deutlich höheren Kosten. Zur Unterscheidung zwischen der unveränderten Dichte des Weichteilgewebes bei Nasenausfluss und der kontrastverstärkten Dichte bei einer Neoplasie oder Entzündung ist mitunter eine Kontrastmittelgabe erforderlich. Nähere Informationen sind den Fachbüchern der radiologischen Diagnostik zu entnehmen.

13.4 Rhinoskopie

Indikationen (gelegentlich)

Für die Rhinoskopie gelten generell die gleichen Indikationen wie für die Röntgenuntersuchung.

Vorteile

Die Rhinoskopie ist ein wenig invasives Verfahren, das im Anschluss an die bildgebenden Verfahren unter derselben Narkose durchgeführt werden kann und zuweilen eine endgültige Diagnose ermöglicht. Die Rhinoskopie eignet sich insbesondere zum Nachweis einer nasalen Aspergillose.

Nachteile

Eine Narkose ist stets erforderlich. Mit einem Otoskopkegel können nur die vorderen Nasenabschnitte inspiziert werden. Doch auch bei Verwendung eines fiberoptischen Endoskops, Arthroskops oder Zystoskops ist das Blickfeld limitiert und eine vorsichtige methodische Vorgehensweise, die nicht immer zur Diagnose führt, geboten. Die visuelle Beurteilung der nasalen Strukturen kann durch größere Mengen von Nasensekret oder Blut eingeschränkt sein. Bei kleinen Hunden ist die Rhinoskopie grundsätzlich schwierig, wenn kein Arthroskop zur Verfügung steht. Es ist stets darauf zu achten, eine iatrogene Blutung, welche die Sicht behindern könnte, zu vermeiden.

Durchführung

Zunächst wird eine Röntgenaufnahme angefertigt. Dann erfolgt eine posteriore Rhinoskopie, wobei das Gaumensegel mit einem Ovariotomiehäkchen zurückgezogen und der hintere Nasenrachenraum mit einem Dentalspiegel und einer geeigneten Lichtquelle oder mit einem flexiblen Endoskop inspiziert wird. Anschließend wird eine anteriore Rhinoskopie unter Verwendung eines Otoskops, Nasenspekulums, flexiblen Endoskops, Arthroskops oder Zystoskops durchgeführt. Für die zytologische und histopathologische Untersuchung sowie zum Ansetzen von Bakterien- und Pilzkulturen können Gewebe- oder Bürstenproben entnommen werden.

Analyse und Auswertung

Siehe 13.6 Nasale Stanzbiopsie.

13.5 Nasenspülprobe

Indikation (gelegentlich)

Für die nasale Lavage gelten dieselben Indikationen wie für die Röntgenuntersuchung der Nase.

Vorteile

Die Nasenspülprobe ist wenig invasiv und weist eine geringere Komplikationsrate auf als die Stanzbiopsie.

Nachteil

Die Nasenspülprobe führt selten zur Diagnose.

Durchführung

Unter einer Intubationsnarkose wird der Nasopharynx mit Gazetupfern austamponiert und die Nasenhöhle über einen weichen Gummischlauch kräftig mit Ringer-Laktat-Lösung gespült. Die Flüssigkeit wird in einer vor die Nasenlöcher gehaltenen Schale aufgefangen. Manchmal kommt es vor, dass sich ein Fremdkörper löst und über die Nasenlöcher oder die im Nasopharynx befindlichen Mulltupfer geborgen werden kann.

Analyse

Die gewonnene Flüssigkeit wird zentrifugiert und aus dem Sediment ein Ausstrich für die Untersuchung hergestellt. Falls nach Keimen (z. B. *Cryptococcus* spp.) gesucht wird, empfiehlt sich eine Wright's-Giemsa- oder Gram-Färbung. Scheint es sich bei dem entnommenen Material um Exsudat zu handeln, kann eine Pilzkultur angelegt werden. Die Aussagekraft einer Bakterienkultur ist dagegen begrenzt. Bei direkter Untersuchung der Lavageflüssigkeit können Adultformen oder Larven von *Pneumonyssus caninum* (Verbreitungsgebiet siehe Appendix I) zu sehen sein.

Auswertung

Im Fall einer allergischen Rhinitis kann eine große Anzahl eosinophiler Granulozyten vorliegen (siehe 13.6 Nasale Stanzbiopsie zur detaillierten Auswertung nasaler Proben).

13.6 Nasale Stanzbiopsie

Indikation (häufig)

Es gelten dieselben Indikationen wie für die Nasenspülprobe. Die nasale Stanzbiopsie kommt häufig dann zum Einsatz, wenn auf-

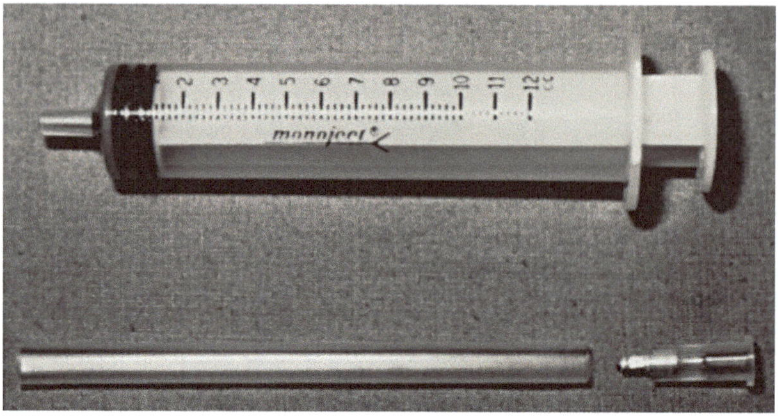

Abb. 13.3 Plastikspritze und abgeschnittener Konus zur Entnahme einer nasalen Biopsie.

grund des Röntgenbildes der Verdacht auf eine Umfangsvermehrung oder Knochenlyse besteht. Die Untersuchung kann in anderen Fällen zwar auch durchgeführt werden, ist dann jedoch nur selten diagnostisch hilfreich.

Vorteil

Es kann Gewebe für die histopathologische Untersuchung gewonnen werden.

Nachteile

Der Eingriff löst meist eine Blutung aus. Obgleich unwahrscheinlich, besteht bei unachtsamem Vorgehen die Gefahr einer Penetration der *Lamina cribrosa.*

Durchführung

Falls der Gerinnungsstatus des Tieres nicht bekannt ist, sind neben der Thrombozytenzahl, die Buccal Mucosal Bleeding Time und die aktivierte partielle Thromboplastinzeit (APTT) zu bestimmen (siehe Kap. 5). Die nasale Stanzbiopsie wird unter Intubationsnarkose vorgenommen. Wie bei der Nasenspülprobe wird der Nasopharynx zuvor austamponiert. Als Biopsieinstrument eignet sich entweder ein großkalibriges Kunststoffröhrchen, wie etwa die Plastikhülle einer peripheren Venenverweilkanüle (bei mittelgroßen und großen Hunden) oder ein Harnröhrenkatheter aus Polypropylen mit einem Innendurchmesser von 8 Gauge (bei kleinen Hunden oder Katzen), der etwa 12–15 cm vor dem mit der Spritze verbundenen Ende schräg (d.h. 45°-Winkel) abgeschnitten wird. Bei Verwendung eines großkalibrigen Kunsstoffröhrchens wird dieses über den abgeschnittenen Konus der Kanüle des Venenverweilkatheters an die Spritze angeschlossen (Abb. 13.3). Der Abstand von den Nasenlöchern bis zum medialen Augenlidwinkel ist auf dem verwendeten Kunststoffröhrchen zu markieren, da diese Distanz annähernd der Entfernung bis zur Siebbeinplatte entspricht. Nachdem man das Biopsieinstrument in das betreffende Gewebe vorgeschoben hat, wird mit der angeschlossenen Spritze ein Vakuum erzeugt, und das mit dem Sog aufgezogene Gewebestück mit dem jeweiligen Biopsieinstrument zurückgezogen. Bei Verwendung eines abgeschnittenen 8-Gauge-Katheters ist dieser auf die gleiche Weise wie das Kunststoffröhrchen zu markieren. Zur Lockerung des Gewebes wird der Katheter kräftig vor- und zurückgezogen. Hierbei ist sorgfältig darauf zu achten, dass man nicht versehentlich die *Lamina cribrosa* durchstößt. Eine mit Ringer-Laktat-Lösung (35 ml bei großen Hunden, 10 ml bei Katzen und kleinen Hunden) gefüllte Spritze wird mit dem Katheter verbunden und das gelöste Gewebe durch die Nasenlöcher oder in den Nasenrachenraum ausgespült. Durch Aspiration kann zusätzliches Material gewonnen werden. Anstatt der Kunststoffhülle oder des Katheters können auch eine Knochenkürette, Alligatorgreifzange oder Uterusbiopsiezange verwendet werden.

Ein Teil des Bioptats kann zum Ansetzen einer Pilzkultur verwendet werden (siehe Kap. 17). Es werden Abklatschpräparate für die Zytologie erstellt und das übrige Gewebe zur histopathologischen Untersuchung eingeschickt. Als Folge der Biopsie kommt es meist zu einer Blutung aus der Nase, die aber in der Regel binnen 30 Minuten wieder abklingt. Manchmal ist diese Blutung profus und/oder dauert länger an. In diesen Fällen kann der entsprechende Bereich mit Tupferträgern, die in eine verdünnte

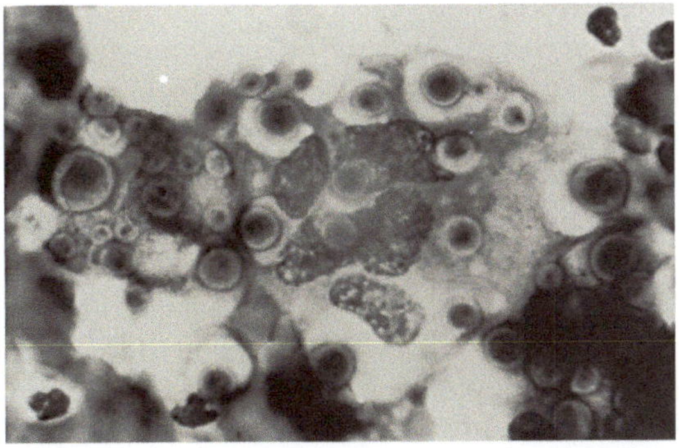

Abb. 13.4 *Cryptococcus neoformans* in einem Abklatschpräparat einer Biopsie der Nase. Mit freundlicher Genehmigung von: *Dr. S.D. Gaunt, Louisiana State University.*

(1 : 10 000) Epinephrin-Lösung getaucht wurden, austamponiert werden. Die Narkose ist aufrechtzuerhalten, bis die Blutung zum Stillstand gekommen ist. Alternativ können auch Nasentampons verwendet werden.

Cave: Wegen des potentiellen Risikos einer Perforation der *Lamina cribrosa* darf die Sonde nicht über die Höhe des medialen Kanthus vorgeschoben werden.

13.6.1 Zytologische Auswertung des Abklatschpräparates

Infektion

Da sowohl in der gesunden als auch in der erkrankten Nasenhöhle eine Vielzahl verschiedener Keime vorkommt, ist der Nachweis von Bakterien selten von Bedeutung. *Aspergillus* spp.und *Penicillium* spp. können zuweilen in der Nasenhöhle gesunder Tiere, wie auch bei Tieren mit anderen Erkrankungen (z.B. Neoplasien), gefunden werden. Daher bedarf die Diagnose einer Aspergillose oder Penicillium-Infektion in jedem Fall der histopathologischen Bestätigung. In endemischen Gebieten ist bei Katzen mit chronischem Nasenausfluss der Nachweis von *Cryptococcus* spp. in der Regel diagnostisch (Abb. 13.4; Farbtafel 4E); Kryptokokken lassen sich allerdings gelegentlich auch aus den Nasenspülproben gesunder Hunde und Katzen kultivieren (Malik et al., 1997).

Neoplasie

Zu den häufigsten Tumoren der Nase zählen Adenokarzinome und Karzinome (Abb. 13.5), wobei gelegentlich auch Rundzelltumoren (transmissibler venerischer Tumor, Mastzelltumor, malignes Lymphom) nachzuweisen sind. Des Weiteren können maligne mesenchymale Neubildungen (z.B. Fibrosarkom, Osteosarkom) vorkommen. Diese Formen weisen eine geringere Exfoliation auf und sind daher schwieriger zytologisch zu diagnostizieren. Zur Erörterung der Zytodiagnostik von Tumorzellen siehe Kapitel 18.

Blutung

Bei einer nasalen Blutung entspricht die Relation der roten und weißen Blutkörperchen annähernd den Verhältnissen im Vollblut.

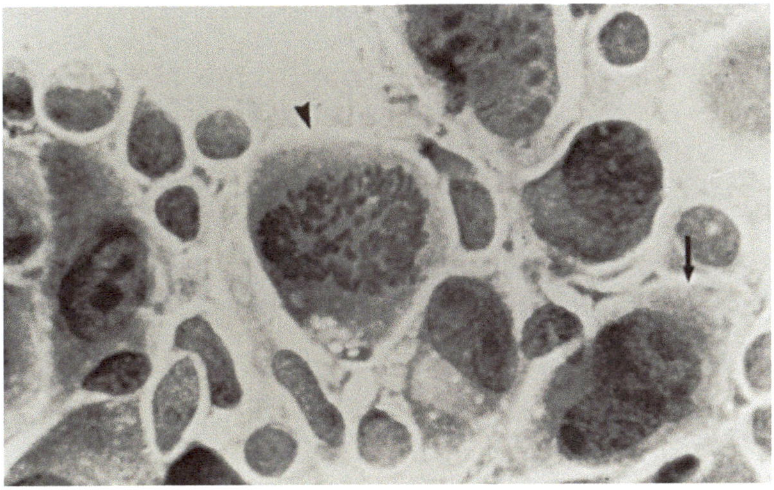

Abb. 13.5 Karzinomzelle *(Pfeil)* in einem Abklatschpräparat aus einer Biopsie der Nase. Beachte die Kernteilungsfigur *(Pfeilspitze)*. Mit freundlicher Genehmigung von: *Dr. C.L. Barton, Texas A&M University.*

13.7 Nasale Schleimhautbiopsie

Indikation (gelegentlich)

Die nasale Schleimhautbiopsie ist gelegentlich bei Patienten mit unklarem Nasenausfluss ohne radiologischen Nachweis einer Umfangsvermehrung oder Knochenlyse indiziert. Zwei Krankheiten können mit dieser Methode diagnostiziert werden. Erstens die lymphozytäre-plasmozytäre Rhinitis und zweitens die primäre Dyskinesie des Flimmerepithels (Zilienimmotilitätssyndrom), wobei es zur Bestätigung der Letzteren noch einer elektronenmikroskopischen Untersuchung bedarf. Die Schleimhautbiopsie kann auch anstelle einer Stanzbiopsie bei nasalen Umfangsvermehrungen oder lytischen Prozessen durchgeführt werden.

Durchführung

Die Proben werden mit einer Alligatorgreifzange, Uterusbiopsiezange oder Knochenkürette entnommen, in Formalin (oder ein anderes geeignetes Fixationsmittel, falls eine elektronenmikroskopische Untersuchung durchgeführt werden soll) eingelegt und ins Labor geschickt.

13.8 Nasale Feinnadelaspiration

Indikation (gelegentlich)

Das Verfahren kommt zum Einsatz bei einer nasalen Knochendestruktion, die das Einführen einer Nadel in die Nasenhöhle ohne Passage der Nasenlöcher erlaubt.

Vorteile

Eine Narkose ist nicht erforderlich und die Methode an sich minimal invasiv.

Nachteil

Manche Neoplasien (z. B. mesenchymale Tumoren) sind nur schwach exfoliativ.

Durchführung

Zunächst wird der lytische Knochenbezirk palpatorisch oder anhand einer Röntgenaufnahme lokalisiert. Eine 23- oder 25-Gauge-Nadel wird durch den lytischen Bereich eingeführt und anschließend aspiriert. Die Proben werden zytologisch untersucht.

Auswertung

Siehe vorherige Abschnitte zur Zytodiagnostik und nasalen Stanzbiopsie.

13.9 Diagnostische Rhinotomie

Indikation (gelegentlich)

Die diagnostische Rhinotomie bietet sich bei Patienten mit Niesanfällen, Nasenausfluss oder Epistaxis an, sofern deren Ursache nicht mit einer der zuvor beschriebenen Methoden eruiert werden konnte. Nach Möglichkeit ist vor der Rhinotomie eine Computertomographie durchzuführen.

Vorteile

Die explorative Rhinotomie ermöglicht neben der genauen Adspektion der Nasenhöhlen die Entnahme von Bioptaten und Proben für die kulturelle Untersuchung. Sie erlaubt zudem eine sichere Identifizierung etwaiger Fremdkörper.

Nachteil

Es handelt sich um einen invasiven und schmerzhaften Eingriff.

Durchführung

Zur Durchführung der Rhinotomie sei auf die einschlägige Fachliteratur verwiesen. Aus Gewebeproben werden Abklatschpräparate für die zytologische Untersuchung hergestellt. Das übrige Gewebe wird zum Anlegen einer Pilzkultur verwendet und in Formalin fixiert zur histopathologischen Untersuchung verschickt.

13.10 Serologischer Nachweis eines nasalen Pilzbefalls

Indikation (gelegentlich)

Die serologische Untersuchung auf eine Pilzinfektion der Nase ist indiziert bei Patienten mit chronischem Nasenausfluss unklarer Genese, der auf einer Aspergillose oder Kryptokokkose beruhen könnte (selten auch andere Pilze; Kap. 17).

13.11 Gerinnungstests bei Epistaxis

Indikation (gelegentlich)

Die Überprüfung des Gerinnungsstatus ist essentiell bei Patienten mit unklaren Blutungen aus der Nasenhöhle, speziell vor einem chirurgischen Eingriff oder einer invasiven Biopsie (siehe Kap. 5). Chronisches einseitiges Nasenbluten ohne Hinweis auf eine systemische Blutung beruht in der Regel auf einer primären Erkrankung der Nase; in diesem Fall sind Gerinnungstests empfehlenswert, aber nicht unverzichtbar. Bei einer akuten bilateralen Blutung sind die Bestimmung der Buccal Mucosal Bleeding Time (BMBT) und der Thrombozytenzahl dagegen unabdingbar. Die Gerinnungszeiten sind ebenfalls zu ermitteln.

13.12 Untersuchung des Larynx und Pharynx

Indikation (gelegentlich)

Die Untersuchung des Larynx und Pharynx ist unverzichtbar bei Patienten mit Stridor oder Würgen infolge einer obstruktiven Erkrankung im Bereich der oberen Atemwege (z. B. nasopharyngealer Polyp, Larynxparalyse oder Fremdkörper).

Vorteil

Im Fall einer Larynxparalyse sowie bei Vorliegen von Polypen oder Fremdkörpern eignet sich das Verfahren zur Diagnosestellung und Behandlung.

Nachteil

Die Untersuchung erfordert eine geeignete Narkose.

Durchführung

Unter einer leichten Anästhesie wird die Bewegung der Larynxknorpel beobachtet. Die *Procc. corniculatae* der *Cartilagines arytaenoideae* und die Stimmlippen werden bei der Inspiration normalerweise abduziert, während sie sich bei der Exspiration passiv aufeinander zu bewegen. Im Fall einer Larynxparalyse werden die Strukturen während der Inspiration nicht abduziert, sondern verbleiben in einer teilweise adduzierten Position oder kollabieren (adduzieren) bei kräftiger Einatmung. Die Untersuchung des Pharynx und Nasopharnyx erfolgt analog der posterioren Rhinoskopie.

13.13 Röntgenologische Untersuchung der Trachea und des Thorax

Indikation (häufig)

Röntgenaufnahmen der Trachea und des Thorax sind grundlegende diagnostische Mittel bei Patienten mit chronischem oder starkem Husten oder sonstigen bronchopulmonalen Erkrankungen.

Vorteile

Bei der Röntgenuntersuchung handelt es sich um ein nicht-invasives Verfahren, mit dem sich krankhafte Veränderungen häufig lokalisieren lassen.

Nachteil

Bei akuten Entzündungen (z. B. virale Tracheobronchitis) oder Thrombembolien, die nicht durch Dirofilarien bedingt sind, helfen Röntgenaufnahmen diagnostisch meist nicht weiter (LaRue und Murtaugh, 1990).

Durchführung und Auswertung

Nähere Informationen sind der radiologischen Fachliteratur zu entnehmen. Durch links- und rechtsanliegende Aufnahmen lassen sich pulmonale Umfangsvermehrungen leichter identifizieren.

13.14 Transtracheale Aspiration

Indikation (häufig)

Die Indikationen für die transtracheale Aspiration (TTA) sind generell dieselben wie für die Röntgenuntersuchung des Thorax.

Vorteile

Es handelt sich um ein wenig invasives Verfahren, das eine Probenentnahme aus dem Tracheobronchialbaum ohne Narkose erlaubt.

Nachteile

Zu den seltenen aber möglichen Komplikationen zählen ein subkutanes Emphysem an der Einstichstelle, eine Ösophagusperforation, eine Blutung sowie eine Verletzung im Bereich der unteren Atemwege durch die Katheterspitze. Mitunter spiegelt das Aspirat das Ausmaß von Erkrankungen der unteren Luftwege oder der Lunge (z.B. Bronchiolitis, interstitielle Pneumonie) nur unzureichend wider. Bei Patienten mit massiver Dyspnoe ist die transtracheale Aspiration kontraindiziert, da die damit verbundene Atembehinderung den Zustand noch verschlimmern und sogar den Tod verursachen kann. Eine Gerinnungsstörung stellt eine relative Kontraindikation dar.

Durchführung

Die transtracheale Aspiration wird von Hunden häufig ohne Sedation toleriert, doch können auch Tranquilizer (z.B. Azepromazin) gegeben werden. Bei Katzen ist eine Sedation (z.B. 1–2 mg/kg Ketamin i.v.) allgemein üblich. Für den Fall einer plötzlich einsetzenden Atemnot ist Sauerstoff bereitzuhalten. Der Patient wird in Brustlage verbracht. Nach Rasur und Präparation der Haut über dem Kehlkopf wird ein Tropfen Lidocain über der *Membrana cricothyreoidea* injiziert. Ein in einer Hohlnadel liegender Katheter (20 Gauge für Katzen und kleine Hunde, 16 Gauge für mittelgroße und große Hunde) wird durch die *Membrana cricothyreoidea* ungefähr bis auf Höhe der Hauptbronchien vorgeschoben. Bei großen Hunden kann alternativ auch ein Polypropylen-Harnröhrenkatheter durch eine 14-Gauge-Nadel eingeführt werden. Bei narkotisierten Tieren kann der Katheter auch durch einen sterilen endotrachealen Tubus eingelegt werden (empfehlenswert bei Katzen, wenn eine Narkose toleriert wird).

Je nach Größe des Tieres werden 0,5–1,0 ml/kg sterile Ringer-Laktat-Lösung (0,9%ige Kochsalzlösung ist ebenfalls möglich, verursacht aber mehr Zelldeformationen) durch den Katheter instilliert. Sobald das Tier hustet, wird aspiriert. Die Gewinnung von Zellmaterial aus den Luftwegen lässt sich verbessern, indem man nach der Flüssigkeitsinstillation eine Coupage (Klopfen auf den Brustkorb) durchführt. In der Regel wird nur eine geringe Menge der injizierten Flüssigkeit zurück gewonnen. Wenn eine Niederdrucksaugpumpe (< 5 mmHg) zur Verfügung steht, ist eine bessere Ausbeute möglich. Mit Hilfe einer Ansaugpumpe kann das Material in ein Behältnis aspiriert werden. Manchmal müssen mehrere Milliliter Ringer-Lakat-Lösung in Folge eingebracht werden, um eine ausreichende Probenmenge zu erhalten. Ein Teil der Aspirationsflüssigkeit kann für die Zytologie sowie zur kulturellen Untersuchung auf aerobe und anaerobe Keime sowie Pilze verwendet werden. Es empfiehlt sich, aus dem Zellsediment (so genanntes Pellet) zentrifugierter Proben Rollpräparate anzufertigen, da häufig eine Zelldestruktion eintritt, wenn unzentrifugierte Flüssigkeitsproben nicht binnen einer Stunde nach Gewinnung im Labor weiterverarbeitet werden. Zur Herstellung eines Rollpräparates wird das Pellet mit dem hölzernen Ende eines Wattestäbchens behutsam auf einem sauberen Objektträger abgerollt, so dass die Zellen an der Oberfläche des Objektträgers haften bleiben. Ob das Ansetzen einer Kultur sinnvoll ist, hängt von den Ergebnissen der zytologischen Untersuchung ab (siehe folgender Abschnitt).

Auswertung

Einzelne zilientragende säulenförmige oder kubische Epithelzellen, einzelne undifferenzierte Makrophagen mit wenigen oder fehlenden Vakuolen, sehr vereinzelte neutrophile Granulozyten sowie geringe Mengen Schleim gelten als Normalbefund. Einige physiologische Epithelzellen können formverändert wirken oder durch Beschädigung bei der Probenaufbereitung ihre Zilien verloren haben. Die TTA-Proben von Tieren mit bronchopulmonalen Erkrankungen werden als entzündlich (mukopurulent oder nicht-purulent), neoplastisch oder hämorrhagisch klassifiziert (siehe Kap. 17).

Mukopurulente Entzündung

Das Aspirat besteht aus einer Mischung aus Neutrophilen (zur Erörterung der neutrophilen Entzündung siehe Kapitel 18), reichlich Schleim sowie häufig einigen Makrophagen (Abb. 13.6). Der Schleim ist bei einer mukopurulenten Entzündung basophil (blau) gefärbt. Bei einer massiven Entzündung kann er eosinophil (pinkfarben) sein. Bei Nachweis degenerierter neutrophiler Granulozyten ist eine gründliche Suche nach Bakterien (v.a. intrazellulär) vorzunehmen (Abb. 13.7). Zu den möglichen Auslösern einer mukopurulenten Entzündung zählen neben einer Infektion mit Bakterien, Viren, Pilzen, Mykoplasmen oder Protozoen auch chronische Bronchitis, Neoplasien, Fremdkörper oder Aspiration von Flüssigkeit, Sekret oder Partikeln (Padrid et al., 1991).

Ein Teil des Aspirats sollte vor der zytologischen Untersuchung in ein spezielles Transportmedium gelegt werden (siehe Kap. 17). Bei Vorliegen einer mukopurulenten Entzündung ist daraus eine Kultur anzulegen (siehe Kap. 17).

Nicht-purulente Entzündung

Im Vergleich zum mukopurulenten Exsudat weist das Aspirat einen größeren Anteil an Makrophagen (zur Erörterung der granulomatösen und pyogranulomatösen Entzündung siehe Kapitel 18) und/oder Eosinophilen (zur Erörterung der eosinophilen Entzündung siehe Kapitel 18) auf. In einem nicht-purulenten Exsudat können sowohl überwiegend Eosinophile oder Makrophagen als auch ein gemischtes Zellbild aus Eosinophilen, Makrophagen und Neutrophilen enthalten sein. Eine eosinophile Entzündung lenkt den Verdacht auf eine Überempfindlichkeitsreaktion aufgrund inhalierter allergener Stoffe (Abb. 13.8), Parasiten oder einer eosinophilen Lungengranulomatose (Kuehn und Roudebush, 1991d). Zu den parasitären Erregern zählen *Dirofilaria immitis* (Verbreitungsgebiet siehe Appendix I), *Aelurostrongylus abstrusus, Capillaria aerophilia, Oslerus osleri, Filaroides* spp., *Paragonimus kellicotti* (Verbreitungsgebiet siehe Appendix I) oder Passanten wie etwa *Toxocara* spp. oder *Ancylostoma* spp. Im Fall einer eosinophilen Entzündung tritt häufig auch eine

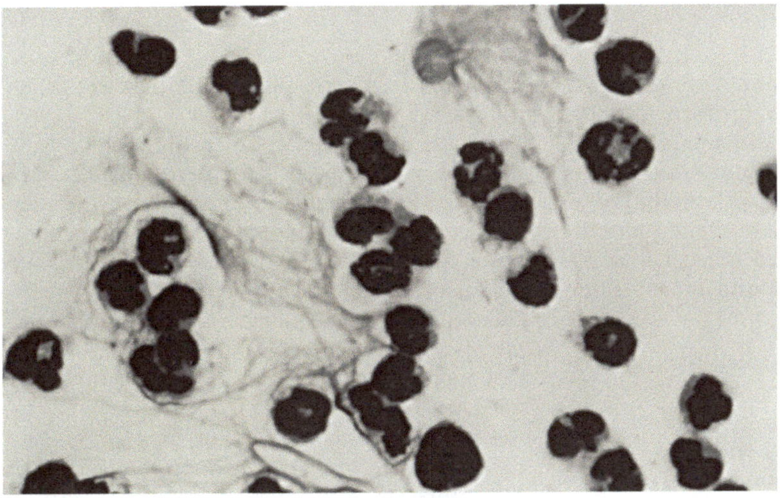

Abb. 13.6 Mukopurulente Entzündung. Transtracheales Aspirat (TTA) eines Hundes mit chronisch obstruktiver Lungenerkrankung infolge eines Trachealkollapses. Beachte die große Anzahl nicht degenerierter Neutrophiler und den reichlich vorhandenen Mukus.

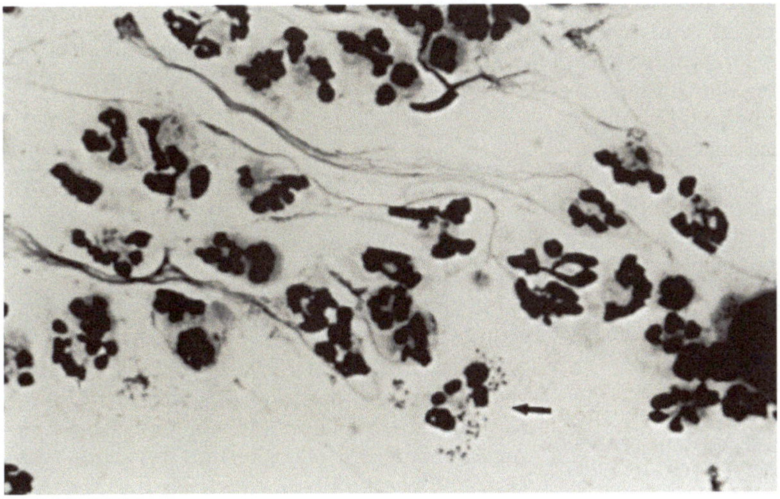

Abb. 13.7 Septische Entzündung. Transtracheales Aspirat (TTA) eines Hundes mit bakterieller Pneumonie. Beachte die große Anzahl degenerierter Neutrophiler, darunter einige mit intrazellulären Bakterien *(Pfeil). Mit freundlicher Genehmigung von Dr. P.S. MacWilliams, University of Wisconsin.*

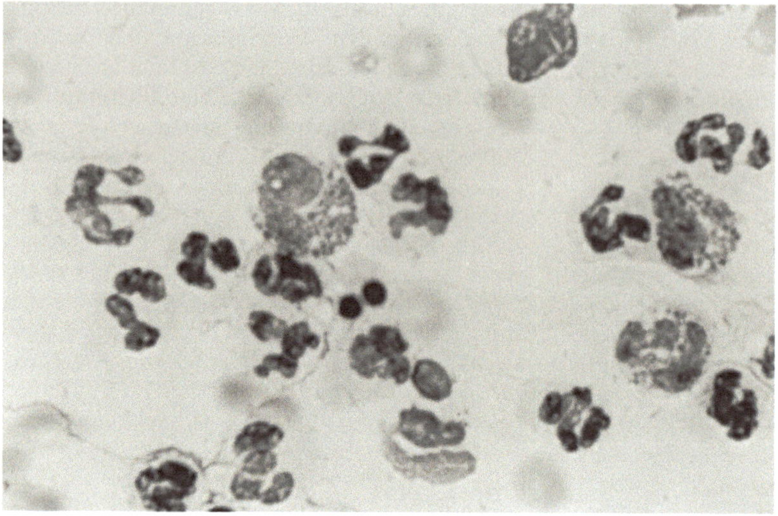

Abb. 13.8 Eosinophile Entzündung. Transtracheales Aspirat (TTA) einer Katze mit Asthma. *Mit freundlicher Genehmigung von Dr. K.A. Gossett, Louisiana State University.*

geringe Anzahl Mastzellen auf. Eine Überzahl differenzierter Makrophagen (größere Makrophagen mit reichlich Zytoplasma und zahlreichen zytoplasmatischen Vakuolen) spricht für eine subakute bis chronische Erkrankung, wie etwa eine durch Pilze hervorgerufene granulomatöse Pneumonie. Pilze sind selten nachweisbar, da sie meist interstitiell und nicht in den Luftwegen lokalisiert sind.

Weitere Zellen in transtrachealen Aspirationsproben

Reaktive Epithelzellen können v. a. bei Katzen bei jedem entzündlichen Prozess vorkommen. Das Zytoplasma ist stärker basophil (blau) als bei normalen Epithelzellen und die Kerne enthalten feines Chromatin und sichtbare Nukleoli. Die Zellen können einzeln oder gehäuft auftreten.

Bei entzündlichen Erkrankungen werden gelegentlich Becherzellen gefunden, die Granula aus intrazellulärem Schleim enthalten und häufig in Verbindung mit großen extrazellulären Schleimmengen auftreten.

Neoplastische Zellen sind gelegentlich bei Tieren mit primären Lungentumoren, insbesondere Adenokarzinomen, nachweisbar. Allerdings sind primäre Lungentumoren weniger häufig als Lungenmetastasen. Aufgrund ihrer interstitiellen Lokalisation sind Zellen von Lungenmetastasen selten in TTA-Proben zu finden.

Bei Plattenepithelzellen (die mit Bakterien bedeckt sein können) und bestimmten großen Bakterien wie etwa *Simonsiella* spp. (Abb. 13.9) handelt es sich vermutlich um aspiriertes Material aus der Maulhöhle.

Für eine akute virale Tracheobronchitis sind Lymphozyten typisch. Bei einer chronisch-progressiven septischen oder sterilen Bronchopneumonie sowie einer lymphozytären Lungengranulomatose können Lymphozyten und Plasmazellen vorliegen (Berry et al., 1990).

Gelegentlich werden Eier von *Capillaria aerophilia, Paragonimus kellicotti* (Verbreitungsgebiet siehe Appendix I) und *Filaroides hirthi* sowie Larven von *Oslerus osleri, Crenosoma vulpis, Aelurostrongylus abstrusus, Toxocara canis, Toxocara cati* und *Strongyloides stercoralis* wie auch Mikrofiliarien von *Dirofilaria immitis* (Verbreitungsgebiet siehe Appendix I) gefunden.

Kohlestaub imponiert als dichte schwarze Granula innerhalb der Makrophagen und stellt bei Hunden aus industrialisierten Gegenden einen Nebenbefund dar.

13.15 Bronchoalveoläre Lavage

Indikation (häufig)

Es gelten dieselben Indikationen wie für die transtracheale Aspiration.

Durchführung

Die bronchoalveoläre Lavage (BAL) ist ein invasives Verfahren, das eine Allgemeinnarkose erfordert und eine temporäre Gefährdung der Atmung hervorruft (Hawkins und DeNicola, 1989; Hawkins et al., 1990). Obgleich die Prozedur

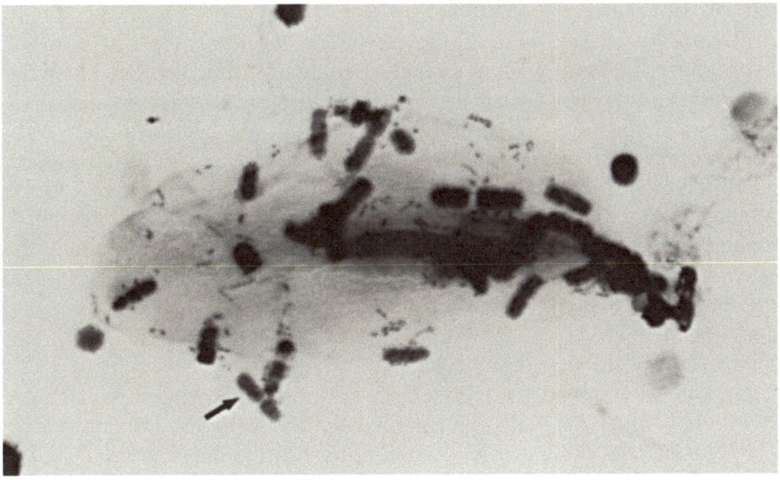

Abb. 13.9 *Simonsiella* spp. *(Pfeil)* und eine Plattenepithelzelle. Transtracheales Aspirat (TTA) eines Hundes. *Mit freundlicher Genehmigung von Dr. D. Baker, Colorado State University.*

technisch nicht schwierig ist, bedarf es einiger Routine, um das Vertrauen und die Fähigkeit zur Durchführung einer BAL zu erwerben. Die Lavage kann über einen endotrachealen Tubus vorgenommen werden; aufgrund der größeren Auswahl an geeigneten Stellen zur Probenentnahme und der höheren Ausbeute bei der Rückgewinnung der Lavageflüssigkeit sollte aber der endoskopischen BAL der Vorzug gegeben werden.

Tiere die zur Bronchiallavage vorgesehen sind, werden mit Atropin prämediziert und mit Ketamin/Azepromazin oder Ketamin/Diazepam i.v., Isofluran über eine Atemmaske (Katzen) oder mit intravenösen kurz wirksamen Anästhetika (z.B. Propofol; Hunde) narkotisiert. Falls es zur Aufrechterhaltung der Narkose erforderlich ist, können zusätzlich Anästhetika i.v. gegeben werden. Die BAL kann bei Katzen und kleinen Hunden direkt über einen sterilen endotrachealen Tubus (innerer Durchmesser: 4 mm) durchgeführt werden. Der Tubus wird rostral der Luftröhrengabelung positioniert und seine Manschette (Cuff) aufgeblasen. Vor der Lavage wird 1–2 Minuten Sauerstoff (100 % O_2) insuffliert. Nach der Präoxygenierung wird der Patient mit der stärker erkrankten Körperhälfte nach unten auf die Seite gelagert und eine Injektionsspritze an den Tubus angeschlossen. Dann werden drei kleine Volumina (5 ml/kg) einer warmen sterilen Ringer-Laktat-Lösung (0,9%ige Kochsalzlösung ist ebenfalls geeignet, verursacht aber mehr Zelldeformationen) behutsam in die Lunge instilliert und unmittelbar darauf mit sanftem Sog wieder zurückgewonnen. Die Rückgewinnung der Flüssigkeit wird verbessert, wenn man die hintere Körperpartie etwas anhebt. Jede der 3 Flüssigkeitsmengen wird zur späteren Analyse in einer separaten Spritze aufgefangen. Im Anschluss an die Prozedur wird so lange Sauerstoff (100 %) insuffliert, bis das Tier komplett erwacht und die Atmung nicht länger blockiert ist.

Bei Verwendung eines Endoskops ist der Endotrachealtubus nicht notwendig, da Sauerstoff über den Biopsiekanal oder einen angeschlossenen Adapter zugeführt werden kann (wobei darauf zu achten ist, dass kein Barotrauma auftritt), während das Endoskop in die Trachea eingeführt wird. Bei größeren Hunden kann das Endoskop durch einen Endotrachealtubus eingeführt und Sauerstoff sowie ein Inhaltationsnarkotikum mittels T-Adapter über das Endoskop verabreicht werden. Das distale Ende des Endoskops wird in einem Hauptbronchus oder einem anderen Luftweg „festgekeilt". Drei kleine Mengen (2 ml/kg) einer warmen, sterilen Ringer-Laktat-Lösung werden über den Biopsiekanal des Endoskops instilliert und unverzüglich wieder zurückgewonnen (s.o.). Die Oxygenierung vor und nach der BAL erfolgt wie zuvor beschrieben.

Die BAL-Flüssigkeit weist wegen des pulmonalen Surfactants, der bei der Entnahme ebenfalls anfällt, häufig einen schaumigen Charakter auf. Die nicht zentrifugierten Proben sollten möglichst schnell in einem Labor analysiert werden. Falls ein unmittelbarer Transport der Proben in ein

Labor nicht zu bewerkstelligen ist, sind unverzüglich zytologische Proben mittels Zytozentrifugation oder Ausstrichpräparation herzustellen. Rollpräparate werden aus dem bei der Zentrifugation anfallenden Zellsediment angefertigt. Dazu wird mit dem hölzernen Ende eines Wattestäbchens etwas Sediment behutsam auf einem sauberen Objektträger abgerollt. Auf diese Weise lassen sich exzellente Proben für die zytologische Untersuchung herstellen.
Hinsichtlich des Zellbildes bestehen wesentliche Unterschiede zwischen Präparaten aus BAL- und TTA-Proben. In BAL-Präparaten dominieren Alveolarmakrophagen, doch kann bei klinisch gesunden Katzen auch eine erhebliche Anzahl Eosinophiler (bis zu 30 %) vorliegen (Padrid et al., 1991). Je nach Grunderkrankung können auch andere Zellarten und Infektionserreger (z.B. Hefen, Pilzhyphen, Bakterien) auftreten. Die Interpretation entspricht der Beurteilung von TTA-Proben (Hawkins and DeNicola, 1990).
Wegen der unvermeidlichen Kontamination der verwendeten Instrumente mit Keimen aus der Maulhöhle sind BAL-Proben für eine kulturelle Untersuchung ungeeignet (es sei denn, eine Sterilisation von Endoskop und Zubehör ist möglich). Proben für die kulturelle Untersuchung sollten mittels TTA oder sterilen Tupfern gewonnen werden.

13.16 Tracheobronchoskopie

Indikation (gelegentlich)

Die Tracheobronchoskopie kommt vor allem bei Patienten mit persistierendem Husten unklarer Ursache, Hämoptysis oder Verdacht auf das Vorliegen einer Obstruktion zum Einsatz. Sie ist immer dann angezeigt, wenn zum Nachweis einer Obstruktion oder eines Kollapses eine direkte Darstellung der großen Luftwege erforderlich ist. Eine weitere Indikation stellt die Entnahme einer Gewebeprobe aus einer bestimmten Region des Tracheobronchialbaums dar. Falls ein Trachealkollaps anhand von Röntgenaufnahmen oder Durchleuchtung nicht eindeutig diagnostiziert werden kann, ist die Tracheobronchoskopie die Methode der Wahl. Zur Durchführung sollten nach Möglichkeit flexible Endoskope verwendet werden.

Vorteile

Die Tracheobronchoskopie ermöglicht eine direkte visuelle Beurteilung der großen Luftwege und die Entnahme von Biopsieproben aus speziellen Regionen. Es ist die Methode der Wahl zum Nachweis einer Infektion mit *Oslerus osleri*. Eine mittels Zytologiebürste gewonnene Probe ist wesentlich aussagekräftiger als eine transtracheale Aspirationsprobe. Zudem kann eine Lungenbiopsie durch eine transbronchiale Biopsie vorgenommen werden.

Nachteile

Das Verfahren erfordert eine Allgemeinnarkose. Zu den potentiellen Risiken einer Lungenbiopsie zählen neben einer Ruptur der Trachea (v.a. bei Katzen), Pneumothorax, Pneumomediastinum und pulmonale Blutungen. Bei der Insufflation von Sauerstoff durch den Biopsiekanal ist wegen der Gefahr eines Barotraumas erhöhte Vorsicht geboten.

Durchführung

Das Endoskop wird entweder durch einen endotrachealen Tubus (große Hunde) oder direkt in die Trachea eingeführt (kleine Hunde oder Katzen). Anschließend wird eine eingehende systematische Untersuchung aller zugänglichen Abschnitte des Tracheobronchialbaums durchgeführt (Rha und Mahony, 1999).

Auswertung

Das Ausmaß eines Kollapses der Trachea, eines Haupt- oder Nebenbronchus ist abzuschätzen. Von sonstigen erkennbaren Läsionen können Proben mittels Zytologiebürsten oder Endoskopiezangen entnommen werden. Das gewonnene Material wird zur kulturellen, zytologischen und histopathologischen Untersuchung verwendet.

13.17 Kotuntersuchung

Indikation (gelegentlich)

Die Untersuchung der Fäzes ist zweckmäßig bei Patienten mit Husten oder Dyspnoe unklarer Genese, insbesondere, wenn eine ungeklärte Eosinophilie vorliegt oder die Röntgenuntersuchung Hinweise auf Lungenparasiten erbracht hat.

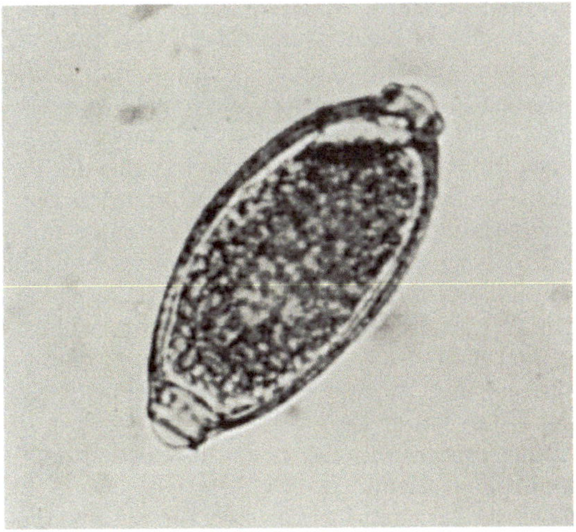

Abb. 13.10 Ei von *Capillaria aerophilia*. Kotprobe eines Hundes mit chronischem Husten. *Mit freundlicher Genehmigung von Dr. J.B. Malone, Louisiana State University.*

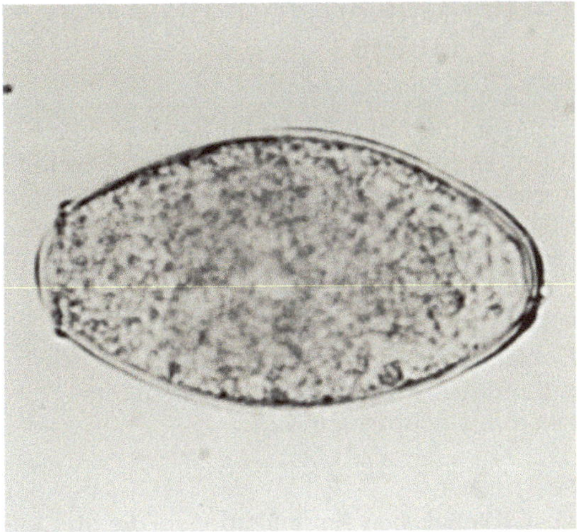

Abb. 13.11 Ei von *Paragonimus kellicotti* (Verbreitungsgebiet siehe Appendix I). Kotprobe einer Katze mit chronischem Husten. *Mit freundlicher Genehmigung von Dr. J.B. Malone, Louisiana State University.*

Vorteil

Die Kotuntersuchung ist ein nicht-invasives Verfahren.

Nachteil

Die Eier einiger Lungenparasiten (z.B. *Filaroides hirthi*) werden nicht zuverlässig erfasst.

Durchführung

Als Flotationslösung wird Zinksulfat verwendet (siehe Kap. 17).

Auswertung

Die Eier von *Capillaria aerophilia* (Abb.13.10), *Filaroides hirthi* und *Paragonimus kellicotti* (Verbreitungsgebiet siehe Appendix I) (Abb. 13.11) können nachweisbar sein.

13.18 Baermann-Verfahren

Indikationen

Für das Baermann-Verfahren gelten dieselben Indikationen wie für die Kotuntersuchung mittels Flotation.

Vorteil

Es handelt sich um eine nicht-invasive Untersuchungsmethode.

Nachteile

Das Verfahren ist unhandlich und langwierig. Einige Parasiten (z.B. *O. osleri*) legen nur unregelmäßig Larven ab.

Durchführung

Die frischen Fäzes werden in ein Sieb mit Mullgewebe gefüllt und dieses in den Baermann-Trichter gelegt (einen Trichter mit einem abgeklemmten Gummischlauch am Stielende). Anschließend wird der Trichter mit Wasser aufgefüllt, wodurch der Kot in kleine Stücke zerfällt. Nach einigen Stunden wird eine kleine Menge Wasser durch den Gummischlauch abgelassen und unter dem Mikroskop auf Larven untersucht.

Auswertung

Die Larven von *F.hirthi*, *O. osleri*, *C. vulpis*, *A. abstrusus* und *S. stercoralis* können identifiziert werden, wobei jedoch ein negativer Befund das Vorliegen dieser Parasiten nicht ausschließt. Die Methode der Wahl zum Nachweis einer Infektion mit *O. osleri* ist die Bronchoskopie.

13.19 Aspirationsbiopsie der Lunge

Indikation (gelegentlich)

Die Aspirationsbiopsie der Lunge ist primär bei Patienten mit Umfangsvermehrungen oder diffusen infiltrativen Erkrankungen angezeigt. Sie eignet sich überdies zur Gewinnung von Probenmaterial für die kulturelle Untersuchung.

Vorteil

Es können Proben aus dem Lungenparenchym entnommen werden, ohne dass dazu eine Thorakotomie erforderlich wäre.

Nachteile

Zu den möglichen Komplikationen, die im Einzelfall tödlich enden können, zählen neben Pneumothorax und Lungenblutung Hämoptyse und Arrhythmien (bei versehentlicher Penetration des Myokards).

Kontraindikationen

Die Aspirationsbiopsie ist kontraindiziert bei unkooperativen Patienten sowie bei Vorliegen einer Thrombozytopenie, Koagulopathie, starkem unkontrollierbarem Husten sowie bei Blasen oder Zysten in der Lunge.

Durchführung

Vor der Untersuchung ist der Gerinnungsstatus einschließlich Thrombozytenzahl und Buccal Mucosal Bleeding Time zu kontrollieren (siehe Kap. 5). Im Falle einer diffusen Lungenerkrankung befindet sich die günstigste Aspirationsstelle zwischen dem siebten und neunten Interkostalraum, nach ungefähr zwei Dritteln einer imaginären Linie vom kostochondralen Übergang zu den Wirbelkörpern. Die Aspiration wird mit einer 25 Gauge Unterhaut- oder Spinalnadel ohne Stilett und einer 12-ml-Spritze durchgeführt. Nach Rasur und chirurgischer Präparation der Haut wird die Nadel mit der angeschlossenen Spritze in das Lungenparenchym eingeführt und anschließend aspiriert. Die Prozedur ist zügig auszuführen, wobei die eigentliche Aspiration nicht länger als ein paar Sekunden dauern sollte. In der Regel wird nur sehr wenig Material aspiriert, das dann typischerweise in der Kanüle verbleibt. Nach Trennung der Spritze von der Nadel wird Luft in die Spritze aufgesogen, die Kanüle wieder aufgesetzt und das aspirierte Material rasch auf einen sauberen Objektträger „ausgeblasen". Ein weiterer Objektträger wird zur Herstellung eines Ausstrichs für die zytologische Untersuchung benötigt. Die Lungenaspiration sollte morgens oder vormittags durchgeführt werden, damit der Patient im Fall einer plötzlich auftretenden Dyspnoe infolge eines Pneumothorax, einer Lungenblutung oder einer Hämoptoe überwacht werden kann. Eine Ultraschalluntersuchung eignet sich generell nicht zur Beurteilung des Lungenparenchyms. Bei Vorliegen einer Umfangsvermehrung ist aber zur korrekten Positionierung der Nadel die Durchführung der Biopsie unter sonographischer oder Durchleuchtungskontrolle sinnvoll.
Größere Lungengewebeproben für die histopathologische Untersuchung lassen sich mit der gleichen Technik mit einer modifizierten Menghini-Aspirationsbiopsienadel (Teske et al., 1991) oder einer Bard-Monopty-Biopsienadel (Bauer, 2000) entnehmen. Die möglichen Komplikationen entsprechen denen der Lungenaspirationsbiopsie.

Auswertung

Die durch Feinnadelaspiration gewonnenen Proben werden zytologisch untersucht und als entzündlich, neoplastisch oder hämorrhagisch klassifiziert (siehe Kap. 18). Eine größere Probenmenge ist für die histopathologische Untersuchung vorzusehen.

Entzündung

Neutrophile Granulozyten, Monozyten oder eosinophile Granulozyten können das Zellbild dominieren. Eine größere Anzahl Erythrozyten ist häufig präsent. Bei einer mykotischen Pneumonie können einzelne oder miteinander verschlungene Hefen zu erkennen sein, insbesondere wenn eine Blastomykose oder Histoplamose (Verbreitungsgebiete siehe Appendix I) zu Grunde liegt (Abb. 13.12). Bei Tieren mit Pulmonary Infiltrates with Eosinophilia (PIE), einer Hypersensitivitätsreaktion oder Parasitenbefall kann die Zahl der Eosinophilen im Aspirat deutlich erhöht sein.

Neoplasie

Gelegentlich werden Tumorzellen gefunden. Maligne Epithelzellen neigen dazu, in Gruppen aufzutreten. Entzündungszellen können ebenfalls vorliegen.

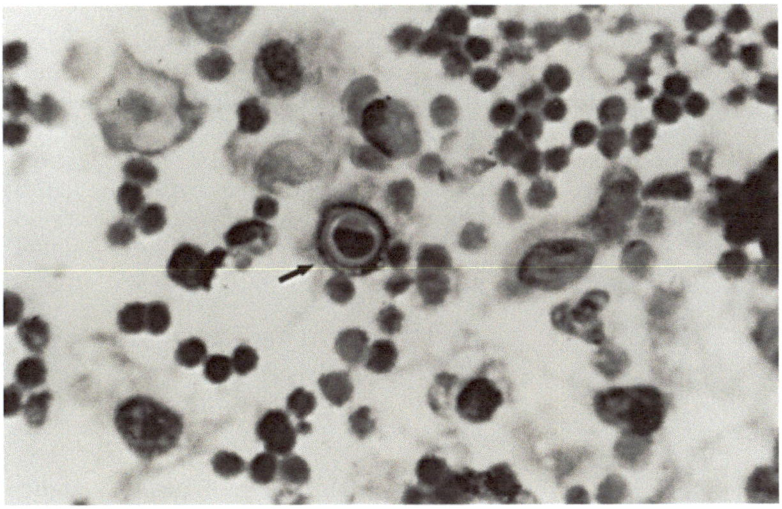

Abb. 13.12 *Blastomyces dermatitidis* (Pfeil; Verbreitungsgebiet siehe Appendix I). Feinnadelaspiration der Lunge eines Hundes mit Gewichtsverlust und Atemnot. Mit freundlicher Genehmigung von: *Dr. J.D. Hoskins, Louisiana State University.*

Blutung

Eine Blutung kommt häufig vor und ist meist iatrogen verursacht.

Parasiten

In seltenen Fällen können adulte Stadien von *F. hirthi* nachweisbar sein.

13.20 Serodiagnostik bei Lungenerkrankungen

Bei Falle einer Histoplamose, Blastomykose, Kryptokokkose und Kokzidioidomykose (Verbreitungsgebiete siehe Appendix I) beruht die Diagnose auf dem Erregernachweis. Die entsprechenden Mikroorganismen verursachen im Allgemeinen interstitielle Lungenerkrankungen und können daher nur selten mit Hilfe der transtrachealen Aspiration erfasst werden. Ein positiver serologischer Befund, insbesondere auf Kokzidioidomykose, Blastomykose und Kryptokokkose, gestattet eine Verdachtsdiagnose, wenn TTA, BAL und pulmonale Aspirationsbiopsie ohne Befund geblieben sind (zur Erläuterung der einzelnen Untersuchungen siehe Kapitel 17). Eine serologische Untersuchung auf *Toxoplasma gondii* ist bei Patienten mit Lungenerkrankungen selten indiziert.

13.21 Arterielle Blutgase

Unter alveolärer Ventilation versteht man die Belüftung des Alveolarraums durch die Atmung. Der Ausdruck ventilatorische Insuffizienz steht für einen inadäquaten alveolären Gasaustausch, der zu einer Störung der Kohlendioxid(CO_2)-Homöostase im Körper führt. Eine unzureichende Ventilation, Perfusion oder Diffusion bezeichnet man als respiratorische Insuffizienz.

Indikation (selten)

Die Blutgasanalyse ist indiziert bei Patienten mit Erkrankungen der Atemwege oder des Lungenparenchyms, die eine respiratorische Insuffizienz zur Folge haben, oder bei einem insuffizienten Gasaustausch jedweder Ursache.

Vorteile

Die Blutgasanalyse ermöglicht neben der Abschätzung des Schweregrades einer respiratorischen Störung die Beurteilung von Kompensationsmechanismen und eignet sich darüber hinaus zur Therapiekontrolle.

Nachteile

Fokale und disseminierte respiratorische Erkrankungen lassen sich anhand der Werte nicht unterscheiden. Die Blutgasanalyse erlaubt auch weder eine Diagnose noch eine Prognose. Zudem ist neben einer arteriellen Blutentnahme eine rasche Analyse der Probe unumgänglich.

Probengewinnung

Siehe Kapitel 7.

Analyse

Zur Beurteilung des respiratorischen Systems ist eine arterielle Blutprobe notwendig (siehe Kapitel 7 zur Erörterung der Blutgasanalyse im venösen Blut für die Erhebung des Säure-Basen-Status); der Sauerstoffpartialdruck im venösen Blut wird im nächsten Abschnitt besprochen.

Referenzbereich

siehe Tabelle 7.1

Kritische Werte

Ein Sauerstoffpartialdruck (pO_2) von weniger als 60 mmHg und ein Kohlendioxidpartialdruck (pCO_2) von über 70 mmHg sind als kritisch anzusehen.

Beachte: Die kritischen Werte sind von der Krankheitsdauer abhängig (bei chronischen Leiden können Kompensationsmechanismen wirksam werden, welche die Tolerierung größerer Abweichungen erlauben).

Artefakte

Durch unsachgemäße Lagerung der Probe vor der Analyse kann es zu einem Abfall des pO_2 kommen. Ein falsch-hoher pO_2 kommt zustande, wenn Luftbläschen in der Probe nicht entfernt wurden (siehe Kap. 7).

Einflussfaktoren

Überhöhte Heparindosen führen sowohl zu einer Abnahme des pH-Wertes als auch des pO_2, wohingegen Zitrat, Oxalat oder EDTA nur den pH-Wert vermindern können (siehe Kap. 7). Alle Pharmaka, die auf das Atemzentrum wirken (z.B. Anästhetika), können den pO_2 beeinflussen.

13.21.1 Sauerstoffpartialdruck

Obgleich die Bestimmung des Sauerstoffpartialdrucks (pO_2) zur Einschätzung des Schweregrades einer respiratorischen Dysfunktion hilfreich ist, handelt es sich nur um einen von mehreren Parametern, welche die Sauerstoffversorgung der Gewebe beeinflussen. Als weitere relevante Faktoren sind das Herzzeitvolumen, der Blutdruck, die regionalen Strömungsverhältnisse, der Verlauf der Hämoglobindissoziationskurve und die Hämoglobinkonzentration zu nennen (Übers.13.3). Der pO_2 in der atmosphärischen Luft auf Meereshöhe kann je nach Luftfeuchtigkeit zwischen 149 und 159 mmHg (19,7–20,8 %) schwanken. Der pO_2 in der Alveolarluft (104 mmHg oder 13,6 %) ist aufgrund des höheren pCO_2 und Wassergehalts in der Atemluft geringer.

Übersicht 13.3 Ursachen einer Hypoxämie (Hund und Katze)

- unzureichender Sauerstoffgehalt der Inspirationsluft
  - Höhenlage
  - Versagen der Sauerstoffquelle während einer Narkose
- alveoläre Hypoventilation (in Verbindung mit einem erhöhten pCO_2)
  - Unterdrückung/Hemmung des Atemzentrums
  - Versagen der Atemmuskulatur
  - sog. Third-Space-Erkrankungen (Pneumothorax, Pleuraerguss, Thoraxinstabilität, Zwerchfellhernie)
  - Obstruktion im Bereich der Luftwege
- gestörter Gasaustausch
  - interstitielle Lungenerkrankung (Pneumonie, Ödem, Neoplasie, Embolie)
  - Erkrankungen der Atemwege
- vaskulärer Shunt
  - kardiale Rechts-links-Shunts (Fallot'sche Tetralogie, Rechts-links-Shunts bei offenem *Ductus arteriosus* oder Ventrikel- bzw. Vorhofseptumdefekt)
  - intrapulmonaler arteriovenöser Shunt

Ursachen einer Hypoxämie

Neben einem zu geringen Sauerstoffgehalt in der Atemluft, einer alveolären Hypoventilation und einer gestörten Diffusion zählen zu den möglichen Ursachen einer Hypoxämie (Übers. 13.3) auch ein Ventilations/Perfusions-Ungleichgewicht sowie ein vaskulärer Shunt. Die Charakterisierung und Beurteilung einer Hypoxämie sowie der damit verbundenen Veränderungen des pCO_2 und HCO_3^- werden im übernächsten Abschnitt erörtert.

13.21.2 Kohlendioxidpartialdruck

Der Kohlendioxidpartialdruck (pCO_2) in der Alveolarluft liegt auf Meereshöhe bei 40 mmHg (5,3 %), wohingegen der pCO_2 in der Atmosphäre lediglich 0,3 mmHg (0,3 %) beträgt. Eine Zu- oder Abnahme des pCO_2 beruht auf einem reduzierten bzw. gesteigerten Gasaustausch (Tab. 13.2). Da ein Anstieg des pCO_2 mit einer Abnahme des pH-Werts einhergeht, bezeichnet man diesen Zustand auch als respiratorische Azidose. Im umgekehrten Fall (respiratorische Alkalose) ist der pCO_2 vermindert.

Ursachen einer Hyperkapnie

Siehe Kapitel 7.

Ursachen einer Hypokapnie

Siehe Kapitel 7.

Kompensationsmechanismen bei Verschiebungen der Blutgase

Ein reduzierter pO_2 kann sowohl bei erhöhtem als auch bei vermindertem pCO_2 vorliegen. Bei Hunden gehen Abweichungen des pCO_2 mit vorhersagbaren Veränderungen des HCO_3^- einher (DiBartola und Aultran de Morais, 1992) und bei Katzen verhält es sich ähnlich (siehe Tab. 7.2).

13.21.3 Diagnostische Beurteilung der Blutgaswerte

Es ist zunächst zu entscheiden, ob die Abweichung signifikant ist. Ein geringfügiger Anstieg des pO_2 wäre keine Indikation für weitere Untersuchungen, außer zur Feststellung der Grunderkrankung. Bei Patienten, die eine angereicherte Sauerstoffmischung einatmen, stellt ein pO_2, der weniger als das Fünffache der eingeatmeten Sauerstoffkonzentration beträgt, eine Indikation für weitere Untersuchungen dar. Wird die Veränderung als signifikant eingestuft, ist die Abweichung zunächst als primäre oder sekundäre, kompensierte oder unkompensierte Störung zu klassifizieren und anschließend die Ursache zu eruieren (Tab. 13.2). Zur Charakterisierung der Abweichung empfiehlt sich ein dreistufiger Prozess. Diese drei Schritte sind im Folgenden kurz dargestellt. Für weitere Informationen sei auf die weiterführende Literatur verwiesen (DiBartola, 1992b).

Schritt 1: Ermittlung des Ventilationsstatus

Der pCO_2 ist zu beurteilen. Neben der physiologischen Ventilation (normaler pCO_2) unterscheidet man eine Hyper- (verminderter pCO2) und Hypoventilation (erhöhter pCO_2). Abwei-

Tabelle 13.2 Beurteilung der Ventilation anhand der Blutgasanalyse

verminderter pCO_2 (Hyperventilation):			
pH ↓↓↓	pH normal	pH ↑	pH ↑↑
HCO_3^- ↓	HCO_3^- ↓	HCO_3^- ↓	HCO_3^- normal
teilkompensierte metabolische Azidose	kompensierte metabolische Azidose	chronische Hyperventilation (teilkompensierte respiratorische Alkalose)	akute Hyperventilation (nicht kompensierte respiratorische Alkalose)
physiologischer pCO_2:			
pH ↓↓↓		pH ↑↑↑	
HCO_3^- ↓		HCO_3^- ↑	
nicht kompensierte metabolische Azidose		nicht kompensierte metabolische Alkalose	
erhöhter pCO_2 (Hypoventilation):			
pH ↓↓↓	pH normal	pH ↑	
HCO_3^- normal	HCO_3^- ↑	HCO_3^- ↑	
akute Ateminsuffizienz (nicht kompensierte respiratorische Azidose)	chronische Ateminsuffizienz (kompensierte respiratorische Azidose)	teilkompensierte metabolische Alkalose	
Erläuterung zum pH-Wert (Hunde): pH normal: 7,36–7,44; pH ↑: 7,45–7,50; pH ↑↑: > 7,50; pH ↓: 7,30–7,35 pH ↓↓: < 7,30.			
Erläuterung zum HCO_3^-. Die Quantifizierung der HCO_3^--Veränderungen steht noch aus.			

chungen können respiratorischen oder metabolischen Ursprungs sein (Tab. 13.2). Für weitere Informationen sei auf die Übersichten 7.8 und 7.10 sowie die Ausführungen zur respiratorischen Azidose und respiratorischen Alkalose verwiesen (siehe Kap. 7).

Schritt 2: Beurteilung der Hypoxämie

Ein reduzierter pO_2 spricht für eine arterielle Hypoxämie und lenkt den Verdacht auf eine Gewebehypoxie (Übers. 13.3).

Schritt 3: Beurteilung der Sauerstoffversorgung der Gewebe

Eine normale Sauerstoffversorgung der Gewebe setzt eine Perfusion mit ausreichend oxygeniertem Blut voraus. Daher umfasst dieser Schritt die Beurteilung des Herzzeitvolumens, der peripheren Durchblutung und der Sauerstofftransportkapazität des Blutes (siehe unten).

13.22 Sauerstoffpartialdruck im venösen Blut

Indikation (gelegentlich)

Neben der Kontrolle des Herzzeitvolumens dient die Messung des pO_2 auch der Beurteilung einer ausreichenden Sauerstoffversorgung der Gewebe.

Analyse und Auswertung

Bei Vorliegen eines Lungenödems ist der pO_2 zu bestimmen. Bei einem pO_2 über 65 mmHg, spiegelt der Sauerstoffpartialdruck im venösen Blut (pvO_2) das Herzzeitvolumen wider (Kittleson, 1983). Das Blut sollte aus der Jugularvene genommen werden. Beim Stauen der Vene über mehr als 5–10 Sekunden kommt es zu einer artifiziellen Abnahme des pvO_2. Physiologischerweise liegt der pvO_2 über 40 mmHg. Die Vorkehrungen zur Entnahme und Aufbewahrung der zu analysierenden Blutprobe entsprechen jenen bei der arteriellen Blutgasanalyse.

Bei einem pvO_2 unter 30 mmHg ist die Sauerstoffversorgung der Gewebe unzureichend. Als mögliche Ursachen eines herabgesetzten pvO_2 sind neben dem Herzzeitvolumen und der Sauerstoffsättigung die Hämoglobinkonzentration sowie periphere arteriovenöse Shunts zu berücksichtigen und entsprechend abzuklären. Bei Patienten mit einer kardialen Erkrankung korreliert der pvO_2 nicht mit einem spezifischen Herzzeitvolumen, doch reflektieren seine Zu- oder Abnahmen eine Verbesserung bzw. Verschlechterung des Herzzeitvolumens im Vergleich zum Ausgangswert.

13.23 Pulsoxymetrie

Indikationen

Die Pulsoxymetrie dient der Ermittlung der Pulsfrequenz und der Hämoglobinsättigung (SaO_2). Die Bestimmung der Hämoglobinsättigung ist beinahe ebenso informativ wie die Messung des pO_2, da mit beiden Methoden die Fähigkeit der Lungen zur Sauerstoffabgabe an das Blut erfasst wird. Die Pulsoxymetrie eignet sich speziell während einer Narkose zur laufenden Überwachung und frühzeitigen Erkennung einer Hypoxämie.

Durchführung

Die Elektrode des Pulsoxymeters wird am Patienten befestigt (z.B. Zunge, Lippe, Ohr). Zur Sicherstellung der Genauigkeit des Pulsoxymeters ist in regelmäßigen Abständen eine arterielle Blutgasanalyse durchzuführen.

Interpretation

Eine exakte Bestimmung von Pulsfrequenz und Hämoglobinsättigung setzt eine adäquate pulmonale und kardiovaskuläre Funktion voraus. Bei einer peripheren Vasokonstriktion können die Messwerte der Pulsfrequenz untauglich sein, während die Hämoglobinsättigung zur Identifizierung einer Hypoxämie nützlich ist. Im Fall einer Hypoxämie verhalten sich pO_2 und SaO_2 folgendermaßen zueinander: Eine SaO_2 über 90 mmHg und ein pO_2 über 80 mmHg gelten als normal. Bei einer SaO_2 unter 90 mmHg und einem pO_2 unter 60 mmHg liegt eine schwere Hypoxämie vor. Beträgt die SaO_2 weniger als 75 mmHg und der pO_2 weniger als 40 mmHg, handelt es sich um eine sehr schwere Hypoxämie. Während bei einer Anämie eine normale SaO_2 zu erwarten wäre, kommt es bei einer Methämoglobinämie oder einer schweren kardiopulmonalen Erkrankung zur Abnahme der Hämoglobinsättigung.

13.24 Thorakozentese

Indikation (gelegentlich)

Eine Thorakozentese ist bei einem Thoraxerguss oder einer Umfangsvermehrung im Bereich der Pleurahöhle oder des Mediastinums angezeigt.

Vorteil

Es handelt sich um ein wenig invasives Verfahren.

Nachteile

Die Thorakozentese birgt gewisse Risiken, zu denen ein Pneumothorax, ein Hämothorax und Herzrhythmusstörungen zählen.

Durchführung

Die Haut über dem rechten 5.–11. Interkostalraum (oder einer anderen Stelle, wenn der Erguss zu lokalisieren ist) wird geschoren und chirurgisch vorbereitet. Anschließend wird die Nadel eines Butterfly-Katheters im 7.–8. Interkostalraum etwa auf Höhe des kostochondralen Übergangs positioniert und etwas Flüssigkeit in eine Spritze aspiriert. Bei Verwendung eines Dreiwegehahns kann parallel zur Diagnostik eine Therapie durchgeführt werden (zur Methodik der Flüssigkeitsanalyse siehe Kap. 12). Es lassen sich auch Umfangsvermehrungen für die zytologische Untersuchung aspirieren, am günstigsten unter sonographischer oder Durchleuchtungskontrolle. Nach der Flüssigkeitsanalyse (siehe Kap. 12; Kuehn und Roudebush, 1991e), empfiehlt es sich, möglichst viel der Flüssigkeit zu aspirieren und dann den Thorax nochmals zu röntgen, um nach etwaigen Strukturen Ausschau zu halten (z. B. mediastinale Umfangsvermehrungen), die zuvor nicht zu erkennen waren.

Auswertung

Siehe Kapitel 12.

13.25 Thorakoskopie und Thorakotomie

Indikation (selten)

Bei Patienten mit einer Nokardiose oder Aktinomykose bieten sich die Thorakoskopie oder Thorakotomie zur Suche nach einem Fremdkörper (z. B. Grashalm) an. Bei einem chronischen oder progressiven Pleuraerguss eigenen sich die Verfahren zur Identifizierung einer ursächlichen infiltrativen Erkrankung. Bei Patienten mit infiltrativen Erkrankungen, die auf andere Weise nicht diagnostiziert werden konnten, wird die Thorakotomie zur Lobektomie oder Biopsie durchgeführt (Lunge oder Umfangsvermehrungen). Der Vorteil der Thorakoskopie gegenüber der Thorakotomie liegt in der geringeren Morbidität und kürzeren postoperativen Rekonvaleszenz. Andererseits gestattet die Thorakoskopie keine derart genaue Exploration wie die Thorakotomie.

Quellen

Bauer TG: Lung biopsy, *Vet Clin North Am* 30(6):12, 2000.

Berry CR et al: Pulmonary lymphomatoid granulomatosis in seven dogs (1976-1987), *J Vet Intern Med* 4:157, 1990.

Codner EC et al: Comparison of computed tomography with radiography as a noninvasive diagnostic technique for chronic nasal disease in dogs, *J Am Vet Med Assoc* 202:1106, 1993.

DiBartola SP: Introduction to acid-base disorders. In DiBartola SP, editor: *Fluid therapy in small animal practice*, Philadelphia, 1992a, WB Saunders.

DiBartola SP, Aultran de Morais HS: Respiratory acidbase disorders. In DiBartola SP, editor: *Fluid therapy in small animal practice*, Philadelphia, 1992b, WB Saunders.

Hawkins EC, DeNicola DB: Collection of bronchoalveolar lavage fluid in cats, using an endotracheal tube, *Am J Vet Res* 50:855, 1989.

Hawkins EC, DeNicola DB, Kuehn NF: Bronchoalveolar lavage in the evaluation of pulmonary disease in the dog and cat, *J Vet Intern Med* 4:267, 1990.

Hawkins EC, DeNicola DB: Cytologic diagnosis of tracheal wash specimens and bronchoalveolar lavage fluid in the diagnosis of mycotic infections in dogs, *J Vet Intern Med Assoc* 197:79, 1990.

Kittleson ME: Concepts and therapeutic strategies in the management of heart failure. In Kirk RW, editor: *Current veterinary therapy VIII*, Philadelphia, 1983, WB Saunders.

Kuehn NF, Roudebush P: Dyspnea. In Allen DG, editor: *Small animal medicine*, Philadelphia, 1991a, JB Lippincott.

Kuehn NF, Roudebush P: Chronic bronchitis. In Allen DG, editor: *Small animal medicine*, Philadelphia, 1991b, JB Lippincott.

Kuehn NF, Roudebush P: Nasal discharge. In Allen DG, editor: *Small animal medicine*, Philadelphia, 1991c, JB Lippincott.

Kuehn NF, Roudebush P: Allergic lung disease. In Allen DG, editor: *Small animal medicine*, Philadelphia, 1991d, JB Lippincott.

Kuehn NF, Roudebush P: Pleural effusion. In Allen DG, editor: *Small animal medicine*, 1991e, Philadelphia, JB Lippincott.

LaRue MJ, Murtaugh RJ: Pulmonary thromboembolism in dogs: 47 cases (1986-1987), *J Am Vet Med Assoc* 197:1368, 1990.

Malik R et al: Asymptomatic carriage of *Cryptococcus neoformans* in the nasal cavity of dogs and cats, *J Med Vet Mycol* 35:27, 1997.

Moise NS et al: Clinical, radiographic, and bronchial cytologic features of cats with bronchial disease: 65 cases (1980-1986), *J Am Vet Med Assoc* 194:1467, 1989.
Padrid PA et al: Cytologic, microbiologic, and biochemical analysis of bronchoalveolar lavage fluid obtained from 24 healthy cats, *Am J Vet Res* 52:1300, 1991.
Rebar AH, Hawkins EC, DeNicola DB: Cytologic evaluation of the respiratory tract, *Vet Clin North Am* 22: 1065, 1992.
Rha J, Mahony O: Bronchoscopy in small animal medicine: indications, instrumentation, and techniques, *Clin Tech Small Anim Pract* 14(4):207, 1999.
Roudebush P, Kuehn NF: Pneumonia. In Allen DG, editor: *Small animal medicine*, Philadelphia, 1991, JB Lippincott.
Steyn PF, Green RW: How patient positioning affects radiographic signs of canine lung disease, *Vet Med* 85:796, 1990.
Teske E et al: Transthoracic needle aspiration biopsy of the lung in dogs with pulmonic diseases, *J Am Anim Hosp Assoc* 27:289, 1991.

14 Immunologische Störungen und Imbalanzen der Plasmaproteine

Linda L. Werner, Grant H. Turnwald und Michael D. Willard

14.1 Gesamtprotein und Albumin

Indikation (häufig)

Gesamtprotein und Albumin sollten bei den meisten kranken Patienten bestimmt werden. Von besonderer Bedeutung ist die Bestimmung aber bei Tieren mit diagnostizierten oder vermuteten Erkrankungen wie Anämie, Ödemen, Aszites, Koagulopathien, Diarrhö, Gewichtsverlust und Leber- oder Nierenerkrankungen.

Vorteile

Die Untersuchung lässt sich bei geringem technischem Aufwand einfach durchführen.

Nachteile

Um die Ursache veränderter Proteinkonzentrationen ermitteln zu können, sind zusätzliche Untersuchungen erforderlich.

Analyse

Mit einem Refraktometer, das die gesamten im Plasma enthaltenen Feststoffe (gesamte Feststoffe, Total Solids) erfasst, ist die Abschätzung des Gesamtproteins in Ergussflüssigkeit, Serum oder Plasma (EDTA oder heparinisiert) möglich. Gesamtprotein und Albumin können in Serum, Urin oder Ergussflüssigkeit spektrophotometrisch oder durch trockenchemische Methoden bestimmt werden. Die Globulinkonzentration im Serum wird errechnet, indem die ermittelte Albuminkonzentration vom Gesamtproteinwert des Serums abgezogen wird (siehe Anmerkungen unter Artefakte).

Referenzbereich

Siehe Tabelle 14.1. **Beachte:** Bei Neugeborenen und sehr jungen Patienten sind die Gesamtproteinwerte physiologischerweise niedrig; sie steigen bis zum Erwachsenenalter sukzessive an. Die höheren Werte in der Tabelle entsprechen den Durchschnittswerten adulter Tiere. Im Verlauf des Alterungsprozesses nehmen die Albumin- bzw. Globulinkonzentrationen wieder ab.

Kritische Werte

Eine Albuminkonzentration von 10 g/l (*1,0 g/dl*) oder weniger kann mit starken Flüssigkeitsverschiebungen im Körper einhergehen. Bei Patienten mit portalem Hochdruck kann dies auch schon bei höheren Albuminwerten stattfinden. Patienten mit schwerer Hypalbuminämie weisen häufig auch einen Antithrombin-III(ATIII)-Mangel auf. Entsprechend steigt hier das Risiko für pulmonale Thrombembolien.

Artefakte

Falsch-hohe Werte (Refraktometer) infolge Lipämie, Hyperbilirubinämie, Hämolyse, schwerer Hyperglykämie, Azotämie, Hypernatriämie und Hyperchlorämie. **Cave:** Einige Methoden zur Albuminbestimmung beim Menschen ergeben für den Hund falsch-niedrige Albuminwerte.

Medikamentöse Beeinflussung der Proteinkonzentration

Hormonelle Veränderungen wirken sich für gewöhnlich nur geringfügig auf die Serumproteine aus, selbst wenn ausgeprägte physische Veränderungen (z.B. Körpergewicht, Muskelmasse) feststellbar sind. Anabole Steroide, Progesteron, Insulin und Schilddrüsenhormone können beim Menschen eine Hyperproteinämie auslösen. Werden hochdosierte Kortikosteroide über einen längeren Zeitraum an gesunde Hunde verabreicht, entwickeln sich häufig Hyperproteinämie und Hyperalbuminämie. Die Werte kehren jedoch nach Absetzen der Medikation innerhalb einiger Wochen in den Referenzbereich zurück (Moore et al., 1992). Beim Menschen kann eine Hypoprote-

Tabelle 14.1 Physiologische Gesamtprotein- und Albuminwerte

	Hund	Katze
Gesamtprotein im Plasma	60–78 g/l (*6,0–7,8 g/dl*)	60–75 g/l (*6,0–7,5 g/dl*)
Gesamtprotein im Serum	55–75 g/l (*5,5–7,5 g/dl*)	55–78 g/l (*5,5–7,8 g/dl*)l
Albumin im Serum	25–40 g/l (*2,5–4,0 g/dl*)	25–40 g/l (*2,5–4,0 g/dl*)
Globulin im Serum	30–35 g/l (*3,0–3,5 g/dl*)	30–38 g/l (*3,0–3,8 g/dl*)

inämie durch Östrogene verursacht sein, eine Hypalbuminämie durch Antikonvulsiva, Azetaminophen, Östrogene und verschiedene antineoplastische Chemotherapeutika.

Ursachen einer Hyperalbuminämie

Als Hauptursachen kommen Dehydratation des Patienten und Laborfehler infrage.

Ursachen einer Hypalbuminämie

Die gleichzeitige Bestimmung von Albumin und Globulin ist gelegentlich hilfreich bei der diagnostischen Klärung einer Hypalbuminämie. Sind sowohl Albumin als auch Globulin erniedrigt, sollten Hämorrhagien, Exsudation aus schweren Hautläsionen, Protein-losing Enteropathy (PLE) sowie Verdünnungseffekte in Betracht gezogen werden (Übers. 14.1). Verdünnungseffekte führen i.d.R. nur zu einem geringen Abfall von Albumin (21–24 g/l [*2,1–2,4 g/dl*]). Eine PLE hingegen kann eine mittelgradige (15–20 g/l [*1,5–2,0 g/dl*]) bis hochgradige (< 15 g/l [*< 15 g/dl*]) Hypalbuminämie hervorrufen. Diese Erkrankung entwickelt sich häufig primär als Folge einer intestinalen Erkrankung oder bei gastrointestinalen Hämorrhagien unterschiedlicher Genese. So weisen in einer Gruppe von mehr als 40 Hunden mit Hypoadrenokortizismus etwa ein Drittel der Tiere eine gering- bis hochgradige Hypalbuminämie – vermutlich bedingt durch gastrointestinale Hämorrhagien – auf (Langlais-Burgess et al., 1995). In einigen Fällen können bei einer PLE – im Gegensatz zu den sonst meist niedrigen Serum-Albumin- und -Globulinkonzentrationen – normale bis erhöhte Globulinkonzentrationen festgestellt werden.

Übersicht 14.1 Ursachen einer Hypalbuminämie (Hund und Katze)

- reduzierte Synthese
  - chronische Leberinsuffizienz[1]
  - unzureichende Proteinaufnahme[2,3]
  - Maldigestion[2]
  - Malabsorption[2]
- Hypergammaglobulinämie
- Sequestration
  - Körperhöhlenerguss
  - Vaskulopathie
- vermehrter Verlust
  - Nephropathie mit Proteinverlust (PLN, Protein-losing Nephropathy) durch glomeruläre Erkrankungen[1]
  - Protein-losing Enteropathy (PLE)[1]
  - kutan
  - Blutverlust
- Verdünnung

[1] Häufigste und wichtige Ursachen für Serum-Albuminwerte ≤ 20 g/l (≤ *2,0 g/dl*). Andere Ursachen führen selten, falls überhaupt zu Albuminwerten ≤ 20 g/l (≤ *2,0 g/dl*).
[2] Sehr zweifelhaft als einzelne Ursache für Serum-Albuminwerte ≤ 20 g/l (≤ *2,0 g/dl*); vermutlich von größerer Bedeutung als zusätzlicher Faktor bei Vorliegen eines weiteren, zur Hypalbuminämie führenden Problems.
[3] Kann bei sehr jungen Tieren oder Tieren, die über längere Zeit mit stark proteinreduzierten Diäten gefüttert werden, von Bedeutung sein.

Das Vorliegen einer Hypalbuminämie bei gleichzeitig normalen bis erhöhten Globulinwerten weist auf eine reduzierte Albuminproduktion, einen vermehrten Verlust oder eine Sequestration hin (Übers. 14.1 und Tab. 14.2). Vermehrter (und möglicherweise schwerwiegender) Albuminverlust tritt beispielsweise im Zuge glomerulärer Erkrankungen auf (siehe Kap. 8). Die dabei beobachtete Albuminurie wird selten von einem signifikanten Globulinverlust begleitet. Eine reduzierte Albuminsynthese kann durch eine chronische Leberinsuffizienz verursacht sein. Die Albuminspiegel sind in diesem Fall mäßig bis deutlich reduziert. Auch bei einer Hyperglobulinämie kann eine verminderte Albuminsynthese stattfinden (d.h. „Down-Regulation“) und sich nachfolgend eine meist geringgradige Hypalbuminämie entwickeln. Sind bei einer Entzündung Hypalbuminämie und Hyperglobulinämie feststellbar, wird

Tabelle 14.2 Ursachen der Hyperglobulinämie (Hund und Katze)

polyklonal	
Infektionen	bakteriell[1,2] • Brucellose • Pyodermie • bakterielle Endokarditis viral • feline infektiöse Peritonitis (FIP)[3] • felines Immundefizienzvirus (FIV) • felines Leukämievirus (FeLV) mykotisch[1,2] • systemische Pilzinfektionen (z. B. Blastomykose[4], Histoplasmose[4], Kokzidioidomykose[4]) rickettsial[2,3] • Ehrlichiose[4] parasitär • Dirofilariose[1,2,4] • Demodikose • Skabies
immunmediierte Erkrankungen	Infektionen (Immunkomplexe) • Dirofilariose[1,2,4] • feline Cholangitis/Cholangiohepatitis • Pyometra systemischer Lupus erythematodes (SLE) inkl. Glomerulonephritis, immunmediierte hämolytische Anämie (IMHA) und Thrombozytopenie (IMT) sowie Polyarthritis[1] IMHA, IMT (nicht durch SLE)[1] Pemphiguskomplex, bullöses Pemphigoid[1] rheumatoide Arthritis[1]
Neoplasie[2,3]	
monoklonal	
Infektionen	Ehrlichiose[2,3,4] Leishmaniose[2,3,4] FIP (selten) idiopathisch[2,3] benigne monoklonale Gammopathie
Neoplasie[2,3]	multiples Myelom[3] Makroglobulinämie malignes Lymphom extramedulläres Plasmozytom (selten)
verschiedenes	kutane Amyloidose plasmozytäre Gastroenterokolitis[1]

1 geringgradig (40–50 g/l [*4–5 g/dl*])
2 mittelgradig (50–60 g/l [*5–6 g/dl*])
3 hochgradig (> 60 g/l [> *6 g/dl*])
4 Verbreitungsgebiet siehe Appendix I
Beachte: Bei Beurteilung der Globulinwerte sollte der Einfluss des Lebensalters berücksichtigt werden (siehe unter Ursachen einer Hypoglobulinämie im Text).

Albumin manchmal als negatives Akute-Phase-Protein bezeichnet. Eine unzureichende Proteinzufuhr (inkl. schlecht verdauliches Protein), Maldigestion und Malabsorption sind seltene Ursachen einer geringgradigen Hypalbuminämie. Gelegentlich gehen sie mit Veränderungen, die Leberinsuffizienz oder vermehrten Proteinverlust verursachen, einher. Liegt eine ausgeprägte Hypalbuminämie vor (Albumin < 21 g/l [< *2,1 g/dl*]), sollte dies niemals allein einer verminderten Aufnahme zugeschrieben werden, solange eine Leberinsuffizienz oder Erkrankungen, die zu Proteinverlust führen, nicht durch spezifische Untersuchungen (Vorbericht und klinische Untersuchung allein sind nicht ausreichend) ausgeschlossen wurden. Eine reduzierte Proteinzufuhr führt, außer bei sehr jungen Tieren, selten zu Albuminkonzentrationen unter 21 g/l (*2,1 g/dl*).

Eine Sequestration kann in den Pleura- oder Peritonealraum sowie ins subkutane Gewebe erfolgen. Durch die Sequestration kann bei Patienten, die aufgrund der Hypalbuminämie einen Körperhöhlenerguss aufweisen, die Albuminkonzentration weiter abfallen. Ein erhöhter hydrostatischer Druck (z. B. portale Hypertension, Rechtsherzversagen) vermag ebenfalls eine Sequestration hervorzurufen. Auch bei immunmediierten oder infektiösen Vaskulopathien (z. B. Endotoxämie und Bakteriämie, Ehrlichiose, Rocky Mountain Spotted Fever) ist ein Albuminverlust aus den Gefäßen möglich. Eine Hypalbuminämie als Folge einer Sequestration oder Vaskulopathie verläuft i. d. R. mild.

Ein mögliches diagnostisches Vorgehen bei Hypalbuminämie wird in Abbildung 14.1 aufgezeigt. Zunächst sind eine Urinuntersuchung (eventuell mit Urin-Protein/Kreatinin-Verhältnis; Kap. 8) sowie die Messung der Serum-Gallensäuren (siehe Kap. 11) angezeigt. Schwere exsudative Hautläsionen lassen sich bereits während der klinischen Untersuchung feststellen, trotzdem sollten auch mögliche Nieren- oder Lebererkrankungen sowie alimentäre Störungen abgeklärt werden. Hypercholesterinämie bei gleichzeitiger Hypalbuminämie weist auf eine Nephropathie mit Proteinverlust (Protein-losing Nephropathy, PLN) hin. Auch bei einer signifikanten Proteinurie ist es notwendig, weitere Untersuchungen im Hinblick auf eine Protein-losing Nephropathy (PLN; Kap. 8) durchzuführen. Ist eine Hypocholesterinämie von einer Hypalbuminämie begleitet, spricht dies für das Vorliegen einer Leberinsuffizienz oder einer Protein-losing Enteropathy (PLE).

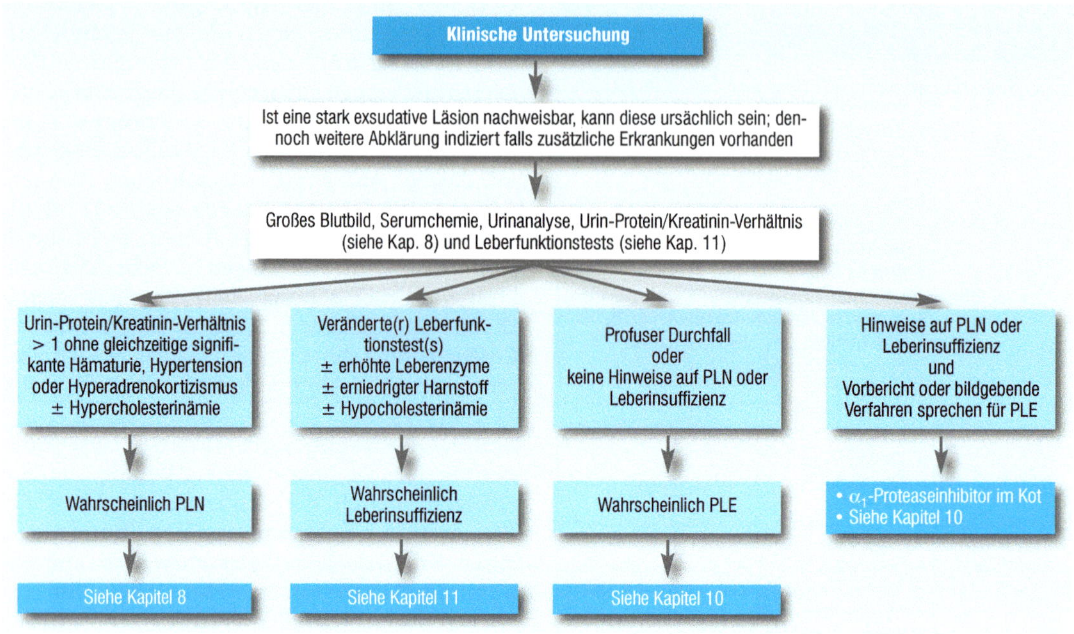

Abb. 14.1 Diagnostische Aufarbeitung einer Hypalbuminämie bei Hunden und Katzen mit Albumin ≤ 20 g/l (≤ *2,0 g/dl*). PLE, Enteropathie mit Proteinverlust (Protein-losing Enteropathy); PLN, Nephropathie mit Proteinverlust (Protein-losing Nephropathy).

Eine Hypalbuminämie bei gleichzeitiger Vergrößerung oder Verkleinerung der Leber, neurologischer Symptomatik, Ikterus, erniedrigten Harnstoffwerten mit oder ohne gleichzeitige Erhöhung der Alanin-Amino-Transferase (ALT) und/oder alkalischen Phosphatase (AP) oder abnormen Ergebnissen der Leberfunktionstests (z.B. Serum-Gallensäuren) erfordert eine diagnostische Aufarbeitung hinsichtlich Leberinsuffizienz (siehe Kap. 11). **Beachte:** Viele Patienten mit schweren Lebererkrankungen haben ALT- und AP-Werte im Referenzbereich. Im Vergleich zu älteren Tieren ist ein portosystemischer Shunt bei Jungtieren wahrscheinlicher. Es können aber auch noch bei über 10 Jahre alten Tieren kongenitale Shunts diagnostiziert werden. Ausgewachsene Patienten leiden häufiger unter erworbenen Lebererkrankungen, zu deren Diagnose eine Leberbiopsie notwendig ist. Allerdings gibt es auch Hunde unter einem Jahr, die an schweren erworbenen Hepatopathien erkrankt sind. Liegt eine Hypalbuminämie bei normaler Leberfunktion und ohne Proteinurie oder Hautveränderungen vor, ist es legitim, nach dem Ausschlussprinzip – auch bei normaler Kotbeschaffenheit – die Diagnose PLE zu stellen (siehe Kap. 10). Leidet ein Patient unter einer Nieren- oder Lebererkrankung und besteht ein Verdacht auf PLE, lässt sich PLE durch Messung der Alpha-1-Protease-Inhibitor-Konzentration im Kot bestätigen (siehe Kap. 10). Darmbiopsien ermöglichen die endgültige Diagnose der Darmerkrankung, die mit PLE assoziiert ist. Eine endoskopische Biopsieentnahme ist sicherer, aber es ist schwierig, qualitativ hochwertige Gewebeproben zu gewinnen (viele endoskopisch gewonnene Proben sind nicht aussagekräftig). Aus diesem Grund erscheint es vertretbar, eine explorative Laparotomie durchzuführen. Grundsätzlich sollten dabei zusammen mit den Darmbiopsien auch Leberbiopsien durchgeführt werden. Es ist wichtig, Proben an mehreren Stellen des Dünndarms zu entnehmen, auch wenn noch keine makroskopisch sichtbaren Veränderungen vorliegen. Bei ödematösen subkutanen Flüssigkeitsansammlungen im Zusammenhang mit Hypalbuminämie handelt es sich i.d.R. um Transsudate, die durch PLN, PLE, chronische Leberinsuffizienz, immunmediierte oder infek-

Tabelle 14.3 Referenzwerte (Mittelwert ± SD) für die Proteinelektrophorese des Serums bei Hund und Katze (g/l)

	Breitschwerdt et al., 1987		Kaneko, 1980[1]	
Hund	**Mittelwert**	**Wertebereich**	**Mittelwert**	**Wertebereich**
Gesamtprotein	68,4 ± 6,6	(60–76)	61 ± 5,2	(54–71)
Albumin[2]	32 ± 3,4	(27,2–36,7)	29,1 ± 1,1	(26–33)
α_1-**Globulin**	3,3 ± 1,1	(2,5–6,0)	3,0 ± 0,3	(2–5)
α_2-**Globulin**	11,3 ± 2,5	(7,2–1,4)	6,2 ± 2,1	(3–11)
β_1-**Globulin**	7,4 ± 1,0	(6,3–8,9)	8,2 ± 2,3	(7–13)
β_2-**Globulin**	7,9 ± 1,4	(5,9–9,6)	8,9 ± 3,3	(6–14)
γ_1-**Globulin**	6,4 ± 1,5	(4,9–8,3)		
γ_1-**Globulin**			8,0 ± 2,5	(5–13)
γ_2-**Globulin**			7,0 ± 1,4	(4–9)
A:G-Verhältnis	0,89 ± 0,10	(0,79–1,02)	0,83 ± 0,16	(0,59–1,11)
Katze	**Turnwald und Barta, 1989**		**Kaneko, 1980**[1]	
Gesamtprotein (g/l)	76,6 ± 1,0	(73–78)	66,0 ± 7,0	(54–78)
Albumin[2]	34,1 ± 1,8	(28,2–41,8)	27,0 ± 1,7	(21–39)
α_1-**Globulin**	4,7 ± 0,3	(3,0–6,4)	7,0 ± 0,2	(2–11)
α_2-**Globulin**	5,5 ± 0,4	(4,1–6,8)	7,0 ± 0,2	(4–9)
β_1-**Globulin**	9,1 ± 0,6	(7,7–12,5)	7,0 ± 0,3	(3–9)
β_2-**Globulin**	4,0 ± 0,2	(3,5–4,7)	7,0 ± 0,2	(6–10)
γ_1-**Globulin**	19,2 ± 1,2	(13,9–22,2)		
γ_1-**Globulin**			16 ± 7,7	(3–25)
γ_2-**Globulin**			17 ± 3,6	(14–19)
A : G-Verhältnis	0,80 ± 0,11	(0,63–1,15)	0,71 ± 0,20	(0,45–1,19)

1 Die Zahlen addieren sich nicht zu den in der Tabelle angegebenen Gesamtprotein-Werten und A : G-Verhältnissen.
2 Im Vergleich zur chemischen Bestimmung wird die Albuminkonzentration bei der Elektrophorese üblicherweise unterschätzt. Daher ist bei einer chemischen Bestimmung das A : G-Verhältnis i.d.R. höher als bei einer elektrophoretischen Bestimmung.

tiöse Vaskulitis verursacht werden können. Um abzusichern, dass tatsächlich ein Transsudat – im Gegensatz zu einem nicht zu erwartenden modifizierten Transsudat oder Exsudat – vorliegt, sollte immer etwas Flüssigkeit gewonnen werden.

Ursachen veränderter Globulinkonzentrationen

Siehe 14.2 Proteinelektrophorese.

14.2 Proteinelektrophorese

Indikation (gelegentlich)

Eine Proteinelektrophorese wird durchgeführt, wenn eine Hyperglobulinämie nicht durch Hämokonzentration bedingt ist und entweder

1. die Globulinkonzentration so hoch ist, dass die Möglichkeit einer monoklonalen Gammopathie besteht,

oder

2. der Verdacht auf eine humorale Immunschwäche gegeben ist.

Fällt bei gefärbten Blut- oder Knochenmarkausstrichen ein blassblauer Hintergrund auf, kann dieser durch eine erhöhte Plasmaproteinkonzentration entstanden sein. Hier ist es angezeigt, eine Proteinelektrophorese durchzuführen.

Vorteile

Sinnvolle Übersichtsuntersuchung.

Nachteile

Diese Untersuchung führt nur selten zu einer spezifischen Diagnose. Dennoch ist das erhaltene elektrophoretische Muster – zusammen mit der klinischen Symptomatik und weiteren Labordaten – ein wertvolles Hilfsmittel. Bei der Elektrophorese handelt es sich um eine quantitative Untersuchung. Die Immunoelektrophorese hingegen dient dem rein qualitativen Nachweis spezifischer Proteine (z.B. Immunglobuline) und kann leicht erhöhte oder erniedrigte Konzentrationen nicht aufdecken. Die Immunoelektrophorese ist das Mittel der Wahl, um Bence-Jones-Proteine im Urin und Serum zu identifizieren. Hierbei handelt es sich um monoklonale Proteine, die den leichten Ketten der Immunglobuline entsprechen und gelegentlich beim multiplen Myelom und Makroglobulinämie vorkommen. Bei der routinemäßigen Proteinelektrophorese von konzentriertem Urin zeigt sich manchmal ein isolierter monoklonaler Peak (z.B. Bence-Jones-Proteine). Entspricht das elektrophoretische Muster des Urins dem des Serums – inklusive des Serum-Peaks der monoklonalen schweren Ketten – ist dies ein Hinweis auf eine ausgeprägte glomeruläre Schädigung, die den Durchtritt von fast allen Serumproteinen ermöglicht. Dieser Befund weist daher nicht auf das Vorhandensein leichter Bence-Jones-Ketten im Urin hin. Eine Bence-Jones-Proteinurie beim Hund wird durch Hitzepräzipitation nur selten nachgewiesen. Fällt eine Übersichtsuntersuchung auf Bence-Jones-Proteine durch Säurepräparation positiv aus, ist das Ergebnis (wegen eines möglichen falsch-positiven Befundes) mittels Elektrophorese von konzentriertem Urin oder Immunoelektrophorese zu bestätigen.

Probenmaterial

Sowohl Serum als auch Urin können untersucht und gekühlt oder eingefroren werden.

Methode (Elektrophorese)

Die Zellulose-Azetat-Technik ist die Methode der Wahl. Die Interpretation der Elektrophoretogramme beruht auf Dichtemessungen der Färbeintensität von Proteinbanden auf Zellulose-Azetat-Streifen. Das Serum wird in vier Fraktionen aufgetrennt:

1. Albumin
2. α-Globuline
3. β-Globuline
4. γ-Globuline

Die α-, β- und γ-Globuline werden bei Hund und Katze üblicherweise in je zwei Subfraktionen unterteilt: α_1, α_2, β_1, β_2, γ_1 und γ_2 (Tab. 14.3). Normale Elektrophoretogramme von Hund und Katze sind in den Abbildungen 14.2 und 14.3 dargestellt.

Artefakte

Im Vergleich zur chemischen Bestimmung wird bei der Elektrophorese die Albuminkonzentration i.d.R. unterschätzt. Daher ergibt das Albumin-Globulin-Verhältnis (A : G) normalerweise bei chemischen Bestimmungen einen höheren Wert als bei elektrophoretischen Untersuchungen.

14.3 Immunoelektrophorese

Durchführung

Nach der Elektrophorese in Agargel wird polyklonales Antiserum gegen spezifische Proteine (inkl. Immunglobuline) in eine Rinne zu gegeben, die parallel zu den aufgetrennten Serumproteinen verläuft. Anschließend wird die Diffusion der Reagenzien abgewartet. Die Quantifizierung der einzelnen Immunglobuline erfolgt mittels radialer Immunodiffusion (RID), Elektro-Immunodiffusion (Rocket-Elektrophorese) oder Lasernephelometrie. Diese Methoden können – falls verfügbar – auch eingesetzt werden, um Immunglobulin-Subklassen zu quantifizieren.

Referenzbereich

Die Werte variieren in Abhängigkeit vom durchführenden Labor und den verschiedenen Techniken zur Quantifizierung der einzelnen Immunglobuline. Immunglobuline wandern bei der Elektrophorese in die β_2- und γ-Regionen. Durchschnittskonzentrationen der Immunglobulin-Klassen sind in Tabelle 14.4 aufgelistet.

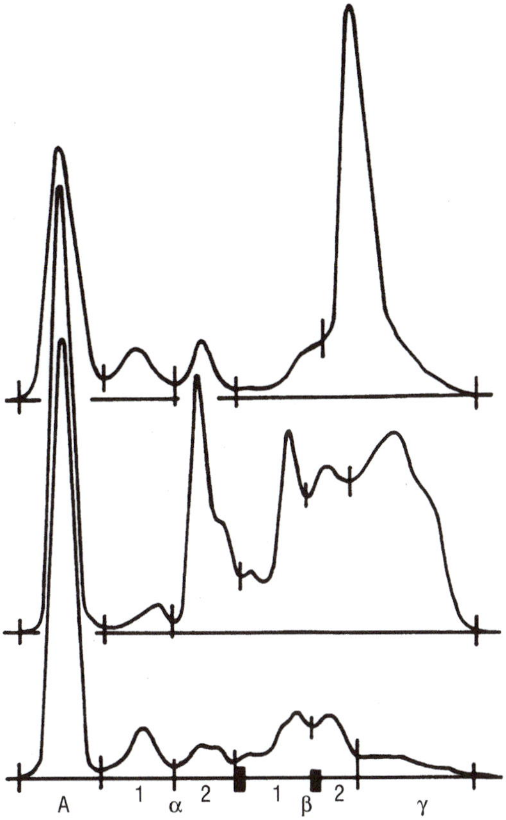

Abb. 14.2 Elektrophoretogramme verschiedener Hundeseren. Oben: monoklonale Gammopathie (Ehrlichiose); Mitte: polyklonale Gammopathie (Blastomykose, Ehrlichiose, Dirofilariose); unten: physiologisch.

Beachte: Die Referenzwerte für Welpen weichen wesentlich von denen adulter Tiere ab. Aufgrund der großen Variation im Vergleich zu den Werten adulter Hunde wird empfohlen, bei der Quantifizierung von Immunglobulinen junger Hunde Kontrollen mit Blut gleichaltriger Hunde zu verwenden (Feldsburg, 1994). Wahrscheinlich gibt es auch rassespezifische Unterschiede.

Artefakte

Sich stark anfärbende elektrophoretische Banden (z.B. Albumin) werden unterschätzt und sich schwach anfärbende Banden überschätzt. IgG wandert in die Region der β- und γ-Globuline; aus diesem Grund sind mittels radialer Immunodiffusion bestimmte IgG-Konzentrati-

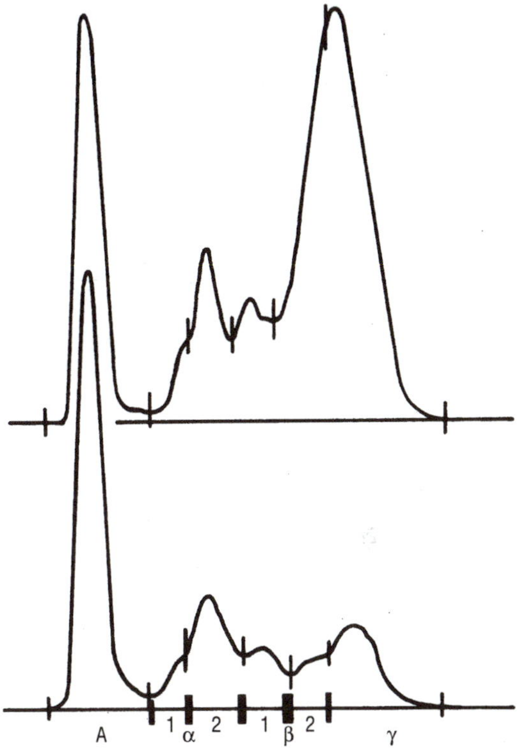

Abb.14.3 Elektrophoretogramme von Katzenseren. Oben: polyklonale Gammopathie (feline infektiöse Peritonitis [FIP]); unten: physiologisch.

onen i.d.R. höher als die γ-Globulinfraktion der Elektrophorese. Diese Diskrepanz wird bei IgG-Überproduktion größer – so bei manchen Myelomen, der Ehrlichiose des Hundes, feliner infektiöser Peritonitis (FIP) und anderen chronischen Infektionen.

Ursachen veränderter elektrophoretischer Muster

Die diagnostische Bewertung von Patienten mit abnormen Elektrophoretogrammen wird unter „Ursachen einer Hyperglobulinämie" besprochen.

Ursachen einer Hyperglobulinämie

Polyklonale Hyperglobulinämien – auch als Gammopathien bezeichnet – zeigen einen Peak mit breiter Basis, der in den β- und γ-Regionen liegt. Dies deutet auf persistierende Antigenstimulation, Entzündungen (chronisch bakteriell, viral, durch Pilze, Protozoen, Rickettsien oder

Tabelle 14.4 Immunglobulin-Konzentrationen im Serum (Hund und Katze)

	durchschnittliche Konzentration (g/l)				
	Welpe (2 Wochen)	**Welpe (2 Monate)**	**adulter Mischlingshund**	**adulter reinrassiger Hund**	**adulte Katze**
IgA	nicht nachweisbar	0,30	0,79	0,83	ND
IgG	0,56	1,43	14,45	9,25	24,0
IgM	0,73	1,18	0,45	1,56	ND

ND, nicht durchgeführt
Daten aus: *Reynolds HY und Johnson JS, 1970; Heddle RJ und Rowley D, 1975; Schultz RD und Adams LS, 1978; Reimann et al., 1986*

Parasiten), Neoplasien oder immunmediierte Erkrankungen hin (Tab. 14.2). Je nach Region sind die häufigsten Ursachen beim Hund Hautparasiten, Pyodermie, Dirofilariose und Ehrlichiose (Abb. 14.2 und Tab. 14.2). Erhöhte Werte finden sich hier üblicherweise in den β- und γ-Regionen. Bei der Katze ist FIP die häufigste Ursache einer schweren polyklonalen Gammopathie. Globulinerhöhungen finden bei dieser Spezies meist im Bereich der γ-Region statt. Bei Patienten mit Hyperglobulinämie kann es begleitend zur leichten Reduktion der Albuminsynthese kommen, möglicherweise um den onkotischen Druck oder die Viskosität des Blutes aufrechtzuerhalten. Bei hypalbuminämischen Zuständen können die Globuline auch sekundär ansteigen.

Monoklonale Hyperglobulinämien zeigen einen elektrophoretischen Peak mit enger Basis („Spike“) in der β- oder γ-Region, der normalerweise nicht breiter als der Albuminpeak ist. Monoklonal erhöhte Immunglobuline werden auch als „Paraproteine“ oder „M-Proteine“ bezeichnet und üblicherweise bei lymphatischen oder plasmazellulären Neoplasien gebildet (z.B. multiples Myelom, Makroglobulinämie, malignes Lymphom; siehe Tabelle 14.2). Monoklonale oder oligoklonale Peaks entstehen gelegentlich auch bei infektiösen (z.B. Ehrlichiose; siehe Abbildung 14.2) oder idiopathischen Erkrankungen. Sowohl beim multiplen Myelom als auch bei der Ehrlichiose können ein monoklonales elektrophoretisches Muster und eine Knochenmark-Plasmozytose vorkommen. Bei der Ehrlichiose zeigt sich oft ein mono- oder oligoklonales Muster, das einen breiteren Globulinpeak überlagert oder aus diesem hervorgeht (Abb. 14.3, oben). Bei der Untersuchung der gefärbten Banden des Elektrophoretogramms ist dann eine klar abgegrenzte monoklonale Bande innerhalb einer blasseren und breiteren Bande im Hintergrund sichtbar. Im Gegensatz hierzu liegen bei neoplastischen Erkrankungen häufig monoklonale Peaks sowie normale bis reduzierte andere Globulinfraktionen, die nicht zu den Paraproteinen gehören, vor. Dies spiegelt oft die gestörte Bildung anderer Immunglobuline wider.

Die diagnostische Aufarbeitung einer Hyperglobulinämie ist in Abbildung 14.4 dargestellt. Bei Hunden mit Hyperglobulinämie und schwerer Dermatitis mit Pruritus besteht die diagnostische Aufarbeitung häufig nur aus einer klinischen Untersuchung, um Flöhe und Zekken zu finden, oder dem Anfertigen von Hautgeschabseln zum Milbennachweis. Die Milbengattung *Demodex canis* ist i.d.R. leicht, *Sarcoptes scabiei* dagegen oft schwer nachweisbar. Bei Verdacht auf die Herzwurmerkrankung des Hundes ist ein ELISA (Enzyme-linked Immunosorbent Assay) das Mittel der Wahl. In endemischen Gebieten sind Titerbestimmungen für Ehrlichiose oder Rocky Mountain Spotted Fever indiziert (siehe Kap. 17), v.a. wenn der Patient zusätzlich eine Anämie, Thrombozytopenie und/oder Leukopenie aufweist.

Ob weitere Untersuchungen im Hinblick auf Infektionserkrankungen wie kanine Brucellose, Blastomykose, Histoplasmose, Kokzidioidomykose oder feline Kryptokokkose angezeigt sind, hängt vom geographischen Standort (siehe Appendix I) und den Veränderungen ab, die im Rahmen der klinischen, labordiagnostischen oder radiologischen Untersuchungen gefunden werden. Es sollte in Betracht gezogen werden, dass auch mehrere Ursachen zur Hyperglobulinämie führen können. Gammopathien in Zusammenhang mit immunmediierten Erkrankungen und mit nicht lymphatischen und nicht plasmozytären Neoplasien sind i.d.R. so mild, dass kaum eine aufwändige Aufarbeitung der Gammopathie nötig ist.

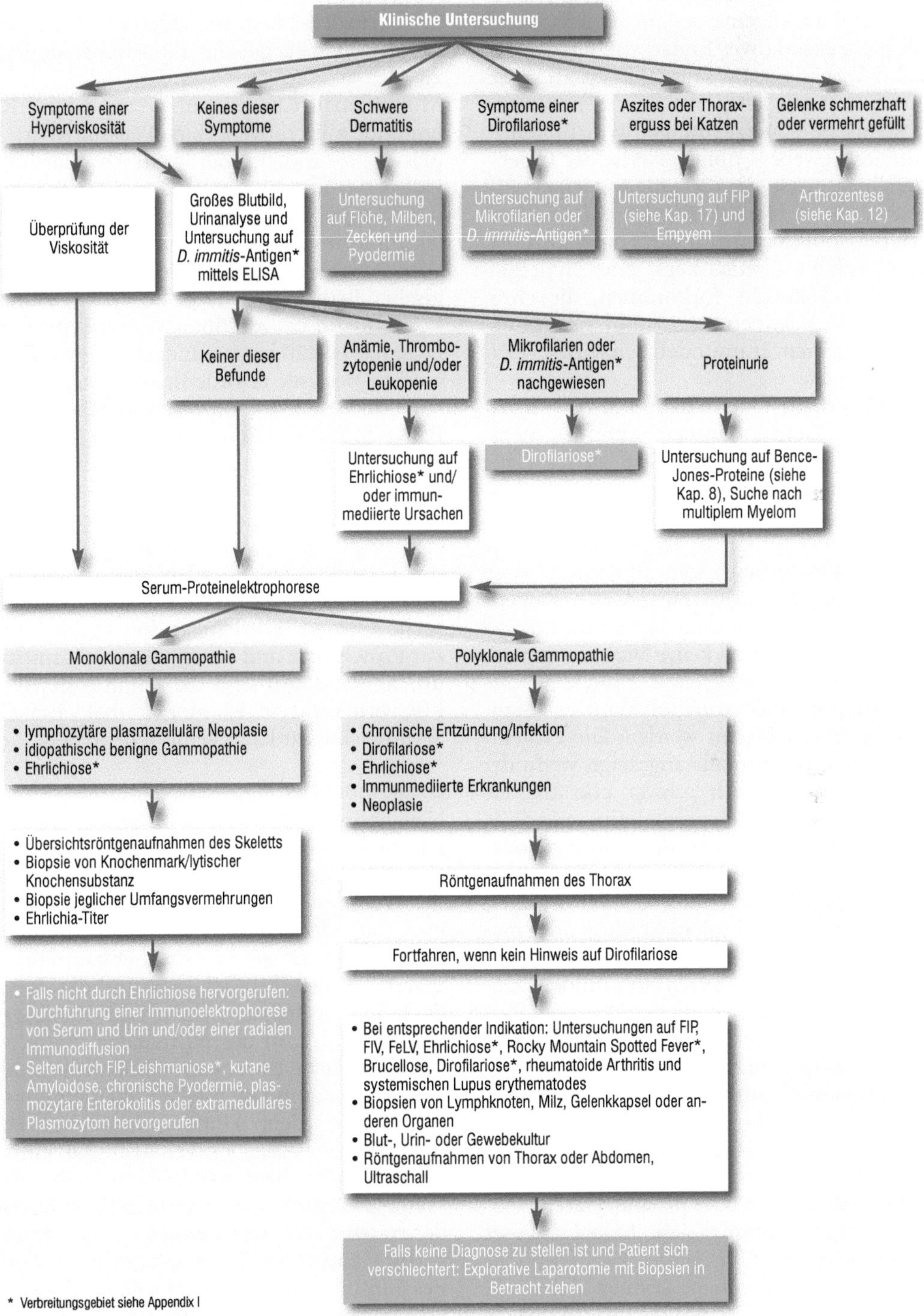

Abb. 14.4 Diagnostische Aufarbeitung einer mittel- bis hochgradigen Hyperglobulinämie (Globulin ≥ 50 g/l [≥ *5 g/dl*]) bei Hund und Katze. ELISA, Enzyme-linked Immunosorbent Assay; FIP, feline infektiöse Peritonitis; FeLV, felines Leukämievirus; FIV, felines Immundefizienzvirus.

Bei Katzen mit Anzeichen einer FIP sind Coronavirus-Titer im Allgemeinen nicht aussagekräftig. Liegt ein exsudativer Erguss vor, kann das γ-Globulin-Verhältnis von Ergussflüssigkeit zu Serum bestimmt werden (siehe Kap. 17). Immunhistochemische Untersuchungen von Bioptaten betroffener Gewebe – üblicherweise der Leber – ermöglichen meist die Bestätigung einer FIP. Seltener als beim Hund kann sich bei der Katze eine Hyperglobulinämie im Zuge einer Dirofilariose entwickeln. Ebenso kann eine Hyperglobulinämie bei Katzen vorkommen, die chronisch mit dem felinen Leukämievirus (FeLV) oder dem felinen Immundefizienzvirus (FIV) infiziert sind.

Treten bei Patienten gleichzeitig mit der Hyperglobulinämie Gelenkschmerzen und vermehrt gefüllte Gelenke auf oder ist ein steifer Gang auffällig, sind Röntgenaufnahmen und die Untersuchung der Synovia (siehe Kap. 17) indiziert. Falls die Synovia aus einem aseptischen Exsudat besteht, kann es hilfreich sein, Rheumafaktoren (RF), antinukleäre Antikörper (ANA), Rickettsien- und/oder Borreliosetiter zu bestimmen.

Kann in diesem Stadium keine Diagnose gestellt werden, sollten anhand einer Proteinelektrophorese monoklonale von polyklonalen Gammopathien unterschieden werden. Die Proteinelektrophorese ist ebenfalls angezeigt, wenn der Patient außergewöhnlich schwer erkrankt erscheint, eine extreme Hyperglobulinämie (z.B. Globulin > 50 g/l [*> 5,0 g/dl*]) vorliegt oder Symptome einer Hyperviskosität vorhanden sind (siehe 14.4 Serumviskosität). Wird bei einem Patienten mit multiplem Myelom oder malignem Lymphom eine monoklonale Gammopathie entdeckt, kann durch Immunoelektrophorese oder Quantifizierung der Immunglobuline mittels RID (oder Rocket-Elektrophorese) die zu den Paraproteinen beitragende Klasse der Immunglobuline identifiziert werden. Im Rahmen dieser Untersuchungen wird auch ein Mangel der nicht zu den Paraproteinen gehörenden Immunglobuline nachgewiesen, der bei Patienten mit lymphatischen oder plasmozytären Neoplasien häufig vorkommt (siehe Ursachen einer Hypoglobulinämie).

Polyklonale Gammopathien können durch infektiöse, immunmediierte oder neoplastische Erkrankungen hervorgerufen werden. Ist die Ursache einer polyklonalen Gammopathie nicht bekannt, sind Untersuchungen von Thorax und Abdomen mit bildgebenden Verfahren, verschiedene Titerbestimmungen und/oder die explorative Chirurgie mit Biopsieentnahme indiziert.

Monoklonale Gammopathien werden i.d.R. von lymphoproliferativen (z.B. Plasmazellen) Neoplasien verursacht. Zur weiteren Klärung von Fällen mit monoklonaler Gammopathie dienen u.a. Röntgenaufnahmen des Skeletts, Immunoelektrophorese von Serum und Urin sowie Knochenmarkbiopsie mit zytologischer und histologischer Beurteilung. Liegt bei einem Hund der Verdacht auf ein multiples Myelom vor, sind zur Diagnosebestätigung mindestens zwei der folgenden Befunde erforderlich: Lytische Läsionen des Skeletts, Plasmozytose im Knochenmark, Bence-Jones-Proteinurie oder ein monoklonaler Peak in der Elektrophorese der Serumproteine. Beim multiplen Myelom der Katze sind Skelettveränderungen selten. In Gegenden, in denen Ehrlichiose endemisch vorkommt (siehe Appendix I), sollte bei Hunden mit monoklonaler Gammopathie der *Ehrlichia-canis*-Titer untersucht werden. Ehrlichiose führt üblicherweise zur Proteinurie und Knochenmarkplasmozytose und ähnelt damit stark dem multiplen Myelom. FIP verursacht selten monoklonale Peaks. Die Serumviskosität kann gemessen werden.

Ursachen einer Hypoglobulinämie

Neugeborene Tiere zeigen im Serum physiologischerweise eine Hypogammaglobulinämie und eine Gesamtproteinkonzentration von 60–80 % der Werte adulter Tiere. Ein kongenitaler kombinierter oder selektiver Mangel an Immunglobulinen kommt vor. Er wird aber kaum diagnostiziert – wahrscheinlich aufgrund der Tatsache, dass die betroffenen Welpen oder Kätzchen bereits früh, d.h. in der postnatalen Phase, wenn die mütterliche Immunität allmählich nachlässt, Infektionen zum Opfer fallen. Zu diesen Infektionen zählen beim Hund insbesondere Staupe oder Parvovirose. Der Verdacht auf eine Immunschwäche liegt nahe, wenn mehr als ein Welpe aus einem gut versorgten Wurf innerhalb der ersten 2–6 Lebensmonate an einer Infektion stirbt. Dann empfiehlt es sich, zunächst ein großes Blutbild, ein chemisches Serumprofil, eine Elektrophorese der Serumproteine und eine Immunoelektrophorese durchzuführen. Danach ist eine Quantifizierung der Immunglobuline mittels RID oder Rocket-Elektrophorese erforder-

lich, um die Krankheit zu bestätigen und die Art des Immunglobulinmangels genauer zu beschreiben.
Techniken zur Quantifizierung von Immunglobulinen sind präziser als qualitative Methoden (Immunoelektrophorese). Ein selektiver (eine einzelne Klasse oder Subklasse betreffender) und partieller Mangel an Immunglobulinen muss nicht bereits anhand der Serum- und Immunoelektrophorese erkennbar sein. Bei Verdacht auf eine humorale Immunschwäche sollten daher alle Immunglobulinklassen (und – falls verfügbar – IgG-Subklassen) quantifiziert werden. Eine humorale Immunschwäche wird i. d. R. anhand erniedrigter IgG- und IgA- sowie normaler bis erniedrigter IgM-Konzentrationen nachgewiesen. Beim Hund kommen auch ein selektiver IgA-Mangel und eine transiente Hypogammaglobulinämie vor. Betroffene Patienten mit selektivem IgA-Mangel leiden an chronischen, die Schleimhautimmunität betreffenden Problemen (z. B. Antibiotika-responsive Enteropathie, ARE), können aber auch asymptomatisch sein. Bei einem selektiven oder partiellen Immunglobulinmangel kann die Serumelektrophorese normale Werte ergeben oder sogar eine polyklonale Globulinerhöhung zeigen. Es ist zu beachten, dass die Immunoelektrophorese eines normalen Hundeserums oft nur eine schwach bis gar nicht anfärbbare IgA-Bande aufweist. Die Ursachen dafür liegen darin, dass einerseits IgA in relativ geringen Konzentrationen vorhanden ist oder andererseits Probleme in der Qualitätssicherung – die Antiseren oder die Technik betreffend – bestehen. Bei Verdacht auf selektiven IgA-Mangel ist eine quantitative RID oder Rocket-Elektrophorese zur Diagnose am besten geeignet. Gelegentlich kommt es bei IgA-Mangel zur gleichzeitigen Erhöhung von IgM oder IgG.
Bis heute ist der Zusammenhang zwischen bestimmten Formen der chronisch entzündlichen Enteropathie (z. B. lympho-plasmozytäre Enteritis) und einem Serum-IgA-Mangel unklar. Vermutlich zeigen sich bei einem Mangel an lokalem sekretorischem IgA nicht immer auch erniedrigte Werte im Serum. Außerdem wurden erniedrigte IgA-Konzentrationen im Serum des Hundes mit allergischen und parasitären Erkrankungen in Zusammenhang gebracht. Allerdings kehren die Werte nach erfolgreicher Therapie wieder in den Referenzbereich zurück. Aus diesem Grund ist es nahe liegend, dass IgA bei diesen Erkrankungen im Sinne einer Immunmodulation herunterreguliert wird, und ein niedriger IgA-Spiegel vermutlich bei einer zugrunde liegenden Inflammatory Bowel Disease (IBD) keine ursächliche Rolle spielt (Hill et al., 1995). Rassespezifische Referenzwerte für Immunglobuline können einen besseren Einblick in die Rolle eines selektiven IgA-Mangels bei chronischen Enteropathien vermitteln.
Die häufigsten Gründe für eine Hypoglobulinämie sind Blutverlust nach außen und PLE. Seltenere Ursachen sind PLN und Leberinsuffizienz (siehe Kap. 8 bzw. Kap. 11). Bei Patienten mit Paraproteinämien (z. B. multiples Myelom, Makroglobulinämie, malignes Lymphom) ist die Bildung der übrigen Immunglobuline i. d. R. reduziert. Bei Verdacht auf eine kongenitale Immunschwäche können auch eine Komplementmessung und die Untersuchung der Lymphozyten- und Phagozytenfunktion indiziert sein (siehe 14.13 Untersuchung der zellulären Immunität).

14.4 Serumviskosität

Indikation (selten)

Bei monoklonalen Gammopathien, hyperglobulinämischen Patienten mit Hyperviskositätssymptomen (schlechte Gewebeperfusion, dilatierte Netzhautgefäße, Netzhautblutung oder -ablösung, Nierenerkrankungen, Dysfunktion des zentralen Nervensystems [ZNS], Blutungsneigung) und zur Überwachung der Behandlung von zur Hyperviskosität führenden Krankheiten. Ein hoher Gesamtproteingehalt (i. d. R. > 100 g/l [> *10 g/dl*]) oder die physikalische Beschaffenheit des Serums (viskös) legen nahe, dass Hyperviskosität vorliegt. Bei Patienten mit klinischen Anzeichen einer Hyperviskosität sollte auch eine Polyzythämie als mögliche Ursache in Betracht gezogen werden.

Vorteile

Einfach und von diagnostischer Bedeutung.

Durchführung

Die Messung erfolgt im Serum mit einem Ostwald-Viskosimeter oder einer 0,1-ml-Kapillarpipette. Die benötigte Zeit, bis ein definiertes Volumen Serum aus der Pipette fließt, wird mit der entsprechenden Zeit für das gleiche Volumen Wasser verglichen.

Referenzbereich

Relative Viskosität 1,4–1,8
relative Viskosität = Fließzeit von Serum [s] ÷ Fließzeit von Wasser [s]).

Artefakte

Ein Volumenverlust, der zur erhöhten Proteinkonzentration im Serum führt, kann die Serumviskosität erhöhen, ist aber wahrscheinlich nicht von klinischer Bedeutung. Eine deutlich erhöhte Blutviskosität kann Untersuchungen, bei denen ein Durchfluss gemessen wird (z. B. hämatologische Zählgeräte), stören.

Medikamentöse Beeinflussung

Jedes Arzneimittel, das einen Volumenverlust verursacht, kann die Serumviskosität erhöhen.

Ursachen einer Hyperviskosität des Serums

Eine relative Viskosität von 4 oder mehr gilt beim Menschen als verändert und ist vermutlich auch beim Hund als abnorm anzusehen. Da IgM ein relativ großes Molekül ist, verursacht es am häufigsten Hyperviskosität. Ebenso können IgA (das als Polymer oder Dimer vorliegen kann) oder sehr hohe Konzentrationen von IgG zur Hyperviskosität führen. Hyperviskosität von klinischer Bedeutung kommt fast ausschließlich in Zusammenhang mit lymphatischen oder plasmozytären Neoplasien vor (z.B. multiples Myelom, Makroglobulinämie, malignes Lymphom; siehe Tabelle 14.2). Selten kommt es im Rahmen einer Ehrlichiose zur monoklonalen Gammopathie mit daraus resultierendem Hyperviskositätssyndrom.

Das diagnostische Vorgehen wird in Abbildung 14.4 unter „Monoklonale Gammopathie" beschrieben. Da maligne Lymphome und Plasmazellmyelome die häufigsten Ursachen für eine Hyperviskosität des Serums darstellen, ist die Aspiration von Knochenmark, beteiligten Lymphknoten, Umfangsvermehrungen oder veränderten anderen lymphoretikulären Organen indiziert. Bei zweifelhaften Ergebnissen sollte eine Biopsie des Knochenmarks oder der betroffenen Gewebe mit histopathologischer Beurteilung erfolgen. Sind Proben aus Lymphknoten, Knochenmark oder soliden Umfangsvermehrungen nicht diagnostisch, hilft gelegentlich die zytologische oder histologische Untersuchung von Milz und Leber bei der Diagnose einer lymphatischen oder plasmozytären Neoplasie.

14.5 Kryopräzipitation

Kryoglobuline sind i.d.R. monoklonale oder komplexe Immunglobuline, die bei niedrigen Temperaturen reversibel präzipitieren oder gelieren. Bei Wärmezufuhr lösen sie sich wieder auf. Kryoglobuline treten selten beim multiplen Myelom und der Makroglobulinämie des Hundes auf.

Indikation (selten)

Paraproteine, die präzipitieren oder gelieren, wenn das Blut oder Serum bei 4 °C gekühlt wird.

Beachte: Bei Kryoglobulinen handelt es sich nicht um Kälteagglutinine (Antikörper, die bei Temperaturen < 37 °C reversibel Antigen binden).

Vorteil

Der Nachweis von Kryoglobulinen ist wichtig, da es sonst bei Patienten, bei denen aufgrund klinischer oder labordiagnostischer Befunde der Verdacht auf Hyperviskosität besteht, zu falschnegativen Ergebnissen hinsichtlich Hyperglobulinämie oder monoklonaler Paraproteinämie kommen kann.

Durchführung

Um eine Untersuchung auf Kryoglobuline durchzuführen, ist ein Referenzlabor zu kontaktieren.

Ursachen einer Kryoglobulinämie

Beim Hund können eine Makroglobulinämie oder ein multiples Myelom der IgM- und IgA-Klasse zur Kryoglobulinämie führen. Sind Kryoglobuline nachzuweisen, ist – wie bei den monoklonalen Gammopathien beschrieben – eine diagnostische Aufarbeitung hinsichtlich lymphatischer oder plasmozytärer Neoplasie indiziert.

14.6 Antinukleäre Antikörper (ANA)

Indikation (gelegentlich)

Bei Veränderungen, die einen systemischen Lupus erythematodes (SLE) nahe legen, wie symmetrische Dermatitis, die sich v.a. auf Kopf und Schleimhäuten ausbreitet, hämolytische Anämie, Thrombozytopenie, aseptische Polyarthritis, Myositis, Proteinurie oder Fieber unklarer

Genese. Neuromuskuläre, kardiale und pulmonale Störungen sind weniger häufig. Die Untersuchung kann zur Überwachung von Patienten verwendet werden, die wegen eines SLE behandelt werden.

Vorteile

Einfach durchzuführen. Ein positives Ergebnis mit relativ hohem Titer zusammen mit passenden klinischen Veränderungen weist auf eine immunmediierte Erkrankung hin.

Nachteile

Nicht krankheitsspezifisch (neben SLE kann bei vielen weiteren Erkrankungen ein geringfügig erhöhter Titer vorkommen).

Durchführung

Die Messung erfolgt im Serum mit einem indirekten Immunfluoreszenz-Test (IIT). Als Ergebnis sollte die höchste Verdünnung des Patientenserums angegeben werden, bei der gerade noch eine eindeutige Färbung der Zellkerne erfolgt. Es werden mehrere Muster nukleärer Fluoreszenz unterschieden: Homogen (diffus), randständig (peripher), gefleckt (feine oder große Flecken) und nukleolär.

Referenzbereich

Die Referenzwerte variieren von Labor zu Labor – bedingt durch verschiedene Substrate, Kontrollen und Vorgehensweisen. Um Genauigkeit der Tests zu gewährleisten, sind eine konsequente Durchführung und Erfahrung erforderlich. Bei Verwendung von Seren von Föten oder Neugeborenen färben sich die Zellkerne nicht an. In den meisten veterinärmedizinischen Labors wird eine einschichtige Gewebekultur von humanen Epithelzellen (HEp-2 Zellen) als Substrat verwendet. Dies ermöglicht eine verbesserte Darstellung des gefärbten Fluoreszenzmusters und ein standardisierteres Vorgehen. Bei Benutzung dieser Untersuchungsmethode konnte in einer vergleichenden Studie mit Serumproben von 112 Hunden bei einer Übersichtsverdünnung von 1 : 25 ein signifikant positiver Titer mit einer Spezifität von über 95 % nachgewiesen werden. Im Gegensatz dazu wurde bei Benutzung von Ratten-Lebergewebe (wobei die gleiche Gruppe ANA-positiver Hunde mit der gleichen Spezifität von über 95 % identifiziert wurde) 1 : 100 als niedrigster signifikanter ANA-Titer festgelegt (Hansson et al., 1996).

Medikamentöse Beeinflussung

Alle Medikamente, die die Antikörper-Synthese reduzieren (z.B. zytotoxische Medikamente, Langzeit- oder hochdosierte Kortikosteroidtherapie), können ANA-Titer erniedrigen. Positive ANA-Titer wurden nach Behandlungen mit Griseofulvin, Hydralazin, Procainamid, Sulfonamiden und Tetrazyklinen festgestellt. Katzen, denen Propyl-Thiouracil oder Methimazol verabreicht wurde, können positive ANA-Titer aufweisen (Peterson et al., 1988). Einige dieser Katzen entwickeln arzneimittelinduziert eine immunmediierte hämolytische Anämie (IMHA) und eine immunmediierte Thrombozytopenie (IMT).

Artefakte

Unzureichende Vorbereitung, Lagerung oder Zugabe des Reagens; unzureichende Kontrollen.

Ursachen erhöhter ANA-Titer

Neben SLE führt eine Reihe von infektiösen, entzündlichen und neoplastischen Erkrankungen zu positiven Titern (Tabelle 14.5). Auch gesunde Hunde und Katzen können ANA aufweisen, allerdings sind die Titer dann eher niedrig. Positive Titer sind im Allgemeinen – mit Ausnahme von SLE – nicht sehr hoch. Daher ist es wichtig zu wissen, welche Titer vom Labor als niedrig, mäßig erhöht oder hoch festgesetzt wurden. Genauso wichtig ist es, die anderen klinischen und klinisch-pathologischen Veränderungen, die zur Diagnose von SLE passen, mit in die Diagnosestellung einzubeziehen.
Als Kriterien für die Diagnose eines SLE bei Hund und Katze gelten ein positiver ANA-Titer sowie das Vorliegen mindestens eines der folgenden Befunde: Läsionen der Haut oder Maulhöhle mit zu SLE passenden histo- und immunopathologischen Veränderungen, Polyarthritis, eine Coombs-positive hämolytische Anämie, idiopathische oder IMT, PLN, Myositis oder (besonders bei Katzen) neurologische Störungen.
Ein positiver ANA-Titer steht an erster Stelle für die Diagnose eines SLE – vorausgesetzt, die klinischen Kriterien treffen zu, und es konnte

Tabelle 14.5 Ursachen für erhöhte ANA-Titer[1] (Hund und Katze)

	mäßige bis hohe Titer	mäßige Titer	ANA-Titer (falls positiv) eher niedrig
systemischer Lupus erythematodes (SLE)	Titer bei dieser Krankheit am eindeutigsten erhöht		
Hauterkrankungen		Pemphigus erythematosus (selten Pemphigus vulgaris)	• diskoider Lupus • generalisierte Demodikose • Flohbiss-Hypersensitivität • Plasmazell-Pododermatitis
hämatologische Erkrankungen			• immunmediierte hämolytische Anämie (IMHA) • immunmediierte Thrombozytopenie (IMT)
kardiopulmonale Erkrankungen			• bakterielle Endokarditis • Dirofilariose[2]
andere Erkrankungen		ulzerative autoimmune Stomatitis	• Cholangiohepatitis • felines Leukämievirus (FeLV) • feline infektiöse Peritonitis (FIP) • rheumatoide Arthritis • lymphozytäre Thyreoiditis • verschiedene Neoplasien

[1] antinukleäre-Antikörper-Titer
[2] Verbreitungsgebiet siehe Appendix I

keine Ausschlussdiagnose gestellt werden (z.B. FeLV- oder FIP-Infektion, Cholangiohepatitis, rickettsiale oder systemische parasitäre Erkrankungen). Für Hund und Katze gibt es keine festgelegten ANA-Fluoreszenzmuster, anhand derer SLE von anderen immunmediierten Erkrankungen oder weiteren mit positivem ANA-Titer assoziierten Zuständen unterschieden werden kann (Tab. 14.5). ANA-Titer sind bei SLE häufig höher als bei anderen Erkrankungen. Dennoch gibt es Überschneidungen. Darüber hinaus entspricht die Titerhöhe nicht dem Schweregrad der Erkrankung. Periodische Bestimmungen des ANA-Titers können aber bei Überwachung der Therapie eines SLE-Patienten nützlich sein.

Um SLE von anderen Erkrankungen zu unterscheiden, sind bei einem positiven ANA-Titer weitere Untersuchungen indiziert. So stellt eine Dermatitis, die bevorzugt an mukokutanen Übergängen auftritt, die Indikation zur Biopsie dar – mit anschließender histopathologischer Untersuchung und Immunhistochemie oder direktem Immunfluoreszenz-Test (DIT, siehe 14.11 Immunfärbung von Geweben). Bei einer hämolytischen Anämie sind Antiglobulin(Coombs)-Test (siehe Kap. 3) und die Untersuchung auf Blutparasiten angezeigt. Bei geschwollenen, schmerzhaften Gelenken schließlich sollten Arthrozentese, Synovia-Untersuchung und Rheumafaktor(RF)-Test (siehe unten) durchgeführt werden.

14.7 Lupus-erythematodes-Test

Indikation (gelegentlich)

Verdacht auf SLE (siehe 14.6 Antinukleäre Antikörper).

Vorteile

Spezifisch; keine speziesspezifischen Reagenzien erforderlich, daher häufiger verfügbar.

Nachteile

Zeitaufwändig und wesentlich weniger sensitiv als die Untersuchung auf ANA; sehr frische Blutprobe erforderlich.

Durchführung

Abhängig vom jeweiligen Labor wird heparinisiertes oder geronnenes Blut verwendet. Die Bildung von Lupus-erythematodes(LE)-Zellen *in vivo* ist in routinemäßig gefärbten Knochenmarkausstrichen oder Synovia von Patienten mit Polyarthritis (Farbtafel 5A) nur selten nachweisbar. Falls vorhanden, ist sie jedoch ein starker Hinweis auf SLE. Zur Präparation und Interpretation der LE-Zellen ist erfahrenes Laborpersonal erforderlich.

Artefakte

LE-Zellen müssen von „Tart-Zellen" unterschieden werden; bei Letzteren handelt es sich um Neutrophile, die intakte Kerne phagozytiert haben. Die Untersuchung auf LE-Zellen ist komplementabhängig. Infolgedessen können niedrige Konzentrationen von Komplement, Heparinüberschuss oder die Verwendung von nicht ganz frisch abgenommenem Blut zu falsch-negativen Ergebnissen führen.

Medikamentöse Ursachen falsch-negativer Ergebnisse

Eine Steroidtherapie beeinflusst die Untersuchungsergebnisse. Der LE-Test ist – im Vergleich zu ANA-Titern – empfindlicher gegenüber dem Einfluss von Steroiden.

Ursachen positiver Lupus-erythematodes-Zellpräparationen

Idealerweise sind zur Diagnose eines SLE mindestens 3–4 LE-Zellen auf einem Objektträger nötig. Ehe das Ergebnis als negativ bezeichnet wird, sollte die Untersuchung mindestens dreimal durchgeführt worden sein. Sie ist spezifisch für SLE, aber nicht sensitiv. Häufig kommt es bei ANA-positiven SLE-Patienten zu negativen Ergebnissen. Diesen Patienten fehlen möglicherweise gewisse Autoantikörper gegen Histon-DNA, die bei der Bildung von LE-Zellen beteiligt sind. Sie besitzen jedoch andere Formen von ANA, die mittels Immunfluoreszenz nachweisbar sind. Bei anderen Erkrankungen wie z.B. Osteochondrosis dissecans, nicht immunologisch bedingten Gelenkerkrankungen, Neoplasien, disseminierter intravasaler Gerinnung kommt es nur selten zu positiven Untersuchungsergebnissen. Führt eine LE-Zellpräparation zu einem positiven Ergebnis, sind ein ANA-Titer und weitere Untersuchungen zum Nachweis von SLE indiziert (siehe 14.6 Antinukleäre Antikörper). Der ANA-Titer ist die bevorzugte Übersichtsuntersuchung auf SLE.

14.8 Antiglobulintest (Coombs-Test)

Siehe Kap. 3

14.9 Untersuchungen auf immunmediierte Thrombozytopenie (IMT)

Hunde und Katzen mit einer ausgeprägten Thrombozytopenie ($< 50 \times 10^9/l$ [$< 50\,000/\mu l$]) können an IMT leiden. Da es keine allgemein verfügbare Untersuchung zur Diagnose einer IMT gibt, wird die Erkrankung i.d.R. im Ausschlussverfahren diagnostiziert. Es gibt zwar Untersuchungen auf thrombozytenassoziierte Antikörper bzw. Antikörper gegen Megakaryozyten, doch bisher zeigte keiner der Tests die in der klinischen Routine erwünschte Sensitivität oder Spezifität. Ein kürzlich veröffentlichtes Verfahren scheint jedoch viel versprechend (Scott et al., 2002).

14.10 Rheumafaktor-Test

Indikation (gelegentlich)

Hunde, insbesondere kleiner Rassen, bei denen wegen einer Lahmheit und mehrerer vermehrt warmer, geschwollener oder schmerzhafter Gelenke (v.a. periphere Gelenke) der Verdacht auf eine rheumatoide Arthritis besteht. In chronischen Fällen können Krepitation und Gelenkschwäche nachweisbar sein. Unspezifische Anzeichen wie Anorexie, Fieber, Apathie und Bewegungsunlust werden häufig vor klinisch oder radiologisch sichtbaren Gelenkveränderungen beobachtet.

Nachteile

Wenig sensitiv (viele falsch-negative Ergebnisse) und aufgrund relativ niedriger Titer nicht hochspezifisch für rheumatoide Arthritis beim Hund.

Durchführung

Das Serum wird gekühlt, aber nicht gefroren transportiert. Der Rose-Waaler-Test ist die empfohlene Untersuchung auf Rheumafaktoren (RF) des Hundes (Autoantikörper gegen patienteneigenes IgG). Bei den Rheumafaktoren des Hundes handelt es sich meist um IgG. Es können aber auch gemischte Komplexe aus IgG, IgA und IgM vorliegen. Zum Nachweis der Faktoren werden gegen Kaninchen-IgG sensibilisierte Schaferythrozyten mit Serienverdünnungen des Patientenserums inkubiert (sog. Kaninchen-Rose-Waaler-Test). Ist RF vorhanden, kommt es zur Agglutination. Da Hundeserum oft physiologischerweise Antikörper gegen Schaferythrozyten enthält, muss eine Kontrolle mit nicht sensibilisierten Schaferythrozyten durchgeführt werden. Kommt es hier bei der gleichen oder einer höheren Verdünnung auch zur Agglutination, müssen vor dem RF-Test die natürlichen Antikörper aus dem Serum entfernt werden. Latexagglutinationstests auf kanine Rheumafaktoren werden nicht empfohlen, da die Ergebnisse schlecht reproduzierbar und nicht spezifisch sind. Darüber hinaus können Latexagglutinationstiter wesentlich von den Rose-Waaler-Titern abweichen. Beide Untersuchungen sind in humanmedizinischen Labors verfügbar; korrekt durchgeführte Kontrollen sind nötig.

Ergebnisse

Bei gesunden Tieren sollte der Differentialtiter (Differenz zwischen den Titern, bei denen es zur Agglutination nicht sensibilisierter Schaferythrozyten bzw. sensibilisierter Schaferythrozyten kommt) im Rose-Waaler-Test unter 8 liegen (Barta, 1993). Ein Titer für sensibilisierte Erythrozyten, der nicht entsprechend dem aktuellen Titer natürlicher Antikörper gegen Schaferythrozyten korrigiert wurde, kann zu Missverständnissen führen, da bei einigen gesunden Tieren höhere Titer natürlicher Antikörper gegen Schaferythrozyten nachweisbar sind. In einigen Labors werden vor dem eigentlichen Rose-Waaler-Test alle zu untersuchenden Seren mit Schaferythrozyten präinkubiert. In diesem Fall ist bei gesunden Hunden ein Titer unter 16 zu erwarten.

Artefakte

Zur RF-Bestimmung übersandtes Serum sollte nicht eingefroren werden, weil dadurch die RF-Aktivität (v.a. IgM) zerstört werden kann und falsch-negative Ergebnisse auftreten können. Die RF des Hundes neigen dazu, sich untereinander zu verbinden und multimere Komplexe zu bilden, die den nachweisbaren Titer signifikant erniedrigen. Im Laufe der Zeit kommt es zu großen Titerschwankungen, teilweise zu negativen Titern. Diese Schwankungen scheinen jedoch nicht mit dem Schweregrad der Erkrankung zu korrelieren. Falsch-positive Ergebnisse im Rose-Waaler-Test sind dann möglich, wenn ein Patientenserum Antikörper gegen Schaferythrozyten enthält und keine angemessene Kontrolle oder Absorption dieser Antikörper durchgeführt wird.

Ursachen eines erhöhten Rheumafaktor-Titers

Da es sich bei den RF um Antikörper gegen die Fc-Fragmente der Immunglobuline handelt, die nur nach Bindung des Antikörpers an ein Antigen freigelegt werden, kann jede Erkrankung mit lang bestehenden Immunkomplexen zur RF-Bildung führen. Im Rose-Waaler-Test gilt ein Differentialtiter von mindestens 1 : 8 als RF-positiv (Barta, 1993). 40–75 % der Hunde mit rheumatoider Arthritis sind RF-positiv. Deshalb ist eine rheumatoide Arthritis auch bei negativem Ergebnis nicht ausgeschlossen. Der RF-Test ist bei gesunden Hunden selten positiv. Bei einigen SLE-Patienten kann er gelegentlich positiv ausfallen, da RF einen Teil des SLE-Komplexes darstellen können. Für die Rose-Waaler-Methode wurde das Vorkommen von RF bei anderen Arthropathien und systemischen Erkrankungen nicht angemessen erforscht. Es wurden aber bei diesen Arthropathien mit anderen Methoden RF nachgewiesen (Titerhöhe vergleichbar mit der bei rheumatoide Arthritis, Carter et al., 1989). Daher sollte ein positiver RF-Test nie als einziges Kriterium für die Diagnose einer rheumatoiden Arthritis beim Hund dienen.

Bei der rheumatoiden Arthritis handelt es sich um eine progressive erosive immunmediierte Polyarthritis, die – v.a. vor Zerstörung der Gelenke – von anderen Gelenkerkrankungen unterschieden werden muss. Bedauerlicherweise ist in dieser Hinsicht beim Hund die Untersuchung auf RF nicht sehr zuverlässig. Zur Diagnosestellung geeignete Routineuntersuchungen sind ferner Röntgenaufnahmen der Gelenke und die Untersuchung der Synovia. Eine septische Polyarthritis führt oft zur erosiven Schädigung, die v.a. größere Gelenke betrifft. Hinweise auf das Vorliegen einer Sepsis ergeben sich aus routinemäßigen Untersuchungen von Blut und Synovia (inkl. Kultur, siehe Kapitel 12). Im Gegensatz hierzu treten bei der rheumatoiden Arthritis typischerweise zunächst erosive Veränderungen kleinerer peripherer Gelenke auf, ehe die Erkrankung fortschreitet und größere Gelenke

einbezieht. In einem frühen Stadium der rheumatoiden Arthritis können radiologische Veränderungen fehlen oder nicht eindeutig sein. Zurzeit gibt es noch keine Möglichkeit, zytologisch zuverlässig zwischen rheumatoider Arthritis, SLE und anderen immunmediierten Gelenkerkrankungen mit gleichem Zellbild in der Synovia zu unterscheiden.
Am besten geeignet für eine Diagnosestellung der rheumatoiden Arthritis beim Hund ist derzeit die histopathologische Untersuchung der Synovialmembran betroffener Gelenke. Sie ermöglicht auch bei Patienten ohne klassische radiologische Veränderungen eine frühe Diagnose und Therapie. Ein ANA-Titer hilft bei der Unterscheidung zwischen SLE und rheumatoider Arthritis, ist aber gelegentlich auch bei rheumatoider Arthritis positiv. Der Nachweis beider Formen von Autoantikörpern kann für das seltene gleichzeitige Vorkommen von SLE und rheumatoider Arthritis (sog. überlappendes Syndrom) oder lediglich für das Auftreten multipler Autoantikörper bei einem Patienten mit rheumatoider Arthritis oder SLE sprechen. In beiden Fällen sind klinische Kriterien zur Diagnosestellung erforderlich.

14.11 Immunfärbung von Geweben

Bei der Immunfluoreszenz-Untersuchung von Geweben wird ein Fluoreszenzfarbstoff (Fluoreszein-Isothiozyanat, FITZ-Reagens), der mit einem Antikörper konjugiert ist, verwendet. Er weist Antigen, Immunglobulin oder Komplement nach. Es stehen verschiedene immunhistochemische Färbeverfahren, die enzymkonjugierte Antikörper in einem chromogenen Reaktionssystem verwenden, zur Verfügung. Der Test kann direkt oder indirekt erfolgen. Bei der direkten Methode werden Gewebe auf Ablagerungen von Antigenen, Immunglobulinen oder Komplement untersucht.

Indikation (gelegentlich)

Bei Verdacht auf autoimmune Hauterkrankungen oder (selten) Erkrankungen innerer Organe (z.B. Niere) mit möglicher immunologischer Grundlage. In der Veterinärmedizin wird die Untersuchung hauptsächlich bei Biopsien von erosiven oder vesikulobullösen Hautveränderungen eingesetzt.

Vorteile

Gelegentlich kann aufgrund der Untersuchung eine definitive Diagnose gestellt werden. Für einige immunhistochemische Verfahren kann Formalin-fixiertes Gewebe verwendet werden, so dass bei ein und derselben Biopsieprobe die routinemäßige Histopathologie und eine Immunfärbung möglich sind.

Nachteile

Die Auswahl und Aufbewahrung des bioptierten Gewebes muss sehr sorgfältig erfolgen. Für einige Immunfluoreszenz-Verfahren ist ein spezielles Fixations- und Transportmedium oder frisch schockgefrorenes Gewebe erforderlich. Darüber hinaus wird das Untersuchungsergebnis von Kortikosteroiden stark beeinflusst.

Probenvorbereitung

Die Anforderungen an die Gewinnung und Übersendung bioptierter Gewebe variieren in Abhängigkeit von Methode und benutzten Reagenzien, so dass das jeweilige Labor zuvor kontaktiert werden sollte. Bei Hauterkrankungen ist es unbedingt erforderlich, eine frühe Primärläsion (Vesikel, Blasen, Pusteln) und einen Übergang zur gesunden Haut zu entnehmen. Ulzerierte, verkrustete oder vernarbte Veränderungen sind wertlos. Das Bioptieren mehrerer Stellen ist zu empfehlen. Um eine geeignete neu entstehende Läsion zu erkennen, kann es erforderlich sein, einen Patienten mehrmals täglich zu kontrollieren. Idealerweise sollten die Biopsieproben – falls andere Primärläsionen zur Verfügung stehen – nicht vom Nasenspiegel oder den Pfotenballen stammen, da die Basalmembran sich dort bei vielen gesunden Hunden positiv anfärbt. Die Proben für die routinemäßige Histopathologie sollten von den gleichen oder zumindest von ähnlichen Läsionen stammen. Größere Proben können zweigeteilt werden, um vergleichbares Material für beide Untersuchungen zur Verfügung zu haben. Das bioptierte Gewebestück sollte nicht an der Wand des Fixationsbehälters kleben bleiben, da dies zur unzureichenden Konservierung und falschnegativen Ergebnissen führen kann.

Durchführung

Die Gewebeteile werden vorbereitet, mit Antikörpern gegen IgG, IgM, IgA oder Komplement inkubiert und bei Immunfluoreszenz-Tests fluoreszenzmikroskopisch bzw. bei immunhistochemischen Untersuchungen standardmikroskopisch untersucht.

Referenzbereich

Bei einer intakten Epidermis sind keine Immunglobulinablagerungen im Interzellulärraum oder im Bereich der Basalmembran nachzuweisen. Eine unspezifische Fluoreszenz des Stratum corneum sollte nicht als Immunglobulinablagerung fehlinterpretiert werden. Entsprechende Kontrollen sind nötig, um unspezifische Hintergrund-Färbungen nachzuweisen.

Artefakte

Falsch-negative Ergebnisse kommen vor, wenn ungeeignete Läsionen bioptiert werden. Bakterielle Infektionen der Haut können Immunglobulinablagerungen in Pusteln hervorrufen, was nicht als Autoimmunerkrankung fehlinterpretiert werden sollte.

Medikamentöse Beeinflussung

Die Verabreichung von Kortikosteroiden und immunsuppressiven Medikamenten (z.B. Cyclophosphamid) führt oft zu negativen Ergebnissen. Erhält ein Tier kurz wirkende Kortikosteroide, sollte das Medikament mindestens 3 Wochen vor Entnahme der Biopsie abgesetzt werden. Bei Verwendung von lang wirkenden injizierbaren Kortikosteroiden kann eine längere Wartezeit (1–2 Monate) nötig sein.

Ursachen für positive Immunfärbungen

Ergebnisse von Immunfärbungen müssen unter klinischen und histopathologischen Gesichtspunkten interpretiert werden. Eine Ablagerung von Immunglobulinen kann auch bei anderen Hauterkrankungen wie Mycosis fungoides, Pyodermien und Milbenbefall vorkommen. In diesen Fällen erfolgt i.d.R. eher eine fleckige, fokale Anfärbung der Pusteln als des umliegenden Gewebes.

14.12 Indirekter Immunfluoreszenz-Test (IIT)

Bei dieser indirekten Methode wird Serum auf zirkulierende Autoantikörper gegen einen spezifischen Gewebebestandteil (z.B. kutane Basalmembran, Interzellularsubstanz oder die glomeruläre Basalmembran der Niere) untersucht. Die Untersuchung auf ANA ist ein weiteres Beispiel für einen IIT und wurde bereits besprochen.

Indikation (selten)

Als zusätzliche Untersuchung bei Verdacht auf Pemphigus, bullöses Pemphigoid oder immunmediierte Glomerulonephritis.

Vorteile

Nicht-invasive Methode zum Nachweis zirkulierender Autoantikörper gegen Gewebe, v.a. wenn sich eine Biopsie dieser Organe als problematisch oder nicht diagnostisch herausstellt.

Nachteile

Deutlich weniger sensitiv als eine direkte Immunfärbung, weil zum Nachweis eine relativ große Antikörpermenge vorhanden sein muss. Diese Untersuchung führt bei bestätigten Fällen von autoimmunen Hauterkrankungen oder immunmediierter Glomerulonephritis so selten zu einem positiven Ergebnis, dass sie **nicht empfohlen** wird.

14.13 Untersuchung der zellulären Immunität

Um sich bei Verdacht auf eine Immunschwäche einen Überblick zu verschaffen, sind verschiedene Routineuntersuchungen verfügbar. Dazu gehören das große Blutbild (absolute Lymphozyten- und Neutrophilenzahlen) sowie die Bestimmung von Immunglobulinen im Serum (siehe unter Ursachen einer Hypoglobulinämie) und die Messung von Antikörpertitern geläufiger Vakzinen z.B. gegen Staupe oder Parvovirose. In einigen Fällen von schwerer kombinierter Immunschwäche kommt es zur anhaltenden Lymphopenie ($< 10^9/l$ [*< 1000/µl*]). Bei Störungen der Neutrophilenfunktion oder der Chemotaxis ist oft eine ausgeprägte Neutrophilie ($> 50 \times 10^9/l$ [*> 50 000/µl*]) zu beobachten (siehe Kap. 4). Auf dem Weg zur Diagnose einer kongenitalen oder erworbenen Immunschwäche sind gelegentlich eine histologische Untersuchung und die Immunphänotypisierung von Lymphknotenbioptaten von Nutzen. Innerhalb eines Lymphknotens können B- oder T-Lymphozyten beispielsweise fehlen oder in veränderter Verteilung vorliegen.

Die Untersuchung der zellulären Immunität beinhaltet die Lymphozyten-Blastogenese (Transformation), Untersuchungen zur zellmediierten Zytotoxizität, den Nachweis von Subpopulationen der T- und B-Lymphozyten sowie die Beurteilung der Neutrophilenfunktion und der Histokompatibilitäts-Antigene von Leukozyten und Erythrozyten. Ist eine Untersuchung der zellulären Immunität nötig, sollte der Tierarzt sich an eine veterinärmedizinische Ausbildungsstätte oder ein großes diagnostisches Labor wenden, um Fragen zur Verfügbarkeit zu klären.

14.14 Beurteilung von Phagozyten

Klinisch bedeutsame Störungen der Phagozytenfunktion treten als kongenitaler oder hereditärer Defekt eher bei reinrassigen Tieren (z.B. Irish Setter, Weimaraner) auf oder bei mit diesen Rassen eng verwandten Mischlingen. Diese Tiere zeigen vom Welpenalter an chronische oder wiederkehrende bakterielle Infektionen bei deutlich erhöhten Neutrophilenzahlen und allgemeinem Kümmern. Die entsprechenden Untersuchungen bestehen aus der Überprüfung der Phagozytose, der bakteriziden Wirkung, der chemotaktischen Reaktion und dem Nachweis von Zelloberflächenmarkern wie den Leukozyten-Adhäsionsmolekülen LFA-1 und Mo-1. Um die Frage der Verfügbarkeit zu klären, sollte eine veterinärmedizinische Ausbildungsstätte kontaktiert werden.

14.15 Bestimmung der Mengenverhältnisse von T- und B-Lymphozyten

Indikation (gelegentlich)

Schlechtes Ansprechen auf Impfungen, chronische Infektionen ohne nennenswerte Immunabwehr, ständig erhöhte oder erniedrigte Lymphozytenzahlen, Unterscheidung zwischen neoplastischer und reaktiver Lymphoproliferation durch Beurteilung der Zugehörigkeit zu einem Zellklon.

Durchführung

Üblicherweise werden diese Studien anhand von Lymphozyten aus dem peripheren Blut durchgeführt. Es kann aber auch durch Biopsie gewonnenes Lymphknotengewebe verwendet werden. Für nähere Angaben sollte sich der Kliniker mit dem entsprechenden Labor in Verbindung setzen.

Ursachen veränderter Mengenverhältnisse

Erworbene Störungen des Immunsystems, maligne Lymphome, lymphatische Leukämie und einige Virusinfektionen (v.a. Retroviren wie FeLV und FIV sowie andere Viren, die lymphatische Zellen befallen) verändern die Anteile der T- und B-Zellen.

14.16 Beurteilung der Lymphozytenfunktionen *in vitro*

Indikation (gelegentlich)

Schlechtes Ansprechen auf Impfungen oder wiederkehrende Infektionen. Der Lymphozyten-Transformationstest ist die am häufigsten verwendete Methode, um die funktionellen Fähigkeiten der Lymphozyten zu prüfen.

Nachteile

Der Test ist bisher nicht jederzeit erhältlich und stellt nur eine Simulation der Bedingungen *in vivo* dar; daher sollten die Ergebnisse nur annäherungsweise interpretiert werden.

Durchführung

Isolierte Lymphozyten werden verschiedenen Substanzen ausgesetzt, die zu ihrer Aktivierung und Teilung führen. Die Proliferation stimulierter Zellen wird anhand ihrer gesteigerten Aufnahme von Radionukleotiden – im Vergleich mit Kontrollzellen der gleichen Spezies und des gleichen Patientenalters – quantifiziert. Diese Untersuchungen können intrinsische Lymphozyten-Funktionsdefekte und die Funktion unterdrückende Faktoren im Serum nachweisen, die bei vielen erworbenen Erkrankungen vorkommen. Wird eine Überprüfung der Lymphozytenfunktion *in vitro* beabsichtigt, sollte sich der Leser an das immunologische Labor einer veterinärmedizinischen Ausbildungsstätte wenden, um zusätzliche Informationen zur Verfügbarkeit der Untersuchung zu bekommen.

Quellen

Barta O: Rose-Waaler test. In Barta O, editor: *Veterinary clinical immunology laboratory,* Blacksburg, 1993, BARLAB

Barta O, Pourciau SS: Electrophoresis. In Barta O, editor: *Laboratory techniques of veterinary clinical immunology,* Springfield, Ill, 1984a, Charles C Thomas.

Carter SD et al: Immune complexes and rheumatoid factors in canine arthritides, *Ann Rheum Dis* 48:185, 1989.

Collins L: Canine albumin results, *Lab Med* 30:293, 1999.

Feldsburg PJ: Overview of the immune system and immunodeficiency diseases, *Vet Clin North Am* 24:629, 1994.

Hansson H, Turnwald-Wigh G, Karlsson-Parra A: Detection of antinuclear antibodies by indirect immunofluorescence in dog sera: comparison of rat liver tissue and human epithelial-2 cells as antigenic substrate, *J Vet Intern Med* 10:199, 1996.

Harrus S et al: Kinetics of serum antiplatelet antibodies in experimental acute canine ehrlichiosis, *Vet Immunol Immunopathol* 51:13, 1996.

Heddle RJ, Rowley D: Dog immunoglobulins: immunochemical characterization of dog serum, saliva, colostrum, milk and small bowel fluid, *Immunology* 29:185, 1975.

Hill PB, Moriello KA, DeBoer DJ: Concentrations of total serum IgE, IgA, and IgG in atopic and parasitized dogs, *Vet Immunol Immunopathol* 44:105, 1995.

Kaneko JJ: Serum proteins and the dysproteinemias.In Kaneko JJ, editor: *Clinical biochemistry of domestic animals,* ed 3, San Diego, 1980, Academic Press.

Langlais-Burgess L, Lumsden JH, Mackin A: Concurrent hypoadrenocorticism and hypoalbuminemia in dogs: a retrospective study, *J Am Anim Hosp Assoc* 31:307, 1995.

Moore GE, Mahaffey EA, Hoenig M: Hematologic and serum biochemical effects of long-term administration of anti-inflammatory doses of prednisone in dogs, *Am J Vet Res* 53:1033, 1992.

Peterson M, Kintzer PP, Hurvitz A: Methimazole treatment of 262 cats with hyperthyroidism, *J Vet Intern Med* 2:150, 1988.

Reimann KA et al: Immunologic profiles of cats with persistent naturally acquired feline leukemia virus infection, *Am J Vet Res* 47:1935, 1986.

Reynolds HY, Johnson JS: Quantitation of canine immunoglobulins, *J Immunol* 105:698, 1970.

Reynolds HY et al: Serum immunoglobulin levels in grey collies, *Proc Soc Exp Biol Med* 136:574, 1971.

Schultz RD, Adams LS: Immunologic methods for the detection of humoral and cellular immunity, *Vet Clin North Am* 8:721, 1978.

Scott DW et al: Immune-mediated dermatoses in domestic animals: ten years after. II, *Comp Cont Ed* 9:539, 1987b.

Scott MA et al: Development of a sensitive immunoradiometric assay for detection of platelet surface-associated immunoglobulins in thrombocytopenic dogs, *Am J Vet Res* 63:124, 2002.

Turnwald GH, Barta O: Immunologic and plasma protein disorders. In Willard MD, Tvedten H, Turnwald GH: *Small animal clinical diagnosis by laboratory methods,* Philadelphia, 1989, WB Saunders.

Werner LL, Brown KA, Halliwell REW: Diagnosis of autoimmune skin disease in the dog: correlation between histopathologic, direct immunofluorescent and clinical findings, *Vet Immunol Immunopathol* 5:47, 1984.

15 Fortpflanzungsstörungen

Cheri A. Johnson

15.1 Allgemeines Vorgehen

Eine klinisch-pathologische Untersuchung des Reproduktionstrakts ist häufig indiziert. Sie wird sowohl bei Tieren ohne Fortpflanzungsstörungen (z.B. Routineuntersuchungen vor Kauf und Zuchteinsatz, Optimierung der Konzeptionsrate und Wurfgröße, unterstützendes Trächtigkeitsmanagement, Untersuchung der Spermaqualität vor Einfrieren) als auch bei Tieren mit Fortpflanzungsstörungen (z.B. Unfruchtbarkeit, Probleme bei Trächtigkeit und Geburt, Ausfluss aus den äußeren Genitalien, verändertes Sexualverhalten, Missbildungen der Genitalien) durchgeführt. Zu den wichtigsten diagnostischen Instrumenten zählen neben Anamnese und klinischer Untersuchung bei weiblichen Tieren die Vaginalzytologie und bei männlichen Tieren die Spermauntersuchung.

Bei der Erhebung des Vorberichts ist zu berücksichtigen, ob Infektionskrankheiten, die die Fortpflanzung beeinflussen (z.B. *Brucella canis* beim Hund und virale Rhinotracheitis bei der Katze; siehe Kap.17), vorliegen, ob Arzneimittel mit Einfluss auf die Reproduktion (z.B. Glukokortikoide, Schilddrüsenhormone, Gonadotropine, Östrogene, Progestagene, Androgene, Prostaglandine) verabreicht wurden, ob bei Unfruchtbarkeit familiäre Zusammenhänge bestehen und ob stressreiche Aktivitäten (z.B. Reisen, Ausstellungen, schwere Arbeiten wie Rennen, Jagd, Training) stattgefunden haben.

Bei weiblichen Tieren sollte der Vorbericht auch Informationen zum Beginn jeder Läufigkeit, zu körperlichen Veränderungen und Verhaltensänderungen während jedes Zyklus und zur Dauer des Östrus beinhalten. Ferner sollte er Auskünfte über züchterische Daten und zur Inseminationsmethode (natürlich oder künstliche Besamung) geben. Ebenso sind die züchterischen Erfolge des Zwingers mit anderen Hündinnen vor und nach Zucht mit der fraglichen Hündin von Bedeutung. Zeitpunkt und Methode durchgeführter Trächtigkeitsuntersuchungen sowie jegliche Anzeichen für einen Abort sollten erfasst werden. Falls es zu einer Trächtigkeit kam, verlief die Geburt normal? Wie verhielt es sich mit Gestationsdauer und Wurfgröße?

Bei männlichen Tieren sollten im Rahmen der Anamnese Daten im Hinblick auf Libido, Fähigkeit zur Durchführung des Deckaktes, Anzahl der Belegungen, Konzeptionsrate, Zuchtmethoden (natürliche oder künstliche Besamung, Häufigkeit der Nutzung, Auswahl der Inseminationsdaten) und reproduktive Leistung von Hündinnen vor und nach Belegung mit dem fraglichen Rüden erhoben werden.

Die klinische Untersuchung des männlichen Genitaltrakts schließt die Inspektion der Haut von Präputium und Skrotum sowie des Penis ein. Beide Hoden, Nebenhoden und Samenstränge sollten abgetastet werden. Die Prostata ist von rektal und transabdominal zu palpieren.

Die klinische Untersuchung des weiblichen Tieres beginnt mit der Inspektion von Vulva und Vestibulum. Der Uterus wird transabdominal palpiert. Der hintere Anteil der Vagina kann (abhängig von der Patientengröße) mit einem behandschuhten Finger untersucht werden. Hierbei kann auch eine rektale Palpation hilfreich sein.

15.2 Vaginalzytologie

Indikation (häufig)

Die Vaginalzytologie wird eingesetzt, um die einzelnen Zyklusstadien zu überwachen, einen gestörten Zyklus zu untersuchen, Fehlbelegungen nachzuweisen und vaginalen Ausfluss bzw. weitere Fortpflanzungsstörungen zu beurteilen. Ferner dient sie dazu, Zucht- und Wurfmanagement festzulegen. Es ist jedoch nicht möglich, mittels Vaginalzytologie die Ovulation zu erkennen.

Technik

Ein mit Kochsalzlösung befeuchteter Watteträger wird in die Vagina eingeführt oder alternativ Kochsalzlösung eingespült und mittels Pipette wieder aus der Vagina aspiriert. Dabei sollte

man eine Berührung mit Klitoris, *Fossa clitoridis* und Haut vermeiden. Die dort vorkommenden keratinisierten Zellen könnten bei der Interpretation der Ergebnisse für Verwirrung sorgen. Anschließend werden die Watteträger vorsichtig auf Objektträgern ausgerollt oder einzelne Tropfen der aspirierten Kochsalzlösung aufgebracht. Danach erfolgen Fixation und Färbung. Häufig werden Methylenblau(MB)-, Wright-Giemsa-, Wright-, Trichrom- und modifizierte Wright-Giemsa (Diff-Quick)-Färbungen benutzt, aber auch viele andere sind möglich.
Die MB-Färbung kann bei nassen oder luftgetrockneten Präparaten benutzt werden. Ein Tropfen der Färbelösung wird über die Zellen auf dem Objektträger gegeben und mit einem Deckglas abgedeckt. Die Ausstriche können sofort beurteilt werden. Nachteile der MB-Färbung sind:

1. Erythrozyten werden nicht angefärbt.
2. die Ausstriche müssen sofort beurteilt werden.

Für Wright-, Wright-Giemsa- und Trichrom-Färbungen sind mehrere verschiedene Färbelösungen nötig, und es muss sorgfältig nach Anleitung gearbeitet werden. Daher sind diese Verfahren etwas umständlich. Allerdings werden alle Zellarten angefärbt, und die Objektträger können aufbewahrt werden. Die Diff-Quick®-Färbung ist ein guter Kompromiss. Die Objektträger werden in Methanol fixiert und dann in die beiden Diff-Quick®-Lösungen getaucht. Vaginale Epithelzellen können sich etwas langsamer anfärben als Blutzellen, so dass die Färbezeit möglicherweise durch einige „Tauchgänge“ mehr als vom Hersteller empfohlen verlängert werden muss. Die Ausstriche können mehrere Tage ohne Deckglas aufbewahrt werden. Bei Lagerung mit Deckglas verlängert sich die Aufbewahrungszeit. Mindestens 100 Epithelzellen werden untersucht und aufgelistet.

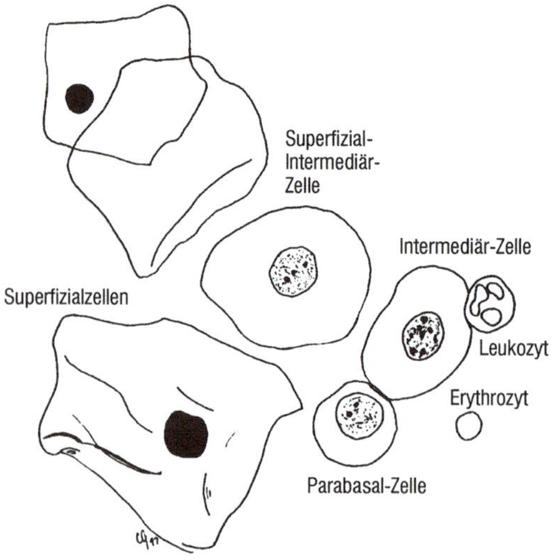

Abb. 15.1 Typische Zellen in der Vaginalzytologie.

Auswertung

Es sind verschiedene Zellarten des Vaginalepithels beschrieben worden (Olson et al., 1984a). Von der *Lamina propria* bis zur epithelialen Oberfläche sind dies – geordnet nach zunehmendem Reifegrad – Basal-, Parabasal-, Intermediär-, Superfizial-Intermediär- und Superfizialzellen. Die Basalzellen liegen der Basalmembran auf und werden nicht abgeschilfert. Parabasalzellen sind klein und rund mit einem hohen Kern-Zytoplasma-Verhältnis. Intermediärzellen sind rund, etwa doppelt so groß wie Parabasalzellen und haben die gleichen Kerne. Superfizial-Intermediärzellen sind größer, haben eckige Zellgrenzen und sind oft gefaltet. Der Zellkern ist immer noch groß, zeigt aber eine beginnende Karyolyse. Die Superfizialzellen sind eckig, dünn und gefaltet. Ihr Kern ist pyknotisch oder aufgrund starker Karyolyse nicht mehr anfärbbar (Abb. 15.1).
Östrogene führen zur Proliferation, Verdickung und Reifung des Vaginalepithels. Daher kann die Vaginalzytologie zur Überwachung der Läufigkeit – v.a. der follikulären Phase des Proöstrus und Östrus, in der die Follikel Östrogen produzieren – genutzt werden (Tab. 15.1). Während des Proöstrus werden Parabasal-, Intermediär- und einige Superfizialzellen abgeschilfert. Außerdem sind Erythrozyten, Leukozyten und Bakterien vorhanden. Rückt der Östrus näher, kommt es zu einer allmählichen Steigerung des Reifegrads der Epithelzellen und einer Reduktion der Leukozyten. Während des Östrus herrschen die Superfizialzellen vor. Sie machen schließlich über 90 % der abgeschilferten Zellen aus. Oft sind gleichzeitig Erythrozyten und extrazelluläre Bakterien nachzuweisen. Leukozyten kommen – außer bei gleichzeitigen Entzündungen – während des Östrus nicht vor.

Tabelle 15.1 Vaginalzytologische Befunde während des Zyklus

Zellen	Proöstrus	Östrus	Diöstrus
parabasal	+	-	-
intermediär	+	kaum	+
superfizial-intermediär	±	+	±
superfizial	kaum	90 %	kaum
Erythrozyten	+	±	±
Leukozyten	+	-	++/+

Der Diöstrus (Gelbkörperphase) ist durch eine abrupte Veränderung gekennzeichnet: Parabasal- und Intermediärzellen übersteigen die Anzahl der Superfizialzellen. Zu Beginn des Diöstrus sind oft schollenartige Verbände von Superfizialzellen festzustellen. Fast immer kehren zu dieser Zeit die Leukozyten zurück, häufig sind auch Erythrozyten und Bakterien vorhanden. Daher ist es oft nicht möglich, Pro- und Diöstrus auf Grundlage eines einzigen Vaginalabstrichs zu unterscheiden. Während des Anöstrus werden weniger Epithelzellen abgeschilfert; es sind Parabasal- und Intermediärzellen ohne oder mit wenigen Leukozyten und Bakterien vorhanden (Tab. 15.1). Während des Zyklus der Kätzin erfolgen ähnliche Veränderungen. Jedoch kommen nur selten Erythrozyten und Leukozyten vor.

15.2.1 Zucht- und Wurfmanagement

Die Bestimmung der Läufigkeitsphasen erleichtert die Festlegung optimaler Zuchtdaten. Damit kann es gelingen, Konzeptionsrate und Wurfgröße zu maximieren bzw. den Wurftag genau vorherzusagen. Wird allein die Vaginalzytologie als labordiagnostisches Hilfsmittel zum Zuchtmanagement verwendet, werden die besten Konzeptionsraten und Wurfgrößen erreicht, wenn gesunde Hündinnen am ersten Tag des Östrus und zusätzlich 3 oder mehr Tage später gedeckt werden. Ebenso ist es vertretbar, den Deckakt jeden zweiten Tag durchzuführen – vorausgesetzt, die Belegung beginnt zu Anfang des Östrus und wird mindestens 4–6 Tage lang fortgesetzt (Übers. 15.1). Allerdings werden Konzeptionsrate und Wurfgröße nicht beeinflusst. Weil die Ovulation zu variablen und nicht vorhersehbaren Zeitpunkten innerhalb des Östrus, der durch Verhaltensweisen und das zytologische Bild gekennzeichnet ist, erfolgt und zudem Hundesperma in dieser Zeit im weiblichen Genitaltrakt mindestens 4–6 Tage lang befruchtungsfähig bleibt, variiert die normale Trächtigkeitsdauer zwischen 58 und 70 Tagen (ausgehend von der ersten Belegung). Wird die Trächtigkeitsdauer von Tag 1 des zytologischen Diöstrus ausgehend berechnet, werfen 93 % der Hündinnen 57 Tage nach dem ersten Tag des Diöstrus. Diese alternative Art der Berechnung der Gestationsdauer hilft beim Management von Trächtigkeiten.

Übersicht 15.1 Zuchtmanagement beim Hund

1. nur Auswahl von gesunden, *Brucella-canis*-negativen Tieren zur Zucht
2. Identifikation des ersten Östrustages
   - früh (Tag 3) im Zyklus beginnen (Proöstrus)
   - jeden 2. Tag Kontrolle der Hündin durch Verhalten (Probieren mit erfahrenem Rüden) und/oder Vaginalzytologie
     – (**Beachte:** Serum-Progesteronkonzentration ermöglicht genauere Vorhersage der Ovulation und des Deckzeitpunkts)
     – (**Beachte:** Belegung nach einer vorbestimmten Anzahl von Tagen nach Beginn des Proöstrus stellt kein optimales Management dar)
3. Belegung am ersten Tag des Östrus
4. erneute Belegung 3 oder mehr Tage später (**Beachte:** Mindestens dreimalige Belegung jeden 2. Tag ist ebenso vertretbar)
5. Trächtigkeitsuntersuchung 20–30 Tage später
   - falls trächtig, Trächtigkeits- und Geburtsmanagement beachten
   - falls nicht trächtig, Bestimmung der Serum-Progesteronkonzentration, um Ovulation und Gelbkörperfunktion zu beurteilen

Veränderte Zyklen

Dauern Proöstrus und Östrus einer Hündin zusammen länger als 40 Tage, wird dies als verlängert angesehen. Da der Ovulationszeitpunkt in einem veränderten Zyklus unbekannt ist, sollte die Hündin während des gesamten verlängerten Östrus alle 2–4 Tage gedeckt werden – es sei denn, es werden Progesteronmessungen zur Vorhersage des Ovulationszeitpunkts durchgeführt (siehe 15.8.1 Progesteron). Ein persistierender Östrus ist bei Hündin und Kätzin selten. Als Ursachen kommen Ovarialzysten, Ovarialtumoren und exogene Östrogengaben in Frage.

Einige Hündinnen zeigen im Proöstrus und Östrus keine offensichtlichen äußeren Veränderungen oder Verhaltensänderungen (sog. „stille Hitze"). Die Läufigkeit kann dennoch prospektiv durch regelmäßige Durchführung einer Vaginalzytologie (alle 1–2 Wochen) oder retrospektiv durch Messung der Progesteronkonzentration im Serum festgestellt werden. Eine Progesteronkonzentration über 6 nmol/l (2 ng/ml) spricht für einen funktionierenden Gelbkörper, der i.d.R. bei der Hündin nach dem Östrus 60 Tage lang vorhanden ist.

Fehlbelegung

Mittels Vaginalzytologie ist erkennbar, ob eine Hündin kürzlich belegt wurde. So können in Vaginalabstrichen bei 68 bzw. 50 % der Hündinnen, die vor 24 bzw. 48 Stunden gedeckt wurden, Spermienköpfe (keine intakten Spermien) nachgewiesen werden. Doch auch ohne Spermiennachweis ist nicht auszuschließen, dass ein Deckakt vor kurzem erfolgt ist. Vor Gabe von Östrogenen („Abspritzen") ist eine Vaginalzytologie indiziert. Zeigt das zytologische Bild den Diöstrus, sind Östrogene kontraindiziert: Bei 25 % der Hündinnen, denen während des Diöstrus Estradiolcypionat (ECP) verabreicht wird, entwickelt sich eine Pyometra.

Beachte: Da Estradiolcypionat (ECP) bei Hündinnen zu geringgradiger bis fataler Knochenmarksuppression führen kann, sollte es keinesfalls an Hündinnen verabreicht werden.

15.3 Vaginalausfluss und andere Störungen

Ausfluss aus der Vulva wird am besten mittels Vaginalzytologie untersucht (Olson et al., 1984b). Zuerst muss physiologischer Ausfluss von verändertem Ausfluss unterschieden werden. Danach ist die Ursache zu ermitteln. Im Rahmen der Untersuchung werden morphologische Merkmale und die Anzahl von Zellen des Vaginalepithels, von Erythrozyten, Leukozyten und Bakterien ebenso erfasst wie das Vorhandensein anderer Bestandteile (z.B. neoplastische Zellen, Schleim, Zelldetritus, Uteroverdin, Zellen des Endometriums, Makrophagen). Viele Fortpflanzungsstörungen führen – auch ohne Vorliegen von Ausfluss – zu veränderten Befunden in der Vaginalzytologie.

15.3.1 Hämorrhagie

Erythrozyten kommen in physiologischem und verändertem Vaginalausfluss oft vor (Übers.15.2); ihre Bedeutung hängt von den begleitenden Zellen ab. Reife Superfizialzellen zusammen mit Erythrozyten sind im normalen Proöstrus und Östrus zu erwarten. Sie können allerdings auch nach exogener Östrogengabe oder bei pathologisch veränderten Ovarien (z.B. Follikelzysten, östrogenproduzierende Granulosazelltumoren) auftreten. Im physiologischen Vaginalausfluss nach einer Geburt (Lochien) sind mit Schleim vermischte Erythrozyten zu finden. Sind bei der zytologischen Untersuchung peripheres Blut, Intermediär- und Parabasalzellen nachweisbar, ist eine Überprüfung von Vorbericht und klinischen Daten indiziert. Zu den möglichen Ursachen einer Hämorrhagie gehören eine Subinvolution der Plazentationsstellen, Lazeration der Vagina, Neoplasien von Uterus und Vagina, Uterustorsion und Gerinnungsstörungen.

Übersicht 15.2 Ursachen für blutigen Vaginalausfluss bei Hündin und Kätzin

- mit hauptsächlich superfizialen (reifen) Epithelzellen
  - physiologischer Proöstrus, Östrus oder früher Diöstrus
  - verbleibendes Ovarialgewebe nach Kastration
  - pathologische Zustände der Ovarien (zystische Follikel, funktioneller Ovarialtumor)
  - exogene Östrogene
- ohne superfiziale (reife) Epithelzellen
  - physiologische Lochien
  - Subinvolution der Plazentationsstellen
  - Lazeration der Vagina
  - Neoplasie von Vagina oder Uterus
  - Uterustorsion
  - Blutungsneigung

Bei der Subinvolution der Plazentationsstellen handelt es sich um eine postpartale Erkrankung, die durch einen länger als 8–12 Wochen anhaltenden blutigen Ausfluss gekennzeichnet ist. Sie kommt i.d.R. bei sonst gesunden erstgebärenden Hündinnen vor; nur selten kommt es zu signifikantem Blutverlust. Die Diagnose wird auf Grundlage des Vorberichts, klinischer und zytologischer Befunde gestellt. Sie kann durch histopathologische Untersuchung der Plazentationsstellen – was selten notwendig ist – bestätigt werden. Vaginale Lazerationen sind eher selten, können aber durch Verletzungen beim Deckakt, Dystokie, geburtshilfliche Eingriffe oder eine Vaginoskopie entstehen. Bei Verdacht auf vaginale Lazeration liegt eine Indikation zur Endoskopie vor.

Leiomyome sind die häufigsten uterinen und vaginalen Tumoren beim Kleintier. Die Symptomatik besteht meist aus blutigem Vaginalausfluss (mit oder ohne Umfangsvermehrung). Leiomyome stoßen kaum Zellen ab, daher sind nur selten neoplastische Zellen in der Zytologie nachzuweisen. Bei Verdacht auf eine Neoplasie sind die vorsichtige digitale Untersuchung der Vagina und eine transabdominale Palpation des Uterus auf Tumoren die nächsten durchzuführenden Schritte. Danach können Röntgenbilder, Ultraschall und/oder vaginale Endoskopie benutzt werden, um die nun indizierte Biopsie zu steuern.

Uterustorsionen kommen i.d.R. bei trächtigen Tieren kurz vor der Geburt vor. Das häufigste Symptom ist abdominaler Schmerz, auch hämorrhagischer Ausfluss tritt oft auf. Bei Verdacht auf Uterustorsion lässt sich die fehlerhafte Uteruslage mittels Röntgenaufnahmen oder Ultraschall beweisen.

Bei Gerinnungsstörungen besteht die Symptomatik nur selten ausschließlich aus vaginalen Blutungen. Häufigere Ursachen vaginaler Blutungen sollten zunächst ausgeschlossen werden (Übers. 15.2). Erhärtet sich der Verdacht auf eine Blutungsneigung, ist ein hämostatisches Profil (siehe Kap. 5) indiziert.

Blutungen können begleitend zu jedem entzündlichen Prozess auftreten. Weist das Verhältnis von Leukozyten zu Erythrozyten eher auf ein Exsudat als auf Blut hin, sollte nach einer entzündlichen Erkrankung gesucht werden. **Cave:** Blutiger Vaginalausfluss – sogar begleitet von Attraktivität für Rüden – tritt nicht nur im Proöstrus oder Östrus auf (Übers. 15.2).

15.3.2 Purulenter oder septischer Ausfluss

Leukozyten – mit oder ohne begleitende Bakterien – weisen auf entzündliche Vorgänge hin. Physiologischerweise sind sie in großer Anzahl während der ersten 1–2 Tage des Diöstrus und weniger zahlreich in den Lochien nachzuweisen. Septischer oder eitriger Ausfluss kann aus der Vulva, dem Vestibulum, der Vagina oder dem Uterus stammen. Der Ursprungsort des Exsudats bestimmt die Prognose der Erkrankung und muss deshalb identifiziert werden. Im Rahmen der Vaginoskopie ist eine Vulvitis oder Vaginitis erkennbar; es sollten offensichtliche Anzeichen einer Entzündung (z.B. Hyperämie, Ödem, Schmerz, Schleimhautläsionen) vorliegen.

Der Nachweis einer Vaginitis schließt eine gleichzeitige Gebärmuttererkrankung nicht aus (Abb. 15.2). Weist die Endoskopie auf einen uterinen Ursprung des Ausflusses hin oder sind zytologisch Endometriumzellen zu finden, ist eine Beteiligung der Gebärmutter wahrscheinlich. Daher ist die Suche nach Uteruserkrankungen wie Pyometra mittels röntgenologischer und/oder sonographischer Untersuchung des Abdomens indiziert. Die Kenntnis des Zyklusstandes ist für die Beurteilung einer Uteruserkrankung sehr wichtig. Während der Gelbkörperphase (Diöstrus) kann ein septischer oder eitriger Ausfluss durch eine zystische Hyperplasie des Endometriums bzw. Pyometra, eine Trächtigkeit mit gleichzeitiger uteriner oder vaginaler Infektion oder durch einen drohenden Abort zustande kommen. Tritt der Ausfluss nach einer Geburt, einem Abort oder im Anöstrus auf, sollten Metritis oder Uterusstumpfgranulom und -abszess in Betracht gezogen werden. Ebenso sollte nach prädisponierenden Faktoren für eine Metritis – wie Plazentaretention, retinierten Foeten, Abort oder geburtshilflichen Manipulationen – gesucht werden (Abb. 15.2).

15.3.3 Neoplastische Zellen

Umfangsvermehrungen der Vagina und Vulva stellen Indikationen für eine Feinnadelaspiration dar. Die Vaginoskopie hilft bei Beurteilung des Ausmaßes der Veränderung und der Harnröhrenmündung. Transmissible venerische Tumoren (TVT) stoßen leicht Zellen ab. Hündin-

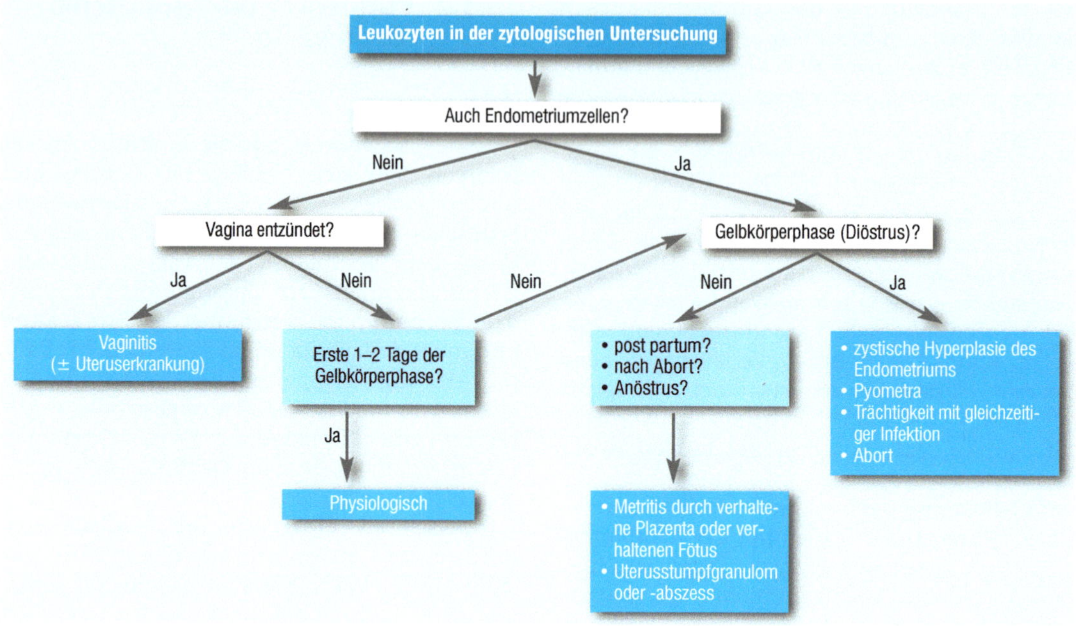

Abb. 15.2 Diagnostische Überlegungen bei purulenter oder septischer Vaginalzytologie.

nen mit TVT werden i. d. R. wegen einer aus der Vulva hervorstehenden Umfangsvermehrung untersucht (siehe Kap. 18). Durch Vaginalzytologie können auch urethrale Übergangszellkarzinome und vaginale Plattenepithelkarzinome nachgewiesen werden. Selten ist das äußere Genitale bei Adenokarzinomen der Mamma und bei malignen Lymphomen mit einbezogen. Kann anhand der Zytologie keine endgültige Diagnose gestellt werden, sollte die histopathologische Untersuchung eines Inzisions- oder Exzisionsbioptats erfolgen. Das weitere diagnostische Vorgehen zur Stadieneinteilung ist vom Tumortyp abhängig.

15.3.4 Schleim

Schleim ist Hauptbestandteil der Lochien. Ebenso kann schleimiger Ausfluss während der normalen späten Trächtigkeit und möglicherweise in geringen Mengen auch in einer Gelbkörperphase ohne Gravidität (Diöstrus) auftreten. Hier ist keine weitere Untersuchung des Patienten nötig. Zervizitis und Mukometra können schleimigen Ausfluss hervorrufen. Diese Störungen lassen sich mittels Endoskopie oder Röntgenaufnahmen bzw. Ultraschall des Abdomens diagnostizieren. Bei einigen offensichtlich gesunden Hündinnen liegt geringgradiger schleimiger Vaginalausfluss vor (Übers. 15.3).

Übersicht 15.3 Ursachen für schleimigen Vaginalausfluss

- physiologisch
  - Lochien
  - spätes Trächtigkeitsstadium
  - Gelbkörperphase (Diöstrus)
- androgene Stimulation
  - endogen (Intersexualität)
  - exogen (Miboleron, Testosteron)
- Zervizitis
- Mukometra
- idiopathisch (?)

Die Verabreichung von Miboleron (ein synthetisches Androgen) oder Testosteron sowie Intersexualität können leichten schleimigen Ausfluss verursachen. Der Vorbericht sollte die Medikamentenverabreichung aufdecken. Häufig kommt es durch den Einfluss von Androgenen zur Vergrößerung der Klitoris. Bei einigen Zwittern endet die Vagina blind. Werden bei der Bestimmung der Serum-Testosteronkonzentrationen vor und nach Gabe von humanem Choriongonadotropin (hCG) oder Gonadotropin-Releasinghormon (GnRH) signifikante Unterschiede festgestellt, weist dies bei zwitterverdächtigen Tieren auf funktionelles Hodengewebe hin. Diese Patienten können auch karyotypisiert werden. Allerdings ist eine explorative Laparotomie die kostengünstigste diagnostische und therapeutische Methode.

15.3.5 Uteroverdin

Dieses dunkelgrüne Blutpigment kommt physiologischerweise in der Plazenta vor. Seine Beteiligung bei Vaginalausfluss deutet auf eine Plazentaablösung hin. Letzteres ist bei gleichzeitiger Wehentätigkeit physiologisch. Das Vorhandensein von Uteroverdin ohne offensichtliche Wehen weist jedoch auf Gefahr für die Foeten durch Dystokie oder Abort hin. Ist anhand des Vorberichts und der klinischen Untersuchung eine Differenzierung der Ursachen nicht möglich, ist die abdominale Sonographie indiziert. Damit lässt sich nachweisen, ob die Foeten noch leben oder bereits tot sind.

15.4 Milchdrüsen

Eine veränderte Größe oder abnorme Sekretion eines oder mehrerer Komplexe deutet auf eine Erkrankung des Gesäuges hin. Die häufigste Ursache für Vergrößerung und Sekretion des Gesäuges ist die Laktation (physiologisch oder Anzeichen einer Erkrankung, siehe unten). Aber auch Mastitis, Hyperplasie und Neoplasien kommen als Ursachen in Betracht.

15.4.1 Galaktorrhö

Eine Laktation ohne vorhergehende Trächtigkeit und Geburt kommt oft bei scheinträchtigen Hündinnen vor sowie gelegentlich auch bei scheinträchtigen Kätzinnen. Die Scheinträchigkeit entwickelt sich am Ende der Gelbkörperphase (bei der Hündin etwa 60 Tage nach dem Östrus, bei der Kätzin etwa 40 Tage nach induzierter Ovulation ohne nachfolgende Trächtigkeit). Galaktorrhö kann auch durch den Wegfall eines Progesteroneinflusses entstehen, wie beispielsweise bei Kastration während des Diöstrus oder nach Absetzen eines Progestagens (z.B. Megestrol). Die Galaktorrhö wird anhand des Vorberichts und der klinischen Befunde diagnostiziert. Sie bildet sich spontan wieder zurück, kann aber bei einigen wenigen Hündinnen auch für Monate persistieren. I.d.R. ist eine Überprüfung der Schilddrüsenfunktion unnötig. Bei Hündinnen mit lang dauernder Galaktorrhö kann diese Untersuchung dennoch sinnvoll sein, da ein Zusammenhang zwischen Galaktorrhö und Hypothyreose möglich ist (siehe Kap. 9).

15.4.2 Mastitis

Als bakterielle Infektion eines oder mehrerer laktierender Gesäugekomplexe kommt die Mastitis am häufigsten bei Hündinnen nach der Geburt vor. Im Gegensatz dazu ist sie nur selten bei scheinträchtigen Hündinnen oder bei Kätzinnen post partum zu beobachten. Eine kürzlich erfolgte Geburt zusammen mit dem Auftreten vermehrt warmer, geschwollener, schmerzhafter Milchdrüsen und purulenter Milch ist diagnostisch für eine Mastitis. Ist die Milch makroskopisch unverändert, kann häufig durch zytologische Untersuchung der Milch oder eines Gesäugeaspirats eine eitrige, oft septische Entzündung nachgewiesen werden. Galaktostase (Ansammlung von Milch und Stillstand des Milchflusses) führt auch zu einem warmen, geschwollenen und schmerzhaften Gesäuge. In diesem Fall ist keine bakterielle Infektion erkennbar und die Milch zytologisch unverändert. Am häufigsten entwickelt sich die Galaktostase nach Absetzen der Welpen.

15.4.3 Gesäugehypertrophie

Eine Hypertrophie der Milchdrüsen (Gesäugehyperplasie, Fibroadenomatose) ist bei Katzen häufiger festzustellen als beim Hund. Sie ist gekennzeichnet durch eine schnelle abnorme Größenzunahme und steht in zeitlichem Zusammenhang mit der Progesteronkonzentration. Deshalb tritt sie bei intakten Hündinnen und Kätzinnen in der Gelbkörperphase des Zyklus auf. Es sind auch Fälle bei kastrierten Katzen und Katern beschrieben, die mit Progestagenen (z.B. Megestrolacetat) behandelt wurden. Wenn der Vorbericht den Progesteroneinfluss bestätigt, liegt das Vorliegen einer Gesäugehypertrophie nahe. Um in zweifelhaften Fällen eine Hypertrophie von einer Neoplasie zu unterscheiden, ist es angezeigt, eine Biopsie durchzuführen.

15.4.4 Neoplasie

Neoplasien der Milchdrüsen sind bei mittelalten bis alten weiblichen Hunden und Katzen häufig. Vor Beweis des Gegenteils ist jede Vergrößerung des Milchdrüsengewebes bei männlichen oder kastrierten sowie bei intakten weiblichen Tieren im Anöstrus als neoplastisch anzusehen. Eine Feinnadelaspiration der Umfangsvermehrungen ist leicht durchzuführen; allerdings müssen die zytologischen Befunde mit Vorsicht interpretiert werden (siehe Kap. 18) und sind oft nicht diagnostisch. Um Tumorart und Malignität am besten beurteilen zu können, ist eine Exzisionsbiopsie mit nachfolgender histopathologischer Untersuchung am besten geeignet.

15.5 Spermauntersuchung

Indikation (häufig)

Liegt bei einem männlichen Tier der Verdacht auf Unfruchtbarkeit vor, so ist immer eine Spermauntersuchung angezeigt (Abb. 15.3); sie ist ebenso ein routinemäßiger Bestandteil von Zuchttauglichkeitsuntersuchungen. Die Zytologie des Ejakulats wird außerdem zur Beurteilung von Erkrankungen der Prostata, der Hoden und Nebenhoden eingesetzt.

Technik

Die Spermagewinnung erfolgt beim Rüden mittels manueller Stimulation des Penis über das Präputium oder eine künstliche Vagina. Die meisten deckerfahrenen Rüden können ohne Anwesenheit einer Hündin abgesamt werden. Bei unerfahrenen oder schüchternen Tieren kann es für die Ejakulation notwendig sein, dass eine Hündin im Östrus anwesend ist oder alternativ auch eine fügsame Hündin im Anöstrus. Die Anwesenheit einer läufigen Hündin oder des synthetischen Pheromons Methyl-p-Hydroxybenzoat kann die Qualität des Ejakulats verbessern. Der Raum zur Spermagewinnung sollte ruhig, frei von Ablenkungen und mit einem rutschfesten Boden ausgestattet sein.
Die Spermaprobe muss mit Vorsicht behandelt werden. Alle Gerätschaften sind sauber und frei von Verunreinigungen zu halten, die die Vitalität der Spermien beeinflussen könnten (z.B. Wasser, große Mengen Gleitmittel). Die Probe sollte vor einem Temperaturschock geschützt werden. Hundesperma kann ohne nachteilige Folgen etwa 15 Minuten lang bei Raumtemperatur aufbewahrt werden. Dennoch empfiehlt es sich, die Probe sofort weiter zu verarbeiten und dabei Objektträger und Deckgläser auf 37 °C vorzuwärmen. Volumen und Farbe des Spermas werden ebenso untersucht wie Konzentration, Motilität und Morphologie der Spermatozoen (Tab. 15.2).

Tabelle 15.2 Kennzeichen von physiologischem Hundesperma

Fraktion	Volumen	Farbe
Vorsekret	Tropfen (selten einige Milliliter)	klar
spermienreiche Fraktion	0,5–5 ml	wolkig weiß, opaleszierend
Prostatasekret	1–20 ml	klar
Gesamtspermien / Ejakulat: 250–2000 × 10^6 Motilität ≥ 80 % vorwärtsbewegliche Spemien Morphologie ≤ 25 % Anomalien		

Volumen

An der Skala des geeichten Reagenzglases, mit dem die Probe gewonnen wurde, lässt sich das Volumen direkt ablesen. Die Ejakulation von Hundesperma erfolgt in drei Fraktionen; die erste Fraktion ist klar und hat i.d.R. das Volumen einiger Tropfen, bei einigen Individuen kann diese Fraktion bis zu 2 ml betragen. Die zweite Fraktion ist spermienreich; ihr Volumen beträgt 0,5–5 ml. Bei der dritten und größten Fraktion (bis zu 20 ml) handelt es sich um Prostatasekret, das normalerweise klar und deshalb leicht von der milchigen spermienreichen Fraktion zu unterscheiden ist. Für die routinemäßige Spermauntersuchung ist vom Prostatasekret nur die Menge zu gewinnen, die nötig ist um sicherzustellen, dass die spermienreiche Fraktion vollständig ejakuliert wurde.
Technik, Häufigkeit, Alter des Tieres und Menge des enthaltenen Prostatasekrets beeinflussen das Gesamtvolumen. Bei jungen Hunden ist das Volumen i.d.R. geringer als bei adulten Tieren. Zwischen Spermavolumen und Fertilität besteht kein Zusammenhang, solange die Ejakulation nicht ganz ausbleibt.

Farbe

Die Farbe wird durch direkte Betrachtung beurteilt. Hundesperma hat i.d.R. die Farbe entrahmter Milch. Eine abnorm gefärbte Probe sollte näher auf Verunreinigungen geprüft wer-

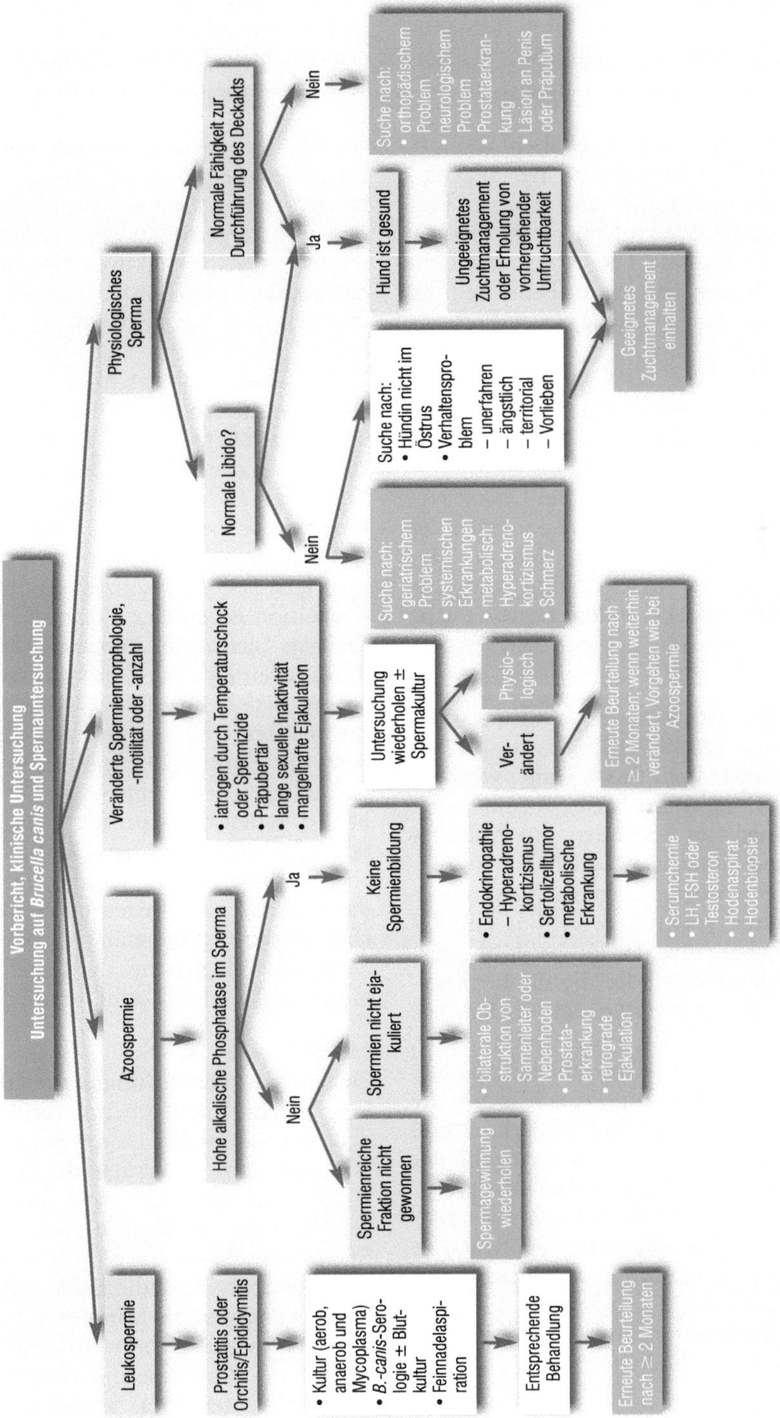

Abb. 15.3 Diagnostisches Vorgehen bei Unfruchtbarkeit des männlichen Tieres. FSH, follikelstimulierendes Hormon; LH, luteinisierendes Hormon.

den, die die Vitalität und Konzentration der Spermien herabsetzen können. Durch Kontamination mit Urin kann ein gelbliches Erscheinungsbild verursacht werden. Um dies zu vermeiden, sollten Hunde direkt vor der Spermagewinnung vom Urinabsatz abgehalten werden. Selten urinieren Hunde während der Ejakulation; diese Tiere sind i.d.R. unfruchtbar. Blut färbt die Probe rosa oder rot und stammt üblicherweise aus der Prostata. Die Verfärbung kann aber auch durch Abrasionen des Penis bedingt sein, was durch eine visuelle Untersuchung rasch geklärt werden kann.
Entzündungszellen, die dem gesamten Harn- oder Geschlechtstrakt entstammen können, verleihen der Probe ein flockiges oder gelbgrünes Aussehen. Häufig handelt es sich um eine Kontamination aus dem Präputium. Bei Leukospermie sollte die Ursache gesucht und Kulturen der Probe zur Untersuchung auf Bakterien und *Mycoplasma spp.* angelegt werden. Eine Untersuchung auf *B. canis* ist bei Hunden sinnvoll (siehe Kap. 17).

Konzentration
Das Volumen und damit die Konzentration des Ejakulats werden grundsätzlich vom spermafreien Prostatasekret beeinflusst. Daher wird die Anzahl der Spermatozoen als Gesamtmenge im Ejakulat und nicht in Spermien pro Milliliter angegeben. Eine einfache Möglichkeit zur Bestimmung der Spermienzahl ist die Verwendung einer Zählkammer (siehe Kap. 2). Für Hundesperma kann dabei entweder die Verdünnungspipette für Erythrozyten oder die für Leukozyten und Thrombozyten verwendet werden. Die Erythrozytenpipette verdünnt die Probe 1 : 200, die Leukozyten- und Thrombozytenpipette 1 : 100. Bei spermienarmen Proben kann die Verdünnung unnötig sein. Um die Spermienzahl je Ejakulat zu erhalten, wird die Anzahl der Spermien je Milliliter mit der Anzahl der gewonnenen Milliliter multipliziert. Die Referenzwerte liegen bei $250–2000 \times 10^6$ Spermien je Ejakulat. Allerdings kommt es zu erheblichen Variationen zwischen den verschiedenen Rassen, da das Ausmaß der Spermienproduktion direkt von der Hodengröße abhängt.

Motilität
Ein Tropfen Sperma wird auf einen vorgewärmten Objektträger (37 °C) gegeben, mit einem warmen Deckglas abgedeckt und dann 15–30 Sekunden lang auf dem beheizbaren Kreuztisch liegen gelassen, um die Sedimentation zu ermöglichen. Danach erfolgt die mikroskopische Untersuchung auf fortdauernde Motilität. Dabei sollten sich die Spermatozoen ständig schnell und gerade über das Gesichtsfeld vorwärts bewegen. Tote Spermien können v.a. in konzentrierten Proben von lebenden Spermien hin- und hergestoßen werden. Diese passive Bewegung muss von aktiver Motilität unterschieden werden. Eine konzentrierte Probe sollte mit der gleichen Menge 0,9%iger Kochsalzlösung (37 °C) verdünnt werden. Es werden 100 Spermien untersucht und so der prozentuale Anteil derjenigen mit fortdauernder Motilität abgeschätzt. Hierbei ist eine Motilität von 70–75 % zu erwarten. Bei Hunden mit guter Fruchtbarkeit liegt sie jedoch i.d.R. über 80 %. Eine Massenbewegung (wie z.B. bei Bullensperma) ist bei Hundesperma aufgrund der zu niedrigen Spermienkonzentration selten.
Exposition gegenüber Hitze oder Kälte, großen Mengen Gleitmittel, Wasser, Urin und Entzündungszellen kann den prozentualen Anteil und das Ausmaß der Motilität verringern. Erfolgt die Ejakulation nach langer sexueller Inaktivität, kann die Motilität der Spermien erniedrigt sein. Gekühltes Sperma, das wieder erwärmt wurde, hat i.d.R. denselben prozentualen Anteil motiler Spermien. Allerdings bewegen sich die individuellen Spermatozoen eher langsamer. In Sperma, das zunächst eingefroren und dann zur künstlichen Besamung aufgetaut wurde, sind üblicherweise sowohl prozentualer Anteil als auch Geschwindigkeit der Motilität erniedrigt.

Morphologie
Optimal zur Beurteilung der Spermienmorphologie – aber nicht überall verfügbar – ist die lichtmikroskopische Untersuchung mit Phasenkontrast. Zur Untersuchung der morphologischen Charakteristika von Spermien können verschiedene Färbungen verwendet werden. Spermien nehmen Färbungen langsamer an als Blutzellen, so dass die Färbezeiten i.d.R. um einige Sekunden bis Minuten verlängert werden müssen. Unglücklicherweise führen einige Färbungen bei Hundesperma selbst zu morphologischen Defekten (v.a. abgeknickte Schwänze). Diese Defekte können eine unpassende Osmolalität oder einen falschen pH-Wert widerspiegeln. Die häufigsten Färbungen enthalten Eosin-Nig-

rosin. Die Proben können ebenso mit Methylenblau oder nach Wright gefärbt werden. Eine billige Färbemethode ist die Verwendung von Tusche, wie sie in Schreibwarengeschäften erhältlich ist. Hierbei wird eine 3-Objektträger-Technik eingesetzt: Ein Tropfen der Tusche wird auf einem Objektträger mit einem Tropfen Sperma vermischt. Ein zweiter Objektträger wird so herangeführt, dass er gerade den Rand dieses Tropfens berührt. Diese Flüssigkeit wird nun mit dem Rand des zweiten Objektträgers auf einem dritten Objektträger ausgestrichen, um einen allmählich dünner werdenden Ausstrich zu erzeugen (wie bei der Herstellung eines Blutausstrichs). Die Ausstriche werden luftgetrocknet und mit Ölimmersion mikroskopisch untersucht.

Es werden mindestens 100 (besser 200) Spermatozoen untersucht und als physiologisch oder verändert klassifiziert. Zeigt ein Spermatozoon mehr als eine Anomalie, wird es entsprechend der schwerwiegendsten Anomalie bewertet. Am schwerwiegendsten sind dabei Veränderungen, die Größe und Form der Spermienköpfe, Akrosomen und Mittelstücke sowie die proximalen Zytoplasmatröpfchen betreffen. Lockere und abgelöste Köpfe (die sich sonst normal darstellen) oder abgeknickte Schwänze gelten als weniger schwerwiegend. Allerdings treten solche Veränderungen nach einer Hodenschädigung oftmals zuerst auf. Der Zusammenhang zwischen morphologischen Charakteristika und Fruchtbarkeit ist bisher nicht vollständig erforscht.

Primäre Anomalien werden i.d.R. einer gestörten Spermatogenese im Hoden zugeschrieben. Sekundäre Anomalien dagegen sollen durch Schädigungen während der Reifung im Nebenhoden oder durch Manipulationen der Probe verursacht sein. Da diese Einteilung recht ungenau ist, ist es am sinnvollsten, die Anomalien zu beschreiben (abgeknickter Schwanz, großer Kopf), anstelle sie lediglich als primär oder sekundär zu bezeichnen. Auf diese Weise lassen sich auch zukünftige Proben besser vergleichen. Hunde mit guter Fruchtbarkeit zeigen i.d.R. weniger als 20–25 % Spermien mit Anomalien. Veränderungen, die durch fehlerhafte Handhabung der Probe bedingt sind, sollten verschwunden sein, wenn eine zweite Probe entsprechend sorgfältig behandelt wird. Im Hinblick auf iatrogene Veränderungen im Sperma des Hundes sind abgeknickte Schwänze am häufigsten.

Im Rahmen der morphologischen Untersuchung ist auch auf das Vorkommen anderer Zelltypen oder Fremdmaterial zu achten. Erythrozyten z.B. weisen auf Hämorrhagien hin, Leukozyten auf entzündliche Vorgänge im Urogenitaltrakt. Im Hundesperma kommen physiologischerweise einige Epithelzellen vor, deren Anzahl nach langer sexueller Inaktivität zunehmen kann. Ist eine im Vergleich zu den Spermatozoen sehr große Anzahl anderer Zellen feststellbar, sollte ihr Ursprung geklärt werden. Die Zellen sind nach Anfärbung (z.B. nach Wright) meist leichter zu beurteilen. Was Fremdmaterial in der Probe angeht, sind Kristalle recht häufig anzutreffen – beispielsweise in Proben, die mit Urin oder Talkum kontaminiert sind.

15.5.1 Alkalische Phosphatase im Sperma

Alkalische Phosphatase wird beim Hund im Nebenhoden produziert und kommt physiologischerweise in hoher Konzentration (> 1000 IU/l) im Ejakulat vor. Die Bestimmung der alkalischen Phosphatase im Sperma ist bei Verdacht auf Azoospermie hilfreich. Die Probe wird wie Blut zur Serumgewinnung zentrifugiert (3000 U/min für 10 min) und das überstehende Seminalplasma gewonnen. Die Zentrifugation kann entsprechend der Viskosität modifiziert werden. Allerdings ist Hundesperma kaum visköser als Serum. Die Konzentration der alkalischen Phosphatase wird auf die gleiche Weise wie im Serum bestimmt (siehe Kap. 11). Enthält die Probe keine spermienreiche Fraktion (unvollständige Ejakulation oder bilaterale Obstruktion des Ausflusstrakts), ist die Konzentration der alkalischen Phosphatase im Sperma niedrig (< 300 IU/l). Weist die Probe hingegen hohe Spiegel an alkalischer Phosphatase auf und sind keine Spermatozoen nachweisbar, liegt das Problem in einer fehlenden Spermatogenese im Hoden. Bei Tieren mit Azoospermie und nachweisbarer alkalischer Phosphatase im mittleren Bereich sind weitere Untersuchungen erforderlich.

Auswertung

Anhand einer Samenprobe ist es nicht möglich, die Funktion von Hoden oder Nebenhoden am Tag der Probenentnahme zu beurteilen. Beim Hund dauert die Spermatogenese etwa 60 Tage. Die Länge des Spermatogenesezyklus beim Kater ist unbekannt. Um eine Prognose zu stellen oder wenn die Untersuchung einer Probe keine zufriedenstellenden Ergebnisse liefert, sollte der Hund über einen Zeitraum von mindestens 2 Monaten wiederholten Untersuchungen unterzogen werden. Zur Einstufung einer Probe als „zufrieden stellend" oder „nicht zufrieden stellend" müssen Alter, Rasse (Hodengröße) und Häufigkeit der Nutzung des Hundes berücksichtigt werden. Der Nachweis einer zufrieden stellenden Spermaqualität ist kein Beweis der Fertilität; das männliche Tier muss auch eine normale Libido und die Fähigkeit zum Deckakt besitzen (Abb. 15.3). Ebenso spricht ein nicht zufrieden stellendes Sperma – außer bei Nachweis einer Azoospermie oder kompletten Nekrospermie (tote Spermatozoen) – nicht zwingend für Sterilität.

15.6 Prostata

Prostataerkrankungen (z.B. benigne Prostatahyperplasie, bakterielle Prostatitis, Prostataabszess, prostatische und paraprostatische Zysten, Neoplasien) sind bei älteren männlichen Hunden häufig. Anhand von Vorbericht und klinischer Untersuchung, insbesondere durch die rektale Palpation, lässt sich eine Erkrankung oft schnell der Prostata zuordnen. Um die genauen Ursachen zu bestimmen, sind jedoch meist weitere Untersuchungen nötig. Prostatasekret stellt im Ejakulat des Hundes die dritte und größte Fraktion dar. Daher wird im Rahmen der Diagnostik von Prostataerkrankungen empfohlen, das Prostatasekret zu untersuchen. Massagen, Feinnadelaspirationen und Biopsien der Prostata können ebenfalls durchgeführt werden; aber im Vergleich zu diesen Verfahren ist das Hervorrufen einer Ejakulation weniger invasiv und bei kooperativen Hunden, die zur Ejakulation fähig sind, leicht durchzuführen.

Die Befunde von Ejakulatuntersuchungen korrelieren i.d.R. gut mit den Ergebnissen, die bei der histopathologischen Untersuchung von Bioptaten gefunden werden. Lediglich neoplastische Zellen sind bei Hunden mit einer Neoplasie der Prostata selten im Ejakulat nachzuweisen. Hämorrhagien sind die häufigsten Spermaveränderungen bei Hunden mit Prostatahyperplasie. Bei chronisch bakterieller Prostatitis sind am häufigsten Entzündungszeichen nachzuweisen. Da Prostatasekret physiologischerweise in die Harnblase zurückfließt, kommt es bei einer chronisch bakteriellen Prostatitis oft sekundär zur Harnwegsinfektion. Liegen gleichzeitig eine Harnwegsinfektion und eine bakterielle Prostatitis vor, ist die Spermazytologie von höherer diagnostischer Aussagekraft als die Prostatamassage.

Die perkutane Feinnadelaspiration und Biopsie der Prostata, v.a. unter ultrasonographischer Kontrolle, sind hervorragende Methoden, um Material für weitere mikrobiologische und zytologische Untersuchungen zu gewinnen. Auch Röntgen und Ultraschall sind nützlich. Anders als beim Menschen können beim Hund Prostataerkrankungen nicht anhand biochemischer Untersuchungen des Prostatasekrets diagnostiziert werden. Das prostataspezifische Antigen in Serum und Sperma sowie die prostatische saure Phosphatase sind bei Hunden mit Prostataerkrankungen unverändert. Die Konzentration der kaninen prostataspezifischen Esterase (CPSE) ist bei Hunden mit benigner Prostatahyperplasie im Vergleich zu gesunden Hunden erhöht, aber bisher ist nicht bekannt, ob sich auf diese Weise Prostataerkrankungen genau differenzieren lassen.

15.7 Hoden und Nebenhoden

Die klinische Untersuchung ist das wichtigste Diagnostikum zur Beurteilung von Hoden und Nebenhoden. Aber auch die Spermauntersuchung ist sinnvoll. Beispielsweise werden 5 Wochen nach Infektion mit *Brucella canis* veränderte Spermien (deformierte Akrosomen, angeschwollene Mittelstücke, verbleibende protoplasmatische Tröpfchen) ejakuliert (George et al., 1979). 15 Wochen nach Infektion sind auch abgeknickte Schwänze, abgelöste Köpfe und Kopf-zu-Kopf-Agglutination zu finden. Zwischen der 8. und 35. Woche nach einer *B.-canis*-Infektion kommen im Sperma Gruppen von Entzündungszellen (Neutrophile und Makrophagen) sowie phagozytierte Spermien vor. Bei chronischen Infektionen (60–100 Wochen) sind weniger Entzündungszellen nachzuweisen. Entwickelt sich aufgrund der *B.-canis*-Infektion eine Hodenatrophie, ist eine Azoospermie wahrscheinlich. Jeder unfruchtbare Hund und

jeder Hund mit Entzündungszellen im Sperma (Leukospermie) sollte serologisch und mikrobiologisch auf *B. canis* untersucht werden (siehe Kap. 17).
Eine Feinnadelaspiration des Hodens ist mit einer 25 Gauge starken Kanüle einfach durchzuführen und v.a. bei der Beurteilung fokaler Läsionen (palpierbare testikuläre Umfangsvermehrungen) hilfreich. Sie dient auch zum Nachweis einer erhaltenen Spermatogenese. Die Aspiration des Nebenhodens ist deutlich unangenehmer für das Tier und kann zur Bildung von Spermagranulomen führen.

15.8 Endokrinologische Diagnostik

Vorbericht und klinische Untersuchung bieten die wichtigsten diagnostischen Informationen zur Beurteilung der Hypothalamus-Hypophysen-Gonaden-Achse. Eine normale Libido und ein normales Deckverhalten beider Geschlechter, ein regelmäßiger Zyklusablauf bei weiblichen Tieren und ein klinisch gesunder Reproduktionstrakt deuten auf eine intakte Hypothalamus-Hypophysen-Gonaden-Achse hin. Diese Hinweise können durch Nachweis von physiologischem Sperma bei männlichen Tieren und von physiologischen Ovulationen bei weiblichen Tieren untermauert werden. Derzeit sind keine nicht-invasiven Verfahren zum Nachweis einer Ovulation verfügbar. Allerdings weist eine hohe Progesteronkonzentration im Serum auf einen funktionellen Gelbkörper hin. Dies wiederum deutet auf eine stattgefundene Ovulation hin.
Luteinisierendes Hormon (LH), follikelstimulierendes Hormon (FSH), Östradiol, Progesteron und Testosteron werden mittels Radio-Immuno-Assay (RIA) gemessen. Die Referenzwerte variieren von Labor zu Labor beträchtlich. Geschlechtshormone werden pulsatil oder zyklisch freigesetzt. Daher müssen bei der Interpretation der Befunde die Ergebnisse im Zusammenhang miteinander bzw. im Vergleich zum Reproduktionsvorbericht betrachtet werden. Serienbestimmungen (z.B. alle 15–30 Minuten über 2 Stunden) oder Messungen vor und nach Gabe trophischer Hormone sind einzelnen, zufälligen Blutproben vorzuziehen (Shille und Olson, 1989).

15.8.1 Progesteron

Indikation (häufig)

Die Bestimmung der Progesteronkonzentration im Serum wird benutzt, um die Ovulation vorherzusagen und zu bestätigen. Ferner erlaubt sie, Überreste von Ovargewebe nachzuweisen, die Gelbkörperfunktion zu überwachen und den Geburtszeitpunkt vorherzusagen. Die Progesteronbestimmung ermöglicht bei der Hündin die Vorhersage der Ovulation, da bei dieser Spezies die Luteinisierung bereits präovulatorisch beginnt. Der Übergang der Progesteronkonzentration von Werten des Anöstrus (< 3 nmol/l) zu Werten über 6 nmol/l (2 ng/ml) erfolgt während der LH-Phase. Die Ovulation folgt etwa 2 Tage nach der LH-Phase. Etwa 2 Tage nach der Ovulation wird die Entwicklung der Eizelle abgeschlossen, und sie ist bereit zur Befruchtung. Daher wird empfohlen, Besamungen 3–4 Tage, nachdem das Progesteron auf eine Konzentration über 6 nmol/l angestiegen ist, durchzuführen. Die besten Trächtigkeitsraten werden erzielt, wenn die Progesteronkonzentrationen zum Besamungszeitpunkt über 24 bis zu 60–80 nmol/l (19–26 ng/ml) liegen. Progesteronkonzentrationen über 24 nmol/l sprechen dafür, dass eine Ovulation stattgefunden hat. Eine Progesteronbestimmung alle 2–3 Tage ist i.d.R. ausreichend. Zur Aufrechterhaltung einer Trächtigkeit sind bei der Hündin Progesteronkonzentrationen über 6 nmol/l (2 ng/ml) nötig. Nach Abfall des Progesterons auf Werte unter 6 nmol/l beginnt die Geburt innerhalb von 24 Stunden. Aufgrund der thermogenen Eigenschaft des Progesterons entspricht ein Abfall der rektalen Körpertemperatur unter 37,8 °C einem Abfall der Progesteronkonzentration. Aus diesen Gründen kann die Progesteronbestimmung bei der Vorhersage des Geburtszeitpunkts und dem Vorgehen bei Dystokie helfen. Die Geburt ist 64 ± 1 Tage nach dem präovulatorischen Anstieg (LH-Phase) und innerhalb von 24 Stunden nach dem präpartalen Abfall auf weniger als 6 nmol/l zu erwarten. Die Überwachung des Progesteronspiegels hilft, den Erfolg des Einsatzes von Abortiva und der Behandlung von Gelbkörperzysten mit Prostaglandinen zu ermitteln. In beiden Fällen muss der Progesteronwert nach erfolgreicher Behandlung unter 6 nmol/l liegen.

Probe
Der Kliniker sollte sich mit dem Labor absprechen (Serum oder Plasma). Heparinisiertes oder Ethylendiamintetraessigsäure(EDTA)-Plasma liefert gleiche Ergebnisse wie Serum. Es werden RIA- und ELISA(Enzyme-linked Immunosorbent Assay)-Methoden eingesetzt.

Artefakte
Eine Lagerung von Proben – ohne Trennung von den Erythrozyten oder bei Raumtemperatur – kann zu falsch-niedrigen Werten führen. Serum-Progesteron wird durch Lipämie, Ikterus (Bilirubin < 340 µmol/l) oder Hämolyse nicht beeinflusst, wenn ein RIA verwendet wird. RIAs sind hochspezifisch für Progesteron, können aber geringfügig mit Desoxykortikosteron, Desoxykortisol, Dihydroprogesteron oder 5β-Pregnan-3,20-Dion kreuzreagieren. Dieser Test sollte keine Kreuzreaktionen mit Androstenediol, Kortikosteron, Kortisol, Östradiol, Testosteron oder Pregnenolon aufweisen. Die Kreuzreaktivität kann je nach spezifischem Analysesystem variieren. Durch Gabe radioaktiver Verbindungen oder exogener Progestagene kann der RIA direkt beeinflusst werden. Exogene Progestagene supprimieren mit hoher Wahrscheinlichkeit über eine negative Rückkopplung die endogene Progesteronfreisetzung.
Progesteronbestimmungen mittels ELISA haben nur 85 % der Genauigkeit eines RIA und werden durch Hämolyse und Lipämie beeinflusst.

Auswertung
Wie wichtig es ist, alle Daten anstatt nur eines Einzelparameters zu berücksichtigen, ist am Beispiel des Progesterons gut nachvollziehbar. Progesteronkonzentrationen über 6–24 nmol/l deuten auf einen funktionellen Gelbkörper hin. Das wiederum impliziert eine kürzlich erfolgte Ovulation, beweist sie aber nicht. Bei der Hündin bleibt die Gelbkörperfunktion unabhängig vom Eintritt einer Trächtigkeit i.d.R. bis etwa 65 Tage nach dem Östrus erhalten. Bei der nicht-trächtigen Kätzin ist der Gelbkörper etwa 40 Tage lang funktionell, bei einer Gravidität liegt die Progesteronkonzentration bis zur Geburt über 6 nmol/l. Die Serum-Progesteronkonzentration erreicht ca. 20–30 Tage nach der Ovulation die höchsten Werte. Sie kann dann – abhängig vom Labor – über 75 nmol/l (*50 ng/ml*) liegen. Zu allen anderen Zeitpunkten des Zyklus außerhalb der Lutealphase befindet sich die Progesteronkonzentration unter 6 nmol/l, da (normalerweise) kein funktioneller Gelbkörper existiert. Aus diesem Grund können Werte unter 6 nmol/l durch einen normalen Anöstrus, eine ausbleibende Ovulation, eine unzureichende Gelbkörperfunktion oder eine bevorstehende Geburt verursacht sein, je nach Zyklusstadium, in dem die Probe entnommen wurde (Abb. 15.4). Im Gegensatz hierzu weisen Werte über 6 nmol/l auf

1. eine erfolgte Ovulation,
2. eine normale Gelbkörperfunktion,
3. noch vorhandenes Ovarialgewebe bei einem kastrierten Tier,
4. das Vorhandensein von Gelbkörperzysten oder progesteronbildenden Granulosazelltumoren,
5. eine bisher nicht erfolgreiche Prostaglandintherapie (bei Pyometra, zum Trächtigkeitsabbruch oder bei Gelbkörperzysten),
6. eine nicht unmittelbar bevorstehende Geburt

hin.

15.8.2 Testosteron

Indikation (selten)
Testosteron wird gemessen, um Verdachtsfälle von Kryptorchismus oder Intersexualität zu beurteilen und um in manchen Fällen eine Unfruchtbarkeitsursache festzustellen.

Probe
Der Kliniker sollte sich mit dem Labor absprechen. Aus EDTA-Plasma können sich im RIA niedrigere Werte ergeben als aus heparinisiertem Plasma oder Serum.

Artefakte
Wird die Probe ohne Trennung von den Erythrozyten oder bei Raumtemperatur gelagert, kann dies zu falsch-niedrigen Werten führen. Testosteron wird durch Hyperbilirubinämie (< 340 µmol/l), Hämolyse und Lipämie nicht beeinflusst. Der RIA ist hochspezifisch für Testosteron. Dennoch kann es – je nach verwendeten Reagenzien bzw. je nach Analysesystem – zu bedeutsamen Kreuzreaktionen mit Dihydrotestosteron, 19-Nortestosteron, 11-Ketotestoste-

ron, Methyltestosteron und 11-β-Hydroxytestosteron kommen. Die ebenfalls vorhandene Kreuzreaktivität mit Aldosteron, Kortikosteron, Kortisol, Kortison, Östradiol und Progesteron sollte ohne Bedeutung sein.
Die Gabe von radioaktiven Isotopen, exogenem Testosteron oder zu Testosteron metabolisierbaren Arzneimitteln, Methyltestosteron oder anderen oben erwähnten kreuzreagierenden Androgenen kann den RIA direkt beeinflussen. Ferner kann die endogene Testosteronproduktion durch exogene Androgenbehandlung unterdrückt sein.

Auswertung

Die Testosteronkonzentrationen im Serum unterliegen sowohl beim Einzeltier als auch zwischen den Individuen starken Schwankungen. Abhängig von der Tierart kommt es alle 30–90 Minuten zu einer pulsatilen Testosteronsekretion. Die einmalige, zu einem zufälligen Zeitpunkt erfolgte Testosteronbestimmung hat keine diagnostische Aussagekraft. So können beispielsweise gesunde, fruchtbare Kater im Laufe des Tages Werte unter der Nachweisgrenze aufweisen. Testosteron sollte vor und nach Gabe von hCG oder GnRH bestimmt werden; ein deutlicher Testosteronanstieg deutet hierbei auf funktionelles Hodengewebe hin. Bisher gibt es kein allgemein anerkanntes Protokoll für einen hCG- oder GnRH-Stimulationstest bei Hund und Katze. Daher wird empfohlen, vorher mit dem ausführenden Labor in Kontakt zu treten, um die zu verabreichende hCG- oder GnRH-Dosis, die Häufigkeit der Probenentnahme und die Interpretation der Ergebnisse abzusprechen.

15.8.3 Luteinisierendes Hormon

Indikation (selten)

Die Konzentration des luteinisierenden Hormons (LH) im Serum wird gemessen, um die Ovulation vorherzusagen oder das Ansprechen der Hypophyse auf hormonelle Stimulation zu überprüfen. I.d.R. wird zur Beurteilung der Hypophysen-Gonaden-Achse nach GnRH-Gabe gleichzeitig mit LH auch die Testosteron- oder Progesteronkonzentration bestimmt.

Probe

LH ist labil; das Serum muss sofort von Erythrozyten befreit und bis zur Untersuchung eingefroren werden. LH kann vor und nach GnRH-Gabe gemessen werden. Der Kliniker sollte das Labor kontaktieren, um empfohlene Dosis und Protokoll der Probenentnahme zu erfragen. Es werden RIA- und ELISA-Methoden verwendet.

Artefakte

Es gibt eine Kreuzreaktivität zwischen LH und dem equinen Choriongonadotropin (eCG), aber nicht mit hCG. Hämolyse, Ikterus und Lipämie interferieren nicht mit dem RIA, machen aber den ELISA nutzlos.

Auswertung

Eine Einzelbestimmung von basalem LH ist i.d.R. nicht hilfreich. Anhand der LH-Bestimmung lässt sich aber eine fehlende negative Rückkopplung durch Geschlechtshormone einschätzen. Innerhalb einiger Tage nach der Kastration steigt die LH-Konzentration über die Werte intakter Tiere. Bei einigen Hunden mit fehlender Hodenentwicklung sind auch erhöhte LH-Werte nachzuweisen. LH sollte nach GnRH-Gabe ansteigen (Ausmaß des Anstiegs vom Zyklusstadium abhängig). Nach dem LH-Anstieg sollte sich bei normaler Hypophysen-Gonaden-Achse auch die Testosteron- oder Progesteronkonzentration erhöhen. Durch Serienbestimmungen von LH, die im Proöstrus beginnen, kann bei der Hündin der präovulatorische LH-Peak identifiziert werden. Da der LH-Peak i.d.R. nur 12–24 Stunden dauert, müssen die Messungen in Intervallen von höchstens 24 Stunden erfolgen. Die Ovulation ist etwa 2 Tage nach dem LH-Peak zu erwarten. Die Ausreifung der Eizellen ist beim Hund weitere 2 Tage später abgeschlossen. Daher sollte zur Erzielung optimaler Konzeptionsraten und Wurfgrößen beim Hund eine Besamung etwa 4 Tage nach der LH-Phase erfolgen. Über die Genauigkeit der LH-Bestimmung mittels ELISA im Vergleich zur RIA-Methode wurde bisher nicht berichtet. Der klinische Nutzen von LH-Messungen durch ELISA im Gegensatz zur Progesteronbestimmung mit ELISA oder RIA zur Deckzeitpunkt-Bestimmung bleibt abzuwarten. Die Notwendigkeit häufiger Probenentnahmen macht ihn unbequem und teuer.

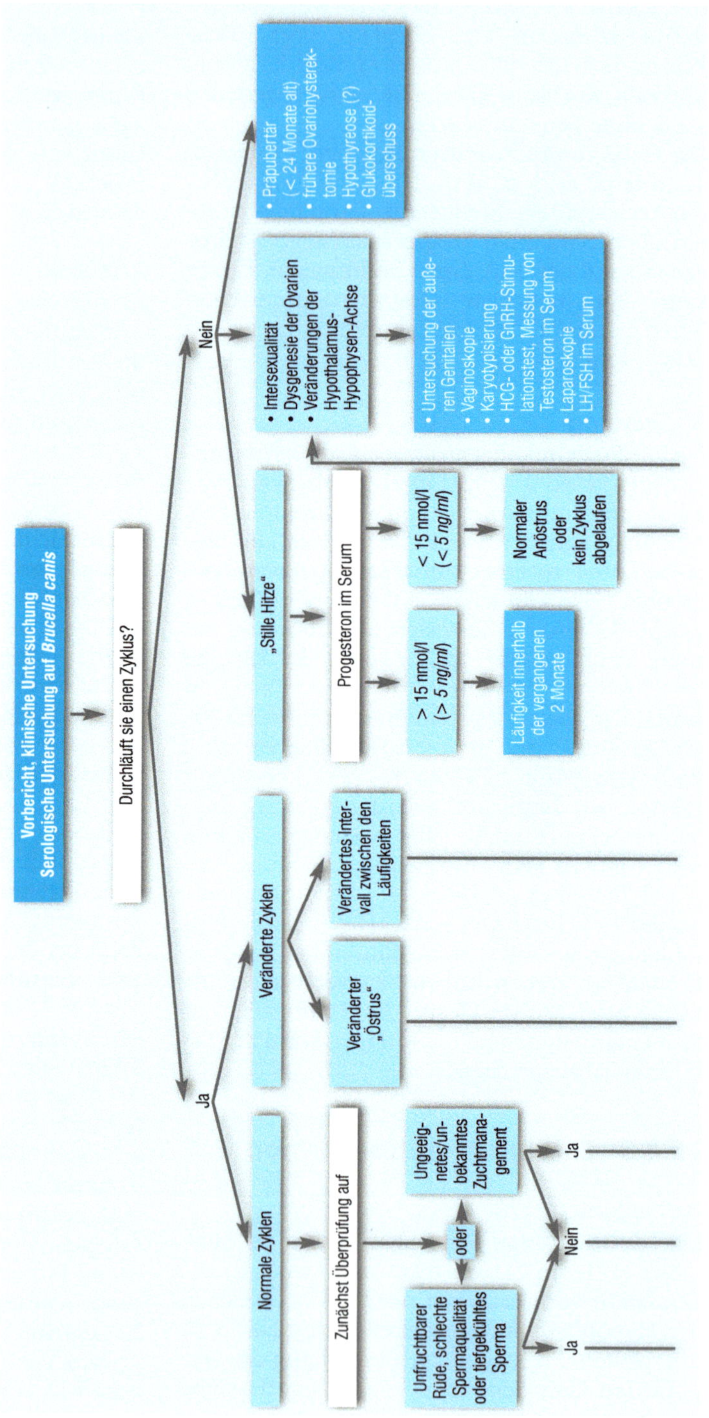
Vorbericht, klinische Untersuchung
Serologische Untersuchung auf *Brucella canis*
Durchläuft sie einen Zyklus?
Ja
Nein
Normale Zyklen
Veränderte Zyklen
„Stille Hitze"
• Intersexualität • Dysgenese der Ovarien • Veränderungen der Hypothalamus-Hypophysen-Achse
• Präpubertär (< 24 Monate alt) • frühere Ovariohysterektomie • Hypothyreose (?) • Glukokortikoidüberschuss
Zunächst Überprüfung auf
Unfruchtbarer Rüde, schlechte Spermaqualität oder tiefgekühltes Sperma
oder
Ungeeignetes/unbekanntes Zuchtmanagement
Ja
Nein
Ja
Veränderter „Östrus"
Verändertes Intervall zwischen den Läufigkeiten
Progesteron im Serum
> 15 nmol/l (> 5 ng/ml)
< 15 nmol/l (< 5 ng/ml)
Läufigkeit innerhalb der vergangenen 2 Monate
Normaler Anöstrus oder kein Zyklus abgelaufen
• Untersuchung der äußeren Genitalien • Vaginoskopie • Karyotypisierung • HCG- oder GnRH-Stimulationstest, Messung von Testosteron im Serum • Laparoskopie • LH/FSH im Serum

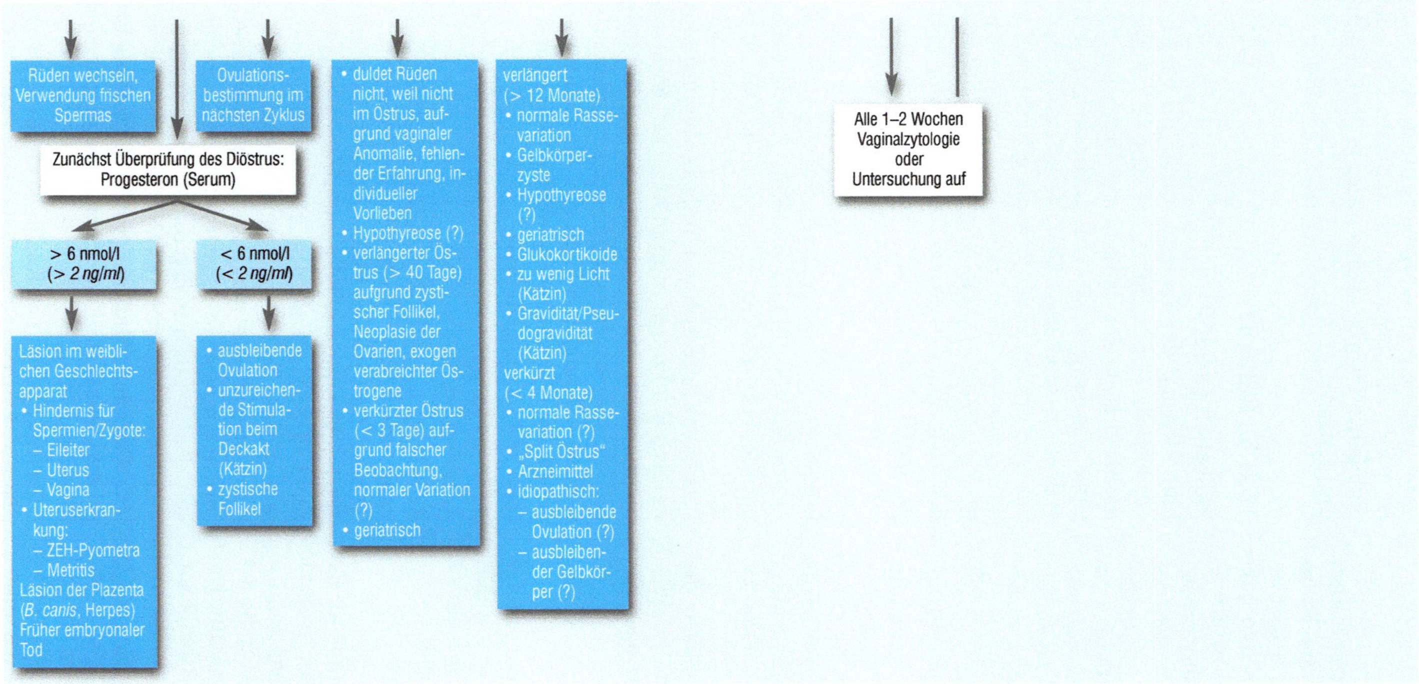

Abb. 15.4 Diagnostisches Vorgehen bei Unfruchtbarkeit einer Hündin. ZEH, zystische Endometriumshyperplasie; FSH, follikelstimulierendes Hormon; GnRH, Gonadotropin-Releasinghormon; hCG, humanes Choriongonadotropin; LH, luteinisierendes Hormon.

15.8.4 Östradiol

Indikation (selten)

Die Bestimmung der Östradiolkonzentration im Serum ist bei Hunden und Katzen kaum indiziert, weil die bisher verfügbare RIA-Methode bei diesen Spezies i.d.R. nicht den entsprechenden Wertebereich der Serumkonzentrationen abdeckt (siehe unten). Darüber hinaus sind viele der Erkrankungen, die mit einer pathologischen Östradiolproduktion einhergehen, meist leicht durch andere Methoden zu diagnostizieren. Die häufigsten Zustände mit abnormer Östradiolproduktion sind Hodentumoren bei Rüden sowie verbleibendes Ovarialgewebe und follikuläre Ovarialzysten bei Hündinnen und Kätzinnen.

Hodentumoren werden am besten durch Palpation und/oder Ultraschall der Hoden erkannt. Verbleibendes Ovarialgewebe nach Kastration ist durch fortdauerndes oder erneutes Ablaufen von Zyklen und Brunstverhalten gekennzeichnet. Der Nachweis einer vaginalen Verhornung zusammen mit klassischem Brunstverhalten oder entsprechenden klinischen Anzeichen eines Östrus ist diagnostisch. Zystische Follikel, die mittels Ultrasonographie zu erkennen sind, führen oftmals zu einem persistierenden oder abnorm häufigen Östrus.

Probe

Es wird Serum verwendet. Die Messung erfolgt mittels RIA. Lagerung ohne Trennung von den Erythrozyten und bei Raumtemperatur kann zu falsch-niedrigen Konzentrationen führen.

Artefakte

Bemerkenswert – jedoch unbedeutend – ist die Kreuzreaktivität zwischen Östradiol-17β und anderen endogenen Steroidhormonen (außer Östriol und Östradiol-17α). Die Gabe radioaktiver Isotope und exogener Östrogene kann den Test direkt beeinflussen. Die Kreuzreaktivität variiert abhängig vom Testsystem.

Auswertung

Physiologische Serumkonzentrationen befinden sich bei Hund und Katze an der Nachweisgrenze der Testverfahren oder liegen darunter. Daher können physiologische und abnorme Zustände nicht immer differenziert werden. Die Vaginalzytologie weist östrogenassoziierte Veränderungen des Vaginalepithels nach und ist daher ein brauchbarer Indikator für die endogene Östrogenkonzentration bei Hund und Katze.

15.8.5 Relaxin

Indikation (selten)

Eine Messung des Relaxins im Serum wird bei der Hündin durchgeführt, um eine Trächtigkeit nachzuweisen, eine tatsächliche Gravidität von einer Pseudogravidität zu unterscheiden und evtl. einen spontanen Abort festzustellen. Relaxin wird primär in der Plazenta gebildet und ist in der vierten Trächtigkeitswoche erstmals im Blut nachzuweisen. Die höchsten Werte sind in der 6.–8. Woche messbar. Dann fällt der Relaxinspiegel ab; Relaxin ist aber während der Laktation noch in Serum und Milch vorhanden.

Probe

Es werden RIA-, ELISA- und RIM(Rapid Immunomigration)-Methoden verwendet. Der allgemein verfügbare RIM-Test kann mit Serum oder Plasma, nicht jedoch mit Vollblut durchgeführt werden. Die Proben müssen bei Raumtemperatur innerhalb von 4 Stunden oder bei Kühlung (2–7 °C) innerhalb von 48 Stunden untersucht werden. Hämoglobin kann ein schwach-positives Ergebnis verdecken, obwohl es den eigentlichen Test nicht beeinflusst.

Auswertung

Relaxin ist ungefähr 22–27 Tage nach der Belegung (26–31 Tage nach der LH-Phase) nachweisbar. Zum etwa gleichen Zeitpunkt kann eine Trächtigkeit mittels Abdomenpalpation oder Ultraschall bestätigt werden. Da es sich um eine sehr spezifische Untersuchung handelt und Relaxin primär von der Plazenta gebildet wird, spricht ein positives Ergebnis für eine Trächtigkeit. Falsch-positive Ergebnisse sind nicht beschrieben. Ein plötzliches Verschwinden des Relaxins aus dem Blut (ein plötzlich negatives Ergebnis) würde also auf einen spontanen Abort hinweisen. Wird die Untersuchung zu einem zu frühen Zeitpunkt der Trächtigkeit durchgeführt, kommt es zu falsch-negativen Resultaten. Möglicherweise kann auch ein kleiner Wurf zu einem falsch-negativen Ergebnis führen. Relaxin wird – in geringerer Konzentration – ebenso bei trächtigen Katzen gebildet. Bei Erstellung dieses Buches war die Genauigkeit des kommerziell erhältlichen Relaxintests bei der Katze noch nicht validiert.

15.8.6 Verschiedenes

Bisher sind keine Untersuchungsmethoden zur FSH-Bestimmung verfügbar.

15.9 Zusätzliche Untersuchungen

Bei Patienten mit Verdacht auf Intersexualität oder abnorme Gonadenentwicklung kann eine Karyotypisierung durchgeführt werden. Feinnadelaspirate von Hoden, Nebenhoden, Prostata und von Veränderungen der Vagina sind leicht zu gewinnen. Biopsieproben können aus allen Teilen des Reproduktionstrakts entnommen werden, allerdings kann eine Biopsie der Gonaden einen schädlichen Einfluss auf das verbleibende physiologische Gewebe haben. Bei gesunden Hunden verändert eine Hodenbiopsie die Spermaqualität nicht. Während der Trächtigkeit sind bestimmte Akute-Phase-Proteine erhöht, darunter auch Fibrinogen. Daher wurde vorgeschlagen, zum Trächtigkeitsnachweis beim Hund Fibrinogen zu bestimmen. Da eine erhöhte Fibrinogenkonzentration aber auch bei einer großen Anzahl entzündlicher Erkrankungen vorliegen kann, wäre ein solcher Befund nicht spezifisch für eine Gravidität.

15.9.1 Großes Blutbild

Der Hämatokrit (Hkt) trächtiger Hündinnen und Kätzinnen beginnt etwa ab dem 20. Gestationstag abzufallen und wird bis zur Geburt – bei der Hündin sind dann Werte von 30,6 ± 0,8 % zu erwarten – zunehmend niedriger. Trächtige Tiere weisen eine geringgradige reifzellige Neutrophilie auf. Hunde sind sehr empfindlich gegenüber den toxischen Auswirkungen von Östrogenen auf die Stammzellen im Knochenmark. Durch pharmakologische Dosen von Östrogenen und östrogenbildende Sertoli- oder Granulosazell-Tumoren kann es zu Thrombozytopenien, Leukopenien, leukämoiden Reaktionen und/oder Anämien kommen (siehe Kap. 3).
Bei Mastitis, Metritis und Prostataabszessen liegen häufig eine neutrophile Leukozytose mit Linksverschiebung, verschieden starke toxische Veränderungen der Neutrophilen und eine Monozytose vor. Das Leukogramm von Patienten mit Pyometra variiert, obwohl eine Leukozytose mit Linksverschiebung zu erwarten wäre. Im Rahmen einer geschlossenen Pyometra kann es zu einer starken Leukozytose ($100–200 \times 10^9/l$ [*100 000–200 000/µl*]) kommen. Im Gegensatz hierzu kann sich bei Patienten mit schwerer septischer Peritonitis aufgrund einer Pyometra oder einer Abszedierung der Prostata eine Leukopenie entwickeln.

Quellen

Hegstad RL, Johnston SD: Use of serum progesterone ELISA tests in canine breeding management. In Kirk RW, Bonagura JD, editors: *Current veterinary therapy XI*, Philadelphia, 1992, WB Saunders.

Johnston SD, Romagnoli SE: Canine reproduction, *Vet Clin North Am* 21, 1991.

Klausner JS, Johnston SD, Bell FW: Canine prostatic disorders. In Bonagura JD, editor: *Kirk's current veterinary therapy XII*, Philadelphia, 1995, WB Saunders.

Oettlé EE: Sperm abnormalities and fertility in the dog. In Bonagura JD, editor: *Kirk's current veterinary therapy XII*, Philadelphia, 1995, WB Saunders.

Schaefers-Okkens AC: Ovaries. In Rijnberk A: *Clinical endocrinology of dogs and cats*, Dordecht, the Netherlands, 1996, Kluwer Academic.

van Sluijs FJ: Testes. In Rijnberk A: *Clinical endocrinology of dogs and cats*, Dordecht, the Netherlands, 1996, Kluwer Academic.

Empfohlene Literatur

George LW, Duncan JR, Carmichael LE: Semen examination in dogs with canine brucellosis, *Am J Vet Res* 40: 1589, 1979.

Olson PN et al: Vaginal cytology. Part I: a useful tool for staging the canine estrous cycle, *Comp Cont Ed* 6:288, 1984a.

Olson PN et al: Vaginal cytology. Part II: its use in diagnosing canine reproductive disorders, *Comp Cont Ed* 6:385, 1984b.

Shille VM, Olson PN: Dynamic testing in reproductive endocrinology. In Kirk RW: *Current veterinary therapy X*, Philadelphia, 1989, WB Saunders.

16 Neurologische Erkrankungen

Joane Parent

16.1 Diagnostisches Vorgehen

Den wichtigsten Schritt bei der Diagnostik von Erkrankungen des zentralen Nervensystems (ZNS) stellt zweifellos die neurologische Untersuchung des Patienten dar. Ihr Ziel ist die neuroanatomische Zuordnung eines Symptomenbildes, das bestenfalls auf einem einzigen Schädigungsherd – im Sinne einer fokalen Erkrankung – beruht. Sind die unterschiedlichen Symptome dabei nicht nur auf eine Lokalisation zurückzuführen, liegt möglicherweise eine multifokale oder diffuse ZNS-Erkrankung vor. Auch diese können sich jedoch klinisch so präsentieren, als wäre lediglich ein ZNS-Areal betroffen.

Bei der Durchführung einer neurologischen Untersuchung sollte ein standardisiertes Protokoll eingehalten werden, das die Dokumentation der erhobenen Befunde einschließt. Hierdurch lassen sich unvollständige Untersuchungen vermeiden und möglicherweise objektivere Nachbeurteilungen bleiben möglich.

16.1.1 Richtlinien der Lokalisationsdiagnostik

Veränderungen des mentalen Status weisen prinzipiell auf eine intrakranielle Erkrankung, z.B. des Hirnstamms oder des thalamokortikalen Systems, hin. Abnormes Verhalten oder Anfälle haben meist eine thalamokortikale Ursache, wohingegen Bewusstseinstrübungen wie Somnolenz, Stupor und Koma eine Hirnstammschädigung auf Höhe des Mittelhirns, der *Pons* oder der *Medulla oblongata* vermuten lassen. Die klinische Vorgeschichte ist gerade zur Erfassung mentaler Abweichungen von herausragender Bedeutung, da bei Tieren im Untersuchungsraum in Folge Aufregung, Angst oder anderer Missstimmungen eine klare Beurteilung des Verhaltens oft nicht möglich ist.

Die Überprüfung von Gang und Haltung dient insbesondere der Feststellung einer Ataxie. Sie ist gekennzeichnet durch ein Schwanken des Körpers um seine Hauptachse, die Wirbelsäule. Ataxien können durch Erkrankungen des Kleinhirns (zerebellare Ataxien), des Vestibularapparates (vestibuläre Ataxien) oder der aufsteigenden propriozeptiven Bahnen (propriozeptive Ataxien) hervorgerufen werden. Die vestibuläre Ataxie ist in der Regel von einer Kopfschiefhaltung begleitet. Im Zuge von Kleinhirnerkrankungen ist die Koordinationsstörung bei bilateraler Schädigung an allen Gliedmaßen, bei unilateraler jedoch nur an dem ipsilateralen Gliedmaßenpaar zu beobachten. Da die propriozeptiven Bahnen, die vom Rückenmark zum Großhirn ziehen, meist nicht mit betroffen sind, kommt es auch zu keinen propriozeptiven Defiziten. Ebenso wenig werden die absteigenden Fasern der oberen motorischen Neurone einbezogen, weshalb auch keine Muskelschwäche an den ataktischen Gliedmaßen festzustellen ist. Typischerweise kommt es bei einer zerebellaren Ataxie zu einem hypermetrischen Gangbild. Im Gegensatz zur zerebellaren Ataxie bezieht eine Erkrankung der aufsteigenden propriozeptiven Rückenmarksbahnen die absteigenden motorischen Fasern mit ein. Daher wird diese Art der Koordinationsstörung typischerweise von propriozeptiven Defiziten und Muskelschwäche begleitet. Sofern die Läsion selbst im Hirnstamm zu liegen kommt, können des Weiteren Somnolenz und Hirnnervendefizite beobachtet werden.

Zur Identifizierung eines erkrankten Segments innerhalb der Neuroachse werden üblicherweise die Reflexprüfungen herangezogen. Dabei geben die Hirnnervenfunktionen über den Hirnstamm, die spinalen Reflexe über die unterschiedlichen Rückenmarksabschnitte Auskunft. Es empfiehlt sich, während der Untersuchung der 12 Hirnnerven ihren Verlauf und ihre Funktion im Geiste zu rekapitulieren, damit kein Nerv vergessen wird. Neben der üblichen Funktionsprüfung sollte immer auch eine Fundoskopie durchgeführt werden, da der *N. opticus* eine Ausstülpung des Hirns darstellt und sich intrakranielle ZNS-Erkrankungen (z.B. feline infektiöse Peritonitis, Staupe) auf die Sehnervenpapille projizieren können. Entgegen den Reflexen sind die Haltungs- und Stellreaktionen alleine nicht hinweisend auf einen möglichen Schädigungsort. Bei einer thalamokortikalen Läsion können sie auf der kontralateralen Seite reduziert sein, auch ohne dass Ganganomalien vorliegen. Die Überprüfung des Schmerzempfindens stellt in erster Linie einen prognostischen Faktor (z. B. nach Rückenmarkstrauma) dar. Die anatomische Diagnose muss sich aus den übrigen Befunden der neurologischen Untersuchung ergeben.

Aus der Gegenüberstellung von anatomischer Diagnose, Anamnese und Signalement ergibt sich die Liste der Differentialdiagnosen. Dabei kann die klinische Vorgeschichte durchaus lückenhaft sein (z. B. bei Unfällen oder Exposition gegenüber toxischen Substanzen). Das Signalement ist gerade in Hinsicht auf Rassedispositionen und genetische Erkrankungen wichtig. Als Beispiele seien hier die Diskopathien des Dackels und die zervikospinale Instabilität des Dobermanns genannt. Gerade beim Umgang mit ungewöhnlichen Rassen empfiehlt es sich daher, die aktuelle Literatur auf spezifische Erkrankungen hin zu überprüfen.

Der Einbezug anderer Organsysteme sollte auch bei neurologischen Erkrankungen immer mit Hilfe einer Allgemeinuntersuchung, hämatologischer und klinisch-chemischer Tests sowie einer Urinanalyse ausgeschlossen werden. Vor allem vor Eingriffen, die eine Narkose erfordern, muss der Kliniker die allgemeine körperliche Verfassung des Tieres überprüfen. Wenn sich dabei Abnormitäten ergeben, sollte deren Ursache nachgegangen werden, bevor weitere, möglicherweise invasivere, neurologische Untersuchungstechniken Anwendung finden. Wird bei einem Tier mit einer intrakraniellen Läsion beispielsweise eine Thrombozytopenie festgestellt, so muss der Untersucher als nächstes die Möglichkeit einer durch Zecken übertragenen Infektionskrankheit abklären. Zentralnervöse Symptome als Folge einer metabolischen oder toxischen Erkrankung weisen in der Regel ein bilateral-symmetrisches Ausbreitungsmuster auf (z. B. Polyneuropathien, generalisierte Anfälle).

Lange Zeit galt die Untersuchung des *Liquor cerebrospinalis* als Methode der Wahl zur Diagnostik intrakranieller Erkrankungen, insbesondere wenn dabei ein entzündliches Geschehen vermutet wurde. Mit der steigenden Verfügbarkeit der Magnetresonanztomographie (MRT) in der Tiermedizin hat sich diese Betrachtungsweise allerdings verändert. Raumfordernde Prozesse wie Meningeome oder Arachnoidzysten können sich unter Umständen in einer Pleozytose des Liquors äußern. Ohne bildgebende Verfahren könnte daraus der Fehlschluss einer entzündlichen Hirnerkrankung gezogen werden. Die MRT erlaubt dagegen aufgrund ihrer hohen Auflösung eine frühzeitige Erkennung von geweblichen Veränderungen. Unter Umständen können auch falsch-negative Liquorbefunde relativiert werden. Ein entzündliches periventrikuläres Ödem, das als Indiz einer viralen Enzephalitis angesehen werden kann, lässt sich in der MRT deutlich darstellen, bleibt bei der zytologischen Untersuchung des Liquors jedoch unerkannt. Unabhängig von der Art einer intrakraniellen Erkrankung hat sich daher gerade die Kombination aus MRT und Liquoruntersuchung als ideale diagnostische Maßnahme herausgestellt. Im Falle intrakranieller Umfangsvermehrungen sind Computertomographie (CT) und MRT der Liquoranalyse vorzuziehen. Bei spinalen Erkrankungen sind Röntgen-Übersichtsaufnahmen, Liquoranalyse, Myelographie oder eine Kombination derselben indiziert. In Zukunft wird die Magnetresonanztomographie die invasivere Myelographie mit Sicherheit verdrängen.

Bei Erkrankungen des peripheren Nervensystems (PNS) bieten sich die Elektromyographie sowie Muskel- und faszikuläre Nervenbiopsien als ergänzende Untersuchungsverfahren an. Die Anwendung elektrodiagnostischer Techniken beschränkt sich in der Tiermedizin im Wesentlichen auf das PNS. Innerhalb der ZNS-Diagnostik liegt der Wert elektrophysiologischer Untersuchungen in der Therapiekontrolle sowie der Spezifizierung prognostischer Aussagen.

16.2 Liquoruntersuchung

Indikation (häufig)

Die Entnahme des *Liquor cerebrospinalis* erfordert eine Allgemeinanästhesie. Da Hirnflüssigkeit die am leichtesten verfügbare ZNS-Komponente darstellt, empfiehlt sich deren Untersuchung, wann immer eine intrakranielle Erkrankung vermutet wird. Primäre Entzündungen des ZNS gehen selten mit einer Veränderung des Blutbildes oder der biochemischen Serumwerte einher. Sollte es hier Abweichungen geben, ist in der Regel von einer multisystemischen Erkrankung auszugehen, die sekundär auf das Nervensystem übergegriffen hat. Aus dem oben genannten ist ersichtlich, dass die Liquoruntersuchung nicht von der Veränderung der Blutparameter abhängig gemacht werden darf! Wiederholte Liquoranalysen können helfen, einen Behandlungserfolg zu kontrollieren und das Ende einer Therapie an Hand der Rückkehr zu den Basiswerten zu bestimmen.

Kontraindikationen

Eine Liquorentnahme kann bei Patienten mit erhöhtem intrakraniellen Druck die Entstehung oder Verschlimmerung einer transtentorialen Herniation hervorrufen. Diese äußert sich klinisch unter anderem in Bewusstseinstrübung, Kopfpressen gegen Wände o.Ä. und Anisokorie. Bei derartigen Symptomen ist vor der Entnahme unbedingt eine CT- oder MRT-Untersuchung durchzuführen. Wenn beide Verfahren nicht zur Verfügung stehen, kann die Liquorproduktion durch Prämedikation mit Dexamethason (0,25 mg/kg) gedrosselt werden. Daraufhin sollte der Patient unter Isofluoran-Narkose hyperventiliert werden, wodurch der pCO_2 abfällt. Auch das Osmodiuretikum Mannitol senkt nach intravenöser Verabreichung (0,1–0,25 g/kg über 20 Minuten) den intrakraniellen Druck und hilft, das Risiko einer iatrogenen Herniation zu minimieren. Wenn möglich, sollte der Anästhesist die Beatmung mittels Blutgasanalyse dem aktuellen pCO_2 anpassen. Sofern Dexamethason nicht früher als 10–20 Minuten vor der Anästhesie verabreicht wurde, kommt es in der gewonnenen Liquorprobe zu keiner nennenswerten Verfälschung der Proteinkonzentration, Zellzahlen oder Zytomorphologie.

Technik der Liquorentnahme

In den meisten Fällen wird der *Liquor cerebrospinalis* direkt am atlanto-okzipitalen Übergang aus der *Cisterna magna* gewonnen. Die Gefahr einer Blutkontamination ist hier bedeutend geringer als bei einer Lumbalpunktion. Ist der Untersucher Rechtshänder, wird das Tier unter Inhalationsanästhesie in die rechte Seitenlage gebracht (bei Linkshändern entsprechend umgekehrt). Um dem Tierarzt genügend Bewegungsfreiraum zu lassen, sollten dabei Kopf und Nacken des Tieres direkt an der Ecke des Untersuchungstisches zu liegen kommen. Nun wird der Kopf des Patienten von einem Assistenten nach ventral (Richtung Brustkorb) gebeugt. Die Punktion erfolgt mit einer Spinalkanüle von ca. 7 cm Länge und 20–22 Gauge Durchmesser. Sie wird nach Rasur und chirurgischer Desinfektion der Haut im rechten Winkel zur Oberfläche eingebracht. Die Punktionsstelle ergibt sich aus dem Schnittpunkt zweier imaginärer Linien: die erste verbindet die kranialen Ränder beider Atlasflügel miteinander. Die zweite entspricht einer kaudalen Verlängerung des Sagittalkammes und trifft im rechten Winkel auf die erst genannte Querverbindung. Wenn nach Penetration der *Dura mater* der Subarachnoidalraum erreicht ist, nimmt der Widerstand an der Kanüle plötzlich stark ab. Zur Kontrolle kann während der Prozedur natürlich der Mandrin probeweise aus der Punktionsnadel entfernt werden. Hat die Kanülenspitze den Subarachnoidraum erreicht, fließt Liquor aufgrund des höheren Drucks spontan ab. Er wird in einem Serumröhrchen aufgefangen und zur Analyse weitergeleitet. Je nach Spezies und Größe des Patienten bewegt sich das zu entnehmende Volumen um etwa 1 ml. EDTA-beschichtete Röhrchen sollten vermieden werden, da erstens Liquorproben nicht gerinnen, zweitens EDTA die chemische Zusammensetzung und den Proteingehalt verändert und drittens die Zytomorphologie unter dem Kalziumentzug leiden kann.

Schwierigkeiten der Liquorgewinnung

Die Komplikationsrate der Liquorentnahme wird im Allgemeinen überschätzt. Schlimmstenfalls kann es durch die Punktion des Nervengewebes von Zervikalmark oder *Medulla oblongata* zu neurologischen Komplikationen kommen. Bei geringer Schädigung erwachen die Tiere aus der Narkose mit skoliotischer Körperhaltung, Tetraparese und Ataxie, von denen Letztere betont die ipsilateral zur Penetrationsstelle gelegene Körperseite betreffen. In schwereren Fällen kommt es zu einer respiratorischen Insuffizienz, schwerer Tetraparese und Unfähigkeit, in der Aufwachphase den Kopf zu heben. Diese Tiere müssen sofort beatmet werden. In sehr seltenen Fällen kehrt die Spontanatmung nicht zurück.

Am besten lässt sich die Liquorpunktion an frisch euthanasierten Hunden und Katzen üben. Da es in Folge des Herzstillstandes zu einem Rückstau venösen Blutes in die Schädelhöhle kommt, bleibt der Liquordruck über einige Zeit *post mortem* erhalten. Unabhängig von der geringen Komplikationsrate empfiehlt es sich Liquorentnahmen und -untersuchungen erfahrenen Spezialisten zu überlassen, wenn sich diese Fragestellung nicht einige Male pro Monat in der eigenen Praxis ergibt.

Analyse

Die Routinediagnostik des Liquors umfasst das makroskopische Erscheinungsbild, das Differentialzellbild, die Zytologie und die Proteinbestimmung. Wenn nur geringe Untersuchungsvolumina vorliegen, ist dem Differentialzellbild und der zytologischen Untersuchung der Vorzug zu geben. In den meisten Fällen können Zellzahlen, Zytologie und Proteinbestimmung im praxiseigenen Labor durchgeführt werden.

Makroskopisches Erscheinungsbild

Physiologischer Liquor ist farblos, klar und durchsichtig. Verfärbungen basieren zumeist auf der Beimengung von Erythrozyten oder kernhaltigen Zellen. Um eine sichtbare Abweichung herbeizuführen, müssen mindestens 700×10^6 Erythrozyten/l (*700 Erythrozyten/µl*) beziehungsweise 200×10^6 kernhaltige Zellen/l (*200 kernhaltige Zellen/µl*) vorhanden sein (Rand et al., 1990a). Die mit Abstand häufigste Erythrozytenquelle stellt die entnahmebedingte Kontamination dar. Diese kann bereits vom Kliniker an Hand von Blutwirbeln, die sich durch den ansonsten klaren Liquor ziehen, identifiziert werden. Echte Blutungen äußern sich in einer diffusen Verfärbung und Trübung der gesamten Probe.

Unter Umständen kann die Zentrifugation zur Unterscheidung von Blutkontamination und wirklicher Blutung in die Liquorräume herangezogen werden. Sofern die Blutung längere Zeit bestanden hat, persistiert die Verfärbung auch nach der Zentrifugation, wohingegen der Überstand bei frischer Kontamination klar und farblos ist. Die Zentrifugation sollte unbedingt nach Zellzahlbestimmung und Zytozentrifugation beziehungsweise Sedimentation durchgeführt werden, da die Zellen hierbei so geschädigt werden, dass sie unter Umständen nicht mehr zu identifizieren sind. Die Zuführung von Antikoagulanzien ist normalerweise nicht nötig, da der Liquor keine Gerinnungsfaktoren enthält (siehe oben). Bei starker Trübung kann es trotzdem hilfreich sein, zusätzlich ein EDTA-Röhrchen zu beschicken, um hieraus die Zellzahlen zu bestimmen. Die als Xanthochromie bezeichnete Gelbfärbung des Liquors entsteht 4–6 Stunden nach einer subarachnoidalen Blutung und persistiert im Folgenden über 3–4 Wochen.

Zellzahlen

Zellzahlbestimmungen werden üblicherweise in einer zweigeteilten Zählkammer aus der Hämatologie durchgeführt. Hierfür wird jeweils 1 Tropfen frischer, unverdünnter und ungefärbter Liquor am Rande der Kammern aufgetragen. Eine konstante Menge Flüssigkeit wird durch die Kapillarkräfte ins Kammerinnere eingesaugt. Nach etwa 10 Minuten beginnt man, alle Zellen auf beiden Kammerseiten zu zählen. Der Durchschnitt dieser Summen wird dann mit 1,1 multipliziert um die Zellkonzentration (in Zellen $\times 10^6$/l) im Liquor zu ermitteln (siehe hierzu Abbildung 2.2). Um die Blutkontamination abschätzen zu können, müssen Erythrozyten und kernhaltige Zellen unbedingt separat voneinander erfasst werden.

Liquorzytologie

Der Gehalt an kernhaltigen Zellen ist im Liquor normalerweise sehr niedrig; daher ist es notwendig, die Zellen für eine qualitative, zytologische Untersuchung zu konzentrieren. Hierfür bieten sich zwei Verfahren an:

1. Zytozentrifugation
2. Sedimentation

Leider erfordert die Zytozentrifugation eine sehr teure Ausstattung, weshalb sich dieses Verfahren weitgehend auf Universitäten und kommerzielle Labors beschränkt. Sie führt nur zu einer Zellausbeute von etwa 15 %, kann aber dafür mit einer optimal erhaltenen Zytomorphologie aufwarten. Die Zentrifugationskammern müssen sehr vorsichtig gefüllt werden, wobei immer die gleiche Menge verwendet werden sollte, um standardisierte Vergleichswerte zu erhalten.

Das Sedimentationsverfahren ist Kosten sparend und weist immerhin einen Zellgewinn von zirka 25 % auf (Jamison und Lumsden, 1988). Allerdings sind die Zellen wesentlich schlechter erhalten als nach Zytozentrifugation. Zur Sedimentation befestigt man einen Plastikzylinder von etwa 1,5 cm Durchmesser mit Vaseline auf einem Glasobjektträger (Abb. 16.1). Nun werden 0,5 ml Liquor einpipettiert, woraufhin den Zellen 30 Minuten Zeit gegeben wird, um zu

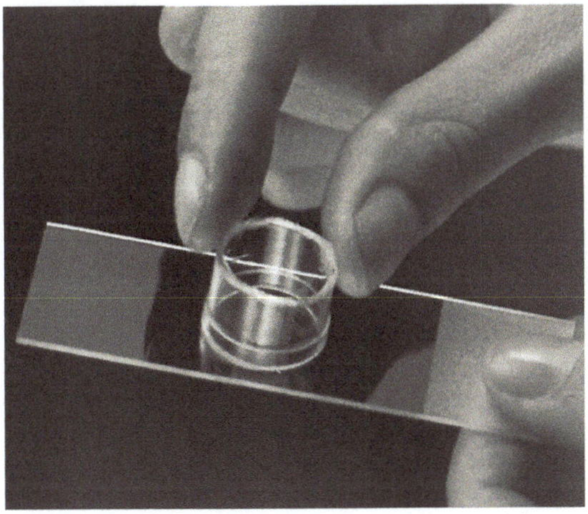

Abb. 16.1 Der Zylinder stammt vom Ende eines Plastikröhrchens. Sein glattes Ende wird mittels Vaseline auf dem Objektträger befestigt und der Liquor eingebracht. Nun wird die Sedimentation der Zellen abgewartet, um sie zytologisch beurteilen zu können.

sedimentieren. Danach wird der Überstand mit einer Pasteur-Pipette abgesaugt und der Plastikzylinder abgenommen. Die randständigen Flüssigkeitsreste müssen ebenfalls, zum Beispiel mit Filterpapier, entfernt werden, damit die Zellsedimente so schnell wie möglich antrocknen können. Um diesen Vorgang zu beschleunigen, kann man mit dem Objektträger in der Luft fächern. Je schneller die Trocknung stattfindet, desto besser bleibt die Morphologie der Zellen erhalten.

Sofern die notwendigen zytologischen Erfahrungen vorliegen, spricht nichts dagegen, die Präparate in der eigenen Praxis auszuwerten. Ansonsten sollten man die ungefärbten Objektträger unmittelbar an einen Pathologen weiterreichen. Allgemein gesprochen, ist die Sedimentation die Technik der Wahl, um in Notfallsituationen eine Zellbestimmung vor Ort durchzuführen. Wenn aber keine Dringlichkeit besteht oder die Sedimentation zu unklaren oder unbefriedigenden Ergebnissen geführt hat, sollten Liquor bzw. Liquorreste in einem Speziallabor mit Zytozentrifuge analysiert werden.

Proteingehalt im Liquor

Zur Proteinbestimmung können unter anderem Teststreifen zur Urinuntersuchung verwendet werden. Ergebnisse unter 0,3 g/l (*30 mg/dl*) und über 1 g/l (*100 mg/dl*) werden glaubwürdig angezeigt. Sollten die Proteinwerte aber geringgradig über dem Referenzbereich liegen (Tab. 16.1), können sie dem Teststreifen nicht abgelesen werden (Jacobs et al., 1990) und führen zu einem falsch-negativen Ergebnis. Die Trockenchemie-Werte sollten daher immer von einem spezialisierten Labor quantitativ überprüft werden.

Tabelle 16.1 Referenzwerte für Liquor (Hund und Katze)

Parameter	Katze	Hund
Leukozyten (× 10^6/l)	≤ 2	≤ 3
Erythrozyten (× 10^6/l)	≤ 30	≤ 30
Monozytoide Zellen (% der kernhaltigen Zellen)	69–100	87
Lymphozyten (% der kernhaltigen Zellen)	0–27	4
Neutrophile (% der kernhaltigen Zellen)	0–9	3
Eosinophile (% der kernhaltigen Zellen)	0	0
Makrophagen (große mononukleäre Zellen mit schaumigem Zytoplasma) (% der kernhaltigen Zellen)	0–3	6
Protein (g/l)	≤ 0,36	≤ 0,33

Daten aus: *Rand et al., 1990a und b; Jamison, 1992a.*

Referenzwerte

Die Referenzwerte für Liquor sind in Tabelle 16.1 wiedergegeben. Das Untersuchungsprotokoll sollte immer die Ergebnisse der Makroskopie sowie die Zahlen enthaltener Erythrozyten und kernhaltiger Zellen, die gesamte Zellzahl, das Differentialzellbild und die Proteinkonzentration enthalten. Darüber hinaus sollte der klinische Pathologe die absoluten Zellzahlen auf dem Objektträger angeben, denn ein Neutrophilengehalt von 75 % ist belanglos, wenn insgesamt nur 4 Zellen gefunden wurden. Beide Techniken zur Liquorkonzentrierung beinhalten einen deutlichen Zellverlust, der bei der Zytozentrifugation fast doppelt so hoch ausfällt wie bei der Sedimentation. Je nach Gesamtmenge an Untersuchungsmaterial werden meist 2 Proben zytozentrifugiert und gemeinsam ausgewertet. In 2 × 200 µl Liquor sind unter physiologischen Bedingungen weniger als 50 kernhaltige Zellen anzutreffen. Bei Konzentrationen von mindestens 2×10^6 Zellen/l (entspricht 2 Zellen pro Mikroliter) sollten mehr als 50 Zellen auf dem Objektträger gesichtet werden. Eine zytologische Untersuchung muss immer durchgeführt werden, auch wenn keine Zellzahlerhöhungen vorliegen. Ungeachtet abweichender Angaben aus kommerziellen Labors sind Leukozytenzahlen über 3×10^6 Zellen/l beim Hund und über 2×10^6 Zellen/l bei der Katze als pathologisch anzusehen.

Probleme

Eine Liquorprobe sollte immer innerhalb einer Stunde untersucht werden und dies am besten in einem Labor, dessen Personal mit diesem Material vertraut ist. Einige zytologische Untersuchungsschemata sind nicht auf Liquor übertragbar, wie zum Beispiel das Aussetzen der zytologischen Untersuchung, wenn der Zellgehalt nicht abweicht. Auch wenn Gesamtzellzahl und Proteingehalt bis zu 48 Stunden bei 4 °C stabil sind, stellt die Erhaltung der Zellen das Hauptproblem dar. Für eine Probengewinnung außerhalb der Laborzeiten und weite Versandwege empfiehlt es sich, dem Liquor autologes Blutserum zuzusetzen. Die Zellen bleiben so für ca. 48 Stunden erhalten. In diesem Fall wird die Probe geteilt: ein Aliquot (500 µl) bleibt für Proteinbestimmung und Gesamtzellzahl unbehandelt; eine zweite Probe wird mit autologem Serum versetzt, so dass in etwa eine Konzentration von 10 % eingehalten wird (Bienzle et al., 2000). Letztere wird zur qualitativen zytologischen Untersuchung herangezogen. Ein Volumen von 500 µl ist ausreichend zur Herstellung von zwei Zytozentrifugenpräparaten.

Medikamentöse Beeinflussung

Unabhängig von der Anwendungsursache reduzieren Glukokortikoide den Gehalt an kernhaltigen Zellen, Neutrophilen und Lymphozyten sowie die Proteinkonzentration (Jamison, 1992b). Wie eingangs erwähnt, sollte die Liquoruntersuchung daher vor Therapiebeginn stattfinden.

Blutkontamination

Eine Blutkontamination beeinflusst mehrere Untersuchungsparameter. Ein Erythrozytengehalt über 30×10^6/l weist immer auf eine Blutbeimengung hin. Diese Zahl kann bei Katzen mit dem Gehalt an kernhaltigen Zellen und neutrophilen Granulozyten korreliert werden (Rand et al., 1990a). Bei einem Erythrozytenvorkommen zwischen 30 und 1700×10^6 Zellen/l sollte pro 100 Erythrozyten ein Leukozyt hinzutreten. Unter diesen dürfen sich 0–67 % aus neutrophilen Granulozyten rekrutieren, 0–15 % aus Eosinophilen. Bei höherer Blutkontamination sind die zytologischen Ergebnisse und die Gesamtzahl der weißen Blutzellen nicht mehr zu bewerten. Interessanterweise sind die Auswirkungen einer Blutkontamination auf den Gesamtproteingehalt gering. Der Referenzbereich wird bei Blutbeimengungen von bis zu 1700×10^6 Erythrozyten/l (*1700 Erythrozyten/µl*) nicht überschritten (Rand et al., 1990b). Der Übertritt von Blut in den Liquor verfälscht im Übrigen auch Liquortiter und PCR-Ergebnisse.

Auswertung

In Tabelle 16.2 sind die zu erwartenden Liquorergebnisse für bestimmte Erkrankungen wiedergegeben. Eine korrekte Interpretation der Laborergebnisse ist nur auf Basis der Anamnese, des Signalments, des klinischen Bildes, der Krankheitsdauer und der Lokalisation der Schädigung (Gehirn oder Rüchenmark, Parenchym oder Meningen) möglich. Sofern klinische Untersuchung, Hämatologie oder klinische Chemie Abweichungen aufweisen, die auf eine systemische Erkrankung hindeuten, ist durch die genauere Untersuchung dieser Veränderungen eine ätiologische Diagnose möglich. Beispielsweise kann eine Thrombozytopenie mit ZNS-Störungen die Folge einer *Ehrlichia-canis*-Infektion (siehe Kap. 17) sein; eine aregenerative Anämie bei einem anorektischen jungen Hund mit neurologischen Symptomen kann auf eine infektiöse Ursache hindeuten. Eine serologische Untersuchung sollte eingeleitet werden (siehe Abhandlung über Staupe in Kapitel 17). Wenn diese Untersuchungen allerdings keine Anhaltspunkte liefern, ist von einer auf das ZNS beschränkten Erkrankung auszugehen. Da der Liquor zwischen den Leptomeninxlagen entlang fließt, reflektiert er schnell den Einbezug der Hirnhäute. Dagegen können tief liegende parenchymatöse Prozesse ohne Veränderungen des Liquors ablaufen, insbesondere wenn sie akut und geringgradig sind. Neutrophile Granulozyten sind generell die ersten Zellen an einem Entzündungsherd. Je mehr

Tabelle 16.2 Liquorbefunde bei häufigen Erkrankungen (Hund und Katze)

Erkrankung	Makroskopischer Befund	Erythrozyten	Leukozyten	Gesamtprotein	Zytologie
Degeneration	klar, farblos	↔	↔	↔ bis ↑↑	mononukleär/Makrophagen
Neoplasie	klar, farblos	↔ bis ↑	↔ bis ↑↑	↔ bis ↑↑	selten Tumorzellen; Neutrophile und Eosinophile; erstere v.a. bei Meningiomen
Entzündung					
Bakterien	wolkig	↔ bis ↑↑	↑↑ bis ↑↑↑	↑↑ bis ↑↑↑	anfangs Neutrophile; später gemischt
Viren	klar, farblos	↔	↔ bis ↑	↔ bis ↑	mononukleär
FIP	wolkig	↔ bis ↑	↑↑ bis ↑↑↑	↑↑ bis ↑↑↑	gemischt
Pilze	klar bis wolkig	↔ bis ↑↑	↑ bis ↑↑↑	↑ bis ↑↑↑	anfangs Neutrophile; später gemischt; manchmal Eosinophile; bei Kryptokokkose Hefen
Protozoen	klar	↔ bis ↑	↑ bis ↑↑	↔ bis ↑	gemischt, mit Eosinophilen
Parasiten	klar, xanthochrom	↔ bis ↑↑	↑↑ bis ↑↑↑	↑↑ bis ↑↑↑	gemischt, mit Eosinophilen
Rickettsien	klar, farblos	↔ bis ↑	↔ bis ↑↑	↔ bis ↑↑	mononukleär; Neutrophile bei Rocky Mountain Spotted Fever
GME	klar bis wolkig	↔ bis ↑↑	↑ bis ↑↑↑	↑ bis ↑↑↑	gemischt
Ischämie	klar, farblos	↔	↔ bis ↑	↔ bis ↑	anfangs Neutrophile; später mononukleär/Makrophagen

↔ im Referenzbereich; ↑, geringgradig erhöht; ↑↑, mittelgradig erhöht; ↑↑↑, hochgradig erhöht; GME, granulomatöse Meningoenzephalitis

Neutrophile zu finden sind, desto aktiver ist das Geschehen. Sie finden sich im Liquor bei einer ganzen Reihe infektiöser und idiopathischer Erkrankungen des Hundes. Bei immunmediierten idiopathischen Krankheiten können sie die Hauptzellfraktion bilden. Das trifft besonders auf die steroid-responsive Meningitis-Arteriitis des Hundes zu. Hier müssen vor Therapiebeginn immer auch bakterielle Prozesse ausgeschlossen werden, die sich in einem ähnlichen Entzündungsbild äußern. Bei Infektionen dieses Ausmaßes würde man allerdings auch systemische Anzeichen im Sinne von Blutbildveränderungen und klinischer Allgemeinsymptomatik (z.B. Fieber) erwarten.
Auch bei kaninen Meningeomen sind nicht selten neutrophile Granulozyten im Liquor zu finden.
Kleine Lymphozyten signalisieren dagegen eindeutig eine Reaktion auf ein spezifisches Antigen. Je höher die Fraktion dieser Zellen ist, desto wahrscheinlicher ist die Wirksamkeit von Steroiden. Makrophagen sind für Resorption verantwortlich. Sie dominieren bei degenerativen Prozessen (Speicherkrankheiten, posttraumatischen Vorgängen, Enzephalopathien). Ein Mischbild von Neutrophilen, Lymphozyten, Makrophagen und anderen mononukleären Zellen deutet auf eine chronisch entzündliche Erkrankung hin (granulomatöse Meningoenzephalomyelitis, GME; feline infektiöse Peritonitis, FIP; Neosporose).
Eosinophile Granulozyten treten im physiologischen Liquor sehr selten auf. Bei Hypersensitivitätsreaktionen vom Typ I sind sie in Reinform anzutreffen. Zusammen mit anderen Zelltypen werden sie bei parasitären, neoplastischen und mykotischen Prozessen beobachtet (Smith-Maxie et al., 1989).
Bei einem Großteil der Tiere mit zentralnervöser Kryptokokkose lassen sich eingekapselte Hefen im Liquor zytologisch nachweisen (siehe Abb. 11.4 und Farbtafel 4E).
Tumorzellen werden auch bei primären ZNS-Tumoren selten vom Liquor davongetragen. Am häufigsten finden sie sich sowohl bei Hunden als auch bei Katzen bei malignen Lymphomen mit Einbeziehung des ZNS.

Da die meisten Liquorproteine aus dem Blut stammen, sind sie klares Indiz einer Schädigung der Blut-Hirn-Schranke. Es bleibt zu beachten, dass Immunglobuline auch intrathekal synthetisiert werden können.

Weitere Liquorparameter

Die Erfassung von Glukose, Laktatdehydrogenase (LDH), Kreatinkinase (CK) und Aspartat-Amino-Transferase (AST) im Liquor erbrachte bislang keine nennenswerten diagnostischen Vorteile (Rand et al., 1990b). Bis die jeweiligen ZNS-spezifischen Isoenzyme nachgewiesen werden können, sollte man gewonnenen Liquor daher besser für die Routineparameter verwenden. Auch die Messung des Liquordruckes hat sich nicht bewährt.
Der Immunglobulin G(IgG)-Index lässt sich mit folgender Formel berechnen:

$$\text{IgG-Index} = \frac{\text{IgG}^{\text{Liquor}}}{\text{IgG}^{\text{Serum}}} \times \frac{\text{Albumin}^{\text{Serum}}}{\text{Albumin}^{\text{Liquor}}}$$

Die Ermittlung des IgG-Indexes ermöglicht es dem Kliniker, den Übertritt von Blutproteinen in den Liquor von einer lokalen Immunglobulinproduktion zu differenzieren. Er kann auch in Abwesenheit einer Pleozytose helfen, eine Entzündung aufzudecken (Tipold, 1995; Tipold et al., 1993). Obwohl inzwischen ELISA-Systeme kommerziell verfügbar sind, bieten nur wenige Labors den IgG-Index an.
Bakteriologische Untersuchungen des Liquors sind selten Erfolg versprechend. Dafür stehen bereits Tests zur Bestimmung von Liquortitern sowie PCR-Untersuchungen auf bestimmte Krankheitserreger zur Verfügung. Diese sollten immer von einer Serumuntersuchung begleitet werden.

16.3 Bildgebende Diagnostik

Indikation (häufig)

In praxi sind Röntgenaufnahmen der Wirbelsäule (Übersichtsaufnahmen und Myelographie) zur Erfassung spinaler Erkrankungen hervorragend geeignet, wohingegen Hirn, Mittel- bzw. Innenohr der CT und MRT vorbehalten sind. Durch die wachsende Verfügbarkeit von MRT-Untersuchungen könnte sich diese Verteilung möglicherweise ändern. Bulla-Veränderungen können zwar manchmal auf Röntgenbildern erkennbar gemacht werden, die allerdings eine geringe Spezifität und Sensitivität aufweisen. Hier sind CT und MRT in jedem Fall vorzuziehen. Sollten diese Verfahren nicht verfügbar sein, helfen Schädelaufnahmen, knöcherne Läsionen, dichte Umfangsvermehrungen und Veränderungen des *Tentorium cerebelli* darzustellen. Darüber hinaus sind sie relativ billig.

Technik

Für die Diagnostik sind Aufnahmequalität, Vorbereitung und Lagerung des Tieres gleichermaßen von Bedeutung. Neuroradiologische Untersuchungen sollten immer unter Allgemeinanästhesie durchgeführt werden. Es ist Geld- und Zeitverschwendung, spinale Aufnahmen unter Sedation und/oder manueller Zwangsfixierung des Patienten vorzunehmen, insbesondere wenn es sich um schmerzhafte Prozesse handelt. Beispielsweise reicht eine Sedation nie aus, um Muskelspasmen auf Höhe eines Bandscheibenvorfalls aufzuheben. Die korrekte Lagerung des Tieres ist Voraussetzung zur Erkennung einer Läsion. In Seitenlage sollten die Rippen immer übereinander projiziert sein. Die Wirbelsäule sollte über die gesamte Länge parallel zur Tischoberfläche verlaufen. Das kann auf Basis der Wirbelenden überprüft werden: sollten sie sichtbar sein, ist von einer Kurvatur der Wirbelsäule auszugehen. Die Ausrichtung kann mit Kissen korrigiert werden.
Im Bereich der Zervikalwirbel C4–C5 wird der Intervertebralspalt oft fälschlich als pathologisch interpretiert. Kopf und Thorax des Hundes haben unterschiedliche Durchmesser; wenn der Höhenunterschied nicht durch entsprechende Polsterung ausgeglichen wird, entsteht auf der Oberseite eine Konkavität der Wirbelsäule. In dieser Region sollten immer zwei laterale Aufnahmen angefertigt werden: eine hoch- und eine tiefzervikale. Zur Anfertigung ventrodorsaler Aufnahmen muss das Tier extubiert werden. Für thorakolumbale Untersuchungen (T3–L3) sind drei laterale Aufnahmen nötig: eine thorakale, eine thorakolumbale und eine lumbale. Bei lumbosakralen Aufnahmen sollten Aufnahmen in Bauch- und in Rückenlage („cone down“) erfolgen. Die ventrodorsalen Aufnahmen werden dann mit den laterolateralen verglichen. Für die Myelographie werden die gleichen Aufnahmen benötigt. Von der Lokalisation, an der eine Beschädigung vermutet wird, sollten wiederum Aufnahmen in Brust- und in Rückenlage

angefertigt werden. Das Myelogramm gibt Auskunft über die laterale Ausdehnung eines Prozesses und den Einbezug des Rückenmarks. Myelographien sollten nur von erfahrenen Klinikern vorgenommen werden und das am besten dort, wo anschließend ein neurochirurgischer Eingriff vorgenommen werden kann. Im lumbalen Bereich erfolgt eine Kontrastmittelinjektion am Intervertebralspalt L5–L6. Zervikale Prozesse lassen sich besser nach Applikation in die *Cisterna magna* darstellen. Fehldiagnosen ergeben sich meist aus einer fehlerhaften technischen Durchführung und der inkorrekten Lagerung des Patienten.

Bulla-Veränderungen äußern sich röntgenologisch erst in weit fortgeschrittenen Stadien. Erkennen lassen sich destruktive Knochenläsionen (infektiös, neoplastisch), Einengungen des *Meatus acusticus externus* und Verkalkungen. Verschattungen des Bulla-Inhalts ergeben sich aus dem Seitenvergleich. Hier sind zwei Schrägaufnahmen und Aufnahmen durch den geöffneten Fang hilfreich. Auch hier muss das Tier bei der ventrodorsalen Aufnahme extubiert werden.

16.4 Muskelschwäche

Muskelschwäche ist das Symptom neuromuskulärer, metabolischer oder kardiorespiratorischer Erkrankungen. Eine Liste der häufigeren Ursachen ist in Übersicht 16.1 wiedergegeben. Eine Diagnose ist auf Basis der Ergebnisse aus Anamnese, klinischer Untersuchung, Elektrokardiographie, Hämatologie, Serumchemie (Kreatinkinase, Laktat), Elektrodiagnostik und serologischer Tests (Antikörper gegen Acetylcholinrezeptoren) in der Regel möglich. Bezüglich der Interpretation von Serum-Glukose, Kalzium und Kalium siehe Kapitel 7 und 9.

Übersicht 16.1 Ausgewählte Ursachen für Muskelschwäche (Hund und Katze)

- Hypoglykämie
- Hypokaliämie
- Hyperkaliämie
- Hyperkalzämie
- Hypoxie
  - Anämie
  - pulmonale Erkrankung
  - Lungenembolie
  - Herzerkrankung mit reduziertem Herzminutenvolumen
- primäre Myopathien
  - entzündlich
  - degenerativ (z. B. Muskeldystrophie)
  - metabolisch
- Erkrankungen der neuromuskulären Endplatte (z. B. Myasthenia gravis)
- Neuropathien
  - primär (z. B. Botulismus, Polyradikuloneuritis)
  - sekundär
    - Hypothyreose
    - paraneoplastische Neuropathie
    - Diabetes mellitus

16.4.1 Elektrodiagnostik

Indikation (selten)

Die Diagnostik von Myopathien, Neuropathien, Nervenscheidentumoren, *Myasthenia gravis* und degenerativen lumbosakralen Stenosen (*Cauda equina*-Syndrom) wird durch den Einsatz von Elektromyographie und Elektroneurographie (Nervenleitgeschwindigkeit und repetitive Nervenstimulation) erheblich vereinfacht. Die Elektromyographie (EMG) ist das am häufigsten verwendete Verfahren und besitzt eine hohe Aussagekraft. Sie erlaubt nicht nur die Lokalisierung von Läsionen, sondern hilft auch bei der funktionellen Interpretation von Biopsiebefunden.

Akustisch evozierte Potentiale (BAER, brain stem auditory evoked responses) und somatosensorisch evozierte Potentiale erlauben eine Überprüfung aszendierender Bahnen. BAER sind ein Screening-Test für angeborene Taubheit und erleichtern die Erkennung vestibulärer Erkrankungen. Sie sollten generell bei allen Tieren mit Kopfschiefhaltung überprüft werden. Durch gezielte Untersuchung des kochleären Anteils des VIII. Hirnnervs kann ein idiopathisches Vestibularsyndrom erkannt werden, bei dem lediglich die Vestibularisfunktionen beeinträchtigt sein sollten. Darüber hinaus lassen BAER eine Aussage über den Einbezug des Hirnstammgebietes zu. Sofern Befunde vorliegen, können sie zur Therapiekontrolle und Prognostik im Krankheitsverlauf herangezogen werden.

Der Einsatz der Elektroenzephalographie (EEG) wird in der Tiermedizin kontrovers diskutiert. Sie sollte bestenfalls ohne Anästhesie vorgenommen werden.

16.4.2 Kreatinkinase

Indikation (selten)

Indikation sind alle Muskelerkrankungen, die sich in Schwäche ohne Ataxie äußern. Das Gangbild ist dabei oft von steifen Bewegungen und kurzen Schrittfolgen gezeichnet. Die spinalen Reflexe sind mit steigender Muskelveränderung reduziert bis abwesend, in den Frühstadien allerdings unter Umständen normal. Bei langsam progressivem Krankheitsverlauf kann die generalisierte Muskelatrophie das einzige Symptom darstellen.

Vorteile

Eine erhöhte Serumaktivität der Kreatinkinase (CK) ist spezifisch für Erkrankungen der Herz- und Skelettmuskulatur.
Da das Enzym sehr sensitiv auf Muskelzellschädigungen reagiert, ist seine Aktivität auch bei sekundären Läsionen, zum Beispiel infolge Festliegens, rasch verändert.

Nachteile

Jede Art der Lagerung einer Blutprobe resuliert in einer raschen Abnahme der Enzymaktivität. Um die extrakorporal verbrauchte Enzymmenge abzuschätzen, wird der Probe ein reduzierendes Agens hinzugefügt. Wenn die Probe nicht sofort untersucht werden kann, sollte sie dennoch gekühlt und im Dunkeln aufbewahrt werden. Ist mit keiner Weiterverarbeitung innerhalb von zwei Tagen zu rechnen, empfiehlt es sich, das Material einzufrieren.

Referenzbereich

Wie bei anderen Enzymtests unterscheiden sich die Referenzwerte je nach Labor und Testsystem erheblich. Im Labor des Autors sollten sich die Aktivitäten bei Katzen unter 580 IU/l, bei Hunden unter 460 IU/l bewegen.

Ursachen einer Aktivitätserhöhung

Viele Laborprofile beinhalten eine Bestimmung der Kreatinkinaseaktivität. Wie erwähnt ist sie ein sehr sensitiver Marker, weshalb nur hohe (≥ 10 000 IU/l) oder persistierend moderate (≥ 2000 IU/l) Abweichungen diagnostisch verwertbar sind. Es gibt jedoch auch Muskelerkrankungen, die zu keiner signifikanten CK-Erhöhung führen. Wenn degenerative Veränderungen dominieren, ist die CK beispielsweise nur wenig erhöht. Geringgradige Steigerungen sind bei Zwangsfixierung, körperlicher Aktivität, intramuskulären Injektionen, Muskelbiopsien und Festliegen zu erwarten. Stärkere Abweichungen finden sich bei Konvulsionen, Trauma, anhaltendem Tremor und einigen Neuropathien und Myopathien. Die höchsten CK-Werte entstehen im Rahmen von Myositiden.
Obstruktive Harnwegserkrankungen bei Katzen (Feline Lower Urinary Tract Disease, FLUTD) und ischämische Muskelveränderungen im Rahmen epileptischer Muskelspasmen werden manchmal von CK-Werten über 10 000 IU/l begleitet. Die Halbwertszeit der CK ist gering, daher können wiederholte Messungen Aufschluss über die Persistenz einer Erkrankung geben. Anhaltende Erhöhungen signalisieren eine aktive Muskelfaserzerstörung und sollten als Indikation für weitergehende diagnostische Maßnahmen wie Elektromyographie und Biopsien verstanden werden.
Histochemische Muskeluntersuchungen können im Folgenden weiterhelfen, den Typ der Erkrankung weiter zu spezifizieren. Vor der Biopsieentnahme sollten allerdings die laboreigenen Empfehlungen zu Probengewinnung und -versendung berücksichtigt werden.
Myositis und Myopathien sind seltene Erkrankungen und können folgende Ursachen haben: Infektionen (*N. caninum, Toxoplasma gondii*); immunmediierte Prozesse (Kaumuskelmyositis, Polymyositis); Intoxikationen (Monensin); Endokrinopathien (Hypothyreose, Hyperadrenokortizismus); kongenitale Erkrankungen (Muskeldystrophie); Fehlernährung (Vitamin-E- oder Selenmangel); Überbeanspruchung.

16.4.3 Laktat

Indikation (selten)

Verdacht auf metabolische Myopathien (v. a. bei Labrador Retrievern), metabolische Azidose; Untersuchung der peripheren Blutperfusion bei Schockpatienten; prognostische Überlegungen bei kritisch erkrankten Tieren, z. B. Hunden mit Magendrehung.

Nachteil

Die Probe muss sehr sorgfältig behandelt werden.

Analyse

Laktat kann aus Lithium-Heparin-Röhrchen oder Jodoazetat-beschichteten Gefäßen bestimmt werden. In ähnlicher Weise sind Fluorid-Röhrchen geeignet. Die Bestimmung erfolgt mittels Standardmethoden oder Schnelltests.

Referenzbereich

Die Referenzwerte im venösen Blut liegen bei 0,22–1,44 mmol/l (*2–13 mg/dl*).

Kritische Werte

Werte über 6,0 mmol/l sind mit einer schlechten Prognose vergesellschaftet.

Artefakte

Venöse Stase, Widerstand während der Blutabnahme und eine kürzliche Futteraufnahme erhöhen den Serum-Laktatspiegel erheblich. Außerdem sind die Werte aus dem Blut der *Vena cephalica* geringgradig höher als aus dem Jugularvenenblut. Nach Probengewinnung sollte das Plasma sofort abzentrifugiert oder das Vollblut bis zur Weiterverarbeitung – keinesfalls aber länger als zwei Stunden – bei 4 °C gelagert werden. Bei Raumtemperatur nimmt der Laktatspiegel innerhalb der Probe stetig zu. Nur bei der Verwendung von Iodoazetat-Röhrchen ist eine Lagerung von Vollblut bis maximal zwei Stunden bei Raumtemperatur zulässig. Abzentrifugiertes Plasma sollte gekühlt oder besser gefroren werden. Die Werte werden durch Medikation mit Azetylsalizylsäure, Phenobarbital und Adrenalin verfäscht.

Ursachen einer Laktaterhöhung

Einer der Hauptgründe für die Laktatbestimmung bei Hunden ist die Suche nach metabolischen Myopathien bei Labrador Retrievern (Shelton, 1993). Die erste Probe wird im Ruhezustand gewonnen. Dann wird das Tier für 10–15 Minuten bewegt, woraufhin eine weitere Blutprobe abgenommen wird. Bei Vorliegen einer metabolischen Myopathie sollten bereits geringe Belastungen zu einer beträchtlichen Erhöhung des Blutspiegels führen.
Andere Indikationen erhält die Laktatbestimmung durch das Monitoring von kritisch kranken Tieren, die auf eine Laktatazidose hin untersucht werden sollen (Lagutchik, 1997). Hunde mit Magendilatation und -volvulus, die Laktatkonzentrationen über 6,0 mmol/l aufweisen, haben wahrscheinlich bereits Magenwandnekrosen und daher eine äußerst schlechte Prognose (De Papp et al., 1999). Anhaltend hohe Laktatwerte bei Schockpatienten deuten ihrerseits auf eine mangelnde Blutperfusion hin und sind ebenfalls mit einer schlechten Prognose behaftet.

16.4.4 Anti-Acetylcholinrezeptor-Antikörper

Indikation (gelegentlich)

Eine Myasthenia gravis (MG) kann folgende Anzeichen haben: Schwäche mit/ohne anstrengungsabhängiger Komponente; erworbener Megaösophagus mit/ohne gleichzeitiger Larynx- oder Pharynxparalyse; isolierte Larynx- und/oder Pharynxparalyse; schwacher Lidschluss. Klinisch gesehen sind drei Formen zu unterscheiden (Dewey et al., 1997):

1. fokale MG, ohne Muskelschwäche der Gliedmaßen
2. fulminante MG, mit akuter und rasch fortschreitender Muskelschwäche
3. generalisierte MG, ohne akute Muskelschwäche der Gliedmaßen

Im Gegensatz zu früheren Behauptungen ist die Anstrengungsabhängigkeit der Schwäche nicht immer vorhanden.

Vorteil

Der Test ist hochspezifisch für Myasthenia gravis.

Nachteile

Manche Hunde mit MG bilden keine Antikörper gegen Acetycholinrezeptoren (AchR). Bei diesen Tieren lassen sich zum Teil dennoch Immunkomplexe im Bereich der neuromuskulären Endplatte nachweisen, was darauf hindeutet, dass zusätzliche krankheitsauslösende Antigene existieren (Shelton et al., 1990). In seronegativen Fällen kann die repetitive Nervenstimulation – sogar bei fokaler MG – als Zusatzdiagnostikum wertvolle Hinweise liefern (Dewey et al., 1997; Shelton et al., 1990).

Analyse

Für die Antikörperbestimmung wird etwa 1 ml Serum benötigt. Die Probe sollte auf Trockeneis versandt werden.

Im Normalfall sollte der Titer unter 0,6 nM/l liegen. Es gibt keine Korrelation zwischen Antikörperkonzentration und Schwere oder Ausbreitung der klinischen Symptome (Dewey et al., 1997) Immunsuppressive Medikamente können zu falsch-negativen Testergebnissen führen.

Quellen

Bienzle D, McDonnell JJ, Stanton JB: Analysis of cerebrospinal fluid from dogs and cats after 24 and 48 hours of storage, *J Am Vet Med Assoc* 216:1761, 2000.

De Papp E, Drobatz KJ, Hughes D: Plasma lactate concentrations as a predictor of gastric necrosis and survival among dogs with gastric dilatation-volvulus: 102 cases (1995-1998), *J Am Vet Med Assoc* 215:49, 1999.

Dewey CW et al: Clinical forms of acquired myasthenia gravis in dogs: 25 cases (1988-1995), *J Vet Intern Med* 11:50, 1997.

Jacobs RM et al: Relationship of cerebrospinal fluid protein concentration determined by dye-binding and urinary dipstick methodologies, *Can Vet J* 31:587, 1990.

Jamison EM: *Chapter one: reference values for cerebrospinal fluid in healthy dogs,* doctorial thesis, University of Guelph, Ontario, Canada, 1992a.

Jamison EM: *Chapter two: cerebrospinal fluid analysis in dogs with inflammatory central nervous system disease treated with corticosteroids,* doctorial thesis, University of Guelph, Ontario, Canada, 1992b.

Jamison EM, Lumsden JH: Cerebrospinal fluid analysis in the dog: methodology and interpretation, *Semin Vet Med Surg (Small Anim)* 3:122, 1988.

Lagutchik MS et al: Lactate kinetics in veterinary critical care: a review, *J Vet Emerg Crit Care* 6:81, 1997.

Rand JS et al: Reference intervals for feline cerebrospinal fluid: Cell counts and cytologic features, *Am J Vet Res* 51:1044, 1990a.

Rand JS et al: Reference intervals for feline cerebrospinal fluid: biochemical and serologic variables, IgG concentration, and electrophoretic fractionation, *Am J Vet Res* 51:1049, 1990b.

Shelton GD: Exercise intolerance in dogs, *Proceedings of the 11th ACVIM Forum* 11:888, 1993.

Shelton GD et al: Acquired myasthenia gravis: selective involvement of esophageal, pharyngeal and facial muscles, *J Vet Intern Med* 4:281, 1990.

Smith-Maxie LL et al: Cerebrospinal fluid analysis and clinical outcome of eight dogs with eosinophilic meningoencephalomyelitis, *J Vet Intern Med* 3:167, 1989.

Tipold A: Diagnosis of inflammatory and infectious diseases of the central nervous system in dogs: a retrospective study, *J Vet Intern Med* 9:304, 1995.

Tipold A, Pfister H, Vandevelde M: Determination of the IgG index for the detection of intrathecal immunoglobulin synthesis in dogs using an ELISA, *Res Vet Sci* 54:40, 1993.

17 Mikrobiologie und Infektionskrankheiten

Michael R. Lappin und Grant H. Turnwald

Eine mögliche Beteiligung von Infektionserregern am Krankheitsgeschehen lässt sich sowohl durch direkte als auch durch indirekte Methoden abklären. Zytologische Analyse, histopathologische Untersuchung, Kultur, Virusisolation, Antigennachweis sowie Polymerasekettenreaktion (PCR) ermöglichen einen direkten Erregernachweis. Antikörpertiter weisen dagegen indirekt auf eine frühere oder bestehende Infektion hin. Dieses Kapitel beschreibt Methoden zur Probengewinnung, umreißt derzeit gängige Nachweismöglichkeiten bei häufigen Infektionskrankheiten und erläutert deren Auswertung.

17.1 Hinweise auf infektiöse Krankheitsursachen

Eine infektiöse Genese sollte bei den meisten Erkrankungen in Betracht gezogen werden, insbesondere wenn Fieber oder Entzündungszeichen auftreten. Anamnese, klinische Untersuchung und klinisch-pathologische Befunde sind selten pathognomonisch für eine bestimmte Infektionskrankheit, können jedoch wahrscheinlichere Differentialdiagnosen herausstellen sowie hilfreich bei der Erstellung eines durchdachten Untersuchungsplanes sein.

Durch eine gründliche Anamnese lässt sich der Verdacht auf eine Infektionskrankheit erhärten. Kontakt zu infizierten Tieren oder zu kontaminierten Gegenständen weist auf Erreger mit direkten Übertragungswegen hin. Dazu zählen z.B. Infektionserreger, die respiratorische (z.B. felines Herpesvirus 1, kanine Bordetellose) oder gastroenterale (z.B. Giardiose, Parvovirose) Erkrankungen hervorrufen. Vorberichtlicher Kontakt zu Vektoren deutet ebenfalls auf eine infektiöse Erkrankung hin. Vektoren sind z.B. Moskitos bei Dirofilariose sowie Zecken bei Borreliose (*Ixodes* spp.), Ehrlichiose (*Rhipicephalus sanguineus*), Babesiose (*R. sanguineus*) und dem im Südosten der USA vorkommenden Rocky Mountain spotted fever (*Dermacentor* spp.) Ein entsprechender Auslandsaufenthalt (z.B. Leishmaniose in Südosteuropa, systemische Mykosen in den USA), Impfstatus, Entwurmungen sowie Erkrankung anderer Tiere oder Menschen im Umfeld sind weitere differentialdiagnostische Anhaltspunkte für ein infektiöses Krankheitsgeschehen. Anhand der klinischen Untersuchung können sich Hinweise auf eine infektiöse Genese ergeben, z.B. Fieber, Lymphadenomegalie (aufgrund einer reaktiven Hyperplasie der Lymphknoten), Hepatosplenomegalie (durch immunologische Stimulation bei chronischen intrazellulären Infektionen, z.B. Ehrlichiose, Brucellose). Endogene Uveitiden treten häufig nach Infektion mit felinem Immundefizienzvirus (FIV), bei feliner infektiöser Peritonitis (FIP), Toxoplasmose und bei systemischen Mykosen auf. Eitrige Absonderungen sprechen für eine primäre oder sekundäre bakterielle Beteiligung. Bestimmte Infektionskrankheiten rufen spezifische Veränderungen hervor, wie dendritische Ulzera (Infektion mit felinem Herpesvirus 1), Myoklonus (Staupe) oder Hodenschwellung und -schmerzen (kanine Brucellose).

Schließlich können auch klinisch-pathologische Befunde auf eine infektiöse Ursache hindeuten, wie z.B. eine Neutrophilie/Leukozytose, insbesondere wenn Linksverschiebung oder degenerierte Neutrophile nachweisbar sind (siehe Kap. 4). Eine Sepsis durch gramnegative Erreger kann angenommen werden, wenn eine Leukopenie gemeinsam mit Linksverschiebung und degenerierten Neutrophilen auftritt. Durch eine persistierende Infektion mit verschiedenen intrazellulären Erregern kann eine Monozytose hervorgerufen werden. Polyklonale (verschiedene infektiöse Ursachen) oder monoklonale Gammopathien (z.B. bei Neoplasien, selten bei kaniner Ehrlichiose) lassen auf eine chronische Immunstimulation schließen. Neutrophile in Kammerwasser, Liquor, Synovia oder Urin deuten auf eine durch Infektionserreger bedingte Entzündung hin.

17.2 Zytologie

Indikation (häufig)

Exsudate, Blutausstriche, Abklatschpräparate, Aspirationsbiopsien oder feuchte Nativpräparate von Haaren und Fell sollten zytologisch untersucht werden, wenn der Verdacht auf bakterielle und mykotische (sowie gelegentlich auf rikkettsiale oder virale) Erkrankungen besteht.

Vorteile

Kostengünstige, allgemein verfügbare und schnelle Bestätigung und Identifizierung eines Infektionserregers. Hilfreich bei der Abgrenzung zwischen physiologischer Flora, Kontamination und Infektion (z.B. Interpretation der relativen Zahl von Bakterien und Hefen im Ohrkanal). Eine zytologische Untersuchung gibt Aufschluss über die anteilige Zusammensetzung der Keimflora zum Zeitpunkt der Probengewinnung (Kulturergebnisse können, aufgrund des unterschiedlich schnellen Wachstums der Bakterien, zu Fehlinterpretationen führen).

Nachteile

Infektionserreger können nicht immer nachgewiesen werden (z.B. Ehrlichiose, Hämobartonellose, Infektion mit einer Reihe von Erregern, die unter dem Sensitivitätsniveau einer zytologischen Untersuchung liegen). Manchmal muss eine Verdachtsdiagnose durch andere Methoden bestätigt werden (z.B. Histopathologie, Kultur). Die Zytologie ist zur Diagnostik viraler Einschlusskörperchen von limitiertem Wert, außer im kurzen virämischen Stadium der Staupe.

17.2.1 Probengewinnung und Analyse

Siehe Kapitel 18 zu zytologischen Techniken und Schlussfolgerungen.

Bakterielle Erkrankungen

Zum Nachweis einer bakteriellen Infektion sollten Absonderungen des Patienten auf einen Objektträger aufgebracht, luftgetrocknet, fixiert und nach Gram sowie nach Romanowsky gefärbt werden (siehe Kap. 18). Zunächst wird das angefertigte Präparat bei schwacher Vergrößerung (100fach) durchgemustert; die Bakterienmorphologie (Kokken, Stäbchen) und das Färbeverhalten in der Gram-Färbung (grampositiv: blau; gramnegativ: rot) wird mit Immersionsöl (1000fache Vergrößerung) beurteilt. In der Gram-Färbung lassen sich gramnegative Bakterien häufig schlecht auffinden, da sich das Hintergrundmaterial ebenfalls rötlich anfärbt. Färbungen nach Romanowsky sind besser dazu geeignet, Bakterien (dunkelblaue Färbung) und morphologische Details anderer Zellen (Entzündungszellen) zu untersuchen. In der Gram-Färbung kann es zu Abweichungen kommen; beispielsweise können sich Organismen aus Körperflüssigkeiten anders anfärben als auf Blutagar gezüchtete. In der Gram-Färbung lassen sich die grampositiven verzweigten Filamente von *Actinomyces* spp. und *Nocardia* spp. gut erkennen (Farbtafel 4C). Färbungen zum Nachweis säurefester Bakterien werden zur Darstellung von *Mycobacterium* spp. und zur Differenzierung zwischen *Nocardia* spp. (säurefest) und *Actinomyces* spp. verwendet.

Manche Bakterien verfügen über charakteristische morphologische Merkmale. Werden bei der zytologischen Untersuchung des Kots von Hunden und Katzen, die an Durchfall leiden, lange stäbchenförmige, sporenenthaltende Bakterien nachgewiesen, weist dies auf eine Infektion mit *Clostridium perfringens* hin (Farbtafel 4F; siehe Kap. 10). Bipolares Färbeverhalten von kokkoiden Bakterien, die aus Aspiraten entzündeter Halslymphknoten der Katze gewonnen wurden, sprechen für eine *Yersinia-pestis*-Infektion (Verbreitungsgebiet siehe Appendix I). Kurze schraubenförmig gewundene Bakterien (Spirochäten) aus Durchfallkot lassen auf eine Campylobakteriose schließen. Spirochäten aus der Magenschleimhaut von Tieren mit Erbrechen sprechen für eine Infektion mit *Helicobacter* spp.

Um Einschlusskörperchen bei einer akuten felinen Chlamydienkonjunktivitis nachzuweisen, wird mit einem flachen Spatel oder einem sterilen Wattestäbchen ein Konjunktivageschabsel gewonnen, ausgestrichen, nach Romanowsky gefärbt und auf intrazytoplasmatische Aggregate von *Chlamydophila felis* (früher *Chlamydia*) untersucht.

Morulae von *Ehrlichia* spp. kommen vereinzelt im Zytoplasma von mononukleären Zellen (*Ehrlichia canis*), Neutrophilen (*Ehrlichia ewingii*; *Anaplasma phagocytophila* (früher *E. equi*)) oder Thrombozyten (*Ehrlichia platys*) vor. *Mycoplasma haemofelis* (nur Katzen), *M. haemomi-*

nutum (nur Katzen), *Haemobartonella canis, Cytauxzoon felis* (nur Katzen) und *Babesia* spp. können manchmal kanine und feline Erythrozyten infizieren.

Kutane parasitäre Erkrankungen

Zum Nachweis von *Cheyletiella* spp. wird ein Stück transparentes Klebeband auf verkrustete oder schuppige Hautareale gedrückt und dann auf einen Objektträger geklebt. Anschließend wird das Fell geschoren, Mineralöl auf die Haut und einen Objektträger gegeben und mit einer stumpfen Skalpellklinge ein Hautgeschabsel gewonnen. Zum Nachweis von *Demodex* spp. werden die Milben aus den Haarfollikeln gedrückt und das so gewonnene Material abgekratzt. Für die Suche nach *Sarcoptes* spp. und *Cheyletiella* spp. wird das Abkratzen oberflächlicher über ein größeres Hautareal hinweg ausgeführt (bis eine leichte kapilläre Sickerblutung entsteht). Das abgekratzte Material wird auf einen Objektträger verbracht und bei 100facher Vergrößerung nach Milben durchsucht.

Pilzerkrankungen

Zum Nachweis von Dermatophyten werden Haare aus der Peripherie der Läsion gezupft, auf einen Objektträger gelegt und zur Beseitigung von Debris mit 10–20 % Kaliumhydroxid bedeckt. Der Objektträger wird dann erhitzt (nicht bis zum Kochen) und bei 100- oder 400facher Vergrößerung werden Hyphen, Sporen, Conidien, Hefen und pilzbedingte Schäden (z.B. geschwollene oder abgebrochene Haarschäfte) untersucht. Bei 400facher Vergrößerung können Arthrosporen (dichte Aggregate sphärischer Strukturen, die den Haarschaft bedecken können; Farbtafel 3C) identifiziert werden. Werden keine Arthrosporen gefunden, kann eine Dermatophytose nicht ausgeschlossen werden. Eine Kultur ist die sensitivere Nachweismethode für Dermatophyten (siehe 17.3.2 Pilzkulturen).

Viruserkrankungen

Bei Staupe werden virale Einschlusskörperchen in Lymphozyten, neutrophilen Granulozyten oder Erythrozyten gefunden (Farbtafeln 2D und 2E). Diese Einschlüsse sind beweisend für eine Infektion, treten aber nur transient auf; daher kommen häufig falsch-negative Ergebnisse vor. FIP-induzierende Coronavirusstämme verursachen vereinzelt intrazytoplasmatische Einschlüsse in zirkulierenden neutrophilen Granulozyten.

17.3 Kulturen und Resistenztests

Indikation (häufig)

Kulturen und Resistenztests sind bei den meisten bakteriellen Erkrankungen indiziert (Übers. 17.1), insbesondere bei therapieresistenten klinischen Symptomen. **Beachte:** Haut und Schleimhautoberflächen sind von einer physiologischen Mikroflora besiedelt (Übers. 17.2); eine Kontamination muss sorgfältig vermieden werden.

Übersicht 17.1 Häufig bei infektiösen Erkrankungen aus verschiedenen Lokalisationen isolierte Bakterien (Hund und Katze)

- Haut
  - Pyodermie
    - *Staphylococcus aureus/intermedius*
    - *Proteus* spp.
    - *Pseudomonas* spp.
    - *Escherichia coli* (meist sekundär nach Staphylokokkeninfektion)
  - Ohr
    - *Malassezia* spp.
    - *Pseudomonas* spp.
    - *S. aureus/intermedius*
    - *Proteus* spp.
- Respirationstrakt
  - Pneumonie
    - *Pseudomonas* spp.
    - *E. coli*
    - *Klebsiella* spp.
    - *Pasteurella* spp.
    - *Bordetella* spp.
    - *Staphylococcus* spp.
    - *Streptococcus* spp.
    - *Mycoplasma* spp.
  - Brusthöhle
    - *Nocardia* spp.
    - *Actinomyces* spp.
    - *Pasteurella* spp.
    - Anaerobier

- Gastrointestinaltrakt
  - Darm
    - *Salmonella* spp.
    - *Campylobacter* spp.
    - *E. coli*
- Harn- und Geschlechtsapparat
  - *E. coli*
  - *Proteus* spp.
  - *Klebsiella* spp.
  - S. aureus/intermedius
- Auge
  - Konjunktiva und Kornea
    - *S. aureus* (Koagulase-positive und -negative)
    - *Streptococcus* spp.
    - S. epidermidis
    - *E. coli*
    - *Proteus* spp.
    - *Bacillus* spp.
- kardiovaskuläres System
  - Aerobier
    - S. aureus
    - Beta-hämolysierende Streptokokken
    - *E. coli*
    - *Klebsiella* spp.
    - *Pseudomonas* spp.
    - *Proteus* spp.
    - *Salmonella* spp.
  - Anaerobier
    - *Bacteroides* spp.
    - *Fusobacterium* spp.
    - *Clostridium* spp.

Daten zusammengestellt aus: *Greene CE, Herausgeber: Clinical microbiology and infectious diseases of the dog and cat, Philadelphia, 1998, WB Saunders, USA.*

Übersicht 17.2 Physiologische Bakterienflora verschiedener Lokalisationen (Hund und Katze)

- Haut
  - Aerobier
    - *Micrococcus* spp.
    - *Staphylococcus* spp.
    - gramnegative Stäbchen, inklusive *Pasteurella* spp.
    - Diphtheroide
  - Anaerobier
    - *Clostridium* spp.
- Ohr
  - Aerobier
    - *Staphylococcus* spp.
    - *Corynebacterium* spp.
    - *Streptococcus* spp.
    - Coliforme
    - *Bacillus* spp.
  - Hefen
    - *Malassezia* spp.
- respiratorisches System
  - Nasenhöhle, Pharynx
    - Aerobier
      - *Staphylococcus* spp.
      - *Streptococcus* spp.
      - *Neisseria* spp.
      - *Corynebacterium* spp.
      - *Escherichia coli*
      - *Proteus* spp.
    - Anaerobier
      - *Clostridium* spp.
      - *Lactobacillus* spp.
      - *Bifidobacterium* spp.
      - *Propionibacterium* spp.
      - *Fusobacterium* spp.
      - *Bacteroides* spp.
  - Trachea
    - *Streptococcus* spp.
    - *Staphylococcus* spp.
    - *Pasteurella* spp.
    - *Klebsiella* spp.
    - *Corynebacterium* spp.
- Augen
  - Kornea und Konjunktiva
    - Aerobier
      - *Staphylococcus* spp. (Koagulase-positive und -negative)
      - Alpha-, Beta- und anhämolysierende Streptokokken
      - *Bacillus* spp.
      - *Pseudomonas* spp.
      - *Escherichia coli*
      - *Corynebacterium* spp.
      - *Neisseria* spp.
      - *Moraxella* spp.
- Gastrointestinaltrakt
  - Maulhöhle und Kot
    - Aerobier
      - grampositiv: *Streptococcus* spp., *Staphylococcus* spp., *Bacillus* spp., *Corynebacterium* spp.

- gramnegativ: Enterobacteriaceae (insbesondere *E. coli*, *Enterobacter* spp. *Proteus* spp. und *Klebsiella* spp.), *Pseudomonas* spp., *Neisseria* spp., *Moraxella* spp.
- Anaerobier
  - grampositiv: *Clostridium* spp., *Lactobacillus* spp., *Propionibacterium* spp., *Bifidobacterium* spp.
  - gramnegativ: *Bacteroides* spp., *Fusobacterium* spp., *Veillonella* spp.
  - andere: Spirochäten, *Mycoplasma* spp., Hefen
- Harn- und Geschlechtsapparat
  - distale Harnröhre und Präputium
    - grampositiv: *S. aureus, S. epidermidis, Streptococcus* spp., *Mycoplasma* spp., *Bacillus* spp., *Corynebacterium* spp.
    - gramnegativ: *Flavobacterium* spp., *Haemophilus* spp., *Moraxella* spp., *Pasteurella* spp., *Klebsiella* spp.

Daten zusammengestellt aus: *Greene CE, Herausgeber: Clinical microbiology and infectious diseases of the dog and cat, Philadelphia, 1998, WB Saunders, USA.*

Vorteile

Die effektivste Therapie kann eingesetzt werden.

Nachteile

Langsames Wachstum der Erreger; einige Organismen sind anspruchsvoll und/oder erfordern spezielle kulturelle Bedingungen; relativ hohe Kosten; hohe Kontaminationsgefahr, möglicherweise kein Wachstum der Bakterien und dadurch keine Befunde.

17.3.1 Bakterienkulturen

Probengewinnung

Körperhöhlen

Die Haut an der Punktionsstelle sollte wie zur Gewinnung einer Blutkultur vorbereitet werden (siehe Diskussion im folgenden Abschnitt). Wenn ein Pyothorax oder eine Peritonitis vermutet wird, aber keine Flüssigkeit aspiriert werden kann, ist eine Lavage indiziert (siehe Kap. 12). Da Mischinfektionen und rein anaerobe Infektionen vorkommen können, sollten aerobe und anaerobe Kulturen angelegt werden.

Herzkreislaufsystem

Blutkulturen sind bei Verdacht auf eine bakterielle Endokarditis oder Septikämie indiziert. Die Entnahmestelle über einer großen Vene wird wie für einen chirurgischen Eingriff vorbereitet, indem nacheinander mit Alkohol entfettet und mit Jod desinfiziert wird. Bei Hunden mit Verdacht auf Endokarditis werden während eines Fieberschubs über 24 Stunden drei Proben für Blutkulturen gewonnen. Werden weniger als drei Blutproben kultiviert, sinkt die Wahrscheinlichkeit eines positiven Ergebnisses. Mindestens 5 ml Blut werden direkt in ein Transportmedium gegeben, welches das Wachstum von aeroben und anaeroben Keimen fördert, und 24 Stunden bei 20 °C inkubiert. Geronnenes Blut oder Blut, das mit EDTA oder Zitrat versetzt wurde, kann nicht verwendet werden, da es die Isolierung von Mikroorganismen reduziert (*Bartonella* spp. sind eine Ausnahme; sie können in EDTA-Röhrchen kultiviert werden). Wenn ein Patient kritisch erkrankt ist und eine Sepsis vermutet wird, sollten drei Blutproben über einen Zeitraum von 1–3 Stunden vor der antimikrobiellen Therapie gewonnen werden. Der Harntrakt stellt eine Eintrittspforte für Bakterien in den Körper dar. Deshalb wird bei Patienten mit Septikämie oder bakterieller Endokarditis unklarer Genese häufig Urin kultiviert.

Zentrales Nervensystem

Bakterielle Infektionen des ZNS sind ungewöhnlich. Selbst während eines infektiösen Geschehens erschweren geringe Keimzahlen Zytologie und Kultur. Finden sich im Liquor vermehrt Neutrophile sowie erhöhte Proteinspiegel (siehe Kap. 16), weist dies auf eine bakterielle Infektion des ZNS hin, und aerobe sowie anaerobe Kulturen mit Resistenztests sind indiziert. Der Liquor sollte direkt in ein Transportmedium gegeben und so schnell wie möglich ins Labor verbracht werden.

Auge

Material für eine Konjunktivalkultur sollte vor einer Lokalanästhesie oder Fluoreszeinfärbung entnommen werden. Dazu wird ein befeuchteter steriler Tupfer über die Konjunktiva gerollt. Für intraokulare Kulturen ist eine okulare Parazentese notwendig.

Gastrointestinaltrakt

Primär bakterielle Gastroenteritiden kommen gelegentlich vor: *Salmonella* spp., *Campylobacter* spp., *C. perfringens* und *E. coli* sind wichtige Genera. Diese Organismen können aber auch bei gesunden Tieren isoliert werden. *Salmonella* spp. und *Campylobacter* spp. verursachen Dünndarm- und gemischte Enteritiden; *C. perfringens* findet sich häufiger bei Dickdarmdurchfall. Ungefähr 2–3 g frischer Kot sollten zum Labor geschickt werden, um optimale Ergebnisse zu erzielen. Wenn ein verzögerter Transport zu erwarten ist, sollte mit dem untersuchenden Labor über ein geeignetes Transportmedium gesprochen werden. Da diese Organismen spezielle Anforderungen an die Kultur stellen, muss dem Labor eine entsprechende Verdachtsdiagnose mitgeteilt werden. Wird in einer Kultur *C. perfringens* nachgewiesen, ist dies noch kein Beweis für eine ursächliche Beteiligung an der Erkrankung, da nicht alle Stämme von *C. perfringens* Enterotoxin produzieren.

Harn- und Geschlechtsapparat

Für eine Urinkultur sollte der Harn mittels Zystozentese gewonnen werden. Leidet der Patient an einer schweren Thrombozytopenie ($< 50 \times 10^9/l$ [$< 50\,000/\mu l$]) oder kann eine Zystozentese nicht durchgeführt werden, ist die Uringewinnung durch Katheterisierung der Harnblase oder eine Mittelstrahlprobe akzeptabel (quantitative Kultur nötig). Die isolierten Bakterien sollten immer zusammen mit dem Harnsediment beurteilt werden. Selten wird bei schwer zu diagnostizierenden Harnwegsinfektionen eine Harnblasenwandbiopsie notwendig, die nach Mazeration kulturell untersucht werden kann. Steine sollten mit einem sterilen Mörser und Stößel zerstoßen und kultiviert werden. Eine *Mycoplasma*-spp.- oder *Candida*-spp.-Kultur sollte angelegt werden, wenn eine Pyurie ohne gleichzeitig vorliegende Konkremente, Umfangsvermehrungen oder aerobe Bakterien diagnostiziert wird.

Die dritte Fraktion des Ejakulats ist für eine kulturelle Untersuchung des Prostatasekrets besonders geeignet. Durch eine Prostatamassage gewonnenes Material kann ebenfalls verwendet werden. Die kulturelle Untersuchung der zweiten Fraktion des Ejakulats ermöglicht es, eine testikuläre Infektion abzuklären. Prostata- oder testikuläres Material kann auch durch Aspiration oder Biopsie gewonnen werden. Prostatamassage, -aspiration und -biopsie sollten bei Hunden mit Verdacht auf Prostataabszess unterlassen werden. Probennahme aus dem distalen Abschnitt der Urethra vor und nach der Ejakulation ist hilfreich, um bei einer quantitativen Kultur den Anteil der urethralen Kontamination zu bestimmen. Anaerobe Kulturen von Harn oder Prostatasekret sind selten von Wert.

Haut und Ohr

Bei oberflächlichen Pyodermien wird das Fell um die betroffene Region geschoren, die Haut jedoch nicht desinfiziert. Eine Pustel wird mit einer sterilen Nadel eröffnet und ein Tupferabstrich des Eiters in einem geeigneten Medium kultiviert. Tiefe Pyodermien erfordern ein differenziertes Vorgehen: Das Fell um die Läsion wird geschoren und das Areal mit einem Antiseptikum desinfiziert. Die Hautveränderung wird anschließend gequetscht, um Exsudat zu gewinnen, welches mit einem Tupfer aufgenommen wird. Dazu sollten Handschuhe getragen werden.

Bei Kulturen aus dem Gehörgang wird ein steriler Otoskopkonus in den horizontalen Teil des Gehörgangs eingeführt. Durch den Konus wird mit einem Wattestäbchen eine Tupferprobe aus dem Ohr genommen. Besteht der Verdacht einer Mittelohrinfektion, wird das Tier anästhesiert und das zu kultivierende Material kann mittels Myringotomie – der Penetration des Trommelfells – mit einer sterilen Liquorpunktionskanüle über ein steriles Otoskop gewonnen werden.

Muskel- und Skelettsystem

Im Muskel- und Skelettsystem kommt unter physiologischen Bedingungen keine Keimflora vor. Hunde, bei denen aufgrund einer röntgenologischen Untersuchung der Verdacht auf eine Diskospondylitis besteht, sollten serologisch auf eine *Brucella-canis*-Infektion untersucht werden (siehe 17.4 Serologische Untersuchungen bei bakteriellen Infektionen). Zwischenwirbelgelenke können durch Aspiration unter Durchleuchtung oder im Rahmen einer Wirbelsäulenoperation zur Dekompression punktiert und das gewonnene Material kultiviert werden. Die meisten Fälle von Diskospondylitis entstehen durch hämatogene Streuung von Bakterien, die einer extravertebralen Lokalisation entstammen. Bei Patienten mit Diskospondylitis werden

meist Blut- und Urinkulturen angelegt; gewöhnlich sind *Staphylococcus* spp. involviert.
Bei Hunden und Katzen mit eitriger Arthritis (mit oder ohne zytologischen Bakteriennachweis) sollte Synovialflüssigkeit aerob kultiviert und eine spezielle kulturelle Untersuchung auf *Mycoplasma* spp. durchgeführt werden (siehe Kap. 12). Die Wahrscheinlichkeit positiver Ergebnisse steigt, wenn degenerierte Neutrophile in der Synovia gefunden werden. Bakterien der L-Form können gewöhnlich nicht mit Routinemethoden aus Gelenkflüssigkeit kultiviert werden. Eine Synovialmembranbiopsie zur Kultivierung und histopathologischen Untersuchung auf L-Formen ist sensitiver als die bloße Kultur von Synovialflüssigkeit. *Borrelia burgdorferi* wird mit Routinemethoden äußerst selten aus den Gelenken von Hunden mit *Lyme disease* isoliert.
Bei Osteomyelitis ist die kulturelle Untersuchung des Fistelkanals weniger sensitiv als die des infizierten Knochens. Zur Abklärung einer infektiösen Myositis werden selten kulturelle Untersuchungen durchgeführt, es sei denn, fauliger Geruch, subkutane Emphyseme oder Empyeme lenken den Verdacht auf eine Infektion mit Anaerobiern (z. B. *Clostridium* spp.). Andere infektiöse Myopathien (z. B. Toxoplasmose, Leptospirose) lassen sich durch eine serologische Untersuchung oder PCR besser diagnostizieren.

Respiratorisches System

Proben aus den unteren Luftwegen können am besten durch transtracheale Aspiration oder Bronchiallavage im Rahmen einer Bronchoskopie gewonnen werden. Feinnadelaspirate aus der Lunge können ebenfalls verwendet werden, diese Methode ist jedoch risikoreicher (siehe Kap. 13). Bei einigen klinisch gesunden Hunden können Bakterien aus der Trachea isoliert werden. Diese Bakterien sind wahrscheinlich transient; häufig isolierte Keime sind in Übersicht 17.2 aufgeführt. Da viele Erreger, die bei gesunden Hunden vorkommen, auch mit Entzündungen des unteren Respirationstrakts in Verbindung gebracht werden, sollten alle transtrachealen Aspirationsproben durch Kultur, Resistenztest und Zytologie beurteilt werden. Bei der zytologischen Untersuchung muss auf Plattenepithelzellen, die mit Bakterien bedeckt sind, geachtet werden, da sie Indikatoren für eine oropharyngeale Kontamination sind (siehe Abb. 13.10). Bakterien werden nur als relevant angesehen, wenn sie gemeinsam mit Neutrophilen gefunden werden. *Mycoplasma* spp. wurden bei Patienten mit klinischen Symptomen einer Lungenerkrankung in Reinkultur aus den unteren Luftwegen isoliert (Randolph et al., 1993; Chandler und Lappin, 2002). Alle transtrachealen Aspirate sollten auf Mykoplasmen untersucht werden; die Proben müssen in Amies-Medium oder Stuarts-Transportmedium zum Labor transportiert werden. Die *Mycoplasma*-spp.-Kultur muss gesondert beantragt werden.
Proben aus der Nase werden vorzugsweise durch Nasallavage, Stanzbiopsie oder mit einem Tupfer, der durch einen sterilen Otoskopkonus eingeführt wird, gewonnen (siehe Kap. 13). Proben aus dem Pharynx können während einer Pharyngoskopie mit einem Tupfer genommen werden. Nasale und pharyngeale Kulturen können aufgrund der reichlichen physiologischen Flora in Nasenhöhle und Nasopharynx schwer zu interpretieren sein (Übers. 17.2).

Probentransport

Für aerobe Kulturen ist kein spezielles Transportmedium notwendig, sofern die Proben feucht bleiben und innerhalb von 3 Stunden in das Kulturmedium verbracht werden. Tupfer, die eine Flüssigkeit oder ein Gel als Transportmedium enthalten, werden jedoch häufig verwendet. Routinekulturen können bis zu 4 Stunden bei Raumtemperatur im Kulturmedium gelagert werden. Danach stellt Überwucherung aufgrund der unterschiedlichen Wachstumsraten der verschiedenen Organismen ein Problem dar. Gekühlte Proben für Routinekulturen können im Transportmedium mindestens 2 Tage gelagert werden. Gewebeproben können für 2 Tage gekühlt aufbewahrt werden. Flüssigkeiten (z. B. Urin) können für 1–2 Stunden bei Raumtemperatur, 24 Stunden gekühlt und 72 Stunden im gekühlten Transportmedium gelagert werden (Jones, 1998). Quantitative Kulturen können aufgrund des Verdünnungseffekts nicht mit Flüssigkeiten, die in ein Transportmedium gegeben wurden, durchgeführt werden.
Für anaerobe Kulturen sollten Flüssigkeiten in eine Spritze aufgezogen, die Nadel verschlossen und die Probe innerhalb von 10 Minuten nach Gewinnung in Transportmedium verbracht

werden. Wachstumsfördernde Transportmedien für anaerobe Keime können verwendet werden, sind aber für die Anzucht der anspruchsvollen *Bacteroides* spp. und *Fusobacterium* spp. nicht ideal. Mit dieser Einschränkung können die Proben 2 Tage gekühlt in einem geeigneten Transportmedium gelagert werden.

Analyse

Blutagar ist für die meisten pathogenen Keime geeignet. Doppelplatten mit Blut- und MacConkey Agar werden häufig verwendet. Das übliche Medium für Anaerobier ist Thioglykolat. Die Entscheidung, ob man die Proben selbst kultiviert oder an ein kommerzielles Labor schickt, hängt von der Fallzahl und der verfügbaren Ausstattung ab. Abgesehen von Blut und Kot können die meisten Kulturen im eigenen Labor durchgeführt werden. Details über die benötigte Ausstattung und die Durchführung mikrobiologischer Untersuchungen im eigenen Labor werden bei Hirsh und Ruehl (1986) erläutert.

Antibiogramm

Das Antibiogramm gibt *in vitro* Auskunft über die Eignung einer bestimmten Konzentration einer antimikrobiellen Substanz. Es werden zwei Techniken verwendet:

1. Reihenverdünnungstest
2. Agardiffusionstest

Reihenverdünnungstest (MHK-Test)

Der Reihenverdünnungstest ist quantitativ und ermittelt die geringste Konzentration antimikrobieller Substanz, die noch in der Lage ist, das Wachstum von Mikroorganismen zu hemmen (minimale Hemmkonzentration [MHK]). Quantitative Tests werden notwendig, wenn die Dosierung genau eingehalten werden muss (z. B. Gentamycin) oder wenn der Agardiffusionstest ungeeignet, nicht eindeutig oder unzuverlässig ist (z. B. langsam wachsende Bakterien, Bestätigung der Empfindlichkeit gegenüber Polymyxin, Bestätigung der Empfindlichkeit oder Resistenz gegenüber einer bestimmten Dosis von Aminoglykosiden). Weiterhin wird der Reihenverdünnungstest bei anaeroben Keimen verwendet.

Vorteile

Mit dem Reihenverdünnungstest können höhere Konzentrationen einer antimikrobiellen Substanz als die im Agardiffusionstest eingesetzte Standardkonzentration untesucht werden. Solche höheren Wirkstoffspiegel können *in vivo* z. B. durch die Konzentrierung von Antibiotika im Urin erreicht werden

Nachteile

Der Test ist teuer, kann nicht im eigenen Labor durchgeführt werden und es muss zunächst festgestellt werden, ob der therapeutische Einsatz der benötigten Konzentration eines bestimmten Antibiotikums praktikabel ist. Idealerweise sollte der Blutspiegel eines Medikaments das vierfache und die Harnkonzentration das 10- bis 20fache der MHK betragen. Die MHK eines topisch angewendeten Antibiotikums wird selten im Reihenverdünnungstest geprüft; da die Methode auf Blut- oder Harnkonzentrationen basiert.

Agardiffusionstest

Dieser Test ist in der Praxis weit verbreitet (z. B. Kirby-Bauer-Technik). Der Hemmhof um ein Plättchen, das mit einer bekannten Menge eines Antibiotikums getränkt ist, wird abgelesen. Es handelt sich um einen qualitativen Test, der die Einteilung von Organismen in sensitive (empfindliche), intermediäre (mäßig empfindliche) und resistente Kategorien ermöglicht.

Vorteile

Der Test ist einfach, für die meisten Routinekulturen geeignet, kann im eigenen Labor durchgeführt werden und ist für schnell wachsende Bakterien geeignet (z. B. Enterobacteriaceae, *Staphylococcus aureus*).

Nachteile

Der Test ist nicht für langsam wachsende oder anaerobe Keime geeignet. Die Empfindlichkeit gegenüber schlecht diffundierenden Antibiotika kann nicht beurteilt werden (z. B. Polymyxine). Faktoren, die sich auf die Ergebnisse auswirken (z. B. pH-Wert und Dicke des Agars, Konzentration der Organismen, Inkubationszeit), müssen standardisiert werden. Der Test muss selbstverständlich korrekt durchgeführt werden, um Fehldiagnosen zu vermeiden.

Artefakte

Durch Fehler bei der Probengewinnung (falsches Material, Kontamination), fehlerhaften Transport, ungenügende Information des Labors über zu erwartende Keime (z. B. *Salmonella* spp., anaerobe Keime, *Campylobacter* spp., *Mycoplasma* spp.), eine vorherige antibiotische Behandlung sowie durch das Wachstum eines sekundären Keims anstelle des langsam wachsenden primären pathogenen Erregers (unzureichende Inkubationszeit) können Artefakte entstehen. Anspruchsvolle Anaerobier wachsen nicht, wenn eine kurze, scheinbar unbedeutende Sauerstoffexposition stattgefunden hat oder keine reduzierten Kulturmedien verwendet wurden.

Auswertung

Die physiologische Flora (Übers. 17.2) muss von pathologischen Erregern abgegrenzt werden, um das Ergebnis korrekt interpretieren zu können. Die erste Identifizierung ist nach 18–24 Stunden möglich und die Sensitivität gegenüber Antibiotika kann nach 36–48 Stunden bestimmt werden. Die meisten aeroben und fakultativen Organismen können innerhalb von 5 Tagen identifiziert werden. Die Identifizierung von Anaerobiern oder *Mycoplasma* spp. kann 2–3 Tage länger beanspruchen.

Pathogene Bakterien, die aus verschiedenen Körpersystemen isoliert wurden, sind in Übersicht 17.1 aufgelistet. Die Überschneidung zwischen residenten und pathogenen Organismen ist zu beachten.

Staphylococcus intermedius ist der am häufigsten aus der Haut von Hunden mit Pyodermie isolierte pathogene Keim. Gramnegative Bakterien sind am ehesten als Kontamination bei oberflächlicher Pyodermie oder als sekundärer Erreger nach einer primären durch *S. intermedius* bedingten tiefen Pyodermie anzusehen.

Primär bakterielle Rhinitiden sind bei Hunden und Katzen selten, können aber aufgrund einer Infektion mit *B. bronchiseptica*, *Mycoplasma* spp. und *Chlamydophila felis* (Katze) auftreten. Primär bakterielle Pneumonien entstehen durch eine Infektion mit *Bordetella bronchiseptica* oder *Mycoplasma* spp., andere Keime stellen meist eine Sekundärinfektion nach primär viralen Infektionen oder Aspiration dar.

Bakterienwachstum in Harn, der durch Zystozentese gewonnen wurde, ist immer von Bedeutung, da die Harnblase unter physiologischen Bedingungen steril ist. Dennoch sollten Urinkulturen am besten zusammen mit einer Urinanalyse interpretiert werden. Wird ein Bakterienwachstum trotz Fehlen einer Pyurie festgestellt (siehe Kap. 8), ist von einer Kontamination der Probe, fehlerhaftem Transport oder immunsuppressiven Erkrankungen (z. B. Hyperadrenokortizismus, Diabetes mellitus, FIV-Infektion) auszugehen. Bei quantitativen Kulturen von Urin, der mittels Katheterisierung oder aus dem Mittelstrahl gewonnen wurde, ist eine Keimzahl ab ≥ 100 000 Kolonien/ml als Zeichen einer bakteriellen Erkrankung zu werten. Niedrigere Konzentrationen können bei chronischen Infektionen und bei weiblichen Tieren von Bedeutung sein. Wird Prostataflüssigkeit durch Ejakulation gewonnen, kann eine Infektion diagnostiziert werden, wenn die Keimzahl mindestens 100fach höher liegt als in der aus der Urethra entnommenen Probe (Ling et al., 1983). Die Kultur eines Prostataaspirats kann genauere Ergebnisse erbringen.

Blutkulturen können Schwierigkeiten bei der Interpretation bereiten. Falsch-positive Ergebnisse treten bei Kontamination mit der physiologischen Mikroflora der Haut auf, dazu gehören auch *Corynebacterium* spp., *Bacillus* spp., Koagulase-negative Staphylokokken, anaerobe Diphtheroide, Streptokokken und *Clostridium* spp. Die Isolierung des gleichen Erregers aus zwei oder mehr Kulturen spricht für seine Pathogenität; das Wachstum in nur einer Probe kann nicht sicher beurteilt werden, außer es handelt sich um einen pathogenen Erreger, der eher nicht als Kontamination angesehen werden kann.

Liquor und Synovia sind normalerweise steril; jegliches Wachstum in einer aseptisch gewonnen Probe ist signifikant.

17.3.2 Pilzkulturen

Probengewinnung

Für eine Dermatophytenkultur wird zunächst das Fell um die Läsion geschnitten, dann die Haarschäfte mit einer Pinzette ausgezupft und auf einem Dermatophyten-Testmedium (z. B. Dermatophyten-Selektivagar nach Taplin) kultiviert.

Subkutane und tiefe Pilzinfektionen können am besten durch zytologische oder histologische

Untersuchung mit oder ohne Serologie diagnostiziert werden. Sind die Organismen nicht zu identifizieren, können Kulturen der Hautläsionen angelegt werden. Diese sind jedoch aufgrund der Überwucherung mit residenten Bakterien und Pilzen selten von Nutzen. Die Hautläsion wird wie bei der Dermatophytenkultur vorbereitet und ein Tupfer in ein entsprechendes Kulturmedium gegeben (z.B. Sabouraud-Medium).
Systemische und subkutane Pilze benötigen eine bis zu 2-wöchige Kultur, bevor ein Wachstum sichtbar wird.

17.4 Serologische Untersuchungen bei bakteriellen Infektionen

17.4.1 Feline Bartonellose

Bartonella henselae

Indikation (selten)

Die meisten Katzen mit Bartonellose (*Bartonella henselae*) sind subklinisch infiziert; bei manchen treten jedoch Fieber, Uveitits, Lymphadenopathie, Gingivitis oder Stomatitis auf. In diesen Fällen ist eine Untersuchung auf Antikörper indiziert. Nachdem der Erreger zwischen Katzen durch *Ctenocephalides felis* übertragen wird, sind Tiere mit bekanntem Flohbefall am ehesten infiziert. Die Bedeutung anderer *Bartonella* spp., die Katzen infizieren, ist derzeit unbekannt.

Analyse, Artefakte und Auswertung

Zirkulierende Antikörper können mit Immunfluoreszenztest (IFT), Enzyme-linked Immunosorbent Assay (ELISA) oder Westernblot-Immunoassay nachgewiesen werden. Katzen mit Flohbefall weisen in der zweiten Woche eine Bakteriämie auf, die monatelang bestehen kann (Chomel et al., 1996). Antikörper können ab der zweiten Woche festgestellt werden, und nachweisbare Konzentrationen persistieren monatelang nach Verschwinden der Bakteriämie. Eine Bakteriämie kann teilweise auch bei Katzen ohne Antikörper nachgewiesen werden. Der Erreger ist weltweit verbreitet, v.a. in gemäßigten Klimazonen. Die Seroprävalenz von *B. henselae* liegt in Regionen mit Flöhen häufig über 50 %; so beispielsweise bei gesunden Katzen in einem Tierheim in Birmingham, Alabama, USA bei 71,4 % (Lappin et al., 2000). Da sehr viele Katzen seropositiv getestet werden, spricht ein positives Ergebnis bei kranken Katzen nicht definitiv für eine klinische Bartonellose; der Kliniker muss trotzdem andere Ursachen für die Erkrankung abklären. Da die Ergebnisse der Untersuchung auf Antikörper nicht mit dem Erregernachweis mittels Blutkultur korrelieren und die Behandlung gesunder Katzen nicht notwendig ist (Lappin et al., 2003), ist die Untersuchung auf Antikörper gegen Bartonella bei gesunden Katzen nicht indiziert. Der Nachweis von Antikörpern im Auge wurde verwendet, um durch Bartonellose verursachte Uveitiden zu diagnostizieren (Lappin et al., 2000).
Die definitive Diagnose basiert auf dem Bakteriennachweis im Blut. *B. henselae* wird meist aus 1,5 ml aseptisch gewonnenem Vollblut angezüchtet, das in ein EDTA-Röhrchen gegeben wurde. DNA kann aus Blut oder Kammerwasser mittels PCR amplifiziert werden (Jensen et al., 2000). Positive Blutkulturen und PCR-Ergebnisse sprechen für eine bestehende Infektion, aber nicht für eine klinische Erkrankung. Wiederholte Bakteriämien wurden bei experimentell und natürlich infizierten Katzen nachgewiesen (Kordick et al., 1995); deswegen kann man eine Infektion nicht aufgrund einer einzelnen negativen Blutkultur oder PCR ausschließen.

17.4.2 Kanine Bartonellose

Bartonella vinsonii

Indikation (gelegentlich)

Hunde aus Endemiegebieten (siehe Appendix I) oder mit entsprechendem Reisevorbericht, die eine unerklärbare Myokarditis, granulomatöse Lymphadenitis, kutane Vaskulopathie, hämolytische Anämie, Polyarthritis, granulomatöse Meningoenzephalitis oder Thrombozytopenie aufweisen, sollten serologisch auf *Bartonella vinsonii* getestet werden. Basierend auf Seroprävalenzstudien sind Hunde aus ländlichen Gegenden mit Floh- oder Zeckenbefall am stärksten gefährdet.

Analyse, Artefakte und Auswertung

Zirkulierende Antikörper werden mittels IFT nachgewiesen.

Antikörper können bei Hunden mit und ohne klinische Symptome nachgewiesen werden. Seronegative Testergebnisse sprechen eher gegen *B. vinsonii* als Krankheitsursache. Seropositive Tests sprechen dafür, dass der Keim beteiligt ist, der Kliniker muss jedoch andere mögliche Ursachen für die Erkrankung ausschließen.

Die definitive Diagnose basiert auf dem Erregernachweis im Blut, der Keim ist jedoch schwieriger zu kultivieren als *B. henselae*. Die Amplifikation der DNA ist meist erfolgreicher als die Kultur. Positive Blutkultur- oder PCR Ergebnisse sprechen für eine Infektion, aber nicht für eine klinische Erkrankung. Eine einzelne negative Blutkultur oder PCR kann eine Infektion mit *B. vinsonii* nicht ausschließen.

17.4.3 Borreliose (Lyme Disease)

Borrelia burgdorferi

Indikation (gelegentlich)

Hunde, die sich in Verbreitungsgebieten von *Ixodes*-Zecken aufgehalten haben, und bei denen Fieber, Lahmheiten, Glomerulonephritis (Dambach et al., 1997) oder aseptische eitrige Polyarthritis festgestellt wird, könnten an Borreliose erkrankt sein und sollten auf Antikörper gegen *Borrelia burgdorferi* untersucht werden. Serologische Tests sollten bei Hunden mit ZNS-, Nieren- und Myokarderkrankungen in Betracht gezogen werden.

Analyse, Artefakte und Auswertung

Zirkulierende Antikörper werden mittels IFT, ELISA oder Western-Immunoblot nachgewiesen. IgM- und IgG-Antikörper gegen *B. burgdorferi* können in kaninen Seren nachgewiesen werden. Die Titerhöhen, die als bedeutsam angesehen werden, variieren in Abhängigkeit vom untersuchenden Labor und der verwendeten Methode. Sowohl IgM als auch IgG können nach Exposition monatelang im Serum persistieren. Im IFT und ELISA kommt es zu Kreuzreaktionen zwischen *B.-burgdorferi*-Antigenen und anderen Spirochäten; daher spricht ein positiver Titer nicht zwangsläufig für eine *B.-burgdorferi*-Exposition. Vakzinen gegen *B. burgdorferi* induzieren Antikörper, die durch IFT oder ELISA oder Schnelltests nachgewiesen werden können. Mit dem Western-Immunoblot kann zwischen vakzineinduzierten Antikörpern und solchen, die von einer natürlichen Infektion herrühren, unterschieden werden (Jakobsen et al., 1996). Ein kommerziell verfügbarer Schnelltest zum Nachweis von *B.-burgdorferi*-Antikörpern gegen das C6-Peptid, *E.-canis*-Antikörpern und *Dirofilaria-immitis*-Antigen ist in den USA vor kurzem lizenziert worden. Antikörper gegen das C6-Peptid werden nach Vakzination nicht gebildet, weswegen ein positives Ergebnis für eine tatsächliche Exposition gegenüber *B. burgdorferi* spricht. Einige nicht pathogene Arten von *B. burgdorferi* induzieren Antikörper, aber keine klinische Erkrankung (Breitschwerdt, 1995). Manche Hunde mit akuter Borreliose sind bei initialen Tests seronegativ; ein danach ansteigender Antikörpertiter spricht für eine vorausgegangene Exposition. Antikörpertiter von 1 : 1000 und darüber wurden bei klinisch gesunden Hunden nachgewiesen. Gesunde Hunde entwickeln die gleiche Antikörperantwort wie klinisch erkrankte Hunde. Aufgrund dieser Faktoren ist die Interpretation der Antikörpertiter schwierig. Antikörper gegen *B. burgdorferi* sprechen nur für eine Exposition gegenüber *B. burgdorferi* (oder einem ähnlichen Antigen), nicht für eine klinische Erkrankung. Bei manchen Hunden mit Verdacht auf eine durch Borrelien bedingte neurologische Erkrankung werden im Liquor höhere Titer als im Serum gefunden.

Die definitive Diagnose kann nur durch kulturellen Erregernachweis, histopathologische Untersuchung oder eine PCR gestellt werden. Basierend auf entsprechender klinischer Symptomatik, Anamnese und mit der Erkrankung übereinstimmenden Laborbefunden, kombiniert mit positiven serologischen Tests und Ansprechen auf die Therapie, kann eine Verdachtsdiagnose gestellt werden.

17.4.4 Brucellose

Brucella canis

Indikation (selten)

Hunde mit Veränderungen des Reproduktionssystems, Lymphadenomegalie, Hyperglobulinämie, Diskospondylitis oder Uveitits sind verdächtig für eine Brucellose und sollten auf Antikörper gegen *Brucella canis* untersucht werden.

Analyse, Artefakte und Auswertung

Zirkulierende Antikörper werden im Serum mittels Objektträger-Schnell-Agglutinationstests (Rapid Slide Agglutination Test, RSAT), Röhrchenagglutination (Tube Agglutination Test, TAT), Agargel-Immunodiffusionstest (AGID) und ELISA nachgewiesen (Carmichael und Chin, 1996).

RSAT und TAT sind Suchtests; ein RSAT ist kommerziell verfügbar. Beide sollten mit 2-Merkaptoethanol (2-ME) durchgeführt werden, um heterologe IgM-Agglutinine, die für falsch-positive Ergebnisse verantwortlich sind, zu entfernen. Falsch-positive Ergebnisse beim 2-ME-TAT können durch Autoagglutination bei hämolysierten Proben hervorgerufen sein. Der AGID kann mit Zellwand- oder zytoplasmatischen Antigenen durchgeführt werden. AGID mit zytoplasmatischen Antigenen zeigt die höchste Spezifität, AGID mit Zellwandantigenen die größte Sensitivität. Aufgrund unspezifischer Präzipitinreaktionen sind positive Ergebnisse beim Zellwandantigen-AGID schwer zu interpretieren.

Der Mindestzeitraum zwischen Infektion und positivem Testergebnis variiert in Abhängigkeit von der verwendeten Methode. Die meisten infizierten Hunde sind 4 Wochen nach Infektion im 2-ME-TAT und AGID seropositiv. Die 2-ME-TAT-Titer der verschiedenen Labors können nicht verglichen werden; Titer von 1 : 50 und 1 : 100 sind generell verdächtig, Titer von mindestens 1 : 200 korrelieren meistens mit der Isolierung von *B. canis* aus Blutkulturen (Carmichael und Shin, 1996). Nach der Bakteriämiephase sinken die 2-ME-TAT-Titer innerhalb weniger Wochen rasch unter 1 : 200 und bleiben 6 Monate und länger niedrig (1 : 25 bis 1 : 50). Beim AGID persistieren die Antikörper gegen externe Antigene einige Wochen, wohingegen Antikörper gegen interne (zytoplasmatische) Antigene bis zu 12 Monate nach der Bakteriämiephase bestehen bleiben. Obwohl diese Tiere keine Bakteriämie zeigen, kann *B. canis* aus bestimmten Organen isoliert werden (z. B. Nebenhoden, Prostata).

Wenn der 2-ME-RSAT oder -TAT als Suchtest verwendet wird und das Ergebnis positiv ausfällt, wird vorläufig die Diagnose Brucellose gestellt; Blutkulturen und AGID sollten verwendet werden, um die Ergebnisse zu bestätigen. Wenn die Blutkulturen oder der AGID negativ ausfallen, ist das Vorliegen einer Brucellose unwahrscheinlich. Wenn die 2-ME-RSAT- oder -TAT-Ergebnisse bei einem Hund, bei dem der starke Verdacht auf eine Brucellose besteht, negativ ausfallen, sollte der Test in 4 Wochen wiederholt werden, um eine frühe Infektion auszuschließen.

Um eine definitive Diagnose stellen zu können, ist der Nachweis von *B. canis* notwendig, die Isolierung ist jedoch nicht immer möglich. Die Blutkultur ist zwar ideal, aber auch umständlich und teuer. Bei männlichen Tieren können auch Urin- und Ejakulatkulturen angelegt werden. Ein Wachstum wird im Allgemeinen innerhalb von 7 Tagen beobachtet, die Kultur sollte jedoch 3–4 Wochen weitergezüchtet werden. Mindestens 3 Kulturen von im Abstand von mehreren Tagen gewonnenen Proben sollten angelegt werden.

17.4.5 Leptospirose

Leptospira spp.

Indikation (gelegentlich)

Der serologische Nachweis von Antikörpern gegen *Leptospira* spp. sollte bei Hunden mit Fieber unklarer Genese, Ekchymosen, Erbrechen, Durchfall, Muskelschmerzen, Uveitis, Husten, Dyspnoe, Schmerzen im Nierenbereich, Thrombozytopenie, Nierenversagen (insbesondere akutes) oder erhöhten Leberenzymaktivitäten in Betracht gezogen werden. Zu den pathogensten Serovaren beim Hund gehören *Leptospira canicola*, *L. icterohaemorrhagiae*, *L. grippotyphosa*, *L. bratislava* und *L. pomona* (Rentko und Ross, 1992).

Analyse, Artefakte und Auswertung

Zirkulierende Antikörper werden im Serum durch den mikroskopischen Agglutinationstest (MAT) und einen ELISA (IgM, IgG) nachgewiesen. Die meisten Labors verwenden den MAT (Bolin, 1996). Der primäre Nachteil serologischer Tests besteht in der Schwierigkeit festzustellen, ob positive Titer durch eine aktive Infektion, eine vorausgegangene Infektion oder eine Impfung entstanden sind.

Antikörper werden mittels MAT Tage bis Wochen nach der Infektion nachgewiesen. Die meisten Labors untersuchen verschiedene Serovare. Zwischen einigen Serovaren bestehen Kreuzreaktionen; das Serovar mit dem höchsten

Titer verursacht wahrscheinlich die Infektion. Akut infizierte Hunde sind häufig MAT-negativ; Hunde mit Symptomen der Erkrankung und negativem Testergebnis sollten nach 2–4 Wochen erneut untersucht werden. Entwickelt sich ein positiver Titer, kann die Infektion bestätigt werden. Steigt der Antikörpertiter innerhalb von 2–4 Wochen um das Vierfache an, ist eine frische Infektion bestätigt. Impfungen können zu positiven MAT-Titern führen.
Für eine definitive Diagnose muss das Bakterium im Urin im Dunkelfeld-, durch Phasenkontrastmikroskopie oder kulturelle Untersuchung nachgewiesen werden. Die Untersuchung des Urins auf Leptospiren ist häufig wenig aussagekräftig. Der histopathologische Nachweis von Spirochäten im Nierengewebe führt zu einer vorläufigen Diagnose, die Bestätigung erfolgt durch eine Gewebekultur. In akuten Fällen tritt einige Tage bis 2 Wochen nach Infektion eine Leptospirämie auf. In diesem Zeitraum kann der Erreger aus dem Blut kultiviert werden. Urin kann kultiviert werden, es können aber wiederholte Kulturen notwendig sein, da der Keim intermittierend ausgeschieden wird. Die Kombination aus erhöhten Antikörpertitern, entsprechenden klinisch-pathologischen Veränderungen und klinischen Symptomen spricht für eine Leptospirose. Der Erreger kann mittels PCR in Urin, Blut oder Gewebe nachgewiesen werden.

17.4.6 Tularämie (Nagerpest)

Francisella tularensis

Indikation (selten)

In endemischen Gebieten (siehe Appendix I) sollten Tiere mit Fieber, Lymphadenomegalie, Gewichtsverlust oder oralen Ulzera auf Tularämie (Nagerpest) untersucht werden, insbesondere wenn ein Zeckenbefall wahrscheinlich ist, Kaninchen gefressen wurden oder die Möglichkeit einer Infektion des Menschen besteht. Tularämie ist eine Zoonose und wird von klinisch erkrankten Katzen direkt auf den Menschen übertragen.

Analyse, Artefakte und Auswertung

Antikörper im Serum werden mittels TAT bestimmt. Kreuzreaktionen mit *Brucella abortus* und *Proteus vulgaris* wurden bei der Untersuchung von humanem Serum beobachtet. Die Zeitspanne zwischen Infektion und positivem Titer ist nicht bekannt. Ein Titer von 1 : 80 oder ein vierfacher Anstieg des Serumtiters zwischen der akuten und der rekonvaleszenten Krankheitsphase (3 Wochen später) weist auf eine Infektion hin. Die definitive Diagnose kann durch Isolierung des Bakteriums aus einer Blutkultur oder den Nachweis im Gewebe mittels Immunfluoreszenz gestellt werden.

17.5 Serologische Untersuchungen bei Pilzinfektionen

17.5.1 Aspergillose

Aspergillus fumigatus

Indikation (gelegentlich)

Hunde und Katzen mit Nasen- oder Lungenerkrankungen können serologisch auf *Aspergillus fumigatus* untersucht werden; Katzen sind seltener betroffen als Hunde. Die Ergebnisse müssen zusammen mit Zytologie, Radiologie, Histopathologie und Kultur beurteilt werden.

Analyse, Artefakte und Auswertung

Zirkulierende Antikörper werden im Serum durch Counterimmunoelektrophorese (CIEP) und ELISA bestimmt (Sharp, 1998). Serumantikörper können für eine Exposition oder Infektion sprechen. Viele Ergebnisse bei Hunden mit nasaler Aspergillose sind falsch-negativ. Da die Titer bei behandelten Hunden lange persistieren (12 Monate), ist eine regelmäßige Überprüfung nicht zu empfehlen.
Der röntgenologische Nachweis der zerstörten Nasenmuscheln spricht für eine Aspergillose oder eine Neoplasie. Die zytologische (Farbtafel 3D) und kulturelle Untersuchung von Nasenexsudat allein reicht für die Diagnostik nicht aus, da Pilzstrukturen bei infizierten Hunden nicht immer nachgewiesen werden können, aber auch bei nicht-infizierten Tieren auftreten können (auch bei Hunden mit Tumoren in der Nasenhöhle). Der Keim ist manchmal schwer aus einem Aspergillom (Hyphengeflecht) zu kultivieren. Mit einer Nasallavage können Erreger kaum nachgewiesen werden. Eine Biopsie wird empfohlen (siehe Kap. 13). Die definitive Diagnose sollte auf drei Faktoren basieren:

1. histopathologische Hinweise auf eine Gewebebesiedelung
2. ein Aspergillom, kombiniert mit serologischen und kulturellen Hinweisen auf eine Infektion
3. serologische und röntgenologische Hinweise auf eine Infektion (Osteolyse)

In seltenen Fällen mit disseminierter Erkrankung kann die zytologische Untersuchung eines Aspirats aus betroffenem Gewebe nützlich sein. Wenn die Organismen nicht durch die Biopsie der Nasenhöhlen nachweisbar sind, können positive serologische Ergebnisse eine explorative Rhinotomie befürworten.

17.5.2 Blastomykose

Blastomyces dermatitidis

Indikation (selten)

Hunde aus Endemiegebieten (siehe Appendix I) mit Fieber, Gewichtsverlust, interstitieller Pneumonie, Lymphadenomegalie, Uveitis und Blindheit, ulzerativen oder nässenden Hautläsionen, Prostata- oder Hodenerkrankungen unklarer Genese, intrakraniellen Erkrankungen, Osteomyelitis oder (selten) Nierenerkrankungen können serologisch auf Antikörper gegen *Blastomyces dermatitidis* untersucht werden. Der Nachweis kann auch zytologisch, histopathologisch und kulturell erfolgen. In Endemiegebieten sollten Katzen mit interstitieller Pneumonie, intrakraniellen Erkrankungen, Lymphadenomegalie, ulzerativen oder nässenden Hautläsionen oder Uveitis und Blindheit auf Antikörper gegen *B. dermatitidis* untersucht werden.

Analyse, Artefakte und Auswertung

Zirkulierende Antikörper werden meist im Serum mittels AGID nachgewiesen (Legendre, 1998). Da subklinische kanine Infektionen nicht üblich sind, werden positive serologische Befunde als bedeutsam angesehen. Falsch-negative Ergebnisse treten bei perakuten oder fortgeschrittenen Infektionen, die zu einem Niederbruch des Immunsystems führen, auf. Viele Katzen mit Blastomykose sind seronegativ. Nach erfolgreicher Behandlung müssen die Antikörpertiter nicht negativ werden.
Die definitive Diagnose ist nur durch die Identifizierung der Hefen mittels Zytologie, Histopathologie oder Pilzkulturen möglich. In Ausstrichen von Hautläsionen und Aspiraten vergrößerter Lymphknoten sind die Organismen meist nachweisbar. Durch transtracheale Aspiration, Feinnadelaspiration der Lunge oder Urinuntersuchung kann der Erreger nicht immer identifiziert werden. Kulturen müssen 10–14 Tage inkubiert werden und sind weniger erfolgversprechend als Zytologie oder Biopsie. Röntgenologisch werden häufig eine diffuse noduläre interstitielle Pneumonie und Lymphadenomegalie der Hiluslymphknoten gefunden. Positive serologische Ergebnisse, kombiniert mit entsprechenden klinischen Symptomen und röntgenologischen Befunden, erlauben eine vorläufige Diagnosestellung.

17.5.3 Kokzidioidomykose

Coccidioides immitis

Indikation (selten)

Hunde aus Endemiegebieten (siehe Appendix I) mit interstitieller Pneumonie, Fieber unbekannter Ursache, Lymphadenopathie der Hiluslymphknoten, Osteomyelitis, Uveitis, Perikarditis und nodulären oder ulzerativen Hautläsionen können auf Antikörper gegen *Coccidioides immitis* untersucht werden. Der Keim kann auch zytologisch, histopathologisch oder kulturell nachgewiesen werden. Bei Katzen kommen nur selten Erkrankungen vor, *Coccidioides immitis* wird aber auch mit nodulären oder ulzerativen Hautläsionen, interstitieller Pneumonie, Osteomyelitis, Uveitis und ZNS-Erkrankung in Verbindung gebracht.

Analyse, Artefakte und Auswertung

Zirkulierende Antikörper werden im Serum durch Komplementbindungsreaktion (KBR), AGID, ELISA, Latex-Agglutination und Präzipitationstest bestimmt. Im Präzipitationstest werden IgM-Antikörper gemessen. KBR und AGID sind auf IgG-Antikörper ausgerichtet (Greene, 1998). Falsch-negative Ergebnisse treten im Präzipitationstest bei frühen (< 2 Wochen) oder chronischen Infektionen, schnell progressiven Erkrankungen und primär kutaner Kokzidioidomykose auf. Falsch-positive KBR-Ergebnisse werden durch antikomplementäres Serum hervorgerufen, das durch bakterielle Kontamination oder Immunkomplexe entsteht. Bei allen

Tests sind Kreuzreaktionen bei Patienten mit Histoplasmose und Blastomykose bekannt. Nach Abheilen der Krankheit fällt der KBR-Titer über mehrere Wochen, niedrige Titer bleiben monatelang bestehen (z.B. 1 : 32).
Für die definitive Diagnose muss der Erreger in Ausstrichen, Aspiraten, histologisch oder kulturell nachgewiesen werden. *Coccidioides immitis* ist häufig schwer nachweisbar. Die Untersuchung von Nativpräparaten, gefärbten (Perjodsäure-Schiff) Ausstrichen oder Aspiraten ist zweckmäßiger als die Untersuchung von getrocknetem Material. Durch den Trocknungsvorgang können die Sporangien ihre Form verlieren. In thorakalen Röntgenaufnahmen gehören ein gemischt interstitielles, bronchiales und alveoläres Muster und Schwellung der Hiluslymphknoten zu den häufigen Befunden. Ein positives Ergebnis der Laboruntersuchungen in Verbindung mit charakteristischen Röntgenbefunden erlaubt die vorläufige Diagnosestellung.

17.5.4 Kryptokokkose

Cryptococcus neoformans

Indikation (selten)

Katzen und selten auch Hunde mit unerklärbaren respiratorischen (insbesondere nasalen), ZNS-, Augen- (insbesondere Uvea) und Hautveränderungen (insbesondere noduläre oder ulzerative Läsionen) können auf *Cryptococcus-neoformans*-Antigen untersucht werden. Der Organismus kann auch zytologisch, histopathologisch oder kulturell nachgewiesen werden.

Analyse, Artefakte und Auswertung

Die Messung von Antikörpern gegen *C. neoformans* ist klinisch nicht von Bedeutung. Cryptococcus-Antigen kann in Serum, Kammerwasser oder Liquor mittels Latex-Agglutination (LA) bestimmt werden.
Negative LA-Titer im Serum kommen in Frühstadien der Erkrankung und selten auch bei chronischen geringgradigen Infektionen, bei Chemotherapie-induzierter Remission oder bei einer nicht-disseminierten Erkrankung vor. Die Spezifität der LA ist hoch. Titer über 1 : 1 in Serum oder Liquor sind als positiv zu bewerten; häufig werden sehr hohe Titer nachgewiesen. Bei einigen Tieren sinkt der Titer während der Therapie (Malik et al., 1996a). Positive Titer werden bei manchen Tieren nach scheinbar erfolgreichem klinischem Ansprechen auf die Therapie gefunden. In diesen Fällen liegt möglicherweise eine geringgradige Infektion vor oder die Ergebnisse sind falsch-positiv (Flatland et al., 1996; Jacobs et al., 1997). Eine Cryptococcus-Enzephalitis kann zu positiven Titern im Liquor bei negativen Serum-LA-Titern führen.
Die definitive Diagnose basiert auf dem zytologischen, histopathologischen oder kulturellen Erregernachweis oder einem positiven LA-Ergebnis. Die Zytologie fällt meist positiv aus (Farbtafel 4E), da in betroffenem Gewebe viele Hefen vorhanden sind (Nasen- und Hautläsionen, Kammerwasser und Glaskörper). **Beachte:** Der Erreger kann manchmal auch bei Nasenspülungen gesunder Tiere isoliert werden (Malik et al., 1996b). Liquor kann Hefen enthalten, zur Anreicherung sollten Techniken zur Konzentrierung (Zytozentrifugation) verwendet werden. Routinemäßige zytologische Färbungen (z.B. nach Wright) sind geeignet, um den Erreger darzustellen. Meist werden trotz geringer oder fehlender entzündlicher Reaktion sehr viele Hefen aufgefunden. Eine kulturelle Untersuchung ist nur selten notwendig. Serologische Untersuchungen können eingeleitet werden, wenn der Erreger zytologisch nicht nachweisbar ist oder um das Ansprechen auf die Behandlung zu überprüfen. Eine PCR wird eingesetzt, um DNA des Erreges zu amplifizieren, bislang wurde diese Methode jedoch noch nicht hinreichend bewertet (Kano et al., 2001).

17.5.5 Histoplasmose

Histoplasma capsulatum (Verbreitungsgebiet siehe Appendix I)

Indikation (selten)

Tiere mit folgenden Symptomen werden auf Antikörper gegen *Histoplasma capsulatum* untersucht: Gewichtsverlust, interstitielle Pneumonie, Erkrankungen der Uvea, Durchfall oder Lymphadenomegalie. Der Erreger kann auch zytologisch, histopathologisch oder kulturell nachgewiesen werden (Wolf, 1998).

Analyse, Artefakte und Auswertung

Primär wird der Agargel-Immunodiffusionstest (AGID) verwendet, um zirkulierende Antikörper im Serum zu bestimmen. Das Vorhandensein von Antikörpern im Serum spricht für die Exposition, nicht aber für eine klinische Erkrankung. Der AGID ist von fraglicher klinischer Bedeutung. Titer persistieren bei manchen Tieren über 1 Jahr nach Abklingen der Erkrankung und sowohl falsch-positive als auch falsch-negative Ergebnisse können auftreten. Bei Katzen ist die Aussagekraft des AGID noch geringer. Für eine definitive Diagnose muss der Organismus zytologisch (Farbtafel 3E), in Bioptaten oder kulturell nachgewiesen werden. Der Erreger ist schwieriger nachzuweisen als *Blastomyces dermatitidis*; bei Hunden mit Histoplasmose des Kolons führt die zytologische Untersuchung von Rektumgeschabseln häufig zur Diagnose. Feinnadelaspirate anderer Organe können den Erreger ebenfalls aufzeigen. Bei den meisten Katzen mit systemischer Histoplasmose kann der Erreger in zytologischen Präparaten des Knochenmarks dargestellt werden. Thorakale Röntgenaufnahmen sind beim Verdacht auf pulmonale Histoplasmose indiziert; ein noduläres interstitielles Muster ist zu erwarten. Die kulturelle Anzüchtung von *H. capsulatum* ist weniger erfolgversprechend als die Untersuchung von Bioptaten. Ein serologischer Nachweis ist unzuverlässig und wird nicht empfohlen. Die Serologie wird nur zur Stellung einer Verdachtsdiagnose verwendet, wenn der Erreger zytologisch, histopathologisch oder kulturell nicht nachgewiesen werden kann, andere Veränderungen jedoch auf das Vorliegen der Erkrankung hindeuten.

17.6 Serologische Untersuchungen bei Protozoeninfektionen

17.6.1 Babesiose

Babesia *canis canis*, *B. canis rossi*, *B. canis vogeli* und *B. gibsoni* beim Hund; *B. cati*, *B. felis*, *B. herpailuri* und *B. pantherae* bei der Katze)

Indikation (zunehmend)

Eine Babesienserologie ist bei Hunden aus Endemiegebieten (siehe Appendix I) oder solchen mit einem entsprechenden Reisevorbericht indiziert. Typische Symptome sind Fieber, Anämie, Ikterus, Splenomegalie (akute Babesiose) oder intermittierendes Fieber und Gewichtsverlust (chronische Babesiose). Babesiose kann auch bei Katzen zur Anämie führen.

Analyse, Artefakte und Auswertung

Zirkulierende Antikörper werden im Serum mittels IFT bestimmt. Diese Untersuchung ist allgemein verfügbar. In den meisten Labors werden Titer über 1 : 40 als positiv betrachtet (Breitschwerdt, 1995). Experimentell infizierte Hunde entwickeln etwa 3 Wochen nach der Infektion nachweisbare IgG-Titer. Falsch-negative Ergebnisse treten bei jungen Hunden, perakuten Fällen oder bei Immunsuppression auf. Antikörper gegen *B. gibsoni* und *B. canis* können, müssen aber nicht kreuzreagieren; dies hängt von dem vom jeweiligen Labor verwendeten Antigen ab. Manche Hunde mit *B. gibsoni* sind im IFT mit *B.-canis*-Antigen seronegativ. Hunde, bei denen der Verdacht auf eine Babesiose besteht, die aber auf *B. canis* negativ sind, sollten auf Antikörper gegen *B. gibsoni* untersucht werden. Antikörper können bei gesunden und klinisch erkrankten Hunden nachgewiesen werden. Die Höhe der Titer korreliert nicht mit dem Vorhandensein oder der Abwesenheit der Erkrankung. Titer von über 1 : 320 wurden als signifikant für *B. gibsoni* vorgeschlagen, nicht alle infizierten Hunde erreichen jedoch derart hohe Titer (Birkenheuer et al., 1999). Es ist wichtig, die involvierte Babesienart zu bestimmen, da das Ansprechen auf die Therapie variiert. Wie lange positive Titer nach erfolgreicher Therapie nachweisbar sind, ist unbekannt. Bei nicht behandelten experimentell infizierten Hunden können die Titer mindestens 6 Monate lang erhöht bleiben. Unbehandelte seropositive Hunde müssen als Träger der Infektion angesehen werden. Eine Behandlung ist nur bei erkrankten seropositiven Hunden indiziert.

Für eine definitive Diagnose muss der Erreger in Blutausstrichen nachgewiesen werden, die nach Romanowsky gefärbt wurden (z.B. Wright oder Giemsa). Babesien können in Blut aus mikrokapillären Bereichen (z.B. ventrale Ohrfläche oder Kralle) am besten identifiziert werden (insbesondere bei akuter Erkrankung). **Beachte:** In altem Blut kann die Form des Erregers verzerrt sein. Bei chronischen Erkrankungen oder asymptomatischen Trägern ist der Nachweis des Erregers unzuverlässig und die vorläufige Diagnose basiert auf den klinischen Symptomen und positiven Antikörpertitern. Hunde mit Babesiose sind meist Coombs-positiv (siehe Kap. 3). Eine PCR ist kommerziell verfügbar und kann verwendet werden, um das Vorhandensein des Erregers zu dokumentieren. Positive Ergebnisse korrelieren nicht immer mit der klinischen Erkrankung (Ano et al., 2001)

17.6.2 Neosporose

Neospora caninum

Indikation (gelegentlich)

Eine Serologie auf *Neospora caninum* kann bei Hunden mit klinischen Hinweisen auf Polyradikuloneuritis, einschließlich progressiver aufsteigender Paralyse, Dysphagie, Muskelatrophie und (selten) myokardialer Dysfunktion oder Pneumonie angefertigt werden (Lindsay und Dubey, 2000).

Analyse, Artefakte und Auswertung

Zirkulierende Antikörper können im Serum mittels IFT nachgewiesen werden. Die Untersuchung ist allgemein verfügbar. Eine Verdachtsdiagnose kann durch die Kombination entsprechender klinischer Symptome mit positiver Serologie oder dem Nachweis von Antikörpern im Liquor gestellt werden, wenn andere Ursachen, die ähnliche klinische Symptome verursachen (insbesondere *Toxoplasma gondii*) ausgeschlossen werden können. IgG-Antikörpertiter von mindestens 1 : 200 werden bei Hunden mit klinischer Neosporose gefunden; es besteht eine minimale Kreuzreaktivität mit *T.-gondii*-Titern von 1 : 50 und höher. Da sich *Neospora caninum* in Gewebe ansiedelt, kann ein positives serologisches Ergebnis mit einer permanenten Infektion korrelieren. Zirkulierende Antikörper gegen *N. caninum* dokumentieren nur die Infektion, nicht die klinische Erkrankung.

Die endgültige Diagnose basiert auf dem Erregernachweis im Gewebe. Der Erreger kann strukturell und immunhistochemisch von *T. gondii* unterschieden werden (Lindsay und Dubey, 1999). *Neospora-caninum*-DNA kann mittels PCR aus Gewebe amplifiziert und auch von *T. gondii* differenziert werden. *Neospora-caninum*-Oozysten können im Kot mancher Hunde gefunden werden (McAllister et al., 1998).

17.6.3 Toxoplasmose

Toxoplasma gondii

Indikation (gelegentlich)

Gesunde Katzen

Toxoplasma-gondii-spezifische Antikörper sind in Serum, Kammerwasser und Liquor von gesunden und kranken Katzen nachweisbar. Antikörper korrelieren nicht direkt mit einer klinischen Toxoplasmose. Es gibt derzeit keine serologischen Verfahren, die verlässlich angeben können, ob eine seropositive Katze in letzter Zeit Oozysten ausgeschieden hat. Eine Erregerausscheidung ist bei einer erneuten Infektion seropositiver Katzen weniger wahrscheinlich als bei einer Infektion seronegativer Katzen.

Klinisch erkrankte Hunde und Katzen

Die serologische Untersuchung sollte bei Katzen mit Uveitis, Fieber, Muskelerkrankungen, Ikterus, Pankreatitis, Inflammatory Bowel Disease (IBD), die nicht auf immunsuppressive Therapie anspricht, ZNS- und Lungenerkrankungen durchgeführt werden. Bei Hunden sollten serologische Tests auf Toxoplasmose in Betracht gezogen werden, wenn die Tiere Fieber, Muskelerkrankungen, ZNS-Erkrankungen und Erkrankungen des respiratorischen Systems aufweisen. Hunde entwickeln weniger häufig eine klinische Toxoplasmose als Katzen.

Analyse

Untersuchung auf Serum-Antikörper

Antikörper gegen *T. gondii* können mit verschiedenen Techniken, einschließlich ELISA, IFT, Westernblot-Immunoassay, Sabin-Feldman-Test und verschiedenen Agglutinationstests nachgewiesen werden (Lappin, 1996).

ELISA, IFT und Westernblot-Immunoassay können an den Nachweis verschiedener Antikörperklassen adaptiert werden; normalerweise wird auf IgG und IgM untersucht. *T.-gondii*-spezifische IgM können im Serum mittels ELISA bei ungefähr 80 % der subklinisch erkrankten Katzen 2–4 Wochen nach experimenteller Induktion der Toxoplasmose nachgewiesen werden. Weniger als 16 Wochen nach der Infektion sind diese Titer im Allgemeinen negativ. Bei 93,3 % der Katzen aus einer Toxoplasmosestudie konnten IgM-Titer nachgewiesen werden; IgG-Titer wurden bei 60 % der Tiere gefunden (Lappin, 1996). IgM-Titer können bei manchen klinisch erkrankten Katzen für mehr als 16 Wochen persistieren; diese Tiere sind häufig mit FIV koinfiziert oder weisen eine okuläre Toxoplasmose auf. Nach wiederholter Inokulation von *T. gondii*, erster Inokulation des Petaluma-Isolats des FIV und Verabreichung von Glukokortikoiden weisen chronisch mit Toxoplasmose infizierte Katzen wiederholt nachweisbare IgM-Titer auf (Lappin, 1996). Gesunde und klinisch erkrankte Hunde entwickeln sporadisch nachweisbare IgM-Titer. Die Kinetik der postinfektiösen IgM-Titer beim Hund ist unbekannt.

Nach experimenteller Induktion der Infektion bei subklinisch erkrankten Katzen können *T.-gondii*-spezifische IgG im Serum der meisten Katzen nach 4 Wochen mittels ELISA nachgewiesen werden. Positive IgG-Antikörpertiter persisieren generell über mehrere Jahre nach der Infektion. Einzelne hohe IgG-Titer werden als Indikatoren für eine kürzlich stattgefundene oder aktuelle Infektion angesehen. Die Autoren konnten jedoch bei subklinisch erkrankten Katzen 5 Jahre nach einer experimentellen Induktion der Toxoplasmose IgG-Antikörpertiter über 1 : 16 384 nachweisen. Ein positiver IgG-Antikörpertiter in einer einzelnen Serumprobe spricht nur für die Exposition, nicht für eine stattgefundene oder aktive Infektion. Der Nachweis ansteigender IgG-Titer dokumentiert eine kürzlich stattgefundene oder aktive Infektion. Die Zeitspanne von den ersten nachweisbaren positiven IgG-Titern bis zum Erreichen der maximalen Titer beträgt ungefähr 2 bis 3 Wochen. Es bleibt also nur ein kleines Zeitfenster, um ansteigende Titer nachzuweisen. Viele Katzen mit klinischer Toxoplasmose zeigen milde chronische Symptome und werden erst auf Toxoplasmose untersucht, wenn die IgG-Antikörpertiter Maximalwerte erreicht haben. Bei Menschen kommt es nach der Reaktivierung einer chronischen Toxoplasmose nur selten zu einem Anstieg der Titer; bei Katzen scheinen sich in diesem Zusammenhang die Titer ebenfalls nicht zu verändern.

Mehrere Agglutinationstests wurden für Katzenserum evaluiert. Ein Latex-Agglutinationstest (LA) und ein indirekter Hämagglutinationstest (IHA) sind kommerziell erhältlich. Diese Tests sind nicht speziesspezifisch und können potentiell alle Immunglobulinklassen gegen *T. gondii* im Serum nachweisen. Leider gelingt der Nachweis von Antikörpern in felinen Seren, die im ELISA nur positiv für IgM sind, auch mit diesen Methoden nur selten. Die modifizierte Agglutination unter Verwendung formalinfixierter Tachyzoiten ist die sensitivste Methode zum Nachweis von *T.-gondii*-Antikörpern in felinen Seren, dieser Test ist jedoch im Allgemeinen nicht kommerziell verfügbar.

Antikörpernachweis in Kammerwasser und Liquor

Die lokale Produktion von *T.-gondii*-spezifischen IgG in Liquor und Kammerwasser tritt bei experimenteller Inokulation, subklinisch erkrankten Katzen und Katzen und Hunden mit klinischer Toxoplasmose auf.

Die lokale Produktion von IgM in Liquor und Kammerwasser wurde nur bei klinisch erkrankten Tieren festgestellt. Die meisten Katzen mit Uveitis und Produktion von *T.-gondii*-spezifischen Antikörpern im Kammerwasser sprechen auf Medikamente gegen Toxoplasmose an. Der Nachweis von Antikörpern im Kammerwasser unterstützt die Diagnose einer okularen Toxoplasmose bei der Katze.

Kotuntersuchung

Oozysten können im Kot durch Flotationsverfahren mit verschiedenen Lösungen mit einem spezifischen Gewicht von 1,15 bis 1,18 nachgewiesen werden. Die vorteilhafteste Methode ist vermutlich die Zentrifugation mit einer Zuckerlösung. *Toxoplasma-gondii*-Oozysten weisen einen Durchmesser von 10–12 µm auf, ungefähr ein Achtel der Größe von *Toxocara-cati*-Eiern. Wird nur eine Ebene des Objektträgers oder Deckglases fokussiert, können Oozysten übersehen werden. Die Oozysten lassen sich nicht von *Hammondia hammondii* oder *Besnoita darlingi* (nicht pathogene Kokzidien, die Katzen befallen) unterscheiden. Sporulierte Oozysten können aus dem Kot isoliert und an Mäusen oder Gewebekulturen getestet werden, um eine definitive Diagnose stellen zu können. Da die Ausscheidung von Oozysten bei Katzen mit klinischer Toxoplasmose selten beobachtet wird, ist die diagnostische Brauchbarkeit der Kotuntersuchung limitiert. Bei Katzen mit klinischen Symptomen einer *T.-gondii*-Infektion sollte, aufgrund des Zoonoserisikos, trotzdem eine Kotuntersuchung durchgeführt werden.

Auswertung

Der Nachweis von Antikörpern in Serum, Kammerwasser oder Liquor spricht für eine *T.-gondii*-Exposition. Eine kürzlich stattgefundene oder aktive Toxoplasmose kann durch IgM-Titer über 1 : 64, einen um mindestens das Vierfache angestiegenen IgG-Titer oder lokale Antikörperproduktion in Kammerwasser oder Liquor angezeigt werden. Da *T.-gondii*-spezifische Antikörper auch in Serum, Kammerwasser und Liquor von gesunden infizierten Katzen nachgewiesen werden können, kann man die Diagnose ante mortem nicht allein auf diesen Untersuchungen begründen. Die Feststellung einer klinischen Toxoplasmose kann vorläufig auf der Basis folgender Kombinationen erfolgen:

- serologische Hinweise auf eine Infektion
- klinische Symptome, die mit Toxoplasmose in Einklang gebracht werden können
- Ausschluss anderer häufiger Ursachen
- positives Ansprechen auf eine entsprechende Therapie

T. gondii wurde mittels PCR im Kammerwasser von 18,6 % der Katzen mit Uveitis nachgewiesen (Lappin, 1996). Der Parasit kann auch transient in Kammerwasser oder Blut von gesunden, experimentell infizierten Katzen nachgewiesen werden (Lappin, 1996). Der positiv prädiktive Wert der PCR für eine klinische Erkrankung liegt jedoch unter 100 %.

17.6.4 Trypanosomiasis (Chagas Disease)

Trypanosoma cruzi

Indikation (selten)

Der serologische Antikörpernachweis gegen *Trypanosoma cruzi* sollte bei Hunden aus Endemiegebieten (siehe Appendix I) und solchen mit generalisierter Lymphadenomegalie, neurologischen Symptomen oder myokardialer Dysfunktion (insbesondere AV-Block zweiten oder dritten Grades oder ventrikuläre Tachykardie) in Betracht gezogen werden.

Analyse, Artefakte und Auswertung

IFT, direkte Hämagglutination und KBR können normalerweise zirkulierende Antikörper in kaninen Seren nachweisen (Barr, 1998). Hunde sind im Allgemeinen 3 Wochen nach der Infektion seropositiv. Ein positiver Titer spricht für eine Exposition, nicht für eine klinische Erkrankung. Positive Titer variieren in Abhängigkeit von der Untersuchungsmethode. Die definitive Diagnose hängt vom Erregernachweis in Blutausstrichen, Lymphknoten oder Buffy Coat ab. *T. cruzi* kann manchmal nur im peripheren Blut, ohne Nachweis von Erregern im Gewebe, vorkommen. Eine Untersuchung auf myokardiale Erkrankungen, einschließlich Röntgenaufnahmen des Thorax, EKG, Elektrolytbestimmung und Echokardiographie (wenn verfügbar), ist indiziert. Alternativ können amastigote *T. cruzi* in Geweben nachgewiesen werden. Eine PCR kann verwendet werden, um die DNA des Organismus zu amplifizieren.

17.7 Serologische Untersuchungen bei Rickettsieninfektionen

17.7.1 Ehrlichiose (Hund)

Ehrlichia canis

Indikation (gelegentlich)

Die serologische Untersuchung auf Ehrlichiose ist bei Hunden aus Endemiegebieten oder mit einem entsprechenden Auslandsvorbericht indiziert. Zu den verdächtigen Symptomen gehören Thrombozytopenie, Anämie, Leukopenie, Hyperglobulinämie, Proteinurie, Polyarthritis, Fieber, Uveitis, Lymphadenomegalie, Hepatosplenomegalie oder entzündliche ZNS-Erkrankungen, insbesondere wenn eine *Rhipicephalus*-Exposition des Tieres stattgefunden hat.

Analyse, Artefakte und Auswertung

Zirkulierende Antikörper werden im Serum mittels IFT gemessen; es gibt keine Kreuzreaktionen mit *Rickettsia-rickettsii-* oder *E.-platys*-Antigenen. *Anaplasma phagocytophila* (früher *Ehrlichia equi*), *E. chaffeensis*, *E. risticii* und *E. ewingii* (Anderson et al., 1992) können ebenfalls zu Erkrankungen bei Hunden führen. Die Kreuzreaktivität von Antikörpern gegen diese Organismen mit *E. canis* variiert. Infizierte Hunde können seronegativ sein. Die serologische Untersuchung auf Antikörper gegen *E. canis* ist allgemein verfügbar. Antikörper gegen *E. canis* können schon 7 Tage nach einer Infektion nachgewiesen werden und sind 28 Tage nach der Inokulation regelmäßig präsent (Neer et al., 2002). Bei unbehandelten, experimentell infizierten Hunden steigen die Antikörpertiter mehrere Wochen bis Monate nach der Inokulation. *E.-canis*-Antikörpertiter von 1 : 80 sind verdächtig, die Titerbestimmung sollte nach 14–21 Tagen wiederholt werden. Ein Titer von 1 : 80 und darüber wird als diagnostisch angesehen. Initiale positive Ergebnisse in einem neuen Testsystem liegen bei 1 : 100. Positive Titer sinken innerhalb von 3–9 Monaten nach Ausheilen der Erkrankung auf ein negatives Ergebnis ab; persistieren die Titer über neun oder mehr Monate, kann von einem Trägerstatus ausgegangen werden. Allerdings wurden noch Monate nach einer offensichtlich erfolgreichen Therapie Antikörper bei einigen natürlich infizierten Hunden nachgewiesen (Bartsch und Greene, 1996). Klinisch erkrankte seropositive Hunde sollten mindestens 28 Tage therapiert werden, bis klinische und Laborveränderungen normalisiert sind (Neer et al., 2002). Ob gesunde seropositive Hunde therapiert werden sollen, wird kontrovers diskutiert; diese Frage wurde vor kurzem in einem Fachartikel erörtert (Neer et al., 2002).

Eine *E.-canis*-Infektion lässt sich eindeutig diagnostizieren, wenn Morulae (d.h. Ansammlungen des Erregers) in mononukleären Zellen, Kulturen oder mittels PCR gefunden werden. Morulae werden in Blutausstrichen und Knochenmarkaspiraten nur selten nachgewiesen, es sei denn, der Hund ist immunsupprimiert oder ein neutrophiler Stamm (*E. ewingii*) ist präsent. *Ehrlichia* spp. können durch Gewebekultur aus heparinisiertem Blut oder aus Knochenmarkaspiraten infizierter Tiere isoliert werden. Kulturen sind allerdings nur limitiert verfügbar, teuer und erzielen selten brauchbare Ergebnisse. *Ehrlichia* spp. können in Vollblut mittels PCR nachgewiesen werden (McBride et al., 1996). Die PCR kann zur Überwachung der Therapie verwendet werden. Das *Consensus Statement on Ehrlichia Disease of Small Animals* der Infectious Disease Study Group des ACVIM (Neer et al., 2002) postuliert folgendes:

Wenn eine PCR zur Überwachung der Therapie eingesetzt wird, sollte der Test 2 Wochen nach Abschluss der antimikrobiellen Therapie wiederholt werden. Sind die PCR-Ergebnisse positiv, sollte weitere 4 Wochen lang therapiert werden und die PCR 2 Wochen nach Therapieende wiederholt werden. Fällt das PCR-Ergebnis nach 2 Therapiezyklen immer noch positiv aus, muss die Verwendung alternativer Therapien in Betracht gezogen werden. Wenn das PCR-Ergebnis negativ ausfällt, sollte eine Wiederholungsprüfung nach 2 Monaten erfolgen; ist das Ergebnis dann immer noch negativ, wurde der Erreger therapeutisch eliminiert. Man muss jedoch beachten, dass der Erreger in Geweben wie der Milz sequestriert sein kann.

17.7.2 Ehrlichiose (Katze)

Ehrlichia spp.

Indikation (selten)

Eine Ehrlichiose bei Katzen wurde bislang in Deutschland nicht nachgewiesen. In Appendix I sind Verbreitungsgebiete der felinen Ehrlichiose genannt. Eine serologische Untersuchung auf Ehrlichiose ist bei Katzen mit folgenden Symptomen indiziert (wenn keine andere Ursache gefunden werden kann): Thrombozytopenie, Anämie, Leukopenie, Hyperglobulinämie, Proteinurie, Polyarthritis, Fieber oder Lymphadenomegalie (Bouloy et al., 1994; Peavy et al., 1997; Stubbs et al., 2000).

Analyse, Artefakte und Auswertung

Mit dem IFT können zirkulierende IgG-Antikörper gegen *E. canis*, *E. risticii* und *Anaplasma phagocytophila* (früher *E. equi*) im Serum von Katzen nachgewiesen werden. Mittels PCR kann DNA von *E. canis* (Breitschwerdt at al., 2003) und *A. phagocytophila* (Lappin et al., 2003) im Blut klinisch erkrankter Katzen nachgewiesen werden. Einige Katzen mit Verdacht auf *E.-canis*-Infektion erwiesen sich als seronegativ. Antikörper gegen *E. canis*, *E. risticii* und *A. phagocytophila* können im Serum gesunder Katzen nachgewiesen werden und sind daher für die Diagnose einer Ehrlichiose nicht ausreichend. Die vorläufige Diagnose einer felinen Ehrlichiose basiert auf der Kombination aus klinischen Symptomen, positiven serologischen Ergebnissen, dem Ausschluss anderer Ursachen und dem Ansprechen auf Tetrazyklintherapie. Die definitive Diagnose basiert auf dem Nachweis der Morulae in Leukozyten oder auf der Amplifikation von DNA aus Blut mittels PCR.

17.7.3 Infektiöse zyklische Thrombozytopenie

Ehrlichia platys

Indikation (selten)

Der serologische Nachweis einer *Ehrlichia-platys*-Infektion ist bei Hunden aus Endemiegebieten (siehe Appendix I) oder mit entsprechendem Auslandsvorbericht und Thrombozytopenie oder endogener Uveitis indiziert.

Analyse, Artefakte und Auswertung

Zirkulierende IgG-Antikörper gegen *E. platys* werden im Serum mittels IFT nachgewiesen. *E.-platys-* und *E.-canis*-Antikörper zeigen keine Kreuzreaktion. Der Grenzwert für einen positiven IgG-Antikörpertiter variiert zwischen den untersuchenden Labors. Experimentell infizierte Hunde weisen 13 bis 19 Tage nach der Infektion Antikörper auf (French und Harvey, 1983). Wenn bei Tieren, bei denen eine klinische Erkrankung vermutet wird, niedrige Titer festgestellt werden, sollte die Untersuchung nach 21 Tagen wiederholt werden. Da viele Hunde subklinisch infiziert sind, ist der Antikörpernachweis kein Beweis für die klinische Erkrankung. Für die definitive Diagnose muss der Erreger in den Thrombozyten nachgewiesen werden (schwierig aufgrund der zyklischen Parasitämie).

17.7.4 Rocky Mountain Spotted Fever

Rickettsia rickettsii

Indikation (selten)

Die serologische Untersuchung auf Rocky Mountain Spotted Fever (RMSF) ist bei Hunden aus Endemiegebieten (siehe Appendix I) oder mit entsprechendem Auslandsvorbericht indiziert. Zu den verdächtigen Symptomen gehören: Plötzlich auftretendes Fieber, Lymphadenomegalie, Petechien, neurologische Symptome, steifer Gang, periphere Ödeme, Dyspnoe oder stark injizierte Skleren. Eine Zeckenexposition ist anamnestisch nicht immer nachzuvollziehen. Exponierte Hunde entwickeln entweder eine akute Erkrankung, die ungefähr 14 Tage dauert, oder sie sind subklinisch infiziert. Der primäre Vektor (Zecken) ist von Frühjahr bis Herbst aktiv; daher sollte RMSF nur bei klinisch erkrankten Hunden, die in diesem Zeitraum exponiert waren, als potentielle Differentialdiagnose in Betracht gezogen werden. Die meisten Fälle werden im Südwesten der USA diagnostiziert.

Analyse, Artefakte und Auswertung

Der Kliniker kann Antikörper gegen *R. rickettsii* in kaninem Serum mittels IFT, ELISA und LA nachweisen (Greene et al., 1993). ELISA und IFT können IgM- und IgG-Antikörper gegen RMSF detektieren. Der LA ist nicht spezifisch für eine bestimmte Antikörperklasse. Schwellenwerte für positive Titer sowie Spezifität und Sensitivität variieren in Abhängigkeit vom verwendeten Test (Greene et al., 1993). Nach experimenteller Inokulation können IgM-Antikörper im IFT an Tag 9 nachgewiesen werden, die höchsten Titer werden an Tag 20 gemessen und nach 80 Tagen sind keine Antikörper mehr nachweisbar (Breitschwerdt, 1995). Bei Hunden mit klinischem RMSF werden immer IgM-Antikörper nachgewiesen. Da IgM-Antikörper nur kurze Zeit im Serum verweilen, können beim IgM-Nachweis falsch-negative Ergebnisse vorkommen. Falsch-positive Ergebnisse treten am häufigsten bei der IgM-Messung durch ELISA auf. Positive IgG-Titer sind 20–25 Tage nach der Infektion nachweisbar. Serumproben mit IgG-Titern von 1 : 64 werden generell als positiv angesehen. Sind bei Patienten mit klinischen und labordiagnostischen Hinweisen auf eine RMSF-Erkrankung keine IgM-oder IgG-Antikörper nachweisbar, sollte der IgG-Titer nach 2–3 Wochen erneut geprüft werden. Der genaue Zeitpunkt der zweiten Untersuchung ist nicht wesentlich, da die IgG-Titer mindestens 3 bis 5 Monate nach der Infektion nicht abfallen. Wird eine Serokonversion oder ein vierfacher Anstieg der Titer dokumentiert, kann von einer Infektion ausgegangen werden.

Die vorläufige Diagnose RMSF kann auf der Kombination aus entsprechenden Symptomen, Vorbericht und klinisch-pathologischen Hinweisen auf die Erkrankung basieren. Weiterhin kann die Diagnose aufgrund der Serologie, des Ausschlusses anderer Erkrankungen und des Ansprechens auf eine geeignete Therapie gestellt werden. Serokonversion und Ansteigen der Titer 2 bis 3 Wochen nach der ersten serologischen Untersuchung sprechen für eine kürzlich stattgefundene Infektion. In einer neueren Studie wurde als Kriterium ein vierfacher Anstieg des Antikörpertiters oder ein einzelner Titer von mindestens 1 : 1024 (mindestens 1 Woche nach dem Auftreten klinischer Symptome) definiert (Gasser et al., 2001). Positive serologische Ergebnisse sind alleine nicht beweisend für RMSF, da subklinische Infektionen häufig vorkommen. Der Nachweis von Antikörpern im Serum ist auch deshalb nicht beweisend für eine Infektion mit *R. rickettsii*, da eine Infektion mit nicht-pathogenen Stämmen die Bildung kreuzreagierender Antikörper induziert.

Der Nachweis von *R. rickettsii* im Tierversuch (Verabreichung von befallenem Gewebe oder Blut an empfängliche Labortiere) sowie die Darstellung des Erregers in Endothelzellen über direkte Immunfluoreszenzfärbung ermöglichen eine endgültige Diagnose. Beide Methoden sind für die klinische Anwendung ungeeignet. Mittels PCR kann das Rickettsienantigen in Blut, anderen Körperflüssigkeiten oder Geweben nachgewiesen werden. Die PCR wird sich wahrscheinlich als geeignete Methode für die klinische Diagnosestellung erweisen.

17.8 Serologische Untersuchungen und direkter Erregernachweis zur Diagnose von Virusinfektionen

17.8.1 Staupe

Indikation (selten)

Hunde mit entsprechenden Symptomen einer ZNS-Erkrankung können Staupeantikörper in Liquor und Serum aufweisen.

Analyse, Artefakte und Auswertung

IgG-Antikörper gegen das kanine Staupevirus können in Liquor und Serum mittels Virusneutralisationstest, IFT oder ELISA bestimmen werden. Ein ELISA kann eingesetzt werden, um IgM-Antikörper zu bestimmen. Staupeantikörper sind im Liquor bei manchen Hunden, bei denen später eine Staupeenzephalitis histopathologisch nachgewiesen wird, erhöht. Falsch-positive Ergebnisse können in blutkontaminiertem Liquor vorkommen. Die gleichzeitige Messung der Serumantikörper kann hilfreich sein. Wenn die Antikörperkonzentration im Liquor höher als im Serum ist, müssen die Antikörper im Liquor lokal produziert worden sein. Folglich liegt wahrscheinlich eine zentralnervöse Form der Staupe vor. Der Nachweis von IgG-Antikörpern ist nur von geringem diagnostischem Wert, positive Titer können auch von einer Vakzination oder früheren Infektion herrühren. Ein vierfacher Anstieg des IgG-Titers über einen Zeitraum von 3 bis 4 Wochen spricht für eine kürzlich stattgefundene Infektion. Der Nachweis zirkulierender IgM-Antikörper steht im Einklang mit einer kürzlichen Infektion, aber nicht mit einer klinischen Erkrankung. Ein Schnelltest zum Nachweis von kaninen Staupeantikörpern ist erhältlich. Vakzinierte Hunde, die mit diesem Test seropositiv reagieren, brauchen wahrscheinlich keine Boosterung. Die Verdachtsdiagnose Staupeenzephalitis kann aufgrund eines erhöhten Proteingehalts und einer Leukozytose (Lymphozyten prädominieren) im Liquor kombiniert mit einem Antikörpertiter in nicht blutkontaminiertem Liquor gestellt werden. Die endgültige Diagnose kann mit verschiedenen Methoden erfolgen:

- zytologischer Nachweis von Staupeeinschlusskörperchen (Farbtafeln 2D und 2E)
- direkte Immunfluoreszenzfärbung von zytologischen oder histopathologischen Präparaten
- histopathologische Untersuchung
- Nachweis viraler DNA aus peripherem Blut, Liquor oder Konjunktivaabstrichen durch PCR

Virale Einschlusskörperchen können selten auch in Erythrozyten, Leukozyten und leukozytären Vorläuferzellen infizierter Hunde gefunden werden. Einschlüsse sind nur 2 bis 9 Tage nach einer Infektion nachweisbar und fehlen häufig bereits, wenn klinische Symptome auftreten. Einschlüsse können in *Buffy-Coat*-Ausstrichen oder Knochenmarkaspiraten einfacher gefunden werden als in peripherem Blut. Viruspartikel können mittels Immunfluoreszenz in Zellen aus Tonsillen, Harntrakt, Konjunktivaabstrichen und Liquor, 5 bis 21 Tage nach einer Infektion nachgewiesen werden.

17.8.2 Enterale Viren

Indikation

Virale Enteritiden, hervorgerufen durch Parvo-, Corona- und andere Viren, müssen bei jungen Hunden mit Fieber und Durchfall, insbesondere bei Vorliegen einer Neutropenie, in Betracht gezogen werden.

Analyse, Artefakte und Auswertung

Der Nachweis von felinem Parvovirus, kaninem Parvovirus und Coronavirus wird in der Praxis selten durchgeführt, da positive Ergebnisse nicht mit einer klinischen Erkrankung korrelieren. Es ist ein Schnelltest zum Nachweis von Antikörpern gegen kanines Parvovirus verfügbar. Vakzinierte Hunde, bei denen dieser Test positiv ausfällt, müssen wahrscheinlich nicht geboostert werden.

Die Ausscheidung von Parvovirusantigen im Kot kann elektronenmikroskopisch, durch Virusisolierung, Hämagglutinationstest, LA oder ELISA nachgewiesen werden. ELISA-Schnelltests auf kanines Parvovirus im Kot scheinen die fäkale Ausscheidung von Parvoviren in akuten Fällen akkurat nachzuweisen (siehe Kap. 10). Die Spezifität dieser Tests ist gut, sie können aber nicht zwischen Vakzinestämmen und virulenten Stämmen differenzieren. Falsch-negative Ergebnisse können auftreten. Der Nachweis von felinen Parvoviren ist ebenfalls möglich. Zum Nachweis anderer Viren im Kot von Hunden und Katzen sind Virusisolierung oder Elektronenmikroskopie notwendig.

17.8.3 Feline infektiöse Peritonitis (FIP)

Indikation (häufig)

FIP ist eine Differentialdiagnose bei Katzen mit Fieber, Uveitis, Retinablutungen, aseptischen abdominalen und/oder thorakalen Exsudaten oder modifizierten Transsudaten, Anämie, Hyperglobulinämie und Veränderungen an Nieren, Leber oder ZNS. Derzeit verfügbare Untersuchungen können nicht verwendet werden, um die Diagnose FIP zu stellen.

Analyse, Artefakte und Auswertung

Zirkulierende Antikörper gegen Coronaviren können im Serum mittels IFT und ELISA nachgewiesen werden. Antikörper gegen Coronaviren sind Indikatoren für eine Auseinandersetzung des Organismus mit entweder enteralen oder FIP-induzierenden Coronaviren. Aufgrund eines positiven Titers kann nicht auf die Diagnose FIP geschlossen werden und es besteht auch kein Schutz vor der Erkrankung. Impfstoffe für Katzen, die bovines Serum enthalten, verursachen manchmal falsch-positive Ergebnisse. Katzen mit FIP weisen selten negative Ergebnisse auf; negative Ergebnisse können aufgrund einer schnell progredienten Erkrankung mit verzögertem Titeranstieg, durch das Verschwinden der Antikörper im Endstadium der Krankheit oder Immunkomplexformation entstehen. Ein positiver Coronavirus-Antikörpertiter kann nicht vorhersagen, ob die Katze jemals eine FIP entwickeln wird.

Anhand der Titerhöhe kann nicht zwischen der Exposition mit enteralen oder FIP-induzierenden Stämmen unterschieden werden. Positive Titer können durch Vakzinierung gegen Coronavirus verursacht sein. Katzenwelpen können durch Antikörper aus dem Kolostrum bis zur neunten Lebenswoche seropositiv sein. Wenn adulte Katzen aus der Umgebung die Welpen anstecken, können 8 bis 14 Wochen später wieder Antikörper nachgewiesen werden.

Bestehende Coronavirusinfektionen können durch Virusisolation aus dem Kot, elektronenmikroskopisch oder durch eine reverse Transkriptase Polymerasekettenreaktion (RT-PCR) im Kot nachgewiesen werden. Positive Testergebnisse sprechen jedoch nicht für FIP, da antikörperpositive gesunde Katzen Coronaviren ausscheiden können (Addie und Jarrett, 1992). Die definitive Diagnose kann nur mit einer histopathologischen Gewebeuntersuchung gestellt werden. Lichtmikroskopische Läsionen sind meist pathognomonisch. Immunhistochemische Untersuchungen können verwendet werden, um Coronaviruspartikel zu bestätigen. Mittels PCR können Coronaviruspartikel in Ergüssen, Geweben und Blut nachgewiesen werden (Barr, 1996). Der Nachweis von Coronaviren in Ergüssen und Geweben kann eine FIP diagnostizieren, der Nachweis im Blut nicht. Hyperproteinämie und polyklonale Gammopathien (Nachweis mittels Elektrophorese; siehe Kap. 14) können auftreten, insbesondere bei der trockenen Form. Monoklonale Gammopathien kommen selten vor. Das klassische aseptische pyogranulomatöse Exsudat oder modifizierte Transsudat mit hoher Proteinkonzentration und wenigen Zellen (siehe Kap. 12) wird gemeinhin für eine mutmaßliche Diagnose verwendet. Weiterhin besteht die Möglichkeit, eine Elektrophorese mit Körperflüssigkeiten durchzuführen. Beträgt die Gammaglobulinfraktion mindestens 32 %, ist eine FIP wahrscheinlich. Liegt das Albumin/Globulin-Verhältnis in Körperflüssigkeiten über 0,81, kann FIP wahrscheinlich ausgeschlossen werden (Shelly et al., 1998).

17.8.4 Felines Immundefizienzvirus (FIV)

Indikation (häufig)

Folgende Katzen sollten auf das Vorliegen einer FIV-Infektion hin untersucht werden: Tiere mit chronischem Gewichtsverlust, Fieber, Rhinitis, Konjunktivitis, Gingivitis, Dermatitis, Diarrhö, Uveitis, wiederholter Abszessbildung, klinischer Toxoplasmose, jeglichen chronischen Infektionskrankheiten, chronischem Nierenversagen oder Lymphadenomegalie.

Analyse, Artefakte und Auswertung

IgG-Antikörper werden im Serum mittels ELISA, IFT und Western-Immunoblot nachgewiesen. Der Westernblot wird in einigen kommerziellen Labors durchgeführt. Ein kombinierter Schnelltest (ELISA) auf FIV-Antikörper und FeLV-Antigen ist verfügbar. Die Serokonversion tritt bei experimentell infizierten Katzen 5–9 Wochen nach der Inokulation auf. Seropositive Katzen sind wahrscheinlich lebenslang infiziert. Falsch-positive Reaktionen treten beim ELISA auf (Barr, 1996). Positive ELISA-Ergebnisse sollten mittels Westernblot oder IFT bestätigt werden. Der Nachweis zirkulierender Antikörpern bestätigt nur die Infektion, nicht eine klinische Erkrankung. Bis zur 12.–14. Lebenswoche können Welpen Antikörper, die aus dem Kolostrum stammen, aufweisen. Da viele klinische Syndrome bei FIV-Infektionen durch opportunistische Infektionen hervorgerufen werden, kann eine weiterführende Diagnostik behandelbare Ursachen aufzeigen. Viele FIV-seropositive Katzen mit endogener Uveitis sind gleichzeitig z. B. mit *T. gondii* infiziert.

Virusisolation und PCR sind in einigen Labors verfügbar und können verwendet werden, um die Infektion zu bestätigen. Eine neuere Vakzine gegen FIV induziert die Bildung von Antikörpern, die mit den derzeit verfügbaren Methoden nicht von Antikörpern einer natürlichen Infektion zu unterscheiden sind. Es ist noch unklar, ob Virusisolation oder PCR akkurat zwischen Antikörpern aufgrund natürlicher Exposition und Impfantikörpern unterscheiden können.

17.8.5 Felines Leukämievirus (FeLV)

Indikation (häufig)

Aufgrund der unterschiedlichen Manifestationen einer FeLV-Infektion ist die Untersuchung bei allen erkrankten Katzen indiziert. Eine Untersuchung auf FeLV ist insbesondere bei Katzen mit infektiösen, neoplastischen, immunologischen und hämatologischen Erkrankungen, Reproduktionsstörungen sowie bei klinisch gesunden Katzen, die mit FeLV-positiven Katzen Kontakt hatten, indiziert.

Analyse, Artefakte und Auswertung

Virusantigen (p27) wird mittels IFT in Neutrophilen und Thrombozyten aus Blut oder Knochenmark oder mittels ELISA in Blut, Plasma, Serum, Speichel oder Tränenflüssigkeit nachgewiesen. Die Untersuchung von Serum liefert die besten Ergebnisse; Tränenflüssigkeit und Speichel sollten nicht verwendet werden. Mehrere Firmen haben ELISAs in Form von Schnelltests auf den Markt gebracht. Antikörpertiter gegen Hüllantigen (neutralisierende Antikörper) und gegen virustransformierte Tumorzellen (Feline Oncogenic Cell Membrane Antigen, FOCMA) sind in einigen Labors verfügbar, die prognostische Signifikanz der Ergebnisse ist derzeit jedoch unbekannt. Diese Untersuchungen sind daher nicht empfehlenswert.

Bei FeLV-Infektionen treten sechs Stadien auf (Zenger und Wolf, 1992). In den Stadien 1 bis 3 verteilt sich der Erreger im Körper; die Knochenmarkinfektion erfolgt in Stadium 4. Infizierte Neutrophile und Thrombozyten werden in Stadium 5 aus dem Knochenmark freigesetzt. Das Virus tritt in Stadium 6 in epithelialen Geweben (einschließlich Speichel- und Tränendrüsen) in Erscheinung. Mittels ELISA kann p27-Antigen im Serum von Stadium 2 bis 6 nachgewiesen werden. Intrazelluläres p27 wird im IFT erst in Stadium 5 und 6 erkannt. Der ELISA aus Serum ist folglich der erste Test, der

nach einer Infektion positiv reagiert. Positive Ergebnisse treten 2–30 Wochen (normalerweise 2–8 Wochen) nach einer Infektion auf.
Antikörper können mittels ELISA im Serum nachgewiesen werden, bevor die Katze eine persistierende Infektion (Stadium 4–6) entwickelt hat. Aus diesem Grund weisen manche Katzen nach der Bildung neutralisierender Antikörper negative Ergebnisse auf. Bei gesunden Katzen sollte ein positives Serum-ELISA-Ergebnis mittels IFT oder Wiederholungsmessung mit ELISA nach 4 bis 6 Wochen bestätigt werden. Einige Katzen, die im ELISA positiv und später wieder negativ reagieren, haben eine latente Infektion entwickelt. Der Großteil der latent infizierten Katzen reagiert im ELISA negativ, das Virus kann jedoch aus dem Knochenmark isoliert werden. Virus kann auch in anderen Geweben lokalisiert werden. Falsch-positive ELISA Ergebnisse können aus mangelhafter Labortechnik resultieren.
Ein positiver IFT korreliert zu 99 % mit einer Virusisolation. Falsch-negative Ergebnisse treten auf, wenn Leuko- oder Thrombopenie die Untersuchung einer adäquaten Zellzahl verhindern. Falsch-positive Ergebnisse treten bei unspezifischer Färbung von Eosinophilen auf. Ein positiver IFT indiziert Virämie und Kontagiosität der Katze. Die Virämie kann transient oder anhaltend sein. Das Tier wird wahrscheinlich (> 95 %) lebenslang positiv bleiben, es sei denn der IFT wurde zum Zeitpunkt einer transienten Infektion durchgeführt.
Nahezu alle im IFT positiven Katzen sind auch im ELISA positiv. Fällt der IFT positiv und der ELISA negativ aus, spricht dies für technische Artefakte. Ein negatives ELISA-Ergebnis korreliert nahezu 100 % mit einem negativen IFT und negativer FeLV-Isolierung. ELISA-positive und IFT-negative Katzen werden als „diskordant" bezeichnet. Uneinheitliche Ergebnisse werden normalerweise durch falsch-positive ELISA-Ergebnisse, falsch-negative IFT-Ergebnisse oder transiente Stadien der Infektion (Stadien 2 bis 3) hervorgerufen. Die American Association of Feline Practitioners hat Empfehlungen zur Untersuchung von FeLV-und FIV-Infektionen zusammengefasst (http://www.aafponline.org/resources/guidelines/retrovirus_testing.PDF).
Manche Katzen mit auf das Knochenmark beschränkter latenter Infektion zeigen positive Knochenmark-IFT-Ergebnisse. Die verlässlichste Methode, eine latente FeLV-Infektion zu diagnostizieren, ist die Virusisolation oder PCR aus Knochenmarkzellen, beide Techniken sind jedoch nur eingeschränkt verfügbar. Eine latent infizierte Katze kann nach starker Stressbelastung oder der Verabreichung von Glukokortikoiden virämisch werden (IFT- und ELISA-positiv).

17.9 Diagnostik der Dirofilariose

Dirofilaria immitis

17.9.1 Zytologie (Knott- oder Filtertest)

Indikation (gelegentlich)

Die zytologische Untersuchung auf Dirofilariose (Verbreitungsgebiet siehe Appendix I) ist bei Hunden mit entsprechendem Auslandsvorbericht, die Anzeichen für eine Herzwurmerkrankung (Rechtsherzerkrankung, Husten, Dyspnoe, Eosinophilie, polyklonale Hyperglobulinämie, Protein-losing Nephropathy) aufweisen, indiziert. Ferner kann eine Untersuchung bei Hunden eingeleitet werden, die eine prophylaktische Therapie beginnen (mit Diethylcarbamazin, Ivermectin oder Milbemycin) und selten bei Katzen mit Symptomen einer Herzwurmerkrankung (Dyspnoe, Kardiomegalie, unerklärbares Erbrechen).

Vorteile

Der Test ist sehr spezifisch (die Mikrofilarienmorphologie erlaubt eine Unterscheidung zwischen Mikrofilarien von *D. immitis* und *Dipetalonema reconditum*), schnell und kostengünstig. Alle Verfahren zur Konzentrierung (Knott- und Filtertest) der Mikrofilarien sind sehr viel sensitiver als die Untersuchung frischer Blutausstriche und verhältnismäßig sensitiv bei Hunden, die nicht mit filariziden Medikamenten behandelt wurden.

Nachteile

In endemischen Gebieten wie den USA zeigen bis zu 40 % der Hunde eine subklinische Dirofilariose (Zimmermann, 1992) und sollten serologisch und röntgenologisch untersucht werden. Alle zytologischen Untersuchungen weisen eine geringe Sensitivität bei Katzen auf.

Analyse, Artefakte und Auswertung

Ein positives Testergebnis weist eine Herzwurmerkrankung nach. Eine Ausnahme machen Jungtiere unter 4–5 Monaten, bei denen Mikrofilarien transplazentar übertragen worden sein könnten. Bis zu 40 % der infizierten Hunde zeigen keine Mikrofilarien im Blut. Infizierte Hunde, die Ivermectin oder Milbemycin zum Schutz vor einer Herzwurmerkrankung erhalten, sind meist amikrofilarämisch. Tiere mit einem oder mehreren negativen Testergebnissen, aber klinischen und labordiagnostischen Anzeichen einer Dirofilariose sollten serologisch auf zirkulierendes Dirofilarienantigen untersucht werden; ferner sollten Röntgenaufnahmen des Thorax und/oder ein EKG angefertigt werden.

17.9.2 Dirofilarienantigentiter (Adultwürmer)

Indikation (gelegentlich)

Amikrofilarämische Hunde und Katzen mit klinischen Symptomen, veränderten Laborergebnissen oder Thoraxröntgenbefunden, die für eine Dirofilariose sprechen, sollten untersucht werden. Hunde, die mit Ivermectin, Selamectin oder Milbemycin präventiv behandelt werden, können sterile weibliche Adultwürmer beherbergen und amikrofilarämisch sein. Die Untersuchung kann auch verwendet werden, um die Effektivität einer adultiziden Behandlung zu überprüfen.

Vorteile

Die Untersuchung ist sensitiver als Mikrofilariennachweissysteme.

Nachteile

Die Untersuchung ist teurer als der Mikrofilariennachweis.

Analyse, Artefakte und Auswertung

Zirkulierende Antikörper können im Serum mittels ELISA nachgewiesen werden. Diese Untersuchung ist bei allen größeren Einsendelabors verfügbar. Intestinale Parasiten, *D. reconditum*, Hämolyse und Einnahme von Diethylcarbamazin, Ivermectin oder Milbemycin beeinflussen das Ergebnis des Antigentests nicht. Bei Hunden kann der *D.-immitis*-Antigentest bereits 5–6 Monate nach der Infektion positiv ausfallen, 6–7 Monate nach einer Infektion reagiert er meistens positiv. Falsch-negative Ergebnisse treten meist in frühen Phasen der Infektion, bei Infektion mit nur einem Geschlecht (nur männliche Würmer) oder bei Tieren mit geringem Wurmbefall (3–5 Würmer) auf. Der Test sollte nach 2–3 Monaten wiederholt werden. Dadurch können Fälle abgeklärt werden, bei denen der erste Test negativ ausfiel, da sie sich zu diesem Zeitpunkt in einer frühen Phase der Infektion befanden. Nach einer erfolgreichen adultiziden Therapie werden die Testergebnisse nach ungefähr 12 Wochen negativ. Bei experimentellen Infektionen wurden Katzen 8 Monate nach der Infektion positiv getestet. Infektion mit nur einem Geschlecht oder geringer Wurmbefall können jedoch zu falsch-negativen Ergebnissen führen. Ein positiver Antigentest ist daher spezifisch für eine Infektion, ein negatives Ergebnis lässt eine Infektion jedoch nicht ausschließen. Bei Katzen ist die Kombination aus Antigennachweis und Antikörpertiter sensitiver als eine dieser beiden Untersuchungen alleine (Synder et al., 2000).

Für eine definitive Diagnose müssen zirkulierende Mikrofilarien nachgewiesen werden, charakteristische Röntgenbefunde vorliegen (Rechtsherzvergrößerung, vergrößerter Durchmesser der Lungenarterien mit oder ohne gewundenen Verlauf, interstitielle Lungeninfiltrate) oder zirkulierendes Herzwurmantigen nachgewiesen werden. Bei amikrofilarämischen Hunden mit Krankheitssymptomen sollte der Antigennachweis durchgeführt und thorakale Röntgenaufnahmen angefertigt werden. Bei Hunden, die schon einmal infiziert waren, kann es unmöglich sein, „alte" von „neuen" röntgenologischen Veränderungen zu unterscheiden. In solchen Fällen ist ein Antigennachweis indiziert.

17.9.3 Herzwurmantikörpertiter (Katze)

Indikation (selten)

Die Untersuchung ist bei Tieren aus endemischen Gebieten (siehe Appendix I) bei Husten, unerklärbarem Erbrechen, Synkopen oder röntgenologischen Hinweisen auf eine Dirofilariose indiziert.

Analyse, Artefakte und Auswertung

Es gibt eine Reihe von ELISAs zum Nachweis von Antikörpern gegen *D. immitis* in felinen Seren. Sie sind sensitiver als Mikrofilarianachweissysteme und hochspezifisch, da keine Kreuzreaktivität mit *D. reconditum* existiert. Da Katzen zirkulierende Antikörper aufweisen können, welche die Infektion natürlich abwehren konnten, liegt der positiv prädiktive Wert des Tests unter 100 %. Es treten auch falsch-negative Testergebnisse auf; daher sollten bei verdächtigen Katzen sowohl Antikörper- als auch Antigennachweise durchgeführt werden (Synder et al., 2000).

Quellen

Addie DD, Jarrett O: A study of naturally occurring feline coronavirus infections in kittens, *Vet Rec* 130:133, 1992.

Adin CA, Cowgill LD: Treatment and outcome of dogs with leptospirosis: 36 cases (1990-1998), *J Am Vet Med Assoc* 216:371, 2000.

Anderson BE et al: *Ehrlichia ewingii* sp. nov., the etiologic agent of canine granulocytic ehrlichiosis, *Int J Syst Bacteriol* 42:299, 1992.

Angus JC, Jang SS, Hirsh DC: Microbiological study of transtracheal aspirates from dogs with suspected lower respiratory tract disease: 264 cases (1989-1995), *J Am Vet Med Assoc* 210:55, 1997.

Ano H, Makimura S, Harasawa R: Detection of *Babesia* species from infected dog blood by polymerase chain reaction, *J Vet Med Sci* 63:111, 2001.

Arceneaux KA, Taboada J, Hosgood G: Blastomycosis in dogs: 115 cases (1980-1995), *J Am Vet Med Assoc* 213: 658, 1998.

Barr MC: FIV, FeLV, and FIPV: interpretation and misinterpretation of serological test results, *Semin Vet Med Surg (Small Anim)* 11:144, 1996.

Barr SC: American trypanosomiasis. In Greene CE, editor: *Infectious diseases of the dog and cat*, Philadelphia, 1998, WB Saunders.

Bartsch RC, Greene RT: Post-therapy antibody titers in dogs with ehrlichiosis: follow-up study on 68 patient treated primarily with tetracycline and/or doxycycline, *J Vet Intern Med* 10:271, 1996.

Birkenheuer AJ et al: *Babesia gibsoni* infections in dogs from North Carolina, *J Am Anim Hosp Assoc* 35:125, 1999.

Birnbaum N et al: Naturally acquired leptospirosis in 36 dogs: serological and clinicopathological features, *J Small Anim Pract* 39:231, 1998.

Bjoersdorff A et al: Feline granulocytic ehrlichiosis – a report of a new clinical entity and characterization of the new infectious agent, *J Small Anim Pract* 40:20, 1999.

Bolin CA: Diagnosis of leptospirosis: a reemerging disease of companion animals, *Semin Vet Med Surg* 11:166, 1996.

Bouloy RP et al: Clinical ehrlichiosis in a cat, *J Am Vet Med Assoc* 204:1475, 1994.

Breitschwerdt EB et al: Endocarditis in a dog due to infection with a novel *Bartonella* subspecies, *J Clin Microbiol* 33:154, 1995.

Breitschwerdt E et al: Molecular evidence of *Ehrlichia canis* infection in cats from North America, *J Vet Intern Med*, 2003 (in press).

Calvert CA, Dow SW: Cardiovascular infections. In Greene CE, editor: *Infectious diseases of the dog and cat*, Philadelphia, 1990, WB Saunders.

Carmichael LE, Shin SJ: Canine brucellosis: a diagnostician's dilemma, *Semin Vet Med Surg (Small Anim)* 11:161, 1996.

Carret C et al: *Babesia canis canis*, *Babesia canis vogeli*, *Babesia canis rossi*: differentiation of the three subspecies by a restriction fragment length polymorphism analysis on amplified small subunit ribosomal RNA genes, *J Eukaryot Microbiol* 46:298, 1999.

Chandler JC, Lappin MR: Mycoplasmal respiratory infections in small animals: 17 cases (1988-1999), *J Am Anim Hosp Assoc* 38:111, 2002.

Chomel BB et al: Experimental transmission of *Bartonella henselae* by the cat flea, *J Clin Microbiol* 34:1952, 1996

Dambach DM et al: Morphologic, immunohistochemical, and ultrastructural characterization of a distinctive renal lesion in dogs putatively associated with *Borrelia burgdorferi* infection: 49 cases (1987-1992), *Vet Pathol* 34:85, 1997.

Dow SW, Jones SL: Anaerobic infections, *Comp Cont Ed Pract Vet* 9:827, 1987.

Dumler JS et al: Reorganization of genera in the families *Rickettsiaceae* and *Anaplasmataceae* in the order *Rickettsiales*: unification of some species of *Ehrlichia* with *Anaplasma*, *Cowdria* with *Ehrlichia* and *Ehrlichia* with *Neorickettsia*, descriptions of six new species combinations and designation of *Ehrlichia equi* and 'HGE agent' as subjective synonyms of *Ehrlichia phagocytophila*, *Int J Syst Evol Microbiol* 51:2145, 2001.

Flatland B, Greene RT, Lappin MR: Clinical and serologic findings in 52 cats with cryptococcosis, *J Am Vet Med Assoc* 209:1110, 1996.

French TW, Harvey JW: Serologic diagnosis of infectious cyclic thrombocytopenia in dogs using an indirect fluorescent antibody test, *Am J Vet Res* 44:2407, 1983.

Gasser AM, Birkenheuer AJ, Breitschwerdt EB: Canine Rocky Mountain spotted fever: a retrospective study of 30 cases, *J Am Anim Hosp Assoc* 37:41, 2001.

Greene CE: Leptospirosis. In Greene CE, editor: *Infectious diseases of the dog and cat*, ed 2, Philadelphia, 1998, WB Saunders.

Greene CE, Appel MJ: Canine distemper. In Greene CE, editor: *Infectious diseases of the dog and cat*, Philadelphia, 1990, WB Saunders.

Greene CE et al: Comparison of latex agglutination, indirect immunofluorescent antibody, and enzyme immunoassay methods for serodiagnosis of Rocky Mountain spotted fever in dogs, *Am J Vet Res* 54:20, 1993.

Greene RT: Coccidioidomycosis. In Greene CE, editor: *Infectious diseases of the dog and cat*, ed 2, Philadelphia, 1998, WB Saunders.

Greene RT, Troy GC: Coccidioidomycosis in 48 cats: a retrospective study (1984-1993), *J Vet Intern Med* 9:86, 1995.

Herring ES et al: Detection of feline leukemia virus in blood and bone marrow of cats with varying suspicion of latent infection, *J Feline Med Surg* 3:133, 2001.

Hirsh DC, Ruehl WW: Clinical microbiology as a guide to the treatment of infectious bacterial diseases of the dog and cat. In Scott FW, editor: *Contemporary issues in small animal practice*, vol 3, *Infectious diseases*, New York, 1986, Churchill Livingstone.

Holmes FA: Feline dirofilariasis, *Vet Clin North Am* 23:125, 1993.

Jacobs GJ et al: Cryptococcal infection in cats: factors influencing treatment outcome, and results of sequential serum antigen titers in 35 cats, *J Vet Intern Med* 11:1, 1997.

Jacobson RH, Chang YF, Shin SJ: Lyme disease: laboratory diagnosis of infected and vaccinated symptomatic dogs, *Semin Vet Med Surg* 11:172, 1996.

Jacobson RH, Romatowski J: Assessing the validity of serodiagnostic test results, *Semin Vet Med Surg (Small Anim)* 11:135, 1996.

Jameson PH et al: Prevalence of *Bartonella henselae* antibodies in pet cats throughout regions of North America, *J Infect Dis* 172:1145, 1995.

Jensen WA et al: Rapid identification and differentiation of *Bartonella* species using a single-step PCR assay, *J Clin Microbiol* 38:1717, 2000.

Jones RL: Laboratory diagnosis of bacterial infections. In Greene CE, editor: *Infectious diseases of the dog and cat*, Philadelphia, 1998, WB Saunders.

Kano R et al: PCR detection of the *Cryptococcus neoformans* CAPS9 gene from a biopsy specimen from a case of feline cryptococcosis, *J Vet Diagn Invest* 13:439, 2001.

Kordick DL et al: Prolonged *Bartonella* bacteremia in cats associated with cat-scratch disease patients, *J Clin Microbiol* 33:3245, 1995.

Kordick SK et al: Infection with multiple tick-borne pathogens in a Walker hound kennel in North Carolina, *J Clin Microbiol* 37:2631, 1999.

Lappin MR: Feline toxoplasmosis: interpretation of diagnostic test results, *Semin Vet Med Surg (Small Anim)* 11:154, 1996.

Lappin MR, Black JC: *Bartonella* spp. associated uveitis in a cat, *J Am Vet Med Assoc* 214:1205, 1999.

Lappin MR et al: *Bartonella* spp. antibodies and DNA in aqueous humor of cats, *J Feline Med Surg* 2:61, 2000.

Lappin MR et al: *Anaplasma phagocytophila* infection of 5 cats from North America, *J Am Vet Med Assoc*, 2003 (in review).

Lappin MR et al: Feline zoonoses guidelines, *Comp Cont Ed Pract Vet*, 2003 (in review).

Legendre AM: Blastomycosis. In Greene CE, editor: *Infectious diseases of the dog and cat*, Philadelphia, 1998, WB Saunders.

Levy S et al: Utility of an in-office C6 ELISA test kit for determination of infection status of dogs naturally exposed to *Borrelia burgdorferi*, *Vet Ther* 3:308, 2002.

Lindenmayer J et al: Comparison of indirect immunofluorescent-antibody assay, enzyme-linked immunosorbent assay, and Western blot immunoblot for the diagnosis of Lyme disease in dogs, *J Clin Microbiol* 28:92, 1990.

Lindsay DS, Dubey JP: Canine neosporosis, *Vet Parasitol* 14:1, 2000.

Lindsay DS, Dubey JP, McAllister M: *Neospora caninum* and the potential for parasite transmission, *Comp Cont Ed Pract Vet* 21:317, 1999.

Ling GV et al: Canine prostatic fluid: techniques of collection, quantitative bacterial culture, and interpretation of results, *J Am Vet Med Assoc* 183:201, 1983.

Malik R et al: A latex cryptococcal antigen agglutination test for diagnosis and monitoring of therapy for cryptococcosis, *Aust Vet J* 74:358, 1996a.

Malik R et al: Asymptomatic carriage of *Cryptococcus neoformans* in the nasal cavity of dogs and cats, *J Med Vet Mycol* 35:27, 1996b.

McAllister MM et al: Dogs are definitive hosts of *Neospora caninum*, *Int J Parasitol* 28:1473, 1998.

McBride JW et al: PCR detection of acute *Ehrlichia canis* infection in dogs, *J Vet Diagn Invest* 8:441, 1996.

McDonough PL, Simpson KW: Diagnosing emerging bacterial infections: salmonellosis, campylobacteriosis, clostridial toxicosis, and helicobacteriosis, *Semin Vet Med Surg (Small Anim)* 11:187, 1996.

Miller PE, Miller LM, Schoster JV: Feline blastomycosis: a report of three cases and literature review (1961-1988), *J Am Anim Hosp Assoc* 26:417, 1990.

Neer TM et al: Consensus statement of ehrlichial disease of small animals from the infectious disease study group of the ACVIM, *J Vet Intern Med* 16:309, 2002.

Pappalardo BL et al: Granulomatous disease associated with *Bartonella* infection in 2 dogs, *J Vet Intern Med* 4:37, 2000.

Peavy GM et al: Suspected ehrlichial infection in five cats from a household, *J Am Vet Med Assoc* 210:231, 1997.

Perille AL, Matus RE: Canine ehrlichiosis in six dogs with persistently increased antibody titers, *J Vet Intern Med* 5:195, 1991.

Randolph JF et al: Prevalence of mycoplasmal and ureaplasmal recovery from tracheobronchial lavages and prevalence of mycoplasmal recovery from pharyngeal swab specimens in dogs with or without pulmonary diseases, *Am J Vet Res* 54:387, 1993.

Rentko VT, Ross LA: Canine leptospirosis. In Kirk RW, Bonagura JD, editors: *Current veterinary therapy XI*, Philadelphia, 1992, WB Saunders.

Sharp NJH: Canine nasal aspergillosis/penicilliosis. In Greene CE, editor: *Infectious diseases of the dog and cat*, Philadelphia, 1998, WB Saunders.

Shelly SM, Scarlett-Kranz J, Blue JT: Protein electrophoresis on effusions from cats as a diagnostic test for feline infectious peritonitis, *J Am Anim Hosp Assoc* 24:495, 1998.

Snyder PS et al: Performance of serologic tests used to detect heartworm infection in cats, *J Am Vet Med Assoc* 216:693, 2000.

Stubbs CJ et al: Feline ehrlichiosis: literature review and serologic survey, *Comp Cont Ed Pract Vet* 22:307, 2000.

Ward MP, Glickman LT, Guptill LF: Prevalence of and risk factors for leptospirosis among dogs in the United States and Canada: 677 cases (1970-1998), *J Am Vet Med Assoc* 220:53, 2002.

Wolf AM: Histoplasmosis. In Greene CE, editor: *Infectious diseases of the dog and cat*, Philadelphia, 1998, WB Saunders.

Zenger E, Wolf AM: An update on feline retrovirus infections. In Kirk RW, Bonagura JD, editors: *Current veterinary therapy XI*, Philadelphia, 1992, WB Saunders.

18 Zytologie neoplastischer und entzündlicher Gewebe

Harold Tvedten und Rick L. Cowell

Zytologische Diagnostik bietet einige Vorteile. Da sie einfach durchzuführen ist und nur minimale technische Voraussetzungen benötigt, kann sie in fast jeder Praxis erfolgen. Der zytologische Befund liegt sofort vor, so dass die Wartezeit auf eine histologische Diagnose entfällt. Eine Feinnadelaspiration ist nur ein minimaler Eingriff und bedingt nur geringen Stress für den Patienten. Außerdem können die Kosten und der Aufwand einer Narkose und Operation eingespart werden.

Dieses Kapitel befasst sich mit der zytologischen Untersuchung von Geweben. Die zytologische Analyse von Flüssigkeiten, Vaginalsekret, Sperma, Urinsediment, Tracheobronchialsekret und den einzelnen Organen wird in den zugehörigen Kapiteln besprochen.

Zytologie kann eine Operation unnötig machen oder den Operationsplan verändern. Eindeutig gutartige Veränderungen, wie z.B. Lipome oder epidermale Einschlusszysten, müssen nicht sofort entfernt werden und es genügt, nur das veränderte Gewebe zu exzidieren, die Veränderung sozusagen „herauszuschälen", während maligne Veränderungen großzügig umschnitten werden sollten. Wenn zytologisch Anzeichen von Malignität festgestellt werden (z.B. mögliche Karzinome oder Sarkome), ist die Suche nach Metastasen notwendig, bevor eine operative Entfernung oder histologische Diagnose durchgeführt wird. Hinweise auf Metastasen sind eine Kontraindikation für chirurgisches Vorgehen. Gut vaskularisierte oder invasiv wachsende Neoplasien sollten nicht chirurgisch angegangen werden, weshalb eine Feinnadelaspiration anstelle einer histopathologischen Untersuchung durchgeführt wird. Falls ein spezifischer Tumor diagnostiziert wird, kann frühzeitig eine ätiologische Therapie begonnen werden. Wird eine systemische Neoplasie wie etwa ein malignes Lymphom diagnostiziert, kommt eher eine Chemotherapie als ein chirurgisches Vorgehen in Frage.

Die Zytologie hat aber auch ihre Grenzen. Eine histopathologische Untersuchung führt meist zu einer genaueren Diagnose. Einem histologischen Schnitt können mehr Informationen (z.B. über die der Gewebearchitektur) entnommen werden als einem zytologischen Ausstrich. Obwohl die Zytologie in vielen Fällen (z.B. Mastzelltumor, Lipom, malignes Lymphom, Infektionskrankheit) eine definitive Diagnose ergibt, lässt sie in anderen Fällen nur allgemeine Schlüsse zu (z.B. epitheliales Gewebe ohne Anzeichen von Malignität). Unter diesen Umständen führt nur eine zusätzliche histopathologische Untersuchung zu einer exakten Diagnose. Bei der Untersuchung von 147 Hauttumoren stimmten nur 105 (71 %) zytologische Diagnosen mit den histopathologischen Diagnosen überein (Griffiths et al., 1984). Radikale Schritte (z.B. Euthanasie) sollten, wenn möglich, erst nach einer genauen Diagnose durchgeführt werden.

Es gibt Ausnahmen, bei denen die Zytologie diagnostisch wertvoller ist als die histologische Untersuchung (einzelne Zelldetails sind bei einer Leukämie aussagekräftiger als der Gewebezusammenhang). Bei der Untersuchung von 64 Rundzelltumoren ergab die Zytologie 60 richtige Ergebnisse. In einigen Fällen war sie sogar aussagekräftiger als die histologische Untersuchung (Duncan und Prasse, 1979). Die zytologische und histologische Diagnose stimmten bei allen folgenden Tumorarten überein: 37 Mastzelltumoren, 11 Melanome, 2 Histiozytome und ein kutanes Lymphom (Griffiths et al., 1984). Definitive Diagnosen konnten auch bei Plattenepithelkarzinomen, Lipomen und Metastasen in den Lymphknoten gestellt werden.

18.1 Zytologische Techniken

18.1.1 Herstellung der Präparate

Es kommt darauf an, eine aussagekräftige Zahl an gut gefärbten und intakten Zellen zu erhalten, welche die Zusammensetzung des Gewebes

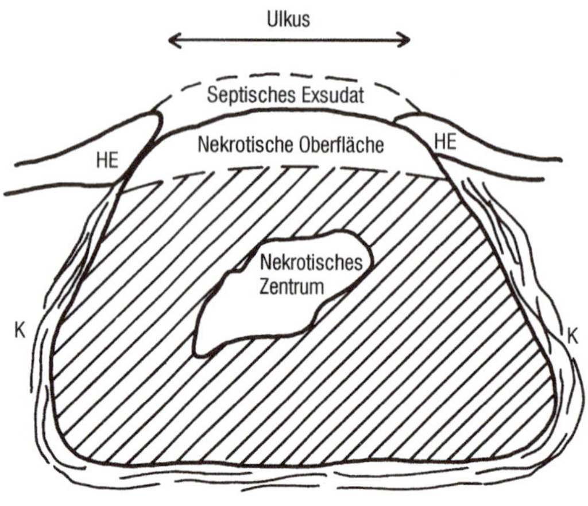

Abb. 18.1 Geeignete Stellen zur Probenentnahme aus einer Umfangsvermehrung. Verschiedene Zellpopulationen werden aus unterschiedlichen Bereichen gewonnen. Zellen aus proliferierendem Gewebe (gestreifter Bereich) sind repräsentativ und diagnostisch wertvoll. Proben von der Oberfläche bestehen meist aus nekrotischem Material oder Exsudat. Unreif erscheinende hyperplastische Epithelzellen vom Rand der Läsion können ein Karzinom vortäuschen. Das Material aus dem nekrotischen Zentrum besteht nur aus Gewebetrümmern. Die Zellen aus der Randzone sind meist Fibroblasten der Kapsel oder der lokalen Entzündungsreaktion. Fett und Blut stammen möglicherweise aus dem benachbarten unveränderten Gewebe.

widerspiegeln. Die Entnahmestelle muss genau ausgewählt werden, dabei sollten Aspirat oder Abklatsch die primäre Krankheit erfassen. Proben, die an der Körperoberfläche genommen werden, bestehen häufig aus Eiter, nekrotischem Material oder reaktiven Zellen (Abb. 18.1), was eine falsche Diagnosestellung bedingen kann. Stammt das Probenmaterial dagegen aus der Tiefe, erleichtert dies die Auswertung. Epitheliale Zellen am Rand von Ulzera erscheinen häufig anaplastisch, da sie proliferieren, um den Defekt zu schließen (z.B. können Ulzera der Kornea zytologisch Plattenepithelkarzinomen ähneln). Ulzerierte Oberflächen sind oft sekundär entzündlich oder septisch verändert. Dagegen sind maligne Zellen aus tieferen Schichten ein verlässliches Zeichen dafür, dass das Gewebe tatsächlich maligne verändert ist. Das weiche Zentrum einer Neoplasie ist oft nekrotisch oder hämorrhagisch. Deshalb ist eine kleinere feste Umfangsvermehrung oder der härtere Rand einer Veränderung diagnostisch wertvoller.

Bei einer Feinnadelaspiration werden zur Herstellung eines Ausstrichs nur einzelne kleine Tropfen Flüssigkeit benötigt (ähnlich wie bei einem Blutausstrich). Zu starke Aspiration kann eine Blutung und damit eine Verdünnung der Probe verursachen. Es wird eine 5- bis 10-ml-Spritze und eine 20- bis 22-Gauge-Kanüle verwendet. Mit der Spritze wird ein Vakuum erzeugt, sobald die Kanüle das Gewebe erreicht hat. Dieses Vakuum wird aufrechterhalten, während die Kanüle mehrmals vor und zurück durch die Veränderung geschoben wird. Dann wird das Vakuum beendet und die Kanüle herausgezogen. Die Spritze wird nun von der Kanüle getrennt, Luft aspiriert und die Kanüle wieder aufgesetzt. So werden einige Tropfen Flüssigkeit aus dem Inneren der Kanüle auf den Objektträger aufgetropft. Am Schluss werden mit einem zweiten Objektträger die Tropfen ausgestrichen. Bei sehr fragilen Zellen (z.B. lymphatische oder nekrotische Zellen) können die Tropfen mit Luft aus der Spritze zu einem Ausstrich verblasen werden.

Der Ausstrich sollte einen dünnen Bereich aufweisen, in dem die Zellen flach aufliegen und ein großer Teil ihrer Oberfläche betrachtet werden kann (Abb. 18.2). Ist der Ausstrich zu dick, liegen die Zellen zu nah aneinander und ihr Durchmesser nimmt ab. Die Zellen sind kugeliger und dadurch höher, weshalb sie stärker angefärbt werden. Proteinreicher und nekrotischer Debris, welcher die Zellen umgibt, beeinflusst zusätzlich die Färbung. Aus viskösen Flüssigkeiten kann durch eine Quetschpräparation ein dünner Ausstrich hergestellt werden. Dazu wird ein Tropfen zwischen zwei Objektträgern platziert, die Objektträger werden gleichzeitig gegenläufig bewegt und ihre Oberflächen fest aneinander gedrückt, um die Flüssigkeit möglichst gut zu verteilen. So entsteht ein Ausstrich auf beiden Objektträgern. Lymphatische Zellen sind besonders empfindlich und müssen schonend behandelt werden.

Eine Kapillarmethode ohne Aspiration wurde beschrieben (Menard und Papapeorges, 1995). Diese Technik soll leichter durchzuführen sein und Proben erzeugen, die weniger Blut, dafür gleich viele oder mehr Zellen enthalten. In gut durchblutetem Gewebe (z.B. der Leber) ist diese Methode besonders vorteilhaft. Die hier erklärte Technik ist eine Modifikation der Kapillartechnik, wie sie an der Oklahoma State University verwendet wird. 5 ml Luft wird in eine 10-ml-Spritze aufgezogen und eine 22 Gauge dicke Kanüle aufgesteckt. Die Spritze wird am Konus der Kanüle gehalten und das veränderte Gewebe mit der anderen Hand fixiert. Nachdem die Kanüle in das Gewebe gestochen wurde, wird sie schnell fünf- oder sechsmal an derselben Stelle vor und zurück geschoben. Vakuum (d.h. Aspiration) wird nicht angewandt. Die Zellen werden von den Kapillarkräften angesaugt. Danach wird die Kanüle herausgezogen und die Zellen schnell aus der Kanüle auf einen Objektträger ausgeblasen. Das Probenmaterial wird, wie schon vorher besprochen, ausgestrichen. Normalerweise kann nur ein Ausstrich von einer Probennahme hergestellt werden, weshalb drei bis vier Proben an verschiedenen Stellen genommen werden.

Zur Herstellung eines Abklatschpräparats wird ein repräsentativer Bereich des Gewebes frisch angeschnitten und leicht gegen einen Objektträger gedrückt, ohne drehende oder wischende Bewegungen durchzuführen. Überschüssige Flüssigkeit kann vorher mit einem Papiertuch vom Gewebe abgetupft werden. Bevor das Gewebestück in Formalin eingelegt wird, sollte überprüft werden, ob sich genügend Zellen abgelöst haben und somit auf dem Präparat darstellen lassen. Fibröse Gewebe geben nur schwer Zellen ab und werden daher mit einem Skalpell abgeschabt, um genügend Zellmaterial für eine Diagnosestellung zu erhalten. Das feuchte Material auf der Klinge wird auf dem Objektträger verteilt und untersucht.

Der Name des Tieres und das Datum werden grundsätzlich auf dem Objektträger vermerkt. Eine Beschreibung der Entnahmestelle ist notwendig, um die Ergebnisse interpretieren zu können, besonders, wenn Proben an mehreren Stellen genommen wurden. Der Behälter, in dem die

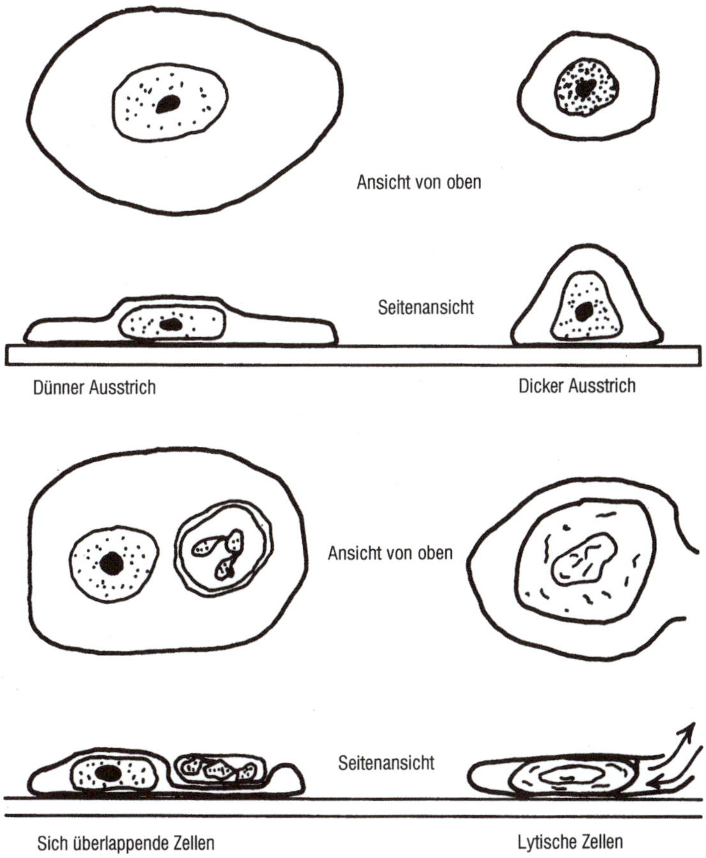

Abb. 18.2 Die Zellmorphologie in drei Dimensionen. Die Zelle oben rechts befindet sich in einem dickeren Bereich des Ausstrichs. Sie breitet sich nicht auf einer großen Oberfläche aus. Von oben betrachtet wirkt sie kleiner und dunkler als die Zelle oben links, die sich flacher ausgebreitet hat. Die Zelle oben links kann wesentlich besser beurteilt werden. Der Epithelzelle (unten links) ist ein neutrophiler Granulozyt aufgelagert. Es entsteht der Eindruck, dieser Neutrophile wäre eine Epithelzelle. Eine schon teilweise lytische Zelle (unten rechts) hat einen großen angeschwollenen Kern und Nukleolus, so dass sie für maligne und nicht nur für beschädigt gehalten werden kann.

Ausstriche verschickt werden, sollte so groß sein, dass er nicht durch die Stempelmaschinen der Post passt. Dünne Verpackungen aus Karton, die die Objektträger von zwei Seiten schützen sollen, kommen oft mit zerbrochenem Glas an, auch wenn sie mit „Vorsicht Glas" beschriftet sind.

Beachte: Stempelmaschinen zerbrechen häufig Objektträger, die in dünnen Kartonverpackungen verschickt werden.

Ausstriche werden an der Luft getrocknet, um anschließend nach Wright oder mit Methylenblau gefärbt zu werden. Vor einer Papanicolaou- oder Sano-Färbung wird eine Fixierung mit Alkohol durchgeführt. Langsames Trocknen in feuchter Umgebung kann zur Deformation der Zellen führen. Mit einem Föhn kann der Trockenvorgang beschleunigt werden, auch wenn diese Methode nicht weit verbreitet ist. Allerdings sollte der Föhn weit genug von den Zellen entfernt gehalten werden, damit die Zellen nicht „verkochen". Während der Lagerung sollten die Objektträger von Staub, Feuchtigkeit und Pollen fern gehalten werden. Man sollte bedenken, dass sich Fliegen gerne von ungefärbten Zellen ernähren. Die Objektträger dürfen nur an den schmalen Seiten anfasst werden, da sich mit dem Fingerabdruck Zellen auf das Glas übertragen und die Interpretation des Ausstriches erheblich erschweren können.

Kontakt mit Formalin ist ein häufig auftretendes Problem, da sich Wright-gefärbte Ausstriche in diesem Fall in einem sehr dunklen Blau anfärben. Ein Gewebestück, von dem ein Abklatschpräparat angefertigt wird, darf vorher nicht in Formalin eingelegt worden sein. Auf keinen Fall darf Formalin in der Nähe von Ausstrichen oder Färbelösungen gelagert werden. Außerdem sollte man Formalin nicht zusammen mit zytologischen Ausstrichen verschicken, da dabei die Zellen mit Formalindämpfen in Berührung kommen können. Auch Antikoagulanzien auf Heparinbasis erzeugen in der Wright-Färbung blaue Verfärbungen.

Beachte: Formalin verschlechtert die Färbbarkeit von Zellen. Deshalb dürfen auf keinen Fall zytologische Ausstriche und in Formalin fixierte Proben für die Histopathologie zusammen verschickt werden.

18.1.2 Färbungen

Für die meistens Praxen ist es ausreichend, eine modifizierte Wright- und eine Methylenblau-Färbung zu haben. Die „Wright"- und „Quick"-Färbungen, die heutzutage benutzt werden, entsprechen nicht mehr den originalen Wright- oder Giemsa-Färbungen nach Romanowsky. Sie weisen lediglich ähnliche Blau- und Rottöne auf, so dass sich die Färbungen gleichen. Saure Strukturen wie Nukleinsäuren (DNA und RNA) im Zellkern färben sich blau bis violett. Dagegen färben sich basische Zellelemente wie Proteine (Hämoglobin in den Erythrozyten) rot bis orange an. Veränderungen des pH-Werts des Spülwassers oder der Probe wirken sich auch auf die Färbung aus. Die Diff-Quick®-Färbung ist sehr beliebt, da die Intensität der jeweiligen Farbe einfach angepasst werden kann. Die rote und blaue Farbe befindet sich jeweils in einem separaten Gefäß. Indem die Eintauchzeit verlängert oder verkürzt wird, entsteht ein hellerer oder dunklerer Farbton. Mit der Diff-Quick-Färbung können Staupeeinschlusskörperchen eindeutig im Blutausstrich dargestellt werden. Modifizierte Wright-Färbungen färben manchmal Granula in Mastzellen und basophilen Granulozyten nicht an.

Die Methylenblau-Färbung ist eine monochrome Färbung, bei der das Präparat in unterschiedlichen Blautönen dargestellt wird. Es wird einfach ein Tropfen Methylenblau auf das luftgetrocknete Präparat gegeben. Anschließend wird das vom Färben feuchte Präparat mit einem Deckglas abgedeckt. Damit keine Luftblasen unter dem Deckglas bleiben, wird zuerst der Tropfen Methylenblau vorsichtig mit dem Deckglas über dem gesamten Präparat verteilt. Danach wird das Deckglas langsam aufgelegt. Die Zellen sind sofort angefärbt und beurteilbar. Bei der Methylenblau-Färbung wird der Kern sehr gut angefärbt und unterschiedliche Chromatinstrukturen kommen zum Vorschein (Farbtafel 6C). Auf diese Weise können einige Malignitätskriterien im Kern besser erkannt werden. Es ist ein großer Vorteil, dass die Methylenblau-Färbung transparent ist. Auf diese Weise kann sehr gut mit dem Mikroskop auf einzelne Schichten im Präparat fokussiert und ein Eindruck von der dreidimensionalen Struktur der Gewebefragmente gewonnen werden. Solche Gewebefragmente sind bei Neoplasien meistens diagnostisch sehr wertvoll, werden aber in der Wright-Färbung zu dunkel angefärbt. Sie entsprechen kleinsten Biopsieproben, in denen der Zellverband in seinem Zusammenhang beurteilt werden kann. Malignitätskriterien sind an zusammenhängenden Zellen wesentlich besser zu beurteilen, da bei benachbart liegenden Zellen deutlich wird, wie groß die Unterschiede in der Zellarchitektur sind. Bei einzelnen Zellen, die über den Objektträger verteilt sind, ist dieses Merkmal weniger offensichtlich.

Zusammenfassend kann festgehalten werden, dass die Methylenblau-Färbung ausgezeichnet geeignet ist, um Details im Zellkern darzustellen sowie um Gewebefragmente und Pilze zu untersuchen. Für entzündliche Prozesse ist die Wright-Färbung die erste Wahl. Hierbei färben sich Leukozyten ähnlich wie in Blutausstrichen an und Bakterien haben einen charakteristischen blauen Farbton (Farbtafel 4A). Obwohl in der Wright-Färbung die Details im Zellkern weniger gut dargestellt sind als in der Methylenblau-Färbung, kann man mit dieser Färbung Malignitätskriterien beurteilen. Auch die meisten Pilze lassen sich hervorragend darstellen. Am besten werden zwei Ausstriche von einer Probe hergestellt und jeweils einer nach Wright und einer mit Methylenblau gefärbt. Auf diese Weise werden verschiedene Charakteristika dargestellt. Zytoplasmatische Strukturen kommen besser mit der Wright-Färbung zum Vorschein. Organismen, die von einer Färbung nicht dargestellt werden, zeigen sich meist in der jeweils anderen. Wird nur eine Färbung verwendet, werden wichtige diagnostische Hinweise übersehen.

Auch andere Färbetechniken können verwendet werden. Mischt man Methylenblau mit einem Tropfen Sudanrot, so färbt sich das Fett selektiv an und mehr Zelldetails werden sichtbar. Auch andere neutrale Fettfärbungen lassen sich mit Methylenblau mischen. Diese Methode ist sehr nützlich für Hepatolipidose (Farbtafel 5E), Chylothorax (Farbtafel 5B), Aspirationspneumonie und Lipidgranulom. Methylenblau färbt den Zellkern und andere Strukturen blau, Sudanrot färbt das Fett rötlich an.

Mit der Gram-Färbung werden grampositive von gramnegativen Bakterien unterschieden. Diese Unterscheidung ist wichtig für die Wahl eines geeigneten Antibiotikums. Die Gram-Färbung wird verwendet, um Ausstriche von Bakterienkulturen anzufärben. Dagegen färbt die Gram-Färbung Bakterien in Exsudaten nicht eindeutig an, so dass diese Präparate immer mit Vorsicht ausgewertet werden müssen. In dicken Ausstrichen entfärben sich die Bakterien nicht, so dass sie fälschlicherweise als grampositiv bewertet werden. In dünnen Ausstrichen dagegen entfärben sie sich zu sehr. Rote grampositive Bakterien in geringer Anzahl sind sehr schwer von einem roten proteinreichen Hintergrund zu unterscheiden. Deshalb eignet sich die Gram-Färbung auch nicht dazu, solche Präparate nach einzelnen gramnegativen Bakterien abzusuchen (Farbtafel 4C). In der Wright-Färbung werden Bakterien eindeutig blau angefärbt, so dass sie einfach zu sehen sind und auch ihre Größe und Form gut beurteilt werden kann, eine Ausnahme sind Mykobakterien, die sich wegen ihrer Wachskapsel gar nicht anfärben lassen. Die Gram-Färbung eignet sich besser für bakteriologische Labors, bei zytologischen Ausstrichen ist die Wright-Färbung vorteilhafter. Eine säurefeste Färbung ist selten indiziert, da Infektionen mit Mykobakterien ungewöhnlich sind (Farbtafel 4D).

Die Färbung nach Papanicolaou und modifizierte Sanos-Trichrom-Färbungen werden in der Humanmedizin häufig eingesetzt, in der tierärztlichen Praxis sind sie eher unüblich. Diese Färbungen haben Vorteile, sind allerdings nach Meinung der Autoren nicht notwendig und zu teuer. Spezielle Kennzeichen für Malignität wurden in diesen Färbungen etabliert. Die Färbung nach Papanicolaou ist durchsichtig, so dass Gewebefragmente gut untersucht werden können. Auch Details des Zellkerns werden bei dieser Methode gut dargestellt. Ausstriche müssen sofort in Alkohol fixiert werden, bevor sie nach Papanicolaou gefärbt werden.

18.1.3 Mikroskope

Für die Zytologie braucht man ein qualitativ hochwertiges Mikroskop, das gut gepflegt ist. Untersucht man viele Präparate, so ist ein binokulares Mikroskop von Vorteil. Vier Objektive sind empfehlenswert: Das 4 × und 10 × Objektiv werden verwendet, um sich eine groben Überblick über den Ausstrich zu verschaffen. Mit dem 50 × und dem 100 × Objektiv (mit Immersionsöl) werden Details dargestellt. Die Objektive können durch andere Objektive mit ähnlicher Vergrößerung ersetzt werden. Qualitativ hochwertige Mikroskope sind nicht billig, können aber vielfältig im Praxisbetrieb eingesetzt werden. Außerdem sollte ein gutes Mikroskop lebenslang halten.

Ein 50 × (oder auch 40 bis 60 ×) planes achromatisches Ölobjektiv zahlt sich in jedem Fall aus, da es den Zeitaufwand erheblich reduziert. Die Vergrößerung reicht aus, um die meisten Zelldetails zu erkennen. Da man in diesem größeren Blickfeld mehr Zellen erkennen kann, als es mit einem 100 × Objektiv möglich ist, lassen sich Zellen leichter vergleichen und identifizieren. Mit den teuren planen achromatischen Linsen wird das ganze Gesichtsfeld fokussiert. Dagegen ist die Peripherie bei den billigeren achromatischen Linsen nicht scharf zu sehen. Das größere Gesichtsfeld erleichtert die Identifizierung abnormer Zellen und spart so erheblich Zeit ein. Bei Verwendung eines 50 × Ölobjektiv wird kein Deckglas für den Ausstrich benötigt.

Mit einem 40 × Objektiv (ohne Öl) erscheinen die Zellen in der Wright-Färbung ausgefranst, da sie von Luft umgeben sind. Indem ein spezielles Abdeckmedium und ein Deckglas oder Immersionsöl (mit Deckglas) benutzt wird, wird die Luft um die Zellen verdrängt. So können sie mit einem trockenen Objektiv klar dargestellt werden und zelluläre Details lassen sich erkennen. Es geht wesentlich schneller, nur etwas Öl aufzutropfen, als das Präparat mit einem Deckglas dauerhaft abzudecken. Allerdings lassen sich ölige Ausstriche schlechter lagern und halten auch nicht so lange.

Jedes Mikroskop sollte alle ein bis drei Jahre von einem Spezialisten gesäubert und geschmiert werden. Wenn das Mikroskop nach Benutzung immer abgedeckt ist, wird verhindert, dass sich Staub auf dem Gerät ansammelt. Am Ende jeder Benutzung wird das Immersionsöl von den Linsen entfernt. Geschieht dies nicht, kann Öl hinter die Linse vordringen und sie auf diese Weise unbrauchbar machen. Schmutz, der auf der Linse angetrocknet ist, wird mit Xylol oder Linsenreiniger entfernt. Es gibt spezielle flusenfreie Tücher, die extra zur Linsenreinigung hergestellt werden. Bei konkaven Linsen wird ein Reinigungstuch zu einer Spitze zusammengerollt und diese in Reinigungsflüssigkeit eingetaucht. So wird auch die zurückliegende Fläche ausreichend gesäubert. Nach jeder Reinigung wird die Linse mit einem Linsentuch poliert. Filter, Kondensor, Lichtquelle und der Rest des Mikroskops werden je nach Bedarf gesäubert. Das Mikroskop sollte immer behutsam bewegt werden. Durch ruckartige Bewegungen (ruckartiges Aufsetzen auf einer harten Oberfläche, über eine unebene Oberfläche schieben) kann das Prisma aus seiner Verankerung rutschen und es entstehen Doppelbilder.

Für eine optimale Detailerkennbarkeit (z.B. zum Auffinden von Bakterien) muss sich der Kondensor in der richtigen Position befinden. Um den Kondensor möglichst optimal zu positionieren (so genannte Köhlerbeleuchtung), sollte er sich nah unter dem auf dem Kreuztisch liegenden Objektträger befinden. Einige einfache Schritte sollten jeden Tag durchgeführt werden: Bei starker Vergrößerung (z.B. mit 40 × Objektiv) fokussiert man auf die Zellen im Ausstrich. Die Leuchtfeldblende (am Fuß des Mikroskops) wird ganz geschlossen. Nun wird der Kondensor langsam hoch- und heruntergedreht, bis der Lichtkreis im Gesichtsfeld scharfe Ränder hat. Dies ist die optimale Position für den Kondensor. Jetzt wird der Lichtkreis auf die Mitte des Gesichtsfeldes eingestellt und die Leuchtfeldblende so weit geöffnet, dass kein Schatten zu sehen ist. Anschließend wird die Kondensorblende (die vorher vollkommen geöffnet war) so weit geschlossen, bis die Lichtstärke etwas geringer erscheint. Auf diese Weise wird der Kontrast der intrazellulären Strukturen erhöht. Die Kondensorblende kann auch eingestellt werden, indem das rechte 10fache Okular entfernt wird. Man schaut nun durch den leeren Tubus in das Lichtfeld, während man die Kondensorblende langsam schließt, bis sich der Durchmesser des Lichts etwas verkleinert (5–10 %). Meist ist die Kondensorblende zu weit geschlossen. Es ist besser, sie ganz offen zu lassen, als Kontrast zu verlieren, wenn sie zu weit geschlossen wird. Sobald die optimale Position erreicht ist, wird jedes Staubkorn auf dem Kondensor oder der Lichtquelle sichtbar. In diesem Fall wird der Staub entfernt oder der Kondensor leicht wegbewegt, so dass der Staub nicht mehr sichtbar ist.

Einige Tierärzte vermeiden die optimale Position des Kondensors, da ihnen das Licht zu hell erscheint. Aber es ist sinnvoller, einen Neutralfilter, eine gedämpfte Birne oder eine besser kontrollierbare Lichtquelle einzusetzen, als auf wertvolle Zelldetails zu verzichten. Die Schwingkondensorlinse des Reichert-Mikroskops wird heraus geschwungen, außer bei niedriger Vergrößerung (2,5 und 4 × Objektiven). Kann auf Zelldetails verzichtet werden, wird der Kondensor in die niedrigste Position gedreht. Diese Einstellung wird verwendet, wenn nur eindeutige Objekte wie Parasiteneier, Urinkristalle oder Thrombozyten in der Zählkammer erkannt werden sollen. In dieser Position haben Strukturen mehr Kontrast.

Ein weit verbreitetes Problem beim Mikroskopieren ist, dass der Objektträger mit der Oberseite nach unten eingelegt wird. Die Fokussierung auf die Zellen ist dann zwar bei mittlerer Vergrößerung (100- und 400fach), aber nicht bei der 1000fachen Vergrößerung mit Ölimmersion möglich. Dasselbe Phänomen tritt auf, falls Abdeckmedium und Deckglas zu dick sind. Wenn bei der Fokussierung der Feintrieb (kleines Einstellrad) nicht mehr weiterzudrehen ist, wird erst mit dem Grobtrieb (großes Einstellrad) über die Fokussierebene hinausgedreht. Anschließend wird mit dem Feintrieb wieder zurückgedreht, bis die richtige Ebene erreicht ist. Immer wenn die Zellen das Licht brechen oder keine Details mehr zu erkennen sind, liegt der Fehler wahrscheinlich in der Beleuchtungseinstellung. In diesem Fall wird die Köhlerbeleuchtung erneut eingestellt. Sobald die Fokussierung mit dem 100 × Objektiv, nicht aber mit dem 45 × Objektiv gelingt, ist Letzteres wahrscheinlich mit Öl verschmutzt und muss mit einem Linsenreinigungstuch gesäubert werden.

18.2 Zytologische Befunde

Normalerweise bestehen Gewebemassen aus proliferierenden Gewebezellen und/oder einer Ansammlung entzündlicher Zellen. Sie können auch Hämatome, Zysten und nekrotische Bereiche enthalten. Die Kennzeichen jedes Gewebetyps und deren Variationen werden im Folgenden beschrieben und in Abbildung 18.3 zusammengefasst.

18.2.1 Beurteilung des Ausstrichs

Tierärzte haben gute Grundlagen in Histologie, Pathologie und im Mikroskopieren. Deshalb kann jeder Praktiker lernen, wie zytologische Ausstriche ausgewertet werden, solange er seine Grenzen kennt und konsequent aus den Fällen dazulernt. Eine zytologische Untersuchung wird an resezierten Gewebestükken durchgeführt und die Befunde festgehalten. Später werden die Ergebnisse mit der histopathologischen Diagnose verglichen. Die zytologische Auswertung wird visuell durchgeführt, weshalb zytologische Bücher oder Atlanten zum Vergleich vorhanden sein sollen. Bei der Beurteilung eines Punktats oder Abklatschpräparats empfiehlt es sich, ein bestimmtes Schema konsequent einzuhalten. Der folgende Abschnitt fasst die einzelnen Schritte zusammen, die anschließend im Detail besprochen werden.

Das zytologische Präparat muss nicht zwangsläufig die Läsion repräsentieren. Die Zellen können auch aus benachbartem Gewebe stammen. Häufig wird beispielsweise Material aus der *Glandula submandibularis* statt aus dem Mandibularlymphknoten aspiriert, oder Leberzellen entnommen, wenn eigentlich Flüssigkeit aus der Brusthöhle entnommen werden soll. Bei einer Punktion der Harnblase kann der Urin mit Bakterien kontaminiert werden, wenn der Darm versehentlich perforiert wird. In diesen Fällen wird kein Befund erhoben, da die Probe nicht repräsentativ ist. Die richtigen Schlussfolgerungen erfordern aber immer Erfahrung und Intuition.

1. Sind genügend intakte, gut angefärbte Zellen vorhanden, die das veränderte Gewebe repräsentieren?
2. Der Ausstrich wird bei geringer Vergrößerung grob durchgemustert, um Zellverteilung und Zellzusammensetzung zu beurteilen; dabei ist auf große Strukturen (Pilze, Bakterienkolonien, Parasiteneier) zu achten.
3. Die Beurteilung der Zellen wird in einem Bereich mit intakten und gut gefärbten Zellen begonnen.
4. Spricht die Zellpopulation für ein entzündliches Geschehen? Wenn ja, was könnte die Ursache sein?
5. Sind überwiegend Gewebezellen eines Typs vorhanden spricht dies für ein nicht-entzündliches proliferatives Geschehen.
6. Bei proliferativen Geweben (z. B. Hyperplasie, Neoplasie) wird der Zelltyp (Rund-, Epithel- oder Spindelzelle) bestimmt und nach Merkmalen von Malignität gesucht.

Zunächst werden die Areale des Ausstrichs durchgemustert, die für die Diagnose geeignet erscheinen. In der Tumorzytologie sind Ausstri-

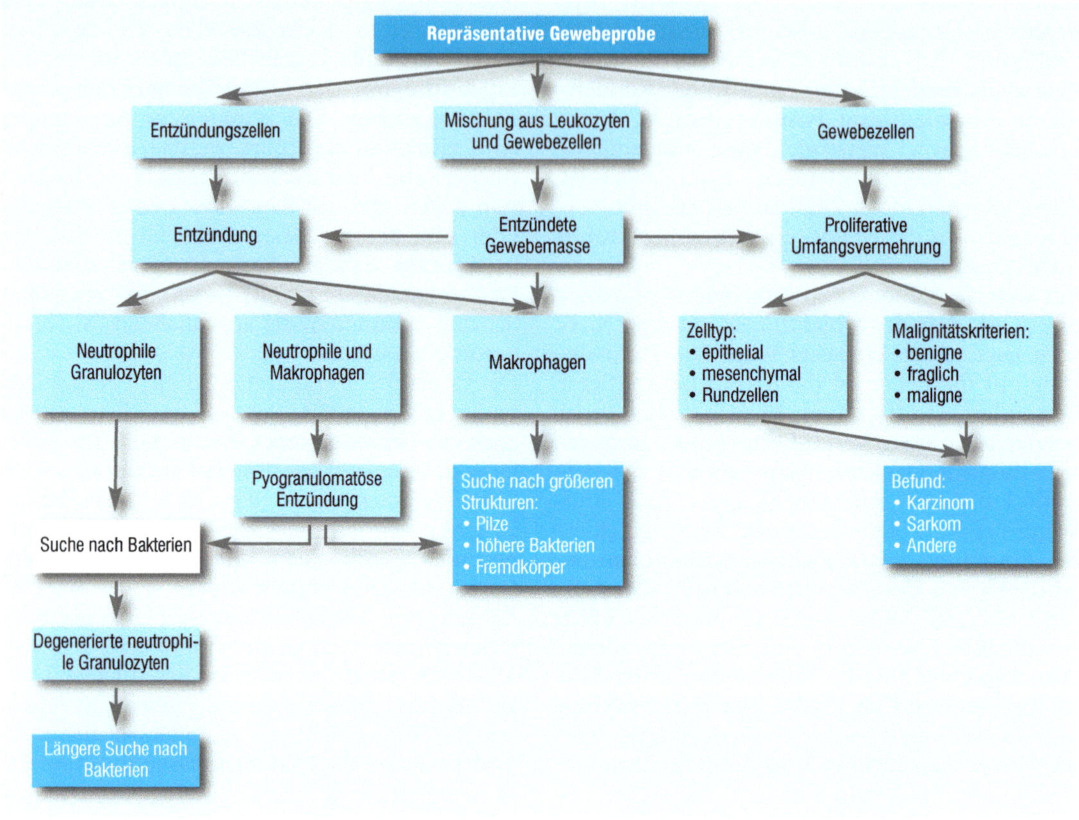

Abb. 18.3 Generelles zytologisches Vorgehen. Die meistens zytologischen Präparate werden zuerst in entzündliches und/oder proliferatives Muster unterteilt. Entzündliche Ausstriche werden nach Erregern abgesucht. Sind degenerative Veränderungen an den Neutrophilen vorhanden, wird länger nach Bakterien gesucht. Bei proliferativen Geweben wird der Zelltyp bestimmt und die Malignitätskriterien bewertet. Abschließend wird ein zusammenfassender Befund erstellt. Bei entzündlichen Umfangsvermehrungen wird entweder vorgegangen wie bei einer Entzündung oder wie bei einer Neoplasie. Diese Entscheidung ist abhängig davon, welche Zellart überwiegt oder welche klinische Fragestellung gegeben ist.

che mit kleinen Gewebefragmenten besonders viel versprechend. Sie sollten mit Methylenblau oder anderen semitransparenten Methoden gefärbt werden. Ausstriche, die sich dunkelblau angefärbt haben, werden bevorzugt untersucht da sie die meisten Zellen enthalten. Ihre hohe Zellkerndichte ist für die dunkle Färbung verantwortlich. Mit Blut kontaminierte Präparate erscheinen in der Wright-Färbung orange und sind für eine genaue Diagnose nicht geeignet.

Häufig wird zu rasch das 100 × Objektiv mit Immersionsöl verwendet und die Vergrößerung danach nicht mehr gewechselt. Es ist sinnvoll, zunächst durch die Lupenvergrößerung einen diagnostisch wertvollen Bereich des Ausstrichs auszumachen, der anschließend mit der 1000fachen Vergrößerung mit Immersionsöl näher untersucht wird. Geeignete Bereiche sind dünn ausgestrichen und haben intakte, gut gefärbte Zellen. In der Wright-Färbung erscheinen schlecht gefärbte Zellen in einer blassblauen diffusen Farbe. Areale in dieser Farbe und Zelldetritus sollten gemieden werden. Strukturen, aus denen eine eindeutige Diagnose folgt (Bakterienkolonien, Pilze), sind selten. Außerdem ist die Verteilung von Gewebestücken ungleichmäßig, in denen die Architektur des Gewebes beurteilt werden kann. Auch deshalb wird der Ausstrich im Ganzen bei geringer Vergrößerung durchgemustert. Wenn nur einige wenige Bereiche in der

1000fachen Vergrößerung untersucht werden, können wertvolle Hinweise übersehen werden.
Die einzelnen Zelltypen und ihr jeweiliger prozentualer Anteil werden bestimmt und dokumentiert, dabei ist ein ähnliches Vorgehen wie bei der Auswertung eines Differentialblutbildes sinnvoll. Eine genaue und komplette Beschreibung erleichtert die Diagnosestellung. Das Auszählen der Zellen erfordert die Betrachtung jeder einzelnen Zelle. Dadurch lassen sich Fehler vermeiden, da sonst große auffallende Zellen wie Eosinophile und Plasmazellen für zahlreich gehalten und kleine Zellen wie Lymphozyten übersehen werden können. Es ist nicht möglich, alle Zellen zu identifizieren. Experten verwenden deshalb die Kategorie „andere Zellen", beschreiben diese Zellen morphologisch und legen Vermutungen über den Ursprung der betreffenden Zellen schriftlich nieder. Bei mittel- bis hochgradig zellulären Ausstrichen mit 99 % Leukozyten (davon 90 % Neutrophile) liegt ein entzündliches Geschehen vor, möglicherweise ein Abszess. Treten nur 1 % große, bösartig erscheinende Mesenchymzellen auf handelt es sich eher um reaktive Zellen (Fibroblasten und Lymphoblasten oder Monoblasten einer entzündlichen Reaktion), nicht um ein Sarkom. Meist finden sich einige nicht identifizierbare Zellen mit Merkmalen von Malignität, die allerdings vernachlässigt werden, solange sie in geringer Anzahl auftreten. Sind aber 25, 50 oder mehr Prozent spindelförmige Mesenchymzellen vorhanden, so stammen sie wahrscheinlich aus benachbartem proliferierendem Gewebe.
Handelt es sich um entzündliches Gewebe mit vielen Neutrophilen, wird nach der wahrscheinlichsten Ursache gesucht (Bakterien). Entzündungen mit einer anderen Zelltypverteilung weisen auf andere Ursachen hin. Besteht der Verdacht auf eine Proliferation des umgebenden Gewebes wird die Malignität beurteilt. Das Ausmaß der beobachteten Malignitätskriterien wird zur Differenzierung eines Sarkoms von einer gutartigen Proliferation (z.B. Fibrom, Granulationsgewebe) eingesetzt.

18.2.2 Entzündliches Gewebe

Entzündungen werden in der Zytologie wesentlich häufiger diagnostiziert als Neoplasien. Die Diagnose erfordert eine gewisse Anzahl an Entzündungszellen. Wie viele Zellen für eine aussagekräftige Diagnose notwendig sind hängt von der Art der Probe ab. Schon eine Plasmazelle oder ein phagozytierender Makrophage sind ein Beweis, wenn in Punktat aus einem Auge auftreten. Dagegen werden in Eiter tausende neutrophile Granulozyten gefunden. Bei einem blutkontaminierten Ausstrich müssen die Zellen, die normalerweise im Blut vorkommen, berücksichtigt werden. Im Blut liegt ein Erythrozyten/ Leukozyten-Verhältnis von 500 : 1 vor. Die Leukozyten setzen sich dabei hauptsächlich aus Neutrophilen und Lymphozyten zusammen. Ist die Leukozytenzahl erhöht (20 : 1) oder werden für Blut atypische Leukozyten (Plasmazellen, phagozytierende Makrophagen)gefunden, kann auch in blutkontaminierten Präparaten eine Entzündung diagnostiziert werden. Die Bezeichnung und die vermutete Ätiologie richten sich nach der vorherrschenden Leukozytenart.

Beachte: Entzündungen werden in der Zytologie wesentlich häufiger diagnostiziert als Neoplasien.

Neutrophile Entzündung

Neutrophile Infiltrate (z.B. Exsudate, Vereiterung, Abszessbildung, purulente Entzündung) sind so häufig, dass für sie oft der Ausdruck Entzündung als Synonym gebraucht wird. Neutrophile Granulozyten sind die beweglichsten Leukozyten und erreichen deshalb als erste den Ort des entzündlichen Geschehens. Manche Autoren bezeichnen eine neutrophile Entzündung auch als „akute Entzündung", obwohl Neutrophile auch bei chronisch aktiven Entzündungen vorherrschen. In diesem Zusammenhang ist der Begriff „akut" als Hinweis auf den Zelltyp (die Neutrophilen) zu verstehen und nicht als zeitliche Einordnung. Eiter besteht hauptsächlich aus Neutrophilen und einer flüssigen proteinreichen Grundmasse aus Zelltrümmern. Deshalb sind diese Zellen sehr einfach durch eine Punktion oder einen Abklatsch zu gewinnen. Andere Zellen (vor allem Fibroblasten) lösen sich weniger leicht vom Entzündungsgewebe, vor allem wenn schon Narbengewebe gebildet wurde. Emigrierende Neutrophile heften sich an Epithelzellen, was den Anschein erweckt, die Epithelzelle habe den neutrophilen Granulozyten aufgenommen (Abb. 18.2). Normalerweise entstehen neutrophile Entzündungen durch Bakterien und einige Pilzarten (z. B. Candida), aber auch immunvermittelte Prozesse (z. B. Lupus-bedingte Polyarthritis) und chemische Irritationen (Uroperitoneum) können ursächlich sein.

Bakterielle Sepsis

Die bakteriellen Erreger einer neutrophilen Entzündung werden bevorzugt im Zytoplasma von Neutrophilen gefunden (Farbtafel 4A), das normalerweise klar ist und keine Zelltrümmer beinhaltet. Bakterien zeichnen sich sehr deutlich im klaren Zytoplasma ab und sind meist von einem Phagolysosom umgeben. Makrophagen enthalten dagegen oft Zellreste, die mit Bakterien verwechselt werden können.

Beachte: Eine bakterielle Infektion lässt sich am sichersten durch den Nachweis von Bakterien in neutrophilen Granulozyten diagnostizieren. Einige bis viele freie Bakterien in einem frischen Exsudat weisen ebenfalls auf eine Infektion hin. Werden dagegen keine Bakterien im Ausstrich einer neutrophilen Entzündung gefunden, schließt dies eine Infektion nicht aus, da Bakterien so vereinzelt vorkommen können, dass sie sich der mikroskopischen Feststellung entziehen.

Bakterien haben eine einheitliche Form und Größe. Daran sind sie von Zelltrümmern zu unterschieden. Werden Formationen von gleichartigen Gebilden in Ketten oder Traubenform gefunden, handelt es sich eindeutig um Bakterien. Präzipitate der Wright-Färbung sehen kokkoid aus und führen zu Verwechslungen mit kokkoiden Bakterien. Die Präzipitate sind unregelmäßig geformt, eher lila als blau angefärbt, brechen das Licht und unterscheiden sich so von Bakterien (Abb. 18.4).

Bei der Beschreibung von Bakterien werden Anzahl, Fundort (frei im Ausstrich und/oder phagozytiert), Aussehen und Art der Kultur (Rein- oder Mischkultur) notiert. Aus diesen Beobachtungen lassen sich schon gewisse Schlüsse ziehen. Zum Beispiel kann eine Staphylokokkeninfektion vermutet werden, wenn eine Reinkultur von Kokken gefunden wird, die in Paaren und Tetraden in Neutrophilen liegen. Dieser Verdacht wird noch untermauert, wenn die Probe aus einem Lymphknotenabszess stammt. Andererseits deutet eine Mischkultur von unterschiedlich großen Stäbchen und Kokken in neutrophilen Granulozyten aus Bauchhöhlenpunktat auf eine Darmruptur hin. Perlenartig aufgereihte Organismen sind als höhere Bakterien zu werten (z. B. Actinomyces; Farbtafel 4B und 4C). Phagozytierte Bakterien sind ein besserer Beweis für eine bakterielle Infektion als freie Bakterien. Auch Letztere weisen in einem neutrophilen Exsudat auf eine Infektion hin, vor allem wenn sie in einer frischen Probe sehr zahlreich vorkommen. Freie Bakterien im Hintergrund sind meist Verunreinigungen, die aus der Färbelösung stammen können. Die Probe kann auch bei der Entnahme oder der späteren Bearbeitung verunreinigt worden sein. Es ist problematisch, wenn eine feuchte Probe (z. B. Trachealspülprobe) länger gelagert und der Ausstrich erst Stunden oder Tage später hergestellt wird. Auf vielschichtigen Plattenepithelzellen finden sich oft Bakterien, die aber nur die normale Flora der Körperoberfläche darstellen. Zur normalen Flora des oropharyngealen Bereichs von Hunden gehört Simonsiella. Die Probe stammt zumindest teilweise aus dem Maul- oder Rachenbereich, wenn dieses große, nicht zu verwechselnde Bakterium gefunden wird (Abb. 12.11 und Abb. 18.4). Manchmal werden in einer Trachealspülprobe Simonsiella oder andere Bakterien auf Epithelzellen gefunden. In diesem Fall stammen einige der freien Bakterien wahrscheinlich nicht aus dem unteren Respirationstrakt.

Degenerierte Neutrophile

Wie lange soll in einem neutrophilen Exsudat nach Bakterien gesucht werden? Wenn sie nur in geringer Anzahl in der Läsion vorkommen, so sind sie nicht in jedem Gesichtsfeld zu sehen. Auch die Behandlung mit Antibiotika reduziert ihr Vorkommen auf eine so geringe Anzahl, dass sie zytologisch übersehen werden. Ein nützlicher Hinweis ist das Aussehen der Neutrophilen. Erscheinen die neutrophilen Granulozyten degeneriert, wird länger nach Bakterien gesucht. Bakterielle Toxine zerstören die Neutrophilen sehr rasch (Karyolyse). Degenerative Veränderungen sind ein Hinweis, aber kein Beweis für eine Sepsis. Die Suche nach den Bakterien kann kürzer (5 bis 10 Minuten) ausfallen, wenn physiologische Neutrophile vorherrschen. In diesem Fall ist anzunehmen, dass keine Sepsis vorliegt.

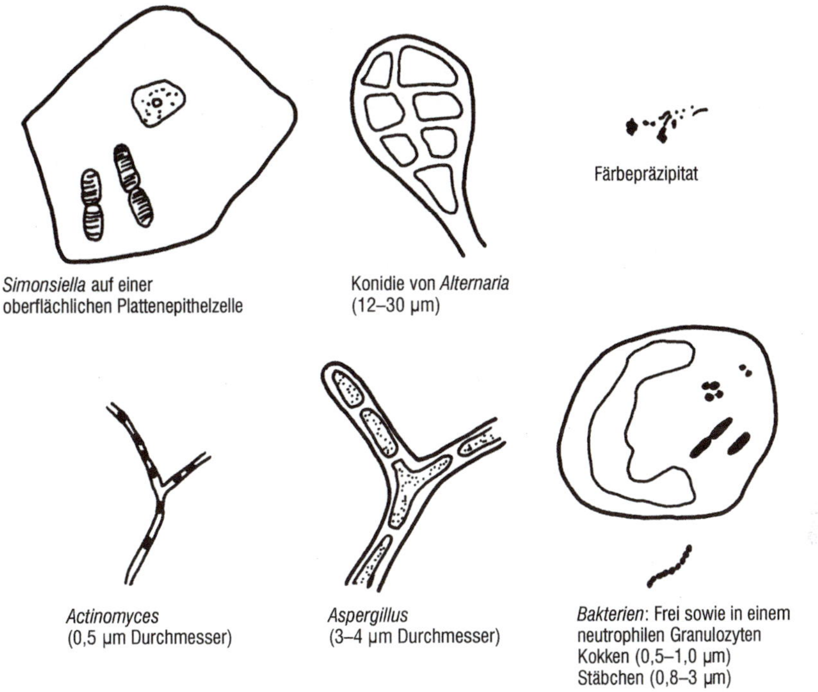

Abb. 18.4 Verschiedene zytologische Strukturen. In der oberen Reihe sind apathogene Mikroorganismen abgebildet, die leicht mit Infektionserregern verwechselt werden können. Simonsiella ist hier dargestellt als zwei Paar großer ovaler Bakterien, die wie Fußabdrücke aussehen. Simonsiella gehört zur normalen Flora der Maulhöhle. Alternaria besteht aus Hyphen, die durch Septen unterteilt sind und stellt eine weit verbreitete Kontaminante dar. Ihre Konidien sind keulenförmig und so gekammert, dass sie Microsporum sehr ähnlich sehen. Färbepräzipitate sind unregelmäßig geformt und haben unterschiedliche Größen. Dadurch lassen sie sich von Bakterien unterscheiden. Actinomyces ist sehr viel dünner als Pilzhyphen und außerdem fehlen die deutlichen Zellwände, die z. B. Aspergillus hat. Im klaren Zytoplasma der neutrophilen Granulozyten lassen sich die Bakterien am einfachsten finden. Kokken oder Stäbchen sind eindeutig von Artefakten zu unterscheiden, wenn sie sich zu Paaren, Tetraden oder Ketten zusammenlagern.

Einige Bakterien sind offenbar weniger toxisch und werden deshalb in nicht-degenerierten Neutrophilen gefunden (Farbtafel 4A).

Degenerierte Neutrophile zeigen eine Anschwellung des Nukleus (Karyolyse) und des Zytoplasmas. Bei der Karyolyse erscheint der Kern größer, unregelmäßiger geformt und heller angefärbt, die eindeutig granulierte Struktur des Chromatins und die Nukleoli sind nicht mehr vorhanden (Farbtafel 4B). Es ist schwer, hochgradig degenerierte Neutrophile zu identifizieren, da sie eher wie eine Ansammlung von Zelldetritus aussehen. Eine bakteriell verursachte Zelldegeneration wird von der Lyse durch andere Ursachen, wie zu lange und unsachgemäße Lagerung, Zerstörung der Zellen beim Ausstreichen oder nicht-bakterielle toxische Effekte (z. B. Urin), unterschieden. Unerfahrene Untersucher neigen dazu, lysierte Zellen für degenerierte Neutrophile zu halten. Eiter enthält grundsätzlich eine gewisse Anzahl an zerstörten Neutrophilen, beurteilt werden sollten aber immer nur intakte Zellen. Erscheinen die Neutrophilen mit intakten Zellwänden nicht-degeneriert, ist eher anzunehmen, dass lysierte Neutrophile ein Artefakt sind, als dass sie unter Einwirkung von Bakterientoxinen degeneriert sind.

Nicht-degenerierte Neutrophile gleichen den in Blutausstrichen auftretenden normalen Zellen (klares Zytoplasma, dunkler dünner segmentierter Kern). Sind keine bakteriellen Toxine vorhanden, leben die Neutrophilen länger. Alte

Neutrophile, die einen hypersegmentierten Kern haben, sind daher ein Beweis, dass keine Toxine vorhanden sind. Wenn diese alten Zellen zugrunde gehen, haben sie einen karyorrhektischen und pyknotischen Kern. Der Kern erscheint dann als dichte dunkellila Masse in der Zelle oder frei im Hintergrund. Gelegentlich werden diese karyorrhektischen Kerne mit Hefen verwechselt.

Nekrose

Im Eiter kommt visköses nekrotisches Material in großen Massen vor. Fadenartig zusammengelagerte Zelltrümmer dürfen nicht mit Schleim oder Pilzhyphen verwechselt werden. Stehen diese Fäden mit einem sich teilweise auflösenden Zellkern in Verbindung, sind sie eindeutig nekrotisches Material. Wenn sich auflösende Zellen vorhanden sind, liegt es nahe, an eine Nekrose zu denken. Ein eindeutiger Beweis liegt aber erst vor, wenn Zellreste in Vakuolen von Makrophagen gefunden werden. Cholesterinkristalle entstammen dem Abbau von Lipiden. Sie erinnern an Glasscheiben (klare rechtwinkelige Kristalle). Die Kristalle färben sich nicht an und werden sichtbar, da sie von gefärbtem Material umgeben sind. Bei der Nekrose von Erythrozyten entstehen Pigmente und Kristalle aus Blutfarbstoff.

Granulomatöse und pyogranulomatöse Entzündung

Bei manchen entzündlichen Geschehen kommen hauptsächlich Makrophagen (granulomatöse Entzündung) oder Makrophagen und Neutrophile (pyogranulomatöse Entzündung) vor. In diesen Fällen ist das verursachende Agens größer als Bakterien (z.B. Pilze, Fremdkörper). Wird die Entzündungsursache nicht gefunden, kann nur der morphologische Befund einer granulomatösen Entzündung erhoben werden. Neutrophile lösen sich einfacher aus dem Gewebe los als Makrophagen, weshalb sie in Punktaten und Abklatschpräparaten häufiger anzutreffen sind als in Gewebeschnitten. Darum werden in zytologischen Präparaten von granulomatösen Entzündungen mehr Neutrophile gefunden als in der Histologie. Pilze, Fremdkörper, höhere Bakterien und Zelldetritus werden hauptsächlich von Makrophagen phagozytiert.

Beachte: Bei granulomatösen Entzündungen (mehr als 50 % Makrophagen) ist die Ursache eine größere Struktur. Nekrotisches Material, Fremdkörper, Pilze und einige Bakterien führen eher zur Proliferation von Makrophagen als zur Eiterbildung.

Ausstriche eines lingualen Fremdkörpergranuloms müssen sehr gut durchgemustert werden, damit man z.B. Grannen (goldbraunes lineares Pflanzenmaterial) nicht übersieht. In der schwachen Vergrößerung finden sich Bereiche mit Pilzkolonien. Manchmal lassen sich Pilzkolonien auch schon mit bloßem Auge als weiße, gelbe oder grüne Punkte im Ausstrich erkennen. Makrophagen werden nach phagozytiertem Material abgesucht. Sie enthalten in organisierten Hämatomen aufgenommene Erythrozyten und ihre Abbauprodukte (Hämosiderin und Hämatoidin), in nekrotischen Läsionen befinden sich Zellkernreste und Zelldetritus in den Makrophagen. Bei entzündlichen Reaktionen auf eine Injektion finden sich Makrophagen mit vielen eosinophilen Zellresten (Farbtafel 5F), bei einer Steatitis sind Öltropfen und selten auch Fettkristalle auf den Ausstrichen zu sehen. Mit einer Kombination aus der Sudanrot- und der Methylenblau-Färbung können Lipide auch in Makrophagen nachgewiesen werden. Hefen und Pilze färben sich normalerweise in der Methylenblau- und Wright-Färbung blau an; wenn sie sich nicht gut anfärben, können ihre Umrisse durch umgebendes Material deutlich werden. Um das Vorkommen ungefärbter Strukturen zu bestätigen, sollte eine andere Färbung ausprobiert werden. Mykobakterien färben sich überhaupt nicht an und erscheinen als klare Schlitze in Makrophagen. Diese Ausstriche werden in ein Referenzlabor geschickt, das eine säurefeste Färbung durchführen kann.

Chronische Entzündung

Es gibt chronische Entzündungen, bei denen die Mehrheit der Zellen nicht wie oben beschrieben aus Makrophagen besteht, sondern aus einer Mischung von Plasmazellen, Makrophagen, Lymphozyten, Neutrophilen und manchmal auch Fibroblasten. Zu diesem Bild kommt es z.B. bei kaninen Leckgranulomen, im Laufe der Abheilung eines entzündlichen Geschehens

(z. B. bei einem alten Abszess) oder bei chronischen geringgradigen Entzündungen (z. B. proliferative Synoviitis). In Punktaten aus fibrösen Bereichen kommen wenige Zellen vor, weshalb häufig fälschlicherweise angenommen wird, dass es sich um ein schlechtes Punktat handelt. Eine Wiederholung der Probennahme führt in solchen Fällen zu ähnlichen Resultaten. Da sich Fibroblasten schlecht aus dem Gewebeverband lösen, werden Plasmazellen als ein Zeichen von Chronizität gewertet, da es Tage bis Wochen dauert, bis sich Plasmazellen in einer Entzündung vermehren.

Eosinophile Entzündung

Eine Entzündung wird normalerweise anhand der am häufigsten vorkommenden Leukozytenart klassifiziert. Eosinophile Granulozyten sind gewöhnlich sehr selten. Ein Anstieg auf 20–30 % der Leukozyten ist ausreichend, um die Entzündung als eosinophil bezeichnen zu können. Der eosinophile Granulomkomplex bei Katzen und sibirischen Huskies kann diagnostiziert werden, wenn Ausstriche aus einer typischen Läsion auf eine eosinophile Entzündung hinweisen (mit einer variablen Anzahl an Makrophagen, Plasmazellen und Mastzellen). Bei Katzen enthalten eosinophile Plaques und lineare Granulome für gewöhnlich eosinophile Infiltrate und Fibroblasten, während dies beim eosinophilen Ulkus nicht immer der Fall sein muss. Parasitenbefall (z. B. in endemischen Regionen *Paragonimus kellicotti*; Abb. 13.2) und allergische Reaktionen sind die wichtigsten Differentialdiagnosen, abhängig von Lokalisation und Vorbericht (z. B. hypersensitive Reaktion auf eine Tollwutimpfung). Aber auch Neoplasien (z. B. kaniner Mastzelltumor, Farbtafel 6A und 6B) und verschiedene infektiöse und entzündliche Krankheiten können eosinophile Infiltrate aufweisen (siehe Eosinophilie in Kapitel 4).

Lymphozytäre Entzündung

Eine kleine Umfangsvermehrung kann aus gut differenzierten Lymphozyten und einer variablen Anzahl von Plasmazellen bestehen. Dieses Phänomen tritt im Nasopharynx, der Vagina oder im Darm an Stellen auf, an denen man keinen Lymphknoten oder fokales lymphatisches Gewebe erwartet. Diese lymphatischen Hyperplasien können lokal begrenzt (lymphatische Hyperplasie der Vagina) oder diffus verteilt sein (lymphozytäre Rhinitis). Diese Immunstimulation kann durch Viren oder Mykoplasmen verursacht werden, aber auch andere Gründe sind denkbar.

18.2.3 Spezielle Entzündungsursachen

Im Folgenden werden verschiedene Infektionserreger beschrieben. Ein zytologisches oder mikrobiologisches Lehrbuch oder ein Computerprogramm mit Bildern sind sehr nützlich (Tvedten, 2000). Granulomatöse oder pyogranulomatöse Entzündungen weisen auf die ursächliche Beteiligung größerer Organismen hin, die Entzündungsform ist aber keine gute Grundlage zur Differenzierung des auslösenden Agens. Eine mikroskopische Untersuchung wird zur Diagnosestellung empfohlen. Die kulturelle Untersuchung der einzelnen Erreger und immunologische Tests werden in Kapitel 17 besprochen. Viele Erreger zeigen eine eindeutige geographische Verteilung. Andere Infektionserreger besiedeln auch nur spezielle Bereiche am Tier (z. B. Cryptococcus in der Nasenhöhle der Katze).

Im Folgenden werden die Größenangaben in Mikrometern (µm) gemacht. Ein Mikrometer zum Größenvergleich lässt sich am Okular des Mikroskops markieren, dieser muss für jede Vergrößerung extra eingezeichnet werden. Am besten bestimmt man die exakte Größe über die Größe des Netzes einer Neubauerzählkammer. Außerdem können Erythrozyten und Leukozyten verwendet werden, um die Größe eines Mikroorganismus abzuschätzen. Kanine Erythrozyten sind etwa 7 µm groß, feline 6 µm. Leukozyten haben ungefähr folgende Größen: Neutrophile 14 µm, Eosinophile 16 µm; kleine Lymphozyten 6–10 µm; große Lymphozyten 12–15 µm; blastische Lymphozyten 15–25 µm; Monozyten 14–20 µm und Makrophagen 20–40 µm (Abb. 18.5). Allerdings hängt die Größe der Zellen von der Ausstrichsdikke ab (Abb. 18.2). Deshalb sind die angegebenen Werte nur ungefähre Angaben.

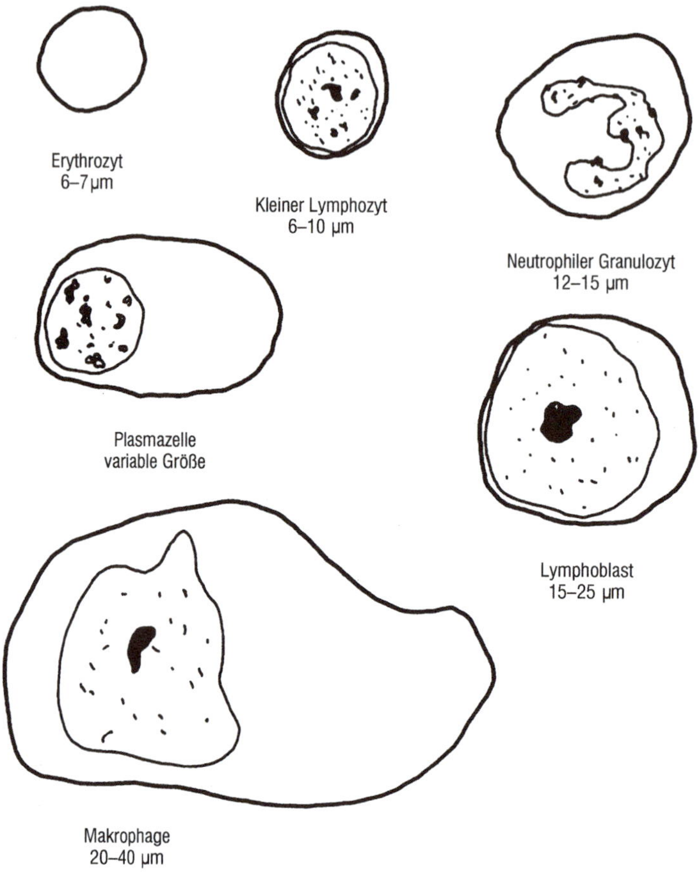

Abb. 18.5 Zellgrößen. Besonders Erythrozyten und Leukozyten können verwendet werden, um die Größe von benachbart liegenden Mikroorganismen abzuschätzen. Außerdem kann der Reifegrad von unidentifizierten Zellen mit ihnen verglichen werden. Diese Zellen sind in den richtigen Größenverhältnissen gezeichnet.

Beachte: Die Größe von Mikroorganismen kann gut abgeschätzt werden, indem man sie mit Erythrozyten oder Leukozyten vergleicht.

Merkmale von Pilzen

Hefen bilden auf ovalen bis rundlichen Strukturen Knospen. Sphärulen (kugelförmige Pilze) wie Coccidioides, Rhinosporidium und Protothеken bilden Endosporen. Unterscheidungsmerkmale sind Größe, Aussehen der Knospen sowie der Endosporen, Form, Kapsel und Lokalisation im Tierkörper (Abb. 18.6). Allerdings können andere Strukturen mit Hefen verwechselt werden. Zum Beispiel können zwei zusammenhängende Fetttropfen im Urin einer Knospe ähneln. Fetttropfen haben jedoch verschiedene Größen und brechen das Licht, was bei Hefen nicht beobachtet werden kann.

Pilzhyphen haben zwei parallele Zellwände und verzweigen sich. Die Hyphen sind 3–20 µm dick, können Septen haben und bilden Sporen und Fruchtkörper (Sporophoren) aus. Fadenförmiger Zelldetritus kann mit Hyphen verwechselt werden. Alternaria ist eine weit verbreitete Kontaminante in Luft, Staub und auf Ausstrichen. Sie weist goldene septierte Hyphen und selten (diagnostisch eindeutige) keulenförmige Konidien auf, die an Microsporum erinnern (Abb. 18.4). Kleinere pathogene Pilze (z. B. Histoplasma, Sporotrichum) befinden sich in Makrophagen (Farbtafeln 3E und 3F). Dagegen werden größere Pilze meistens nicht phagozytiert. Verunreinigungen durch Pilze finden sich überall auf dem Objektträger, auch in Bereichen ohne Ausstrich oder Abklatsch. Wenn eine Pilzkolonie gefunden wird, sollte die Färbung auf Pilzverunreinigungen untersucht werden. Dazu wird einfach ein sauberer Objektträger angefärbt und anschließend untersucht.

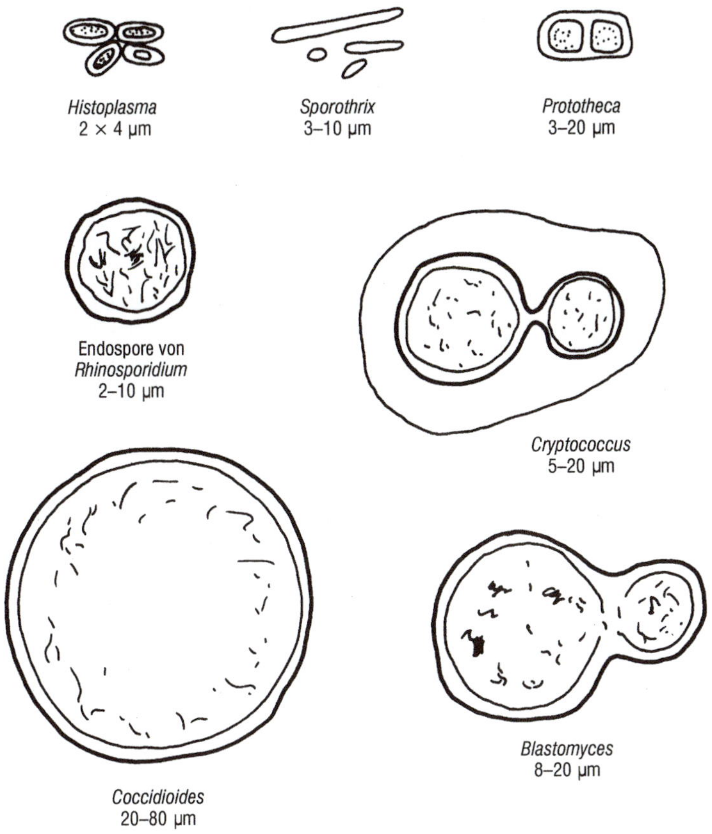

Abb. 18.6 Vergleichende Morphologie einiger Hefen und sphärischer Organismen. Auch sie sind in den richtigen Größenverhältnissen zueinander gezeichnet. Die Größe ist ein wichtiges Unterscheidungsmerkmal.

Histoplasmose

Histoplasma capsulatum (Verbreitungsgebiet siehe Appendix I) wird bei infizierten Katzen meist in Knochenmarkaspiraten gefunden (Clinkenbeard et al., 1987). Die Auswertung eines Blutausstrichs ist diagnostisch nicht aussagefähig, die Hefen können jedoch in allen Körperflüssigkeiten in phagozytierter Form gefunden werden. Buffy-Coat-Ausstriche können als Folge der Konzentrierung der weißen Blutzellen zu einer höheren Ausbeute führen. Histoplasma lässt sich mit Hilfe von Zytologie oder Histologie in vergrößerten Lymphknoten, der Leber und anderen Organen diagnostizieren. Die 2–5 µm großen Hefen befinden sich in Makrophagen und gelegentlich auch in Neutrophilen (Abb. 18.6). Auch Phagozyten können einige bis zahlreiche Hefen enthalten (Farbtafel 3E). Gelegentlich knospt diese Hefeart.

Sporotrichose

Sporothrix schenckii kommt bei Katzen selten in nässenden und ulzerierenden Hautläsionen vor. Dieser Erreger wird nur selten bei Hunden gefunden. Bei Katzen ist diese Hefeart sehr variabel im Aussehen. Es werden runde, ovale und spindelförmige (Zigarrenform) 3–10 µm große Hefen (Abb. 18.6) in Makrophagen, Neutrophilen sowie frei im Hintergrund gefunden (Farbtafel 3F).

Cave: Sporotrichose ist eine Zoonose und leichter auf den Menschen übertragbar als andere Mykosen.

Kryptokokkose

Cryptococcus neoformans kann in verschiedenen Geweben nachgewiesen werden. Eine häufige Lokalisation sind Umfangsvermehrungen in der

Nasenhöhle von Katzen. Ein eindeutiges Merkmal dieser Hefeart ist ihre unterschiedlich dicke gelatinöse Kapsel, die häufig den doppelten Durchmesser des eigentlichen Mikroorganismus erreicht (siehe Abb. 13.4 und Abb. 18.6). Einzelne Stämme von Cryptococcus besitzen keine Kapsel. Die Hefe selbst färbt sich klar bis eosinophil an. Die Knospen besitzen im Gegensatz zu Blastomyces (mit dickem Stiel) einen dünnen Stiel. Der Durchmesser variiert von 8–20 µm. *Rhinosporidium seeberi* kommt selten einmal in der Nasenhöhle von Hunden vor und produziert Endosporen, die mit Cryptococcus verwechselt werden können. Cryptococcus lässt sich gut mit der Wright- und/oder Methylenblau-Färbung darstellen. Eine Entzündungsreaktion fehlt häufig, die Umfangsvermehrung besteht dann nur aus einer glänzenden Hefe-Ansammlung.

Rhinosporidiose

Rhinosporidium seeberi (Verbreitungsgebiet siehe Appendix I) infiziert die Nasenhöhle von Hunden, so dass sich wiederholt neoplastische Polypen ausbilden. Die extrem großen Wachstumsstadien (60–120 µm) und Sporangien (100–300 µm) sind in histologischen Präparaten und gelegentlich auch in der Zytologie nachweisbar. In zytologischen Ausstrichen sind die kleineren 2–10 µm großen Endosporen, die aus rupturierten Sporangien stammen, regelmäßig anzutreffen (Farbtafel 6F und Abb. 18.6). Die sphärischen Endosporen knospen nicht und es fehlt ihnen die für die Cryptococcus typische Kapsel.

Kokzidioidomykose

Coccidioides immitis (Verbreitungsgebiet siehe Appendix I) kann in der Lunge oder in über den Körper verteilten Läsionen bei Hunden und selten bei Katzen nachgewiesen werden. Die Hauptmerkmale von *Coccidioides immitis* sind die Größe und die im Mikroorganismus befindlichen Endosporen. Der Durchmesser der sphärischen Sporangien beträgt 10 bis über 100 µm (Abb. 18.6). Die Endosporen (2–5 µm Durchmesser) liegen gewöhnlich in größeren Sphärulen vor. In Ausstrichen finden sich in der Umgebung des Erregers häufig Phagozyten (Perman et al., 1979). In Pilzkulturen gebildete Arthrosporen sind hochinfektiös. Deshalb sollte der Mikrobiologe immer über einen Verdacht auf Kokzidioidomykose informiert werden.

Blastomykose

Blastomyces dermatitidis (Verbreitungsgebiet siehe Appendix I) ist eine knospende Hefe (ca. 20 µm Durchmesser) mit dicken Zellwänden, die pulmonales und gelegentlich auch anderes Gewebe bei Hunden sowie selten bei Katzen befällt. In der Wright-Färbung stellen sich die Hefezellen dunkelblau dar. Der verwendete Alkohol dehydriert die Zellen, so dass sie häufig kollabiert und verknittert wirken. In der Methylenblau-Färbung sind die typischen Merkmale besser erkennbar. Blastomyces wird aufgefunden, indem man den Ausstrich grob durchmustert. Aufgrund ihrer Größe werden die Hefen oft an das Ende des Ausstrichs gezogen (siehe Abb. 13.12 und Abb. 18.6).

Candidiasis

Candida albicans gehört zur physiologischen Flora. Selten befällt *Candida albicans* eine Oberfläche (Soormykose) oder tritt disseminiert auf. Es handelt sich um eine typische knospende Hefe (2–6 µm im Durchmesser) mit einer dünnen Zellwand. Candida unterscheidet sich von anderen Hefen durch die Bildung von Pseudohyphen (3–4 µm dick), die in der kulturellen Untersuchung und manchmal auch in Gewebeproben wie kurze septierte Hyphen erscheinen.

Malasseziasis

Malassezia pachydermatis (Farbtafel 3A) ist eine kleine knospende Hefenart, die an Candida erinnert. Am häufigsten wird sie bei Hunden mit chronischer, antibiotikaresistenter Otitis aus Ohrtupfern nachgewiesen. Schon allein die Möglichkeit, eine chronische Hefeotits zu diagnostizieren, ist Grund genug, in der Praxis zytologische Ausstriche zu untersuchen. Laut Karen Moriello (Dermatologin an der University of Wisconsin) können mit einem Metallspatel Hefeproben aus der Zehenregion von Hunden gewonnen werden. Diese Methode wird bei Hunden angewendet, die sich ununterbrochen die Pfoten und andere Hautstellen ablecken. Solche Spatel werden normalerweise verwendet, um kleine Mengen pulverisierter Substanzen

z. B. in eine Wägeschale zu überführen. Sie sind aber gut geeignet und traumatisieren das Gewebe bei der Probennahme nicht. Die Malassezien, die bei Katzen gefunden werden, können kleiner sein und großen Kokken ähneln.

Protothecose

Prototheca verursacht selten eine disseminiert auftretende Infektion bei Hunden. Die klinischen Symptome entstehen durch die Schäden an Haut, Auge oder Darm. Die runden bis ovalen Algen sind 3–20 µm groß und damit etwas kleiner als neutrophile Granulozyten. Sie haben eine durchsichtige Zellwand und können zwei oder mehr Endosporen besitzen (Farbtafel 3B und Abb. 18.6). Eine zyto- und histologisch gestellte Diagnose kann durch eine kulturelle Untersuchung sowie durch eine Immunfluoreszenzuntersuchung von Gewebe untermauert werden.

Aspergillose

Aspergillus spp. ist im Zusammenhang mit nasalen Infektionen bei Hunden der häufigste Erreger (siehe Kap. 13). Es ist wichtig, immer mehrere Präparate nach Pilzkolonien zu durchsuchen, da der größte Teil eines Ausstrichs aus Exsudat mit bakterieller Sekundärbesiedlung besteht. Ein solches septisches Exsudat verleitet dazu, eine bakterielle Krankheitsursache anzunehmen. Dadurch werden die diagnostischen Bemühungen vorschnell eingestellt, ohne dass die eigentliche Krankheitsursache aufgedeckt werden konnte. Wenn die Probe für die Zytologie aus einer makroskopisch erkennbaren grünen (*Aspergillus fumigatus*) oder braunen (*Aspergillus niger*) Masse entnommen wird, steigen die Chancen auf eine richtige Diagnose. Bei schwacher Vergrößerung ähneln Pilzkolonien Zelldetritus, bei starker Vergrößerung werden verzweigte septierte Hyphen sichtbar (Farbtafel 3D), die alle einen ähnlichen Durchmesser aufweisen (3–4 µm). Diese Merkmale sind nützliche Hinweise auf Aspergillose. Das Zentrum einer Aspergillus-Kolonie färbt sich häufig nicht an, so dass die Peripherie untersucht werden muss. Diagnostisch wertvoll sind die großen (300 µm) verzweigten Konidiophoren mit den 2,5–3 µm großen sphärischen Konidien. In zytologischen Ausstrichen sind oft nur die kleinen, durchsichtigen, bläulichen sphärischen Sporen zu finden, die einen dünnen klaren Hof aufweisen können. Die Differenzierung von anderen apathogenen Pilzen (z. B. Alternaria) wird unter Merkmale von Pilzen beschrieben.

Maduramykose

Kutane Pilzgranulome werden mit einer verwirrenden Vielfalt an Bezeichnungen versehen (z. B. Myzetom, Chromoblastenmykose). Eine ganze Reihe von Pilzen zählt zu den Erregern (z. B. Drechslera, Allescheria, Madurella, Cladosporium, Fonsecaea). Zytologisch kann nur eine granulomatöse oder pyogranulomatöse Entzündung unter Beteiligung einer oder mehrerer Pilzformen (Hyphen, Sphärulen) festgestellt werden. Form, Größe und Farbe der Pilze in einem ungefärbten Ausstrich sollten dokumentiert werden. Eine kulturelle Untersuchung (Pilzkultur) ist zur Differenzierung des Erregers notwendig.

Mucormykose

Mucor und ähnliche relativ apathogene Pilze werden gelegentlich in Magenulzera und anderem Gewebe von Hunden gefunden. Die Hyphen sind nicht septiert, verzweigt und breiter (15–20 µm) als Hyphen von *Aspergillus* spp. Eine kulturelle Untersuchung ist empfehlenswert.

Alternaria

Alternaria ist eine ubiquitär vorkommende Kontaminante und wird häufig in Präparaten zur mikroskopischen Untersuchung gefunden. Sie darf nicht mit echt-pathogenen Pilzen verwechselt werden. Alternaria besitzt große goldbraune, septierte Hyphen, außerdem weist sie charakteristische keulenförmige Konidien mit Längs- und Quersepten auf (Abb. 18.4). Alternaria ist selten pathogen. Wenn sie in tiefer liegendem Gewebe angetroffen wird, spricht dies für eine Infektion, andernfalls für eine rein oberflächliche Kontaminierung.

Dermatophyten

Der zytologische Nachweis von Dermatophyten wird in Kapitel 17 besprochen (Farbtafel 3C).

Höhere Bakterien

Actinomyces, Nocardia und Dermatophilus sind höhere Bakterien. Sie verzweigen sich, aber ihr geringer Durchmesser von 0,5–1,0 µm unterscheidet sie von den dickeren Pilzhyphen. Außerdem besitzen Pilzhyphen zwei Zellwände, die deutlich durch einen Zwischenraum getrennt sind (Abb. 18.4). Das Hauptmerkmal von Actinomyces sind lange Filamente, die sich gelegentlich verzweigen und in der Wright-Färbung an Perlenschnüre erinnern (aufgrund des unterschiedlichen Färbeverhaltens verschiedener Abschnitte der Filamente). Beim groben Durchmustern von Ausstrichen entdeckt man schnell die dunkel gefärbten Bakterienkolonien. Actinomyces kann von eosinophilem Material umhüllt sein und keulenförmige Strukturen bilden, die aus der Kolonie herausragen. Auch bei Staphylococcus (Botryomycose), Actinobacillus, Coccidioides und Aspergillus treten diese keulenförmigen eosinophilen Strukturen rund um die Kolonien auf. In Exsudaten lassen sich Kolonien makroskopisch als weißliche bis gelbliche Körnchen erkennen, die für einen Ausstrich verwendet werden sollten. Actinomyceten und Nocardien sind pleomorphe Mikroorganismen, die als bakterielle Mischinfektionen auftreten können (Farbtafel 4B und 4C).

Dermatophilus congolensis verursacht (bei Hunden seltener als bei anderen Spezies) Hauterkrankungen. Er wird diagnostiziert, indem Hautkrusten in physiologischer Kochsalzlösung eingeweicht und mit der Unterseite über einen Objektträger gerieben werden. In der Wright-Färbung wird auf Plattenepithelzellen ein typisches, Eisenbahnschienen-ähnliches Muster aus parallelen und longitudinalen Reihen von Zoosporen (0,5 × 1,0 µm), die sich in unterschiedlicher Stärke verzweigen (Abb. 18.7), gefunden.

Mykobakteriose

Mycobacterium lepraemurium, *Mycobacterium fortuitum* (Verbreitungsgebiete siehe Appendix I), *Mycobacterium bovis* und einige andere Spezies verursachen kutane und subkutane Läsionen bei Katzen und seltener auch bei Hunden (Gross und Connelly, 1983). Feline Lepra (*M lepraemurium*) kann sich überall am Körper betroffener Katzen manifestieren. Bei der atypischen Mykobakteriose entstehen häufig Fistelkanäle am ventralen Abdomen. Der Erregernachweis erfolgt über Abklatschpräparate der granulomatösen Herde oder durch Ausstriche von aus Fistelkanälen entnommenem Material. Die Präparate werden mit einer säurefesten Färbung behandelt

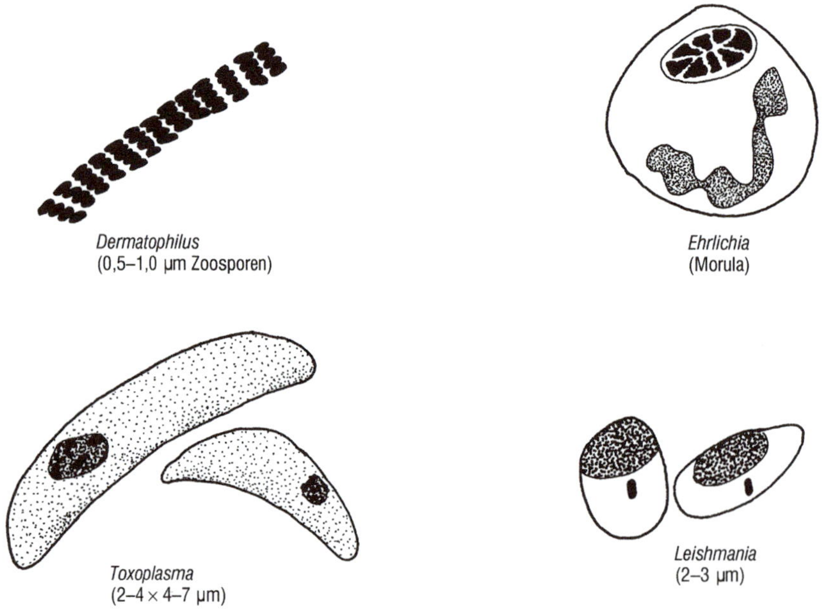

Abb. 18.7 Vier Erreger, die zytologisch nachgewiesen werden können. Dermatophilus befindet sich häufig auf Hautschuppen. Eine Ehrlichienmorula ist eine Ansammlung von Ehrlichien im Zytoplasma von Leukozyten. Toxoplasma und Leishmania sind Protozoen. Leishmania besitzt einen stäbchenförmigen Kinetoplasten.

(Farbtafel 4D). Mykobakterien lassen sich nicht in der Wright-Färbung anfärben und erscheinen dann als Schlitze oder „Geister" in der gefärbten Umgebung. Die Ausstriche sollten zur Färbung an ein Speziallabor versandt werden.
Ein Verdacht auf Mykobakterien sollte dem Histopathologen immer mitgeteilt werden, da ein spezielles Verfahren angewendet werden muss. Die Mikroorganismen sammeln sich in der Mitte des Granuloms in Lipidtröpfchen an. Sie gehen verloren, wenn das Präparat wie im Routineverfahren mit Alkohol und Xylol behandelt wird. In Gefrierschnitten bleiben die Mykobakterien erhalten und können auch angefärbt werden. Feline Lepra lässt sich nur durch eine kulturelle Untersuchung von der atypischen Mykobakteriose unterschieden. Dem Mikrobiologen wird in diesem Fall mitgeteilt, dass er Spezialnährböden für atypische Mykobakterien verwenden soll. Im Zweifelsfall werden Zytologie, Histopathologie und Kultur wiederholt.

Beachte: Der Verdacht auf Mykobakteriose muss dem Pathologen immer mitgeteilt werden, damit er spezielle Verfahren verwenden kann. So erhöhen sich die Chancen, Mykobakterien in der Histopathologie nachzuweisen.

Salmon-Disease-Komplex

Bei infizierten Hunden wird *Neorickettsia helminthoeca* (Verbreitungsgebiet siehe Appendix I) in Makrophagen aus den Lymphknoten nachgewiesen. Eine mittelgroße bis große Anzahl kokkoider bis stäbchenförmiger Strukturen (0,3 µm Durchmesser) ist im Zytoplasma der Makrophagen verteilt. Teilweise lagern sie sich zu Morulae zusammen. Die Macciavello-Färbung ist besonders gut für den Nachweis von Rickettsien geeignet, aber auch in der Wright-Färbung lassen sich diese Mikroorganismen darstellen. In Hundekot werden eine Woche nach der Aufnahme von infiziertem Fisch Trematodeneier gefunden.

Ehrlichiose

Wenn eine Morula (himbeerförmige Ansammlung von kleinsten Körperchen) von *Ehrlichia canis* in Leukozyten, zytologischen Lungenpräparaten oder Synovia gefunden wird, ist die Diagnose eindeutig. Allerdings ist dieser Befund selten. Das Verbreitungsgebiet von Ehrlichia canis ist in Appendix I aufgeführt. Einzelheiten der weiteren Diagnostik werden in den Kapiteln 5 und 17 beschrieben. Bei einer *Ehrlichia-ewingii*-Infektion kommt es zu einem akuten Krankheitsausbruch und Polyarthritis. Die Morulae werden oft in neutrophilen Granulozyten aus peripherem Blut und Synovia nachgewiesen (Abb. 18.7). Bei einer in Schweden auftretenden Form der kaninen Ehrlichiose sind häufig Morulae in Neutrophilen präsent.

Toxoplasmose

Toxoplasma gondii wird selten in Makrophagen und Nerven-, Muskel- oder Augengewebe nachgewiesen. Die Tachyzoiten (sich aktiv teilende Form) sind halbmondförmig (2–4 µm × 4–7 µm). Ihr Nukleus liegt in einem Ende der Halbmondform (Abb. 18.7). Die Halbmondform kann verschwinden, wenn sich mehrere Tachyzoiten in einer Zelle befinden, tritt aber wieder in Erscheinung, sobald die Tachyzoiten aus der rupturierten Zelle freigesetzt werden. Die kleineren Bradyzoiten befinden sich in stabilen Gewebezysten und bleiben lange infektiös. Leishmania und Sarcocystis können aufgrund morphologischer Ähnlichkeiten mit Toxoplasma verwechselt werden. Eine aktive Toxoplasmose lässt sich am sichersten serologisch diagnostizieren (siehe Kap. 17). Wenn infiziertes Fleisch aufgenommen wurde, scheidet die Katze für eine kurze Zeit (2 Wochen) kleine (10–20 µm Durchmesser) Oozysten mit dem Kot aus. Dadurch kann eine enterale Infektion festgestellt werden, dieses Stadium ist aber zu transient für eine verlässliche Diagnosestellung. Die Oozysten anderer Kokkzidien sind gewöhnlich größer (20–40 µm Durchmesser).

Leishmaniose

Leishmania (Verbreitungsgebiet siehe Appendix I) kann bei Hunden mit einer viszeralen Infektion in Makrophagen aus Knochenmark-, Lymphknoten- oder Milzpunktaten nachgewiesen werden (Abb. 18.7). Ein deutliches Merkmal dieser Protozoen ist der stäbchenförmige Kinetoplast. Die infizierten Hunde stammen häufig aus Mittelmeerländern. Eine PCR hat sich als spezifisch und sensitiv erwiesen (siehe Kap. 17).

Cytauxzoonose

Cytauxzoon felis (Verbreitungsgebiet siehe Appendix I) wird durch Zecken übertragen. Bei der Cytauxzoonose handelt es sich um eine protozoäre Erkrankung mit hoher Sterblichkeit bei Hauskatzen. Die Diagnosestellung basiert ante mortem auf dem Nachweis kleiner siegelartiger Stadien in Erythrozyten (> 50 % der Fälle) oder von großen Makrophagen mit Schizonten in Aspiraten oder Abklatschpräparaten von Lunge, Leber, Milz, Lymphknoten oder Knochenmark.

18.2.4 Proliferierendes Gewebe (Neoplasien)

Erste Entscheidungen

Zunächst werden zwei wesentliche Feststellungen getroffen:

1. Der Ausstrich stellt eine repräsentative Gewebeprobe dar.
2. Es liegt eine nicht-entzündliche Proliferation von Gewebezellen vor (z.B. benigne Neoplasie, maligne Neoplasie, fokale Hyperplasie oder physiologisches Gewebe).

Diese Befunde werden erhoben, noch bevor der Zelltyp bestimmt oder nach Malignitätskriterien gesucht wird. Das Präparat ist repräsentativ, wenn eine mittelgroße bis große Anzahl Zellen demselben Zelltyp zuzuordnen ist.
Bei der zytologischen Beurteilung von neoplastischen Veränderungen der Mamma sollten mindestens 100 Zellen/Ausstrich vorliegen (Allen et al., 1986). Sind nur wenige Gewebezellen erkennbar, besteht die Gefahr, dass sie nicht dem veränderten Gewebe entstammen. Dieses Phänomen tritt besonders dann auf, wenn die Probe durch Blut, Exsudat oder andere Flüssigkeiten verdünnt wurde.
Gewebezellen, die alle zum selben Zelltyp gehören (monomorphe Population) und keine Entzündungszellen sind, weisen auf proliferierendes Gewebe hin. Oft wird die Auswertung durch sekundäre Entzündungsreaktionen oder nekrotische Prozesse erschwert. Je größer der Anteil an Entzündungszellen, desto fraglicher wird ein nicht-entzündlicher Vorgang.

Typisierung der Zellen

Die Zellform, der Zusammenhang mit anderen Zellen (besonders in Gewebefragmenten) und zytoplasmatische Strukturen ermöglichen die Zuordnung zu einem Ursprungsgewebe. Der Zelltyp ist in der Zytologie nicht in allen Fällen identifizierbar. Es kann aber immer festgestellt werden, ob es sich um einen epithelialen, mesenchymalen (Bindegewebe, Spindelzellen) oder Rundzelltumor handelt. In der Histopathologie wird dann die Neoplasie genauer klassifiziert. Zusätzliche Hinweise, wie die Lokalisation (z.B. Mamma), erlauben häufig eine spezifische Diagnose. Bei einigen sehr bösartigen Neoplasien fehlen Unterscheidungsmerkmale ganz, so dass die Zellart nicht bestimmt werden kann. In diesen Fällen reicht der zytologische Befund: „hochgradig maligne Neoplasie – Zelltyp nicht bestimmbar". Ein proliferierender Gewebeverband kann sich aus unterschiedlichen Zelltypen zusammensetzen (z.B. hat ein epithelialer Tumor immer auch einen unterschiedlich großen Anteil an Bindegewebe). Melanome können aus epithelialem Gewebe und/oder aus Bindegewebe bestehen.
Epithelzellen lassen sich gut an den deutlichen, festen Zellverbindungen (Tight Junctions; Abb. 18.8) erkennen. Über „Tight Junctions" verbundene Epithelzellen bilden Oberfächen aus, die teilweise auch im Ausstrich noch darstellbar sind. Fehler bei der Auswertung können entstehen, wenn dicht gedrängt liegende Zellen in dicken Bereichen des Ausstrichs für Epithelzellen mit „Tight Junctions" gehalten werden. Häufig handelt es sich nur um Kontakt- und Überlappungsstellen der dicht beeinander liegenden Zellen. Um solche Fehlinterpretationen zu vermeiden, sollte nach linearen Zellverbindungen gesucht werden, die Winkel und Ecken bilden. Epithelzellen formen häufig Schichten, so dass eine Zelle in einer Tasche liegt, die von einer anderen gebildet wird. Gewebefragmente können im Ausstrich auch ihre azinösen Strukturen mit Lumina (Ursprung: Drüsengewebe) oder papillenförmigen Strukturen beibehalten (fingerartige Ausstülpungen mit einem zental gelegenen, bindegewebigen Stroma). Die Architektur des Gewebes wird am besten in semitransparenten Färbungen wie Methylenblau sichtbar. Gut differenzierte Epithelzellen können kubische oder hochprismatische Formen aufweisen, einem Plattenepithel entstammen oder Zilien tragen. Sekretionsprodukte wie Schleim, Granula oder Vakuolen weisen auf ein Drüsenepithel hin.

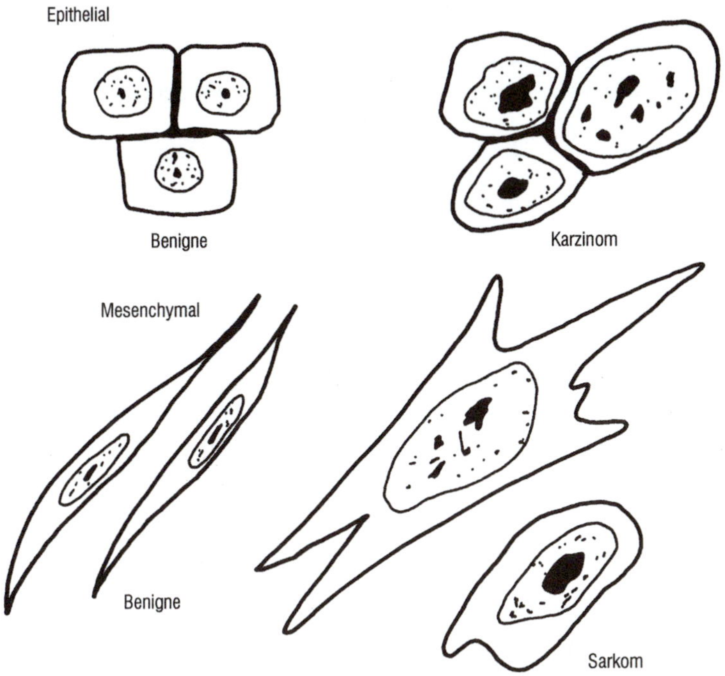

Abb. 18.8 Beispiele für benigne und maligne epitheliale und mesenchymale Zellen. Bei den Epithelzellen in der oberen Reihe fallen besonders die festen Zellverbindungen (Tight Junctions) auf. Die unteren beiden Zellpaare weisen eine längliche Spindel- oder auch Stilettform auf. Maligne Zellkerne (unten rechts) sind größer und ungleichmäßiger geformt, der Nukleolus und die Chromatinstruktur sind verändert.

Einige andere Gewebe wie etwa Mesothel (oder Synovialis) formen Oberflächen und ähneln dadurch Epithelgewebe. Zusammen mit dem anaplastischen Erscheinungsbild reaktiver Mesothelzellen führt dies häufig zur Fehldiagnose Karzinom bei der zytologischen Beurteilung von pleuralen, perikardialen und peritonealen Ergüssen. Ausstriche mit großen anaplastischen Zellen werden oft mit der Bitte um Differenzierung zwischen reaktiven Mesothelzellen und neoplastischen Zellen eingeschickt. Diese Unterscheidung ist allerdings nicht mit Sicherheit möglich, weshalb Kliniker von „Experten“ auch keine entsprechende Aussage erwarten können. Bestimmte Neoplasien wie z.B. Lymphome können verlässlich aus Ergüssen diagnostiziert werden. Mesothelzellen bilden häufig epithelähnliche Papillen. Dabei handelt es sich um von Mesothelzellen gesäumte fingerförmige Gebilde, die bei der Irritation einer Oberfläche entstehen (z.B. zottige Proliferationen, die im Zuge eines Hämoperikards oder einer Pleuritis durch Actinomyces entstehen). Auch synoviale Zellen, Endothelzellen und Melanozyten können mit Epithelzellen verwechselt werden.

Beachte: Es ist auch Experten nicht möglich, reaktive Mesothelzellen in peritonealen, pleuralen oder perikardialen Ergüssen eindeutig von neoplastischen Zellen zu unterscheiden (Karzinom, Mesotheliom). Deshalb lohnt es sich nicht, Ausstriche mit solchen großen anaplastischen Zellen an ein zytologisches Labor einzusenden.

Zellen werden dann als mesenchymal (z.B. fibröse Gewebe, Knochen, Muskulatur oder das die Nerven umgebende Bindegewebe) bezeichnet, wenn sie eine lang gezogene Form aufweisen und schwanzartige oder konische Ausläufer bilden (Abb. 18.8). Spindelzellen werden durch zwei Zellausläufer gekennzeichnet (Farbtafel 6D). An Sternzellen sind drei oder mehr Ausläufer vorhanden. Die Zellkerne sind meist ovaler als bei Epithelzellen. In Ausstrichen erscheinen die mesenchymalen Zellen oft abgerundet, weshalb die Tendenz, Spindel- oder Sternzellen zu bilden, beurteilt werden sollte. Mesenchymalen Zellen fehlen häufig klar definierte Zellgrenzen. Manchmal liegen die Zellen eingebettet in einer von ihnen produzierten Matrix (Kollagenfasern, Osteoid). Auch zytoplasmatische Strukturen geben Hinweise auf den Zelltyp. Melanozyten besitzen beispielsweise ein feines goldbraunes bis schwarzes Pigment. Melaningranula sind in Melanozyten stäbchenförmig, in Melanophagen dagegen eher rundlich und größer. Hämosiderin kann mit Melanin verwechselt werden, obwohl es normalerweise größere Granula bildet, in die grünes und gelbes Pigment eingelagert sein kann. Dieses Pigment wird leichter als Hämosiderin identifiziert und kommt im Zusammenhang mit Erythrophagozytose vor. Knochenzellen verfügen bisweilen über auffällige pinkfarbene Granula im Zytoplasma. Hochprismatische Epithelzellen können Spindelzellen ähneln, da sie an der Stelle, an der sie sich von der Basalmembran abgelöst haben, einen dünnen und spitz zulaufenden Zellausläufer bilden können. Auf der entgegengesetzten Seite der Zelle findet sich jedoch die für hochprismatische Epithelzellen typische abgeflachte Oberfläche (evtl. auch mit Zilien besetzt).

Bei den Rundzelltumoren werden klassisch vier Tumorarten unterschieden:

1. maligne Lymphome und Neoplasien der hämatopoetischen Zellen
2. Mastzelltumoren
3. transmissibler venerischer Tumor
4. kanines Histiozytom

Ihre Merkmale sind in Abbildung 18.9 dargestellt und werden später genauer beschrieben. Außerdem sollten zu den Rundzelltumoren auch weniger gut differenzierte Tumoren mit großen runden Zellen gezählt werden. In diesen Fällen reicht die deskriptive zytologische Diagnose „maligner großer Rundzelltumor", um eine Basis für das weitere Vorgehen zu haben.

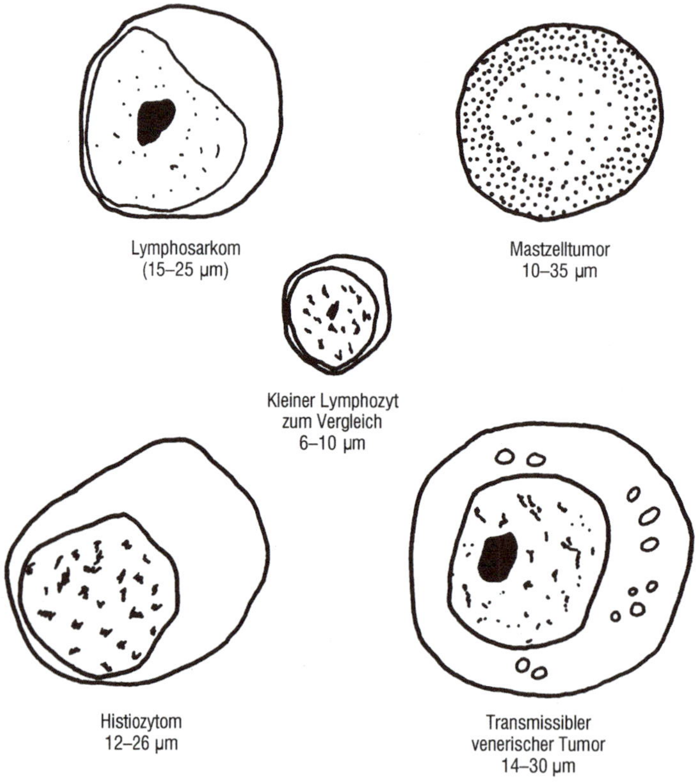

Abb. 18.9 Rundzelltumoren. Es sind die Merkmale der vier klassischen Rundzelltumoren dargestellt. Ein kleiner Lymphozyt ist zum Größenvergleich zusätzlich abgebildet.

Beachte: Die Differentialdiagnosen sollten bei Rundzelltumoren nicht auf die klassischen vier Kategorien beschränkt bleiben. Auch anaplastische Melanome, Plasmozytome und anaplastische Karzinome können in zytologischen Ausstrichen ausschließlich runde Zellen vorweisen.

Malignitätskriterien

Nachdem festgestellt wurde, dass die untersuchten Zellen aus proliferierendem Gewebe stammen, müssen die Malignitätskriterien beurteilt und zusammen mit einer Einschätzung des Schweregrads (geringgradig, mittelgradig, hochgradig) dokumentiert werden. Eine möglichst vollständige Beschreibung erleichtert die Diagnosestellung erheblich.

Wie kann nun aus den Malignitätskriterien ein Befund erstellt werden? Verschiedene Bewertungssysteme versuchen, die subjektiven Befunde in quantitative Messwerte zu überführen. Ein Punktesystem für kanine Mammatumoren wurde evaluiert (Allen et al., 1986). Dieses System erlaubt es, gestellte Befunde objektiv nachzuvollziehen. Die veterinärmedizinische Zytologie, die häufig mehr einer Kunst als einer Wissenschaft gleicht, bedarf weiterer Evaluierungsschemata. Bei dem oben angesprochenen Punktesystem wird für das Auftreten eines zytologischen Malignitätskriteriums ein Punkt gegeben. Grundlage ist eine Zusammenstellung von zehn zytologischen Malignitätskriterien, die erwiesenermaßen signifikant mit histopathologischen Malignitätskriterien korrelieren. Die Punkteskala wird folgendermaßen eingeteilt: 1–3 Punkte benigne, 4–7 unschlüssig und 8–10 maligne. Es ist ersichtlich, dass mehrere Malignitätskriterien zur Diagnosestellung benötigt werden. Viele Proben ergeben unschlüssige Hinweise. Deshalb kann auch nicht anhand jedes Präparats eine genaue Diagnose erstellt werden. Das genannte Punktesystem ergibt nur wenige falsch-positive (-maligne) Diagnosen (hohe Spezifität). Allerdings lag die Sensitivität im Erkennen einer Malignität nur bei 17–25 %. Wenn der Anspruch besteht, einen Test mit hohem Cut-off für eine größtmögliche Spezifität (wenig falsch-maligne Resultate) zu entwickeln, sinkt im Allgemeinen die Sensitivität (mehr falsch-benigne Resultate). Einer hohen Spezifität ist aber der Vorzug zu geben, vor allem, wenn die Diagnose eine Euthanasie nach sich ziehen kann.

Der Sinn dieses Sytems liegt nicht darin, die Malignitätskriterien einfach bis zur „magischen Zahl“ zusammenzuzählen. Selbst wenn jedes Kriterium sehr strikt definiert wird, bleibt der Anteil unschlüssiger Untersuchungsergebnisse bei dem erwähnten Punktesystem für kanine Mammatumoren groß. Die Anzahl der dokumentierten Malignitätskriterien variiert in Abhängigkeit vom jeweiligen Untersucher. So erscheint dem Einen ein Zellkern groß, dem Anderen aber normal; auch die Gründlichkeit der Untersucher ist unterschiedlich. Numerische Systeme werden unzuverlässig, wenn unterschiedliche Ausmaße einer Veränderung gleich gewichtet werden (z. B. folgende Befunde: Einige wenige Zellen erscheinen leicht verändert – die meisten Zellen weisen deutliche Veränderungen auf). Es gibt kein Merkmal und keine Gruppe von Merkmalen, die einen sicheren Beweis für Malignität liefern, und die Befunderhebung ergibt sich immer aus einem subjektiven Eindruck.

Unterschiedlich geformte Zellkerne deuten am sichersten auf Malignität hin (Farbtafeln 6B und 6C). Selbst in qualitativ schlechten Ausstrichen sind unterschiedliche Zellkerngrößen (Anisokaryose) und sehr große Zellkerne zu erkennen. Mit zunehmender Anisokaryose und Zellkerngröße nimmt auch die Malignität zu. Anaplastische Zellen haben meist einen großen Zellkern und wenig Zytoplasma, was ein hohes Kern/Zytoplasma-Verhältnis bedingt. Bizarre Kernformen wie Pseudopodien oder ausgeprägt knäuelförmiges Chromatin sind eindeutige Hinweise. Bei physiologischerweise nicht vielkernigen Zellen ist das Auftreten von mehr als einem Kern ein Zeichen für Malignität oder für Reaktivität. Kernwandeinpressungen sind eher ein Zeichen dafür, dass die Zellen nebeneinander gewachsen sind als ein Hinweis auf Malignität.

Veränderungen der Strukturen im Zellkern lassen sich besser mit der Methylenblau-, Sanos-Trichrom- oder Papanicolaou-Färbung als mit der Wright-Färbung darstellen. Die Wright-Färbung ergibt eine schlechte Detailerkennbarkeit im Kernbereich. Unregelmäßiges Chromatin ist aber ein wichtiges Anzeichen von Malignität, das sich aber schwer beschreiben lässt. Ein geübter Untersucher wird solche Strukturen als „erscheint bösartig" erkennen. Maligne Chromatinstrukturen zeichnen sich durch Unterschiede in Größe, Form und Verteilung der Chromatingranula aus. Ein unregelmäßiges Parachromatin fällt durch die ungleichen Freiräume zwischen den Granula auf. So entsteht eine grobkörnige ungleichmäßige Struktur. Gut differenzierte Zellen verfügen dagegen über gleichartiges und gleichmäßig verteiltes Chromatin. Aktive Zellkerne haben feines Chromatin (kleine Granula) und dazwischen einen größeren Freiraum (Parachromatin). Deshalb wirkt ein aktiver Zellkern heller als ein kleinerer gut differenzierter Kern mit kondensiertem Chromatin (große, dunklere Granula). Aktive Zellkerne kommen in gut- und bösartigen Zellen vor.

Maligne Zellen zeichnen sich häufig durch auffällig uneinheitliche Nukleoli aus; so kann z.B. die Anzahl (von einem bis hin zu fünf oder mehr), Größe (manchmal größer als Erythrozyten) und Form der Nukleoli stark variieren. Gelegentlich sind sogar die Nukleoli innerhalb eines Zellkerns verschieden groß. Diese Unterschiede sind ein weiterer eindeutiger Hinweis auf Malignität und treten am besten in der Methylenblau-Färbung zu Tage.

Maligne Zellkerne sind untereinander nicht einheitlich. Gutartige Zellen haben eine einheitliche Anzahl (z.B. 1 bis 3) von kleinen bis mittelgroßen, runden, glatten und eindeutig gezeichneten Nukleoli. Einige wenige mitotische Strukturen werden häufig als Zeichen für Malignität überbewertet. Mitotische Strukturen werden regelmäßig in Makrophagen gefunden, die aus mittels Zytozentrifugation konzentrierten Exsudaten stammen. Diese mitotischen Strukturen sind als Malignitätskriterium zu werten, wenn sie sehr zahlreich autreten und ein abnormes Erscheinungsbild aufweisen. Als abnorme mitotische Strukturen sind eine zu große Chromosomenzahl (z.B. eine tripolare – statt bipolare – Anordnung der Chromosomen in der Metaphase) und isoliertes Chromatin (z.B. ein Chromosom liegt während der Mitose von den anderen getrennt) zu nennen.

Zytoplasmatische Veränderungen sind im Hinblick auf Malignität nicht sehr aussagekräftig. Ein basophiles Zytoplasma weist, ebenso wie ein vergrößerter Nukleolus, auf eine aktive Proteinsynthese und reichlich RNA hin. In malignen Zellen wird viel Protein synthetisiert, was aber auch auf aktive gutartige Zellen zutrifft (z.B. Hyperplasie, reaktive Veränderungen). Beispielsweise produzieren physiologische Leberzellen viel mRNA, haben eine hohe Proteinsyntheserate und dementsprechend einen großen Nukleolus. Bei Mastzelltumoren lassen sich anhand der unterschiedlichen Anzahl, Größe und Verteilung der zytoplasmatischen Granula Aussagen über die Malignität machen. Viel Zytoplasma und gut differenzierte Zellstrukturen (z.B. hochprismatische Form, Zilien) sind Merkmale gutartiger Proliferationen.

Degenerative Veränderungen ähneln malignen Veränderungen. Zellkern und Nukleolus schwellen bei einem Zellschaden an (Abb. 18.2). Der größere und hellere Zellkern mit dem deutlichen Nukleolus lässt die Zelle maligne erscheinen. **Zellen mit defekter Zytoplasmamembran oder aus dem Zellkern auslaufendem Material dürfen nicht beurteilt werden.** Selbst intakt erscheinende Zellen können schon geschwollen und degeneriert sein. Wenn das Chromatin sein granuliertes streifiges Aussehen verliert und in der Wright-Färbung strähnig verschwommen erscheint, sind das Anzeichen für einen Zelltod. In der Methylenblau-Färbung ist die Degeneration weniger offensichtlich, so dass degenerierte Zellen leichter mit bösartigen verwechselt werden können.

Beachte: Degenerative Zellveränderungen entstehen in nekrotischen Bereichen, alten Ausstrichen oder durch die Aufbereitung der Zellen. Sie können mit Anzeichen für Malignität verwechselt werden. Zelldetritus kann auch infektiösem Material ähneln.

In bestimmten Flüssigkeiten wie ungepufferter Kochsalzlösung oder Urin degenerieren Zellen schnell. Zellen, die direkt (z.B. mittels Bürstenbiopsie aus den Bronchien) gewonnen werden, zeigen einen größeren Detailreichtum als Zellen, die (z.B. im Rahmen einer Bronchiallavage) ausgespült wurden. Ungepufferte Kochsalzlösung ist sauer (pH-Wert 6) und enthält keine anorganischen Ionen und Glukose für den Zellstoffwechsel. Daher kommt es innerhalb von Minuten zur Zelldegeneration. HBSS (Hanks' Balanced Salt Solution) bewahrt die Morphologie der Zellen und ist daher das Mittel der Wahl, wenn Zellen mit großem Detailreichtum gewonnen werden sollen (Tumordiagnostik). Leider limitieren die hohen Kosten den Gebrauch von HBSS in der tierärztlichen Praxis. Eine mittelmäßige Detailerkennbarkeit ist für die Beurteilung von Exsudaten sowie einer Sepsis ausreichend, hat aber bei der Tumordiagnostik ihre Grenzen. Um die Zellen möglichst gut zu erhalten, sollten sie so bald wie möglich ausgestrichen und nicht länger in Flüssigkeiten gelagert werden. Die degenerativen Veränderungen können vermindert werden, wenn vor dem Zentrifugieren Protein zugesetzt wird. So können 5–10 % bovines Serumalbumin oder einige Tropfen Plasma oder Serum verwendet werden.

18.2.5 Ausgewählte zytologische Diagnosen

Neoplasien der Mamma

Im Vorfeld chirurgischer Eingriffe wird bei Umfangsvermehrungen der Mamma oft eine zytologische Untersuchung durchgeführt. Wenn keine Hinweise auf Bösartigkeit vorliegen, braucht die Veränderung nur lokal reseziert und histopathologisch untersucht zu werden. Ergeben sich allerdings bei der zytologischen Untersuchung eindeutige Malignitätskriterien oder erweckt die Veränderung schon makroskopisch den Verdacht auf Malignität, empfiehlt sich ein radikaleres chirurgisches Vorgehen. Die regionären Lymphknoten werden zytologisch auf Metastasen überprüft. Schon leicht veränderte Epithelzellen in den Lymphknoten sind ein sicherer Beweise einer Metastasierung, während deutliche Veränderungen der Epithelzellen aus den Mammatumoren selbst weniger eindeutig sind.
Zehn zytologische Kriterien korrelieren signifikant mit der histologischen Diagnose von Malignität (Allen et al., 1986) Die zytologische Beurteilung wurde an mit einer modifizierten Sanos-Trichrom-Färbung behandelten Präparaten durchgeführt, die in noch feuchtem Zustand in 95%igem Alkohol fixiert wurden. Die in dieser Studie erarbeiteten zehn Malignitätskriterien sind:

1. unterschiedliche Zellkerngröße
2. übergroße Zellkerne (Durchmesser verdoppelt)
3. Verformung der Kern- oder Plasmamembranen
4. hohes Kern/Zytoplasma-Verhältnis (> 1 : 2)
5. unregelmäßige Form des Chromatins
6. unterschiedliche Größe des Chromatins
7. Aufhellung des Parachromatins (eindeutig heller Bereich in dunkleren Chromatinstrukturen)
8. variable Anzahl an Nukleoli (> 3)
9. abnorme Form der Nukleoli
10. Makronukleoli (Durchmesser verdoppelt)

Die abnorme Form der Nukleoli ist definiert als „nicht rund oder oval“. Als Verformung der Membranen wird die Einschnürung des Kerns durch andere Zellorganellen wie z.B. Vakuolen gewertet, im Unterschied zur Kernwandeinpressung (nuclear molding), worunter man die Verformung eines Zellkerns durch den Kern einer anderen Zelle versteht, ohne dass die Zellen dicht gedrängt vorliegen.
Abnorme mitotische Strukturen (z.B. Asymmetrie, Trisomie) und zytoplasmatische Ausläufer sind immer ein Anzeichen von Malignität, kommen aber selten vor. Anhand folgender Kriterien ist **keine** Unterscheidung zwischen gut- und bösartig möglich: Kernwandeinpressung (nuclear molding), ungewöhnlich dicke Zellkernränder, Anzahl der Zellen auf dem Ausstrich, schlechter Zellzusammenhang und Vielkernigkeit. Durch die Feinnadelaspiration lassen sich mehr Zellen und ein besserer Gewebezusammenhang gewinnen als bei Abklatschpräparaten, Geschabseln oder Ausstrichen der von den Mamillen sezernierten Flüssigkeit. Der Nachweis von Spindelzellen ist nicht geeignet, um Neoplasien in einfache und komplexe Tumoren einzuteilen. In einer Studie wurden daher nur 8 von 19 histologisch bestätigten Mammakarzinomen bereits durch die zytologische Untersuchung von Punktaten diagnostiziert (Griffiths et al., 1984).

Beachte: Zytologie wird bei Neoplasien der Mamma eingesetzt, um eine vorläufige Diagnose zu stellen. Die definitive Diagnose kann nur durch eine histopathologische Untersuchung gestellt werden.

Tumor der Perianaldrüse

Die Zellen eines Tumors der Perianaldrüse (hepatoider Tumor) ähneln Hepatozyten in ihrer vier- bis mehreckigen Form und aufgrund des reichlichen Zytoplasmas (Farbtafel 6E). Das Zytoplasma stellt sich in der Wright-Färbung charakteristisch granuliert dar. Die runden Zellkerne verfügen über ein bis zwei auffällige Nukleoli. Zusammenhängende Zellen zeigen ein typisch säulenartiges Muster, wie es im Gewebeverband sichtbar ist. Die Lokalisation des veränderten Gewebes hilft bei der Identifizierung. Bei den seltenen Metastasen (z.B. in der Lunge) bleibt das charakteristische Aussehen der Zellen bestehen. Das zytologische Erscheinungsbild spiegelt in diesem Fall nicht die biologische Malignität wider. Es werden gutartig erscheinende Zellen gefunden, die eindeutig metastasiert haben.

Beachte: Die Malignität von Tumoren der Perianaldrüsen lässt sich histopathologisch am besten daran erkennen, ob bereits eine Vaskularisation stattgefunden hat. Zytologisch kann der Tumor als Perianaldrüsengewebe (hepatoid) bestimmt werden. Der Grad der Malignität entzieht sich bei dieser Untersuchungsmethode der Beurteilung.

Übergangszellkarzinom

Zytologisch wird ein Übergangszellkarzinom diagnostiziert, indem eine Feinnadelaspiration aus einer Umfangsvermehrung und/oder Verdickung der Harnblase entnommen wird. Das Auftreten einer signifikanten Anzahl gut erhaltener und bösartig erscheinender Epithelzellen im Urin ist selten. Deshalb ist mit dieser Methode keine sichere Diagnose möglich. Im Urin gehen Zellen schnell zugrunde und schwellen an, so dass Kern und Nukleolus größer werden. Solche Zellen werden häufig mit malignen Zellen verwechselt und die Diagnose eines echten Übergangszellkarzinoms wird erschwert. Maligne Zellen im Urin können auch von einem Prostatakarzinom oder einer anderen Neoplasie stammen. Prostatakarzinome weisen eher hochprismatische als quadratische Zellen auf.

Lipom

Ein Lipom lässt sich schnell und einfach diagnostizieren. Ein Praktiker sollte ein Lipom routinemäßig diagnostizieren können und nicht darauf angewiesen sein, einen Zytologen zu konsultieren. Schon im groben Überblick sind im Ausstrich klare Fetttropfen zu erkennen, die nicht trocknen. Eine Anfärbung mit Sudanrot oder einer anderen Fettfärbung ist nicht nötig. In der Wright-Färbung können Zellen ganz fehlen oder es sind unterschiedlich viele Adipozyten zu sehen, die einzeln oder in Gewebestücken auftreten. Adipozyten sind große Zellen, deren kleiner dunkler Kern am Zellrand liegt. Manchmal erscheint die dünne Zellmembran faltig, wenn die intrazellulär gespeicherten Lipide durch den Alkohol in der Wright-Färbung extrahiert werden und die Zellen schrumpfen. Reife Fettzellen zeigen dasselbe Erscheinungsbild wie ein Lipom. Lipome können traumatisiert, hämorrhagisch, fibrotisch oder entzündet sein. Diese Veränderungen sind an Makrophagen und anderen Entzündungszellen, Blut oder Fibroblasten zu erkennen.

Mastzelltumor

Werden in einer Umfangsvermehrung mäßig viele bis viele Mastzellen und eine variable Menge an eosinophilen Granulozyten gefunden, so kann ein Mastzelltumor sicher diagnostiziert werden. In der Wright-Färbung sind die runden, eindeutig granulierten Zellen aus gut differenzierten Tumoren sicher zu erkennen (Abb. 18.9 und Farbtafel 6A). Bei einigen modifizierten Wright-Färbungen werden die Granula der Mastzellen nicht angefärbt. Jeder Mastzelltumor muss als potentiell maligne angesehen werden. Anaplastische, wenig granulierte Zellen stellen einen eindeutigen Hinweis auf Malignität dar, trotzdem können auch einige zytologisch gut differenzierte Mastzelltumoren metastasieren. Die histologische Einstufung kutaner kaniner Mastzelltumoren wurde mit der Überlebensdauer in Verbindung gebracht. Die Klassifizierung erfolgt folgendermaßen:

Grad 1: gut differenzierte, runde monomorphe Zellen, keine mitotische Aktivität, runder Zellkern mit kondensiertem Chromatin

Grad 2: zwischen Grad 1 und 3

Grad 3: pleomorphe Zellen mit unregelmäßigen Formen, blasiger Zellkern mit einem oder mehreren Nukleoli, Zweikernigkeit, viele Mitosen, die zytoplasmatischen Granula sind undeutlich, fein oder nicht zu erkennen

Bei der Katze sind Mastzelltumoren der Haut gutartig, wenn die Milz nicht involviert ist. Die Überlebensdauer steht laut einer kleinen Studie mit 14 Katzen nicht wie beim Hund im Zusammenhang mit der Klassifizierung des Tumors (Buerger und Scott, 1987). Bei kutanen Mastzelltumoren vom Histiozytentyp bei jungen Siamkatzen können die Granula schwer aufzufinden sein (siehe Mastozytämie in Kapitel 4).

Zytologisch werden kutane Mastzelltumoren anhand ihres Differenzierungsgrades weiter unterteilt. In der Wright-Färbung sind einige Malignitätskriterien der Zellkerne schwer einzuschätzen, da die Nuklei oft von Granula verdeckt werden und sich häufig aufgrund des hohen Heparingehalts der Mastzellen schlecht anfärben. In der Methylenblau-Färbung lassen sich Zelldetails besser darstellen. Darüber hinaus sind Unterschiede in Form, Größe und Deutlichkeit der Granula bei Hunden ein Hinweis auf Malignität, bösartige Zellen haben feinere und weniger Granula (Farbtafel 6B). Die Granula können in malignen Zellen randständig liegen. Anaplastische Zellen sind größer (12–35 μm statt 10–20 μm), weisen mitotische Strukturen und oft zwei Kerne auf (Duncan und Prasse, 1979).

Histiozytom

Ein Histiozytom ist zytologisch schwer zu diagnostizieren, da die Zellen weniger charakteristisch sind als bei anderen Rundzelltumoren. Gelegentlich lösen sich die Zellen schlecht vom Gewebeverband ab und eine sekundäre Entzündung kann auftreten. Der Durchmesser der Zellen beträgt 12–26 μm, sie sind rund bis oval und haben eindeutige Zellgrenzen. Oft besitzen sie eingeschnürte Kerne ohne sichtbare Nukleoli (Duncan und Prasse, 1979). Das Chromatin ist fein und die mitotische Aktivität minimal. In der Wright-Färbung hat das Zytoplasma eine hellblaue Farbe. Das Kern/Zytoplasma-Verhältnis ist unterschiedlich, liegt aber normalerweise um 1 : 1. Humanpathologen, die diesen Tumor nicht kennen, halten ihn häufig für bösartig. Maligne Lymphome können ein ähnliches Erscheinungsbild aufweisen und mit Histiozytomen verwechselt werden. Deshalb ist Vorsicht geboten, wenn Lokalisation und Anamnese (z.B. kleine kuppelförmige Umfangsvermehrung der Haut bei jungen Hunden) nicht für ein Histiozytom sprechen. Das kutane kanine Plasmozytom ist ein Rundzelltumor bei älteren Hunden.

Transmissibler venerischer Tumor

Der transmissible venerische Tumor (sog. „Sticker-Sarkom") ist ein Rundzelltumor, dessen meist einzeln vorliegenden Zellen mäßige bis deutliche Unterschiede in Aussehen und Größe aufweisen können. Der Zelldurchmesser liegt bei 14–30 μm. Der runde bis ovale Zellkern hat einen klaren Nukleolus und lineares kordelartiges Chromatin. Das Zytoplasma färbt sich in einem hellen hyalinen Blau mit deutlich sichtbaren Vakuolen (Duncan und Prasse, 1979). Mitosen werden häufig angetroffen. Wenn das Tier aus einem endemischen Gebiet kommt und die Lokalisation am Körper typisch ist (Genitalbereich und Maul), unterstützt das die Diagnose.

Epidermale Inklusionszysten

Epidermale Inklusionszysten sind bei Hunden weit verbreitete Umfangsvermehrungen der Haut. Der Zysteninhalt besteht aus reifem mehrschichtigem Plattenepithel, so dass die Diagnose sicher ist, wenn viele Schuppen (überreife kernlose Plattenepithelzellen) gefunden werden. Außerdem fallen im Ausstrich keratinisierte Zelltrümmer auf. (**Beachte:** Einige wenige Hautschuppen werden in Ausstrichen häufig gefunden und stammen meist von Fingerabdrücken.) Auch anderer Zelldetritus, inklusive Cholesterinkristalle, kann in Inklusionszysten vorhanden sein. Traumatisierte Zysten können entzündlich oder hämorrhagisch verändert sein.

Beachte: Epidermale Inklusionszysten sind verbreitete Umfangsvermehrungen der Haut. Die zytologische Diagnose ist einfach, wenn kernlose Schuppen und häufig auch Cholesterinkristalle gefunden werden.

Hämatom und Serom

Hämatome sind fluktuierende Umfangsvermehrungen, die Flüssigkeit und unterschiedlich viel Blut in unterschiedlichen Abbaustadien enthalten. Punktate aus frischen Hämatomen stellen sich wie Blutausstriche dar. Thrombozyten weisen auf eine aktive Blutung hin, weil sie außerhalb der Blutgefäße rasch verloren gehen. Mit der Zeit werden die Erythrozyten von einwandernden Makrophagen aufgenommen (Farbtafel 5C) und zu Pigmenten abgebaut. Die granulären oder kristallinen Pigmente haben verschiedene Farben (blau, grün, schwarz, gold, gelb). In der proteinreichen Flüssigkeit eines Seroms befinden sich dagegen weniger Erythrozyten.

Zytologie der Leber

Hepatozyten besitzen normalerweise sehr viel granuliertes Zytoplasma und einen runden Zellkern mit einem deutlichen Nukleolus. Zellen mit zwei Zellkernen (diploid) sind als normal anzusehen, solange sie in geringer Zahl auftreten. Erhöht sich die Anzahl der zweikernigen Zellen, so deutet dies auf eine Hyperplasie hin. Vakuoläre Degeneration (Fettleber, Glukokortikoid-induzierte Hepatopathie), Entzündung (z.B. chronische Hepatitis), Cholestase und Neoplasie sind häufige pathologische Veränderungen der Leber. Durch eine Feinnadelaspiration mit anschließender zytologischer Untersuchung können diese Prozesse erkannt werden, die Histopathologie ist aber besser geeignet, um Art und Ausmaß der Veränderung zu beurteilen. Wenn in den Hepatozyten klar umrissene, unterschiedlich große Vakuolen im Zytoplasma erkennbar sind, ist an eine fettige Degeneration zu denken. Zum Nachweis sollte der Ausstrich mit ein bis zwei Tropfen Sudanrot gefärbt und anschließend mit ein bis zwei Tropfen Methylenblau gegengefärbt werden (Farbtafel 5E). Bei der Glukokortikoid-induzierten Hepatopathie des Hundes kommt es dagegen zur Einlagerung von Glykogen und nicht von Fett. Das gespeicherte Glykogen stellt sich als hellpinkfarbene zytoplasmatische Aufhellung dar und lässt sich von den deutlichen Vakuolen bei einer fettigen Degeneration unterscheiden. Eine Cholestase ist gekennzeichnet durch angeschwollene grüne Gallekanälchen zwischen den Hepatozyten oder durch intrazellulär gelegenes blaugrünes körniges Pigment.

Entzündliche Prozesse können zytologisch schwer nachweisbar sein, da bei einer Hepatitis oder Cholangiohepatitis häufig nur minimale entzündliche Infiltrate angetroffen werden. Wenn nur einige Lymphozyten oder Neutrophile in einem blutigen Ausstrich gefunden werden, kann man deren Herkunft schlecht abschätzen. Es kann sich sowohl um zirkulierende Leukozyten aus dem peripheren Blut als auch um ein leichtes entzündliches Infiltrat handeln. Es ist empfehlenswert, eine Probe mit der oben beschriebenen Kapillartechnik (nicht mit einer Feinnadelaspiration) aus der Leber zu entnehmen. So wird eine Verdünnung mit Blut nahezu verhindert und die Anwesenheit von Leukozyten weist eindeutiger auf eine Hepatitis hin. Weil Plasmazellen und Makrophagen mit Vakuolen nicht im peripheren Blut gefunden werden (und auch nicht durch die Verdünnung mit peripherem Blut in die Probe gelangen können), ist ihr Vorkommen in einem zytologischen Präparat aus Lebergewebe beweisend für ein entzündliches Geschehen. Kernhaltige Erythrozyten und Megakaryozyten werden angetroffen, wenn eine extramedulläre Hämatopoese stattfindet. Neoplasien werden nach den oben erläuterten Merkmalen beurteilt. Dabei sind Metastasen einfacher nachzuweisen als ein Hepatom.

Zytologie der Lymphknoten und malignes Lymphom

Vergrößerte Lymphknoten werden mit Hilfe einer Feinnadelaspiration näher untersucht. Eine zytologische Untersuchung kann auch bei normal großen Lymphknoten Hinweise auf Metastasen oder andere Veränderungen ergeben. Da lymphatische Zellen instabil und große Lymphknoten oft nekrotisch sind, erlauben die Ausstriche häufig keine Diagnose, da sie zu wenige intakte Zellen enthalten. Ausstriche sollten grob auf Bereiche mit ausreichend intakten Zellen durchgemustert werden. In einem dünn ausgestrichenen Bereich, der eine gute Beurteilung morphologischer Zellmerkmale ermöglicht, wird anschließend eine Zellzählung und Differenzierung durchgeführt. Indem weitere Bereiche des Ausstrichs mit dem zur Zelldifferenzierung verwendeten Bereich verglichen werden, wird sichergestellt, dass ein repräsentativer Ausschnitt gewählt wurde. Anhand der prozentualen Verteilung der Zelltypen kann aus Tabelle 18.1 der entsprechende Befund abgeleitet werden.

Die Lymphozytenpopulation in einem physiologischen Lymphknoten setzt sich zu ca. 5–10 % aus Lymphoblasten und zu 75–90 % aus kleinen bis mittelgroßen gut differenzierten Lymphozyten zusammen. Plasmazellen sind, außer in einigen ständig reaktiven Lymphknoten (Mesenterial- und Submandibularlymphknoten), selten (0–3 %). Verschiedene Merkmale werden verwendet, um Lymphoblasten und gut differen-

Tabelle 18.1 Zytologische Befunde aus Lymphknoten

Befund	zytologische Strukturen
unverändert	physiologische Population lymphatischer Zellen, keine Vergrößerung des Lymphknotens
hyperplastisch	normale Zellpopulation, Vergrößerung des Lymphknotens
reaktiv	ähnlich wie Hyperplasie, aber mit gesteigerter Anzahl an Plasmazellen, Lymphoblasten, Granulozyten und Makrophagen mit phagozytiertem Hämosiderin und Zelldetritus
Lymphadenitis	große Population einer oder mehrerer nicht-lymphatischer Leukozytenarten, Infektionserreger können vorhanden sein
metastatische Neoplasie	Population nicht-lymphatischer Zellen mit Malignitätsmerkmalen, sehr große Anzahl oder atypische Lokalisation
lymphatische Neoplasie	vorherrschende Population unreifer lymphatischer Zellen

zierte kleine bis mittelgroße Lymphozyten zu unterscheiden. Lymphoblasten sind genauso groß oder größer als neutrophile Granulozyten. Ihr Chromatin hat eine leichte, feine Struktur und im Zellkern befinden sich ein oder mehrere Nukleoli. Im Gegensatz dazu sind kleine Lymphozyten nur geringfügig größer als Erythrozyten und kleiner als neutrophile Granulozyten. Ihr Zellkern weist dunkleres körnigeres Chromatin und keinen sichtbaren Nukleolus auf (Abb. 18.5). Mittelgroße Lymphozyten werden gemeinsam mit den kleinen Lymphozyten zu den gut differenzierten Zellen gezählt, wenn sie über grob strukturiertes, ausgereiftes Chromatin verfügen und kein Nukleolus erkennbar ist. Früher wurde der Begriff „Prolymphozyten" für unreife lymphatische Zellen mit großen Zellkernen und unreifer Chromatinstruktur verwendet. Unter dieser Bezeichnung werden sie mit Lymphoblasten in einer Kategorie zusammengefasst, obwohl ihre Nukleoli teilweise nicht mehr sichtbar sind (siehe die spätere Erörterung der aktualisierten Kieler Klassifikation).

Für die Diagnose von malignen Lymphomen (Lymphosarkomen) wird die zytologische Untersuchung von Lymphknoten routinemäßig eingesetzt (siehe Kap. 4). Das Hauptcharakteristikum von Lymphomen ist der prozentuale Anteil an Lymphoblasten und anderen eindeutig unreifen Zellformen. (In diesem Kapitel wird hauptsächlich ein vereinfachtes System verwendet, das lymphatische Zellen in Lymphozyten, Plasmazellen und Lymphoblasten unterteilt. Siehe dazu auch die unten folgende Abhandlung.) Kommen mehr als 50 % Lymphoblasten in einem Ausstrich vor, kann die Diagnose malignes Lymphom gestellt werden. Je größer der Anteil der Lymphoblasten ist, desto sicherer ist die Diagnose. Bei selteneren Formen maligner Lymphome können auch weniger als 50 % Lymphoblasten gefunden werden. Eine atypische Zellmorphologie ist kein sensitiver und verlässlicher Hinweis auf diese Tumorform, abgesehen von Anzeichen der Unreife. Merkmale wie z.B. eine bizzare Morphologie von Kern und Zytoplasma („Handspiegelzellen" mit zytoplasmatischen Pseudopodien), viele Mitosen und eine unregelmäßige Chromatinstruktur tragen aber zur Sicherheit der Diagnose bei.

Es ist anzumerken, dass sich der Ausdruck „Lymphoblast" im vorangehenden Abschnitt auf eine große unreife lymphatische Zelle bezieht und nicht mit der aktualisierten Kieler Klassifikation lymphoblastischer Lymphome übereinstimmt (Raskin und Meyer, 2001). In der aktualisierten Kieler Klassifikation haben Lymphoblasten keinen deutlich sichtbaren Nukleolus. Deshalb kann es verwirrend sein, welcher Zelltyp mit der Bezeichnung „Lymphoblast" gemeint ist. Die in der aktualisierten Kieler Klassifikation als „Immunoblasten" und „Zentroblasten" bezeichneten Zellen besitzen einen oder mehrere auffällige Nukleoli und entsprechen den von älteren Hämatologen und Zytologen als „Lymphoblasten" bezeichneten Zellen. Immunoblastische, zentroblastische und lymphoblastische maligne Lymphome enthalten alle große unreife Zellen, die nach der im vorliegenden Kapitel verwendeten vereinfachten Einteilung als „Lymphoblasten" bezeichnet werden.

Weil es bei malignen Lymphomen oft zu nekrotischen Veränderungen der Lymphknoten kommt, wird bei der Punktion häufig nur Zelldetritus aspiriert. Eine große Menge Debris in Ausstrichen und Abklatschpräparaten erschwert die Anfärbung. Manchmal werden nur einige intakte und gut angefärbte Zellen in dünneren Randbereichen des Ausstrichs gefunden. Lysierte (nackter Zellkern) oder teilweise lysierte normale (nicht neoplastisch veränderte) Zellen haben einen angeschwollenen Zellkern und Nukleolus. Im Präparat erkennt man einen größeren hellen Kern mit einem deutlichen Nukleolus, so dass diese Zellen an Lymphoblasten erinnern. Wenn diese aufgelösten Zellen als Lymphoblasten mitgezählt werden, wird ein falschhoher Prozentsatz an Lymphoblasten ermittelt, woraus sich die Fehldiagnose Lymphom ergeben kann. Deshalb dürfen beschädigte Zellen nicht beurteilt werden. Es kann nötig werden, die Punktion zu wiederholen, um einen verwertbaren Ausstrich zu bekommen.

Es gibt verschiedene Arten von malignen Lymphomen, die sich aus kleinen bis mittelgroßen lymphatischen Zellen zusammensetzen. Da diese Zellen keinen eindeutigen Nukleolus haben, ist ihre Diagnose in der Zytologie schwieriger. Einige Beispiele dafür sind pleomorphe kleinzellige T-Zell-Lymphome, Mycosis fungoides, pleomorphe mittel- bis großzellige T-Zell-Lymphome und die chronisch lymphatische Leukämie (Raskin und Meyer, 2001). Eine Immunophänotypisierung ist hilfreich bei der Klassifikation und Prognose maligner Lymphome.

Eine chronisch lymphatische Leukämie (CLL) lässt sich nicht an der Unreife der Zellpopulation erkennen, da die neoplastischen lymphatischen Zellen reife Chromatinstrukturen aufweisen. CLL ist nicht allzu selten und kommt als Differentialdiagnose bei Lymphadenopathien in Frage, wenn eine monomorphe lymphatische Population mittelgroßer Lymphozyten gefunden wird. Diese Lymphozyten verfügen über mäßig viel bis reichlich Zytoplasma, so dass sie größer als normale Lymphozyten sind. CLL kann auch histologisch nachgewiesen werden, da der physiologische Gewebezusammenhang in betroffenen Lymphknoten, Milz und Knochenmark meist in hohem Maße verändert ist. Im Leukogramm wird meist eine eindeutige Leukozytose festgestellt (siehe Kap. 4).

In hochgradig reaktiven Lymphknoten können ein erhöhter Prozentsatz (10–20 %) an Lymphoblasten sowie einige sehr große Lymphoblasten auftreten, so dass ein malignes Lymphom vermutet werden kann. In diesen Fällen machen Lymphoblasten aber deutlich weniger als 50 % der Zellpopulation aus, die außerdem im Hinblick auf Größe und Reifegrad sehr heterogen ist. Außerdem kommen sehr viele Plasmazellen vor. Das alles spricht für einen reaktiven oder hyperplastischen Lymphknoten, während bei einem malignen Lymphom Lymphoblasten vorherrschen würden. Eine Mischung aus kleinen und mittleren Lymphozyten, Lymphoblasten und einer größeren Anzahl an Plasmazellen unterstützt die Diagnose reaktiver Lymphknoten.

Als eine gutartige und physiologische Reaktion auf eine Irritation im Einzugsbereich entstehen reaktive oder hyperplastische Lymphknoten. Ein hyperplastischer Lymphknoten hat eine physiologische Lymphozytenpopulation, ist aber aufgrund eines immunologischen Stimulus (z. B. Demodexmilben in der Haut) vergrößert. Wenn dieser Stimulus mit einer Hämorrhagie oder Entzündung einhergeht, weshalb Hämosiderinbeladene Makrophagen, Neutrophile, Eosinophile und Lymphoblasten zu finden sind, liegt die Diagnose „reaktiver Lymphknoten" nah.

Besteht die Zellpopulation eines Lymphknotens zu mehr als 5–10 % der Zellen aus reifen nichtlymphatischen Leukozyten, liegt eine Lymphadenitis vor. Die vorherrschende Leukozytenart bestimmt dann die Art der Entzündung (neutrophil, granulomatös, pyogranulomatös, eosinophil). Die entsprechenden Ursachen wurden bereits früher besprochen. Wenn die Mehrheit der Zellen aus nicht-lymphatischen Leukozyten besteht, liegt eine Abszedierung oder leukämische Infiltration vor. Welche dieser Möglichkeiten in Frage kommt, hängt vom Reifungsgrad der Leukozyten ab. Ähnelt das Zellbild eines Lymphknotenpunktats Knochenmark (gemischte Granulopoese), wird eine chronische granulozytäre Leukämie diagnostiziert.

Eine metastatische Neoplasie wird festgestellt, wenn eine ausreichende Anzahl von maligne erscheinenden nicht-lymphatischen Zellen im Lymphknoten gefunden wird. Einige wenige große anaplastische Zellen können aber auch in nicht-neoplastischen reaktiven Lymphknoten vorkommen. Wenn die Zellen aber über kein typisches Aussehen verfügen (z. B. epitheliale Strukturen), müssen viele (50–100) Zellen vorhanden sein, um eine Metastase zu diagnostizieren. Gelegentlich werden in unveränderten Lymphknoten Mastzellen angetroffen, die sich auch hyperplastisch verändern können. Um aber einen Mastzelltumor diagnostizieren zu können, müssen viele Mastzellen vorhanden sein. Makrophagen mit Hämosiderineinlagerungen können wie Melanozyten wirken. Deshalb sollte die Verdachtsdiagnose metastatisches Melanom kritisch überprüft werden. Entzündete Lymphknoten können fibrotisch verändert sein, deshalb sind einige wenige Fibroblasten im Ausstrich als physiologischer Befund anzusehen und kein Hinweis auf ein Sarkom. Anhand einer kleinen Anzahl von Zellen kann nur dann eine Metastasierung erkannt werden, wenn es sich um Zellen handelt, die sonst nicht in Lymphknoten vorkommen. Einige Beispiele dafür sind Plattenepithelzellen, Zellen der Perianaldrüsen oder schleimproduzierende Epithelzellen.

Quellen

Allen SW, Prasse KW, Mahaffey EA: Cytologic differentiation of benign from malignant canine mammary tumors, *Vet Pathol* 23:649, 1986.

Baker R, Lumsden JH: *Color atlas of cytology of the dog and cat*, St Louis, 2000, Mosby.

Buerger RG, Scott DW: Cutaneous mast cell neoplasia in cats: 14 cases (1975-1985), *JAVMA* 190:1440, 1987.

Clinkenbeard KD, Cowell RL, Tyler RD: Disseminated histoplasmosis in cats: 12 cases (1981-1986), *JAVMA* 190:144, 1987.

Cowell RL, Tyler RD: *Diagnostic cytology of the dog and cat*, Goleta, Calif, 1989, American Veterinary Publications.

Duncan JR, Prasse KW: Cytology of canine cutaneous round cell tumors, *Vet Pathol* 16:673, 1979.

Griffiths GL, Lumsden JH, Valli VEO: Fine-needle aspiration cytology and histologic correlation in canine tumors, *Vet Clin Pathol* 13:13, 1984.

Gross TL, Connelly MR: Nontuberculous mycobacterial skin infections in two dogs, *Vet Pathol* 20:117, 1983.

Menard M, Papageorges M: Technique for ultrasound-guided fine-needle biopsies, *Vet Radiol Ultrasound* 36:137, 1995.

Perman V, Alsaker RD, Riss PC: *Cytology of the dog and cat*, South Bend, Ind, 1979, American Animal Hospital Association.

Raskin RE, Meyer DJ: *Atlas of canine and feline cytology*, Philadelphia, 2001, WB Saunders.

Tvedten HW: *Veterinary Clinical Pathology 2000: 52 interactive computerized lessons*, East Lansing, MI, 2000, Michigan State University Instructional Media Center, (CD-ROM).

19 Toxikologische Labordiagnostik

Garry Osweiler

19.1 Prinzipien

Die klinische Beobachtung dient zur Lokalisation des betroffenen Organsystems. In den Tabellen 19.1 bis 19.6 sind mögliche Vergiftungen in Verbindung mit verschiedenen Organsystemen und klinischen Symptomen (z. B. Anfälle, Leberversagen, Erbrechen) dargestellt, aber nur die wenigsten Toxikosen gehen mit pathognomonischen Symptomen einher. Hinzu kommt, dass viele Symptome einer Vergiftung (z. B. Erbrechen, Anfälle) auch durch infektiöse, endokrine und metabolische Krankheiten verursacht werden können. Eine genaue Anamnese und klinische Untersuchung sind notwendig, um eine mögliche Toxinaufnahme durch das Tier zu eruieren. Die Tierhalter sind telefonisch anzuweisen, alle potentiellen Köder, Erbrochenes oder sonstiges verdächtiges Material für eine mögliche chemische Analyse einzusammeln. Anamnestisch bedeutsam sind neben Veränderungen der häuslichen Umgebung oder der Fütterung ein vorausgegangener Einsatz chemischer Wirkstoffe (z. B. Insektensprays, Rasendünger, Frostschutzmittel), die Klärung der Frage, ob das Tier Freilauf hat, sowie die Entfernung zu Wohn- oder Gewerbegebieten.

19.2 Grundlegende klinische Labortests

Nachdem die klinischen Daten mittels Anamnese und klinischer Untersuchung erhoben wurden, sind Labortests zur Identifizierung und Charakterisierung der für spezifische Toxine typischen pathophysiologischen Effekte durchzuführen (z. B. lassen eine basophile Tüpfelung und kernhaltige Erythrozyten ohne Retikulozytose an eine Bleivergiftung denken; ein Anstieg der Serumosmolalität und eine große Anionenlücke passen zu einer Ethylenglykoltoxikose). In Tabelle 19.7 sind die klinischen Labortests zusammengefasst, die durch eine spezifische Toxikose beeinflusst werden können. Die größte Bedeutung der toxikologischen Analyse liegt jedoch im Nachweis eines spezifischen Toxins und der Bestimmung der Toxinmenge. Bei einigen Giften (z. B. Strychnin) kann bei jedem positiven Nachweis die Diagnose einer Toxikose gestellt werden; bei anderen Toxinen kommt es auf die Quantität an (z. B. Blei).

Blut bzw. Plasma ist das wesentliche Transportmedium für die Verteilung der Toxine im Körper. Vollblut sollte unter Zugabe gerinnungshemmender Substanzen (EDTA- oder Heparinzusatz, sofern nicht anders vorgeschrieben) gewonnen werden. Erbrochenes oder Fäzes können zum Nachweis einer vorausgegangenen oralen Aufnahme und/oder biliären Exkretion dienen. Viele organische Toxine werden renal eliminiert. Anhand von Haaranalysen kann neben der chronischen Kumulation eines Toxins (z. B. Arsen) auch dann noch eine vorausgegangene Exposition nachgewiesen werden, wenn im Gastrointestinaltrakt und den Organen bereits keine Toxinkonzentrationen mehr feststellbar sind. Köder und andere Umweltstoffe lassen sich als Giftquelle oder mögliche Expositionswege eruieren. Zu den Umweltstoffen zählen Nahrungsmittel, Wasser, Giftpflanzen, Köder, Pestizide, Haushaltsgegenstände, Pharmaka und Lösungsmittel. Auch leere Verpackungen können einen Hinweis liefern.

Bei toten Tieren ist eine gründliche Obduktion zum Nachweis von Läsionen durchzuführen, dabei sollten geeignete Proben zur toxikologischen Analyse entnommen werden. In den Ingesta können neben Pflanzen, Fremdkörpern und abnormen Farbstoffen (z. B. Markierungsfarben für Pestizide) auch Tabletten oder Kapseln zu finden sein. Aus Organen und Geweben entnommene Proben sind zur Konservierung einzufrieren und für die mikroskopische Untersuchung in 10%ige neutrale, gepufferte Formalinlösung einzulegen. Es sollten Proben aus Gehirn, Leber, Nieren, Herzmuskel, Magen, Darm, Lunge, Urin, Kot und jedem Gewebe entnommen werden, welches abnorm verändert erscheint. Bei vielen Toxikosen kann bereits auf-

Tabelle 19.1 Häufige Toxine mit Wirkung auf das Nervensystem

Toxin	bekannte Quellen	Anmerkungen
Exzitation		
Aminopyridin	Vogelköder	• Tremor, Ataxie, eventuell Übererregbarkeit
Koffein, sonstige Methylxanthine, Alkaloide	Schokolade, Kaffee, Tee, frei verkäufliche Stimulanzien oder Pillen gegen Müdigkeit	• Exzitation, überschießende Reflexe, Hyperreflexie; Hyperpnoe, Erbrechen, Arrhythmien • Alkaloide sind in den Ingesta, Blut oder Urin nachweisbar
Zyanverbindungen	zyanhaltige Pflanzen (Apfel-, Pfirsich- und Kirschkerne); Räuchermittel, Rodentizide (selten); Industriechemikalien	• Exzitation, Unruhe, fortschreitende Anfälle bis hin zu Ataxie, Schwäche und Kollaps; dazu Speichelfluss, Hyperpnoe, pinkfarbene Schleimhäute • sehr schneller Verlauf • Untersuchung von Ingesta und Blut – oder Leber und Muskulatur von toten Tieren – auf Zyanide
Blei	Farben (vor 1970) oder Spezialfarben, bleihaltige Gegenstände (Gewichte an Gardinen, Fischereiutensilien)	• intermittierendes Erbrechen und Verhaltensanomalien; Tremor, Ataxie, Anfälle, gestörter Visus, Anorexie
Metaldehyd	Köder gegen Schnecken und Wegschnecken; frei verkäuflicher Trockenspiritus	• Dauertremor, gelegentlich Anfälle; Inkoordination und zerebelläre Ataxie; Nystagmus, massiver Speichelfluss
Pyrethrine, Pyrethroide	aktive Inhaltsstoffe in Insektiziden für Haustiere und Haushalte	• Tremor, Übererregbarkeit, Exzitation, gelegentlich Krämpfe; manchmal im Wechsel mit Depressionssymptomen
Strychnin	Köder gegen Maulwürfe; gewöhnlich weniger als 0,05 % aktiver Wirkstoff bei Verwendung im tiefen Boden	• akut einsetzende Hyperästhesie, progressive Hyperreflexie bis hin zu tetanischen Krämpfen, welche durch externe Reize verstärkt werden; sehr schnelle, flache Atmung, Tachykardie
Tremor auslösende Mykotoxine	Penitrem A in verschimmelten Walnüssen, sonstigen Nussprodukten; seltener verdorbene Milchprodukte	• Tremor, Ataxie und Hypermetrie sind charakteristisch und können dauerhaft vorliegen; Verstärkung der Symptome bei Anstrengung oder Stress • Analyse des Mageninhalts oder suspekter Produkte auf Penitrem A oder andere Tremor erzeugende Substanzen; die verfügbaren Labortests sind begrenzt
Zinkphosphid	Alternative zu Antikoagulanzien; in einigen Ländern frei erhältlich; der Köder weist einen leichten Knoblauch- oder Acetylengeruch auf	• Exzitation, Stimulation und Anfälle evtl. einhergehend mit Tremor und „Laufanfällen"; es kann jedoch auch eine Depression vorliegen; die neurologischen Symptome werden oft von Erbrechen und Kolik begleitet
Depression oder Koma		
Alkohol	Getränke, Desinfektionsmittel, Brauereirückstände	• Depression, anfangs Desorientiertheit, gefolgt von Koma, Atemhemmung, Azidose, Herzstillstand. Rückstände von Alkohol sind im Blut und Urin enthalten
Barbiturate	akzidentielle Aufnahme von Tabletten oder Kapseln; gelegentlich im Fleisch von Tieren, die mit Barbituraten euthanasiert wurden	• Depression, Reflexausfall, Hypothermie, Hypotonie, Koma, Atemstillstand • Barbiturate sind im Blut und Urin lebender Tiere sowie im Leber- und Nierengewebe toter Tiere nachweisbar
Bromethalin	relativ neues Rodentizid, das häufig als Alternative zu gerinnungshemmenden Rodentiziden verwendet wird	• zu den möglichen klinischen Symptomen zählen eine Hinterhandataxie, und -schwäche und zuweilen Erbrechen aufgrund eines Hirnödems • die verfügbaren Nachweisverfahren sind begrenzt

Toxin	bekannte Quellen	Anmerkungen
Zitronenöl	Zitrusextrakte kommen in Insektiziden und Repellentien vor; am gefährlichsten für Katzen	• Depression, Ataxie, Koma und ausgeprägte Hypothermie; die Zitrusextrakte werden in der Leber konjugiert und renal eliminiert • einige Labors bieten einen Routinetest für diese Verbindungen an
Kohlenmonoxid	siehe Tabelle 19.5	• siehe Tabelle 19.5
Ethylenglykol	Frostschutzmittel für Autokühler; dient auch als Frostschutz in Wasserleitungen von offenen Gebäuden oder Wohnmobilen	• anfangs tiefe Depression infolge des alkoholähnlichen Rauschzustandes; die späteren Depressionssymptome beruhen auf einer schweren metabolischen Azidose
Kohlenwasserstoffe (aliphatisch/aromatisch)	Erdöl-Destillate und Gemische mit Holzterpentinöl; meist in Farbverdünnern, Leichtbenzin, Reinigungslösungen; Aufnahme über die Haut, Fußballen oder durch Inhalation von Dämpfen	• anfangs Depression und Ataxie wie bei einer Ethanolvergiftung; hohe Toxinmengen führen zu Erbrechen, eventuell Leber- und/oder Nierenschäden, schwere Depression, Koma, Atemhemmung und Exitus
parasympathomimetische Wirkungen		
Blaualgen	Blaualgen (*Anabaena* spp. und *Micosystis* spp.) treten v.a. im Spätsommer in Seen und Hofteichen auf	• neben einem plötzlichen Exitus (neuromuskuläre Paralyse) und einer Lebervergiftung können Blaualgen eine Cholinersterasehemmung verursachen, was zu Speichelfluss, Erbrechen, Tremor und Dyspnoe führt • die Wasserproben sind frisch zu entnehmen und mit Formalin fixiert an das Labor zu senden (1 Teil Formalin auf 9 Teile Wasser)
Nikotin	Tabakwaren, spez. Insektizide (z.B. Nikotinsulfat); gelegentlich auch in Spielzeugrevolvern	• die initialen Symptome beruhen auf einer frühen Depolarisation (Tremor, Exzitation, Tränenfluss, Erbrechen), gefolgt von Paresen, Ataxie und vollständigem Kollaps mit Exitus infolge Atemlähmung • nikotinerge Alkaloide können im Mageninhalt, Blut oder Urin leicht bestimmt werden
parasympatholytische Wirkungen		
Atropin	*Atropa belladonna* kommt als Zierpflanze in Gärten vor	• trockene Schleimhäute, Mydriasis, Tachypnoe, Tachykardie, Hyperthermie, Orientierungslosigkeit, Sehstörungen, Koprostase. Atropin kann im Blut und/oder Urin leicht bestimmt werden
Scopolamin	geläufige pflanzliche Quellen sind *Hyocyamus niger* und *Datura* spp.; Scopolamin ist auch als Pharmakon erhältlich	• die Symptome und Auswirkungen entsprechen jenen von Atropin (s.o.)
Ataxie, Inkoordination, Schwäche oder Paralyse		
Aminoglykosid-Antibiotika	Kanamycin, Neomycin, Streptomycin, Gentamicin	• der toxische Effekt beruht auf einer Blokkade postsynaptischer Rezeptoren an den neuromuskulären Endplatten, wodurch es zur Parese, Paralyse und Tod infolge Atemlähmung kommt • zum Nachweis der Exposition eignet sich die Untersuchung von Blut und/oder Urin
Botulismus	*Clostridium botulinum* gedeiht in verwesendem organischem Material, insbesondere bei hohem Eiweißgehalt	• die Lähmung des unteren Motoneurons führt zu Muskelschwäche, erschwertem Schluckakt, progressiver Parese und Paralyse, Mydriasis und Dysphagie • verdächtiges Material aus dem Magen kann kulturell untersucht oder zur Toxizitätsprüfung im Mäuseversuch verwendet werden, ggf. gefolgt von Bestätigungstests mit Antitoxin
Cholinesterasehemmer	siehe *parasympathomimetische Wirkungen*	• Test auf Cholinesterasehemmer wie zuvor beschrieben

Toxin	bekannte Quellen	Anmerkungen
Verhaltensveränderung		
Atropin/ Scopolamin	siehe *parasympatholytische Wirkungen*	• bei einer Überdosierung von Atropin können als sekundäre Folgen Desorientiertheit und ein möglicher Sehverlust auftreten
Ethanol	siehe *Exzitation*	• siehe Symptome unter *Depression oder Koma*
Blei	siehe *Depression oder Koma*	• eine Bleiexposition kann die mentalen Fähigkeiten und das Erkennen von Familienmitgliedern beeinträchtigen, sowie ein feindseliges und hysteriesches Verhalten hervorrufen
Lysergsäurediäthylamid (LSD)	einige Pflanzenarten oder illegale Drogen	• tiefgreifende Verhaltensänderungen von Exzitation und Halluzinationen bis hin zu tiefer Depression • die Analyse von Erbrochenem oder Fäzes dient dem Nachweis der Exposition
Marihuana	illegale Drogen, hergestellt aus den Blättern oder Samen von *Cannabis sativa*; gelegentlich in Nahrungsmitteln wie etwa Haschkeksen	• die Verhaltensanomalien umfassen Depression, Exzitation, Halluzinationen mit Anbellen von unbekannten Reizen; Nystagmus, Erbrechen und Diarrhö • Diagnose durch Identifizierung verdächtiger Produkte und/oder Untersuchung von Blut oder Urin auf Cannabis-Alkaloide

Tabelle 19.2 Toxine mit Wirkung auf den Verdauungstrakt

Toxin	bekannte Quellen	Anmerkungen
direkte Irritation		
Säuren, Alkalien, Aldehyde	Batterien, Reinigungs-, Bleich- und Desinfektionsmittel	• Salivation, Dysphagie, Nasenausfluss, glossopharyngeale Schwellung und Husten • durch die Analyse verdächtiger Produkte kann die Herkunft ermittelt werden, während die Untersuchung der Tiere auf diese Stoffe meist weder praktikabel noch hilfreich ist
Mineralöldestillate	Lösungsmittel, Möbelpolitur, Farbverdünner, Benzin, Kerosin	• Husten, Erbrechen, Würgen; zu den möglichen Folgen gehören eine Aspirationspneumonie und Depressionssymptome des ZNS • die Agenzien sind durch Laboruntersuchungen im Blut oder Gewebe schwer zu erfassen
ätherische Öle	Terpentin, Mastix, Pinienöl, Holzterpentinöl, Zitronenöl, Eukalyptusöl, Teebaumöl	• akute Gastroenteritis mit Erbrechen und eventuell Diarrhö; zu den systemischen Auswirkungen zählen Krämpfe, Delirium, Depression und Koma
hyperämische/nekrotische Gastroenteritis		
Amanita phalloides (Knollenblätterpilz)	giftiger Waldpilz	• das akute klinische Bild wird bestimmt durch eine hämorrhagische Gastroenteritis mit Erbrechen und blutiger Diarrhö; nach einer Latenzperiode von 12–24 Stunden tritt eine Hepatose auf • die zur Verfügung stehenden Labormethoden sind begrenzt
Arsen, Antimon, Wismut	ältere Insektizide oder Herbizide inkl. Ameisenköder; alte Farbstoffe; der Einsatz von Arsen wurde weitgehend beschränkt oder verboten; Antimon findet sich mitunter in scharfen Pasten	• akutes Erbrechen, binnen 24–48 Stunden gefolgt von einer mäßigen bis schweren Diarrhö, welche sich zunächst wässrig, später nekrotisierend und blutig darstellt; Hypotonie, Schock und Schädigung der Nierentubuli sind weitere Folgen • zum Nachweis der Exposition bietet sich die Untersuchung des Urins oder der Ingesta an; die Konzentrationen in postmortal entnommenem Leber- und Nierengewebe sind ebenfalls aufschlussreich

Toxin	bekannte Quellen	Anmerkungen
Eisen	akzidentielle Aufnahme von Dragees zur Eisensupplementation	• akute Gastroenteritis, Kreislaufkollaps, Schock und Exitus, Leberschädigung nach 1–2 Tagen. Kontrolle der Leberfunktion, des Serumeisens und der Eisenbindungskapazität
Staphylokokken-Toxine	verdorbene Speisen, vor allem Eier und eiweißreiche Produkte, die bei Zimmertemperatur abgestanden sind	• nach einer kurzen Latenzzeit (< 3 Stunden) setzen Erbrechen und Durchfälle ein • zur Identifizierung des mutmaßlichen Erregers können Kulturen angelegt werden, die für sich allein jedoch nicht beweisend sind
nicht-hämorrhagische Gastroenteritis		
Digitalisglykoside	akzidentielle Aufnahme rezeptpflichtiger Pharmaka; zu den pflanzlichen Quellen zählen Fingerhut u. Oleander	• kardiale Symptome mit vorausgehender oder begleitender Kolik und Erbrechen
Blei	siehe Tabelle 19.1	• intermittierendes Erbrechen

Tabelle 19.3 Lebertoxine

Toxin	bekannte Quellen	Anmerkungen
Acetaminophen	apothekenpflichtiges Analgetikum und Antiphlogistikum	• anfangs Erbrechen, Zyanose und Gesichtsödeme, später Depression, Ikterus und leichte Methämoglobinämie
Amanita phalloides (Knollenblätterpilz)	Waldpilz, regional gehäuft vorkommend	• akutes Erbrechen, nach 1–2 Tagen Leberversagen
Blaualgen	Algensorte, häufig konzentriert durch seichtes Wasser und eine bestimmte Windrichtung	• akute Gastroenteritis, Erbrechen und hämorrhagische Diarrhö • mit Formalin im Verhältnis von 1 : 10 fixiertes Wasser, das Algen enthält, kann auf das Vorliegen von Blaualgen analysiert werden; gefrorene Proben dienen zur Toxizitätsprüfung an Mäusen.
Eisen	Futterergänzungs-Dragees	• siehe Tabelle 19.2
Mineralöldestillate	Lösungsmittel in Farben, Farbverdünner, Farbentferner; Kraftstoffe inkl. Benzin, Kerosin	• anfangs Zeichen einer neurologischen Dysfunktion, eventuell einhergehend mit einer Leberschädigung

Tabelle 19.4 Toxine mit kardiovaskulärer Wirkung

Toxin	bekannte Quellen	Anmerkungen
herzwirksame Glykoside	Digoxin und verwandte rezeptpflichtige Pharmaka; Fingerhut, Oleander; *Bufo*-spp.-Kröten	• Erbrechen, Kolik und Diarrhö, gefolgt von Schwäche, Bradykardie und Arrhythmien
Cholecalciferol	Vitaminsupplemente, Rodentizide; bei hohen Dosen treten binnen 12–36 Stunden klinische Symptome auf	• Hyperkalzämie, Azotämie, Bradykardie, Arrhythmien, dystrophische Kalzifikation
Kokain	illegale Droge	• Tachykardie und Arrhythmien • Untersuchung von Plasma oder Urin
Ionophore	Kokzidiostatika für Geflügel; Futterergänzungsmittel für Wiederkäuer; gefährlich für Hunde	• Zittern, Schwäche, Steifheit, Festliegen, Herzkreislaufversagen. Analyse des Mageninhalts; diagnostische Herzmuskelbiopsie
Eibengewächse	immergrüne Zierbäume mit zweiseitig angeordneten, dunkelgrünen Nadeln	• plötzlicher Exitus einige Stunden nach der Aufnahme; Nervosität, Zittern, Bradykardie und Arrhythmie. Analyse des Mageninhalts auf Eibenalkaloide

Tabelle 19.5 Toxine mit Wirkung auf Blut und Knochenmark

Toxin	bekannte Quellen	Anmerkungen
Hämolyse		
Knoblauch, Zwiebeln	akzidentielle Aufnahme großer Mengen aus zubereiteten Speisen oder direkte Ingestion	• typische Akutsymptome einer hämolytischen Krise
Phenothiazin-Anthelminthika	älteres, selten verwendetes Anthelminthikum	• mitunter liegt eine akute hämolytische Krise vor. Phenothiazine verursachen aufgrund von Oxidationsvorgängen eine Rotfärbung des Urins • in Blut oder Urin nachweisbar, doch wird ein Routinetest nur von wenigen Labors angeboten
Zink	Gegenstände aus Zinkmetall, verzinkte Futter- oder Wasserbehälter, Zinksalben, zinkhaltige Münzen	• Erbrechen und Diarrhö einhergehend mit blassen Schleimhäuten und Ikterus
Methämoglobin		
Acetaminophen	apothekenpflichtiges Analgetikum/Antiphlogistikum	• im Mittelpunkt steht die Hepatotoxizität; das Blut kann aufgrund der Methämoglobinämie dunkelbraun verfärbt sein
Anilin-Farben	Schuhpolitur, Tinte, Farben; vor allem in älteren Produkten	• siehe Nitrit
Chlorate	Boden/Kontakt-Herbizide oder bodensterilisierendes Agens zur längerfristigen Unterdrückung des Pflanzenwachstums. Das Granulat kann zufällig aufgenommen werden	• siehe Nitrit
Nitrit	Düngemittel, Zündstoff, Pökelstoff, kontaminiertes Brunnenwasser	• Methämoglobinämie, Zyanose, Schwäche, Depression, Hyperpnoe • zum Nachweis von Methämoglobin siehe unter Acetaminophen
Carboxyhämoglobin		
Kohlenmonoxid	Schlecht entlüftete Heizgeräte, KFZ-Abgase	• Depression, Schwäche, Somnolenz, Koma und Exitus. Die Schleimhäute leuchten pinkfarben und das Blut ist kirschrot bis pink
aplastische Anämie und Thrombozytopenie		
Benzol	Benzin und Lösungsmittel in Industrie- oder Handelsgütern. Bei kleinen Tieren besteht zudem das Risiko der Aufnahme durch Inhalation	• anfangs ZNS- Symptome wie Tremor und Ataxie. Bei hochgradiger akuter Exposition kann es zum Kammerflimmern kommen. Fortdauernde Exposition verursacht eine Panzytopenie. Der Eisengehalt im Serum ist erhöht und fötales Hämoglobin kann ebenfalls erhöht sein. Es liegt eine makrozytäre Anämie mit relativ wenigen, in der Regel unreifen Retikulozyten vor.
Östrogene	zur Vermeidung unerwünschter Anpaarungen, Behandlung einer Prostatahyperplasie, Auslösung eines Abortes oder Linderung einer Harninkontinenz	• Lethargie, Mattigkeit, blasse Schleimhäute, petechiale Blutungen, Hämaturie, Meläna, Panzytopenie verminderte Retikulozytenzahl
Koagulopathie		
gerinnungshemmende Rodentizide	frei erhältliche Köder zur Schadnagerkontrolle in Wohnhäusern oder Firmengebäuden	• Haut- und Schleimhautpetechien, Ekchymosen, Hämoptysis, Epistaxis, Meläna, blasse Schleimhäute, Schwäche, Dyspnoe, subkutane Hämatome, gedämpfte Herz- und Lungentöne, Depression und Exitus

Tabelle 19.6 Häufige Nephrotoxine

Toxine	bekannte Quellen	Anmerkungen
Aminoglykosid-Antibiotika	v.a. Kanamycin, Neomycin und Gentamicin	• die toxischen Effekte treten gewöhnlich bei ausgedehnter Behandlung auf; zu den initialen Symptomen zählen eine Polydipsie/Polyurie gefolgt von Erbrechen und Azotämie
Ethylenglykol	Frostschutzmittel für Autokühler	• anfangs ZNS-Symptome wie Ataxie und Depression, gefolgt von metabolischer Azidose, Oxalatnephrose und Azotämie
Mykotoxine	Ochratoxin oder Citrinin in Kühlspeisen (Sahne, Käse, Nüsse)	• zu den typischen Symptomen zählt Polydipsie/Polyurie infolge einer Nierentubulusnephrose
halogenierte Kohlenwasserstoffe	Lösungsmittel in kommerziellen Produkten, Farben, Reinigungsmitteln	• zu den initialen Symptomen zählen Rauschzustände, Inkoordination und Depression, nach 1–3 Tagen tritt eine toxische Tubulusnephrose auf; die Laborwerte spiegeln die akute Schädigung der Nierentubuli wider
Schwermetalle	viele Metalle und Metalloide sind potentielle Tubulustoxine	• die Folgen und Symptome sind typisch für eine tubuläre Nephrose; zur Analyse der Metalle sind Proben aus Blut, Urin, Nieren und Leber heranzuziehen
nicht-steroidale Antiphlogistika	Ibuprofen, Naproxen	• Nierenschädigung und Laborwerte wie bei einer Aminoglykosid-Intoxikation; siehe Tabelle 19.1
Giftpflanzen (ohne Oxalsäure)	Osterlilie (*Lillium* spp.), Taglilie (*Hemerocallis* spp.)	• Katzen scheinen am stärksten gefährdet zu sein; die Lilien enthalten ein potentielles Tubulustoxin; bei Verdacht auf eine Vergiftung ist die Nierenfunktion zu kontrollieren • ein Toxinnachweis ist derzeit noch nicht möglich.
Vitamin D3	Vitaminsupplemente und Rodentizide auf Vitamin-D_3(Cholecalciferol)-Basis	• nach einer Latenzzeit von 18–24 Stunden treten klinische Symptome bis hin zu Polyurie, Polydipsie und palpatorischem Nierenschmerz über 1–3 Tage auf

grund einer oder mehrerer charakteristischer Läsionen eine Verdachtsdiagnose gestellt werden (z.B. verursachen Kumarinderivate eine Koagulopathie, in der Regel mit einem Hämothorax; die Ethylenglykolvergiftung wird routinemäßig postmortal durch mikroskopische Untersuchung von Nierenabklatschpräparaten oder routinemäßige HE[Hämalaun-Eosin-Färbung]-Histopathologie diagnostiziert).

19.3 Probenentnahme und Versand

Die Proben sind frei von Verunreinigungen (z.B. Umwelt-, Arznei-, Konservierungsstoffe) und einzeln in versiegelten Glas- oder Plastikbehältern zu sammeln. Obgleich sich die normierten luftleeren Blut- oder Serumröhrchen für die meisten Körperflüssigkeiten eignen, sind für die Analyse einiger Spurenelemente (z.B. Zink) Spezialröhrchen erforderlich. Es dürfen grundsätzlich keine Konservierungsmittel verwendet werden, es sei denn, dies wird vom Labor ausdrücklich empfohlen. Serum und Gerinnsel sollten vor dem Versand separiert werden. Sofern nicht anders indiziert, stellt das Einfrieren der zur Analyse vorgesehenen Proben die beste Form der Konservierung dar. Bei Spezialuntersuchungen oder Unklarheiten bezüglich der benötigten Proben, sollte man einen Toxikologen zu Rate ziehen oder sich telefonisch bei dem jeweiligen Labor informieren.

Die für den Versand von biologischen, infektiösen und toxischen Materialien geltenden Vorschriften der Deutschen Post und anderer Kurierdienste sind zu beachten. Die Proben sind grundsätzlich in einer Schutzverpackung zu verschicken, wobei es sich um für die jeweilige Indikation zugelassenes Verpackungsmaterial handeln muss, dessen Eignung häufig den entsprechenden Katalogen zu entnehmen ist. Wenn die Unversehrtheit der Probe und eine amtliche Überwachung erforderlich ist (z.B. bei Versicherungsansprüchen, Rechtsstreitigkeiten), sollte man den Versandbehälter versiegeln, den Begleitbrief an der Außenseite des versiegelten Behälters befestigen und wenn möglich direkt an die Empfangsperson, die vorab benachrichtigt wurde, senden.

Tabelle 19.7 Mögliche Auswirkungen von Toxikosen auf die Ergebnisse klinischer Labortests

Laborparameter	Toxin(e)	Auswirkung
Alanin-Amino-Transferase	• Acetaminophen • Benzimidazole (Anthelmintika) • halogenierte Kohlenwasserstoffe (z. B. Halothan, Chloroform)	• je nach Dosierung mäßig bis stark erhöht
Ammoniak	• Dünger auf Ammoniumbasis • toxischer Leberschaden	• erhöht
aregenerative Anämie	• Blei, Kadmium, Zink • Chemotherapie • Phenylbutazon • Chloramphenicol • Östrogentherapie	• variabel
regenerative Anämie	• Acetaminophen • Kupfer • Zwiebeln	• Heinz-Innenkörper deuten auf eine oxidative Denaturierung durch die genannten Toxine hin
basophile Tüpfelung	• Blei	• einhergehend mit kernhaltigen Erythrozyten
Gallensäuren	• Acetaminophen • Aflatoxine • Diethylcarbamazin • Kortikosteroide • Thiacetarsamid	• im frühen Stadium leicht bis mäßig erhöht, häufig erstes Anzeichen einer Leberschädigung
Bilirubin	• Acetaminophen • Aflatoxine • Thiacetarsamid	• erhöht
Blut-pH	• Azetylsalizylsäure • Ethylenglykol • Methanol	• Azidose
Kalzium (Serum)	• Cholecalciferol (Rodentizide) • Ethylenglykol • Oxalsäure in Rhabarber • Phosphat-Klistiere	• erhöht • vermindert • vermindert • vermindert
Harnzylinder	• Aminoglykosid-Antibiotika • Arsen (Katzen) • Kadmium • Lilien (fast alle Arten) • nicht-steroidale Antiphlogistika	• Schädigung der Nierenepithelien als Folge einer renalen Tubulotoxikose
Chlorid (Serum)	• Ammoniumchlorid • Amphotericin • Bromide (Laborfehler) • Lithium	• erhöht, infolge eines reduzierten Harnkonzentrierungsvermögens, Störungen bei der Laboranalyse
Gerinnungsfaktoren	• gerinnungshemmende Rodentizide (z. B. Warfarin, Brodifacoum, Bromadiolon)	• verlängerte PT und APTT in Verbindung mit einem Ausfall der Gerinnungsfaktoren II, VII, IX und X
Kreatinkinase	• Ionophore (Monensin, Lasalocid, Salinomycin)	• erhöht
Kristallurie	• oxalathaltige Pflanzen (z. B. Rhabarber, Sauerklee)	• Oxalatkristalle im Harnsediment
γ-Glutamyl-Transferase	• Glukokortikoide • Barbiturate	• mäßig erhöht
Glukose	• Natriummonofluoracetat • (Komplex 1080)	• erhöht infolge der Blockade des Zitronensäurezyklus

Tabelle 19.7 Fortsetzung

Laborparameter	Toxin(e)	Auswirkung
Hämoglobinämie	• Acetaminophen • Chlorate (Herbizide) • Kupfer • Zwiebeln • Propylenglykol (Katzen) • Schlangengift • Zink, metallisch	• leicht bis stark erhöht
Leukozytenzahl	• Benzol • Chloramphenicol • Östrogene (Hund) • Phenylbutazon • Thiacetarsemid	• Neutropenie mit Linksverschiebung. Diese Form der Neutropenie beruht im Allgemeinen auf einer Hemmung oder Zerstörung der Stammzellen
Magnesium (Serum)	• Gentamicin • Vit.-D-induzierte Hyperkalzämie	• vermindert, sekundär zu einer Nephrose oder Hyperkalzämie
Methämoglobin	• Acetaminophen • Bencocain • Chlorate (Herbizide) • Kupfer • Nitrit	• klinische Symptome bei Anstieg des Methämoglobins um mehr als 40 %
Osmolalität	• Azetylsalizylsäure • Ethanol • Ethylenglykol • orale Phosphatzufuhr	• Hyperosmolalität und große Anionenlücke
Porphyrinurie	• Blei, Hexachlorbenzol	• mäßig erhöht
Panzytopenie	• Benzolderivate • Chemotherapeutika • Thallium	
Phosphat (Serum)	• Cholecalciferol (Rodentizide) • *Cestrum diurnum* (Jessamine)	• erhöht durch Vitamin D
Kalium (Serum)	• Digitalisglykoside • nicht-steroidale Antiphlogistika	• erhöht
Natrium (Serum)	• exzessive Salzaufnahme • geringe Wasseraufnahme	• erhöht
Thrombozytenzahl	• Cephalosporine • Östrogene	• vermindert

APTT, aktivierte partielle Thromboplastinzeit; PT, Prothrombinzeit

19.4 Auswahl des Analyselabors

Da die toxikologische Analyse meist in einem Einsendelabor durchgeführt wird, sollte das Labor aufgrund der zugesicherten Qualität und Serviceleistung ausgewählt werden. Zu den wichtigsten Kennzeichen eines guten Labors zählen die aktive Durchführung von Qualitätssicherungsmaßnahmen, eine Akkreditierung durch eine anerkannte zertifizierende Behörde, eine moderne technisch-analytische Ausstattung sowie die Möglichkeit, einen Labortierarzt zu konsultieren und bei der Interpretation der Ergebnisse zu Rate zu ziehen.

19.5 Labordiagnostik spezieller Toxine

Die chemische Analyse ist das letzte und zugleich wichtigste Verfahren zum Nachweis einer Toxikose. Im Folgenden werden einige häufige Toxine detailliert dargestellt. Außerdem wird für jedes Organssystem eine Liste von Toxinen einschließlich deren Herkunftsquellen sowie Anmerkungen zu den charakteristischen klinisch oder labortechnisch erfassbaren Merkmalen des Giftstoffes angegeben (Tab. 19.1 bis 19.6).

19.5.1 Acetaminophen

Indikationen

Von einer Acetaminophen-Vergiftung ist bei jeder Katze auszugehen, der laut Vorbericht Acetaminophen verabreicht wurde (insbesondere wenn eine Dyspnoe oder Zyanose vorliegt). Die Aufnahme einer Tablette mit 325 mg kann für eine Katze bereits toxisch sein.

Probengewinnung

Plasma (mit EDTA- oder Heparinzusatz) oder Serum und Urin eignen sich bei lebenden Tieren am besten zur Analyse. Die Konzentration von Acetaminophen im Blut erreicht gewöhnlich 4–6 Stunden nach der Aufnahme ihr Maximum. Die Proben sind zu kühlen, so sie innerhalb von 24 Stunden analysiert werden oder einzufrieren, wenn eine längere Verzögerung zu erwarten ist. Zum Nachweis von Heinz-Innenkörpern ist ein Blutausstrich herzustellen. Im Vollblut von lebenden Tieren kann der Methämoglobingehalt bestimmt werden. Methämoglobin ist instabil und muss daher entweder binnen vier Stunden nach der Blutentnahme bestimmt oder durch Hämolyse des Blutes mit einer äquivalenten Menge destillierten Wassers stabilisiert werden. Man sollte sich vorab bei dem jeweiligen Labor über das Handling und den Versand der zur Methämoglobin-Analyse vorgesehenen Proben informieren. Toxische Gewebskonzentrationen sind nicht festgelegt.

Analyse

Acetaminophen kann im Blut oder Plasma bestimmt werden. Der Glutathiongehalt im Blut ist reduziert, doch steht ein entsprechender Test nicht immer zur Verfügung. Bei vergifteten Katzen findet sich eine mäßige (10–50 %) bis erhebliche (> 50 %) Anzahl **großer** Heinz-Innenkörper. Bei gesunden Katzen können bis zu 10 % der Erythrozyten **kleine** Heinz-Innenkörperchen (siehe Kap. 3) enthalten. Eine Hämoglobinämie oder Hämaturie kann vorkommen; die Methämoglobinkonzentration ist erhöht.

Referenzbereich

Die Datenbasis bei Tieren ist begrenzt, aber Acetaminophen-Konzentrationen von weniger als 100 µg/ml sind wahrscheinlich nicht toxisch.

Kritische Werte

Für Katzen sind keine Werte festgelegt. Beim Menschen zeigt eine Acetaminophen-Konzentration über 300 µg/ml eine Hepatopathie an.

Artefakte

Andere Agenzien, die eine Methämoglobinämie oder Hämoglobinurie verursachen (z. B. Anilinfarbstoffe, Kupfersalze, Nitrit, Zwiebeln; Tab. 19.5) können eine Acetaminophen-Intoxikation imitieren.

Ursachen

Von einer Acetaminophen-Vergiftung sind v. a. Katzen betroffen. Bei einem Hund wäre eine Toxikose ungewöhnlich. Für die Exposition sind in den meisten Fällen Personen verantwortlich, die über die potentiell toxische Wirkung entsprechender Humanpräparate bei Katzen nicht informiert sind. Sonstige Ursachen von Heinz-Innenkörpern und Methämoglobinämie sind auszuschließen (siehe Kap. 3 und Tab. 19.5). Bei Nachweis einer Methämoglobinämie und/oder einer mäßigen bis erheblichen Anzahl von großen Heinz-Innenkörpern in Verbindung mit einem positiven Testergebnis auf Acetaminophen oder dessen Metaboliten ist von einer Acetaminophen-Vergiftung auszugehen.

19.5.2 Alkaloide

Indikationen

Eine Vergiftung mit Alkaloiden ist bei Patienten mit Exzitationserscheinungen des ZNS und Anfällen (Tab. 19.1), die mitunter von Erbrechen begleitet sein können, in Betracht zu ziehen, wenn möglicherweise eine Exposition gegenüber Alkaloiden stattgefunden hat.

Probengewinnung

Nach der Resorption werden Alkaloide in der Leber konzentriert und schließlich mit dem Urin ausgeschieden. Die Plasmakonzentrationen können im Vergleich zu den Urinwerten gering ausfallen, es sei denn, der Tod tritt sehr rasch ein, noch ehe eine Ausscheidung im Urin (< 1 Stunde) stattgefunden hat. Für die Analyse eignen sich am besten Erbrochenes oder Urin von lebenden Tieren, sowie alle verdächtigen Köder (z. B. Vogelgifte [4-Aminopyridin]). Blut oder Plasma können signifikante Konzentrationen an bestimmten Alkaloiden (z.B. Methylxanthine [Koffein, Theobromin]) aufweisen. Einige Alkaloide (z.B. Strychnin) lassen sich beim lebenden Tier im Blut nur schwer nachweisen. Postmortal sind Urin sowie Proben aus dem Leber- und Nierengewebe zu entnehmen. Zur Konservierung der Alkaloide müssen die Proben gekühlt werden.

Analyse

Zu den alkaloiden Verbindungen die für Kleintiere toxikologisch relevant sind, zählen 4-Aminopyridin, Amphetamine, Atropin, Koffein und weitere Methylxanthine sowie Kokain und Strychnin. Für Screeningtests bietet sich die Dünnschichtchromatographie an, deren Ergebnisse dann mittels UV- oder VIS-Spektrophotometrie oder mit Hilfe der Hochdruckflüssigkeitschromatographie (HPLC) quantifiziert werden können.

Referenzbereich

Für die zuvor genannten Alkaloide gibt es keine Referenzwerte. Ihre Präsenz im Organismus beweist die Aufnahme aus einer exogenen Quelle. Bei einigen Alkaloiden (z.B. Strychnin) kann bei Nachweis jedweder Menge von einer Vergiftung ausgegangen werden.

Kritische Werte

Die Analyse dient dem Nachweis der Exposition, doch wurden für die meisten Alkaloide bislang keine toxischen Konzentrationen festgelegt.

Artefakte

Zahlreiche pflanzliche Substanzen und Pharmaka enthalten ungiftige heterozyklische Stickstoffverbindungen, die chemisch wie Alkaloide reagieren. Einfache kalorimetrische Verfahren, die nur allgemeine chemische Reaktionen nachweisen wie sie u.a. für Alkaloide typisch sind, können daher falsch-positive Ergebnisse zeigen und dann irrigerweise an eine Intoxikation denken lassen. Es empfiehlt sich, im Anschluss an eine adäquate Flüssigkeitsextraktion eine Dünnschichtchromatographie durchzuführen und ein positives Ergebnis gegebenenfalls mit alternativen Methoden zu überprüfen.

Ursachen

Eine Intoxikation mit Alkaloiden muss von anderen Vergiftungen (Tab. 19.1 und 19.2) und sonstigen Ursachen von Exzitationssymptomen des ZNS sowie von Erbrechen (siehe Kap. 10 und 11) abgegrenzt werden. Die Diagnose stützt sich in der Regel auf den Nachweis von Alkaloiden im Mageninhalt oder Körperflüssigkeiten in Verbindung mit Vorbericht und klinischer Symptomatik.

19.5.3 Amitraz

Indikationen

Eine Intoxikation mit Amitraz kommt bei Patienten mit Erbrechen, Apathie, Ataxie, häufigem Kotabsatz oder Diarrhö sowie bei Tieren, die intentional oder missbräuchlich mit Aufgusspräparaten, Zeckenhalsbändern oder Sprays (für Großtiere) behandelt wurden, wie auch bei zufälliger Exposition in Betracht. Im fortgeschrittenen Vergiftungsstadium treten systemische Symptome wie Bradykardie, Blutdruckabfall und Konvulsionen auf.

Probengewinnung

Blut eignet sich nicht zur Analyse (geringe Amitraz-Konzentrationen), aber der Nachweis der Metaboliten im Urin erlaubt die Diagnose. Wenn die Exposition nicht gesichert ist, können Haare oder Erbrochenes auf Amitraz untersucht werden. Bei toten Tieren können Erbrochenes, Haut und Haare sowie Gewebeproben aus Leber, Nieren, Gehirn und Lungen zur Analyse verwendet werden.

Analyse

Zur quantitativen Bestimmung von Amitraz dient die Gas-Flüssigkeits-Chromatographie unter Verwendung eines Nitrogen-Phosphor-Detektors.

Referenzbereich

Normalerweise ist in den Geweben kein Amitraz vorhanden.

Kritische Werte

Nicht festgelegt.

Ursachen

Zu den üblichen Ursachen einer Amitraz-Vergiftung zählen eine substantielle therapeutische Überdosierung oder der missbräuchliche Einsatz bei Spezies, die nicht mit Amitraz behandelt werden dürfen (z.B. Katzen). Andere Toxine (Tab. 19.2) und sonstige Ursachen für Erbrechen und Diarrhö müssen ausgeschlossen werden (siehe Kap. 10 und 11). Das klinische Bild kann dem Zustand bei einer Vergiftung mit Organophosphaten oder Carbamaten ähneln; das Vorliegen dieser Vergiftungen ist daher mittels geeigneter Tests auszuschließen (z.B. Acetylcholinesterase [AChE]).

19.5.4 Gerinnungshemmende Rodentizide

Indikationen

Multiple Hämorrhagien, eine verlängerte aktivierte Gerinnungszeit (ACT), verlängerte Prothrombinzeit (nach Quick) und/oder verlängerte aktivierte partielle Thromboplastinzeit (APTT) lenken den Verdacht auf eine Vergiftung mit gerinnungshemmenden Rodentiziden.

Probengewinnung

Vollblut (mit EDTA- oder Heparinzusatz), Serum oder Urin können auf Kumarinderivate analysiert werden. Zur Blutentnahme sollte eine möglichst feine Nadel verwendet werden, um die Blutung an der Punktionsstelle zu minimieren. Da die klinischen Symptome erst nach einer Latenzzeit von 1–2 Tagen auftreten, können in Mageninhalt oder Erbrochenem wenig oder gar keine gerinnungshemmenden Substanzen nachweisbar sein. Postmortal sind Proben aus dem Leber- und Nierengewebe zu entnehmen.

Analyse

Zu den gerinnungshemmenden Rodentiziden mit toxikologischer Bedeutung für Kleintiere zählen Warfarin, Pindon und Chlorophacinon (1. Generation) sowie Bromadiolon, Diphacinon und Brodifacoum (2. Generation). Die Nachweismethoden reichen von initialen Screeningtests mittels Dünnschichtchromatographie bis zur Quantifizierung mittels Hochdruck-Flüssigkeits-Chromatographie, UV-Spektroskopie oder Fluoreszenznachweis unter Verwendung verdächtiger Köder, Blut, Serum oder Urin von vergifteten Tieren. Köder enthalten in der Regel 0,05 % aktive Ingredienz. Bei hochwirksamen Rodentiziden (z.B. Bromadiolon, Diphacinon) können die Konzentrationswerte im Blut sehr gering ausfallen (im ppb-Bereich). Im Leber- und Nierengewebe vergifteter Tieren können sowohl die originären Verbindungen als auch die hydroxylierten Metaboliten vorliegen.
Die hydroxylierten Metaboliten werden im Urin ausgeschieden und sind dort noch 1–2 Tage nach Beendigung der Exposition nachweisbar, aber auch wesentlich länger (einige Wochen), wenn es sich um Kumarinderivate der neueren Generation handelt. Rückstände von Brodifacoum können in den Geweben bis zu 120 Tage persistieren (Lipton und Klass, 1984). Als indirektes Indiz für den Vitamin-K-Antagonismus gilt der Nachweis unwirksamer Vitamin-K-abhängiger Gerinnungsfaktoren, doch lässt sich die Diagnose besser durch den Nachweis der Rodentizide oder deren Metaboliten absichern.

Referenzbereich

Im Blut und Gewebe gesunder Tiere sind gerinnungshemmende Rodentizide nicht zu erwarten; Werte unter 1 ng/ml lösen keine klinischen Symptome im Sinne einer Toxikose aus.

Kritische Werte

Die Konzentrationen im Serum oder Plasma variieren in Abhängigkeit von der initial aufgenommenen Menge und der Aufnahmedauer erheblich und können bei einer Vergiftung mit Brodifacoum im Bereich von 1–10 ng/ml liegen (DuVall et al., 1989). Die Konzentration von Brodifacoum im Lebergewebe ist über tausendmal höher als im Plasma oder Serum. Bei der Obduktion von Hunden, die Vergiftungssymptome aufwiesen, können für Diphacinon und Bromadiolon Konzentrationen von weniger als 1 ppm im Blut oder Lebergewebe zu finden sein.

Ursachen

Bei Patienten mit Blutungsneigung ist eine mögliche Intoxikation von anderen Ursachen eines Mangels an Blutgerinnungsfaktoren wie auch einer Thrombozytopenie und einer disseminierten intravasalen Gerinnung (siehe Kap. 5 und Tab. 19.5) abzugrenzen. Die Diagnose beruht auf dem Nachweis signifikanter Konzentrationen von gerinnungshemmenden Rodentiziden in Verbindung mit einer verlängerten ACT, PT und APTT. Da die Mehrzahl der gebräuchlichen Rodentizide zur zweiten Generation gehört, ist davon auszugehen, dass Rückstände noch über einige Wochen im Urin nachweisbar sind.

19.5.5 Azetylsalizylsäure

Indikationen

An eine Intoxikation mit Azetylsalizylsäure ist bei Patienten mit Erbrechen, Fieber und metabolischer Azidose (siehe Kap. 7) zu denken. Bei Katzen ist das Risiko einer Toxikose wesentlich größer als bei Hunden. Wenn einer Katze laut Vorbericht unlängst Azetylsalizylsäure verabreicht wurde, vor allem in höherer Dosierung (> 75 mg/kg für mehr als 7 Tage), ist von einer Vergiftung auszugehen.

Probengewinnung

Zum Nachweis von Heinz-Innenkörpern und einer Thrombozytopenie dient EDTA-Blut, während die Konzentration der Salizylsäure im Plasma bestimmt wird. Proben, die binnen 24 Stunden analysiert werden, sind durch Kühlung zu konservieren. Zur Bestimmung der Salizylsäure gewonnenes Plasma, das länger als 24 Stunden aufbewahrt wird, ist einzufrieren. Im Leber- und Nierengewebe können Metaboliten der Salizylsäure vorliegen, doch wurden keine toxischen Konzentrationen festgelegt.

Analyse

Für einen qualitativen unmodifizierten Urintest ist die Zugabe von einigen Tropfen 10%igem Eisenchlorid zu 1 ml Urin erforderlich. Bei Vorliegen von Salizylsäure tritt eine violette Farbe auf. Die Hochdruckflüssigkeitschromatographie ermöglicht eine genauere und quantitative Analyse von Urin oder Plasma.

Referenzbereich

Für Tiere sind keine genauen Referenzwerte festgelegt. Beim Menschen liegen die therapeutischen Wirkstoffkonzentrationen im Plasma unter 0,5 g/l (*50 mg/dl*).

Kritische Werte

Der Nachweis von Salizylsäure im Serum oder Plasma belegt die Exposition, doch sind für Tiere keine toxischen Schwellenwerte festgesetzt. Für den Menschen beträgt die toxische Blutkonzentration 0,5–1 g/l (*50–100 mg/dl*); bei der Katze kann eine Blutkonzentration von 0,6 g/l (*60 mg/dl*) bereits tödlich sein.

Ursachen

Die meisten Vergiftungsfälle betreffen Katzen. Bei einem Tier mit Erbrechen, dem laut Vorbericht Azetylsalizylsäure verabreicht wurde, lässt sich eine Verdachtsdiagnose stellen, die dann durch Bestimmung der Salizylsäure im Plasma zu bestätigen ist.

19.5.6 Ethylenglykol

Indikationen

Eine Intoxikation mit Ethylenglykol kommt bei Patienten mit bekannter oder mutmaßlicher Exposition gegenüber dieser Substanz in Betracht. Zu den typischen Symptomen einer Ethylenglykolvergiftung zählen Ataxie, Apathie, Erbrechen und zuweilen Anfälle. Katzen sind aufgrund des geringeren Körpergewichts stärker gefährdet als Hunde.

Probengewinnung

Zunächst ist die Gewinnung von Vollblut (EDTA oder Heparin), Serum oder Plasma sowie Urin erforderlich. Elektrolytwerte, Säure-Basen-Status, Osmolalität und Anionenlücke sind unverzüglich zu bestimmen (siehe Kap. 7). In Blutproben, die binnen 6 Stunden nach der Exposition gewonnen wurden, ist höchstwahrscheinlich Ethylenglykol enthalten. Später treten Säuremetaboliten (z.B. Glykolsäure) auf. Für den histopathologischen Nachweis von Oxalatkristallen ist postmortal Nierengewebe zu entnehmen; Nieren und Urin sind für eine etwaige Untersuchung auf Ethylenglykol oder Säuremetaboliten aufzubewahren.

Analyse

Ethylenglykol kann mit Hilfe eines kommerziellen Testkits in Serum oder Vollblut nachgewiesen werden. Die besten Resultate erhält man, wenn die Untersuchung weniger als 24–36 Stunden nach der Ingestion erfolgt. Im Urin tritt Ethylenglykol schon sehr früh auf (< 6 Stunden nach Aufnahme), gefolgt von Oxalaten und Kalziumoxalatkristallen, die im Lichtmikroskop unter polarisiertem Licht zu erkennen sind. Eine Kalziumoxalat-Kristallurie (Farbtafel 5D), die 3–6 Stunden nach der Ingestion einsetzt, ist – obgleich kein untrüglicher Hinweis – hilfreich für die Diagnosestellung. Aufgrund einer Komplexbildung mit dem Oxalat-Metaboliten des Ethylenglykols kann die Serum-Kalziumkonzentration vier Stunden nach der Ingestion reduziert sein. Osmolalität, osmolale Lücke sowie Anionenlücke sind in der Regel erhöht; eine schwere metabolische Azidose ist typisch (siehe Kap. 7).

Referenzbereich

In Spuren nachgewiesenes Ethylenglykol oder einzelne Oxalatkristalle gelten als unverfänglich.

Kritische Werte

Ein Ethylenglykolgehalt von mehr als 0,2–0,5 g/l (*20–50 mg/dl*) spricht für eine Exposition; die toxischen Konzentrationen variieren in Abhängigkeit von der initial aufgenommen Menge und der seit der Aufnahme verstrichenen Zeit erheblich. Bei einer markanten Anionenlücke und schweren metabolischen Azidose muss von einer kritischen Ethylenglykoltoxikose ausgegangen werden.

Artefakte

Ethanol und Methanol können ebenfalls einen abnormen Anstieg der Serumosmolalität verursachen. Es finden sich jedoch weder Oxalatkristalle, noch eine erhöhte Ethylenglykolkonzentration. Die Testkits für Ethylenglykol weisen Kreuzreaktionen mit Propylenglykol, Formalin, Glyzerol, hohen Aktivitäten der Serum-LDH sowie einigen Pharmaka (z.B. Pentobarbital, Diazepam) auf.

Ursachen

Eine Ethylenglykolvergiftung ist von anderen Vergiftungen (Tab. 19.1 und 19.6) sowie sonstigen Ursachen akuter Bewusstseinstrübung, einer metabolischen Azidose und einem oligurischen Nierenversagen abzugrenzen. Das rapide Auftreten (1–3 Tage) von ZNS-Symptomen bis hin zu oligurischem Nierenversagen mit dem Nachweis von Kalziumoxalatkristallen und einer metabolischen Azidose mit vergrößerter Anionenlücke (siehe Kap. 7) erlaubt eine Verdachtsdiagnose. Die ZNS-Symptome sind transient und können auch ganz fehlen. Die Prognose ist schlecht, falls die Ethylenglykolvergiftung nicht innerhalb von Stunden nach der Exposition behandelt wird.

19.5.7 Blei

Indikationen

Eine Bleivergiftung ist bei Hunden mit periodisch auftretendem Erbrechen mit/ohne leichter Anämie und basophiler Tüpfelung der Erythrozyten, sowie bei Katzen mit Anorexie und sporadischem Erbrechen in Betracht zu ziehen. Bei den meisten Tieren mit einer Bleivergiftung treten Anfälle und Verhaltensänderungen (z.B. Hysterie, Apathie) sowie gelegentlich Ataxie und fazialer Tremor auf.

Probengewinnung

Beim lebenden Tier ist Vollblut (mit EDTA- oder Heparinzusatz) das am besten geeignete Untersuchungsmaterial, das nicht nur zur Herstellung von Ausstrichen zum Nachweis einer basophilen Tüpfelung und kernhaltiger Erythrozyten, sondern auch zur Bestimmung der Porphyrin-Konzentration (im Plasma) oder zur Messung des Bleigehaltes (Blei findet sich v.a. in den Erythrozyten) verwendet wird. Obgleich Blei im Blut längere Zeit stabil bleibt, sollte die Probe gekühlt werden, um die Erythrozyten-Integrität zu erhalten. Die Untersuchung des Urins ist ebenfalls hilfreich (erhöhter Porphyringehalt). Postmortal empfiehlt sich die Entnahme und Untersuchung von Leber- und Nierengewebe.

Analyse

Die Bleibestimmung erfolgt gewöhnlich mittels Atom-Absorptionsspektroskopie.

Referenzbereich

Ein Bleigehalt unter 0,05 ppm im Vollblut bzw. 3 ppm im Leber- oder Nierengewebe gilt als nicht-toxische Exposition. Der Referenzbereich für Porphyrine im Urin oder Plasma ist für Kleintiere nicht genau festgelegt. Beim Menschen liegt der Referenzwert für Protoporphyrin unter 0,5 g/l (*50 mg/dl*). Die zur Untersuchung eingesandten Proben sollte zum Vergleich auch Material von einem gesunden Tier ohne Bleiexposition enthalten.

Kritische Werte

Eine Bleikonzentration im Blut von mehr als 0,3 ppm spricht für eine erhebliche Exposition, während ein Wert über 0,4 ppm bereits als Indiz für eine Intoxikation angesehen werden kann. Die Diagnose einer Bleitoxikose wird durch einen nachgewiesenen Bleigehalt im Leber- und Nierengewebe von mehr als 10 ppm gestützt.

Artefakte

Einige Labors ziehen die organische Extraktion von Blei mit Hilfe von Chelatbildnern der Säureverdauung vor und benötigen deshalb heparinisiertes Vollblut. Oberhalb eines bestimmten Wertes korrelieren die Bleikonzentrationen unzureichend mit der klinischen Symptomatik, aber sie reflektieren die Bleibelastung des Organismus. Eine Bleikonzentration von weniger als 50 % der kritischen Werte (0,15 ppm) kann bereits eine Vergiftung anzeigen, wenn andere Parameter (klinische Symptome, basophile Tüpfelung, kernhaltige Erythrozyten, erhöhter Porphyringehalt im Urin oder Plasma) ebenfalls für eine Toxikose sprechen.

Ursachen

Die basophile Tüpfelung der Erythrozyten ist weder sensitiv noch spezifisch für eine Bleivergiftung. Wenn eine basophile Tüpfelung in Kombination mit kernhaltigen Erythrozyten, aber ohne gleichzeitigen Nachweis einer Retikulozytose vorliegt, ist die Bestimmung des Bleigehalts indiziert. Die Bleivergiftung ist von anderen Toxinen (Tab. 19.1) und sonstigen Ursachen für Exzitationssymptome des ZNS abzugrenzen. Eine Bleivergiftung kommt v. a. bei jungen Hunden (< 1 Jahr) mit Zugang zu alten Gemäuern, abblätternder Farbe und bleihaltigen Gegenständen vor. Die Blutkonzentration zeigt die Exposition an und steht im Verhältnis zu einer Toxikose, nicht aber zu deren Schweregrad. Für den Nachweis einer langfristigen geringen Bleiexposition mit relativ geringen Blutkonzentrationen eignet sich die Harnuntersuchung. Nach Gewinnung einer Urinprobe wird Kalzium-Dinatrium-EDTA injiziert (75 mg/kg i.m.) und nach 24 Stunden eine weitere Urinprobe entnommen. In beiden Proben ist die Bleikonzentration zu bestimmen. Im Fall einer Toxikose wäre ein über zehnfacher Anstieg der Bleikonzentration im Urin zu erwarten; nach Möglichkeit sollte 24-Stunden-Sammelurin zur Untersuchung verwendet werden.

19.5.8 Metaldehyd

Indikationen

An eine Intoxikation mit Metaldehyd ist bei Patienten mit akut auftretender Hypersalivation, Tremor, Ataxie, Anfällen, Nystagmus und Erbrechen in Verbindung mit der Aufnahme von Schneckenkörnern oder Trockenspiritus (z. B. Metaldehydtabletten für Campingkocher) zu denken.

Probengewinnung

Als Untersuchungsmaterial eignen sich Vollblut, Serum und Urin. Die Proben sollten bis zur Analyse eingefroren werden. Nach dem Tod entnommene Proben (z. B. Mageninhalt, Urin) dienen zum Nachweis der Exposition; toxische Konzentrationen sind nicht festgelegt.

Analyse

Für einen schnellen Nachweis legt man die Probe in ein Teströhrchen, das langsam erwärmt wird. Metaldehyd brennt und bildet dabei charakteristische weiße Flocken. Metaldehyd wird in Azetaldehyd umgewandelt, das im akuten Vergiftungsstadium im Serum oder Urin mit Hilfe der Gas-Flüssigkeits-Chromatographie nachgewiesen werden kann. Azetaldehyd ruft eine metabolische Azidose hervor (siehe Kap. 7).

Referenzbereich

Im Blut gesunder Tiere ist kein Metaldehyd vorhanden.

Kritische Werte

Nicht festgelegt.

Artefakte
Azetaldehyd ist auch ein Metabolit von Ethanol und kann während der Analyse entstehen, wenn das Bluteiweiß vor der Untersuchung nicht ausgefällt wurde.

Ursachen
Die Metaldehyd-Vergiftung unterliegt zu einem gewissen Grade jahreszeitlichen und geographischen Einflüssen. Sie kommt v.a. in milden, feuchten Klimaregionen häufiger vor. Die Verdachtsdiagnose stützt sich auf eine sorgfältige Anamnese in Verbindung mit der klinischen Symptomatik. Andere Toxine (Tab. 19.1.) sowie sonstige Ursachen von Exzitationserscheinungen des ZNS sind abzugrenzen.

19.5.9 Organophosphate und Carbamate (Insektizide)

Indikationen
Eine Vergiftung mit Organophosphaten oder Carbamaten ist bei Patienten mit muskarinergen Symptomen (z.B. Salivation, gastrointestinale Hypermotilität, Miosis), nikotinergen Symptomen (z.B. Muskeltremor, Mattigkeit) sowie Erregungs- oder Depressionssymptomen des ZNS zu erwägen, insbesondere wenn sie kurz zuvor mit Verbindungen in Kontakt kamen, die Organophosphate oder Carbamate enthalten.

Probengewinnung
Zur Bestimmung der Acetylcholinesterase-Aktivität (AChE) ist Vollblut (mit EDTA- oder Heparinzusatz) zu verwenden. Die Proben sind zu kühlen, aber nicht einzufrieren. Die AChE bleibt in gekühltem Zustand für mindestens 3 Tage stabil. Durch Einfrieren kann das Enzym zerstört oder die Aktivität vermindert werden. Bei Aufnahme von Carbamaten kann die Aktivität der Acetylcholinesterase bereits nach 1–3 Stunden spontan auf das Ausgangsniveau zurückgekehrt sein, weshalb eine möglichst frühe Probenentnahme wichtig ist. Bei Organophosphaten ist der Zeitpunkt der Probengewinnung weniger kritisch, da sie sich nach einer gewissen Zeit stark an Proteine binden (bekannt als *aging*). Da im Blut zuweilen nicht genügend Rückstände von Organophosphaten oder Carbamaten enthalten sind, sollte man auch Erbrochenes und Urin sowie etwaige Köder oder Sprays zur Analyse heranziehen. Falls die Exposition durch Aufgießen oder Aufsprühen erfolgt ist, können auch Fell und Haare untersucht werden. Von toten Tieren ist das vollständige Gehirn oder zumindest der *Nucleus caudatus* (in Höhe des Chiasma opticum) einzusenden. **Cave:** Einige als Insektizide verwendete Organophosphate und Carbamate sind hochtoxisch; zur Vermeidung eigener Exposition sind Handschuhe oder geeignete Schutzkleidung anzulegen.

Analyse
Die direkte chemische Untersuchung von Ködern, Pestiziden, Mageninhalt und Hirngewebe auf das Vorliegen von Organophosphaten oder Carbamaten erfolgt mit Hilfe der Gas-Flüssigkeits-Chromatographie. Die Bestimmung der Pseudocholinesterase-Aktivität im Serum ist zu ungenau. Obgleich Rückstände von Organophosphaten und Carbamaten in Blut und Geweben vorhanden sein können, sind diese Residua infolge sehr geringer Konzentrationen und schneller Metabolisierung häufig nicht zu erfassen. Die meisten Organophosphate und Carbamate werden sehr schnell metabolisiert und können bereits Minuten bis Stunden nach der Aufnahme im Blut oder Gewebe nicht mehr nachzuweisen sein. Die Bestimmung der Acteylcholinesterase-Aktivität wird gewöhnlich zur Erfassung der Aktivität von Verbindungen, welche Organophosphate enthalten, herangezogen. Es stehen mehrere Analysemethoden zur Auswahl.

Referenzbereich

Zur Bestimmung der Acetylcholinesterase-Aktivität stehen verschiedene Verfahren zur Auswahl. Man sollte den Referenzbereich beim jeweiligen Labor erfragen und darum bitten, die Abnahme der Enzymaktivität in Prozent anzugeben. Nach Behandlung einer Organophosphat-Toxikose kann die Acetylcholinesterase-Aktivität während der ersten 1–7 Tage nach der Behandlung um bis zu 50 % reduziert sein.

Kritische Werte

Eine Reduktion der Acetylcholinesterase-Aktivität im Vollblut um mehr als 50 % zeigt eine erhebliche Organophosphat-Exposition an. Signifikante Konzentrationen an Organophosphaten oder Carbamaten variieren je nach Agens. Generell spricht eine Abnahme der Acetylcholinesterase-Aktivität um mehr als 50 % für eine massive Exposition, während bei einer Reduktion um mehr als 75 % von einer Toxikose auszugehen ist.

Artefakte

Die Acetylcholinesterase-Aktivität ist ausgesprochen variabel. Bei einem Leberschaden kann sie erhöht sein. Organophosphate bewirken eine Abnahme der Enzymaktivität; bei Carbamaten kehren die Werte sehr schnell in den Referenzbereich zurück.

Ursachen

In der Regel kann aufgrund der typischen klinischen Symptome, der reduzierten Acetylcholinesterase-Aktivität und dem Pestizidnachweis eine Toxikose diagnostiziert werden. Andere Toxine (Tab. 19.1 und 19.2) sowie sonstige Ursachen für Erregungs- oder Depressionszustände des ZNS, Erbrechen und Diarrhö (siehe Kap. 10 und 11) sind abzuklären. Die Trias aus muskarinergen Symptomen, nikotinergen Symptomen und ZNS-Symptomen gleicht dem klinischen Bild einer Intoxikation mit Pyrethroiden (s. u.).

19.5.10 Pyrethrine und Pyrethroide (Insektizide)

Indikationen

Eine Intoxikation mit Pyrethrin- oder Pyrethroid-Insektiziden ist bei Tieren mit Tremor, Hypersalivation, Erbrechen oder zentralen Exzitations- oder Depressionssymptomen nach einer Behandlung mit Aufgusspräparaten oder Sprays in Betracht zu ziehen. Zu einer Toxikose kommt es selten, sofern keine orale Aufnahme oder Inhalation stattgefunden hat.

Probengewinnung

Von lebenden Tieren stammende Proben eignen sich aufgrund der komplizierten Analyse und Interpretation nicht zum Nachweis einer Intoxikation. Köder oder Sprays können hinsichtlich der angegebenen Wirkstoffkonzentration analysiert werden. Durch die Untersuchung von Haaren oder Fell kann die Exposition belegt werden. Auch Mageninhalt und Gehirnsubstanz werden gelegentlich verwendet. Die Proben müssen zur Konservierung gekühlt oder eingefroren werden.

Analyse

Konzentrierte Proben wie Sprays, Aufgusspräparate, Haare, Fell oder Mageninhalt werden mittels Gas-Flüssigkeits-Chromatographie untersucht. Im Gewebe exponierter Tiere liegen gewöhnlich nur sehr geringe Konzentrationen vor. Die Analyse von Hirngewebe wurde zum Nachweis der Exposition durchgeführt, aber die gemessene Konzentration korreliert selten mit der Toxikose. Die Acteylincholinesterase wird durch Pyrethrine nicht gehemmt, so dass sich die Bestimmung der AChE-Aktivität zum Ausschluss einer Vergiftung mit Organophosphaten eignet.

Referenzbereich

Pyrethrine sind in den Geweben gesunder Tiere nicht enthalten.

Kritische Werte

Unzureichend festgelegt. Der Nachweis von Pyrethrinen zeigt eine Exposition an, die im Zusammenhang mit dem Vorbericht und dem klinischen Bild zu bewerten ist. Im Magen oder in den Haaren können Konzentrationen von einigen hundert ppm vorliegen und lediglich eine Exposition anzeigen, während eine Konzentration von mehr als 100 ppb im Hirngewebe auf eine Toxikose hinweist.

Ursachen

Da Pyrethrin-Insektizide bei vorsichtiger Handhabung relativ sichere Produkte darstellen, wird eine Toxikose häufiger unterstellt als letztendlich bewiesen. Die Mehrzahl der überlieferten Vergiftungsfälle betrifft Katzen. Andere toxische Stoffe (z. B. Organophosphate, Carbamate) sind mittels geeigneter analytischer Verfahren auszuschließen, wodurch sich die Annahme einer Pyrethrin-Exposition untermauern lässt.

19.5.11 Vitamin D

Indikationen

An eine Vergiftung mit Vitamin D ist bei Tieren zu denken, die Vitamin D_3 enthaltende Verbindungen aufgenommen haben (Cholecalciferol).

In Ködern sind gewöhnlich 0,075 % Cholecalciferol enthalten. Nach einer Latenzperiode von 1–2 Tagen treten klinische Symptome wie Anorexie, Lethargie, Schwäche und Erbrechen auf.

Probengewinnung

Aufgrund der Latenzzeit zwischen der Aufnahme und dem Einsetzen der klinischen Symptomatik ist der richtige Zeitpunkt zur Entnahme von Mageninhalt schwer festzulegen (s. u.). Serum oder Plasma (mit EDTA- oder Heparinzusatz) kann zur Analyse verwendet werden. Die Proben sind bis zur Analyse gekühlt aufzubewahren und einzufrieren, falls sich die Untersuchung um mehr als 24 Stunden verzögert. Eine massive Hyperkalzämie (> 3,5 mmol/l [> *14 mg/dl*]; Kap. 9) ist hochverdächtig für eine Toxikose, deren Nachweis einfacher ist als die Bestimmung von Cholecalciferol oder seiner Metaboliten. Postmortal ist für eine etwaige Analyse von Vitamin-D-Metaboliten Leber- und Nierengewebe zu entnehmen.

Analyse

In Ködern kann der Gehalt an Vitamin D_3 bestimmt werden. In Mageninhalt oder Erbrochenem können geringe Mengen (< 0,01 %) Cholecalciferol enthalten sein, doch hat das toxische Material den Magen aufgrund der Latenzperiode meist schon passiert. Obgleich im Leber- und Nierengewebe Vitamin-D-Metaboliten vorhanden sind (z. B. 1,25 Dihydroxycholecalciferol) ist der Nachweis aufwändig (Gas-Flüssigkeits-Chromatographie und/oder Hochdruck-Flüssigkeits-Chromatographie) und wird nicht routinemäßig von den klinischen Labors angeboten. Die histopathologische Untersuchung mit speziellen Färbungen zum Erkennen von Kalzium eignet sich ebenfalls zum Nachweis einer renalen oder vaskulären Verkalkung. Bei der postmortalen Untersuchung findet sich eine erhöhte Kalziumkonzentration im Nierengewebe.

Referenzbereich

Im Normalfall beträgt die Serumkonzentration von 1,25 Dihydroxycholecalciferol weniger als 30 ng/l (*30 pg/ml*). Die regulären Nierenwerte für Kalzium liegen bei Fleischfressern im Bereich von 50–200 ppm (basierend auf der Feuchtmasse).

Kritische Werte

Bei einer Serumkonzentration von 1,25 Dihydroxycholecalciferol über 30 ng/l (*30 pg/ml*) liegt womöglich eine Intoxikation vor und Werte über 50 ng/l (*50 pg/ml*) gelten als toxisch. Findet sich postmortal im Nierengewebe eine Kalziumkonzentrationen von 2000–8000 ppm stützt dieser Befund die Diagnose einer Cholecalciferol-Vergiftung. Werte über 8000 ppm sprechen für eine mögliche Ethylenglykolvergiftung.

Artefakte

Eine Überfunktion der Nebenschilddrüsen oder eine hyperkalzämische Tumorose (z. B. malignes Lymphom) können – ebenso wie eine Vitamin-D-Intoxikation – einen Anstieg der Serum-Kalziumkonzentration hervorrufen.

Ursachen

Eine Verdachtsdiagnose kann aufgrund von Anamnese, klinischer Symptomatik, Hyperkalzämie und Azotämie gestellt werden (zur Erörterung sonstiger häufiger Ursachen einer Hyperkalzämie siehe Kapitel 9).

19.5.12 Zink

Indikationen

An eine Zinkvergiftung ist bei Patienten mit akutem Erbrechen, Hämaturie, Hämoglobinurie, Ikterus sowie Leber- und Nierenversagen zu denken. Falls sich in der Röntgenaufnahme strahlenundurchlässige Objekte (z. B. Münzen) im Gastrointestinaltrakt zeigen, sind weitere Untersuchungen indiziert.

Probengewinnung

Sowohl Vollblut (mit EDTA- oder Heparinzusatz) als auch Serum eignet sich zur Analyse. Das bevorzugte Probenmaterial ist beim jeweiligen Labor zu erfragen. Nach Möglichkeit sollten spezielle Röhrchen für Spurenelemente verwendet werden. Die Proben sind durch Kühlung zu konservieren. Postmortal sind Proben aus Leber- und Nierengewebe zu entnehmen.

Analyse

Der Zinkbestimmung erfolgt mit Hilfe der Atom-Absorptionsspektroskopie.

Referenzbereich

Ein Zinkgehalt im Serum von weniger als 30 µmol/l (*2,0 mg/ml*) gilt als physiologisch. Die normale Zinkkonzentration in der Leber beträgt 30–70 ppm (basierend auf der Feuchtmasse)

Kritische Werte

Bei einer Toxikose liegt der Zinkgehalt im Serum im Bereich von 46–153 µmol/l (*3–10 µg/ml*), Zinkkonzentrationen über 200 ppm in Leber und Nieren (sechs- bis achtfacher Anstieg gegenüber dem Normwert) ist von einer Intoxikation auszugehen.

Artefakte

Plastikspritzen mit Gummidichtscheiben können Zink enthalten und eine Kontamination der Probe verursachen.

Ursachen

Die meisten dokumentierten Fälle beruhen auf der Aufnahme von zinkhaltigen Objekten (z.B. Münzen). Sonstige Ursachen einer hämolytischen Anämie (siehe Kap. 3), einer Niereninsuffizienz (siehe Kap. 8) und für Erbrechen (siehe Kap. 10 und 11 und Tab. 19.2) müssen ausgeschlossen werden. Bei Hunden mit Erbrechen unbekannter Ursache, Leber- oder Nierenversagen und hämolytischer Anämie ist eine Röntgenuntersuchung indiziert. Erbrechen, Anzeichen einer Leberschädigung (z.B. Anstieg von AP und ALT), Azotämie und intravaskuläre Hämolyse (insbesondere wenn in der Abdomenübersichtsaufnahme ein Metallschatten im Magen zu sehen ist) sind hochgradig verdächtig für eine Zinkvergiftung.

Quellen

DuVall MD et al: Case studies of second-generation anticoagulant rodenticide toxicities in nontarget species, *J Vet Diagn Invest* 1:66, 1989.

Lipton RA, Klass EM: Human ingestion of a „superwarfarin" rodenticide resulting in a prolonged anticoagulant effect, *JAMA* 252:3004, 1984.

Empfohlene Literatur

Beasley VR et al: *A systems-affected approach to small animal toxicology: reference notes for toxicology VB 320*, Urbana, Ill, 1994, Val R. Beasley, pp 175 and 797.

Casteel SW: Lead. In Peterson ME and Talcott PA: *Small animal toxicology*, Philadelphia, 2001, WB Saunders, p 537.

Dorman DC, Beasley VB: Diagnosis and therapy for cholecalciferol toxicosis. In Kirk RW, editor: *Current veterinary therapy X: small animal practice*, Philadelphia, 1989, WB Saunders, p 148.

Felice LJ, Murphy MJ: CVT update: anticoagulant rodenticides. In Bonagura JD: *Kirk's current veterinary therapy XII: small animal practice*, Philadelphia, 1995, WB Saunders, p 228.

Hansen SR: Management of adverse reactions to pyrethrin and pyrethroid insecticides. In Bonagura JD: *Kirk's current veterinary therapy XII: small animal practice*, Philadelphia, 1994, WB Saunders, p 242.

Micromedex Inc: *Poisondex. A CD/ROM database for human clinical poisoning*, vol 94, Englewood, Colo, 1997, Micromedex Inc.

Oehme FW: Acetaminophen. In Tilley LP, Smith FK: *The 5-minute veterinary consult*, Baltimore, 1997, Williams & Wilkins, p 312.

Osweiler GD: *Toxicology*, Baltimore, 1996, Williams & Wilkins, p 231.

Osweiler GD, Carson TL: Household and metal toxicants. In Morgan RV: *Handbook of small animal practice*, ed 3, New York, 1997, Churchill Livingstone, p 1271.

Rumbeiha WK: Cholecalciferol. In Peterson ME, Talcott PA: *Small animal toxicology*, Philadelphia, 2001, WB Saunders, p 452.

Thrall MA et al: Ethylene glycol. In Peterson ME, Talcott PA: *Small animal toxicology*, Philadelphia, 2001, WB Saunders, p 484.

Thrall MA, Grauer GF, Dial SF: Antifreeze poisoning. In Bonagura JD: *Kirk's current veterinary therapy XII: small animal practice*, Philadelphia, 1995, WB Saunders, p 232.

20 Therapeutisches drug monitoring

Dawn Merton Boothe

Die auf den Beipackzetteln von Medikamenten angegebenen Vorschriften zur Dosierung sind dazu gedacht, den Wirkstoffspiegel im Plasma innerhalb des therapeutischen Bereichs zu halten (Abb. 20.1). Damit die Therapie wirken kann, sollten die Wirkstoffspiegel über einer minimalen wirksamen Plasmakonzentration (C_{min}) liegen, aber zugleich eine maximale Konzentration (C_{max}) nicht überschreiten, damit das Risiko unerwünschter Wirkungen begrenzt bleibt. Die empfohlenen Dosierungen basieren auf pharmakokinetischen Studien, die an kleinen Probandengruppen gesunder ausgewachsener Individuen durchgeführt wurden. Diese Dosen werden dann jedoch in der Regel an kranke Tiere verabreicht, bei denen die Resorption, Verteilung, Metabolisierung und/oder Elimination der Wirkstoffe durch physiologische Einflussfaktoren (z.B. Alter, Geschlecht), pathologische Veränderungen (welche die Nieren- oder Leberfunktion beeinträchtigen) und pharmakologische Parameter (z.B. Arzneimittelinteraktionen) beeinflusst werden. Infolgedessen kann der Plasmaspiegel des Arzneistoffes höher oder niedriger als erwartet ausfallen. In diesen Fällen kann durch eine individuelle Überwachung und Anpassung der Dosis mit Hilfe des therapeutic drug monitoring (TDM) die Wirksamkeit und Sicherheit eines Arzneimittels optimiert werden. Zu den Arzneistoffen, bei denen sich eine Überwachung der Therapie in der Veterinärmedizin als sinnvoll herausgestellt hat, zählen bestimmte Antikonvulsiva (z.B. Phenobarbital, Primidon, Kaliumbromid, bestimmte Benzodiazepine),

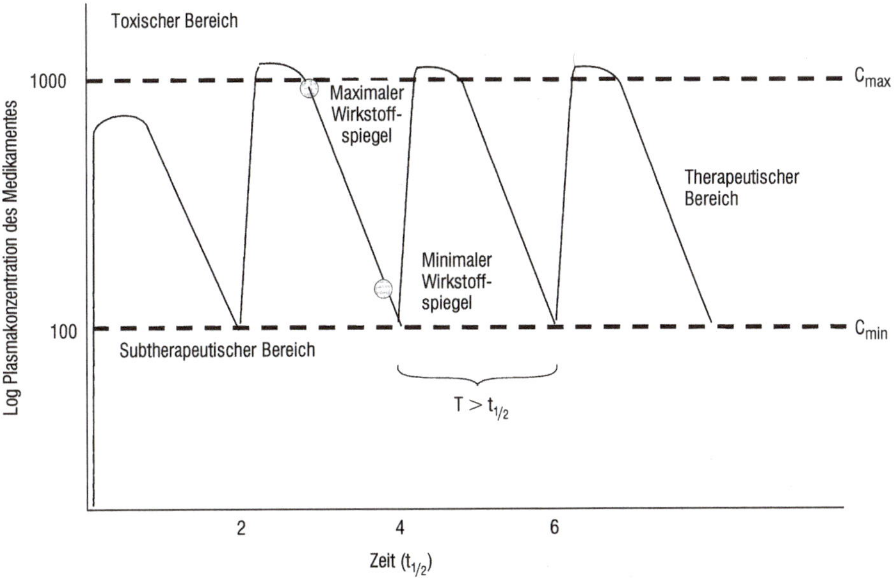

Abb. 20.1 Plasma-Wirkstoffkonzentrationen bei wiederholter Applikation eines Arzneistoffes, dessen Halbwertszeit kürzer als das Dosierungsintervall ist. In diesem Beispiel wurde die Dosis nach jeder zweiten Halbwertszeit verabreicht. Da der größte Teil (94 %) des Wirkstoffs vor Gabe der nächsten Dosis bereits eliminiert ist, weist der Plasmaspiegel erhebliche Schwankungen auf. Während eines einzelnen Dosierungsintervalls können sowohl toxische als auch subtherapeutische Konzentrationen auftreten; bei solchen Pharmaka sind deshalb sowohl die maximalen als auch die minimalen Wirkstoffkonzentrationen im Plasma zu kontrollieren.

Antibiotika (z.B. Aminoglykoside: Gentamicin, Amikacin); herzwirksame Präparate (z.B. Digoxin, Procainamid, Lidocain), Theophyllin, Schilddrüsenhormone (zur Supplementierung) und neuerdings auch Cyclosporin (Tab. 20.1).

Indikationen

Ein therapeutisches drug monitoring (TDM) ist indiziert, wann immer ein Patient nicht erwartungsgemäß auf eine medikamentöse Therapie anspricht oder ein erhöhtes Risiko für toxische Effekte besteht. Die Therapieüberwachung ist v.a. in folgenden Fällen nützlich:

1. wenn der klinische Endpunkt einer Pharmakotherapie unzureichend definiert oder schwer zu bestimmen ist (z.B. bei einer antikonvulsiven Behandlung)
2. wenn die therapeutische Breite eines Pharmakons klein ist, was bedeutet, dass effektive und toxische Plasmakonzentration dicht beieinander liegen (z.B. bei Digoxin, Theophyllin)
3. bei einer interindividuell sehr variablen Pharmakokinetik, die eine Abschätzung der Wirkstoffspiegel erheblich erschwert (z.B. bei Phenobarbital)

Tabelle 20.1 Daten des therapeutischen drug monitoring für Arzneistoffe, deren Anwendung bei gesunden Kleintieren überwacht wurde

Pharmakon		gebräuchliche Dosis	Intervall	therapeutischer Bereich[1]	Eliminationshalbwertszeit	Zeit bis zum Erreichen des Steady State	Bestimmung des maximalen Plasmaspiegels	Bestimmung des minimalen Plasmaspiegels
Amikacin		15–20 mg/kg	24 h	2–25 µg/ml[2]	1–2 h	< 1 Tag	1 h (nur Plastik)	2 Halbwertszeiten (3–6 h)[3]
Azetylsalizylsäure	Hund	10 mg/kg	8–12 h	50–100 µg/ml	8 h	40 h	2–4 h	VND
	Katze	10 mg/kg	72 h	50–100 µg/ml	38 h	8 Tage		
Benzodiazepine		1–2 mg/kg		100–200 ng/ml[4]	< 8 h	1 Tag	2–5 h	VND[3]
Bromide		15–45 mg/kg	12–24 h	1,0–3,5 mg/ml	24 Tage	2–3 Monate		VND
Cyclosporin		hoch: 6,0–8,5 mg/kg	12 h	C_{min} wie oben	5,6 h	< 1 Tag[5]	2–4 h	VND
		mittel: 3,5–5,5 mg/kg	12 h	400–600 ng/ml				
		niedrig: 0,75–3,0 mg/kg	12 h					
Digoxin	Hund	0,011 mg/kg	12 h	0,9–3,0 ng/ml	31,3 h	7 Tag	Toxizität: 2–5[6] h (nur Glas)	Effektivität: VND[6]
	Katze	0,008 mg/kg	12–24 h	0,9–2,0 ng/ml	33,5 h	7 Tage		
Gentamicin	Hund	2–8 mg/kg	12–24 h	0,5–1,5 µg/ml[2]	0,9–1,3 h	< 1 Tag	1 h (nur Plastik)	2 Halbwertszeiten (3–6 h)[3]
	Katze	2–8 mg/kg	12–24 h	5,0–8,0 µg/ml				
Phenobarbital	Hund	2 mg/kg	12 h	20–45 µg/ml	32–75	14–16 Tage	4–5 h[7]	VND
Primidon	Hund	11–25 mg/kg	12–24 h	basierend auf Phenobarbital	6,1 h (Hd)	14–16 Tage	4–5 h[7]	VND
	Katze	11–20 mg/kg	12–24 h					

Pharmakon		gebräuchliche Dosis	Intervall	therapeutischer Bereich[1]	Eliminationshalbwertszeit	Zeit bis zum Erreichen des Steady State	Bestimmung des maximalen Plasmaspiegels	Bestimmung des minimalen Plasmaspiegels
Procainamid	Hund	15 mg/kg	12 h	25–50 µg/ml[8]	2,9 h	< 1 Tag (15 h)	2–4 h	VND
Theophyllin	Hund	7–11 mg/kg oder 20 mg/kg bei Depot-Präparaten	8–12 h	10–20 µg/ml	5,7 h	29 h	1–2 h[9]	VND
	Katze	4 mg/kg oder 20 mg/kg bei Depot-Präparaten	12–24 h	10–20 µg/ml	7,9 h	40 h		
Schilddrüsenhormone	T_3	4–6 µg/kg (Hd)	12–24 h	0,8–1,5 ng/ml (Hd)[10]	5–6 h (Hd)	< 24 h[12]	4–5 h	VND
		4,4 µg/kg (Ktz)	12–24 h	0,8–1,5 ng/ml (Ktz)[10]				
	T_4	20 µg/kg (Hd)	12–24 h	1,5–3,5 µg/ml (Hd)	12–15 h (Hd)	48–72 h[12]		
		50–100 µg/kg (Ktz)	12–24 h	1,5–5,0 µg/ml (Ktz)[11]				

VND, vor der nächsten Dosis; Ktz, Katze; Hd, Hund.

1 Sofern nicht anders angegeben, sind die therapeutischen Bereiche aus der Humanmedizin übernommen. Diese Bereiche können je nach Labor variieren, speziell in Abhängigkeit von dem zur Analyse des jeweiligen Arzneistoffes eingesetzten Gerät. Die angegebenen Werte können überholt sein, falls sie speziell für das jeweilige Analysegerät validiert wurden. Da Probengröße und Analysemethoden variieren, sollte man sich bei dem jeweiligen Labor über die erforderliche Probenmenge, geeignete Blutröhrchen, etwaigen Kühlbedarf und sonstiges spezielles Handling der Proben, sowie über die Referenzbereiche informieren.

2 Der Zielwert der maximalen Aminoglykosidkonzentration im Plasma ist von dem infektiösen Erreger und speziell dessen minimaler Hemmkonzentration (MIC) abhängig. Der maximale Wirkstoffspiegel sollte etwa das vier- bis zehnfache der MIC betragen. Zur Minimierung toxischer Effekte sollte die minimale Wirkstoffkonzentration im Plasma den empfohlenen Wert nicht überschreiten.

3 Bei Arzneistoffen mit sehr kurzer Halbwertszeit und niedrigen Plasmakonzentrationen ist es möglich, dass unmittelbar vor der nächsten Applikation kein Wirkstoff mehr im Plasma nachweisbar ist. In diesen Fällen sollte die minimale Plasmakonzentration etwa 1–2 veranschlagte Eliminationshalbwertszeiten nach der Bestimmung der maximalen Plasmakonzentration kontrolliert werden.

4 Für den Menschen werden 600 ng/ml angegeben. Die Messmethode sollte alle während des Applikationsintervalls auftretenden Benzodiazepine (originäre Substanzen und aktive Metaboliten) erfassen. Bei Verabreichung einer Sättigungsdosis sind unmittelbar nach der Applikation sowie nach 3 Wochen je eine Einzelprobe zu kontrollieren. Wird keine Sättigungsdosis verabreicht, genügt die Kontrolle einer Einzelprobe nach 3–4 Wochen. In jedem Fall ist nach drei Monaten eine Einzelprobe zur Bestimmung des neuen Ausgangsniveaus zu entnehmen.

5 Beim Menschen; bei Hunden ist die Datenlage begrenzt. Die minimale Wirkstoffkonzentration von 100 ng/ml ist für einige Indikationen vertretbar. Je nach Methodik können die Wirkstoffkonzentrationen variieren. Man sollte sich über den für das jeweilige Labor geltenden spezifischen Bereich informieren.

6 Wegen der kurzen Halbwertszeit empfiehlt sich die Kontrolle der maximalen und minimalen Wirkstoffkonzentration; falls nur die mögliche Toxizität im Blickpunkt des Interesses steht, ist die alleinige Bestimmung der maximalen Wirkstoffkonzentration vertretbar.

7 Wenn die Anfälle schwierig unter Kontrolle zu halten sind, müssen sowohl die maximale als auch die minimale Wirkstoffkonzentration kontrolliert werden.

8 Nach Empfehlung von: *Pappich MG, Davis LE, Davis CA: Procainamide in the dog: antiarrhythmic plasma concentrations after intravenous administration, J Vet Pharmacol Ther 9:359, 1986.*

9 Bei Depot-Präparaten genügt eine Probe zur Kontrolle.

10 Die Werte basieren auf einem RIA und differieren je nach Labor. Man sollte den therapeutischen Bereich bei dem Labor erfragen oder bei Durchführung der Analyse in der Klinik einen eigenen Bereich festlegen. Unabhängig von dem Labor ist der Überschneidungsbereich zwischen normalen und pathologischen Werten sehr groß, weshalb die Interpretation der Daten nur unter Berücksichtigung der klinischen Symptome vorzunehmen ist.

11 Bei Katzen, die wegen einer Hyperthyreose behandelt werden, kann die Therapiekontrolle zu jedem Zeitpunkt durchgeführt werden.

12 Die Therapiekontrolle sollte nicht stattfinden, ehe der Körper die Möglichkeit zur physiologischen Adaptation an die Pharmakotherapie hatte (4–6 Wochen nach Behandlungsbeginn).

4. wenn die Pharmakokinetik keinem linearen Verlauf folgt, so dass es zu einem raschen Anstieg der Wirkstoffkonzentrationen in den toxischen Bereich kommt (z.B. bei Phenytoin, Phenobarbital [bei Katzen])
5. wenn die Toxizität durch Interaktionen von Arzneistoffen potenziert wird (z.B. durch Enrofloxacin induzierte Theophyllin-Toxizität, durch Chloramphenicol oder Chlorazepat induzierte Phenobarbital-Toxizität)
6. wenn die Erkrankung lebensbedrohlich ist und größere Wirkstoffmengen erforderlich sind, um unverzüglich einen pharmakologischen Effekt zu erzielen (z.B. bei Epilepsie, bakterieller Sepsis)

Manchmal ist die Therapieüberwachung hilfreich, um festzustellen, ob der Patientenbesitzer die Medikamenteneingabe richtig durchführt, da hier die Ursache eines Therapieversagens, einer adversativen Medikamentenwirkung oder einer Überdosierung zu finden sein kann.

20.1 Analyse und labortechnische Voraussetzungen

Im Allgemeinen werden die Wirkstoffkonzentrationen im Plasma mit Hilfe analytischer Verfahren bestimmt, die auf der Bindung spezifischer Antikörper an die jeweiligen Arzneistoffe beruhen. Diese Antikörper-basierten Verfahren sind leicht zu automatisieren und arbeiten gewöhnlich schneller und kostengünstiger als chromatographische oder spektrophotometrische Methoden, wobei Letztere jedoch für bestimmte Pharmaka unentbehrlich sind. Mit Ausnahme der Bromidanalyse, die stets mittels der sog. Goldchloridmethode durchgeführt werden sollte (zumindest bis das ionensensitive Elektrodenverfahren validiert ist), steht bei den meisten Arzneistoffen eine breite Vielfalt von Analyseverfahren zur exakten Bestimmung der Plasmakonzentrationen zur Auswahl.

Das drug monitoring wird von den meisten veterinärmedizinischen Fakultäten und vielen diagnostischen Labors in Deutschland angeboten. Allerdings variieren die offerierten Dienstleistungen und eingesetzten Analysemethoden erheblich. Bevor man Proben an ein bestimmtes Labor schickt, sollte man sich bezüglich der Behandlung und des Transports der Proben sowie über die Qualitätssicherungsmaßnahmen informieren. Es ist unabdingbar, dass jedes angewandte Analyseverfahren für den Einsatz bei der jeweiligen Spezies validiert ist und die vom Labor generierten Ergebnisse exakt und reproduzierbar sind. Werden die Proben an Institutionen gesandt, deren Schwerpunkt im Bereich der Humanmedizin liegt, ist explizit darauf zu achten, dass die für den Menschen empfohlenen therapeutischen Bereiche nicht mit jenen für Tiere durcheinander gebracht werden (z.B. bei Chlorazepat, Procainamid, Bromid). In komplizierten Fällen sollte ein klinischer Pharmakologe zu Rate gezogen werden.

20.2 Artefakte

Unter der Voraussetzung, dass geeignete Qualitätssicherungsmaßnahmen durchgeführt werden, sind falsche Messergebnisse infolge einer fehlerhaften Wirkstoffanalyse selten. Eine Ausnahme können Arzneistoffe darstellen, die metabolisiert werden. Wenn die Metaboliten ebenfalls pharmakologisch aktiv sind (z.B. bei Chlorazepat) sollte das Analyseverfahren alle aktiven Verbindungen erfassen. Wenn die Metaboliten inaktiv oder nur schwach aktiv sind (z.B. bei Cyclosporin) sollte der Test nur für die originäre Substanz spezifisch sein (z.B. Phenobarbital). Somit kann die therapeutische Breite eines Arzneistoffes in Abhängigkeit vom eingesetzten Analyseverfahren erheblich variieren. Falsch bestimmte Plasmakonzentrationen sind eher auf eine inkorrekte Probengewinnung zurückzuführen. Serumröhrchen sollten grundsätzlich nicht verwendet werden, da das darin enthaltene Silikongel den Arzneistoff binden und aus der Probe lösen kann, was zu falsch-niedrigen Werten führt. Als weitere Beispiele für durch Blutröhrchen verursachte Artefakte wären die Haftung von Aminoglykosiden an Glaswänden und die Bindung von Digoxin an bestimmte Verschlusspfropfen zu nennen. Eine Hämolyse der Blutproben wie auch eine Lipämie sollten zwar vermieden werden, doch sind deren Auswirkungen vernachlässigbar.

20.3 Durchführung

20.3.1 Handhabung und Entscheidungen

In der Regel wird Serum untersucht; allerdings eignen sind die meisten Verfahren auch zur Ermittlung der Wirkstoffkonzentrationen im Plasma. Für die Bestimmung von Cyclosporin ist Vollblut zu verwenden. Falls die Proben unverzüglich weiterverarbeitet werden, ist eine spezielle Behandlung (z.B. Kühlung, Einfrieren) meist nicht erforderlich. Bevor das drug monitoring eingeleitet wird, ist festzulegen, wann die Therapiekontrolle beginnen soll, wie viele Proben zu untersuchen – und wann diese zu entnehmen sind. Aufgrund der unterschiedlichen Vorschriften sollte man sich bei dem ausgewählten Labor vorab über den Probenversand informieren.

20.3.2 Fließgleichgewicht (Kumulationsgleichgewicht, Steady State)

Nachdem eine Therapie eingeleitet wurde, kommt es durch die wiederholte und regelmäßige Verabreichung sukzessiver Arzneistoffdosen zur Kumulation des Wirkstoffs. Schließlich gleicht die mit jeder Dosis applizierte Wirkstoffmenge den während des Dosierungsintervalls eliminierten Wirkstoffanteil aus. Es hat sich ein Fließgleichgewicht (sog. Steady State) eingestellt; die maximalen und minimalen Plasmakonzentrationen bleiben konstant, solange die Dosierung und das Applikationsintervall nicht verändert werden. Zur bestmöglichen Abschätzung der Wirkung wäre es am günstigsten, wenn das drug monitoring und das klinische Ansprechen auf die Therapie im Zustand des Steady State erfolgen würden. Die für die Einstellung des Steady State benötigte Zeit hängt nur von der Eliminationsrate (Eliminationshalbwertszeit des Pharmakons) ab, ungeachtet der Dosierung und des Dosierungsintervalls. Bei mehrmaliger Applikation eines Wirkstoffs, der kumuliert, erreicht der Plasmaspiegel nach einer Halbwertszeit 50 % des Fließgleichgewichtes, nach zwei Halbwertszeiten 75 %, nach drei Halbwertszeiten 87,5 % usw. (Abb. 20.2). Die Therapiekontrolle sollte generell erst stattfinden, wenn drei bis fünf Halbwertszeiten seit Behandlungsbeginn verstrichen sind. Beispielsweise sollte bei Phenobarbital mit einer Halbwertszeit von 72 Stunden das drug monitoring nicht vor Ablauf von etwa 15 Tagen seit Therapiebeginn durchgeführt werden. Wird das Dosierungsschema in irgendeiner Form verändert, bedarf es derselben Zeitspanne (z.B. 5 Halbwertszeiten) bis sich die Steady-State-Blutspiegel erneut eingestellt haben. Eine Ausnahme machen die Bromide, bei denen eine erste Probe schon nach einer Halbwertszeit (3 Wochen) genommen werden kann, um das Dosisregime proaktiv abzuschätzen. Nach einer Halbwertszeit sollten sich die Wirkstoffkonzentrationen dem Steady-State-Blutspiegel annähern (bezüglich der erforderlichen Zeitspanne bis zum Erreichen des Steady-State sowie weiterer Informationen zur Pharmakokinetik und Dosierung siehe Tabelle 20.1). Bei Arzneistoffen mit einer im Vergleich zum Applikationsintervall sehr kurzen Halbwertszeit (z.B. Gentamicin mit einer Halbwertszeit von 0,9–1,3 Stunden und einem Dosierungsintervall von 12–24 Stunden) spielt der Steady State keine Rolle, da der Wirkstoff trotz wiederholter Gabe nicht kumuliert. In solchen Fällen kann mit der Therapiekontrolle sofort (nach der ersten Applikation) begonnen werden.

20.3.3 Sättigungsdosis (Ladungsdosis)

Wenn der klinische Zustand des Patienten die sofortige Etablierung einer therapeutischen Wirkstoffkonzentration im Plasma erfordert (z.B. bei einem Epilepsiepatienten, der mit Bromiden behandelt wird), kann der Steady-State-Blutspiegel durch die einmalige Gabe einer Sättigungsdosis (Ladungsdosis), gefolgt von den empfohlenen Erhaltungsdosen, schneller eingestellt werden (Abb. 20.2). Die Sättigungsdosen basieren auf dem Gewebevolumen, in dem sich der Wirkstoff verteilt und bei nicht i.v. applizierten Pharmaka auch auf der Bioverfügbarkeit des Wirkstoffs. Trotz der Tatsache, dass der Steady-State-Blutspiegel durch die Sättigungsdosis erreicht wird, befinden sich die Wirkstoffkonzentrationen im Plasma noch nicht in einem Fließgleichgewicht. Der mit der Sättigungsdosis erzielte Plasmaspiegel kann zu- oder abnehmen, wenn die Erhaltungsdosis größer bzw. kleiner als die pro Dosierungsintervall ausgeschiedene Wirkstoffmenge ist. Speziell bei Bromiden sollte die Therapiekontrolle binnen 1–3 Tagen nach Verabreichung der Sättigungsdosis stattfinden, um sicherzustellen, dass die angepeilten Plasmakonzentrationen (d.h. vorausberechnete Steady-State-Blutspiegel) erreicht wurden. Eine weitere Therapiekontrolle sollte dann nach Ablauf einer

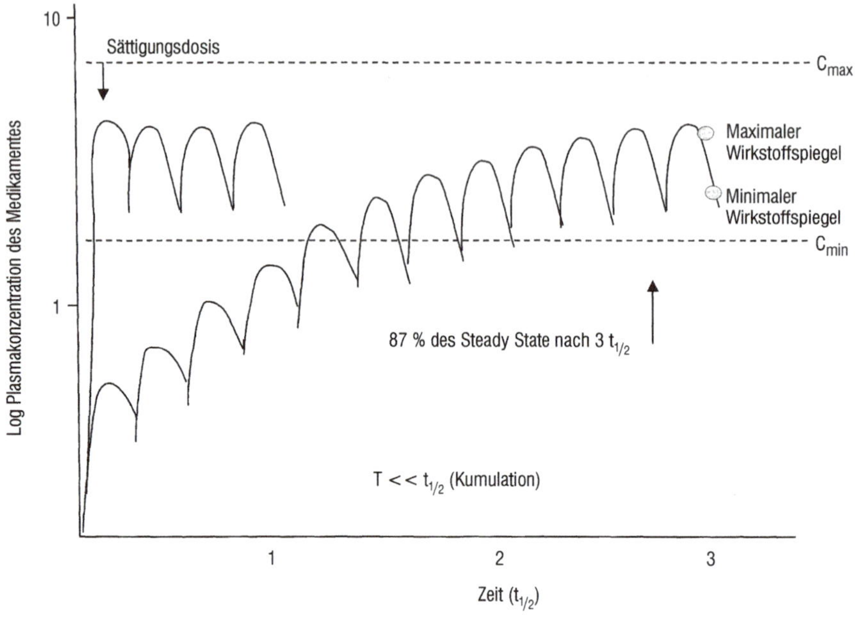

Abb. 20.2 Plasma-Wirkstoffkonzentrationen bei wiederholter Applikation eines Arzneistoffes, dessen Halbwertszeit länger als das Dosierungsintervall ist. In diesem Beispiel wurde die Dosis etwa zweimal pro Halbwertszeit gegeben. Da während des Dosierungsintervalls nur ein kleiner Teil der Dosis eliminiert wird, unterliegt der Plasmaspiegel nur geringen Schwankungen und eine einzelne Probe genügt zur Therapieüberwachung. Zur Beschleunigung der pharmakologischen Wirkung kann eine Sättigungsdosis gegeben werden. Das Fließgleichgewicht stellt sich auch dann ein, wobei aber die Plasmakonzentrationen zu- oder abnehmen werden, wenn der eingestellte Plasmaspiegel durch die Erhaltungsdosis nicht beibehalten wird.

Halbwertszeit (z.B. 3–4 Wochen bei Bromiden) erfolgen, um sicherzustellen, dass mit der Erhaltungsdosis der durch die Sättigungsdosis generierte Plasmaspiegel beibehalten wird. Obgleich durch die Verabreichung einer Sättigungsdosis die Zeit bis zur maximalen Wirkstoffentfaltung verkürzt wird (durch Umgehung der langsamen Wirkstoffkumulation bis zum Erreichen des Steady State), ist die Gefahr von Nebenwirkungen deutlich größer. Aus diesem Grund ist die Applikation von Sättigungsdosen bei Pharmaka, die durch einen kleinen therapeutischen Index und ein erhöhtes Potential unerwünschter Wirkungen charakterisiert sind (z.B. Digoxin) nicht zu empfehlen.

20.3.4 Zahl der Proben

Die Zahl der zu entnehmenden Proben richtet sich nach dem Verhältnis zwischen der Halbwertszeit und dem Dosierungsintervall (wie auch dem Zweck der Therapiekontrolle). Ist das Applikationsintervall länger als die Halbwertszeit (z.B. bei Diazepam und den meisten Antibiotika), weist der Plasmaspiegel während eines Applikationsintervalls erhebliche Fluktuationen auf (Abb. 20.1). Wenn sowohl eine Effektivitätskontrolle als auch eine Toxizitätskontrolle durchgeführt werden soll, ist jeweils eine Probe zum Zeitpunkt der maximalen und minimalen Wirkstoffkonzentration im Plasma zu entnehmen. Bei Pharmaka mit einer im Vergleich zum Applikationsintervall langen Halbwertszeit unterliegen die Wirkstoffspiegel während eines Dosierungsintervalls keinen größeren Schwankungen, so dass eine einzelne Probe den Plasmaspiegel für das gesamte Applikationsintervall reflektiert. Im Fall von Digoxin ist aufgrund des schmalen therapeutischen Index und der – bei mit Kardiaka behandelten Patienten – mitunter äußerst variablen Halbwertszeit sowohl die Bestimmung der maximalen als auch der minimalen Wirkstoffkonzentration angezeigt. Bei Phenobarbital genügt häufig die alleinige Kontrolle des Plasmaspiegeltiefpunktes. Da aber die Eliminationshalbwertszeit im Einzelfall weniger als 24 Stunden betragen kann, sollte man bei Patienten, bei denen sich die Anfallskontrolle schwierig gestaltet, sowohl die maximale als auch die minimale Plasmakonzentration kontrollieren.

20.3.5 Zeitpunkt der Probengewinnung

Im Fall einer einzelnen Probenentnahme hängt der Zeitpunkt von der Intention des drug monitoring ab. Wenn die Effektivität überprüft werden soll, und nur eine Probenentnahme indiziert ist, empfiehlt sich die Bestimmung der minimalen Wirkstoffkonzentration im Plasma (da dieser Wert konsistent mit den Ergebnissen nachfolgende Therapiekontrollen verglichen werden kann). Das Plasmaspiegelminimum wird am einfachsten bestimmt, indem man die Probe unmittelbar vor der Gabe der nächsten Dosis entnimmt. Im Idealfall wird die minimale Wirkstoffkonzentration nicht unter die empfohlene Mindestkonzentration abgesunken sein. Bei Arzneistoffen mit einer im Vergleich zum Applikationsintervall kurzen Halbwertszeit (z.B. Aminoglykoside), bei denen die Kontrolle sowohl der maximalen als auch der minimalen Wirkstoffkonzentration angezeigt ist, kann es vorkommen, dass unmittelbar vor der nächsten Applikation keine Wirkstoffkonzentrationen mehr nachweisbar sind. Bei diesen Pharmaka empfiehlt es sich, die minimale Wirkstoffkonzentration etwa 2–3 Halbwertszeiten nach der letzten Applikation zu bestimmen. Zur Überwachung der Toxizität genügt die alleinige Bestimmung der maximalen Plasmakonzentration.

Der korrekte Zeitpunkt zur Bestimmung der maximalen Wirkstoffkonzentration im Plasma ist schwieriger abzuschätzen, da die Proben erst nach vollständiger Resorption und Verteilung des Wirkstoffs entnommen werden sollten. Insbesondere bei oraler Applikation ist die Wirkstoffresorption variabel und durch die Fütterung (das Tier sollte generell nüchtern sein) beeinflusst. In der Regel stellen sich die maximalen Plasmakonzentrationen 2–4 Stunden nach der oralen Gabe ein, wobei bei langsam resorbierten Arzneistoffen der Plasmaspiegelgipfel erst später erreicht wird (z.B. nach 5 Stunden bei Phenobarbital). Bei intramuskulärer (i.m.) oder subkutaner (s.c.) Applikation verläuft die Resorption schneller (30–60 Minuten). Bei i.v. gegebenen Pharmaka spielen Resorptionszeiten keine Rolle, doch kann die Verteilung 1–2 Stunden dauern. Daher wird das Plasmaspiegelmaximum im Allgemeinen 1–2 Stunden nach der parenteralen Gabe bestimmt. Maximale und minimale Plasmakonzentrationen werden in der Regel während ein und desselben Applikationsintervalls gemessen.

20.4 Dosierungsanpassung

Für eine exakte Einstellung des Dosierungsschemas ist neben der Erstellung eines pharmakokinetischen Profils die Berechnung einiger pharmakokinetischer Parameter, wie etwa der Clearance-Werte und der Verteilungsvolumina notwendig. Wenn eine derart hohe Präzision erforderlich erscheint, sollte ein klinischer Pharmakologe hinzugezogen werden. Ein modifiziertes Schema kann auf Grundlage der Daten von zwei Blutproben (maximale und minimale Wirkstoffkonzentration) erstellt werden. In jenen Fällen, bei denen eine präzise Einstellung der Dosierung nicht erforderlich ist und ein Steady-State-Blutspiegel vorliegt, kann als relativ einfacher Ansatz die direkte Proportionalität zwischen Dosierung und Plasma-Wirkstoffkonzentration genutzt werden. Wenn zum Beispiel die Dosis verdoppelt wird, so wird der entsprechende Wirkstoffspiegel im Plasma ebenfalls auf den doppelten Wert ansteigen. Wenn umgekehrt die Dosis halbiert wird, geht auch der Plasmaspiegel um die Hälfte zurück. Die folgende Gleichung zur Dosierungsanpassung beschreibt diesen Zusammenhang:

$$\text{neue Dosis} = \frac{\text{alte Dosis} \times \text{gewünschte Plasmakonz.}}{\text{aktuelle Plasmakonzentration}}$$

Anhand der therapeutischen Bereiche (Tab. 20.1) und der im Rahmen des drug monitoring ermittelten Plasmakonzentrationen kann eine neue angepasste Dosis berechnet werden, mit welcher der gewünschte Wirkstoffspiegel im Blut zu erreichen ist. Wenn z.B. bei einem Hund nach der Applikation von 0,011 mg/kg Digoxin eine maximale Wirkstoffkonzentration von 0,5 ng/ml gemessen wird und man sich dazu entschließt, die Dosis zu erhöhen, um den Digoxinspiegel auf 1,5 ng/ml anzuheben, kann die neue Dosis wie folgt berechnet werden:

$$\text{neue Dosis} = \frac{(0{,}011\ \text{mg/kg} \times 1{,}5\ \text{ng/ml})}{0{,}5\ \text{ng/ml}} = 0{,}033\ \text{mg/kg}$$

Nach Erhöhung der Dosis eines Arzneistoffes mit kurzer Halbwertszeit können im Verlauf eines Applikationsintervalls sowohl überhöhte als auch zu niedrige Plasmaspiegel auftreten. Die Entscheidung, die Dosis anstatt des Intervalls zu verändern, sollte unter Berücksichtigung des Komforts des Tierhalters und der gewünschten Fluktuation des Wirkstoffspiegels während des Dosierungsintervalls getroffen werden. Das Intervall könnte ebenfalls entsprechend angepasst werden, doch stellt die Berechnung der Eliminationshalbwertszeit eine genauere Methode dar, auf deren Basis eine Modifizierung des Dosierungsintervalls vorgenommen werden kann. Die Eliminationshalbwertszeit eines Arzneistoffes errechnet sich nach $t_{1/2} = 0{,}693/\text{kel}$, wobei kel für die Steigung der Geraden zwischen den zwei Messpunkten des drug monitoring (maximaler Plasmaspiegel C_1, t_2; und minimaler Plasmaspiegel, C_2, t_2) steht; kel = ln (C_1/C_2) dividiert durch $t_2 - t_1$. Da die Elimination eines Pharmakons einer Funktion 1. Ordnung folgt, ist der natürliche Logarithmus zu verwenden. Bei der Erstellung eines Dosierungsschemas kann ein klinischer Pharmakologe zu Rate gezogen werden.

Man sollte die Dosierungsanpassung niemals ausschließlich auf der Grundlage der Wirkstoffkonzentrationen im Plasma und deren Verhältnis zum therapeutischen Bereich vornehmen. Die für das drug monitoring festgelegten therapeutischen Bereiche entsprechen nicht den Normbereichen klinischer Laboruntersuchungen. Ein therapeutischer Bereich wird begrenzt durch die minimale und maximale Wirkstoffkonzentration (C_{min} und C_{max}), zwischen denen ein großer Prozentsatz (z.B. 95 %) einer Zielpopulation auf die Pharmakotherapie anspricht. Einige Tiere sprechen jedoch außerhalb des therapeutischen Bereichs (unterhalb von C_{min} oder oberhalb von C_{max}) an, wohingegen bei anderen innerhalb des therapeutischen Bereichs toxische Effekte auftreten. Daher sind die klinischen Auswirkungen stets zu berücksichtigen, wenn die Dosierung verändert wird. Dies gilt insbesondere für Arzneistoffe, bei denen sich die Bereiche der therapeutischen und toxischen Wirkstoffkonzentrationen überlappen (z.B. Digoxin, Schilddrüsenhormone). Wann immer die Dosierung verändert wird, ist das drug monitoring fortzuführen, um sicherzustellen, dass die angestrebten Wirkstoffkonzentrationen erreicht wurden.

Wenn die Wirkstoffkonzentrationen innerhalb des therapeutischen Bereichs liegen, aber der Patient nicht adäquat auf die Therapie anspricht, empfiehlt sich eine stufenweise Steigerung der Dosis in kleinen Schritten. Die Dosiserhöhung hängt von der therapeutischen Breite und der Sicherheit des Arzneistoffs ab. Bei inadäquater Wirkung ist die Dosierung proportional zum gewünschten Anstieg des Wirkstoffspiegels im Plasma zu erhöhen, und zwar solange, bis entweder eine adäquate Wirkung eintritt oder die Obergrenze des therapeutischen Bereichs erreicht ist und das Risiko von Nebenwirkungen eine weitere Dosiserhöhung verbietet. Zum Beispiel sollte Phenobarbital (therapeutischer Bereich: 15–45 µg/ml) um jeweils 5 µg/ml erhöht werden und Bromide (therapeutischer Bereich: 1,0–3,5 mg/ml) um jeweils 0,5 mg/ml. Zur schrittweisen Erhöhung wird die Dosis jedes Arzneistoffes um jeweils 25 % gesteigert. Analog kann eine stufenweise Dosisreduktion vorgenommen werden, wenn die Plasmaspiegel an der Obergrenze des therapeutischen Bereichs liegen, um eine minimale effektive Wirkstoffkonzentration zur Behandlung der klinischen Symptome unter gleichzeitiger Vermeidung toxischer Effekte festzulegen (z.B. bei einer antikonvulsiven Therapie). Bei jeder Änderung des Dosierungsschemas sollte der therapeutische Effekt erst dann beurteilt werden, wenn sich ein neues Fließgleichgewicht eingestellt hat.

20.5 Drug monitoring bei ausgewählten Pharmaka

20.5.1 Aminoglykoside (Amikacin, Gentamicin)

Indikation

Eine Therapiekontrolle ist angezeigt bei Patienten mit lebensbedrohlichen, gefährlichen oder chronischen Infektionskrankheiten, die durch empfängliche Keime hervorgerufen wurden.

Probensammlung

Es ist generell sowohl die Bestimmung der maximalen als auch der minimalen Plasmakonzentration (zur Verifizierung der Effektivität und Sicherheit) angezeigt. Die derzeitigen Dosierungsempfehlungen gelten für Applikationsintervalle von 24 Stunden. Im Idealfall sollte der maximale Plasmaspiegel das acht- bis zehnfache der minimalen Hemmkonzentration des Arzneistoffes betragen (basierend auf den Daten der kulturellen Untersuchung und des Resistenztests). Der minimale Plasmaspiegel sollte unter 2 µg/ml liegen. Wegen der kurzen Eliminationshalbwertszeit der Aminoglykoside (1–3 Stunden) sollte die Bestimmung des Plasmaspiegeltiefpunktes nicht erst unmittelbar vor der nächsten Applikation erfolgen, da zu diesem Zeitpunkt voraussichtlich keine Wirkstoffkonzentrationen mehr nachweisbar sind. Stattdessen sollte das Plasmaspiegelminimum etwa 4–6 Stunden nach dem Konzentrationsgipfel gemessen werden.

Artefakte

Aminoglykoside haften an Glas. Die Proben sollten daher nicht in Glasröhrchen gesammelt oder aber sofort nach der Gewinnung in Plastikröhrchen umgefüllt werden.

Dosierungsanpassung

Basierend auf der maximalen Plasmakonzentration kann die Dosis entsprechend erhöht oder herabgesetzt werden. Die Applikationsintervalle sollten jeweils um die Dauer einer Halbwertszeit verlängert werden, wenn die niedrigste gemessene Plasmakonzentration über dem empfohlenen Wert liegt (Abb. 20.1).

20.5.2 Benzodiazepine (Diazepam)

Indikation

Eine Therapieüberwachung ist angezeigt, um sicherzustellen, dass die Plasmaspiegel bei Epilepsiepatienten, die einer Dauerbehandlung bedürfen, nicht in den subtherapeutischen Bereich absinken. Da Benzodiazepine zu aktiven Metaboliten umgewandelt werden, muss das drug monitoring neben der originären Substanz auch deren Metaboliten erfassen.

Probensammlung

Aufgrund der kurzen Eliminationshalbwertszeit der Benzodiazepine weist der Plasmaspiegel während eines Dosierungsintervalls von 8 oder 12 Stunden erhebliche Schwankungen auf. Aus diesem Grund ist eine zweimalige Probenentnahme angezeigt (Tab. 20.1).

Dosierungsanpassung

Das Applikationsintervall ist zu verkürzen, wenn die Plasmaspiegel während eines Intervalls erheblich schwanken. Die Dosis ist den gemessenen Wirkstoffkonzentrationen entsprechend anzupassen. Dosis und Applikationsintervall können auch synchron modifiziert werden.

20.5.3 Bromide

Indikation

Bei jedem Epilepsiepatienten, der mit Bromiden behandelt wird, ist eine Therapiekontrolle indiziert. Unabhängig vom verwendeten Salz stellt das Bromid den aktiven Wirkstoff dar, dessen Konzentration zu bestimmen ist.

Probensammlung

In Relation zum Dosierungsintervall ist die Halbwertszeit der Bromide sehr lang. Zur Therapiekontrolle genügt daher eine einzelne Probe. Es empfiehlt sich die Bestimmung des Plasmaspiegelminimums, obgleich im Grunde jeder Zeitpunkt innerhalb des Dosierungsintervalls akzeptabel ist. Die Wirkstoffkonzentrationen sind auf Basis des Steady-State-Blutspiegels in Abständen von 3–6 Monaten zu bestimmen und außerdem immer dann, wenn das Tier einen Anfall erlitten hat. Nach Applikation einer Sättigungsdosis, sowie nach einem Monat, sollte eine proaktive Messung der Wirkstoffkonzentration im Plasma erfolgen. Wenn keine Sättigungsdosis gegeben wird, ist der Plasmaspiegel einmal monatlich zu kontrollieren. Für das drug monitoring bei einer Therapie mit Bromiden sollte ein klinischer Pharmakologe hinzugezogen werden.

Artefakte

Für die Bestimmung der Bromidkonzentrationen im Serum ist nur die Aurichlorid-Methode validiert. Wie bereits erwähnt, sollten andere Verfahren, wie etwa die ionensensitive Elektrodenmethode, nicht zum Einsatz kommen, solange diese nicht validiert sind. Bromide können eine vermeintliche Erhöhung der Chloridkonzentration vortäuschen.

20.5.4 Cyclosporin

Indikation

Die Therapiekontrolle ist bei Patienten nach einer Organtransplantation oder bei bestimmten Immunkrankheiten indiziert. Das Medikament wird bei Hunden und Katzen eher selten verwendet und kann toxische Wirkungen hervorrufen. Allerdings wurden für Tiere bisher keine toxischen Konzentrationen festgesetzt.

Probensammlung

Aufgrund der relativ kurzen Halbwertszeit sollten sowohl die maximale als auch die minimale Wirkstoffkonzentration gemessen werden (Tab. 20.1). Falls nur eine Probe genommen wird, ist die Bestimmung der minimalen Wirkstoffkonzentration indiziert. Da sich der Wirkstoff in den Erythrozyten verteilt, ist grundsätzlich Vollblut zu verwenden.

Dosierungsanpassung

Falls erforderlich, sollten nach Möglichkeit sowohl die Dosierung als auch das Dosierungsintervall modifiziert werden. Wenn eine einzelne Probe genommen wurde, ist die Dosierung entsprechend anzupassen. Die therapeutische Breite basiert generell auf den minimalen Wirkstoffkonzentrationen und variiert in Abhängigkeit vom Analyseverfahren und der zu behandelnden Krankheit.

20.5.5 Digoxin

Indikation

Eine Therapieüberwachung ist angezeigt, wenn der Verdacht auf eine Digoxinintoxikation besteht, und bei Patienten, die auf die Behandlung nicht adäquat ansprechen.

Probensammlung

Zur Entwicklung eines möglichst sicheren und zugleich effektiven Dosierungsschemas ist sowohl die Bestimmung der maximalen als auch der minimalen Wirkstoffkonzentration erforderlich. Dies gilt v.a. für Patienten, die auf die Behandlung nicht adäquat ansprechen oder bei denen die Wirkstoffverteilung aufgrund einer beeinträchtigten Nieren- und Leberfunktion, die entweder auf die Erkrankung oder die Pharmakotherapie zurückzuführen sein kann, voraussichtlich nicht normal abläuft. Wenn nur die Toxizität von Interesse ist, genügt die alleinige Überwachung der maximalen Plasmakonzentration. Die Resorption und Verteilung von Digoxin kann interindividuell und je nach verabreichtem Präparat variieren und bis zu 8 Stunden dauern. Es empfiehlt sich, die maximale Plasmakonzentration nach 3–5 Stunden zu bestimmen (Tab. 20.1). Die Halbwertszeit variiert ebenfalls und kann ungeachtet der für gesunde Tiere angegebenen Dauer von 36 Stunden bei manchen Tieren auch nur 12 Stunden betragen. Es empfiehlt sich daher, sowohl die maximale als auch die minimale Wirkstoffkonzentration zu bestimmen. Soll nur eine Probe entnommen werden, ist die Messung des minimalen Plasmaspiegels erforderlich. Da eine Herzerkrankung die Wirkstoffverteilung erheblich beeinflussen kann, sollte das drug monitoring vor und nach dem Ansprechen einer die Nachlast beeinflussenden Therapie und/oder einer Diuretikabehandlung durchgeführt werden, zumal die Wirkstoffverteilung sich voraussichtlich ändert, wenn die Erkrankung auf die Therapie anspricht.

Artefakte

Der Wirkstoff kann an manchen Verschlusskappen der Blutröhrchen haften bleiben, was falschniedrige Konzentrationen zur Folge hat.

Dosierungsanpassung

Wurde eine einzelne Probe untersucht, ist die Digoxindosis entsprechend anzupassen. Wenn sowohl die maximale als auch die minimale Plasmakonzentration bestimmt wurde, sollte man ein pharmakokinetisches Profil (s.o.) für den Patienten erstellen und neben einer neuen Dosierung ein geeignetes und praktikables Applikationsintervall festlegen.

20.5.6 Phenobarbital und Primidon

Indikation

Bei jedem Tier, das eines dieser beiden Pharmaka zur Anfallsprophylaxe erhält, ist eine Therapieüberwachung indiziert. Primidon wird in Phenobarbital umgewandelt, welches sich leichter bestimmen lässt. Die Verteilung beider Wirkstoffe unterliegt interindividuell erheblichen Schwankungen. Zudem verursachen beide Substanzen eine Enzyminduktion, was eine noch größere Variabilität zur Folge hat. Schließlich sind die möglichen Nebenwirkungen (Abgeschlagenheit, Leberschädigung) derart bedeutsam, dass zur Sicherheit ein drug monitoring durchzuführen ist.

Probensammlung

Die Halbwertszeit von Phenobarbital kann entweder so kurz sein, dass sowohl die Kontrolle der maximalen als auch der minimalen Plasmakonzentration notwendig ist, oder aber so lang, dass die alleinige Bestimmung des Plasmaspiegelminimums ausreicht. Es empfiehlt sich, den maximalen und minimalen Plasmaspiegel zu Beginn der Behandlung und in Erwartung der Enzyminduktion nach 1–3 Monaten zu kontrollieren (Tab. 20.1). Treten keine Anfälle auf, genügt die alleinige Kontrolle des Plasmaspiegeltiefpunktes in Intervallen von sechs Monaten. Falls es jedoch unter der Behandlung zu einem Anfall kommt, muss sowohl die maximale als auch die minimale Wirkstoffkonzentration überprüft werden.

20.5.7 Procainamid

Indikation

Eine Therapiekontrolle ist nicht allgemein üblich, kann jedoch durchgeführt werden bei Patienten mit Arrhythmien, die auf eine Dauerbehandlung mit Antiarrhythmika nicht genügend ansprechen.

Beachte: Die Wirkung von Procainamid beim Menschen beruht auf einem aktiven Metaboliten, der beim Hund nur in sehr geringen Mengen gebildet wird. Die empfohlenen Plasmaspiegel beziehen sich sowohl auf Procainamid als auch auf dessen azetylierten Metaboliten.

Probensammlung

Aufgrund der kurzen Halbwertszeit und des hohen Potentials negativer Arzneimittelinteraktionen sollten sowohl die maximale als auch die minimale Wirkstoffkonzentration bestimmt werden (Tab. 20.1). Zur Überprüfung der Wirksamkeit genügt aber auch die alleinige Bestimmung des Plasmaspiegelminimums.

20.5.8 Theophyllin

Indikationen

Eine Therapieüberwachung ist angezeigt bei Patienten, die Theophyllin zur Bronchodilatation erhalten, ohne dass eine adäquate Wirkung auftritt und bei Nebenwirkungen, die mutmaßlich auf Theophyllin zurückzuführen sind.

Probensammlung

Infolge der relativ kurzen Halbwertszeiten der gebräuchlichen Theophylline empfiehlt es sich, sowohl den maximalen als auch den minimalen Wirkstoffspiegel im Plasma zu ermitteln (Tab. 20.1). Zur Kontrolle der Wirksamkeit würde die Bestimmung der minimalen Wirkstoffkonzentration ausreichen. Die Messung der maximalen Plasmakonzentration dient zur Sicherheitskontrolle (Erfassung von Nebenwirkungen). Bei Depotpräparaten erfolgt die Absorption so langsam, dass die alleinige Kontrolle des Plasmaspiegelminimums genügt.

Dosierungsanpassung

Die Dosierung ist dem Bedarf anzupassen. Das Intervall kann modifiziert werden, wenn sowohl die maximale als auch die minimale Wirkstoffkonzentration im Plasma bekannt sind.

20.5.9 Schilddrüsenhormone

Indikation

Eine Therapieüberwachung ist bei allen Tieren indiziert, die eine Substitutionstherapie erhalten (im Allgemeinen Hunde) oder wegen einer Hyperthyreose medikamentös behandelt werden (in der Regel Katzen). In den meisten Fällen wird Thyroxin (T_4) bestimmt, da es das relevante Hormon im Blutkreislauf darstellt (Triiodthyronin [T_3] liegt primär intrazellulär vor). Der größte Teil der Hormone im Blut ist an Globuline gebunden und daher pharmakologisch inaktiv. Aus diesem Grund ist nach Möglichkeit das freie T_4 (FT_4) zu bestimmen, wobei die Equilibriumdialyse die genauesten Messergebnisse liefert.

Probensammlung

Obwohl die Steady-State-Blutspiegel der Hormone sehr schnell erreicht werden, kann der Organismus das Gleichgewicht nicht sofort aufrechterhalten. Eine physiologische Balance der Schilddrüsenhormone stellt sich erst nach 4–6 Wochen ein und die Therapiekontrolle sollte erst zu diesem Zeitpunkt stattfinden (Tab. 20.1). Ebenso kann es bei der Behandlung einer Hyperthyreose 3–4 Wochen dauern, bis sich die pharmakologische Wirkung entfaltet.

Analyse

Es sollten möglichst die für die jeweilige Spezies validierten Analyseverfahren zum Einsatz kommen.

Dosierungsanpassung

Die Dosis ist den gemessenen Werten entsprechend anzupassen.

Quellen

Neff-Davis CA: Therapeutic drug monitoring in veterinary medicine, *Vet Clin North Am Small Anim Pract* 18(6): 1287, 1988.

Pippenger CF, Massoud N: Therapeutic drug monitoring. In Benet LZ et al, editors: *Pharmacokinetic basis for drug therapy*, New York, 1984, Raven Press.

Price CP: Analytical techniques for therapeutic drug monitoring, *Clin Biochem* 17:52, 1984.

Therapeutic drug monitoring, clinical guide, Abbott Laboratories, Diagnostic Division, Dallas, TX, 1984, Abbott Laboratories.

Wilson RC: Therapeutic drug monitoring, *Auburn Vet* 42(3):20, 1987.

Stichwortverzeichnis

D

E

F

G

H

L

M

N

O

P

Q

R

S

U

V

W

X

Y

Z

Appendix I

Verbreitungsgebiete einiger Infektionserreger und Parasiten	
Anaplasma phagocytophila (Ehrlichia phagocytophila)	Schweden, Großbritannien, Schweiz
Ehrlichia canis (Ehrlichiose bei Hunden)	weltweit, tropische und gemäßigte Klimazonen
Ehrlichia ewingii	USA, vor allem Süden und Südosten, Missouri
Ehrlichia platys	USA, Griechenland, Frankreich, Italien
Ehrlichia spp. (Ehrlichiose bei Katzen)	bisher Fälle in USA, Kenia, Frankreich, Thailand
Hepatozoon canis (Hepatozoonose)	Afrika, Südeuropa, Asien, pazifische Inseln und Inseln im Indischen Ozean, USA
Blastomyces dermatitidis (Blastomykose)	v.a Nordamerika (Täler des Mississippi, Missouri, Ohio; Kanada: Quebec, Manitoba, Ontario), wurde aber auch in Afrika und Zentralamerika (feuchte Gebiete) beschrieben
Linguatula serrata (Zungen- und Nasenwurm; Erreger der Lingualotose des Hundes)	verschiedene Gebiete der Erde, Mitteleuropa selten, aber z.B. Türkei
Pneumonyssus caninum (Nasenmilbe des Hundes)	Nordamerika, Südafrika, Australien und Europa, v.a. Skandinavien, nur sporadisch in Mittel- und Südeuropa
Rhinosporidium seeberi (Rhinosporidiose)	endemisch in Indien, Sri Lanka; Argentinien sowie sporadisch in anderen Regionen der Welt
Dirofilaria immitis (Dirofilariose, Herzwurmkrankheit)	Tropen, Subtropen, USA, Mittelmeerraum v.a. Oberitalien (Poebene), Südfrankreich, Südspanien, Mittelmeerinseln (Mallorca, Gran Canaria), aber auch Südschweiz
Babesia canis (Hund)	Südeuropa, Afrika, Asien, Nord-, Zentral- und Südamerika
Babesia canis canis (Hund)	v.a. Portugal, Spanien, Frankreich, Italien, Ungarn, Balkan; endemische Herde in Österreich (Burgenland), der Schweiz, Deutschland (Oberrheingraben)
Babesia canis vogeli (Hund)	fast die gesamten Tropen und Subtropen sowie Teile der gemäßigten Zonen; Nordafrika, Israel, Türkei, sowie Italien und andere europäische Mittelmeerregionen
Babesia canis rossi (Hund)	Südafrika
Babesia gibsoni (Hund)	Nordafrika, südliche Regionen Asiens, endemisch im Nordwesten der USA
Babesia felis (Katze)	Südafrika, Simbabwe, Sudan
Babesia cati (Katze)	Indien
Babesia herpailuri und Babesia pantherae (Katze)	Südafrika
Cytauxzoon felis (Cytauxzoonose)	USA
Histoplasma capsulatum (Histoplasmose)	gemäßigte und subtropische Regionen; USA v.a. Täler des Ohio, Missouri, Mississippi, Mittel- und Südamerika
Bartonella vinsonii (kanine Bartonellose)	bisher Seroprävalenz in USA, Israel, Thailand nachgewiesen, vermutlich aber weltweite Verbreitung
Coccidioides immitis (Kokzidioidomykose)	Südwesten der USA, Mexiko, Zentral- und Südamerika (Guatemala, Honduras, Kolumbien, Venezuela, Paraguay, Argentinien
Leishmania spp. (Leishmaniose)	Mittelmeeranrainer, Portugal; gelegentlich auch in europäischen Ländern, in denen der Vektor Phlebotomus (Sandfliege) nicht heimisch ist; Süd- und Mittelamerika
Mycobacterium fortuitum (opportunistische Mykobakteriose)	tropische und subtropische Regionen
Mycobacterium lepraemurium (feline Lepra)	westliche USA, Neuseeland, Großbritannien, Australien, Niederlande, Frankreich

Verbreitungsgebiete einiger Infektionserreger und Parasiten (Fortsetzung)	
Paragonimus kellicotti	Nordamerika, Südasien, Südafrika, Israel
Rickettsia rickettsii (Rocky Mountain Spotted Fever)	USA, Kanada, Mittelamerika, nördliches Südamerika
Trypanosoma cruzi (Trypanosomiasis; Chagas Disease)	Zentral- und Südamerika, auch USA v.a. Texas nahe der mexikanischen Grenze
Francisella tularensis (Tularämie; Nagerpest)	nördliche Hemisphäre
Yersinia pestis (Pest)	Naturherde in Asien, Afrika, USA, Südamerika; Europa und Australien werden als pestfrei angesehen
Zusammengestellt aus: Greene CE (Hrsg.): *Infectious diseases of the dog and cat, 2. Auflage, 1998, WB Saunders*; Ettinger SJ, Feldman EC: *Textbook of veterinary internal medicine, 6. Auflage, 2005, Elsevier Saunders*; Eckert et al.: *Lehrbuch der Parasitologie für die Tiermedizin, 2004, Enke.*	

Appendix II

Referenzbereiche

Harold Tvedten

Die folgenden Referenzwerte stammen aus dem Veterinary Clinical Center der Michigan State University. Bei der Literatur entnommenen Werten ist die Bezugsquelle angegeben. *Wann immer möglich, sollten die speziellen Referenzwerte des Labors bzw. Analysesystems verwendet werden, das die Werte des Patienten ermittelt hat.* Details zu den einzelnen Testmethoden einschließlich der vollen Bezeichnung für die wiedergegebenen Abkürzungen sind den entsprechenden Kapiteln zu entnehmen. Die Referenzwerte wurden mit einem Technicon H-1 Analysesystem an 120 offensichtlich gesunden Hunden bzw. 40 gesunden Katzen erhoben.

Hämatologische Referenzwerte Technicon H-1 Analysesystem (SI-Einheiten)			
Parameter	**Einheit**	**Hund**	**Katze**
Leukozyten	10^9/l	6,02–16,02	4,87–20,10
Erythrozyten	10^{12}/l	6,15–8,70	6,12–11,86
Hämoglobin	mmol/l	8,8–12,4	5,6–9,7
Hämatokrit	l/l	0,43–0,59	0,29–0,50
MCV	fl	63,0–77,1	41,9–54,8
MCH	fmol	13,1–15,4	7,8–10,9
MCHC	mmol/l	18,6–22,1	17,4–19,9
Thrombozyten	10^9/l	164–510	26–470[1]
MPV[2]	fl	3,9–6,1	4,1–8,3
RDW[2]	%	11,9–14,9	14,2–17,6
HDW[2]	mmol/l	0,9–1,3	1,1–1,5
Hämatologische Referenzwerte Technicon H-1 Analysesystem (konventionelle Einheiten)			
Parameter	**Einheit**	**Hund**	**Katze**
Leukozyten	/µl	6020–16 020	4870–20 100
Erythrozyten	10^6/µl	6,15–8,70	6,12–11,86
Hämoglobin	g/dl	14,1–20,0	9,0–15,6
Hämatokrit	%	43,3–59,3	29,3–49,8
MCV	fl	63,0–77,1	41,9–54,8
MCH	pg	21,1–24,8	12,5–17,6
MCHC	g/dl	29,9–35,6	28,1–32,0
Thrombozyten	/µl	164 000–510 000	26 000–470 000[1]
MPV[2]	fl	3,9–6,1	4,1–8,3
RDW[2]	%	11,9–14,9	14,2–17,6
HDW[2]	g/dl	1,49–2,17	1,71–2,41

1 Der später angegebene Referenzbereich für Thrombozyten von 230–680 × 10^9/l ist genauer. Der in dieser Tabelle angegebene Referenzbereich reicht bis in den thrombozytopenischen Bereich, was die Problematik automatisierter Thrombozytenzählungen bei Blutproben von Katzen verdeutlicht.

2 Unter Verwendung der Multi-Spezies Software 2,0

Differentialblutbild				
Parameter	**Einheit (SI)**	**Einheit (konventionell)**	**Hund**	**Katze**
Neutrophile	$\times 10^9/l$	$\times 10^3/\mu l$	3,23–10,85	2,5–12,5
Lymphozyten	$\times 10^9/l$	$\times 10^3/\mu l$	0,53–3,44	1,5–7,0
Monozyten	$\times 10^9/l$	$\times 10^3/\mu l$	0,0–0,43	0,0–0,85
Eosinophile	$\times 10^9/l$	$\times 10^3/\mu l$	0,0–1,82	0,0–1,50
Basophile	$\times 10^9/l$	$\times 10^3/\mu l$	0,01–0,54	0
LUC[1]	$\times 10^9/l$	$\times 10^3/\mu l$	0,26–2,09	N/A

Die Referenzbereiche für Hunde basieren auf automatisierten Leukozytenzählungen in Blutproben von 120 offenbar gesunden Hunden unter Verwendung des Hämatologiesystems Technicon H-1.
Beachte: Zur Interpretation eines manuell ermittelten Differentialblutbilds sollten keine Referenzbereiche für automatisiert erstellte Differentialblutbilder verwendet werden.
[1] LUC, Große ungefärbte Zellen (Large Unstained Cells) im automatisiert erstellten Differentialblutbild (Technicon H-1).
Referenzwerte für das Differentialblutbild von Katzen aus Jain NC: *Schalm's Veterinary Hematology. 4. Auflage. Philadelphia, Lea and Febiger, 1986.*

Referenzwerte Gerinnung			
Parameter	**Einheit**	**Hund**	**Katze**
Thrombozyten[1]	$\times 10^9/l$	166–275	230–680
PT*	Sekunden	5,1–7,9	8,4–10,8
APTT[1]	Sekunden	8,6–12,9	13,7–30,2
Fibrinogen	g/l *(mg/dl)*	1,0–2,5 g/l *(100–245 mg/dl)*	1,1–3,7 g/l *(110–370 mg/dl)*
FSP	µg/ml	< 10	< 10

[1] Die Gerinnungstests wurden mit Hilfe des Fibrometer-Systems durchgeführt.
Referenzwerte für Katzen aus Killingsworth C: *Screening coagulation tests in the cat. Vet Clin Pathol 1985; 14:19–23.*

Klinisch-chemische Referenzwerte (SI-Einheiten)			
Parameter	**Einheit**	**Hund**	**Katze**
arterielle Blutgase			
• pH		7,36–7,44	7,36–7,44
• pCO_2	mmHg	36–44	28–32
• pO_2	mmHg	90–100	90–100
• TCO_2	mmol/l	25–27	21–23
• HCO_3^-	mmol/l	24–26	20–22
venöse Blutgase			
• pH		7,34–7,46	7,33–7,41
• pCO_2	mmHg	32–49	34–38
• pO_2	mmHg	24–48	35–45
• TCO_2	mmol/l	21–31	27–31
• HCO_3^-	mmol/l	20–29	22,24
A/G-Verhältnis (berechnet)		0,89–2,68	0,80–1,68
Albumin	g/l	32–47	30–46
ALT (GPT)	nkat/l	167–1567	383–1817
Ammoniak (nüchtern)	µmol/l	15–54	18–59
Amylase	nkat/l	6185–25 055	8852–27 672

Klinisch-chemische Referenzwerte (SI-Einheiten) (Fortsetzung)			
Parameter	**Einheit**	**Hund**	**Katze**
AP (alkalische Phosphatase)	nkat/l	0–1500	67–1350
AST (GOT)	nkat/l	167–1034	233–683
Bilirubin gesamt	µmol/l	1,7–10,2	1,7–12,0
Cholesterin	mmol/l	3,0–8,2	1,7–5,9
CK	nkat/l	850–8818	1517–5434
Eisen im Serum (Abbott-Methode)	µmol/l	10,9–45,6	6,1–21,8
Eisenprofil[1]			
• Gesamteisen	µmol/l	15,0–41,7[1]	12,2–38,5
• UEBK	µmol/l	25,4–70,3	18,8–36,7
• TEBK	µmol/l	50,8–102,4	[2]
• Eisensättigung	%	20–59	[2]
Elektrolyte			
• Natrium (Na)	mmol/l	146–156	153–162
• Kalium (K)	mmol/l	3,9–5,5	3,6–5,8
• Chlorid (Cl)	mmol/l	113–123	119–132
• TCO_2	mmol/l	16,9–26,9	12,5–24,5
• Anionenlücke		9–22	10–27
Gesamtprotein	g/l	53–76	55–77
Globulin	g/l	15–35	21–40
Glukose	mmol/l	2,9–6,5	3,2–7,3
γ-GT	nkat/l	17–100	17–50
Harnsäure	µmol/l	0–60	0–60
Harnstoff	mmol/l	2,4–11,4	6,4–14,6
Kalzium	mmol/l	2,3–3,0	2,1–2,9
Kreatinin	µmol/l	44–124	62–194
LDH	nkat/l	700–2167	1050–3217
Lipase	nkat/l	1–5	
Magnesium	mmol/l	0,6–0,9	0,6–1,0
Phosphat	mmol/l	0,6–2,6	0,9–2,7
Serum-Gallensäuren (nüchtern)	µmol/l	0–15,3	0–7,6
Serum-Gallensäuren (2 h postprandial)	µmol/l	0–20,3	0–10,9
Serumosmolalität			
• berechnet	mOsm/kg	302–325	319–371
• gemessen	mOsm/kg	293–321	290–320
Triglyzeride	mmol/l	0,1–5,7	0,1–5,7
Urinosmolalität	mOsm/kg	200–2000	200–2000

[1] *Harvey JW, French TW, Meyer DJ: Chronic iron deficiency anemia in dogs. JAAHA 1982;18: 946–960*
[2] Keine Werte verfügbar.

Klinisch-chemische Referenzwerte (konventionelle Einheiten)			
Parameter	**Einheit**	**Hund**	**Katze**
arterielle Blutgase			
• pH		7,36–7,44	7,36–7,44
• pCO_2	mmHg	36–44	28–32
• pO_2	mmHg	90–100	90–100
• TCO_2	mmol/l	25–27	21–23
• HCO_3^-	mmol/l	24–26	20–22
venöse Blutgase			
• pH		7,34–7,46	7,33–7,41
• pCO_2	mmHg	32–49	34–38
• pO_2	mmHg	24–48	35–45
• TCO_2	mmol/l	21–31	27–31
• HCO_3^-	mmol/l	20–29	22–24
A/G-Verhältnis (berechnet)		0,89–2,68	0,80–1,68
Albumin	g/dl	3,2–4,7	3,0–4,6
ALT (GPT)	IU/l	10–94	23–109
Ammoniak (nüchtern)	µg/dl	25–92	30–100
Amylase	IU/l	371–1503	531–1660
AP (alkalische Phosphatase)	IU/l	0–90	4–81
AST (GOT)	IU/l	10–62	14–41
Bilirubin gesamt	mg/dl	0,1–0,6	0,1–0,7
Cholesterin	mg/dl	116–317	64–229
CK	IU/l	51–529	91–326
Eisen im Serum	µg/dl	61–255	34–122
Eisenprofil[1]			
• Gesamteisen	µg/dl	84–233[1]	68–215
• UEBK	µg/dl	142–393	105–205
• TEBK	µg/dl	284–572	[2]
• Eisensättigung	%	20–59	[2]
Elektrolyte			
• Natrium (Na)	mmol/l	146–156	153–162
• Kalium (K)	mmol/l	3,9–5,5	3,6–5,8
• Chlorid (Cl)	mmol/l	113–123	119–132
• TCO_2	mmol/l	16,9–26,9	12,5–24,5
• Anionenlücke		9–22	10–27
Gesamtprotein	g/dl	5,3–7,6	5,5–7,7
Globulin	g/dl	1,5–3,5	2,1–4,0
Glukose	mg/dl	53–117	57–131
γ-GT	IU/l	1–6	1–3
Harnsäure	mg/dl	0–1	0–1
Harnstoff	mg/dl	15–68	39–88
Kalzium	mg/dl	9,0–11,9	8,4–11,5
Kreatinin	mg/dl	0,5–1,4	0,7–2,2
LDH	IU/l	42–130	63–193

Klinisch-chemische Referenzwerte (konventionelle Einheiten) (Fortsetzung)			
Parameter	**Einheit**	**Hund**	**Katze**
Lipase	IU/l	90–527	
Magnesium	mg/dl	1,36–2,09	1,38–2,36
Phosphat	mg/dl	1,9–7,9	2,9–8,3
Serum-Gallensäuren (nüchtern)	µmol/l	0–15,3	0–7,6
Serum-Gallensäuren (2 h postprandial)	µmol/l	0–20,3	0–10,9
Serumosmolalität			
• berechnet	mOsm/kg	302–325	319–371
• gemessen	mOsm/kg	293–321	290–320
Triglyzeride	mg/dl	10–500	10–500
Urinosmolalität	mOsm/kg	200–2000	200–2000

1 Harvey JW, French TW, Meyer DJ: *Chronic iron deficiency anemia in dogs. JAAHA 1982;18: 946–960*
2 Keine Werte verfügbar.

Ausgewählte Faktoren zur Umrechnung der konventionellen Maßangaben in SI-Einheiten			
Substanz	**konventionelle Einheit bzw. in den USA gebräuchliche Einheit**	**Umrechnungsfaktor**	**SI-Einheit**
Albumin (Proteine)	g/dl	10	g/l
Ammoniak	µg/dl	0,587	µmol/l
Serum-Gallensäuren	µg/ml	2,45	µmol/l
Bilirubin	mg/dl	17,1	µmol/l
Blutzellen	Zellen/µl	1 000 000	Zellen/l[3]
Cholesterin	mg/dl	0,026	mmol/l
Eisen	µg/dl	0,179	µmol/l
Enzyme	IU/l	16,67	nkat/l[2]
• Amylase	Somogyi units/dl	1,85	IU/l
• ALT (GPT)	Karmen units/ml	0,48	IU/l
• Lipase	Cherry-Crandall units/ml	278	IU/l
Folsäure	ng/ml	2,27	nmol/l
Glukose	mg/dl	0,0555	mmol/l
Harnstoff	mg/dl	0,1665	mmol/l
Insulin	µIU/ml	0,0417	µg/l
Kalzium	mg/dl	0,25	mmol/l
Kreatinin	mg/dl	88,4	µmol/l
Magnesium	mg/dl	0,411	mmol/l
pCO_2	mmHg	0,133	kPa[1]
pO_2	mmHg	0,133	kPa[1]
Phosphor	mg/dl	0,323	mmol/l
Xylose	mg/dl	0,067	mmol/l

1 kPa, KiloPascal.
2 1 kat, 1 katal (entspricht 1 mol/s) ist die Maßeinheit für die Aktivität von Enzymen, aber die meisten Labors geben Enzymaktivitäten in Form der Internationalen Einheit IU/l bzw. U/l (entspricht 1 µmol/min) an.
3 angegeben als 10^9 Zellen/l.
Modifiziert nach: Kaneko JJ: *Clinical Biochemistry of Domestic Animals. 3. Auflage. New York, Academic Press, 1980, Seite 785–791;* Lehmann HP, Henry JB: *SI units.* In: *Henry JB (Hrsg.): Clinical Diagnosis and Management by Laboratory Methods. 17. Auflage. Philadelphia, WB Saunders, 1984, Seite 1428–1450.*

FSC
www.fsc.org
MIX
Papier | Fördert gute Waldnutzung
FSC® C083411

Kolibri 360 GmbH
Ferdinand-Jühlke-Straße 7
99095 Erfurt, Deutschland
produktsicherheit@kolibri360.de